Stefan Wannenwetsch

»Es gibt noch Arbeiter in Deutschland«

Ordnungssysteme

Studien zur Ideengeschichte der Neuzeit

Herausgegeben von
Jörg Baberowski,
Anselm Doering-Manteuffel,
Florian Meinel und
Lutz Raphael

Band 60

Stefan Wannenwetsch

»Es gibt noch Arbeiter in Deutschland«

Zur Kategorie ›Arbeiter‹ in der bundesdeutschen ›Arbeitnehmergesellschaft‹

DE GRUYTER
OLDENBOURG

Die freie Verfügbarkeit der E-Book-Ausgabe dieser Publikation wurde durch 35 wissenschaftliche Bibliotheken und Initiativen ermöglicht, die die Open-Access-Transformation in der Geschichte fördern.

(Zugleich gekürzte und überarbeitete Dissertation, Eberhard-Karls-Universität Tübingen, 2022.)

ISBN 978-3-11-108629-3
e-ISBN (PDF) 978-3-11-108656-9
e-ISBN (EPUB) 978-3-11-108683-5
ISSN 2190-1813
DOI https://doi.org/10.1515/9783111086569

Library of Congress Control Number: 2024932200

Bibliografische Information der Deutschen Nationalbibliothek
Die Deutsche Nationalbibliothek verzeichnet diese Publikation in der Deutschen Nationalbibliografie; detaillierte bibliografische Daten sind im Internet über http://dnb.dnb.de abrufbar.

www.degruyter.com

Open-Access-Transformation in der Geschichte

Open Access für exzellente Publikationen aus der Geschichte: Dank der Unterstützung von 35 wissenschaftlichen Bibliotheken und Initiativen können 2024 insgesamt neun geschichtswissenschaftliche Neuerscheinungen transformiert und unmittelbar im Open Access veröffentlicht werden, ohne dass für Autorinnen und Autoren Publikationskosten entstehen.

Folgende Einrichtungen und Initiativen haben durch ihren Beitrag die Open-Access-Veröffentlichung dieses Titels ermöglicht:

Universitätsbibliothek Bayreuth
Staatsbibliothek zu Berlin – Preußischer Kulturbesitz
Freie Universität Berlin
Universitätsbibliothek Bern
Universitätsbibliothek Bielefeld
Universitätsbibliothek Bochum
Universitäts- und Landesbibliothek Bonn
Staats- und Universitätsbibliothek Bremen
Universitäts- und Landesbibliothek Darmstadt
Universitätsbibliothek Duisburg-Essen
Universitäts- und Landesbibliothek Düsseldorf
Universitätsbibliothek Johann Christian Senckenberg, Frankfurt a. M.
Universitätsbibliothek Gießen
Niedersächsische Staats- und Universitätsbibliothek Göttingen
Staats- und Universitätsbibliothek Hamburg Carl von Ossietzky
Gottfried Wilhelm Leibniz Bibliothek – Niedersächsische Landesbibliothek, Hannover
Technische Informationsbibliothek (TIB)
Universitätsbibliothek Hildesheim
Universitäts- und Landesbibliothek Tirol, Innsbruck
Rheinland-Pfälzische Technische Universität Kaiserslautern-Landau
Universitätsbibliothek Kassel – Landesbibliothek und Murhardsche Bibliothek der Stadt Kassel
Universitäts- und Stadtbibliothek Köln
Universitätsbibliothek Mainz
Bibliothek des Leibniz-Instituts für Europäische Geschichte, Mainz
Universitätsbibliothek Marburg
Universitätsbibliothek der Ludwig-Maximilians-Universität München
Universitäts- und Landesbibliothek Münster
Bibliotheks- und Informationssystem (BIS) der Carl von Ossietzky Universität Oldenburg
Universitätsbibliothek Osnabrück
Universität Potsdam
Universitätsbibliothek Regensburg
Universitätsbibliothek Vechta
Herzog August Bibliothek Wolfenbüttel
Universitätsbibliothek Wuppertal
Zentralbibliothek Zürich

Für Eva und Julian.
Und für Traude-Rose und Martin.

Vorwort und Dank

Die sozialversicherungsrechtliche Vereinheitlichung von ‚Arbeitern' und ‚Angestellten' erwies sich als ein Jahrhundertprojekt, und auch die Fertigstellung meiner Arbeit kam dieser Zeitspanne recht nahe. Auch mir gegenüber zeigte sich der ‚Arbeiter' als äußerst widerständig. Zugleich war er für mich, wie für viele der im vorliegenden Buch untersuchten Akteure, eine ergiebige Ressource, um mein Denken zu schulen und meinen Horizont zu erweitern.

Herausgekommen ist ein Buch, das weniger von den Menschen handelt, die als Arbeiter bezeichnet wurden oder sich als solche verstanden – es stellt vielmehr den Versuch dar, eine Wissensgeschichte des ‚Arbeiters' in der alten Bundesrepublik zu schreiben. Den Hintergrund bildet der politische Wandlungsprozess, der sich kurz nach der Jahrtausendwende mit dem einsetzenden Niedergang der SPD abzuzeichnen begann, und der eng an die Erosion der Arbeiterklasse gekoppelt ist. Soziologie und Sozialgeschichte warten mit zahlreichen Ansätzen auf, welche das Verschwinden der Arbeiterinnen und Arbeiter beinahe als Zwangsläufigkeit erscheinen lassen. Und doch wurde ich das Gefühl nicht los, als sei damit noch nicht alles erklärt. Was in diesen Ansätzen oft fehlt, sind die Akteure, welche sich von der Arbeiterschaft distanzierten, und deren Motive. Sich ihnen zuzuwenden eröffnet zeitgenössische Perspektiven und Handlungsoptionen, die historische Alternativen zum geschichtsnotwendigen Verschwinden der Arbeiterklasse aufzeigen.

Am Ende steht ein umfangreiches – vielleicht auch ein zu umfangreiches – Buch, das einige dieser abweichenden Geschichten enthält. Es ist daher kein rundes Buch geworden, dessen Inhalt sich unter einen einzigen Erzählbogen fassen ließe. Nicht alle Redundanzen konnte ich tilgen. Wichtiger war mir, dass die Geschichten – manche umfassen nur ein Kapitel, manche erstrecken sich über mehrere hinweg – unabhängig voneinander oder in einer anderen Reihenfolge gelesen werden können.

Vorweg sei noch auf zwei sprachliche Aspekte verwiesen. Die einfachen Anführungszeichen (‚Arbeiter') werden im Folgenden verwendet, wenn es um den Begriff, das Konzept oder diskursive Konstrukt, die Kategorie oder Repräsentation oder um Ähnliches geht, wobei die genannten Begriffe synonym verwendet werden. Ist dagegen von Arbeitern die Rede, so sind damit die konkreten Menschen gemeint. Diese Unterscheidung ist jedoch nicht immer zweifelsfrei zu treffen, sie soll daher lediglich eine Lesehilfe bieten. „Arbeiter" verweist hingegen immer auf ein Zitat. Um das Schriftbild nicht zu überfrachten, verwende ich die einfachen Anführungsstriche nur für die Begriffe ‚Arbeiter', ‚Arbeitnehmer', ‚Angestellter' und ‚Beamter' und deren Komposita. Aus einer wissensgeschichtlichen Perspektive müssten jedoch auch Begriffe wie Kapitalismus, Neoliberalismus, Struktur, Wissen und so weiter als diskursive Konstrukte ausgewiesen werden, um nicht Gefahr zu laufen, sie zu essentialisieren. Problematisch ist überdies die Frage des Genderns. Der oft gewählte Ausweg, nur die männliche Form zu *nennen*, damit aber auch die Frauen zu *meinen*, erweist sich als Holzweg, wie Kübra Gümüşay bemerkte: „Es reicht nicht aus, dass Frauen – womöglich – mitgemeint sind, wenn sie nicht auch von allen mitgedacht werden, die den Begriff verwenden."[1] Andererseits ist nicht zu leugnen, dass konsequentes Gendern den bisher gewohnten Lesefluss stört. Hin und wieder werde ich daher die maskuline und feminine Form verwenden, um bewusst darauf aufmerksam zu machen, dass es sich bei den Arbeitern eben nicht nur um Männer handelte. Dass ich dazwischen häufig nur die männliche Form oder den Kollektivsingular Arbeiterschaft benutze und auf den Genderstern verzichte, möge mir als Konzession an die überkommenen Lesegewohnheiten nach Belieben zum Vorwurf gemacht, nachgesehen oder gedankt werden.

Danken möchte ich auch selbst: Für die Möglichkeit, eine intellektuelle Reise mit allen Freiheiten unternehmen zu dürfen, gilt mein herzlicher Dank meinen beiden Betreuern Anselm Doering-Manteuffel und Dietmar Süß. Das Oberseminar am Tübinger Seminar für Zeitgeschichte war ein einzigartiger Ort, um das wissenschaftliche Denken und Diskutieren zu üben. Danke, dass ich dabei sein durfte! Für Unterstützung und Ratschläge möchte ich Thomas Schlemmer, Jörg Neuheiser, Lutz Raphael, Ulrich Herbert und Jan Eckel danken. Christine Schlauch, Anne Schönwald, Jana Werner-Scholz und Maren Ebert-Rohleder danke ich ebenfalls für ihre Hilfe. Großer Dank gebührt der Deutschen Forschungsgemeinschaft und der Friedrich-Ebert-Stiftung für die langjährige Förderung meines Vorhabens. Besonders danken möchte ich Stefan Müller, Johannes Platz, Philipp Kufferath und Ursula Bitzegeio. Ohne die Hilfe der Archivarinnen und Archivare in Berlin, Bochum, Bonn, Duisburg, Essen und Köln hätte ich die umfangreiche Quellengrundlage nicht erschließen können, und ohne die Mitarbeiterinnen und Mitarbeiter des Verlags wäre das Buch nicht erschienen. Vielen Dank für Ihre freundliche und kompetente Unterstützung! Den Herausgebern gilt mein Dank für die Aufnahme des Buches in die Reihe „Ordnungssysteme".

Durch meine Arbeit an der Universität Tübingen durfte ich viele Kolleginnen und Kollegen kennenlernen, die mich nicht nur durch ihre Klugheit, ihren Scharfsinn und ihr Wissen, sondern auch durch ihre Persönlichkeit tief beeindruckt haben: Peter Tietze, Christopher Seiberlich, Fernando Esposito, Benigna Schönhagen, Daniel Hadwiger, Johannes Großmann, Martin Kindtner, Silke Mende, Cosima Götz, Cora Schmidt-Ott, Richard Kühl, Henning Tümmers, Tjark Wegner, Christian Stadermann, Arne Hordt, Grischa Sutterer, Martin Deuerlein und Christian Volkholz.

1 Kübra Gümüşay, Sprache und Sein, Berlin [6]2020, S. 20.

Ich habe viel von ihnen gelernt! Besonderer Dank gilt meiner Familie. Meine Eltern, Martin und Traude-Rose, sind immer eingesprungen, wenn Hilfe nötig war. Meine Schwester Silke Abendschein mit Adrián und Joël haben mir während meiner Archivrecherchen in Berlin ein zweites Zuhause gegeben. Den größten Dank schulde ich aber Eva und Julian. Danke, dass ihr all die Jahre mit mir durchgestanden habt!

Altingen, im Januar 2024 Stefan Wannenwetsch

Inhalt

Teil IV: **Der Anfang vom Ende? (1985–2010)**

„Warum […] die Arbeiter immer weniger wissen, daß sie es sind, läßt sich immerhin aus manchen Beobachtungen erraten."[1]

„Sie gehen davon aus, daß es ursprünglich ein sinnlich faßbares Proletariat gegeben hat. Diese Vorstellung von einem Proletariat wird […] zu einem Ganzen stilisiert. Dann wird empirisch die Abwesenheit dieses substantiellen Ganzen in der Wirklichkeit der Arbeiter festgestellt und hieraus geschlossen, daß sich wesentliche Wandlungen der Arbeiterschaft vollzogen haben."[2]

„Insbesondere wird man nie zu sauberen Ergebnissen kommen, wenn man den Arbeiter schlechthin mit der Klasse der Industriearbeiter identifiziert."[3]

1 Theodor W. Adorno, Minima Moralia. Reflexionen aus dem beschädigten Leben, Frankfurt a. M. 1978 [1951], S. 257.

2 Oskar Negt/Alexander Kluge, Öffentlichkeit und Erfahrung. Zur Organisation von bürgerlicher und proletarischer Öffentlichkeit, Frankfurt a. M. 1972, S. 481.

3 Ernst Jünger, Der Arbeiter. Herrschaft und Gestalt, Stuttgart 2014 [1932], S. 79.

1 Einleitung

Das Jahr 2005 markiert eine säkulare Zäsur in der deutschen Geschichte, und obwohl ein Großteil der Bevölkerung direkt von diesem Einschnitt betroffen war, wurde ihm kaum öffentliche Aufmerksamkeit zuteil. Zugegebenermaßen erscheint er auf den ersten Blick reichlich unspektakulär, ja geradezu banal: Damals vereinigten sich die für die Arbeiterschaft zuständigen Landesversicherungsanstalten (LVA) mit der Bundesversicherungsanstalt für Angestellte (BfA) zur Deutschen Rentenversicherung. Was diese Fusion zur säkularen Zäsur machte, war die ihr zugrunde liegende Aufhebung der sozialversicherungsrechtlichen Unterscheidung von ‚Arbeitern' und ‚Angestellten' zugunsten eines einheitlichen Arbeitnehmerbegriffs. Formal betrachtet war diese historische Pfadabkehr mit dem Umbau des Sozialstaats vergleichbar, den SPD und Bündnis 90/Die Grünen seit 2003 voran trieben. Warum aber erregte die Abschaffung des ‚Arbeiters' nicht annähernd so viel Aufsehen[1] wie die Agenda 2010[2], welche die Bundespolitik auf Jahre hinaus beeinflusste?

Für zeitgenössische Kommentatoren handelte es sich bei der Verwirklichung des einheitlichen Arbeitnehmerstatus, ganz anders als bei der Agenda 2010, um keinen „Überraschungscoup"[3]. In ihren Augen war jener sozialversicherungsrechtliche Einschnitt vielmehr ein längst überfälliger Schritt[4]. Und tatsächlich hatte die Gesetzgebung in diesem Fall über Jahrzehnte als retardierendes Moment gewirkt. Denn ungeachtet tiefgreifender volkswirtschaftlicher Transformationen blieb für den arbeits- und sozialrechtlichen Kodex mit der Dichotomie von ‚Arbeitern' und ‚Angestellten' ein Strukturprinzip konstitutiv, dessen Wurzeln in der Arbeitswelt des letzten Drittels des 19. Jahrhunderts lagen[5].

---

1 Vgl. Hartmut Meine, „Arbeiter und Angestellte": Vom Ende und Beharrungsvermögen alter Scheidelinien, in: WSI-Mitteilungen 58–2 (2005), S. 76–81. Vgl. als Beispiel der journalistischen Berichterstattung: Antonia Beckermann, Das Ende einer deutschen Ära, in: Welt am Sonntag, 25.9.2005, <https://www.welt.de/print-wams/article132688/Das-Ende-einer-deutschen-Aera.html> (15.05.2023).

2 So diskutierte Ulrich Herbert die Agenda 2010 gar als einen der möglichen Endpunkte des 20. Jahrhunderts. Vgl. Ulrich Herbert, Geschichte Deutschlands im 20. Jahrhundert, München 2014, S. 1245–1247.

3 Vgl. Sebastian Nawrat, Agenda 2010 – ein Überraschungscoup? Kontinuität und Wandel in den wirtschafts- und sozialpolitischen Programmdebatten der SPD seit 1982, Bonn 2012.

4 O.V., Ende der historischen Trennung, in: manager magazin, 12.4.2004, <http://www.manager-magazin.de/unternehmen/artikel/a-294968.html> (15.05.2023).

5 Vgl. zur Entwicklung des Angestelltenrechts Wolfgang Hromadka, Von den Protoangestellten zur Angestelltengesellschaft, in: VSWG 102–1 (2015), S. 5–29, hier S. 6 f., 11, 13, 16, 20. Vgl. zudem Jürgen Kocka, Die Angestellten in der deutschen Geschichte 1850–1980. Vom Privatbeamten zum ange-

 https://doi.org/10.1515/9783111086569-002

Ein Blick in den Brockhaus mag dies verdeutlichen. Konnte die Enzyklopädie 1901 noch prägnant je ein Unterscheidungsmerkmal benennen – überwiegend körperlich geprägte Lohnarbeit bei den Arbeitern, Vertretungsrecht des „Geschäftsherrn" seitens der Angestellten – hatten beide Kriterien bereits in der Weimarer Republik an Trennschärfe eingebüßt[6]. Unter den Arbeiterbegriff im allgemeinen Sinne fasste das Lexikon 1928 nun auch explizit die „Kopfarbeiter", wodurch jener semantisch auf den Angestelltenbereich ausgriff[7]. Andererseits zeichnete sich, seitdem nicht mehr allen Angestellten ein geschäftliches Vertretungsrecht zugestanden wurde, auch innerhalb der Angestelltenschaft eine Binnendifferenzierung ab, die der Brockhaus zuvor allein bei den Arbeitern, und zwar in aller Deutlichkeit, hervorgehoben hatte. Beinahe resignierend stellten die Autoren der ersten Nachkriegsausgabe 1952 mit Blick auf die Angestellten fest: „Eine genaue Begriffsbestimmung ist kaum zu geben [...]. Die Stufenleiter der *Angestelltenberufe* reicht vom Bürodiener bis zum Generaldirektor [...]."[8] Auch wenn in den Folgeausgaben das Bemühen erkennbar wird, Differenzierungsmerkmale anzuführen, schien die grundsätzliche Entwicklung doch auf eine Überwindung der Unterscheidung hinauszulaufen. Denn die noch vorhandenen Differenzen ließen sich kaum noch aus der Art der Tätigkeit ableiten. Stattdessen wurde einerseits die Faktizität des Normativen herangezogen, das heißt die durch die gesetzlichen und tarifvertraglichen Regelungen bedingten Diskriminierungen, andererseits die Normativität des Faktischen. So existierte mit der Deutschen Angestellten-Gewerkschaft (DAG) eine Standesorganisation, die eine Weiterführung der Dichotomie von ‚Arbeitern' und ‚Angestellten' im Arbeits- und Sozialrecht schon aufgrund der bloßen Tatsache ihrer geschichtlichen Existenz als hinreichend legitimiert ansah[9].

stellten Arbeitnehmer, Göttingen 1981 sowie Günther Schulz, Die Angestellten seit dem 19. Jahrhundert, München 2000.

6 Vgl. o. V., Angestellter, in: Brockhaus' Konversations-Lexikon, 1. Band, 14. vollst. neubearb. Aufl., Leipzig/Berlin/Wien 1901, S. 624, o. V., Arbeiter, in: ibid., S. 813–815, hier S. 813, o. V., Angestellter, in: Der Große Brockhaus, 1. Band, 15. völlig neubearb. Aufl., Leipzig 1928, S. 464 sowie o. V., Arbeiter, in: ibid., S. 600.

7 Ibid. Der Artikel von 1901 operierte noch mit einem unspezifischen allgemeinen Arbeiterbegriff, worunter „ein jeder, welcher an der wirtschaftlichen Produktion, an der Wertschaffung thätig [sic!] teilnimmt", gefasst wurde. O.V., Arbeiter (Brockhaus 1901), S. 813.

8 O. V., Angestellte, in: Der Grosse Brockhaus, 1. Band, 16. völlig neubearb. Aufl., Wiesbaden 1952, S. 280–281 (H. i. O.).

9 Die Ausgabe von 1952 definierte etwa: „Im Unterschied zu den Angestellten mit monatlicher Gehaltszahlung heißen A.[rbeiter] vor allem die körperlich Arbeitenden mit wöchentlicher oder tägl. Entlohnung." Vgl. o. V., Arbeiter, in: Brockhaus 1952, S. 364–365, hier S. 364. Auf die konservierende Wirkung der Angestelltengewerkschaft verwiesen erst die späteren Ausgaben. Vgl. o. V., Angestellte, in: Brockhaus Enzyklopädie, 1. Band, 19. völlig neu bearb. Aufl., Mannheim 1986, S. 575.

Spätestens mit dem Aufgehen der DAG in der Vereinten Dienstleistungsgewerkschaft (ver.di) und damit einhergehend dem Beitritt in den Deutschen Gewerkschaftsbund (DGB) 2001 war jedoch auch dieser Stützpfeiler der Dichotomie weggefallen[10].

Das Jahr 2005 könnte vor diesem Hintergrund als Happy End einer modernisierungstheoretisch grundierten Geschichte fungieren, in welcher der „Überbau" mit der „Basis" (Karl Marx) respektive die „Sprache" mit der „Welt" (Reinhart Koselleck) in letzter Instanz in Einklang gekommen ist. Nun endete die Geschichte bekanntlich nicht mit diesem Jahr[11], und der weitere Lauf der Dinge rückte verstärkt die Kosten jener Zäsur in den Vordergrund. Denn was erreicht worden war, erwies sich nicht als eine rechtlich egalitäre ‚Arbeitnehmergesellschaft', in welcher der Arbeitnehmerstatus identitätsstiftende Wirkung für die Millionen Beschäftigte zu entfalten und folglich eine entscheidende lebensweltliche und politische Relevanz zu erlangen vermochte. Immerhin profitierten vor allem die ehemaligen Arbeiterinnen und Arbeiter von der Einführung des einheitlichen Arbeitnehmerstatus, in welchen weitgehend das bessere Recht der ‚Angestellten' eingeflossen war[12]. Gleichsam als Nebeneffekt blieben jedoch gesellschaftspolitisch relevante Leerstellen und Diskursverschiebungen zurück, da, so die Prämisse der vorliegenden Arbeit, die Kategorie ‚Arbeiter' nicht gänzlich in der Kategorie ‚Arbeitnehmer' aufgehoben wurde, sondern wichtige Dimensionen außen vor blieben.

1.1 Fragestellung

Wenn diese Vorannahme zutrifft, so liegt die Vermutung nahe, dass das Verschwinden – oder zumindest die Marginalisierung – des ‚Arbeiters' zu einigen Problemen beigetragen hat, mit denen wir seither konfrontiert sind. Je nachdem, wie schwer die aufgetretenen Probleme wiegen, erhebt ihn gerade die Marginalisierung zu einer „Schlüsselfigur"[13] der deutschen Zeitgeschichte. Um dieses Potential analytisch auszuschöpfen, muss jedoch die Vorstellung aufgegeben werden, bei der Marginalisierung des ‚Arbeiters' handele es sich gleichsam um eine geschicht-

10 Dem Beitritt war ein Mitte der 1980er Jahre einsetzender Annäherungsprozess vorausgegangen, vgl. Hans-Peter Müller, Die Deutsche Angestellten-Gewerkschaft im Wettbewerb mit dem DGB. Geschichte der DAG 1947–2001, Baden-Baden 2011, Kap. 21.

11 Interessanterweise läutete das Jahr 2005 aber auch das Ende der Brockhaus-Enzyklopädie ein. Auch sie war eine Instanz der Moderne mit zweihundertjähriger Geschichte.

12 Vgl. Hromadka, Protoangestellte, S. 5.

13 Vgl. Jörg Arnold, Vom Verlierer zum Gewinner – und zurück. Der *Coal Miner* als Schlüsselfigur der britischen Zeitgeschichte, in: GG 42–2 (2016), S. 266–297, hier S. 269.

liche Notwendigkeit. Ein solches deterministisches Denken prägte als marxistische wie als modernisierungstheoretische Denkfigur des „Fortschritts“[14] den Erwartungshorizont der Zeitgenossen noch bis an die Schwelle zum 21. Jahrhundert. Dagegen muss die grundsätzliche Offenheit und Gestaltbarkeit geschichtlicher Entwicklungen hervorgehoben werden. Es gilt mithin, der Zäsur von 2005 den Anschein der Selbstverständlichkeit zu nehmen und stattdessen ihre Genese zu rekonstruieren. Dabei müssen gerade auch retardierende Momente und nicht realisierte Alternativen in den Blick genommen werden. Dies wiederum macht es erforderlich, auch den Gegenstand selbst zu öffnen. Die Vorstellung, es existiere ein ‚Arbeiter' im eigentlichen Sinne, muss aufgegeben werden, gleich, ob man den idealen ‚Arbeiter' nun historisch im Proletariat des 19. Jahrhunderts oder funktional in der Industriearbeiterschaft schlechthin verortet[15]. Vielmehr soll ‚Arbeiter' in der vorliegenden Studie als ein kollektiver Wissensbestand gefasst werden, welcher

- primär auf der Vorstellung eines spezifischen, von anderen unterscheidbaren Akteurs basiert,
- sekundär zumeist auf die Gesellschaft bezogen ist;
- prinzipiell für alle politischen Richtungen anschlussfähig, dadurch aber
- potentiell umstritten ist und deshalb der Aushandlung durch Akteure bedarf, die im Zuge dessen das jeweilige Selbstverständnis der Gesellschaft mitprägen;
- dadurch im Laufe der Zeit ein Arsenal an kontextspezifischen, teils auch widersprüchlichen Identitäts-, Deutungs- und Handlungsoptionen akkumulierte und somit erfahrungsgesättigt ist;
- mit bestimmten Gruppen identifiziert oder von bestimmten Gruppen als Selbstbeschreibung reklamiert werden kann, um Handlungsalternativen in spezifischer Weise zu strukturieren;
- als epistemische „Ressource“[16] die Erschließung neuen Wissens ermöglicht, unter anderem, indem er auf verschiedenen Feldern (etwa Wirtschaft, Politik, Kultur, Wissenschaft) mit je unterschiedlichen Erfolgsaussichten appliziert und mit den dort verfügbaren Wissensbeständen verknüpft werden kann;
- dadurch kontinuierlich modifiziert, aber auch ganz oder teilweise vergessen werden kann.

---

14 Vgl. Pascal Maeder/Barbara Lüthi/Thomas Mergel, Einleitung, in: dies. (Hrsg.), Wozu noch Sozialgeschichte? Eine Disziplin im Umbruch, Göttingen 2012, S. 7–24, hier S. 12. Zur Forderung, sich vom „deterministischen Erbe der *Mainstream*-Soziologie zu befreien“: Peter Wagner, Moderne als Erfahrung und Interpretation. Eine neue Soziologie zur Moderne, Konstanz 2009, S. 362 (H. i. O.).

15 Vgl. die Eingangszitate von Adorno, Negt/Kluge und Jünger.

16 Vgl. Mitchell G. Ash, Reflexionen zum Ressourcenansatz, in: Sören Flachowsky/Rüdiger Hachtmann/Florian Schmaltz (Hrsg.), Ressourcenmobilisierung. Wissenschaftspolitik und Forschungspraxis im NS-Herrschaftssystem, Göttingen 2016, S. 535–553, hier S. 544 ff.

Es stellt sich daher die Frage: Wie ist der Bedeutungsverlust des kollektiven Wissensbestands ‚Arbeiter' zu erklären? Um nicht selbst der Versuchung der deterministischen Deutungsangebote zu erliegen, soll die Frage am Beispiel unterschiedlicher gesellschaftlicher Felder beantwortet werden, um feldspezifische Eigenlogiken und Eigenzeitlichkeiten zu erfassen, und zwar nicht, um sie als Abweichungen zu behandeln, sondern als Ausdruck historischer Alternativen. Schließlich war auch der Aufstieg der Kategorie ‚Arbeiter' seit Mitte des 19. Jahrhunderts keineswegs geschichtsdeterminiert oder konfliktfrei verlaufen. Während die frühe Sozialdemokratie einen dezidiert auf die Demokratie hin ausgerichteten Arbeiterbegriff in den politischen Diskurs einbrachte, versuchten zeitgleich konservative Politiker und Unternehmer, ‚Arbeiter' als deutschen, fleißigen, um seinen standesgemäßen Platz wissenden Untertan gegen das als unzuverlässig, internationalistisch und marxistisch gebrandmarkte Proletariat abzugrenzen[17]. Auch die Dekonstruktion der Kategorie ‚Arbeiter', so ist zu vermuten, wurde von unterschiedlichen Akteuren betrieben.

Eine zweite Sicherung gegen die deterministische Versuchung liegt darin, die Leitfrage in positiver Weise zu operationalisieren: Welche Akteure hielten unter welchen Umständen und aus welchen Gründen am ‚Arbeiter' fest? Welche Aspekte stellten sie dabei heraus? Und mit welchen Kosten und mit welchem Nutzen ging dies einher? Erst als letztes ist zu fragen: Warum und unter welchen Umständen gaben sie den ‚Arbeiter' auf? Die Antwort darauf verspricht einen Beitrag zur Problemgeschichte der Gegenwart zu liefern.

1.2 Zur Relevanz der Fragestellung

Doch zu welcher Problemkonstellation trug die Marginalisierung des ‚Arbeiters' überhaupt bei? Hinsichtlich der Stabilität der Demokratie bedenklich ist die Transformation, die das deutsche Parteiensystem seit 2005 durchlaufen hat. Ihren Ausgangspunkt nahm sie zwar in massiven Mitglieder- und Stimmverlusten der SPD, doch die parlamentarische Etablierung einer zum Rechtsextremismus hin offenen Protestpartei seit 2014 bildet ihr eigentliches Charakteristikum. Wie in

17 Vgl. Thomas Welskopp, Das Banner der Brüderlichkeit. Die deutsche Sozialdemokratie vom Vormärz bis zum Sozialistengesetz, Bonn 2000, S. 60–91, 575–578 sowie Werner Conze, Arbeiter, in: Otto Brunner/Werner Conze/Reinhart Koselleck (Hrsg.), Geschichtliche Grundbegriffe. Historisches Lexikon zur politisch-sozialen Sprache in Deutschland, Band 1, Stuttgart 1972, S. 216–242, hier S. 226 f., 236–239.

anderen westlichen Staaten zuvor schicken sich die Rechtspopulisten nun auch hierzulande an, zur neuen Arbeiterpartei zu werden[18].

Aber trifft diese Schlussfolgerung überhaupt zu? Schließlich trat die AfD bisher nicht mit einem sonderlich sozialen Programm hervor, sondern betrieb „Identitätspolitik im streng nationalen Sinne“[19]. Sind es also noch ‚Arbeiter‘, die ihr Kreuz bei der AfD setzen, oder eher „Biodeutsche“ mit einem Arbeiterhintergrund? Immerhin ist die „Entstehung neuer kollektiver Identitäten, die die Form der Partizipation an Debatten und Entscheidungen verändern“, ein völlig normaler Vorgang[20]. Und noch ein anderer Aspekt ist zu beachten: Dass ausgerechnet Arbeiter unter den AfD-Wählern hervorgehoben werden, kann als ein spezifisch bundesrepublikanischer Krisendiskurs gewertet werden, gleichsam als eine historische Wiederkehr der Ausgrenzung bestimmter Arbeitergruppen als „Lumpenproletariat“[21]. So nämlich kann die wahrgenommene Demokratiegefährdung, und mit ihr der ‚Arbeiter‘, anachronisiert, exotisiert und externalisiert werden[22], während positiv besetzte Rubra wie Bürger oder ‚Arbeitnehmer‘ als die langjährige „Leitfigur“ der bundesrepublikanischen Gesellschaft[23] geschützt werden. ‚Arbeiter‘ waren dagegen zu keinem Zeitpunkt ein exklusiver Bestandteil der bundesrepublikanischen Ordnung, vielmehr hatten beide deutsche Diktaturen propagiert, die Inter-

---

18 Vgl. Stéphane Beaud/Michel Pialoux, Die verlorene Zukunft der Arbeiter. Die Peugeot-Werke von Sochaux-Montbéliard, Konstanz 2004 [frz. Orig. 1989], Kap. IX, Didier Eribon, Rückkehr nach Reims, Bonn 2016 [frz. Orig. 2009], Colin Crouch, Postdemokratie, Frankfurt a. M. [12]2015 [ital. Orig. 2003], S. 40, 150 ff. sowie Franz Walter, Vorwärts oder abwärts? Zur Transformation der Sozialdemokratie, Berlin 2010, S. 66 f. Zur AfD vgl. etwa o. V., Senioren wählen FDP, Arbeiter die AfD, in: Faz.net, 19.7.2017, <http://www.faz.net/aktuell/politik/bundestagswahl/waehlerforschung-senioren-waehlen-fdp-arbeiter-die-afd-15112924.html> (23.05.2023).

19 Jana Hensel, Und wenn die AfD Recht hat?, in: Zeit Online, 26.4.2017, <http://www.zeit.de/politik/deutschland/2017-04/rechtpopulismus-afd-pegida-neoliberalismus-d17/> (23.05.2023).

20 Crouch, Postdemokratie, S. 20.

21 Vgl. Peter Bescherer, Vom Lumpenproletariat zur Unterschicht. Produktivistische Theorie und politische Praxis, Frankfurt a. M./New York 2013.

22 Vgl. Micha Brumlik, Vom Proletariat zum Pöbel: Das neue reaktionäre Subjekt, in: Blätter 62–1 (2017), S. 56–62 sowie Ulrich Weigel, Das Proletariat: Vom revolutionären Popanz zum reaktionären Pöbel?, in: Blätter 62–5 (2017), S. 35–38.

23 Heinz Bude, Was kommt nach der Arbeitnehmergesellschaft?, in: Ulrich Beck (Hrsg.), Die Zukunft von Arbeit und Demokratie, Frankfurt a. M. 2000, S. 121–134, hier S. 123. Vgl. zudem Nils Minkmar, Das ist Bürgerbeleidigung, in: Spiegel Online, 3.9.2019, <https://www.spiegel.de/kultur/gesellschaft/afd-nennt-sich-buergerlich-das-ist-buergerbeleidigung-debattenbeitrag-a-1285112.html> (23.05.2023).

essen der Arbeiterschaft zu vertreten[24]. Es zeichnet sich hier ein Problemkonglomerat ab, wie im Folgenden gezeigt werden soll: Die rechtspopulistische Transformation der kollektiven Identität ‚Arbeiter' ist kaum vom politischen Repräsentationsdefizit zu trennen, das wiederum mit einer defizitären gesellschaftlichen Integration einhergeht und letztlich zu einem Defizit der Gesellschaftskritik führt.

Freilich hängt die Argumentation von der Prämisse ab, dass ‚Arbeiter' noch immer eine relevante, das heißt kollektiv identitätsbildende Wirkung entfalten kann. Hierfür nötig wäre zunächst das Vorhandensein einer gruppenspezifisch erfahrbaren Differenz gegenüber anderen, die narrativ überhöht wird, indem interne Widersprüche minimiert, externe aber maximiert werden. Weiterhin muss eine Identität von anderen als solche anerkannt werden, um sich auf Dauer zu stabilisieren und um Wirkung zu entfalten. Optional können kollektive Identitäten schließlich durch die Ausbildung eigener Institutionen gestützt werden. Auch wenn eine kollektive Identität keinen exklusiven Zugriff auf Individuen hat, sollte sie für diese zumindest bereichsspezifische Relevanz aufweisen und situativ handlungsleitend wirken[25]. Was den Institutionalisierungsgrad betrifft, erlebte die kollektive Identität ‚Arbeiter' zweifellos einen starken Substanzverlust. Auch die Anerkennung durch andere hat abgenommen. Seit 2005 erfasst das Statistische Bundesamt nicht mehr den genauen Anteil von ‚Arbeitern' und ‚Angestellten' an der Erwerbsbevölkerung, die Gewerkschaften weisen seit 2007 ihre Mitgliederstruktur nicht mehr anhand der beiden Indikatoren aus[26]. Doch nach wie vor kann die Kategorie ‚Arbeiter' zur soziologischen Beschreibung der deutschen Gesellschaft herangezogen werden[27]. Und auch das Statistische Bundesamt berechnet im Mikrozensus weiterhin ihre Zahl. Laut Hochrechnung lebten 2021 noch knapp fünf Millionen Arbeiterinnen und Arbeiter in der Bundesrepublik[28]. Bemerkenswert

24 Vgl. statt vieler: Michael Schneider, Unterm Hakenkreuz. Arbeiter und Arbeiterbewegung 1933 bis 1939, Bonn 1999 sowie Christoph Kleßmann, Arbeiter im ‚Arbeiterstaat' DDR. Deutsche Traditionen, sowjetisches Modell, westdeutsches Magnetfeld (1945–1971), Bonn 2007.

25 Vgl. Heinz Abels, Identität, in: Günter Endruweit/Gisela Trommsdorff/Nicole Burzan (Hrsg.), Wörterbuch der Soziologie, Konstanz/München [3]2014, S. 172–175.

26 Vgl. Jürgen Schmidt, Arbeiter in der Moderne. Arbeitsbedingungen, Lebenswelten, Organisationen, Frankfurt a. M./New York 2015, S. 27, 200. Statistiken bilden gesellschaftliche Realitäten nicht bloß ab, sondern gestalten diese durch die Auswahl der herangezogenen Indikatoren mit. Vgl. Kerstin Brückweh, Menschen zählen. Wissensproduktion durch britische Volkszählungen und Umfragen vom 19. Jahrhundert bis ins digitale Zeitalter, Berlin/Boston 2015. Vgl. zudem Luc Boltanski/Ève Chiapello, Der neue Geist des Kapitalismus, Konstanz 2013 [frz. Orig. 1999], S. 338–361.

27 Vgl. Rainer Geißler, Die Sozialstruktur Deutschlands, 7., grundlegend überarb. Aufl., Wiesbaden 2014, Kap. 5 und 9.

28 Vgl. Statistisches Bundesamt, Mikrozensus – Arbeitsmarkt 2021 (Endgültiges Ergebnis), Blatt 12211–04, <https://www.destatis.de/DE/Themen/Arbeit/Arbeitsmarkt/Erwerbstaetigkeit/Publikatio

hierbei ist, dass diesen Daten eine Selbstzuschreibung seitens der Befragten zugrunde liegt.

Auch das erste Kriterium, die erlebbare Differenz, scheint daher noch erfüllt zu sein. Zwar schaffte die Novelle des Betriebsverfassungsgesetzes 2001 „das Gruppenprinzip bei der Wahl des Betriebsrates" ab, weil „der Gruppenstatus von Angestellten und Arbeitern in der betrieblichen Realität keine wesentliche Rolle mehr spielt"[29]. Doch auch 15 Jahre später stellte Thomas Haipeter noch fest: „Wenn man heute einen Industriebetrieb besucht, wissen sowohl die Personaler als auch die Betriebsräte genau, wer in ihrem Betrieb die Angestellten und wer die Arbeiter [...] sind"[30]. Auch lassen sich Belege anführen, dass die Arbeiteridentität nicht nur im Kontext der konkreten Arbeitssituation, sondern auch politisch relevant ist. Lea Elsässer und Armin Schäfer kamen nach einer Auswertung von Umfragedaten zum Schluss,

> first, that occupational groups tend to hold different opinions on questions of substantial political importance, and, second, differences between social classes are larger than those between women and men, East and West Germans, and between educational groups.[31]

Dass der Nichtwähleranteil seit den frühen 1980er Jahren vor allem in der Arbeiterschaft zugenommen hat[32], deutet auf ein Repräsentationsdefizit dieser Bevölkerungsgruppe hin, zumal auch der Anteil jener Parlamentsmitglieder, die vor ihrer politischen Karriere einer Arbeitertätigkeit nachgegangen sind, stetig sinkt[33]. Von einem demokratietheoretischen Standpunkt aus stellt sich mittlerweile gar die Frage nach einer Arbeiterquote[34]. Diese Entwicklungen korrespondieren mit dem Befund Paul Noltes, dass soziale Ungleichheit „seit den siebziger Jahren im öffent-

---

nen/Downloads-Erwerbstaetigkeit/statistischer-bericht-mikrozensus-arbeitsmarkt-2010410217005.xlsx?__blob=publicationFile> (25.05.2023).

29 Werner Milert/Rudolf Tschirbs, Die andere Demokratie. Betriebliche Interessenvertretung in Deutschland, 1848 bis 2008, Essen 2012, S. 637.

30 Thomas Haipeter, Einleitung: Industrieangestellte Revisited, in: ders. (Hrsg.), Angestellte Revisited. Arbeit, Interessen und Herausforderungen für Interessenvertretungen, Wiesbaden 2016, S. 1–33, hier S. 2. Vgl. zudem Sonja Weber-Menges, ‚Arbeiterklasse' oder Arbeitnehmer? Vergleichende empirische Untersuchungen zu Soziallage, Lebenschancen und Lebensstilen von Arbeitern und Angestellten in Industriebetrieben, Wiesbaden 2004.

31 Lea Elsässer/Armin Schäfer, Group Representation for the Working Class? Opinion Differences among Occupational Groups in Germany. MPIfG Discussion Paper 16/3 (2016), S. 2, <https://pure.mpg.de/rest/items/item_2255579/component/file_2255577/content> (25.05.2023).

32 Vgl. Armin Schäfer, Der Verlust politischer Gleichheit. Warum die sinkende Wahlbeteiligung der Demokratie schadet, Frankfurt a.M./New York 2015, Kap. 6.

33 Vgl. Elsässer/Schäfer, Group Representation, S. 1.

34 Vgl. Jane Mansbridge, Should Workers Represent Workers?, in: SPSR 21–2 (2015), S. 261–270.

lichen Diskurs und zumal in der politischen Sprache verdrängt und ‚vergleichgültigt' worden" ist[35]. Anders ausgedrückt: Für die vorhandene Nachfrage findet sich kaum noch ein passendes politisches Angebot.

Das Repräsentationsdefizit bleibt jedoch nicht auf das politische Feld beschränkt, sondern trägt zur defizitären gesellschaftlichen Integration bei. Dies lässt sich an der Verschiebung von Leitbegriffen ablesen, welche den Diskurs über Inklusion und Exklusion strukturieren. Als originäres Produkt der Industriemoderne war die Begriffstrias aus ‚Arbeiter', ‚Angestellte' und ‚Arbeitnehmer' auf das Normalarbeitsverhältnis hin ausgerichtet, also auf eine über das gesamte Erwerbsleben hinweg den Lebensunterhalt absichernde Arbeitstätigkeit. Die Trias vermochte dabei eine stetig statussteigernde Wirkung zu entfalten: Das Spannungsverhältnis von ‚Arbeiter' und ‚Angestellte', umklammert vom Überbegriff ‚Arbeitnehmer', trieb einen beidseitigen, wenn auch zeitversetzt vollzogenen Aufstieg zum besseren Recht hin an[36]. 2006, nur ein Jahr nach der sozialversicherungsrechtlichen Aufhebung des Arbeiter- und Angestelltenbegriffs, popularisierte eine Studie der Friedrich-Ebert-Stiftung dagegen einen aus der französischen Soziologie übernommenen Begriff: Prekariat[37]. In der Bundesrepublik gehörten demnach rund acht Prozent der Bevölkerung zum „abgehängte[n] Prekariat"[38]. Dies entsprach der Deutung Robert Castels, der die Gesellschaft in drei „‚Zonen' sozialer Kohäsion" unterteilt hatte: in die Zonen der „Integration", der „sozialen Verwundbarkeit" und der „Entkoppelung". Für Castel hatte jedoch schon die bloße Existenz einer Zone der Unsicherheit gesamtgesellschaftliche Auswirkungen, da sie in den noch gesicherten Bereich überzugreifen droht, sofern sie nicht kontrolliert wird[39].

Die Frage der Kontrolle erweist sich indes als problematisch. Als Kontrolle im Sinne einer kategorialen Abgrenzung fungiert die Verwendung des Prekariats-

35 Paul Nolte, Die Ordnung der deutschen Gesellschaft. Selbstentwurf und Selbstbeschreibung im 20. Jahrhundert, München 2000, S. 408. Ähnliche Diagnosen finden sich bei Walter, Vorwärts, S. 77, Frank Nullmeier, Anerkennung: Auf dem Weg zu einem kulturalen Sozialstaatsverständnis?, in: Stefan Lessenich (Hrsg.), Wohlfahrtsstaatliche Grundbegriffe. Historische und aktuelle Diskurse, Frankfurt a. M./New York 2003, S. 395–418, hier S. 395 sowie Max Reinhardt, Aufstieg und Krise der SPD. Flügel und Repräsentanten einer pluralistischen Volkspartei, Baden-Baden 2011, S. 535–547.

36 Vgl. Michael Prinz, Die Arbeiterbewegung und das Modell der Angestelltenversicherung. Zu einigen Bedingungen für die besondere Bürgerlichkeit des Wohlfahrtsstaates in der Bundesrepublik, in: Klaus Tenfelde (Hrsg.), Arbeiter im 20. Jahrhundert, Stuttgart 1991, S. 435–460.

37 Vgl. Georg Neugebauer, Politische Milieus in Deutschland. Die Studie der Friedrich-Ebert-Stiftung, Bonn 2007 sowie Karl August Chassé, Unterschichten in Deutschland. Materialien zu einer kritischen Debatte, Wiesbaden 2010, S. 55.

38 Vgl. Neugebauer, Politische Milieus, S. 82–84.

39 Robert Castel, Die Metamorphosen der sozialen Frage. Eine Chronik der Lohnarbeit, Konstanz [2]2008 [frz. Orig. 1995], S. 13.

begriffs. Denn dieser Neologismus[40] evoziert die Vorstellung der historischen Neu- und Andersartigkeit, während er zugleich nicht zu erkennen gibt, dass die sprachliche, rechtliche und praktische Exklusion der so Bezeichneten aus der Arbeitnehmerschaft selbst einen wesentlichen Beitrag zur Entstehung des Prekariats geleistet hat[41]. Zugleich erschwert es die begriffliche Trennung dem Prekariat, sich in die Tradition der Arbeiterbewegung zu stellen, Vertretung von ihr einzufordern oder sie selbst weiterzuführen. Noch fand sich keine Partei, die sich der Organisation des Prekariats angenommen und eine ähnlich breite gesellschaftliche Koalition geschmiedet hätte, welche früher die Arbeiterparteien zu schaffen im Stande gewesen waren[42]. Immerhin gibt es zumindest wissenschaftliche Versuche, das Prekariat in die „andere Arbeiterbewegung" (Karl-Heinz Roth) einzuschreiben, um den „romantischen Antikapitalismus" des Vormärz samt den Praktiken der noch nicht organisierten und damit disziplinierten Arbeiterschaft für das Prekariat nutzbar zu machen[43].

Eine solche Ausrufung des Prekariats zum historischen Wiedergänger des Proletariats führt jedoch die Grenzen einer begrifflichen Kontrolle klar vor Augen. Denn die Existenz des Prekariats bedeutet die Wiederkehr der sozialen Frage im 21. Jahrhundert[44], oder, anders ausgedrückt, einen Bruch der temporalen und normativen Ordnung. Dies hat weitreichende Folgen. Das Normalarbeitsverhältnis ist damit historisch gleich doppelt eingehegt, da es weder für das frühindustrielle Proletariat noch für das postmoderne Prekariat Geltung beanspruchen kann[45]. Wenn man aber einen Anfangs- und Endpunkt des Normalarbeitsverhältnisses benennen kann, taugt es auch nicht mehr für Fortschrittserzählungen. Tatsächlich setzte der Prekariatsdiskurs dem Normalarbeitsverhältnis noch in anderer Hinsicht

40 Zur Begriffsgeschichte vgl. Klaus Dörre, Prekarität, in: Hartmut Hirsch-Kreinsen/Heiner Minssen (Hrsg.), Lexikon der Arbeits- und Industriesoziologie, Berlin 2013, S. 393–398, hier S. 395 f.

41 Vgl. Thorsten Lensing, Der Arbeitsbegriff als Platzhalter und Interpret. Eine diskursanalytische Dekonstruktion der strukturellen Grundlagen eines Bewährungsmythos, Diss., Freiburg 2007, S. 195, 202.

42 Vgl. Gero Neugebauer, Die Unterschicht und die Parteien, in: APuZ 58–33/34 (2008), S. 31–38, hier S. 35, 37 f. Castel wies ebenfalls darauf hin: „Diese gesellschaftliche Nutzlosigkeit dequalifiziert sie auch im öffentlichen und politischen Leben." Castel, Metamorphosen, S. 359.

43 Vgl. Patrick Eiden-Offe, Die Poesie der Klasse. Romantischer Antikapitalismus und die Erfindung des Proletariats, Berlin 2017, S. 318–334.

44 Vgl. Berthold Vogel, Prekarität und Prekariat – Signalwörter neuer sozialer Ungleichheiten, in: APuZ 58–33/34 (2008), S. 12–18 sowie Robert Castel/Klaus Dörre (Hrsg.), Prekarität, Abstieg, Ausgrenzung. Die soziale Frage am Beginn des 21. Jahrhunderts, Frankfurt a. M./New York 2009.

45 Vgl. Toni Pierenkemper, Der Auf- und Ausbau eines „Normalarbeitsverhältnisses" in Deutschland im 19. und 20. Jahrhundert, in: Rolf Walter (Hrsg.), Geschichte der Arbeitsmärkte, Stuttgart 2009, S. 77–118.

zu. Gerade weil viele Frauen von prekären Arbeitsverhältnissen betroffen sind, erschien das Normalarbeitsverhältnis rückblickend als eine Männerdomäne, womit sein Geltungsbereich noch einmal deutlich eingeschränkt wurde – und zwar gerade für die Jahre seiner zeitlichen Vorherrschaft[46]. Bestritten wurde nicht nur die Normalität des Normalarbeitsverhältnisses im Sinne seiner lebensweltlichen Reichweite, sondern auch dessen normative Verbindlichkeit als arbeitsweltlicher Richtwert[47]. Sind aber prekäre Arbeitsverhältnisse erst einmal als der historische Normalfall etabliert, ist die von Castel geforderte Kontrolle gescheitert, ist dann doch nicht mehr die Verweigerung von, sondern die Forderung nach sozialversicherungspflichtigen Arbeitsplätzen begründungspflichtig.

Folgerichtig sprach Pierre Bourdieu davon, Prekarität sei „überall" – zwar nicht als Realität, wohl aber als „kollektive Mentalität", da sie als eine reale Möglichkeit letztlich jede und jeden treffen kann. Sie sei daher „Teil einer neuartigen *Herrschaftsform*, die [...] das Ziel hat, die Arbeitnehmer [...] zur Hinnahme ihrer Ausbeutung zu zwingen."[48] Erfahrungsgeschichtlich plausibilisiert wurden diese theoretischen Ausführungen in der Bundesrepublik durch das Wirksamwerden der Agenda-Politik, allen voran der Absenkung der Bezugsdauer des Arbeitslosengelds[49]. Konzeptionell lag es daher nahe, den Prekariatsbegriff völlig von „referenziell-substanziell[en]" Verweisen, wie etwa auf die „Unterschicht", zu entkoppeln, um ihn zur „Prekarisierungsgesellschaft" zu universalisieren[50]. Eine solche Dystopie rüttelt an den Fundamenten der demokratischen Ordnung, erfüllte sie

46 Vgl. Brigitte Aulenbacher, Die soziale Frage neu gestellt – Gesellschaftsanalysen der Prekarisierungs- und Geschlechterforschung, in: Castel/Dörre, Prekarität, S. 65–77. Aus dieser Perspektive „scheinen Frauen eher Trendsetterinnen als Nachzüglerinnen einer neuen, zukünftig noch stärker geforderten Lebensweise zu sein." Monika Mattes, Krisenverliererinnen? Frauen, Arbeit und das Ende des Booms, in: Knud Andresen/Ursula Bitzegeio/Jürgen Mittag (Hrsg.), ‚Nach dem Strukturbruch'? Kontinuität und Wandel von Arbeitsbeziehungen und Arbeitswelt(en) seit den 1970er-Jahren, Bonn 2011, S. 127–140, hier S. 140.

47 Vgl. Jürgen Link, Flexibilisierung minus Normalität gleich Prekarität? Überlegungen über Prekarisierung als Denormalisierung, in: Oliver Marchart (Hrsg.), Facetten der Prekarisierungsgesellschaft. Prekäre Verhältnisse. Sozialwissenschaftliche Perspektiven auf die Prekarisierung von Arbeit und Leben, Bielefeld 2013, S. 91–106.

48 Pierre Bourdieu, Prekarität ist überall, in: ders., Gegenfeuer. Wortmeldungen im Dienste des Widerstands gegen die neoliberale Invasion, Konstanz 1998, S. 96–102. Zitate auf S. 96 f., 100 (H. i. O.).

49 Vgl. Philipp Ther, Die neue Ordnung auf dem alten Kontinent. Eine Geschichte des neoliberalen Europa, aktualisierte Ausgabe, Berlin 2016, S. 292.

50 Robert F. Riesinger, Prekarisierung und Prekarität, in: Rolf Hepp/Robert Riesinger/David Kergel (Hrsg.), Verunsicherte Gesellschaft. Prekarisierung auf dem Weg in das Zentrum, Wiesbaden 2016, S. 227–238, hier S. 231. Vgl. zudem Oliver Marchart, Die Prekarisierungsgesellschaft. Prekäre Proteste, Bielefeld 2013.

doch alle Bedingungen, diese zur „Postdemokratie" verkommen zu lassen[51]. Denn wem nur Jobs statt Arbeit, also Anstellungen in Teilzeit und/oder mit Befristung[52], wenn überhaupt, zur Verfügung stehen, kann sich schwerlich auf mittel- bis langfristige Verpflichtungen einlassen, was wiederum die gesellschaftlichen Mitwirkungsmöglichkeiten der Betroffenen einschränkt[53].

Die beschriebenen Veränderungen vollzogen sich vor dem Hintergrund politischer, wirtschaftlicher und gesellschaftlicher Entwicklungen, die als Globalisierung oder Neoliberalismus gedeutet wurden. Mitte der 1990er Jahre befeuerten sie beispielsweise die Debatte um den „Standort Deutschland"[54]. Die Berufung auf personifizierte Märkte diente nun als Rechtfertigung alternativloser politischer Entscheidungen, die Arbeitslosen wie Arbeitnehmern weitreichende „Opfer" abverlangten[55]. Dass politische Akteure ihre Entscheidungen als alternativlos ausflaggen konnten, verweist auf die Defizite der Gesellschaftskritik. Selbst unter Sozialwissenschaftlerinnen und Sozialwissenschaftlern herrscht bisweilen der Eindruck vor, Neoliberalismus wie auch Kapitalismus seien immun gegenüber Kritik[56]. Tatsächlich lässt sich selbst Prekarität als ein genuin kapitalistisches Merkmal deuten, das auch viele Unternehmer betrifft. Bei ihnen wirken reale oder drohende prekäre Lebensverhältnisse als Antrieb zur Erschließung neuer Geschäftsfelder oder Unternehmensmodelle[57]. Werner Plumpe verwarf daher das ganze Unterfangen der Kapitalismuskritik und der Suche nach Alternativen als

51 Laut Crouch sind in einer Postdemokratie „alle formalen demokratischen Merkmale" noch intakt, aber die Öffentlichkeit ist nicht mehr fähig, ihre Interessen an die Politik heranzutragen. Folglich dominieren Eliten aus Politik und Wirtschaft den politischen Aushandlungsprozess. Crouch, Postdemokratie, S. 33 f., 60 ff.

52 Vgl. Karin Scherschel/Peter Streckeisen/Manfred Krenn (Hrsg.), Neue Prekarität. Die Folgen aktivierender Arbeitsmarktpolitik – europäische Länder im Vergleich, Frankfurt a. M./New York 2012.

53 Vgl. Serge Paugam, Die Herausforderung der organischen Solidarität durch die Prekarisierung von Arbeit und Beschäftigung, in: Castel/Dörre, Prekarität, S. 175–196, hier S. 183–188 sowie Philipp Staab, Metamorphosen der Fabriksozialisation. Zur Produktion des Arbeiters in Vergangenheit und Gegenwart, in: Mittelweg 36 23–6 (2014), S. 4–27, hier S. 23–26.

54 Vgl. Wencke Meteling, Nationale Standortsemantiken seit den 1970er Jahren, in: Ariane Leendertz/Wencke Meteling (Hrsg.), Die neue Wirklichkeit. Semantische Neuvermessungen und Politik seit den 1970er Jahren, Frankfurt a. M./New York 2016, S. 207–241, hier S. 208, 238.

55 Vgl. Wendy Brown, Die schleichende Revolution. Wie der Neoliberalismus die Demokratie zerstört, Berlin 2015, S. 253–263, Anselm Doering-Manteuffel, Die Entmündigung des Staates und die Krise der Demokratie. Entwicklungslinien von 1980 bis zur Gegenwart, Stuttgart 2013, S. 14 f. sowie Andreas Rödder, 21.0. Eine kurze Geschichte der Gegenwart, Bonn 2017, S. 218, 240.

56 Vgl. Brown, Schleichende Revolution, S. 20 sowie Boltanski/Chiapello, Der neue Geist.

57 Vgl. Timo Luks, Prekarität. Eine nützliche Kategorie der historischen Kapitalismusanalyse, in: AfS 56 (2016), S. 51–80, hier S. 63, 69.

historisch widerlegten „Mythos“[58]. Dagegen leitete Wolfgang Streeck aus der Prämisse, dass der Neoliberalismus „die Fähigkeit zu kollektivem Handeln, ja selbst die Hoffnung darauf, zerstört hat“ und folglich auch kein „revolutionäres Subjekt“ mehr bereitstünde, die Forderung ab, „über ein Ende des Kapitalismus nachzudenken, ohne uns dabei die Beantwortung der Frage aufbürden zu lassen, was denn an seine Stelle treten solle.“[59] Wolfgang Knöbl stellte indes die Immunität von Neoliberalismus und Kapitalismus gegenüber Kritik infrage. Er erklärte die rückläufige Thematisierung von Ausbeutung und Klassenkonflikten vielmehr mit der Abkehr von der Arbeitswertlehre, welche Soziologinnen und Soziologen in den vergangenen Jahren vollzogen hatten[60]. Wenig überraschend erlebte Karl Marx im Nachgang der Bankenkrise ein Revival[61]. Vielleicht war dessen klügster, weil wirkungsvollster Schachzug ein relativ simpler: Er formulierte seine Kritik am Kapitalismus nicht nur abstrakt, sondern verknüpfte sie unauflöslich mit dem Konzept ‚Arbeiter', welchen er wiederum zum Produkt – und damit zum notwendigen Bestandteil – des Kapitalismus erklärte. Auf dieser Basis ließ sich ein politisches Programm von enormer Sprengkraft entwickeln. Denn die erwähnte Koppelung stellte die Kapitalismuskritik zum einen auf Dauer: Solange der Kapitalismus besteht, sorgt er selbst dafür, dass Arbeiterinnen und Arbeiter zu seiner Anklage bereitstehen. Zum anderen war das Verhältnis der ‚Arbeiter' zum Kapitalismus genealogisch gedacht. Indem Marx die ‚Arbeiter' als originäres Produkt des Kapitalismus auswies, konnten sie zu Recht beanspruchen, die eigentlichen Träger von Moderne und Fortschritt zu sein. Damit wiesen sie über den Kapitalismus hinaus[62].

---

58 Vgl. Werner Plumpe, Beharrliche Ignoranz: Der Mythos von der Alternative zum Kapitalismus. Manuskript eines Vortrags gehalten am 21.2.2017 in der Bundesstiftung zur Aufarbeitung der SED-Diktatur, <http://dx.doi.org/10.14765/zzf.dok.1.786> (26.05.2023). Freilich läuft Plumpe damit Gefahr, den Fehler von Marx und Engels zu widerholen: „Dass Marx und Engels die sie prägenden Eindrücke der 1840er-Jahre für ein allgemeines Phänomen und nicht für eine historische Phase hielten, kann man ihnen nicht unbedingt zum Vorwurf machen.“ Ibid., S. 3.

59 Wolfgang Streeck, Wie wird der Kapitalismus enden?, in: Blätter 60–3 (2015), S. 99–111, hier S. 107.

60 Vgl. Wolfgang Knöbl, Zwei Leerstellen der neueren Kapitalismustheorie. Über Mehrwert und Profit, in: Mittelweg 36 26–6 (2017), S. 55–74, bes. S. 64.

61 Um nur zwei Publikationen zu nennen: Terry Eagleton, Why Marx was Right, New Haven/London 2011 sowie Rahel Jaeggi/Daniel Loick (Hrsg.), Nach Marx. Philosophie, Kritik, Praxis, Berlin 2013.

62 So ließe sich Marx' Selbsteinschätzung reformulieren: „Was ich neu tat, war 1. nachzuweisen, daß die *Existenz der Klassen* bloß an *bestimmte historische Entwicklungsphasen der Produktion* gebunden ist; 2. daß der Klassenkampf notwendig zur *Diktatur des Proletariats* führt; 3. daß diese Diktatur selbst nur den Übergang zur *Aufhebung aller Klassen* und zu einer *klassenlosen Gesellschaft* bildet.“ Karl Marx an Joseph Weydemeyer, 5.3.1852, in: MEW 28, Berlin (Ost) 1963, S. 503–509, hier S. 508 (H. i. O.).

Interessanterweise zeichnete sich zeitgleich eine Wiederkehr der ‚Arbeiter' ab. Denn die Geschichte der Arbeiterschaft hält zumindest noch retrospektiv Alternativen zur Durchsetzung neoliberaler Praktiken bereit. Auf diesem Weg gelangte etwa Colin Crouch zu einer Neubewertung der Ablösung des Keynesianismus durch den Monetarismus:

> Denn die Krise des Keynesianismus führte nicht deshalb zu seiner Abschaffung statt zu einer Reform oder Anpassung, weil irgend etwas an seinen Ideen grundsätzlich falsch gewesen wäre, sondern weil die Schicht, deren Interessen er vertrat – die Arbeiterschaft der westlichen Industrieländer –, sich in einem historischen Niedergang befand und ihre gesellschaftliche Macht zu verlieren begann.[63]

Auch eignen sich ‚Arbeiter' noch immer, die aktuellen Grenzen des Kapitalismus zu vermessen. Klaus Dörre und sein Team griffen wie selbstverständlich auf den Arbeiterbegriff zurück, um „die Frage nach der Stabilität von subjektiven Legitimationsgrundlagen kapitalistischer Vergesellschaftung" zu stellen und zu beantworten. Und für Wolfgang Streeck zeichnete sich die „nicht-kapitalistische Arbeiterklasse" gar als potentieller apokalyptischer Reiter am kapitalistischen Horizont ab[64].

Die Relevanz der Fragestellung speist sich somit aus der Existenz eines Widerspruchs: Wenn der ‚Arbeiter' immer noch identitätsstiftend wirkt, wenn er noch immer grundsätzliche Kritik am kapitalistischen Status quo ermöglicht, wenn gerade demokratische Politik auf Differenzbildung angewiesen ist[65], wenn andererseits die Marginalisierung des ‚Arbeiters' zur gesellschaftlichen Desintegration breiter Bevölkerungsschichten beigetragen hat, so ist verwunderlich, weshalb eine solch gut erschlossene Ressource wie der ‚Arbeiter' scheinbar in aller Selbstverständlichkeit aufgegeben wurde.

1.3 Räumliche, zeitliche und historiographische Verortung

Panta rhei – alles fließt. Diese Erkenntnis trifft auch auf den ‚Arbeiter' zu, zumal wenn er in Form eines kollektiven Wissensbestands historisch offengehalten wer-

---

63 Colin Crouch, Das lange Leben des Neoliberalismus, in: Blätter 56–11 (2011), S. 49–62, hier S. 51.
64 Vgl. Wolfgang Streeck, Wie wird der Kapitalismus enden? Teil II, in: Blätter 60–4 (2015), S. 109–120, hier S. 113 sowie Klaus Dörre/Anja Happ/Ingo Matuschek, Das Unbehagen am Kapitalismus und die LohnarbeiterInnen, in: dies. (Hrsg.), Das Gesellschaftsbild der LohnarbeiterInnen. Soziologische Untersuchungen in ost- und westdeutschen Industriebetrieben, Hamburg 2013, S. 9–28, hier S. 13.
65 Vgl. Chantal Mouffe, Agonistik. Die Welt politisch denken, Bonn 2015 [engl. Orig. 2013], S. 24–26.

den soll. Die Untersuchung bedarf somit der begründeten zeitlichen und räumlichen, aber auch historiographischen Eingrenzung.

Beim ‚Arbeiter' handelt es sich, sofern von der gesellschaftlich relevanten Ressource gesprochen wird, um ein Phänomen der Industriemoderne, das als solches an ein bestimmtes Wirtschaftssystem gebunden ist. Dieses System wiederum entwickelte zwar länder-, regional- und lokalspezifische Ausprägungen, doch weist es auch viele transnationale Gemeinsamkeiten auf. Entsprechend bewegen sich die einschlägigen sozialwissenschaftlichen Analysen recht leichtfüßig über die staatlichen Grenzen hinweg, selbst wenn sie eigentlich mit beiden Beinen (empirisch wie methodisch) fest in einem Land verwurzelt sind[66]. Wie etwa Lutz Raphael ausführte, bietet ein länderübergreifender Vergleich bei einem derartigen Setting ein großes Erkenntnispotential, um jenseits der Gemeinsamkeiten auch regionale oder nationale Differenzen aufzudecken. Angewandt auf den in den 1970er Jahren einsetzenden Deindustrialisierungsprozess und untersucht am Beispiel Frankreichs, Großbritanniens und der Bundesrepublik gelangte Raphael zu dem Ergebnis, dass dieselben „Zwänge zu Kostensenkung, Produktivitätssteigerung und Produktinnovation" aufgrund unterschiedlicher „Rahmenbedingungen" zwar zu einer „Verschärfung der nationalstaatlichen Differenzen" führten, sich zugleich aber auch „erheblich größere grenzüberschreitende Gemeinsamkeiten zwischen [...] Industrierevieren [...] als im nationalen Vergleich" ergaben[67].

Je größer aber die inner- wie zwischenstaatlichen Differenzen, desto höher müssen auch die Opportunitätskosten eines trans- oder internationalen Vergleichs ausfallen. Dies wiederum erschwert das Vorhaben, die Anwendung des kollektiven Wissensbestands ‚Arbeiter' in mehreren gesellschaftlichen Bereichen nachzuverfolgen. Daher wird in der vorliegenden Arbeit der Untersuchungsraum auf die deutsche Bundesrepublik beschränkt werden.

Tatsächlich lassen sich auch für die Bundesrepublik relevante Eigenheiten geltend machen. So war sie laut Ulrich Herbert zwischen 1965 und 1970 „vermutlich das am stärksten industrialisierte Land der westlichen Welt", doch spielte

66 Vgl. Franz Schultheis, Zur Neuauflage der deutschen Ausgabe. Robert Castel: Soziologisches Verstehen als historische Rekonstruktion, in: Castel, Metamorphosen, S. 1–4, hier S. 1. Tatsächlich führen transnationale Aneignungen bisweilen zu interessanten Verschiebungen, etwa wenn der französische Titel „Retour sur la condition ouvrière" in der deutschen Übersetzung zur „Verlorenen Zukunft der Arbeiter" umgedeutet wurde. Vgl. Beaud/Pialoux, Verlorene Zukunft.

67 Lutz Raphael, Industriearbeit(er) nach dem Boom. Bundesrepublikanische Entwicklungen im westeuropäischen Vergleich, in: Sonja Levsen/Cornelius Torp (Hrsg.), Wo liegt die Bundesrepublik? Vergleichende Perspektive auf die westdeutsche Geschichte, Göttingen 2016, S. 207–231, hier S. 212, 220. Vgl. zudem ders., Transformations of Industrial Labour in Western Europe: Intergenerational Change of Life Cycles, Occupation and Mobility 1970–2000, in: German History 30–1 (2012), S. 100–119, hier S. 101.

das Modell der Klassengesellschaft in der gesellschaftlichen Selbstwahrnehmung höchstens eine marginale Rolle. Für Großbritannien galt spätestens seit den 1980er Jahren das Gegenteil, denn das Konzept der *working class* blieb auch nach Beginn der weitgehenden Deindustrialisierung des Landes ein wichtiger Bezugspunkt[68]. Bedingt durch die deutsch-deutsche Teilung konnte sich, anders als in Italien oder Frankreich, in der Bundesrepublik keine systemrelevante kommunistische Partei entwickeln[69]. Und schließlich steht der gesamte wohlfahrtsstaatliche Bereich samt seiner politischen Sprache und Organisationskultur in einer starken nationalen Pfadabhängigkeit. Selbst die DDR beschritt hier einen eigenen Weg, da sie weder arbeits- noch sozialversicherungsrechtlich zwischen ‚Arbeitern' und ‚Angestellten' unterschied[70].

Zeitliche Verortung

Mit der räumlichen Festlegung auf die Bundesrepublik geht eine zeitliche einher, zumindest insofern, als der Beginn der Untersuchungsperiode frühestens auf die Nachkriegszeit festgelegt ist. Auch ein mögliches Ende wurde mit 2005 bereits angedeutet. Eine hermetische zeitliche Abgrenzung erscheint zwar wenig zielführend, da die zu untersuchenden gesellschaftlichen Bereiche je eigenen Taktungen folgten, die Distanzierung vom und Annäherungen an den ‚Arbeiter' also keineswegs geradlinig verliefen. Dennoch spricht viel dafür, die langen 1970er Jahre als Kernzeit der Arbeit zu definieren. Denn nachdem sich 1959 die SPD mit ihrem Godesberger Programm symbolisch von einer Arbeiter- zu einer Volkspartei gewandelt hatte[71] und sich selbst Vertreter der Kritischen Theorie im Laufe der 1960er Jahre von der Arbeiterschaft ab- und den Studierenden als neuer gesellschaftsverändernder Kraft

68 Herbert, Geschichte, S. 627. Vgl. zudem Hans-Peter Müller, Zur Zukunft der Klassengesellschaft, in: Merkur 61–3 (2007), S. 189–199, Selina Todd, The People. The Rise and Fall of the Working Class, London 2015 sowie Lutz Raphael, Jenseits von Kohle und Stahl. Eine Gesellschaftsgeschichte Westeuropas nach dem Boom, Berlin 2019, S. 102–106.

69 Zur Bedeutung und Entwicklung der Kommunistischen Parteien: Donald Sassoon, One Hundred Years of Socialism. The West European Left in the Twentieth Century, London/New York 1996, S. 95–112, 260–270, 297–304, 369–374, 534–548, 558–560, 572–593.

70 Vgl. Raphael, Transformations, S. 102 sowie Rolf Wank, Arbeiter und Angestellte. Zur Unterscheidung im Arbeits- und Sozialversicherungsrecht, unter Mitarbeit von Monika Müller und Michael Schmidt, Berlin/New York 1992, S. 51. Arbeitsrechtliche Abgrenzungen existierten um 1990 noch in Österreich, Frankreich, Belgien, Dänemark und Italien, nicht mehr aber in der Schweiz, England, Portugal, Spanien und in den Niederlanden. Vgl. ibid., S. 58–65.

71 Laut Donald Sassoon war Godesberg „the programme of a working-class party which no longer wished to represent itself as such". Sassoon, One Hundred Years, S. 251.

zugewandt hatten[72], erregte im September 1969 ein zuvor völlig unbeachtet gebliebenes Phänomen große öffentliche Aufmerksamkeit: die „wilden Streiks". Tausende Arbeiter legten damals ohne Rücksicht auf die Gewerkschaften ihre Arbeit nieder, um höhere Löhne durchzusetzen. Denn als Reaktion auf die Rezession 1966/7 und aufgrund der Einbindung in die Konzertierte Aktion hatten die Gewerkschaften niedrige Tarifabschlüsse mit relativ langer Laufzeit akzeptiert, während sich die Wirtschaft und mit ihr die Unternehmensgewinne schneller als erwartet erholt hatten. Was nun folgte, war eine umfassende Reaktualisierung des ‚Arbeiters'. Die Streikintensität blieb auch die nächsten Jahre über hoch und war bis 1973 noch offensiv ausgerichtet[73]. Studierende und linke Gruppierungen entdeckten im Zuge ihrer „proletarischen Wende" die Arbeiterschaft wieder und versuchten, sie mittels „Betriebsinterventionen" für die Revolution zu begeistern. In Kinos und im Fernsehen liefen nun „Arbeiterfilme", nachdem bereits in den frühen 1960er Jahren die „Gruppe 61" um Max von der Grün eine eigenständige „Arbeiterliteratur" herausgebildet hatte[74]. Die Industriesoziologie erlebte dank der wegweisenden Studie von Horst Kern und Michael Schumann zu „Industriearbeit und Arbeiterbewusstsein" einen neuen Aufschwung, und auch die Arbeitergeschichte eroberte die Historischen Fakultäten[75]. Orchestriert wurde diese Entwicklung mit der Novellierung des

72 Vgl. Herbert Marcuse, Versuch über die Befreiung, Frankfurt a. M. [4]1978 [1969], S. 79–95 sowie Margareta Steinrücke, Mit gemischten Gefühlen. Parallelen oder Differenzen zwischen Bourdieu und den Frankfurtern in ihrem Verhältnis zur Arbeiterbewegung?, in: Ullrich Bauer/Uwe H. Bittlingmayer/Carsten Keller/Franz Schultheis (Hrsg.), Bourdieu und die Frankfurter Schule. Kritische Gesellschaftstheorie im Zeitalter des Neoliberalismus, Bielefeld 2014, S. 189–213.

73 Vgl. Peter Birke, Wilde Streiks im Wirtschaftswunder. Arbeitskämpfe, Gewerkschaften und soziale Bewegungen in der Bundesrepublik und Dänemark, Frankfurt a. M./New York 2007 sowie Christian Testorf, Welcher Bruch? Lohnpolitik zwischen den Krisen: Gewerkschaftliche Tarifpolitik von 1966 bis 1974, in: Andresen/Bitzegeio/Mittag, Strukturbruch, S. 293–315.

74 Zu den Betriebsinterventionen: Jan Ole Arps, Frühschicht. Linke Fabrikintervention in den 70er Jahren, Berlin/Hamburg 2011 sowie Sebastian Kasper, Unter der Parole „Kampf gegen die Arbeit!". Die Betriebsinterventionen der frühen Sponti-Bewegung, in: ABG 15–1 (2016), S. 49–62. Vgl. zudem Peter Zimmermann, Arbeiterfilme im Fernsehen, in: Helmut Kreuzer (Hrsg.), Fernsehforschung – Fernsehkritik, Göttingen 1980, S. 36–53 sowie Rainer Noltenius, Das Ruhrgebiet – Zentrum der Literatur der industriellen Arbeitswelt seit 1960, in: Jan-Pieter Barbian/Ludger Heid (Hrsg.), Die Entdeckung des Ruhrgebiets. Das Ruhrgebiet in Nordrhein-Westfalen 1946–1996, Essen 1997, S. 444–457.

75 Vgl. Horst Kern/Michael Schumann, Industriearbeit und Arbeiterbewußtsein. Eine empirische Untersuchung über den Einfluß der aktuellen technischen Entwicklung auf die industrielle Arbeit und das Arbeiterbewußtsein. Mit einem Nachwort von Klaus Peter Wittemann, Frankfurt a. M. 1985 [1970] sowie Hanns-Georg Brose, Proletarisierung, Polarisierung oder Upgrading der Erwerbsarbeit? Über die Spätfolgen ‚erfolgreicher Fehldiagnosen' in der Industriesoziologie, in: Jürgen Friedrichs/M. Rainer Lepsius/Karl Ulrich Mayer (Hrsg.), Die Diagnosefähigkeit der Soziologie, Opladen/Wiesbaden 1998, S. 130–163. Vgl. zur Arbeitergeschichte: Klaus Tenfelde, Germany, in: Joan Allen/Alan Campbell/

Betriebsverfassungsgesetzes 1972, der Verabschiedung des Mitbestimmungsgesetzes 1976 sowie des Reformvorhabens „Humanisierung des Arbeitslebens" (HdA)[76].

Dennoch machte sich schon in den 1970er Jahren eine erneute „Tendenzwende" bemerkbar[77]. 1975 gab es erstmals mehr Beamte und Angestellte als Arbeiter, die Bundesrepublik erschien manchen Zeitgenossen als eine ‚Arbeitnehmergesellschaft'. Infolge der Rezession 1981/2 wurde der gesellschaftliche Wandel dann offensichtlich: „Das Gesicht Deutschlands änderte sich: Nicht ‚Blaumänner', sondern Sakkos und Anzüge dominierten vielerorts das Straßenbild."[78] Frühzeitig schwenkte auch der akademische Bereich auf die neue Tendenz ein. Hatte André Gorz noch 1964 über eine „Strategie der Arbeiterbewegung im Neokapitalismus" nachgedacht, nahm er 1980 „Abschied vom Proletariat". Zwei Jahre später verhandelte der Deutsche Soziologentag die „Krise der Arbeitsgesellschaft", 1983 rief Ralf Dahrendorf das Ende des sozialdemokratischen Zeitalters aus, 1984 wurde das „Ende der Arbeiterbewegung in Deutschland" wie das „Ende der Arbeitsteilung" erörtert. 1986 formulierte Ulrich Beck mit seinem Entwurf der „Risikogesellschaft" eine Absage an das Konzept der Klassengesellschaft[79]. Und doch: Viele der End-Diagnosen waren wohlweislich mit einem Fragezeichen versehen. Daher können auch die 1990er Jahre nicht als absoluter Endpunkt gelten, wenngleich spätestens der Zusammenbruch des Ostblocks eine Baisse für die Ressource ‚Arbeiter' einläutete. Daher

---

John McIlroy (Hrsg.), Histories of Labour: National and International Perspectives, Pontypool 2010, S. 262–289, hier S. 268–270, 273 ff.

76 Vgl. Milert/Tschirbs, Andere Demokratie, S. 462–476 sowie Nina Kleinöder/Stefan Müller/Karsten Uhl (Hrsg.), ‚Humanisierung der Arbeit'. Aufbrüche und Konflikte in der rationalisierten Arbeitswelt des 20. Jahrhunderts, Bielefeld 2019.

77 Zum Begriff der „Tendenzwende" vgl. Eckart Conze, Die Suche nach Sicherheit. Eine Geschichte der Bundesrepublik Deutschland von 1949 bis in die Gegenwart, München 2009, S. 574 ff. Zur Krise allgemein vgl. Herbert, Geschichte Deutschlands, Kap. 17.

78 Vgl. Martin H. Geyer, Rahmenbedingungen: Unsicherheit als Normalität, in: ders. (Hrsg.), Geschichte der Sozialpolitik in Deutschland seit 1945, Band 6: 1974–1982. Bundesrepublik Deutschland. Neue Herausforderungen, wachsende Unsicherheiten, Baden-Baden 2008, S. 1–109, hier S. 62–63 (Zitat).

79 André Gorz, Zur Strategie der Arbeiterbewegung im Neokapitalismus, Frankfurt a. M. 1974 [frz. Orig. 1964], ders., Abschied vom Proletariat. Jenseits des Sozialismus, Frankfurt a. M. ^{2}1981 [frz. Orig. 1980], Joachim Matthes (Hrsg.), Krise der Arbeitsgesellschaft? Verhandlungen des 21. Deutschen Soziologentages in Bamberg 1982, Frankfurt a. M. u. a. 1983, Ralf Dahrendorf, Die Chancen der Krise. Über die Zukunft des Liberalismus, Stuttgart 1983, S. 16–24, Rolf Ebbighausen/Friedrich Tiemann (Hrsg.), Das Ende der Arbeiterbewegung in Deutschland? Ein Diskussionsband zum sechzigsten Geburtstag von Theo Pirker, Opladen 1984, Horst Kern/Michael Schumann, Das Ende der Arbeitsteilung? Rationalisierung in der industriellen Produktion, München ^{2}1985 sowie Ulrich Beck, Risikogesellschaft. Auf dem Weg in eine andere Moderne, Frankfurt a. M. 1986.

müssen auch die 1990er Jahre perspektivisch in die Untersuchung eingebunden werden.

Historiographische Verortung

Mit der vorgenommenen Periodisierung ist die vorliegende Arbeit in die Diskussion um den „Nach dem Boom“-Ansatz von Anselm Doering-Manteuffel und Lutz Raphael eingeschrieben, der ebenfalls als eine Problemgeschichte der Gegenwart angelegt ist[80]. Die weiteren historiographischen Verortungen, nämlich in der Arbeitergeschichte und in der Wissensgeschichte, folgen aus der Themenstellung selbst beziehungsweise aus der Konzeption derselben. Dies wird jedoch erst für die Diskussion des Forschungsstands und für methodologische Fragen von Interesse sein.

Eine Neuausrichtung der Zeitgeschichte als „Vorgeschichte gegenwärtiger Problemkonstellationen“ anstelle einer „Nachgeschichte vergangener“ hatte Hans Günter Hockerts bereits zu Beginn der 1990er Jahre eingefordert[81]. Gerade aus dem weiteren Bereich der Arbeitergeschichte wurden unlängst Gegenstimmen erhoben. Pragmatisch wog Raphael die potentiellen Erkenntnisgewinne, die von einer Problemgeschichte der Bundesrepublik für die Zeit zwischen 1975 und 2000 zu erwarten sind, gegen eine „radikale[] Historisierung dieser Übergangsphase ‚nach dem Boom‘“ ab und befand erstere als zu leicht[82]. Dieser Einwand ist freilich erst noch empirisch zu prüfen und nicht a priori zu entscheiden[83]. Prinzipiell ging Jörg Arnold mit dem problemgeschichtlichen Zugriff ins Gericht, leiste dieser doch „Wahrnehmungsverzerrungen Vorschub, die der Fremdheit gerade auch der jüngsten Vergangenheit nicht gerecht werden.“ Stattdessen gelte es, ausgehend von der Annahme „einer offenen Geschichte […] die Erwartungen und Zukunftsentwürfe der Zeitgenossinnen und Zeitgenossen sowie ihre gelebten und kulturell tradierten Erinnerungen“ ebenso wie abgebrochene Entwicklungen ernst zu nehmen[84]. Arnolds Kritik hat gewiss ihre Berechtigung, kann aber schwerlich auf die Problemgeschichte beschränkt werden, sondern ist die historiographische Aporie schlechthin. Da immer aus einer Gegenwartsperspektive gefragt und auf diese

80 Vgl. Anselm Doering-Manteuffel/Lutz Raphael, Nach dem Boom. Perspektiven auf die Zeitgeschichte seit 1970, Göttingen 2008, S. 7–11.

81 Vgl. Hans Günter Hockerts, Zeitgeschichte in Deutschland. Begriff, Methoden, Themenfelder, in: Historisches Jahrbuch 113 (1993), S. 98–127, hier S. 124.

82 Raphael, Industriearbeit(er), S. 210.

83 In seiner Monographie richtete Raphael seine Gesellschaftsgeschichte der Industriearbeiterschaft „nach dem Boom“ am Ende perspektivisch auf eine Problemgeschichte der Gegenwart hin aus. Vgl. ders., Jenseits von Kohle, S. 467–479.

84 Arnold, Verlierer, S. 268 f. Vgl. zudem Raphael, Jenseits von Kohle, S. 11–14.

Weise Geschichte konstruiert wird, werden notwendigerweise auch Ereignisse ausgeschlossen. Soll der Problemgeschichte hier eine Ausnahmestellung zugewiesen werden, so ist dies nur in dem Sinne möglich, als bei ihr das allgemeine Problem in besonderem Maße auftritt, gerade weil es, zur Heuristik gewendet, fruchtbar gemacht werden soll. Sofern aber das Gegenwartsproblem, auf das die Fragestellung hin ausgerichtet ist, wie im vorliegenden Fall nicht zuletzt in einer proklamierten Alternativlosigkeit der historischen Entwicklung besteht, verliert die von Arnold diagnostizierte Problematik der Problemgeschichte an Schärfe. Für die weitere Untersuchung gilt es dennoch, immer auch nach historischen Alternativen Ausschau zu halten[85].

Kommen wir abschließend zum „Nach dem Boom"-Ansatz. Welcher Nutzen lässt sich daraus ziehen? Zunächst stellt er ein grundsätzlich weitergehendes, ja radikaleres, aber doch mit vielen Grundannahmen der vorliegenden Arbeit kongruentes Modell dar. Als solches bietet es forschungspragmatisch Orientierung, auf die vor allem weiter unten in der Methodologiediskussion zurückzugreifen sein wird, dient aber auch als plausibilisierende Berufungsinstanz der hier vorgetragenen Überlegungen. Übereinstimmung herrscht etwa hinsichtlich der „Krise der Demokratie"[86] als allgemeiner Problemwahrnehmung wie auch der spezielleren Einschätzung, wonach die Frage der Repräsentation der Arbeiterschaft als „Kernproblem einer politischen Gesellschaftsgeschichte im letzten Drittel des 20. Jahrhunderts"[87] anzusehen sei. Übereinstimmung herrscht schließlich, wie erwähnt, bei der Periodisierung. Doch statt von einer einfachen Zäsur gingen Doering-Manteuffel und Raphael von mehreren, seit den 1970er Jahren phasenverschoben auftretenden „Strukturbrüchen" in verschiedenen gesellschaftlichen Bereichen aus, die zusammengenommen einen „Wandel von revolutionärer Qualität" entfalteten[88]. Die 1970er Jahre markieren demnach einen „epistemischen Umbruch", mithin eine neue „Sattelzeit", welche die nachfolgende Zeit epochal von den Jahren zuvor

---

85 Eine solche Verbindung von Problemgeschichte und „dem Denkmodell sich öffnender und schließender Möglichkeitshorizonte" strebt auch der „Nach dem Boom"-Ansatz an. Vgl. Anselm Doering-Manteuffel/Lutz Raphael, Nach dem Boom. Neue Einsichten und Erklärungsversuche, in: dies./Thomas Schlemmer (Hrsg.), Vorgeschichte der Gegenwart. Dimensionen des Strukturbruchs nach dem Boom, Göttingen 2016, S. 9–34, hier S. 32.

86 Anselm Doering-Manteuffel, Die Vielfalt der Strukturbrüche und die Dynamik des Wandels in der Epoche nach dem Boom, in: Morten Reitmayer/Thomas Schlemmer (Hrsg.), Die Anfänge der Gegenwart. Umbrüche in Westeuropa nach dem Boom, München 2014, S. 135–145, hier S. 143 ff. sowie ders., Entmündigung.

87 Anselm Doering-Manteuffel/Lutz Raphael, Nach dem Boom. Perspektiven auf die Zeitgeschichte seit 1970, 2. erg. Aufl., Göttingen 2010, S. 19.

88 Vgl. Doering-Manteuffel/Raphael, Nach dem Boom, S. 10 f. sowie Doering-Manteuffel, Vielfalt.

abgrenze[89]. Nachdem nun schon einige Studien vorliegen, konnten die beiden Autoren ihre Periodisierung weiter differenzieren. So betrachten sie mittlerweile die Jahre zwischen 1970 und 1995 als „Anbahnungsphase" für sozioökonomische Entwicklungen, die erst danach deutlich zu Tage traten[90]. Insgesamt findet sich das ‚Arbeiter'-Thema dank des „Nach dem Boom"-Ansatzes in einen breiteren Kontext eingebettet, was einerseits seine Relevanz erhöht, es andererseits aber auch relativierbar macht[91].

Diese Kompatibilität wirft ihrerseits die Frage auf, ob und wie der ‚Arbeiter' für den Ansatz nutzbringend sein kann. Antworten darauf lieferten die beiden Autoren selbst, forderten sie doch

> die Erörterung von Leitbegriffen der Epoche des Booms, die für Gesellschaft und Staat, politisches Handeln, wirtschaftliches Denken und wohlfahrtsstaatliche Entwicklung zentral waren und wiederum den Zenit ihrer Bedeutung als *Leit*begriffe im Kulminationspunkt des Booms während der 1960er und frühen 1970er Jahre durchlaufen haben dürften.[92]

Zweifellos trifft diese Einschätzung auf den Arbeiterbegriff zu. Allemal lässt sich mit ihm eine Prämisse von Doering-Manteuffel und Raphael hinterfragen. Konsequenterweise gingen sie davon aus, dass die aus den Strukturbrüchen emergierende neue Wirklichkeit auch mit neuen Begriffen zu beschreiben sei[93]. Indem mit ‚Arbeiter' der überkommene Begriff schlechthin mit der „neuen Wirklichkeit" konfrontiert wird, stellt sich nicht nur die Frage, ob er weiterhin als Analysebegriff taugt, sondern auch, ob und wie Begriffe gegen Strukturen Wirklichkeit prägen, und welche Interessen von Akteuren hinter Begriffsaufgaben und deren Neuschöpfung stecken. In diesem Zusammenhang ist es reizvoll, den Arbeitnehmerbegriff als Bezugspunkt heranzuziehen. Denn auch wenn dieser Begriff dem 19. Jahrhundert entstammt, war seine Verbreitung lange auf den rechtlichen Kon-

---

89 Die ursprünglich von Koselleck bezeichnete „Sattelzeit" bezog sich auf die Zeit ab 1750. Vgl. Reinhart Koselleck, Einleitung, in: Brunner/Conze/Koselleck, Geschichtliche Grundbegriffe, Bd. 1, S. XIII–XXVII, hier S. XV. Zur neuen Sattelzeit vgl. Ariane Leendertz/Wencke Meteling, Bezeichnungsrevolutionen, Bedeutungsverschiebungen und Politik: Zur Einleitung, in: dies., Neue Wirklichkeit, S. 13–33, hier S. 23, 27. Von einer „Epoche eigenen historischen Rechts" sprachen Doering-Manteuffel/Raphael, Nach dem Boom (2010), S. 12. Wie unschwer zu erkennen ist, liegt auch dem „Nach dem Boom"-Ansatz die Problematik von Moderne und Postmoderne zugrunde.

90 Doering-Manteuffel/Raphael, Nach dem Boom (2010), S. 11.

91 Vgl. Knud Andresen/Ursula Bitzegeio/Jürgen Mittag (Hrsg.), ‚Nach dem Strukturbruch'? Kontinuität und Wandel von Arbeitsbeziehungen und Arbeitswelt(en) seit den 1970er-Jahren, Bonn 2011 sowie Anselm Doering-Manteuffel/Lutz Raphael/Thomas Schlemmer (Hrsg.), Vorgeschichte der Gegenwart. Dimensionen des Strukturbruchs nach dem Boom, Göttingen 2016.

92 Doering-Manteuffel/Raphael, Nach dem Boom, S. 118 (H. i. O.).

93 Vgl. ibid., S. 120.

text beschränkt. Erst in den 1970er Jahren kam in den zeitgenössischen Debatten die Vorstellung einer ‚Arbeitnehmergesellschaft' auf. Eine solche Gesellschaftskonzeption vermochte nicht nur den prognostizierten Wandel hin zu einer dienstleistungszentrierten Wirtschaft begrifflich abzubilden[94], da ‚Arbeitnehmer' die drei Statusgruppen ‚Arbeiter', ‚Angestellte' und ‚Beamte' in sich schloss. Vielmehr war dieses Gesellschaftskonzept auch an das Konzept des Modells Deutschland anschlussfähig, zumal sich der Arbeitnehmerbegriff primär aus dem bundesrepublikanischen Recht herleitete.

1.4 Forschungsstand

Arbeitergeschichte

Die Arbeitergeschichte konfrontiert zeitgeschichtlich interessierte Leserinnen und Leser mit einem handfesten Paradox: Sie ist durchdrungen vom Mantra des Verschwindens der Arbeiter, ohne überhaupt geklärt zu haben, was genau unter ‚Arbeiter' in der Bundesrepublik zu verstehen sei[95]. Zwar erlebte die Arbeitergeschichte seit den frühen 1970er Jahren einen nachhaltigen Aufschwung, doch zeichnete sie sich gerade durch ihre distanzierte Haltung zur Zeitgeschichte aus[96]. Auf mehrere Gründe lässt sich dies zurückführen.

Auf der einen Seite herrschte die *epistemologische* Unsicherheit vor, ob mit den für das 19. Jahrhundert erprobten Begrifflichkeiten überhaupt die Zeit nach 1933 zu untersuchen sei, da die Eingriffe der Nationalsozialisten völlig neue Bedingungen geschaffen hätten. Hier wird letztlich eine politisch induzierte zweite Sattelzeit proklamiert[97].

Gegenteilig in den Prämissen, aber gleich in der Wirkung ist ein zweiter Ansatz, der *methodologische* Zweifel an der Sinnhaftigkeit einer zeitgeschichtlichen Arbeitergeschichte säte. Ihm sind neben Werner Conze auch Klaus Tenfelde und die „Bielefelder Schule" zuzurechnen. Sie gingen von der ungebrochenen temporalen Einheit des industriell-technischen Zeitalters aus, wodurch auch Forschungen

94 Vgl. Raphael, Jenseits von Kohle, S. 14.

95 Vgl. Dietmar Süß, A scheene Leich? Stand und Perspektiven der westdeutschen Arbeitergeschichte nach 1945, in: Mitteilungsblatt des Instituts für soziale Bewegungen 34 (2005), S. 51–76, hier S. 53. Vgl. als frühe Ausnahme: Josef Mooser, Arbeiterleben in Deutschland 1900–1970, Frankfurt a. M. 1984.

96 Vgl. etwa Klaus Tenfelde (Hrsg.), Arbeiter und Arbeiterbewegung im Vergleich. Berichte zur internationalen historischen Forschung, München 1986.

97 Vgl. Gerhard A. Ritter, Zum Gesamtwerk, in: Jürgen Kocka, Weder Stand noch Klasse. Unterschichten um 1800, Bonn 1990, S. 11–21, hier S. 21.

zum 19. Jahrhundert Gegenwartsrelevanz erhielten. Während Conze begriffsgeschichtlich für das 19. Jahrhundert die politische Umstrittenheit des Arbeiterbegriffs nachwies, essentialisierte er ihn mit Blick auf die Bundesrepublik mit der Feststellung, dass „der Anteil der Arbeiter im eigentlichen Sinne zurückgeht“. Mit dieser Zuweisung von Eindeutigkeit aber wird der Begriff zum Wort degradiert und fällt somit als legitimer Untersuchungsgegenstand aus der Begriffsgeschichte heraus[98]. Ein ähnliches Argument machte Tenfelde für die Sozialgeschichte geltend, indem er auf die weitgehende Integration der Arbeiterschaft in die bundesdeutsche Gesellschaft verwies[99]. Unter solchen Bedingungen vermochte diese soziale Gruppierung keine hinreichende Differenz zur Gesamtgesellschaft mehr zu bieten, um eine sozialgeschichtliche Beschäftigung mit ihr zu rechtfertigen[100]. Paul Nolte verallgemeinerte diesen Punkt und erklärte ihn zum Charakteristikum der „Bielefelder Schule“: Die Erforschung des 20. Jahrhunderts sei zwar mit den überkommenen Begrifflichkeiten möglich, aber letzten Endes sinnlos, da sich die Moderne als der eigentliche Legitimationsgegenstand der Historiographie bereits im 19. Jahrhundert in Gänze offenbarte[101].

Dass diese Prämisse auch in der Arbeitergeschichte Plausibilität evozieren konnte, hängt eng mit der *Ontologie* des Faches zusammen: Untersucht wurde vor allem die Industriearbeiterschaft aus Branchen, die sich spätestens in den 1970er Jahren im Niedergang befanden: Kohle und Stahl[102]. Für Ulrich Herbert hing die

98 Conze, Arbeiter, S. 242. Zum Konzept der „technisch-industriellen Welt“ und Conzes Rolle bei seiner Popularisierung vgl. Nolte, Ordnung, S. 276f.

99 Vgl. dagegen als Position der Industriesoziologie: „Auch die westdeutschen Arbeiter von heute wurden nicht als Proletarier bezeichnet, obwohl die Arbeiterschaft keineswegs so gesichert und saturiert dasteht, daß sie sozialpolitisch uninteressant geworden ist […].“ Hans Paul Bahrdt, Die Beamten, in: Marianne Feuersenger (Hrsg.), Gibt es noch ein Proletariat?, Frankfurt a. M. 1970 [1962], S. 34–43, hier S. 42.

100 Vgl. Klaus Tenfelde, Vorwort, in: ders., Arbeiter, S. 9–14, hier S. 11f. Später nahm er mit der „Entwicklung der gesellschaftlichen Formation ‚Arbeitnehmer‘“ ein anderes Forschungsfeld in den Blick. Klaus Tenfelde, Arbeiter, Arbeiterbewegungen und Staat im Europa des „kurzen“ 20. Jahrhunderts, in: Peter Hübner/Christoph Kleßmann/Klaus Tenfelde (Hrsg.), Arbeiter im Staatssozialismus. Ideologischer Anspruch und soziale Wirklichkeit, Köln/Weimar/Wien 2005, S. 17–34, hier S. 22.

101 Vgl. Paul Nolte, Abschied vom 19. Jahrhundert oder Auf der Suche nach einer anderen Moderne, in: Jürgen Osterhammel/Dieter Langewiesche/Paul Nolte (Hrsg.), Wege der Gesellschaftsgeschichte, Göttingen 2006, S. 103–132, hier S. 113. Schon Mooser hatte jedoch kritisiert, dass die „spezifisch historische Optik […] aus der Warte des Kaiserreichs oder der Weimarer Republik“ Kontinuitäten der Arbeiterlage nicht erfassen könne. Vgl. Mooser, Arbeiterleben, S. 235.

102 Vgl. etwa Klaus Tenfelde, Sozialgeschichte der Bergarbeiterschaft an der Ruhr, Bonn-Bad Godesberg 1979, Dietmar Süß, Kumpel und Genossen. Arbeiterschaft, Betrieb und Sozialdemokratie in der bayerischen Montanindustrie 1945 bis 1976, München 2003 sowie Arne Hordt, Kumpel, Kohle und Krawall. Miners' Strike und Rheinhausen als Aufruhr in der Montanregion, Göttingen 2018.

Wahl des Untersuchungsgegenstands indes eng mit der Genese des Forschungsfelds zusammen, habe doch erst der „Niedergang der alten Industriestrukturen [...] das verstärkte historische Interesse an ihnen“ hervorgerufen[103]. Gerade in der Zeit des Niedergangs vollzogen daher Historikerinnen und Historiker eine Schließung des Arbeiterbegriffs durch die Tilgung all jener Mehrdeutigkeiten, die ihn laut Brockhaus doch von Beginn an begleitet hatten. Allein auf diese Weise konnte die vom gleichen Lexikon schon um die Jahrhundertwende konstatierte Sehnsucht nach Überwindung des ‚Arbeiters‘ eingelöst werden. Anders gesagt: Was Marx als Zukunftserwartung formuliert hatte, bescheinigte die Arbeitergeschichte nun der Vergangenheit, ohne dass es jemals zur Gegenwart geworden wäre: die Dominanz der Industriearbeiter. Der Zusammenbruch einer Ordnung hatte, wie von Charles Maier erwartet, zwar erkenntnisfördernd gewirkt, aber zugleich blinde Flecken produziert, welche verhinderten, dass die Arbeiterinnen und Arbeiter im Dienstleistungssektor als solche erkannt wurden[104].

Von vierter Seite aus lassen sich schließlich *historiographiegeschichtliche* Argumente für das benannte zeitgeschichtliche Defizit der Arbeitergeschichte anführen. Generell beobachtete Jakob Tanner eine Loslösung der Sozialgeschichte „von ihrer anfänglichen Fixierung auf die Arbeiterinnen und Arbeiter“[105]. Ralf Roth spitzte diesen Befund noch zu: Er sah die zunächst sozialgeschichtlich ausgerichtete Arbeitergeschichte gemäß der in ihr angelegten Entwicklungslogik auf die Arbeiteralltagsgeschichte der 1980er Jahre hinauslaufen. Diese habe ihrerseits den *cultural turn* befördert, dem wiederum die Arbeiterthematik zum Opfer gefallen sei. Zusätzlich habe die Ablösung der sozialliberalen durch die konservativ-liberale Koalition das öffentliche Interesse weg vom Arbeiteralltag hin zur Bürgertumsforschung gelenkt[106]. Nach dieser Lesart ereilte die zeitgeschichtliche Phase der Arbeitergeschichte schlicht das Fatum des historisch zu spät Gekommenen.

---

103 Herbert, Geschichte Deutschlands, S. 1012.

104 Vgl. Charles S. Maier, Consigning the Twentieth Century to History, in: AHR 105–3 (2000), S. 807–831, hier S. 809. Auch in Großbritannien hatte die weithin beachtete industriesoziologische Studie von John Goldthorpe und David Lockwood zum „affluent worker“ den anachronistischen Gegensatz von manueller und nicht-manueller Lohnarbeit festgeschrieben, gerade als die englische Arbeiterklasse im Zuge der einsetzenden Deindustrialisierung einen umfassenden Gestaltwandel vollzog. Vgl. Jon Lawrence, Workers' testimony and the sociological reification of manual / non-manual distinctions in 1960s Britain, in: Sozial.Geschichte Online 20 (2017), S. 13–51, hier S. 22 f.

105 Jakob Tanner, Erfahrung, Diskurs und kollektives Handeln. Neue Forschungsparadigmen in der Geschichte der Arbeiterinnen und Arbeiter, in: Traverse 7–2 (2000), S. 47–67, hier S. 48.

106 Vgl. Ralf Roth, Tempi passati. Die kurze Konjunktur der Arbeiteralltagsgeschichte. Eine Reminiszenz, in: Dieter Hein/Klaus Hildebrand/Andreas Schulz (Hrsg.), Historie und Leben, München 2006, S. 161–173, hier S. 163–165, 172 f.

Interessanterweise vollzogen aber auch die seit den frühen 1990er Jahren hervorgebrachten kultur-, diskurs- oder globalgeschichtlichen Varianten der Arbeitergeschichte die etablierte zeitliche Schwerpunktsetzung nach. Auch dies ist zu erklären. Indem Thomas Welskopp etwa die Krise der Arbeitergeschichte zu einer „Generationenkrise" erhob, war eine „Hermeneutik des Verdachts" (Paul Ricœur) in Gang gesetzt, die eine Generalkritik der „Sozialgeschichte der Väter" als angezeigt erscheinen ließ. Kritisiert wurde dabei nun einerseits das „theoretische Gerüst", „die Geiselnahme der Arbeitergeschichte für aktuelle politische Auseinandersetzungen" andererseits[107]. Bewahrenswert erschien Welskopp dagegen das Klassenkonzept als analytischer Schlüssel, das freilich seinerseits modernisiert werden musste, sodass erneut das 19. Jahrhundert und die Frühphase des darauffolgenden Säkulums in den Fokus rückten[108]. Die Frage nach dem Bewahrenswerten führte noch auf andere Weise weg von der Zeitgeschichte. Einige Historikerinnen und Historiker wie Helga Grebing, Jakob Tanner oder Wolfgang Ruppert folgten dem Narrativ des Endes vom ‚Arbeiter', bekannten sich aber zu dem Vorhaben, jene Grundwerte, die vormals von der Arbeiterbewegung vertreten worden waren, zu bergen, um somit einer Fortführung des progressiven Projekts der Aufklärung auch nach Verlust seines zeitweiligen Trägers ‚Arbeiter' den Boden zu bereiten[109]. Ebenfalls vor dem Hintergrund des wahrgenommenen Verschwindens der Arbeiter sowie zusätzlich motiviert durch die zeitgenössische Herausforderung der Massenarbeitslosigkeit ist die Hinwendung zur Geschichte der Arbeit in den 1990er Jahren zu sehen. Um historisch fundiert feststellen zu können, wie „normal" das für die Zeit des Booms prägende Arbeitsregime war, wurde der Blick zeitlich bis in die Antike geweitet und räumlich globalisiert[110].

---

107 Thomas Welskopp, Von der verhinderten Heldengeschichte des Proletariats zur vergleichenden Sozialgeschichte der Arbeiterschaft – Perspektiven der Arbeitergeschichtsschreibung in den 1990er Jahren, in: 1999 8–3 (1993), S. 34–53, hier (Zitate) S. 34, 36, ders., Die Sozialgeschichte der Väter. Grenzen und Perspektiven der Historischen Sozialwissenschaft, in: GG 24–2 (1998), S. 173–198 sowie ders., Arbeitergeschichte im Jahr 2000. Bilanz und Perspektiven, in: Traverse 7–2 (2000), S. 15–31, hier S. 16 (Zitat).

108 Vgl. Thomas Welskopp, Ein modernes Klassenkonzept für die vergleichende Geschichte industrialisierender und industrieller Gesellschaften. Kritische Skizzen und theoretische Überlegungen, in: Karl Lauschke/Thomas Welskopp (Hrsg.), Mikropolitik im Unternehmen: Arbeitsbeziehungen und Machtstrukturen in industriellen Großbetrieben des 20. Jahrhunderts, Essen 1994, S. 48–106.

109 Vgl. Helga Grebing, Geschichte der deutschen Arbeiterbewegung. Von der Revolution 1848 bis ins 21. Jahrhundert, Berlin 2007, Tanner, Erfahrung, S. 63 sowie Wolfgang Ruppert (Hrsg.), Die Arbeiter. Lebensformen, Alltag und Kultur von der Frühindustrialisierung bis zum „Wirtschaftswunder", München 1986.

110 Vgl. Hans Frambach, Arbeit im ökonomischen Denken. Zum Wandel des Arbeitsverständnisses von der Antike bis zur Gegenwart, Marburg 1999 sowie Jürgen Kocka/Claus Offe (Hrsg.), Geschichte und Zukunft der Arbeit, unter Mitarbeit von Beate Redslob, Frankfurt a. M./New York 2000.

Auch wenn damit eine Abwendung sowohl von den Arbeitern als Akteuren wie auch von der Gegenwart als Untersuchungszeitraum einherging, führte die *Global Labour History* doch zurück in die europäische Zeitgeschichte, allerdings auf Umwegen[111]. Mehr noch: Sie bot eine adäquate Grundlage, um die Festschreibung des ‚Arbeiters' auf den klassenbewussten Industriearbeiter zu problematisieren und ihn als Studienobjekt letzten Endes für die Zeitgeschichte zu öffnen. Wie der Geschichte der Arbeit lag auch diesem Vorhaben eine zweigliedrige Operation zugrunde. So fasste etwa Marcel van der Linden ‚Arbeiter' zunächst quasi-universell, um dann auf eine historisch spezifische Typenbildung abzuzielen, die die Herausforderung der Artenvielfalt der ‚Arbeiter' produktiv annimmt, anstatt sich einem Fortschrittsnarrativ unterwerfend nach Entwicklungen hin zum klassenbewussten ‚Arbeiter' zu suchen[112]. Der Preis liegt allerdings in einer Überbetonung der Differenzen, die nicht nur die Frage nach der Verwendbarkeit des Arbeiterbegriffs als Analysekriterium aufwirft[113], sondern auch die Verlaufsdimension von Geschichte allzu sehr in den Hintergrund drängt. Immerhin schützt eine solche Immunisierung des Gegenstandes diesen vor Bedeutungsverlust.

Es verwundert daher nicht, dass sich eine solche Vorgehensweise auch mit Blick auf die deutsche Nachkriegsgeschichte nachweisen lässt. Bernd Faulenbach entschied sich für eine allgemeine Verwendung des Arbeitnehmerbegriffs im Rahmen seines Oral-History-Projekts im wiedervereinigten Deutschland, während Peter Hübner diesen Begriff als ideologisch verwarf und eine konsequente Rede vom „Arbeiter" einforderte[114]. Ihre Ansätze legen aber das Spannungsverhältnis dieser Begriffe durch definitorische Festlegung auf einen der beiden still. Dieses Dilemma vermeiden betriebszentrierte Studien, die hier kurz als weiteres Tor zur Zeitgeschichte angeführt seien. Sie konzeptualisieren Betriebe als Rahmen, innerhalb dessen sich Veränderungen der Machtbeziehungen, der Arbeitsformen, aber eben auch der Kategorie ‚Arbeiter' nachvollziehen lassen. In diesem Kontext warf

---

111 Vgl. etwa Niels P. Petersson, Globalisierung und Arbeit, in: Boris Barth/Stefanie Gänger/Niels P. Petersson (Hrsg.), Globalgeschichten. Bestandsaufnahme und Perspektiven, Frankfurt a. M. 2014, S. 259–289 sowie Raquel Varela/Hugh Murphy/Marcel van der Linden (Hrsg.), Shipbuilding and Ship Repair Workers Around the World. Case Studies 1950–2010, Amsterdam 2017.

112 Vgl. Marcel van der Linden, Workers of the World. Essays toward a Global Labor History, Leiden/Boston 2008, S. 17–37.

113 Vgl. zu van der Linden: Schmidt, Arbeiter, S. 31 sowie allgemein: Welskopp, Arbeitergeschichte, S. 19.

114 Vgl. Peter Hübner, Arbeitergeschichte, Version 1.0, in: Docupedia-Zeitgeschichte, 11.02.2010, <http://docupedia.de/zg/huebner_arbeitergeschichte_v1_de_2010> (16.05.2023) sowie Bernd Faulenbach, Zu Fragehorizont und Fragestellungen, in: ders./Annette Leo/Klaus Weberskirch, Zweierlei Geschichte. Lebensgeschichte und Geschichtsbewußtsein von Arbeitnehmern in West- und Ostdeutschland, Essen 2000, S. 11–30, hier S. 14–17.

Dietmar Süß die Frage auf, ob Ende der 1960er Jahre aus den oberpfälzischen Stahl- und Bergbauarbeitern nun „Arbeitnehmer" geworden seien[115]. Zugleich zeigten sich hier die Grenzen des gewählten Ansatzes, da die Beantwortung dieser Frage einer stärkeren Berücksichtigung des gesellschaftspolitischen und diskursiven Kontextes bedarf, als es der betriebliche Rahmen eigentlich vorsieht.

Insgesamt deuten die Anzeichen darauf hin, dass die in den Eingangszitaten markierten Problematiken auch weiterhin von Bedeutung sind: Die bisher genannten Ansätze gehen zumeist von einer über hundertjährigen Kontinuität des ‚Arbeiters' aus, wobei die Idealtypisierung als klassenbewusster, malochender Industriearbeiter auf dem Stand der Verhältnisse des endenden 19. Jahrhunderts vollzogen wird. Auf dieser Grundlage wird tendenziell eine immer stärkere Abweichung vom Idealtyp festgestellt, woraus eine abnehmende Bedeutung des ‚Arbeiters' abgeleitet wird, da Kontingenz und mit ihr die Möglichkeit einer Neuinterpretation der ‚Arbeiter' aus dem Blick der Forschenden geraten[116]. Andererseits ist aber auch eine Tendenz hin zur Ausdifferenzierung der Arbeitergeschichte zu beobachten, die gleichsam unterhalb oder jenseits der Kategorie ‚Arbeiter' ansetzt[117].

Sozial-, Gesellschafts- und Kulturgeschichte

Auch wenn die Arbeitergeschichte noch wenig zur Stellung der Arbeiterinnen und Arbeiter in der Bundesrepublik zu sagen hat, findet sich die Frage nach dem Bedeutungsverlust der ‚Arbeiter' in Studien zur bundesdeutschen Sozialpolitik, in Untersuchungen zur Geschichte der SPD, der Gesellschaftsgeschichte, vornehmlich aber in zeitgenössischen soziologischen Arbeiten behandelt. Ihre Ergebnisse lassen sich grob in einen strukturzentrierten und einen eher kulturgeschichtlichen Erzählstrang bündeln – mit fließendem Übergang. Auch wenn selbst die kulturgeschichtlichen Varianten oft implizit von einer Irreversibilität auszugehen scheinen, sehen sie die Entwicklung doch als von Akteuren (mit)gesteuert an. Interessanterweise finden sich viele der Argumente, die für ein Verschwinden des ‚Arbeiters' in der Bundesrepublik in Anschlag gebracht werden, bereits in den verschiedenen Spielarten der Verbürgerlichungsthese, die sich im Gleichschritt mit der Industrialisierung im 19. Jahrhundert entwickelt hatten[118].

---

115 Vgl. Süß, Kumpel und Genossen, Kap. V.2.

116 So auch etwa bei Schmidt, Arbeiter.

117 Vgl. etwa Jürgen Kocka, Möglichkeiten der Arbeitergeschichte, in: Maeder/Lüthi/Mergel, Sozialgeschichte, S. 43–53, hier S. 48–53.

118 Vgl. Hermann Bausinger, Verbürgerlichung – Folgen eines Interpretaments, in: Günter Wiegelmann (Hrsg.), Kultureller Wandel im 19. Jahrhundert. Verhandlungen des 18. Deutschen Volks-

Was die strukturzentrierten Ansätze betrifft, erwiesen sich Modernisierungstheorien, die meist auf einer hohen Abstraktionsebene argumentieren, als äußerst wirkmächtig[119]. So postulierte die seit der frühen Nachkriegszeit kursierende Tertiarisierungsthese in geradezu teleologischer Manier ein immer stärkeres Anwachsen des Dienstleistungssektors – und mit ihm der Zahl der Angestellten –, wohingegen der industriellen Produktion samt ihrer Arbeiterschaft eine Marginalisierung vorhergesagt wurde[120].

Die Logik der Notwendigkeit wohnte auch den sozialwissenschaftlichen Individualisierungsansätzen inne. Ulrich Beck koppelte diesen gar an die Ablösung der ersten durch eine „zweite", „reflexive" Moderne. Wie die Verbürgerlichungsthese setzte auch Beck auf der Ebene der Arbeitserfahrungen an. Wurden in der ersten Moderne laut Beck noch primäre, das heißt kollektiv geteilte und lebensweltlich verankerte Arbeitserfahrungen gemacht, sei die „reflexive Moderne" geprägt von individuellen Erfahrungen, die er in Abgrenzung zu früher nicht mehr als Ergebnis einer bürgerlichen, sondern einer „Arbeitsmarkt-Individualisierung" verstanden wissen wollte. Denn der Arbeitsmarkt, der mit der Ausweitung der Erwerbsarbeit nun weite Bevölkerungskreise erfasse, löse immer neue „Individualisierungsschübe" aus. Sie wirkten umso stärker, als die Boomphase nach dem Krieg zu einem Abbau von Lohnarbeiterrisiken geführt hätte, die ihrerseits früher „lebensweltliche[] Gemeinsamkeiten" ausgebildet hätten[121]. Schließlich strukturiere die „reflexive Moderne" die Menschen auf neue Weise, da die unkontrollierbaren technologischen Folgeprobleme wie Smog oder atomare GAUs alle Menschen gleich treffe, sodass die Klassenstruktur weiter an Plausibilität verliere[122].

Der Individualisierungsthese zuzuordnen sind daher ferner konsum- und bildungsgeschichtliche Erklärungen, die bisweilen zu einem generationellen Argu-

kunde-Kongresses in Trier vom 13. bis 18. September 1971, Göttingen 1973, S. 24–49 sowie Birgit Mahnkopf, Verbürgerlichung. Die Legende vom Ende des Proletariats, Frankfurt a. M./New York 1985.

119 Vgl. Doering-Manteuffel/Raphael, Nach dem Boom, S. 60 f.

120 Vgl. Hans-Ulrich Wehler, Deutsche Gesellschaftsgeschichte, Fünfter Band: Bundesrepublik und DDR 1949–1990, München 2008, S. 56 ff. Die Tertiarisierungsthese geht zurück auf Jean Fourastié, Die große Hoffnung des zwanzigsten Jahrhunderts, Köln 1954 [frz. Orig. 1949].

121 Vgl. Ulrich Beck, Jenseits von Stand und Klasse? Soziale Ungleichheiten, gesellschaftliche Individualisierungsprozesse und die Entstehung neuer sozialer Formationen und Identitäten, in: Reinhard Kreckel (Hrsg.), Soziale Ungleichheiten, Göttingen 1983, S. 35–74, hier S. 41, 45 (jeweils Zitate, Hervorhebungen gelöscht), 63–65.

122 Vgl. Beck, Risikogesellschaft.

ment verdichtet werden[123]. Hier ist auch Franz Walter zu nennen, dessen Diagnose des Verzichts auf soziale Semantiken seitens der SPD auf einem generationsgeschichtlich grundierten demographischen Argument aufruht. Denn der sprachliche Wandel der SPD hing aus seiner Sicht mit der um 1970 einsetzenden Abwanderung junger, durch Bildung aufgestiegener Arbeiterkinder zusammen, die nun ganz das „bürgerliche“ Leistungsdenken internalisiert hatten, wodurch den Arbeiterquartieren gleich in doppelter Hinsicht kompetente (Für)Sprecher verlorengingen[124]. Lutz Raphael ergänzte diesen Befund durch ein sozialräumlich grundiertes demographisches Argument. Demnach führte die „Deindustrialisierung“ zu einer Verdrängung der Industriearbeiterschaft aus den Metropolen. Die politische Marginalisierung ging mit einer räumlichen Peripherisierung und Provinzialisierung der Arbeiterschaft einher[125].

Andere strukturzentriert argumentierende Autoren setzten mit ihren Studien dagegen auf der Mikroebene an. Unter Rekurs auf die zunehmende Technologisierung der Arbeitswelt prognostizierten etwa Horst Kern und Michael Schumann 1984 ein „Ende der Arbeitsteilung“, denn eine Beschränkung der Arbeitertätigkeiten auf rein ausführende Maßnahmen erscheine nun als Verschwendung von Produktivitätspotentialen[126]. Eine weitere Annäherung von Arbeiter- und Angestelltentätigkeit schien mit dem Ende der körperlichen Schwerstarbeit erreicht zu sein[127]. Beide Aspekte können auch mit der These von Luc Boltanski und Ève Chiapello in Einklang gebracht werden, die einen im Laufe der 1970er Jahre sich vollziehenden fundamentalen Wandel im „Geist des Kapitalismus“ feststellten. Kurz: Mit dem neuen Geist gehe eine völlig neue Logik, und zwar die des Netzwerkes, einher, nach der die Wirtschaft funktioniere. Damit seien auch alte Begriffe wie ‚Arbeiter‘ oder ‚Arbeitnehmer‘ hinfällig geworden, denn wie auch Beck gingen die beiden französischen Autoren von einem nivellierenden Grundzug der neuen Zeit aus[128].

Kaum einer dieser Ansätze blieb unwidersprochen, auch wenn zumeist bei grundsätzlicher Zustimmung zur Valenz der diagnostizierten basalen Wandlungs-

123 Vgl. Andreas Wirsching, Konsum statt Arbeit. Zum Wandel von Individualität in der modernen Massengesellschaft, in: VfZ 57–2 (2009), S. 171–199. Zum Bildungs- und Generationsargument vgl. Beaud/Pialoux, Verlorene Zukunft.

124 Vgl. Walter, Vorwärts, S. 21–27, 77. Der selbst aus einer Arbeiterfamilie stammende französische Soziologe Didier Eribon machte in seiner Autobiographie deutlich, dass der räumlichen Distanzierung bereits eine mentale vorausgegangen war. Vgl. Eribon, Rückkehr, S. 159.

125 Vgl. Raphael, Jenseits von Kohle, S. 458–466.

126 Vgl. Kern/Schumann, Ende der Arbeitsteilung, S. 322 ff.

127 Vgl. Wolfgang Hindrichs/Uwe Jürgenhake/Christian Kleinschmidt et al., Der lange Abschied vom Malocher. Sozialer Umbruch in der Stahlindustrie und die Rolle der Betriebsräte von 1960 bis in die neunziger Jahre, Essen 2000.

128 Vgl. Boltanski/Chiapello, Der neue Geist.

prozesse nur eine stärkere Betonung von Kontinuitäten eingefordert wurde. So konnte etwa Lutz Raphael mit Verweis auf Regionen, die ihre industrielle Basis erhielten oder erst neu begründeten, ein Argument gegen ein allzu pauschales Deindustrialisierungsnarrativ anbringen[129]. Stéphane Beaud und Michel Pialoux wiederum waren selbst in einem modernisierten Peugeot-Werk auf längst überwunden geglaubte tayloristische Arbeitsweisen gestoßen[130]. Marxistisch ließ sich die empirisch feststellbare Angleichung von Arbeiter- und Angestelltentätigkeiten und deren Mentalitäten auch ganz anders deuten, nämlich als Offenbarung des Lohnarbeiterstatus von Angestellten. Demnach konnte unter der Bedingung, dass „die geläufige Verdrängung der Klassenfrage durch die *Kassenfrage* [d.h. der Zugehörigkeit zur BfA oder zu einer LVA – S.W.] ein Ende nähme", von einer Verallgemeinerung des Arbeiterbegriffs ausgegangen werden. Zugleich erforderte dies, nicht länger die Arbeiter in Abgrenzung zu den Angestellten als idealtypischen ‚Lohnarbeiter' herauszustellen[131].

Einer grundsätzlichen Kritik unterzog Jan-Otmar Hesse die Tertiarisierungsthese, indem er ihre teleologischen Anklänge mit Verweis auf die historisch je spezifischen „Strukturierungsleistungen der Akteure" zurückwies[132]. Prinzipiell zu problematisieren sind die soziologischen Arbeiten insoweit, als sie „Sozialforschung als prognostische Affirmation" betreiben[133]. Das Dilemma strukturzentrierter Erklärungsansätze demonstrierte Josef Mooser in seiner Pionierstudie zum „Arbeiterleben in Deutschland" sehr deutlich. Zwar stellte auch er ein „Ende der Proletarität" und einer damit verbundenen Klassenpolitik fest, doch seien damit keineswegs die „objektiven" Strukturelemente der „Arbeiterschaft" verschwunden, im Gegenteil. Sie hatten sich bis in die 1970er Jahre gleichsam purifiziert, indem die Heiratskreise weiter geschlossen und klassische Nebenerwerbstätigkeiten wie die

---

129 Vgl. Raphael, Transformations, S. 107.

130 Vgl. Beaud/Pialoux, Verlorene Zukunft, S. 87 ff.

131 Vgl. Ulf Kadritzke, Angestellte als Lohnarbeiter. Kritischer Nachruf auf die deutsche Kragenlinie, in: Gert Schmidt/Hans-Joachim Braczyk/Jost von dem Knesebeck (Hrsg.), Materialien zur Industriesoziologie, Opladen 1982, S. 219–249, hier S. 224, 244 (Zitat, H. i. O.).

132 Vgl. Jan-Otmar Hesse, Ökonomischer Strukturwandel. Zur Wiederbelebung einer wirtschaftshistorischen Leitsemantik, in: GG 39–1 (2013), S. 86–115 (Zitat auf S. 114).

133 Clemens Albrecht, ‚Soziale Wirklichkeit'. Helmut Schelsky und die Tragödie einer regulativen Idee, in: ZIG 7–2 (2013), S. 53–62, hier S. 58. Auch aus dem Fach selbst kamen Forderungen nach einer Selbstbeschränkung: „Vermeide Überverallgemeinerungen auf der Grundlage kurzer Zeitspannen. [...] Vermeide Überverallgemeinerungen auf der Grundlage einer einzigen Gesellschaft." Anthony Giddens, Klassenspaltung, Klassenkonflikt und Bürgerrechte. Gesellschaft im Europa der achtziger Jahre, in: Kreckel, Soziale Ungleichheiten, S. 15–33, hier S. 15 (Hervorhebungen gelöscht).

landwirtschaftliche aufgegeben wurden. Daher wollte er auch nicht vorschnell von einem Aufgehen der ‚Arbeiter' in der ‚Arbeitnehmerschaft' sprechen[134]. Birgit Mahnkopf demonstrierte schließlich, wie systemtheoretische Bausteine das Festhalten am Arbeiterkonzept untermauern konnten, sofern sie kulturtheoretisch eingefasst wurden. Gemäß ihrer Lesart mussten sich Arbeiterinnen und Arbeiter zwar Kulturangebote ihrer bürgerlichen Umwelt aneignen, da diese aber von einem anderen Standpunkt und für andere Zwecke formuliert worden waren, seien sie nie völlig mit den spezifischen Arbeits- und Lebenserfahrungen der Arbeiterschaft in Einklang zu bringen[135].

Mooser und Mahnkopf lenken den Blick auf eher kulturgeschichtlich argumentierende Ansätze. Sie beleuchten, wie Akteure und Diskursverschiebungen zu einer Marginalisierung der Kategorie ‚Arbeiter' beitrugen. Als entscheidende Schritte werden hier der Verzicht der Nachkriegs-SPD auf den Wiederaufbau einer genuinen Arbeiterkultur sowie die Distanzierung vom Marxismus angesehen. Beides habe zur Integration der Arbeiterschaft in die bundesrepublikanische Ordnung beigetragen, wodurch die parlamentarische Demokratie direkt und indirekt stabilisiert worden sei[136]. Denn es wurde, wie Paul Nolte zeigte, konservativen Intellektuellen ebenso wie dem „alten Mittelstand" möglich, ihre Angst vor der „Masse" abzulegen und sich auf das ordnungsstiftende, dabei demokratietaugliche Modell einer industriell-technischen Gesellschaft einzulassen. Gleichzeitig führte der Trend zur „Verberuflichung" bei jungen Arbeitern dazu, dass sie sich nun nicht mehr als solche bezeichnen lassen wollten[137]. Die späten 1960er Jahre seien daher, so Hans Günter Hockerts, politisch von einer Sehnsucht nach „ganzheitsorientierte[n] Leitbegriffe[n]" geprägt gewesen. Die Vision einer „Arbeitnehmergesellschaft" habe wiederum zum Abbau sozial- und arbeitsrechtlicher Unterschiede beigetragen[138]. Die von der sozialliberalen Koalition ausgebauten gewerkschaftlichen betrieblichen und überbetrieblichen Mitgestaltungsmöglichkeiten führten laut Knud Andresen in der IG Metall zu einer Distanzierung der Funktionäre gegenüber den

---

134 Vgl. Mooser, Arbeiterleben. Zum „Arbeiterbauern" vgl. Michael Prinz, Der Sozialstaat hinter dem Haus. Wirtschaftliche Zukunftserwartungen, Selbstversorgung und regionale Vorbilder: Westfalen und Südwestdeutschland 1920–1960, Paderborn u. a. 2012, S. 338–347.

135 Vgl. Mahnkopf, Verbürgerlichung, S. 250–260.

136 Vgl. etwa Julia Angster, Konsenskapitalismus und Sozialdemokratie. Die Westernisierung von SPD und DGB, München 2003 sowie Klaus Tenfelde, Ende der Arbeiterkultur: Das Echo auf eine These, in: Wolfgang Kaschuba/Gottfried Korff/ Bernd Jürgen Warneken (Hrsg.), Arbeiterkultur seit 1945 – Ende oder Veränderung?, Tübingen 1991, S. 19–30, S. 29.

137 Vgl. Nolte, Ordnung, S. 305–307, 361–366.

138 Vgl. Hans Günter Hockerts, Rahmenbedingungen: Das Profil der Reformära, in: ders. (Hrsg.), Geschichte der Sozialpolitik in Deutschland seit 1945, Band 5: 1966–1974. Bundesrepublik Deutschland. Eine Zeit vielfältigen Aufbruchs, Baden-Baden 2006, S. 1–155, hier S. 9, 14, 56.

Mitgliedern. Man könnte auch sagen: Je stärker die rechtliche Ressource ‚Arbeitnehmer' wurde, desto unwichtiger wurden die Arbeiterinnen und Arbeiter[139]. Doch auch die Beschäftigten selbst nutzten die neuen betrieblichen Partizipationschancen aus. Weil sie nun, so Lutz Raphael, ihre Interessen im Betrieb besser verwirklichen konnten, zogen sich die Arbeiter immer weiter von der politischen Bühne zurück[140].

Ganz freiwillig war dieser Rückzug indes nicht. Anja Kruke zeigte auf, wie Demoskopen die Kategorie ‚Arbeiter' seit den 1960er Jahren immer stärker zergliederten. Schließlich machte das Versprechen, auf dem Wählermarkt relevante Zielgruppen immer präziser erfassen zu können, das Geschäftsmodell der Meinungsforscher aus[141]. Zu Beginn der 1980er Jahre stellte der Soziologe Wilke Thomssen einen ganz ähnlichen Prozess der Komplexitätssteigerung in seinem eigenen Fach fest, der dem methodologischen Wandel weg vom Objekt hin zur Subjektivität entsprungen sei. Das bis dahin intensiv erforschte Konzept des ‚Arbeiterbewusstseins' habe mit diesem Wandel nicht Schritthalten können. Denn die damit verknüpfte Prämisse, Arbeitermassen ließen sich durch die Schaffung des richtigen Bewusstseins politisch steuern, erschien nun unterkomplex[142]. Lutz Raphael verzeichnete im Rückblick ebenfalls eine allgemeine Delegitimation traditioneller, auf ‚Arbeiter' hin ausgerichteter „Mobilisierungssprachen", die er mit der Pluralisierung soziologischer Deutungsangebote in Verbindung brachte. Noch mehr an Wert verlor die Arbeiterschaft für die Politik laut Raphael aufgrund ihres Verschwindens aus den Medien. Denn seit den 1980er Jahren traten Arbeiterinnen und Arbeiter nur noch selten mit spektakulären Aktionen in Erscheinung, wodurch sie die „mediale[] Logik der Ereignisorientierung" nicht mehr bedienten[143]. Stattdessen traten nun neue Akteure und Themen auf den Plan. So lancierte die CDU in den 1970er Jahren eine Debatte um die „Neue Soziale Frage", später lenkten die „Neuen

---

139 Die gleichzeitige Hinwendung der Gewerkschaftsjugend zu traditionellen Klassensprachen deutete er wiederum als eine symbolische Kompensation des realen Bedeutungsverlusts der Arbeiterschaft. Vgl. Knud Andresen, Gebremste Radikalisierung. Die IG Metall und ihre Jugend 1968 bis in die 1980er Jahre, Göttingen 2016, S. 251–267, 547–556.

140 Vgl. ibid., S. 200, 247–294, 471.

141 Vgl. Anja Kruke, Demoskopie in der Bundesrepublik Deutschland. Meinungsforschung, Parteien und Medien 1949–1990, Düsseldorf 2007, S. 344–362.

142 Vgl. Wilke Thomssen, „Die Konstitution des Klassenbewusstseins". Vom Altern eines wissenschaftlichen Anspruchs, in: Schmidt/Braczyk/von dem Knesebeck, Materialien, S. 313–328, hier S. 320–323.

143 Raphael, Jenseits von Kohle, S. 106–117. Zitate auf S. 112 und 115.

Sozialen Bewegungen", aber auch die als strukturelle Krise empfundene Arbeitslosigkeit die Aufmerksamkeit von den ‚Arbeitern' ab[144].

Auch an diesen Ansätzen ist Kritik zu üben, wobei sich diese, erstens, auf die ungeklärte Reichweite erstreckt. So räumte Kruke ein, dass die immer weitere demoskopische Segmentierung des potentiellen Wählermarktes sich in der Wahlkampfpraxis kaum umsetzen ließ. Tatsächlich kann mit Blick auf die Wahlkämpfe in den 1970er Jahren ein ständiger Bedeutungszuwachs von ‚Arbeitern' in den Wahlwerbespots verzeichnet werden, der Höhe- und Wendepunkt war erst 1983 erreicht. „Bürgerliche" tauchten laut Thomas Mergel dagegen nicht auf[145]. Dies weist, zweitens, auf die anhaltende Präsenz des Konzepts der ‚Arbeitnehmergesellschaft' im zeitgenössischen Diskurs hin. Da dieser Sachverhalt noch nicht hinreichend erforscht ist, müssen hier noch Untersuchungen von konkreten Handlungspraktiken in unterschiedlichen Feldern Abhilfe schaffen. Drittens bleiben auch die vorgestellten Ansätze perspektivisch eng an die Modernisierungstheorie angelehnt, die in Studien bisweilen als „Realität" argumentativ zum Vorschein kommt[146]. Dies wiederum führt zu einer vorschnellen Schließung offener Fragen, da Konflikte nicht weiter problematisiert, sondern „objektiv" entschieden werden. Die Erwartung beziehungsweise das retrospektive Wissen um das unvermeidliche Ende der ‚Arbeiter' schreibt sich so in Wertungen mit ein. Dagegen ist, viertens, auf Studien zu verweisen, die auf die zwar gewandelte, aber ungebrochene Prägekraft von Arbeit verweisen[147] oder gar das Fortbestehen der Arbeiter(klasse) nachweisen

---

144 Vgl. Geyer, Rahmenbedingungen, S. 25 f., 30–34, Marcel Boldorf, Die „Neue Soziale Frage" und die „Neue Armut" in den siebziger Jahren. Sozialhilfe und Sozialfürsorge im deutsch-deutschen Vergleich, in: Konrad H. Jarausch (Hrsg.), Das Ende der Zuversicht? Die siebziger Jahre als Geschichte, Göttingen 2008, S. 138–156 sowie Franz-Josef Brüggemeier, Die Rache des Bürgertums an der Arbeiterbewegung? Umweltbewegung, Umweltgeschichte und soziale Frage, in: Maeder/Lüthi/Mergel, Sozialgeschichte, S. 178–186, hier S. 185 f.

145 Vgl. Kruke, Demoskopie, S. 358, Thomas Mergel, Propaganda nach Hitler. Eine Kulturgeschichte des Wahlkampfs in der Bundesrepublik 1949–1990, Göttingen 2010, S. 186 sowie Christina Holtz-Bacha, Wahlwerbung als politische Kultur. Parteienspots im Fernsehen 1957–1998, Wiesbaden 2000, S. 94 f., 216 f.

146 So etwa bei Nolte, Ordnung, S. 403: „[W]ir profitieren noch immer von jenem ‚ent-utopisierten', realistischen Gesellschaftsbild, das sich in den Nachkriegsjahrzehnten mühsam herausgebildet hat."

147 Vgl. Peter-Paul Bänziger, Arbeiten in der „Konsumgesellschaft". Arbeit und Freizeit als Identitätsangebote um die Mitte des zwanzigsten Jahrhunderts, in: Lars Bluma/Karsten Uhl (Hrsg.), Kontrollierte Arbeit – disziplinierte Körper? Zur Sozial- und Kulturgeschichte der Industriearbeit im 19. und 20. Jahrhundert, Bielefeld 2012, S. 107–136 sowie Jörg Neuheiser, Der „Wertewandel" zwischen Diskurs und Praxis. Die Untersuchung von Wertvorstellungen zur Arbeit mit Hilfe von betrieblichen Fallstudien, in: Bernhard Dietz/Christopher Neumaier/Andreas Rödder (Hrsg.), Gab es den Wertewandel? Neue Forschungen zum gesellschaftlich-kulturellen Wandel seit den 1960er Jahren, München 2014, S. 141–167, hier S. 146.

wollen. Im Anschluss an Bourdieu ließ sich etwa argumentieren, dass der Habitus noch immer objektiv den Klassencharakter der Gesellschaft zeige (auch wenn Bourdieu den Habitus sinnigerweise als „Gegenwart der Vergangenheit" charakterisierte)[148].

Statt Fragen nach Verschwinden oder Fortbestand von ‚Arbeitern' definitiv beantworten zu wollen[149], werden in einigen Studien Semantiken und Ordnungsvorstellungen thematisiert[150]. Sie werden dabei nicht anhand ihres „Realitätsgehalts" bewertet, sondern es treten relationale Beziehungen in den Fokus[151]. In diesem Zusammenhang wird auch die Frage thematisch, welche Bedeutung ‚Arbeiter' für bestimmte Akteure in spezifischen Kontexten annehmen konnten[152]. Sie alle leisten wichtige Beiträge zur vorliegenden Fragestellung, bleiben aber „sektorale" Studien[153], indem sie meist nur einen Bereich – Gewerkschaft, Streik oder Branche – in Betracht ziehen. Wegweisend ist hier die als Synthese angelegte Studie von Lutz Raphael. Für den Zeitraum 1970 bis 2000 verglich er die Entwicklung der Arbeiterschaft multiperspektivisch und länderübergreifend[154]. Gleichwohl galt das

---

148 Vgl. Pierre Bourdieu, Sozialer Sinn. Kritik der theoretischen Vernunft, Frankfurt a. M. 1993 [frz. Orig. 1980], S. 116, Hans-Günter Thien, Die verlorene Klasse – ArbeiterInnen in Deutschland, Münster 2010, Frank Deppe/Klaus Dörre, Klassenbildung und Massenkultur im 20. Jahrhundert, in: Tenfelde, Arbeiter, S. 726–771, Michael Vester, Auf der Suche nach dem „demokratisierenden Subjekt". Zur Veränderung des sozialen Raums und des Habitus sozialer Klassen in der Bundesrepublik 1950–1989, in: Kaschuba/Korff/Warneken, Arbeiterkultur, S. 152–166 sowie Wolfgang Kaschuba, Arbeiterkultur heute: Ende der Transformation?, in: ibid., S. 31–57. Die Denkfigur der „Metamorphose" wiederum erlaubte eine Vermittlung von Wandel und Kontinuität. Vgl. Castel, Metamorphosen.

149 Ähnliches lässt sich in der Bürgertumsforschung beobachten. Vgl. etwa Cornelia Rauh, Bürgerliche Kontinuitäten? Ein Vergleich deutsch-deutscher Selbstbilder und Realitäten seit 1945, in: HZ 287-2 (2008), S. 341–362 sowie Manfred Hettling/Bernd Ulrich (Hrsg.), Bürgertum nach 1945, Hamburg 2005.

150 Vgl. Timo Luks, Der Betrieb als Ort der Moderne. Zur Geschichte von Industriearbeit, Ordnungsdenken und Social Engineering im 20. Jahrhundert, Bielefeld 2010 sowie Andresen/Bitzegeio/Mittag, Strukturbruch.

151 Vgl. etwa Alex Gertschen, Klassenfeinde – Branchenpartner? Unternehmer und Gewerkschaft der westdeutschen Textilindustrie vor der Herausforderung der Internationalisierung, 1949–1979, Baden-Baden 2013, Karl Christian Führer, Gewerkschaftsmacht und ihre Grenzen. Die ÖTV und ihr Vorsitzender Heinz Kluncker 1964–1982, Bielefeld 2017 sowie Müller, DAG.

152 Vgl. Nolte, Ordnung. Aus der Perspektive gewerkschaftlicher Angestelltenarbeit: Stefan Müller, Gewerkschafter, Sozialist und Bildungsarbeiter. Heinz Dürrbeck (1912–2001), Essen 2010, Kap. V sowie Müller, DAG, Kap. 15. Arps widmete sich linken Fabrikinterventionen der 1970er Jahre und zeichnete dabei auch die Veränderungen im „Arbeiterbild" der Aktivisten nach. Vgl. Arps, Frühschicht. Die Konstitution der ‚Arbeiterklasse' im Streik untersuchte Birke, Wilde Streiks.

153 Vgl. Doering-Manteuffel/Raphael, Nach dem Boom, S. 91.

154 Vgl. Raphael, Jenseits von Kohle.

Hauptaugenmerk seiner Gesellschaftsgeschichte dem Typus des ‚Industriearbeiters', nicht den Veränderungen des Arbeiterbegriffs.

So lassen sich weiterhin Desiderate benennen: Die Arbeitergeschichte ist noch stärker innerhalb der Zeitgeschichte zu verankern, wobei eine Orientierung am klassenbewussten Industriearbeiter des 19. Jahrhunderts hierbei nicht zielführend ist. Vielmehr ist die Frage nach ‚Arbeitern' aus der Perspektive einer „Problemgeschichte der Gegenwart"[155] heraus anzulegen, die einerseits Kosten wie Chancen eines Abschieds vom ‚Arbeiter' thematisiert, dadurch andererseits konkrete (De) Konstruktionsleistungen seitens historischer Akteure in den Blick nimmt, sodass bisher als vermeintliche Basisprozesse herangezogene Erklärungen hinterfragt werden können. Für dieses Unterfangen sind schließlich Ansätze zu entwickeln, die eine Alternative zu „sektoralen" Herangehensweisen bieten, und die auch die Rolle der Medien stärker als bisher in Betracht ziehen. Gerade für die Zeitgeschichte ist dies unerlässlich.

1.5 Methodisches Vorgehen

Wie bereits angedeutet, soll in der vorliegenden Untersuchung ‚Arbeiter' als eine Kategorie gesellschaftlichen Wissens gefasst werden. Welche methodischen Vorteile liegen darin und welche Konsequenzen hat dies? Zunächst kann der ‚Arbeiter' nicht einfach verloren gehen. Das Wissen um ihn gerät vielleicht in Vergessenheit, kann aber jederzeit aktualisiert werden. Wenn Geoff Eley mit Blick auf die empirische Heterogenität der Arbeiterklasse und der andauernden Notwendigkeit, sie aktiv als politische Einheit zu formen, die Diskontinuität als historischen Normalfall herausstellte[156], so rückt das weiter gefasste Konzept des gesellschaftlichen Wissens die Annahme von Dauerhaftigkeit wieder in den Vordergrund. Anders gesagt: Auch wenn sich niemand mehr die Identität ‚Arbeiter' konkret aneignet, hat dies auf die epistemische Ressource zunächst keine große Auswirkung. Erst langfristig stellt sich die Frage, ob sich ‚Arbeiter' ohne eine solche Inkarnation rein diskursiv stabilisieren lässt. ‚Arbeiter' als Wissen zu fassen, greift also genau den Gedanken wieder auf, der auch der Operationalisierung der Fragestellung zugrunde lag: Wenn Kontinuität der Normalfall ist, wird das Verschwinden nicht leichtfertig als gegeben akzeptiert.

155 Doering-Manteuffel/Raphael, Nach dem Boom, S. 7 f.

156 Vgl. Geoff Eley, Forging Democracy: The History of the Left in Europe, 1850–2000, Oxford u. a. 2002, S. 397 ff. Er steht unverkennbar in der Tradition von Edward P. Thompson, The Making of the English Working Class, New York 1963.

Zugleich verschafft der Verzicht auf jedwede Essentialisierung gedankliche Freiheit: Die Entwicklung des ‚Arbeiters' ist prinzipiell offen, in ihm sind keine Charakteristika angelegt, die früher oder später zur Entfaltung kommen müssen. Auf diese Weise lässt sich auch die systemtheoretische Orientierung der klassischen Arbeitergeschichte überwinden, deren Privilegierung von Fragen der Repräsentativität und Vergleichbarkeit recht statische Untersuchungsdesigns hervorbrachte, die nur einen Betrieb, eine Branche oder eine Region in den Blick kommen ließen. Die Fassung des ‚Arbeiters' als gesellschaftliches Wissen öffnet überdies das Akteurstableau für jene Gruppen, die wie etwa Wissenschaftlerinnen, Künstler oder Journalisten in der Arbeitergeschichte bislang weniger Beachtung gefunden haben[157]. Es sind Gruppen, die aufgrund ihrer Diskursmacht die gesellschaftliche Aushandlung der Bedeutung des ‚Arbeiters' maßgeblich beeinflussen können. Die damit verbundene Kehrseite, die auch in der vorliegenden Studie zum Vorschein kommt, liegt in der Marginalisierung derjenigen, die sich selbst als Arbeiterin oder Arbeiter verstehen. Den kleinen Leuten einen Platz in der Geschichte zu verschaffen, ist jedoch das traditionelle Anliegen der Arbeitergeschichte. Dass ich damit nun breche und die gesellschaftlichen Machtverhältnisse reproduziere, erscheint mir dennoch begründet. So lässt sich der Anschein vermeiden, als existierten authentische ‚Arbeiter', die als Bewertungsmaßstab für die gesellschaftlichen Arbeiterbilder taugten. Vielmehr unterliegen auch die Arbeiterinnen und Arbeiter dem gesellschaftlichen Aushandlungsprozess, den sie freilich durch individuelles oder kollektives Handeln zu beeinflussen suchen können. Und sofern solche Interventionen in den Quellen einen Niederschlag gefunden haben, erhalten sie auch in meiner Arbeit Raum.

Als Methodologie bietet sich für mein Vorhaben die „Wissensgeschichte" an. Als herausragendes Merkmal von „Wissen" definierte Philipp Sarasin dessen „Zirkulation", und zwar „über institutionelle, soziale, politische oder auch geographische Grenzen hinweg". „Wissen" konstituiert mithin einen „Zusammenhang", wodurch eine Dynamisierung des Untersuchungsfeldes möglich wird[158]. ‚Arbeiter' kann sich als Wissen in sehr unterschiedlichen Institutionen ebenso wie in diskursiven und nicht-diskursiven Praktiken materialisieren. Auch wenn sich die Bindung des ‚Arbeiters' an ausschließlich *einen* Typus wie den ‚Malocher', *einen* geographischen Punkt wie ein Betrieb oder eine Region, *eine* Institution wie eine Partei oder

157 Vgl. auch Raphael, Jenseits von Kohle, S. 93.

158 Philipp Sarasin, Was ist Wissensgeschichte?, in: IASL 36–1 (2011), S. 159–172, hier S. 160–164, Zitat auf S. 164. Vgl. zudem Achim Landwehr, Das Sichtbare sichtbar machen. Annäherungen an ‚Wissen' als Kategorie historischer Forschung, in: ders. (Hrsg.), Geschichte(n) der Wirklichkeit. Beiträge zur Sozial- und Kulturgeschichte des Wissens, Augsburg 2002, S. 61–89.

Gewerkschaft überwinden lässt, bleiben solche Entitäten konstitutiv. Sie schaffen zuallererst die angesprochenen Grenzen und damit die zu untersuchenden Differenzierungsmöglichkeiten. Aus dieser „unvermeidliche[n] Verhakung des Wissens mit seinen wechselnden Orten und ‚partialen Perspektiven'" speist sich der „grundsätzlich hybrid[e]" Charakter von Wissen[159]. Lokalitäten und damit Kontexten kommt somit eine größere Rolle zu als beispielsweise in der Diskurs- oder Begriffsgeschichte[160]. Schließlich erlaubt die Wissensgeschichte, das Denken in Mikro-, Meso- und Makroebenen zu überwinden. Wenn Wissen zwischen den unterschiedlichsten Entitäten zirkuliert, kann Gesellschaft als ein Netzwerk gedacht werden, in dem alle Punkte miteinander gekoppelt sind, ohne damit den Machtaspekt ausblenden zu müssen. Er bleibt über die spezifische Kommunikationsstärke operationalisierbar, die sich ihrerseits in die basalen Punkte Reichweite und direkte/indirekte Verbindung unterteilen ließe[161]. Somit kann ein einzelner Arbeiter mit gleichem Recht wie ein Betrieb oder ein Ministerium in die Untersuchung aufgenommen werden, ohne in Gleichmacherei zu verfallen.

Gerade weil die Wissensgeschichte in vielerlei Hinsicht entgrenzend wirkt, bedarf es weiterer Ansätze, um die Untersuchung plausibel zu strukturieren. Zur Binnendifferenzierung des Untersuchungsraums bietet sich dessen Unterteilung in „soziale Felder" (Pierre Bourdieu) an[162]. Eine Abgrenzung nach außen kann das Konzept der „Kommunikationsgemeinschaften" leisten[163], wobei die Festlegung empirisch zu erfolgen hat. So zeigten die untersuchten Quellen, dass die westdeutsche Kommunikationsgemeinschaft im Untersuchungszeitraum der zentrale Bezugspunkt war.

Ein letzter zu klärender Punkt betrifft die Kontextualisierung. Sarasin eröffnete die Möglichkeit hierzu, wie erwähnt, durch die Betonung der Hybridität von Wissen. Die Notwendigkeit der Kontextualisierung begründet sich aus einer Gefahr, die dem Netzwerkkonzept entspringt, dem die Wissensgeschichte selbst sehr na-

---

159 Sarasin, Wissensgeschichte, S. 166.

160 Vgl. Achim Landwehr, Historische Diskursanalyse, Frankfurt a. M./New York 2008, S. 72.

161 Vgl. Thomas Welskopp, Die Dualität von Struktur und Handeln. Anthony Giddens' Strukturierungstheorie als „praxeologischer" Ansatz in der Geschichtswissenschaft, in: ders., Unternehmen Praxisgeschichte. Historische Perspektiven auf Kapitalismus, Arbeit und Klassengesellschaft, Tübingen 2014 [2001], S. 55–76, hier S. 70–72 sowie ders., Klasse als Befindlichkeit? Vergleichende Arbeitergeschichte vor der kulturhistorischen Herausforderung, in: AfS 38 (1998), S. 301–336, hier S. 327 f.

162 Vgl. Holger Dainat, Literatur – Wissen(schaft) – Geschichte, in: IASL 36–1 (2011), S. 177–182, hier S. 180.

163 Vgl. Franziska Metzger, Geschichtsschreibung und Geschichtsdenken im 19. und 20. Jahrhundert, Bern/Stuttgart/Wien 2011, S. 93 ff.

hesteht. Zugespitzt ausgedrückt ist ein Außen des Netzwerks nicht denkbar[164], denn seine Elemente können in sinnhafter Weise nicht außerhalb des Netzes existieren, definiert sie doch erst ihre spezifische Position im Netz. Diese Perspektive verleitet aber leicht dazu, dass „die Eigenschaften der Beteiligten nicht mehr berücksichtigt w[e]rden [...], sondern nur die relationellen Eigenschaften"[165]. Eine solch radikale Auslegung des Netzwerkansatzes schränkt jedoch ohne Not Erkenntnismöglichkeiten ein, die sich durch die Einbettung des Untersuchungsgegenstands in unterschiedliche Kontexte leicht erschließen lassen. Drei solcher Kontexte kommen in Betracht, um mögliche Veränderungen im Umgang mit der Kategorie ‚Arbeiter' zu erklären: Einerseits können die „Eigenschaften der Beteiligten", die über ihre Beschäftigung mit den ‚Arbeitern' hinausweisen, in den Blick genommen werden. Auch die mediale Berichterstattung über die Akteure kann aufschlussreich sein. Andererseits bieten sich zwei weitere Kontexte an, die mit der Kategorie ‚Arbeiter' verwoben sind. Wie eingangs erwähnt, stellte der Arbeitnehmerbegriff in der Bundesrepublik einen wichtigen Bezugspunkt für die Auseinandersetzung mit dem Arbeiterbegriff dar. Die Art und Weise, wie Akteure ‚Arbeitnehmer' konzipierten, dürfte daher Aufschluss über ihren Umgang mit den ‚Arbeitern' liefern. Drittens sollen Modernevorstellungen miteinbezogen werden, kann der ‚Arbeiter' als Kategorie gesellschaftlichen Wissens doch als ein genuines Phänomen der Moderne gelten. Und womöglich musste *der* ‚Arbeiter' konzeptionell zum Verschwinden gebracht werden, um den Beginn einer neuen Zeit einläuten zu können. Es bietet sich daher an, als Heuristik zwischen Moderne und Postmoderne zu unterscheiden, um zu diskutieren, ob der ‚Arbeiter' tatsächlich veraltet war und folglich nicht mehr in die neue Zeit passte, wie viele Zeitgenossen glaubten.

Wie lassen sich aber so notorisch uneindeutige Konzepte wie Moderne und Postmoderne in greifbare Indikatoren übersetzen? Ein Ansatzpunkt bietet die Debatte um „Einheit" oder „Vielfalt", welche die soziologischen Beschreibungsversuche der Moderne seit jeher prägte[166]. Ihre Varianten speisen auch die neueren Ansätze: Peter Wagner deutete die Moderne als „Koexistenz" der Diskurse um Freiheit und Disziplin, während für Andreas Reckwitz die Dualität zwischen dem

164 Vgl. Alexander Friedrich, Metaphorologie der Vernetzung. Zur Theorie kultureller Leitmetaphern, Paderborn 2015, S. 361.

165 Vgl. Boltanski/Chiapello, Der neue Geist, S. 196 f., 200 (Zitat).

166 Vgl. Benjamin Ziemann, Die Metaphorik des Sozialen. Soziologische Selbstbeschreibungen westeuropäischer Gesellschaften im 20. Jahrhundert, in: Lutz Raphael (Hrsg.), Theorien und Experimente der Moderne. Europas Gesellschaften im 20. Jahrhundert, unter Mitarbeit von Clelia Caruso, Köln/Weimar/Wien 2012, S. 193–227, hier S. 197–206.

„Allgemeinen" und „Besonderen" die Grundstruktur jener Epoche ausmachte[167]. Übertragen auf das Feld der Epistemologie stellt sich die Frage, ob die Welt in ihrer Eigentlichkeit erkennbar und beschreibbar oder in einen undurchdringbaren Schleier aus Sprache gehüllt sei[168]. Wie sich das Kräfteverhältnis zwischen erkenntnistheoretischem Realismus und Konstruktivismus entwickelte, lässt sich an der gesellschaftlichen Stellung der Wissenschaft ablesen. Weite Teile des 20. Jahrhunderts sah Lutz Raphael von einem Trend zur „Verwissenschaftlichung des Sozialen"[169] geprägt, was für eine Dominanz des Realismus spricht. 1983 machte der Soziologe Peter Weingart hingegen die „Politisierung der Wissenschaft" – für meine Zwecke scheint mir der Ausdruck Sozialisierung der Wissenschaft passender – als Gegentrend aus[170]. Auch Andreas Reckwitz beobachtete eine Ende der 1970er Jahre einsetzende Ablösung der „Logik des Allgemeinen" durch die „Logik des Besonderen" als vorherrschender gesellschaftsprägender Kraft[171].

Wie es scheint, lassen sich die Dichotomien nach Maßgabe der Dominanz ihrer Bestandteile in einen chronologischen Ablauf bringen und auf diese Weise Indikatoren für Moderne und Postmoderne formulieren: Für die Moderne stehen Realismus, Verwissenschaftlichung des Sozialen und die Logik des Allgemeinen, für die Postmoderne Konstruktivismus, Sozialisierung der Wissenschaft und die Logik des Besonderen. Das landläufige Verständnis des ‚Arbeiters' würde ihn wohl fest in der Moderne verorten: Er ist konkret, eindeutig erkennbar, Objekt der Erforschung und Ausdruck des Allgemeinen. Es wird zu zeigen sein, ob diese Vor-Urteile haltbar sind.

---

167 Vgl. Peter Wagner, Soziologie der Moderne. Freiheit und Disziplin, Frankfurt a. M./New York 1995, S. 12–16 sowie Andreas Reckwitz, Die Gesellschaft der Singularitäten, Berlin 2017.

168 Vgl. Ute Daniel, Kompendium Kulturgeschichte. Theorien, Praxis, Schlüsselwörter, Frankfurt a. M. [6]2014 [2001], bes. S. 381–389, 408–418 sowie Georg Kneer, Die Debatte über Konstruktivismus und Postkonstruktivismus, in: ders./Stephan Moebius (Hrsg.), Soziologische Kontroversen. Beiträge zu einer anderen Geschichte der Wissenschaft vom Sozialen, Berlin 2010, S. 314–341.

169 Vgl. Lutz Raphael, Die Verwissenschaftlichung des Sozialen als methodische und konzeptionelle Herausforderung für eine Sozialgeschichte des 20. Jahrhunderts, in: GG 22–2 (1996), S. 165–193.

170 Vgl. Peter Weingart, Verwissenschaftlichung der Gesellschaft – Politisierung der Wissenschaft, in: ZfS 12–3 (1983), S. 225–241. Vgl. zudem Mitchell G. Ash, Wissenschaft und Politik. Eine Beziehungsgeschichte im 20. Jahrhundert, in: AfS 50 (2010), S. 11–46 sowie Roberto Sala, Verwissenschaftlichung des Sozialen – Politisierung der Wissenschaft? Zum Verhältnis von Wissenschaft und Politik in der Geschichtsschreibung des 19. und 20. Jahrhunderts, in: BWG 40–4 (2017), S. 333–349.

171 Vgl. Reckwitz, Gesellschaft.

1.6 Fallstudien, Quellen und Aufbau der Arbeit

Fallstudien

Um ein möglichst breites Spektrum abzubilden, soll die Entwicklung des Arbeiterkonzepts in den Feldern Kultur, Gesellschaftspolitik, Wirtschaft und Recht sowie Wissenschaft nachverfolgt werden. Ich interessiere mich dabei für Akteure und Institutionen, die über eine vergleichsweise hohe kommunikative Reichweite verfügten und sich, wenn möglich, auch mit dem Arbeitnehmerkonzept beschäftigten. Nicht jeder Fallstudie wird dasselbe Maß an Aufmerksamkeit zuteilwerden. Nicht nur variierte die jeweils verfügbare Quellengrundlage, sondern auch meine zur Verfügung stehende Arbeitszeit. Überdies ist die getroffene Auswahl nicht repräsentativ und kann es, wie erwähnt, auch gar nicht sein. Es handelt sich bei der vorliegenden Studie somit auch nicht um *die* Geschichte der ‚Arbeiter' in der Bundesrepublik, sondern um einige der vielen Geschichten, die zu erzählen sind.

Im Feld der *Gesellschaftspolitik* fiel meine Wahl auf den Deutschen Gewerkschaftsbund (DGB) und seine Gewerkschaften. Millionen von Arbeiterinnen und Arbeitern zählten im Untersuchungszeitraum zu ihren Mitgliedern, doch verstanden sich diese Gewerkschaften explizit als Arbeitnehmerorganisationen. Besondere Beachtung wird dabei der DGB als Dachverband finden. Aus wissensgeschichtlicher Perspektive ist dieser besonders reizvoll, denn er fungiert als Aushandlungsplattform für die Einzelgewerkschaften, die wiederum in sehr unterschiedlichen Branchen agieren und folglich je spezifisches Wissen in die Diskussionen einbringen. Ein Ergebnis dieser Aushandlungen war die Gründung einer besonderen gewerkschaftlichen Betreuung für die Arbeiterschaft durch einen Beschluss des Außerordentlichen Bundeskongresses 1971. Diese „Personengruppe Arbeiter" musste gegen starke Widerstände aufgebaut werden, brachte zwischen 1975 und 1985 einige bemerkenswerte arbeiterpolitische Ansätze hervor, um 1990 wieder abgewickelt zu werden.

Das Feld *Kultur* lege ich weit aus, um auch die Massenmedien zu erfassen. Das Magazin „Der Spiegel" wies als bundesrepublikanisches Leitmedium zwar keine spezifische Affinität zur Arbeiterthematik auf, doch eröffnet sich gerade dadurch die Möglichkeit, mit den Mitteln der Begriffsgeschichte den öffentlichen Resonanzraum für ‚Arbeiter' und ‚Arbeitnehmer' über einen recht langen Zeitraum hinweg zu vermessen. Ergänzend ziehe ich als eine explizite künstlerische Auseinandersetzung mit dem Arbeitersujet einige der Arbeiterfilme heran[172], die der Westdeutsche Rundfunk (WDR) in den frühen 1970er Jahren produzieren ließ.

172 Diese Fallstudie musste für die vorliegende Publikation stark gekürzt werden. Es ist geplant, sie zu einem späteren Zeitpunkt als eigenständige Monographie zu veröffentlichen.

Große Resonanz im Feuilleton lösten die Filme von Christian Ziewer und Klaus Wiese aus, die der „Berliner Schule" angehörten. Deren Werke entstanden in einer Konstellation, die dem Konzept der ‚Arbeitnehmergesellschaft' sehr nahekommt, doch vermittelten sie ein ganz anderes Arbeiter- und Gesellschaftsbild. Das Genre Arbeiterfilm fand bereits Mitte des Jahrzehnts sein Ende, zumeist wird es als politisch motiviert dargestellt. Dieses Narrativ gilt es zu überprüfen, indem die Widersprüche zwischen Produktionsbedingungen und dem vermittelten Arbeiterbild stärker in Rechnung gestellt werden.

Diese beiden Felder bilden das empirische Rückgrat der Arbeit, wobei der Gewerkschaftsgeschichte und der Begriffsgeschichte vergleichsweise großes Gewicht zukommen wird. Die Felder *Recht* und *Wirtschaft* sind für die Arbeiterthematik zentral, doch mussten sie aus pragmatischen Gründen zusammengefasst werden. Ich werde drei Ereignisse aus den Jahren 1968 bis 1970 herausgreifen, die exemplarisch das Potential einer Verwirklichung des einheitlichen Arbeitnehmerstatus, aber auch die Widerständigkeit des ‚Arbeiters' aufzeigen: 1968 schlug eine vom Bundesarbeitsministerium eingesetzte Expertenkommission die Fusion der Rentenversicherungen von Arbeitern und Angestellten vor. Der Vorschlag scheiterte. 1969 nahm sich der Gesetzgeber der Lohnfortzahlung im Krankheitsfall an, und damit einer der Unwägbarkeiten des Arbeiterlebens, die nach wie vor das Proletarisierungsrisiko der Arbeiterschaft symbolisierten[173]. Exemplarisch und nur sehr ausschnittsweise betrachte ich das Lohnfortzahlungsgesetz, da es die erhoffte vollständige Gleichstellung von Arbeitern und Angestellten nicht verwirklichte. Dies wie auch die ausgebliebene Zusammenlegung der Rentenversicherungssysteme stabilisierten die rechtliche Kategorie ‚Arbeiter' für die nächsten Jahrzehnte. Ein Gegenbeispiel stellt die tarifvertragliche Einführung des einheitlichen Mitarbeiterstatus durch das Braunkohleunternehmen Rheinbraun dar, einer Tochter des RWE-Konzerns. Hieran lässt sich exemplarisch zeigen, welche Faktoren die Vereinheitlichung von ‚Arbeitern' und ‚Angestellten' begünstigten, und welchen Spielraum die Sozialpartner hierbei hatten.

Die Auswahl einer Fallstudie im Bereich der *Wissenschaft* gestaltete sich schwierig, erlebten doch sowohl die Industriesoziologie als auch die Arbeiterhistoriographie im Untersuchungszeitraum ihre Blütezeit. Dennoch habe ich mich für das vergleichsweise kleine „Forschungsinstitut für Arbeiterbildung" (FIAB) in Recklinghausen entschieden. Mit der Bildungsproblematik rückte es ein Defizit in

173 Vgl. Michael Vester, Was wurde aus dem Proletariat? Das mehrfache Ende des Klassenkonflikts: Prognosen des sozialstrukturellen Wandels, in: Friedrichs/Lepsius/Mayer, Diagnosefähigkeit, S. 164–206, hier S. 202. Die zweite Unwägbarkeit lag im Risiko der Arbeitslosigkeit. Auch den Kündigungsschutz reformierte der Bundestag 1969, jedoch konnte ich dieses Thema aus Zeitgründen nicht mehr bearbeiten.

den Mittelpunkt, das in der öffentlichen Debatte als Bestimmungsmerkmal der ‚Arbeiter' umso wichtiger wurde, je mehr die traditionelle Abgrenzung zwischen geistiger und körperlicher Arbeit an Überzeugungskraft verlor. Überdies war das FIAB ein Kooperationsprojekt zwischen der Ruhr-Universität Bochum, der IG Metall und dem Land Nordrhein-Westfalen. Diese Konstellation bietet die Möglichkeit zu untersuchen, ob sich die Ressource ‚Arbeiter' eignete, um eine Sozialisierung der Wissenschaft voranzutreiben.

Quellen

Ein sehr solides Fundament weist die Studie zum DGB auf, besonders für den Hauptuntersuchungszeitraum der Jahre 1970 bis 1990. Im Archiv der sozialen Demokratie (AdsD) in Bonn sichtete ich hierfür den Bestand der Abteilung Arbeiter-Handwerk sowie des Sekretariats Martin Heiß, ergänzt durch Recherchen in den DGB-Beständen der Abteilungen Organisation beziehungsweise Vorsitzender, im ÖTV-Bestand Vorstand sowie im Bestand der Abteilung Werbung des IG Metall-Vorstandes. Zudem konnte ich auf eine Vielzahl publizierter Quellen und Quelleneditionen zurückgreifen. Besonders wichtig, gerade für die Zeit zwischen 1945 und 1970, waren die Protokolle der DGB-Bundeskongresse sowie die vom DGB-Bundesvorstand herausgegebenen Geschäftsberichte. Hintergrundgespräche konnte ich mit der ehemaligen Leiterin der Abteilung Arbeiter-Handwerk des DGB, Irmgard Blättel, sowie mit Rainer Neumeister von der IG Metall führen. Diese Gespräche waren aber nicht als Zeitzeugeninterviews konzipiert und flossen daher auch nicht unmittelbar in die Arbeit ein. Sie dienten mir zur allgemeinen Orientierung.

Das Magazin „Der Spiegel" bot lange Zeit ein hervorragendes Online-Archiv, dessen Funktionen leider Schritt für Schritt eingeschränkt wurden. Diese Entwicklung beeinträchtigte das Ergebnis meiner Suche nach den Begriffen „Arbeiter*" und „Arbeitnehmer*" samt Komposita in Vorspann und Überschrift sämtlicher Artikel, die zwischen 1947 und 2010 in der Druckausgabe des Spiegels veröffentlicht wurden. Da im Online-Archiv nur eine Rechtstrunkierung möglich ist, lieferte die Suche nur solche Komposita automatisch, bei denen ‚Arbeiter' das Bestimmungswort (etwa ‚Arbeiterklasse') ist. Für die 1970er und 1980er Jahre dürfte dieses Sample nahezu vollständig sein. Lücken weist das Ergebnis für die übrigen Jahrgänge auf. Auch konnte ich wohl nicht alle Artikel ausfindig machen, bei denen ‚Arbeiter' das Grundwort eines Kompositums darstellt, zumal meine Suchliste nicht den Anspruch auf Vollständigkeit hatte[174]. Insgesamt kamen jedoch über 1300 Artikel zusammen, die ich qualitativ ausgewertet habe.

Als sehr schwierig stellte sich die Überlieferung zu Rheinbraun dar. Die Tarifverträge handelte für die Gewerkschaft der örtliche Bezirksvorstand aus, dessen Archivbestand wohl vernichtet wurde. Im Archiv im Haus der Geschichte des Ruhrgebiets in Bochum (AHGR) fanden sich wie im Historischen Konzernarchiv RWE in Essen kaum einschlägige Unterlagen. Die geplante Fallstudie konnte daher nur in rudimentärer Weise verwirklicht werden. Für den Exkurs zum Lohnfortzahlungsgesetz stützte ich mich auf die einschlägige Gesetzesdokumentation des Parlamentsarchivs des Deutschen Bundestags, die Quellen für den Abschnitt zur gescheiterten Fusion der Rentenversicherungen entstammen dem AdsD in Bonn.

Für die Studie zu den Arbeiterfilmen konnte ich dankenswerterweise auf Unterlagen der Abteilung Spielfilm des WDR in Köln zurückgreifen, die noch nicht archiviert sind. Ergänzend zog ich Dokumente des Historischen Archivs der Sendeanstalt heran. Hilfreich war ferner die Pressedokumentation der Bibliothek der Deutschen Kinemathek in Berlin. In deren Archiv ermöglichte mir Werner Sudendorf Zugang zum völlig unerschlossenen Bestand der Basis-Film Verleih GmbH, den ich zum Teil sichten konnte. Die im dortigen Schriftgutarchiv bereits erschlossenen Bestände zu den Arbeiterfilmen erwiesen sich hingegen als wenig ertragreich.

Unterlagen zum Forschungsinstitut für Arbeiterbildung waren zum Zeitpunkt meiner Erhebung in den Archiven der ehemaligen Träger des FIAB überliefert. Zahlreiche Akten finden sich im Universitätsarchiv der Ruhr-Universität Bochum. Ergänzend zog ich Bestände des Landesarchivs Nordrhein-Westfalen, Abteilung Rheinland in Duisburg, des AHGR in Bochum sowie des AdsD in Bonn heran. Der Bestand im AHGR war zum Zeitpunkt meiner Quellenerhebung noch nicht erschlossen. Mit Prof. Dr. Bernd Faulenbach, der seit Gründung des FIAB dort als wissenschaftlicher Mitarbeiter tätig war, konnte ich zu Beginn meiner Recherche ein Hintergrundgespräch führen.

Aufbau des Buches

Wie schreibt man eigentlich eine Wissensgeschichte? Oder genauer: Wie stellt man sie dar? Immerhin, Sarasins Gedanken, der Spur des Wissens folgend zu untersuchen, wie es sich in einem spezifischen Feld für eine Weile verhakt, dort angereichert und transformiert wird, um schließlich zum nächsten Feld weiterzuziehen, liegt die Vorstellung eines linearen zeitlichen Ablaufs zugrunde. Doch scheint dieser

174 Die Liste umfasste die Begriffe Bergarbeiter, Facharbeiter, Gastarbeiter, Hilfsarbeiter, Industriearbeiter, Mitarbeiter, Metallarbeiter, Stahlarbeiter, Zwangsarbeiter.

idealtypische Verlauf in der Realität selten zu sein, vor allem, wenn es sich um vergesellschaftetes, also weitverbreitetes Wissen handelt. Hier ist anzunehmen, dass sich das Wissen gleichzeitig in ganz unterschiedlichen Feldern verhakt, es dabei zu multiplen feldübergreifenden Austauschprozessen kommt, ohne dass diese sich immer eindeutig nachverfolgen lassen, und ohne dass jedes feldspezifisch angereicherte Wissen überhaupt notwendigerweise im selben oder einem anderen Feld fortgeschrieben werden muss. Die angemessene Darstellungsform einer solchen Konstellation wäre ein Hypertext, während ein gewöhnlicher Text an Grenzen stößt. Ein solcher lässt sich grundsätzlich auf zwei Weisen strukturieren. Will man die Erzählung nicht chronologisch ausrichten, bleibt die Möglichkeit, den Stoff nach bestimmten Kriterien, etwa den Feldern, zu systematisieren. Die letztgenannte Vorgehensweise böte die Möglichkeit, die feldspezifische Logik und Zeitlichkeit, die den Umgang mit der Kategorie ‚Arbeiter' beeinflussten, präzise erfassen zu können, wenn auch zum Preis einer größeren Anfälligkeit gegenüber Redundanzen.

In der vorliegenden Arbeit sprach allein schon das deutliche Ungleichgewicht, das zwischen den einzelnen Fallstudien herrscht, gegen diesen Ansatz. Vielmehr erschien eine pragmatische Kombination angezeigt. Während begriffsgeschichtliche Studien den Anfangs- und Schlusspunkt setzen, folgt der Haupterzählstrang der Chronologie der gewerkschaftlichen Auseinandersetzung mit dem ‚Arbeiter' im Zeitraum von 1945 bis 1990. Dieser Strang lässt sich in vier Teile untergliedern. In jedem Teil wird die Gewerkschaftsstudie jeweils mit einer anderen Fallstudie thematisch ergänzt und kontrastiert. Die Anordnung dieser Fallstudien richtet sich nach dem Zeitpunkt des feldspezifischen Beginns der Auseinandersetzung mit dem ‚Arbeiter'. Die Chronologie des Haupterzählstrangs wird hierdurch gewahrt, gebrochen wird sie erst dadurch, dass diese kleineren Fallstudien in Gänze behandelt werden, also bis zum Ende der Beschäftigung mit dem ‚Arbeiter'.

Was bedeutet das konkret? Kapitel 2 ist der Begriffsgeschichte von ‚Arbeiter', ‚Arbeitnehmer' und ‚Arbeitnehmergesellschaft' gewidmet. Hier soll Verständnis für die Bedeutungsvielfalt des Arbeiterbegriffs geweckt werden, um den Blick für Alternativen jenseits des Narrativs des notwendigen Niedergangs der ‚Arbeiter' zu öffnen. Hinsichtlich des Arbeitnehmerbegriffs gilt es, den Ideologieverdacht, dem er ausgesetzt ist, kritisch zu hinterfragen.

Teil I steht unter der Überschrift „Das Ende am Anfang" und behandelt die Zeitspanne von der Nachkriegszeit bis zum Ende der 1960er Jahre. Es war eine Zeit, in der der DGB wie selbstverständlich den Arbeiter- durch den Arbeitnehmerbegriff ersetzte. Weil der Dachverband aber gleichzeitig für Angestellte und Beamte eigene Personengruppen einrichtete und ihnen auch sprachlich eine Sonderstellung zuwies, fungierte der ‚Arbeiter' als latente Bedrohung für die ‚Arbeitnehmerpolitik' des DGB. Der Teil schließt mit einem Kapitel zur gescheiterten Fusion der Rentenversicherungsträger 1968, dem Lohnfortzahlungsgesetz von 1969 sowie dem Abschluss eines einheitlichen Mitarbeitertarifvertrags bei Rheinbraun 1970. Dies soll klären, inwiefern die vom DGB mit dem Arbeitnehmerbegriff sprachlich vorweggenommene Vereinheitlichung von ‚Arbeitern' und ‚Angestellten' in unterschiedlichen Rechtsmaterien bereits Realität war, und was die Widerständigkeit des ‚Arbeiters' im Recht erklärte.

Der zweite Teil, „Die Wiederkehr des ‚Arbeiters' in den kurzen 1970er Jahren", führt die Geschichte des DGB fort und beleuchtet die Zeit zwischen 1968 und 1980, in der sich der ‚Arbeiter' aus Sicht führender Gewerkschafter zur manifesten Gefahr für die Arbeitnehmerpolitik des DGB entwickelte. Neben den Gründen, die zur satzungsrechtlichen Verankerung der Personengruppe Arbeiter führten, stehen hier die Maßnahmen im Vordergrund, mit denen die DGB-Spitze die organisatorische Umsetzung der Arbeiterpolitik behinderte. Wie untypisch diese zögerliche Öffnung gegenüber den ‚Arbeitern' war, zeigt das anschließende Kapitel. Nicht nur die katholische Kirche, auch die sonst so zögerliche IG Metall und selbst die DAG wandten sich behutsam der Arbeiterthematik zu. Vor allem aber nutzten junge Filmschaffende die Gunst der Stunde, um mit großer materieller und ideeller Unterstützung das Genre des Arbeiterfilms zu begründen. Allerdings ließ dieser Arbeiterhype schnell nach, und so zeigt sich ein zweiter Aspekt, in dem der DGB untypisch war. Denn hier setzte die intensive und innovative Auseinandersetzung mit den ‚Arbeitern' erst gegen Ende der 1970er Jahre ein. Um diesen Sachverhalt zu erklären, widme ich mich zum Ausklang des Kapitels dem Umbruch im Ideenhaushalt der Zeitgenossen.

Der dritte Teil beschäftigt sich mit dem ‚Arbeiter' als Problem, wobei dies keineswegs negativ zu verstehen ist. Denn sowohl in der gewerkschaftlichen Arbeiterpolitik wie auch beim FIAB, die überraschenderweise keinerlei Notiz voneinander nahmen, zeichnete sich eine neue Herangehensweise ab: Durch die Problematisierung des ‚Arbeiters' sollte dessen epistemisches Potential entfaltet werden, um die wahrgenommenen wirtschaftlichen und gesellschaftlichen Wandlungsprozesse verständlich und gesellschaftlich gestaltbar zu machen. In diesem Zusammenhang betrieb der DGB auf den Bundesarbeiterkonferenzen der Jahre 1981 und 1985 mit großem Aufwand und vergleichsweise großer öffentlicher Resonanz eine Singularisierung der ‚Arbeiter'.

Der abschließende Teil trägt den Titel „Der Anfang vom Ende?" und behandelt den Zeitraum zwischen 1985 und 2010. Mit Blick auf die gewerkschaftliche Arbeiterpolitik gilt es zu klären, warum sie unmittelbar nach Erreichen ihres Zenits innerhalb weniger Jahre aufgegeben wurde. Abschließend wird die Geschichte des Arbeiterbegriffs auf Grundlage des Spiegel-Samples weitergeführt. Nach 1990 dominierten hier Komposita, in denen ‚Arbeiter' als Grundwort fungiert. Drei der häufigsten dieser fraktalen Arbeiterbegriffe waren ‚Gastarbeiter', ‚Zwangsarbeiter' und ‚Mitarbeiter'. Es ist zu diskutieren, wie sich dadurch der Arbeiterbegriff veränderte, und ob sich der ‚Mitarbeiter' womöglich zum ‚Arbeiter' der globalisierten Welt des neuen Millenniums entwickelt hat.

2 Begriffsgeschichten: ‚Arbeiter' und ‚Arbeitnehmer'

„Es gibt noch Arbeiter in Deutschland", verkündete Willi Michels, seinerzeit Leiter des Stahlbüros der IG Metall, im September 1969 im Spiegel[1]. Eine solche Meldung hätte angesichts der Millionen von Malochern, die damals in den Fabriken von Friedrichshafen bis Flensburg tätig waren, eigentlich als Banalität abgetan werden müssen. Und doch hatte Michels' Einwand seine Berechtigung. Im Spiegel selbst waren die Arbeiter bis weit in die 1960er Jahre hinein nur zwei oder drei Mal pro Jahr in den Überschriften oder Vorspannen aufgetaucht. Und auch Michels' eigene Gewerkschaft wollte schon lange nicht mehr von ‚Arbeitern', sondern nur noch von ‚Arbeitnehmern' sprechen. Wahrscheinlich hätte sich ohne die wilden Streiks, mit denen sich die Beschäftigten unmittelbar zuvor als ‚Arbeiter' in Erinnerung gerufen hatten, daran auch nichts geändert. Das Arbeiterbild, das nun in der Öffentlichkeit wieder auflebte, war das traditionelle des kampferprobten, klassenbewussten Industriearbeiters.

Diese kurze Episode führt vor Augen, wie stark das eigene Arbeiterbild die Wahrnehmung prägt. Für den weiteren Verlauf dieser Studie ist es daher wichtig, ein Verständnis für die Bedeutungsvielfalt des Arbeiterbegriffs zu schaffen. Im ersten Teil des Kapitels soll der Versuch einer systematischen Aufschlüsselung des ‚Arbeiters' unternommen werden, bevor die Verwendung des Arbeiterbegriffs im Spiegel daraufhin untersucht wird, welche der Bedeutungen in diesem bundesrepublikanischen Leitmedium zum Tragen kamen, und wie sich dies über die Zeit hinweg veränderte. Analog werde ich im zweiten Teil mit dem Arbeitnehmerbegriff verfahren, auch wenn hier die Ausgangslage eine andere ist. ‚Arbeitnehmer' wird, anders als der ‚Arbeiter', nicht auf eine bestimmte Beschäftigtengruppe verengt, sondern er sieht sich mitunter noch immer einem Ideologieverdacht ausgesetzt. Es sollen daher folgende Fragen geklärt werden: Was thematisierte der Spiegel mit den Begriffen ‚Arbeiter' und ‚Arbeitnehmer'? Inwiefern waren es politische Begriffe, die einzelnen Akteuren Handlungsmacht verliehen, und inwiefern handelte es sich um Wissensressourcen, die über den Zustand der Gesellschaft aufklärten?

1 O. V., „Es gibt noch Arbeiter in Deutschland", in: Der Spiegel 23–38 (1969), S. 33.

 https://doi.org/10.1515/9783111086569-003

2.1 ‚Arbeiter' – Versuch einer Systematisierung

Im allgemeinen Sinne bezeichnet das ‚Arbeiter'-Sein eine *anthropologische Grundkonstante.* Wie Karl Marx oder Hannah Arendt bemerkten, steht der Mensch mit der ihn umgebenden Umwelt notwendig in einem stofflichen Wechselverhältnis[2]. Die Aneignung der Natur kann als Arbeit, ‚Arbeiter' als der idealtypische *„homo faber"* aufgefasst werden[3]. Eine solche allgemeine Feststellung scheint auf den ersten Blick kaum zur Politisierung zu taugen, beschreibt sie doch eine außergeschichtliche Tatsache. Und doch dürfte gerade diese Funktion ganz wesentlich zur politischen Attraktivität des ‚Arbeiters' beigetragen haben. So vermittelt sie zwischen spezifischen, damit aber partiellen ‚Arbeiter'-Entwürfen und der die ganze Menschheit umfassenden Grundgesamtheit, womit sie den möglichen universellen Verallgemeinerungsanspruch partieller Entwürfe plausibilisiert[4]. Sie verleiht dem ‚Arbeiter' überdies den Anschein des *Natürlichen*, des *Eigentlichen.*

Ein partieller Entwurf findet sich beispielsweise in der Wirtschaftslehre. Sie definiert ‚Arbeit(er)' als einen *Produktionsfaktor.* Diese allgemein geteilte Feststellung lässt sich wiederum unterschiedlich interpretieren. So unternahm Marx mit seiner Arbeits- und Mehrwerttheorie den Versuch, die ‚Arbeiter' als die eigentlichen, als die *alleinigen Produzenten* des Mehrwerts herauszustellen, womit sich ihr Anspruch auf das Ganze der Produktion begründen, dessen verweigerte Befriedigung als Ausbeutung brandmarken lässt[5]. Für die politische Rechte erscheinen die ‚Arbeiter' hingegen als ein *Teil des Ganzen*, und als solche müssen sie notwendig auf ihren Bereich begrenzt bleiben. Damit verbunden ist eine Festschreibung des ‚Arbeiter'-Seins: ‚Arbeiter' können, von Ausnahmefällen abgesehen, nicht hoffen, ihren zugewiesenen Platz jemals zu verlassen, verkörpern sie doch eine spezifische Funktion des Systems. Betrachtet man die Funktionen der ‚Arbeiter' noch näher, lassen sie sich weiter systematisieren, etwa entlang der ausgeübten Tätigkeit in Industrie-, Berg- oder Landarbeiter oder nach dem erreichten Qualifikationsniveau in ungelernte, angelernte oder Facharbeiter[6].

---

2 Vgl. etwa Karl Marx, Das Kapital. Kritik der politischen Ökonomie, Erster Band, Erster Band. Buch I: Der Produktionsprozeß des Kapitals, in: MEW 23, Berlin [19]1998 [1867], S. 192 f., 198 f. sowie Hannah Arendt, Vita activa oder Vom tätigen Leben, München [13]2013 [amerik. Orig. 1958].

3 Castel, Metamorphosen, S. 312 (H. i. O.).

4 „Der ‚Communist', der klassenbewusste Proletarier, wendet sich letztlich immer ‚an Alle'". Eiden-Offe, Poesie, S. 27.

5 Vgl. Marx, Kapital, Bd. 1, S. 556 sowie ders., Das Kapital. Kritik der politischen Ökonomie, Dritter Band, Buch III: Der Gesamtprozeß der kapitalistischen Produktion, hrsg. v. Friedrich Engels, Berlin (Ost) [30]1989 [1894], S. 822 ff.

6 Zu den rechten Spielarten vgl. etwa Stefan Wannenwetsch, Unorthodoxe Sozialisten. Zu den Sozialismuskonzeptionen der Gruppe um Otto Straßer und des Internationalen Sozialistischen

In vielerlei Gestalt treten die ‚Arbeiter' als der *andere* in Erscheinung. Im Alltag sind Arbeiterinnen und Arbeiter die *sichtbar Unsichtbaren* der Gesellschaft: Auf der Straße geben sie sich anhand ihrer Kleidung oder ihres Habitus als solche zu erkennen, doch verschwinden sie von dort aus in für die Allgemeinheit unzugängliche Fabriken, Paketbotenautos oder, im Falle der Kanalarbeiter, gar in den Untergrund[7]. Als Schichtarbeiter fallen sie zeitlich aus dem normalen Takt des öffentlichen Lebens heraus, sie sind das *Asynchrone*. Die Feststellung von Andersartigkeit kann zudem leicht in eine Zuschreibung des *Defizitären* umschlagen, die bis hin zur Behauptung einer Unvereinbarkeit von ‚Arbeitern' und übriger Gesellschaft reicht. ‚Arbeiter' verkörpern so etwa das *Ungebildete, Sprachlose, Subalterne*[8], bisweilen gar das *Nicht- oder Unmenschliche*, sei es als heteronomes, von Maschinen gesteuertes *Werkzeug*[9], sei es als das *Tierhafte*, wie Analogien zu Bienen oder Ameisen nahelegen[10]. ‚Arbeiter' ist der eigene andere, der *autochthone Fremde*[11]. In gewisser Weise trifft dies für die Arbeiterinnen und Arbeiter auch für sich selbst zu, sind sie doch laut Marx im Kapitalismus ihres Menschseins entfremdet. Mit Blick auf die Gesellschaft mögen sie zum gleichen Volk wie die Nicht-Arbeiter gehören, bilden aber eine eigene Schicht oder Klasse, sind als freie Lohnarbeiter zwar genuines Produkt des Kapitalismus, aber nicht wie die Bourgeoisie dessen Nutznießer und Träger, setzen als vorwiegend körperlich-ausführend Tätige Anweisungen der Vorgesetzten um, die ihre Arbeit planen, verfügen aber ihrerseits über ein die-

---

Kampfbundes in der Weimarer Republik, Frankfurt a. M. u. a. 2010, S. 60–63. Als frühes Beispiel der Systematisierung der Arbeiter vgl. o. V., Arbeiter und Arbeitslohn, in: Conversations-Lexikon, 2. Band, 12. umgearb., verbesserte und vermehrte Aufl., Leipzig 1875, S. 66–67.

7 Vgl. Karsten Uhl, Humane Rationalisierung? Die Raumordnung der Fabrik im fordistischen Jahrhundert, Bielefeld 2014, Kap. 3 sowie Staab, Metamorphosen, S. 13–14, 17 f.

8 Vgl. Susanne Grimm, Die Bildungsabstinenz der Arbeiter. Eine soziologische Untersuchung, München 1966 sowie Basil Bernstein, Class, Codes and Control, Volume I: Theoretical Studies towards a Sociology of Language, London/New York 2003 [1971], S. 85.

9 Maurice Halbwachs sah in den ‚Arbeitern' von der Gesellschaft geschaffene „Werkzeuge [...], um damit andere Werkzeuge zu bedienen." Maurice Halbwachs, Beitrag zu einer soziologischen Theorie der Arbeiterklasse, in: ders., Klassen und Lebensweisen. Ausgewählte Schriften, herausgegeben und übersetzt von Stephan Egger, Konstanz 2001 [1926], S. 47–70, hier S. 50 f. Auf Halbwachs verwies bereits Castel, Metamorphosen, S. 302.

10 Die Analogiebildung zum Tierreich reicht bis in die Antike zurück. Vgl. etwa Aristoteles Thierkunde. Kritisch-berichtigter Text, mit deutscher Übersetzung, sachlicher und sprachlicher Klärung und Vollständigem Index von Dr. H. Aubert und Dr. Fr. Wimmer, Erster Band, Leipzig 1868, S. 304 f.

11 Für Simone Weil machte die Fabrik aus Arbeitern „in ihrem eigenen Land Fremde, Exilierte, Entwurzelte". Simone Weil, La Condition Ouvrière, S. 34, zitiert nach Castel, Metamorphosen, S. 301. Vgl. zudem Karl Marx/Friedrich Engels, Manifest der Kommunistischen Partei, in: dies., Das Kommunistische Manifest. Eine moderne Edition, Hamburg 1999 [1848], S. 41–87, hier S. 67.

sen fremdes, unzugängliches, aus der Praxis erwachsendes Expertenwissen[12]. Als Stahlkocher, Bergmann oder Waldarbeiter sind sie während ihrer Tätigkeit Naturgewalten ausgesetzt, um nach Feierabend in die Zivilisation zurückzukehren. Durch diesen intermediären Status kommt ihnen die Rolle des *Cyborgs* oder des *Hephaistos* zu, denn sie beherrschen Naturkräfte ebenso wie Technik, ja scheinen mit ihnen zu verschmelzen, da sie ihnen gleichzeitig unterworfen und durch sie geprägt sind[13].

‚Arbeiter' sind „Wanderer zwischen Welten" (Walter Flex), sie sind das *Mobile*. Als doppelt freie Lohnarbeiter[14] entbehren sie der dauerhaften gesellschaftlichen Einbindung, weshalb sie wie *freie Radikale* wirken können. Als Arbeitsmigranten überwinden sie geographische Grenzen und werden zu *fremden Fremden*. ‚Arbeiter' stehen somit partiell *außerhalb der Ordnung*, sie weisen über sie hinaus. Vor diesem Hintergrund ist die ideologische Gleichschaltung von ‚Arbeiter' und Frontsoldat, wie sie etwa Ernst Jünger unternahm, zu sehen[15]. Auch temporal sind ‚Arbeiter' die anderen. Sie beschreiben das *Unzeitgemäße*, sie sind entweder Träger der Zukunft oder Relikt der Vergangenheit, Sehnsuchts- oder Erinnerungsort, sie sprengen auf die eine oder andere Weise den Rahmen der Gegenwart[16]. Dies alles verleiht den ‚Arbeitern' Potential, und Potential liegt letztlich auch in der Funktion einer *Residualkategorie*, wenn auch nicht auf den ersten Blick. Im Bereich des Rechts war ‚Arbeiter' lediglich, wer als Erwerbstätiger weder Angestellter noch Beamter noch Selbständiger war. ‚Arbeiter' stehen als Residualkategorie aber für das nicht völlig Kategorisierbare, und damit kommt den ‚Arbeitern' eine *Metaphern*funktion zu, die die Nähe der ‚Arbeiter' zum Bereich des Mythischen deutlich macht. Schließlich

12 Vgl. Marx, Kapital, Bd. 3, S. 95–97, ders./Engels, Manifest, S. 51, Thomas Welskopp, Kapitalismus und Konzepte von Arbeit. Wie systemisch zentral ist „freie Lohnarbeit" für den Kapitalismus?, in: GG 43–2 (2017), S. 197–216 sowie ders., Produktion als soziale Praxis. Praxeologische Perspektiven auf die Geschichte betrieblicher Arbeitsbeziehungen, in: Knud Andresen/Michaela Kuhnhenne/Jürgen Mittag/Johannes Platz (Hrsg.), Der Betrieb als sozialer und politischer Ort. Studien zu Praktiken und Diskursen in den Arbeitswelten des 20. Jahrhunderts, Bonn 2015, S. 29–52, hier S. 43–45.

13 Vgl. Jünger, Arbeiter, S. 21, Michael Mende, „Männer des Feuers und der eisernen Kraft". Die Arbeit des Schmieds: Urbild der Männerarbeit, in: Ruppert, Arbeiter, S. 224–235 sowie Schmidt, Arbeiter, S. 47–61.

14 Vgl. Marx, Kapital, Bd. 1, S. 183.

15 Vgl. Jünger, Arbeiter. Auch das von Walter Flex entlehnte „Wanderer zwischen Welten" entstammt seiner Weltkriegsnovelle. Vgl. Walter Flex, Der Wanderer zwischen beiden Welten, München 1916.

16 Zum Umschlag der temporalen Signatur von ‚Arbeiter' am Beispiel der Malerei vgl. etwa Christoph Schmidt, Vom Messias zum Prolet [sic!]. Arbeiter in der Kunst, Stuttgart 2010.

sind Metaphern eine Ahnung des begrifflich nie völlig fassbaren Ganzen, sie transportieren einen Bedeutungsüberschuss[17].

Wie eine Metapher zum Begriff werden kann, wenn das vorher nicht Fassbare versprachlicht wird, so lassen sich die ‚Arbeiter' als das *zu Kolonisierende*[18], als das *zu Überwindende* konzipieren. Fragt man nach den Motiven des Überwindungsimperativs, kommen die zuvor genannten Aspekte wieder ins Spiel. Vom Standpunkt des Bürgerlichen betrachtet, dessen Selbstverständnis auf Subjektivität, Distinktion und individueller Handlungsfähigkeit aufruht, erscheint die Fremdheit von ‚Arbeitern' bedrohlich, zumal wenn sie in einer amorphen, irrationalen, von Demagogen steuerbaren *Masse* auftreten[19]. ‚Arbeiter' wirken dann als ein *Antagonist*, den es durch Integration in die bürgerliche Gesellschaft zu beseitigen gilt. Für die politische Linke stellt dagegen die Zugehörigkeit der ‚Arbeiter' zu einer ungerechten, weil ausbeuterischen Ordnung ein zentrales Motiv dar, Emanzipationsbestrebungen der Arbeiterschaft zu unterstützen. Neben solch moralischen Erwägungen kommt in Betracht, im ‚Arbeiter' einen Anker des Ancien Régime zu erblicken, der als Störfaktor einer Vollendung der erstrebten Ordnung im Wege steht[20]. Dieser Gedanke liegt etwa Wladimir Lenins These zugrunde, Arbeiter könnten ohne Hilfe von Intellektuellen nur ein „trade-unionistisches", jedoch kein revolutionäres Klassenbewusstsein entwickeln[21]. Aber der Wunsch nach Überwindung kann auch ganz individuell auf jeden Arbeiter und jede Arbeiterin selbst zutreffen, der oder die sich einen sozialen Aufstieg erhofft, wobei unter Aufstieg ein Sprung in die Selbständigkeit oder in den Angestellten- beziehungsweise Beamtenstatus verstanden wird[22]. Immer wieder kommt dabei ein Gedanke zum Aus-

---

17 Vgl. Hans Blumenberg, Paradigmen zu einer Metaphorologie, Frankfurt a. M. ^{2}1999 [1960], S. 10, 25.

18 Vgl. Sebastian Conrad, Globalisierung und Nation im Deutschen Kaiserreich, München 2006, Kap. 2 sowie Bernd Flohr, Arbeiter nach Maß. Die Disziplinierung der Fabrikarbeiterschaft während der Industrialisierung Deutschlands im Spiegel von Arbeitsordnungen, Frankfurt a. M./New York 1981.

19 Vgl. Gustave Le Bon, Psychologie der Massen, Leipzig ^{5}1932 [frz. Orig. 1895] sowie Klaus-Michael Bogdal, ‚Schaurige Bilder'. Der Arbeiter im Blick des Bürgers am Beispiel des Naturalismus, Frankfurt a. M. 1978.

20 So vertrat die SPD die These, die Bundesrepublik werde erst dann zur wahrhaften Demokratie, wenn der Ausbau der wirtschaftlichen Mitbestimmung die Heteronomie der Arbeiter beseitigt habe. Vgl. Willy Brandt, Über den Tag hinaus. Eine Zwischenbilanz, Hamburg 1974, S. 183.

21 Wladimir I. Lenin, Was tun? Brennende Fragen unserer Bewegung, in: ders., Ausgewählte Werke, Band 1, hrsg. vom Institut für Marxismus-Leninismus beim ZK der KPdSU, Berlin (Ost) 1961 [1902], S. 139–314, hier S. 166.

22 So hieß es bereits im Brockhaus von 1875 zu den Arbeitern: „Außerdem können sie schon deshalb keinen Stand [...] bilden, weil nicht nur alljährlich ein großer Theil von ihnen in den sog.

druck: ‚Arbeiter‘ müssen sich erst durch *Bewährung* als würdig erweisen, ihren Status zu überwinden.

Andererseits ist es dieselbe Vorstellung von Andersartigkeit, die ‚Arbeiter‘ in die Lage versetzt, auch selbst die Rolle des *Kolonisators* zu spielen. Im Alltag eignen sie sich die Zumutungen ihrer Umwelt „eigensinnig“ an, um sie dadurch ein Stück weit nach ihren eigenen Bedürfnissen umzugestalten[23]. Gesellschaftlich prädestiniert das partielle Anderssein die ‚Arbeiter‘ für die Rolle des *revolutionären Subjekts*, wie Marx und Engels darlegten[24]. Gleichwohl ist die Andersartigkeit nur die notwendige Bedingung, denn diese Beschreibung traf zur Zeit von Marx und Engels auch auf die Adligen zu, denen aus der sozialistischen Perspektive jedoch nicht die Rolle des Revolutionärs, sondern die des Reaktionärs zukam. Erst die Vorstellung, ‚Arbeiter‘ verkörperten das Eigentliche – sei es das „eigentliche[] Volk“, sei es der eigentliche Mensch[25] – qualifiziert sie als Träger der Revolution. Dadurch werden ‚Arbeiter‘ zur *Verheißung auf Emanzipation* für alle, Arbeiter wie Nicht-Arbeiter[26], ja sogar für die Geschichte schlechthin[27]. Diese Ideologeme lagen nicht nur den kommunistischen Revolutionen in Russland und China zugrunde, sondern befeuerten auch den nachfolgenden Terror gegen all jene, die keine oder schlechte ‚Arbeiter‘ waren[28]. Mit äußerst drastischen Folgen ging aber auch die rechte Spielart der Eigentlichkeit in die Geschichte ein. Sie beschwor genuine ‚Arbeiter‘werte wie Fleiß, Disziplin, Hingabebereitschaft oder Bescheidenheit, naturalisierte sie aber als „deutsche Arbeit“ – mit tödlichen Folgen für Menschen, die in den Augen des NS-Regimes nicht als Deutsche galten[29].

Bürgerstand übergeht, sondern weil sogar alle Arbeiter das Streben nach diesem Uebergange in sich tragen.“ O. V., Arbeiter und Arbeitslohn, S. 66.

23 Das Konzept des „Eigen-Sinns“ geht auf Alf Lüdtke zurück. Vgl. Alf Lüdtke, Wo blieb die ‚rote Glut‘? Arbeitererfahrungen und deutscher Faschismus, in: ders. (Hrsg.), Alltagsgeschichte. Zur Rekonstruktion historischer Erfahrungen und Lebensweisen, Frankfurt a. M./New York 1989, S. 224–282, hier S. 254 f. (Zitat auf S. 254).

24 Vgl. Marx/Engels, Manifest, S. 87.

25 Vgl. Welskopp, Banner, S. 66 (Zitat), 73–76, 83–85.

26 Vgl. Karl Marx, Zur Kritik der Hegelschen Rechtsphilosophie, in: ders., Die Frühschriften. Von 1837 bis zum Manifest der kommunistischen Partei 1848, hrsg. v. Siegfried Landshut, Stuttgart 1971 [1843/4], S. 207–224, hier S. 222 f.

27 Vgl. Marx/Engels, Manifest, S. 44.

28 Vgl. Gerd Koenen, Die Farbe Rot. Ursprünge und Geschichte des Kommunismus, München 2017, S. 806–817, 959–967.

29 Als „Arbeiter“ galt dem Brockhaus von 1939 „im weiteren Sinn jeder Mensch, ‚der im redlichen Schaffen in der Gemeinschaft tätig ist‘ (Adolf Hitler) […]. In diesem Sinn ist A. zum Ehrentitel aller schaffenden Deutschen geworden.“ O. V., Arbeiter, in: Der Große Brockhaus, 1. Band, 15. Aufl., 2., völlig neubearb. Ausgabe, Leipzig 1939, S. 600–601, hier S. 600. Vgl. zudem Schmidt, Arbeiter, S. 121.

Diese Konstellation, in welcher der ‚Arbeiter' als das Eigentliche oder das revolutionäre Subjekt fungiert, begründet paradoxerweise erneut ein Zugriffsrecht von Nicht-Arbeitern auf die Arbeiter, sodass diese einer doppelten Unfreiheit unterliegen. Nicht nur ist ihr Alltag vom Zwang zur Lohnarbeit bestimmt, ihnen wird vielmehr auch der Zwang zur Erfüllung einer heilsgeschichtlichen Mission aufgebürdet. Um deren Erfolg sicherzustellen, lag der Schluss nahe, dass ‚Arbeiter' der Bildung und Führung durch Nicht-Arbeiter bedurften. Für Marxisten bedeutete dies oft, ‚Arbeiter' mit Elementen aus dem Bereich des bürgerlichen Klassengegners anzureichern, während undogmatische Linke wie Georges Sorel oder Otto Rühle, aber auch Rechtsintellektuelle wie Ernst Jünger in der Purifikation der Andersartigkeit der ‚Arbeiter' die Lösung erblickten[30]. Beim Ziel herrschte wieder Konsens: ‚Arbeiter' sollten die bestehende gesellschaftspolitische Ordnung hin zu einer nach ihren Bedürfnissen gestalteten *transformieren*, wie sie tagtäglich Rohstoffe zu Produkten, oder anders ausgedrückt: Natur zu Kultur transformierten.

Aus dieser kurzen Übersicht sollten die verschiedenen Aspekte deutlich geworden sein, die ‚Arbeiter' als *epistemische Ressource* aufweist. Gerade die Vorstellung vom ‚Arbeiter' als dem anderen ermöglicht gesellschaftliche (Selbst)Reflexion, zumal dieses Anderssein sehr häufig von Nicht-Arbeitern erschlossen, gedeutet und übersetzt wird[31]. Freilich steht nicht jede der angeführten Funktionen exklusiv dem Konzept ‚Arbeiter' zu. So wurde auch für die Bürger geltend gemacht, den „generalisierte[n] Andere[n]" und ein „exemplarisches Individuum" zu verkörpern[32]. Gleichwohl ist ein Unterschied nicht zu übersehen: Für die Bürger war immer der Anspruch auf Autonomie zentral, der Anspruch, exemplarisch für die Gesamtgesellschaft zu sein, war durch bürgerliche Intellektuelle selbst auferlegt[33]. Auch wenn sich die Arbeiterinnen und Arbeiter schon im 19. Jahrhundert mit

30 Vgl. Welskopp, Banner, S. 579 ff. sowie Schmidt, Arbeiter, S. 152 ff. Zu Sorel vgl. Leszek Kolakowski, Die Hauptströmungen des Marxismus. Entstehung. Entwicklung. Zerfall, Zweiter Band, München/Zürich 1978, S. 187–196. Zu Rühle vgl. Horst Groschopp, Otto Rühle. Zum Arbeiterbild in der ultralinken deutschen Arbeiterbewegung der zwanziger Jahre, in: Tenfelde, Arbeiter, S. 299–320, hier S. 309 f., 316. Vgl. zudem Jünger, Arbeiter, S. 19 ff.

31 Vom ‚Arbeiter' als einer „Zentralgestalt, vermittels derer Gesellschaft gedacht und soziale Wirklichkeit wahrgenommen worden ist", sprachen Simone Barck/Dietrich Mühlberg, Arbeiter-Bilder und Klasseninszenierung in der DDR. Zur Geschichte einer ambivalenten Beziehung, in: Hübner/Kleßmann/Tenfelde, Arbeiter im Staatssozialismus, S. 163–189, hier S. 166.

32 Vgl. Heinz Bude, Bürgertumsgenerationen in der Bundesrepublik, in: Hettling/Ulrich, Bürgertum, S. 111–132, hier S. 119.

33 Vgl. aber ibid., S. 112, 120. Vgl. zudem Welskopp, Banner, S. 575. Die Asymmetrie der bürgerlich getragenen, aber auf die Arbeiterschaft zielenden Sozialreform betonte Anselm Doering-Manteuffel, „Soziale Demokratie" als transnationales Ordnungsmodell im 20. Jahrhundert, in: Jost Dülffer/Wilfried Loth (Hrsg.), Dimensionen internationaler Geschichte, München 2012, S. 312–333, hier S. 320.

der Arbeiterbewegung Mittel und Möglichkeiten erstritten, selbst das Wort zu ergreifen und reichsweit Gehör zu finden, fungierte der ‚Arbeiter' in gesellschaftspolitischen Diskursen doch oft als *Projektionsfläche* für andere. In diesem Sinne ist der ‚Arbeiter' als paradigmatischer *Bewegungsbegriff*[34] aufzufassen, der diejenigen, die sich mit ihm positiv identifizieren, ebenso zum Handeln motiviert wie jene, für die die Aussicht auf eine künftige eigene ‚Verarbeiterlichung' dystopisch anmutet, und die folglich versucht sind, ‚Arbeiter' als Atavismus zu markieren, ihn also aus der Gegenwart (und vor allem aus der Zukunft) herauszunehmen und fest in die Vergangenheit einzuschreiben.

2.2 ‚Arbeiter' im Spiegel

Mindestens 475 Spiegel-Artikel führten 1947 bis 2010 den Arbeiterbegriff in Vorspann oder Überschrift. Erwartungsgemäß wies der ‚Arbeiter' in den 1970er Jahren die größte Präsenz im Hamburger Magazin auf, es erschienen damals jährlich mehr als 20 Berichte. Überraschender ist vielleicht, dass gut die Hälfte der Artikel Ereignisse im Ausland behandelte. Der ‚Arbeiter' trug im Spiegel somit deutlich die Züge des Fremden, wobei sich Konjunkturen abzeichnen. Konnte sich die Leserschaft in den frühen 1970er Jahren noch relativ häufig über westdeutsche Arbeiterinnen und Arbeiter informieren, dominierte in der Zeit „nach dem Boom" zunächst eindeutig die Auslandsberichterstattung. Erst ab 1993 – der ‚Arbeiterstaat' DDR war mittlerweile in der Bundesrepublik aufgegangen – traten innerdeutsche Angelegenheiten wieder in den Vordergrund. Eine Zwischenposition kommt den 181 Artikeln zu, welche die Suche nach ‚Gastarbeiter' einbrachte, transzendierten sie doch die Innen-Außen-Dichotomie. In diesem Kapitel werde ich jedoch nur jene Berichte zu ‚Gastarbeitern' behandeln, die einen Rückschluss darauf erlauben, inwiefern sie das politische Handlungsspektrum in der Bundesrepublik erweiterten. Auf andere Aspekte gehe ich in Kapitel 11 ein, dort werde ich auch andere fraktale Arbeiterbegriffe diskutieren.

---

34 Vgl. Reinhart Koselleck, ‚Neuzeit'. Zur Semantik moderner Bewegungsbegriffe, in: ders., Vergangene Zukunft. Zur Semantik geschichtlicher Zeiten, Frankfurt a.M. 1989 [1977], S. 300–348, hier S. 340.

2.2.1 ‚Arbeiter' in der frühen Bundesrepublik

Die wenigen Artikel aus den frühen Jahrgängen des Spiegels präsentierten die Arbeiter zumeist als die *eigenen Fremden*, die eine Herausforderung für den Status quo darstellten. Eine Störung der betrieblichen Ordnung vermeldete der Spiegel 1956, als Arbeiter „wie die Wilden" die in ihrem Betrieb tätigen Rationalisierungsexperten einschüchterten und so von der Ausführung ihres Auftrags abhielten[35]. Die ‚Arbeiter' schienen hier als die widerspenstigen *zu Kolonisierenden* auf, wie der gewählte Vergleich sehr deutlich macht. Drei Jahre später stand schon mehr auf dem Spiel. 1959 nahmen 1100 Gewerkschafter, darunter viele SPD-Mitglieder, an einer Arbeiterkonferenz in der DDR teil. Anwesend war dort auch der sowjetische Staatschef Nikita Chruschtschow, dem die westdeutschen Betriebsräte „recht genaue Detailkenntnisse" über den Zustand ihrer Firmen zukommen ließen, um im Gegenzug von DDR-Stellen Weisungen für ihre künftige Tätigkeit in der Bundesrepublik zu erhalten[36]. Dieser Bericht evozierte das damals unter anderem von der CDU propagierte Bild der Arbeiterschaft als der fünften Kolonne Moskaus[37]. Die politische Handlungsmacht der ‚Arbeiter' bewertete der Spiegel zwiespältig. Ihr Engagement in Betrieben, Gewerkschaften und SPD belegte ihre Fähigkeit zu eigeninitiativem Handeln und verschaffte ihnen die notwendige Expertise, um sogar das Interesse Chruschtschows zu wecken. Aber war dem tatsächlich so? Immerhin stellte das Zusammentreffen von westdeutschen Arbeitern und dem sowjetischen Staatschef ein solches Hierarchiegefälle dar, dass Zweifel am Wert der von den Westdeutschen vermittelten „Detailkenntnisse" angezeigt waren. Gleichwohl konnten die Leserinnen und Leser die Konferenz nicht als reine Propagandaveranstaltung abtun, schließlich stellte die bereitwillige Instrumentalisierung der westdeutschen Arbeiter für die Sache der sozialistischen Staaten eine potentielle Bedrohung der bundesrepublikanischen Ordnung dar. Diese Handlungsmacht entsprang aber nicht den ‚Arbeitern' selbst, sondern leitete sich aus der Macht des Ostens ab.

Und doch blieb dieser Bericht eine Ausnahme. Es waren eben nicht die Arbeitermassen, die sich auf die Seite der DDR gestellt hatten. Wie es scheint, verlor auch die beschworene Fremdheit der ‚Arbeiter' nun langsam an Überzeugungskraft. 1967 erforschte der Tübinger Religionssoziologe Günter Kehrer, wie es um den christlichen Glauben der „Neckar-Plebejer" bestellt war. Das Ergebnis bewertete der Dahrendorf-Schüler als „erschreckend", glaubten die Befragten doch weder an die

35 O. V., Rationalisierer raus, in: Der Spiegel 10–32 (1956), S. 21–22, hier S. 22.

36 O. V., Küsse für Nikita, in: Der Spiegel 13–12 (1959), S. 39.

37 Vgl. Klaus Körner, ‚Die rote Gefahr'. Antikommunistische Propaganda in der Bundesrepublik 1950–2000, Hamburg 2003.

vollbrachten Wunder Jesu noch an die göttliche Vaterschaft. Stattdessen sahen sie in Jesus einen „Vorkämpfer für die Gerechtigkeit", ja gar einen „Revolutionär". Die distanzierte, ironisierende Berichterstattung des Spiegels machte aber deutlich, dass die Hamburger Journalisten die Warnungen der Tübinger „Jünger des Geistes" nicht ganz ernstnahmen und stattdessen mit deren „Opfer[n] aus südwürttembergischen Fabriksälen" sympathisierten[38].

Als sich zwischen 1976 und 1979 erneut mehrere Hundert westdeutsche Arbeiter in der DDR aufhielten, hatte sich deren Rolle grundlegend gewandelt. Sie nahmen, anders als 1959, an keiner politischen Veranstaltung teil, sondern errichteten in Halle-Schkopau das Chemiekombinat Buna II. Diesen Milliardenauftrag hatte die Führung der DDR an das Dortmunder Unternehmen Uhde vergeben. Die bundesrepublikanischen Arbeiter fühlten sich in Halle jedoch wie „in einem fremden Land", dessen Exotik in der Aussage eines Monteurs, „der schon viel herumgekommen ist in der Welt", deutlich wurde: Er habe „vorher noch nirgendwo gesehen, daß Bauarbeiter derart ‚kübelweise schlucken'." Tatsächlich liest sich der Spiegel-Bericht wie eine Reportage aus der Kolonialzeit, denn die Arbeiter aus Westdeutschland nutzten das Einkommensgefälle schamlos aus und ließen sich auch von den geltenden Regeln nicht abschrecken. Trotz Ausfuhrbeschränkungen für Lebensmittel transportierte ein Arbeiter „75 Kilo Rinder- und Schweinefilet" über die Grenze. „Das wäre beinahe beschlagnahmt worden, aber der Zöllner konnte die anderthalb Zentner Fleisch nicht aus dem Kofferraum wuchten. Er begnügte sich mit einer Ermahnung." Umgekehrt führte die Anwesenheit der deutschen „Arbeitnehmer" auch den DDR-Bürgern die eigene Rückständigkeit vor Augen, „manche forschten sogar im Westmüll nach Verwertbarem"[39]. Die westdeutschen Arbeiter hatten im Spiegel nun alle Fremdheit verloren. Stattdessen trat die Fremdheit der DDR so deutlich hervor, auch weil die ‚Arbeiter' dort wie klassische *Kolonisatoren* auftraten. Denn eine politische Transformation der bestehenden Ordnung hatten sie nicht im Sinn, ihnen ging es nur um die eigene Bereicherung.

2.2.2 ‚Arbeiter' und die Diktaturen im Ausland

Ein ganz anderes Bild vermittelte der Spiegel von der Arbeiterschaft im Ausland. Diesen ‚Arbeitern' schrieb der Spiegel weiterhin großes politisches Gewicht zu. Mitte der 1960er bis in die späten 1980er Jahre tat sich die Arbeiterschaft immer

38 O. V., Nichts aus nichts, in: Der Spiegel 21–17 (1967), S. 102–104.
39 O. V., In der DDR ein Hauch von Westen, in: Der Spiegel 33–29 (1979), S. 36–39.

wieder als Akteur einer globalen Demokratisierungsbewegung hervor. Sie waren es, die die Diktaturen in Spanien, Argentinien, Chile, Brasilien, Südafrika, Polen oder in der Sowjetunion herausforderten. In den Artikeln zeichnete sich ein Transitionsmodell hin zur Demokratie ab, das im Grunde marxistischen oder sozialdemokratischen Argumentationsmustern folgte: Diktaturen waren demnach unfähig, die wirtschaftliche Wohlfahrt der Bevölkerung sicherzustellen, und die Arbeiterschaft leistete Widerstand, weil sie als erste von der Misswirtschaft betroffen war[40]. Entsprechend gingen rechtsgerichtete Putschisten in Bolivien, Äthiopien oder der Türkei auch zuerst gegen Gewerkschaften und Arbeiter vor, um ihr Regime zu stabilisieren[41]. In der politischen Perspektive, aus der heraus der Spiegel diese Vorgänge kommentierte, zeichneten sich die ‚Arbeiter' weltweit als die *fremden Eigenen* des demokratischen Westens ab.

In der zweiten Hälfte der 1970er Jahre begannen sich jedoch die Gewichte innerhalb der demokratierelevanten Gruppen zu verschieben. Polnische Intellektuelle betraten die Bühne, als sie ein Komitee zur Unterstützung der streikenden Arbeiter gründeten. Bald schon richtete sich dieses Komitee auf die Menschenrechtsfrage aus, wodurch die Arbeiterschaft zeitweise aus dem Fokus des Spiegels geriet. Erst das Auftreten der Gewerkschaftsbewegung Solidarność wendete das Blatt wieder[42]. Dies ist insofern relevant, als die Berichterstattung zu Polen seit Mitte der 1970er Jahre deutlich an Präsenz gewann. In den frühen 1980er Jahren waren die Ereignisse in Polen dann das dominante Thema der Beiträge, die der Spiegel der Arbeiterthematik widmete. Dass die Arbeiterschaft entscheidend zum Ende der kommunistischen Herrschaft in Polen beitrug, sich also als potenter politischer Akteur erwies, war dadurch für alle offensichtlich. Interessanterweise leuchtete die Sonde ‚Arbeiter' aber auch schon frühzeitig die Schwächen des sowjetischen Systems aus, sodass dessen Zusammenbruch weniger überraschend

---

40 Vgl. etwa o. V., Verrücktes Abenteuer, in: Der Spiegel 22–52 (1968), S. 104–106 (zu Spanien), o. V., Wir haben Hunderte von Karten, in: Der Spiegel 32–25 (1978), S. 137 (zu Argentinien), o. V., 90 Prozent der Bürger stehen hinter uns, in: Der Spiegel 37–37 (1983), S. 140 (zu Chile), o. V., Volk abschaffen, in: Der Spiegel 31–27 (1977), S. 107 (zu Brasilien), o. V., Auf eigene Faust, in: Der Spiegel 26–3 (1972), S. 79–81 (zu Südafrika) sowie o. V., Die Arbeiter zeigen ihre Kraft, in: Der Spiegel 43–30 (1989), S. 100–107 (zur Sowjetunion).

41 Vgl. etwa o. V., Bolivien: „Es war vorsätzlicher Mord", in: Der Spiegel 34–31 (1980), S. 87–88, o. V., Kleiner Finger, in: Der Spiegel 28–41 (1974), S. 156–159 (zu Äthiopien) sowie o. V., Unbestimmte Anklage, in: Der Spiegel 36–6 (1982), S. 114–115 (zur Türkei).

42 Vgl. etwa o. V., Nieder mit der käuflichen Partei!, in: Der Spiegel 30–47 (1976), S. 175–182, o. V., Schwarze Fahnen über Krakau, in: Der Spiegel 31–22 (1977), S. 110–111, sowie o. V., Segne, Herr, das freie Vaterland Polen, in: Der Spiegel 34–35 (1980), S. 86–94. Zu den intellektuellen Dissidenten vgl. Agnes Arndt, Rote Bürger. Eine Milieu- und Beziehungsgeschichte linker Dissidenz in Polen (1956–1976), Göttingen 2013.

kam, als die üblichen politologischen Indikatoren zeitgenössisch vielleicht hatten vermuten lassen. Nicht nur forderten Mitte der 1970er Jahre Litauer und Armenier die Unabhängigkeit ihrer Sowjetrepubliken[43], auch die unhaltbaren Zustände in Betrieben und bei der Versorgung der Bevölkerung[44] führten 1978 zur Gründung einer freien Gewerkschaft in der UdSSR, später dann zu Streiks[45].

Die Rolle als grundlegende demokratisierende Kraft ließ sich aber kaum auf die ‚Arbeiter' innerhalb einer etablierten parlamentarischen Demokratie übertragen. Um dies zu verdeutlichen, beschritt das Hamburger Magazin einen ganz außergewöhnlichen Weg: Es ließ einen Arbeiter selbst zu Wort kommen. Nikolaj Petrow, ein 1971 aus der Sowjetunion nach Österreich emigrierter Fräser, der sich in Kiew noch als „überzeugter Propagandaredner" für das Regime engagiert hatte, stimmte 1977 ein Loblied auf die Überlegenheit des mitteleuropäischen Gesellschaftsmodells an, das ihm im Vergleich zur Arbeitswelt im Staatssozialismus „geradezu paradiesisch" vorkam. Petrows Ausführungen waren umso überzeugender, als er nun keineswegs als glühender Verfechter des Kapitalismus auftrat, sondern die Bedeutung der freien Gewerkschaften herausstrich, die die sozialen Errungenschaften zusammen mit der Arbeiterschaft erkämpft hätten. Sein Fazit fiel dennoch deutlich aus: „Sechs Jahre Arbeit in diesem [österreichischen] Betrieb haben mich davon überzeugt, daß für die Arbeiter des Westens das System des [sowjetischen] Staatskapitalismus völlig unannehmbar ist. Es verwandelt die Arbeiter in gefügige Sklaven"[46].

Der Wesensunterschied zwischen Diktatur und Demokratie entsprang jedoch nicht nur der Systemfrage, vielmehr erwuchs er aus der temporalen Ordnung der Welt. Als 1977 Bergarbeiter in Rumänien streikten, hielt der Spiegel gleich im ersten Absatz fest: „Mit seinen einstöckigen Katen […] wirkt das Bergarbeiterstädtchen Lupeni so düster wie die Grubensiedlungen Englands zu Zeiten von Karl Marx. Doch Lupeni liegt in einem Karpaten-Tal, im Herzen der Sozialistischen Republik Rumänien."[47] Zehn Jahre später konnte man lesen, dass die Lebensmittelrationen dort „so karg bemessen [sind] wie in den schlimmsten Kriegsjahren"[48]. Doch nicht nur

---

43 Vgl. o. V., „Geben Sie Litauen die Unabhängigkeit", in: Der Spiegel 26–23 (1972), S. 90, o. V., Wilde Division, in: Der Spiegel 26–28 (1972), S. 84 sowie o. V., „Ganz Armenien weint und stöhnt", in: Der Spiegel 29–42 (1975), S. 158–161.

44 Vgl. o. V., Arme Arbeiter, in: Der Spiegel 35–31 (1981), S. 147–149 sowie o. V., Mord in den Augen, in: Der Spiegel 36–29 (1982), S. 105.

45 Vgl. o. V., Aus Schweinetrog fressen, in: Der Spiegel 32–15 (1978), S. 156–163, o. V., „Keine Stunde war die Arbeit unterbrochen", in: Der Spiegel 34–35 (1980), S. 98–99 sowie o. V., Eis gebrochen, in: Der Spiegel 43–29 (1989), S. 125–126.

46 Vgl. Nikolaj Petrow, Voller Lohn zum Feiertag der Arbeit, in: Der Spiegel 31–17 (1977), S. 169–175, hier S. 169 (Zitate), 172, 174 (letztes Zitat).

47 O. V., Minister als Geiseln, in: Der Spiegel 31–51 (1977), S. 137–142, hier S. 137.

48 O. V., Welker Kohl, in: Der Spiegel 41–49 (1987), S. 151–156, hier S. 156.

Rumänien war noch in der Vergangenheit gefangen, auch Polen qualifizierte sich nicht als vollwertiges Mitglied der Moderne. Dort fehlten freie Gewerkschaften „wie sonst etwa in südamerikanischen Bananenrepubliken, was andernorts aber bereits dem Hochkapitalismus des 19. Jahrhunderts abgerungen wurde"[49]. Selbst in der Sowjetunion ähnelten die Zustände in den Arbeiterwohnheimen an der Wolga „den Beschreibungen des Frühkapitalismus durch Karl Marx"[50]. In temporaler Hinsicht befand sich das sozialistische Gesellschaftsmodell auf einer Stufe mit dem Apartheid-Regime in Südafrika[51]. Die ‚Arbeiter' erwiesen sich durch ihre Rebellion zwar als eine politische Kraft der Zukunft, doch einer Zukunft, die in der Bundesrepublik längst Gegenwart war.

2.2.3 ‚Arbeiter' und die westlichen Demokratien

Der Spiegel schrieb aber nicht nur der Arbeiterschaft in Diktaturen Handlungsfähigkeit zu, sondern auch derjenigen in westlichen Demokratien. Ließ sich auch in diesen Fällen die Existenz eines fundamentalen Unterschieds zur Bundesrepublik plausibel begründen?

Große Aufmerksamkeit widmete das Magazin in den 1970er und 1980er Jahren der Situation im Vereinigten Königreich. Nicht nur im Nordirlandkonflikt traten Arbeiter als Akteure des Bürgerkriegs auf[52], auch innerhalb der britischen Gesellschaft stellten sie einen gewichtigen Machtfaktor dar. Die Leser konnten gar den Eindruck gewinnen, als sei die britische Arbeiterschaft die eigentlich relevante Opposition. So lieferte sich der konservative Regierungschef Edward Heath immer wieder Machtproben mit den Bergarbeitern, bis er sich 1974 schließlich genötigt sah, Neuwahlen auszurufen[53]. Heath verlor die Abstimmung. Der neue Industrieminister Anthony Benn sah es als Hauptaufgabe der Labour-Regierung an, der Arbeiterklasse zu der ihr zustehenden Machtstellung zu verhelfen[54]. Hinter diesen

49 O.V., „Die Partei hat sich als unfähig erwiesen", in: Der Spiegel 34–36 (1980), S. 122–141, hier S. 123.
50 O.V., Mord in den Augen.
51 Vgl. o. V., Grausames Spiel, in: Der Spiegel 41–38 (1987), S. 129–130. Laut Spiegel reiste ein IG Metall-Funktionär jedes Mal, wenn er mit seinen südafrikanischen Kollegen telefonierte, „ins 19. Jahrhundert". Ibid., S. 129.
52 Vgl. o.V., Nordirland: Näher an die Katastrophe, in: Der Spiegel 28–23 (1974), S. 72–73, o.V., „Die Briten werden abziehen", in: Der Spiegel 28–49 (1974), S. 111–114 sowie o.V., Schon Routine, in: Der Spiegel 30–3 (1976), S. 79–80.
53 Vgl. o.V., Heath: „Feste Nerven und Entschlossenheit", in: Der Spiegel 26–9 (1972), S. 70–72 sowie o.V., „Vom Wahnsinn befallen", in: Der Spiegel 28–7 (1974), S. 68–69.
54 Vgl. o.V., Letzte Kolonie, in: Der Spiegel 28–37 (1974), S. 97 sowie o.V., Nur die Arbeiterklasse zählt, in: Der Spiegel 29–1 (1975), S. 66–69.

Auseinandersetzungen stand als grundlegende Frage, ob Arbeiterschaft und Volk identisch seien, oder ob jene vielmehr Eigeninteressen auf Kosten dieses durchzusetzen bestrebt war[55]. Was hier in einer demokratischen Gesellschaft verhandelt wurde, war die Rolle des ‚Arbeiters' als das *Eigentliche.*

Relevant wurde diese Frage jedoch nur in Gesellschaften, in denen die Arbeiter über hinreichende Machtressourcen verfügten und überdies bereit waren, diese auch einzusetzen. In Großbritannien und den USA war dies der Fall. Hier wie dort zielten die Streiks der Bergarbeiter auf eine Unterbrechung der Energieversorgung, um dadurch die Gesamtwirtschaft lahmzulegen[56]. Die ‚Arbeiter' demonstrierten auf diese Weise, dass sie zwar nicht der einzige, wohl aber der entscheidende *Produktionsfaktor* waren. In der Bundesrepublik drohte indes kein vergleichbares Szenario. Die IG Bergbau und Energie war, anders als ihr britisches Pendant, strikt sozialpartnerschaftlich ausgerichtet. Überdies war das Konfliktpotential des sich abzeichnenden Strukturwandels im Bergbau schon in den 1960er Jahren durch gemeinsame Anstrengungen von Gewerkschaften, Arbeitgebern und dem Staat erfolgreich eingehegt worden[57].

Im Spiegel tauchten zwei Erklärungsansätze auf, welche die Andersartigkeit der Situation in der Bundesrepublik und in Großbritannien unterstrichen. Einerseits wurde erneut der Modus der Temporalisierung in Anschlag gebracht, wenn die Journalisten unter Berufung auf Edward Heath vermerkten, einige britische Branchen seien 50 Jahre hinter der Bundesrepublik und Japan zurückgeblieben, die aufgrund der Kriegsschäden zu Modernisierungen gezwungen gewesen seien[58]. Andererseits machte der Spiegel Unterschiede in der Unternehmenskultur wie auch in der rechtlichen Verfassung der Arbeitswelt als entscheidende Faktoren aus. 1977 ließ das Magazin deutsche Manager zu Wort kommen, die in Großbritannien beruflich tätig waren. Für die schlechte Arbeitsmoral und geringe Produktivität einiger Branchen nahmen sie die britischen Manager in die Verantwortung, die der Arbeiterschaft mit Standesdünkel begegneten. Die deutschen Unternehmensführer wählten hingegen einen anderen Weg:

> Im Gegensatz zu den meisten britischen Firmen führten etliche deutsche Unternehmen eine Art Betriebsrätesystem ein, das beinahe den Vorschriften des Bonner Betriebsverfassungsge-

55 Vgl. o. V., „Die Arbeiter sind keine Engel", in: Der Spiegel 30–23 (1976), S. 162–164 sowie o. V., Aus der Zwangsjacke, in: Der Spiegel 31–10 (1977), S. 112–113.

56 Vgl. o. V., Wie im Krieg, in: Der Spiegel 32–9 (1978), S. 132–134 sowie o. V., England: „Kampf bis aufs Messer", in: Der Spiegel 38–29 (1984), S. 72–75.

57 Vgl. Christoph Nonn, Die Ruhrbergbaukrise. Entindustrialisierung und Politik 1958–1969, Göttingen 2001.

58 Vgl. o. V., Edward Heath: „Ein Kerl für die Tigerjagd", in: Der Spiegel 28–6 (1974), S. 72–73, hier S. 72.

> setzes entspricht. Viele der Arbeitskonflikte, die in englischen Betrieben fast zwangsläufig zum Streik führen, werden so gütlich beigelegt.[59]

Die Erklärung, dass Arbeiter im Ausland Kämpfe führen mussten, zu denen es in der bundesrepublikanischen ‚Arbeitnehmergesellschaft' keinen Anlass gab, fand sich auch in weiteren Berichten[60].

2.2.4 Zur Übertragbarkeit der *agency* ausländischer ‚Arbeiter'

Die *agency* ausländischer ‚Arbeiter' wurde daher nur bei Problemkonstellationen relevant, die mit einiger Wahrscheinlichkeit auch für die bundesrepublikanische Gesellschaft *zukünftig* Bedeutung erlangen würden. Dies betraf etwa die hohe Fließbandgeschwindigkeit, gegen die Arbeiter in den USA 1972 aufbegehrten. Passenderweise überschrieb der Spiegel den Artikel mit „Ja, gefährlich" und begründete dieses Urteil gleich im Vorspann: „Die Produktion im modernsten Werk von General Motors (GM), dem größten Konzern der Welt, ist bedroht, weil Arbeiter die Fließbandarbeit für ‚unmenschlich' halten."[61] Hier war es also der Fortschritt, die Moderne selbst, mit der die ‚Arbeiter' nicht mehr zurechtkamen, und es betraf nun nicht den immer unwichtiger werdenden Bergbau, sondern eine der bedeutendsten westdeutschen Branchen. Es verwundert daher nicht, dass zu diesem Thema erneut ein Arbeiter im Spiegel zu Wort kommen durfte. John Lippert, ein damals 26 Jahre alter Gabelstaplerfahrer, der in einem GM-Werk in Michigan arbeitete, konnte 1979 von seinen Erfahrungen berichten. Positives fand sich in seinen Ausführungen kaum, vielmehr traten als neue Probleme neben den unmenschlichen Arbeitsbedingungen die Schwäche der Gewerkschaften sowie die fehlende Solidarität unter den Arbeitern hinzu[62]. In diesem Bericht konfligierten zwei Zielvorstellungen, die in den marxistischen und sozialdemokratischen Politikmodellen lange Zeit gekoppelt waren: ‚Arbeiter' sollten die menschliche Gesellschaft erkämpfen, indem sie mit ganzer Kraft dem Fortschritt die Bahn brachen. Nun aber bedrohte der technologische Fortschritt das Menschsein der Arbeiter. Dass der Spiegel mit seinem Bericht Verständnis für die Belastungen der Arbeiterschaft weckte, ist vor dem Hintergrund der zeitgenössischen Debatte um die Humanisierung des Arbeitslebens zu sehen.

---

59 O. V., „Ein altes Weib, das sich nicht rühren kann", in: Der Spiegel 31–32 (1977), S. 95–98, hier S. 97.

60 Vgl. o. V., Marsch auf Rom, in: Der Spiegel 38–13 (1984), S. 158 sowie o. V., Lieber Schwarz, in: Der Spiegel 38–50 (1984), S. 134.

61 O. V., Ja, gefährlich, in: Der Spiegel 26–6 (1972), S. 87.

62 Vgl. John Lippert, Es wird härter an den Bändern, in: Der Spiegel 33–46 (1979), S. 182–184.

Die technologische Entwicklung stellte jedoch nicht nur die Menschlichkeit des ‚Arbeiters' infrage, sondern bedrohte seine Rolle als Produktionsfaktor und dadurch seine politische Machtbasis. Immerhin hatten die ‚Arbeiter' die Moral auf ihrer Seite. Dieses Motiv schien in einem Bericht aus dem Jahr 1989 auf. Damals berichtete der Spiegel von einem Streik in Großbritannien, der auf breite Unterstützung der Bevölkerung stieß. Anlass für den Ausstand war die hohe Inflation, die bei der Arbeiterschaft Sorgen um ein Absinken des Lebensstandards ausgelöst hatte[63]. Dass auch die Bundesrepublik vor solchen Niedergangszenarien nicht gefeit war, machte der Spiegel im Modus der Territorialisierung deutlich: Straßenschlachten und Fabrikbesetzungen meldete das Magazin aus „Lothringen, dem französischen Ruhrgebiet"[64], ebenso führten Energieknappheit und Misswirtschaft zu Arbeiterunruhen „in Chinas Ruhrgebiet, der Mandschurei"[65]. Solche Meldungen externalisierten auf der einen Seite eine deutsche Problemregion und verorteten diese dadurch symbolisch außerhalb der Bundesrepublik, andererseits aber integrierten solche Gleichsetzungen ausländische Unruheregionen ebenso innerhalb Deutschlands. Und genau aus der zweiten Lesart leitete sich das Handlungspotential für die Arbeiter des Ruhrgebiets ab. Sie waren damit als potentielle *Akteure des Ausnahmezustands* kenntlich gemacht.

Interessant ist in diesem Zusammenhang, dass Ende der 1970er Jahre trotz der bipolaren Struktur des Kalten Krieges Krisenregionen im Westen wie im Osten mit dem Ruhrgebiet gleichgesetzt wurden. Dies lässt sich als Hinweis auf einen Konvergenzprozess lesen, der die beiden Gesellschaftssysteme näher zusammenrücken ließ[66]. Beim globalen Ruhrgebiet handelte es sich um ein wirtschaftliches Problemsyndrom, das in ganz unterschiedlichen politischen Systemen in gleicher Weise auftrat und somit die Bedeutung von Politik marginalisierte. In die gleiche Richtung wies auch der dritte Artikel, in dem sich Arbeiter im Spiegel selbst äußerten. 1984 traf sich ein Reporter mit zwei 19 Jahre alten DDR-Flüchtlingen, die seit sechs Monaten in der Bundesrepublik lebten. Einer der beiden kam, gefragt nach den Unterschieden zwischen Ost- und Westdeutschland, zu dem Schluss: „Det is ooch nich ville anders als hier, is fast beedet detselbe."[67] In der konkreten Erfahrung dieser Arbeiter spielte die angebliche Asynchronität zwischen Ost und West keine

---

63 Vgl. o. V., Opfer des Erfolgs, in: Der Spiegel 43–29 (1989), S. 123–125.

64 O. V., „Wir sitzen hier auf einem Pulverfaß", in: Der Spiegel 33–10 (1979), S. 167–172, hier S. 167.

65 O. V., „Sagen Sie mir doch, wer ist der Kaiser?", in: Der Spiegel 35–17 (1981), S. 144–148, hier S. 144.

66 Vgl. hierzu Franziska Davies, Jenseits von „Ost" und „West". Blockübergreifende Verflechtungen von Streiks und Arbeitskämpfen in Polen, Großbritannien und der Sowjetunion in den 1980er Jahren, in: GG 48–4 (2022), S. 510–550.

67 Jörg R. Mettke/René Klein/Ronald Klotzer, „Nur Knete im Kopp", in: Der Spiegel 38–14 (1984), S. 24–25, hier S. 25.

Rolle mehr, ja sie hatten, ganz anders als Nikolaj Petrow, die Erfahrung einer grundsätzlichen Gleichheit der Systeme gemacht. Selbst wenn die beiden nicht gewillt waren, politisch tätig zu werden, eröffnete ihre Erfahrung doch die Möglichkeit eines systemüberschreitenden Transfers von *agency*.

Ob die deutschen Arbeiterinnen und Arbeiter aber tatsächlich aufgrund dieses Konvergenzprozesses ihre Handlungsfähigkeit zu steigern vermochten, hing auch von dessen Bewertung ab. Und seit Ende der 1970er Jahre kamen ganz neue Stimmen zu Wort. Die Arbeiterschaft, so konnte man nun lesen, sei hinsichtlich der wirtschaftlichen Rückständigkeit des kommunistischen Systems nicht ganz schuldlos. Von führenden Mitgliedern der Kommunistischen Parteien in Polen, Italien und der Volksrepublik China wurde nun der Ruf nach einer Disziplinierung der Arbeiterschaft laut[68]. Ganz ähnlich schätzte der Spiegel die Lage in Spanien nach Überwindung der Franco-Diktatur ein[69]. Die in diesen Aussagen zum Vorschein kommende volkswirtschaftliche Perspektive ließ kein Mitleid mit dem ‚Arbeiter' zu, sobald er sich als Fortschrittshindernis, oder, anders ausgedrückt, als temporaler Fremdkörper erwies, den es zu kolonisieren galt. Aber auch wenn wirtschaftliche Probleme nun herangezogen wurden, um der Arbeiterschaft Opfer abzuverlangen, war der politische Demokratisierungsimperativ noch nicht außer Kraft gesetzt. In der Zusammenschau der Reformansätze in China und der Sowjetunion kam dieses doppelt verfasste Telos der Geschichte 1989 klar zum Ausdruck: „Gorbatschow versuchte es mit politischer Liberalisierung – und konnte die drohende Wirtschaftskatastrophe nicht abwenden. Teng liberalisierte die Wirtschaft – und konnte seine politische Demütigung nicht verhindern."[70] Laut Spiegel bestand, wie ausgeführt, für die deutschen Arbeiter wenig Anlass, ihren Kollegen im Ausland politisch nachzueifern. Doch wie sah es im Bereich der Wirtschaft aus?

In den 1970er Jahren trat ein anderes systemübergreifendes Wirtschaftsphänomen zutage, das die Handlungsfähigkeit der ‚Arbeiter' zu erweitern versprach: selbstverwaltete Betriebe[71]. Dieses Modell wurde in Frankreich, England und Portugal ebenso wie in Jugoslawien erprobt. Fast überall sahen sich die Arbeiterinnen

---

68 Vgl. o. V., Einkaufen heißt das neue Zauberwort, in: Der Spiegel 32–22 (1978), S. 182–193, o. V., Salz der Erde, in: Der Spiegel 32–46 (1978), S. 169, o. V., Streiks in Polen – gegen die Partei, in: Der Spiegel 34–34 (1980), S. 90–97 sowie o. V., Die Arbeiterklasse muß Opfer bringen, in: Der Spiegel 31–20 (1977), S. 178.

69 Vgl. o. V., Druck von der Straße, in: Der Spiegel 38–8 (1984), S. 157 sowie o. V., Märtyrer gewünscht, in: Der Spiegel 41–17 (1987), S. 148–149.

70 O. V., „Dann löst sich China auf", in: Der Spiegel 43–21 (1989), S. 156–165, hier S. 158.

71 Zur Arbeiterselbstverwaltung vgl. Frank Heider, Selbstverwaltete Betriebe in Deutschland, in: Roland Roth/Dieter Rucht (Hrsg.), Die sozialen Bewegungen in Deutschland seit 1945, Frankfurt a. M. 2008, S. 513–526.

und Arbeiter bei dieser Art der Verwaltung jedoch mit grundlegenden Problemen konfrontiert, trotz vielversprechender Anfänge. In Großbritannien mussten in den 1970er Jahren etwa alle Motorradhersteller schließen. Allein die selbstverwalteten Werke überlebten dank Unterstützung der Labour-Regierung wie auch dank der Bereitschaft der Belegschaftsmitglieder, weniger als ihre Kollegen bei den Automobilproduzenten zu verdienen. Letztlich mussten diese selbstverwalteten Betriebe externe Finanz- und Managementexperten anstellen, um die Fabriken am Laufen zu halten. Und dennoch: Das Modell übte auf die Arbeiterschaft anderer Branchen in England große Anziehungskraft aus[72]. In der Bundesrepublik konnten die Belegschaften selbstverwalteter Betriebe hingegen nicht auf öffentliche Subventionen hoffen, sogar die Gewerkschaften legten in dieser Frage Zurückhaltung an den Tag[73]. Als die Besitzer der Glasfabrik Süßmuth das Unternehmen systematisch in den Ruin getrieben hatten, sprang die Belegschaft in die Bresche. Öffentlich war das Unternehmen laut Spiegel schon bald als sozialistisches Experiment verschrien, und so drohte ungeachtet des Lohnverzichts der Arbeiterschaft ein baldiger Bankrott. Wie das Hamburger Magazin berichtete, wurde auch dieses Unternehmen schließlich von einem jungen Manager gerettet. Er griff auf kapitalistische Methoden wie Rationalisierungen zurück, um die Personalkosten „drastisch" zu senken, und rückte das Bild des Unternehmens in der Öffentlichkeit wieder ins rechte Licht[74].

Die Tatsache, dass gewöhnliche Arbeiterinnen und Arbeiter die Möglichkeit erhielten, sich selbst im Management zu beweisen, bedeutete eine Bereicherung des zeitgenössischen Arbeiterkonzepts, auch wenn sich die damit vielleicht verbundenen revolutionären Hoffnungen nicht realisieren ließen. Vielmehr war es ein völlig defensiver Ansatz, denn es handelte sich um die Ultima Ratio, um die drohende Stilllegung einer Fabrik zu verhindern. So blieben auch die selbstverwalteten Betriebe der kapitalistischen Logik unterworfen. Interessanterweise rechneten jedoch einige der Artikel mit einem Typus von Unternehmer ab, der im Zentrum des Liberalismus stand, wenn sie deutlich machten, dass Arbeiter einspringen mussten,

72 Vgl. etwa o. V., Jedes Dorf will sein eigenes Stahlwerk, in: Der Spiegel 26–25 (1972), S. 95–102 (zu Jugoslawien), o. V., Lip, lip, hurra, in: Der Spiegel 27–27 (1973), S. 74 (zu Frankreich), o. V., Keinen Penny mehr, in: Der Spiegel 30–17 (1976), S. 138–139 (zu England) sowie o. V., Front der Feinde, in: Der Spiegel 33–32 (1979), S. 116–119 (zu Portugal).

73 Vgl. o. V., Wir brauchen keinen Boß, in: Der Spiegel 26–20 (1972), S. 82.

74 Vgl. o. V., Gut zufrieden, in: Der Spiegel 35–35 (1981), S. 58–60, hier S. 60. Passenderweise erschien dieser Artikel nicht unter dem Arbeiterbegriff, sondern unter ‚Arbeitnehmer'. Vgl. zudem Christiane Mende, Spur der Scherben. Die Selbstverwaltung der Glashütte Süßmuth und der Niedergang der bundesdeutschen Mundglasbranche 1969–1989, Bielefeld 2023.

nachdem die inkompetenten Eigentümer ihr Unternehmen vor die Wand gefahren hatten[75].

2.2.5 ‚Gastarbeiter'

Wenn das Handeln der Arbeiter in der Fremde belanglos für die Arbeiterschaft in der Bundesrepublik war, wie verhielt es sich dann mit den fremden Arbeitern hierzulande? Immerhin erfasste der Gastarbeiterbegriff eine der wichtigsten sozialen Veränderungen, welche die Arbeiterschaft in der Geschichte der Bundesrepublik erfuhr: ihre Neuzusammensetzung im Zuge des Zustroms mehrerer Millionen Migrantinnen und Migranten[76]. Durch das Kompositum Gast ist der Begriff geeignet, das kritische Potential der ‚Arbeiter' zu steigern. Denn Aspekte wie das *andere* oder das *Mobile* treten im Gastarbeiterbegriff in besonderem Maße hervor, überdies ist mit dem Gastbegriff die Erwartung einer bevorzugten Behandlung verbunden. Hinzu kommt eine besondere epistemologische Potenz des Gastes, dessen Präsenz notwendigerweise einen „Ausnahmezustand" hervorruft[77]:

> Der von außen kommende Gast markiert einen Einbruch in das vermeintlich Bekannte, das er dadurch zu entfremden vermag. Durch die Brille des so weit Entfernten [...] betrachtet, gewinnen die bislang vertraut, bekannt, eigen, zugehörig, assimiliert scheinenden Dinge eine neue Qualität, die sie uns entzieht, entfremdet, unheimlich macht und uns somit ihre eigentliche Unverfügbarkeit aufzeigt [...].[78]

Allerdings kann diese epistemologische Potenz nur wirksam werden, wenn der Gast als „das Fremde uns ‚anspricht'", da die Einheimischen andernfalls auch schlicht

75 Vgl. o. V., Brötchen von Genossen, in: Der Spiegel 29–16 (1975), S. 89–90. Vgl. zudem Werner Kurzlechner, Von der Semantik der Klage zu einer offensiven Medienpolitik. Selbstbild und Wahrnehmung westdeutscher Unternehmer 1965 bis 1975, in: Morten Reitmayer/Ruth Rosenberger (Hrsg.), Unternehmen am Ende des „goldenen Zeitalters". Die 1970er Jahre in unternehmens- und wirtschaftshistorischer Perspektive, Essen 2008, S. 289–318, hier S. 294 f.

76 Die Begriffsgeschichte von ‚Gastarbeiter' wurde bereits eingehend analysiert, weshalb ich mich auf einige ausgewählte Aspekte beschränken kann. Vgl. Karen Schönwälder, Einwanderung und ethnische Pluralität. Politische Entscheidungen und öffentliche Debatten in Großbritannien und der Bundesrepublik von den 1950er bis zu den 1970er Jahren, Essen 2001 sowie Martin Wengeler, Topos und Diskurs. Begründung einer argumentationsanalytischen Methode und ihre Anwendung auf den Migrationsdiskurs (1960–1985), Tübingen 2003.

77 Evi Fountoulakis/Boris Previšić, Gesetz, Politik und Erzählung der Gastlichkeit. Einleitung, in: dies. (Hrsg.), Der Gast als Fremder. Narrative Alterität in der Literatur, Bielefeld 2011, S. 7–27, hier S. 8 (Zitat), 13.

78 Ibid., S. 14.

mit Ignoranz reagieren können[79]. Dies könnte einerseits eintreten, wenn der Gast allzu befremdlich erscheint. Als Normalfall scheidet diese Option mit Blick auf die ‚Gastarbeiter' aus, hatte dieser Begriff doch den des ‚Fremdarbeiters' ersetzt, mit dem das NS-Regime die angeblich rassische Alterität der Zwangsarbeiterinnen und Zwangsarbeiter herausgestellt hatte[80]. Als Ausnahmefall, also beschränkt auf bestimmte Gastarbeitergruppen, ist Ignoranz aufgrund zu großer Fremdheit aber durchaus möglich. Andererseits kann der Gast die Einheimischen auch dann nicht ansprechen, wenn er zu vertraut erscheint. Im Kompositum ‚Gastarbeiter' ist eine Spannung angelegt, die durchaus in einer Ent-Fremdung resultieren kann. So steht das Gebot, „den Gast nicht gänzlich zu integrieren, da er sonst seiner Andersheit und seines Status als Gast verlustig ginge"[81], gegen das im Arbeiterbegriff angelegte Motiv der Überwindung des Status quo. Letzteres wird verstärkt durch die Versuchung der Gastgeber, „die Unberechenbarkeit des Gastes durch die Überführung in ein ökonomisches Kalkül zu tilgen"[82]. Tatsächlich empfanden Teile der Öffentlichkeit den Begriff ‚Gastarbeiter' schon frühzeitig als unpassend. Der WDR lobte Ende 1970 einen Preis für Alternativvorschläge aus. Die Jury entschied sich, ganz im Geiste der ‚Arbeitnehmergesellschaft', für das deutlich integrativer ausgerichtete Wortpaar „ausländische Arbeitnehmer"[83], wodurch der Aspekt eines zeitlich beschränkten Aufenthalts, der dem Gastarbeiterbegriff innewohnt, verloren ging. Auch in der Historiographie überwiegt laut Hedwig und Ralf Richter die Haltung, den Erfolg der Gastarbeiterinnen und Gastarbeiter lediglich an einer gelungenen Integration in die bundesdeutsche Gesellschaft zu messen, während die Rückkehr in die Heimatländer als legitime Option zu wenig Berücksichtigung finde[84].

Im Folgenden soll untersucht werden, inwiefern die Auseinandersetzung über die ‚Gastarbeiter' vor dem Hintergrund unterschiedlicher Ordnungskonzepte wie dem Kalten Krieg, der Europäisierung, des modernen Industriestaats wie auch der ‚Arbeitnehmergesellschaft' variierte.

---

79 Ibid., S. 10.

80 Vgl. Ulrich Herbert, Geschichte der Ausländerpolitik in Deutschland. Saisonarbeiter, Zwangsarbeiter, Gastarbeiter, Flüchtlinge, München 2001, Kap. III.

81 Fountoulakis/Previšić, Gesetz, Politik und Erzählung, S. 8.

82 Ibid., S. 14.

83 Vgl. Martin Wengeler, *Multikulturelle Gesellschaft* oder *Ausländer raus?* Der sprachliche Umgang mit der Einwanderung seit 1945, in: Georg Stötzel/Martin Wengeler, Kontroverse Begriffe. Geschichte des öffentlichen Sprachgebrauchs in der Bundesrepublik Deutschland, Berlin/New York 1995, S. 711–749, hier S. 719.

84 Vgl. Hedwig Richter/Ralf Richter, Der Opfer-Plot. Probleme und neue Felder der deutschen Arbeitsmigrationsforschung, in: VfZ 57–1 (2009), S. 61–97.

‚Gastarbeiter' und die Logik des Kalten Krieges

Schon der erste Artikel, der 1961 unter dem Rubrum „Gastarbeiter" im Spiegel erschien, berichtete von einer Ausnahmesituation. Die Bundesrepublik erlebte damals eine „stetige wie stille Invasion" kommunistisch gesinnter Arbeitsmigranten aus Jugoslawien. Da die Bundesregierung aufgrund der Hallstein-Doktrin in Belgrad keine eigene Botschaft unterhielt, überließ sie es den dortigen französischen Diplomaten, Visa für die Bundesrepublik zu vergeben. Auch eine Ausweisung der 7000 Jugoslawen war der Regierung nicht möglich, denn: „Aufenthaltsgenehmigungen gewähren die Polizeibehörden der Stadt- und Landkreise, deren Maßnahmen in Bonn nicht registriert werden." Diese kommunalen Akteure aber handelten weniger im außenpolitischen Interesse der Regierung als im Wirtschaftsinteresse der lokalen Unternehmen. Dagegen nahm niemand Anstoß an den 6000 „jugoslawische[n] Gäste[n]", die „schon immer", und das hieß in diesem Fall: seit dem Zweiten Weltkrieg, in Deutschland gelebt hatten[85]. Die ‚Gastarbeiter' stellten also schon frühzeitig als die *Mobilen* die Integrität der Grenzen infrage, die die Berichterstattung über die Arbeiterschaft im Ausland so unüberwindbar hatte erscheinen lassen. Bedrohlich war, anders als in der NS-Zeit, nicht mehr die ethnische Fremdheit, sondern die ideologische Überzeugung der einzelnen Arbeitsmigranten[86]. Der aufziehende Kalte Krieg hatte die Bewertungskoordinaten deutlich verschoben. Das Bedrohungspotential musste dabei nicht notwendig von den Gastarbeitern selbst ausgehen. So bespitzelte der Sicherheitsdienst der Firma Hanomag die dort tätigen spanischen Gastarbeiter für das faschistische Franco-Regime, sodass sich die Gastarbeiter „in Hannover wie zu Hause fühlen" konnten[87]. Die Anwesenheit der Gastarbeiter hatte in diesem Fall das Fortbestehen autoritärer Verhaltensmuster bestimmter Deutscher aufscheinen lassen und somit Demokratiedefizite innerhalb der bundesrepublikanischen Gesellschaft sichtbar gemacht. Fungierten Gastarbeiter hier lediglich als ein passiver Demokratiegradmesser, war ihnen die Rolle als demokratisierendes Subjekt für die Zeit nach ihrer Rückkehr in ihre Heimatländer vorbehalten[88]. Eine originäre Bedrohung stellten die ‚Gastarbeiter' für den Spiegel

85 Vgl. o. V., Treck aus Titos Land, in: Der Spiegel 15–53 (1961), S. 21.

86 Freilich konnten Ideologie und Ethnie weiter synthetisiert werden. So bemerkte Schönwälder: „Gerade vermittelt über die Kroaten, die als ehemalige Zwangsarbeiter oder als zum Teil rechtsextreme Gegner des sozialistischen Jugoslawiens in der Bundesrepublik lebten, war in der deutschen Öffentlichkeit der Ausländer auch in einer Rolle als politischer Aktivist präsent." Schönwälder, Einwanderung, S. 191.

87 Vgl. o. V., Morgen wieder da, in: Der Spiegel 17–41 (1963), S. 130.

88 Vgl. o. V., Sand im Getriebe, in: Der Spiegel 21–14 (1967), S. 109–110. Daher versuchten rechte Regime, ihre Landsleute in der Bundesrepublik politisch zu indoktrinieren und auf die deutschen Parteien einzuwirken, um politische Aktivitäten ihrer Gastarbeiter zu unterbinden. Vgl. etwa o. V.,

erst dar, als sie den politischen Islam nach Europa brachten und somit die Logik des Kalten Krieges überwanden[89]. Gleichwohl erweckte der Spiegel in diesen Berichten, die vornehmlich in der Zeit zwischen 1963 und 1973 publiziert wurden, nicht den Eindruck einer auch nur mittelbaren Gefährdung der westdeutschen Demokratie. Selbst die Radikalisierung einiger Gastarbeiter erklärte ein „Sicherheitsbeamte[r]" als Reaktion auf die herablassende Behandlung seitens deutscher Behörden[90].

‚Gastarbeiter' und Europa

Da der Gastarbeiterbegriff die Fremden zu differenzieren und bestehende Grenzen infrage zu stellen vermochte, eignete er sich für die sprachliche Erfassung des Europäisierungsprozesses[91]. Europa spielte, wie Martin Wengeler bei seiner Untersuchung verschiedener Printmedien feststellte, auch deshalb in den frühen 1960er Jahren eine wichtige Rolle im Gastarbeiterdiskurs, weil damals das Prinzip der Arbeitnehmerfreizügigkeit von der EWG festgeschrieben wurde[92]. Die problematische Folge klang in einem 1964 publizierten Artikel an, in dem die Ablehnung pakistanischer Gastarbeiter nicht mehr in der politischen Kalten-Krieg-Logik wurzelte:

> Hauptgrund für die Abneigung der Bundesregierung ist die Furcht vor einem „ausländischen Proletariat" in der bundesdeutschen Wohlstandsgesellschaft. Arbeiter aus nichteuropäischen Ländern wählen nach bisherigen Erfahrungen – weil ihnen die soziale Anpassung schwerfällt – häufig den Weg in die „unteren Regionen" und bilden einen Fremdkörper in der Arbeiterschaft.[93]

Der Spiegel reproduzierte hier die rassistischen Motive der Bundesregierung[94], indem er *race* und *class* völlig amalgamierte. Ausgerechnet im Zusammenhang mit

---

Lieber Piano, in: Der Spiegel 21–16 (1967), S. 135–136 sowie o. V., Knirschende Zähne, in: Der Spiegel 26–7 (1972), S. 28–30.

89 Vgl. o. V., Mohammeds Lehre: Religion im Angriff, in: Der Spiegel 27–17 (1973), S. 110–124. Vgl. zudem Grischa Sutterer, Islamismus, in: Frank Reichherzer/Emmanuel Droit/Jan Hansen (Hrsg.), Den Kalten Krieg vermessen, Berlin/Boston 2018, S. 215–232.

90 Vgl. o. V., Mus kochen, in: Der Spiegel 26–8 (1972), S. 32–34, hier S. 34 sowie o. V., Rauhes Klima, in: Der Spiegel 26–34 (1972), S. 47–48.

91 Vgl. Schönwälder, Einwanderung, S. 165–168.

92 Vgl. Wengeler, Topos und Diskurs, S. 365.

93 O. V., Gastarbeiter, in: Der Spiegel 18–49 (1964), S. 26.

94 Die Bundesregierung hatte bereits 1962 intern die Linie festgelegt, keine „Afroasiaten" als Gastarbeiter einreisen zu lassen, an der sie bis in die 1970er Jahre festhielt. Dabei waren sich „der Brisanz offen rassistischer Vorbehalte ausgerechnet bei deutschen Behörden […] etliche verantwortliche Beamte und Politiker […] durchaus bewußt." Schönwälder, Einwanderung, S. 257–277, Zitate auf S. 259 f.

der Integration Europas lebten hier Aspekte wieder auf, die kennzeichnend für den nationalsozialistischen Fremdarbeiterbegriff gewesen waren. 1973 verlieh ein Artikel über das „Gastarbeiter-Problem" in Frankreich diesem Sachverhalt gleichsam einen wissenschaftlichen Anstrich, indem er die Anpassungsfähigkeit der Fremden je nach Herkunftsregion scheinbar objektiv skalierte. Denn zum „Ausbruch von Rassenhaß" sei es dort nicht wegen der „schnell zu assimilierenden Portugiesen [...] (Assimilationszeit: etwa eine Generation)" gekommen, sondern er habe sich gegen „Schwarzafrikaner und Araber (Assimilationszeit: mehr als drei Generationen)" gerichtet[95].

Die Verknüpfung der Gastarbeiterfrage mit der Europäisierung, so zeigte sich hier bereits, hatte die anderen europäischen Staaten stillschweigend zum Referenzmodell für die Bundesrepublik erhoben. So finden sich in jedem Jahrzehnt Berichte über die Situation von Gastarbeitern im Ausland, die oft Vorurteile seitens der Einheimischen und konkrete Abwehrmaßnahmen der Behörden und Politiker thematisierten[96], diese dadurch aber auch normalisierten und letztlich legitimierten. Der Europabezug verlieh den ‚Gastarbeitern' also keine Handlungsfähigkeit, er definierte vielmehr kategorische Zugehörigkeitskriterien. Da die Sicht der Migrantinnen und Migranten nicht repräsentiert wurde, entging dem Spiegel, dass auch für sie die Frage, „wo die europäische Zivilisation beginnt", eine Rolle spielte, und „dass sich die Antwort [...] verschiebt: von Österreich über Deutschland und schließlich nach Frankreich."[97] Denn anders als die Berichte im Hamburger Magazin bisweilen nahelegten, handelte es sich bei den Gastarbeiterinnen und Gastarbeitern keineswegs um stereotype Karikaturen, die zu keiner Änderung fähig waren. Ganz im Gegenteil: „Die Migration schafft mit der Zeit neue Bedürfnisse."[98]

‚Gastarbeiter' und die moderne Industriegesellschaft

Gleichwohl finden sich auch Berichte in den Medien, die die Vorurteile der deutschen Bevölkerung abzubauen suchten[99]. Dies geschah in den untersuchten Spiegel-Berichten aber nicht im Kontext der Europäisierung, vielmehr erhob ein Vertreter der Bundesvereinigung der Deutschen Arbeitgeberverbände die Gastarbeiter zum

95 Vgl. o. V., Richtung Kasbah, in: Der Spiegel 27–36 (1973), S. 87.

96 Vgl. etwa o. V., Gastarbeiter, in: Der Spiegel 19–3 (1965), S. 14, o. V., Frömdi Fötzel, in: Der Spiegel 24–23 (1970), S. 132–133, o. V., Italien wehrt sich gegen Gastarbeiter, in: Der Spiegel 35–46 (1981), S. 143, o. V., Ausweisung von Gastarbeitern, in: Der Spiegel 52–3 (1998), S. 113 sowie o. V., Aus für Gastarbeiter, in: Der Spiegel 63–2 (2009), S. 75.

97 Özkan Ezli, Narrative der Migration. Eine andere deutsche Kulturgeschichte, Berlin/Boston 2022, S. 105.

98 Ibid.

99 Vgl. Wengeler, Topos und Diskurs, S. 357–359.

„gewohnten Bild eines modernen Industriestaates“[100]. Schon anlässlich der Ankunft des millionsten Gastarbeiters nahm der Spiegel eine entsprechende historische Einordnung vor, wenn er die dritte „Gastarbeiterschwemme“ in die Kontinuität der vorhergehenden der Jahre 1910 und 1943 stellte, zugleich aber betonte: „Nicht als ausgebeutete Menschen zweiter Klasse kommen die Fremden, sondern als gutbezahlte, umworbene Helfer.“[101] Indem das Konzept der Industriegesellschaft die wirtschaftliche Leistungsbereitschaft als Bewertungsmaßstab setzte, ließen sich die im Rahmen des Europäisierungsdiskurses gepflegten kulturellen Stereotype erschüttern. So erwiesen sich die von deutschen Firmen umworbenen schottischen Facharbeiter als undiszipliniert[102], „Zigeuner“ hingegen „dank Disziplin, Fleiß und Anpassung“ als wirtschaftlich erfolgreich und integrationsfähig[103]. Interessanterweise hatte der Spiegel in der Überschrift „Wie die Indianer“ nichtsdestotrotz die traditionelle „Enteuropäisierung der Zigeuner“ fortgeschrieben[104]. Die verschiedenen sprachlichen Register ließen sich problemlos kombinieren.

‚Gastarbeiter‘ und die ‚Arbeitnehmergesellschaft‘

Mit ihrer Leistungsbereitschaft hatten die Gastarbeiter zwar nicht den Anspruch auf die deutsche Staatsbürgerschaft, aber doch auf eine Integration in die westdeutsche ‚Arbeitnehmergesellschaft‘ erworben. Erst die Verbindung zu diesem Konzept erklärt, weshalb die Proletarisierung der ausländischen Arbeitskräfte immer wieder als Bedrohungsszenario beschworen wurde. Hatte dies im Falle des pakistanischen Angebots zu einer Ablehnung geführt, griff diese Gefahrenabwehr im Falle der schon anwesenden Arbeitsmigranten nicht. In den 1970er Jahren tauchte der Begriff „Subproletariat“ etwa auf, um das Streikmotiv der türkischen Arbeiter bei Ford zu erklären[105]. Am Ende des Jahrzehnts führte ihn der Bundesarbeitsminister Herbert Ehrenberg als drohendes Schicksal von Frauen und Kindern der Gastarbeiter an, sollten jene keine Arbeitserlaubnis in der Bundesrepublik erhalten[106]. Dies sind Bedrohungsszenarien, die nicht in erster Linie politischer Natur sind, sondern die Herausforderungen für das soziale und wirt-

100 O. V., „Komm, komm, komm – geh, geh, geh“, in: Der Spiegel 24–43 (1970), S. 51–74, hier S. 51.

101 O. V., Per Moneta, in: Der Spiegel 18–41 (1964), S. 44–58, hier S. 47 f.

102 Vgl. o. V., Quartier im Hotel, in: Der Spiegel 24–49 (1970), S. 98 sowie o. V., Pleite mit Schotten, in: Der Spiegel 25–3 (1971), S. 58–59, hier S. 59.

103 Vgl. o. V., Wie die Indianer, in: Der Spiegel 27–16 (1973), S. 153.

104 Vgl. Klaus-Michael Bogdal, Europa erfindet die Zigeuner. Eine Geschichte von Faszination und Verachtung, Berlin 2011, S. 269.

105 Vgl. o. V., IG Metall – ein angeschlagener Dinosaurier, in: Der Spiegel 27–36 (1973), S. 19–26, hier S. 24.

106 Vgl. o. V., Großer Schub, in: Der Spiegel 33–4 (1979), S. 85–86.

schaftliche Selbstbild der Bundesrepublik darstellten und einen entsprechenden Handlungsbedarf seitens der deutschen Akteure deutlich machten. Analog dazu kritisierte der Spiegel die Lage der Gastarbeiter, sofern es sich um Verstöße gegen die geschriebenen und ungeschriebenen Gesetze der ‚Arbeitnehmergesellschaft' beziehungsweise der sozialen Marktwirtschaft handelte: Mietwucher[107], besonders kostspielige Schadensklassen bei Versicherungen[108] oder Verstöße gegen Arbeitsschutzvorschriften. Die Bildunterschrift eines Artikels brandmarkte diesen unzeitgemäßen Zustand deutlich: „Frühkapitalistische Zustände"[109].

In all diesen Fällen erwies sich die Verschmelzung von *race* und *class* als problematisch. Es galt daher, beide Kategorien sauber zu trennen, um die rassistische Problemwahrnehmung in die Klassenfrage zu übersetzen. Die Klassenfrage wiederum war im Konzept der ‚Arbeitnehmergesellschaft' chronologisch klar in der Vergangenheit verortet. Ragte die Klassenfrage nun noch in die Gegenwart hinein, so als ein Atavismus, der beseitigt werden musste. Letztlich bestand die Lösung darin, ‚Gastarbeiter' in vollwertige ‚Arbeitnehmer' zu verwandeln. Zustimmend stellte der Spiegel etwa fest, die bei Ford streikenden türkischen Arbeiter nutzten nun „den Freiheitsraum, den ihnen das deutsche Arbeitsrecht bietet". Für Hans Matthöfer, damals noch bei der IG Metall beschäftigt, waren selbst wilde Streiks, wie sie auch von den Arbeitsmigranten praktiziert wurden, „eine Form des mündigen Bürgers, seine Meinung zu sagen"[110]. ‚Gastarbeiter' wurde auf diese Weise perspektivisch völlig ent-fremdet. Dies bedeutete aber auch, dass das deutsche Modell der Interessenartikulation als Rahmen gesetzt war, innerhalb dessen sich die Gastarbeiter bewegen sollten. Entsprechend kamen immer wieder Diskussion auf, die deutschen Parteien für Arbeitsmigranten zu öffnen[111]. Gleichfalls berichtete der Spiegel kritisch darüber, wenn DGB-Gewerkschaften den Einzug ausländischer Arbeitnehmer in Betriebsräte erschwerten oder sich nach Meinung des Hamburger Magazins zu wenig für die Belange der migrantischen Kollegen

---

107 Vgl. o. V., Unter die Räuber, in: Der Spiegel 24–32 (1970), S. 99, o. V., „Nicht einmal für Kühe zumutbar", in: Der Spiegel 25–28 (1971), S. 54, o. V., Geschäft wie Schuhe, in: Der Spiegel 25–39 (1971), S. 73–74 sowie o. V., Faden gerissen. Auch in den anderen Medien wurden die unhaltbaren Wohnbedingungen der Gastarbeiter skandalisiert. Vgl. Wengeler, Topos und Diskurs, S. 393.

108 Vgl. o. V., Nix Kasko, in: Der Spiegel 34–34 (1980), S. 52–54 sowie o. V., Bewußt schikanös, in: Der Spiegel 39–7 (1985), S. 77–79.

109 Vgl. o. V., Akute Gefahr, in: Der Spiegel 24–32 (1970), S. 68.

110 Vgl. o. V., „IG Metall – ein angeschlagener Dinosaurier", S. 24 f.

111 Vgl. o. V., CDU-Gastarbeiter, in: Der Spiegel 25–37 (1971), S. 18, o. V., Jede Person, in: Der Spiegel 27–29 (1973), S. 36 sowie o. V., Einfluß mit Immi-Grün, in: Der Spiegel 50–27 (1996), S. 44. 1983 vermeldete der Spiegel dann die erste bundesweite politische Vertretung von Gastarbeitern, bei der es sich um einen Ableger der italienischen Christdemokraten handelte. Vgl. o. V., Viel Andrang, in: Der Spiegel 37–1 (1983), S. 37–38.

einsetzten[112]. Es wäre zu prüfen, inwiefern die arbeitsweltliche Integration der Gastarbeiterinnen und Gastarbeiter zur Plausibilisierung des Konzepts der ‚Arbeitnehmergesellschaft' beitrug. Ließ ihre Fremdheit die Unterschiede zwischen deutschen ‚Arbeitern', ‚Angestellten' und ‚Beamten' verschwimmen? Immerhin waren die ‚Gastarbeiter' an noch nicht völlig etablierte Konzepte wie Europa, die moderne Industriegesellschaft oder auch die ‚Arbeitnehmergesellschaft' gekoppelt. Befremdlich konnten ‚Gastarbeiter' daher aufgrund ihrer Vermittlungsfunktion des Neuen erscheinen – sie repräsentierten das gegenwärtig noch Fremde, das perspektivisch das Eigene der Bundesrepublik sein sollte. Der Gastarbeiterbegriff diente somit als ein didaktisches Mittel, seine Hauptzielgruppe waren die Deutschen selbst[113].

‚Gastarbeiter' zwischen Fremdheit und Ver-Fremdung

Martin Wengeler betonte zu Recht, dass der Parteinahme für Gastarbeiter immer ein paternalistischer Zug innewohnte[114]. Denn sie sah letztlich nicht vor, dass sich die Gastarbeiter in relevanten Bereichen Eigenheiten bewahrten, die nach einer eigenständigen Form der Repräsentation verlangten. Insgesamt wurde das Potential, das aus dem Fremdsein der Gastarbeiter erwuchs, nicht als Möglichkeit wahrgenommen, dem westdeutschen Modell etwas wirklich Neues hinzuzufügen[115], es ging letztlich nur darum, es zu vervollkommnen. Deutlich wird dies an dem fast völligen Fehlen der kulturellen Dimension in den Spiegel-Artikeln. Nur ein Bericht legte etwa dar, dass ‚Gastarbeiter' auch als Objekt einer künstlerischen Auseinandersetzung wirken konnten, also epistemisches Potential aufwies[116]. Handlungsfähigkeit, so der Eindruck, zeigten Arbeitsmigranten vor allem dann, wenn es darum ging, sich auf kreative Weise Zugang zu Industrieländern zu

112 Vgl. o. V., Faden gerissen, o. V., Dicke Luft, in: Der Spiegel 29–18 (1975), S. 50–52 sowie o. V., Geh nach Hause, in: Der Spiegel 35–16 (1981), S. 42–44.

113 Ganz ähnlich bewertete Schönwälder die Funktion der ‚Gastarbeiter', wich aber in der Beurteilung der Rolle der Deutschen ab: „Die Präsenz hunderttausender ausländischer Beschäftigter wurde der bundesdeutschen Bevölkerung als Vorbote der idealisierten Zukunft des geeinten Europas präsentiert und den Deutschen daneben als Mittel der Selbsterhöhung angeboten." Schönwälder, Einwanderung, S. 168.

114 Vgl. Wengeler, Topos und Diskurs, S. 393.

115 Ergänzt wurde immerhin das Lebensmittelangebot um südländische Speisen. Vgl. o. V., Oktopus für Griechen, in: Der Spiegel 20–12 (1966), S. 80.

116 Vgl. o. V., Kunst-Blumen für Gastarbeiter, in: Der Spiegel 29–6 (1975), S. 114–116. Andere Artikel beschäftigten sich mit ausländischen Künstlern, die in der Bundesrepublik auftraten, und die der Spiegel – teils pejorativ – als „Gastarbeiter" bezeichnete. Vgl. o. V., Gastarbeiter, in: Der Spiegel 16–19 (1962), S. 21, o. V., Gastarbeiterinnen, in: Der Spiegel 37–17 (1983), S. 222–225 sowie Klaus Umbach, Ein Schmetterling im Saftladen, in: Der Spiegel 47–7 (1993), S. 231–233.

verschaffen oder ihren Verbleib dort sicherzustellen[117]. In anderen Artikeln traten Gastarbeiter als Handelnde im Bereich der Kriminalität wie etwa des Lohnsteuerbetrugs auf[118]. Immerhin ein Artikel aus dem Jahr 1977 berichtete von dem Wunsch vieler Arbeitsmigranten, selbst Unternehmer zu werden. Die Autoren verwiesen dabei auf die bereits zahlreichen Geschäfte dieser Gruppe, welche schon ganze Stadtteile prägten. Nun aber zielten sie auch auf die Deutschen als Kundschaft[119].

Instruktiv ist ein Bericht über die Nürnberger Initiative, einen von ausländischen Arbeitnehmern zu wählenden kommunalpolitischen Beirat zu installieren. Dieses Vorhaben zeugte vom Bemühen, eigene institutionelle Formen für die Gastarbeiterinnen und Gastarbeiter zu finden. Interessanterweise reaktivierten die Spiegel-Autoren in diesem Zusammenhang wieder den Fremdarbeiterbegriff[120]. Dies zeigt zugleich, dass die Einhegung von *race* durch *class* keineswegs stabil und dauerhaft war. Dies kam plakativ in der Warnung zum Ausdruck, die Gastarbeiter würden die Rolle als „Nigger Europas" einnehmen, wie das arbeitgebernahe Institut der deutschen Wirtschaft recht undiplomatisch formulierte, damit aber nur eine gängige, wahrscheinlich von Ernst Klee geprägte Floskel aufgriff[121]. Die Besinnung auf die Kategorie *race* blieb als Rückfalloption somit immer präsent – und zwar sowohl für jene, die damit eine Vollendung der ‚Arbeitnehmergesellschaft' oder sozialen Marktwirtschaft einforderten, als auch für jene, die diese revidieren wollten. In Italien griffen Unternehmer etwa gerne auf Arbeitsmigranten zurück, weil sie sich von „den selbstbewußten, individualistischen italienischen Arbeitnehmern unterscheiden"[122]. Mit Blick auf die Bundesrepublik stellte der Spiegel in einer Titelgeschichte die sinkende Geburtenrate der Deutschen in den Kontext des Kinderreichtums der Gastarbeiter. Die niedrige Reproduktionsrate der Deutschen

117 Vgl. etwa o. V., Aus der Westentasche, in: Der Spiegel 23–26 (1969), S. 86–87, o. V., Gut gemeint, in: Der Spiegel 35–13 (1981), S. 82–84 sowie o. V., Arm ab, in: Der Spiegel 38–41 (1984), S. 52–54. Zur Beteiligung deutscher Behörden vgl. o. V., Harte Gangart, in: Der Spiegel 27–20 (1973), S. 84–86, o. V., Aha, unser Mann, in: Der Spiegel 29–12 (1975), S. 74–76 sowie o. V., Trick mit dem Stempel, in: Der Spiegel 34–53 (1980), S. 14.

118 Vgl. o. V., Tip vom Bahnhof, in: Der Spiegel 20–46 (1966), S. 70–71 sowie o. V., Nix deutsch, in: Der Spiegel 25–8 (1971), S. 36–39.

119 Vgl. o. V., Fatales P., in: Der Spiegel 31–38 (1977), S. 83–89.

120 Vgl. o. V., Gegen die Leine, in: Der Spiegel 27–23 (1973), S. 70.

121 Vgl. o. V., Wie ein Schrei, in: Der Spiegel 27–30 (1973), S. 50. Auch in einem anderen Spiegel-Artikel fand sich die Beschreibung der Gastarbeiter als „Neger Europas". O. V., E 5: „Terror von Blech und Blut", in: Der Spiegel 29–35 (1975), S. 92–101, hier S. 93. Ernst Klee engagierte sich damals für die Initiative „Ausländische Mitbürger in Hessen". Vgl. Schönwälder, Einwanderung, S. 589.

122 O. V., Wie die Tiere, in: Der Spiegel 31–44 (1977), S. 177–178, hier S. 178.

wurde dabei zwar explizit als Ergebnis der „Modernization" erklärt[123] und insoweit als normal dargestellt[124], doch blieb für das Magazin die Tatsache erklärungsbedürftig, dass keine Bevölkerung eines anderen Industrielandes so wenige Nachkommen in die Welt setzte wie die Bundesdeutschen. Neben dem Verweis auf kriegsbedingte Spätfolgen führte der Spiegel unter Berufung auf den Soziologen Gunnar Heinsohn aus: „Der Arbeitnehmer von heute, Zwangsmitglied von Kranken- und Altersversicherungen, kann sich […] ‚ökonomisches Desinteresse an privatem Nachwuchs' […] leisten, ohne fürchten zu müssen, am Lebensabend unversorgt zu sein."[125] So sehr aber die dargelegten Fakten das Ergebnis der Familienplanung als unproblematisch charakterisierten, ja ihr sogar positive Seiten abzugewinnen vermochten, so sehr verlieh der Verweis auf die „Invasion von Gastarbeiterkindern"[126] der Sache einen alarmistischen Unterton. ‚Gastarbeiter' traten hier als Vertreter des *Eigentlichen* in Erscheinung, als die harte Realität des Lebens, welche die Deutschen aus dem Blick verloren hatten. Die Funktion als Lehrobjekt, welche ‚Gastarbeiter' mit positiver Konnotation zunächst im Kontext der Europäisierung und des Konzepts des modernen Industriestaats innegehabt hatten, blieb also erhalten, tauchte nun aber als konservative Kulturkritik wieder auf[127]. Darin trat eine Ambivalenz zutage, denn einerseits repräsentierte der ‚Gastarbeiter' das verlorene Eigene, aber eben auch ein nicht zu überwindendes Fremdes.

Überhaupt erwiesen sich Zuschreibungen als nicht von Dauer, wenn sich die Umstände änderten. Mitte der 1970er Jahre hatte das Konzept der modernen Industriegesellschaft aufgrund der Massenarbeitslosigkeit beispielsweise an Überzeugungskraft eingebüßt. Was folgte, war eine Neuaushandlung der Grenzen Europas. Hatte die EWG der Türkei 1970 im Rahmen eines Zusatzprotokolls zum Assoziationsabkommen noch weitgehende Arbeitnehmerfreizügigkeit ihrer Staatsangehörigen bis Ende 1986 zugesichert[128], setzten die Regierungen unter

---

123 Vgl. o. V., Die Kinder wollen keine Kinder mehr, in: Der Spiegel 29–13 (1975), S. 38–57, Zitat auf S. 44, 46.

124 Diese Koppelung von Modernität und niedriger Geburtenrate wurde auch von internationalen Organisationen als Instrument der Entwicklungspolitik eingesetzt. Vgl. Maria Dörnemann, Plan Your Family – Plan Your Nation. Bevölkerungspolitik als internationales Entwicklungshandeln in Kenia (1932–1993), Berlin/Boston 2019, S. 132–217.

125 O. V., Die Kinder wollen keine Kinder mehr, S. 46. Als besonders gebärunwillig machte das Magazin die „aufstiegsstrebige Schicht der mittleren Angestellten und Beamten" aus. Ibid., S. 49.

126 Ibid., S. 41.

127 So hatte sich die Kampagne „Bürger, rettet eure Städte" die Sanierung von Altstädten, welche laut Spiegel zu „Gastarbeiter-Gettos" geworden seien, zum Ziel gesetzt. Vgl. o. V., Eine Zukunft für die Vergangenheit, in: Der Spiegel 28–25 (1974), S. 44–55.

128 Vgl. Tim Szatkowski, Die Bundesrepublik Deutschland und die Türkei 1978 bis 1983, Berlin/Boston 2016, S. 33 ff.

Helmut Schmidt und Helmut Kohl einiges in Bewegung, die Türkei zum Verzicht auf dieses Recht zu bewegen. Die Spiegel-Autoren sprachen nun von einer „drohende[n] Gastarbeiter-Invasion aus der Türkei"[129]. Dies ist bemerkenswert. Nur wenige Jahre, nachdem der europäische Charakter der Türkei offiziell von der EWG beglaubigt worden war, wurde der Gastarbeiterbegriff herangezogen, um die Fremdheit der Türken zu betonen. So erfuhr auch das Konzept der Arbeitnehmergesellschaft eine auf *race* basierende Revision. Schon 1975 plante das Bundesarbeitsministerium eine rechtliche Diskriminierung ausländischer Arbeitskräfte, etwa ihre Schlechterstellung bezüglich des Arbeitslosengeldes. Die Befürchtung, die zweite Gastarbeitergeneration werde ihre Lebensverhältnisse nun mit denen der deutschen Kollegen vergleichen, während die ersten Gastarbeiter noch die Verhältnisse ihres Herkunftslandes als Bewertungsmaßstab herangezogen hatten, war eines der zugrundeliegenden Motive. Mit anderen Worten: Bundesarbeitsminister Walter Arendt wollte die Gastarbeiter mit Mitteln des Rechts verfremden, nachdem und weil sie sich auf der Ebene der Mentalität auf die bundesdeutsche ‚Arbeitnehmergesellschaft' eingelassen hatten[130]. Ironischerweise griff die Regierung zum Mittel der „Arbeitnehmergesellschaften" – und in diesem Fall meinte dieser Begriff finanzielle Beihilfen, um Arbeitnehmern eine Unternehmensgründung zu ermöglichen. Auch dadurch sollten Türkinnen und Türken, die seit Jahren in der Bundesrepublik gelebt hatten, zur Rückkehr in ihr Herkunftsland bewegt werden[131].

‚Gastarbeiter', so lässt sich vielleicht festhalten, repräsentierte zwar das *Mobile*, das *Grenzüberschreitende*. Dass die damit verbundenen Möglichkeiten jedoch nicht genutzt, ja noch nicht einmal erkannt wurden, lag daran, dass ‚Gastarbeiter' aus der Perspektive des Zielortes beschrieben wurden. Der ‚Gastarbeiter' war somit in erster Linie ein Ankommender, was wiederum Anpassungsfähigkeit evozierte, nicht aber Innovations- oder Veränderungskraft.

2.2.6 Die Rollen der ‚Arbeiter' in der Bundesrepublik

Dass der Spiegel den deutschen Arbeiterinnen und Arbeitern eine tragende politische Rolle in der Bundesrepublik zuschreiben würde, ist nach den vorherigen Ausführungen kaum zu erwarten. Was sollten sie auch an Neuem beisteuern, wenn

---

129 Vgl. o. V., Unannehmbar, untragbar, in: Der Spiegel 30–30 (1976), S. 27–28, hier S. 27. Vgl. zudem etwa o. V., Hartes Feilschen, in: Der Spiegel 39–36 (1985), S. 107–110 sowie o. V., Geld gegen Gastarbeiter, in: Der Spiegel 40–10 (1986), S. 14.

130 Allerdings waren dem Unterfangen durch das Ausländerrecht Grenzen gesetzt. Vgl. o. V., Je weniger, desto besser, in: Der Spiegel 29–60 (1975), S. 37–38 sowie Wengeler, Topos und Diskurs, S. 403.

131 Vgl. o. V., Prämierter Abschied, in: Der Spiegel 36–19 (1982), S. 28–29.

sich nicht einmal ‚Gastarbeiter‘ dem Integrationssog des bundesrepublikanischen Modells entziehen konnten? Andererseits hatten die Septemberstreiks 1969 einen tiefen Eindruck in der Öffentlichkeit hinterlassen. Der Spiegel selbst hatte bei den Göttinger Industriesoziologen um Michael Schumann ein Gutachten in Auftrag gegeben, das klären sollte, ob die wilden Streiks als „Ausnahme oder Auftakt“ zu werten seien. Die Ergebnisse fielen nicht eindeutig aus. Zwar glaubten die meisten Arbeiter demnach an eine weitere Verbesserung ihrer Lage, doch fühlten sie sich „nach wie vor in dieser Gesellschaft benachteiligt, ungerecht behandelt und mit der Arbeitsleistung unter Preis verkauft.“ Letzteres habe auch den Ausschlag für die Streiks gegeben, die dezidiert nicht politisch motiviert gewesen seien. Letztlich, so wurde deutlich, waren die Arbeiter zu einer politischen Aktion auch gar nicht in der Lage, da sie „die Probleme der gesellschaftlichen Existenz für die Arbeiter weniger in der Staatsbürgerrolle als in der des Arbeitnehmers“ verorteten. ‚Arbeiter‘ stellten demnach in erster Linie für die Gewerkschaftsführung eine potentielle Bedrohung dar[132].

Und doch finden sich in der Folgezeit nur wenige Artikel mit dem Arbeiterbegriff in Überschrift oder Vorspann, die über Streiks berichteten. In einem Interview mit Karl Hauenschild, dem Vorsitzenden der IG Chemie-Papier-Keramik (IG CPK), ging es 1971 hauptsächlich um die Höhe der Lohnforderung, während die Möglichkeit wilder Streiks vom Gewerkschaftsvorsitzenden in einem Satz als Problem der Unternehmer abgetan wurde[133]. Mit der „Aussperrung von 360 000 Metall-Arbeitern“ standen Arbeitskampfmaßnahmen der Unternehmen zwar am Anfang des zweiten Streikartikels des Jahres 1971, aber er porträtierte die Arbeiter als entschlossen und geschlossen Handelnde. Insgesamt behandelte der Autor die Auseinandersetzung als eine rein tarifpolitische Angelegenheit, die nur aufgrund zweier Facetten politisch relevant werden konnte: Zum einen hing in der Bundesrepublik jeder siebte Arbeitsplatz vom Automobilsektor ab, zum andern drohten damals aus Tarifverhandlungen aufgrund der Konzertierten Aktion, in der sich die Regierung, Gewerkschaften und Arbeitgeber wirtschaftspolitisch abstimmten, immer politische Implikationen zu erwachsen. Mit der im Raum stehenden Schlichtung verfolgten die Unternehmer aus Sicht des IG Metall-Funktionärs Willi Bleicher daher nicht nur das Ziel eines niedrigen Lohnabschlusses, sondern sie erhofften sich auch einen politischen Vorteil: „Die wollen letztlich einen ideologischen Offenbarungseid meines Genossen Willy Brandt.“[134] In diesem Bericht bestätigte sich

132 Michael Schumann/Frank Gerlach/Albert Gschlössl/Petra Milhofer, „Was kam, war schon lange fällig“, in: Der Spiegel 25–42 (1971), S. 102–115, hier S. 102, 108 (Zitate), 115.

133 Vgl. o. V., „Sie prügeln uns und meinen Bonn“, in: Der Spiegel 25–27 (1971), S. 72–73.

134 Vgl. o. V., Bis zum Offenbarungseid, in: Der Spiegel 25–49 (1971), S. 32–34, hier S. 32, 34.

im Grunde die Analyse der Göttinger Soziologen. Wieder waren die Arbeiter, anders als ihr Gegner, nicht als politische Akteure aufgetreten.

Erst 1973 findet sich ein Bericht, der einem anderen Narrativ folgte: „Bei Ford in Köln revoltierten Arbeiter in Deutschland erstmals gegen die Fließbandarbeit", lautete der Untertitel. Um die historische Bedeutung zu unterstreichen, zitierte der Artikel die Ausführungen, mit denen Henry Ford 50 Jahre zuvor die Unbedenklichkeit der Fließbandarbeit hatte begründen wollen. Gleichzeitig evozierte die Zeitangabe den Eindruck, als handele es sich um überholte Ansichten, zumal andere Autobauer längst von der monotonen Fließbandarbeit abgerückt waren. Eine Bildstrecke, die den körperlich anstrengenden Arbeitstakt eines für die Radmontage zuständigen Arbeiters dokumentierte, unterstrich diesen Aspekt ebenso wie die Tatsache, dass 90 Prozent der Beschäftigten aus der Türkei stammten, da ihre deutschen Kollegen sich eine solche Tätigkeit nicht mehr zumuten wollten[135]. Letztlich ging es in diesem Bericht, anders als der Titel nahelegte, weniger um eine eigenständige Vorreiterrolle der ‚Arbeiter' als vielmehr um den konkreten Abbau von Benachteiligungen, welchen die Gastarbeiter ausgesetzt waren[136].

Auch wenn der Artikel mit einem Zitat eines Streikenden endete, waren die ‚Arbeiter' doch vor allem über ihre auf den Bildern dokumentierte Körperlichkeit präsent. Zu sehen ist ein einzelner, von den übrigen isolierter *Sisyphos*, der ein „Heloten-Dasein" fristet[137]. Die Körperlichkeit der ‚Arbeiter' prägte auch viele der anderen Spiegel-Artikel, was im Grunde nicht verwunderlich ist, wenn man sich die Wirkung der Arbeitertätigkeit vor Augen hält: „Arbeit formte Körper, sei es durch Abnutzung oder Stählung."[138] Körperlichkeit im Sinne von physischer Stärke, aber auch als schiere Masse von Körpern, fungierte seit Beginn der politischen Arbeiterbewegung als ein wichtiger Identifikationsanker, wobei auch die frühe Sozialdemokratie „einen kompensatorischen Männlichkeitskult" pflegte, „der auf dem Ausschluss von Frauen geradezu basierte."[139] Auch im Umfeld der 68er-Bewegung spielten für die Politisierung junger Arbeiterinnen und Arbeiter spezifische Körperfragen eine wichtige Rolle, nämlich die Auseinandersetzung mit der Sexuali-

---

135 Vgl. o. V., „Hastet hier jemand? Rennt hier jemand?", in: Der Spiegel 27–37 (1973), S. 32–33. Im selben Heft vertiefte ein Artikel die Problematik der monotonen Fließbandarbeit anhand amerikanischer Studien. Vgl. o. V., „Manchmal schlage ich irgendwas kaputt", in: Der Spiegel 27–37 (1973), S. 98–100.

136 Die beiden Streikberichte aus dem Jahr 1978 drehten sich dann ausschließlich um die unterschiedlichen Erwartungen, die Basis und Spitze der Gewerkschaft jeweils mit dem Arbeitskampf verbanden. Vgl. o. V., Teurer Friede, in: Der Spiegel 32–6 (1978), S. 32–33 sowie o. V., „Schon wie Weihnachten", in: Der Spiegel 32–50 (1978), S. 30.

137 O. V., Hastet hier jemand, S. 32.

138 Schmidt, Arbeiter, S. 113.

139 Welskopp, Banner, S. 335.

tät[140]. Dieser Aspekt findet sich ebenfalls in zeitgenössischen öffentlichen Äußerungen, die jedoch leicht ins Proletenhafte kippen konnten, wie die Schrift „Laß jucken, Kumpel" des Arbeiters und Schriftstellers Hans Henning Claer zeigte[141].

Das Narrativ der körperlichen und sexuellen Potenz der ‚Arbeiter' schrieb der Spiegel jedoch nicht ungebrochen fort, vielmehr rückte das Magazin deren Pathologien in den Fokus. Dem lagen wissenschaftliche Studien zugrunde, deren Ergebnisse in einem klaren Kontrast zum traditionellen Arbeiterbild standen. Eine schweizerische Studie hatte etwa herausgefunden, dass Arbeiter in einem jüngeren Alter als die Angehörigen aller anderen gesellschaftlichen Gruppen ihre sexuellen Aktivitäten einstellten. Eine amerikanische Untersuchung bescheinigte Arbeiterinnen eine wesentlich höhere Produktivität als ihren männlichen Kollegen[142]. Hinzu traten besondere Gefährdungen durch krankheitsverursachende Arbeitsstoffe. So berichtete der Spiegel 1973 von einer neu entdeckten, bisweilen tödlich verlaufenden Erkrankung bei Chemiearbeitern[143]. In Essen war gar ein ganzes „Arbeiterviertel" von Industrieabgasen betroffen, sodass die dortigen Kleinkinder unter Pseudokrupp litten[144]. Und laut dem Bundesgesundheitsamt zeichnete sich die Arbeiterschaft durch den höchsten Zigarettenkonsum aus[145]. Zwar lag der Raucheranteil Mitte der 1980er Jahre noch bei 50 Prozent der Bevölkerung, doch war das Rauchen längst nicht mehr so selbstverständlich und so positiv konnotiert wie einige Dekaden zuvor, vielmehr liefen seit den 1960er Jahren öffentliche Kampagnen, welche die Risiken des Tabakkonsums thematisierten[146]. Rauchende Arbeiter mussten vor diesem Hintergrund als die Unbelehrbaren erscheinen, die nicht nur die eigene Gesundheit ruinierten, sondern auch die Krankenkassen mit Folgekosten belasteten.

---

140 Vgl. Benedikt Sepp, Proletarische Identitätspolitik. Die West-Berliner Basisgruppen 1968–1969, in: ABG 22–1 (2023), S. 7–29, hier S. 14 f.

141 Max von der Grün, Der Arbeiter als Hanswurst, in: Der Spiegel 25–20 (1971), S. 172. Dasselbe Selbstbild klang beim Tarifexperten der Deutschen Angestellten-Gewerkschaft, Heinz Grothegut, an, der seine Verhandlungsgegner warnte: „Wir sind keine impotenten Freier." O. V., Streik: „Wir sind keine impotenten Freier", in: Der Spiegel 28–8 (1974), S. 19–26, hier S. 20.

142 Vgl. o. V., Sex: Arbeiter hören eher auf, in: Der Spiegel 29–25 (1975), S. 126 sowie o. V., Fleißige Arbeitnehmerinnen, in: Der Spiegel 31–36 (1977), S. 184. Schon in den 1960er Jahren hatte Hans-Paul Bahrdt festgestellt: „Die Arbeiterfrau altert auch heute noch relativ früh." Hans Paul Bahrdt, Die Industriearbeiter, in: Feuersenger, Proletariat, S. 25–33, hier S. 27.

143 Vgl. o. V., Gefährlicher Kunststoff, in: Der Spiegel 27–50 (1973), S. 147–148.

144 Vgl. o. V., Bellen und Heulen, in: Der Spiegel 36–34 (1982), S. 62–63.

145 Vgl. o. V., Arbeiter rauchen am meisten, in: Der Spiegel 38–42 (1984), S. 281.

146 Vgl. Gerulf Hirt/Christoph Alten/Stefan Knopf et al., Als die Zigarette giftig wurde. Ein Risiko-Produkt im Widerstreit, Kromsdorf/Weimar 2017.

Doch nicht nur der Kulturwandel, auch der Strukturwandel setzte dem Bild des jungen, kraftstrotzenden Arbeiters zu. Wie die Digitalisierung einem Dreher die Kraft raubte, der dank elektronischer Steuerungsprogramme sich kaum noch zu bewegen brauchte und folglich an Gewicht zunahm, beschrieb ein Spiegelreporter 1982. Während dieser Arbeiter wenigstens seine Rückenschmerzen loswurde, litt ein Drucker unter der Entwertung seiner Arbeit. Er musste feststellen, dass die frisch angelernten Schulabsolventinnen die neue Arbeit schneller erledigten als er, nur eine von der Gewerkschaft durchgesetzte Schutzklausel bewahrte ihn vor der Arbeitslosigkeit[147]. Die Entwertung von Kraft, Qualifikation und Erfahrung war nur die eine Weise, auf die der Strukturwandel das klassische Arbeiterbild relativierte. Die andere Erschütterung betraf die schiere Masse an Arbeitern. Hatte Karl Marx noch die Proletarisierung einer großen Mehrheit des Volkes vorhergesagt, vermeldete der Spiegel 1975 in einem Kurzbericht, die Arbeiterschaft sei innerhalb der Erwerbsbevölkerung nun erstmals auf den Status einer Minderheit herabgesunken[148]. Spätestens hier wurde klar, dass die ‚Arbeiter' nicht mehr Träger der Zukunft, mithin revolutionäres Subjekt, sein würden.

‚Arbeiter' als Arkanum – ‚Arbeiter' als Fremdkörper

Immerhin verschaffte die Körperlichkeit den ‚Arbeitern' immer wieder neue Relevanz, denn ihre Tätigkeit brachte sie als *Wanderer zwischen Welten* in Arkanbereiche, die der übrigen Gesellschaft verschlossen blieben. In den frühen 1980er Jahren zeigte sich dies im Kontext der Friedensbewegung, des erstarkenden Rechtsextremismus und der Atomdebatte. So appellierte eine Schiffsbesatzung, die in die Verlegenheit hätte kommen können, Atomwaffen nach Europa zu transportieren, an die ÖTV, dies zu verhindern[149]. Ebenfalls aus Gewissensgründen lehnte ein Drucker die Herstellung von Werbeprospekten für rechtsextreme Bücher ab, er wurde daraufhin fristlos entlassen[150]. Gleichfalls mit einer Kündigung endete die Weigerung eines Arbeiters einer Gerüstbaufirma, weiterhin in einem Atomkraftwerk Dienst zu tun. Auch er klagte und trug dadurch dazu bei, ein öffentliches Bewusstsein für die Gefährlichkeit der Meiler zu schaffen[151]. Unmittelbar politische Konsequenzen ergaben sich aber nur unter speziellen Bedingungen. Als 1987

---

147 Vgl. Peter Brügge, „Sagen wir lieber nicht Humanität", in: Der Spiegel 36–36 (1982), S. 74–87, hier S. 77–80, 83 f.

148 O. V., Arbeiter in der Minderheit, in: Der Spiegel 29–37 (1975), S. 74.

149 O. V., Mit allen Mitteln, in: Der Spiegel 37–37 (1983), S. 63. Der Artikel erschien unter der Rubrik „Arbeitnehmer" und behandelte das Schicksal eines Kapitäns, der sich jedoch „vom Heizerjungen" hochgearbeitet hatte und seit 30 Jahren ÖTV-Mitglied war.

150 Vgl. o. V., Allahs Gebote, in: Der Spiegel 36–21 (1982), S. 53–56.

151 O. V., Dünnemachen, in: Der Spiegel 35–39 (1981), S. 46–50.

mehrere Arbeiter einer hessischen Nuklearfabrik verseucht wurden, beeinflusste dies den dortigen Landtagswahlkampf[152].

Wie in den USA und in Großbritannien spielten die ‚Arbeiter' des Energiesektors also auch in der Bundesrepublik eine Rolle. Und doch treten die Unterschiede deutlich hervor. In jenen Staaten vermochten es die Bergarbeiter, einen neuralgischen Sektor aus eigener Kraft lahmzulegen. Dies verlieh ihnen die Macht, selbstgewählte Forderungen durchzusetzen. In Deutschland kam den ‚Arbeitern' dagegen eine ähnliche Rolle wie den ‚Gastarbeitern' zu. Sie machten auf abstrakte Prozesse und elementare, potentiell katastrophale Gefahren aufmerksam, waren aber nicht in der Lage, selbst Einfluss auf sie zu nehmen. Nur in Ausnahmefällen artikulierten sie selbst ihr Anliegen, zumeist berichtete der Spiegel erst über die aus dem devianten Verhalten der Arbeiter resultierenden Gerichtsverfahren. Die verstrahlten hessischen Nukleararbeiter wiederum waren überhaupt nicht in die Kommunikation eingebunden, vielmehr fungierte ihr Körper als ein Bioindikator, der von anderen ausgelesen wurde. Erst 1989 zeichnete sich ein Wandel ab, als erstmals ein Atomarbeiter seine Erfahrungen im Hamburger Magazin publizieren durfte[153]. Schon drei Jahre zuvor war Günter Wallraff, kostümiert als „Gastarbeiter", den vom Spiegel noch immer als „Fremdarbeiter" Bezeichneten beigesprungen, indem er ihre unzumutbare Tätigkeit in einem Atomkraftwerk skandalisierte[154].

Die Sprachlosigkeit der ‚Arbeiter' lag sicher auch in der journalistischen Praxis des Spiegels begründet. Als das Magazin über die Fälle von Pseudokrupp im Essener Arbeiterviertel berichtete, fragte es nicht bei betroffenen Arbeiterfamilien nach, sondern schilderte den Fall eines Kleinkindes, dessen Vater als Großhandelskaufmann arbeitete[155]. ‚Arbeiter' waren noch immer ein Fremdkörper in der bundesrepublikanischen Gesellschaft. Dies zeigte sich immer wieder im Bereich des Rechts. Als *autochthone Fremde* wurden ‚Arbeiter' nicht nur in Gerichtsverhandlungen benachteiligt[156], sie unterlagen auch noch diskriminierenden Rechtsvorschriften, die aus längst vergangenen Zeiten stammten. Als sich ein Vorarbeiter, der für seine Firma Aufträge im Ausland ausführte, aufgrund zu hoher Arbeitsbelastung weigerte, seiner Arbeitspflicht nachzukommen, entließ ihn sein Chef nicht nur, sondern verklagte ihn auch noch. Dies sei, so der Spiegel, seit 1890 nicht mehr vorgekommen, als sich letztmals ein Arbeiter, der zum wilden Streik aufgerufen hatte, wegen versuchter Erpressung vor Gericht verantworten musste[157]. Hier er-

152 Vgl. o. V., „Die wollen doch nur Ängste schüren", in: Der Spiegel 41–14 (1987), S. 30–32.
153 Vgl. Wolfgang Führer, Die Brühe wurde verdünnt, in: Der Spiegel 43–46 (1989), S. 72.
154 Vgl. o. V., Wallraff und der Mord auf Raten, in: Der Spiegel 40–1 (1986), S. 34–38.
155 Vgl. o. V., Bellen und Heulen, S. 62.
156 Vgl. o. V., Hinz und Dr. Kunz, in: Der Spiegel 29–36 (1975), S. 48.
157 Vgl. o. V., Sittliche Mißbilligung, in: Der Spiegel 43–46 (1989), S. 75–77.

wies sich der ‚Arbeiter' als eine rechtliche und temporale Anomalie, welche die bundesrepublikanische Ordnung, im Gegensatz zum ‚Arbeitnehmer', transzendierte und dadurch auch herausforderte.

Als Fremdkörper erwiesen sich ‚Arbeiter' überdies durch die ihnen zugeschriebene Unfähigkeit, mit Angehörigen anderer Gruppen in ein Gespräch zu treten. Ende der 1960er Jahre sahen sich Sexualwissenschaftler genötigt, ihre Fragebögen für die Arbeiter besonders zu gestalten: „Um die Probanden nicht zu verwirren, hatte das Giese-Team alle Sex-Termini verdeutscht und die Fragen eigens für schlichte Denker aufbereitet."[158] Auch die gewonnenen Ergebnisse weckten Zweifel an der Handlungsmacht der Arbeiter. „Und dann passierte es eben" lautete die lapidare Überschrift eines Berichts über das „erste Mal", in dem junge Arbeiterinnen und Arbeiter Nötigungen und Vergewaltigungen schilderten, ohne diese überhaupt so benennen zu können[159]. Sie verfügten also weder autonom über ihren eigenen Körper noch über die notwendige Sprache, um körperliche Übergriffe rechtlich verfolgen zu lassen. Der Spiegel stellte aber nicht nur sprachliche Barrieren zwischen den ‚Arbeitern' und der übrigen Gesellschaft fest, sondern auch habituelle und lebensweltliche. Demnach konnte das Individuum sein ‚Arbeiter'-Sein nicht so einfach ablegen. Dies zeigte sich etwa in einem Bericht über eine aufstrebende Eiskunstläuferin. Sie war ein Arbeiterkind und als solches vor ganz besondere Herausforderungen gestellt: Sie „stand sogar dreifache Sprünge todsicher – aber sie unterließ es, zu posieren und das Cheese-Lächeln aufzusetzen, das Preisrichter und Publikum oft als Ausstrahlung mißverstehen."[160] Umgekehrt stieß 1982 eine Umweltschutzgruppe auf pures Unverständnis, als sie die in einer Mine beschäftigten Arbeiter auf die Gefahren aufmerksam machen wollte, die aus der Einlagerung atomarer Abfälle erwuchsen. Die betroffenen Arbeiter waren von der unfreiwilligen Aufklärungsaktion, die noch dazu mit einer Besetzung des Schachts einherging, jedoch wenig begeistert. Ihnen war viel wichtiger, rechtzeitig zuhause ihre Tauben füttern zu können[161]. Auch innerhalb der Arbeitnehmerschaft stieß der Spiegel noch auf scharf verlaufende Trennlinien. Dies verdeutlichte eine kuriose Gerichtsentscheidung. Gustav Graf von Westarp wollte 1984 als Stahlarbeiter und Funktionär der IG Metall seinen Adelstitel streichen lassen, was ihm die Richter jedoch versagten[162]. Der entsprechende Artikel aus dem zweiten großen Hamburger Magazin machte deutlich, dass Graf Westarp vor allem seine gewerkschaftliche

---

158 Vgl. o. V., Geht ja weiter, in: Der Spiegel 23–13 (1969), S. 100–102, hier S. 100.

159 Vgl. o. V., „Und dann passierte es eben", in: Der Spiegel 25–13 (1971), S. 184. Nur eine Befragte konnte klar sagen: „Das war eine Vergewaltigung."

160 Vgl. o. V., Puccini eingebaut, in: Der Spiegel 32–4 (1978), S. 134–137, hier S. 137.

161 Vgl. o. V., Schmerzt schon, in: Der Spiegel 36–43 (1982), S. 136.

162 Vgl. o. V., Gustav Graf von Westarp, in: Der Spiegel 38–36 (1984), S. 220.

Karriere im Sinn gehabt hatte, der die ständigen Hänseleien („Graf Kocks vom Hochofen") seitens seiner Kollegen abträglich waren[163]. Der ‚Arbeiter' stand also noch Mitte der 1980er Jahre für ein ganz eigenes Milieu mit eigenen Regeln.

‚Arbeiter' und das Problem der Repräsentation

Die körperliche, habituelle und lebensweltliche Eigenheit der ‚Arbeiter' begründete ihr epistemisches Potential, das sich vor allem in den 1970er Jahren in zahlreichen literarischen und filmischen Versuchen, den ‚Arbeiter' zu interpretieren, niederschlug, wobei sich an diesem Unterfangen auch, aber nicht ausschließlich, Arbeiter selbst beteiligten[164]. Hierbei kam es auch zu Aushandlungen über die Zugehörigkeit zu den ‚Arbeitern', sei es, dass sich bürgerliche Intellektuelle in die Tradition der Arbeiterbewegung einzuschreiben suchten[165], sei es, dass sich Künstler gegen Versuche zur Wehr setzten, sie auf die Rolle von Sprechern der ‚Arbeiter' festzulegen[166]. Inhaltlich zeichneten sich die im Spiegel vorgestellten Werke durch ihren Gegenwartsbezug aus, denn es ging darum, ein möglichst realistisches Bild von den ‚Arbeitern' zu gewinnen. So lobte ein Filmkritiker Christian Ziewers Debüt „Liebe Mutter, mir geht es gut" als einen Film, „in dem Arbeiter endlich einmal wie Arbeiter reden"[167]. Auch der Roman „Stellenweise Glatteis" überzeugte den Rezensenten, „weil Max von der Grün nicht im fiktionalen Raum der Literatur phantasiert, sondern in seinen Romanen und Erzählungen stets von authentischen Fällen ausgeht."[168] Anders als bei der oben vorgestellten religionssoziologischen Studie, welche nach dem rechten Glauben der „Neckar-Plebejer" gefragt hatte, herrschte nun nicht mehr die Wahrnehmung vor, die ‚Arbeiter' stellten eine potentielle Bedrohung dar. Und doch kehrten die Filme und Bücher Aspekte der Unterdrückung, Ausbeutung und der Vernachlässigung heraus, mit denen Arbeiterinnen und Arbeiter konfrontiert waren. „Feindliche Züge"[169] taten sich auf diese Weise in der bun-

163 Vgl. Roland Kirbach, Graf muß Graf bleiben, in: Die Zeit 39–37 (1984), o. S.

164 Vgl. etwa o. V., Endstation Fleischwolf, in: Der Spiegel 8–46 (1954), S. 34–35, Klaus Umbach, Cliquen am Werk, Spiegel 29–20 (1975), S. 172–175 sowie Peter Stolle, Mißton von unten, in: Der Spiegel 30–53 (1976), S. 84–85.

165 Vgl. Horst-Dieter Ebert/Heinz Daenicke/Frank Benseler/Walter Boehlich, „Nehmen Sie uns ruhig als Arbeiterbewegung", in: Der Spiegel 23–41 (1969), S. 204–210 sowie o. V., Schwarzbrot für Bürger, in: Der Spiegel 25–41 (1971), S. 177–180.

166 Vgl. o. V., Das hat was, in: Der Spiegel 29–9 (1975), S. 135–137 sowie o. V., Ich stehe für niemand anders als für mich, in: Der Spiegel 31–1 (1977), S. 79–81.

167 O. V., Anatomie eines Arbeitskampfes, in: Der Spiegel 26–27 (1972), S. 107–108, hier S. 108. Auf die Arbeiterfilme von Christian Ziewer gehe ich unten in Kapitel 6 ausführlicher ein.

168 Heinz Ludwig Arnold, Der verbrannte Beweis, in: Der Spiegel 27–11 (1973), S. 138.

169 O. V., Feindliche Züge, in: Der Spiegel 25–47 (1971), S. 106–108, hier S. 106.

desrepublikanischen Gesellschaft auf: „Die Gegnerschaft zwischen Unternehmern und Arbeitern, von wohlstandsgläubigen Ideologen erfolgreich vertuscht, ist aktuell wie eh und je, kein Sozialpartner traut dem anderen über den Weg."[170] Aufgrund dieser Herausforderung des gesellschaftlichen Selbstverständnisses stellte sich unweigerlich die Frage nach der Glaubwürdigkeit der erhobenen Vorwürfe. Den Regisseur Theo Gallehr führte der Spiegel denkbar negativ ein: Der Bayerische Rundfunk habe ihn 1962 „fristlos entlassen", ein späterer Dokumentarfilm wurde vom NDR „verboten", später „gammelte" Gallehr durch Europa[171]. Und doch bestätigten die Unternehmer durch ihr Verhalten unwillentlich immer wieder die gegen sie erhobenen Anschuldigungen. Ein Bauarbeiter, der in der Gallehr-Dokumentation den ausbeuterischen Umgang der Arbeitgeber angeprangert hatte, fand sich kurz darauf auf der Straße wieder[172]. Gekündigt wurde auch der Arbeiter Gerd Sowka, nachdem er seinen eigenen Arbeitsunfall literarisch verarbeitet hatte[173].

Die Frage der Authentizität stellte sich aber nicht nur im Feld der Kunst, auch die Politik suchte nach Wegen, die Arbeiterschaft richtig zu repräsentieren, denn sie galt noch immer als wichtige Wählergruppe. Nachdem die Regierung unter Willy Brandt in den ersten Jahren die Ostpolitik ins Zentrum ihrer Anstrengungen gerückt hatte, sollte 1973 der Fokus auf die Innenpolitik verlagert werden. Der Spiegel kommentierte: „Doch zum Prüfstein der Gesellschaftspolitik wird die Beteiligung der Arbeiter an den Entscheidungen der Wirtschaft."[174] Noch 1980 kritisierte Herbert Wehner den SPD-Wahlkampf als „sehr akademisch [...] und nicht sehr bürger- und arbeiternah"[175]. 1970 hatte sich auch die CSU den Gewerkschaften gegenüber geöffnet[176]. Nach ihrem Sieg in der Landtagswahl 1974 rief diese Partei Franz Josef Strauß kurzerhand zum „Arbeiterführer" aus, tatsächlich verdankte er seinen Sieg aber „den Beamten und Angestellten aus der großstädtischen ‚neuen Mittelschicht'", wie der Spiegel feststellte[177]. Interessanterweise blieb der Anspruch, die Arbeiterschaft zu repräsentieren, nie ohne Widerspruch. Als die Jusos 1973 ihre Unterstützung für radikale ‚Arbeiter'forderungen in Aussicht stellten, warf ihnen ein Vertreter des rechten Flügels der SPD vor, die Arbeiter zu „mißbrauchen", obgleich die Forderungen ursprünglich von Gewerkschaftern erhoben worden waren[178]. Auch

170 O. V., Immer Ärger, in: Der Spiegel 24–5 (1970), S. 142.
171 Ibid.
172 Vgl. o. V., Knute gespürt, in: Der Spiegel 24–8 (1970), S. 77.
173 Vgl. o. V., Feindliche Züge, S. 106.
174 O. V., Mitbestimmung: „Weder ja noch nein sagen", in: Der Spiegel 27–4 (1973), S. 26–27, hier S. 26.
175 O. V., „Ich lasse mich nicht verhören", in: Der Spiegel 34–42 (1980), S. 14.
176 Vgl. o. V., Arbeiterherz, in: Der Spiegel 24–22 (1970), S. 22.
177 O. V., „Götterdämmerung über den Großstädten", in: Der Spiegel 28–45 (1974), S. 34–36, hier S. 34.
178 O. V., Arbeiter mißbrauchen, in: Der Spiegel 27–34 (1973), S. 47–49, hier S. 47.

der DKP nahm der Spiegel aufgrund der schlechten Wahlergebnisse nicht ab, legitime Vertreterin der Arbeiterschaft zu sein[179], während Helmut Kohl bei einer Wahlkampfveranstaltung in einem Stahlwerk auf pure Ablehnung seitens der Belegschaft stieß[180].

Ein Ausweg, der auch in der Sowjetunion zeitgleich beschritten wurde, bestand in der Rekrutierung „echter Arbeiter" als Politiker[181]. Allerdings machte der Umgang der niedersächsischen CDU mit dem Bergmann Hermann Schnippkoweit, den sie im Wahlkampf 1974 als künftigen Arbeitsminister präsentiert hatte, um ihn nach der Wahl bei der Abstimmung zum stellvertretenden Fraktionsvorsitzenden durchfallen zu lassen, deutlich, dass es sich lediglich um einen „Arbeiter zum Vorzeigen" gehandelt hatte[182]. Auch der „Arbeitersohn" Helmut Kasimier scheiterte im Parlament bei der Wahl zum niedersächsischen Ministerpräsidenten. Ihm hatte der Spiegel vorab „Mittelmaß" bescheinigt, zugleich aber seine erfolgreiche Leistung als Fraktionsvorsitzender anerkannt. Kasimier selbst sah in seiner als sicher geltenden Wahl ein Zeichen für die Stärke der Demokratie, zeigte sich darin doch, dass in dieser Herrschaftsform selbst höchste Ämter allen offenstehen[183]. Erfolgreicher war Norbert Blüm, der es 1982 zum Bundesarbeitsminister brachte. Vor der Bundestagswahl 1983 genoss er höchste Wertschätzung seiner Parteikollegen, da er der CDU die Arbeiterstimmen zu bringen versprach. Doch zugleich blieb er für Alfred Dregger lediglich der „promovierte Opel-Arbeiter"[184]. Dieser Ambivalenz, die den politisch aktiven Arbeiter entweder zum „Hofproleten einer Intellektuellen Bewegung" herabstufte oder Zweifel weckte, ob ein solcher Politiker denn noch immer ein echter Arbeiter sei, sah sich auch Loke Mernizka ausgesetzt, der als angelernter Walzwerker seit 1970 Mitglied des Juso-Bundesvorstandes war. Hermann Gremliza fügte in seinem Porträt aber einen weiteren Aspekt hinzu: „In der Rechnung Loke Mernizka = Walzwerker bleibt von Anfang an ein Rest. Im Walzen, Ziehen, Zuschneiden und Verpacken von Blech gehen Intellekt und Kreativität des Anlernlings Mernizka nicht auf."[185] Dem Wesen nach, so konnte man diese Aussage interpretieren, war Mernizka eigentlich nie ein ‚Arbeiter' gewesen, vielmehr nur durch seine Lebensumstände in diesen Status hineingeraten. Es ist bemerkenswert,

179 Vgl. o. V., Bottrop überall, in: Der Spiegel 29–20 (1975), S. 52–54.

180 Vgl. o. V., In Feindesland, in: Der Spiegel 30–40 (1976), S. 118–121.

181 O. V., Arbeiter gesucht, in: Der Spiegel 29–26 (1975), S. 84.

182 Vgl. o. V., Ein Arbeiter zum Vorzeigen, in: Der Spiegel 28–27 (1974), S. 14.

183 Vgl. o. V., Vom Milieu geprägt, in: Der Spiegel 29–26 (1975), S. 43–44.

184 Vgl. o. V., Laßt den mal, der bringt uns die Arbeiter, in: Der Spiegel 37–2 (1983), S. 19–25, hier S. 24.

185 Hermann L. Gremliza, Vom Arbeiter wird zuviel erwartet, in: Der Spiegel 25–28 (1971), S. 36–38, hier S. 36 (Zitat), 38.

wie hartnäckig die ‚Arbeiter' immer wieder in die Rolle des *Fremden*, das sich jedem Versuch der Repräsentation und Integration entzieht, hineingeschrieben wurden. Anders ausgedrückt: In der Gleichung ‚Arbeiter' = Bundesrepublik bleibt von Anfang an ein Rest.

Diese nicht vollständige Vereinbarkeit von ‚Arbeiter' und Bundesrepublik materialisierte sich auch in politischen Aneignungsversuchen seitens der extremen Rechten. Sie bezeichneten sich, wie ihr historisches Vorbild, als „Arbeiterpartei"[186]. Dies hätte man als Fußnote der Geschichte abtun können, wenn es außer den Artikeln zu den Rechtsextremen noch andere innenpolitische Berichte unter dem Rubrum ‚Arbeiter' gegeben hätte. Das war in den 1980er Jahren jedoch nicht der Fall. Wenn überhaupt, verhandelte der Spiegel die arbeitspolitischen Themen dieser Dekade unter dem Arbeitnehmerbegriff, wie weiter unten noch zu zeigen sein wird. Mitte der 1990er Jahre konnten die Rechtsextremisten dann tatsächlich bei einigen Wahlen eine beträchtliche Anzahl an Arbeiterstimmen gewinnen[187]. 1997 stellte der Spiegel gar fest: „Die Republikaner sind in erster Linie eine Arbeiterpartei."[188] Damit war der ‚Arbeiter' als der größtmögliche Fremdköper in der bundesdeutschen Gesellschaft markiert. Im Gegensatz dazu taugte der Arbeitnehmerbegriff kaum für die rechtsextreme Propaganda, zumindest nicht in der Form, die die Freiheitliche Arbeiterpartei (FAP) gewählt hatte. Auf ihrem Plakat forderte sie „Deutsche Arbeitsplätze für deutsche Arbeitnehmer", doch die Zeichnung zeigte, ganz im Stil der NS-Bildpropaganda, einen kantigen Mann mit geschultertem Vorschlaghammer vor rauchenden Fabrikschloten[189]. Der Anachronismus des ‚Arbeiters' trat hier klar zutage, da jeder Bezug zur Arbeitswelt der 1980er Jahre fehlte. Es dauerte bis zur Bundestagswahl 1998, bis der Spiegel die ‚Arbeiter' wieder mit der SPD in Verbindung brachte und sie dadurch politisch wieder in der Bundesrepublik verortete[190].

Der Abschied vom ‚Arbeiter'? Historisierung und Metaphorisierung

Die zum Teil anachronistisch anmutenden rechtsextremen Aneignungsversuche der ‚Arbeiter' spielten sich zeitgleich zu anderen Entwicklungen ab. 1982 warnte ein Strategiepapier der SPD-Grundwertekommission, die Arbeiterbewegung müsse

186 Vgl. o. V., Irr und wirr, in: Der Spiegel 33–22 (1979), S. 36, o. V., Wahn-GmbH und Co. KG, in: Der Spiegel 38–10 (1984), S. 58–65, o. V., „Die laufen jeder Trommel nach", in: Der Spiegel 40–25 (1986), S. 72–79 sowie o. V., Rechte Armee Fraktion, in: Der Spiegel 41–33 (1987), S. 78–79.

187 O. V., Braunes Wunder, in: Der Spiegel 47–39 (1993), S. 29–33.

188 O. V., Junge Rechte, in: Der Spiegel 51–31 (1997), S. 20.

189 Vgl. o. V., Die Laufen jeder Trommel nach, S. 76. Vgl. zudem Birgit Witamwas, Geklebte NS-Propaganda. Verführung und Manipulation durch das Plakat, Berlin/Boston 2016, S. 91, 95.

190 Vgl. o. V., Held der Arbeit, in: Der Spiegel 52–55 (1998), S. 34.

neue Impulse aufgreifen, um nicht „in die konservative Situation einer lernunfähigen, primär sich selbst erhaltenden Sozialbürokratie [zu] geraten."[191] Blickt man in den Spiegel, traf diese Warnung auf auch die ‚Arbeiter' zu. Denn Ende der 1970er Jahre setzen hier zwei weitere Trends ein, die auf einen Substanzverlust der Ressource ‚Arbeiter' hindeuteten. Waren die künstlerischen Auseinandersetzungen mit diesem Sujet zuvor zumeist auf der synchronen Ebene angesiedelt gewesen, trat nun die diachrone Dimension hervor. 1978 verfilmte das ZDF das historische Epos des „Arbeiter-Autors August Kühn", im selben Jahr erschien ein Bildband über die 1926 bis 1932 existierende Zeitschrift „Arbeiter-Fotograf" und in Hamburg wurden die „Arbeiterbilder", das Spätwerk Edvard Munchs, ausgestellt. Der Spiegel bemerkte hierzu: „Als künstlerische Steigerung jedoch läßt sich der Wandel kaum ausgeben."[192] In den 1980er Jahren fand auch die Arbeitergeschichtsschreibung verstärkt Niederschlag im Hamburger Magazin, was den Eindruck, ‚Arbeiter' seien primär in der Vergangenheit verortet, verfestigte[193]. Bemerkenswert war eine von Eric Hobsbawm verfasste Rezension aus dem Jahr 1990. Er nämlich machte auf den Widerspruch aufmerksam, dass sich die Arbeiterklasse nun in einer „Identitätskrise" befinde, obwohl sie zahlenmäßig viel stärker sei als 100 Jahre zuvor. So kam er zu dem Schluss:

> In der Tat entsteht die Krise des Sozialismus im Westen in unseren Tagen (die so gut wie nichts mit der Krise des Sozialismus im Osten zu tun hat) aus dem Niedergang aller Organisationen, die klassenbezogen sind, und aus dem Zerfall des Klassenbewußtseins, wodurch sozialistische Bewegungen ihrer traditionellen Klientel zur Umwandlung der Gesellschaft beraubt werden.[194]

Tatsächlich vermittelten die Komposita, bei denen ‚Arbeiter' das Bestimmungswort darstellte, nicht nur im Falle der kommunistischen ‚Arbeiterparteien' Osteuropas eine Geschichte des Niedergangs. Auch in der Bundesrepublik erschütterten

---

191 O. V., „Eine Graswurzel-Revolution", in: Der Spiegel 36–5 (1982), S. 20–21, hier S. 20.

192 Vgl. o. V., August, August, in: Der Spiegel 32–45 (1978), S. 249, o. V., Willi Münzenbergs „Arbeiter-Fotograf", in: Der Spiegel 32–9 (1978), S. 190 sowie o. V., Edvard Munchs Arbeiter-Realismus, in: Der Spiegel 32–21 (1978), S. 204.

193 Vgl. o. V., „Und wat war dat Ende vom Lied?", in: Der Spiegel 37–46 (1983), S. 113–118, o. V., Aufmarsch der Maschinen, in: Der Spiegel 39–20 (1985), S. 224–226 sowie Brigitte Brandt, „Führernaturen fallen nicht vom Himmel", in: Der Spiegel 39–22 (1985), S. 34–43. Auch zuvor schon wurden hin und wieder einschlägige Publikationen besprochen. Vgl. etwa Wolfgang Abendroth, Sozialgeschichte der europäischen Arbeiterbewegung, in: Der Spiegel 19–34 (1965), S. 87 sowie Hans Koschnik, Der Traum von der Massenbasis, Spiegel 30–24 (1976), S. 193–195.

194 Vgl. Eric Hobsbawm, Gegen die gute, alte Zeit, in: Der Spiegel 44–46 (1990), S. 95–101, hier S. 95, 101.

Skandale von Arbeiterorganisationen die „Glaubwürdigkeit der Arbeiterbewegung"[195].

Hinzu kam eine Entwicklung, die man vielleicht als eine Metaphorisierung des Arbeiterbegriffs bezeichnen könnte[196]. 1971 beschrieb der Spiegel einen unauffälligen Bundestagsabgeordneten als einen „stille[n] Arbeiter", obwohl es sich um einen „Verwaltungsinspektor a. D." und damit um einen Beamten handelte[197]. Später belegte das Magazin prominentere Akteure mit dem Arbeiterbegriff: So verstanden sich die Spieler der deutschen Fußballnationalmannschaft bei der Weltmeisterschaft 1986 angeblich „nicht mehr als Ballkünstler, sondern als ehrbare Arbeiter auf dem Spielfeld". Goutiert wurde diese Einstellung vom Hamburger Magazin wiederum nicht: „Und dabei kommt ein Fußball heraus, der bestimmt wird vom Mangel an Risikobereitschaft und Kreativität: Jeder einzelne ist immer nur so gut wie die Gruppe."[198] Ein Jahr später folgte ein Bericht über Wolfgang Röller, den neuen Sprecher des Bankenverbands, den der Spiegel als einen „besessene[n] Arbeiter" charakterisierte. Auch dieses Urteil fiel ambivalent aus, offenbarte aber erneut einen Blick auf das Arbeiterbild der Journalisten: Röller trage meist „biedere, etwas zu klein geratene Anzüge", melde sich nur zu seinem Metier zu Wort, sei durch „Fleiß und Ehrgeiz", also nicht durch Genialität, aufgestiegen, habe alles „von der Pike auf gelernt", kenne sein Haus „in- und auswendig", da er auch noch nie woanders gearbeitet habe. Als „Workaholic" und „Perfektionist" könne er nicht delegieren und wolle alles selbst machen, doch spreche er die Sprache seiner Mitarbeiter und kenne ihre Probleme[199]. Wie es scheint, begann sich der Arbeiterbegriff im Spiegel in den 1980er Jahren von der sozialen Gruppe und der politischen Bewegung zu lösen, mit der er bisher fest verbunden war. Als Fanal konnte die von Wirtschaftsprüfern veranlasste Schließung der Bremer Werft „AG Weser" 1983 dienen. Sie war, so ließ der Spiegel seine Leserschaft wissen, nicht nur die mo-

---

195 O. V., „So schnell wie möglich alles verkloppen", in: Der Spiegel 39–41 (1985), S. 146–156. Vgl. zudem etwa o. V., Irgendwie getrickst, in: Der Spiegel 36–33 (1982), S. 58–60 sowie o. V., Jenseits der Schamgrenze, in: Der Spiegel 45–45 (1991), S. 147–148.

196 Eine ähnliche Entwicklung erfuhr der Begriff ‚Proletariat'. Erst 2005, im Zuge der Agenda-Reformen, verwendete das Magazin ‚Proletariat' wieder als soziologischen Begriff. Vgl. o. V., „Die Uniform des Bösen", in: Der Spiegel 48–10 (1994), S. 106–107, o. V., Ratlos im Motel, in: Der Spiegel 49–38 (1995), S. 214–215 sowie Ullrich Fichtner, Die Rückkehr des Proletariats, in: Der Spiegel 59–22 (2005), S. 102–110.

197 O. V., Stiller Arbeiter, in: Der Spiegel 25–37 (1971), S. 72–73.

198 O. V., Richtige Profis, in: Der Spiegel 40–26 (1986), S. 178–179, hier S. 178.

199 O. V., Wippende Füße, in: Der Spiegel 41–11 (1987), S. 76–80.

dernste Schiffsproduktionsstätte der Stadt, sondern sie war auch die „Keimzelle der Bremer Arbeiterbewegung" gewesen[200].

Die mit den Ablösungsprozessen von der sozialen Basis einhergehende neu gewonnene Beweglichkeit in der Begriffsverwendung ermöglichte ein Spiel mit der Irritation, die durch die Charakterisierung eines Individuums als ‚Arbeiter' ausgelöst wurde. Völlig neu war dies nicht, denn auch hierbei handelt es sich um eine kulturelle Auseinandersetzung mit der Ressource ‚Arbeiter'. Im Gegensatz zu den Arbeiterfilmen basierten diese Sprachspiele nicht auf dem Wunsch, die Arbeiter möglichst realistisch darzustellen und sie dadurch kennenzulernen, sondern auf dem Bruch, den die Belegung gesellschaftsrelevanter Akteure mit dem Arbeiterbegriff erzeugte. Zwar schwang die Anerkennung von Fleiß, Ehrlichkeit und Integrität in solchen Charakterisierungen mit, doch zugleich machte die Zuschreibung deutlich, dass wirkliche Arbeiter in solchen Positionen nichts zu suchen hatten. Dadurch wurden die als ‚Arbeiter' charakterisierten Politiker und Wirtschaftsführer mit einem Makel belegt, der sie zum *anderen*, zum *Fremden* innerhalb ihrer Peergroup degradierte.

Die Rückkehr der ‚Arbeiter' als Problem

Jedoch mündete die beschriebene Entwicklung des Arbeiterbegriffs nicht in dessen unaufhaltsamer Entleerung. 1987 berichtete der Spiegel über „die im leidgeprüften Ruhr-Revier [...] bisher einmalige Militanz der Werktätigen", welche die angekündigte Schließung des Krupp-Hüttenwerks in Duisburg-Rheinhausen ausgelöst hatte. Es drohten nun, so war zu lesen, „Verhältnisse wie im französischen Revier von Lothringen – wo Stahlwerker Züge demolierten, Autos in Brand steckten und sich Schlachten mit der Polizei lieferten"[201]. Wie oben vermutet, relativierte die Deindustrialisierung als länderübergreifender Problemkomplex die bisher so unüberwindbar erscheinenden Grenzen der Bundesrepublik[202] und führten zu einer erneuten Zuschreibung von Handlungsfähigkeit zugunsten der ‚Arbeiter'. Interessanterweise griff der Spiegel hier auf die Formel des „kommunistischen ‚Werktätigen'"[203] zurück. Doch nicht nur das: Das Magazin vermittelte zugleich den

200 Stephan Burgdorff, „So was darf es doch nicht geben!", in: Der Spiegel 37–37 (1983), S. 30–31, hier S. 30.

201 Vgl. o. V., „Schlimmer als alles, was die Region erlebt hat", in: Der Spiegel 41–50 (1987), S. 17–19, hier S. 17 f.

202 So setzten die Krupp-Arbeiter ihre Hoffnung zeitweise auf die vom Iran in den Aufsichtsrat entsandten Vertreter. Vgl. o. V., Im Namen Allahs, in: Der Spiegel 42–4 (1988), S. 92–93.

203 Raphael, Jenseits von Kohle, S. 127. „Werktätig" ist als Wort jedoch schon für das 18. Jahrhundert belegt. Vgl. Sabina Schroeter, Die Sprache der DDR im Spiegel ihrer Literatur. Studien zum DDR-

Eindruck einer in den Anliegen der ‚Arbeiter' begründeten Anpassungsnotwendigkeit seitens der Bundesrepublik. Dies zeigte sich im Kleinen bei der erstmaligen Erteilung einer Sendelizenz für einen Offenen Kanal in Duisburg, den die Arbeiterinnen und Arbeiter als Gegenöffentlichkeit nutzten[204], im Großen bei den Plänen, mit denen Bundeskanzler Helmut Kohl und NRW-Ministerpräsident Johannes Rau das Ruhrgebiet auf die Zeit nach der Abwicklung der Montanindustrie vorbereiten wollten[205].

Nach dem Ende des Ost-West-Konflikts setzte sich im Spiegel der Trend, ‚Arbeiter' als Sonde wirtschaftlicher Probleme zu verwenden, fort. Da gleichzeitig die Berichte, die zuvor den Entwicklungen innerhalb kommunistischer Regime gewidmet waren, wegfielen und, im Falle der DDR, nun zur bundesrepublikanischen Angelegenheit geworden waren, kam es zu einer Nationalisierung des Arbeiterbegriffs. Gleichzeitig ließ sich jedoch eine Heterogenisierung der ‚Arbeiter' beobachten, da Differenzen zwischen west- und ostdeutschen Lohnabhängigen zutage traten[206], während sich zugleich die Konkurrenz inländischer und ausländischer Beschäftigter um Arbeitsplätze verschärfte[207]. Und doch: Trotz dieser Fraktalisierung der Arbeiterschaft und einer von Neoliberalismus und Globalisierung geprägten Zeit verschwand der Arbeiterbegriff nicht völlig. Denn anders als der ‚Arbeitnehmer', der letztlich auf ein Rechtsverhältnis zurückzuführen ist, wurzelt der Arbeiterbegriff im tätigen Menschen. Dies bindet den Begriff an das Ereignishafte, an das von keiner politischen oder wirtschaftlichen Ordnung vollständig Erfassbare, und dies konstituiert den ‚Arbeiter' in letzter Instanz als einen Akteur des Ausnahmezustands. Eine Repolitisierung ist somit grundsätzlich und jederzeit möglich.

---

typischen Wortschatz, Berlin/New York 1994, S. 13. Auch in anderen Fällen verwendete der Spiegel diesen Begriff synonym für ‚Arbeiter'.

204 Vgl. o. V., Unser liebstes Kind, in: Der Spiegel 42–7 (1988), S. 45–48.

205 Vgl. o. V., Lange Liste, in: Der Spiegel 42–7 (1988), S. 106–107.

206 Vgl. etwa o. V., „Es lebe die Intervention", in: Der Spiegel 46–12 (1992), S. 132–134, o. V., „Weg mit dem Wessismus", in: Der Spiegel 46–52 (1992), S. 104–112 oder o. V., „Das ist kein Leben mehr", in: Der Spiegel 47–2 (1993), S. 80–84.

207 Vgl. etwa o. V., Bißchen Polizeistaat, in: Der Spiegel 49–14 (1995), S. 123–124, o. V., Staubige Bosse, in: Der Spiegel 49–34 (1995), S. 94–95 oder o. V., „Hier brodelt es", in: Der Spiegel 50–12 (1996), S. 106–108.

2.3 ‚Arbeitnehmer‘ und ‚Arbeitnehmergesellschaft‘ – eine Annäherung

2.3.1 ‚Arbeitnehmer‘

Sucht man im Brockhaus nach einem Eintrag zu ‚Arbeitnehmer‘, wird man erstmals in der Ausgabe von 1901 fündig[208]. Mehr als einen Verweis auf ‚Arbeiter‘ enthält der Eintrag jedoch nicht. Beide Begriffe schlicht zu Synonymen zu erklären, funktionierte jedoch nach dem Ersten Weltkrieg nicht mehr. In der Ausgabe von 1928 nahmen die Autoren eine doppelte Bestimmung vor. Sie grenzten die „Arbeitnehmer“ zum einen nach außen gegenüber all jenen Erwerbstätigen ab, die keine Arbeitnehmer oder nur „arbeitnehmer-ähnliche[] Personen“ waren. Zum anderen definierten sie den Begriff über den „Dienst“, den für einen anderen zu leisten sich ein Arbeitnehmer verpflichtet hatte[209]. Damit schrieb sich die Angestellten- und Beamtensemantik zu einer Zeit in den Arbeitnehmerbegriff ein, als nun zahlreiche Erwerbstätige diesen Status innehatten. An dieser Begriffsbestimmung hielt das Lexikon bis ins Jahr 2006 fest, als es „Dienst“ durch „Arbeit“ ersetzte[210]. Ausgerechnet ein Jahr, nachdem der einheitliche Arbeitnehmerstatus realisiert worden war, näherte sich so der Arbeitnehmerbegriff semantisch wieder dem ‚Arbeiter‘ an. Analog dazu hat jedoch auch der Begriff ‚Arbeit‘ (im Gegensatz zu ‚Arbeiter‘) in den letzten Dekaden eine Universalisierung erfahren[211].

Bei der Lektüre der jeweiligen Brockhaus-Einträge drängt sich der Eindruck auf, als handele es sich beim ‚Arbeitnehmer‘ um einen völlig ahistorischen Begriff. Denn anders als bei den Stichworten ‚Arbeiter‘ und ‚Angestellter‘ variierten die Artikel, die in der Weimarer Republik und der Bundesrepublik zu ‚Arbeitnehmer‘ verfasst wurden, kaum. Der Eindruck des Ahistorischen verstärkt sich durch den Verzicht der Autoren, auf die Geschichte des Begriffs oder der bezeichneten Materie in irgendeiner Weise einzugehen. Doch auch wenn der Arbeitnehmer- anders als der Arbeiterbegriff keine bis ins Mittelhochdeutsche zurückreichende Wortgeschichte vorzuweisen hat[212], konnte Roland Karassek die Wurzeln des Begriffs

208 Vgl. o. V., Arbeitnehmer, in: Brockhaus 1901, S. 823.

209 Vgl. o. V., Arbeitnehmer, in: Brockhaus 1928, S. 608–609.

210 O. V., Arbeitnehmer, in: Brockhaus Enzyklopädie, 2. Band, 21., völlig neu bearb. Aufl., Leipzig/Mannheim 2006, S. 305.

211 Vgl. Jürgen Kocka, Mehr Last als Lust. Arbeit und Arbeitsgesellschaft in der europäischen Geschichte, in: ders., Arbeiten an der Geschichte, Göttingen 2011 [2005], S. 203–224, hier S. 222 f. sowie Klaus Tenfelde, Arbeit, Arbeiter, Arbeiterbewegung, in: Richard van Dülmen (Hrsg.), Fischer Lexikon Geschichte, Frankfurt a. M. 2003, S. 109–121, hier S. 109.

212 Vgl. Conze, Arbeiter, S. 216–218.

immerhin bis ins Jahr 1777 zurückverfolgen. „Arbeitnehmer" ist demnach „fließend und zwangsläufig" aus dem damals verwendeten Begriff „Dienstnehmer" hervorgegangen, der seinerseits Begriffe ersetzte, „die ein starkes Über-Unter-Ordnungsverhältnis ausdrückten". Der Arbeitnehmerbegriff selbst fand laut Karassek im nachmaligen Deutschland mit der preußischen „Verordnung über die Gewerberäthe und die Gewerbegerichte" von 1849 eine erste Verbreitung, doch dauerte es noch bis in die frühen 1870er Jahre, bis er sich im Sprachgebrauch etabliert hatte[213].

Schon früh setzte Kritik am Arbeitnehmerbegriff ein, die in ihm keinen Rechtsbegriff erkannte, sondern ihn als eine ideologisch motivierte Verzerrung der Wirklichkeit wahrnahm. So bezeichnete 1883 Friedrich Engels den Begriff als „Kauderwelsch" der deutschen Ökonomen[214]. Der aus der katholischen Angestelltenbewegung stammende Theodor Brauer beklagte 1926 dagegen die vom Arbeitnehmerbegriff evozierte „angeblich immer stärkere Herabziehung der Schichten kaufmänn[ischer] u[nd] techn[ischer] Angestellten auf die Stufe des Lohn-A[rbeiters]" und historisierte ihn bereits als „Trutzwort" der Revolution von 1918[215]. Nicht aufgrund unzulässiger Nivellierung, sondern im Gegenteil wegen „des Anklangs an die marxistische Klassenkampfideologie" lehnten die Nationalsozialisten den Begriff „Arbeitnehmer" ab, die stattdessen auf Bezeichnungen wie „Beschäftigter" oder „Gefolgsmann" zurückgriffen[216]. Auch nach 1945 setzte sich die Kritik fort. Oswald von Nell-Breuning, Leitfigur der katholischen Soziallehre in der Bundesrepublik, erkannte im Arbeitnehmerbegriff 1973, genau wie Engels 90 Jahre zuvor, eine „nicht gerade glückliche, genau genommen falsche, ja entwürdigende Bezeichnungsweise", da der Arbeitnehmer in Wirklichkeit Arbeit gebe und höchstens ein „Nehmer von Arbeits*gelegenheit*" sei[217]. Selbst Roland Karassek beklagte in seinem begriffsgeschichtlichen Aufsatz den „Widersinn" des Begriffs[218]. An Gegenvorschlägen fehlte es nicht. Der österreichische Wirtschaftswissenschaftler

213 Vgl. Roland Karassek, „Arbeitnehmer" und „Arbeitgeber" – eine begriffsgeschichtliche Spurensuche, in: ABG 16–2 (2017), S. 106–127, hier S. 115 f., 123 f., 127, Zitate auf S. 127 und 116.

214 Friedrich Engels, Zur Dritten Auflage, in: MEW 23, S. 33–35, hier S. 34.

215 Theodor Brauer, Arbeiter, Arbeiterbewegung, in: Staatslexikon, im Auftrag der Görres-Gesellschaft herausgegeben von Hermann Sacher, 1. Band, 5., von Grund aus neubearb. Aufl., Freiburg 1926, Sp. 254–265, hier Sp. 254. Brauer konnte erst 1918 als 38-jähriger Mann das Abitur nachholen, wurde aber schon fünf Jahre später Professor für Wirtschaftswissenschaften. Vor dem Krieg war er als Angestellter beschäftigt und engagierte sich in der katholischen Gewerkschaftsbewegung. Vgl. Franz Deus, Theodor Brauer zum Gedächtnis, in: GMH 3–3 (1952), S. 190–191, hier S. 191.

216 O. V., Arbeitnehmer, in: Brockhaus 1939, S. 606.

217 Oswald von Nell-Breuning, Arbeitnehmer – Mitarbeiter – Mitunternehmer, in: Wolfgang Fricke/Arnulf Geißler (Hrsg.), Demokratisierung der Wirtschaft. Über die Bedeutung der Modell-Unternehmen für eine Demokratisierungsstrategie, Hamburg 1973, S. 182–195, hier S. 182 (H. i. O.).

218 Karassek, „Arbeitnehmer", S. 110.

Anton Tautscher brachte 1961 „Arbeitvergeber und Arbeitannehmer" als alternatives Begriffspaar ins Spiel[219], während Johannes Baltzer, ein ehemaliger Vorsitzender Richter am Bundessozialgericht, 2009 das Begriffspaar „Arbeitsanbieter" und „Arbeitsempfänger" vorschlug[220]. Eine gewisse Berechtigung ist dieser Kritik nicht abzusprechen, zugleich greift sie zu kurz, da sie der Erscheinungsform des Wortes zu viel Aufmerksamkeit schenkt und dabei Gefahr läuft, die Kontexte zu übersehen. So datiert Engels' Einwand aus der Zeit des Kaiserreiches, als noch der patriarchalische „erste Geist" des Kapitalismus herrschte und sich die Angestelltenschaft gerade erst zu formieren begann[221]. Mit der Situation der Bundesrepublik der 1970er Jahre hat dieser Kontext wenig gemein, noch weniger mit der des Jahres 2017, als Karasseks Artikel erschien.

Weiterführend scheint mir ein anderer Ansatz. Für M. Rainer Lepsius handelte es sich beim Arbeitnehmerbegriff um „eine primär arbeitsrechtlich und sozialpolitisch definierte Kategorie und keine tradierte kulturelle Kategorie"[222]. Tatsächlich ist ‚Arbeitnehmer' nicht als Metapher denkbar, wie ihm überhaupt alles Mythische fremd scheint. Beim ‚Arbeitnehmer' handelt es sich in dieser Hinsicht um einen vollkommen säkularisierten ‚Arbeiter'. So beschrieb Robert Castel auch den Übergang der von Arbeitern geprägten Industrie- hin zur arbeitnehmerdominierten „Lohnarbeitsgesellschaft" als „Entzauberung der auf eine Eindimensionalität ohne Transzendenz reduzierten gesellschaftlichen Welt"[223]. Folgerichtig verzichtete Lutz Raphael bei seinem Unterfangen, „die doppelte Logik kultureller und sozioökonomischer Prägungen zu erfassen" und „die soziale und kulturelle Annäherung zwischen früher getrennten Berufs- beziehungsweise Statusgruppen begrifflich zu fassen", auf den Arbeitnehmerbegriff. Er bediente sich stattdessen des von Olivier Schwarz geprägten ethnologischen Begriffs der *„classes populaires"*[224].

Doch trägt diese Kritik überhaupt? Interessant ist in diesem Zusammenhang, aus welchen Gründen Johannes Baltzer ‚Arbeitnehmer' als juristisch brauchbaren Begriff verwarf. Keines der zur Definition herangezogenen Kriterien erlaube, so Baltzer, eine eindeutige Abgrenzung des Begriffs. Er sei daher „ein Einfallstor für

---

219 Anton Tautscher, Vom Arbeiter zum Mitarbeiter. Quantitative und qualitative Sozialpolitik, Berlin 1961, S. 127.

220 Johannes Baltzer, Arbeitgeber und Arbeitnehmer – Selbständiger und Beschäftigter. ‚Begreif'-bare Begriffe oder ‚Begriffe', die gar keine sind?, Marburg 2009, S. 47.

221 Vgl. Boltanski/Chiapello, Der neue Geist, S. 54 f.

222 M. Rainer Lepsius, Diskussionsbeitrag, in: Institut für Zeitgeschichte, Nachkriegsgesellschaften im historischen Vergleich, München 1982, S. 51–53, hier S. 52.

223 Castel, Metamorphosen, S. 316.

224 Raphael, Jenseits von Kohle, S. 29 (H. i. O.).

Subjektivismen, Ideologie und Interessenpolitik"[225]. Gerade das macht ihn aber aus geschichtswissenschaftlicher Perspektive interessant, wie Reinhart Koselleck deutlich machte: „Ein Begriff [...] muß vieldeutig bleiben, um Begriff sein zu können."[226] Viele der kritischen Lesarten tappen denn auch in eine Dichotomiefalle, da sie ‚Arbeitnehmer' ausschließlich im Verbund mit ‚Arbeitgeber' denken und dabei die Rolle des Staates übersehen. Die Verrechtlichung des ‚Arbeitnehmers' verleiht dem Staat jedoch eine Handhabe, um auf das Verhältnis zwischen Beschäftigten und Unternehmen einzuwirken. Als er beispielsweise freiwillige betriebliche Sozialleistungen gesetzlich regulierte, waren diese nicht länger an das Wohlverhalten der Empfänger gebunden und vermochten so betriebliche Machtverhältnisse zu verändern[227]. Diesen Gesichtspunkt hatte der Arbeitsrechtler Otto Kahn-Freund schon gegen Ende der Weimarer Republik gegen alle etymologisch begründeten Begriffsessentialismen präzise herausgearbeitet: Wie Rechtsbegriffe konkret ausgelegt werden, hängt von der Prägekraft der gesellschaftlichen Machtverhältnisse ab. Können die Beschäftigten beispielsweise eine „kollektivistische" Auslegung des Arbeitnehmerbegriffs durchsetzen, wird er funktionsäquivalent zum sozialistischen Arbeiterbegriff wirken. Auf Dauer gestellt wäre aber auch diese Auslegung nicht, denn möglich bleibt auch eine liberale, individualistische Lesart der Rechtsnorm, sofern entsprechende gesellschaftliche Kräfte die Oberhand gewinnen[228]. Kahn-Freund gelangte auf dieser historisierenden Grundlage zu einer positiveren Einstellung gegenüber dem Arbeitnehmerbegriff.

Zugleich verweist Kahn-Freunds Intervention zurück auf die Aussage von Lepsius. Denn auch wenn ‚Arbeitnehmer' keine *tradierte* kulturelle Kategorie ist, heißt es nicht, dass er bar jeder kulturellen Dimension bleiben muss. So verzeichnete Castel unter dem Rubrum „Arbeitnehmerlage" eine erneute „Mythologisierung eines von Archaismen befreiten Profils des leistungsfähigen, effizienten, dynamischen und arbeitsamen Mannes", auch wenn er einschränkend hinzufügte, bei der eigentlichen sozialen Trägerschaft handele es sich um die „mittleren und höheren *cadres*, d[ie] Lehrenden, Werbefachleute[], Kommunikationsexperten", also

225 Baltzer, Arbeitgeber, S. 26, 41 (Zitat).

226 Koselleck, Einleitung, S. XXII.

227 Vgl. Ulrich Herbert, Vom Kruppianer zum Arbeitnehmer, in: Lutz Niethammer (Hrsg.), „Hinterher merkt man, daß es richtig war, daß es schiefgegangen ist". Nachkriegserfahrungen im Ruhrgebiet. Lebensgeschichte und Sozialkultur im Ruhrgebiet 1930 bis 1960, Band 2, Bonn 1983, S. 233–276, hier S. 267–269.

228 Vgl. Otto Kahn-Freund, Der Funktionswandel des Arbeitsrechts, in: Arbeitsrecht und Politik. Quellentexte 1918–1933, herausgegeben und eingeleitet von Thilo Ramm, Neuwied/Berlin 1966 [1932], S. 211–246, hier S. 211, 215, 218 (Zitat), 219.

nicht um die Arbeitnehmer schlechthin[229]. Gleichwohl wurzelte auch die kulturelle Dimension des Arbeiterbegriffs in spezifischen Arbeitergruppen, sodass Castels Einschränkung hier übergangen werden kann. Potential zur Herausbildung einer kulturellen Dimension bietet überdies die „Logik der Integration“[230], welche im Arbeitnehmerbegriff als Sammelbegriff angelegt ist. So stellte Heinz Bude fest:

> Der spezifische semantische Effekt des Arbeitnehmerbegriffs bestand darin, daß er eine Brücke zwischen dem klassenkämpferischen Arbeiter und dem standesbewußten Bürgerbegriff bildete. Mit dem historischen Kunstbegriff des Arbeitnehmers konnten sich proletarische Stammgefühle, kleinbürgerlicher Aufstiegswille und großbürgerliches Exklusivitätsbewußtsein gleichermaßen ansprechen und beruhigen lassen.[231]

Schon die Zeitgenossen nahmen diese Entwicklung wahr und verhandelten sie unter dem Begriff der ‚Arbeitnehmergesellschaft‘.

2.3.2 ‚Arbeitnehmergesellschaft‘

‚Arbeitnehmergesellschaft‘ durchlief als Begriff, recht ähnlich wie Gesellschaft[232], eine klassische begriffsgeschichtliche Karriere, denn in der ursprünglichen Wortbedeutung steht sie für jene spezifische Unternehmensform, in der ein beträchtlicher Anteil am Unternehmen von dessen abhängig Beschäftigten gehalten wird. Als Kollektivsingular betrat die ‚Arbeitnehmergesellschaft‘ zwar spätestens in den 1960er Jahren die Bühne des politischen Diskurses, doch blieb dem Begriff eine signifikante zeitgenössische Verbreitung verwehrt. Im Spiegel lassen sich in der auf Vorspann und Überschrift eingeschränkten Suche für die Zeit vor 2010 genau sieben Belegstellen nachweisen, wobei fünf Treffer auf die 1980er Jahre entfallen und ausschließlich die unternehmensrechtliche Bedeutung wiedergeben, während die beiden anderen, auf die Jahrtausendwende datierenden Begriffsverwendungen, die politische Dimension zum Ausdruck bringen[233]. In der Volltextsuche taucht der Sachverhalt in der „Zeit“, dem zweiten in Hamburg ansässigen Leitmedium, in der

229 Castel, Metamorphosen, S. 317 f. (H. i. O.)

230 Ibid., S. 333.

231 Bude, Bürgertumsgenerationen, S. 115.

232 Vgl. hierzu Nolte, Ordnung, S. 32.

233 Vgl. etwa o. V., „Nimm deine Prämie und hau ab“, in: Der Spiegel 37–34 (1983), S. 26–31, hier S. 29, o. V., „Wir haben Deutschland fliehen müssen“, in: Der Spiegel 38–28 (1984), S. 86–94, hier S. 86, 88 f., 91 sowie o. V., Hartes Feilschen, in: Der Spiegel 39–36 (1985), S. 107–110, hier S. 110. Im politischen Sinn und auf den Status quo bezogen tauchte der Begriff im Spiegel erstmals 1999 auf, vgl. Michael Sauga, Ende des Proletariats, in: Der Spiegel 53–52 (1999), S.116–117, hier S. 117.

hier relevanten Bedeutung früher und insgesamt häufiger auf, ist jedoch bis 1966 noch nicht begrifflich auf das Kompositum gebracht[234]. In den Gewerkschaftlichen Monatsheften, dem Theorieorgan des DGB, wurde ‚Arbeitnehmergesellschaft' zwar erwartungsgemäß nur in der politischen Bedeutung verwendet, allerdings selbst hier sehr selten. Die Volltextsuche in den 55 Jahrgängen weist lediglich acht Belegstellen zwischen 1961 und 2002 aus[235]. Blickt man auf die Sprecher und damit auf die Anschlussfähigkeit des Konzepts, bestätigt sich der Eindruck einer „Große[n] Koalition der Sozialpolitiker"[236]. Denn die Spanne jener, die den Begriff selbst benutzten oder die mit ihm in Verbindung gebracht wurden, reichte von den beiden christdemokratischen Bundesarbeitsministern Theodor Blank und Norbert Blüm über den katholischen Sozialethiker Hermann-Josef Wallraff bis zum IG Metall-Vorsitzenden Franz Steinkühler. Ebenfalls spricht viel dafür, auch das von der SPD 1976 propagierte „Modell Deutschland" im Kern als das Modell einer ‚Arbeitnehmergesellschaft' zu betrachten, schließlich hatte Helmut Schmidt die SPD schon vier Jahre zuvor zum „großen breiten Arbeitnehmerflügel der deutschen Gesellschaft" ausgerufen[237].

Gleichwohl herrschte bei der Begriffsbestimmung kein Konsens. Grob gesagt wurde ‚Arbeitnehmergesellschaft' von einigen als „Erfahrungsregistraturbegriff" verwendet. Sie sahen ihn als „gesättigt von vergangener Wirklichkeit, die im Zuge politischer Aktionen in die Zukunft überführt und fortgeschrieben werden konnte." Andere verwendeten den Begriff jedoch als „Erfahrungsstiftungsbegriff", in den sie nur „bestimmte Erfahrungsstreifen" aus der bestehenden Ordnung aufnahmen, „um sie als eine mögliche Erfahrung künftig zu realisieren[238]. Unter den Zeitgenossen wie auch in der späteren wissenschaftlichen Praxis scheint die Verwen-

234 Vgl. etwa Wolfgang Krüger, Die Große Reform. Von der Sozial- zur Gesellschaftspolitik, in: Die Zeit 19–19 (1964), S. 30, Richard von Weizsäcker, Die Starken und die Schwachen, in: Die Zeit 30–13 (1975), S. 6–7 sowie Franz Walter, Katholischer Realismus und der Wille zur Macht, in: Die Zeit 51–43 (1996), S. 3. Zur unternehmensrechtlichen Verwendung vgl. etwa Wolfgang Hoffmann, Draußen vor der Tür, in: Die Zeit 31–36 (1976), S. 17–18, Viktor Paul, Kinder der Not, in: Die Zeit 36–42 (1981), S. 29 sowie Marie-Luise Hauch-Fleck, Die verkannten Helfer, in: Die Zeit 44–9 (1989), S. 33–34.

235 Vgl. etwa Annemarie Zimmermann, Stand der Sozialreform am Ende des dritten Bundestages, in: GMH 12–8 (1961), S. 490–492, hier S. 491, Hermann-Josef Wallraff, Funktionswandel der Gewerkschaften, in: GMH 21–6 (1970), S. 349–359, hier S. 356 f., Hans-Dieter Bamberg, Hochschulen und Arbeitnehmer, in: GMH 27–5 (1976), S. 301–303, hier S. 301, Franz Steinkühler, Solidarische Arbeitnehmergesellschaft verwirklichen, in: GMH 37–10 (1986), S. 577–586.

236 Hans Günter Hockerts/Winfried Süß, Gesamtbetrachtung: Die sozialpolitische Bilanz der Reformära, in: Hockerts, Geschichte der Sozialpolitik, S. 945–962, hier S. 946.

237 Carl-Christian Kaiser, Zwischen Parade und Kanzlerkult, in: Die Zeit 27–42 (1972), S. 6.

238 Reinhart Koselleck, ‚Erfahrungsraum' und ‚Erwartungshorizont' – zwei historische Kategorien, in: ders., Vergangene Zukunft, S. 349–375, hier S. 370 f.

dung als Erfahrungsregistraturbegriff quantitativ zu überwiegen[239]. Als solcher konnte er einerseits lediglich als Sammelbegriff für die Gesamtheit aller Arbeitnehmerinnen und Arbeitnehmer stehen, in einem übertragenen Sinn aber auch zur Charakterisierung der bestehenden bundesrepublikanischen Gesamtgesellschaft herangezogen werden. Die Meinungen gingen freilich auseinander, ob dieser letztgenannte Status in Westdeutschland bereits 1945, im Laufe der 1950er Jahre, erst später oder überhaupt noch nicht erreicht worden war. Ebenso offen blieb, ob die real existierende Arbeitnehmergesellschaft die 1980er Jahre überdauerte. Einig waren sich die meisten lediglich darin, dass die langen 1970er Jahre unter diesen Begriff gefasst werden können.

Bemerkenswerterweise folgte schon der zeitgenössischen Feststellung der Existenz einer ‚Arbeitnehmergesellschaft' immer wieder eine Schließung des Begriffs durch die Sprecher. Sie stellten Überlegungen darüber an, ob sich die Gesellschaft künftig beispielsweise zu einer „Angestellten-" oder „Bildungsgesellschaft" weiterentwickeln werde[240]. Diese im Grunde genommen destruktive Verwendungsweise, die schon im Akt der Feststellung die Überwindung des Festgestellten in Aussicht stellt, erinnert nicht nur an die frühe Arbeiterdefinition im Brockhaus, sondern sie machte das Konzept selbst für jene anschlussfähig, in deren politischem Zielhorizont die Vorstellung einer ‚Arbeitnehmergesellschaft' nicht den prominentesten Platz einnahm[241]. An diesem Sachverhalt entzündete sich die Kritik des damaligen DGB-Vorsitzenden Heinz Oskar Vetter, der vor dem Fehlschluss warnte, die bloße numerische Dominanz von Arbeitnehmerinnen und Arbeitnehmern in der Gesellschaft mit der Existenz einer „Arbeitnehmergesellschaft" gleichzusetzen. Den eigentlichen Lackmustest stellten seiner Meinung nach noch immer die bestehenden Machtverhältnisse dar[242].

Tatsächlich nutzten einige Autoren die Frage nach der Prägekraft des Arbeit-Kapital-Gegensatzes ebenso wie die Abgrenzung gegenüber der vorangegangenen

---

239 Lepsius ging davon aus, „daß die Mehrheit aus der Dichotomie von Arbeitern und Angestellten in die Kategorie des Arbeitnehmers in ihrem Selbstverständnis übergewechselt ist." Lepsius, Diskussionsbeitrag, S. 52.

240 Zimmermann, Sozialreform, S. 491 sowie Schulz, Angestellte, S. 37 f. Zu den Datierungen vgl. Herbert, Kruppianer, S. 235, Hans Günter Hockerts, Metamorphosen des Wohlfahrtsstaats, in: ders., Der deutsche Sozialstaat. Entfaltung und Gefährdung seit 1945, Bonn 2012 [1990], S. 139–149, hier S. 142 f. sowie Bude, Bürgertumsgenerationen, S. 115 f.

241 Vgl. von Weizsäcker, Die Starken. Grundsätzliche Kritik an der ‚Arbeitnehmergesellschaft' ließ sich mit Verweis auf den sinkenden Anteil von Selbständigen artikulieren. Vgl. Friedrich Mehrhoff, Die Veränderung des Arbeitgeberbegriffs, Berlin 1984, S. 52 f. Vgl. dagegen Jan-Otmar Hesse, Die ‚Krise der Selbständigkeit': Westdeutschland in den 1970er Jahren, in: Andresen/Bitzegeio/Mittag, Strukturbruch, S. 87–105.

242 Vgl. Bamberg, Hochschulen, S. 301.

Industrie- oder Klassengesellschaft dazu, weitere Merkmale der ‚Arbeitnehmergesellschaft' herauszuarbeiten. So hob etwa Ulrich Herbert deren „hohe[] soziale[] Dynamik und ihre[] Tendenz zur Einebnung der Klassenschranken" hervor[243]. Der hier zum Ausdruck gebrachte Aspekt der Gleichheit war jedoch nur formal zu verstehen, nicht materiell. Von Gleichheit konnte nur insofern gesprochen werden, als sich das Lohnarbeitsverhältnis immer stärker als allgemeiner Standard durchsetzte, zumal immer mehr Frauen auf den Arbeitsmarkt strömten[244]. Damit ging, so Heinz Bude, die Etablierung „einer universalistischen Anrechtsordnung" im Rahmen eines leistungsfähigen Wohlfahrtsstaates einher, der die Bedeutung von Eigentum zugunsten sozialversicherungsrechtlicher Anwartschaften relativierte. Gleichwohl wird die „kapitalistische Angebotsdynamik" auch unter den Bedingungen der „Arbeitnehmergesellschaft" keineswegs suspendiert[245]. Dies führt zu einem paradoxen Effekt, auf den Ulrich Beck hinwies: Die formale Gleichheit setzt alle Individuen, die sie erfasst, in ein Konkurrenzverhältnis zueinander und „zerstört in diesem Sinne die Gleichheit der Gleichen, ohne sie allerdings aufzuheben"[246].

Auch wenn die ‚Arbeitnehmergesellschaft' also weniger von Solidarität denn von einer „Logik der Distinktion" und insgesamt hierarchisch geprägt ist, unterscheidet sie sich laut Robert Castel doch fundamental von der vorhergehenden Klassengesellschaft. Denn frühere Gesellschaften zerfielen in völlig getrennte, im eigentlichen Sinne unvergleichbare Blöcke, wodurch die Frage nach der gesellschaftlichen Ungleichheit etwa zwischen Proletarier und Bourgeois im eigentlichen Sinne überhaupt nicht aufkommen konnte. Erst in der ‚Arbeitnehmergesellschaft' konkurrieren Hilfsarbeiter und Manager innerhalb eines „Kontinuum[s] von Einkommenspositionen" miteinander, sie wirkte in diesem Sinne integrativ. Führt man Castels Argument weiter, so konstituiert sich in gewisser Weise erst dadurch *die* Gesellschaft im Sinne eines Kollektivsingulars. Damit geht eine völlig andere politische Logik für die Arbeiterbewegung einher. Bot die konfrontative, segmentierte Klassengesellschaft den Arbeitern nur Hoffnung auf einen radikalen, revolutionären Bruch und die Schaffung völlig neuer gesellschaftlicher Verhältnisse, ist in

---

243 Herbert, Kruppianer, S. 235.

244 Beck sprach passenderweise von einer „*Arbeitsmarkt-Individualisierung*", um sie gegen die bürgerliche Individualisierung des 18. Jahrhunderts abzugrenzen. Vgl. Beck, Jenseits von Stand (1983), S. 45 (H. i. O.).

245 Bude, Arbeitnehmergesellschaft, S. 123. Vgl. zudem Hockerts, Metamorphosen, S. 147.

246 Beck, Jenseits von Stand (1983), S. 47.

der ‚Arbeitnehmergesellschaft' „die Vorwegnahme einer besseren Zukunft in der Struktur der Gegenwart verankert"[247].

Die zeitgenössische Verwendung des Begriffs ‚Arbeitnehmergesellschaft' zeichnet sich durch Dissonanzen aus, und zwar sowohl hinsichtlich ihrer normativen Bewertung, der diagnostizierten oder prognostizierten Machtverhältnisse, als auch mit Blick auf die zeitliche Verortung dieser Gesellschaftsform. Dies ist wenig verwunderlich, wenn man sich die Hybridität vor Augen führt, welche der gesamten Konstruktion der ‚Arbeitnehmergesellschaft' innewohnt: In ihr sind ‚Bürger' und ‚Arbeiter', kapitalistische Wettbewerbslogik und Gleichheitsaspekte, Gegenwart und Zukunft amalgamiert. Die damit verknüpfte Komplexitätsreduktion, die der Begriff ‚Arbeitnehmergesellschaft' gegenüber jenen aufgehobenen spezifischeren Konzepten bietet, begründet einerseits seine weitgehende Offenheit und Anschlussfähigkeit für Akteure politisch unterschiedlichster Couleur. Andererseits geht damit die Notwendigkeit der konkreten politischen Aushandlung einher. So liegt ihr größtes politisches Potential nicht zuletzt darin, gleichzeitig Status quo-orientiert wie potentiell subversiv zu sein. Der Gegenentwurf zum Bestehenden, der mit dem Konzept der ‚Arbeitnehmergesellschaft' artikuliert werden kann, trägt nicht den Makel einer Utopie, eben weil er näher an den herrschenden gesellschaftlichen Verhältnissen orientiert ist. Das Konzept kann, mit anderen Worten, als realistisches Surrogat für utopische Vorstellungen dienen. Damit vermittelt es zwischen dem mythenreichen Arbeiter- und dem deutlich biedereren Arbeitnehmerbegriff.

2.4 ‚Arbeitnehmer' im Spiegel

Gut 250 Artikel lieferte das Schlagwort ‚Arbeitnehmer' in der auf Überschrift und Vorspann beschränkten Suche im Spiegel-Archiv, wobei die meisten Treffer, wie beim Sample zu ‚Arbeiter', auf die 1970er und 1980er Jahre entfielen. Im Folgenden möchte ich klären, inwiefern sich die integrative Wirkung des ‚Arbeitnehmers' in den Artikeln niederschlug und wie sich dies auf den ‚Arbeitnehmer' als politische Ressource auswirkte.

247 Castel, Metamorphosen, S. 326, 328 sowie ders., Eine ‚große Transformation', in: ders., Krise der Arbeit, S. 9–53, hier S. 13. Castel sprach von der „societé salariée", was mit „Lohnarbeitsgesellschaft" übersetzt wurde, aber auch mit „Arbeitnehmergesellschaft" wiedergegeben werden kann. Vgl. Castel, Metamorphosen, S. 416.

2.4.1 Die integrative Funktion des Arbeitnehmerbegriffs

Zu keinem Zeitpunkt ließ das Magazin den Eindruck aufkommen, als handele es sich bei ‚Arbeitern' und ‚Angestellten' um klar abgrenzbare, autonome Gruppen. Im Gegenteil. Seit den frühen 1950er Jahren stellten Artikel die Trennung der Statusgruppen infrage. Zu Beginn berichtete das Magazin von Initiativen einzelner Unternehmen, Arbeiter zu Angestellten zu machen. 1958 wagte IBM diesen Versuch, der laut Spiegel nicht nur ganz den Wünschen „hochqualifizierte[r] Facharbeiter und ihre[r] Familien" entsprach, sondern „in vielen Fällen" überdies „gerecht wäre". Denn:

> Während die (Buro-) Arbeit [sic!] einer Stenotypistin nach wie vor unbestritten als typische Angestelltentätigkeit angesehen wird, gilt beispielsweise die ungleich verantwortungsvollere Funktion eines Walzwerksteuermannes, von dessen Können und Geschicklichkeit das ganze Unternehmen abhängt, als pure Handarbeit.[248]

Gleichwohl musste der Spiegel auch entschiedenen Widerstand verzeichnen: Die Arbeitgeber trieb die Furcht um, die Gewerkschaften würden nun eine Übertragung der Angestelltenprivilegien auf alle Arbeiter fordern, anstatt den Weg „der prinzipiellen Aufhebung der Trennung zwischen Arbeitern und Angestellten", der sich auch durch Abstriche für die Angestellten realisieren ließ, weiterzuverfolgen. Die DGB-Gewerkschaften wiederum fürchteten ein Abwandern der zu Angestellten beförderten Arbeiter zur DAG und eine größere Nähe zur Unternehmensleitung[249].

Tatsächlich deutete sich eine lebensweltliche und mentale Konvergenz der Statusgruppen in diesen frühen Artikeln noch nicht an. Dazu passte eine Meldung von 1965, wonach junge Offiziere, die selbst noch keine beruflichen Erfahrungen außerhalb des Militärs gesammelt hatten, nun „in Fabriken einen Monat lang als Hilfsarbeiter tätig sein" sollten, „um die Umwelt kennenzulernen, aus der ihre Rekruten kommen."[250] Zehn Jahre später hatte sich die Ausgangslage laut Spiegel grundlegend geändert, denn nicht nur Soldaten sahen sich nach Ansicht eines Majors nun „eher in einer Arbeitnehmerposition"[251], auch Studenten wiesen Mitte der 1970er Jahre eine „Mentalität ähnlich der von Arbeitnehmern in Großbetrie-

---

248 O. V., Mehr Geltung, in: Der Spiegel 12–40 (1958), S. 32–34, hier S. 34.

249 Ibid. 1960 beförderte die BASF bis zu 28 Prozent ihrer Arbeiter zu „Ehrenangestellten". Vgl. o. V., Angestellte h.c., in: Der Spiegel 14–48 (1960), S. 55–57. 1971 zeigten sich dann die Arbeitgeber der chemischen Industrie bereit, die Angleichung von ‚Arbeitern' und ‚Angestellten' tarifpolitisch zu flankieren, sofern die IG CPK auf eine betriebsnahe Tarifpolitik verzichtete. Vgl. o. V., Wenig ergiebig, in: Der Spiegel 25–6 (1971), S. 52–53.

250 O. V., Offiziers-Arbeiter, in: Der Spiegel 19–1/2 (1965), S. 12.

251 O. V., Bundeswehr: Armee von Arbeitnehmern, in: Der Spiegel 29–49 (1975), S. 46–50, hier S. 47.

ben" auf[252]. Erneut am Beispiel aus einem Stahlwerk hob der Spiegel nun hervor, dass klassische Arbeitertätigkeiten zwar nicht verschwunden seien, nun aber zumeist von einfachen Angestellten ausgeführt würden[253]. Andererseits sähen sich nun selbst qualifizierte Angestellte mit traditionellen Herausforderungen der Arbeiterschaft wie Entfremdung und Kontrolle konfrontiert: Ein Ingenieur fühlte sich an seinem computerisierten Arbeitsplatz wie „ein der Maschine und ihrem Rhythmus absolut unterworfenes Versatzstück"[254]. Gleichzeitig bedeutete die Einführung von Gleitzeit selbst für leitende Angestellte, „wie jede Sekretärin oder früher Kumpel Anton die ‚Stempeluhr' zu bedienen"[255]. Interessanterweise griff der Spiegel auch in den frühen 1980er Jahren, als der Strukturwandel bereits die Arbeitsplätze vieler Malocher vernichtet hatte, nicht auf den Arbeiterbegriff zurück, um die Auswirkungen jenes Prozesses zu beschreiben. Vielmehr stellte Peter Brügge in seiner Reportage die Betroffenheit aller Arbeitnehmerinnen und Arbeitnehmer heraus: Entwicklungsingenieure bei Siemens, Dreher, Sachbearbeiter einer Bausparkasse, Buchungshelferinnen einer Postsparkasse, Maschinensetzer, Datenerfasserinnen, DPA-Bildschirm-Redakteure – sie alle erlebten Nachteile der neuen Technologien[256]. Brügge kam denn auch zu einem wenig aufbauenden Schluss: „Die Wahrheit ist: Für die Veränderung der Gesellschaft existiert außer der Mikroelektronik, die sie erzwingt, nicht der mindeste Entwurf."[257] Integrativ im Sinne von kontinuitäts- und orientierungsstiftend wirkte aber noch der Arbeitnehmerbegriff[258]. Da er auf einer allgemeineren Ebene als der Arbeiterbegriff angesiedelt ist, weist er, ähnlich wie die Begriffe Gesellschaft oder Staat, eine stärkere präsentistische Prägung auf, der gegenüber die Verlaufsdimension zurücktritt. Dies schließt Modifikationen, welche das Erscheinungsbild des Bezeichneten verändern können, nicht aus, doch steht dessen völliges Verschwinden nicht zur Debatte. Ein Gegenbeispiel aus dem Jahr 1977 mag diese Punkte verdeutlichen: Die veränderte Mitgliederstruktur der SPD kommentierte der Spiegel schon im Vorspann apodiktisch: „Die SPD ist keine Arbeiterpartei mehr." Auch wenn diese Entwicklung – fast

252 O. V., Studenten: Jeder dritte resigniert, in: Der Spiegel 28–28 (1974), S. 95–100, hier S. 95.

253 O. V., Bizarrer Verlauf, in: Der Spiegel 30–50 (1976), S. 75–77.

254 Peter Brügge, „Sagen wir lieber nicht Humanität" (2), in: Der Spiegel 36–37 (1982), S. 92–112, hier S. 104.

255 O. V., Wie bei Orwell, in: Der Spiegel 30–48 (1976), S. 90–92, hier S. 92.

256 Brügge, „Sagen wir lieber nicht Humanität".

257 Ders., „Sagen wir lieber nicht Humanität" (2), S. 112.

258 1983 vermeldete der Spiegel jedoch auch unterschiedliche Auswirkungen auf einzelne Arbeitnehmergruppen: Während die Tätigkeiten der Arbeiterschaft wie auch der kleinen Angestellten nun sehr eintönig geworden seien, versähen Selbständige, Freiberufler, leitende Angestellte und Beamte ihren Dienst weiterhin mit Freude. Vgl. o. V., Erst mal klarkommen, in: Der Spiegel 37–26 (1983), S. 62–65.

20 Jahre nach Godesberg – eigentlich niemanden überraschen konnte, führte das Magazin dramatisierend aus: „Selbst der SPD-Bundesvorstand durfte eine unveröffentlichte Studie über die Mitgliederstrukturen der Sozialdemokraten bisher nicht einsehen." Diese Struktur sei nun geprägt von „Zersplitterung". Ein solches Urteil konnte freilich nur fällen, wer den Arbeitnehmerbegriff gänzlich außen vor ließ, denn noch immer stellten Arbeiter, Angestellte und Beamte gemeinsam einen Anteil von 61 Prozent aller Parteimitglieder[259].

Neben technischen Entwicklungen und Veränderungen im Bereich der Mentalität machte der Spiegel in den 1970er Jahren einen weiteren Konvergenzfaktor aus, der die integrative Kraft des ‚Arbeitnehmers' erhöhte. Denn auch die Politik versuchte, Unterschiede zwischen den einzelnen Erwerbsgruppen abzubauen. Als einen „[e]pochale[n] Vorgang" wertete das Magazin die Pläne der Regierung, leitende Angestellte fortan als Arbeitnehmervertreter in die Aufsichtsräte einziehen zu lassen[260]. Auch die Angleichung von ‚Beamten' und ‚Arbeitnehmern' strebte das Innenministerium immer wieder an – zumindest in den Punkten, die der Öffentlichen Hand als Arbeitgeber nutzten[261].

Fasst man diese Befunde zusammen, so zeichnet sich durchaus so etwas wie eine ‚Arbeitnehmergesellschaft' als bundesrepublikanische Realität ab, und sie stellte für den Spiegel eine wünschenswerte normative Ordnung dar. Die Entwicklung eines Arbeitnehmerbewusstseins bei den Bundeswehrsoldaten nahm das Magazin beispielsweise als ein Indiz für die Integration der Streitkräfte in die demokratische Ordnung[262]. So verwundert es auch nicht, dass der Spiegel immer wieder nach den Schuldigen für die Unvollkommenheit dieser normativen Arbeitnehmerordnung suchte. Denn auch Ende der 1980er Jahre wiesen das Arbeits- und Sozialversicherungsrecht noch immer keinen einheitlichen Arbeitnehmerbegriff auf. Bei der Frage, wer hierfür verantwortlich zu machen sei, variierte die Antwort des Spiegels jedoch deutlich. Als die „Geistesarbeiter" des Bundesverfassungsgerichts 1990 klären mussten, ob unterschiedliche Kündigungsfristen für ‚Arbeiter' und ‚Angestellte' grundgesetzkonform seien, machten die Redakteure die Arbeitnehmerorganisationen für die fortbestehenden Diskriminierungen mitverantwortlich: „Die DGB-Gewerkschaften verstanden sich von Anfang an als Arbeiter-Organisation und zementierten so die von den Arbeitgebern geschaffenen Ver-

259 O. V., Verändertes Spiegelbild, in: Der Spiegel 31–53 (1977), S. 22–24, hier S. 22 f.

260 O. V., Epochaler Vorgang, in: Der Spiegel 28–5 (1974), S. 23–24.

261 Vgl. o. V., Rauf und runter – über 40 Schreibtische, in: Der Spiegel 27–19 (1973), S. 38–46, o. V., Kräftig abbewerten, in: Der Spiegel 29–49 (1975), S. 27, o. V., Enorme Ausreißer, in: Der Spiegel 33–5 (1979), S. 41–44 sowie o. V., Fettes Polster, in: Der Spiegel 35–34 (1981), S. 53–58.

262 Vgl. o. V., Bundeswehr: Armee von Arbeitnehmern.

hältnisse."[263] Ein Blick in das hauseigene Archiv hätte die Journalisten jedoch nachdenklich stimmen können. 1960 hatte der damalige Arbeitsminister Theodor Blank die arbeitsrechtliche Unterscheidung von ‚Arbeitern' und ‚Angestellten' aufzuheben versucht. Er stieß dabei auf Ablehnung aus der Industrie. Zwar zögerte auch der DGB mit einer Zustimmung, doch aus einem überraschenden Grund: „Zu seinen Mitgliedern zählen nämlich auch 700 000 Angestellte, für die ein völliges Gleichziehen der Arbeiter den Verlust ihres liebgewordenen Prestige-Vorsprungs innerhalb der Klasse der Arbeitnehmer bedeuten würde."[264] Tatsächlich spielten Prestigefragen für einzelne auch später noch eine große Rolle. Hunderttausende Angestellte verzichteten Mitte der 1970er Jahre etwa auf einen Wechsel in die für sie günstigere AOK und bevorzugten eine Weiterversicherung bei den exklusiven Ersatzkassen, in die auch aufgestiegene Arbeiter strömten[265].

Der Spiegel prangerte jedoch nicht nur die Ungleichbehandlung von Arbeitern und Angestellten an, sondern machte noch weitere benachteiligte Gruppen aus. Dies betraf etwa geschlechtsspezifische Sonderregelungen[266]. So seien Frauen „zu ihrem eigenen Schutz" gesetzlich diskriminiert, denn sie durften beispielsweise nicht zu schwer heben. Dabei war laut Spiegel die Rechtsgrundlage dieses Verbots völlig unklar, da die entsprechende Vorschrift des NS-Regimes schon 1945 ihre Gültigkeit verloren habe[267]. Auch mit Blick auf das Geschlechterverhältnis zeigte sich also die integrative Funktion des Arbeitnehmerbegriffs, denn dank dessen Existenz erschienen gruppenspezifische Regelungen nicht als das Normale, sondern sie waren begründungspflichtig. Relevant war dies nicht nur für den Öffentlichen Dienst[268], da auch kirchliche[269] und ausländische Arbeitgeber[270] Sonderrechte gegenüber ihren Beschäftigten geltend machten. Auch hier vermittelte der Spiegel den Ein-

263 O. V., Fragwürdig geworden, in: Der Spiegel 44–30 (1990), S. 64–65.

264 O. V., Zu weißer Kragen, in: Der Spiegel 14–12 (1960), S. 25–26 (Zitat auf S. 26).

265 Vgl. o. V., Exklusives Gefühl, in: Der Spiegel 30–8 (1976), S. 54–55.

266 Vgl. o. V., „Wer am Fliessband sass, steht nicht mehr im Leben", in: Der Spiegel 25–5 (1971), S. 36–50 sowie o. V., „Die Bundesrepublik ist ein Großmutterland", in: Der Spiegel 27–43 (1973), S. 49–52.

267 O. V., Einfach zu schwer, in: Der Spiegel 34–38 (1980), S. 87–89.

268 Vgl. o. V., Rhythmus durcheinander, in: Der Spiegel 34–43 (1980), S. 42–44 sowie o. V., Schmerzgrenze erreicht, in: Der Spiegel 41–45 (1987), S. 108–110.

269 Vgl. o. V., Mit breitem Herzen, in: Der Spiegel 31–39 (1977), S. 108–111 sowie o. V., Streitbare Mönche, in: Der Spiegel 43–30 (1989), S. 83.

270 Vgl. o. V., Vage Antworten, in: Der Spiegel 38–11 (1984), S. 64–68, o. V., Mein Gott Walter, in: Der Spiegel 39–45 (1985), S. 92–97, o. V., Recht und Ordnung, in: Der Spiegel 44–22 (1990), S. 122–123 sowie o. V., Teure Kassiererin, in: Der Spiegel 44–48 (1990), S. 178–179. Einen Sonderfall stellten die Niederlassungen bundesdeutscher Unternehmen in Südafrika dar, denn hier kollidierte der Arbeitnehmerbegriff mit der Praxis der Apartheid-Herrschaft. Vgl. o. V., Teufel im Detail, in: Der Spiegel 42–45 (1988), S. 142–144 sowie o. V., Unheimlich überlegen, in: Der Spiegel 33–12 (1979), S. 151–152.

druck, als handele es sich um Exotismen oder Anachronismen, die eigentlich zu beseitigen waren. Kritik traf überdies deutsche Familienunternehmen, die noch der Herr-im-Haus-Mentalität anhingen[271]. Obwohl der Bushersteller Neoplan mit seiner patriarchalischen Unternehmenspraxis überaus erfolgreich war, wollte der Spiegel hier keine Ausnahme zulassen – der allgemeinen Geltung der normativen Ordnung maß er höhere Bedeutung zu als ökonomischen Gesichtspunkten. Diese Haltung schlug auch durch, wenn das Magazin über Unternehmen in wirtschaftlicher Schieflage berichtete. Wohlwollend hob der Spiegel über den gesamten Untersuchungszeitraum hinweg hervor, wenn Manager und Belegschaft Wege fanden, den Arbeitnehmerstatus im Kern zu schützen, sei es durch Kündigungsprämien[272], sei es durch Streichen übertariflicher Leistungen[273], auch wenn dies nicht immer im Konsens geschah[274]. Als VW 2004 den Abschied vom gut dotierten Haustarifvertrag einläutete, sprach Dietmar Hawranek zwar von einer „Kulturrevolution", da der Konzern fortan „drei Klassen von Arbeitnehmern" beschäftigen werde. Tatsächlich aber bewegte sich die Entlohnung der Neueingestellten noch immer auf dem Niveau des Flächentarifvertrags[275]. Von größerer Relevanz war die Legalisierung der Leiharbeit in der zweiten Hälfte der 1970er Jahre gewesen. Sie erschien dem Spiegel anfänglich in das vorhandene System integrierbar, während die SPD das Verbot aufrechterhalten wollte[276]. Als der Spiegel dann auch kritische Töne anschlug, erfolgte dies interessanterweise unter dem Arbeiterbegriff, und Stein des Anstoßes waren ausländische Verleihfirmen, die illegal operierten[277]. Die kritisierte Praxis erfuhr dadurch eine doppelte Externalisierung – begrifflich wie territorial.

‚Arbeitnehmer' als Ausdruck der „Sozialbürgerschaft"[278], die sozialistische Experimente ebenso ausschloss wie einen Rückfall in die Zeiten des Manchester-Kapitalismus, markierte für den Spiegel folglich ein bundesdeutsches Proprium. Im Gegensatz zum Arbeiterbegriff war die internationale Dimension des Arbeitneh-

271 O. V., Atmosphäre gestört, in: Der Spiegel 43–3 (1989), S. 86–87.
272 Vgl. etwa o. V., Abschied auf Dauer, in: Der Spiegel 28–29 (1974), S. 47–48.
273 Vgl. etwa Dietmar Hawranek, Der Testfall, in: Der Spiegel 58–30 (2004), S. 68–70, hier S. 70.
274 Vgl. etwa o. V., Querbeet geknabbert, in: Der Spiegel 29–15 (1975), S. 46–49 sowie o. V., Nichts mehr drin, in: Der Spiegel 29–45 (1975), S. 92–95 sowie o. V., Bittere Wahrheit, in: Der Spiegel 36–50 (1982), S. 91–92.
275 Dietmar Hawranek, Das Signal von Wolfsburg, in: Der Spiegel 58–46 (2004), S. 102–104, hier S. 102 (Zitat), 104.
276 Vgl. o. V., Schreck in den Gliedern, in: Der Spiegel 31–20 (1977), S. 42–44 sowie o. V., Höchstes Lob, in: Der Spiegel 34–28 (1980), S. 73–76.
277 Vgl. o. V., Wie im Dschungel, in: Der Spiegel 33–12 (1979), S. 67–68 sowie o. V., System versaut, in: Der Spiegel 40–10 (1986), S. 115–118.
278 Zum Begriff Sozialbürgerschaft vgl. Raphael, Jenseits von Kohle, S. 206.

merbegriffs im Hamburger Magazin kaum ausgeprägt[279]. Ganze acht Mal berichtete der Spiegel noch über Japan[280], zwei Mal über die USA[281] und Frankreich[282], nur ein einziges Mal über Griechenland, die DDR[283], Südafrika[284] und Großbritannien[285]. Erst 2010 verwendete der Spiegel den Arbeitnehmerbegriff mit Bezug auf ein in China produzierendes taiwanesisches Unternehmen[286]. Die integrative Funktion des ‚Arbeitnehmers' schlug sich hier in einer klaren symbolischen Grenzziehung nieder. Anders als ‚Arbeiter' repräsentierten ‚Arbeitnehmer' für das Magazin somit zweifellos das *Eigene*.

Während der Spiegel, wie erwähnt, die Realisierung eines einheitlichen Arbeitnehmerstatus aufgrund der ausgeübten Tätigkeiten von Arbeitern und Angestellten für geboten hielt, zeigte er sich Mitte der 1980er Jahre offen für eine lebensweltliche Revision des Arbeitnehmerbegriffs. Anlass bot die von den Gewerkschaften erkämpfte Verkürzung der Wochenarbeitszeit, die laut Spiegel eine Neubewertung von Freizeit und Arbeit notwendig mache. Jeder habe, so das Magazin weiter, das Recht, Teilzeitarbeit in Anspruch zu nehmen, um zumindest zeitweise aus der „Leistungsgesellschaft" auszusteigen[287]. Interessanterweise stellten sie hierbei erneut eine bundesdeutsche Besonderheit heraus. Die deutlichen Modernisierungsfortschritte der deutschen Wirtschaft hätten eine Reduktion der Arbeitszeit ermöglicht, während asiatische Konkurrenten noch immer auf eine hohe

---

279 Im Fließtext scheint der Spiegel weitaus häufiger über ‚Arbeitnehmer' im Ausland berichtet zu haben. Das wäre noch zu näher zu prüfen.

280 Vgl. o. V., Leben heißt arbeiten, in: Der Spiegel 27–35 (1973), S. 69–70, o. V., Unheimlich ruhig, in: Der Spiegel 28–14 (1974), S. 108, o. V., „Halte den Mund und geh hinter mir", in: Der Spiegel 33–51 (1979), S. 108–116, o. V., Härtere Zeiten für die Japaner, in: Der Spiegel 35–21 (1981), S. 124, o. V., Saufen und schlafen, in: Der Spiegel 37–50 (1983), S. 154, o. V., Boss beim Sado, in: Der Spiegel 41–31 (1987), S. 111, o. V., Geist der Rasse, in: Der Spiegel 43–50 (1989), S. 176–179 sowie Wieland Wagner, „Es war eine Qual", in: Der Spiegel 55–4 (2001), S. 116–117.

281 Vgl. o. V., „Einige sind schon mit dreißig tatterig", in: Der Spiegel 31–45 (1977), S. 191–196 sowie o. V., Billiglöhne für die Neuen, in: Der Spiegel 47–50 (1993), S. 92.

282 Vgl. o. V., Frankreich: Vollmachten für die Regierung, in: Der Spiegel 35–48 (1981), S. 128–132 sowie o. V., Kleine Revolution, in: Der Spiegel 36–22 (1982), S. 124.

283 Vgl. o. V., Soll und Haben, in: Der Spiegel 31–24 (1977), S. 54–56.

284 Vgl. o. V., Unheimlich überlegen. Hier griff der Spiegel auf den Arbeitnehmerbegriff zurück, da er über eine Verordnung der Europäischen Gemeinschaft berichtete, die das Verhalten europäischer Konzerntöchter gegenüber schwarzen Beschäftigten in Südafrika regelte.

285 O. V., „Wir sitzen auf einem Pulverfaß", in: Der Spiegel 31–13 (1977), S. 148–156.

286 Wieland Wagner, Die Monster-Fabrik, in: Der Spiegel 64–21 (2010), S. 66–67.

287 Vgl. o. V., Weg vom Schema des Acht-Stunden-Tags, in: Der Spiegel 38–14 (1984), S. 112–136, hier S. 122.

Wochenarbeitszeit der Beschäftigten angewiesen seien[288]. Kurz vor der Jahrtausendwende präsentierte Michael Sauga seiner Leserschaft dann aber die These führender Soziologen, dass aufgrund der vorangegangenen Ausdifferenzierung der Beschäftigungsformen „der Arbeitnehmergesellschaft die Basis weg[bricht]". Erklärend führte er aus:

> Die Entwicklung setzt die traditionelle Beschäftigung gleich von zwei Seiten unter Druck. Am unteren Ende der Lohnskala verschwinden die wenig qualifizierten Billigjobber. Am oberen Ende flüchten die Gutausgebildeten in die Selbständigkeit, weil sie sich die Abgabenlast nicht mehr leisten wollen.[289]

Auch wenn der Tenor in den nächsten Jahren erhalten blieb, änderte sich doch die Perspektive des Spiegels. Nicht mehr soziologische Deutungsangebote rechtfertigten eine affirmative Bewertung der Entwicklung, vielmehr sorgte die Wahrnehmung der Globalisierung als externer Faktor für einen kritischen Blick auf die Veränderungen[290]: Arbeitnehmer seien „der doofe Rest, der alles bezahlt – sie bilden die wahre Unterschicht. Etwas ist ins Rutschen gekommen, und das reicht über das Budget privater Haushalte weit hinaus: Es unterspült die Grundfesten der Gesellschaft."[291] Diese Argumentation konnte jedoch nur überzeugen, weil die Redakteure der deutschen Politik vorwarfen, durch falsche Entscheidungen den Arbeitnehmerstatus deutlich geschwächt zu haben – „viele Probleme sind hausgemacht"[292]. Insgesamt betrachtet sorgte jedoch die Globalisierung für eine Weiterverwendung des Arbeitnehmerbegriffs im neuen Jahrtausend, auch wenn in eingeschränkter Bedeutung. Er stand noch immer für die gewünschte normative Ordnung, während ‚Arbeitnehmer' als ein lebensweltlich relevantes gemeinsames Bewusstsein oder als ein durch Technik und Tätigkeit präformierter Status keine Rolle mehr zu spielen schien.

---

288 Vgl. o. V., Rastplatz für alle, in: Der Spiegel 39–50 (1985), S. 98–101 sowie o. V., Im Gleichschritt nach Hause?, in: Der Spiegel 44–19 (1990), S. 140–170.

289 Sauga, Ende des Proletariats, S. 117.

290 Vgl. Christine Böhringer/Dinah Deckstein/Dietmar Hawranek et al., Das globale Job-Roulette, in: Der Spiegel 59–17 (2005), S. 80–92.

291 Michael Sauga/Mareke Aden/Jochen Brenner et al., Die wahre Unterschicht, in: Der Spiegel 61–14 (2007), S. 22–38, hier S. 36.

292 Ibid., S. 25. Schon 1998 hatte der Spiegel die sinkende Zahl von Arbeitnehmern, die unter dem Schutz eines Betriebsrats standen, auf die veralteten Definitionen der Begriffe Betrieb und ‚Arbeitnehmer' im Betriebsverfassungsgesetz zurückgeführt. Vgl. o. V., Verlust des Gegners, in: Der Spiegel 52–35 (1998), S. 78–80.

2.4.2 ‚Arbeitnehmer' und Politik

Aufgrund der integrativen Dimension fungierten die ‚Arbeitnehmer' seit den 1980er Jahren als meritokratische Richtgröße, anhand derer sich die Einkommen anderer Gruppen bewerten ließen. So kritisierte der Spiegel 1984 die großzügige finanzielle Absicherung der Manager, die selbst im Fall ihres Scheiterns hohe Abfindungen erhielten. Dadurch trügen sie, so das Magazin, im Grunde kein Risiko mehr, während die Arbeitnehmerschaft seit Jahren kürzer treten müsse[293]. Auch die Tatsache, dass Rentner im Jahr 1993 ein höheres verfügbares Einkommen verzeichneten als die abhängige Erwerbsbevölkerung, nahm der Spiegel zum Anlass, einen drohenden „Altersklassenkampf" auszurufen und Reformen zu fordern[294]. In ähnlicher Weise hatte das Hamburger Blatt Jahre zuvor schon die Ansprüche der Ärzte auf höhere Honorare kritisiert, indem es auf die finanzielle Belastung verwies, welche die Arbeitnehmer bei der Finanzierung des Gesundheitswesens zu schultern hatten[295]. Selbst noch 2007 wiederholte die Bundeskanzlerin Angela Merkel den Vorwurf an die Manager, unverhältnismäßig hohe Einkommen zu beziehen, die sich nicht in ihrer Leistung widerspiegelten[296]. Die ‚Arbeitnehmer', so wird deutlich, setzten durchaus Maßstäbe im öffentlichen Diskurs. Bemerkenswerterweise hatte der Spiegel 1973, als die Arbeiterschaft noch die größte Erwerbsgruppe gebildet hatte, diese als Maßstab herangezogen[297]. In beiden Fällen schwang die Vorstellung der ‚Arbeiter' und ‚Arbeitnehmer' als die *Produktivkraft* mit, zugleich repräsentierten sie aber auch das *Durchschnittliche.* Diese Funktion konnte der ‚Arbeiter' seit den 1980er Jahren jedoch nicht mehr erfüllen. Nun stellte der ‚Arbeitnehmer' im Feld der Verteilungsgerechtigkeit die feste Bezugsgröße dar, die der Spiegel nicht näher begründete, die auszuwählen mithin als selbstverständlich erschien.

Dies wirkte unmittelbar auf die politische Rolle zurück, die die ‚Arbeitnehmer' spielten. Wenn es sich bei ihnen um das Durchschnittliche handelte, so hieß es zunächst, dass gegen diese Gruppen keine Wahlen zu gewinnen waren. Dies war nicht nur den Sozial-[298], sondern auch Christ- und Freidemokraten klar[299].

293 Vgl. o. V., ins Füllhorn, in: Der Spiegel 38–27 (1984), S. 44–50. Überhaupt erwiesen sich die 1980er Jahre als ein „Jahrzehnt der Umverteilung" zu Lasten der Arbeitnehmerschaft. O. V., Die Basis rumort, in: Der Spiegel 43–44 (1989), S. 136–140, hier S. 136.

294 O. V., Die Republik der Alten, in: Der Spiegel 47–35 (1993), S. 38–49, hier S. 38.

295 Vgl. o. V., Krankheitskosten: „Die Bombe tickt", in: Der Spiegel 29–19 (1975), S. 54–66 sowie o. V., Schuß aus der Hüfte, in: Der Spiegel 34–20 (1980), S. 228–234.

296 Vgl. Dietmar Hawranek/Dirk Kurbjuweit/Roland Nelles et al., Böse Millionen, in: Der Spiegel 61–50 (2007), S. 22–26. Vgl. zudem Beat Balzli/Frank Dohmen/Christoph Pauly et al., Vorstände im Rentenrausch, in: Der Spiegel 58–3 (2004), S. 20–23.

297 Vgl. o. V., Wie zehn Arbeiter, in: Der Spiegel 27–21 (1973), S. 138.

298 Vgl. o. V., „Wir bleiben, wer wir sind", in: Der Spiegel 26–5 (1972), S. 19–20.

Hier zeigt sich die von Bude postulierte Integrations- und Anschlussfähigkeit des Arbeitnehmerbegriffs. Er stand, mehr als der Arbeiterbegriff, allen staatstragenden Parteien der Bundesrepublik offen. Gleichwohl schlug sich die Bedeutung der Arbeitnehmerschaft als Elektorat weder bei der CDU[300] noch bei der SPD[301] in innerparteilicher Macht nieder. Die politischen Akteure in Bonn erkannten im ‚Arbeitnehmer' vor allem eine finanzielle Ressource, die es, um wiedergewählt zu werden, umsichtig zu bewirtschaften galt, zumal der Anteil der von dieser Gruppe aufgebrachten Steuern immer bedeutender wurde[302]. Zur Bewirtschaftung der Ressource gehörte seit Mitte der 1970er Jahre auch, Wege zur Begrenzung der Massenarbeitslosigkeit zu finden, suspendierte diese doch den Arbeitnehmerstatus der Betroffenen[303]. Von individuellen Arbeitnehmerinnen und Arbeitnehmern ging jedoch unmittelbar keine Initiative aus. ‚Arbeitnehmer' fungierte als eine fiktive Beschreibungskategorie, mit der die politisch Handelnden die Folgen ihrer Entscheidungen abzuschätzen trachteten. Ob aber Steuerreformen, die mit Blick auf die ‚Arbeitnehmer' modelliert worden waren, von den Betroffenen danach beurteilt wurden, ob sie den Arbeitnehmerstatus innehatten oder nicht, war nicht gewiss. Wenn etwa die Hälfte der Gewerkschaftsmitglieder die regierende CDU wählte, zugleich aber auch mit ihren regierungskritischen Gewerkschaften zufrieden war[304], zeichneten sich hier die Grenzen der Prägekraft der politischen Identität ‚Arbeitnehmer' ab, die mit der mangelnden Ausbildung einer geteilten Arbeitnehmermentalität korrespondierten. So kann man den Eindruck gewinnen, als handele es sich beim ‚Arbeitnehmer' im politischen Bereich um eine Art Infrastruktur.

---

299 Vgl. o. V., Mit Strauß neue Chance, in: Der Spiegel 33–28 (1979), S. 25–28, o. V., Bleibt nichts, in: Der Spiegel 37–49 (1983), S. 32 sowie o. V., Der Rausschmeißer, in: Der Spiegel 51–3 (1997), S. 17.

300 Vgl. etwa o. V., Bürgerschreck am linken Flügel, in: Der Spiegel 17–40 (1963), S. 38–50, o. V., Kleine Schritte, in: Der Spiegel 23–29 (1969), S. 28, o. V., Bremser im System, in: Der Spiegel 26–24 (1972), S. 48, o. V., Ein Glücksfall, in: Der Spiegel 37–42 (1983), S. 27–28, o. V., „Da schlägt blanker Haß entgegen", in: Der Spiegel 38–18 (1984), S. 34–38 sowie o. V., Gelände gewinnen, in: Der Spiegel 42–4 (1988), S. 43–45.

301 Vgl. o. V., Hoffnung im Herbst, in: Der Spiegel 27–27 (1973), S. 30 sowie o. V., Zentraler Kraftquell, in: Der Spiegel 27–39 (1973), S. 57–58.

302 Vgl. etwa o. V., „Der Schuß kann nach hinten losgehen", in: Der Spiegel 27–9 (1973), S. 19–24, o. V., „Dann ist die Regierung kaputt", in: Der Spiegel 32–7 (1978), S. 21–24, o. V., Höhere Steuerlast für Arbeitnehmer, in: Der Spiegel 37–19 (1983), S. 118 sowie o. V., Steuerreform: Jetzt wird nachgebessert, in: Der Spiegel 43–27 (1989), S. 70–71.

303 Vgl. etwa o. V., Heiße Lügen, in: Der Spiegel 36–35 (1982), S. 67–68, o. V., Beschränktes Vergnügen, in: Der Spiegel 37–23 (1983), S. 54–56, o. V., Kostet Geld, in: Der Spiegel 41–41 (1987), S. 61–64 sowie o. V., Falsche Richtung, in: Der Spiegel 42–39 (1988), S. 122.

304 Vgl. o. V., An den Abgrund, in: Der Spiegel 40–30 (1986), S. 74–75.

Anders lagen die Verhältnisse im Bereich der Arbeitsbeziehungen. Hier fungierte der Arbeitnehmerbegriff in den 1970er Jahren als Machtindikator, um das Kräfteverhältnis der Tarifpartner zu kartieren[305]. So berichtete der Spiegel unter dem Arbeitnehmerbegriff 1971 über den ersten größeren Streik, den die IG Metall nach dem Regierungsantritt Willy Brandts führte[306], und 1984 über die Auseinandersetzungen um die Verkürzung der Wochenarbeitszeit[307]. Flankierend kam es immer wieder zu legislativen Bemühungen, die Machtressource ‚Arbeitnehmer', je nach Couleur der Regierenden, zu stärken oder zu schwächen[308]. Als ambivalent erwiesen sich die – zumeist halbherzig betriebenen – Versuche, Arbeitnehmer am Produktivvermögen zu beteiligen[309]. Doch gerade in diesem Vorhaben war das Potential einer grundlegenden Modifikation des Arbeitnehmerstatus angelegt. So fürchtete vor allem die IG Metall, die Arbeitnehmer würden sich in „Kleinkapitalisten" verwandeln, sobald sie über Aktien ihres Unternehmens verfügten[310].

Weil ‚Arbeitnehmer' im politischen Kontext so sehr auf der Ebene der Repräsentation angesiedelt war, blieb er, gerade im Vergleich zum ‚Arbeiter', nachgerade körperlos. Zur Verdeutlichung lohnt es sich, die unter dem Arbeitnehmerbegriff erschienenen Berichte zu den Streiks etwas genauer zu betrachten. 1971 stellte der Spiegel etwa fest, es befände sich die „Hälfte aller Industriearbeiter" im Ausstand[311],

305 Vgl. o. V., „Arbeitnehmer haben die stärkeren Bataillone", in: Der Spiegel 27–28 (1973), S. 42–48 sowie o. V., Querbeet geknabbert.

306 Vgl. o. V., Kampf um Null, in: Der Spiegel 25–47 (1971), S. 27–28.

307 Vgl. o. V., IG Metall: „Das trifft uns im Nerv", in: Der Spiegel 38–21 (1984), S. 15–20. Die Auseinandersetzungen wurden auch später, mit verminderter Intensität, fortgeführt. Vgl. o. V., Ernst gemeint, in: Der Spiegel 41–12 (1987), S. 87–89.

308 Vgl. etwa o. V., Entschlossen verhindern, in: Der Spiegel 23–50 (1969), S. 49–50, o. V., Zum Wohl, in: Der Spiegel 25–5 (1971), S. 32–34, o. V., Kriegt Manschetten, in: Der Spiegel 30–25 (1976), S. 34–36, o. V., Mitbestimmung ohne Wenn und Aber, in: Der Spiegel 33–10 (1979), S. 21–24, o. V., Die schneiden bis auf den Knochen, in: Der Spiegel 38–12 (1984), S. 17–20 sowie o. V., „Das wird an Blüm hängenbleiben", in: Der Spiegel 39–51 (1985), S. 17–21.

309 Vgl. o. V., „Wir zapfen ein laufendes Rohr an", in: Der Spiegel 25–23 (1971), S. 21–22, o. V., Verzicht versüßen, in: Der Spiegel 36–17 (1982), S. 32, o. V., Falscher Zeitpunkt, in: Der Spiegel 37–1 (1983), S. 38–40, o. V., Auf den Müll, in: Der Spiegel 38–52 (1984), S. 46–48 sowie o. V., Wohlstand für alle, in: Der Spiegel 52–7 (1998), S. 90–91.

310 O. V., Gordischer Knoten, in: Der Spiegel 33–38 (1979), S. 34. Ähnliche Initiativen gingen von Unternehmern selbst aus, die beispielsweise mit der Einführung einer Vier-Tage-Woche für ihre Beschäftigten experimentierten, ihre Belegschaft am Unternehmensgewinn beteiligten oder gar, wie Hannsheinz Porst, Eigentumsrechte an sie übertrugen. Vgl. o. V., Ziemlich schwer, in: Der Spiegel 24–47 (1970), S. 112, o. V., Drei Tage mit Vati, in: Der Spiegel 25–22 (1971), S. 76–78, o. V., Gewinn ohne Risiko, in: Der Spiegel 24–49 (1970), S. 127 sowie o. V., Team des Jahrhunderts, in: Der Spiegel 28–29 (1974), S. 48.

311 O. V., „Diesmal ist es uns ernst", in: Der Spiegel 25–48 (1971), S. 28–34, hier S. 28.

und weiter: „Zum erstenmal seit Bestehen der Bundesrepublik gehen die Arbeiter nicht auf die Straße, um einen höheren Lebensstandard zu erstreiten."[312] 1984 schilderte der Reporter Erich Wiedemann Szenen, die sich in der „Streikgasse" bei Opel in Rüsselsheim abspielten. Hier wurde Streikbrechern „Nachhilfeunterricht in Arbeitersolidarität" erteilt, während „[e]ine Gruppe von Angestellten [...] mit einem Tisch als Rammbock gewaltsam die Blockade" durchbrach[313]. Wer streikte, wer sich also als handlungsfähig erwies, war lediglich eine spezifische Arbeitnehmergruppe, nämlich die Arbeiter. Als 1993 auch Angestellte eines großen Computerkonzerns zum Mittel des Streiks griffen, erregte dies zwar einige Aufmerksamkeit[314], doch änderte dies am Grundproblem nichts: Wiederum wohnte nicht dem Sammelbegriff ‚Arbeitnehmer' die Handlungsmacht inne, vielmehr trat er völlig hinter die ihn konstituierenden Statusgruppen zurück. Dies erklärt vielleicht auch, weshalb der Spiegel nie ernsthaft die Frage aufwarf, ob die Arbeitnehmerschaft politisch ausreichend vertreten sei, obwohl die wahrgenommene Entwicklung eines gemeinsamen Arbeitnehmerbewusstseins eine solche Frage zumindest in den 1970er Jahren nahegelegt hätte. Wie im Falle der Arbeiterschaft hätte dies in letzter Konsequenz die Forderung nach einer stärkeren politischen Beteiligung *echter* Arbeitnehmer nach sich ziehen müssen. Doch zu begründen, weshalb politisch aktive Beamte oder Angestellte keine echten Arbeitnehmer mehr sein sollten, wäre deutlich schwerer gefallen als beim oben erwähnten Arbeiter Loke Mernizka.

Für die Gewerkschaften stellte sich das Repräsentationsproblem dagegen in aller Schärfe. Sie waren, wenn man so will, eine ‚Arbeitnehmergesellschaft' im Kleinen, und der Arbeitnehmerbegriff diente dem Spiegel als Sonde, um diesen Bereich der Gesamtgesellschaft auszuleuchten. So berichtete das Magazin nicht nur über Konflikte, die innerhalb des Gewerkschaftslagers ausgefochten wurden[315], sondern immer wieder über Auseinandersetzungen zwischen gewerkschaftlich gebundenen Betriebsratsmitgliedern und betrieblichen Oppositionsgruppen[316].

---

312 O. V., Kampf um die Null, S. 27.

313 Erich Wiedemann, Die Gasse als Waffe der Gewerkschaft, in: Der Spiegel 38–24 (1984), S. 91–94, hier S. 91, 94.

314 O. V., Wie Stückgut, in: Der Spiegel 47–24 (1993), S. 115–117.

315 Vgl. o. V., Dienstliche Rache, in: Der Spiegel 25–38 (1971), S. 57, o. V., Wieder Tanz, in: Der Spiegel 25–42 (1971), S. 78, o. V., Wie Benediktinerinnen, in: Der Spiegel 26–27 (1972), S. 59, o. V., Härte per Du, in: Der Spiegel 30–12 (1976), S. 84, Karlheinz Lutzmann, Härte, Hektik, Volksfront, in: Der Spiegel 31–16 (1977), S. 52–57, o. V., Seltsame Allianz, in: Der Spiegel 34–40 (1980), S. 126–129 sowie o. V., In fremde Reviere, in: Der Spiegel 44–30 (1990), S. 81–83.

316 Vgl. o. V., Fehlender Funke, in: Der Spiegel 32–41 (1978), S. 87–90, o. V., Saubere Linie, in: Der Spiegel 36–2 (1982), S. 41–43 sowie o. V., Kniffliges Problem, in: Der Spiegel 41–33 (1987), S. 48.

Dass Arbeitnehmer gegen ihre gewerkschaftlichen Repräsentanten aufbegehrten, führten die Spiegel-Redakteure 1986 auf die Distanz zwischen Apparat und Mitgliedern zurück. Die Funktionäre seien kaum von der Basis kontrolliert, überdies bestünde kein Bezug mehr zum proletarischen Milieu. Die Führungsriege sei zur „Kaste" verkommen. Damit war der Anspruch der Gewerkschaften, die Arbeiterschaft zu vertreten, deutlich infrage gestellt. Doch auch mit Blick auf die anderen Arbeitnehmergruppen fiel das Urteil des Spiegels harsch aus: „Auf die Veränderungen in den Köpfen der modernen Angestellten haben sie ebensowenig eine Antwort wie auf das neue Lebensgefühl der Jugendlichen."[317] Die überwiegend negative Berichterstattung über die Gewerkschaften behielt sich der Spiegel auch in den folgenden Jahren bei. 1998 vermerkte das Magazin, die DGB-Gewerkschaften hätten allein im Jahr zuvor 350 000 Mitglieder verloren[318], 2002 folgte dann ein grundsätzlicher Vorwurf: „Kehrt marsch, haben die Funktionäre nun entschieden, zurück in die Wagenburg. Statt sich an der Debatte um den Sozialstaatsumbau zu beteiligen, entstauben sie wieder die alten Glaubenssätze."[319] Und als 2010 doch noch 10 000 Teilnehmende zu einer gewerkschaftlichen Kundgebung kamen, noch dazu unterstützt von vielen anderen Vereinigungen, relativierte der Spiegel sogleich: „Doch das ‚Aktionsbündnis' [...] hatte mit Arbeitnehmervertretern nur noch am Rand zu tun. [...] All diese Gruppierungen nutzen solche Aufmärsche gern, um vor allem eigene Ziele zu artikulieren."[320] Bringt man diese Aussagen des Spiegels auf einen Nenner, so zeigten sich hier weniger Erosionserscheinungen der Ressource ‚Arbeitnehmer' als vielmehr eine Unfähigkeit der Gewerkschaften, sie effizient zu verwerten. Folglich nutzte das Magazin die ‚Arbeitnehmer' beständig als Mittel zur Kritik an diesen Verbänden. Die Ressource ‚Arbeitnehmer' erwies sich für die Gewerkschaften als zweischneidig.

2.5 Fazit

‚Arbeitnehmer', so scheint es, hat sich spätestens in den 1970er Jahren im medialen und damit im öffentlichen Sprachgebrauch etabliert. Der Begriff umfasst dabei mehr als das bloße Über- und Unterordnungsverhältnis zwischen Beschäftigten und Unternehmern. Im Spiegel trat der Arbeitnehmerbegriff vor allem als ein politi-

---

317 Stephan Burgdorff, Das Arbeitnehmer-Establishment, in: Der Spiegel 40–41 (1986), S. 140. Ähnliche Kritik wurde zehn Jahre zuvor noch unter dem Arbeiterbegriff geäußert. Vgl. o. V., Unser Kral, in: Der Spiegel 30–41 (1976), S. 47–49.

318 Vgl. o. V., Der Genosse Schwund, in: Der Spiegel 52–10 (1998), S. 98.

319 Michael Sauga, Sehnsucht nach Opposition, in: Der Spiegel 56–22 (2002), S. 98–99, hier S. 99.

320 Janko Tietz, Pöbeln für die Solidarität, in: Der Spiegel 64–47 (2010), S. 92.

scher Repräsentationsbegriff in Erscheinung, als eine Formel, mit der sich Politiker über die Realität verständigten. Als das Durchschnittliche dienten die ‚Arbeitnehmer' als Bezugspunkt, an dem sich die Berechtigung finanzieller Ansprüche anderer Akteure und Gruppen entschied. Auch tauchte der Begriff bis in die jüngste Vergangenheit in den Berichten auf, in denen das Magazin sozial- und arbeitsmarktpolitische Fragen verhandelte. Die unmittelbare politische Relevanz der ‚Arbeitnehmer' beschränkte sich aber weitgehend auf diese Felder, sie war folglich eine bereichsspezifische. Eine allgemeine politische Bedeutung der ‚Arbeitnehmer' schien in den Spiegel-Berichten nur bei steuerpolitischen Fragen auf, während der Begriff in Politikfeldern wie etwa Bildung oder Kultur im untersuchten Sample keine Rolle spielte. Überdies traten Arbeitnehmerinnen und Arbeitnehmer in den Artikeln nur selten selbst als Akteure in Erscheinung, und auch das Konzept der ‚Arbeitnehmergesellschaft' ist auf einer vergleichsweise hohen Aggregationsebene angesiedelt. Und doch bot dieses Konzept den Rahmen, die Ansprüche der ‚Arbeitnehmer' zu verallgemeinern. Allerdings blieb die zeitgenössische Verwendung der ‚Arbeitnehmergesellschaft' ambivalent: Für die einen war sie aufgrund der zahlenmäßigen Dominanz der Arbeitnehmerschaft bereits Realität, sie verwendeten ‚Arbeitnehmergesellschaft' als einen Erfahrungsregistraturbegriff und suchten bereits nach alternativen Gesellschaftsmodellen. Andere wiederum legten strengere Kriterien an und operierten mit der ‚Arbeitnehmergesellschaft' als einem Erfahrungsstiftungsbegriff. In ihren Augen konnte diese erst nach der Transformation der bestehenden Machtverhältnisse nach Maßgabe der Arbeitnehmerbedürfnisse Realität werden. Für sie diente der Begriff als ein realistisches Surrogat alter utopischer Träume der Arbeiterbewegung.

Doch als Ausdruck der Sozialbürgerschaft wohnt auch dem Arbeitnehmerbegriff selbst eine spezifische normative Qualität inne, wodurch er sich als ein integraler und integrativer Bestandteil der bundesrepublikanischen Ordnung erweist. Er verfügt über gesellschaftsbildendes Potential, und tatsächlich trat er im Spiegel häufig als ein gesellschaftlicher Begriff in Erscheinung. Als Gegenbegriff zu ‚Arbeitgeber' thematisierte er hier etwa nicht vertragliche oder arbeitsplatzbezogene Probleme zwischen dem individuellen Beschäftigten und dem Vorgesetzten, sondern kollektiv geführte Arbeitskämpfe zwischen Gewerkschaften und Arbeitgeberverbänden. Diese normative Einbettung des Arbeitnehmerbegriffs verleiht ihm die Fähigkeit, gleichsam aus der Binnenperspektive die Brüche der Ordnung sichtbar zu machen. Auf diese Weise kamen im Spiegel-Sample besondere Arbeitsverhältnisse in den Blick: der Öffentliche Dienst, kirchliche Betriebe oder Tochterfirmen ausländischer Konzerne. Der Spiegel vermittelte den Eindruck, als handele es sich hierbei um Atavismen und Exotismen, die es zu beseitigen galt. Für das Hamburger Magazin umfasste der Arbeitnehmerbegriff folglich einen wünschenswerten und deshalb verallgemeinerungswürdigen Normenbestand. Von

‚Arbeitnehmer' zu sprechen oder sich selbst als ‚Arbeitnehmer' zu benennen, bedeutete immer, auf einen *rechtlich* gesicherten Anspruch zu verweisen. Hierin liegt das handlungsermächtigende Potential des Arbeitnehmerbegriffs, das jeder und jede abhängig Beschäftigte für sich nutzen kann. Wer den Arbeitnehmerbegriff als ideologische Verschleierung der herrschenden Verhältnisse ablehnt, verkennt all diese Aspekte.

Seit den 1970er Jahren berichtete der Spiegel überdies von Prozessen, die auf eine lebensweltliche Verwurzelung des Arbeitnehmerbegriffs hindeuteten. Die Mentalität bisher distinkter Gruppen wie Soldaten oder Studenten ließen laut dem Magazin nun Merkmale eines Arbeitnehmerbewusstseins erkennen, nachdem sich die von Arbeitern und Angestellten ausgeführten Tätigkeiten schon lange zuvor als untrennbar ineinander verflochten erwiesen hatten. Gleichwohl zeichneten sich auch im Spiegel weiterhin Unterschiede ab. Als kulturelle Ressource traten die ‚Arbeitnehmer' beispielsweise nicht in Erscheinung, anders als die ‚Arbeiter'. ‚Arbeitnehmer' waren und sind eben nicht die *anderen*, nicht die *Fremden*. Eine umfassende und an die Wurzel gehende Kritik lässt sich daher nicht mit dem Arbeitnehmer-, wohl aber mit dem Arbeiterbegriff üben. Als politische Begriffe wiesen ‚Arbeiter' und ‚Arbeitnehmer' wiederum Überschneidungen auf. Bisweilen lässt sich die Verwendung des einen oder des anderen Begriffs mit der Perspektive erklären, welche bei einem bestimmten Sachverhalt eingenommen wurde. Verwendete der Spiegel beispielsweise in seiner Berichterstattung zu Arbeitskämpfen den Arbeitnehmerbegriff, so thematisierte er damit vor allem die Rolle der Gewerkschaften und sprach die allgemeineren Gesichtspunkte der Auseinandersetzung an. Dagegen rückten mit den ‚Arbeitern' das Ereignishafte und die individuellen Akteure an der Basis in den Fokus, die beispielsweise als Streikposten ihre Köpfe nicht nur symbolisch hinhalten mussten.

Auffallend ist, wie sich mit ‚Arbeiter' und ‚Arbeitnehmer' in den Berichten des Spiegels eine temporal hierarchisierte Weltordnung abbildete. So tauchte in den Berichten des Samples, die sich mit dem Ausland befassten, fast nie der Arbeitnehmer-, sehr oft hingegen der Arbeiterbegriff auf. Bedenkt man die enge Bindung des Arbeitnehmerbegriffs an die bundesrepublikanische Rechtsordnung, verwundert dies nicht. Die Arbeiter im Ausland waren für den Spiegel die *anderen*. Sie grenzte das Magazin auch deutlich von den deutschen Lohnempfängern ab. Denn die Arbeiterschaft im Ausland kämpfte in der Darstellung des Spiegels um Ziele, die in der Bundesrepublik längst Realität waren. Der ‚Arbeitnehmer' gewann dadurch implizit den Status des historischen Telos der ausländischen ‚Arbeiter' und schirmte auf diese Weise die Bundesrepublik vor deren Handlungsmacht ab. Selbst die in der Bundesrepublik tätigen ‚Gastarbeiter' vermochten sich des integrativen Sogs des Arbeitnehmerstatus nicht zu entziehen. Ihre Präsenz diente immerhin dazu, die Deutschen auf sich schon abzeichnende, aber noch nicht abgeschlossene Entwicklungen wie die Europäisierung oder die Etablierung einer modernen Industriegesellschaft wie auch der ‚Arbeitnehmergesellschaft' einzustimmen. Die ‚Gastarbeiter' waren jedoch nicht Urheber dieser Entwicklungen, sondern lediglich einer ihrer Indikatoren.

Eine Besonderheit der Temporalisierung lag in der Dekonstruktion des von der kommunistischen Bewegung vertretenen Anspruchs, an der Spitze des Fortschritts zu stehen. Denn die Proteste der Arbeiterschaft in Polen, Rumänien oder der Sowjetunion offenbarten, wie rückständig dieses System eigentlich war. Als Alternative für die deutschen Arbeitnehmer konnte das kommunistische Modell, so legte es der Spiegel nahe, folglich keine Relevanz beanspruchen. Wenn auch die Temporalisierung eine fundamentale Distanz zwischen der Bundesrepublik und der Welt schuf, zeichnete sich mit der Territorialisierung Ende der 1980er Jahre ein gegenläufiger Prozess ab. Infolge des Niedergangs der Montanindustrie entdeckte der Spiegel in den Industrieländern des Westens wie des Ostens zahlreiche ‚Ruhrgebiete', wodurch auch die deutschen ‚Arbeiter' an Drohpotential und Relevanz gewannen. Erst zu dieser Zeit vermittelte der Spiegel den Eindruck, als müsse sich die Bundesrepublik ändern, um den ‚Arbeitern' gerecht zu werden. Ansatzweise wuchs den ‚Arbeitern' nun die Rolle des *Kolonisators* zu, während sie bisher in der Bundesrepublik klar auf die Rolle der *zu Kolonisierenden* festgelegt waren. Bei dieser Entwicklung spielte der Zusammenbruch der Diktaturen in Ost- und Südeuropa durchaus eine Rolle. Hatte der Spiegel in den 1980er Jahren fast nur über die Arbeiterschaft im Ausland berichtet, zogen die Auswirkungen des Beitritts der DDR zur Bundesrepublik wie auch der vertieften europäischen Integration auf die Lage der deutschen Arbeiter die Aufmerksamkeit der Hamburger Journalisten auf sich.

Insgesamt betrachtet vermittelten die Spiegel-Artikel immer wieder den Anschein, als seien die deutschen ‚Arbeiter' nicht völlig in die bundesrepublikanische Ordnung integrierbar. Dies begründete die Qualität der ‚Arbeiter' als epistemische Ressource, denn sie konnten als die *eigenen Fremden* als eine Sonde fungieren, die gleichsam einen Blick von außen auf die eigene Gesellschaftsordnung ermöglichte. Die dadurch ausgelöste Irritation ließ sich, wie sich vor allem in den 1970er Jahren zeigte, sowohl kulturell als auch wissenschaftlich bearbeiten. Es bestanden folglich weiterhin Verständigungsprobleme – die ‚Arbeiter' waren der Übersetzung und Interpretation durch andere bedürftig. So kamen sie auch im Spiegel selbst nur selten ausführlich zu Wort. Dieser Sachverhalt lag in der journalistischen Praxis des Magazins, zugleich aber auch in der körperlichen Gebundenheit des ‚Arbeiters' begründet – ein Arbeiter konnte, so vermittelte der Spiegel, nicht ohne weiteres aufhören, ‚Arbeiter' zu sein. Dies wiederum erhob die Frage ihrer politischen Repräsentation zu einem akuten und dauerhaften, möglicherweise unlösbaren Problem, zumal die ‚Arbeiter' über genuines Handlungspotential verfügten. So begründete die körperliche Gebundenheit die Ereignishaftigkeit des ‚Arbeiter'-Seins:

Wenn die Arbeiter nicht genug zu essen hatten oder allzu großen Belastungen bei der Arbeit ausgesetzt waren, konnten sie jederzeit die bestehende Ordnung infrage stellen. Die Kreatürlichkeit des ‚Arbeiters' wies ihn als einen Akteur des Ausnahmezustands aus, auch wenn Berichte über die Pathologisierung der ‚Arbeiter' seitens der Wissenschaft ihre Handlungsmächtigkeit immer wieder relativierten. Beides zeigte sich in der Figur des Atomarbeiters, dessen politische Relevanz daraus erwuchs, dass sein Körper im Grunde als Bioindikator fungierte. Seine Machtquelle war, anders als bei den britischen Bergarbeitern, nicht der Akt des Produzierens, sondern die Betroffenheit, die aus seiner Konfrontation mit Elementarmächten resultierte.

Viele Bedeutungsschichten, die im ‚Arbeiter' angelegt waren, waren folglich noch am Ende des 20. Jahrhunderts vorhanden und aktualisierbar, selbst wenn sie eine Abschwächung erfahren hatten. Die Spiegel-Berichte legen überdies nahe, dass der Arbeiterbegriff seine lebensweltliche Relevanz beibehalten hat, sodass die Frage nach der politischen Repräsentation weiterhin aktuell ist. Allerdings ging der Anspruch, der eigentliche Produzent des gesellschaftlichen Reichtums und somit der meritokratische Maßstab für die monetären Ansprüche anderer Gruppen zu sein, mit dem Rückgang des Arbeiteranteils an der Erwerbsbevölkerung in den 1980er Jahren auf den Arbeitnehmerbegriff über. Auch wenn sich dessen Bedeutung als gesellschaftlicher Integrationsgarant dadurch verstärkte, blieb er aufgrund der nur gering ausgeprägten lebensweltlichen Relevanz zu abstrakt, um eine große politische Mobilisierungskraft zu entwickeln. Dies wirft die Frage auf, welcher gesellschaftliche Akteur in der frühen Nachkriegszeit eigentlich die Anstrengung unternommen hatte, auf die ‚Arbeitnehmer' zu setzen, und welchen Vorteil er sich davon versprach.

Teil I: **Das Ende am Anfang (1945–1970)**

3 ‚Arbeiter' als latente Bedrohung für den DGB

Als sich die Delegierten im Mai 1971 zum Dritten Außerordentlichen Bundeskongress des DGB in Düsseldorf versammelten, beschlossen sie nicht nur, wie vorgesehen, eine neue Satzung für den Dachverband, sondern bescherten dessen Bundesvorstand auch ein außerordentliches Abstimmungsergebnis. Denn gegen den Willen der Spitzen von DGB, IG Metall, IG Bergbau und Energie (IG BE), der Gewerkschaft Textil-Bekleidung (GTB) und anderen votierten mehr als zwei Drittel der Delegierten – noch dazu unter „Beifall" – für die Einrichtung einer eigenständigen Vertretung von Arbeitern durch den DGB. Die Ablehnung der Führungsriege war dabei keineswegs gegen die Personengruppenarbeit an sich gerichtet. Denn schon seit der Gründung des DGB im Jahr 1949 ergänzte ein solcher akteurszentrierter Politikansatz den vorherrschenden sachbezogenen. Doch bislang war eine spezielle Betreuung ausschließlich den Minderheiten in den Gewerkschaften vorbehalten, also Frauen, Jugendlichen, Angestellten und Beamten. Dass nun auch Arbeiterinnen und Arbeiter in den Genuss einer exklusiven Betreuung kommen sollten, war in den Augen eines Beobachters ein sinnvoller Schritt, folgte er doch der „vorausschauenden Erkenntnis, daß es möglicherweise schon bald unter der Arbeitnehmerschaft mehr Angestellte als Arbeiter geben kann."[1] Der erbitterte Widerstand, den führende Gewerkschaftsfunktionäre noch auf Jahre hinaus leisten sollten, verwundert vor diesem Hintergrund. Gleichwohl vollzog sich diese Auseinandersetzung unter der zeitgenössischen wie auch später der geschichtswissenschaftlichen Wahrnehmungsschwelle.

In der Tat scheint keine Frage überflüssiger zu sein als jene nach der Beziehung von Gewerkschaften und der Arbeiterschaft, führt sie doch früher oder später in die tautologische Feststellung, es handle sich bei Gewerkschaften um Arbeiterorganisationen. Die Tatsache, dass die Führungsspitzen der wichtigsten Arbeiterorganisationen offenkundig ein Problem damit hatten, Arbeiter überhaupt als solche zu bezeichnen, eröffnet eine neue Perspektive auf die Gewerkschaften in der Bundesrepublik. Begibt man sich auf die Suche nach den Ursachen dieses Konflikts, stößt man recht schnell auf das Arbeitnehmerkonzept. Denn wohl kein anderer Akteur der bundesrepublikanischen Gesellschaft setzte sich so vehement für die Schaffung eines rechtlich einheitlichen Arbeitnehmerstatus wie auch für die Herausbildung eines einheitlichen Arbeitnehmerbewusstseins bei den Beschäftigten ein wie der DGB und seine Gewerkschaften. Erst diese Konstellation begründete das problematische Verhältnis zwischen den sogenannten Arbeiterorganisationen und

1 Heinz-Günther Wurzel, Dritter außerordentlicher Bundeskongreß des DGB, in: GMH 22–6 (1971), S. 337–341, hier S. 338. Selbst für Wurzel war diese Entscheidung nur eine Randnotiz.

 https://doi.org/10.1515/9783111086569-004

dem ‚Arbeiter'. Doch weshalb verschrieb sich der DGB schon so früh und entschieden dem Arbeitnehmerkonzept? Schließlich hatte es bis 1945 weder im öffentlichen Diskurs noch innerhalb der Arbeiterbewegung eine größere Rolle gespielt. Dieser Frage soll im ersten Teil des Kapitels nachgegangen werden. Dabei gilt es, die im vorherigen Kapitel herausgearbeiteten Dimensionen des Arbeitnehmerbegriffs nun im Kontext der Nachkriegszeit zu diskutieren. Im zweiten Teil des Kapitels steht die Frage im Zentrum, weshalb die doch eigentlich selbstverständliche Forderung nach einer gewerkschaftlichen Arbeiterpolitik zu einem Politikum werden konnte. Um dies zu verstehen, muss die Sprach- und Organisationspolitik des DGB näher untersucht und nach deren materiellen Auswirkungen gefragt werden.

3.1 ‚Arbeitnehmer' als politische Ressource

Für den DGB erwies sich ‚Arbeitnehmer' als politische Ressource schon unmittelbar nach Kriegsende als ungemeiner Glücksfall. Zwar sicherte sie den Gewerkschaften nicht das erhoffte Maß an Mitgestaltung der neuen Gesellschaftsordnung, doch basierte auch Ulrich Herberts Einschätzung, wonach „die Gewerkschaften zu den Verlierern der ersten Jahre der Bundesrepublik"[2] zählten, auf der Erwartungshaltung, die die Gewerkschaften aufgrund ihrer Eigenschaft als ‚Arbeitnehmer'bewegung geweckt hatten. Und bis in unsere Gegenwart hinein zeigen sich die ‚Arbeitnehmer', wie im vorherigen Kapitel dargelegt, als eine anpassungsfähige Ressource, deren politischer Wert zwar immer wieder schwankte, aber nie ganz verloren ging[3].

3.1.1 ‚Arbeitnehmer' als Produktivkraft

In mehrerer Hinsicht ist ein Zitat von Hans Böckler, dem späteren Gründungsvorsitzenden des DGB, vom 3. Juni 1945 instruktiv:

2 Herbert, Geschichte Deutschlands, S. 654. Hans-Jörg von Berlepsch machte das Jahr 1952 als Zäsur aus, als vier grundlegende sozial- und arbeitsrechtliche Entscheidungen des Bundestags gegen den DGB ausfielen. Vgl. Hans-Jörg von Berlepsch, „Sozialistische Sozialpolitik"? Zur sozialpolitischen Konzeption und Strategie der SPD in den Jahren 1949 bis 1966, in: Tenfelde, Arbeiter, S. 461–482, hier S. 480. Vgl. zudem Klaus Schönhoven, Die deutschen Gewerkschaften, Frankfurt a. M. 1987, S. 197, 213.

3 Vgl. zum Folgenden bereits Stefan Wannenwetsch, Unsolidarische Solidarität? Sprach- und Organisationspolitik im DGB 1945–1990, in: AfS 60 (2020), S. 183–212, hier S. 188–191.

> Die Arbeitnehmer aber sind **die** Kraft, sind **die** Bereitwilligkeit, sind der Hauptfaktor für den Wiederaufbau des Zerstörten sowohl als auch für das große Werk der Wiedergutmachung. Arbeitnehmer freilich nicht schlechthin, vor allem nicht als direktionsloser Haufen. Auch nicht als Masse, die, bar jeder Einsicht in die Notwendigkeiten, zu Arbeit und Leistung einfach befohlen wird. Es braucht mehr als dies, braucht zu allererst demokratische Organisation, die altvertraute Gewerkschaft, um, nachdem in weitesten Kreisen Verständnis und Wille geweckt, einen Leistungseffekt zu erzielen, der anders sich gewiß nicht erreichen läßt.[4]

Böckler formulierte mit diesen Worten einen sehr weitreichenden Anspruch, indem er die Arbeitnehmer zum Grundpfeiler dessen erhob, was vier Jahre später die Bundesrepublik werden sollte. Dabei stellte sein Argument zunächst nur auf den Aspekt des Produktivismus ab, der im Spiegel-Sample nur eine untergeordnete Rolle spielte. Im Kontext der allgegenwärtigen Kriegsschäden und den daraus resultierenden Versorgungsschwierigkeiten – das Kriegsende lag noch keinen Monat zurück und in der gerade erst begonnenen Besatzungszeit drohten weitreichende Demontagen als Reparationsleistungen – musste dies jedoch für die Zeitgenossen unmittelbar einleuchtend sein. Tatsächlich übernahmen in vielen Betrieben die rasch wieder entstandenen Betriebsräte wichtige Funktionen, und zwar auch bei den überlebenswichtigen sozialen Belangen wie der Versorgung der Belegschaften mit Nahrungsmitteln und Obdach. Wie Dietmar Süß argumentierte, konnten Betriebsräte gerade diese „Rolle als effiziente Institution der nicht-öffentlichen Versorgung" gegenüber Unternehmensleitungen in betriebsinterne Verhandlungsmacht bei Tariffragen ummünzen, sodass sie auch dieser klassisch gewerkschaftlichen Funktion gerecht wurden. Anders als die damals verbreiteten Sozialisierungsforderungen vielleicht vermuten ließen, wurde eine Übernahme der Unternehmerfunktion jedoch weder von den Betriebsräten angestrebt, noch wäre sie von den Besatzungsmächten toleriert worden[5]. Die Rede vom ‚Arbeitnehmer', die vom Gegenbegriff des Arbeitgebers unterschwellig begleitet wird, war also auch in dieser Hinsicht durchaus passend.

Aber nicht nur auf der Mikroebene der Betriebe war die Relevanz der Arbeitnehmerschaft augenfällig. Volkswirtschaftlich hing letztlich alles von der Leistungsfähigkeit des Montansektors ab, und damit von jenem Wirtschaftsbereich, der die traditionell in der Arbeiterbewegung fest verwurzelten Kumpel und Malocher beheimatete, was jenen Sektor wiederum zur Bastion gewerkschaftlicher Macht

4 Dokument 4: Erläuterungen zur Wiedererrichtung einer Gewerkschaft von Hans Böckler, 3. Juni 1945, in: Siegfried Mielke (Bearb.), Quellen zur Geschichte der deutschen Gewerkschaftsbewegung im 20. Jahrhundert, Band 6: Organisatorischer Aufbau der Gewerkschaften 1945–1949, unter Mitarbeit von Peter Rütters/Michael Becker/Michael Fichter, Köln 1987, S. 107–110, hier S. 108 (H. i. O.).

5 Süß, Kumpel, S. 40. Vgl. allgemein zur Rolle der Betriebsräte in der Nachkriegszeit ibid., Kap. II.2 sowie Milert/Tschirbs, Andere Demokratie, S. 335–350.

schlechthin machte[6]. Folglich kam mit der produktivistischen Lesart im Arbeitnehmerbegriff eine semantische Schicht zum Tragen, die für den positiven Aspekt des Arbeiterbegriffs zentral war: die Vorstellung vom ‚Arbeiter' als Prometheus, der dank seiner Hände Arbeit das vorgefundene Chaos in Zivilisation verwandelt. Die semantische Dominanz des ‚Arbeiters' im Arbeitnehmerbegriff sollte bis in die frühen 1950er Jahre auch einen wirtschaftlichen und gesellschaftlichen Niederschlag finden, da unter den Bedingungen des Wiederaufbaus zunächst die Industriearbeiterschaft ihre Einkommenssituation relativ zu derjenigen der Angestellten verbessern konnte[7]. Böcklers sprachpolitischer Schachzug war aber nicht nur kurzfristig und materiell für die Arbeiterschaft ein voller Erfolg. Wie Josef Mooser rückblickend feststellte, wurde die Leistung des Arbeit(nehm)ers zu einem „Teil des ökonomischen Gründungsmythos der Bundesrepublik"[8] und wirkte somit erinnerungsgeschichtlich auch langfristig nach.

3.1.2 ‚Arbeitnehmer' als Demokratiegarant

Mit der Drohung vor der blinden, trägen „Masse" bediente sich Böckler jedoch auch der pejorativen Seite der Arbeitersemantik, die gleichsam den bürgerlichen Blick von außen auf die ‚Arbeiter' widerspiegelte, und übertrug sie auf den Arbeitnehmerbegriff. In den damaligen Umständen konnte dies als implizite Drohung vor kommunistischen Tendenzen innerhalb der Arbeitnehmerschaft aufgefasst werden, vielleicht aber mehr noch als Warnung vor anhaltenden chaotischen Zuständen[9]. Der Arbeitnehmerbegriff hatte dadurch jedenfalls an Ambivalenz gewonnen. Dies erlaubte es Böckler, die Gewerkschaften als den eigentlich entscheidenden Faktor ins Spiel zu bringen, der das in den Arbeitnehmern aufgehobene negative Potential bannen konnte und das positive zur Entfaltung zu bringen vermochte. Mit

6 Vgl. Werner Abelshauser, Deutsche Wirtschaftsgeschichte seit 1945, Bonn 2004, S. 109–111, 160 f. In der starken Verankerung in der industriellen Basis erkannte Irene von Reitzenstein schon früh ein Problem für den Allgemeinvertretungsanspruch der Gewerkschaften. Vgl. Irene von Reitzenstein, Solidarität und Gleichheit. Ordnungsvorstellungen im deutschen Gewerkschaftsdenken nach 1945, Berlin 1961, S. 146–149.

7 Vgl. Jürgen Kocka/Michael Prinz, Vom „neuen Mittelstand" zum angestellten Arbeitnehmer. Kontinuität und Wandel der deutschen Angestellten seit der Weimarer Republik, in: Werner Conze/ M. Rainer Lepsius (Hrsg.), Sozialgeschichte der Bundesrepublik Deutschland. Beiträge zum Kontinuitätsproblem, Stuttgart 1983, S. 210–255, hier S. 231 f.

8 Mooser, Arbeiterleben, S. 208.

9 Laut Böckler hatte allein die „Arbeitnehmerschaft" Deutschland vor dem „Chaos" bewahrt. DGB-Bundesvorstand (Hrsg.), Protokoll Gründungskongress des Deutschen Gewerkschaftsbundes. München, 12.–14. Oktober 1949, Köln 1950, S. 185.

dieser Konstellation hatte er überdies den Bewährungsimperativ, unter den die ‚Arbeiter' traditionell von den herrschenden Schichten gestellt worden waren, umgekehrt. Zunächst mussten die demokratischen Ansprüche der Arbeitnehmerschaft befriedigt werden, und dann erst waren sie zur Leistung bereit. Festzuhalten ist aber auch, dass Böckler den gewerkschaftlichen Anspruch durch die Verwendung des Arbeitnehmerbegriffs selbst begrenzte. Indem er die ‚Arbeiter' nicht erwähnte, wurden erst gar keine Assoziationen zur revolutionären Phase geweckt, die das Ende des Ersten Weltkrieges geprägt hatte. Böcklers Verzicht auf diese radikale Politikoption war rein symbolischer Natur, denn wie erwähnt hatten sich 1945, anders als 1918, selbst an der betrieblichen Basis überhaupt keine Arbeiterräte mit gesellschaftsstürzenden Plänen gebildet[10].

Mit der argumentativen Koppelung von Produktivität und Herrschaftssystem hatte Böckler die ‚Arbeitnehmer' nicht nur in die wirtschaftliche, sondern auch in die staatliche Ordnung Westdeutschlands fest eingeschrieben. Ja mehr noch: ‚Arbeitnehmer' wie Gewerkschaften konnten sich vor dem Hintergrund der jüngsten geschichtlichen Erfahrungen als eigentlicher Garant des demokratischen und damit friedfertigen neuen Deutschlands gerieren. Konkret beanspruchte der DGB, diese Schutzfunktion auf zweierlei Art – nach innen wie nach außen – auszuüben. Die erste griff die eben entfaltete Janusköpfigkeit des Arbeitnehmerbegriffs wieder auf, ordnete sie aber im Rahmen der Problemanamnese nun eindeutig den Hauptgruppen der Arbeitnehmerschaft zu. Den Part des demokratisch unzuverlässigen Gesellen hatten aus Sicht des DGB dabei die Angestellten zu übernehmen. Sie galten spätestens seit Siegfried Kracauers 1929 erschienener Schrift als Träger eines „falsche[n] Bewußtsein[s]", wodurch sie im Unterschied zum „Arbeiter-Proletariat [...] geistig obdachlos", damit aber politisch verführbar seien. Wie Walter Benjamin in seiner Rezension zu Kracauers Werk schon angemerkt hatte, waren in diesem Zusammenhang auch die Gewerkschaften in die Pflicht zu nehmen[11]. Es war für die DGB-Gewerkschaften folglich naheliegend, schon auf dem organisatorischen Feld ein Wiedererstarken eigenständiger, politisch reaktionärer Angestelltenverbände, wie ein solcher im Deutschnationalen Handlungsgehilfenverband in der Weimarer Republik idealtypisch existiert hatte, zu unterbinden. Voraussetzung dafür war ein ausreichend breit gefasster Arbeitnehmerbegriff, der die demokratiegeschichtliche Dimension des Arbeiterbegriffs herausstellte, ohne völlig in diesem aufzugehen.

10 Auch auf Betriebsebene beherrschten zunächst ältere, konsensorientierte Betriebsräte das Geschehen. Vgl. Milert/Tschirbs, Andere Demokratie, S. 337, 349.

11 Siegfried Kracauer, Die Angestellten. Aus dem neuesten Deutschland, Frankfurt a. M. 1971 [1929], S. 81, 91. Vgl. Walter Benjamin, Politisierung der Intelligenz. Zu S. Kracauer ‚Die Angestellten', in: Kracauer, Angestellten, S. 116–123, hier S. 117 f.

Nur so konnte er als ein demokratisch notwendiges Integrationsangebot an die Angestellten wirken. Gleiches galt für die Beamtenschaft. Während der Weimarer Republik hatte sie zwar „das Ethos der fürstentreuen Staatsdiener in ein abstraktes Staatsideal zu überführen" vermocht, doch hatten vor allem die Richter wenig dazu beigetragen, „die Akzeptanz der Republik als lebendige Demokratie" zu fördern[12]. Nach der Zerstörung der Weimarer Republik stellte das „Beamtentum [...] neben der Reichswehr den stärksten traditionalen und stabilisierenden Faktor im Herrschaftsgefüge des Dritten Reiches" dar, wie Hans Mommsen 1966 feststellte[13]. Mit dem Deutschen Beamtenbund (DBB) existierte nun auch in der Bundesrepublik eine Standesorganisation, die die „Tradition einer deutlichen Staatsorientierung der Beamten" fortschrieb, während der DGB eine der Demokratie und weniger dem Staat verpflichtete Alternative darstellte[14].

Freilich folgten nicht alle gesellschaftspolitischen Akteure dieser gewerkschaftlichen Rollenverteilung und machten eine andere Statusgruppe als potentielle Gefahr für die Demokratie aus. „Millionen Arbeiter" waren laut Gerhard Schmidtchen, Mitarbeiter am konservativen Institut für Demoskopie in Allensbach, Ende der 1950er Jahre der Meinung, „der Arbeiter" habe im Dritten Reich ein höheres Ansehen genossen als nun in der Bundesrepublik[15]. Dem Soziologen Burkart Lutz wiederum bereitete wenige Jahre später ein Blick in den Osten Sorgen. Seiner Meinung nach erwies sich der Staatssozialismus als diejenige Gesellschaftsordnung, welche „die Menschheit sicherer in den Genuß der Früchte der modernen Technik bringt." Dies sei für die Arbeiterschaft im Westen deshalb relevant, weil die „neue Form der Proletarität [...] sich [...] im Ausschluß von den [...] ‚Gütern' äußert, die von der technischen Zivilisation für alle bereitgestellt werden könnten"[16]. Hier kam nun die Funktion der DGB-Gewerkschaften als Arbeitnehmerorganisation zum Tragen, „im Rahmen dieser Ordnung", also der sozialen Marktwirtschaft, „die materielle und soziale Lebenslage der Lohnabhängigen zu schützen und zu verbessern"[17]. Ende der 1970er Jahre warf die Rückkehr der Massenarbeitslosigkeit dann erneut

12 Monika Wienfort, Alte Eliten in der neuen Republik, in: Horst Dreier/Christian Waldhoff (Hrsg.), Das Wagnis der Demokratie. Eine Anatomie der Weimarer Reichsverfassung, München 2018, S. 241–262, hier S. 254, 259.

13 Hans Mommsen, Beamtentum im Dritten Reich. Mit ausgewählten Quellen zur nationalsozialistischen Beamtenpolitik, Stuttgart 1966, S. 13.

14 Thomas Ellwein, Gewerkschaften und öffentlicher Dienst. Zur Entwicklung der Beamtenpolitik des DGB, Opladen 1980, S. 88.

15 Gerhard Schmidtchen, Die befragte Nation. Über den Einfluß der Meinungsforschung auf die Politik, Freiburg 1959, S. 165, zitiert nach: Mooser, Arbeiterleben, S. 202.

16 Burkart Lutz, Technischer Fortschritt und Gesellschaft, in: Feuersenger, Proletariat, S. 44–54, hier S. 54 (Zitat), 50 f. (Zitat).

17 Schönhoven, Deutsche Gewerkschaften, S. 221.

die Frage nach dem Rückhalt auf, den die demokratische Ordnung unter der hauptsächlich von der Wirtschaftskrise betroffenen Arbeiterschaft noch genoss[18]. In gewisser Weise stellte das Arbeitnehmerkonzept, das rechtlich an die Bundesrepublik und über die Tradition der Arbeiterbewegung fest an die Demokratie gebunden war, eine Art Rückversicherung gegen die antidemokratischen Versuchungen einer jeden der drei sozialversicherungsrechtlichen Statusgruppen dar.

Und doch machten die DGB-Gewerkschaften zunächst und hauptsächlich die Vertreter des Kapitals als potentielle Feinde der Demokratie aus, sodass die zweite Schutzfunktion gegen diesen äußeren Gegner zielte. Dabei diente das Jahr 1933 als zentraler Bezugspunkt, um das Versagen der besitzenden Klassen historisch zu beglaubigen. Da deren Macht in der Verfügungsgewalt über die Produktionsmittel gründete, setzte der DGB an dieser Stelle an. Konkret erhob er die Forderung nach einer Demokratisierung des Wirtschaftsbereiches, wobei in der ersten Zeit an eine Vergesellschaftung der Schlüsselindustrien gedacht, später dann auf eine paritätische Mitbestimmung nach dem Vorbild der gesetzlichen Bestimmungen im Montanbereich abgezielt wurde[19]. Auch in dieser Hinsicht trat der Arbeitnehmerbegriff das Erbe der Arbeitersemantik an, indem er den Klassengegensatz von Kapital und Arbeit erneut in eine Schicksalsfrage der demokratischen Ordnung transponierte. Diese Deutung fand auch außerhalb der Gewerkschaften Widerhall. Zu Beginn der 1960er Jahre erklärte etwa der katholische Journalist Heinz Theo Risse, von der noch nicht demokratisierten Wirtschaft gehe als „Fremdkörper" ständig die Gefahr einer Unterhöhlung der demokratischen Gesellschaftsordnung aus[20]. Bis heute ist dieses Problem nicht gelöst, auch wenn es kaum noch öffentlich Beachtung findet[21].

3.1.3 ‚Arbeitnehmer' als der ganze Mensch

Auch wenn sich die parlamentarische Demokratie der Bundesrepublik rasch konsolidierte, musste diese Normalisierung politisch keinesfalls auf eine Schwächung des DGB und seiner Gewerkschaften hinauslaufen. Was das politische Alltagsgeschäft betraf, war der gewerkschaftliche Anspruch ohnehin von Beginn an umfangreicher formuliert und hatte sich nie in der Rolle einer selbsternannten demokratischen Prätorianergarde erschöpft. Auch hierbei kam dem Arbeitnehm-

18 Vgl. Mooser, Arbeiterleben, S. 223.

19 Vgl. von Reitzenstein, Solidarität, S. 11 f., 47–50.

20 Vgl. Heinz Theo Risse, Abhängigkeit und Freiheit, in: Feuersenger, Proletariat, S. 67–90, hier S. 77 (Zitat), 80.

21 Vgl. Elizabeth Anderson, Private Regierung. Wie Arbeitgeber über unser Leben herrschen (und warum wir nicht darüber reden), Berlin 2019.

erkonzept eine fundamentale Bedeutung zu. Denn die Gewerkschaften beanspruchten nicht nur, alle Arbeitnehmer – ob gewerkschaftlich organisiert oder nicht – zu vertreten, sondern auch, sie in allen Lebensbelangen zu repräsentieren, also nicht nur im Bereich der Arbeitswelt. Schon kurz nach dem Zweiten Weltkrieg war die schiere Masse an Angestellten und Beamten in Westdeutschland jedoch zu groß, als dass der Arbeiterbegriff das ganze politische Potential für die Gewerkschaften hätte ausschöpfen können[22]. Erst der Arbeitnehmerbegriff entfaltete den gewerkschaftlichen Anspruch, durch die allgemeine Repräsentation der Arbeitnehmerschaft zugleich das Allgemeinwohl zu vertreten. Damit vermochten die Gewerkschaften für sich eine exklusive Stellung gegenüber der Politik einzunehmen, die sie – in ihren Augen – weit über den Rang der gewöhnlichen Lobbyverbände erhob, die ja nur Sonderinteressen verfolgten[23].

Der gewerkschaftliche Mitbestimmungsanspruch ging noch aus einem zweiten Grund darüber hinaus, denn er war auch anthropologisch fundiert. Hierbei konnten die Gewerkschaften auf ein doppeltes Erbe des ‚Arbeitnehmers' rekurrieren. Zum einen auf dasjenige der Aufklärung, das mit Verweis auf die Gleichheit der Menschen jede aus Besitz erwachsende Macht eines Menschen über andere als illegitim brandmarkte[24]. Diesen Aspekt hatte auch Karl Marx aufgegriffen, als er den ‚Proletarier' beziehungsweise den ‚Arbeiter' zum wahren Menschen (wenn man so will im Gegensatz zum Bourgeois als dem Waren-Mensch) erhoben hatte. Zum andern ließ sich die Mitbestimmungsforderung auch aus der Tradition der katholischen Soziallehre heraus begründen, die auf der Denkfigur des ganzen Menschen aufruhte. Dieses Menschenbild stand ebenfalls unter dem Ideal der Selbstbestimmung. So problematisierten Vertreter der katholischen Soziallehre die Situierung jedes einzelnen Menschen in verschiedenen Feldern. Die Mitbestimmungsforderung erwuchs hier aus der Annahme, dass die Selbstbestimmung jeweils absolut gesichert werden musste, da sich Fremdbestimmung etwa im Feld der Arbeit nicht durch Autonomie im Bereich des Konsums oder der Freizeit kompensieren ließ[25]. Im Böckler-Zitat klang dieser anthropologische Aspekt in der Prämisse an, Arbeitnehmer seien nur zur Leistung bereit, wenn ihnen die Not-

22 Auch die katholischen Arbeitervereine legten nach 1945 den Arbeiterbegriff zugunsten des Begriffs ‚Werkvolk' ab. Vgl. Dietmar Grypa, Die Katholische Arbeiterbewegung in Bayern nach dem Zweiten Weltkrieg (1945–1963), Paderborn u. a. 2000, S. 50. Im Jahr 1971 erfolgte dann die Umbenennung in Katholische Arbeitnehmer-Bewegung (KAB). <https://www.kab.de/ueber-uns/geschichte> (13.09.2023).

23 Vgl. von Reitzenstein, Solidarität, S. 17.

24 Vgl. ibid., S. 181–195.

25 Vgl. Walter Dirks, Blick in die Zukunft, in: Feuersenger, Proletariat, S. 91–100, hier S. 92 f. sowie Walter Maria Guggenheimer, Mehr Geld, mehr Freizeit – mehr Freiheit, in: ibid., S. 55–66, hier S. 57 f.

wendigkeit hierzu einsichtig gemacht worden sei. Dies ist nun keineswegs eine Nebensächlichkeit, ganz im Gegenteil. Es belegt den schon sehr früh unternommenen gewerkschaftlichen Versuch, das Arbeitnehmerkonzept kulturell anzureichern, um es aus der primär arbeitsrechtlich-sozialpolitischen Sphäre, in welcher es M. Rainer Lepsius ja noch in den frühen 1980er Jahren verortet hatte, herauszuführen. Angeschlossen an das Erbe der Aufklärung wie auch der katholischen Soziallehre war der Arbeitnehmerbegriff grundsätzlich nun auch für menschenrechtliche Diskurse im weiteren Sinne ertüchtigt. Damit hatte der Arbeitnehmerbegriff zugleich einen gewissen Grad an Kontextunabhängigkeit gewonnen, der seinen Wert für den DGB nur steigern konnte. Denn insgesamt betrachtet erhob ein derartiger Arbeitnehmerbegriff die Gewerkschaften nicht nur zum Hüter der Demokratie, sondern er erlaubte es ihnen, unabhängig davon Forderungen an einen qualitativen wie quantitativen Ausbau des demokratischen Systems zu begründen. Für den Ernstfall waren die Gewerkschaften damit argumentativ gerüstet, um selbst dem Bundestag und der Bundesregierung die Legitimität streitig zu machen. Gleichwohl realisierten die Gewerkschaften dieses Potential nicht. Denn es war keineswegs ausgemacht, ob die als ‚Arbeitnehmer' Bezeichneten den Gewerkschaften tatsächlich folgen würden. Anlass zu einer „Machtprobe" hätte, so Klaus Schönhoven, etwa die Verabschiedung des Betriebsverfassungsgesetzes von 1952 geboten, das zentrale Forderungen des DGB unberücksichtigt ließ. Doch vor dem „einheitsgewerkschaftlichen Offenbarungseid", den ein politischer Streik gegen die konservativ-liberale Regierungskoalition heraufbeschworen hätte, schreckten die Gewerkschaften zurück[26]. Aber es bleibt festzuhalten, dass mit dem Bezug auf die ‚Arbeitnehmer' auch diese Option prinzipiell angelegt war. Denn mit der umfassenden demokratischen Aufladung und der Rückbindung an das Konzept des ganzen Menschen, mit dem der Anspruch einherging, das *Eigentliche* zu repräsentieren, wohnte den ‚Arbeitnehmern' ein jederzeit abrufbares Plebiszitpotential inne.

3.1.4 ‚Arbeitnehmer' als gesellschaftliches Integrationsangebot

Tatsächlich war der bereits bei Hans Böckler angelegte Anspruch auf politische Mitsprache seitens der Gewerkschaften ernst zu nehmen. So bot sich das Arbeitnehmerkonzept, wie die Artikel im Spiegel deutlich machen, auch für die westdeutsche Gesellschaft und Politik als ideeller Integrationsfaktor an, wodurch ein breiter Resonanzraum für das gewerkschaftliche Ansinnen entstand. Worin genau

26 Vgl. Schönhoven, Deutsche Gewerkschaften, S. 216.

lag aber die Attraktivität des ‚Arbeitnehmers' für jene politischen Akteure, die den Gewerkschaften nicht nahestanden?

Für die unmittelbare Nachkriegszeit wog vor allem ein Gedanke schwer, den Böckler auch selbst zum Ausdruck gebracht hatte: „Wiedergutmachung". Wie Alf Lüdtke bemerkte, stand Böckler mit der Forderung, geschehenes Unrecht durch Arbeit zu vergelten, nicht allein. Vielmehr fand sich der Topos der „sühnende[n] Arbeit" in vielen Reden der Nachkriegszeit[27]. In der Tat konnte Böcklers Beschwörung der „Wiedergutmachung" als allgemeines Integrationsangebot verstanden werden, da er etwas Wesentliches im Ungefähren beließ: Wem die Wiedergutmachung zugutekommen sollte, wer sich also als Opfer fühlen konnte. Auch benannte er die Täter des wiedergutzumachenden Unrechts nicht. Es war nicht einmal klar, ob Böckler für die Verbrechen der Nationalsozialisten Wiedergutmachung einforderte, oder ob Wiedergutmachung für den Krieg geleistet werden sollte – und welcher Deutsche konnte sich nicht in der einen oder anderen Weise als Opfer des Krieges fühlen?

Jenseits dieser moralischen Dimension bot sich ‚Arbeitnehmer' auch aus nüchtern-sachlichen Erwägungen als ein Begriff an, den gewerkschaftsferne Kreise ohne Bedenken verwenden konnten. Dies lag, wie in Kapitel 2.3.1 gezeigt, an der rechtlichen Tradition, die den Arbeitnehmerbegriff als ein etabliertes Instrument auswies, um die Gewerkschaften und die von ihnen repräsentierten Mitgliedermassen in ein Verhältnis zum Staat zu setzen. ‚Arbeitnehmer' war so Teil einer politischen Sprache geworden, mit der sich die Ansprüche der Gewerkschaften auf Beeinflussung der staatlichen Politik aushandeln, kanalisieren und damit beeinflussen ließen. Paradigmatisch hatte dies bereits das Vaterländische Hilfsdienstgesetz von Ende 1916 gezeigt[28]. Zwei Aspekte aus dieser Wortgeschichte machten ihn für das konservative Spektrum annehmbar. So entstammte ‚Arbeitnehmer' nicht einem genuin linken Diskurs, sondern ihm haftete etwas Neutrales, Bürokratisch-Technisches an. Da in der Nachkriegszeit auch politisch eher rechtsstehende Intellektuelle ihre Gegenwart als eine technisch-industrielle Zeit zu begreifen begannen[29], konnte der Arbeitnehmerbegriff auch für sie an Plausibilität gewinnen. Jenseits dieser Aspekte bot er auch einen sozialpsychologischen Mehrwert. Mit ‚Arbeitnehmer' ließ sich sowohl die kollektivierende, in den Augen der Mitläufer wohl auch harmonistische Versuchung der nationalsozialistischen Volksgemeinschaft als auch diejenige der klassenlosen sozialistischen Gesellschaft demokratisch

27 „Deutsche Qualitätsarbeit": Mitmachen und Eigensinn im Nationalsozialismus – Interview von Marc Buggeln und Michael Wildt mit Alf Lüdtke (Göttingen, 19.02.2014), in: Marc Buggeln/Michael Wildt (Hrsg.), Arbeit im Nationalsozialismus, München 2014, S. 373–401, hier S. 385.

28 Vgl. Jörn Leonhard, Die Büchse der Pandora. Geschichte des Ersten Weltkriegs, Bonn 2014, S. 522.

29 Vgl. Nolte, Ordnung, S. 276 f.

reformulieren[30]. Diese Anschlussfähigkeit ergab sich aus der Tatsache, dass eben nicht nur ‚Arbeitnehmer' und Sozialismus zentral auf das Konzept Arbeit bezogen waren, sondern eben auch die nationalsozialistische Utopie einer rassistisch homogenisierten Volksgemeinschaft[31]. Gerade weil die beiden Ideologien Marxismus und Nationalsozialismus den Begriff ‚Arbeitnehmer' unter Ideologieverdacht gestellt hatten, konnte er nun bedenkenlos für die neue demokratische Ordnung, die sich gegen den Nationalsozialismus wie Kommunismus abgrenzen musste, in Anschlag gebracht werden.

Die Vorleistung, die das nationalsozialistische Regime unwillentlich für die Stabilität der Nachkriegsordnung erbracht hatte, beschränkte sich jedoch nicht auf das Wecken von Gemeinschaftsutopien und die Schaffung der Möglichkeit, dem 1933 bis 1945 verworfenen Begriff nun einen Persilschein auszustellen. Neben dem Ideenhaushalt hatte die durch den Krieg ausgelöste Not der Nachkriegszeit auch den Erfahrungshaushalt der deutschen Bevölkerung in einer Weise modifiziert, die Nivellierungseffekten Vorschub leistete und so die Rede vom ‚Arbeitnehmer' plausibilisierte[32]. Dies fiel auf einen umso fruchtbareren Boden, als die „unselbständig-abhängige[] Erwerbsarbeit an fremden Produktionsmitteln", welche den Arbeitnehmerstatus begründete, schon damals für immer mehr Menschen zu einer prägenden Alltagserfahrung wurde. Wie Risse in den frühen 1960er Jahren vorrechnete, war sie damals „zum beruflichen Schicksal von 21 Millionen Menschen geworden, sie beeinflußt nachhaltig das Lebensschicksal von über 40 Millionen."[33] Rein zahlenmäßig war die westdeutsche Gesellschaft bereits zur ‚Arbeitnehmergesellschaft' geworden, und mental wirkte die Herrschaft des Nationalsozialismus ebenfalls zugunsten des Arbeitnehmerbegriffs nach. Denn gleich 1933 hatten die neuen Herrscher das weitverzweigte Geflecht der Arbeiterbewegungskultur zerschlagen. Es sollte auch nach 1945 nicht wieder aufgebaut werden. So fielen gerade jene Institutionen weg, welche die Menschen als ‚Arbeiter' sozialisiert hatten, oder anders ausgedrückt, welche ihnen eine Lebenswelt geschaffen hatten, in der sie als ‚Arbeiter' ihre Freizeit gestalten und ihre außerbetrieblichen Sozialbeziehungen

---

30 Die politische Konjunktur des Arbeitnehmerbegriffs in der Nachkriegszeit führte Heinz Budde auf eine *„[p]olitische Verfälschung des Arbeiterbegriffes"* während des Dritten Reiches zurück. Vgl. Heinz Budde, Die Arbeitnehmerschaft in der Industriegesellschaft. Beiträge und Versuche zu einer sozialen und politischen Standortbestimmung der Christlich-Sozialen Bewegung, Essen 1963, S. 69 (Zitat), 70 f. (H. i. O.).

31 Vgl. Michael Wildt, ‚Arbeit macht frei'. Zugehörigkeit, Ausgrenzung, Vernichtung durch Arbeit im Nationalsozialismus, in: ders., Die Ambivalenz des Volkes. Der Nationalsozialismus als Gesellschaftsgeschichte, Berlin 2019, S. 199–222, hier S. 208–211.

32 Vgl. hierzu auch Süß, Kumpel, S. 80 sowie Milert/Tschirbs, Andere Demokratie, S. 338.

33 Risse, Abhängigkeit, S. 68.

knüpfen und unterhalten konnten[34]. Deutlich kamen diese veränderten Rahmenbedingungen in einem LUSIR-Interview zum Ausdruck, in dem der befragte Arbeiter im Rückblick auf die Weimarer Zeit ausführte: „Ich hab mich an allem beteiligt, vor allem alles [sic!], was mit dem Namen Arbeiter zu tun hatte [...].“[35] Gleichwohl war der Arbeitnehmerbegriff auf dem sozialpsychologischen Feld der Bundesrepublik nicht konkurrenzlos. So übten in den 1950er Jahren noch Traditionen und Werte, die nicht aus der modernen Arbeitswelt, sondern etwa aus dem christlichen Glauben erwachsen waren, für die Menschen eine wichtige Orientierungsfunktion aus. Hinzu traten neu formulierte integrative Deutungsangebote, allen voran Helmut Schelskys Diktum der „nivellierten Mittelstandsgesellschaft“[36].

3.1.5 ‚Arbeitnehmer' als das Allgemeine

Den Höchststand ihres Wertes erreichte die politische Ressource ‚Arbeitnehmer', wie im vorherigen Kapitel dargelegt, erst in den 1970er Jahren, als die Vorstellung einer ‚Arbeitnehmergesellschaft' aufkam. Interessanterweise hatte die SPD noch bis zu Beginn der 1960er Jahre dezidiert auf ‚Arbeiter' ausgerichtete Wahlkämpfe geführt. Erst danach vollzog sich eine begriffliche Verschiebung hin zur „Arbeitnehmerschaft“, wobei das demoskopische Institut Infas, das auch für den DGB tätig war, eine wichtige Rolle spielte. Es wäre daher noch weiter zu prüfen, ob dem Aufkommen des Arbeitnehmerbegriffs in der SPD ein Ideentransfer vom DGB zugrunde lag[37]. Mit Andreas Reckwitz ließe sich aber auch argumentieren, dass die Wertsteigerung der Ressource ‚Arbeitnehmer' in den Grundstrukturen der Moderne zu suchen war. Seiner Meinung nach stellt der Widerstreit zweier Prinzipien – des Allgemeinen und des Besonderen – das Signum der Moderne dar. Während das Besondere in der Epoche der Romantik dominierte, sei das Prinzip des Allgemeinen in der Epoche der Industriemoderne vorherrschend gewesen[38]. ‚Arbeitnehmer' konnte problemlos als Ausdruck des Allgemeinen aufgefasst werden, da er die besonderen Begriffe ‚Arbeiter', ‚Angestellte' und ‚Beamte' synthetisierte. Für

34 Vgl. Mooser, Arbeiterleben, S. 227.

35 Alexander von Plato, „Ich bin mit allen gut ausgekommen“. Oder: War die Ruhrarbeiterschaft vor 1933 in politische Lager zerspalten?, in: Lutz Niethammer (Hrsg.), „Die Jahre weiß man nicht, wo man die heute hinsetzen soll.“ Faschismuserfahrung im Ruhrgebiet. Lebensgeschichte und Sozialkultur im Ruhrgebiet 1930 bis 1960, Band 1, Berlin/Bonn 1983, S. 31–65, hier S. 43.

36 Zur Kontextualisierung vgl. Hans Braun, Helmut Schelskys Konzept der ‚nivellierten Mittelstandsgesellschaft' und die Bundesrepublik der 50er Jahre, in: AfS 29 (1989), S. 199–223.

37 Vgl. Kruke, Demoskopie, S. 350 f.

38 Vgl. Reckwitz, Gesellschaft, S. 11 f., 14 f., 18 f.

Karl Christian Führer markierte der Metallarbeiterstreik für die Einführung der Lohnfortzahlung im Krankheitsfall 1956/7 den entscheidenden Einschnitt: „Es galt nun zunehmend als modern, eher die Gemeinsamkeiten zwischen allen ‚Mitarbeitern' oder ‚Arbeitnehmern' als die Unterschiede zwischen Arbeitern und Angestellten zu betonen."[39] Dadurch stieg der Kurs der Ressource ‚Arbeitnehmer' steil an.

Wie gezeigt, entwarf der Spiegel eine temporal hierarchisierte Welt, an deren Spitze die Bundesrepublik als ‚Arbeitnehmergesellschaft' stand. Mit Verweis auf ein solches, analog zur weitverbreiteten Modernisierungstheorie angelegtes genealogisches Stufenmodell konnten sich innerhalb der Bundesrepublik wiederum die Gewerkschaften als Arbeitnehmerorganisation an die Spitze des geschichtlichen Fortschritts stellen: Hatte sich im Laufe des 19. Jahrhunderts eine Metamorphose vom verarmten ‚Proletarier' zum wirtschaftlich konsolidierten ‚Arbeiter' vollzogen, sollte der ‚Arbeiter' nun die Stufe zum rechtlich umfassend geschützten und gesellschaftlich integrierten ‚Arbeitnehmer' erklimmen[40]. Der ‚Arbeitnehmer' wurde somit in das traditionelle Fortschrittsnarrativ der Arbeiterbewegung eingeschrieben[41]. Dadurch erhielt der ‚Arbeitnehmer', wie im vorherigen Kapitel erwähnt, zwar einen geschichtsphilosophischen Utopieanstrich, der aber schon allein deshalb hinter dem utopischen Überschuss des ‚Arbeiters' zurückbleiben musste, weil der ‚Arbeitnehmer' als Telos der Geschichte gesetzt war und nicht, wie der ‚Arbeiter', als revolutionäres Subjekt, das seine historische Mission überhaupt nur dann vollenden konnte, wenn es sich selbst einer endgültigen Transformation unterwarf. Weltbewegendes wurde von den Arbeitnehmerinnen und Arbeitnehmern also nicht erwartet.

Tatsächlich war dessen Änderungspotential eher gradueller Natur. Denn auch wenn der ‚Arbeitnehmer' dem Prinzip des Allgemeinen zugewiesen werden kann, darf dies nicht als Ausdruck einer völligen Nivellierung missverstanden werden. Zwar unterstellte die Deutsche Angestellten-Gewerkschaft (DAG) dem DGB und seinen Gewerkschaften ein solches Ansinnen, doch lehnten letztere keinesfalls Hierarchien an sich ab. Was der DGB mit dem Arbeitnehmerkonzept aufheben wollte, waren gleichsam die in den Begriffen ‚Arbeiter', ‚Angestellter' und ‚Beamter' zum Ausdruck gebrachten drei unterschiedlichen Rahmen. Aus Sicht des DGB

39 Führer, Gewerkschaftsmacht, S. 287.

40 Vgl. Daniel Bell, Arbeiter, in: Wilhelm Bernsdorf (Hrsg.), Wörterbuch der Soziologie, 2. neubearb. Aufl., Stuttgart 1969, S. 41–43 sowie Castel, Metamorphosen, S. 283.

41 So nahm der DGB-Bundesvorsitzende Heinz Oskar Vetter in Anspruch, die Gewerkschaften hätten sich „[s]chon immer als Motor des gesellschaftlichen Fortschritts" verstanden. DGB-Bundesvorstand (Hrsg.), Protokoll 3. Außerordentlicher Bundeskongreß Düsseldorf 14. bis 15. Mai 1971, Köln o. J., S. 22.

schufen diese Rahmen Unterschiede zwischen den Beschäftigtengruppen, die sich weder durch deren Leistung noch durch strukturelle Besonderheiten legitimieren ließen. Mit dem Konzept ‚Arbeitnehmer' sollte ein einheitlicher Rahmen geschaffen werden, um die bestehenden Diskriminierungen zu überwinden, mithin also, um die Entstehung leistungsgerechter Hierarchisierungen überhaupt erst zu ermöglichen.

3.1.6 Grenzen der politischen Ressource ‚Arbeitnehmer'

Bei allen Vorteilen, die der Arbeitnehmerbegriff den Gewerkschaften politisch bot, öffnete er auch mehrere Flanken. So machte es die erfolgreiche Platzierung des ‚Arbeitnehmers' in der gesellschaftspolitischen Sphäre für die Gewerkschaften unmöglich, das Deutungsmonopol über dieses Konzept für sich zu beanspruchen. Damit bestand immer die Gefahr, dass ‚Arbeitnehmer' von den politischen oder wirtschaftlichen Opponenten der Gewerkschaften mit einer anderen Deutung belegt und somit überschrieben wurde[42]. Andererseits drohte eine zu große Identifikation des Arbeitnehmerkonzepts mit den Gewerkschaften deren Gegner zu veranlassen, mit konkurrierenden Begriffen wie etwa ‚Mitarbeiter' die strategisch wichtigen Punkte des öffentlichen Diskurses zu besetzen[43], um somit die Reichweite des ‚Arbeitnehmers' zu beschränken. Bereits bei der Auseinandersetzung um das Betriebsverfassungsgesetz 1952 trat der Ernstfall für den DGB ein, denn die Bonner Regierungsparteien schoben dem Begehren der Gewerkschaften auf unbeschränkten Zugang zu den Betrieben einen Riegel vor. Stattdessen schufen sie mit den Betriebsräten, die sie auf das Unternehmenswohl verpflichteten, von den Gewerkschaften unabhängige Arbeitnehmervertreter[44]. Konzerne wie Siemens nahmen diesen Ball auf und beschworen nach 1952 das Bild einer „Unternehmens-Familie", wodurch die Gewerkschaften als „Repräsentanten des Klassenkonfliktes" in die Rolle des „Fremdkörper[s]" gedrängt wurden[45] – und mit ihnen der Arbeitnehmerbegriff.

42 Vgl. Kapitel 6.1.

43 Vgl. Kapitel 11.3.

44 Noch in der Diskussion um eine Reform des DGB 1971 wurden die negativen Auswirkungen des Betriebsverfassungsgesetzes auf die Gewerkschaften problematisiert. Vgl. etwa Fritz Vilmar, Basisdemokratische Gewerkschaftsreform, in: GMH 22–4 (1971), S. 219–225, hier S. 222.

45 Werner Milert, Der steinige Weg in die Konfliktpartnerschaft. Die Sozialbeziehungen bei Siemens in den ersten beiden Nachkriegsjahrzehnten, in: Andresen et al., Betrieb, S. 159–184, hier S. 170, 166, 171.

Für diesen Begriff erwies sich darüber hinaus auch der Verallgemeinerungsimperativ der Moderne als zwiespältig, denn dieser Imperativ konnte sich auch gegen jenen selbst wenden. Man brauchte ‚Arbeitnehmer' hierzu nur seinerseits als zu speziell zu markieren. So war etwa die bereits aufgerufene Vorstellung der nivellierten Mittelstandsgesellschaft umfassender angelegt als das gewerkschaftliche Arbeitnehmerkonzept. Und seitdem sich die SPD 1959 zur Volkspartei erklärt hatte, erwuchs dem gewerkschaftlichen Arbeitnehmeransatz aus den eigenen Reihen ein übergreifendes Konkurrenzkonzept. Dadurch öffneten sich gleich zwei Flanken, denn die SPD beharrte darauf, auch als Volkspartei die Arbeitnehmerinteressen vollwertig zu vertreten. Der Konflikt um die Frage, ob hierfür die Etablierung eines eigenständigen Arbeitnehmerflügels innerhalb der Partei notwendig sei, der in den frühen 1970er Jahren schließlich zur Gründung der Arbeitsgemeinschaft für Arbeitnehmerfragen (AfA) in der SPD führte[46], kann daher als Symptom des erstgenannten Problems aufgefasst werden: Die SPD machte den Gewerkschaften den Anspruch streitig, ‚Arbeitnehmer' zu definieren. Die von Anja Kruke beobachtete Reorientierung der SPD vom Arbeiter- hin zum Arbeitnehmerbegriff erwies sich für die Gewerkschaften daher als ein zweischneidiger Erfolg. Freilich war bereits mit der Wiederbegründung beider Flügel der Arbeiterbewegung – Partei und Gewerkschaft – 1945 ein Konkurrenzverhältnis um die Vertretung der Beschäftigten einhergegangen[47]. Nach 1959 schlug jedoch die Entwicklung der Mitgliederstruktur beider Organisationen eine gänzlich unterschiedliche Richtung ein. In den Gewerkschaften dominierten zahlenmäßig weiterhin Arbeiter und Arbeiterinnen, während sie in der Partei immer stärker marginalisiert wurden und 1973 nur noch 26 Prozent der Mitglieder stellten[48]. Erschwerend kam hinzu, dass sich das Verhältnis zwischen SPD und Gewerkschaften seit Ende der 1950er Jahre grundsätzlich und „rapide" verschlechtert hatte[49].

Ohnehin war die Strahlkraft, die der Arbeitnehmerbegriff in den politischen Raum hinein entfalten konnte, wie bereits angedeutet, zu keiner Zeit ungebrochen. Die CDU hatte sich zwar 1951 als empfänglich für gewerkschaftliche Forderungen erwiesen, als für den Montanbereich die paritätische Mitbestimmung gesetzlich abgesichert wurde. Mit dazu beigetragen hatte zum einen die tragfähige Arbeits-

46 Vgl. hierzu Hella Kastendiek, Arbeitnehmer in der SPD. Herausbildung und Funktion der Arbeitsgemeinschaft für Arbeitnehmerfragen (AfA), Berlin 1978.

47 Vgl. Angster, Konsenskapitalismus, S. 224.

48 Vgl. Stefan Remeke, Gewerkschaften und Sozialgesetzgebung. DGB und Arbeitnehmerschutz in der Reformphase der sozialliberalen Koalition, Essen 2005, S. 47.

49 Helga Grebing, Gewerkschaften: Bewegung oder Dienstleistungsorganisation – 1955 bis 1965, in: Hans-Otto Hemmer/Kurt Thomas Schmitz (Hrsg.), Geschichte der Gewerkschaften in der Bundesrepublik Deutschland. Von den Anfängen bis heute, Köln 1990, S. 149–182, hier S. 157.

beziehung zwischen dem DGB-Vorsitzenden Hans Böckler und Bundeskanzler Konrad Adenauer. Schon ein Jahr später – Böckler war zwischenzeitlich verstorben – scheiterten die DGB-Gewerkschaften mit ihrem Ansinnen, über das Betriebsverfassungsgesetz weitreichende Mitsprachemöglichkeiten auf Betriebsebene und in den Aufsichtsräten außerhalb des Montanbereichs zu gewinnen[50]. Zum anderen hing es von der innerparteilichen Durchsetzungsfähigkeit der CDA, der Christlich-Demokratischen Arbeitnehmerschaft, ab. Laut William Patch war sie jedoch Mitte der 1950er Jahre mit ihrem Versuch gescheitert, „to forge enduring alliances with youth groups, refugees from the East, artisans, and small farmers to guarantee that the CDU would be a populist rather than a ‚bourgeois' party."[51] Nichtsdestotrotz blieb das Arbeitnehmerkonzept für die Gewerkschaften als politische Ressource unersetzlich. Gerade die Auseinandersetzung um die Bildung eines Arbeitnehmerflügels innerhalb der SPD war ja auch ein Zeichen dafür, dass ‚Arbeitnehmer' nicht nur die gemeinsame Sprache bildete, die eine Verständigung im Sinne einer Aushandlung von Interessen zwischen Gewerkschaften und Parteien ermöglichte, sondern dass diese Sprache im politischen Raum gehört und als beachtenswert empfunden wurde. Auch die CDA blieb weiterhin für gewerkschaftliche Forderungen empfänglich und konnte sie innerparteilich durchsetzen, sofern sie glaubhaft einen Stimmenzuwachs in Aussicht stellen konnte[52].

Die damit einhergehende Politisierung des Arbeitnehmerbegriffs nahm Irene von Reitzenstein zum Ausgangspunkt für eine weitere kritische Anmerkung. Das gewerkschaftliche Selbstverständnis war ihrer Meinung nach aufgrund der Verpflichtung auf das allgemeine Arbeitnehmerkonzept „auffallend davon beherrscht [...], Sinn und Aufgaben der Gewerkschaft vom Gesellschaftsganzen und der politischen Demokratie her zu bestimmen."[53] Damit liefen die Gewerkschaften aber Gefahr, ihrer ureigenen Aufgabe als wirtschaftliche Interessenvertreter ihrer Mitglieder nicht gerecht zu werden. Vor allem im Umfeld der Teilnahme der Gewerkschaften an der Konzertierten Aktion ab 1967, an der neben den Vertretern des Staates auch die Arbeitgeberverbände beteiligt waren, gewannen solche Überle-

50 Vgl. Andrei S. Markovits, The politics of the West German trade unions. Strategies of class and interest representation in growth and crisis, Cambridge u. a. 1986, S. 77–81 sowie Christian Testorf, Ein heißes Eisen. Zur Entstehung des Gesetzes über die Mitbestimmung der Arbeitnehmer von 1976, Bonn 2017, S. 93–104.

51 William L. Patch Jr., Christian Democratic Workers and the Forging of German Democracy, 1920–1980, Cambridge 2018, S. 186.

52 Ibid., S. 187.

53 von Reitzenstein, Solidarität, S. 17.

gungen in der Mitgliedschaft an Bedeutung[54]. Jedoch scheint dieser Preis letztlich nicht allzu hoch ausgefallen zu sein, zumal der DGB als Dachverband ohnehin primär auf den politischen Bereich hin ausgerichtet war. Auf Ebene der Einzelgewerkschaften stellte sich das gewerkschaftliche Selbstverständnis auch etwas anders dar, wie Hans-Peter Marchal darlegte. Er identifizierte ein „Stufenschema gewerkschaftlicher Interessenorientierung", das auf „die eigene Mitgliedschaft als primärer, die Unorganisierten ihres Organisationsbereichs als sekundärer und die Arbeitnehmerschaft als tertiärer Auftraggeber" ausgerichtet war[55].

3.2 ‚Arbeitnehmer' als gewerkschaftspolitische Ressource

Auch aus genuin gewerkschaftspolitischen Gesichtspunkten war das Arbeitnehmerkonzept für den DGB unverzichtbar. Zum einen verknüpfte schon Hans Böckler mit den ‚Arbeitnehmern' ein spezifisches Demokratieverständnis, das ganz auf das Repräsentationsprinzip ausgerichtet war. Schließlich wären Arbeitnehmer in seinen Augen ihrem Schicksal als orientierungslosem, leistungsunfähigem „Haufen" hilflos ausgeliefert, gäbe es keine Gewerkschaften. Dennoch ist die Beziehung zwischen Gewerkschaften und ‚Arbeitnehmern' nicht derart widerspruchsfrei, wie es bei Böckler aufschien. Wie von Reitzenstein zeigte, folgte aus der Einschreibung des Arbeitnehmerkonzepts in die Tradition der Aufklärung der Anspruch auf eine „Selbstverwirklichung des Menschen", die im „Streben nach Unmittelbarkeit" allgemein, konkret aber in „Mitbestimmungsforderungen" ihren Ausdruck fand. Diese Aporie ließ sich nur idealtypisch auflösen, und zwar durch die für von Reitzensteins Studie titelgebenden Begriffe „Solidarität" und „Gleichheit". Für eine solidarisch vereinte Gruppe stellt Repräsentation keinen Widerspruch zur individuellen Autonomie dar, sofern „Willkür und Machtmißbrauch" einerseits durch eine demokratische Ausgestaltung der Repräsentation, andererseits durch die „gerechte[] Vernünftigkeit des Planes", den die Repräsentanten verfolgen, eingehegt sind[56]. Auch wenn die Gewerkschaften daher gegenüber Unternehmern und Politikern

54 Vgl. hierzu allgemein Thilo Fehmel, Konflikte um den Konfliktrahmen. Die Steuerung der Tarifautonomie, Wiesbaden 2010, S. 128–142. Dass der DGB zu einer Teilnahme an diesem Gremium bereit gewesen war, lag in dessen „traditionelle[m] Wunsch nach Wirtschaftsdemokratie und Mitbestimmung" begründet, denen der DGB mithilfe der Konzertierten Aktion näherzukommen glaubte. Andrea Rehling, Konfliktstrategie und Konsenssuche in der Krise. Von der Zentralarbeitsgemeinschaft zur Konzertierten Aktion, Baden-Baden 2011, S. 340.

55 Hans-Peter Marchal, Gesellschaftsbild und Selbstverständnis westdeutscher Gewerkschaften, Baden-Baden 1970, S. 231.

56 Vgl. von Reitzenstein, Solidarität, S. 26, 191.

Mitbestimmung für die ‚Arbeitnehmer' einforderten, konnten sie selbst als solidarische Vereinigung der Arbeitnehmerinnen und Arbeitnehmer für sich selbst ganz der Logik der funktionalen Differenzierung folgend im starken Sinne des Wortes die Vertretung der Arbeitnehmerschaft reklamieren.

Die von den Gewerkschaften avisierte Repräsentation war dabei gleich in doppelter Hinsicht total, denn sie wollten ihre Klientel nicht nur, wie erwähnt, in allen Lebensbereichen vertreten, sondern sie versuchten zugleich, jede Form von eigenmächtiger Interessenartikulation seitens der Arbeitnehmer zu unterbinden. In einem Werbekatechismus der IG Metall aus dem Jahr 1965 findet sich etwa ein fiktives Gespräch, in dem der umworbene Kollege selbstbewusst verkündet: „Die Gewerkschaft brauche ich nicht. Wenn ich im Betrieb Schwierigkeiten habe, spreche ich persönlich mit meinem Arbeitgeber!" Aufschlussreich ist, wie der IGM-Werber laut Leitfaden darauf antworten sollte:

> Das ist sehr egoistisch gedacht – erst ich und dann die anderen! Die Gewerkschaft tritt für alle Arbeitnehmer ein. [...] Sie [...] sollten immer daran denken, daß Sie letzten Endes als Bittsteller zum Chef kommen. So weit erniedrigen Sie sich? Das haben Sie nicht nötig, die Gewerkschaft regelt gegebenenfalls Schwierigkeiten für Sie.[57]

Der Werber sollte also, in geschilderter kollegialer Weise, den widerspenstigen Arbeitnehmern „Einsicht in die Notwendigkeit" einer Gewerkschaftsmitgliedschaft vermitteln, wie Böckler es genannt hatte. Die Wortwahl fiel real wohl etwas ruppiger aus, als es von Reitzensteins philosophische Argumentation nahegelegt hätte, und noch 1980 forderte Hans Siebold, Leiter der Abteilung Werbung der IG Metall, seine Mitstreiter auf, sich in „harter Sprache" an Unorganisierte zu wenden[58]. ‚Arbeitnehmer' war aufgrund der mitschwingenden Passivität des Begriffs geradezu prädestiniert für dieses Unterfangen, wie bereits Zeitgenossen bemerkten: „Im Wort Arbeiterschaft liegt ein ganz anderer Rhythmus als im Wort Arbeitnehmerschaft; dieses wirkt mit seinen fünf Silben recht schwerfällig [...]. Bei jenem – dem Wort Arbeiterschaft – spürt man etwas von der geschichtlichen Bewegung, die dem Wort Inhalt gibt."[59] Interessanterweise hatte auch Viktor Agartz, Leiter des Wirtschaftswissenschaftlichen Instituts des Gewerkschaftsbunds, 1952 diese Passivität zum definierenden Merkmal des ‚Arbeitnehmers' erklärt:

57 Argumente für die Werbung Unorganisierter (1965), in: AdsD 5/IGMA190002.
58 Hans Siebold an die Mitglieder des Ausschusses für Werbung und Information, 28. Juli 1980, S. 1, in: AdsD 5/IGMA190002.
59 Heinz Rothenburg, Der Arbeiter und die publizistischen Mittel, Diss., Berlin 1957, S. 18.

> Wir sehen also, daß [...] mit dem Begriff des Arbeitnehmers unmittelbar die Tatsache verbunden ist, daß der arbeitende Mensch sich dem Willen eines anderen Menschen unterwerfen muß. Somit wird der arbeitende Mensch zu einem abhängigen Glied eines anderen, gleichsam zu einer Funktion eines anderen.[60]

Der Arbeitnehmerbegriff passte nicht nur bestens zu dem von den Gewerkschaften präferierten Repräsentationsmodell, sondern er wies noch andere Vorteile auf. So ließ sich mit dem Arbeitnehmerkonzept die eigene Gewerkschaftsgeschichte emblematisch als Konvergenzprozess modellieren. Rein organisationsgeschichtlich war dies erfahrungsgesättigt. Im Kaiserreich waren 1913 noch 47 Verbände unter dem Dach der freigewerkschaftlichen Generalkommission der Gewerkschaften organisiert, wobei die Organisationen der Holzschneider und Notenstecher nicht einmal 500 Mitglieder zu verzeichnen hatten. Bis 1931 sank die Anzahl der im Allgemeinen Deutschen Gewerkschaftsbund (ADGB) versammelten Verbände auf 30, doch waren die Schwankungen der von den Einzelgewerkschaften jeweils organisierten Mitglieder noch immer gewaltig. Die Schornsteinfeger zählten als kleinste Gewerkschaft 3300 Beitragszahler, die Metallarbeitergewerkschaft als größte dagegen 827 000 Mitglieder[61]. Der DGB wurde 1949 schließlich von 16 Mitgliedsgewerkschaften gegründet. Die damit vollzogene Konvergenzleistung ist freilich noch umfangreicher als bisher angedeutet zu veranschlagen, da der DGB nach dem Prinzip der Einheitsgewerkschaft aufgebaut war, während die Gewerkschaftsbewegung bis ans Ende der Weimarer Republik noch politische Richtungsgewerkschaften gekannt hatte[62]. Darüber hinaus wirkte auch das zweite konstitutive Prinzip, das der Industriegewerkschaft, vereinheitlichend. Bis 1933 hatten auf freigewerkschaftlicher Seite mit dem Allgemeinen freien Angestelltenbund (AfA-Bund), dem Allgemeinen Deutschen Beamtenbund (ADB) und dem ADGB drei eigenständige, aber assoziierte Säulen existiert[63]. Nun sollten alle in einem Indu-

60 DGB-Bundesvorstand (Hrsg.), Erster Bundes-Angestellten-Tag des DGB Stuttgart 25. bis 27. April 1952, Düsseldorf o. J., S. 84.

61 Vgl. Richard Seidel, Der Weg zur Industriegewerkschaft, in: GMH 1–9 (1950), S. 418–424, hier S. 419–422.

62 Darunter sind auch die Nationalsozialistische Betriebszellenorganisation (NSBO) und die Revolutionäre Gewerkschafts-Opposition (RGO) zu rechnen. Vgl. Gunther Mai, Die Nationalsozialistische Betriebszellen-Organisation, in: Erich Matthias/Klaus Schönhoven (Hrsg.), Solidarität und Menschenwürde. Etappen der deutschen Gewerkschaftsgeschichte von den Anfängen bis zur Gegenwart, Bonn 1984, S. 271–289 sowie Frank Deppe/Witich Roßmann, Kommunistische Gewerkschaftspolitik in der Weimarer Republik, in: ibid., S. 209–231.

63 Vgl. Walther Müller-Jentsch, Gewerkschaften und Soziale Marktwirtschaft seit 1945, Stuttgart 2011, S. 24f., 29. Vgl. zudem Eberhard Fehrmann/Ulrike Metzner, Angestellte und Gewerkschaften. Ein historischer Abriß, Köln 1981, S. 79–83.

striezweig Beschäftigten unabhängig von ihrer politischen Überzeugung und ihrem sozialrechtlichen Status in einer gemeinsamen Gewerkschaft organisiert werden. Tatsächlich sollte der Einheitsgedanke, der als Lehre aus dem Untergang der Weimarer Republik geradezu mythisch aufgeladen war[64], noch viel weitergetrieben werden. Hätten die Besatzungsmächte dies nicht verhindert, wäre der DGB „nicht als Dachorganisation, sondern eben als die Einheits- und einzige Gewerkschaft, in straffer Zentralisation 17 Industrie- bzw. Berufsgruppen, jede in sich Arbeiter, Angestellte und Beamte vereinigend"[65], gegründet worden.

Als historischer Fluchtpunkt erlaubte es das Konzept ‚Arbeitnehmer' den DGB-Gewerkschaften, sich gegen die Vergangenheit wie auch die Zukunft zu immunisieren. Mit Blick auf das Geschehene war dies notwendig, da die Binnenstruktur des DGB, was die Zahl und den Zuschnitt der Bereichsgewerkschaften anbelangte, ausgerechnet auf die Vorarbeiten der nationalsozialistischen Deutschen Arbeitsfront (DAF) zurückging. Das Zentralbüro der DAF kommentierte sein Vereinigungswerk, das es bereits Mitte Juni 1933 abgeschlossen hatte, zynisch: „Was eine völlig verrottete marxistische Bürokratie, die um ihrer selbst willen da war, nicht lösen wollte, haben wir mit großer Initiative in 2–3 Wochen geschafft."[66] Aus gewerkschaftlicher Sicht stellten sich die Ereignisse im Rückblick allerdings ganz anders dar:

> Mit dem ständigen Wachstum der Gewerkschaften, der Anerkennung ihrer Gleichberechtigung neben den Arbeitgeberorganisationen und ihrer Bedeutung im Staat und in der Gesellschaft zeigte es sich als immer notwendiger und zweckmäßiger, daß sich die Entwicklung der Gewerkschaften zu großen leistungsfähigen Industrieorganisationen vollziehen muß. […] Aber auch die Nazis konnten und durften an den Entwicklungstendenzen der deutschen Gewerkschaften nicht achtlos vorübergehen, sondern mußten dieselben bei ihren diktatorischen Maßnahmen berücksichtigen. Sie ließen sich bei der Schaffung von ihren Betriebsgemeinschaften überwiegend von dem Gedankengut der Industrie- und Betriebsorganisation leiten.[67]

Eine vermittelnde Position bezog später der Historiker Gerhard Beier, der hinsichtlich des Prinzips der Einheitsgewerkschaft auf erste Annäherungen zwischen den liberalen Hirsch-Dunckerschen Gewerkvereinen und dem sozialistischen ADGB ab 1931 hinwies. Nach dem 30. Januar 1933 kam es, nun auch unter Einschluss der

64 Vgl. Gerhard Beier, Einheitsgewerkschaft. Zur Geschichte eines organisatorischen Prinzips der deutschen Arbeiterbewegung, in: AfS 13 (1973), S. 207–242, hier S. 210–215.

65 Böckler, Erläuterungen, S. 108. Vgl. zudem Markovits, Politics, S. 65.

66 Zitiert nach: Schneider, Unterm Hakenkreuz, S. 170. Zur Struktur der DAF vgl. ibid., S. 171 f. Die „Nähe" der ursprünglich geplanten „Allgemeinen Gewerkschaft" zur DAF betonte mit Verweis auf Theo Pirker: Schönhoven, Deutsche Gewerkschaften, S. 203.

67 Dokument 3: Willi Richter über Organisationsformen der Gewerkschaften, Juni 1945, in: Mielke, Organisatorischer Aufbau, S. 105–107, hier S. 106.

christlichen Gewerkschaften, zwar zu weiteren Versuchen, die Spaltung in Richtungsgewerkschaften zu überwinden, doch wurden sie bereits von der DAF hintertrieben[68]. Ohnehin dürfte diesem Schritt weniger ein freier Entschluss zugrunde gelegen haben, als es sich vielmehr um eine Reaktion auf die sich etablierende NS-Diktatur gehandelt haben dürfte.

Mit Blick auf die Zukunft stellte sich der wirtschaftliche Strukturwandel als die größte Herausforderung für die Gewerkschaften dar. Seinetwegen würde die Zahl der Arbeiter schrumpfen, die der Angestellten und Beamten steigen, so viel war schon recht bald nach Kriegsende absehbar[69]. Da die DGB-Gewerkschaften immer einen überproportional hohen Arbeiteranteil aufwiesen[70], musste diese Entwicklung langfristig auf eine organisatorische Schwächung hinauslaufen. Der Arbeitnehmerbegriff bot hier zumindest kurz- und mittelfristig ein Gegenmittel, da er den Anspruch auf die von ihm begrifflich erfassten Angestellten und Beamten als Organisationsreserve zum Ausdruck brachte. So transportierte der Arbeitnehmerbegriff die Erwartung einer prinzipiell ähnlich umfassenden Organisierbarkeit auch dieser beiden Statusgruppen. Mochte es auch immer mehr Angestellte und immer weniger Arbeiterinnen und Arbeiter geben –die Zahl der Arbeitnehmerinnen und Arbeitnehmer blieb konstant. Allein: Die Angestellten und Beamten wollten dem Ansinnen des DGB nicht wirklich folgen. Beide Statusgruppen bauten mit der DAG und dem DBB eigenständige und damit konkurrierende Standesorganisationen zum DGB auf. Damit hatten sich nicht nur die in der frühen Nachkriegszeit gehegten Hoffnungen, zumindest die DAG in den DGB zu integrieren, zerschlagen[71], sondern es schied vor diesem Hintergrund der Arbeiterbegriff endgültig als alternativer Sammelbegriff zu ‚Arbeitnehmer' aus[72]. Gleichzeitig stellten der Angestellten- und Beamtenbegriff eine dauernde Herausforderung für den Arbeitnehmerbegriff dar. Hierauf musste der DGB schon frühzeitig reagieren – sprach- und organisationspolitisch.

---

68 Vgl. Beier, Einheitsgewerkschaft, S. 224, 229–236.

69 Vgl. Johannes Platz, ‚Die White Collars in den Griff bekommen'. Industrieangestellte im Spannungsfeld sozialwissenschaftlicher Expertise und gewerkschaftlicher Politik, in: AfS 50 (2010), S. 271–288, hier S. 279.

70 Selbst 2004, als der DGB letztmalig entsprechende Statistiken erhob, betrug ihr Anteil noch 42,25 Prozent gegenüber 24,66 Prozent Angestellte und 5,99 Prozent Beamte. Vgl. eigene Berechnungen auf Grundlage der Zahlen auf <www.dgb.de/uber-uns/dgb-heute/mitgliederzahlen/2000-2009/?tab=tab_0_10#tabnav> (25.08.2023).

71 Vgl. Müller, DAG, S. 201–209 sowie Fehrmann/Metzner, Angestellte, S. 93–109.

72 Explizit sprach etwa R. Dux in der IG Metall-Funktionärszeitschrift 1956 davon, „daß der Begriff ‚Arbeiterklasse' überholt ist, schon weil er nicht den ganzen Bereich der von der Klassenscheidung betroffenen Personen deckt". R. Dux, „Noch mehr Konsumverzicht für die Investitionen?", in: Der Gewerkschafter 4–9 (1956), S. 15, zitiert nach: von Reitzenstein, Solidarität, S. 151.

3.3 Gewerkschaftliche Sprach- und Organisationspolitik

So überzeugend das Arbeitnehmerkonzept auch sein mochte, ging es doch nicht ohne Probleme einher. Sie stellten sich bei der konkreten Ausgestaltung der gewerkschaftlichen Sprach- und Organisationspolitik ein. Diese ließen sich nicht am grünen Tisch entwerfen, sondern mussten auch auf äußere Umstände reagieren. Wie also gingen der DGB und seine Mitgliedsgewerkschaften mit ‚Arbeitern', ‚Angestellten' und ‚Arbeitnehmern' um[73]?

3.3.1 Sprachpolitik

Seit Gründung waren der DGB und seine Mitgliedsgewerkschaften als Folge ihres Bekenntnisses zum Einheits- und Industriegewerkschaftsprinzip mit einer mitgliedschaftlichen Binnenheterogenität konfrontiert, die von externen Faktoren wie der Entwicklung der Erwerbsstruktur oder dem Verhalten der Wettbewerber dynamisiert wurde. Eine organisatorische wie ideelle Einhegung war somit unumgänglich. Laut Hans-Peter Müller gelang dies dem DGB durchaus:

> Mit der Durchsetzung des Industrieprinzips siegte die klassenmäßige Verbands- und Organisationssolidarität über die Berufssolidarität. Das Konzept der industriegewerkschaftlichen Einheitsgewerkschaft ging vom politisierten, aber berufsindifferenten Einheitsarbeitnehmer aus. Dessen Solidaritätsverständnis ist um den Begriff der Klassensolidarität zentriert. Er symbolisiert das Arbeitnehmerbild der deutschen Nachkriegs-Einheitsgewerkschaft.[74]

Mit einem solchen „Einheitsarbeitnehmer" liefen die Gewerkschaften folglich Gefahr, „die tatsächliche Vielfalt nicht [zu] berücksichtig[]e[n]"[75]. Mehr noch: Der Arbeitnehmerbegriff, der als Sammelbegriff in den ersten Jahrzehnten der Bundesrepublik noch keineswegs identitätsstiftend für breite Massen gewesen sein dürfte, drohte dem eigentlichen Ziel, eine einheitliche Arbeitnehmerschaft zu schaffen, zuwiderzulaufen. Denn Unterschiede können nur aktiv abgebaut werden, wenn sie überhaupt als solche erkannt und benannt werden. Wenn der DGB also von ‚Arbeitnehmern' sprach, war dies immer auch ein Vorgriff auf eine aus gewerkschaftlicher Sicht ideale Zukunft, die sich im Sprechakt als schon realisierte Gegenwart ausgeben konnte. Aber trifft Müllers Analyse überhaupt zu? Hier gilt

73 Zum Folgenden vgl. Wannenwetsch, Unsolidarische Solidarität, S. 191–195.
74 Müller, DAG, S. 874.
75 Robert Lorenz, Gewerkschaftsdämmerung. Geschichte und Perspektiven deutscher Gewerkschaften, Bielefeld 2013, S. 164.

es Pauschalurteile zu vermeiden. Schon ein Blick in die Mitgliederstatistiken ist instruktiv, denn bis 2006 wiesen auch die Gewerkschaften ihre Mitglieder wie selbstverständlich nach den drei Statusgruppen aus[76]. Intern operierten sie offensichtlich weiterhin mit einem differenzierten Arbeitnehmerbegriff.

‚Arbeiter' als diskursive Leerstelle

Wenden wir uns zunächst der gewerkschaftlichen Sprachpolitik zu. Hauptsächlich anhand der Quellen der Abteilung Werbung der IG Metall möchte ich im Folgenden aufzeigen, wie dort sprachpraktisch mit den Konzepten ‚Arbeiter', ‚Angestellte' und ‚Arbeitnehmer' umgegangen wurde. Zwar ist dieser Archivbestand sehr überschaubar, aber instruktiv, zeigt er doch, mit welchem Blick die Verantwortlichen auf ihre Zielgruppen schauten. Ergänzend ziehe ich Materialien aus dem Bestand der IG Metall-Abteilung Bildung sowie Quellen des DGB heran.

Abbildung 1: Auszug aus dem Sachregister. Quelle: Der Deutsche Gewerkschaftsbund 1969–1975, eingeleitet und bearbeitet von Klaus Mertsching, Bonn 2013, S. 1023. Eigene Bearbeitung.

Wenn es der Diskursgeschichte um die „Monumentalität" (Michel Foucault) sprachlicher Äußerungen geht, sagt das Sachregister der Quellensammlung zur Geschichte des DGB 1969–1975 eigentlich schon alles (vgl. Abbildung 1). „Arbeiter" wird hier zwar noch verschlagwortet, fungiert aber nur noch als Verweis auf „Ar-

76 Vgl. Schmidt, Arbeiter, S. 200.

beitnehmer". Ganz anders stellt es sich beim Begriff „Angestellte" dar. Hier werden über sechs Zeilen hinweg Belegstellen angeführt. Dies ist nun keineswegs einem willkürlichen Eingreifen des Bearbeiters Klaus Mertsching geschuldet, sondern spiegelt die herangezogenen Quellen sehr getreu wider. Freilich schlägt hierbei nicht nur die Entstehungszeit, sondern auch die Art der Quellen durch, denn es handelt sich um Dokumente aus der Führungsspitze des Gewerkschaftsbundes.

Ein etwas anderes Bild zeichnete sich zumindest noch in den Protokollen der ersten Bundeskongresse des DGB ab. 1956 forderte etwa Fritz Rück, Vertreter der IG Druck und Papier, die Schaffung einer „Arbeiterregierung", welche die „Interessen der Arbeiterschaft in erster Linie zu verfechten" habe[77]. Auf dem Gründungskongress des DGB hatte der Stuttgarter IG Metall-Delegierte Karl Mößner gar als Hauptziel der neuen Organisation ausgegeben, „die Einheit der Arbeiterklasse herzustellen". Und um dies zu erreichen, sei es notwendig, „sich in den Satzungen zu dem alten Ideal der Erkämpfung der sozialistischen Gesellschaftsordnung und zu der einzig erfolgversprechenden Politik des proletarischen Klassenkampfes zu bekennen"[78]. In diesem Fall hing die Weiterverwendung des Arbeiterbegriffs also eng mit der politischen Sprache des Sozialismus zusammen. Auch bei Fritz Rück spielte dessen sozialistische Sozialisation mit Sicherheit eine große Rolle[79]. Dadurch kam dem Arbeiterbegriff eine spezifische Funktion zu, nämlich die der Kritik an der Politik der Gewerkschaftsführung. Gleichwohl geriet die politische Sprache des Sozialismus in den Folgejahren verstärkt unter Druck, da gleich zwei institutionelle Träger der sozialistischen Ideologie abhandenkamen. 1956 verhängte das Bundesverfassungsgericht ein Verbot gegen die KPD, und drei Jahre später verabschiedete die SPD ihr Godesberger Programm – und mit ihm den Marxismus. Zumindest aber die Rede von der ‚Arbeiterklasse' blieb teilweise davon verschont, denn als Heuristik der Gesellschaftsanalyse hing sie nicht gänzlich von Karl Marx ab, sondern sie war auch im Werk von Max Weber, dem Klassiker der deutschen Soziologie schlechthin, verankert. Und die Annahme wiederum, in einer Klassengesellschaft zu leben, blieb auch für den DGB noch lange ein zentrales Axiom seiner Politik. Wie Stefan Müller mit Blick auf das langjährige Vorstandsmitglied der IG Metall, Heinz Dürrbeck, zeigte, schützte diese Konstellation den Begriff der Arbeiterklasse jedoch nicht davor, vom Arbeitnehmerbegriff ersetzt zu werden. So war für den Linkssozialisten Dürrbeck laut Müller das Arbeitnehmerkonzept „identisch mit dem analytischen

77 DGB-Bundesvorstand (Hrsg.), Protokoll 4. Ordentlicher Bundeskongress Hamburg 1. bis 6. Oktober 1956, Düsseldorf o. J., S. 423 f.

78 DGB-Bundesvorstand, Protokoll Gründungskongress, S. 110 f.

79 Vgl. Elisabeth Benz, Ein halbes Leben für die Revolution. Fritz Rück (1895–1959). Eine politische Biographie, Essen 2014.

Begriff der Arbeiterklasse – nur dass im letzteren die begriffliche Bezugnahme auf die Angestellten fehlte“[80], wodurch der Begriff ‚Arbeiterklasse‘ unbrauchbar wurde.

Auf dem Gründungskongress war Karl Mößner nicht der einzige gewesen, der noch von Arbeitern gesprochen hatte; auch Hans Böckler nahm auf sie Bezug. Seine Rede stand noch ganz unter dem Eindruck der entbehrungsreichen Aufbauleistung der vorangegangenen vier Jahre, und vieles, was er in der oben erwähnten Rede vom Juni 1945 noch als Zukunftsversprechen abgegeben hatte, tauchte nun in Form des Rückblicks auf Geschehenes ein zweites Mal auf. Weil dadurch das Aufbauwerk samt seinen produktivistischen Konnotationen im Zentrum stand, konnte er ‚Arbeiter‘ und ‚Arbeitnehmer‘ synonym verwenden. Er ging sogar darüber hinaus, wenn er den „arbeitende[n] Mensch[en]“ zum Dreh- und Angelpunkt der „volkswirtschaftliche[n] und soziale[n] Ordnung“ erklärte. Mit ‚Arbeiter‘ ließ sich vor diesem Hintergrund ein bestimmter Aspekt thematisieren, war aber im Grunde austauschbar. Böckler selbst betonte:

> Dabei ist jede Art von Arbeit im Grundsatz gleich zu achten. Die unselbständige wie die selbständige, die Arbeit des Bauern, der sein Feld bebaut, wie die des Kumpels, der die Kohle aus der Erde holt, die Arbeit des Unternehmers, der sein Werk organisiert, wie die des Arbeitskameraden, der an der Maschine steht.[81]

Diese völlig unproblematische Verwendungsweise des Arbeiterbegriffs scheint sehr stark von dem historisch einmaligen Kontext der Nachkriegszeit abhängig gewesen zu sein, als Arbeitertätigkeiten weitaus stärker nachgefragt waren als die Dienste, welche die Angestellten zu bieten hatten. Verstärkend kam hinzu, dass die Nationalsozialisten mit ihrem Kult um die „deutsche Arbeit“ wie erwähnt eine passende ideelle Grundlage geschaffen hatten. Tatsächlich sprach Böckler direkt im Anschluss an die zitierte Passage an einer Stelle noch von der „Volksgemeinschaft“[82]. Im Rückblick stellte zudem Horst Mettke, Vorstandsmitglied der IG Chemie-Papier-Keramik, Ende der 1980er Jahre fest:

> Die Frage eines gemeinsamen Arbeitnehmerbegriffs hat natürlich im ersten Jahrzehnt nach 1945 nur eine untergeordnete Rolle gespielt; sie konnte nicht angegangen werden, weil sozial- und tarifpolitisch die Fragen des Neuanfanges im Vordergrund gestanden haben und die Ta-

80 Müller, Gewerkschafter, S. 193.
81 DGB-Bundesvorstand, Protokoll Gründungskongress, S. 184–205 (Zitate auf S. 193).
82 Ibid., S. 194.

rifpolitik wie auch die allgemeine Politik zunächst dafür sorgen mußten, daß die Arbeitnehmer über das Notwendigste zum Leben verfügen konnten.[83]

Im Gegensatz dazu tauchte der Arbeiterbegriff im Grundsatzreferat, das Ludwig Rosenberg als Bundesvorsitzender auf dem Programmkongress 1963 hielt, nur noch als Teil der gewerkschaftlichen Trinitätsformel „Arbeiter, Angestellte und Beamte" auf[84]. Rosenbergs Nachfolger Heinz Oskar Vetter verzichtete beim Satzungskongress 1971 schließlich ganz auf die Nennung der Arbeiter[85].

Die gewerkschaftliche Absetzbewegung vom Arbeiterbegriff war schon Zeitgenossen frühzeitig aufgefallen. Hinsichtlich der gewerkschaftlichen Publizistik stellte Heinz Rothenburg 1957 fest: „[D]ie Verwendung des Terminus ‚arbeitende Jugend' oder ähnlicher Termini sagt nichts aus, wenn sie a u c h verwendet werden; es ist aber aufschlußreich, wenn sie ausschließlich verwendet werden." Zuvor hatte er bereits angemerkt: „Vom Arbeiter zum Arbeitnehmer – das geschieht fast unter bewußter Vermeidung des Wortes Arbeiter"[86]. Das „fast" kann auch gestrichen werden, denn selbst in den Unterlagen der Abteilung Werbung findet sich ein Hinweis auf eine entsprechende Sprachpolitik. 1968 waren externe Filmemacher damit beauftragt worden, eine Filmdokumentation über den Gewerkschaftstag der IG Metall in München zu drehen. Das von ihnen eingereichte Skript unterzog die Werbeabteilung einer eingehenden Prüfung. Unter anderem beanstandete sie eine Textpassage, in der von den Delegierten als „Vertreter[n] von 2 Millionen Metallarbeitern" die Rede war. Stattdessen sollte nach Meinung der Funktionäre von „organisierte[n] Arbeitnehmern der Metallwirtschaft" gesprochen werden[87]. Auch wenn diese Änderung auf den ersten Blick unerheblich erscheint – tatsächlich war es ja aus Gewerkschaftssicht ein berechtigter Einwand, da die IG Metall eben nicht nur Arbeiterinnen und Arbeiter organisierte –, liegt gerade darin die Aussagekraft. Nicht einmal bei einer Nebensächlichkeit, die Außenstehenden wie den Filmemachern überhaupt nicht als problematisch aufgefallen war, wurde der Arbeiterbegriff noch geduldet.

Umgekehrt finden sich auch Beispiele für redaktionelle Eingriffe bei Texten über Angestellte. Hier war aber nicht der Begriff ‚Angestellte' Stein des Anstoßes,

83 Horst Mettke, Die Gleichstellung von Arbeitern und Angestellten aus gewerkschaftlicher Sicht, in: Wolfgang Hromadka (Hrsg.), Gleichstellung von Arbeitern und Angestellten, Heidelberg 1989, S. 91–104, hier S. 92.

84 Vgl. DGB-Bundesvorstand (Hrsg.), Protokoll Ausserordentlicher Bundeskongress Düsseldorf 21. und 22. November 1963, Köln o. J., S. 24. Im Original stand die Formel im Genitiv Plural.

85 Vgl. DGB-Bundesvorstand, Protokoll Außerordentlicher Bundeskongreß 1971, S. 15–39.

86 Rothenburg, Arbeiter, S. 17.

87 Werbeabteilung an Günther Lüdcke, Cinecentrum, 31.12.1968, S. 6, in: AdsD 5/IGMA190001.

sondern ein Adverb. Im Entwurf der Begrüßungsbroschüre für Neumitglieder „Vom Ich zum Wir. IG Metall", die zu Beginn des Jahres 1982 den geschäftsführenden Vorstand beschäftigte, hieß es im Entwurf: „Die IG Metall setzt sich für die speziellen Belange der Angestellten besonders ein."[88] In dem aus der Handakte Lothar Pinkalls, damals Leiter der Abteilung Bildung, stammenden Exemplar war nun „besonders" handschriftlich gestrichen worden. Ob es sich lediglich um die Streichung einer Doppelung handelte, ob die Aussage abgeschwächt oder ob damit im Gegenteil deutlich gemacht werden sollte, dass die Angestelltenbelange nicht nur von Angestelltenausschüssen, sondern von der Gesamtorganisation vertreten wurden, sei dahingestellt. Vom besonderen rhetorischen Bemühen um die Angestellten zeugte die Broschüre jedenfalls sehr eindrücklich. Dies schlug sich auch in der zweifelhaften Behauptung nieder, falsch gestaltete Arbeitsplätze „führen besonders bei Angestellten zu bleibenden Gesundheitsschäden."[89] Bemerkenswerterweise fand die noch immer bedeutende Gruppe der Arbeiterschaft in dieser Broschüre für Neumitglieder überhaupt keine direkte Erwähnung[90]. Nur bildlich tauchten sie an einer Stelle noch auf. Bei der Aufzählung der Gründe für eine Mitgliedschaft führte die IG Metall unter anderem die Unterstützung an, die sie bei „Streik, Aussperrung und Maßregelung" gewähre. Als Bildmotiv war ein „Streikbild der IG-Metall-Arbeiter" auserkoren, das zudem ein „Foto aus dem IG-Metall-Archiv" sein sollte[91]. Hier wurde also explizit Wert auf Authentizität der Darstellung gelegt, während man sich in anderen Fällen mit Symbolbildern begnügte. Der ‚Arbeiter' war also zumindest als Akteur des Ausnahmezustands, den ein Streik schon definitionsgemäß darstellt, für die IG Metall nach wie vor unverzichtbar.

Die sprachpolitische Grundsatzentscheidung des DGB, Arbeiter nur noch als ‚Arbeitnehmer' anzusprechen, gleichzeitig aber Angestellte und Beamte weiterhin als solche zu bezeichnen, war nicht unproblematisch. Den „Veteranen der alten Arbeiterbewegung" galt der Arbeitnehmerbegriff beispielsweise in der Nachkriegszeit als eine „kränkende Bezeichnung"[92] – hier wirkte offensichtlich noch das Verdikt Friedrich Engels nach. Und auch für die Beschäftigten selbst war ein an-

---

88 Ursula Ibler an die geschäftsführenden Vorstandsmitglieder, 27. Januar 1982. Anlage: Vom Ich zum Wir. IG Metall, S. 37, in: AdsD 5/IGMA200341.

89 Ibid.

90 Neben den Angestellten wurden die klassischen Personengruppen „Frauen" und „Jugend", aber auch „Ausländische Arbeitnehmer" und „Metallhandwerks-Arbeitnehmer" explizit angesprochen. Vgl. ibid., S. 37–45.

91 Ibid., S. 10 f.

92 Gerhard Beier, Volksstaat und Sozialstaat. Der Gründungskongreß des DGB in München 1949 und Hans Böcklers Beitrag zur Stellung der Gewerkschaften in Gesellschaft und Staat, in: Heinz Oskar Vetter (Hrsg.), Vom Sozialistengesetz zur Mitbestimmung. Zum 100. Geburtstag von Hans Böckler, Köln 1975, S. 359–397, hier S. 360.

derer Begriff lebensweltlich relevant, wie soziologische Untersuchungen ergaben. Das Ergebnis der großen, 1957 erschienenen Ruhrgebietsstudie von Heinrich Popitz und Hans Paul Bahrdt fasste Paul Nolte rückblickend wie folgt zusammen:

> Quer durch alle Alters- und Qualifikationsstufen, vom Facharbeiter bis zum angelernten Hilfsarbeiter, bezeichneten sich die Arbeiter vor allem als ‚Arbeiter', ein Begriff, der also noch eine erhebliche Integrationswirkung entfalten konnte und vor allem dann benutzt wurde, wenn es um größere Zusammenhänge der sozialen Ordnung in Betrieb und Gesellschaft und um daraus resultierende politische Konflikte ging.[93]

Auch wenn dieser Befund regionalspezifisch sein mochte[94], drohten die Gewerkschaften mit dem ‚Arbeitnehmer' auf einen Begriff zu setzen, mit dem ihre Kernklientel wenig anzufangen wusste. Überdies drohte der Arbeitnehmerbegriff durch diese Sprachpraxis tatsächlich zu einem verkappten Arbeiterbegriff zu werden und dadurch das Ziel einer Konvergenz der drei Statusgruppen zu konterkarieren. Hans-Peter Müllers Diktum vom „Einheitsarbeitnehmer" trifft folglich insofern zu, als die Einheit des Begriffs nicht zuletzt durch eine sprachliche Ausklammerung von ‚Angestellten' und ‚Beamten' realisiert wurde.

Bilder von ‚Arbeitern', ‚Angestellten' und ‚Arbeitnehmern'

Die Episode mit der Bebilderung der Streikthematik verdeutlicht ein allgemeineres Dilemma des Arbeitnehmerbegriffs. Er verfügte über keine Ikone sui generis. Folglich musste bei der bildlichen Repräsentation des ‚Arbeitnehmers' auf zumindest einen der konstituierenden Bestandteile oder auf eine Kombination derselben zurückgegriffen werden. An diesem Punkt scheiterte somit die Kolonisierung der ‚Arbeiter', ‚Angestellten' und ‚Beamten' durch den ‚Arbeitnehmer'. An zwei Beispielen soll aufgezeigt werden, wie filmisch und bildlich mit diesen Möglichkeiten umgegangen wurde. Welche Rolle wurde den ‚Arbeitern' und ‚Angestellten' hier zugedacht?

Von Interesse ist zunächst ein wohl nicht realisiertes Filmprojekt der IG Metall[95]. Denn darin kommt zum Ausdruck, welches Bild sich externe Filmemacher

93 Nolte, Ordnung, S. 369.

94 Eine Studie von Helmut Schelsky an Hamburger Berufsschulen hatte, so Nolte, ein anderes Ergebnis gebracht: „Nur noch 28 % der männlichen und 45 % der weiblichen Jungarbeiter bejahten die Frage, ob sie selber Arbeiter seien – der ‚Arbeiter' entwickelte sich in der Sichtweise dieser Generation eher zu einer Residualkategorie, zu einer Bezeichnung für diejenigen Ungelernten, die über keinerlei berufliche Qualifikation verfügten." Ibid., S. 364.

95 Anfang 1966 beschlossen die geschäftsführenden Vorstandsmitglieder, das Projekt „vorläufig zurückzustellen". In den späteren Unterlagen finden sich keine weiteren Hinweise mehr. Auszug aus

vom Selbstverständnis der Gewerkschaft machten. Max Rehbein und Rüdiger Proske reichten Ende 1963 bei Hans Mayr ein Exposé für einen Film ein, mit dem „einer breiten Zuschauerschaft [...] die sozial- und wirtschaftspolitische Bedeutung der I.G. Metall im Kräftefeld unserer westdeutschen Gesellschaftsordnung" vor Augen geführt werden sollte. Insgesamt sollten vier Personen porträtiert werden, und zwar neben dem Vorsitzenden Otto Brenner ein Angestellter in der Autoindustrie, der zugleich Betriebsratsvorsitzender sein sollte, ein „Jugendvertreter bei IBM" sowie ein „Ofenmeister" als Repräsentant der Montanindustrie[96]. Während sich der Angestellte laut Drehbuch nach einer erfolgreichen Testfahrt auf der Teststrecke mit Vertrauensleuten der Gewerkschaft treffen sollte, wollten die Filmschaffenden den Jugendlichen in einem modernen Labor zeigen, „wo er an der Demonstration einer der in die Zukunft weisenden elektronischen Apparatur (shoebox-system) teilnimmt." Der Ofenmeister, der vielleicht noch als Vertreter der Arbeiterschaft vorgesehen war, auch wenn sein Meistertitel auf einen Angestelltenstatus verwies[97], sollte hingegen auf dem Weg in den Feierabend begleitet werden. Dort probte er, so die Idee der Drehbuchautoren, mit seiner Jazzband für einen Auftritt bei den Ruhrfestspielen[98].

Interessant ist an dieser Konstellation, wie die selbst eingestandene Verpflichtung auf die „Fortschrittlichkeit" auf das Figurenensemble zurückwirkte. Betriebspolitisch aktiv war nur der Angestellte, obwohl der Ofenmeister ausweislich des Drehbuchs auch „als Beispiel für eine Existenz unter dem Zeichen der Mitbestimmung" herhalten sollte[99]. Der Jugendvertreter wiederum setzte ganz auf die zukunftsträchtige IT-Branche. Als eigentliche Bestimmung des Ofenmeisters schien die mit kultureller Betätigung angereicherte Freizeit auf, wogegen die Arbeit im Stahlwerk nur noch als Kulisse diente. Alle drei Figuren waren Überzeichnungen, die die Realität der damaligen Verhältnisse auf den Kopf gestellt ha-

---

dem Protokoll Nr. 6/66 – Sitzung der geschäftsführenden Vorstandsmitglieder am 7. Februar 1966, in: AdsD 5/IGMA190001.

96 Schreiben von Max H. Rehbein an Hans Mayr, 6. Dezember 1963, S. 1f., in: AdsD 5/IGMA190001.

97 Zur Unklarheit des arbeitsrechtlichen Status von Meistern infolge arbeitsorganisatorischer Umstellungen und einer sozialen Annäherung an die Arbeiter in den 1920er Jahren vgl. Thomas Welskopp, Arbeit und Macht im Hüttenwerk. Arbeits- und industrielle Beziehungen in der deutschen und amerikanischen Eisen- und Stahlindustrie von den 1860er bis zu den 1930er Jahren, Bonn 1994, S. 537. Die abnehmende soziale Distanz bestätigte für die Nachkriegszeit Süß, Kumpel, S. 167–169.

98 Vgl. Rehbein an Mayr, 6. Dezember 1963, S. 4f. Damit griffen die Drehbuchautoren – bewusst oder unbewusst – die Eingangsszene des britischen Arbeiterfilms „Saturday Night and Sunday Morning" auf. Vgl. Claudia Lillge, Arbeit. Eine Literatur- und Mediengeschichte Großbritanniens, Paderborn 2016, S. 79.

99 Vgl. Rehbein an Mayr, 6. Dezember 1963, S. 2.

ben dürften. Immerhin bedeutete die Reduktion der Arbeitszeit einen tatsächlichen Fortschritt, zumal er in den Folgejahren mit einem Rückgang der körperlichen Schwerstarbeit im Zuge der Automatisierung einherging. So konnte die Freizeit von Arbeiterinnen und Arbeitern vermehrt produktiv genutzt werden[100], auch wenn wohl die wenigsten von ihnen in einer Jazzband spielten. Hier kam der in der Arbeiterbewegung lange gepflegte Anspruch auf Teilhabe an der Kultur in amerikanisierter Weise zum Tragen[101]. Es entbehrt daher nicht einer gewissen Ironie, dass sich genau wie im Exposé für die IG Metall zeitgleich auch in der DDR das offizielle Arbeiterbild veränderte:

> Stark vereinfacht bestand das Ergebnis der erregten Debatten über das Verhältnis von geistiger und körperlicher Arbeit in der zunehmenden Tendenz, die tatsächlichen Arbeitsbedingungen zu beschönigen (das Zukünftige als Realität ausmalen) und jene Gruppen von Arbeiterinnen und Arbeitern, Arbeitergruppen zu idealisieren, die mit der technologisch fortgeschrittenen industriellen Produktion verbunden waren.[102]

Ein Blick nach Frankreich weist dieses Phänomen aber als ein internationales aus, denn sowohl die vorgesehene Rolle des IT-begeisterten Jugendlichen als auch die des Automobilangestellten verkörperten einen Typus der technischen Intelligenz, den Serge Mallet unter dem Begriff der „neuen Arbeiterklasse" zu fassen suchte. Für seine Begriffswahl war die Prämisse entscheidend, dass die Techniker an ihrem Arbeitsplatz mitbestimmen wollten[103], gerade so wie im geplanten IG Metall-Film der Angestellte als Betriebsratsvorsitzender aktiv sein sollte. Und in beiden Fällen war für die traditionelle Arbeiterschaft keine Rolle mehr vorgesehen.

Während in diesem Filmprojekt aber auch das Stahlwerk und mit ihm der Ofenmeister als Symbol des Fortschritts konzipiert war, offenbart ein Blick auf ein Plakat, das der DGB für die Betriebsratswahlen 1968 entwerfen ließ, eine völlig andere Zeitstruktur (vgl. Abbildung 2). Auch hier beherrschen zwei Angestellte (oder Beamte) das Motiv, die sich noch dazu aufgrund ihrer sauberen, im Falle des Mannes auch eleganten Kleidung deutlich vom Arbeiter abheben. Dieser wiederum blickt zwar wie die beiden anderen entschlossen und herausfordernd dem Be-

---

100 Vgl. Süß, Kumpel, S. 292–295. Mit Blick auf Frankreich schrieb Robert Castel dem 1936 garantierten Anspruch auf bezahlten Urlaub für Arbeiter „eine außerordentliche Symbolwirkung" zu, da „die Finanzierung von *Freizeit* für eine offizielle Anerkennung der Menschlichkeit des Arbeitnehmers und der Menschenwürde der Arbeit" sorge. Castel, Metamorphosen, S. 298 f. (H. i. O.).

101 Vgl. Schmidt, Arbeiter, S. 152 f. sowie Anselm Doering-Manteuffel, Amerikanisierung und Westernisierung, Version: 2.0, in: Docupedia-Zeitgeschichte, 19.08.2019, <http://docupedia.de/zg/Doering-Manteuffel_amerikanisierung_v2_de_2019> (15.09.2023).

102 Vgl. Barck/Mühlberg, Arbeiter-Bilder, S. 171.

103 Vgl. Serge Mallet, Die neue Arbeiterklasse, Neuwied/Berlin 1972 [frz. Orig. 1963], S. 46.

Abbildung 2: DGB-Plakat zur Betriebsratswahl 1968. Rechteinhaber: DGB. Quelle: AdsD 6/PLKA021389.

trachter oder der Betrachterin entgegen, aber seine verschränkten Arme grenzen ihn auch gegen die beiden Angestellten/Beamten ab. Hierin spiegelt sich nicht nur die berüchtigte Kragenlinie, sondern auch ein Generationenunterschied. Damit aber zeichnete sich, abstrakter gesprochen, eine Konfrontation von Vergangenheit und Zukunft ab. Denn während die Angestellten/Beamten noch auffallend jung sind, scheint der Arbeiter kurz vor der Verrentung zu stehen[104]. Zwar symbolisierte er dadurch die Tradition der Arbeiterbewegung, aber er repräsentierte für jeden er-

104 Auch die Gruppierung der drei Figuren spiegelt diese zeitliche Zuordnung wider. Denn auch auf einem Zeitstrahl ist die Vergangenheit der linken, die Zukunft der rechten Seite zugeordnet.

sichtlich nicht mehr die Zukunft der Gewerkschaftsbewegung[105]. Betrachtet man die drei Figuren als Metapher für die Gesamtgesellschaft, dominierte hier nicht mehr die Industriegesellschaft, sondern bereits die akademisch geprägte Wissensgesellschaft[106]. Bemerkenswerterweise wurde schon damals auch einer Frau die Ehre zuteil, Ikone dieser nun angebrochenen Zeit zu sein[107].

Die nachweisbare sprachliche Marginalisierung des ‚Arbeiters' scheint in einer bildlichen ihre Entsprechung gefunden zu haben. Die hier herangezogenen Beispiele erlauben freilich nicht, eine allgemeine Aussage zu treffen. Hierzu wäre noch weitere Forschung nötig. Vermutlich finden sich gerade in bildlichen Darstellungen der Gewerkschaften selbst deutlich mehr Arbeiterfiguren, zumal im Kontext von Arbeitskämpfen[108]. Laut Stefan Moitra setzte etwa die IG Bergbau in ihren Publikationen zu Beginn der Bundesrepublik auf „ein Bild der Arbeiterschaft [...], das sich durch Selbstbewusstsein und Stärke auszeichnete." Auch in einer frühen Ausgabe der Mitarbeiterzeitschrift der 1968 gegründeten Ruhrkohle AG findet sich ein „Foto von Arbeitern, die lächelnd und mit verschmierten Gesichtern von der Schicht kommen." Solche Motive waren jedoch „anschlussfähig an die alte unternehmerische Bildrhetorik der Betriebsharmonie", wie Moitra bemerkte[109]. Hinsichtlich der Bildsprache gilt es noch einen weiteren Aspekt zu beachten: ‚Angestellte' oder ‚Beamte' sind ohne weitere Attribute kaum als solche zu erkennen. So hätte die mittlere Figur auf dem DGB-Plakat ohne die Rahmung durch den Arbeiter auch als Unternehmer, Politiker oder Selbständiger durchgehen können.

---

105 Tatsächlich hatten jene DGB-Gewerkschaften mit einem hohen Arbeiteranteil schon Mitte der 1960er Jahre mit einer „Überalterung der Mitglieder" zu kämpfen. Schönhoven, Deutsche Gewerkschaften, S. 229.

106 Auch ideengeschichtlich waren die Jahre von 1966 bis 1973 zentral, da in dieser Zeit Robert E. Lane, Peter Drucker, Alain Touraine und Daniel Bell wichtige Arbeiten zu den Konzepten der Wissens- beziehungsweise nachindustriellen Gesellschaft vorlegten. Vgl. Hubert Knoblauch, Wissenssoziologie, 3. überarbeitete Auflage, Konstanz/München 2014, S. 268–270.

107 Jedoch ist die berufliche Stellung der Frau (Verkäuferin? Chemielaborantin? Akademikern?) nicht eindeutig zu identifizieren. Ich danke Peter Tietze für diesen Hinweis.

108 Noch deutlicher dürfte dies bei Bildern und Karikaturen der Fall sein, mit denen andere Akteure die Gewerkschaften darstellten.

109 Stefan Moitra, Mitbestimmung im Bild? Zur visuellen Kommunikation der industriellen Beziehungen im westdeutschen Bergbau, 1945–1969, in: Knud Andresen/Michaela Kuhnhenne/Jürgen Mittag/Stefan Müller (Hrsg.), Repräsentationen der Arbeit. Bilder – Erzählungen – Darstellungen, Bonn 2018, S. 233–252, hier S. 242, 248.

3.3.2 Organisationspolitik

Angestellte und Beamte blieben nicht nur in der gewerkschaftlichen Sprache präsent, sie genossen darüber hinaus organisationspolitische Privilegien, die sie im Laufe der 1950er Jahre immer stärker auszubauen vermochten[110]. Diese Sonderrechte waren nun keineswegs an sich problematisch, sondern es hing entscheidend von der Art der Begründung ab, ob aus ihnen eine Benachteiligung der Arbeiterinnen und Arbeiter erwuchs. Wie also rechtfertigte der DGB die Personengruppenarbeit für Angestellte und Beamte, und welche Änderungen lassen sich beobachten? Zu prüfen ist überdies, ob auch für Arbeiter organisationspolitische Nischen geschaffen wurden. Besonders aufschlussreich verspricht die Mitgliederwerbung zu sein, zeigt sich in ihr doch der organisationspolitische Wert, den die Gewerkschaften ihren jeweiligen Zielgruppen zubilligen.

Unproblematische Begründungen

Eine mit der Sprachpraxis korrespondierende Vorzugsbehandlung der Angestellten lässt sich sehr deutlich hinsichtlich der Organisationsstruktur erkennen, die dem Verwaltungsapparat des DGB-Bundesvorstandes seit Anbeginn seine Prägung gab. Dort dominierten auf Sachfragen ausgerichtete Abteilungen, die aber durch Sekretariate ergänzt wurden, die der Vertretung sogenannter Personengruppen gewidmet waren. So war die Hauptabteilung VIII für Frauenarbeit, die Hauptabteilung IX für Jugendarbeit und die Hauptabteilung X für Angestellten- und Beamtenarbeit zuständig. Eine eigene Abteilung für Arbeiterfragen findet sich im Organisationsplan zu Beginn der 1950er Jahre dagegen nicht[111]. Die Personengruppen für Angestellte und Beamte sind insofern bemerkenswert, als die Satzung des DGB zunächst nur die Vertretung der Frauen und der Jugend vorgesehen hatte[112]. Erst der vierte Ordentliche Bundeskongress des DGB hob Beamte und Angestellte 1956 auf Antrag des Bundesangestelltenausschusses in denselben satzungsrechtlichen Rang wie Frauen und Jugendliche, indem er auch ihre Betreuung unter Paragraph 2 Ziffer 2e als eine der „gemeinsamen Gewerkschaftsaufgaben“[113] definierte. Die

---

110 Ausführlich dazu: Müller, DAG, S. 631–646.

111 Vgl. den Organisationsplan in: DGB-Bundesvorstand (Hrsg.), Geschäftsbericht des Deutschen Gewerkschaftsbundes 1950–1951, o.O. [Köln] o. J., S. 796. Bereits im zweiten Geschäftsbericht sind im Organisationsplan die römischen Ziffern der Hauptabteilungen durch Klarnamen, etwa „Hauptabteilung Frauen“, ersetzt. Vgl. ders. (Hrsg.), Geschäftsbericht des Deutschen Gewerkschaftsbundes 1952–1953, o.O. [Köln] o. J., S. 712.

112 Paragraph 2 Ziffer 2e definierte immerhin auch die Arbeit von Fachgruppen als DGB-Aufgabe. Vgl. DGB-Bundesvorstand, Protokoll Gründungskongress, S. 306 f.

113 DGB-Bundesvorstand, Protokoll Bundeskongress 1956, S. 823, 1006 (Zitat).

dafür notwendige Satzungsänderung winkten die Delegierten ohne Redebedarf und Gegenstimmen durch. In der Sache änderte sich damit nichts, wie Adolf Mirkes, der Berichterstatter der Antragskommission, betonte[114]. Und doch war es eine symbolische Aufwertung der Angestelltenarbeit. Denn die satzungsrechtliche Verankerung ersetzte die bereits 1949 verabschiedeten „Richtlinien für die Angestelltenarbeit", die den DGB darauf verpflichtet hatten, „eine einheitliche und nachdrückliche Interessenvertretung der Angestelltenmitglieder aller Gewerkschaften" sicherzustellen und zu diesem Zweck „ein Bundesangestelltenreferat" sowie „einen Bundesangestelltenausschuß" einzurichten[115]. Dass die Angestellten auf dem Bundeskongress überhaupt die Initiative ergreifen konnten, verdankten sie wiederum einer 1954 beschlossenen Satzungsänderung. Seither verfügten auch die Personengruppen über ein entsprechendes Antragsrecht[116].

Die Frage, wie Angestellte in die neue Einheitsgewerkschaft zu integrieren seien, war satzungsrechtlich Mitte der 1950er Jahre beantwortet. Sie hatte die Gewerkschaftsfunktionäre seit der frühen Nachkriegszeit ständig begleitet. Hans Böckler hatte in der eingangs zitierten Rede im Juni 1945 zunächst eine sehr pragmatische Position bezogen, denn er wollte es der Praxis anheimstellen, ob es neben den Fachabteilungen auch „einer besonderen Arbeitsspitze für Arbeiter, Angestellte und Beamte" bedürfe[117]. Sehr viel entschiedener hatte sich Max Ehrhardt, dessen Weg schließlich in die DAG führen sollte, schon einen Monat früher positioniert. Er forderte damals „von der Arbeiterschaft das Verständnis" ein, „daß [...] den besonderen gewerkschaftlichen und sozialpolitischen Belangen der Angestellten unbedingt Rechnung getragen werden muß." Die Existenz solcher Sonderinteressen begründete er gleich doppelt. Zum einen strukturell, denn die „soziale[] und berufliche[] Gliederung" in ‚Arbeiter', ‚Angestellte' und ‚Beamte' spiegele nur das kapitalistische System wider und werde auch in seiner „arbeitsrechtliche[n]" und „sozialpsychologische[n] Struktur" reproduziert. Zum andern ideell, wenn er mit Blick auf die Angestellten einen „ideologische[n] Umformungsprozeß als eine dringende Notwendigkeit" ausmachte[118]. Wie beide Argumente zusammenpassten,

114 Ibid., S. 485 f.

115 Richtlinien für die Angestelltenarbeit im Deutschen Gewerkschaftsbund, in: DGB-Bundesvorstand, Protokoll Gründungskongress, S. 334.

116 Vgl. DGB-Bundesvorstand (Hrsg.), Protokoll 3. Ordentlicher Bundeskongress Frankfurt a. M. 4. bis 9. Oktober 1954, Düsseldorf o. J., S. 827.

117 Böckler, Erläuterungen, S. 109.

118 Dokument 1: Denkschrift von Max Ehrhardt, Bad Cannstatt, für den Württembergischen Gewerkschaftsbund, Stuttgart, 17. Mai 1945, zur Organisation der Angestellten, in: Siegfried Mielke (Bearb.), Quellen zur Geschichte der deutschen Gewerkschaftsbewegung im 20. Jahrhundert, Band 8: Die Gewerkschaften und die Angestelltenfrage 1945–1949, Köln 1989, S. 57–65, hier S. 61.

ließ er offen, obwohl das erste auf eine Veränderung des Seins, das zweite aber auf eine des Bewusstseins als Lösung des Angestelltenproblems abzielte. In der konkreten Auseinandersetzung um Organisationsfragen war dieser Widerspruch für die Vertreter der Angestellteninteressen freilich irrelevant. Analytisch entscheidend ist allerdings, dass schon sehr früh dezidiert von Angestelltenfunktionären auf die Denkfigur des falschen Angestelltenbewusstseins Bezug genommen wurde, und zwar, um ihnen einen gewerkschaftspolitischen Vorteil zu verschaffen. Wie sich zeigte, stieß dieses Argument auch bei den Arbeiterfunktionären auf ein offenes Ohr. Ende 1945 waren die Gewerkschaftsführer der britischen Besatzungszone sogar bereit, den Angestelltenvertretern im Vorstand eine Vertretung zu garantieren, „die größer war, als ihr zahlenmäßiger Anteil unter den Gesamtbeschäftigten“[119]. Und auch die Einrichtung der besonderen Vorstandssekretariate für Angestellte und Beamte vier Jahre später folgte dem von Ehrhardt vorgebrachten Argument. Georg Reuter, der auf dem Gründungskongress des DGB zum stellvertretenden Vorsitzenden gewählt werden sollte, bescheinigte den Angestellten und Beamten damals Defizite hinsichtlich ihrer gewerkschaftlichen Kompetenzen. Nötig seien daher eigene Referate und Ausschüsse, damit diese Gruppen „stärker mit dem Wesen der Gewerkschaften vertraut gemacht werden[,] und durch die Einrichtung selbst soll den Angestellten und Beamten die Erkenntnis werden [sic!], daß die Stärke in der Einheit liegt und eigene Angestellten- oder Beamtengewerkschaften […] unzweckmäßig sind.“[120]

All diese Begründungen einer besonderen Betreuung von Angestellten und Beamten bezogen sich also nicht auf deren gewerkschaftliche Minderheitenposition. Und dies hatte einen guten Grund. Denn andernfalls hätten die Gewerkschaftsfunktionäre ihnen eine eigenständige Identität zugeschrieben. Gerade das galt es zu vermeiden, denn es hätte unweigerlich die Existenz der DAG und des DBB als Standesorganisationen legitimiert und sofort die Frage nach einer besonderen Vertretung der Arbeiterschaft aufgeworfen. Für den DGB waren aber auch ‚Angestellte‘ eindeutig ‚Arbeitnehmer‘, wenn auch nicht besonders gute. Passenderweise fand die einzig mir bekannte theoretische Auseinandersetzung des DGB mit dem Arbeitnehmerbegriff, die oben erwähnte Definition von Viktor Agartz, auf dem ersten Bundesangestelltentag des DGB statt. Denn Agartz wollte den Delegierten deutlich machen, dass die unter den Angestellten verbreitete Ansicht, in einem besonderen Verhältnis zur Unternehmensleitung zu stehen und sich folglich we-

119 Dokument 58: Konferenz von Gewerkschaftern der Nord-Rheinprovinz mit Vertretern der britischen Militärregierung in Düsseldorf, 7. Dezember 1945, in: Mielke, Organisatorischer Aufbau, S. 255–266, hier S. 259.

120 Vgl. DGB-Bundesvorstand, Protokoll Bundeskongress 1956, S. 559–574 sowie ders., Protokoll Gründungskongress, S. 77f. (Zitat).

sentlich von der Arbeiterschaft zu unterscheiden, eine Selbsttäuschung war. Denn auch ihre Erwerbstätigkeit ließ sie zu einer bloßen „Funktion eines anderen" werden.

Diese Argumente blieben nicht ohne Folgen für die Arbeiterinnen und Arbeiter. Eben weil ihnen ein vorbildliches ‚Arbeitnehmerbewusstsein' attestiert wurde, konnten sie für sich keinen solch privilegierenden Bildungsanspruch, der sich organisationspolitisch innerhalb der Gewerkschaften hätte niederschlagen können, geltend machen. Deutlich wurde dies auf dem Kongress 1956 im Redebeitrag von Heinz Seeger, dem Vorsitzenden der Gewerkschaft Holz. Für seinen einleitenden Satz, er sei „[f]ast [...] versucht, hier für eine Gruppe, die es auch noch im Deutschen Gewerkschaftsbund gibt, nämlich für die Gruppe der Arbeiter", zu sprechen, erntete er laut Protokoll „lebhaften Beifall" und „Bravorufe"[121]. Gleichzeitig machte Seegers Aussage aber deutlich, dass die Forderung nach einer organisationspolitischen Gleichbehandlung der Arbeiter nicht zur Debatte stand; sie verblieb im Bereich des Hypothetischen, nicht des Realen. Auch der ÖTV-Vorsitzende Adolph Kummernuss kam auf die Arbeiterschaft zu sprechen. Und auch er tat dies nur, um mögliche Forderungen dieser Gruppe nach einem „besonderen Sitz" im Keim zu ersticken. Denn er war sich sicher, dass sich die Lohnempfänger „ausgezeichnet vertreten" fühlten[122]. Ob dem tatsächlich so war, wird noch zu klären sein. Es bleibt aber festzuhalten, dass die besondere organisations- und sprachpolitische Behandlung der Angestellten nur so lange mit dem Arbeitnehmerkonzept des DGB kompatibel und die Forderung der Arbeiter nach Gleichbehandlung unbegründet, die Gesamtkonstellation also unproblematisch war, wie als Begründung für die Privilegierung die Defizite der Angestellten als ‚Arbeitnehmer' herangezogen wurden.

Problematische Begründungen

Eine problematische Begründung fand sich bereits in der 1952 vom Bundeskongress verabschiedeten „Entschließung zur Angestelltenarbeit". Darin hieß es: „Neben der organisatorischen Erfassung der Angestellten durch die Gewerkschaften muß eine sachgemäße berufliche Betreuung gesichert und unter Beachtung der funktionsbedingten Eigenarten der Angestellten die Voraussetzung für echte gewerkschaftliche Mitarbeit geschaffen werden."[123] Entscheidend war hier der Verweis auf die „funktionsbedingten Eigenarten der Angestellten", denn dadurch wurde diese Sta-

---

121 Vgl. DGB-Bundesvorstand, Protokoll Bundeskongress 1956, S. 564 (Zitat), 565.

122 Ibid., S. 568.

123 DGB-Bundesvorstand (Hrsg.), Protokoll 2. Ordentlicher Bundeskongress Berlin 13. bis 17. Oktober 1952, Düsseldorf o. J., S. 481.

tusgruppe essentialisiert. Selbst wenn dereinst die defizitäre Angestelltenmentalität dank der gewerkschaftlichen Bildungsarbeit überwunden sein würde, existierten folglich noch immer tätigkeitsbedingte Spezifika der Angestellten. Interessanterweise hatte Hans Böckler schon im Dezember 1945 ganz ähnliche Überlegungen angestellt und dabei auch die organisationspolitischen Konsequenzen aufgezeigt. Laut Protokoll führte er damals aus,

> daß, obwohl wir in unseren Vorschlägen von der früheren Dreisäulentheorie (besondere Organisation für Arbeiter, Angestellte und Beamte) abgekommen seien, innerhalb der Industrieverbände diese Theorie in entsprechenden Fachgruppen natürlich wieder ihren Ausdruck finden müsse. Es ginge nicht ohne eine angemessene Berücksichtigung der besonderen Interessen dieser verschiedenen Arbeitnehmergruppen, die auch in der besonderen organisatorischen Gliederung und Vertretung Ausdruck finden müsse.[124]

In diesem Zitat kommt eine überraschend pluralistische Lesart des Arbeitnehmerkonzepts zum Ausdruck, die Interessenunterschiede als legitim und dauerhaft anerkannte und einer pragmatischen Lösung zuführte, indem sie jene einer untergeordneten Hierarchieebene, oder vielleicht besser: einer anderen funktionalen Ebene zur Bearbeitung zuwies. In dieser Perspektive war das Arbeitnehmerkonzept von der Last befreit, vereinheitlichendes Telos der Gewerkschaftsbewegung zu sein. Stattdessen blieb er ganz in der Gegenwart verortet, und zwar als ein Sammelbegriff, der Schnittmengen wie Differenzierungen thematisierbar machte, welche wiederum die Notwendigkeit je eigener Begriffe begründeten. Anders ausgedrückt: Dieser Arbeitnehmerbegriff sollte die Konzepte ‚Arbeiter', ‚Angestellte' und ‚Beamte' ergänzen, nicht ersetzen. Dass Böckler mit einem solch pluralistischen Arbeitnehmerbegriff arbeiten konnte, war den Zeitumständen geschuldet, und zwar in doppelter Hinsicht. Zum einen wirkte die Weimarer Erfahrung einer pluralen Gewerkschaftsbewegung noch nach, was Böckler mit dem Begriff der Dreisäulentheorie zum Ausdruck brachte. Zum andern bestand damals noch die begründete Hoffnung, alle organisierten Angestellten in einer allgemeinen Gewerkschaft gemeinsam mit der Arbeiterschaft vereinen zu können. Seine Aussage stellte folglich ein Integrationsangebot an die Angestelltenfunktionäre dar. Eine solche Option war, wie erwähnt, mit der Gründung der DAG 1949 fürs erste zunichte gemacht. Ein pluralistischer Arbeitnehmerbegriff drohte seither auf eine Legitimierung und Stärkung der DAG hinauszulaufen.

Warum aber fand er dann 1952 plötzlich Eingang in die Beschlusslage des DGB? Womöglich hing dies mit einer bundespolitischen Entscheidung des Jahres 1951

124 Konferenz von Gewerkschaftern, S. 259.

zusammen, dem Montanmitbestimmungsgesetz. Als Ergebnis der Diskussionen im DGB-Bundesausschuss am 16. April 1951 hielt das Protokoll fest:

> Als ein wesentlicher Punkt erscheint die Gruppenwahl, die dazu geneigt sein kann, die Kluft zwischen Arbeitern und Angestellten, die durch das Organisationsprinzip im DGB nicht mehr vorhanden ist, erneut aufzureißen. Es wird als notwendig angesehen, die Angestelltenarbeit in den einzelnen Gewerkschaften mehr als bisher zu fördern und zu aktivieren, um dieser Gefahr begegnen zu können.[125]

Der vom DGB befürchtete Riss vertiefte sich zwei Jahre später mit den Sozialwahlen. Worum ging es damals? In der frühen Nachkriegszeit hatte der DGB geglaubt, ein wichtiges Etappenziel erreicht zu haben: die Zusammenlegung der Rentenversicherungen. Bekanntlich hatten die Angestellten seit 1913 über eine eigene, zentralisierte Versicherungsanstalt mit Sitz in Berlin verfügt, während für die Arbeiterschaft zahlreiche Landesversicherungsanstalten zuständig waren. Durch die Teilung Berlins und die Kriegsschäden konnte die Reichsversicherungsanstalt seit 1945 jedoch ihre Funktion nicht mehr erfüllen. Die Landesversicherungsanstalten mussten nun die Renten der Angestellten mitverwalten. Berlin fusionierte sogar beide Rentenkassen in der Versicherungsanstalt Berlin. Dieses Modell wollte der DGB auch in der Bundesrepublik einführen. Die DAG setzte sich dagegen für eine Wiederherstellung einer eigenständigen Angestelltenrentenversicherungsanstalt ein – mit Erfolg. Die Angestellten bescherten der DAG und anderen Gegnern einer Einheitsversicherung einen derart eindrucksvollen Sieg bei den Sozialwahlen, dass der Bundestag am 3. Juli 1953 einstimmig die Gründung der Bundesversicherungsanstalt für Angestellte beschloss[126].

Damit hatte die Politik nicht nur das Feld für eine genuine Angestelltenpolitik geöffnet, sondern sie zugleich auf Dauer gestellt. Mit einer rein auf die Überwindung der Angestelltenmentalität ausgerichteten Programmatik konnte der DGB auf diesem Feld nicht reüssieren. Zudem kamen in den 1950er Jahren soziologische Deutungen auf, die den ‚Angestellten' ebenfalls funktionalistisch zu fassen suchten. Wie Hans-Peter Müller darlegte, öffnete sich der DGB seit Mitte dieses Jahrzehnts den Argumenten Fritz Croners, eines „dezidierten Vertreter[s] des Eigenständigkeitstheorems" der Angestellten also. Und vor der Sozialwahl 1962 verkündete die Angestelltenzeitschrift des DGB gar, der Dachverband habe nie die Absicht gehabt, die Statusgruppen ‚Arbeiter' und ‚Angestellte' in einen einheitlichen Arbeitneh-

125 Dokument 20: Sitzung des Bundesausschusses, 16.4.1951, in: Josef Kaiser (Bearb.), Quellen zur Geschichte der deutschen Gewerkschaftsbewegung im 20. Jahrhundert, Band 11: Der Deutsche Gewerkschaftsbund 1949–1956, Köln 1996, S. 171–176, hier S. 173.

126 Vgl. ausführlich Müller, DAG, S. 31–121 sowie Winfried Schmähl, Alterssicherungspolitik in Deutschland. Vorgeschichte und Entwicklung von 1945 bis 1998, Tübingen 2018, S. 103–107, 186.

merstatus zu überführen[127]. Auch wenn diese Entwicklung ohne die Konkurrenz zur DAG nicht zu erklären ist, wurde sie doch auch von einer ganz anders gearteten Beziehung des DGB zur DAG verstärkt. Der DGB-Vorsitzende Walter Freitag machte am 18. Januar 1954 in diesem Zusammenhang interessante Ausführungen. Laut Protokoll erklärte er:

> Der Kreis der Angestellten und der Angestelltengewerkschaften sei viel anfälliger für eine Aufspaltung als der DGB. [...] Die Bundesregierung spiele heute die DAG gegen den DGB bei allen möglichen Gelegenheiten aus. Aus diesem Grunde sei auch eine baldige Einigung nötig. Auf der anderen Seite bemühe sich der DHV [Deutscher Handlungsgehilfenverband – S.W.], die Nachfolgeorganisation für alle Angestelltenverbände zu werden. [...] Man dürfe nicht ohne weiteres zusehen, wie die DAG vor die Hunde geht.[128]

Vor allem aus Sorge um die Demokratie bekundete der DGB-Vorsitzende intern sein Interesse am Fortbestand der Angestelltengewerkschaft. Die DAG sollte laut Freitag nicht nur als Bollwerk gegen rechtsextreme Bestrebungen in Westdeutschland wirken, sondern er bezog sie auch in seine politischen Überlegungen zu einem anderen Szenario mit ein – der deutschen Wiedervereinigung: „Für diesen Augenblick sei entscheidend wichtig, die DAG als Verbündeten neben sich zu haben. In Ostdeutschland bestünde eine ganz andere Organisationsform der Gewerkschaften. Der FDGB sei eine Staatsgewerkschaft."[129]

Vor diesem Hintergrund überrascht es wenig, dass in der Präambel des DGB-Grundsatzprogramms von 1963 der funktionalistisch-differenzierende Arbeitnehmerbegriff auftauchte. Ganz im Sinne Böcklers verkündete der Dachverband nun: „Der Zusammenschluß aller Gruppen der Arbeitnehmerschaft in dieser Organisationsform bietet die sichere Gewähr, daß sowohl die speziellen Interessen der Arbeiter, Angestellten oder Beamten als auch ihre gemeinsamen Anliegen erfolgreich vertreten werden können."[130] Diese Aussage unterstrich den Charakter des neuen Grundsatzprogramms als Reformprogramm. In der Forschung ist gemeinhin davon die Rede, der DGB habe damit die Godesberger Wende der SPD nachvollzogen. Tatsächlich hatte der DGB zuvor schon grundlegende politische Ansichten revidiert. Irene von Reitzenstein machte etwa im DGB-Aktionsprogramm von 1956 eine Umorientierung von wirtschaftsdemokratischen Vorstellungen hin zum Konzept des „sozialen Kapitalismus" aus, wodurch der technische Fortschritt zum zentralen Bezugspunkt der gewerkschaftlichen Überlegungen erhoben worden sei. Im Zuge

---

127 Vgl. Müller, DAG, S. 635–637, 646 (Zitat).

128 Dokument 66: 18.1.1954: Sitzung des Bundesvorstandes, in: Kaiser, DGB 1949–1956, S. 470–496, hier S. 480 f.

129 Ibid., S. 481.

130 DGB-Bundesvorstand, Protokoll Ausserordentlicher Bundeskongress 1963, S. 451.

dessen seien Unternehmer nicht mehr als Klassengegner und betriebliche Hierarchien nicht mehr als illegitim angesehen, vielmehr die „Trennung in leitende und ausführende Funktionen [...] als notwendige Einteilung der Arbeitsbereiche akzeptiert" worden[131]. Der Blick des DGB auf die Welt hatte sich differenziert. Julia Angster diagnostizierte demgemäß für die 1960er Jahre einen Durchbruch „angelsächsisch-westlichen Denkens" im DGB, das im Kern das Bekenntnis zum „Pluralismus als legitimatorisches Element gesellschaftlichen Zusammenlebens und politischer Entscheidungsfindung" umfasste. Damit vollzog der DGB einen allgemeinen Wertewandel des Politischen mit, denn auch die bundesrepublikanische Gesellschaft war diesem Prozess der Westernisierung zeitgleich unterworfen[132]. Allerdings war die sprachpolitische Reform des Arbeitnehmerbegriffs 1963 eigentlich gar nicht vorgesehen gewesen. Im ursprünglichen Entwurf hieß es noch ganz im Sinne des traditionellen, allumfassenden Arbeitnehmerbegriffs: „Als Organisation der Arbeiter, Angestellten und Beamten nehmen die Gewerkschaften die wirtschaftlichen, sozialen und kulturellen Interessen aller Arbeitnehmer und ihrer Familien im Rahmen der Erfordernisse des Gesamtwohls wahr." Gleichwohl führte der Änderungsantrag zu keiner Diskussion, denn bereits die Antragskommission hatte die Änderungswünsche berücksichtigt. Wenig überraschend war auch dieser Antrag auf den DGB-Bundesangestelltenausschuss zurückgegangen[133].

An diesem Beispiel zeigt sich eindrucksvoll, wie sich die sprachpolitischen Privilegien der Angestellten in organisationspolitische Stärke übersetzen ließen, die es den Angestellten wiederum erlaubte, die Sprachpolitik in ihrem Sinne zu gestalten. Zwar hielt der DGB die Konzeption der ‚Angestellten' als defizitäre ‚Arbeitnehmer' noch lange aufrecht, doch wäre noch genauer zu untersuchen, in welchen Kontexten und mit welchen Konsequenzen dies geschah. Denn je stärker die Angestelltenarbeit in der Tagesarbeit konkretisiert werden musste, desto mehr rückten jene Probleme in den Fokus, welche aus den spezifischen Funktionen der Angestellten in Betrieb und Wirtschaft erwuchsen. Womöglich diente die Rede von der ‚Angestelltenmentalität' eher dazu, mögliche Ansprüche der Arbeiterinnen und Arbeiter auf organisations- und sprachpolitische Gleichstellung von vornherein zurückzuweisen. Denn Pluralismus wie auch Westernisierung endeten 1963 eben noch immer bei den ‚Arbeitern'. Ja mehr noch: Ihnen gegenüber zeichnete sich in den 1960er Jahren eine immer exklusivere und geradezu hermetische Belegung mit dem Arbeitnehmerbegriff ab. Organisationspolitisch tauchten die ‚Arbeiter' ebenfalls nicht auf, zumindest nicht im DGB.

131 Vgl. von Reitzenstein, Solidarität, S. 177–178 (Zitat).
132 Angster, Konsenskapitalismus, S. 445, 450.
133 Vgl. DGB-Bundesvorstand, Protokoll Ausserordentlicher Bundeskongress 1963, S. 52 f., 263 f.

Worin lagen die Gründe? Zum einen existierte keine der DAG vergleichbare Konkurrenzorganisation. Im Gegenteil. 1950 repräsentierten die DGB-Gewerkschaften sage und schreibe 99,9 Prozent aller gewerkschaftlich organisierten Arbeiter. Auch wenn dieser Anteil bis 1985 konstant abnahm, lag er auch dann noch bei nicht weniger eindrucksvollen 97,3 Prozent[134]. Hinzu kam das Konkurrenzverhältnis von Einzelgewerkschaften und Dachverband. Heinrich Gutermuth, Vorsitzender der IG Bergbau, rekurrierte in einem Diskussionsbeitrag auf dem Bundeskongress 1956 implizit auf Hans Böckler, wenn er die Vertretung der Personengruppen als Aufgabe der Einzelgewerkschaften beanspruchte und diese Kompetenz nicht dem DGB zugestehen wollte[135]. Doch wie war es um diese bestellt?

Organisationspolitik für die Arbeiterinnen und Arbeiter

Für die Industriegewerkschaften war die Sache recht einfach. Die Arbeiterschaft stellte das Gros ihrer Mitglieder. Sie pauschal als ‚Arbeitnehmer' zu bezeichnen, erwies sich allein schon arithmetisch als wahr, sofern sich die Gewerkschaften, wie sie es ja taten, als ‚Arbeitnehmer'organisationen definierten. Eine weitgehend homogene Mitgliederstruktur erfordert wiederum nicht, die Mitglieder noch einmal besonders zu repräsentieren. Ihre Probleme lassen sich ausschließlich im Modus der Sachpolitik bearbeiten. Die ÖTV war in dieser Hinsicht ein besonderer Fall. Sie hatte seit ihrer Gründung eigene Sekretariate nicht nur für Angestellte, Beamte, Frauen und für die Gewerkschaftsjugend in ihrer Satzung verankert, sondern auch für Arbeiter. Dies hing mit der andersgearteten Mitgliederstruktur der Gewerkschaften des Öffentlichen Dienstes zusammen, die neben Angehörigen der Beamtenschaft einen hohen Angestelltenanteil aufwiesen. Lohnempfängerinnen und -empfänger stellten zwar auch in der ÖTV die Mehrheit, aber sie fiel deutlich geringer aus als etwa in der IG Metall[136].

Trotz dieser rechtlich eindeutigen Ausgangslage sah sich der ÖTV-Landesbezirk Berlin 1955 genötigt, mit Antrag 111 die Errichtung eines Arbeitersekretariats beim Hauptvorstand der ÖTV einzufordern. Denn während alle anderen Sekretariate

134 Vgl. Klaus Armingeon, Die Entwicklung der westdeutschen Gewerkschaften 1950–1985, Frankfurt a. M./New York 1988, S. 148 f.

135 Vgl. DGB-Bundesvorstand, Protokoll Bundeskongress 1956, S. 563.

136 Noch zu Beginn der 1960er Jahre stellten Arbeiter 60 Prozent der Mitglieder, 1978 nur noch etwa 50 Prozent. 1982 waren 43 Prozent der ÖTV-Mitglieder Angestellte, während der Beamtenanteil in den 1970er Jahren deutlich abgenommen hatte. Vgl. Führer, Gewerkschaftsmacht, S. 408, 410 f. In der Deutschen Postgewerkschaft (DPG) dominierten dagegen mit Abstand die Beamten. Vgl. Karl Lauschke, ‚Zusammenhalten und gestalten'. Von der traditionellen Beamtenorganisation zur streitbaren Gewerkschaft: Die Deutsche Postgewerkschaft bis zur Bildung von ver.di, hrsg. von der Stiftung Deutsche Postgewerkschaft, Hamburg 2009, S. 142 f.

zügig aufgebaut worden waren und die zuständigen Sekretäre, mit Ausnahme des Jugendsekretärs, ab 1952 auch im geschäftsführenden Hauptvorstand (gHV) einen Sitz hatten, existierte das Arbeitersekretariat nur auf dem Papier[137]. Die Regie des Gewerkschaftstages hielt nun zwei Überraschungen bereit: Obwohl der Antrag nur die Umsetzung der Satzung forderte, wurde er wie eine Satzungsänderung behandelt. Dies führte dazu, dass er gemeinsam mit dem Antrag der Techniker verhandelt wurde, die ihrerseits auch ein eigenes Sekretariat beanspruchten. Dem Sprecher der Berliner Antragsteller, Werner Haase, bot diese Konstellation eine perfekte Bühne. Mit Verweis auf die halbe Million in der ÖTV organisierten Arbeiterinnen und Arbeiter konnte er einerseits für diese Gruppe eine mit der Einrichtung des Arbeitersekretariats sich entfaltende „Praxis" einfordern, die „zu einer echten tragenden Säule wird, die eine Theorie braucht". Andererseits vermochte Haase dank des Ansinnens der Techniker die bisherige Entwicklung in der ÖTV als eine Pervertierung eigentlich guter Prinzipien anzuprangern: „Aber Vernunft führt zu Unvernunft, wenn man kleine und kleinere Gruppeninteressen in den Vordergrund schiebt, ohne die Masse zu berücksichtigen […]"[138]. Der Hauptvorstand versuchte, durch eine Selbstverpflichtungserklärung, „das Arbeitersekretariat entsprechend seiner Bedeutung stärker zu betonen", den Berliner Antrag zu kontern. Ohnehin, so erklärte die Satzungskommission, bestehe bereits ein Arbeitersekretariat, es habe nur „fälschlicherweise in der Vergangenheit den Namen Tarifsekretariat geführt", weshalb der Berliner Antrag auch „als gegenstandslos" anzusehen sei[139]. Was hier zum Ausdruck kam, waren zwei konfligierende Konzeptionen des ‚Arbeiters'. In der Lesart des Hauptvorstandes trat der ‚Arbeiter' als der allgemeine ‚Arbeitnehmer' in Erscheinung, der keiner besonderen Vertretung mehr bedurfte, sondern nur noch durch die Gesamtorganisation repräsentiert werden konnte. Dagegen stellten die Berliner Delegierten ein Konzept des ‚Arbeiters' zur Diskussion, das sich nicht auf den Arbeitnehmerbegriff reduzieren ließ. Nach der Logik der funktionalen Differenzierung argumentierten nun auch sie mit der Existenz von „grundsätzlichen Fragen, die die Lohnempfänger betreffen". Konkretisierend führte Haase aus: „Ohne gesetzliche Veränderungen in der Sozialver-

137 Vgl. Walter Nachtmann, 100 Jahre ÖTV. Die Geschichte einer Gewerkschaft und ihrer Vorläuferorganisationen, hrsg. von der Gewerkschaft Öffentliche Dienste, Transport und Verkehr, Frankfurt a. M. 1996, S. 339 f. sowie ÖTV-Hauptvorstand (Hrsg.), Protokoll des 2. Ordentlichen Gewerkschaftstages der Gewerkschaft Öffentliche Dienste, Transport und Verkehr vom 3. bis 7. Mai 1955 in Frankfurt (Main), Stuttgart 1955, S. 65 (Antragsteil).

138 ÖTV-Hauptvorstand, Protokoll Gewerkschaftstag 1955, S. 239.

139 Ibid., S. 237, 245.

sicherung, im Arbeitsschutz können im tarifpolitischen Rahmen Verbesserungen für die Arbeiter in den Betrieben nicht geschaffen werden.“[140]

Insgesamt artikulierte sich also deutliche Kritik an der in den DGB-Gewerkschaften weitverbreiteten Praxis, die Arbeiterschaft nur im Rahmen der allgemeinen Arbeitnehmerpolitik zu vertreten. Gerade zu einer Zeit, in der das neue Aktionsprogramm des DGB die Tarifpolitik ins Zentrum rückte, weil die politischen Mehrheiten im Bundestag eine gesetzliche Regelung gewerkschaftlicher Anliegen verhinderten[141], stellte Haase die Prärogative der Politik gegenüber der gewerkschaftlichen Tarifpolitik kritisch heraus. Diese Herausforderung des Vorstandes zahlte sich für die Berliner Delegation am Ende aus. Der Gewerkschaftstag billigte ihren Antrag mit nur einer Gegenstimme. Die zuvor notwendige Ablehnung des Vorschlags der Satzungskommission war mit 202 zu 198 Stimmen jedoch denkbar knapp ausgefallen[142]. Bis schließlich auch der Beirat der ÖTV die Einrichtung des Arbeitersekretariats beschloss, dauerte es noch zwei weitere Jahre. Immerhin konnte das neue Sekretariat seine Berechtigung sehr schnell unter Beweis stellen[143]. Dennoch ist es aufschlussreich, wie schwer es die Arbeiter selbst unter Umständen hatten, in denen sie aufgrund der Branchen- wie der gewerkschaftlichen Mitgliederstruktur kaum als Verkörperung des allgemeinen ‚Arbeitnehmers‘ gelten konnten, als ‚Arbeiter‘ vertreten zu werden.

Gewerkschaftliche Werbearbeit

Zu Beginn des Jahres 1966 ließ Rudi Iffland von der acon Gesellschaft für Werbung und Kommunikation dem IG Metall-Vorstandsmitglied Georg Benz einen alarmierenden Bericht zukommen. Die Mitgliederzahlen der Gewerkschaften stagnierten, und noch dazu vollzögen sich grundlegende „Strukturverschiebungen“. Zwischen 1961 und 1964 habe demnach „innerhalb der organisierten Arbeiterschaft eine deutliche Kräfteverschiebung stattgefunden“. Hätten zuvor an- und ungelernte Arbeiter die Mehrheit aller gewerkschaftlich gebundenen Arbeiter gestellt, dominierten nun mit einem Anteil von 60 Prozent die Facharbeiter. Auch die Gründe benannte der Bericht. Sie lägen „in den komplizierten gesellschaftlichen Verhältnissen und in dem mangelnden gesellschaftlichen Bewußtsein“ der geringqualifizierten Arbeiter, die noch dazu aufgrund der guten konjunkturellen Lage „sich zum ersten Male in ihrer Geschichte einigermaßen erfolgreich am Konsum beteiligen“

140 Ibid., S. 65 (Antragsteil) (Hervorhebung gelöscht), S. 240.

141 Vgl. Markovits, Politics, S. 83–93.

142 Vgl. ÖTV-Hauptvorstand, Protokoll Gewerkschaftstag 1955, S. 245 f. Der Antrag der Techniker wurde abgelehnt.

143 Vgl. Nachtmann, 100 Jahre, S. 340, 342.

könnten[144]. Diese Aussage ist insofern interessant, als sie die jeweils defizitorientierten Argumente aus den Diskursen über das ‚Lumpenproletariat' wie auch über die ‚Angestellten' amalgamierte. Wenig überraschend leitete der Bericht auch direkt im Anschluss auf dieses zweite gewerkschaftliche Sorgenkind über. Während der Angestelltenanteil des DGB seit 1949 nur um 1,2 Prozent gestiegen sei, habe er gesamtwirtschaftlich um zehn Prozent zugenommen, und zwar von 23 auf 33 Prozent. Der Bericht warnte: „Da der Prozeß der Berufsumschichtung weitergeht, gerät der DGB in Gefahr, ‚aus einer Vertretung der Arbeitnehmerinteressen insgesamt zu einer Organisation der Arbeiter im besonderen zu werden'. Der Organisationsgrad muß bei diesem Prozeß zwangsläufig immer niedrigere Werte erreichen."[145] Trotz der identischen Problemanamnese legte der Bericht bei den Handlungsempfehlungen sein Hauptaugenmerk nicht auf die an- und ungelernten Arbeiter, sondern auf die Angestellten[146]. Den Ausschlag für diese Gruppe gab der nicht infrage gestellte strukturelle Trend hin zur Dienstleistungsgesellschaft, zugleich spielte aber auch das in der Bevölkerung angeblich verbreitete Image der Gewerkschaft als „eines nichthonorigen Arme-Leute-Clubs" eine Rolle[147].

Die Bevorzugung der Angestellten in der Werbearbeit lässt sich auch in den von der Abteilung Werbung der IG Metall betriebenen Aktivitäten nachweisen. In den überlieferten Dokumenten findet sich letztmalig im Werbeplan 1966 ein Hinweis auf eine gruppenspezifische Werbung, die sich auch explizit an Arbeiter richtete[148]. Dagegen hielten die Werbefachleute der IG Metall noch 1975 einen besonderen Wettbewerb für notwendig, um den geringen Organisationsgrad der Angestellten zu heben. Ernsthaft wurde erwogen, im Zuge des allgemeinen Wettbewerbs um Mitglieder die erfolgreiche Anwerbung eines Angestellten mit mehr Punkten zu prämieren als die eines Arbeiters. Wenn die Mitglieder der Werbeabteilung doch davon Abstand nahmen, dann aus der Befürchtung heraus, es „könnten sehr leicht bereits abgebaute Klassenunterschiede wieder deutlich gemacht werden. – Die besten Argumente mit den echten Gründen, warum die Werbung von Angestellten höher

144 acon Gesellschaft für Werbung und Kommunikation mbH an Georg Benz IG Metall-Vorstand, 14. Januar 1966, S. 1, 4 f. (Zitate), in: AdsD 5/IGMA190004.

145 Ibid., S. 7 (Hervorhebungen gelöscht).

146 Einer der acon-Mitarbeiter legte später immerhin eine Dissertation vor, die sich eingehend mit dem Verhältnis der Arbeiterschaft zu den Gewerkschaften auseinandersetzte. Vgl. Walter Nickel, Zum Verhältnis von Arbeiterschaft und Gewerkschaft, Köln 1972.

147 Vgl. acon Gesellschaft für Werbung und Kommunikation mbH an Georg Benz, 9. Mai 1967, Anlage: Zur Situation des DGB und seiner Gewerkschaften S. 2–3 (Zitat), in: AdsD 5/IGMA190004. Gut ein Jahr später hatte Iffland der IG Metall-Werbeabteilung folglich eine identische Problemanalyse vorgelegt.

148 Vgl. Werbeplan 1966, S. 5, in: AdsD 5/IGMA190002. Es ist jedoch nicht ausgeschlossen, dass es auch später noch spezielle Arbeiterwerbemittel gab.

bewertet wird, wird diese Negativwirkung nicht verhindern."[149] Im Zuge der „Angestellten-Aktion 1976/78" wurde wiederum der „unterschiedliche[] Bewußtseinsstand" zur Begründung besonderer Maßnahmen bei der Werbung von Angestellten angeführt. Nun hieß es: „Diese Notwendigkeit muß den Arbeiter-Mitgliedern klargemacht werden."[150] Die IG Metall-Aktion flankierte dabei die groß angelegte „Angestelltenaktion" des DGB, die 1976 gestartet und gleich auf drei Jahre angelegt war. Für diese Aktion waren allein eine Million DM aus den Mitteln des Werbeetats des Dachverbandes vorgesehen[151]. Dass die gewerkschaftliche Basis nicht unbedingt damit einverstanden war, wie mit den Werbemitteln umgegangen wurde, wird aus einem Brief eines Betriebsrats der Firma Rheinstahl ersichtlich, der 1970 gegen die Finanzierung von „zweckentfremdetem Firlefanz" protestierte. Alternativ sollten die Werbemittel zur Unterstützung der Lohnkämpfe verwendet werden[152].

3.4 Die Kosten des Arbeitnehmerbegriffs

Wie die vorherigen Ausführungen zeigen, wohnte der gewerkschaftlichen Sprach- und Organisationspolitik eine gewisse Unwucht inne. Dies ist auch wenig verwunderlich: Vom Arbeitnehmerstandpunkt aus betrachtet wiesen ‚Arbeiter' und ‚Angestellte' je spezifische Defizite auf, die der DGB adressieren musste. Dabei lief er stets Gefahr, eine der Gruppen zu benachteiligen. Lässt sich ausmachen, ob Arbeiter oder Angestellte von den Gewerkschaften diskriminiert wurden[153]?

Benachteiligung der Angestellten?

Zieht man die einschlägige Literatur zu Rate, scheint die Antwort eindeutig auszufallen. Denn wo Arbeitnehmer hätten sein sollen, konnte Robert Lorenz in seiner 2013 publizierten Gewerkschaftsgeschichte nur Arbeiter sehen: „In den Gewerkschaftszentralen und -büros wimmelte es vor [sic!] Arbeitern mit industrieller Be-

---

149 Hans Siebold, An die Mitglieder des Ausschusses für Werbung und Information, 15. Mai 1975, Anlage: Konzeption für eine zeitgemäße Aktion zur Gewinnung neuer Mitglieder für die Industriegewerkschaft Metall, S. 47, in: AdsD 5/IGMA190002.

150 Notizen von der Sitzung des Ausschusses für Werbung und Information am 14./15. April 1976, S. 3, in: AdsD 5/IGMA190002.

151 Vgl. Kurzprotokoll über die 10. Sitzung des Bundesvorstandes am Dienstag, dem 1. Juni 1976, S. 3, in: AdsD 5/DGAI000490 sowie DGB-Bundesvorstand (Hrsg.), Geschäftsbericht des Bundesvorstandes des Deutschen Gewerkschaftsbundes 1975–1977, Bochum o. J., S. 506–508.

152 Betriebsrat Gewerkschaftsausschuß, Rheinstahl Gießerei A.G. Werk Meiderich, an den Vorstand der IGM, 25. Oktober 1970, S. 2, in: AdsD 5/IGMA190007.

153 Vgl. Wannenwetsch, Unsolidarische Solidarität, S. 195–198.

rufsqualifikation“, die zwar ihre Werkbank gegen ein Funktionärsbüro eingetauscht hätten, in Sprache, Kleidung und Denkhorizont aber, das heißt habituell, ihr Arbeiterdasein nicht hätten ablegen können. Es sei ihnen daher unmöglich gewesen, andere Berufsgruppen für die Gewerkschaftsarbeit zu rekrutieren. So aber hätten die Gewerkschaften – aus Lorenz' Sicht nach 1945 als „Arbeiterorganisationen“ wiedergegründet – den Anschluss an zukunftsfähige Segmente des Arbeitsmarktes verpasst und ihre gesellschaftspolitische Integrationsfunktion verloren. Laut Lorenz geschah all dies mit Vorsatz: „Im Grunde genommen genossen es die Arbeiter sogar, sich von den Angestellten abzugrenzen, erachteten gerade dies als Vorzug ihrer Gewerkschaft.“[154] Tatsächlich schickten Funktionäre der IG Metall noch Ende der 1950er Jahre zahlreiche Mitglieder, die vom Arbeiter- in den Angestelltenstatus gewechselt waren, kurzerhand zur DAG. Laut Stefan Müller hat die Angestelltenarbeit der IG Metall als „ein Stiefkind der Organisation […] nie im Zentrum organisationspolitischer Debatten“ gestanden. Er machte dafür auch Heinz Dürrbeck, den langjährigen Leiter der Angestelltenabteilung im IGM-Vorstand, verantwortlich. Dieser habe durch das „durchgängig verwendete Argument eines ‚falschen Angestelltenbewusstseins' die Vorurteile der Arbeitermitglieder und -funktionäre“ befeuert. Interessanterweise hatte Dürrbeck vor seiner Zeit als hauptamtlicher Gewerkschaftsfunktionär als Ingenieur gearbeitet und gehörte damit selbst den Angestellten an. Müller bemühte daher wie Lorenz das Habitusargument: Dürrbeck habe „nie vollständig die als Proletarierjunge […] erworbene Arbeitermentalität“ hinter sich lassen können, sich „in der Angestelltenfrage aber ein ‚aufgeklärtes Arbeiterbewusstsein'“ zu erarbeiten vermocht[155].

Gewiss entbehrt diese vorgebrachte Kritik nicht der empirischen Grundlage. Und doch tendiert sie dazu, Ungleiches gleich zu behandeln. Wenn etwa Müller davon sprach, Angestelltenpolitik sei das „Stiefkind“ der IG Metall gewesen, wies er implizit der Arbeiterpolitik eine zentrale Stellung zu. Aber selbst wenn Arbeiterbelange im Zentrum der Organisationspolitik gestanden haben sollten, taten sie dies eben gerade nicht als ‚Arbeiterbelange', sondern als Sachfragen. Und hier wäre erst noch zu klären, ob eine solche Sachpolitik nicht auch den Angestellteninteressen diente. Auch bei der Bewertung des jeweiligen Organisationsgrads ist zu fragen,

154 Lorenz, Gewerkschaftsdämmerung, S. 50, 55 f., 71, 84, 155 f., 158 ff., 171 f., 198 ff., 242. Zitate auf S. 171 f., 50 und 156. Ähnlich wie Lorenz machte Wolfgang Schroeder die zunehmende „Proletarisierung“ der Gewerkschaftsmitgliedschaft als ein in den 1970er Jahren aufkeimendes Problem aus. Wolfgang Schroeder, Gewerkschaften als soziale Bewegung – soziale Bewegung in den Gewerkschaften in den Siebzigerjahren, in: AfS 44 (2004), S. 243–265, hier S. 250.

155 Müller, Gewerkschafter, S. 13, 30 (Zitat), 175 (Zitat), 179, 203 (Zitat). Auch die bis in die 1990er Jahre aktiven Betriebsräte der Stahlindustrie vernachlässigten die Angestelltenpolitik völlig, wie Hindrichs et al., Abschied, S. 11, in ihrer Studie feststellten.

welcher Bewertungsmaßstab hier eigentlich angelegt wird. Es handelt sich überraschend häufig um die – von den Gewerkschaften selbst propagierte – Annahme, Angestellte seien in annähernd gleichem Maße organisierbar wie die männlichen Industriearbeiter. Stellt man diesen externen Bezugspunkt aber beiseite, können die durchaus beträchtlichen Steigerungsraten, die die DGB-Gewerkschaften unter den Angestellten verzeichneten, auch als Erfolg gewertet werden[156]. Bezogen auf die Jahre 1950 und 1987 konnten die DGB-Gewerkschaften die Zahl ihrer Angestelltenmitglieder um den Faktor 3,1 steigern, und damit deutlich stärker als die Zahl der organisierten Beamten (Faktor 2,3) und Arbeiter (Faktor 1,4)[157]. Darüber hinaus fanden nicht nur zu jeder Zeit mehr Angestellte den Weg in die DGB-Gewerkschaften als zur DAG, sondern erstere konnten ihren Vorsprung nach einem anfänglichen Einbruch stetig ausbauen. Hatten der DGB 1950 noch 63,6 Prozent und die DAG 34,2 Prozent aller Angestellten mit Gewerkschaftsmitgliedschaft organisiert, lagen die Zahlen 1985 bei 71,2 respektive 20,7 Prozent[158]. Möglicherweise spielte ausgerechnet der Arbeiterhabitus der Funktionäre eine wichtige Rolle, um die Vielzahl an Angestellten in die Gewerkschaft zu integrieren, denen selbst der Aufstieg aus dem Arbeiterstatus ins Angestelltenverhältnis gelungen war, oder die, wie Heinz Dürrbeck, aus Arbeiterfamilien stammten[159]. Auch deutet der Anteil der beim DGB, der DAG oder bei gar keiner Gewerkschaft organisierten Angestellten darauf hin, dass diese Gruppe einerseits gut mit der Tarifpolitik der DGB-Gewerkschaften leben konnte[160], andererseits aber auch ohne gewerkschaftliche Hilfe ein angemessenes Gehalt und zufriedenstellende Arbeitsbedingungen für sich auszuhandeln vermochte. Für den anhaltend niedrigen Organisationsgrad kämen dann drei Faktoren in Betracht: strukturelle Faktoren (konkrete Arbeitsplatzgestaltung), der Trittbrettfahrereffekt und Gender-Aspekte. Denn Angestelltenarbeit war traditionell stark weiblich geprägt, und neben Angestellten wiesen auch Frauen einen geringen Organisationsgrad auf[161]. Das Problem wäre dann in der patriarchali-

---

156 Trotz positiver Entwicklungen in der Angestelltenarbeit der IG Metall fiel nach Stefan Müllers Meinung „die Bilanz dennoch nüchtern aus[]“, eben weil auch er den höheren Organisationsgrad der Arbeiter als Maßstab anlegte. Vgl. Müller, Gewerkschafter, S. 171 (Zitat), 172–175, 188 f., 192.

157 Eigene Berechnungen auf Grundlage der Zahlen von Klaus Armingeon, Tabellenanhang, in: Hemmer/Schmitz, Geschichte der Gewerkschaften, S. 459–487, hier S. 463.

158 Vgl. Armingeon, Entwicklung, S. 148 f.

159 Vgl. Kocka/Prinz, Neuer Mittelstand, S. 244 f., Mooser, Arbeiterleben, S. 126 sowie Wehler, Gesellschaftsgeschichte, S. 161.

160 Vgl. Führer, Gewerkschaftsmacht, S. 465.

161 Der Frauenanteil war bereits in der Zwischenkriegszeit hoch. Vgl. Kracauer, Angestellte, S. 11. Zum geringen Organisationsgrad von Frauen und Angestellten vgl. Peter Marchal, Gewerkschaften im Zielkonflikt. Gesellschaftsbild und Selbstverständnis, Stuttgart 1972, S. 32 f.

schen Prägung der Gewerkschaften zu suchen, was sicherlich auf den Arbeiterhabitus zurückgeführt werden kann, aber nicht völlig darin aufgeht.

Ohnehin ist der Organisationsgrad nicht die einzige aussagekräftige Größe, wenn es um das innergewerkschaftliche Verhältnis von Arbeitern und Angestellten geht. Eine Episode des DGB-Bundeskongresses von 1956 lenkt den Blick auf einen ganz anderen Aspekt. Als es um die Wahl desjenigen Mitglieds des Geschäftsführenden Bundesvorstandes (GBV) ging, der für die Angestelltenarbeit zuständig sein sollte, brachte Erwin Essl, Bezirksleiter der IG Metall in Bayern, Werner Hansen gegen den von den Vorsitzenden der Einzelgewerkschaften unterstützten Kandidaten ins Rennen. Die Delegierten votierten mehrheitlich für Essls Vorschlag, denn Hansen war als Vorsitzender des einflussreichen DGB-Bezirks Nordrhein-Westfalen ein Kandidat von Format. Zudem war er, wie Essl betonte, mit 51 Jahren „trotz seiner relativen Jugend [...] ideologisch der Arbeiterbewegung aus der Zeit vor 1933 verbunden."[162] Auf den ersten Blick scheint dies ein weiterer Beleg für die Diskriminierung der Angestellten durch die „Arbeiterbewegung" zu sein. Was Essl jedoch verschwiegen und wovon er mit dem Schlagwort der Arbeiterbewegung nachgerade abgelenkt hatte, war Hansens berufliche und gewerkschaftliche Herkunft als kaufmännischer Angestellter[163] und Mitglied des Zentralverbandes der Angestellten[164]. Und Hansen war mit seiner Vita im Führungsgremium des DGB kein Einzelfall. Vom 1956 gewählten GBV waren auch Kurt Stühler und Ludwig Rosenberg in der Weimarer Angestelltenbewegung aktiv gewesen, während der erst 1920 geborene Waldemar Reuter bereits eine akademische Bildung genossen hatte, um dann als für die Beamtenpolitik verantwortlicher Gewerkschaftsfunktionär ebenfalls im Angestelltenverhältnis zu stehen. Somit waren 44,4 Prozent der GBV-Mitglieder biographisch mit der Angestelltenschaft verbunden[165], während der Angestelltenanteil aller im DGB organisierten Gewerkschaften 1956 nur 10,5 Prozent betrug[166]. Dies ist wiederum weniger erstaunlich, wenn man die Zusammensetzung des Bundeskongresses näher betrachtet. Von den 57 Prozent der Delegierten, die nicht hauptamtlich als Gewerkschaftsangestellte tätig waren, stellten Arbeiter nur eine

162 DGB-Bundesvorstand, Protokoll Bundeskongress 1956, S. 631.

163 Laut Stefan Müller war Essl für den schlechten Ruf der Angestellten in der IG Metall verantwortlich, da er deren Beteiligung am Bayernstreik 1954 als „sehr mangelhaft" kritisiert hatte. Vgl. Müller, Gewerkschafter, S. 186.

164 Vgl. Klaus Mertsching, Werner Hansen (1905–1972), in: Günter Benser/Michael Schneider (Hrsg.), „Bewahren – Verbreiten – Aufklären". Archivare, Bibliothekare und Sammler der Quellen der deutschsprachigen Arbeiterbewegung, Bonn-Bad Godesberg 2009, S. 104–107, hier S. 104.

165 Als Grundlage meiner Berechnungen dienten die biographischen Angaben auf der Homepage des DGB: <http://www.dgb.de/uber-uns/bewegte-zeiten/fruhere-gbv-mitglieder/> sowie <http://www.dgb.de/uber-uns/bewegte-zeiten/vorsitzende> (beide: 25.08.2023).

166 Eigene Berechnung nach den Angaben in: Armingeon, Tabellenanhang, S. 463.

knappe Mehrheit von 54,1 Prozent, während Angestellte und Beamte mit 30,7 beziehungsweise 15,2 Prozent auch hier deutlich überrepräsentiert waren[167]. Interessanterweise behaupteten die Angestellten beinahe für die gesamte Zeit seit 1949 ihre starke Präsenz im GBV, während Arbeiter nur das 1986 gewählte Vorstandsgremium mit einem Anteil von zwei Dritteln dominierten[168]. Über den gesamten Zeitraum bis einschließlich 2014 kamen die Angestellten aber auf einen Anteil von nahezu 50 Prozent unter den geschäftsführenden Vorstandsmitgliedern. Dabei ist zu beachten, dass es sich um eine konservative Zuordnung handelt. Ich habe auch jene als ‚Arbeiter' gezählt, die im weiteren Berufsleben noch eine für das Angestelltenverhältnis qualifizierende Ausbildung oder gar ein Studium absolviert haben.

Ob dieser Befund auf die Einzelgewerkschaften übertragbar ist, wäre zu prüfen, doch scheinen Angestellte auch dort in wichtigen Entscheidungsgremien überrepräsentiert gewesen zu sein. So bemerkte Stefan Müller: „Trotz ihres geringen Mitgliederanteils von sieben Prozent in der IG Metall stellten die Angestellten auf dem Gewerkschaftstag 1954 24 Prozent der Delegierten und 1955 immerhin 22 Prozent der Ortsverwaltungsmitglieder."[169] Wenig überraschend schlug sich dies auch in der Gewerkschaftspolitik nieder. „Die Überdominanz von Angestelltenfragen", so stellte Hans-Peter Müller schon für das Jahr 1949 fest, „kam einem fast vollständigen Kurswechsel der Industriegewerkschaften gleich. Angestelltenbelange rangierten – jedenfalls in der Beschlußlage – an prominenter Stelle."[170] Diesen Befund bestätigte Karl Christian Führer für die ÖTV, deren von 1982 bis 1994 amtierende Vorsitzende Monika Wulf-Mathies rückblickend zu dem Ergebnis kam, dass sich Beamte und Angestellte trotz ihres geringeren Mitgliederanteils sehr viel besser in ihrer Gewerkschaft durchzusetzen gewusst hätten als die Lohnempfänger[171]. Thomas Ellwein ging in seinem Urteil zur gewerkschaftlichen Beamtenpolitik 1980 sogar noch weiter: Die Konkurrenz zwischen DBB und DGB habe bei letzterem dazu geführt, „daß man dergestalt besonders erfolgreiche Beamtenpolitik betreibt und damit zugleich die Unterschiede innerhalb der Arbeitnehmerschaft vergrö-

167 Eigene Berechnungen nach den Angaben in: DGB-Bundesvorstand, Protokoll Bundeskongress 1956, S. 465.

168 Vgl. eigene Berechnungen auf Grundlage der biographischen Daten auf den angegebenen Webseiten des DGB. Vgl. zudem: Jens Hildebrandt, Einleitung, in: ders. (Bearb.), Quellen zur Geschichte der deutschen Gewerkschaftsbewegung im 20. Jahrhundert, Band 12: Der Deutsche Gewerkschaftsbund 1956–1963, unter Mitarbeit von Boris Schwitzer, Bonn 2005, S. 9–52, hier S. 12.

169 Müller, Gewerkschafter, S. 174.

170 Müller, DAG, S. 209.

171 Vgl. Führer, Gewerkschaftsmacht, S. 418–420.

ßert."[172] Wie es scheint, nutzte den Angestellten und Beamten nicht nur die Konkurrenz durch ihre jeweiligen Standesorganisationen, sondern auch ihr geringer Organisationsgrad. Auch diesen vermochten sie, paradoxerweise, unmittelbar in Organisationsmacht zu übersetzen.

Materielle Diskriminierung der Arbeiter?

Lässt man die großen gewerkschaftlichen Erfolge Revue passieren, deuten sie kaum auf eine Diskriminierung der Arbeiterschaft hin. Ihren längsten Streik führte die IG Metall 1956/7 in Schleswig-Holstein, um für die Arbeiterschaft die Lohnfortzahlung im Krankheitsfall durchzusetzen. In den 1970er Jahren setzte sie mit ihrem Lohnrahmentarifvertrag II Nordwürttemberg/Nordbaden Maßstäbe in Sachen qualitativer Tarifpolitik. Wie der Name *Lohn*rahmentarifvertrag schon sagt, profitierten auch hier die Arbeiter[173]. Und in Ergänzung zu ihrer qualitativen Tarifpolitik war die IG Metall die treibende Kraft hinter dem finanziell bestens ausgestatteten Programm „Humanisierung des Arbeitslebens" (HdA), mit dem die Bundesregierung zwischen 1974 und 1989 arbeitsbezogene Forschung im Umfang von etwa einer Milliarde DM förderte[174]. Parallel dazu setzte sich die Abteilung Sozialpolitik des DGB bei der sozialliberalen Koalition für den Ausbau des Arbeitsschutzes ein. Folgt man der Argumentation Stefan Remekes, lag die Dominanz von Arbeiterinteressen gleichsam in einem *temporal lag* begründet, wurde aber von einem organisatorischen Spezifikum gestützt. Da der Arbeitsschutz von den christlich-liberalen Koalitionen vernachlässigt worden war, seien die DGB-Funktionäre zunächst bemüht gewesen, den Reformstau abzuarbeiten. Dadurch aber seien sie einem veralteten Bild der Industriearbeit verhaftet geblieben, das die Realitäten der 1950er Jahre repräsentierte, die seither eingetretenen Veränderungen aber konsequent ausblendete. Auch seien die Industriegewerkschaften in den entscheidenden Unterausschüssen unter sich geblieben, sodass die Dienstleistungsgewerkschaften keine alternativen Sichtweisen einspeisen konnten[175]. Ein weiterer Faktor für die Dominanz spezifischer Industriearbeiterinteressen mag in diesem Zusammenhang in

---

172 Ellwein, Gewerkschaften, S. 87 f.

173 Vgl. Friedrich Stamp, Arbeiter in Bewegung. Die Geschichte der Metallgewerkschaften in Schleswig-Holstein, Malente 1997, S. 213–254 sowie Rudi Schmiede, Grundlagen und Grenzen „abstrakter Vereinheitlichung": Tarifpolitik in der Metallverarbeitenden Industrie 1970–1979, in: Ulrich Billerbeck/Christoph Deutschmann/Rainer Erd et al., Neuorientierung der Tarifpolitik? Veränderungen im Verhältnis zwischen Lohn- und Manteltarifpolitik in den siebziger Jahren, Frankfurt a. M./New York 1982, S. 49–269, hier S. 162–171, 175–181.

174 Vgl. Nina Kleinöder, „Humanisierung der Arbeit". Literaturbericht zum „Forschungsprogramm zur Humanisierung des Arbeitslebens", Düsseldorf 2016, S. 3, 6–8, 22.

175 Vgl. Remeke, Gewerkschaften, S. 59 f., 69–73, 78, 186–191.

der Person des Arbeitsministers zu sehen sein, denn Walter Arendt, Nachfolger des gelernten Kaufmanns und ÖTV-Mitglieds Hans Katzer, war vor der Übernahme des Regierungsamtes Vorsitzender der IG BE gewesen. Interessanterweise kehrte sich darüber hinaus bei der Positionierung des DGB zum zweiten großen gewerkschaftlichen Anliegen, dem Ausbau der betrieblichen und überbetrieblichen Mitbestimmung, sogar die Konkurrenz zur DAG in ihrer Wirkung auf die Arbeiter- und Angestelltenfrage um. Bei der rechtlichen Ausgestaltung von Betriebs- und Aufsichtsräten setzte sich der DGB vehement für den Abbau von Minderheitenrechten ein. Gruppenwahlen, die es Angestellten ermöglicht hätten, eigene Angestelltenvertreter zu wählen, wurden mit Verweis auf die Einheitlichkeit der Arbeitnehmerschaft verworfen. Natürlich stand im Hintergrund das Kalkül, dadurch die DAG bei den Wahlen zu schwächen. Allerdings folgte der Gesetzgeber in diesem Punkt nicht dem DGB, zumal auch die Arbeitgeberverbände und vor allem die FDP der Position der DAG weitaus mehr abgewinnen konnten[176].

Gleichwohl ist all dies nur ein Teil der Wahrheit. Mit in die Bewertung einbezogen werden müssten die ungleichen Ausgangsbedingungen. Arbeiterinnen und Arbeiter waren in ihren Tätigkeiten ganz anderen Gefahren für Leib und Leben ausgesetzt als Büroangestellte. Während bei diesen eine falsche Sitzposition zu Verspannungen im Nacken führen konnte, mussten Produktionsarbeiter unter Umständen mit tödlichen Arbeitsunfällen rechnen. Mit Blick auf das HdA-Programm steht eine geschichtswissenschaftliche Analyse noch aus, die klären müsste, ob hier tatsächlich eher arbeiterrelevante Forschungsfragen gefördert wurden. In vielen Fällen waren es nämlich primär Interessen der Unternehmer, die forschungsleitend wurden. Darüber hinaus förderte die Regierung seit Mitte der 1980er Jahre verstärkt Forschungsarbeiten zur Humanisierung der Büro- und Verwaltungsarbeit[177]. Die IG Metall blickte jedenfalls mit wachsender Skepsis auf das Programm, zugleich aber gelang es ihr nicht mehr, die Humanisierung mit tarifpolitischen Mitteln ähnlich weit wie 1973 voranzutreiben[178].

Auch mit Blick auf die Tarifpolitik fällt das Urteil nicht eindeutig aus. Was das übergeordnete Ziel betraf, einheitliche Tarifverträge für Arbeiter und Angestellte zu erreichen, steht die rhetorisch betonte und programmatisch zwingende Dringlichkeit dieses Vorhabens im Widerspruch zur immensen Dauer der Umsetzung. Die IG Metall hatte sich diesem Ziel schon zu Beginn der 1960er Jahre verschrieben, auch

---

176 Vgl. Christian Marx, Der Betrieb als politischer Ort und seine legislative Verankerung. Der Einfluss der Verbände auf die Reform des Betriebsverfassungsgesetzes (BetrVG) 1972, in: Andresen et al., Betrieb, S. 231–258, hier S. 236 f., 250, 255 sowie Müller, DAG, S. 500–515.

177 Vgl. Kleinöder, Humanisierung, S. 14, 17 f.

178 Vgl. Moritz Müller, Die IG Metall im Diskurs um die Humanisierung des Arbeitslebens, in: Kleinöder/Müller/Uhl, Humanisierung, S. 255–275, hier S. 271.

wenn sie faktische Unterschiede zwischen Arbeitern und Angestellten anerkannte, die es zu berücksichtigen galt[179]. Als die Tarifabteilung 1978 das Projekt ernsthaft anging, wurde sie sogleich wieder für die nächsten Jahre von anderen tarifpolitischen Schwerpunkten wie der Reduktion der wöchentlichen Arbeitszeit in Beschlag genommen[180]. 1981 versuchte der IGM-Funktionär Walter Steiner immerhin, sich einen Überblick über die jeweiligen Tarifverdienste von Arbeitern und Angestellten zu verschaffen. Aus den von ihm erstellten Tabellen ging hervor, dass fast immer Angestellte mehr verdienten als Arbeiter[181]. Damit bestätigte er die Einschätzung des Ausschusses für Werbung und Information seiner Gewerkschaft, zu der dieser fünf Jahre zuvor gelangt war und die er mit einer Warnung verbunden hatte:

> Es besteht eine gewisse Gefahr, daß die Besserstellung der Angestellten die Solidarität aushöhlt. Als ungerecht empfundene Tarifregelungen müssen beseitigt werden (ein Facharbeiter mit Lohngruppe 10 fühlt sich leistungsmäßig mit einem T-5-Angestellten gleich – bekommt aber monatlich 700 DM weniger). Dem Angestellten muß klargemacht werden, daß Arbeiter im Vergleich unterbezahlt werden.[182]

Dennoch dauerte es noch bis ins neue Jahrtausend, bis auch die IG Metall ein einheitliches Entgeltrahmenabkommen (ERA) durchsetzen konnte. Vergleichbares hatten die sozialpartnerschaftlich orientierten Gewerkschaften in einigen Branchen deutlich früher erreicht.

Aufschlussreich ist auch die Tarifpolitik der ÖTV. Sie schickte sich unter dem Vorsitz Heinz Kunckers ebenfalls an, die Unterschiede zwischen Arbeitern, Angestellten und Beamten abzubauen. Allerdings kamen zuerst die Angestellten zum Zug, denen ein sogenannter „Bewährungsaufstieg" analog zur „Regelbeförderung" der Beamten Aufstiegschancen eröffnen sollte. Erst als dies 1966 verwirklicht war, machte sich die Gewerkschaft ab 1969 daran, mit den Arbeitgebern den für das Prestige der Arbeiterschaft so wichtigen Monatslohn auszuhandeln. Die von der ÖTV gewählte Reihenfolge war umso überraschender, als Angestellte wie Beamte mit ihrem familienbezogenen Gehalt schon zuvor grundsätzlich besser gegenüber

179 Vgl. Müller, Gewerkschafter, S. 183.

180 Vgl. Kay Ohl, Was hat die IG Metall mit ERA gewollt und wie wurden diese Ziele im Verlauf der Einführung umgesetzt?, in: Sebastian Brandl/Hilde Wagner (Hrsg.), Ein „Meilenstein der Tarifpolitik" wird besichtigt. Die Entgeltrahmentarifverträge in der Metall- und Elektroindustrie: Erfahrungen – Resultate – Auseinandersetzungen, Berlin 2011, S. 23–26, hier S. 25. Immerhin gelang es der IG Metall in einigen Tarifbezirken, gemeinsame Manteltarifverträge für Arbeiter und Angestellte auszuhandeln. Sie klammerten aber Lohn- und Gehaltsfragen explizit aus. Vgl. Schmiede, Grundlagen, S. 162.

181 Vgl. Walter Steiner, Betr.: Vergleiche zwischen Tarifeinkommen von Arbeitern und Angestellten, 27. Oktober 1981, in: AdsD 5/IGMA200341.

182 Ausschuss für Werbung und Information, Notizen, 14./15. April 1976, S. 3.

dem leistungsbezogenen Lohn der Arbeiter gestellt waren. Diese mussten sich Aufschläge erst durch Zusatzleistungen wie „erschwerte Arbeiten, Nachtschichten oder Wochenenddienste“ verdienen. Und während Angestellte im Verlauf ihres Erwerbslebens auch vor Einführung des Bewährungsaufstiegs ihr Gehalt um bis zu 25 Prozent steigern konnten, erreichten Lohnempfänger in derselben Zeitspanne höchstens einen Zuwachs von 5,5 Prozent. Diese Unterschiede konnten bis 1972 nur zum Teil abgebaut werden. Dennoch war es der ÖTV wichtiger, zunächst einen Erfolg gerade für die qualifizierten Angestellten zu erringen, um sowohl der DAG einen Schlag zu versetzen als auch, um den Öffentlichen Dienst für Angestellte attraktiv zu halten, da sie ansonsten in die Privatwirtschaft abzuwandern drohten[183]. Bei den in der ÖTV organisierten Arbeiterinnen und Arbeitern stieß dies auf Kritik. Ein Antrag an den Gewerkschaftstag 1968 betonte etwa die Notwendigkeit, „daß unsere Organisation sich mehr tarif- und gesellschaftspolitisch für die Lohnempfänger im öffentlichen Dienst einsetzt.“[184] Dass laut Hans-Ulrich Wehler die Arbeiterschaft in den Jahren 1950 bis 1970 finanziell deutlich hinter den Angestellten- und Beamtenhaushalten zurückgeblieben war, überrascht daher nicht[185].

Als wäre die Frage nach der Benachteiligung der ‚Arbeiter‘ oder ‚Angestellten‘ nicht schon kompliziert genug, gilt es einen weiteren Aspekt zu beachten. Unbestritten waren es die organisierten Arbeiter, die zumindest bis in die 1980er Jahre hinein das entscheidende Druckmittel der Gewerkschaften bei Arbeitskämpfen darstellten. Die materiellen Erfolge der Angestellten hingen folglich auch vom hohen Organisationsgrad und der Streikbereitschaft der Arbeiterschaft ab. Wenn die IG Metall daher genuine Arbeiterprobleme wie die Lohnfortzahlung oder die gesundheitsschädlichen Arbeitsbedingungen ins Zentrum ihrer Arbeitskämpfe rückte, so war dies nur konsequent. Andererseits stellte die konzeptionelle Zusammenfassung der ‚Arbeiter‘ und ‚Angestellten‘ unter den Arbeitnehmerbegriff die Voraussetzung dafür dar, dass Arbeiterinnen und Arbeiter überhaupt Anspruch auf Angleichung ihres sozialen Besitzstandes an jenen der Angestellten erheben konnten. So vertrat auch Michael Prinz ganz entschieden die These der ‚Angestell-

183 Vgl. Führer, Gewerkschaftsmacht, S. 279, 283 f., 287–291, Zitat auf S. 289.

184 ÖTV-Hauptvorstand (Hrsg.), Protokoll 6. Ordentlicher Gewerkschaftstag München 1968, Band 2, Stuttgart 1968, S. 164.

185 Wehler, Gesellschaftsgeschichte, S. 155. Wolfgang Hromadka stellte dagegen die „überproportional“ gestiegenen Einkommen der Arbeiter heraus und kam zu dem Schluss: „Bereits 1974 lagen die Entgelte von Arbeitern und Angestellten in weiten Bereichen im Gemenge“. Hromadka, Protoangestellte, S. 23. Allerdings geht auch aus seiner Tabelle hervor, dass über 30 Prozent der männlichen Angestellten mehr als 1800 DM pro Monat verdienten, aber nur 2,3 Prozent der männlichen Arbeiter. Vgl. ibid.

ten' als „Schrittmacher allgemeiner Arbeitnehmersozialpolitik, als Bresche für die Arbeiter"[186].

Will man dennoch zu einem Urteil gelangen, so scheinen eher die Arbeiterinnen und Arbeiter die Kosten der ‚Arbeitnehmer'politik zu tragen gehabt zu haben. Im nächsten Kapitel soll dieser Frage anhand dreier Fallbeispiele weiter nachgegangen werden.

3.5 Fazit

Die hier betrachteten sprach- und organisationspolitischen Entscheidungen des DGB fielen in eine Phase der Bundesrepublik, die Ulrich Herbert unter Berufung auf Jürgen Habermas als „Fundamentalliberalisierung" bezeichnete und zeitlich „zwischen den frühen 50er und den frühen 70er Jahren" verortete[187]. Im Kern ging es darum, Konflikte nicht als Störung einer harmonischen Ordnung zu verwerfen, sondern als „Grundtatsachen der Gesellschaft", ja als „eine Bedingung für die Chance der Freiheit" zu akzeptieren[188]. Zu ergänzen wäre, dass einer solchen Fundamentalliberalisierung oder einem solchen Bekenntnis zum Pluralismus trotz allem die Vorstellung der Zugehörigkeit zu einem gemeinsamen Ganzen zugrunde liegt. Denn ohne diesen Rahmen handelte es sich nicht um Pluralität, sondern um Alterität.

Folgt man Andrea Rehling, setzte sich ein solches Bekenntnis zum Pluralismus im DGB erst ab 1962 unter dem Vorsitzenden Ludwig Rosenberg durch[189]. Legt man allerdings den Umgang mit den drei Statusgruppen als Bewertungsmaßstab zugrunde, ergibt sich ein anderes Bild. In der Weimarer Republik herrschte hier eher noch der Gedanke der Alterität vor, der in je eigenständigen Dachorganisationen der Statusgruppen zum Ausdruck kam. Erst deren Unterordnung unter den einheitlichen Arbeitnehmerbegriff stiftete 1945 den für die Vorstellung der Gemeinsamkeit notwendigen Bezugspunkt. Zugleich wirkte die Erinnerung an die gespaltene Gewerkschaftsbewegung der Weimarer Republik in der frühen Nachkriegszeit noch

186 Michael Prinz, Etappen historischer Angestelltenforschung in Deutschland 1900 bis heute, in: Gerd Hurrle/Franz-Josef Jelich (Hrsg.), ‚Arbeiter', ‚Angestellte' – Begriffe der Vergangenheit?, Marburg 1996, S. 11–23, hier S. 21.

187 Ulrich Herbert, Liberalisierung als Lernprozeß. Die Bundesrepublik in der deutschen Geschichte – eine Skizze, in: ders. (Hrsg.), Wandlungsprozesse in Westdeutschland. Belastung, Integration, Liberalisierung 1945–1980, Göttingen ^{2}2003, S. 7–49, hier S. 7, 9.

188 Moritz Scheibe, Auf der Suche nach der demokratischen Gesellschaft, in: Herbert, Wandlungsprozesse, S. 245–277, hier S. 248. Scheibe nahm hier Bezug auf Ralf Dahrendorf.

189 Vgl. Rehling, Konfliktstrategie, S. 334.

fort, die sich in einer pluralistischen Lesart des Arbeitnehmerbegriffs niederschlug. Hans Böckler konzipierte gewerkschaftspolitisch einen funktional differenzierten Arbeitnehmerbegriff, bei dem die Vertretung der gemeinsamen Interessen der allgemeinen Gewerkschaft, die der gruppenspezifischen Interessen den Einzelgewerkschaften übertragen sein sollte. Auf dieser Grundlage konnte die DGB-Führung – zumindest intern – die DAG noch in den 1950er Jahren als demokratischen Stabilitätsanker gegenüber dem nationalistischen Deutschen Handlungsgehilfenverband wie auch gegenüber der DDR anerkennen. Zugleich veranlasste aber die organisationspolitische Konkurrenz mit der DAG um die Angestellten den DGB dazu, das Verhältnis von ‚Arbeitern', ‚Angestellten' und ‚Arbeitnehmern' zu dynamisieren und letztlich in ein Konvergenzmodell zu überführen. Anders als von Böckler vorgesehen, sollten ‚Arbeiter' und ‚Angestellte' im einheitlichen Arbeitnehmerstatus aufgehen. Dies schwächte die pluralistische Lesart insofern, als der DGB den ‚Angestellten' nun jede Eigenart absprach. Gleichzeitig konnte es sich der Dachverband aufgrund der Konkurrenz zur DAG nicht erlauben, die ‚Angestellten' sprach- und organisationspolitisch völlig stillzulegen. Die Lösung bestand darin, ‚Angestellte' ausschließlich als defizitäre ‚Arbeitnehmer' zu konzipieren, wobei deren Defizit in ihrem unzureichenden ‚Arbeitnehmerbewusstsein' verortet wurde. Angestellte bedurften demnach der Ansprache als ‚Angestellte', um zu guten Arbeitnehmern erzogen zu werden. Diese Begründung rechtfertigte es ebenso, Arbeitern eine vergleichbare sprach- und organisationspolitische Sonderstellung zu verweigern. Denn ihnen bescheinigte die Gewerkschaftsspitze ein ideales Arbeitnehmerbewusstsein. Zwar waren auch sie noch keine vollwertigen Arbeitnehmer, doch handelte es sich bei ihren Defiziten wie den Nachteilen bei der Lohnfortzahlung im Krankheitsfall, den kürzeren Kündigungsfristen, der Verweigerung eines festen Monatslohns wie auch der unzureichenden öffentlichen Anerkennung um rechtliche beziehungsweise gesellschaftliche Probleme, die als solche den Arbeitern äußerlich waren. Dies rechtfertigte es, Arbeiter ausschließlich als ‚Arbeitnehmer' zu adressieren und zu repräsentieren.

Diese Lösung mochte zwar mit Blick auf den Pluralismus problematisch sein, doch war sie als Begründung der gewerkschaftlichen Politik in sich konsistent. Spätestens ab Mitte der 1950er Jahre änderte sich dies, und zwar nicht ausschließlich aufgrund der gewerkschaftlichen Konkurrenzsituation. Diese Entwicklung hing in gleicher Weise mit der sich entfaltenden DGB-eigenen Angestelltenpolitik zusammen. Denn die Angestelltenvertreter verstanden es, ihre organisationspolitische Macht Stück für Stück auszubauen. So gelang es ihnen, die pluralistische Lesart des Arbeitnehmerbegriffs in der Präambel des Grundsatzprogramms von 1963 wieder zu verankern. Seither anerkannte der DGB de iure die Existenz funktionsbedingter Eigenheiten der drei Statusgruppen. De facto endete der gewerkschaftliche Pluralismus aber bei den ‚Arbeitern'. Um den einheitlichen Arbeitnehmerbegriff nicht zu gefährden, verweigerte der DGB den ‚Arbeitern' sprach- wie organisationspolitisch weiterhin die Existenz. Denn hätte er den Arbeitnehmerbegriff ausschließlich als Sammelbegriff anstatt als Konvergenzziel angelegt, hätte er den an die DAG gerichteten Vorwurf, lediglich eine Standesorganisation und folglich illegitim zu sein, selbst entkräftet. Für den DGB stand aber weit mehr auf dem Spiel. Denn der Arbeitnehmerbegriff diente ihm nicht nur als gewerkschaftspolitische, sondern auch als allgemeinpolitische Ressource. Nur wenn er glaubhaft machen konnte, die Interessen aller Arbeitnehmerinnen und Arbeitnehmer in all ihren Lebensbereichen zu vertreten, konnte er für sich beanspruchen, im Dienst des Gemeinwohls zu stehen. Dieser Anspruch zeichnete ihn gegenüber normalen Lobbygruppen aus und konstituierte seine Rolle als „Gegenmacht"[190], das heißt letztlich als außerparlamentarische Opposition. Erst in dieser Konstellation wurde der ‚Arbeiter' zur latenten Bedrohung für den DGB. Ob sich diese Bedrohung als Gefahr manifestieren würde, hing davon ab, ob den Arbeiterinnen und Arbeitern aus der Sprach- und Organisationspolitik des DGB ernsthafte Nachteile erwuchsen.

Arbeitern blieb die Ehre, bereits wahre Arbeitnehmer zu sein. Der ‚Arbeiter' wurde somit als ein *homo politicus* idealisiert, gleichzeitig aber wurden die noch bestehenden Defizite, die sich für die Betroffenen ja auch materiell bemerkbar machten, ausgeblendet. Immerhin konnte es aus Prestigegründen für Arbeiterinnen und Arbeiter durchaus attraktiv sein, den gesellschaftlich mit weniger Vorurteilen besetzten Arbeitnehmerbegriff als Selbstzuschreibung nutzen zu können. Wolfgang Hromadka, der von 1973 bis 1976 praktische Erfahrungen als Leiter der Abteilung Arbeiter beim Chemie- und Pharmaunternehmen Hoechst sammeln konnte, stellte für die Jahre des Booms etwa fest: „Der Begriff Arbeiter war geradezu verpönt."[191] Ganz ähnlich argumentierten zeitgenössisch die beiden Soziologen Horst Kern und Michael Schumann, die betonten, dass Arbeiter

> der Reduktion der Körperlichkeit industrieller Arbeit für ihre allgemeine soziale Lage erhebliche Bedeutung bei[messen]. Der Arbeiter erscheint dadurch tendenziell von einem Makel befreit, seine gesellschaftliche Ausgliederung ist weniger evident. Von dieser Veränderung wird zwar keine echte Integration in die Gesellschaft erwartet […], aber doch eine Assimilation, die den Arbeitern gerade in der Sphäre außerhalb der Arbeit eine Selbstdarstellung als Gleichberechtigte erlaubt.[192]

---

190 Vgl. etwa Eberhard Schmidt, Ordnungsfaktor oder Gegenmacht. Die politische Rolle der Gewerkschaften, Frankfurt a. M. ^{4}1978 [1971] sowie Marchal, Gewerkschaften im Zielkonflikt, S. 79–86.

191 Hromadka, Protoangestellte, S. 23. Zu seinem Lebenslauf vgl. <https://www.hromadka.de/hromadka/zur-person/lebenslauf/> (23.08.2023).

192 Kern/Schumann, Industriearbeit, S. 285.

Der Arbeitnehmerbegriff konnte hier jedoch nur Abhilfe schaffen, wenn er auch die Angestellten und Beamten miteinschloss, also mehr als ein verkappter Arbeiterbegriff war. Zugleich stellte sich die Frage, ob die Arbeiterdefizite überhaupt effizient zu bearbeiten waren, wenn sie nicht als solche benannt wurden. Hinzu kam ja, dass die ‚Arbeiter' bereits in den 1960er Jahren immer mehr als ein Relikt erschienen, das zukünftig keine große Rolle mehr spielen würde, und schon gar keine positive. Diese Erwartung aber wirkte auf die Handlungsbereitschaft der Gewerkschaften wie auch der Politik in der damaligen Gegenwart zurück, wie im nächsten Kapitel zu zeigen sein wird.

4 Die Widerständigkeit des ‚Arbeiters' im Recht

Die anfängliche Hoffnung des DGB, rasch zu einem einheitlichen Arbeitnehmerbegriff zu kommen und die Standesorganisationen DAG und DBB dadurch in die Bedeutungslosigkeit zu verdrängen, erfüllte sich nicht. Im Gegenteil. Spätestens ab 1953 setzte ein Trend zur rechtlichen Verfestigung der Statusgruppen ‚Arbeiter' und ‚Angestellte' ein. Ernsthafte Versuche, bestehende Benachteiligungen der Arbeiterschaft abzubauen, kamen in größerem Ausmaß erst Ende der 1960er Jahre wieder in Gang. Die Rezession von 1966/7 spielte hier eine doppelte Rolle. Sie zeigte zum einen die Verletzlichkeit der Arbeiterschaft gegenüber konjunkturellen Schwankungen auf und markierte dadurch das schon ausgerufene „Ende der Proletarität" (Josef Mooser) als prinzipiell reversibel. Zum anderen belastete der Konjunktureinbruch die Kassen der Sozialversicherungsträger wie auch des Staates. Die ergriffenen Gegenmaßnahmen führten zu einem Abbau bestehender Unterschiede zwischen ‚Arbeitern' und ‚Angestellten'. Doch die in einigen Fällen zunächst vorgesehene völlige Angleichung, mithin die Etablierung eines einheitlichen Arbeitnehmerstatus, wurde nicht realisiert. Die rechtliche Kategorie ‚Arbeiter' wurde im Endergebnis für die nächsten 30 bis 40 Jahre stabilisiert. Wie ist diese Widerständigkeit[1] des ‚Arbeiters' im Recht zu erklären?

Anhand von drei Fallbeispielen möchte ich dieser Frage kursorisch nachgehen. Zunächst werfe ich einen Blick auf die 1968 vom Bundesarbeitsministerium initiierte Debatte um eine Vereinheitlichung der Rentenversicherungsträger. Sie erlaubt, auf die innergewerkschaftlichen Auseinandersetzungen einzugehen. Besonders aufschlussreich ist dabei eine Diskussion des Hauptvorstandes der ÖTV. Sie macht deutlich, dass selbst in dieser Gewerkschaft, die zur treibenden Kraft bei der Etablierung der gewerkschaftlichen Arbeiterpolitik im DGB werden sollte, die Unterstützung für einen Abbau bestehender Unterschiede nicht vorbehaltlos gegeben war. Danach streife ich kurz das 1969 noch von der Großen Koalition verabschiedete Lohnfortzahlungsgesetz. Unter den Zeitgenossen wie auch in der geschichtswissenschaftlichen Forschung wird es gemeinhin als eine völlige Angleichung der für die Arbeiterschaft gültigen Regelungen an das Angestelltenrecht gesehen. Tatsächlich entsprach dies der Erwartungshaltung seitens der Arbeiterinnen und Arbeiter wie auch dem Gerechtigkeitsempfinden der beteiligten Akteure. Dennoch schrieb der Gesetzgeber materielle Abweichungen fest. Wie ist das zu erklären – und was sagt dies über die Widerständigkeit des ‚Arbeiters' im Recht aus? Abschließend stelle ich den einheitlichen Mitarbeitertarifvertrag vor, den die IG Bergbau und Energie 1970 mit der RWE-Tochter Rheinbraun aushandelte. Es ist ein *best case*-

1 Den Gedanken der Widerständigkeit im Kontext der Begriffsgeschichte verdanke ich Peter Tietze.

 https://doi.org/10.1515/9783111086569-005

Szenario und verweist als solches einerseits auf den recht großen Handlungsspielraum, der den Tarifpartnern bei der Angleichung von ‚Arbeitern' und ‚Angestellten' offenstand. Andererseits wirft es ein Licht auf die unüberwindbaren Grenzen wie auch auf die Schwierigkeiten, die andere Unternehmen vor einer Angleichung womöglich zurückschrecken ließen.

4.1 Die Vereinheitlichung der Rentenversicherungsträger

1966 war ein einschneidendes Jahr für die Arbeiterrentenversicherung, denn erstmals schrieb sie rote Zahlen. Auch die Bundeszuschüsse fielen von 1968 bis 1971 deutlich geringer aus als gewohnt. Was tun? Der beim Bundesministerium für Arbeit und Soziales angesiedelte Sozialbeirat legte im Sommer 1968 ein Papier vor, das drei verschiedene Szenarien skizzierte: Der erste Ansatz sah vor, die hochrentable Angestelltenversicherung zu Quersubventionen an die Arbeiterrentenversicherung zu verpflichten. Überzeugt war der Sozialbeirat von diesem Schritt indes nicht, da er lediglich die Symptome gemildert, die Ursache aber nicht behoben hätte. Das zweite und dritte Szenario zielten daher auf Modifikationen des organisatorischen Aufbaus des Rentenversicherungssystems ab. So schlug der Beirat die Gründung einer Bundesversicherungsanstalt für Arbeiter vor. Die Zersplitterung der Arbeiterrentenversicherungen in 18 Landesversicherungsanstalten wäre dadurch überwunden worden, ohne die Existenz der BfA zu gefährden. Der dritte Lösungsansatz setzte dagegen zu einem radikalen Schnitt an: Alle bisherigen Rentenversicherungsträger sollten in eine einzige Bundesversicherungsanstalt überführt werden. Nur die letztgenannte Option, so machte der Sozialbeirat deutlich, versprach die Finanzprobleme effektiv zu beheben. Die Empfehlung des Gremiums fiel jedoch nicht im Konsens. Die beiden Vertreter der Angestelltenversicherung stimmten dagegen[2].

4.1.1 Vorgeschichte

Wäre das Defizit der Arbeiterrentenversicherung allein konjunkturell begründet gewesen, hätte wohl niemand Aufhebens darum gemacht. Dem war aber nicht so. Die Ursache lag in der Strukturveränderung der deutschen Wirtschaft. Immer stärker wuchs die Zahl der Angestellten, zumal viele qualifizierte Arbeiter im Laufe ihrer Karriere ins Angestelltenverhältnis wechselten. Dadurch brachen der Arbei-

2 Vgl. Schmähl, Alterssicherungspolitik, S. 443, 448 f., 462 f.

terrentenversicherung immer mehr gutverdienende Beitragszahler weg, was eine unmittelbare Belastung darstellte. Langfristig drohte ihr der völlige finanzielle Kollaps, da sich das Verhältnis von Beitragszahlern und Anspruchsberechtigten immer stärker zu Lasten der ersteren verschieben sollte.

Die strukturellen Ursachen reichten indes bis in die Anfänge des Rentenversicherungssystems zurück. Eine zentralisierte Arbeiterversicherung hatte nämlich bereits Otto von Bismarck vorgesehen, doch musste er diesen Plan auf Druck von Bayern, Baden, Sachsen und Württemberg zugunsten der regionalen Gliederung aufgeben[3]. Die Zweigliedrigkeit von Arbeiter- und Angestelltenrentenversicherung ging wiederum auf das Jahr 1911 zurück, als das Angestelltenversicherungsgesetz (AVG) verabschiedet wurde, aufgrund dessen zwei Jahre später die Reichsversicherungsanstalt für Angestellte (RfA) entstand. Michael Prinz wertete dieses Gesetz als ein „unwahrscheinliches Ereignis", da es als einziges sozialpolitisches Gesetz „gegen so breiten Widerstand der gewerblichen Wirtschaft, der Arbeiterbewegung, der freien Heilberufe, der Wissenschaft und der Politik" verabschiedet worden war[4]. Für die Angestellten zahlte sich der Kampf aber unmittelbar aus, wartete die neue Rentenversicherung doch mit deutlich besseren Leistungen auf. So konnten die Angestellten bereits mit 65 Jahren in den Ruhestand treten, während Arbeiterinnen und Arbeiter noch bis 1916 fünf Jahre länger arbeiten mussten. Hinterbliebenenrenten zahlte die Angestelltenversicherung bedingungslos aus, und auch Invalidenrenten konnten Angestellte schon bei einem geringeren Grad der Erwerbsunfähigkeit in Anspruch nehmen. Bei Arbeitern griff die Regelung erst, wenn sie weniger als ein Drittel ihres persönlichen oder des ortsüblichen Lohns durch Arbeit erwirtschafteten[5]. Die Angestelltenversicherung konnte sich diese Großzügigkeit leisten, weil ihre Versicherten in der Regel mehr verdienten und weniger versicherungsrelevanten Risiken ausgesetzt waren – tatsächlich wirkte die Arbeiterrentenversicherung in den ersten Jahrzehnten ihres Bestehens mehr als eine Invaliden- denn als eine Rentenversicherung. Die Angestelltenversicherung hatte daher keine Schwierigkeiten, sich allein aus den Beiträgen ihrer Versicherten zu finanzieren. Auf Reichszuschüsse war sie nicht angewiesen[6].

Wie aber ließen sich vor diesem Hintergrund überhaupt Ansprüche der Arbeiterrentenversicherung gegenüber der Angestelltenrentenversicherung begründen? Laut Michael Prinz lagen die Wurzeln in der Weimarer Republik, als die

3 Vgl. ibid., S. 44.
4 Prinz, Arbeiterbewegung, S. 441.
5 Vgl. Schmähl, Alterssicherungspolitik, S. 44–46.
6 Vgl. ibid., S. 54, 56 sowie Prinz, Arbeiterbewegung, S. 444. Schmähl erwähnte jedoch, dass auch die Angestelltenversicherung „im Laufe der Zeit" finanzielle Unterstützung durch das Reich erhielt. Schmähl, Alterssicherungspolitik, S. 76, FN 159.

wachsende Binnendifferenzierung der Angestellten zu einem Problem wurde: „Die Privilegierung von Bürodienern gegenüber hochqualifizierten Facharbeitern verstieß nicht nur gegen elementare Gerechtigkeitsnormen, sondern war zugleich ein flagranter Verstoß gegen bürgerliche Leistungsnormen."[7] Diese als Demütigung wahrgenommene Konstellation habe, so Prinz, die Arbeiterbewegung zu einem prinzipiellen Gegner der Angestelltenversicherung werden lassen. Den entscheidenden Beitrag aber habe das NS-Regime geleistet, das „hohe Gleichbehandlungserwartungen und Empfindlichkeiten bei den Arbeitern" erzeugte und zugleich den Widerstand des Arbeitgeberlagers „durch eine betont sachliche Diskussion" schwächte[8]. Nach dem Krieg stabilisierte der DGB diese Erwartungshaltung, indem er ‚Angestellte' und ‚Arbeiter' im Arbeitnehmerbegriff amalgamierte. Relevant ist jedoch ein weiterer Punkt. Wäre die Angestelltenversicherung privatwirtschaftlich oder genossenschaftlich verfasst gewesen, wäre jede moralische Entrüstung der von dieser Versicherung Ausgeschlossenen ins Leere gelaufen. Grundlage für die Versicherung war aber ein Gesetz, und Gesetze legten den Berufsgruppenkatalog fest, der den gering qualifizierten Bürodienern Zugang zu den Privilegien der Angestelltenversicherung erschloss und den Facharbeitern verwehrte. Die Diskriminierung der Arbeiterschaft war folglich politisch begründet und staatlich sanktioniert.

In der frühen Nachkriegszeit – die in Berlin ansässige RfA war, wie erwähnt, damals arbeitsunfähig – wurden dann Regelungen erlassen, die den Anspruch der Arbeiterschaft auf Vereinheitlichung der Rentenversicherung gesetzlich anerkannten. Die neu gegründete Versicherungsanstalt Berlin stellte die ambitionierteste Umsetzung dar, denn sie umfasste nicht nur Arbeiter und Angestellte, sondern schloss aufgrund der fehlenden Versicherungspflichtgrenze Selbständige ein, „sofern sie nicht mehr als fünf fremde Arbeitnehmer beschäftigten."[9] Nur am Rande sei erwähnt, dass in dieser Regelung der von der frühen Sozialdemokratie vertretene Arbeiterbegriff wieder zum Vorschein kam. Unter diesen waren auch jene Handwerksmeister gefallen, die höchstens vier Gesellen beschäftigten[10]. In den westdeutschen Besatzungszonen bedeutete das im Dezember 1948 verabschiedete Sozialversicherungs-Anpassungsgesetz einen wichtigen Schritt hin zur Vereinheitlichung. Seine Bedeutung sah Prinz darin, „daß beinahe klassisch gewordene, als arbeitertypisch geltende Schlechterstellungen, wie die Unterschiede im Invaliditätsbegriff, weitgehend entfielen." Anders als in Berlin wurde die grundsätzliche Aufgliederung der Rentenversicherung in eine Arbeiter- und eine Angestelltenver-

---

7 Prinz, Arbeiterbewegung, S. 446.

8 Ibid., S. 455 (Zitat), 459 f.

9 Schmähl, Alterssicherungspolitik, S. 105.

10 Vgl. Welskopp, Banner, S. 76.

sicherung jedoch nicht beseitigt[11]. Allerdings führte das Gesetz nun erstmals einen Finanzausgleichsmechanismus zwischen den Rentenversicherungen ein[12]. Dass die Finanzierung der Arbeiterrentenversicherung 1968 überhaupt wieder zum Problem werden konnte, lag in der im Juli 1953 vom Bundestag vollzogenen Rückkehr zum Status quo ante begründet. Mit der Gründung der BfA hob der Gesetzgeber die finanzielle Verflechtung zwischen den Rentenversicherungen wieder auf. Daran änderte auch die Rentenreform von 1957 nichts, obwohl sich das strukturelle Finanzierungsdefizit der Arbeiterrentenversicherung schon damals deutlich abzeichnete[13].

Diese Restauration der Vorkriegsverhältnisse war keineswegs zwangsläufig, wie Hans-Jörg von Berlepsch mit Blick auf die Abwicklung der Versicherungsanstalt Berlin deutlich machte:

> Dieses Modell scheiterte nicht an inneren Widersprüchen, sondern fiel dem konzentrischen Angriff sogenannter „Notvereinigungen der Zwangsversicherten" im Verein mit den Ersatzkassen, der Angestelltengewerkschaft, der FDP und der CDU Anfang der fünfziger Jahre zum Opfer.[14]

Unter diese Gegner reihte sich bezeichnenderweise auch der Bundesangestelltenausschuss des DGB ein. Als dieser Ausschuss 1950 zu seiner ersten Sitzung zusammengetreten war, erhob er sogleich die Forderung nach der Wiederherstellung der eigenständigen Angestelltenversicherung – und dies zu einer Zeit, als der Dachverband noch entschieden mit der DAG um die Einheitsversicherung rang[15]. Wie im vorigen Kapitel erwähnt, revidierte der DGB erst im Zuge seiner Niederlage bei den Sozialwahlen im Mai 1953 seine Position. Auch in der SPD, der zweiten Stütze der Einheitsversicherung, machten sich die Gegner frühzeitig bemerkbar und obsiegten schließlich. Statt einer „Vereinheitlichung der Versicherungsorganisation" setzte die Partei nun auf die „Vereinheitlichung der Versicherungsleistungen"[16]. Hierbei spielte auch ein spezieller Faktor eine Rolle. Sie musste nicht nur auf die Angestellten als Teil ihrer Wählerschaft allgemein Rücksicht nehmen, sondern auch auf die bei den Rentenversicherungsträgern beschäftigten Angestellten im Besonderen[17]. Bei diesen handelte es sich aber, im Gegensatz zur Arbeiterschaft, um keine

11 Prinz, Arbeiterbewegung, S. 457 f.
12 Vgl. ibid., S. 458 sowie Schmähl, Alterssicherungspolitik, S. 164.
13 Schmähl, Alterssicherungspolitik, S. 186 f., 253.
14 von Berlepsch, Sozialistische Sozialpolitik, S. 464.
15 Vgl. Dokument 71, Sitzung des Bundesvorstands, 1.6.1954, in: Kaiser, DGB 1949–1956, S. 559–585, hier S. 581, FN 45.
16 von Berlepsch, Sozialistische Sozialpolitik, S. 479.
17 Vgl. ibid., S. 465, 478.

wahlentscheidende Gruppe. Wie also konnte dieser Faktor überhaupt Gewicht erlangen?

4.1.2 Die Diskussion im ÖTV-Hauptvorstand

Dieser Interessenkonflikt zwischen Mitarbeitern der Versicherungen und den Versicherten prägte auch die Diskussion im ÖTV-Hauptvorstand, als dieser Ende 1968 um eine Positionierung zur Vereinheitlichung der Rentenversicherungen rang. Las man lediglich die verabschiedete Erklärung, musste man den Eindruck gewinnen, als habe die Gewerkschaftsspitze im besten Interesse der Versicherten gehandelt. Mit Vehemenz forderte sie eine Erhöhung der Bundeszuschüsse und wehrte sich gegen Rentenkürzungen wie Beitragserhöhungen. Erst unter Punkt 4 lehnte der Vorstand die Zentralisierung der Arbeiterrentenversicherung als eine nicht zielführende und überdies schädliche Lösung ab[18]. Das von der Sitzung überlieferte Wortprotokoll zeichnet jedoch ein völlig anderes Bild.

Mit seiner Entschließung intervenierte der ÖTV-Vorstand nämlich gegen den Beschluss des Sozialpolitischen Ausschusses des DGB, die Zentralisierung der Arbeiterrentenversicherung zu unterstützen. Dabei waren die dortigen Diskussionen sehr kontrovers geführt worden, wie Franz Holländer, der Arbeitersekretär der ÖTV, berichtete. Einige Mitglieder hatten darauf gedrängt, die Unterteilung in sozialversicherungsrechtliche Statusgruppen und damit auch die Spaltung der Rentenversicherungen ganz zu überwinden[19]. Dass die ÖTV nun den im DGB-Ausschuss ausgehandelten Kompromiss angriff, ging auf die Initiative von LVA-Beschäftigten zurück, wie Hans Faltermeier gleich zu Beginn der Diskussion erklärte. Seinen Ausführungen zufolge waren gut 30 Prozent der 22 000 Beschäftigten in der ÖTV organisiert, also etwa 6600 Personen[20]. Die absolute Zahl nannte Faltermeier wohlweislich nicht, ebenso verschwieg er, dass sich der Anteil der LVA-Mitarbeiter an der Gesamtmitgliedschaft der ÖTV auf lediglich 0,68 Prozent belief[21]. Und doch setzten sie – und nicht die Arbeiter – das Thema. Dies überrascht insofern nicht, als die Finanzierung der Rentenversicherung für die Arbeiter ein abstraktes Thema darstellte, während sich die diskutierten Strukturreformen unmittelbar auf den

---

18 Vgl. Protokoll über die 2. Sitzung des Hauptvorstandes am 11./12. Dezember 1968 in Hamburg, S. 33–35, in: AdsD 5/ÖTVB130013.

19 Vgl. 2. HV-Sitzung am 11./12. November 1968 in Hamburg, S. 54, 67, in: AdsD 5/ÖTVB130018. Bezüglich des Datums weicht das Wortprotokoll von der gekürzten Version ab.

20 Vgl. ibid., S. 54.

21 Eigene Berechnung auf Grundlage der Zahlen bei Armingeon, Tabellenanhang, S. 477.

Arbeitsalltag der LVA-Beschäftigten auszuwirken drohten. Ihnen kam überdies zugute, dass mit Günter Noack ein aktiver und mit Faltermeier ein ehemaliger LVA-Beschäftigter im obersten ÖTV-Gremium vertreten waren[22].

Für den Gang der Diskussion im Hauptvorstand spielte es eine Rolle, wer das Thema auf die Tagesordnung gebracht hatte. Da es nicht die organisierte Arbeiterschaft gewesen war, konnte es nun in einem breiteren Kontext als nur der Finanzfrage verhandelt werden. Und gleich zu Beginn rückte Faltermeier den Fokus auf die Frage der Zentralisierung der Arbeiterrentenversicherung, indem er die Prämisse setzte, deren Finanzprobleme ließen sich nicht durch „organisationspolitische Maßnahmen" lösen. Gegen die Zentralisierung führten die Vorstandsmitglieder mehrere Argumente ins Feld. Faltermeier sah durch sie die Selbstverwaltung der Landesversicherungsanstalten bedroht, da er eine Zentralverwaltung gegenüber Angriffen seitens der Politik für „weniger widerstandsfähig" hielt „als es eine gegliederte Selbstverwaltung auf den verschiedensten Ebenen effektiv und tatsächlich ist." Wie Noack deutlich machte, handelte es sich beim Wunsch nach „einer weiteren notwendigen Demokratisierung" der LVA-Gremien um ein originäres Anliegen der dort Beschäftigten, nicht der Versicherten[23]. Und doch war er überzeugt, mit seinem Widerstand gegen eine Zentralisierung auch im Sinne der Arbeiterinnen und Arbeiter zu handeln. Als Begründung verwies er auf den kriegsbedingten Verlust von Versichertenkarteien, den einige Landesversicherungsanstalten erlitten hatten, und kombinierte dies mit einem arbeiterspezifischen Defizit:

> Wir müssen auch, das ist keine Bewertung des einzelnen Menschen, das ist einfach ein Faktum, immer noch leider davon ausgehen, daß unsere Kollegen Arbeiter nun mal noch nicht so gewandt sind, um all ihre Wünsche und Sorgen in schriftlicher Form dem Versicherungsträger zukommen zu lassen.[24]

Das dritte Argument war ebenfalls chronologisch grundiert, doch wurde hier nicht die Vergangenheit, sondern die Zukunft angerufen. Für die Zeit, in der die Angestellten einst die Mehrheit unter den Erwerbstätigen stellen würden, fürchtete Reinhold Heise um den Einfluss seiner Gewerkschaft, „wenn wir dann die Angestellten nicht mehr als unsere Mitglieder haben, weil wir eben taktische Überle-

22 Vgl. HV-Sitzung am 11./12. November 1968, S. 57. Vgl. zudem die Kurzbiographie von Hans Faltermeier auf der Homepage der FES: <https://library.fes.de/fulltext/bibliothek/tit00205/00205c15.htm> (25.08.2023).

23 HV-Sitzung am 11./12. November 1968, S. 55, 57. Interessanterweise leitete niemand daraus die naheliegende Forderung nach einer Dezentralisierung der BfA ab.

24 Ibid., S. 58.

gungen zu wenig berücksichtigt haben“[25]. Um dies zu verhindern, hatte die ÖTV laut Alfred Jahnz „auf die Mentalität der Angestellten Rücksicht zu nehmen“. Dass in seinen Überlegungen die Arbeiter nicht vorkamen, klang in seiner eigenwillig verengten Interpretation der gewerkschaftlichen Aufgaben an: „Wir sind Interessenorganisation, wir vertreten die Interessen der Beschäftigten bei den Landesversicherungsanstalten“. Und ohne Rücksicht auf die Arbeiterschaft nehmen zu müssen, forderte Jahnz, jeden Verweis auf eine Beteiligung der BfA bei der Lösung der Finanzprobleme der Arbeiterrentenversicherung aus der Beschlussvorlage zu streichen[26].

Dieser Antrag kam einer Wunschvorstellung gleich, die weder Aussicht auf Realisierung hatte noch im Interesse der Angestelltenversicherung sein konnte. Denn die Finanzprobleme der Arbeiterrentenversicherung ließen sich ja nicht einfach wegdiskutieren. Selbst der BfA-Vorstand befürwortete daher eine Beteiligung der Angestelltenrentenversicherung an einem Verein oder einer Körperschaft des öffentlichen Rechts zur Abwicklung des Finanzausgleichs innerhalb des Rentenversicherungssystems[27]. Taktisch war der Antrag von Jahnz dennoch klug, drängte er die Vertreter der Arbeiterinteressen damit doch noch weiter in die Defensive. Sie mussten nun, wie es Franz Holländer auf den Punkt brachte, darum kämpfen, wenigstens die „so geringe[n] Ansätze des solidarischen Denkens, wie es nur in diesem Satz überhaupt noch drin ist“, in der Entschließung zu erhalten[28]. Ihre Strategie war es, die Perspektive wieder zurechtzurücken. So erinnerte das Vorstandsmitglied Schwieger mit Blick auf den Entschließungsentwurf, den er als „ganz faule[n] Kompromiß“ bezeichnete, an das eigentliche gewerkschaftliche Hauptziel:

> Aber wenn ich das als Arbeiter betrachte, so muß ich Euch sagen, daß wir von unserer Forderung nicht zurücktreten können, gleiches Recht für alle Arbeitnehmer. Heute mehr denn je. Da können wir in dieser Frage keine Rücksicht nehmen auf Selbstverwaltungsprobleme, auf Angestelltenprobleme, auf Beschäftigungsprobleme.[29]

Das finanzielle Defizit brachte Rudolf Halbetel zurück in die Diskussion. Für ihn war es eine Frage der Generationengerechtigkeit, Angestellte an der Finanzierung der Arbeiterrenten zu beteiligen, da sie mit der Arbeiterschaft oft familiär verbunden waren. Von seinen Vorstandskollegen erwartete er daher mehr „Ehrlich-

25 Ibid., S. 66.
26 Ibid., S. 61 (Zitat), 62.
27 Vgl. ibid., S. 68.
28 Ibid., S. 68.
29 Ibid., S. 64.

keit" und weniger „taktische[] Überlegungen"[30]. Ein ähnliches Anliegen verfolgte Franz Holländer. Seiner Meinung nach war die Grundlage für eine solidarische Finanzierung der Rentenversicherungen durch die „sehr viele[n] Übernahmen [von Arbeitern – S.W.] ins Angestelltenverhältnis" bereits gelegt, was den Angestellten auch vermittelt werden könne[31]. Er holte die Diskussion dadurch in die Gegenwart zurück. Doch auch hier regte sich Widerspruch. Heinrich Jacobi, stellvertretender Vorsitzender der ÖTV, machte sogleich wieder die Zukunft als Vetospieler geltend: Es sei widersinnig, die Finanzkraft der BfA jetzt zu schwächen, denn die Ansprüche der Neuzugänge, deren Beiträge sich gegenwärtig positiv auswirkten, müssten in Zukunft finanziert werden[32].

Bewertet man die verabschiedete Entschließung vor dem Hintergrund dieser Diskussionen, zeigt sich, wie sehr sich die Angestellten der Landesversicherungsanstalten durchsetzen konnten. Zwar wurde der von Jahnz kritisierte Satz nicht gestrichen, doch am Ende sprach sich die ÖTV für den Lösungsansatz aus, den der Sozialbeirat des Bundesarbeitsministeriums für die Behebung der Finanzprobleme der Arbeiterrentenversicherung für am wenigsten tauglich befunden hatte. Überdies hätte deren Zentralisierung einen Schritt hin zur Vereinheitlichung des Rentensystems bedeuten können. Wie Hans Faltermeier selbst betonte, war die Überwindung der gegliederten Sozialversicherung im DGB-Grundsatzprogramm als Ziel verankert[33]. Dennoch stellte die ÖTV die Interessen der nicht einmal 7000 bei ihr organisierten Mitarbeiter der Versicherungsanstalten über das Anliegen der Hunderttausenden von Arbeiterinnen und Arbeitern, die ebenfalls Mitglied dieser Gewerkschaft waren. Wie konnte es dazu kommen?

Hierbei spielten Faktoren auf mehreren Ebenen eine Rolle. Blickt man auf die gewerkschaftliche Konstellation, so positionierte sich der ÖTV-Hauptvorstand mit seiner Entschließung zu einer Zeit, als der DGB-Bundesvorstand noch keine Entscheidung getroffen, der Sozialpolitische Ausschuss des DGB eine solche jedoch vorbereitet hatte. Gegen dessen Kompromisspapier hatte mit dem Bundesangestelltentag bereits ein anderes Gremium des Dachverbands Stellung bezogen. Welche Folgen das organisationspolitische Privileg der Angestellten in diesem Fall hatte, machte Franz Holländer deutlich:

---

30 Ibid., S. 64–65 (Zitat).

31 Ibid., S. 67.

32 Vgl. ibid., S. 69. Jacobi stammte aus der liberalen Angestelltenbewegung der Weimarer Republik. Seit 1958 gehörte er der Vertreterversammlung der BfA an, von 1969 bis 1974 gehörte er diesem Gremium als ordentliches Vorstandsmitglied an. Vgl. seine Kurzbiographie auf der Homepage der FES: <https://library.fes.de/fulltext/bibliothek/tit00205/00205e15.htm> (26.08.2023).

33 Vgl. HV-Sitzung am 11./12. November 1968, S. 70.

> Wenn es schon der Bundesangestelltentag des DGB[,] ohne jetzt mit den Arbeitern diese Frage auszudiskutieren, für sich auch – unter welchen Gesichtspunkten immer – einfach feststellt, daß an der Beibehaltung selbständiger Versicherungsträger für Arbeiter und Angestellte festgehalten werden soll, dann ist damit viel getan, dann wird der DGB und auch wir und alle werden auf eine gewisse Linie festgelegt, die wir vielleicht auch noch eine Weile durchhalten können, aber das bestimmt nicht der Weg ist, der in die Zukunft führt und den wir doch eines Tages werden gehen müssen.[34]

Tatsächlich zogen auch die ÖTV-Vorstandsmitglieder die Beschlüsse des Bundesangestelltentages zur Rechtfertigung ihrer ablehnenden Haltung gegenüber einer grundlegenden Rentenversicherungsreform heran. Eine wichtigere Rolle spielten hier aber gewerkschaftspolitische Erwägungen. Die Finanzprobleme des Rentensystems betrafen nicht nur die in der ÖTV oder den anderen Gewerkschaften organisierten Arbeiterinnen und Arbeiter, sondern ganz allgemein alle LVA-Versicherten, wodurch es zum bundespolitischen Problem wurde. Darauf zielten die ersten Punkte der Entschließung ab, in denen die ÖTV versuchte, die Finanzierung des Defizits dem Bundeshaushalt aufzubürden. Nach diesem Ablenkungsmanöver konnte sich die Gewerkschaft im Wesentlichen um die Belange der LVA-Beschäftigten kümmern, die sie innerhalb des DGB exklusiv vertrat. Dieser Sachverhalt legitimierte ihren gegen den Sozialpolitischen Ausschuss gerichteten Vorstoß, mit dem sie sich zugleich als Sachwalterin aller Angestellteninteressen gerieren konnte.

Als dritte Ebene ist schließlich der ÖTV-Hauptvorstand zu betrachten. Mindestens zwei der Mitglieder wiesen arbeitsbiographische Verbindungen zur Arbeiterrentenversicherung auf, während der stellvertretende Vorsitzende ein Amt bei der BfA innehatte. Die LVA-Beschäftigten verfügten damit über einen perfekten Resonanzboden für ihre Anliegen. Überdies hatten sie sich mit einem konkreten Anliegen an den Hauptvorstand gewandt, während die Arbeitervertreter nur diffus auf eine „sehr heftige Klage" ihrer Klientel verweisen konnten. Als überzeugende Drohkulisse taugte dies nicht. Taktisch hatten die Arbeiterpolitiker den Fehler gemacht, in der Rentenfrage nicht selbst die Initiative ergriffen zu haben oder, nachdem ihnen die LVA-Beschäftigten zuvorgekommen waren, nicht zumindest einen Gegenantrag eingebracht zu haben. So waren sie in der Diskussion von Beginn an in die Defensive gedrängt. Noch dazu entwerteten die Redner ihre Beiträge selbst. So beklagte Schwieger die Entschließung einerseits als „faule[n] Kompromiß", räumte aber andererseits sofort ein: „Wahrscheinlich geht das nicht anders." Halbetel wiederum schloss seine Ausführungen mit der Selbstdiagnose, er sei „kein Taktiker, und ich kann das taktieren [sic!] nicht so." Dieses Zeichen der Schwäche

34 Ibid., S. 67 f.

nutzte die Gegenseite sofort aus, indem sie die vorgetragenen Argumente als idealistisch verunglimpfte[35].

Am Ende der Diskussion ergriff Hans Faltermeier noch einmal das Wort, um den Verstoß gegen das Grundsatzprogramm des DGB zu rechtfertigen: Die Vereinheitlichung der Sozialversicherungen sei „in dieser politischen Landschaft, in der wir augenblicklich leben, einfach nicht realisierbar"[36]. Das Argument ist aufschlussreich, schließlich war der ÖTV-Vorstand im Begriff, ausgerechnet einen Vorstoß des Sozialbeirats zu bekämpfen, der die Realisierung der DGB-Forderung zum Ziel hatte. Dass die ÖTV in diesem Fall selbst Teil der feindlichen politischen Landschaft war, verschleierte Faltermeier, wie auch die Entschließung nicht zu erkennen gab, wessen Interessen sie hauptsächlich diente. Auch eine solche Nicht-Thematisierung der ‚Angestellten' kann als Ausdruck ihrer diskursiven Macht gewertet werden, ebenso wie die Tatsache, dass hinsichtlich der Beseitigung des zentralen Hindernisses zur Verwirklichung des einheitlichen Arbeitnehmerstatus, nämlich der Existenz zweier Rentenversicherungsanstalten, die Angestellteninteressen kurzerhand mit den Organisationsinteressen der ÖTV in eins gesetzt wurden[37]. Die Arbeiter-Angestellten-Dichotomie wurde also nicht nur unmittelbar durch die Existenz der DAG aufrechterhalten, sondern auch durch die in Reaktion auf die DAG erfolgte Konstituierung angestelltenpolitischer Interessen im DGB samt der damit verbundenen sprachpolitischen Entscheidung, ‚Angestellte' weiterhin im gewerkschaftlich akzeptierten Begriffsarsenal zu führen und somit im Bereich des Sagbaren zu belassen. Die Angestelltenvertreter konnten ihren privilegierten Status so mit Leichtigkeit verteidigen, während es zur Sache der Arbeitervertreter wurde, dem gewerkschaftlichen Ziel eines einheitlichen Arbeitnehmerstatus zum Durchbruch zu verhelfen. Die Widerständigkeit des ‚Arbeiters' im Sozialversicherungsrecht entsprang somit Finanz- und Distinktionsinteressen der Angestellten im Allgemeinen wie auch institutionellen Eigeninteressen der LVA-Angestellten im Besonderen.

4.1.3 Nachspiel

Damit war die Geschichte aber noch nicht zu Ende. Ein gutes halbes Jahr später, am 6. Mai 1969, tagte der DGB-Bundesvorstand. Hermann Beermann, der die Sozialpolitik des DGB verantwortete, präsentierte dem Gremium eine Vorlage, die eine

35 Ibid., S. 64 f.

36 Ibid., S. 70.

37 Faltermeier sprach ibid. explizit von der „gebotene[n] Rücksichtnahme auf unsere eigene Organisation".

gemeinsame Arbeitsgruppe aus Vertretern der Abteilungen Sozialpolitik und Angestellte erarbeitet hatte. Hierfür bat er „um Zustimmung, damit der DGB bei der Bundesregierung vorstellig werden kann." Worum ging es? Die Vorlage behandelte erneut die Finanzprobleme der Arbeiterrentenversicherung, die Beermann als „außerordentlich besorgniserregend" bezeichnete. Die Lösung des Problems erblickte die Vorlage erneut darin, „daß für die Arbeiterrentenversicherung eine zentrale Selbstverwaltungskörperschaft des öffentlichen Rechts gebildet wird, die insbesondere die Aufgabe hat, die Einnahmen und Ausgaben wie das Vermögen der Arbeiterrentenversicherung gemeinsam zu verwalten." Ziel sei es, „die Betreuung der Versicherten nach einheitlichen und gleichmäßigen Gesichtspunkten sicherzustellen."[38] In der anschließenden Diskussion meldete sich unter anderem Hans Faltermeier zu Wort. Das Protokoll vermerkte knapp, er lehne die „Vorlage im Namen der ÖTV ab"[39]. Die ÖTV stand mit ihrer Position keineswegs allein. Am Ende vertagte der Bundesvorstand das Thema zwar auf die nächste Sitzung, behandelte es aber dann überhaupt nicht mehr. Damit aber konnte der DGB auch nicht bei der Bundesregierung vorstellig werden.

Wirft man einen Blick in die Sekundärliteratur, scheint dies nicht weiter schlimm gewesen zu sein. Den drohenden Finanzkollaps der Arbeiterrentenversicherung verhinderte der Bundestag, indem er 1969 die BfA zum Finanzausgleich verpflichtete[40]. Damit hatte sich auch der Bundestag für die vom Sozialbeirat vorgeschlagene erste, zugleich aber auch schwächste Option entschieden. Die Angestelltenversicherung war mit einem blauen Auge davongekommen. Denn die Summen, um die es ging, waren in der Tat gewaltig. Bis 1993 flossen 170 Milliarden DM an die Arbeiterrentenversicherung, sodass die BfA und die Landesversicherungsanstalten „lediglich noch unterschiedliche organisatorische Hüllen für weitgehend gleiche materielle Sachverhalte" darstellten[41]. Und doch: *Weitgehend* gleiche materielle Sachverhalte konnten im individuellen Fall durchaus schwerwiegende Nachteile für den Einzelnen bedeuten. Ferdinand Eichhorn, der die IG Chemie-Papier-Keramik im Bundesausschuss des DGB vertrat, entfaltete diesen Sachverhalt auf dem DGB-Bundeskongress 1972. Die Nachteile, die er dabei anprangerte, waren mitunter recht kurios:

38 Dokument 97: 6. Mai 1969: Protokoll der 33. Sitzung des Bundesvorstandes, in: Wolther von Kieseritzky (Bearb.), Quellen zur Geschichte der deutschen Gewerkschaftsbewegung im 20. Jahrhundert, Band 13: Der Deutsche Gewerkschaftsbund 1964–1969, Bonn 2006, S. 858–866, hier S. 862 f.
39 Ibid., S. 863.
40 Vgl. Schmähl, Alterssicherungspolitik, S. 442, 448 f., 453, 457 f.
41 Schulz, Angestellte, S. 45.

> Wir alle kennen die fast unmögliche Situation, daß die Rentenversicherungsträger der Arbeiterrentenversicherung nicht in der Lage sind, auch den gewerblichen Arbeitnehmern zinsgünstige Kredite für den Eigenheimbau zu geben. In der BfA ist das möglich, keine Landesversicherungsanstalt kann das tun [...].[42]

Wichtiger war aber Eichhorns Hinweis, dass die Arbeiterschaft nicht nur gegenüber den Angestellten schlechter gestellt war, sondern die Leistungen der 18 Landesversicherungsanstalten teilweise recht deutlich variierten. Während die eine LVA beispielsweise 38 Prozent der vorzeitigen Renten als Berufsunfähigkeitsrenten und 20 Prozent als Erwerbsunfähigkeitsrenten ausbezahlte, stellte sich das Verhältnis bei einer direkt angrenzenden Anstalt umgekehrt – 43 Prozent zu sechs Prozent – dar. Für die Betroffenen machte dies einen großen Unterschied aus, denn Erwerbsunfähigkeitsrenten waren deutlich besser dotiert[43].

Auf dem Bundeskongress 1972 brachte Eichhorns Gewerkschaft daher einen Antrag ein, in dem sie „die Gleichstellung aller Versicherten in der Rentenversicherung" und dazu erneut die Gründung einer „Bundesanstalt für die Rentenversicherung der Arbeiter" forderte. Zudem verpflichtete der Antrag den Bundesvorstand des DGB, ein entsprechendes Konzept auf dem nächsten Bundeskongress vorzulegen. Anders als in den Führungsgremien der Gewerkschaften konnten sich die Interessen der Rentenversicherungsbeschäftigten nun nicht gegen jene der Versicherten durchsetzen; die Delegierten nahmen den Antrag laut Protokoll einstimmig an[44]. Einer jedoch protestierte dagegen: Erich Wittung von der ÖTV beharrte darauf, gegen den Antrag gestimmt zu haben[45]. Auch dieser Beschluss versandete jedoch. Das Papier, das der Bundesvorstand den Delegierten 1975 vorlegte, kommentierte Hans Schweitzer von der IG CPK ernüchtert: „Was seinen Inhalt anlangt, so muß ich allerdings sagen, daß es dazu keiner dreijährigen Arbeit bedurft hätte."[46] Es dauerte noch 30 weitere Jahre, bis es zu einer grundlegenden Strukturreform des Rentenversicherungssystems kam.

---

42 DGB-Bundesvorstand (Hrsg.), Protokoll 9. Ordentlicher Bundeskongreß Berlin 25. bis 30. Juni 1972, Berlin o. J., S. 276 f.

43 Vgl. ibid., S. 276.

44 Vgl. ibid., S. 130 (Antragsteil).

45 Ibid., S. 279.

46 DGB-Bundesvorstand (Hrsg.), Protokoll 10. Ordentlicher Bundeskongreß Hamburg 25. bis 30. Mai 1975, Hamburg 1975, S. 98.

4.2 Das Lohnfortzahlungsgesetz

Zwischen dem gescheiterten Versuch, das System der Rentenversicherungsträger zu vereinheitlichen, und den erfolgreichen und weitreichenden Bestrebungen, einen tarifvertraglich begründeten einheitlichen Mitarbeiterstatus bei Rheinbraun einzuführen, lag die Verabschiedung des Lohnfortzahlungsgesetzes. Es war ein letzter Kraftakt, zu dem sich die Große Koalition im Sommer 1969 noch hatte durchringen können. Welch große Bedeutung die Arbeiterschaft dieser Frage beimaß, hatte die IG Metall mit ihrem wochenlangen Streik in Schleswig-Holstein schon im Winter 1956/7 deutlich gemacht[47]. Dennoch sollte es über zehn Jahre dauern und bedurfte dreier Gesetze, bis am Ende der 1960er Jahre eine weitreichende Gleichstellung von ‚Arbeitern' und ‚Angestellten' im Krankheitsfall erreicht war. Erst 1994 beseitigte der Gesetzgeber die letzten Unterschiede zwischen den beiden Statusgruppen[48]. Die Regelung der Entgeltfortzahlung im Krankheitsfall folgte also demselben Muster wie die Vereinheitlichung des Rentenversicherungssystems, und auch die Regelung der Kündigungsfristen als dem dritten wichtigen Bereich der rechtlichen Absicherung von Lohnarbeitsrisiken wich davon nicht ab. Auch hier hatte die Große Koalition die Unterschiede – zu Lasten der Arbeiter – durch das Mitte August 1969 verabschiedete Erste Arbeitsrechtsbereinigungsgesetz festgeschrieben. Obwohl das Bundesverfassungsgericht einzelne Regelungen schon 1982, das gesamte Gesetz dann 1990 für verfassungswidrig erklärt hatte, ließ sich die Regierung Kohl auch hier bis 1993 Zeit, um einheitliche Regeln zu schaffen[49]. Wie also erklärt sich diese Widerständigkeit des ‚Arbeiters' im Recht? Werfen wir einen genaueren Blick auf das Lohnfortzahlungsgesetz von 1969.

Dass sich der Gleichstellungsprozess auch hier über so viele Jahre hinzog, ist vor dem Hintergrund der Ausgangskonstellation überraschend. Wie sich diese darstellte, lässt sich gut an der von der „Gesellschaft für Sozialen Fortschritt" eingesetzten Kommission zur „Neuabgrenzung der Begriffe Angestellter und Arbeiter im Arbeits- und Sozialrecht" ablesen, denn in ihr waren hochrangige Repräsentanten der Arbeitgeberverbände, Gewerkschaften, Krankenkassen, Rententräger wie auch des Bundessozialgerichts versammelt. Der Abschlussbericht, den der Kieler Juraprofessor Arthur Nikisch 1959 vorlegte, fiel in wichtigen Punkten entsprechend kontrovers aus – vor allem auf die angestrebte Neuabgrenzung der Begriffe hatte sich die Kommission nicht einigen können. Auch die Aufgliederung

47 Vgl. Stamp, Arbeiter in Bewegung, S. 213–254.

48 Vgl. Reinhard Richardi, Arbeitsverfassung und Arbeitsrecht, in: Hockerts, Geschichte der Sozialpolitik, S. 228–276, hier S. 247.

49 Vgl. ibid., S. 242 f.

der Sozialversicherung verteidigte Nikisch mit Verweis auf das je unterschiedliche Versicherungsrisiko von ‚Arbeitern' und ‚Angestellten', das „sehr wesentlich von der Tätigkeit" beeinflusst werde[50]. Dieses Argument ließ die Kommission zwar für die Regelung der Invaliden- und Altersversicherung gelten, aber interessanterweise nicht für die Lohnfortzahlung im Krankheitsfall. Hierfür gab es gute Gründe. Denn die obligatorische, vom Arbeitgeber zu leistende sechswöchige Gehaltsfortzahlung für erkrankte Angestellte ging auf die Notverordnung vom 1. Dezember 1930 zurück. Ein Motiv dieser Notverordnung hatte darin gelegen, vor dem Hintergrund der Massenarbeitslosigkeit der Angestellten „die finanziell schwer bedrängten Krankenkassen" zu entlasten. Doch obwohl die Verordnung als Krisenmaßnahme gedacht war, blieb die Regelung auch in Zeiten des Wirtschaftsaufschwungs in Kraft. Dies wog umso schwerer, als es zu einer nicht intendierten Nebenfolge gekommen war, nämlich, „daß eine für das Recht der Sozialversicherung brauchbare oder mindestens vertretbare Aufteilung der Arbeitnehmer in die beiden Gruppen der Arbeiter und Angestellten bei ihrer Übertragung auf das Arbeitsrecht zu erheblichen Unbilligkeiten, ja zu ausgesprochenen Ungerechtigkeiten, führen kann."[51] So war die Ungleichbehandlung im Krankheitsfall für die Kommission nicht zu rechtfertigen, vielmehr seien „die Arbeitnehmer beider Gruppen von einer zeitweiligen Arbeitsunfähigkeit in der gleichen Weise betroffen". Die Forderung nach einer sorgfältigen Überprüfung sprach das Gremium einstimmig aus, wie Nikisch explizit festhielt[52].

Weiter ging der Jurist Klaus Dudek in seiner rückblickenden Bewertung. Für ihn stellten die „nicht unerhebliche[n] finanzielle[n] Einbußen", die erkrankte Arbeiter hinnehmen mussten, einen Verstoß gegen den „Gleichstellungsgrundsatz" nach Artikel 3 des Grundgesetzes dar[53]. Schon 1955 ergriff der DGB die Initiative, um eine völlige Gleichstellung von ‚Arbeitern' und ‚Angestellten' auf den Weg zu bringen. Die SPD-Bundestagsfraktion brachte im selben Jahr einen entsprechenden Antrag in den Bundestag ein, der jedoch keine Mehrheit fand[54]. Selbst nachdem sich die CDU auf ihrem Parteitag 1956 demselben Ziel verschrieben hatte[55], gelangen 1957

50 Gesellschaft für Sozialen Fortschritt e. V., Zur Neuabgrenzung der Begriffe Angestellter und Arbeiter, Berlin 1959, S. 8.

51 Ibid., S. 10.

52 Ibid., S. 23.

53 Klaus Dudek, Lohnfortzahlung und Kündigung von Arbeitsverhältnissen, Dortmund 1981, S. 17.

54 Ibid., S. 18.

55 Vgl. Stefan Marx, Einleitung, in: ders. (Bearb.), Quellen zur Geschichte des Parlamentarismus und der politischen Parteien, Vierte Reihe, Band 11/V: Die CDU/CSU-Fraktion im Deutschen Bundestag. Sitzungsprotokolle 1966–1969, Erster Halbband Dezember 1966 bis März 1968, Düsseldorf 2011, S. XI–XCVI, hier S. XLVIII.

und 1961 doch nur Zwischenschritte. Zunächst mussten die Arbeitgeber für jene Arbeiterinnen und Arbeiter, die bei ihnen schon seit mindestens vier Wochen in Lohn und Brot standen, das von den Krankenkassen ausbezahlte Krankengeld während der ersten sechs Wochen der Krankheit auf 90 Prozent des Nettoeinkommens aufstocken. Wer nur zwei Tage arbeitsunfähig war, erhielt jedoch aufgrund der gesetzlichen Karenztage nichts. Nur unter bestimmten Bedingungen, etwa wenn ein Arbeitsunfall die Arbeitsunfähigkeit verursacht hatte oder wenn die Krankheit länger als zwei Wochen andauerte, entfielen die Karenztage. 1961 traten für die Lohnempfänger Verbesserungen in Kraft, sie erhielten nun den vollen Nettolohn und die Karenzzeit wurde auf einen Tag halbiert. Allerdings mussten sie im Vergleich zu den Angestellten noch immer finanzielle Einbußen in Kauf nehmen, denn während der Krankenzeit zahlte der Arbeitgeber keine Rentenbeiträge, und aufgrund der „gespaltenen Lösung" finanzierten die Arbeiter ihre Lohnfortzahlung über ihre Krankenkassenbeiträge teilweise selbst[56]. Noch dazu mussten Arbeiter aufgrund ihrer Selbstbeteiligung höhere Krankenkassenbeiträge entrichten und schlechtere Kassenleistungen hinnehmen[57].

Sowohl 1962 als auch im Herbst 1968 legte das Bundesarbeitsministerium Entwürfe vor, die eine völlige Gleichstellung von ‚Arbeitern' und ‚Angestellten' vorsahen. Weshalb scheiterten sie? Das erste Problem lag in den innerparteilichen Machtverhältnissen der CDU. Mochte die CDA auch das Votum des Parteitags in ihrem Sinne zu beeinflussen, stieß sie innerhalb der Bundestagsfraktion auf erheblichen Widerstand seitens des Wirtschafts- und Mittelstandsflügels, für den die Frage der Lohnfortzahlung keinerlei Priorität genoss[58]. Ein zweites Problem lag, wenig überraschend, in der Frage der Finanzierung. Für die Angestellten galt die arbeitsrechtliche Lösung, das heißt, allein die Arbeitgeber kamen für die Gehaltsfortzahlung in den ersten sechs Wochen der Arbeitsunfähigkeit auf. Denkbar war aber auch eine versicherungsrechtliche Lösung. In diesem Fall hätten allein die Krankenkassen die Kosten tragen müssen. Neben der FDP zeigte sich auch die CSU offen für diese Option, die Arbeitgeber präferierten sie ohnehin[59]. Ein drittes Problem ergab sich aus dem Lösungsansatz, den die Unionsfraktion wählte. Sie unterwarf drei Sachfragen einem Junktim, die nicht zwangsläufig viel miteinander zu tun hatten: die Lohnfortzahlung, die Krankenkassenreform und das Kindergeld. Das Kindergeld, das bis dahin die Arbeitgeber zu finanzieren hatten, wollte die Bundesregierung nun allein aus Steuermitteln bestreiten. Dies sollte den Arbeit-

56 Vgl. Dudek, Lohnfortzahlung, S. 19–21.
57 Vgl. Schulz, Angestellte, S. 44.
58 Vgl. Marx, Einleitung, S. XLVIII.
59 Vgl. Richardi, Arbeitsverfassung, S. 245 f. sowie Marx, Einleitung, S. L.

gebern ausreichend finanziellen Spielraum verschaffen, um die arbeitsrechtliche Lösung der Lohnfortzahlung zu schultern. Dieses Vorhaben setzte der Bundestag recht zügig um, schon im März 1964 erlangte die Reform des Kindergelds Gesetzeskraft[60]. Weitaus schwieriger stellte sich die Krankenkassenreform dar, die noch zusätzlich verkompliziert wurde, als es die Frage der Versicherungspflichtgrenze für die Angestellten mitzuverhandeln galt. Die CDU wollte diese Grenze in ihrem 1969 eingebrachten Gesetzesentwurf lediglich von 900 DM auf 990 DM anheben, die SPD bestand hingegen auf einer Anhebung um ein Drittel auf 1200 DM. Wie bei der Frage der Rentenversicherung kam ausgerechnet diesem Aspekt wieder höchste Priorität zu, wie Stefan Marx feststellte: „An der Frage der Versicherungspflichtgrenze für Angestellte schien zwischenzeitlich das gesamte Gesetzeswerk zu scheitern."[61]

Für Dagmar Hilpert bildete das Kindergeld „eine Art ‚Verschiebemasse' für die beiden anderen Reformprojekte."[62] Allerdings hängt diese Wertung von der Perspektive ab. Mit gleichem Recht ließen sich die ‚Arbeiter' als Verhandlungsmasse werten, und genau daraus erwuchs die Widerständigkeit des ‚Arbeiters' im Recht. Für die Arbeiterschaft selbst bedeutete diese Widerständigkeit allerdings nichts anderes als die Fortschreibung von Diskriminierungen. Doch solange die Arbeiterinnen und Arbeiter die absolute Mehrheit der Erwerbsbevölkerung stellten, konnte die Rechtsfigur ‚Arbeiter' als das Allgemeine fungieren, gegen das sich das besondere Recht für ‚Angestellte' und ‚Beamte' konturieren ließ, an das sich aber auch ganz andere Fragen wie eben die Krankenkassenreform anschließen ließen.

Abstrakt betrachtet erlaubte die Rechtsfigur ‚Arbeiter' also Differenzierungen, und dies zeigte sich auch ganz konkret im Lohnfortzahlungsgesetz von 1969. So fand sich in Paragraph 1 eine Schlechterstellung, insofern als bei Angestellten bereits der Abschluss des Arbeitsvertrags den Anspruch auf Gehaltsfortzahlung begründete, Arbeiter jedoch die Beschäftigung angetreten haben mussten, um in den Genuss dieser Absicherung zu kommen. Der Jurist Bernhard Loddenkemper stellte dazu fest: „Fragt man sich, ob es irgendeinen sachlichen Grund gibt, warum der Beginn der Vergütungsansprüche an diese unterschiedlichen Voraussetzungen geknüpft wird, fällt die Suche sehr schwer."[63] Dankenswerterweise erleichterte Loddenkemper seinen Lesern die Suche, indem er auf den Gesetzeskommentar der beiden

60 Vgl. Dagmar Hilpert, Wohlfahrtsstaat der Mittelschichten? Sozialpolitik und gesellschaftlicher Wandel in der Bundesrepublik Deutschland (1949–1975), Göttingen 2012, S. 241–243.

61 Marx, Einleitung, S. LI.

62 Hilpert, Wohlfahrtsstaat der Mittelschichten, S. 241.

63 Bernhard Loddenkemper, Gleichbehandlung von Arbeitern und Angestellten, Frankfurt a. M./Bern/New York 1984, S. 97.

DGB-Mitarbeiter Karl Kehrmann und Wolfgang Pelikan verwies. Sie legten in der zweiten Auflage offen, dass der sachliche Grund in dem Wunsch der Parlamentarier lag, einen Leistungsmissbrauch durch Gastarbeiter zu verhindern. Man wollte vermeiden, dass sie in ihrem Heimatland den Arbeitsvertrag unterschrieben, um dann dort für sechs Wochen die Lohnfortzahlung in Anspruch zu nehmen, ohne dass ihre Arbeitsunfähigkeit vom Arbeitgeber zu überprüfen war[64]. Loddenkemper wies jedoch darauf hin, dass dieses Ziel auch zu verwirklichen gewesen wäre, ohne gleich die gesamte Arbeiterschaft schlechterzustellen. Und spätestens mit dem Anwerbestopp 1973 sei „der Rechtfertigungsgrund für die vorliegende Differenzierung weggefallen“[65]. So aber führte der Grundsatz, dass auch migrantischen Arbeitern dieselben Arbeitnehmerrechte zuzugestehen seien wie den einheimischen Arbeitern, dazu, dass die Gleichstellung von ‚Arbeitern‘ und ‚Angestellten‘ verhindert wurde. ‚Die Kategorie ‚Arbeiter' wurde durch die Kategorie *race* stabilisiert. Dies ist mit in Betracht zu ziehen, wenn auf den kollektiven Aufstieg deutscher Arbeiter durch die Beschäftigung von Gastarbeitern verwiesen wird.

Interessanterweise hatte der DGB-Vertreter während der Expertenanhörung des Ausschusses für Arbeit des Bundestages am 5. Mai 1969 keinerlei Einwände gegen die geplante Regelung erhoben. Problematisiert wurden vom DGB immerhin andere Verstöße gegen den „Grundsatz der Gleichstellung mit den Angestellten“. So erhielten diese automatisch eine Gehaltsfortzahlung während eines Kur- oder Heilverfahrens, Arbeiter jedoch nur, sofern bei ihnen auch eine Arbeitsunfähigkeit vorlag. Der DGB-Experte erkannte darin eine willkürliche „Diskriminierung“[66]. So blieb es dem Vertreter des Christlichen Gewerkschaftsbundes vorbehalten, die mit Blick auf die ausländischen Arbeitnehmer eingefügte Diskriminierung aller Arbeiter zu kritisieren. Er ging sogar noch weiter und forderte eine Gleichstellung von ‚Arbeitern‘ und ‚Angestellten‘ auch im Bereich der Kündigungsfristen[67]. Aufschlussreich ist in diesem Zusammenhang noch ein weiterer Aspekt. Um die Anhebung der „Pflichtversicherungsgrenze für Angestellte in der gesetzlichen Krankenversicherung“ in seinem Sinne durchzusetzen, startete der DGB eine Postkar-

---

64 Vgl. Karl Kehrmann/Wolfgang Pelikan, Lohnfortzahlungsgesetz. Kommentar, 2., völlig überarbeitete und erweiterte Auflage, München 1973, S. 53. Noch kein Hinweis auf diesen Zusammenhang enthielt die erste Auflage. Vgl. dies., Lohnfortzahlungsgesetz. Kommentar, München 1970, S. 35 f.

65 Loddenkemper, Gleichbehandlung, S. 97–98 (Zitat).

66 Vgl. Stenographisches Protokoll der 88. Sitzung des Ausschusses für Arbeit, 5. Mai 1969, S. 6–11 (Zitate auf S. 9), in: PA-DBT 4000 V/368 Bd. A 1 lfd. Nr. 20. Der DGB-Vertreter bemängelte zudem den generellen Ausschluss eines Anspruchs auf Lohnfortzahlung bei Arbeitsverhältnissen, die für eine Dauer von höchstens vier Wochen geschlossen wurden. Ebenso problematisierte er die Regelungen mit Blick auf die Heimarbeiter. Vgl. ibid., S. 9 f. Zu den weiteren Diskriminierungen vgl. Wank, Arbeiter und Angestellte, S. 149, 174–185, 215–222, 240 f.

67 Vgl. Ausschuss für Arbeit, Stenographisches Protokoll, 5. Mai 1969, S. 16–18.

tenaktion[68]. Mit Erfolg. Ernst Schellenberg, Vorsitzender des Sozialpolitischen Ausschusses des Bundestags, bescheinigte dem DGB-Bundesvorstand am 21. April 1969: „Täglich gehen beim Ausschußsekretariat Hunderte von vorgedruckten Karten mit diesem Petitum ein."[69] Die Interessen der Arbeiterschaft artikulierte der DGB nicht auf diese Weise.

Was der Gesetzgeber versäumt hatte, rückte das Bundesarbeitsgericht zumindest ein Stück weit zurecht. Es bewertete „bereits den ersten Gang zur Arbeit als Beschäftigungsbeginn", wobei für Bernhard Loddenkemper offenblieb, „ob es sich dabei noch um Gesetzesauslegung oder schon [um] richterliche Rechtsfortbildung handelt"[70]. Unbestreitbar konnten die Arbeiterinnen und Arbeiter materielle Verbesserungen verzeichnen. Interessanterweise findet sich selbst in Darstellungen zur Gewerkschaftsgeschichte die falsche, zumindest aber verzerrende Aussage, das Gesetz habe die völlige Gleichstellung von ‚Arbeitern' und ‚Angestellten' erreicht[71]. Holger Wiemers urteilte zurückhaltender, das Lohnfortzahlungsgesetz habe die „Entwertung des Arbeiterstatus" gestoppt[72]. Dagegen ist deutlich hervorzuheben, dass Diskriminierungen der Arbeiterschaft durch das Gesetz fortgeschrieben wurden und das Ziel des DGB, einen einheitlichen Arbeitnehmerstatus zu schaffen, dadurch konterkarierten. Gerade weil in materieller Hinsicht Angleichungen erreicht wurden, blieb die Fortführung des Arbeiterstatus umso fragwürdiger. Denn so war auch die Stellung der Arbeiterschaft in der Bundesrepublik durch eine bekanntermaßen zweifelhafte Rechtslage gekennzeichnet: *separate but equal.*

4.3 ‚Mitarbeiter' bei Rheinbraun

Den Abbau bestehender gesetzlicher Unterschiede zwischen ‚Arbeitern' und ‚Angestellten' konnten die Gewerkschaften mitzubestimmen suchen, doch waren sie an der Entscheidung nicht unmittelbar beteiligt. Zwar lag der Anteil der gewerkschaftlich organisierten Parlamentsmitglieder in den 1960er und 1970er Jahren

68 Vgl. o. V., An den Sozialpolitischen Ausschuß des Bundestages, o. D., in: PA-DBT 4000 V/368 Bd. A 2 lfd. Nr. 22.

69 Ausschuß für Sozialpolitik, Der Vorsitzende, an den Bundesvorstand des Deutschen Gewerkschaftsbundes, 21. April 1969, in: PA-DBT 4000 V/368 Bd. A 2 lfd. Nr. 23.

70 Loddenkemper, Gleichbehandlung, S. 96.

71 So etwa bei Michael Schneider, Kleine Geschichte der Gewerkschaften. Ihre Entwicklung in Deutschland von den Anfängen bis heute, 2. überarb. und aktualisierte Aufl., Bonn 2000, S. 334, oder bei Rehling, Konfliktstrategie, S. 373.

72 Holger Wiemers, Die Entwicklung der Sozialpolitik in der Bundesrepublik 1966–1975. Programme, Akteure, Ergebnisse, Regensburg 1999, S. 310.

noch vergleichsweise hoch, doch fühlten sich diese Abgeordneten in erster Linie ihren Parteien, denen sie das Mandat verdankten, verpflichtet. Viel sprach folglich dafür, Vereinheitlichungen auf dem Feld der Tarifpolitik durchzusetzen. Hier waren die Gewerkschaften nicht nur Lobbyisten, hier waren sie Mitentscheider. Freilich galt es immer abzuwägen, ob tarifvertragliche Regelungen als Schrittmacher für gesetzliche Regelungen dienen konnten, wie es etwa bei der Lohnfortzahlung im Krankheitsfall gewesen war, oder ob solche Übereinkünfte der Tarifpartner nicht den Handlungsdruck auf die Politik reduzierten. Die gesetzliche Beseitigung der Unterschiede hatte nämlich den unbestreitbaren Vorteil, dass sie für alle Beschäftigten galt. Was auf tarifvertraglichem Weg erreicht werden konnte, soll nun am Beispiel von Rheinbraun erörtert werden. Die im Braunkohlebergbau tätige RWE-Tochter schloss 1970 einen einheitlichen Mitarbeitertarifvertrag mit der IG Bergbau und Energie ab. Zwar sind nur wenige Akten überliefert, doch erlaubt die vorhandene Quellenbasis, Probleme und Potentiale dieses Unterfangens zu konturieren.

4.3.1 Gewerkschaftliche Positionen

Die erste Forderung nach „gemeinsamen Tarifabschlüsse[n] für Arbeiter und Angestellte" kam von einer unerwarteten Seite innerhalb des DGB – dem 1952 erstmals tagenden Bundesangestelltentag[73]. Bei der einstimmig verabschiedeten Entschließung handelte es sich jedoch weniger um ein flammendes Bekenntnis zum einheitlichen Arbeitnehmerbegriff seitens der Angestellten als vielmehr um die Sicherung handfester materieller Eigeninteressen: „Die Angestellten sind in ihrer Einkommensentwicklung besonders da zurückgeblieben, wo keine gemeinsamen Tarifabschlüsse für Arbeiter und Angestellte erfolgt sind."[74] Im Rahmen der „Entschließung zur Angestelltenarbeit" übernahm der DGB-Bundeskongress im selben Jahr die Forderungen in der Sache, stellte sie aber zumindest in Bezug zur gewerkschaftlichen Arbeitnehmerpolitik. Denn die negative Einkommensentwicklung der Angestellten führten die Delegierten kausal auf „die rückschrittlichen Bestrebungen zur Aufrechterhaltung der Trennung von Arbeitern und Angestellten" zurück[75]. Eberhard Fehrmann und Ulrike Metzner legten diese Beschlusslage so aus, als habe sich der DGB damit zum Ziel bekannt, „gemeinsame Mantel- und Einkommenstarifverträge für Angestellte und Arbeiter" abzuschließen[76]. Diese Inter-

73 DGB-Bundesvorstand, Protokoll Erster Bundes-Angestellten-Tag, S. 168 (Hervorhebung gelöscht).
74 Ibid. (Hervorhebung gelöscht).
75 DGB-Bundesvorstand, Protokoll Bundeskongress 1952, S. 481.
76 Fehrmann/Metzner, Angestellte, S. 136.

pretation ist vom Beschluss sicherlich gedeckt, doch war dies nur *eine* Schlussfolgerung, die daraus gezogen werden konnte. Denn die Delegierten hatten genau genommen lediglich „gemeinsame Tarifabschlüsse" gefordert. Diese Forderung war schon dann erfüllt, wenn je eigenständige, inhaltlich voneinander abweichende Tarifverträge für die beiden Statusgruppen zum selben Zeitpunkt abgeschlossen wurden. De facto musste sich bereits der temporale Aspekt der Gleichzeitigkeit der Verhandlungen in eine tendenzielle materielle Angleichung übersetzen, allein schon, weil dann unter denselben Rahmenbedingungen (konjunkturelle Entwicklung, Ertragslage des Unternehmens, Höhe der Arbeitslosenquote) verhandelt wurde[77]. Die Forderung nach gemeinsamen Verträgen ging darüber deutlich hinaus. Wie Fehrmann und Metzner selbst anmerkten, lehnten sowohl die DAG wie auch der Lohnpolitische Hauptausschuss der Arbeitgeberverbände „gemeinsame Tarifverträge von Arbeitern und Angestellten" entschieden ab. Wohl auch aus diesem Grund bestanden die Arbeitgeber darauf, Tarifverhandlungen für Angestellte nur unter Beteiligung der DAG zu führen[78].

Wie es scheint, fand die explizite Forderung nach „gemeinsamen Tarifverträgen" erst sehr viel später Einzug in die Beschlusslage des DGB, nämlich 1975. Damals brachte die Gewerkschaft Nahrung-Genuss-Gaststätten (NGG) Antrag 199 ein[79], der dann auch angenommen wurde. In ihrer Begründung bezog sich die NGG auf grundlegende Veränderungen, die ihre Forderung im Grunde alternativlos machten:

> Gesellschaftliche Strukturänderungen und technischer Fortschritt mit laufend neuen Impulsen auf die Gestaltung der Arbeitsbedingungen geben Anlaß, Form und Inhalt der jeweiligen Tarifverträge zu modernisieren und tarifvertragliche Regelungen zu schaffen, die einheitlich für Arbeiter und Angestellte gelten. Dem Organisationsprinzip der DGB-Gewerkschaften entspricht es ferner, wenn durch eine Integration bisher getrennter und teilweise noch unterschiedlich geregelter Arbeitsbedingungen diese in einem Tarifvertrag einheitlich für Arbeiter und Angestellte eines Betriebs vereinbart werden.[80]

77 Vgl. DGB-Bundesvorstand, Abt. Tarifpolitik, Anlage zur Vorlage Notwendigkeit, Voraussetzungen und Möglichkeiten einer koordinierten gewerkschaftlichen Tarif- und Besoldungspolitik, 8/71, S. 5, in: AdsD 5/DGAA000154.

78 Vgl. Fehrmann/Metzner, Angestellte, S. 107 f.

79 Der Gewerkschaftstag der NGG hatte bereits 1970 Antrag 153 verabschiedet, der die Gewerkschaft auf den Abschluss „gemeinsame[r], vereinigte[r] Einkommenstarifverträge für gewerbliche Arbeitnehmer und Angestellte" verpflichtete. Vgl. Günter Döding, Grußwort, in: NGG Hauptverwaltung/Tarifabteilung, Vorschlag für einen Einheitlichen Einkommenstarifvertrag, o. J., in: AdsD 5/DGAA000258.

80 DGB-Bundesvorstand, Protokoll Bundeskongreß 1975, S. 198 (Antragsteil).

Wichtig ist hierbei, dass gemeinsame Tarifverträge nicht nur explizit auf die Verwirklichung des einheitlichen Arbeitnehmerstatus bezogen waren, sondern die Antragsteller darin zugleich eine „zukunftsorientierte gesellschaftspolitische Zielsetzung" erblickten[81]. Dies war insofern ein wichtiger Hinweis, als die Gewerkschaften ihrem Selbstverständnis nach immer an der Spitze des Fortschritts und der Moderne standen. In der Aussprache zum Antrag legte Erich Herrmann daher seinen Finger in einen wunden Punkt:

> Während im Arbeitsrecht und auch im Sozialrecht viele materielle Unterschiedlichkeiten aufgehoben worden sind, müssen wir allerdings feststellen, daß gerade auf einem gewerkschaftlichen Gebiet, nämlich jenes der Tarifpolitik, unterschiedliche Verträge für gewerbliche Arbeitnehmer und Angestellte bestehen mit unterschiedlichen Bewertungskriterien und teilweise sogar unterschiedlichen Laufdauern und Verhandlungen.[82]

Die Gewerkschaften hatten auf diesem Gebiet folglich den Anschluss verpasst. Tatsächlich existierten zu diesem Zeitpunkt erst in wenigen Branchen einheitliche Arbeitnehmertarifverträge. Eine Vorreiterin war zweifellos die NGG, die solche Verträge in der Brauerei-, Zigaretten- und Zuckerindustrie im Laufe der 1970er Jahre zum Abschluss bringen konnte. Der als „Jahrhundertvertrag" gefeierte Abschluss in der Chemiebranche datierte dagegen erst vom Juli 1988[83].

4.3.2 Rheinbraun – ein *best case scenario?*

Als die IG BE und Rheinbraun 1970 ihren einheitlichen Mitarbeitertarifvertrag abschlossen, hatte sich das Unternehmen schon seit einiger Zeit um eine Angleichung von ‚Arbeitern' und ‚Angestellten' bemüht. Eine ausführliche Analyse dieses Prozesses wäre lohnend, doch sind die meisten der einschlägigen Quellen weder von Gewerkschafts- noch von Unternehmensseite überliefert worden. Es ist jedoch möglich, die Faktoren darzulegen, die diesen Prozess begünstigt haben.

Den Braunkohlebergbau zeichneten viele Besonderheiten aus, die Tendenzen hin zur Vereinheitlichung der Belegschaft begünstigten oder sogar erforderlich machten. Günstig wirkte sich das Verhältnis von Belegschaft und Führung aus. Blickt man auf die Branchen, die frühzeitig gemeinsame Tarifverträge für ‚Arbeiter' und ‚Angestellte' abschlossen, so dominierten hier sozialpartnerschaftlich geprägte Wirtschaftszweige. Denn während etwa die IG Metall, die ÖTV, die IG Druck und

---

81 Ibid.

82 Ibid., S. 323 f.

83 Vgl. Schneider, Kleine Geschichte, S. 390.

Papier sowie die GHK und HBV oft auf Konfrontation setzten, zählten die IG BE ebenso wie die NGG und – in den 1980er Jahren – auch die IG CPK zum konsensorientierten Flügel der Gewerkschaftsbewegung[84]. Aufschlussreich ist in diesem Zusammenhang, Siemens als Gegenbeispiel heranzuziehen. Auch hier setzte die Unternehmensleitung darauf, die Beschäftigten als ‚Mitarbeiter' in die Siemens-Familie zu integrieren, doch richtete sich dieses Unterfangen eindeutig gegen die IG Metall. Folglich kam es hier auch nicht zum Abschluss eines einheitlichen Arbeitnehmer- oder Mitarbeitertarifvertrags, sondern die Unternehmensleitung suchte ihr Ziel vor allem mit dem Mittel der betrieblichen Sozialpolitik zu erreichen, denn sie unterlag ihrer ausschließlichen Verfügungsgewalt[85]. Im Fall von Rheinbraun war eine solche Abgrenzung nach außen, wie sie Siemens betrieb, nicht nur unnötig, sondern sie wäre auch kontraproduktiv gewesen. So wies der Braunkohlebergbau insgesamt einen hohen gewerkschaftlichen Organisationsgrad auf, der bei etwa 91 Prozent lag. Es überrascht daher nicht, dass schon bei der Einführung der analytischen Arbeitsbewertung im rheinischen Braunkohlenbergbau Mitte der 1950er Jahre von Beginn an die IG BE als gleichberechtigter Partner mit einbezogen worden war[86]. Ohnehin hatte das Montanmitbestimmungsgesetz den Gewerkschaften den Anschein des Fremden genommen.

In gewisser Weise existierte ein Außen für Rheinbraun auch gar nicht. Im Grunde griff hier eine dreifache Provinzialisierung. Zum einen trennten das im linksrheinischen, agrarisch geprägten Kölner Umland operierende Unternehmen ebenso Welten von der mitten im Ruhrgebiet beheimateten Konzernmutter RWE wie den für Rheinbraun zuständigen Bezirk der IG BE von der auf den Steinkohlenbergbau fokussierten Gewerkschaftszentrale in Bochum[87]. Und weil die Braun-

84 Vgl. Reinhardt, Aufstieg, S. 53 f., FN 51.

85 Vgl. Almuth Bartels, Monetarisierung und Individualisierung. Historische Analyse der betrieblichen Sozialpolitik bei Siemens (1945–1989), Stuttgart 2013. Wie es scheint, profitierten hiervon besonders die Angestellten, wie ein Blick auf die Beteiligungsquoten an „Mitarbeiteraktien" zeigt. Vgl. ibid., S. 190 f.

86 Hans-Christoph Seidel, Arbeitsbeziehungen und Sozialpolitik. Vom Nationalsozialismus bis zum Ende der alten Bundesrepublik, in: Dieter Ziegler (Hrsg.), Geschichte des deutschen Bergbaus, Band 4: Rohstoffgewinnung im Strukturwandel. Der deutsche Bergbau im 20. Jahrhundert, Münster 2013, S. 445–514. Für Juli 1967 wies die Führung von Rheinbraun jedoch einen geringeren Organisationsgrad aus: 80 Prozent der Lohnempfänger und 62 Prozent der Angestellten waren demnach bei der IG BE organisiert. Vgl. B 3/4 – Ku., Vermerk, 10. Juli 1967, in: RWE-Archiv Rheinbraun 362/8.

87 Dennoch gelang es der IG BE, „die im Grunde nicht vorhandene Interessenidentität zwischen Steinkohlen- und Braunkohlenmitgliedschaft zu überbrücken und innerverbandliche Solidarität zur Verteidigung der Steinkohlesubvention zu mobilisieren". Michael Farrenkopf, Wiederaufstieg und Niedergang des Bergbaus in der Bundesrepublik, in: Ziegler, Rohstoffgewinnung, S. 183–302, hier S. 275.

kohlekraftwerke von RWE gut zwei Drittel der jährlich geförderten Kohle abnahmen, spielten die nationalen oder gar internationalen Absatzmärkte keine herausragende Rolle für Rheinbraun. Auch ein Ereignis wie die Ölpreiskrise 1973 führte nicht zu einer Globalisierung des Unternehmens, im Gegenteil. Es konnte sich nun erneut als regional verankerter und damit zuverlässiger Energielieferant auf dem westdeutschen Markt profilieren[88]. Zum Zweiten handelte es sich bei der westdeutschen Braunkohlebranche insgesamt um einen überschaubaren Wirtschaftszweig mit relativ wenigen Beschäftigten. Neben den Abbaugebieten in Nordrhein-Westfalen existierten weitere bei Helmstedt, in Hessen und in der Oberpfalz. Rheinbraun nahm eine beherrschende Stellung ein. So förderte das Unternehmen in der Zeit des Wirtschaftswunders bis zu 87 Prozent, Mitte der 1980er Jahre dann bis zu 95 Prozent der westdeutschen Braunkohle. 1956 erreichte die Braunkohlenbranche bereits den Höchststand an Beschäftigten, er belief sich damals auf 38 132 Personen, wovon 25 967 im Rheinland tätig waren[89]. Zum Dritten war Rheinbraun vor Ort nicht ein Unternehmen unter vielen, sondern beherrschte die Provinz. Hier wurde nicht hinter verschlossenen Fabriktoren produziert, zumindest nicht ausschließlich. Das definierende Merkmal war (und ist) vielmehr das expansive, im Wortsinne raumgreifende Moment. Das Unternehmen hatte einen totalen Zugriff auf Raum und Zeit. Denn immer wieder brachten die Bagger archäologische Artefakte aus grauer Vorzeit zum Vorschein[90]. Und auch die Lebenswelten aller im Revier lebenden Menschen erfasste der Konzern total. Ihnen zog Rheinbraun – wiederum buchstäblich – den Boden unter den Füßen weg, um an den Rohstoff zu kommen. Im Anschluss wurde das Gebiet „rekultiviert".

Gerade dieser Aspekt wirkte sich auf die Bereitschaft aus, die Belegschaft zu vereinheitlichen. Denn erstens war Rheinbraun darauf ausgelegt, ganzheitlich zu denken. Diese Denkrichtung ist dem Differenzierungsdenken entgegengesetzt, und die Unterteilung in ‚Arbeiter' und ‚Angestellte' entspringt zweifelsohne letzterem. Hinzu kam als Zweites, dass sich Rheinbraun als modernisierende Kraft verstand. Nicht nur wurde die Natur im Zuge der Rekultivierung „[p]hantasievoll [...] neu-

88 1969 förderte Rheinbraun beispielsweise 91,3 Millionen Tonnen Kohle, von denen RWE 63,1 Millionen Tonnen abnahm. Vgl. Rheinbraun, Belegschafts- und Sozialbericht 1969, Köln 1970, S. 1. Vgl. zudem o. V., Kernkraft und Kohle gemeinsam gegen Energiekrise, in: Revier und Werk 25–118 (1974), S. 8–9 sowie o. V., Sichere Wärme für Millionen, in: Revier und Werk 25–118 (1974), S. 23.

89 Vgl. Farrenkopf, Wiederaufstieg und Niedergang, S. 251.

90 Vgl. Rudolph Kuper, Archäologie mit dem Bagger, in: Revier und Werk 23–108 (1972), S. 16–21, o. V., Die Erde als Geschichtsbuch, in: Revier und Werk 25–119 (1974), S. 9 sowie o. V., Holzpfosten und Scherben aus der Jungsteinzeit, in: Revier und Werk 25–120 (1974), S. 7.

gestaltet"[91], auch die neu gebauten Dörfer und frisch angelegten Felder erwiesen sich als besser und effizienter als ihre historisch und natürlich gewachsenen Vorläufer[92]. Als modern galt Ende der 1960er Jahre nun, die Trennung der Statusgruppen zu überwinden. Drittens aber stand das Unternehmen unter einem ständigen Legitimationszwang, nicht zuletzt den Menschen gegenüber, deren Häuser den Schaufelradbaggern weichen mussten. Eine möglichst große Identifikation der Beschäftigten, die sich ja aus dem Umland rekrutierten, mit dem Unternehmen war ein probates Mittel für diesen Zweck. Michael Farrenkopf wies in diesem Zusammenhang auf ein weiteres Charakteristikum der Branche hin:

> Berücksichtigt man […], dass sich beispielsweise bei den Rheinischen Braunkohlenbergwerken im Jahre 1960 die Gesamtbelegschaft zu je fast einem Drittel auf die Tagebaue, die Brikettfabriken sowie auf die Instandhaltungsbetriebe und Verwaltung verteilte, dürfte dies […] eine übergreifende Identität stiftende Funktion der Arbeitsplatzerfahrung im Braunkohlenbergbau verhindert haben.[93]

Und selbst diese verschiedenen Bereiche wiesen keine Binnenhomogenität auf, vielmehr waren jeweils eine Vielzahl an unterschiedlichen Tätigkeiten zu verrichten[94]. Im Fall von Rheinbraun kamen noch verschärfende Faktoren hinzu. Als Konzern war die Rheinische Braunkohlenwerke AG, so der offizielle Name, erst am 28. Dezember 1959 aus der Fusion mehrerer zuvor eigenständiger Betriebe hervorgegangen[95]. Rheinbraun konnte folglich auf keine historisch gewachsene Firmenidentität bauen. Überdies vermutete Farrenkopf, dass die 1955/6 eingeführte analytische Arbeitsbewertung die Heterogenität der Belegschaft noch verstärkt haben dürfte. Denn seither berücksichtigte „die Einstufung in Lohngruppen nicht mehr allein die Qualifikationsgesichtspunkte der Arbeiterschaft", was dazu führen konnte, „dass ungelernte Arbeiter in als besonders anspruchsvoll bewerteten Ar-

91 o. V., Phantasievoll wurde die Natur neugestaltet, in: Revier und Werk 24–111 (1973), S. 22–23 sowie Theo Hettinger, Neues Flußbett für die Erft im Nordrevier, in: Revier und Werk 25–120 (1974), S. 22–23.

92 Vgl. o. V., Neue Ernte unter neues Dach, in: Revier und Werk 24–115 (1973), S. 9, o. V., Von Rekultivierung nachhaltig beeindruckt, in: Revier und Werk 25–120 (1974), S. 26–27 sowie o. V., Gute Erträge auf Neuland, in: Revier und Werk 28–139 (1977), S. 14.

93 Michael Farrenkopf, Arbeitnehmer des Braunkohlenbergbaus in der Bundesrepublik Deutschland – Zur Problematik einer ungeschriebenen Geschichte, in: Magistrat der Stadt Borken (Hrsg.), 7. Montanhistorisches Kolloquium. Zur Geschichte des Braunkohlebergbaus. Die Braunkohle und ihre Bergleute, Borken 2006, S. 85–94, hier S. 91.

94 Ibid., S. 90.

95 Farrenkopf, Wiederaufstieg und Niedergang, S. 258.

beitsprozessen kaum schlechter entlohnt werden konnten, als gelernte Arbeiter an minder bewerteten Arbeitsplätzen."[96]

Der entscheidende Punkt war dieser: Die Dichotomie zwischen ‚Arbeitern' und ‚Angestellten' war bei Rheinbraun nicht die einzig relevante, wahrscheinlich war sie nicht einmal die wichtigste. Zugleich war sie die Spaltung, die am einfachsten aufzuheben war – einfacher jedenfalls als die Unterteilung des Betriebs in Tagebau, Brikettfabrik und Verwaltung. Wollte man diesen Quell der Heterogenität beseitigen, hätte man den Konzern aufspalten müssen. Erleichternd kam mit Blick auf die angestrebte Vereinheitlichung der Statusgruppen hinzu, dass es sich bei den Angestellten selbst um keine homogene Gruppe handelte. In den bis Ende 1968 gültigen Tarifverträgen waren sie in die beiden Hauptgruppen der „technischen" und „kaufmännischen Angestellten" unterteilt, die wiederum in sechs Untergruppen zerfielen. Doch selbst diese Differenzierung erwies sich als zu grob, um alle Angestelltentätigkeiten angemessen abbilden zu können[97]. Überdies waren 541 der etwa 3300 Angestellten, die 1969 im Unternehmen tätig waren, aufgrund eines neuen Tarifvertrags unmittelbar aus dem Arbeiter- in den Angestelltenstatus gewechselt[98]. Dies war zwar eine Ausnahmesituation, doch vollzogen Jahr für Jahr einige Dutzend Beschäftigte einen solchen Statuswechsel. Die Rheinbraun-Angestellten dürften unter diesen Bedingungen kaum einen ausgeprägten Korpsgeist ausgebildet haben. Dafür spricht auch die Verteilung der Angestellten auf die Gewerkschaften. In absoluten Zahlen waren laut der Unternehmensführung im Juli 1967 insgesamt 1800 Angestellte Mitglied der IG BE, aber nur 400 bei der DAG, auch wenn diese binnen Jahresfrist ihre Mitgliederzahl mehr als verdoppelt hatte[99]. Die Voraussetzungen standen folglich gut, dass die Beseitigung der Arbeiter-Angestellten-Dichotomie die ganze Aufmerksamkeit auf diesen Akt der Homogenisierung lenken und dadurch die noch fortbestehende Heterogenität zumindest zeitweise überblenden konnte. Im besten Fall schuf der neue Mitarbeiterstatus einen identifikationsstiftenden Bezugspunkt für alle Beschäftigten.

Bei den bisher betrachteten Punkten handelte es sich zumeist um strukturelle Faktoren, die also von langer Dauer waren. Warum aber wurde der Schritt zur tarifvertraglichen Vereinheitlichung ausgerechnet 1970 und nicht schon viel früher vollzogen?

96 Farrenkopf, Arbeitnehmer, S. 89.

97 Vgl. o. V., Neue Stelleneinteilung für Angestellte, in: Revier und Werk 20–95 (1969), S. 16.

98 Vgl. Rheinbraun, Belegschafts- und Sozialbericht 1969, S. 3.

99 Vgl. B 3/4 – Ku., Vermerk, 10. Juli 1967.

4.3.3 ‚Arbeiter' als Kostenfaktor und Gefahr

Der einheitliche Mitarbeitertarifvertrag, der zum 1. Dezember 1970 in Kraft trat, bildete nur den Höhepunkt einer langjährigen Entwicklung, wie Josef Müller der Belegschaft in der Betriebszeitung „Revier und Werk" mitteilte[100]. Ein Schlusspunkt war aber auch damit noch nicht erreicht. Zu den Motiven, die hinter diesem Schritt standen, finden sich in den Quellen kaum Informationen. Symbolisch wichtige Schritte der Angleichung stellten jedoch auch die Umstellung auf eine bargeldlose Überweisung der Arbeiterlöhne sowie der Verzicht auf ein ärztliches Attest für die ersten drei Tage der Erkrankung dar. In beiden Fällen sind die Beweggründe der Unternehmensleitung überliefert. Sie sollen daher zunächst betrachtet werden.

Am 2. Dezember 1969 erreichte die „gewerblichen Mitarbeiter" ein Schreiben ihres Unternehmens, in dem sie über die Einführung des Lohnfortzahlungsgesetzes informiert wurden. Dieses Schreiben enthielt viele gute Nachrichten für diese Beschäftigtengruppe: „Sie erhalten also im Krankheitsfalle von uns Ihren Lohn genauso wie die Angestellten ihr Gehalt." Auch auf die damit verbundenen positiven Folgen wies die Geschäftsleitung hin: „Es ist damit zu rechnen, daß wegen des Fortfalls der Krankengeldverpflichtung der Beitragssatz der Krankenkasse gesenkt wird; dadurch verringert sich Ihr Beitrag zur Krankenversicherung." Völlig gleichgestellt waren die „gewerblichen Mitarbeiter" gegenüber den Angestellten trotz allem nicht, wie aus der Auflistung der „Pflichten" hervorging: „Vor Ablauf des 3. Kalendertages nach Beginn der Krankheit muß dem Betrieb eine ärztliche Arbeitsunfähigkeitsbescheinigung vorgelegt werden. Das gilt auch bei kurzen Erkrankungen."[101] Wie sich zeigen sollte, erwies sich diese Konstellation als kostspielig für das Unternehmen. So stiegen die kur- und krankheitsbedingten Ausfallzeiten zwischen 1969 und 1970 um beinahe 29 Prozent. Alarmiert bemerkte das Unternehmen: „Eine Steigerung dieses Ausmaßes wurde bisher nur in Zeiträumen von etwa 10 Jahren festgestellt"[102]. Im Oktober 1971 wagte Rheinbraun daher ein Experiment. Es führte versuchsweise die sogenannte „K_3-Regelung" ein und befreite nun auch die Arbeiterinnen und Arbeiter von der Attestpflicht, die die Direktion gut zwei Jahre zuvor selbst verhängt hatte[103]. Genau ein Jahr später, im Oktober 1972, kamen die „Mitarbeiter" als weitere Maßnahme zur Senkung des Krankenstandes

---

100 Josef Müller, Neuer Tarifvertrag für Mitarbeiter im Rheinischen Braunkohlenrevier, in: Revier und Werk 21–102 (1970), S. 8.

101 Rheinische Braunkohlenwerke Aktiengesellschaft an unsere gewerblichen Mitarbeiter, 2. Dezember 1969, in: RWE-Archiv 4010/2.

102 Rheinbraun, Belegschafts- und Sozialbericht 1971, Köln 1972, S. 12.

103 Aufsichtsratssitzung am 13. Juni 1973, Bericht A 3 [d. i. Konrad Grundmann] zum Personal- und Sozialwesen, S. 2, in: RWE-Archiv Rheinbraun 003052.

zudem in den Genuss einer begriffsgeschichtlichen Erörterung: „Läßt sich Krankheit mit dem Begriff ‚feiern' verbinden?" Hans Bremshey, Autor des Artikels, fand diese Frage jedenfalls „[m]erkwürdig". Merkwürdig fand er merkwürdigerweise aber nicht, dass er nun ausgerechnet ein Verb zum Begriff erhoben hatte. Ihm ging es um etwas anderes. Und damit die Botschaft bei der Leserschaft auch ankam, wurde er deutlich:

> Wenn einer nur krank „feiert" aber nicht wirklich krank ist, dann müssen die anderen für ihn mitarbeiten und für ihn mitverdienen. Dieses „Feiern" ist ein unrechtmäßiger Griff in das Portemonnaie von uns allen.[104]

Diese Mahnung trug Früchte, sodass die „gewerblichen Mitarbeiter" – passenderweise zum 1. Mai 1973 – dauerhaft den Angestellten gleichgestellt wurden. Fortan mussten auch sie erst ab dem vierten Krankheitstag ein ärztliches Attest vorlegen. Die Belegschaft hatte in den Augen der Unternehmensleitung das in sie „gesetzte Vertrauen grundsätzlich gerechtfertigt"[105]. Die Zahlen bestätigten dies. 1972 war erstmals seit 1968 keine „besorgniserregende Zunahme der Ausfallzeiten" mehr zu verzeichnen, vielmehr setzte eine Trendumkehr ein, die auch die folgenden Jahre über anhalten sollte. Dass die Arbeiter nicht plötzlich seltener oder nur noch leichter erkrankten, war auch der Direktion klar. So führte der Belegschafts- und Sozialbericht weiter aus: „Die Ende 1971 eingeleiteten Maßnahmen zur Senkung des Krankenstandes, zu denen auch die Einführung der K_3-Regelung [...] gehört, haben sicherlich zu diesem Ergebnis beigetragen."[106] Dies konnte aber nur bedeuten, dass die „gewerblichen Mitarbeiter" aus eigener Verantwortung heraus nun früher an den Arbeitsplatz zurückkehrten, während die Ärzte sie vor Einführung der Regelung bei derselben Erkrankung länger als drei Tage krankgeschrieben hatten[107]. Offensichtlich hatte also in der Perspektive der Unternehmensführung eine Misstrauensumkehr stattgefunden. Nicht die Arbeiterschaft ließ sich zu einem Missbrauch hinreißen, wenn sie nicht streng kontrolliert wurde, sondern die Ärzte-

104 Hans Bremshey, Kranksein und feiern?, in: Revier und Werk 23–109 (1972), o. S.

105 Aufsichtsratssitzung am 13. Juni 1973, S. 2.

106 Vgl. Rheinbraun, Belegschafts- und Sozialbericht 1972, Köln 1973, S. 10 (Hervorhebung gelöscht). Auch im Folgejahr setzte sich dieser Trend fort, und erneut führte die Geschäftsleitung dies explizit auf die neue Regelung zurück. Vgl. Rheinbraun, Belegschafts- und Sozialbericht 1973, Köln 1974, S. 11.

107 So hatte der Belegschafts- und Sozialbericht ein Jahr zuvor geklagt, dass sich die „Zahl der [...] ausgestellten Krankenscheine" erhöht habe und auch die „durchschnittliche Dauer der Erkrankung" gestiegen sei. Vgl. Rheinbraun, Belegschafts- und Sozialbericht 1971, S. 12.

schaft war zu lax mit den Krankschreibungen[108]. Die Lösung des vom Lohnfortzahlungsgesetz mitverursachten Problems lag also darin, Arbeiterinnen und Arbeiter nicht länger wie ‚Arbeiter' zu behandeln. Statt disziplinärem Zwang setzte man nun, ganz im Sinne Foucaults, auf Selbstdisziplin. Über Umwege führte das Lohnfortzahlungsgesetz also in diesem Fall zu einem weiteren Abbau bestehender Diskriminierungen. Auch ein sprachliches Detail ist in dieser Hinsicht aufschlussreich: War die entsprechende Aufstellung im Belegschafts- und Sozialbericht in den Jahren 1969 und 1970 – gleichsam als sich selbsterfüllende Prophezeiung – mit „Entwicklung der Krankfeierstunden" überschrieben[109], griffen die Autoren in den folgenden Jahren auf die neutrale Bezeichnung „Krankenausfallzeiten" zurück[110].

Kosten- wie auch Sicherheitsbedenken resultierten im Verbund mit technischen Neuerungen in einer weiteren Reduktion von Unterschieden. Im Januar 1969 hatten alle 3316 Angestellten ihr Gehalt bargeldlos bezogen, aber lediglich 860 der insgesamt 13 211 Lohnempfänger[111]. An normalen Lohntagen mussten daher etwa fünf Millionen DM bar ausgezahlt werden. Fielen Prämien an, stieg die Summe auf sieben Millionen, bei Weihnachtsgeld gar auf neun Millionen DM. Dies bedeutete eine logistische Herausforderung, denn das Geld musste auch im Tagebau ausgezahlt werden. Notwendig waren zehn VW-Busse sowie drei bis fünf Autos. 30 Angestellte waren einen Tag lang damit beschäftigt, das Geld einzutüten. Weitere 50 Angestellte waren 24 Stunden lang beschäftigt, die Lohntüten an die Arbeiterschaft auszuhändigen[112]. Dies alles stellte einen beträchtlichen Kostenaufwand dar, der durch tarifvertragliche Änderungen verschärft wurde. Denn ab dem 1. Januar 1969 mussten alle Überstunden, die Angestellte zu leisten hatten, ab der ersten Stunde ausbezahlt werden. Der vorher mögliche Ausgleich durch Freizeit fiel hingegen weg. Überstunden waren aber bei der Lohnauszahlung unvermeidlich, überdies musste sie manchmal auch am Wochenende erfolgen. Doch nicht nur die Angestellten verursachten Kosten:

> Durch das Abholen der Löhnung durch die Belegschafter während der Arbeitszeit verkürzt sich die zu leistende Arbeit an diesen Tagen nicht unwesentlich. Bei bargeldloser Lohnzahlung

108 Dem Vorwurf, „ihre Patienten zu schnell und zu leichtfertig für arbeitsunfähig zu erklären", sahen sich beispielsweise auch die für die bayerische Maxhütte tätigen Vertrauensärzte ausgesetzt. Süß, Kumpel, S. 125.

109 Rheinbraun, Belegschafts- und Sozialbericht 1969, S. 9 sowie ders., Belegschafts- und Sozialbericht 1970, Köln 1971, S. 9.

110 Rheinbraun, Belegschafts- und Sozialbericht 1971, S. 11.

111 B A/b, Entwurf, Aktenvermerk, Betrifft: Bargeldlose Lohnzahlung, 14. Februar 1969, S. 3, in: RWE-Archiv Rheinbraun 362/8.

112 Vgl. Derix [?], Dx/Grö, Gruppe Nord, Personalverwaltung, an B A, 1. Oktober 1969, S. 1, in: RWE-Archiv Rheinbraun 362/8.

> braucht der Belegschafter seine Arbeitsstätte während der Arbeitszeit nicht mehr zu verlassen; er kann eine volle Schicht verfahren.[113]

Dies wäre wohl noch zu verschmerzen gewesen, wenn nicht noch eine ganz andere Erwägung eine Rolle gespielt hätte, die spezifisch für den in einer großen Fläche operierenden Braunkohletagebau war.

> Die Möglichkeit eines organisierten Überfalles ist in der heutigen Zeit nicht auszuschließen. Die Folgen wären nicht auszudenken. Bei dieser Betrachtung sind der künftige Eintütungsort, der etwas abseits gelegen ist, und die zeitlich wie räumlich längeren und zahlenmäßig größeren Geldtransporte zu berücksichtigen.[114]

Die Aufrechterhaltung eines Aspekts des ‚Arbeiter'-Seins war in den Augen der Rheinbraun-Führung folglich potentiell lebensbedrohlich für die Angestellten geworden. Womöglich spielten hier bereits die ersten Straftaten aus dem Umfeld der 68er-Bewegung eine Rolle, so etwa der von Andreas Baader, Gudrun Ensslin und anderen verübte Brandanschlag auf ein Frankfurter Kaufhaus. Träfe dies zu, hätte die erste RAF-Generation indirekt zum Verschwinden der ‚Arbeiter' bei Rheinbraun beigetragen. Denn am 15. Februar 1971 stellte Rheinbraun nach Absprache mit den Gewerkschaften die Auszahlung des Lohns auf eine bargeldlose Überweisung um[115]. Technische Entwicklungen erleichterten kurz darauf dieses Unterfangen. Das Unternehmen konnte auf die Kreissparkasse Köln setzen, „weil sie mit den Bändern unserer EDV arbeiten kann."[116]

4.3.4 Der einheitliche Mitarbeitertarifvertrag

So wichtig diese kleinen Schritte für die Arbeiter auch waren, der Abschluss eines einheitlichen Mitarbeitertarifvertrags stellte schon symbolisch einen gewaltigen Sprung für alle Arbeitnehmer dar. Wie es scheint, lag diesem Vertragswerk ein ganzes Bündel an Absichten zugrunde, wobei die beteiligten Akteure nicht zwangsläufig dieselben Ziele verfolgen mussten.

Erleichtert wurde das Unterfangen durch eine historische Konstellation, in der verschiedene Wertesysteme zeitgleich zur Vereinheitlichung tendierten. Rudi

113 B A/b, Entwurf, 14. Februar 1969, S. 2.

114 Derix, Gruppe Nord, S. 1.

115 Vgl. Rheinbraun-Information Nr. 50 – November 1970, [S. 2], in: RWE-Archiv Rheinbraun 4013/2.

116 B A/1, Vermerk für B A, Betr.: „Entkomplizierung" Tarifvertrag u. a., 30. Juni 1971, S. 6, in: RWE-Archiv Rheinbraun 362/7.

Adams, der als stellvertretender Bezirksleiter der IG BE mit am Verhandlungstisch gesessen hatte, war zugleich auch sozialdemokratischer Bundestagsabgeordneter. Er wollte „diesen Weg gehen, weil es sich um ein wichtiges gesellschaftspolitisches Moment handelt"[117]. Hier bot sich folglich einem Akteur die Möglichkeit, die auf politischer Ebene aufgrund der dortigen Machtverhältnisse nicht umsetzbaren Vereinheitlichungen zumindest teilweise auf betrieblicher Ebene weiterzuverfolgen. Auch die Führung von Rheinbraun erkannte die gesellschaftspolitische Bedeutung des Tarifvertrags. Doch während der Abbau von Diskriminierungen für die SPD allein oder doch vorwiegend ein Gebot der Gerechtigkeit war, stellte es sich für das Unternehmen differenzierter dar. Josef Müller betonte in der Werkzeitschrift: „Die soziologische und gesellschaftspolitisch kaum noch zu haltende unterschiedliche Behandlung von Arbeitern und Angestellten wird in naher Zukunft immer mehr überwunden werden."[118] Es war in diesem Sinne weder ein mutiger noch ein revolutionärer Schritt, den Rheinbraun mit dem einheitlichen Tarifvertrag gegangen war. Aber die Manager hatten den unvermeidlichen Schritt frühzeitig genug gemacht, um öffentlichkeitswirksam herausstellen zu können, „eines der modernsten Tarifwerke" abgeschlossen zu haben[119]. Interessant ist dabei, dass die Betonung der Notwendigkeit das Unterfangen entpolitisierte. In gleicher Weise wirkte die Berufung auf eine weitere, für den Bergbau traditionellerweise sehr wichtige Legitimationsquelle: die beiden christlichen Konfessionen. Sie hätten sich, so Müller, für die Verwirklichung der „Mitarbeitergemeinschaft" eingesetzt, und aus dem christlichen Gedankengebäude stamme auch „die neue Bezeichnung ‚Mitarbeiter'"[120], die anstatt des Arbeitnehmerbegriffs als Leitvokabel gewählt wurde. Die vollzogene Vereinheitlichung war dadurch der Auseinandersetzung zwischen IG BE und der DAG entzogen, sie basierte auf einer neutralen Basis.

Wie sich bald zeigen sollte, war dies durchaus nötig. Denn die DAG lehnte den Vertrag zunächst einstimmig ab und mobilisierte ihre Mitglieder, um weitere Verbesserungen für die Angestellten zu erreichen. Denn Arbeiter erhielten 1970 bis zu 13 Prozent mehr Lohn, während das Gehalt einiger Angestellter nur um 6,5 Prozent steigen sollte[121]. Die Opposition der DAG war nicht überraschend, und sie sollte sich

117 Willy Kreitz, Die IG Bergbau kündigt an: Tarif bis 13 Prozent höher. Arbeiter und Angestellte gleich, in: [Kölner Stadt-Anzeiger?], 29. Oktober 1970, in: RWE-Archiv Rheinbraun 4013/2.

118 Müller, Neuer Tarifvertrag.

119 O. V., Im Revier heißt es „Mitarbeiter", in: Dürener Zeitung, 18. Dezember 1970, in: RWE-Archiv Rheinbraun 41/70.

120 Müller, Neuer Tarifvertrag.

121 Vgl. kf, Die DAG ruft jetzt zur Abstimmung auf, in: Kölner Stadt-Anzeiger, 12. Dezember 1970, in: RWE-Archiv Rheinbraun 41/70.

auch später in anderen Unternehmen wiederholen[122]. Die NGG zog daraus den Schluss, dass einheitliche Tarifverträge nur geschlossen werden konnten, wenn die DAG außen vor blieb, was nicht immer kurzfristig zu erreichen war, da in einigen Branchen gemeinsame Verhandlungen durchaus üblich waren[123]. Bei Rheinbraun hatte die IG BE dieses Problem jedoch nicht, denn seit 1957 verhandelten die beiden Gewerkschaften unabhängig voneinander[124].

Doch was war an den Vorwürfen der DAG dran? Ging die Vereinheitlichung tatsächlich auf Kosten der Angestellten? Die Antwort fiel klar aus: nein. Denn zum einen rangierten die technischen Angestellten bei Rheinbraun mit ihrem um 41 DM geringeren Bruttoverdienst nach ihren Kollegen der Papiererzeugung, des Druckereigewerbes und der Bauwirtschaft an vierter Stelle, weibliche technische Angestellte von Rheinbraun nahmen in diesem Branchenvergleich gar den Spitzenplatz ein. Arbeiter des rheinischen Braunkohlebergbaus standen hingegen lediglich an elfter Stelle, sie verdienten monatlich 164 DM weniger als ihre Standesgenossen im Druckereigewerbe. Technische Angestellte waren also ungleich bessergestellt, woran auch eine einzige Lohn- und Gehaltsrunde nichts änderte. Zum anderen erhielten aber auch nur jene Arbeiterinnen und Arbeiter, die bei Rheinbraun fünf oder mehr „Berufsjahre" vorweisen konnten, eine Einkommenssteigerung von 13,4 Prozent. Ihre Kollegen, die noch nicht lange genug im Betrieb waren, konnten lediglich 7,05 Prozent mehr Lohn verzeichnen. Angestellte erhielten dagegen durchschnittlich 8,6 Prozent mehr Gehalt[125]. Dass Angestellte nicht auch aufgrund dieser Zulage eine höhere Gehaltssteigerung realisieren konnten, lag in einer einfachen Tatsache begründet: Sie hatten solche Zulagen schon immer erhalten. Dies war einer Diskriminierung der Arbeiterschaft gleichgekommen, denn das „Tarifgehalt des Angestellten erhöht sich mit dem Dienstalter in mehreren Stufen, auch wenn seine Tätigkeit nicht qualifiziert wird. Der Arbeiter behält in solchen Fällen stets den gleichen Tariflohn."[126] Rheinbraun stellte die Arbeiterschaft durch die Einführung der Berufsjahrzulage 1970 in dieser Hinsicht auch nicht völlig gleich, denn die Angestellten hatten nach sieben Jahren Anspruch auf eine weitere Zulage,

122 So klagte etwa die NGG über Störmanöver der DAG, als sie einheitliche Tarifverträge in der Zucker- und Brauindustrie sowie mit dem Zigarettenhersteller Reemtsma aushandelte. Vgl. Protokoll über die Sitzung des Tarifpolitischen Ausschusses am 10. Juli 1975, S. 3, in: AdsD 5/DGCS000141.

123 Martin Heiß, Karl-Heinz Fröbrich, Vertraulich, Protokoll über die Sitzung des Tarifpolitischen Ausschusses am 11./12. November 1975, S. 16, in: AdsD 5/DGCS000141.

124 hl, DAG will im Revier abstimmen lassen, in: Kölnische Rundschau, 12. Dezember 1970, in: RWE-Archiv Rheinbraun 41/70.

125 Vgl. Kreitz, Die IG Bergbau kündigt an.

126 Walter H. Schusser, Die Gleichstellung von Arbeitern und Angestellten aus betrieblicher Sicht, in: Hromadka, Gleichstellung, S. 61–77, hier S. 73.

während Lohnempfänger bereits nach fünf Jahren die Endstufe erreicht hatten[127]. Und während die am schlechtesten eingestuften Arbeiterinnen und Arbeiter mit monatlich 874 DM auskommen mussten, stiegen Angestellte schon mit etwa 100 DM monatlich mehr ein[128].

Prekär gestaltete sich die Situation für die DAG jedoch nicht deshalb, weil die Bevorzugung der Angestellten gegen das Gerechtigkeitsempfinden verstieß, sondern weil zumindest die Berufsjahrzulage nicht mit dem Leistungsgebot vereinbar war. Und Josef Müller machte in seinem Artikel deutlich, dass fortan „mehr denn je das Leistungsprinzip das wesentliche Unterscheidungsmerkmal der vom Tarifvertrag erfaßten Mitarbeiter sein [wird], wie es für den außertariflichen Bereich schon selbstverständlich ist."[129] Gerade in diesem Aspekt zeigten sich die Angestellten folglich als rückständig, während ausgerechnet die Arbeiter in dieser Hinsicht schon lange dem Vorbild der leitenden Angestellten (diese waren mit dem „außertariflichen Bereich" gemeint), sozusagen dem *role model* für die normalen Angestellten, entsprachen[130]. Denn leistungsgerecht versprach das Entgelt nach damaliger Auffassung zu sein, wenn es durch die Methode der „analytischen Arbeitsbewertung" ermittelt wurde. Für die Arbeiterschaft hatte Rheinbraun dieses Verfahren, wie erwähnt, schon Mitte der 1950er Jahre eingeführt. Was bedeutete dies? „Grundsatz der analytischen Arbeitsbewertung ist, daß derjenige Lohn gezahlt wird, der für den jeweiligen Arbeitsplatz festgelegt ist."[131] Für das Unternehmen war dies vorteilhaft und folglich gerecht. Für die Arbeiter konnte diese Methode jedoch zu paradoxen Folgen führen, die auf ihre Kosten gingen und Unmut unter ihnen auslösten:

> Je nachdem, wie ein Bergmann von seinem Vorgesetzten eingesetzt wird, verdient er mehr oder weniger. Ein Baggerführer, der […] einen normalen Stundenlohn von 2,87 DM hat, erhält

127 Hannes Scholten, Tarifverhandlungen im Revier abgeschlossen. Jetzt bis zu 14 Prozent. Für jeden Kumpel vier Wochen Urlaub im Jahr, in: Kölner Stadt-Anzeiger, 10. November 1970, in: RWE-Archiv Rheinbraun 4013/2.

128 Vgl. Kreitz, Die IG Bergbau kündigt an.

129 Müller, Neuer Tarifvertrag.

130 Interessanterweise spiegelte sich diese Opposition in einer Befragung unter Siemens-Beschäftigten wider. Arbeiter wie leitende Angestellte sprachen sich darin für eine Aufhebung der bestehenden Statusgruppen zugunsten eines einheitlichen Arbeitnehmerstatus aus, während die normalen Angestellten am bisherigen Modell festhalten wollten. Vgl. Walter H. Schusser, Ein empirischer Beitrag zur Diskussion um die Abgrenzung von Arbeitern und Angestellten, Diss., Erlangen-Nürnberg 1970, S. 404 f.

131 Wi/Bt, Entwurf! Vermerk: Betr.: Geschützter Lohn und Arbeitsplatzwechsel. Anlage zur Niederschrift über die Sitzung am 13.X.1959, S. 3, Pkt. 3, 20. Oktober 1959, S. 2, in: RWE-Archiv Rheinbraun 3998/1.

> nur 2,65 DM bis 2,70 DM, wenn er mit Reparaturen beschäftigt ist. Wird er – was an Sonntagen häufig geschieht – nur für die Wache eingesetzt, so bekommt er lediglich 2,43 DM.[132]

Die Lohnempfänger erhielten folglich ausgerechnet für die Sonntagsarbeit weniger Lohn, was ihrer Vorstellung von Gerechtigkeit nicht entsprach. Überdies führte das neue System dazu, dass sie verstärkt „der Willkür der Vorgesetzten ausgesetzt"[133] waren. So lag es in deren Entscheidungsgewalt, einen Facharbeiter dauerhaft für Hilfsarbeiten einzusetzen, wodurch er, wie von Michael Farrenkopf geschildert, auf das Lohnniveau eines unqualifizierten Arbeiters fallen konnte. Die analytische Arbeitsbewertung musste folglich zu einer Entwertung erworbener Bildungstitel führen, welche den erreichten Status eines jeden qualifizierten Arbeiters bedrohte. Im Grunde kam hier wieder das proletarische Charakteristikum des Tagelöhners zum Vorschein. Hinsichtlich der neu eingeführten Methode herrschte also eine spezifische Gerechtigkeitsvorstellung vor, die ganz auf einer präsentistischen Auslegung des Leistungsbegriffs aufruhte. Die Führung von Rheinbraun erkannte darin zwar eine „Härte"[134], doch bestand sie – in Übereinstimmung mit der IG BE – auf der Einhaltung „de[s] Prinzip[s] des Leistungslohnes". Als Abhilfe wurde vereinbart,

> daß Arbeiter, die seit einer längeren Zeit einen bestimmten Arbeitsplatz innehaben, bei einem Arbeitsplatzwechsel auf einen niedriger bewerteten Arbeitsplatz nicht von heute auf morgen eine Lohnminderung erfahren, sondern eine Übergangszeit erhalten sollen, um sich auf den niedrigeren Lohn einstellen zu können.[135]

1969 wurde in Vorbereitung des einheitlichen Mitarbeitertarifvertrags auch für die Angestellten die analytische Arbeitsplatzbewertung eingeführt – zumindest konnte die Leserschaft der Werkszeitschrift diesen Eindruck gewinnen. Dort war von „gleichen Gesichtspunkten" die Rede, nach denen das Entgelt ermittelt werde[136]. Überdies wurde nun auch den Angestellten klargemacht, dass ihr bisheriges Selbstverständnis mit den neuen Gerechtigkeitsvorstellungen konfligierte, da die „bisherige allgemeine Gruppenbeschreibung [...] nahezu ausschließlich auf die

---

132 Hans Wüllenweber, Die Kumpels sind unzufrieden, in: Kölner Stadtanzeiger, 17. März 1962, in: RWE-Archiv Rheinbraun 245/2.

133 Hans Duell, Vom Tarif enttäuschte Bergarbeiter drohen „mit allen Konsequenzen", o. D., in: RWE-Archiv Rheinbraun 245/2.

134 Niederschrift über die Sitzung [des Vereins Rheinischer Braunkohlenbergwerke] am 13. Oktober 1959, [handschr.: Entwurf!], S. 4, in: RWE-Archiv Rheinbraun 3998/1.

135 Wi/Bt, Entwurf, 13.X.1959, S. 2.

136 O. V., Neue Stelleneinteilung für Angestellte, S. 16.

Berufsausbildung des einzelnen Angestellten abstellte"[137]. Und doch war Rheinbraun bei den Angestellten bereit, deutliche Abstriche am Leistungsprinzip weiterhin in Kauf zu nehmen. Bei Härtefällen sollten nicht nur „alte Besitzstände erhalten bleiben", sondern allen Angestellten wurden weitere Gehaltserhöhungen garantiert[138]. Anders als die Arbeiterinnen und Arbeiter brauchten sie sich also nicht auf ein niedrigeres Einkommen einzustellen. Dass dies konsequent war, zeigte sich sieben Jahre später. Denn erst zum 1. Januar 1976 führte Rheinbraun tatsächlich ein „einheitliches analytisches Bewertungssystem" für Lohn- und Gehaltsempfänger ein. Nun erst wurde die Leserschaft ausdrücklich darauf hingewiesen, dass für die Angestellten seit 1969 lediglich „ein summarisches Bewertungsverfahren unter hilfsweiser Anwendung des analytischen Systems zugrunde gelegt" worden war. Und bei der Summarik gaben eben „fast ausschließlich die Fachkenntnisse" den Ausschlag für die Gehaltshöhe[139], sodass die damalige Rede vom „Härteausgleich" zumindest irreführend war. Die verzögerte Einführung der analytischen Arbeitsbewertung für die Angestellten hatte dabei einen plausiblen Grund: Sie musste erst noch entwickelt werden. 1975 konnte Josef Müller ein solches Bewertungssystem vorlegen[140]. Weshalb aber nicht schon 1969 deutlich gemacht wurde, dass noch getrennte Methoden zur Bestimmung der Entgelthöhe Anwendung fanden, ist unklar. Vielleicht wollten die Tarifpartner damals nicht unnötige Fragen aufkommen lassen, schließlich führte die 1969 vollzogene Umstellung zu Gehaltssteigerungen, die eine Größenordnung von 13 Prozent erreichten, während sich die Arbeiterinnen und Arbeiter mit 8,08 Prozent begnügen mussten[141].

Wie der 1970 abgeschlossene einheitliche Tarifvertrag zeigte, waren ‚Arbeiter' und ‚Angestellte' bereits 1969 hinreichend synchronisiert worden. Der von Rheinbraun erwünschten „Verbesserung des sozialen Arbeitsklimas"[142] dürfte dies zumindest nicht geschadet haben, auch wenn zur abschließenden Beurteilung dieses Sachverhalts die Quellen fehlen[143]. Auch die Verbesserung des Betriebsklimas war

---

137 Ibid.

138 Ibid.

139 Josef Müller, Einheitliches analytisches Gehaltsfindungssystem im Rheinischen Braunkohlenbergbau, in: Revier und Werk 27–131 (1976), S. 18–20, hier S. 18 f.

140 Josef Müller, Einheitliches analytisches Bewertungssystem zur Findung der Tarifgehälter für Mitarbeiter im Rheinischen Braunkohlenbergbau, o. O. 1975.

141 Kreitz, Die IG Bergbau kündigt an.

142 Müller, Neuer Tarifvertrag, S. 8.

143 In einer Akte finden sich immerhin zwei Briefe eines Ende der 1960er Jahre fristlos Entlassenen, der nach eigenen Angaben zuvor Mitglied des Rheinbraun-Betriebsrates gewesen war. Er führte seine Entlassung auf sein nachhaltiges Eintreten für die soziale Gleichstellung von Arbeitern und Angestellten zurück. Vgl. H. S. an die IGB u. E, 26. März 1969, sowie ders., An den Kölner Stadt-Anzeiger, 3. März 1969, beide in: AHGR IGBE 4288.

indes kein Selbstzweck, sondern ökonomisch geboten, wie Rudi Adams ausführte: „Die Arbeitsmarktlage wird in der Zukunft immer stärker nicht nur vom Tarif, sondern auch vom Betriebsklima abhängen. Unser neuer Tarif kann dieses Klima verbessern."[144] Wie Ruth Rosenberger ausführte, kam bei der Verbesserung des Betriebsklimas bei Rheinbraun ein naheliegender Faktor überhaupt nicht in Betracht, denn die Führungsstruktur blieb dem Konzept „der ‚persönlichen Autorität' der Führungskraft" verhaftet, also letztlich dem „Harzburger Modell"[145]. Vorgesetzte wurden zwar ermutigt, das Gespräch mit den ‚Mitarbeitern' zu suchen. Rosenberger merkte jedoch einschränkend an:

> Allerdings ging es dabei weniger darum, im Gespräch einen Konsens zu finden [...], sondern darum, mittels der persönlichen Autorität des Vorgesetzten die Interessen von Unternehmen und Mitarbeitern in Einklang zu bringen. Damit blieb das Maß an Kooperation und Integration abhängig vom Ermessen und von der Kompetenz des jeweiligen Vorgesetzten.[146]

Als in der Chemieindustrie 1987 ein vergleichbarer Tarifvertrag geschlossen wurde, machte die linkssozialistische „Gruppe Arbeiterpolitik" auf eine in diesem Zusammenhang relevante Folge aufmerksam: „Der Entgelttarifvertrag mit seinen 12 oder 13 Entgeltgruppen weitet die Differenzierungsmöglichkeiten für die Unternehmer gegenüber den geltenden Tarifverträgen erheblich aus und fördert somit die Spaltung der Arbeitnehmer."[147] Auch bei Rheinbraun waren seit 1969 die Bezugsgruppen der ‚kaufmännischen' und ‚technischen Angestellten' verschwunden, die zuvor jeweils sechs Untergruppen waren nun 20 Tarifstufen gewichen. Als 1970 die Entgelttarifverträge für ‚Arbeiter' und ‚Angestellte' fusioniert wurden, stieg die Stufenzahl auf 26. Erst 1978 erfolgte eine Reduktion auf 20, wodurch die Belegschaft symbolisch wieder zusammenrückte[148]. Dies zeigt aber deutlich, dass sich ein und derselbe Vorgang je nach Blickwinkel entweder als Vereinheitlichung oder als Ausdifferenzierung beziehungsweise Zersplitterung darstellte.

Dies wirft noch einmal die Frage nach dem Mitarbeiterbegriff auf. Warum griffen die Tarifparteien auf diesen zurück, anstatt ‚Arbeitnehmer' zu verwenden?

---

144 Kreitz, Die IG Bergbau kündigt an.

145 Ruth Rosenberger, Demokratisierung durch Verwissenschaftlichung? Betriebliche Humanexperten als Akteure des Wandels der betrieblichen Sozialordnung in westdeutschen Unternehmen, in: AfS 44 (2004), S. 327–355, hier S. 347.

146 Ibid., S. 345.

147 Lothar Selzner an Kollegen Albert Keil, 8. April 1987, Anlage: Auszug aus Heft 1 „Arbeiterpolitik" vom 27. Februar 1987, S. 27, in: AdsD 5/DGAA000166.

148 Vgl. die beiden Versionen von: Industriegewerkschaft Bergbau und Energie, Manteltarifvertrag für Mitarbeiter im Rheinischen Braunkohlenbergbau, Stand 1. Dezember 1974, S. 33–53, sowie: Stand 1. Januar 1978, S. 33–56, beide in: AHGR IGBE 16903.

Die Verpflichtung gegenüber der christlichen Soziallehre, die den Mitarbeiterbegriff propagierte, mag für die Akteure eine hinreichende Erklärung gewesen sein. Streng genommen wäre der Arbeitnehmerbegriff jedoch aufgrund der analytischen Arbeitsbewertung tatsächlich auch unpassend gewesen. Walter Schusser führte hierzu aus: „Der Arbeitnehmer muß gegenüber seinem Arbeitgeber zur Arbeitsleistung verpflichtet sein. [...] Nicht notwendig ist eine Arbeitsleistung; es genügt die bloße Arbeitsbereitschaft, wenn sie wirtschaftlich wie Arbeit gewertet wird."[149] Im Arbeitnehmerbegriff war also der Gedanke des erworbenen Status stärker verankert als im Mitarbeiterbegriff: Wer einen ‚Arbeitnehmer' beschäftigt, erwirbt sich dessen Kompetenz, die der Arbeitgeber unabhängig davon bezahlen muss, ob er sie adäquat – oder überhaupt – einsetzt oder nicht. Interessant ist zudem, dass die Einführung des einheitlichen Mitarbeitertarifvertrags zu einer Zeit vollzogen wurde, als die Rede von der Wissensgesellschaft langsam aufkam. Tatsächlich passte dieser Schritt dazu, machte aber auch einen Punkt sehr deutlich: Das Konzept der Wissensgesellschaft ist keineswegs mit der Vorstellung der Bildungsgesellschaft in eins zu setzen. Die Aufwertung von Wissen, das tätigkeitsabhängig war, also situativ vollzogenen werden musste, ging vielmehr einher mit einer Abwertung der erworbenen Bildung – die Gegenwart setzte sich auf Kosten der Vergangenheit durch.

4.3.5 Nachspiel

Trotz einiger Schwierigkeiten scheint die Vereinheitlichung von ‚Arbeitern' und ‚Angestellten' bei Rheinbraun im Großen und Ganzen gut funktioniert zu haben[150]. Eine völlige Gleichstellung war, wie bereits deutlich wurde, allein durch den Entgelttarifvertrag nicht zu erreichen. Flankierend schaffte das Unternehmen im November 1970 daher den Einsatz von „Kontrolluhren" ab, womit eine weitere symbolische Diskriminierung der Arbeiterschaft endete. Weitere Unterschiede wollte Rheinbraun nach und nach beseitigen, etwa das Bildungsdefizit der Lohnempfänger[151]. Doch auch materiell kam es noch zu Ungleichbehandlungen. So konnten etwa Angestellte unter bestimmten Umständen bei langfristigen Erkrankungen für bis zu 78 Wochen auf Ausgleichszahlungen hoffen, die das Krankengeld aufstockten. Arbeiterinnen und Arbeiter hatten dagegen höchstens Anspruch auf Unterstützung für 26 Wochen[152].

149 Schusser, Ein empirischer Beitrag, S. 33 f.

150 Vgl. Protokoll TPA, 10. Juli 1975, S. 4.

151 ip, Keine Zeitkontrollen mehr bei Rheinbraun, in: Kölner Stadt-Anzeiger, 10. November 1970, in: RWE-Archiv Rheinbraun 4013/2.

152 Scholten, Tarifverhandlungen im Revier abgeschlossen.

Interessanterweise unterlief Rheinbraun auf andere Weise die erreichte Vereinheitlichung. In den regelmäßig veröffentlichten Berichten über die Sozialleistungen bezog sich das Unternehmen immer wieder auf das Einkommen „eines erwachsenen männlichen invalidenversicherungspflichtigen Mitarbeiters von Rheinbraun", das gleichsam zur Richtgröße erhoben wurde[153]. Wie viel ein erwachsener männlicher Angestellter verdiente, verschwieg das Unternehmen dagegen. Es war also keine „Beziehungsgleichheit" (Pierre Rosanvallon) gegeben, denn jeder Angestellte konnte leicht erkennen, ob er mehr oder weniger als der durchschnittliche Arbeiter verdiente. Die Unterschiede innerhalb der Belegschaft kamen ab 1974 zudem an einer ganz anderen Stelle wieder prominent zum Vorschein. Bis 1973 erschienen die jährlichen Belegschafts- und Sozialberichte in einem recht biederen Gewand. Lediglich die Titelseite schmückte ein Foto. Dann aber wurde dieser Publikation ein neues Layout verpasst. Seither vermittelten zahlreiche Fotos einen Eindruck vom Alltag bei Rheinbraun. Und dieser gestaltete sich für die kaufmännische Mitarbeiterin ganz anders als für das Wartungspersonal in den Abbaugebieten. Hier wiederholte sich, was Stefan Moitra mit Blick auf die Mitbestimmungsthematik in Publikationen der Arbeitgeber beobachtet hatte. Unliebsame Ausschnitte der Realität mochten vielleicht „im Text verschwiegen" werden, „im Bild tauchten sie aber dennoch auf."[154]

Und doch: Rheinbraun hatte mit seinen Bemühungen tatsächlich Maßstäbe gesetzt. Dies wird deutlich, wenn man Siemens als Vergleich heranzieht. Denn auch dieses Unternehmen hatte sich dem Ziel verschrieben, Unterschiede zwischen den ‚Mitarbeitern' abzubauen. Walter Schusser, der als Doktorand noch die Unterschiede zwischen Arbeitern und Angestellten in dem Unternehmen untersucht hatte, brachte es später bis zu einem Direktorenposten bei Siemens und gestaltete dort die Angleichung der Statusgruppen als Lebenswerk aktiv mit. 1989 konnte er immerhin darauf verweisen, dass die betrieblichen Erholungsheime nicht mehr nach ‚Angestellten' und ‚Arbeitern' getrennt waren. Und wie bei Rheinbraun brauchten Lohnempfänger bei Kurzerkrankungen kein ärztliches Attest mehr vorlegen – jedoch nur, „wenn sie eine Firmendienstzeit ab 10 Jahren aufweisen."[155] Ursprünglich waren die Ambitionen auch beim Münchener Konzern deutlich weiter gegangen. Zwischen 1972 und 1975 liefen dort Vorbereitungen, ebenfalls eine einheitliche Arbeitsbewertung zu entwickeln. Die Umsetzung hätte aber viel Geld gekostet, da zahlreiche Beschäftigte „Besitzstandansprüche gehabt" hätten. Wegen

153 Bh., Sozialleistungen von Rheinbraun im Spiegel der Zahlen, in: Revier und Werk 25–120 (1974), S. 8–9, hier S. 8.

154 Moitra, Mitbestimmung, S. 239.

155 Schusser, Gleichstellung, S. 68.

der 1975 einsetzenden Rezession legte Siemens das Vorhaben schließlich auf Eis[156]. Auch Ernst Zander hatte in seinem zeitgenössischen Vereinheitlichungsratgeber die Kosten als ein Hindernis identifiziert. Aufgrund der notwendigen Besitzstandwahrung „wird die Angleichung den Unternehmen anfangs meist erhebliche zusätzliche Kosten bringen, die erst langfristig durch entsprechende Rationalisierung aufgefangen werden können." Er fügte aber auch hinzu, dass sich bezüglich der realisierten Vereinheitlichungen „keine anhaltenden Nachteile erkennen ließen", die Kosten der Einführung sogar „langfristig mindestens aufgefangen" würden[157]. Rheinbraun hatte 1970 dagegen nicht nur von einer günstigen konjunkturellen Lage profitiert, ein weiterer Faktor dürften sicher die niedrigen Lohnkostenanteile gewesen sein. Schon Mitte der 1950er Jahre betrugen sie dank eines hohen Mechanisierungsgrades lediglich 30 Prozent der Kosten, die zur Förderung einer Tonne Kohle aufgewendet werden mussten, während Löhne im Steinkohlenbergbau zur selben Zeit mit 58 Prozent zu Buche schlugen[158].

Der wirtschaftlichen Entwicklung zum Trotz kam es in den 1970er Jahren in den Betrieben zu weiteren Vereinheitlichungsbestrebungen. Hierzu trugen zwei gesetzliche Entwicklungen bei. Werner Milert und Rudolf Tschirbs hoben die Bedeutung des Paragraphen 92 des 1972 novellierten Betriebsverfassungsgesetzes hervor. Arbeitgeber standen nun in der Pflicht, „die Belegschaftsvertreter über die Personalplanung rechtzeitig und umfassend zu unterrichten."[159] Dies wiederum habe den Betriebsräten ein Instrument in die Hand gegeben, mit dem sie darauf hinwirken konnten, „dass die betriebliche Personalpolitik transparenter werden konnte"[160]. Im besten Fall konnten sie die Unternehmen dadurch verpflichten,

> ihre Personalpolitik rationaler zu gestalten, zu vereinheitlichen und zu entideologisieren. Davon war auch das Verhältnis zwischen Arbeitern und Angestellten betroffen. Traditionell waren beide Arbeitnehmergruppen von unterschiedlichen Personalabteilungen „verwaltet" worden – entsprechend ihrem unterschiedlichen tarifvertraglichen und sozialrechtlichen Status.[161]

Womöglich trug aber auch das sich frühzeitig abzeichnende Scheitern der Arbeitsgesetzbuchkommission zu verstärkten Initiativen der Tarifpartner bei. Im

---

156 Vgl. ibid., S. 66 f.

157 Ernst Zander, Arbeiter = Angestellte. Leitfaden für zeitgemäße Personalpolitik, 2., überarbeitete und erweiterte Auflage, Freiburg 1981, S. 77, 157. So verwies Zander auf positive Nebeneffekte, die eine „organisatorische Durchleuchtung des Gesamtunternehmens" mit sich brächten. Ibid., S. 157.

158 Vgl. Farrenkopf, Arbeitnehmer, S. 90.

159 Milert/Tschirbs, Andere Demokratie, S. 490.

160 Ibid., S. 491.

161 Ibid.

Tarifpolitischen Ausschuss des DGB waren einheitliche Tarifverträge als Thema spätestens ab 1975 präsent[162], und tatsächlich wurden in dieser Zeit einige entsprechende Verträge realisiert, auch wenn sie unterschiedlich weit gingen[163]. Dagegen erwies sich das Arbeits- und Sozialversicherungsrecht als ein bremsender Faktor. Als der Soziologe Karl Gustav Specht Ende der 1960er Jahre untersucht hatte, inwiefern sich Arbeiter bei Siemens noch von Angestellten unterschieden, kam er zu einem recht klaren Urteil, was die künftige Verwendung der beiden Statusbegriffe anbelangte:

> Denn aus allen Antworten unserer Probanden geht offen oder verschlüsselt hervor, daß die innere Differenziertheit beider Gruppen im funktionalen wie im sozialen Bereich so groß ist, daß künftig [...] bei allen Betrachtungen, die dem Thema Gliederung der industriellen Arbeitnehmerschaft gelten, diese Begriffe ausschließlich nur noch als Sammelbegriffe verwendet werden, und das schließlich und letztlich nur deshalb, weil durch gesetzliche Normen noch eine Abgrenzung möglich und gefordert wird.[164]

Sein Team hatte alle bei Siemens Beschäftigten einer siebenstufigen „Funktionsskala" zugeordnet. Zu ihrer Überraschung fanden sich in vier der sieben Stufen sowohl ‚Arbeiter' als auch ‚Angestellte'. Auch wenn 97 Prozent der untersten Stufe ‚Arbeiter' waren, existierte keine reine Arbeiterfunktionsstufe, dafür aber ein recht großer „Überlappungsbereich" auf den Stufen 2 bis 4[165]. Im außerbetrieblichen Bereich, so die zweite Erkenntnis der Forscher, fand diese Überlappung jedoch keinen Niederschlag. Sie sprachen daher von einem „Nachhink-Effekt", der die gesellschaftliche Realität noch prägte[166]. Siemens schlugen Specht und Kollegen vor,

---

162 Vgl. etwa Martin Heiß, DGB-Bundesvorstand, Abt. Tarifpolitik, an die Mitglieder des Tarifpolitischen Ausschusses, Mitglieder des Ausschusses 'Frauenentlohnung', Abteilung Frauen beim DGB-Bundesvorstand, Kollegin Maria Weber, DGB-Bundesvorstand, Kollegen Rudolf Henschel, Abteilung Wirtschaftspolitik, Kollegen Karl Kehrmann, Abteilung Arbeitsrecht, GBV zur Kenntnisnahme, 10. April 1974, in: AdsD 5/DGCS000059, Protokoll über die Sitzung des Tarifpolitischen Ausschusses am 30. März 1977, S. 2, 8, 11, Protokoll über die Sitzung des Tarifpolitischen Ausschusses am 1. Dezember 1977, S. 8 f., beide in: AdsD 5/DGCS000127, Protokoll über die Sitzung des Tarifpolitischen Ausschusses am 29. März 1978, S. 6–9 sowie Martin Heiß, Karl-Heinz Fröbrich, Vertraulich, Protokoll über die Sitzung des Tarifpolitischen Ausschusses am 28. Juni 1978, S. 14, alle in: AdsD 5/DGCS000126.

163 Einheitliche Tarifverträge sind dokumentiert bei: Zander, Arbeiter = Angestellte, S. 162–317.

164 Karl Gustav Specht/Walter Schusser/Rainer Wasilewski/Hans Westphal, Arbeiter und Angestellte. Eine empirisch-soziologische Untersuchung zur rechtlichen, funktionalen und sozialen Gliederung industrieller Arbeitnehmer – durchgeführt in den Jahren 1967 bis 1969 in der Siemens Aktiengesellschaft, Nürnberg 1969, S. 66.

165 Vgl. ibid., S. 46–47 (Zitat).

166 Ibid., S. 67. Auch bei Rheinbraun machte sich der „Nachhink-Effekt" bemerkbar. Denn in Tarifverhandlungen griff die Führungsspitze wieder auf den Arbeiterbegriff zurück, um nachzuweisen, wie gut das Unternehmen im Vergleich zu anderen Firmen und Branchen die Beschäftigten

nicht auf gesetzliche Vereinheitlichungen zu warten, sondern intern bereits eine „große (vorläufige) Lösung" anzustreben. Auch hier machten sie den Leistungsaspekt geltend, denn: „Durch die Entwicklung ausgehöhlte oder bereits überholte Gliederungsformen können zu Konflikten oder zumindest zu Leistungsminderungen führen [...]."[167]

Ende der 1980er Jahre beklagten sowohl der Siemens-Direktor Walter Schusser als auch Horst Mettke, Mitglied im geschäftsführenden Hauptvorstand der IG CPK, tatsächlich solche Kosten. Denn aufgrund noch immer bestehender gesellschaftlicher Vorurteile gegen die Arbeitertätigkeiten hatten die Industrieunternehmen mittlerweile Schwierigkeiten, genügend junge Leute für eine Lehre zu begeistern, die sie für Facharbeiterberufe qualifizierte. Auch wenn sie weniger verdienten, entschieden sich viele für eine Ausbildung zu einer Angestelltentätigkeit[168]. Für die Chemiebranche stellte der einheitliche Tarifvertrag ein Mittel dar, um die Arbeitertätigkeiten aufzuwerten und ihnen mehr Prestige zu verschaffen[169]. Aber auch Ende der 1980er Jahre fungierte „die sozialversicherungsrechtliche Zuordnungspflicht zu Arbeitern oder Angestellten" noch immer als „Haupthindernis einer vollständigen Vereinheitlichung"[170].

4.4 Fazit

Eigentlich waren Ende der 1960er Jahre alle Voraussetzungen erfüllt, der rechtlichen Unterscheidung von ‚Arbeitern' und ‚Angestellten' ein Ende zu setzen. Aus Politik und Wirtschaft kamen entsprechende Initiativen, die von geänderten Gerechtigkeitsvorstellungen, einer allgemeinen Reformeuphorie, die Überkommenes infrage stellte, aber auch von der Erkenntnis getragen waren, dass sich eine Fortschreibung des ‚Arbeiters' zum Kostenfaktor entwickelt hatte. Dies traf nicht nur auf das Rentenversicherungssystem zu, sondern auch auf den betrieblichen Alltag. Die Durchsetzung eines einheitlichen Arbeitnehmerstatus konnte folglich als eine Form der Rationalisierung wirken, wie das Beispiel Rheinbraun eindrücklich zeigt: Die Umstellung auf einen bargeldlos überwiesenen Monatslohn, der durch die einsetzende Computerisierung erheblich erleichtert wurde, ermöglichte Einspa-

---

entlohnte. Vgl. Vortrag von Dr. E. Gärtner bei den Tarifverhandlungen zwischen dem rheinischen Braunkohlebergbau und der IG – Bergbau und Energie am 27.10.1975, B 10, 24. Oktober 1975, S. 7, in: RWE-Archiv Rheinbraun 362/9.

167 Specht et al., Arbeiter und Angestellte, S. 72, 69.

168 Vgl. Schusser, Gleichstellung, S. 71.

169 Vgl. Mettke, Gleichstellung, S. 98 f.

170 Schusser, Gleichstellung, S. 74.

rungen im Angestelltenbereich. Zugleich wurde deutlich, dass die Vereinheitlichung auch für die Arbeiter mit Kosten einherging. So führte der Verzicht auf ein ärztliches Attest während der ersten drei Krankheitstage zu einem Rückgang der Ausfallzeiten, da die Arbeiter von sich aus nun früher an ihre Arbeitsplätze zurückkehrten, als es medizinisch indiziert gewesen wäre. Und doch profitierten insgesamt wohl alle Seiten von den ambitionierten Vereinheitlichungsanstrengungen, zumal die Umstellungen gleich zu Beginn mit deutlichen Entgelterhöhungen und Härtefallregelungen abgefedert wurden. Die anfänglich recht hohen Investitionskosten waren wiederum ein Grund, weshalb nicht mehr Unternehmen dem Beispiel Rheinbrauns in den wirtschaftlich schwierigen 1970er Jahren gefolgt sind. Ökonomische Gründe reichen als Erklärung für die Widerständigkeit des ‚Arbeiters' im Tarifvertragsrecht aber nicht aus. Aus betrieblicher Sicht dürfte der jeweilige Arbeiter- und Angestelltenanteil unter den Beschäftigten eine Rolle gespielt haben. Bei Rheinbraun stellten die Lohnempfänger die deutliche Mehrheit. Der Widerstand der Angestellten gegen den einheitlichen Mitarbeiterstatus schwächte dies gleich zweifach. Einerseits fiel die finanzielle Besserstellung der Angestellten, die am Beginn der Vereinheitlichung stand, für das Unternehmen kaum ins Gewicht. Andererseits war die Zahl der Angestellten zu gering, um effektiven Widerstand leisten zu können, zumal es sich bei den Rheinbraun-Angestellten um keine homogene Gruppe handelte. In anderen Betrieben konnten die Verhältnisse andere sein. Aus Branchensicht kam Rheinbraun zugute, dass es beinahe eine monopolistische Stellung einnahm. Rheinbraun musste daher weder Widerstand seiner verbliebenen Konkurrenten noch Sanktionen eines Arbeitgeberverbandes befürchten. Wie in Kapitel 2.4.1 gezeigt, hatten die Vereinheitlichungsbestrebungen von IBM in den 1950er Jahren ebensolche Widerstände ausgelöst. Die Mitbewerber fürchteten nämlich, gleiche Maßnahmen ergreifen zu müssen, um ihre Mitarbeiter halten zu können. Die Widerständigkeit des ‚Arbeiters' erwuchs hier aus seiner Stärke als Produzent. Auch für die Gewerkschaften spielte diese Stärke des ‚Arbeiters' eine entscheidende Rolle. Nur sozialpartnerschaftlich orientierte Gewerkschaften waren bereit, auf das im ‚Arbeiter' verankerte Streikpotential zu verzichten.

Im politischen Bereich führte hingegen eher die Schwäche des ‚Arbeiters' zu seiner Widerständigkeit im Arbeits- und Sozialversicherungsrecht. Dort wurden, trotz weitreichender Intentionen, zur selben Zeit nur Zwischenschritte erreicht, welche die Kategorie ‚Arbeiter' im Endeffekt für weitere dreißig Jahre stabilisierten. Denn der ‚Arbeiter' trat hier nicht als durchsetzungsfähiger Akteur in Erscheinung, sondern fungierte, solange die Arbeiterschaft die Mehrheit unter den Erwerbstätigen stellte, als das Allgemeine. Überdies war der Arbeiterstatus derart fest in das bestehende Rechtssystem eingeflochten, dass sich eine kurzfristige Aufhebung im einheitlichen Arbeitnehmerstatus als ein äußerst ambitioniertes Unterfangen erwies, zumal in jedem Bereich Vetospieler warteten. Weil gleichzeitig die Notwendigkeit, die rechtliche Diskriminierung der Arbeiterschaft zu beenden, im Grunde außer Frage stand, wurden die ‚Arbeiter' zur Verhandlungsmasse bei ganz anderen politischen Vorhaben wie etwa der Kindergeldreform. Auch ließen sich Partikularinteressen, etwa der Angestellten, weiterhin gegen die ‚Arbeiter' als das Allgemeine konturieren. Die ‚Arbeiter' waren folglich eine Ressource, von deren Bestehen bestimmte Akteure profitierten. Ein besonderer Fall war das Lohnfortzahlungsgesetz, denn hier zielten die Einschränkungen, welche die finanziellen Interessen der Arbeitgeber schützen sollten, primär auf die Gastarbeiter ab, trafen aber die gesamte Arbeiterschaft. Bei der Reform des Rentenversicherungssystems spielten die Interessen der LVA-Beschäftigten eine überraschend große Rolle, die auf den Erhalt des Status quo hinwirkten. Die Widerständigkeit des ‚Arbeiters' im Recht war somit eine von außen oktroyierte, die zumeist nicht den Arbeiterinnen und Arbeitern nutzte.

Ausgerechnet hier wurden die DGB-Gewerkschaften ihrer Rolle als treibende Kraft der Vereinheitlichungsbestrebungen nicht immer gerecht. Wie sich zeigte, war es den innergewerkschaftlichen Vereinheitlichungsgegnern ein Leichtes, erfolgreiche Obstruktionspolitik zu betreiben. Sie mussten in den Spitzengremien des DGB nicht einmal eine Stimmenmehrheit gewinnen, aufgrund des Zeitdrucks genügte es, die Abstimmung vertagen zu lassen. Besonders die Existenz eigenständiger angestelltenpolitischer Strukturen stellte sich in diesem Zusammenhang als eine nicht zu unterschätzende politische Ressource dar, der die gewerkschaftlich organisierten Arbeiterinnen und Arbeiter nichts entgegenzusetzen hatten. Ende der 1960er Jahre wurden diese arbeiterpolitischen Defizite überdeutlich. Für das bis dahin praktizierte sprach- und organisationspolitische Modell des DGB erwuchs hieraus eine Gefahr.

Teil II: Die Wiederkehr des ‚Arbeiters' in den kurzen 1970er Jahren

5 Von der Gefahr zum Ärgernis – ‚Arbeiter' 1968 bis 1980

Wenn im Folgenden die weitere Entwicklung der Beziehung der DGB-Gewerkschaften zum Arbeiterkonzept unter dem Aspekt der Gefahr behandelt werden soll, ist genau aufzuzeigen, für wen und unter welchen Umständen ‚Arbeiter' gefährlich wurden. Umgekehrt musste es Akteure gegeben haben, die in der offenen Thematisierung von Arbeiterbelangen eine Chance für die Gewerkschaftsbewegung erblickten. Sprachen beide Parteien also überhaupt vom selben, wenn sie die ‚Arbeiter' thematisierten, oder wichen ihre Arbeiterbegriffe voneinander ab?

Da die arbeiterfreundliche Strömung letztlich obsiegte, ist schwerpunktmäßig nach den Faktoren zu fragen, welche diese Neuausrichtung der Gewerkschaftspolitik ermöglichten. Wie sich zeigen wird, verlief die Entwicklung keineswegs linear, sondern mäanderte durch ein Labyrinth aus Umwegen, Sackgassen und Abkürzungen. Dies verweist auf ihre starke Kontextabhängigkeit, denn die Etablierung der Personengruppe Arbeiter musste in ganz unterschiedlichen Feldern durchgefochten werden: Nach ihrer Verankerung in der Satzung auf Beschluss des Außerordentlichen Bundeskongresses 1971 bot die Implementierung immer wieder Anlass, den Kongressbeschluss infrage zu stellen, zu sabotieren und Versuche zu starten, ihn völlig zu revidieren. Empirisch bietet dies die Möglichkeit, sowohl den Aspekt der Gefahr zu akzentuieren, als auch aufzuzeigen, wie die unterschiedlichen Gefährdungsmomente im Zuge von Aushandlungsprozessen eingehegt wurden, sodass schließlich die Arbeiterpolitik toleriert wurde – wenn auch als ein Ärgernis. Dem wird vor allem hinsichtlich der Berufung des für die Arbeiterpolitik zuständigen GBV-Mitglieds, der Auseinandersetzung um den Erlass von Richtlinien für die konkrete Arbeit, des Kampfes um die Bildung von Arbeiterausschüssen auf den unteren DGB-Ebenen sowie dem Ringen um die Veranstaltung einer Bundesarbeiterkonferenz nachzugehen sein. Diese Aushandlungsprozesse stellten zugleich einen Versuch dar, die nun erst offen gestellte Frage zu bearbeiten, wie mit Arbeiterinnen und Arbeitern umzugehen sei, solange der einheitliche Arbeitnehmerstatus noch nicht etabliert war. Auch weiterhin gab es einflussreiche Stimmen, die die Interessen der Arbeiterschaft am besten über einen exklusiven Arbeitnehmerbegriff vertreten sahen, während andere den Arbeiterbegriff präferierten. Dies prägte die gewerkschaftliche Institutionalisierung der ‚Arbeiter'frage, und diese Institutionen wirkten später auf die weitere inhaltliche Aushandlung dieser Problematik ein. Wie wurden also die Weichen gestellt?

5.1 Die Verankerung der Personengruppe Arbeiter in der DGB-Satzung (1968–1971)

5.1.1 *The times they are a-changin'* – Auf dem Weg zur Satzungsänderung

Initiative der ÖTV

Ein deutliches Anzeichen dafür[1], dass sich der ‚Arbeiter' von einer latenten Bedrohung zur manifesten Gefahr entwickeln würde, lieferte kein anderer als Heinz Kluncker auf dem 8. Ordentlichen DGB-Bundeskongress, der vom 18. bis 23. Mai 1969 in München tagte. Dieser Kongress stand schon ganz unter dem Eindruck der Notwendigkeit, den gewerkschaftlichen Dachverband zwanzig Jahre nach seiner Gründung reformieren zu müssen. Kluncker plädierte dabei nicht nur für eine „Strukturanalyse", welche die „Fakten auf den Tisch legen" sollte. Vor allem kritisierte er den bisherigen Diskussionsverlauf, der seiner Meinung nach nur „Scheinprobleme" erörtert habe, nämlich die Frage einer stärkeren Zentralisierung oder Föderalisierung des DGB[2]. Kluncker weiter:

> Den Kern der Sache würden wir treffen, wenn wir endlich offen über die Unterschiede zwischen Arbeitern, Angestellten und Beamten diskutieren würden, und zwar nicht über Folgewirkungen von Arbeitsrecht und Dienstrecht, sondern auch über die darüber hinausgehenden Fragen. Wir dürfen um diese Dinge nicht länger wie die Katze um den heißen Brei herumgehen. In den letzten Wochen ist viel davon geschrieben und geredet worden, daß der DGB für das Jahr 2000 gerüstet sein müsse. Ich weigere mich, in meine Vorstellungen vom Jahr 2000 auch jene künstlichen Schranken mit einzubeziehen, die heute willkürlich Arbeiter, Angestellte und Beamte voneinander trennen.[3]

Diese Intervention legte die Axt an das sorgsam ausbalancierte Identitätskonstrukt des DGB. Dahinter standen in diesem Fall keineswegs Profilierungsabsichten des ÖTV-Vorsitzenden, wie er sie kurz nach seinem Amtsantritt 1964 durch eine Herausforderung offizieller DGB-Positionen auf den Feldern der Ostpolitik und der Notstandsgesetzgebung verfolgt hatte[4].

Vielmehr handelte er nun im Auftrag des ÖTV-Gewerkschaftstags, der ein Jahr zuvor stattgefunden hatte. Auf Initiative des Hauptvorstandes war dort eine „Entschließung zur Arbeiterpolitik" verabschiedet worden, die sehr deutlich noch be-

1 Die englischen Zitate in den Überschriften dieses Kapitels stammen aus Bob Dylans Lied „The Times They Are a-Changin'".

2 Vgl. DGB-Bundesvorstand (Hrsg.), Protokoll 8. Ordentlicher Bundeskongreß München 18.–23. Mai 1969 in München, o. O. o. J., S. 404.

3 Ibid., S. 404 f.

4 Vgl. Führer, Gewerkschaftsmacht, S. 134 ff.

stehende Defizite der Arbeiterschaft in den Bereichen Gesellschafts-, Wirtschafts-, Sozial- und Tarifpolitik aufzeigte. Hatte die DAG 1954 eine „Unterbewertung der geistigen Arbeit" beklagt, reklamierte die ÖTV nun eine nicht ausreichende Anerkennung der von den Arbeitern erbrachten Leistungen seitens des Staates, der Wirtschaft und der Gesellschaft. Wie der DAG anderthalb Jahrzehnte zuvor ging es der ÖTV nun weniger um eine symbolische Kompensation, sondern um handfeste materielle Verbesserungen für ihre Klientel. Neben der Erhöhung des Lebensstandards umfasste der Forderungskatalog einen besseren Arbeitsschutz, eine Angleichung der Arbeits- und Sozialrechte von Arbeitern und Angestellten, aber auch eine bessere Teilhabe an Bildung und politischen Entscheidungen[5]. Die ÖTV schaffte damit ein Bewusstsein für die spezifischen Probleme der Arbeiterschaft. Wenn man so will, eröffnete sie den ‚Arbeitern' überhaupt erst wieder Zugang zur Sphäre der gewerkschaftspolitischen Repräsentation. Der Zeitpunkt war kein Zufall. Nachdem in den frühen 1960er Jahren noch über das Ende des Proletariats diskutiert worden war und sich mit Herbert Marcuse sogar ein Repräsentant der Kritischen Theorie von der Arbeiterschaft als potentielles revolutionäres Subjekt ab- und Studenten und sogenannten Randgruppen zugewandt hatte[6], rief die Rezession von 1966/7, wie im vorherigen Kapitel gezeigt, mit einem Schlag die ganze Verletzlichkeit der Arbeiterschaft in Erinnerung.

Die frühzeitige und umfassende Repolitisierung des Arbeiterbegriffs durch die ÖTV ging mit einer bemerkenswerten Koinzidenz einher. Denn derselbe Gewerkschaftstag beschloss, die Frauenarbeit der ÖTV institutionell stark zurückzufahren[7]. Sogleich stieß der Arbeiterantrag in die entstandene Lücke und nahm die Frauenfrage durch die Forderung nach „gleichen Ausbildungs- und Aufstiegschancen" symbolisch unter die Obhut des Arbeiterbegriffs[8]. Gleichwohl musste sich zeigen, ob diese Schwächung der Frauenarbeit tatsächlich zu einer dauerhaften Stärkung der Arbeiterpolitik führen konnte. Ohnehin war diese Option auf die ÖTV begrenzt. Der Antrag forderte aber eine adäquate Vertretung der Arbeiterschaft „in allen für sie wichtigen Bereichen und Institutionen" ein[9], also auch im DGB. Sicherheitshalber

---

5 Vgl. ÖTV-Hauptvorstand, Protokoll Gewerkschaftstag 1968, Bd. 2, S. 164 ff. Zur DAG vgl. Müller, DAG, S. 602.

6 Auch die antiautoritäre Fraktion der 68er-Bewegung folgte Marcuses Wende. Vgl. Sven Reichardt, Authentizität und Gemeinschaft. Linksalternatives Leben in den siebziger und achtziger Jahren, Berlin 2014, S. 103.

7 Vgl. Führer, Gewerkschaftsmacht, S. 184 f. Die Deutsche Angestellten-Gewerkschaft zog in diesem Punkt 1971 nach. Vgl. Müller, DAG, S. 384.

8 ÖTV-Hauptvorstand, Protokoll Gewerkschaftstag 1968, Bd. 2, S. 164.

9 Ibid.

hatte der ÖTV-Bundesarbeiterausschuss einen zusätzlichen Antrag eingebracht, der explizit die Schaffung einer „Abteilung Arbeiter" beim DGB anmahnte. Auch dieser Antrag fand die Billigung des ÖTV-Gewerkschaftstages[10].

Die ÖTV hatte mit ihren Beschlüssen ein breites Feld abgesteckt, denn ein umfassender Arbeiterbegriff korrespondierte mit einer ebenso umfassenden Problemschau. Interessanterweise hatte sich der Gewerkschaftstag nicht nur zu den Problemen der Lohnempfänger ihres Organisationsbereichs geäußert, sondern thematisierte Probleme aller Arbeiterinnen und Arbeiter. Damit nahmen die Delegierten alle Einzelgewerkschaften in die Pflicht, mit ihren Mitteln, das heißt tarifvertraglich, die bestehenden Benachteiligungen der Arbeiterschaft gegenüber den Angestellten abzubauen, während es dem DGB oblag, die Arbeiterprobleme im gesellschaftlichen und politischen Bereich anzugehen.

Mögliche Wege: Geschäftsordnung oder Satzungsänderung

Die Schaffung einer Abteilung Arbeiter im DGB wäre satzungsrechtlich problemlos möglich gewesen. Paragraph 12g verlieh dem Bundesausschuss das Recht, „Anweisungen für die Geschäftsführung innerhalb des Bundes zu erlassen"[11]. Möglicherweise hätte gerade diese Geräuschlosigkeit des Verfahrens die ‚Arbeiter' auch gar nicht zur Gefahr für bestimmte Kreise der Gewerkschaftsbewegung werden lassen. Die ÖTV wählte aber einen anderen Weg, denn die genannte Option hatte auch Nachteile. Zum einen erforderte der Beschluss des ÖTV-Gewerkschaftstages, der Arbeiterschaft gesellschaftliche Anerkennung zu verschaffen, die Sensibilisierung der Öffentlichkeit für die Arbeiterthematik. Zum andern war aufgrund der späteren Ereignisse keineswegs sicher, dass die ÖTV im Bundesausschuss überhaupt die nötige Mehrheit gefunden hätte. Und selbst wenn es dort zu einer positiven Entscheidung gekommen wäre, hätte sich das Ergebnis mit einfacher Mehrheit rasch wieder revidieren lassen. Der ÖTV bot sich aber schon bald die Möglichkeit, ihr Anliegen mit der gebotenen Öffentlichkeitswirksamkeit und sehr viel nachhaltiger umzusetzen. Zwar waren die Beschlüsse des DGB-Bundeskongresses 1969 hinter den Erwartungen Klunckers zurückgeblieben, doch hatten die Delegierten die Einberufung eines außerordentlichen Bundeskongresses für 1971 beschlossen. Dort sollte eine neue Satzung verabschiedet werden, und diese Gelegenheit wollte die ÖTV nutzen, um die Arbeiterpolitik im Rang einer Personengruppe gleichberechtigt neben die Angestellten- und Beamtenpolitik zu stellen. Als Satzungsände-

10 Vgl. hierzu Beschluß-Protokoll über die 15. Sitzung des Hauptvorstandes am 26. April 1968, S. 6, sowie Protokoll über die 7. Sitzung des Hauptvorstandes am 9./10. Dezember 1969, S. 18, beide in: AdsD 5/ÖTVB130013.

11 Vgl. DGB-Bundesvorstand, Protokoll Bundeskongreß 1969, S. 11 (Satzung).

rung musste das Vorhaben jedoch eine Zweidrittelmehrheit der Delegiertenstimmen erreichen. Solche Satzungsänderungen konnten zwar auch ordentliche Bundeskongresse beschließen, doch sollte der großen Satzungsreform ein mehrmonatiger Meinungsfindungsprozess vorausgehen, in welchem der Wunsch der ÖTV einem breiten gewerkschaftlichen Publikum vermittelt werden konnte.

Gute Aussichten? Die Gewerkschaften und der Pluralismus

Die Zeichen standen zunächst auch sehr günstig. Hatte das Thema auf dem Bundeskongress 1969 noch gar keine Rolle gespielt[12], musste die ÖTV nun nicht einmal selbst aktiv werden. Denn mit der Postgewerkschaft übernahm eine andere Gewerkschaft aus dem Öffentlichen Dienst die Aufgabe, einen entsprechenden Antrag an die Satzungskommission zu stellen. In den ersten Satzungsentwürfen, die im März 1970 im DGB-Vorstand zirkulierten, waren die ‚Arbeiter' als neue Personengruppe auch tatsächlich berücksichtigt[13]. Ruft man sich den pluralistischen Arbeitnehmerbegriff in Erinnerung, der auf Antrag des Bundesangestelltenausschusses 1963 Einzug in die Präambel des Grundsatzprogramms gefunden hatte, war dies nur konsequent. Ganz in diesem Sinne unterstützte auch Franz Woschech, der als Geschäftsführer der Satzungskommission jedoch kein Stimmrecht hatte[14], den Vorstoß der Postgewerkschaft, einen Bundesarbeiterausschuss beim DGB-Bundesvorstand anzusiedeln. In einem Artikel in der DGB-Funktionärszeitschrift „Die Quelle" zog er drei Monate nach dem Ende der Antragsfrist ein erstes Resümee. Er bezeichnete das Anliegen der DPG nicht nur als „im Rahmen der Bestimmungen über die Personengruppenarbeit folgerichtig", sondern setzte „Bundes-Arbeiterausschuß" auch als Zwischenüberschrift für den letzten Abschnitt seines Textes, in dem er auch ganz anders geartete, seiner Meinung nach aber „besonders interessante Vorschläge" aufführte. Darunter fanden sich der Vorstoß der IG Metall, den Beitrag der Einzelgewerkschaften an den DGB zu erhöhen, oder die Kritik der HBV an der „überbetonten Eigenständigkeit der Gewerkschaften", die den DGB schwäche[15]. Sicherlich kann die Überschriftenwahl als Sympathiebekundung von Woschech, selbst Mitglied der Gewerkschaft Erziehung und Wissenschaft (GEW), für

12 Schon damals waren zahlreiche Anträge auf Satzungsänderung eingegangen. Vgl. ibid., S. 3–55 (Antragsteil).

13 Vgl. Peter Pletsch an Franz Woschech, 20. März 1970, Anlage: Entwurf einer Neufassung der DGB-Satzung, S. 10, in: AdsD 5/DGCQ000051.

14 Vgl. Protokoll über die 9. Sitzung des Hauptvorstandes am 25./26. Mai 1970, S. 49, in: AdsD 5/ÖTVB130017.

15 Franz Woschech, Der Reformwille setzt sich durch, in: Die Quelle 21–3 (1970), S. 122–124, hier S. 124.

den Vorschlag einer anderen Gewerkschaft des Öffentlichen Dienstes gewertet werden. Wahrscheinlicher ist aber, dass er „besonders interessante Vorschläge" als Euphemismus für besonders kontroverse Vorschläge verwendet hatte. So oder so: Die Forderung der DPG war jedenfalls nicht zu übersehen.

Oder „Trend zu stärkerer Einheitlichkeit"?

Nicht zu übersehen war aber auch eine mögliche Interessenkollision, denn Woschech hatte gleich zu Beginn seines Artikels einen „Trend zu stärkerer Einheitlichkeit" als Tenor der eingegangenen Änderungsvorschläge ausgemacht[16]. Selbst vor der antragstellenden DPG machte dieser Trend nicht halt, wie der 1971 publizierte Bericht der von der Postgewerkschaft eingesetzten internen Reformkommission deutlich machte. Sie spitzte den Trend gar zu einer Fundamentalkritik am Personengruppenprinzip zu:

> Die institutionalisierte Personengruppenarbeit ist einzuschränken. Sie hat antidemokratische Tendenzen und birgt die Gefahr der Abkapselung, Verselbständigung und Isolierung in sich. Außerdem haben Personengruppenveranstaltungen größeren Ausmaßes meistens nur aufsagenden Charakter. […] Es bedarf – mit Ausnahme der Jugendarbeit – keiner besonderen Personengruppenarbeit im bisherigen Sinne mehr […].[17]

Tatsächlich dauerte es nach dem Erscheinen von Woschechs Artikel keine drei Monate mehr, bis die Arbeiterausschüsse aus dem überarbeiteten Entwurf der DGB-Satzungskommission wieder getilgt waren[18]. Entsprechend wurde den Funktionären im November 1970 ein Satzungsentwurf präsentiert, in dem die einschlägigen Paragraphen 2.3g und 7.8 unverändert aus der noch gültigen Satzung übernommen worden waren[19]. Offensichtlich war das Bekenntnis zum Pluralismus hier an eine Grenze gestoßen.

Ein genauerer Blick in die Quellen weckt ohnehin Zweifel, wie nachhaltig und umfassend dieses Bekenntnis das gewerkschaftliche Selbstverständnis überhaupt verändert hatte. So erhob Julia Angster zwar ein Zitat des 1969 ins Amt berufenen

16 Ibid., S. 123. Darunter fasste er unter anderem die „Notwendigkeit gemeinsamer Verwaltungseinrichtungen für alle Gewerkschaften", „[e]inheitliche Dienstleistungen" für die Mitglieder oder „eine DGB-Monatszeitschrift für alle Mitglieder".

17 Reinhold Stühlmeyer/Hans Birkle/Gustav Bracht et al., „Selbstverständnis der Gewerkschaften". Auszüge aus dem Bericht der von der Deutschen Postgewerkschaft eingesetzten Reformkommission, in: GMH 22–6 (1971), S. 349–360, hier S. 359 (Hervorhebung gelöscht).

18 Vgl. Diskussionsentwurf einer Neufassung der DGB-Satzung, Stand. 5. Juni 1970, S. 14, in: AdsD 5/DGCQ000051.

19 Vgl. o. V., Entwurf einer Neufassung der Satzung des DGB, in: Die Quelle 21–11 (1970), S. 488–496, hier S. 489, 491.

DGB-Bundesvorsitzenden Heinz Oskar Vetter, wonach der DGB „ein gesellschaftlicher Verband neben anderen Verbänden" sei, zum Signum gewerkschaftlicher Identität in den 1960er und 1970er Jahren. Sie ergänzte Vetter dahingehend, dass auch die Interessen der anderen Verbände „als ebenso legitim gelten mußten wie die eigenen"[20]. Dies wäre in der Tat eine weitgehende Zurücknahme des von Irene von Reitzenstein für die 1950er Jahre festgestellten gewerkschaftlichen Anspruchs, Vertreter des Allgemeinwohls zu sein und damit weit über den anderen Lobbyorganisationen zu stehen, die ja nur für Sonderinteressen eintraten. Interessanterweise findet sich in der von Angster angeführten Rede Vetters eine zweite Aussage, die nur schwer als Beleg für die neue Bescheidenheit der Gewerkschaften taugt. Denn darin referierte Vetter folgende Aussage des Politologen Joachim Hirsch: „Die Gewerkschaften werden [...] im modernen, pluralistischen Verfassungssystem als wesentlichste Macht- und Ordnungsfaktoren verstanden, die eine gesamtpolitische Integrationsfunktion wahrzunehmen haben."[21] Der Superlativ „wesentlichste Macht- und Ordnungsfaktoren" wies den Gewerkschaften doch wieder eine herausgehobene Stellung zu[22], und auch andere Passagen aus Vetters Rede konterkarierten den nivellierenden Impetus, der gleichwohl auch dort zu finden ist. Es ist bezeichnend, dass ein Bekenntnis zum allgemeinen und umfassenden Vertretungsanspruch den Schlussakkord in Vetters Rede bildete:

> Die deutschen Gewerkschaften sind zwar die berufenen Vertreter einer Bevölkerungsgruppe, der Mehrheit unseres Volkes, und sie werden immer klar, unzweideutig und mit aller Kraft die Interessen dieser Arbeitnehmergruppe wahrnehmen, aber sie können sich nicht auf diese Funktion beschränken. Die Gewerkschaften sind durch ihr Selbstverständnis und ihre Größe zu einem wichtigen Bestandteil der demokratischen Ordnung geworden. [...] Durch ihre Tätigkeit sind sie zugleich ein Garant dieses Systems. Gewerkschaften sind integrierender Bestandteil der Demokratie.[23]

Mit Andreas Reckwitz gesprochen war die „Logik des Allgemeinen" also auch noch am Übergang von den 1960er in die 1970er Jahre für das gewerkschaftliche Selbstverständnis relevant. Und auch Angster war die starke Betonung der Gemein-

---

20 Angster, Konsenskapitalismus, S. 445.

21 Zitiert nach ibid.

22 Dabei hatte Vetter seine Vorlage weiter zugespitzt, denn Hirsch sah in den Gewerkschaften nur „einen der wesentlichsten Macht- und Ordnungsfaktoren". Vgl. Joachim Hirsch, Die öffentlichen Funktionen der Gewerkschaften. Eine Untersuchung zur Autonomie sozialer Verbände in der modernen Verfassungsordnung, Stuttgart 1966, S. 32.

23 Heinz Oskar Vetter, Die Bedeutung des DGB-Grundsatzprogramms für die Politik der deutschen Gewerkschaftsbewegung, in: GMH 21–6 (1970), S. 330–340, hier S. 340. Entsprechende Zitate ließen sich ergänzen. Vgl. ibid., S. 331, 337.

wohlverpflichtung bei Vetters Vorgänger Ludwig Rosenberg, der in ihren Augen ein wesentlicher Akteur bei der Durchsetzung des pluralistischen Gedankenguts im DGB gewesen war, nicht entgangen. Ihrer Meinung nach konnte jener Ausdruck des Ganzheitlichkeitsdenkens die Verpflichtung auf den Pluralismus aber nicht mehr herausfordern, im Gegenteil: Rosenberg „kleidete seine Argumente [...] in eine dem deutschen politischen Denken vertraute Sprache und nahm damit den Adressaten seiner Ausführungen die Sorge um Kontinuitätsbrüche [...]"[24]. Wie es scheint, stabilisierte diese Sprache aber letztlich doch die auf das Ganze hin ausgerichteten gesellschaftspolitischen Vorstellungen.

Dass ihr dies möglich war, hing mit einem Zweiten zusammen. In den frühen 1970er Jahren stand den Gewerkschaftsführern die Ambivalenz des Pluralismus als Erfahrungswert bereits deutlich vor Augen. Bernhard Tacke, der dem christlichsozialen Lager zugehörige stellvertretende Bundesvorsitzende, gab dem 1971 tagenden Bundeskongress folgende Warnung mit auf den Weg:

> Wir müssen uns auch darüber klar sein, daß mit zunehmendem Pragmatismus in einer pluralistischen Gesellschaft entsprechende Ausstrahlungen auf die Gewerkschaftsbewegung kaum zu verhindern sind. Die Gefahr neuer Gruppierungen in der Arbeitnehmerschaft, bedingt durch materielle und unterschiedliche soziale Interessen, ist zweifellos gegeben. Die Gefahr, Kolleginnen und Kollegen, bedroht die Solidarität. Sie begünstigt die Abkehr von der Gemeinschaft.[25]

Unüberhörbar klangen in Tackes Rede Töne aus den 1950er Jahren an, und auch ein zeitgenössischer Beobachter stellte zu Beginn der 1970er Jahre „eine Rückbesinnung auf den antikapitalistischen Ausgangspunkt der westdeutschen Gewerkschaften" fest, die mit einer „langsame[n] Aufgabe der Selbstbeschränkung, der sich der DGB [...] bis vor kurzem unterwarf", einhergehe[26]. Tatsächlich gab es hierfür gute Gründe, denn die Selbstbeschränkung der frühen 1960er Jahre war, wie oben dargelegt, aus der realistischen Erkenntnis gefolgt, für grundlegende Gesellschaftsreformen keine parlamentarischen Mehrheiten gewinnen zu können. Mit dem Regierungseintritt der SPD in die Große Koalition 1966 und die drei Jahre später erfolgende Übernahme des Kanzleramtes durch die Sozialdemokraten war dieser äußere Zwang zur Bescheidenheit weggefallen. Die Gesellschaft erschien nun als

24 Angster, Konsenskapitalismus, S. 439. Für Rosenbergs Eröffnungsrede auf dem Bundeskongress 1963 trifft Angsters Analyse uneingeschränkt zu. Er hielt seine Rede in bewusster Abgrenzung zum gleichzeitig in Ostberlin tagenden 6. FDGB-Kongress und schloss mit einem Bekenntnis zu „Toleranz" und „Kompromiß" als notwendigen Bestandteilen einer Demokratie. Vgl. DGB-Bundesvorstand, Protokoll Ausserordentlicher Bundeskongress 1963, S. 10–24 (Zitat).

25 DGB-Bundesvorstand, Protokoll Außerordentlicher Bundeskongreß 1971, S. 5 f.

26 Marchal, Gewerkschaften im Zielkonflikt, S. 13.

eine ‚Arbeitnehmergesellschaft', und mit ihr die Gewerkschaften als „Garant dieses Systems".

Ausgang offen

Zu Beginn der 1970er Jahre lassen sich, im Gesamten betrachtet, eher widerstreitende Tendenzen im gesellschaftspolitischen Ideenhaushalt der Gewerkschaften ausmachen. Und innerhalb einer recht kurzen Zeitspanne war das Vorhaben, den DGB auf eine explizite Arbeiterpolitik zu verpflichten, von der ganzen Kraft beider Pole, des auf Pluralisierung wie des auf Vereinheitlichung drängenden, erfasst worden. Entschieden war damit aber noch nichts, denn noch andere Faktoren strukturierten damals den gesellschaftspolitischen Möglichkeitsraum. Zunächst wurde der Entwurf der Satzungskommission, aus dem der Arbeiterbegriff wie erwähnt getilgt worden war, zur Diskussion an die Einzelgewerkschaften sowie an die unteren Ebenen des DGB, also an die Landesbezirke und Kreise, weitergeleitet. Daraus resultierende Änderungswünsche konnten bis März 1971 in Form von Anträgen eingereicht werden, über die dann der 3. Außerordentliche DGB-Bundeskongress zu befinden hatte[27]. Neben den Gewerkschaftsfunktionären hatten daher auch und vor allem die Delegierten ein entscheidendes Wort mitzureden. Zunächst kam es aber auf die ÖTV an, die ja ihrem Gewerkschaftstag von 1968 gegenüber in der Pflicht stand, die Arbeiterpolitik im DGB zu verankern. Die Diskussion im Hauptvorstand der ÖTV, die sich um die Frage entspann, mit welcher Taktik ein entsprechender Antrag erfolgreich eingebracht werden könnte, verdient besondere Beachtung. Denn in ihr wurde deutlich, in welchen Problemfeldern das Anliegen aufgrund der gegebenen Zeitumstände noch situiert war und welche Relevanz ihnen jeweils von bestimmten Akteuren der ÖTV zugemessen wurde.

5.1.2 And keep your eyes wide, the chance won't come again – Der Weg zum Antrag der ÖTV

Der Hauptvorstand der ÖTV versammelte sich am 25. Februar 1971 in Stuttgart, um den eigenen Kurs für den Bundeskongress des DGB abzustecken. Aus den Gliederungen der ÖTV waren insgesamt 57 Anträge mit Änderungswünschen eingegangen, über die der Hauptvorstand als antragsberechtigtes Gremium nun zu befinden

27 Zum Verfahren vgl. G.P., Um Ziele und Aufgaben der Gewerkschaften heute, in: Die Quelle 21–7/8 (1970), S. 297.

hatte. Gleich fünf der Anträge befassten sich mit der Arbeiterproblematik[28]. Dass Arbeiterausschüsse auch beim DGB errichtet werden sollten, bestritt im ÖTV-Gremium niemand. Die Bewertungen gingen aber darüber auseinander, ob der Antrag schon zu Paragraph 2 Ziffer 3g gestellt werden sollte, oder, wie vom Arbeitersekretariat vorgesehen, erst zu den Paragraphen 7, 8, 11 und 12. Im ersten Fall wäre die Arbeiterproblematik als gemeinsame Aufgabe des DGB definiert worden, während man sich im zweiten Fall mit der Errichtung von Arbeiterausschüssen auf den drei Ebenen Kreis, Landesbezirk und Bund des Dachverbandes begnügt hätte. Heinz Kluncker, der die Debatte eröffnete, trat entschieden für die zweite Variante ein und er verteidigte sie auch noch, als sich schon längst abgezeichnet hatte, dass er kaum auf Unterstützung im Gremium hoffen konnte[29]. Ein solches Verhalten war für Kluncker sehr ungewöhnlich, denn eigentlich pflegte er in den Diskussionen des Vorstandes, sich in Zurückhaltung zu üben[30]. Warum also begab er sich in diese für ihn ungewohnte Position der Schwäche?

Kluncker und die „Expansionsgelüste des DGB"

Sein Hauptargument speiste sich aus der Befürchtung, keine Mehrheit auf dem Kongress zu finden, wenn die Arbeiterthematik unter dem Rubrum der gemeinsamen Aufgaben des DGB aufgerufen und diskutiert werden würde[31]. In der Tat war dieser Punkt sehr heikel, denn hier ging es um die Kompetenzverteilung von Einzelgewerkschaften und Dachverband, das heißt um die klassische Machtfrage. In der vorangegangenen Reformdebatte war dieser Sachverhalt unter den nicht ganz zutreffenden Schlagworten „Zentralisierung" und „Föderalismus" geführt und mit harten Bandagen ausgefochten worden. Als erster hatte dies Kurt Gscheidle zu spüren bekommen. Der damalige stellvertretende Vorsitzende der DPG war bereits von den Gewerkschaftsvorsitzenden für die Nachfolge Ludwig Rosenbergs im Amt des DGB-Bundesvorsitzenden auserkoren worden, als er ein Reformprogramm vorstellte, das von der IG Metall vehement abgelehnt wurde. Denn in diesem hatte sich Gscheidle ganz im Sinne der kleineren Mitgliedsgewerkschaften für eine Stärkung des Dachverbands ausgesprochen. Während diese sich durch Kompetenzverlagerungen an den DGB eine Schonung ihrer Ressourcen versprachen, die dann dem eigentlichen Kerngeschäft der Tarifpolitik und Mitgliederbetreuung zu-

28 Vgl. Anlage zu: Hugo Vetter an die Mitglieder des Hauptvorstandes unserer Gewerkschaft, 15. Februar 1971, S. 10 f., S. 13 f., 21, in: AdsD 5/ÖTVB130024.

29 Vgl. Sitzung des Hauptvorstandes am 25. Februar 1971, Wortprotokoll, S. 19, in: AdsD 5/ÖTVB130025.

30 Vgl. Führer, Gewerkschaftsmacht, S. 592.

31 Vgl. Sitzung des Hauptvorstandes am 25. Februar 1971, S. 19.

geführt werden sollten, wollten es sich größere Gewerkschaften nicht nehmen lassen, auch in der Sozial- und Gesellschaftspolitik selbst Akzente zu setzen[32].

Klunckers Bedenken waren also durchaus berechtigt, zumal das Reformlager aus ÖTV, DPG, der Eisenbahnergewerkschaft GdED, der Gewerkschaft Gartenbau, Land- und Forstwirtschaft (GGLF) sowie der IG Bau-Steine-Erden (IG BSE)[33] weit von der nötigen Zweidrittelmehrheit der Delegierten entfernt war. Und in der Satzungskommission stand noch nicht einmal dieses Lager geschlossen hinter der Forderung, Arbeiterausschüsse beim DGB zu bilden. Dort war das Anliegen zu einer exklusiven Angelegenheit der Gewerkschaften des Öffentlichen Dienstes geworden, wie Hans Faltermeier dem Hauptvorstand der ÖTV schon 1970 berichtet hatte. Er lieferte auch eine Erklärung, warum die übrigen Gewerkschaften mit ihren hohen Arbeiteranteilen hier nicht mitziehen wollten: „Es wurde gesagt, wenn wir jetzt als Gewerkschaften oder auch als DGB noch anfangen, eine eigene Personengruppe Arbeiter zu schaffen, ja was haben wir denn dann noch für eine Aufgabe. Wir sind doch die Repräsentanz und die Vertretung der Arbeiter."[34]

Für diesen Teil des Reformlagers stellten also Arbeiterausschüsse einen zu weitgehenden Eingriff in ihre Autonomie dar, ja im Grunde sahen sie ihr eigentliches Anliegen dadurch auf den Kopf gestellt. Denn auch sie wollten nur bestimmte Aufgaben an den DGB delegieren, nicht aber ihre eigentliche Existenzberechtigung verlieren. Kluncker und Faltermeier hatten hierfür durchaus Verständnis, denn auch aus ihrer Sicht hatte die neue DGB-Spitze um Vetter und Woschech ihr Blatt überreizt, wie der ÖTV-Vorsitzende feststellte:

> Bei den Expansionsgelüsten des DGB, die wir im allgemeinen ja bejahen, [...] wenn ich so manche Hinweise von Zielprojektionen und konzertierter Aktion und Disziplinierung [...] höre, läuft es mir etwas seltsam den Rücken herunter, die Aufgaben der Einzelgewerkschaften an diesen DGB mit dieser politischen Auffassung zu delegieren. Darum bin ich im Grunde nicht dafür, hier vorne [in Paragraph 2 – S.W.] eine Öffnungsklausel zu haben, um den DGB als Hearingsstelle [sic!] für gewerkschaftliche Forderungen hier einzubeziehen. [...] Ich muß sagen, so wie der DGB sich im Augenblick darstellt, [...] habe ich keine Veranlassung, ihm durch

32 Hierzu und zur Debatte auf dem Bundeskongress 1969 vgl. Klaus Kempter, Eugen Loderer und die IG Metall. Biografie eines Gewerkschafters, Filderstadt 2003, S. 262–267 sowie Markovits, Politics, S. 112 f. Auch auf den Sitzungen des ÖTV-Hauptvorstandes spielte Kritik an diesem Verhalten einiger großer Gewerkschaften immer wieder eine Rolle. Vgl. Sitzung des Hauptvorstandes am 25. Februar 1971, S. 34 sowie Sitzung des HV am 12. Mai 1971, Wortprotokoll, S. 58, in: AdsD 5/ÖTVB130025.

33 Die Zurechnung dieser Gewerkschaften zum Reformlager nahm Eugen Loderer vor. Vgl. Kempter, Loderer, S. 264.

34 9. HV-Sitzung am 25./26. Mai 1970, Wortprotokoll, S. 192–193 (Zitat), in: AdsD 5/ÖTVB130022.

> eine Öffnungsklausel vorne noch besondere Aufgaben zu entdecken, gemeinsame Aufgaben für Arbeiter.[35]

Dass auch Kluncker in der Arbeiterpolitik ein derartiges Machtpotential erblickte, war biographisch bedingt. Sein eigener Aufstieg an die Spitze der ÖTV hatte seinen Ausgang im Posten des Arbeitersekretärs genommen[36]. Hinzu kamen aber zwei weitere Punkte, die Kluncker angesprochen hatte: Zum einen spielte der Vorwurf der „Expansionsgelüste[]" und „Disziplinierung" auf einen Vorstoß Vetters an, der dem DGB-Bundesvorstand nicht nur ein Recht zur Teilnahme an den Sitzungen der Beschlussorgane der Mitgliedsgewerkschaften erkämpfen wollte, sondern auch ein Antragsrecht auf deren Gewerkschaftstagen[37]. Zum andern wirkte der spezifische Kontext der Konzertierten Aktion auf die Debatte um die Arbeiterausschüsse zurück. Die Gewerkschaften wurden in jenem korporatistischen Gremium mit regierungsoffiziellen „Orientierungsdaten" konfrontiert, an denen sie ihre Tarifpolitik ausrichten sollten. Dagegen mussten sie sich schon aus Gründen der Selbsterhaltung wehren, denn Gewerkschaften hatten nur dann eine Existenzberechtigung, wenn die Höhe der Tarifabschlüsse von der Stärke der Konfliktparteien abhing und nicht „objektiv" aus Daten ableitbar war[38]. Letztlich sahen sich die Gewerkschaften ab 1972 gezwungen, wie Regierung und Arbeitgeberverbände eigene „Orientierungsdaten" zu veröffentlichen[39]. Hier wurde sehr deutlich, dass die „Verwissenschaftlichung des Sozialen" (Lutz Raphael) keine Suspendierung der Machtbeziehungen mit sich brachte, sondern dass sie im Gegenteil überhaupt erst sehr deutlich zum Vorschein kamen, und zwar sowohl hinsichtlich der Beziehungen von Staat, Arbeitgebern und Gewerkschaften als auch mit Blick auf das Verhältnis von Einzelgewerkschaften und Dachverband. Es überrascht daher nicht, dass Kluncker auch sein Vorgehen in der Arbeiterpolitik unter den Vorbehalt möglicher negativer Auswirkungen auf die Machttektonik des Gewerkschaftslagers stellte.

---

35 Sitzung des Hauptvorstandes am 25. Februar 1971, S. 22. Ein Jahr zuvor hatte Faltermeier Vetter und Woschech vorgeworfen, „eine völlige Umkehr der Werte" zu betreiben, denn ihr Ziel sei es, dass der DGB „die Politik der Gewerkschaften bestimmt und [dass] der [DGB] die Gewerkschaften als Fachgewerkschaften sieht." HV-Sitzung am 25./26. Mai 1970, S. 188.

36 Vgl. Nachtmann, 100 Jahre, S. 342 sowie Führer, Gewerkschaftsmacht, S. 86 ff.

37 Dieses Ansinnen wurde explizit von der Gewerkschaft HBV unterstützt. Vgl. o. V., Gewerkschaft HBV legt Reformvorschlag vor, in: Die Quelle 21–1 (1970), S. 24–25, hier S. 25. Den Stand seiner Pläne stellte Vetter dem ÖTV-Hauptvorstand persönlich am 1. Oktober 1970 vor. Vgl. Sitzung des Hauptvorstandes am 1. Oktober 1970, S. 193, in: AdsD 5/ÖTVB130022.

38 Vgl. Marchal, Gewerkschaften im Zielkonflikt, S. 71.

39 Vgl. Fehmel, Konflikte, S. 137.

Basis vs. Gewerkschaftsspitze

Hatte Kluncker vom Standpunkt des Gewerkschaftsvorsitzenden die Lage beurteilt, so kamen die Vertreter der Gewerkschaftsbasis zu einer gänzlich anderen Einschätzung[40]. Nicht von ungefähr hatte nicht das beim Vorstand angesiedelte Arbeitersekretariat den Antrag gestellt, ‚Arbeiter' als gemeinsame Aufgabe des DGB zu definieren, sondern verschiedene Kreis- und Bezirksvorstände. Sie beurteilten die Lage in zwei wesentlichen Punkten anders als Kluncker.

Zum einen waren sie nicht bereit, die Arbeiterpolitik zum reinen Spielball gewerkschaftspolitischer Machtspiele werden zu lassen. Für die Vertreter der ÖTV-Basis kam dem Arbeiterkonzept vielmehr, ganz in der Tradition der Ideale der Arbeiterbewegung, der Rang einer legitimatorischen Letztinstanz zu. So riefen sie ihrer Gewerkschaftsführung in Erinnerung, dass es nicht nur gelte, einem Auftrag des Gewerkschaftstages Folge zu leisten, sondern dass es auch ein immer öfter von den Arbeitern in den Betrieben artikuliertes Bedürfnis sei, als „Arbeiter" im DGB endlich „sichtbar" gemacht zu werden[41]. Unter der Prämisse, dass die basisnahen Delegierten des Bundeskongresses ebenfalls um dieses Bedürfnis der Arbeiter wussten, konnten sich die Mehrheitsverhältnisse, zum andern, auch völlig anders darstellen. Dies umso mehr, wenn man sich vor Augen führte, welche Gewerkschaften die Mehrheit der Delegierten entsenden würden, wie Günter Noack vom ÖTV-Landesbezirk Berlin darlegte: „[E]s sind ja nun mal die maßgeblichen, auch vom Delegiertenschlüssel her, die maßgeblichen Organisationen, die Arbeiter zu vertreten haben."[42]

Das hier sich abzeichnende Spannungsverhältnis von Basis und Führung ließ sich noch weiter aufschlüsseln. Infolgedessen stellte sich der zentrale Konflikt der Reformdebatte zwischen Zentralisierung und Föderalisierung anders dar, und auch dies blieb nicht ohne Auswirkungen auf das zu erwartende Abstimmungsergebnis zur Arbeiterpolitik. So hatte die im Funktionärsorgan des DGB geführte Leserbriefdebatte deutlich gemacht, dass die Basis der gewerkschaftlich Aktiven bei den genannten Schlagworten nicht etwa wie Otto Brenner an das Verhältnis zwischen Einzelgewerkschaften und Dachverband dachte. Ihnen stand vielmehr das Span-

---

40 Diesen Punkt führte auf der Sitzung Erich Stepputat an. Vgl. Sitzung des Hauptvorstandes am 25. Februar 1971, S. 25.

41 So stellte Heinz Hackbarth aus Berlin fest: „[D]raußen wird der Kollege Uns [sic!] immer wieder darauf ansprechen, daß die Arbeiter in einer DGB-Satzung nicht erwähnt werden." Ibid., S. 28. Ähnlich äußerte sich auch Erich Stepputat, vgl. ibid., S. 25. Willy Bopp vertrat die Ansicht, „daß die Frage mehr eine psychologische Frage ist, inweiweit [sic!] also Arbeiterinteressen sichtbar werden können im DGB." Ibid., S. 34.

42 Ibid., S. 27. Zur selben Einschätzung kam auch Reinhold Heise, der den Bezirksvorstand Niedersachsen vertrat. Vgl. ibid., S. 31.

nungsverhältnis, das in den jeweiligen Einzelgewerkschaften zwischen Mitgliedern sowie ehrenamtlichen Funktionären einerseits und den Hauptamtlichen andererseits herrschte, vor Augen[43]. Es ging ihnen um eine Demokratisierung der Verbandsstrukturen, und zwar nicht nur im Sinne einer Stärkung des Repräsentationsprinzips, sondern auch der Partizipationsmöglichkeiten der einfachen Mitglieder durch Öffnung neuer Kanäle der Einflussnahme. Neben den Forderungen, mit den Kreisen und Landesbezirken die unteren Ebenen aufzuwerten, erwiesen sich gerade die Personengruppen als ein probates Mittel, um Mitsprache von unten sicherzustellen[44]. Was lag also näher, als mit der Gründung der Personengruppe Arbeiter dem Gros der Mitgliedschaft eine neue Mitsprachemöglichkeit zu eröffnen? Tatsächlich war das Bedürfnis nach einer breiteren Beteiligung der Mitgliedschaft nicht nur ein Reflex auf die Studentenbewegung oder auf Willy Brandts Leitspruch, mehr Demokratie wagen zu wollen[45]. Organisationspolitisch stellte die stärkere Einbindung der Mitglieder seit den spontanen Septemberstreiks 1969 selbst für die Gewerkschaftsführung schlichtweg eine Notwendigkeit dar, um die Kontrolle über die Basis nicht völlig zu verlieren[46].

Gleichwohl blieb es für die Spitzenmänner ein Balanceakt, denn zu weitgehende Zugeständnisse konnten aus ihrer Sicht einer weiteren Radikalisierung der Basis erst Vorschub leisten. Schon in der Weimarer Republik war es der Ansatzpunkt der Kommunisten gewesen, ihre Oppositionsstrategie auf „eine Arbeitsbasis durch Betriebsorganisation" zu gründen[47]. Zeitgenössisch waren die Gewerkschaften durch zahlreiche „Betriebsinterventionen" zumeist studentischer Politaktivisten konfrontiert, aber nicht nur. Die Plakatgruppe bei Daimler-Benz in Untertürkheim war eine originär betriebliche Oppositionsgruppe, die sich in den frühen 1970er Jahren zunächst aus Protest gegen die innerverbandlichen Demo-

43 Vgl. Heinrich Klingenhage, Die Reform ist überfällig, in: Die Quelle 21–1 (1970), S. 22 (Leserbrief).

44 Vgl. Arthur Böpple, Änderungen der Satzung sollen den DGB stärken, in: Die Quelle 20–12 (1969), S. 491 (Leserbrief). Der DGB hatte erst zu Beginn der 1960er Jahre eine Zentralisierung seiner Organisationsstruktur durchgeführt und damit wichtige „channels of democratic articulation within the DGB's organizational structure" geschlossen. Markovits, Politics, S. 96.

45 Vgl. Reinhold Stühlmeyer, Um das Selbstverständnis der Gewerkschaften, in: Die Quelle 21–1 (1970), S. 22–23 (Leserbrief).

46 Mertsching sah den Satzungskongress wie auch die vorhergehende Diskussion unter dem Eindruck dieser wilden Streiks stehen. Vgl. Klaus Mertsching, Einleitung: Die Politik des DGB in den sozial-liberalen Reformjahren, in: ders., DGB 1969–1975, S. 9–72, hier S. 44. Vgl. zudem Hans Lehmann, Führte München einen Schritt weiter?, in: Die Quelle 20–11 (1969), S. 451 (Leserbrief).

47 Beier, Einheitsgewerkschaft, S. 209.

kratiedefizite der IG Metall gebildet hatte[48]. Hier zeichnete sich zumindest theoretisch eine Konstellation ab, aus der eine Koalition von DGB-Spitze und Mitgliederbasis auf Kosten der Führung der Einzelgewerkschaften entstehen konnte, wie Hans Faltermeier auf einer Sitzung des Hauptvorstandes kurz vor Beginn des Bundeskongresses betonte:

> [M]an muß vor allen Dingen damit rechnen, daß u.U. eine Reihe von ehrenamtlichen Delegierten [...] aus einer durchaus verständlichen Haltung der Stärkung des DGB heraus die Frage nicht vom politischen [sic!] her primär beurteilen, sondern daß sie emotionell beurteilt werden [sic!] [...].[49]

Was Faltermeier in diesem Zusammenhang jedoch unerwähnt ließ, war die Minderheitenposition, in der sich die Ehrenamtlichen auf dem Bundeskongress wiederfinden würden. Denn von den 430 stimmberechtigten Kongressteilnehmern waren 238 beim DGB oder den Gewerkschaften hauptamtlich beschäftigt. Schon zeitgenössisch wurde darin von Gewerkschaftern wie von Wissenschaftlern eine Gefahr für die „freie Meinungsbildung“ ausgemacht[50]. Diese Konstellation konnte dem Anliegen der ÖTV noch gefährlich werden, denn die Hauptamtlichen stellten aufgrund ihres Abhängigkeitsverhältnisses einen Hebel dar, der die Mehrheitsverhältnisse der von der Gewerkschaftsspitze bestückten Satzungskommission auf den Bundeskongress übertragen konnte.

Die ÖTV sucht ihre Strategie

Letztlich blieb das Abstimmungsverhalten der Delegierten aber unberechenbar, wie Heinz Kluncker mit Blick auf die vorangegangenen Kongresse schon zu Beginn der Sitzung betont hatte[51]. Unter diesen Voraussetzungen konnten Argumente, die auf ein bestimmtes Abstimmungsergebnis bauten, den Streit um die richtige Antragsstrategie auf dem Bundeskongress nicht entscheiden. Darüber hinaus konnten beide Positionen zur Arbeiterpolitik für sich beanspruchen, erfahrungsgesättigt und daher auch plausibel zu sein. Kluncker Ansatz wies aber einige Schwachpunkte auf, die voll zum Tragen gekommen wären, sobald seine Umsetzung angestanden hätte. Wie gleich mehrere Vorstandsmitglieder betonten, drohte den Arbeiterausschüssen völlige Dysfunktionalität, wenn man ihnen die notwendige

---

48 Vgl. Arps, Frühschicht sowie Jörg Neuheiser, Postmaterialismus am laufenden Band? Mitbestimmung, Demokratie und die ‚Humanisierung der Arbeitswelt‘ in den Konflikten zwischen ‚plakat‘-Gruppe und IG Metall bei Daimler-Benz in Untertürkheim, in: Andresen et al., Betrieb, S. 99–114.

49 Sitzung des HV am 12. Mai 1971, S. 46 f.

50 Marchal, Gewerkschaften im Zielkonflikt, S. 98.

51 Vgl. Sitzung des Hauptvorstandes am 25. Februar 1971, S. 6.

Arbeitsgrundlage verweigerte, welche nur in den gemeinsamen Aufgaben gemäß Paragraph 2 liegen konnte[52]. Und aufgrund der Gliederung der Satzung, welche auch den Ablauf der Beschlussfassung auf dem Bundeskongress bestimmen würde, konnte es sich als fatal erweisen, wenn man erst bei den späteren Paragraphen aktiv werden wollte. „Dann kommen wir nämlich in eine Geschäftsordnungsdebatte hinein, wo wir u.U. von vornherein [...] unterliegen, weil dieser § 2g) bereits erledigt ist"[53], wie Heinrich Jacobi warnte.

Auch wenn Kluncker weiter darauf beharrte, es gehe bei diesem Paragraphen um das „Spannungsfeld der Aufgabenkompetenz [des] DGB und seiner Glieder"[54], mochte dies zwar formal korrekt sein, doch war es nur die halbe Wahrheit. Denn von den drei Führungsgremien des DGB war nur der GBV ein reines DGB-Organ, während im Bundesvorstand und noch viel mehr im Bundesausschuss die Vertreter der Einzelgewerkschaften zahlenmäßig deutlich dominierten. Gerade Kluncker hatte als Chef der zweitgrößten Mitgliedsgewerkschaft einiges mitzureden, wie Willy Bopp, Vorsitzender des Landesbezirks Bayern, nicht ohne Ironie feststellte: „So unterentwickelt bist Du auch im DGB-Vorstand nicht, daß Du da Angst haben mußt dabei."[55] Vielmehr bot diese Konstellation auch die Möglichkeit, den DGB für eigene Zwecke dienstbar zu machen. So führte der ÖTV-Arbeitersekretär Franz Holländer zu Recht aus, „daß wir den DGB u.U. auch zu bestimmten Aufgaben verpflichten. Wie es im einzelnen aussieht, das bestimmen wir ganz entscheidend mit. Der DGB kann sich nicht irgend etwas anmaßen [...]."[56] Gerade weil im institutionellen und persönlichen Bereich Absicherungen gegen mögliche Anmaßungen des DGB gegeben waren, verwehrte sich der Hauptvorstand gegen Klunckers Versuch, die Arbeiterproblematik in den Rang einer „dramatischen Weltanschauungsfrage[]" zu erheben[57]. Einen überzeugenden Weg, wie dieses Thema entdramatisiert werden konnte, zeigte schließlich Erich Stepputat auf: „Es wird lediglich eine Ergänzung verlangt, und ich glaube, die ist durchaus im Sinne unserer Bestrebungen."[58] Damit traf er die Tonlage, die auch von den Gegnern radikaler Reformen angeschlagen worden war. Schließlich sollte auch deren Wortführer Otto Brenner zwei Monate später die Losung ausgeben: „Sicherlich wäre es zu anspruchsvoll, von einer Reform zu sprechen. [...] Hier geht es nur um eine Weiter-

52 Vgl. ibid., S. 20, 27f., 34f.
53 Ibid., S. 20f.
54 Vgl. ibid., S. 29.
55 Ibid., S. 35.
56 Vgl. ibid., S. 23 (Zitat), 24.
57 Ibid., S. 23. Das Zitat stammte von Willy Bopp.
58 Ibid., S. 26. Ähnlich argumentierte Heinz Hackbarth, vgl. ibid., S. 30f.

entwicklung, Straffung, Modernisierung der DGB-Satzung ohne grundlegende organisatorische Neuerungen."[59]

Der Charakter der Personengruppenarbeit

Damit die Etablierung der Arbeiterpolitik auf der DGB-Ebene, die ja durchaus eine grundlegende Neuerung für das Selbstverständnis des DGB-Lagers bedeuten musste, als simple Weiterentwicklung ausgeflaggt werden konnte, musste sie ganz unter das Konzept der Personengruppenarbeit gefasst werden. Im zweiten Schritt galt es dann, die geübte Praxis der DGB-Personengruppenarbeit mit dem seit 1963 bestehenden theoretischen Rahmen in Übereinstimmung zu bringen. Auf diese Weise wurde der ‚Arbeiter' zum Lackmustest für den pluralistischen Arbeitnehmerbegriff des DGB.

Hans Faltermeier vermied es bei diesem Unterfangen jedoch, direkt auf die Personengruppenarbeit des Dachverbandes einzugehen. Vielmehr stütze er seine Argumentation allein auf die herrschende Praxis in den Einzelgewerkschaften. Dabei stellte er grundlegende Unterschiede zwischen der ÖTV und den Industriegewerkschaften fest:

> Wir haben unsere Personengruppen[,] ob es Jugend, Frauen, Beamte, Angestellte oder Arbeiter sind, in unserer Organisation [...] nicht deswegen geschaffen, um einer Minderheitengruppe in unserer Organisation die Möglichkeit eines Ventils zu geben, sondern wir haben sie aus den Notwendigkeiten der praktischen täglichen, gewerkschaftlichen Arbeit heraus geschaffen und um ihnen die Präsenz zu ermöglichen.[60]

Ob diese Charakterisierung der Intentionen, die der Personengruppenarbeit der Einzelgewerkschaften zugrunde liegen sollten, zutreffend war oder nicht, sei dahingestellt. Perspektivisch war sie jedoch auf den DGB bezogen, und implizit legte Faltermeier nahe, dass der Dachverband seine Personengruppenarbeit, wenn auch uneingestanden, als Minderheitenpolitik betrieb. Und diese Einschätzung traf zweifellos zu. Noch ein zweiter Aspekt des Zitats verdient Aufmerksamkeit. Wenn Faltermeier die Personengruppenarbeit der ÖTV als eine Notwendigkeit, die aus der täglichen Praxis erwuchs, begründete, erinnerte dies an die funktionenbezogene Lesart der Angestelltenarbeit des Dachverbands. Diese aber verortete die funktionsbedingten Eigenheiten in den ‚Angestellten' selbst. Wenn die Gewerkschaften diese Eigenheiten notgedrungen im Rahmen ihrer Personengruppenarbeit adressierten, so taten sie den Angestellten damit einen Gefallen. Dies kam auch in Faltermeiers Hinweis zum Tragen, man wolle den Gruppen „Präsenz [...] ermöglichen".

---

59 Otto Brenner, Was bedeutet Reform des DGB?, in: GMH 22–4 (1971), S. 209–212, hier S. 211.
60 HV-Sitzung am 25./26. Mai 1970, S. 192.

Entscheidend ist jedoch, dass er eigentlich genau umgekehrt argumentierte: Die Personengruppen waren eine „Notwendigkeit der praktischen täglichen *gewerkschaftlichen* Arbeit". Die ÖTV betrieb sie folglich zum eigenen Nutzen. Aus dieser Perspektive stellte dann auch nicht die prominente Repräsentation der ‚Arbeiter' eine Gefahr dar, sondern vielmehr ihre Nichtbeachtung.

Diese umgekehrte Lesart konnte, ins Extrem getrieben, auf eine Wiederbelebung der Drei-Säulen-Theorie hinauslaufen[61]. Die Vereinheitlichung des Bewusstseins von Arbeitern, Angestellten und Beamten wäre dann kein vorrangiges Ziel mehr gewesen. Für die ÖTV traf dies indes nicht zu, sie hielt an dieser Perspektive mit Entschiedenheit fest, wie das eingangs angeführte Zitat Heinz Kunckers deutlich machte. Interessant ist aber doch, dass Faltermeier in den drei Statusgruppen eine Ressource entdeckte, die den Gewerkschaften nutzte. Dies war ein neuer und innovativer Gedanke. Doch nicht alle in der ÖTV wollten dieser Argumentation folgen. Heinz Kluncker legte seinem Vorstand vielmehr dar, dass seiner Ansicht nach nur die Personengruppe der Beamten zu Recht existierte. „Zu Recht" war hierbei im wörtlichen Sinne gemeint. Denn die Gesetze sahen vor, dass gesellschaftliche Spitzenorganisationen die Interessen der Beamtenschaft gegenüber ihrem staatlichen Arbeitgeber vertreten sollten. Auf dieser Grundlage stellte Kluncker nun die Personengruppenarbeit für die Angestellten als „inkonsequent" infrage. Der ÖTV-Vorsitzende wusste natürlich genau, dass im Dachverband noch immer ein starkes Interesse daran bestand, über diese Inkonsequenz hinwegzusehen und die Angestellten besonders zu betreuen. Hier setzte er nun den Hebel an: „Wenn Angestellte stehenbleiben müssen aus Gründen des Minderheitenschutzes, dann kann auf die Hereinnahme von Arbeitern an dieser Stelle nicht verzichtet werden."[62] Vielleicht war dieser pragmatische Ansatz der richtige Weg, um auch die Spitzen der Industriegewerkschaften für die Etablierung der Arbeiterpolitik im DGB zu gewinnen. Hatte Faltermeier auf den Nutzenaspekt abgezielt, richtete Kluncker eine andere Botschaft an die Gegner: Sie sollten wenigstens in ihrer Inkonsequenz konsequent sein.

Am Ende der Debatte im ÖTV-Vorstand besann sich auch Kluncker auf den Pragmatismus. Er erhob den von der Basis eingebrachten Antrag, ‚Arbeiter' in Paragraph 2 Ziffer 3g zur gemeinsamen Aufgabe des DGB zu erklären, kurzerhand zum Antrag des gHV. In der folgenden Abstimmung kam es dann zu einem ein-

61 In einem internen Gespräch bekannte sich Hubert Vomberg, der Vertreter der Eisenbahnergewerkschaft, explizit dazu. Seine Gewerkschaft habe nach 1945 ihre Arbeit auf „Drei-Säulen aufgebaut und Arbeiter, Angestellte und Beamte gleichermaßen gesondert betreut." Karl-Heinz Vorbrücken, Gesprächsnotiz über den Termin mit der GDED am 15.7.1976 in Frankfurt, S. 2, in: AdsD 5/DGCS000136.

62 Vgl. Sitzung des Hauptvorstandes am 25. Februar 1971, S. 20.

stimmigen, positiven Ergebnis[63]. Dass allerdings gerade der Vorsitzende sprichwörtlich zum Jagen getragen werden musste, konnte eine folgenschwere Hypothek für das Unterfangen darstellen.

Erfolgsaussichten der Personengruppe Arbeiter

Wie sich gezeigt hatte, war es selbst in der ÖTV unmöglich, die Frage der Arbeiterpolitik aus den grundsätzlichen Spannungen der Zeit herauszuhalten. Ob der ÖTV-Antrag auf dem Bundeskongress eine Mehrheit finden würde, sollte entscheidend davon abhängen, welchem der Spannungsfelder er schließlich zugeordnet und, darüber hinaus, auf welchem der Pole er platziert werden würde. Die Chancen standen gut, wenn die Delegierten die Arbeiterpolitik als Mittel der Demokratisierung der Gewerkschaften erkannten. Weniger eindeutig war der Ausgang dagegen abzusehen, wenn die Arbeiterfrage mit dem Problem der „Entsolidarisierung" der Arbeitnehmer verknüpft werden würde. Aus der überkommenen gewerkschaftlichen Perspektive wäre der ÖTV-Antrag dann abzulehnen gewesen, da die Herausstellung der ‚Arbeiter' das Projekt des einheitlichen Arbeitnehmerstatus gefährden würde. Allerdings sah sich dieses Endziel gewerkschaftlicher Identitätsbildung bereits Erosionserscheinungen auf einer viel tieferen Ebene ausgesetzt, denn in den frühen 1970er Jahren verstärkte sich unter den Belegschaften wieder die Orientierung an der jeweiligen Berufsgruppe. Besonders die ÖTV war hiervon betroffen, aber auch in der Montanindustrie zeichnete sich dieser Trend ab[64]. Eine Stärkung der mittleren Ebene, auf der die Personengruppen Arbeiter, Angestellte und Beamte rangierten, konnte hiergegen ein probates Mittel bilden, sofern sie den Entgeltabhängigen eine Möglichkeit zur Binnendifferenzierung bot, diese aber zugleich an den Arbeitnehmerbegriff zurückkoppelte[65]. Das dritte mögliche Spannungsfeld stellte schließlich der Machtkampf der Gewerkschaftsspitzen dar, die in erster Linie um eine Abgrenzung der Kompetenzen zwischen dem DGB und seinen Mitgliedsgewerkschaften rangen. In zweiter Linie sahen sich die Führungsspitzen der Einzelgewerkschaften jedoch von einer zunehmend selbstbewussten Basis herausgefordert. Aber gerade durch diese mögliche Koalition aus gewerkschaftlicher Basis und Dachverband bestanden, wie erwähnt, Aussichten auf einen Erfolg der ÖTV.

63 Ibid., S. 36, 38.

64 Vgl. Führer, Gewerkschaftsmacht, S. 32–34, 330 sowie Hindrichs et al., Abschied, S. 26 f.

65 Vgl. Kern/Schumann, Industriearbeit, S. 302 f.

5.1.3 Vom Antrag zur Personengruppe – Der Bundeskongress 1971

Die Frage war nun, ob schon eine Verortung der Arbeiterpolitik in einem der Felder erfolgt war, und mit welcher Taktik die ÖTV ihr Unterfangen in Angriff nehmen würde. Was die erste Frage betraf, zeichnete sich eine negative Antwort ab. In der Leserbriefdebatte der DGB-Funktionärszeitschrift hatte die Arbeiterpolitik ebenso wie in der Diskussion von Gewerkschaftsführern und Wissenschaftlern in den Gewerkschaftlichen Monatsheften keine Rolle gespielt[66]. Die ÖTV richtete ihre Kongresstaktik ihrerseits darauf aus, dieses Thema weiter offenzuhalten. Denn ihr Arbeiterantrag, der nun als Antrag 50 auf der Tagesordnung des Bundeskongresses stand, blieb bei den Absprachen zwischen ÖTV und IG Metall ausgeklammert, und für beide Seiten gab es auch Wichtigeres. Der ÖTV lag viel daran, schon vorab eine Sperrminorität gegen eine Änderung des Paragraphen 3 zu organisieren[67]. Dieser Paragraph regelte allgemein die Aufnahme von Gewerkschaften in den DGB. Konkret konnte es aber nur um die Gewerkschaft der Polizei (GdP) sowie die DAG gehen. Diese beiden Gewerkschaften standen in direkter Konkurrenz zur ÖTV. Ob die Dienstleistungsgewerkschaft weiterhin deren Beitritt per Veto würde verhindern können, war für sie von größter Bedeutung. Im Gegenzug für die Unterstützung der IG Metall sicherte die ÖTV den Metallern zu, gegen eine Verankerung von Antrags- und Anwesenheitsrechten des DGB-Bundesvorstands in den Entscheidungsgremien der Einzelgewerkschaften in Paragraph 9 Ziffer 9 zu stimmen. Keine Einigung erzielten ÖTV und IG Metall bei der Frage einer Erhöhung des Beitragssatzes, der an den Dachverband abzuführen war[68]. Auch wenn kein völliger Konsens hergestellt werden konnte, war die Absprache zwischen den beiden größten Einzelgewerkschaften an sich schon positiv zu werten, zumal sich beide Seiten in den für sie zentralen Fragen gegenseitig Unterstützung zugesichert hatten. So war zumindest für eine kollegiale Grundstimmung gesorgt, von der auch der Arbeiterantrag der ÖTV profitieren konnte.

66 Was von den Lesern jedoch gefordert wurde, waren eigene Personengruppen für das Handwerk sowie für Rentner und Pensionäre. Vgl. Helmut Graßl, Handwerksausschüsse fehlen in der Satzung, in: Die Quelle 22–2 (1971), S. 63 (Leserbrief) sowie Heinz Weeser, Selbständige Personengruppenarbeit für Rentner, in: Die Quelle 22–2 (1971), S. 63 (Leserbrief).

67 ÖTV und IG Metall stellten zusammen 229 von 430 Delegierten und verfügten damit über eine komfortable Sperrminorität. Vgl. Marchal, Gewerkschaften im Zielkonflikt, S. 99.

68 Vgl. Sitzung des HV am 12. Mai 1971, S. 42, 46, 48 f. Rufe nach einer Reform des Paragraphen 3 waren schon früher aufgekommen. So hatte der damalige GdED-Vorsitzende Philipp Seibert 1960 gefordert, „die Aufnahme einer neuen Gewerkschaft in den DGB jeweils von Beschlüssen des Bundesvorstandes abhängig zu machen". Dokument 71: 11./12. April 1960: Protokoll einer Sondersitzung des Bundesvorstandes, in: Hildebrandt, DGB 1956–1963, S. 578–596, hier S. 585.

Die Begründung des Antrags

Was der ÖTV jenseits dieser Hinterzimmerpolitik noch als Mittel zur Einflussnahme blieb, war die konkrete Begründung des Antrags, welche den Delegierten vor Beginn des Bundeskongresses zugestellt wurde. Diesen nutzte die Dienstleistungsgewerkschaft geschickt, um eine optimale Positionierung der Arbeiterfrage in den einzelnen Spannungsfeldern in die Wege zu leiten. Grundtenor war bei allem, die Schaffung der DGB-Arbeiterpolitik als logische Weiterentwicklung des Bisherigen darzustellen. Gleich zu Beginn wurde in einem Ton der Selbstverständlichkeit festgestellt, „Arbeiter" seien „[w]ie die anderen Gruppen [...] auch" mit gruppenspezifischen Problemen konfrontiert[69]. Damit wirkten die Antragsteller der Gefahr entgegen, die Ausweitung der Personengruppenarbeit als Zeichen der Entsolidarisierung zu deuten. Stattdessen gelang es ihnen, im weiteren Textverlauf bei den Lesern den Eindruck zu erwecken, dass die bisher geübte Praxis der Personengruppenarbeit zu Lasten der Arbeiterschaft und auf Kosten ihrer Solidarität gegangen war[70]. Mit Blick auf den heiklen Aspekt der Machtpolitik vermied es die ÖTV, die geplante Änderung als Stärkung des DGB erscheinen zu lassen. Während das bisherige Engagement der Einzelgewerkschaften für die Arbeiterschaft lobend erwähnt wurde, gingen die Antragsteller mit der Arbeit des Dachverbandes hart ins Gericht. So habe der DGB bei wichtigen Fragen wie etwa der Automation öffentlich nur die Folgen für die Angestellten thematisiert und darüber die Belange der Arbeiterinnen und Arbeiter verschwiegen. Unterschwellige Kritik an der bisherigen Bevorzugung der Angestellten lag auch dem nächsten Argument zugrunde, das Aspekte der Macht mit dem Wunsch nach Demokratisierung verknüpfte. Da die Personengruppen mit mehr Befugnissen aus der Satzungsreform hervorgehen sollten, sei eine Gleichberechtigung der Arbeiter geboten. Zugleich könne damit, so die Begründung weiter, dem allgemeinen Wunsch Rechnung getragen werden, die Mitgliederstruktur bei wichtigen gewerkschaftlichen Veranstaltungen besser abzubilden. Der Schlussakkord blieb dem implizit an die Angestellten gerichteten Hinweis vorbehalten, durch die Schaffung der Personengruppe Arbeiter werde den schon bestehenden Personengruppen „der Anschein einer Minderheitenbehandlung" genommen. Auch dies entsprach dem neu entwickelten Verständnis der Personengruppenarbeit. In deutlichem Kontrast dazu stand jedoch der vorangegangene Absatz. Hier erst wurden die zu Beginn der Begründung erwähnten Pro-

69 Vgl. DGB-Bundesvorstand, Protokoll Außerordentlicher Bundeskongreß 1971, S. 45 (Antragsteil).

70 In der ursprünglichen Antragsbegründung war noch explizit festgestellt worden, man müsse den Arbeiter zunächst „im Bildungs- und Ausbildungsbereich und auch in seiner gesellschaftlichen Stellung" auf eine Stufe mit den Angestellten und Beamten bringen, bevor man von einer Angleichung der Gruppen sprechen könne. Vgl. Anlage zu: Hugo Vetter, 15. Februar 1971, S. 21b.

bleme der „Arbeiter" noch einmal deutlich dringlicher dargestellt. Es war die Rede von „der offenbar zunehmenden geringeren politischen Teilnahme der Arbeiter und der u. a. daraus folgenden Unterrepräsentation dieser Gruppe im politischen Raum". Es sei daher geboten, „die Bewußtseinsbildung gerade der Arbeiter zu fördern."[71] Diese Feststellung ging dann doch über eine bloße Weiterentwicklung des Bisherigen hinaus, denn sie eignete sich ein zentrales Argument der Angestelltenarbeit an: die Überwindung der Defizite im kollektiven Bewusstsein einer Gruppe.

Ein neues Arbeiterbild

In Folge dieser argumentativen Umkehrung ergab sich ein neues Arbeiterbild, das nicht mehr so heroisch wie das bisherige war. Denn anstatt der Arbeiterschaft ein fortgeschrittenes kollektives Bewusstsein zu attestieren, das sie zum gewerkschaftlichen Idealtypus des *homo politicus* qualifizierte, wurden nun die politischen Makel der Arbeiter, die sie im gesellschaftlichen Raum aufwiesen, schonungslos herausgestellt. Offensichtlich hatte eine Annäherung von Arbeitern und Angestellten stattgefunden, nur war sie aus Gewerkschaftssicht in die falsche Richtung verlaufen. Vor diesem Hintergrund war eine Induktion von Eigensinnigkeit und Aktivismus angezeigt, mithin eine erneute ‚Verarbeiterlichung' der Arbeiterschaft. Interessanterweise hatte sich dabei auch das Arbeiterbild der ÖTV entscheidend weiterentwickelt. Zwar führten auch die Beschlüsse des Gewerkschaftstages von 1968 ein breites Spektrum von Defiziten an, unter denen die Arbeiterschaft litt. Doch lag dem das Argument des ‚Immer noch' zugrunde. Immer noch war die Arbeiterschaft als erste von der Arbeitslosigkeit betroffen, immer noch war ihre Absicherung im Krankheitsfall schlechter. Diese Argumentation stand ganz im Zeichen einer ungebrochenen Fortschrittserwartung. Drei Jahre später argumentierte die ÖTV anders, nämlich auf der Basis eines ‚Nicht mehr'. Arbeiterinnen und Arbeiter würden Schritt für Schritt aus dem öffentlichen Raum verdrängt, und auch ihr solidarisches Bewusstsein erodiere[72].

Wenn man so will, übernahmen die Gewerkschafter damit die gesellschaftliche, defizitorientierte Sichtweise auf die ‚Arbeiter'. Erst das Einbeziehen der ge-

---

71 Vgl. DGB-Bundesvorstand, Protokoll Außerordentlicher Bundeskongreß 1971, S. 45–47 (Antragsteil).

72 Dieses ‚Nicht mehr' traf in erster Linie auf die SPD zu, die sich seit ihrem Regierungseintritt zu einer Partei der Angestellten und Beamten wandelte. Die Erosion des solidarischen Bewusstseins wiederum konnte auch – aus Sicht der betroffenen Arbeiter – auf positive Entwicklungen zurückgeführt werden. So nahm die Freizeit seit Ende der 1950er Jahre immer mehr Lebenszeit ein und die Prägekraft der Arbeit ab. Vgl. Mooser, Arbeiterleben, S. 215 f. sowie Lutz, Technischer Fortschritt, S. 46.

sellschaftlichen Situation wies die Arbeiterschaft als diskriminierte und damit schutzbedürftige Gruppe aus, während zuvor aus der rein gewerkschaftlichen Sicht Angestellte als schützenswerte Minderheit erschienen waren. So hatte sich in den beiden ersten Nachkriegsjahrzehnten die paradoxe Situation ergeben, dass die Angestellten aus ihrer gewerkschaftlichen Minderheitenposition heraus zahlreiche gewerkschaftliche Vorteile erringen konnten, während zur gesellschaftlichen Diskriminierung der Arbeiterschaft dadurch eine gewerkschaftliche hinzutrat. Allgemein gesprochen veranlasste die ÖTV den DGB dazu, die Berechtigung einer Politik der *affirmative action* neu auszuhandeln, und dies für einen Fall, der anders gelagert war als der amerikanische[73]. Dort fielen gesellschaftliche Minderheitenposition und Diskriminierung in der Gruppe der Afroamerikaner zusammen, im deutschen Fall waren je unterschiedliche Personenkreise betroffen. Erst die Aufgabe der idealisierenden gewerkschaftlichen Perspektive konnte hier Klarheit im Sinne von Eindeutigkeit bringen[74], während der argumentative Wechsel vom ‚Noch nicht' zum ‚Nicht mehr' für den nötigen Handlungsdruck sorgte.

Die Entscheidung auf dem Bundeskongress

Nachdem das Feld derart bereitet war, gab Karl Heinz Hoffmann, Klunckers Stellvertreter, für die ÖTV-Delegierten des Bundeskongresses die Losung aus, „mit allen zur Verfügung stehenden legalen Mitteln um den Antrag 50 der ÖTV, Einrichtung von Arbeiterausschüssen", zu kämpfen[75]. Hoffmanns Appell verhallte keineswegs ungehört. Bevor die Delegierten der ÖTV auf dem Bundeskongress jedoch offiziell intervenieren konnten, stand zunächst das Eröffnungsreferat Heinz Oskar Vetters auf der Tagesordnung. Auch wenn er die Arbeiterpolitik mit keinem Wort erwähnte, war seine Rede doch positiv zu werten. Denn auch er hatte die Notwendigkeit der innergewerkschaftlichen Demokratie als Hauptaufgabe herausgekehrt. Als einen Ansatz der „Bewußtseinsbildung durch innergewerkschaftliche Demokratie" benannte er explizit die Stärkung der Personengruppenarbeit[76].

---

73 Vgl. hierzu etwa J. Edward Kellough, Understanding Affirmative Action. Politics, Discrimination, and the Search for Justice, Washington, D.C. 2006.

74 Ein solcher Perspektivwechsel klang bei Noacks Anmerkung zur Wirkung des Satzungstextes an: „Einfach für den Lesenden, für das Mitglied des DGB, [ist es] unverständlich, wenn [...] die wesentliche Gruppe der Organisierten herausgelassen wird." Sitzung des Hauptvorstandes am 25. Februar 1971, S. 26.

75 Vgl. Sitzung des HV am 12. Mai 1971, S. 52.

76 Vgl. DGB-Bundesvorstand, Protokoll Außerordentlicher Bundeskongreß 1971, S. 37 (Zitat), 38. Laut Marchal hatten auch die Demoskopen von Infas dem DGB empfohlen, „die Betreuung einzelner Arbeitnehmergruppen zu intensivieren und von der schematischen Mitgliederwerbung abzugehen." Marchal, Gewerkschaften im Zielkonflikt, S. 33.

In der anschließenden Aussprache ergriff nun gleich ein Vertreter der ÖTV, Wilhelm Kuhlmann, das Wort. Sehr geschickt problematisierte er zunächst die Mehrheit der hauptamtlichen Funktionäre, die er als „Kollegen, die im Angestelltenverhältnis [...] tätig sind", ansprach. Auch wenn dies sozialversicherungsrechtlich eine völlig richtige Feststellung war, umging er damit doch das heikle Problem, dass die Mehrheit von ihnen wohl gelernte Arbeiter gewesen sein dürfte. Auf diese Weise aber konnte er die Zahl von 238 Angestellten wirkungsvoll mit lediglich 98 anwesenden Arbeiterinnen und Arbeitern kontrastieren[77]. Als nächstes bemängelte er die Unterrepräsentation von Frauen auf dem Kongress, um dann das Antragsrecht für die unteren Gliederungen des DGB einzufordern[78]. Die Arbeiterproblematik war somit schon gleich zu Beginn im bestmöglichen Spannungsfeld, nämlich dem der Demokratisierung, eingeführt. Auch als es dann schließlich um die Beratung des Paragraphen 2 Ziffer 3g ging, lag es an den ÖTV-Delegierten, ihren Antrag durchzusetzen. Zunächst aber galt es, die Annahme des Entwurfs der Satzungskommission zu verhindern. Helmut Küster nutzte sein Rederecht sofort dazu, den Antrag der Kommission gleichsam in einem Plebiszit niederstimmen zu lassen. Denn auf seine Frage, ob es „keine gemeinsamen Aufgaben für Arbeiter" gebe, verzeichnete das Protokoll „[l]ebhafte[n] Beifall". Überdies stellte er auf die besonderen Rechte ab, die den Personengruppen zugestanden und der Arbeiterschaft bisher verwehrt worden waren. Dies verschärfe nur das Problem der gewerkschaftlichen Unterrepräsentation, das sich in der Zusammensetzung der Delegierten schon abgezeichnet habe[79]. Sein Kollege Helmut Klapprott lenkte schließlich den Blick auf die Geschichtlichkeit der bisherigen Regelungen. Die Nichtberücksichtigung der Arbeiterschaft sei auf deren absolute Dominanz unter der Erwerbsbevölkerung zur Zeit der Gründung des DGB zurückzuführen, doch mittlerweile habe die Zahl der Angestellten stark zugenommen. Personengruppenarbeit könne daher nicht mehr als Minderheitenschutz begründet werden[80].

77 Völlig unberechtigt war diese Rechnung nicht. Denn die Tätigkeit eines hauptamtlichen Gewerkschaftsfunktionärs unterschied sich im Endeffekt doch deutlich von derjenigen eines Arbeiters. Peter Weingart machte zudem auf einen psychologischen Mechanismus aufmerksam: „Für die aktiven Mitglieder aus unterprivilegierten Schichten bedeutet die Rekrutierung in den Apparat einen sozialen Aufstieg und zugleich dessen zu erwartende Endstufe. Das Eigengewicht der Organisation definiert sich infolgedessen zu einem erheblichen Ausmaß durch existenzsicherndes Verhalten, die Anpassung an herrschende Auffassungen bzw. deren Vorwegnahme." Peter Weingart, Zukunft der Gewerkschaften oder Gewerkschaften der Zukunft? Über die Notwendigkeit theoretischer Reflexion gewerkschaftlicher Politik, in: GMH 22–4 (1971), S. 226–238, hier S. 235.

78 Vgl. DGB-Bundesvorstand, Protokoll Außerordentlicher Bundeskongreß 1971, S. 41 (Zitat), 42.

79 Vgl. ibid., S. 91 (Zitat), 92.

80 Vgl. ibid., S. 92 f.

Als dritter Redner trat Jan Sierks, Vorsitzender des DGB-Landesbezirks Nordmark, auf und warb für zwei konkurrierende Anträge. Auch sie gingen von der Geschichtlichkeit als entscheidendem Faktor der Personengruppenarbeit aus und forderten daher ganz konsequent, auf die Nennung bestimmter Gruppen in der Satzung zu verzichten. Die Errichtung von Arbeiterausschüssen wäre damit nicht ausgeschlossen gewesen, doch verwies Sierks auf eine gegenwärtige Schwierigkeit: „In den meisten Gewerkschaften [...] besteht eine ‚Personengruppe Arbeiter' nicht; deswegen entfällt der Auftrag des DGB, hierfür koordinierend tätig zu werden." Diese Intervention verpuffte aber, und am Ende setzte sich die ÖTV durch[81].

‚Arbeiter' als Gefahr

Die ganze Diskussion hatte dabei eines sehr deutlich gemacht: Während der ‚Arbeiter' auf der Führungsebene des DGB bereits tertiarisiert war – schließlich hatten die Dienstleistungsgewerkschaften den Antrag auf den Weg gebracht –, fand sich an der Basis noch immer eine breite Koalition unter den Delegierten, die einen allgemeinen Arbeiterbegriff hochhielt. Und zu dieser Koalition gehörte offensichtlich auch eine größere Zahl an hauptamtlichen Funktionären, die bei der Abstimmung ihren Vorgesetzten die Gefolgschaft bei der Frage der Arbeiterpolitik verweigerten. Dies konnte nicht ohne Auswirkung für die künftige Tätigkeit der neuen Personengruppe Arbeiter bleiben. Ihr Potential lag auf den unteren Ebenen des DGB, während die Führungsriege mit der Ressource ‚Arbeiter' wenig anzufangen wusste.

Im Umkehrschluss bedeutet dies: Als Gefahr wurden die ‚Arbeiter' nur in den Gewerkschaftszentralen wahrgenommen. Den Führungen der Einzelgewerkschaften drohten in Gestalt des ‚Arbeiters' gleich von zwei Richtungen Einschnitte ihrer Autonomie. Der DGB konnte versucht sein, Hans Böcklers alten Traum einer zentralistischen Gewerkschaftsbewegung durchzusetzen, da er nun satzungsgemäß nicht mehr nur für die Betreuung von Personengruppen zuständig war, die etwa 30 Prozent der Gewerkschaftsmitglieder umfassten, sondern nun die gemeinsamen Interessen *aller* Mitglieder vertreten durfte. Von unten konnte die Basis die Beachtung von Arbeiterinteressen einfordern, wobei sie allein über die legitime Definitionshoheit verfügte. Denn anders als der Arbeitnehmerbegriff, der auf dem Prinzip der Repräsentation aufruhte, zeichnete sich der Arbeiterbegriff durch den Identitätsaspekt aus, mit dem untrennbar die Begriffe Authentizität und Eigensinn verbunden waren. Hier drohte ein für die politische Glaubwürdigkeit der Gewerkschaftsführung gefährliches Auseinanderfallen von ‚Arbeiter'- und Gewerk-

81 Vgl. ibid., S. 93 (Zitat), 95, sowie die Anträge 48 und 49 auf S. 44 (Antragsteil).

schaftsinteressen[82]. Somit wurden die ‚Arbeiter' auch für die DGB-Spitze zur Gefahr, zumal mit der besonderen Nennung der immer noch mit Abstand größten Mitgliedergruppe das Arbeitnehmerprojekt in schweres Fahrwasser geraten konnte.

Noch dazu war die erfolgreiche Intervention der ÖTV zu einer Zeit erfolgt, in der das Vorhaben anachronistisch erscheinen mochte. Deutlich wird dies, wenn man die Situation im Mai 1968, als der ÖTV-Gewerkschaftstag die Forderungen erhob, mit jener im Mai 1971 vergleicht. Gesellschaftspolitisch hatten ‚Arbeiter' eine umfassende Aufwertung erfahren. Die Studentenbewegung war zwischenzeitlich derart auf sie fixiert, dass sie den ungeheuren Zulauf, den sie von Frauen erhielt, schlicht übersah[83]. Auch die Kulturschaffenden wandten sich dem Sujet ‚Arbeiter' zu, sodass, wer abends keine Lust mehr auf Arbeiterromane hatte, sich im Programmkino oder im Fernsehen einen Arbeiterfilm anschauen konnte[84]. Als wegbereitend hatten sich dabei die wilden Septemberstreiks von 1969 erwiesen, die nicht nur kurzfristig zu Lohnerhöhungen führten, sondern allgemein zu einer „durch Öffentlichkeit und Politik erfahrenen Bestätigung, daß sich die Arbeiter mit Recht als Benachteiligte fühlen und sie Anspruch auf angemessene Beteiligung haben."[85] Dennoch war fraglich, wie nachhaltig diese Entwicklung letztlich sein würde. Es gab auch einige Anzeichen dafür, dass diese neuerliche Hervorhebung des Besonderen, also der ‚Arbeiter', lediglich dem Zwecke diente, es in das Allgemeine, also den ‚Arbeitnehmer', zu überführen. Die Entwicklung des Arbeits- und Sozialrechts hatte diese Impulse schon ab 1969 aufgenommen. Die Diskriminierungen im Bereich der Kündigungsfristen und der Lohnfortzahlung im Krankheitsfall waren zum Teil deutlich reduziert worden, und die Arbeitsgesetzbuchkommission machte sich daran, jene völlig zu überwinden[86].

Tendenzen zum Allgemeinen hinterließen ebenso auf den Feldern der Mentalitäten und Gesellschaftspolitik ihre Spuren. Soziologen bestätigten, was die Gewerkschaften bereits wissen konnten: Das Arbeitnehmerbewusstsein drang nun

82 Auf diese Gefahr war auch Vetter in seiner Kongressrede eingegangen: „Ich erinnere nur an die in der politischen Auseinandersetzung so beliebte Unterscheidung zwischen Gewerkschaftsinteresse einerseits und Arbeitnehmerinteresse andererseits. […] Wer könnte denn überhaupt Sprachrohr für die Interessen und den politischen Willen der Arbeitnehmer sein? Das können doch nur und ausschließlich die reinen Zusammenschlüsse der Arbeitnehmer – eben wir, die Gewerkschaften – sein!" Ibid., S. 28.

83 Vgl. Christina von Hodenberg, Das andere Achtundsechzig. Gesellschaftsgeschichte einer Revolte, München 2018, S. 109 f., 121 f.

84 Vgl. hierzu Kapitel 6.

85 Michael Schumann/Frank Gerlach/Albert Schlössl et al., Am Beispiel der Septemberstreiks – Anfang der Rekonstruktionsperiode der Arbeiterklasse?, Frankfurt a. M. 1971, S. 76.

86 Vgl. Enrico Iannone, Die Kodifizierung des Arbeitsvertragsrechts – ein Jahrhundertprojekt ohne Erfolgsaussicht?, Frankfurt a. M. u. a. 2009, S. 210 ff.

auch endlich zu den Angestellten vor, die in den 1970er Jahren zu Hunderttausenden in die Gewerkschaften strömten[87]. Der DGB suchte sich diese Ausdehnung des Arbeitnehmerbegriffs zunutze zu machen, um immer neue Berufsgruppen als Klientel zu reklamieren. 1976 bot die anstehende Beratung des Hochschulrahmengesetzes dem DGB etwa die Gelegenheit, „eine Gesamtreform des Hochschulbereichs, die von den Interessen der Arbeitnehmer bestimmt sein sollte", zu fordern. Die Abteilung Bildung des DGB sprach sich für eine „Integrierte Gesamthochschule" aus, die weder die traditionellen Statusgruppen einer Universität, also Professoren und Mittelbau, noch deren Hierarchie mehr kennen sollte. Stattdessen sollten „den drei Gruppen – Arbeitnehmern mit Lehraufgaben, Arbeitnehmern ohne Lehraufgaben und Studierenden – gleiche Mitbestimmungsrechte in allen Fragen eingeräumt werden."[88]

Mit dem Anspruch, die Interessen der Arbeitnehmer gegenüber der Politik zu vertreten, nahm die Abteilung Bildung einen Auftrag wahr, der Heinz Oskar Vetter zufolge dem Gewerkschaftsbund aufgrund von Veränderungen in der Parteienlandschaft gleichsam von außen auferlegt, tatsächlich vom DGB aber schon seit seiner Gründung beansprucht worden war. Vetter merkte an: „Arbeiterparteien alten Stils gibt es nicht mehr. Damit verstärkt sich für die Gewerkschaften die Aufgabe, als Zusammenschluß der Arbeitnehmerschaft politische Ziele zu entwickeln und zu verfolgen."[89] Diese alt-neuen politischen Ambitionen blieben in der kritischen Öffentlichkeit nicht unbemerkt, ebenso wie die verstärkten Einflussmöglichkeiten, welche die sozialliberale Koalition trotz mancher Einschränkungen, für die sich die FDP verantwortlich zeichnete, bot[90]. In der Rede von der „Arbeitnehmergesellschaft" einerseits, vom „Gewerkschaftsstaat" andererseits wurde dieser neue Möglichkeitsraum von Befürwortern beziehungsweise von Kritikern auf den Begriff gebracht.

Vor diesem Hintergrund musste die Aufwertung des Arbeiterbegriffs als Rückschritt erscheinen, zumal auch die politische Konkurrenz weiterhin auf das

---

87 Vgl. Kadritzke, Angestellte, S. 235–244. 1970 hatten die DGB-Gewerkschaften 986 112 Angestellte, 1980 dann 1 658 121 organisiert. Vgl. Armingeon, Tabellenanhang, S. 463. Lecher verwies zudem auf die technische Entwicklung, welche neue Berufsbilder entstehen ließ, die nicht mehr eindeutig als Arbeiter- oder Angestelltentätigkeiten zu qualifizieren waren. Vgl. Wolfgang Lecher, Der „Neue Arbeiter" – Differenzierung oder Vereinheitlichung der Arbeitnehmerschaft?, in: GMH 25–9 (1974), S. 557–566, hier S. 559 f.

88 Stellungnahme des Deutschen Gewerkschaftsbundes zum Hochschulrahmengesetz (HRG), Deutscher Gewerkschaftsbund, Bundesvorstand – Abteilung Bildung, 3. Juni 1976, S. 1, 3, 8, in: AdsD 5/IGMA200182.

89 DGB-Bundesvorstand, Protokoll Außerordentlicher Bundeskongreß 1971, S. 34.

90 Etwas verdrängt wurde von der DGB-Spitze die Tatsache, dass die Große Koalition auch eine Große Koalition der Sozialpolitiker gewesen war. Vgl. Remeke, Gewerkschaften.

Allgemeine setzte. So hatte sich die CDU in den frühen 1970er Jahren diskursiv am Begriff der „Produktivkraft" versucht[91], um die Interessengleichheit von Arbeitgebern und Arbeitnehmern herauszustellen und sie zu einer politischen Einheit zusammenzuschweißen. In dieser Konstellation bot sich dem DGB die Möglichkeit, die Grenzen des Arbeitnehmerbegriffs zu schärfen und ihn dadurch ganz im Sinne von Carl Schmitts Freund-Feind-Unterscheidung politisch aufzuwerten. Dies konnte jedoch nur gelingen, wenn die Gewerkschaften die Deutungshoheit über den Arbeitnehmerbegriff glaubhaft für sich reklamieren konnten und sie nicht durch einen neuen Arbeiterdiskurs selbst gefährdeten.

5.2 *For the loser now will be later to win?* Die Gewerkschaftsspitze im Kampf gegen die Personengruppe Arbeiter (1972–1980)

Nachdem die Arbeiterausschüsse nun erfolgreich in der Satzung des DGB verankert waren, ging es an die konkrete Umsetzung. Damit aber verlagerte sich die Zuständigkeit wieder zurück von der Basis der Delegierten hin zur Gewerkschaftsspitze, also gerade auf die Ebene, auf der auch die Satzungskommission angesiedelt gewesen war. Die Umsetzung des Satzungsauftrags lag damit in den Händen von Gremien, die mehrheitlich eine Verankerung der Arbeiterpolitik im DGB ablehnten.

Wie war es nun um die konkrete Umsetzung bestellt? Auf welche Weise verarbeitete die DGB-Führung die offene Herausforderung ihres Selbstverständnisses? Um diese Fragen zu beantworten, sollen jene vier Punkte beleuchtet werden, aus denen heraus sich Widerstand gegen die Personengruppe Arbeiter entfaltete. Im Einzelnen sind dies die Berufung eines für die Arbeiterpolitik zuständigen GBV-Mitglieds, die Debatten um die Richtlinien für die Arbeiterpolitik, die Auseinandersetzungen um die Schaffung von Arbeiterausschüssen auf Bundes-, Landesbezirks- und Kreisebene sowie das Ringen um die Veranstaltung einer Bundesarbeiterkonferenz. In letzterem kulminierte der Konflikt im Verlauf des ersten Halbjahres 1977. Auch wenn es danach noch zu weiteren Scharmützeln kam, war mit der im Juni 1977 getroffenen Entscheidung für die Konferenz zugleich die Personengruppe Arbeiter auf der DGB-Bundesebene erfolgreich verankert.

91 Vgl. Richard von Weizsäcker, Der Begriff Arbeitnehmer wird entbehrlich, in: Der Spiegel 27–35 (1973), S. 26–27, hier S. 26.

5.2.1 Der beste Mann als Arbeiterführer? Die Personalie Martin Heiß

Auf den ersten Blick schienen alle Befürchtungen unbegründet zu sein. Martin Heiß wurde im GBV nicht nur die Verantwortung für die neue Abteilung Arbeiter-Handwerk übertragen, sondern auch diejenige für die Tarifpolitik[92]. In jeder Industriegewerkschaft wäre er mit diesem Portfolio zum dominierenden Machtfaktor aufgestiegen. Auf den zweiten Blick spricht aber vieles dafür, in Martin Heiß das schwächste GBV-Mitglied zu sehen. Zum einen war er überhaupt erst 1972 in den Führungszirkel des DGB gewählt worden. Nominell trat er die Nachfolge des aus Altersgründen ausgeschiedenen stellvertretenden Bundesvorsitzenden Bernhard Tacke an. Wie dieser kam auch Heiß von der Gewerkschaft Textil-Bekleidung (GTB) und wie dieser gehörte er dem christlich-sozialen Lager an.

Die Arbeiterpolitik wurde also explizit einem Vertreter der parteipolitischen Minderheit anvertraut, der überdies mit weiteren Vorbelastungen sein Amt antreten musste. Denn anders als Tacke war Heiß nur einfaches Mitglied im Geschäftsführenden Bundesvorstand, während Maria Weber als neue Frontfrau der Christsozialen, die zugleich auch die DGB-Frauenpolitik verantwortete, zur Stellvertreterin des Vorsitzenden Heinz Oskar Vetter aufstieg. Ursprünglich war auch gar nicht geplant gewesen, Heiß überhaupt in das Spitzengremium zu wählen. Vielmehr hatte das christlich-soziale Lager Adolf Müller ins Rennen geschickt. Müller war nicht nur in der CDU-Bundestagsfraktion bestens vernetzt und überdies als ehemaliger Vorsitzender des Bundestagsausschusses für Arbeit als bedeutender Sozialpolitiker ausgewiesen, sondern besaß als stellvertretender Vorsitzender des DGB-Landesbezirks Nordrhein-Westfalen auch eine bedeutende gewerkschaftliche Hausmacht. Allerdings hatte er sich in einer Fußangel verfangen, die seine sozialdemokratischen Gewerkschaftskollegen für ihn ausgelegt hatten. Hintergrund war der sich abzeichnende Verlust der sozialliberalen Mehrheit im Bundestag, der die Wahl eines christdemokratischen politischen Schwergewichts ins Führungstriumvirat des DGB für die sozialdemokratischen Gewerkschafter problematisch werden ließ. Als Müller im Februar 1972 in seiner Eigenschaft als Vertreter des DGB-Landesbezirks NRW an einer Sitzung des DGB-Bundesausschusses teilnahm, wurde ohne Vorankündigung eine Entschließung zur Ostpolitik angesetzt. Müller stimmte zwar gemäß der Beschlusslage seines Landesbezirks für die sozialliberale Ostpolitik, betonte aber zugleich öffentlich, als Bundestagsabgeordneter weiterhin die ablehnende Haltung der CDU zu teilen. Da Hans Katzer als Chef der CDA nun öffentlich für Müller Partei ergriff, wurde der Anschein erweckt, als bestimmte die CDU über das gewerkschaftliche Führungspersonal des christlich-sozialen Lagers.

92 Zu den biographischen Angaben zu Martin Heiß vgl. Mertsching, DGB 1969–1975, S. 34 f.

Dies wäre ein klarer Verstoß gegen das parteipolitische Neutralitätsgebot des DGB gewesen. Müller war nicht mehr zu halten, weil selbst die Christlich-Sozialen nicht mehr geschlossen hinter ihm standen. Denn auch die hauptamtlichen Gewerkschafter wehrten sich gegen den Anspruch der CDA, die christsozialen GBV-Mitglieder zu berufen[93].

Ob er wollte oder nicht – Martin Heiß konnte sich von dieser Vorgeschichte zunächst nicht befreien. Entsprechend schlecht fiel auch sein Wahlergebnis aus[94]. Zwei weitere Belastungen traten hinzu. Die erste betraf seine gewerkschaftliche Hausmacht. Um sie war es eigentlich gar nicht so schlecht bestellt, denn die GTB, die Heiß seit 1968 als stellvertretender Vorsitzender mitgeführt hatte, war zwar klein, aber wusste sich im DGB dennoch Gehör zu verschaffen. Allerdings nutzte Heiß dies mit Blick auf sein Arbeiterressort nicht das Geringste, denn die GTB erwies sich als die entschiedenste Gegnerin der Arbeiterpolitik im DGB und verweigerte sich der Mitarbeit bis zuletzt[95]. Ob Martin Heiß die Position seiner Gewerkschaft teilte, wird im Weiteren noch zu prüfen sein. Immerhin hatte seine gewerkschaftliche Karriere nach dem Krieg bei der ÖTV begonnen, sodass ihm die Problemlage, die die Gewerkschaften des Öffentlichen Dienstes zu ihrem Antrag veranlasst hatten, nicht völlig fremd gewesen sein dürfte. Wie war es aber um die angesprochene andere Belastung bestellt? Sie ergab sich aus Heiß' zweitem Ressort. Die Tarifpolitik war ebenfalls erst durch den Außerordentlichen Bundeskongress 1971 dem DGB als Aufgabe zugewiesen worden[96]. Auch wenn der Dachverband hier nur orchestrierend tätig werden sollte, erwies sich selbst dies in der Umsetzung als schwierig[97]. Als

93 Vgl. hierzu ausführlich Stefan Remeke, Anders links sein. Auf den Spuren von Maria Weber und Gerd Muhr, Essen 2012, S. 133–141.

94 Bei seiner ersten Wahl in den GBV 1972 erhielt Heiß nur 240 von 442 abgegebenen Stimmen und lag damit 44 Stimmen hinter Maria Weber, der nächstschwächsten Kandidatin. Vgl. DGB-Bundesvorstand, Protokoll Bundeskongreß 1972, S. 143, 146. Erst 1978 konnte Heiß mit Karl Schwab einen GBV-Kollegen überflügeln. Vgl. DGB-Bundesvorstand (Hrsg.), Protokoll 11. Ordentlicher Bundeskongress Hamburg 21.–26. Mai 1978, Lübeck 1978, S. 185.

95 Möglicherweise hing diese ablehnende Haltung mit der Mitgliederstruktur der GTB respektive der Beschäftigtenstruktur der Bekleidungs- und Textilbranche mit ihrem hohen Frauenanteil zusammen. Vgl. Gertschen, Klassenfeind, S. 116. Andererseits hatte die GTB 1967 die von den Springener Sparbeschlüssen geplante Streichung von Jugend- und Angestelltensekretären scharf kritisiert. Vgl. Dokument 55: Protokoll der 3. Sitzung des Bundesausschusses, 5. April 1967, in: von Kieseritzky, DGB 1964–1969, S. 442–456, hier S. 446, FN 7.

96 Vgl. DGB-Bundesvorstand, Protokoll Außerordentlicher Bundeskongreß 1971, S. 196 (Antrags- und Satzungsteil).

97 1978 klagte die IG CPK etwa über mangelnde Absprachen zwischen den Gewerkschaften vor Beginn der Lohnrunden. Vgl. Protokoll TPA, 29. März 1978, S. 6. Andere Mitglieder stellten die Sinnhaftigkeit einer Koordination durch den DGB wie auch einheitlicher Lohnforderungen infrage. Vgl. Protokoll TPA, 1. Dezember 1977, S. 15 sowie Heiß/Fröbrich, Protokoll TPA, 28. Juni 1978, S. 17.

Ergebnis einer Grundsatzbesprechung zu den Grenzen und Möglichkeiten des tarifpolitischen Engagements des DGB fanden sich denn auch bemerkenswerte Sätze im Protokoll:

> Keinesfalls dürfe die Tarifpolitik von den Gewerkschaften auf den DGB verlagert werden. Es wird die Auffassung vertreten, daß, je stärker eine Forderung durch den DGB vertreten würde, es umso schwieriger für die Gewerkschaften wäre, diese durchzusetzen.[98]

Dieser Aufgabenbereich war jedenfalls nicht dazu geeignet, sich als zuständiges GBV-Mitglied eine Position der Stärke zu verschaffen. Worauf Martin Heiß aber zurückgreifen konnte, war seine eigene Erfahrung mit der Personengruppenarbeit. Denn in seiner Zeit bei der GTB war er unter anderem für die Angestelltenarbeit zuständig gewesen.

5.2.2 Warten auf Godot, oder: Die Auseinandersetzung um die Personengruppenrichtlinien (1971–1980)

Eine seiner ersten Aufgaben war die Erarbeitung von Richtlinien für die neue Personengruppe Arbeiter. Diesen Weg, der die Arbeiterproblematik als eine Verfahrensregelfrage fassbar machen sollte, hatte noch der alte Bundesvorstand im Herbst 1971 in die Wege geleitet. Dies war für einen bürokratischen Großverband wie den DGB keineswegs überraschend, und doch ging damit eine Verschiebung der Parameter einher. Grob gesagt verdrängten organisationspolitische Gesichtspunkte die gesellschaftspolitische Dringlichkeit des Arbeiterproblems, die vor allem für die ÖTV-Delegierten handlungsleitend gewesen war. Der GBV beschloss dagegen, die Schaffung einer neuen Personengruppe zum Anlass zu nehmen, die bereits bestehende Personengruppenarbeit zu evaluieren. Darüber hinaus sollte die Abteilung Organisation und Verwaltung einen Kostenvoranschlag beibringen, um die finanzielle Belastung abzuschätzen, die die Personengruppe Arbeiter verursachen würde[99]. Das Ergebnis dieser Kalkulation, das Franz Woschech kurz darauf präsentierte, konnte der DGB-Führung nicht gefallen. Für die von der Satzung vorgesehene gleichberechtigte Verankerung der Arbeiterpolitik veranschlagte er jährliche Kos-

---

98 3. Sitzung des Bundesvorstandes am 5. September 1978, S. 9, in: AdsD 5/DGAA000154.

99 Vgl. Karl Schwab, Abteilung Organisation und Verwaltung, an die Mitglieder des Geschäftsführenden Bundesvorstandes, 9. Februar 1977, Anlage 1: GBV-Klausurtagung am 11. Oktober 1971, in: AdsD 5/DGCS000113.

ten in Höhe von einer Million DM[100]. Damit erwiesen sich die ‚Arbeiter' als akute finanzielle Gefahr für den Dachverband. Erst wenige Jahre zuvor, 1967, hatte der DGB als Folge der rezessionsbedingten Mindereinnahmen die Springener Sparbeschlüsse verabschiedet, die vor allem die Personengruppen hart getroffen hatten. Selbst vor der wichtigen Jugendarbeit hatte der Rotstift seinerzeit nicht Halt gemacht, sodass ihm in den Landesbezirken die Stellen der Jugendsekretäre zum Opfer gefallen waren[101]. Da sich dieser Schritt als fatal erwiesen hatte, musste der DGB 1971 erst noch die Aufgabe finanziell stemmen, hier den Status quo ante wiederherzustellen. Die Etablierung einer völlig neuen Personengruppe kam der DGB-Spitze ungelegen. Woschech wies in seinem Bericht jedoch einen Ausweg, den er in der zeitlichen Suspendierung des Satzungsauftrags ausmachte: „Voraussetzung für eine Institutionalisierung von Arbeiterausschüssen auf allen Ebenen ist, daß der Bundesausschuß Richtlinien für die Arbeit dieser Ausschüsse erläßt." Und bis dahin, so der von Woschech mitgelieferte Beschlussvorschlag für den GBV, solle „von der Gründung von Arbeiterausschüssen abgesehen" werden[102]. Alle drei Entscheidungsgremien – GBV, Bundesvorstand und Bundesausschuss – folgten diesem Vorschlag bereitwillig[103].

Damit hatten sie eine völlig neue Faktenlage geschaffen, die es ihnen erlaubte, sich weitgehend von der Satzung zu emanzipieren. Denn sie galt nun nicht mehr unbedingt, sondern konditional. Wie sich zeigen sollte, war damit eine Beweislastumkehr auf den Weg gebracht, die den Gegnern der Arbeiterpolitik ideal in die Hände spielte. Denn jedes Zugeständnis ließen sie sich fortan mühsam abhandeln. Ob dieses Vorgehen als Satzungsbruch zu werten war, hing nun entscheidend von der Dauer dieses Ausnahmezustandes ab. Was die Rahmenrichtlinien betraf, hatte Woschech zunächst den März 1972 als frühesten Termin für deren Verabschiedung angegeben. Tatsächlich sollte es bis zum 4. November 1980 dauern, bis solche Richtlinien wenigstens für die Personengruppe Arbeiter bewilligt waren[104]. Versuche, gemeinsame Rahmenrichtlinien für alle Personengruppen zu schaffen, waren schon 1976 gescheitert. An diesem Sachverhalt zeigt sich, auf welch selbstver-

---

100 Vgl. Schwab an die Mitglieder des GBV, 9. Februar 1977, Anlage 2: Franz Woschech, Abteilung Organisation und Verwaltung, an die Mitglieder des Bundesvorstandes, 22. Oktober 1971, S. 1, in: AdsD 5/DGCS000113.

101 Vgl. Andresen, Gebremste Radikalisierung, S. 93 sowie Marchal, Gewerkschaften im Zielkonflikt, S. 35.

102 Woschech an die Mitglieder des Bundesvorstandes, 22. Oktober 1971, S. 2.

103 Vgl. Auszug aus Protokoll über die 95. GBV-Sitzung am 25. Oktober 1971, Auszug aus Protokoll über die 24. BV-Sitzung am 2. November 1971 sowie Auszug aus Protokoll über die 1. BA-Sitzung am 3. November 1971, alle in: AdsD 5/DGCS000135.

104 Vgl. Protokoll über die BV-Sitzung am 2. November 1971 sowie Kurzprotokoll über die 25. Sitzung des Bundesvorstandes am 4. November 1980, S. 4, in: AdsD 5/DGAI000554.

ständliche Weise Verzögerungen in bürokratischen Strukturen zum Selbst- und Dauerläufer werden. Als Mittel der Obstruktion waren sie umso effizienter, als ein ausgeklügelter Plan überhaupt nicht vonnöten war, noch musste sich die Obstruktion als solche zu erkennen geben, zumal die Obstruktion auf einem Feld kurze Zeit später als Sachzwang auf einem anderen Feld wieder zum Vorschein kommen konnte.

Erste Verzögerungen durch den DGB-Bundesvorstand und die Abteilung Angestellte

Martin Heiß hatte seine Aufgabe, Richtlinien für die Personengruppe Arbeiter vorzulegen, jedenfalls recht schnell erledigt. Nachdem er Ende Juni 1972 ins Amt gekommen war, präsentierte er am 8. Dezember desselben Jahres das Ergebnis seiner Arbeit. Der GBV schlug dem Bundesvorstand im Januar 1973 vor, diese Richtlinien vorläufig anzunehmen und sie darüber hinaus „auf die Verwendbarkeit als gemeinsame Rahmenrichtlinien zu überprüfen"[105]. Diesem Vorschlag folgte der Bundesvorstand jedoch nicht. Erst sollten Rahmenrichtlinien verabschiedet werden, bevor spezielle Richtlinien für die Personengruppe Arbeiter erlassen würden. Zwar sollten zugleich die Richtlinien der übrigen Personengruppen überprüft werden, doch wurden diese nicht außer Kraft gesetzt[106]. Vor diesem Hintergrund war die Kooperationsbereitschaft der Abteilung Angestellte nicht die größte.

Während die Arbeiterpolitik durch das Ausbleiben der Richtlinien, wie noch zu zeigen ist, auf mehrfache Weise behindert wurde, drohten die übrigen Abteilungen durch die Richtlinienreform mehr zu verlieren als zu gewinnen. Was sich zwischen 1974 und 1975 zwischen Annedore Bell von der Abteilung Angestellte und Peter Pletsch von der Abteilung Organisation abspielte, glich auf den ersten Blick einer Groteske. Mitte September hatte Pletsch den Abteilungen, nachdem sich das Verfahren ohnehin schon lange hingezogen hatte, eine recht kurze Frist für Rückmeldungen zum Richtlinienentwurf gesetzt. Bell vertröstete ihn auf Mitte Oktober 1974, um ihm wenige Wochen später mitzuteilen, dass sich der Bundesangestelltenausschuss mit der Sache zu befassen habe. Der tage aber erst im Januar des folgenden Jahres. Im Juni 1975 konnte sie einen ersten Erfolg vermelden: Der Ausschuss habe sich mit der Frage befasst, es jedoch für nötig befunden, für die weitere Erörterung einen Arbeitskreis zu reaktiveren. Der wiederum könne wegen der

105 Auszug aus Protokoll über die 22. GBV-Sitzung am 29. Januar 1973, in: AdsD 5/DGCS000135.
106 Auszug aus Protokoll über die 6. BV-Sitzung am 6. März 1973, in: AdsD 5/DGCS000127.

aktuellen Urlaubszeit erst im Oktober 1975 tagen[107]. Gleichwohl darf man annehmen, dass hinter diesen Verzögerungen nicht nur individuelle Arbeitnehmerrechte wie der Erholungsurlaub standen, sondern organisationspolitische Interessen. Immerhin sah der Entwurf der Abteilung Organisation vor, aus Kostengründen die öffentlichkeitswirksamen Personengruppenkonferenzen durch Arbeitstagungen zu ersetzen[108]. Gegen dieses Ansinnen berief sich Bell in ihrem ersten inhaltlichen Antwortschreiben auf das Versprechen des DGB-Vorsitzenden, die Anstrengungen der Angestelltenarbeit zu verdoppeln. Entschieden widersetzte sich auch die Abteilung Jugend, künftig überhaupt unter die Bestimmungen der allgemeinen Personengruppenrichtlinien zu fallen – mit Erfolg[109].

Der Entwurf von Franz Holländer: Entgrenzung der Arbeiterpolitik

Ohnehin zeigte sich sowohl in der Auseinandersetzung um die Rahmenrichtlinien wie in jener um die Richtlinien für die Arbeiterpolitik eine erneute Verhandlung des Geltungsbereichs von Besonderem und Allgemeinem. Mithin stand hier das Selbstverständnis des DGB auf dem Prüfstand. Dass diese Frage gerade in den 1970er Jahren aufkam, fügt sich sehr gut sowohl in den „Nach dem Boom"-Ansatz wie auch in das Narrativ von Andreas Reckwitz ein. Konkret stellte sich die Frage anhand zweier Aspekte: Wie verhielt sich das Arbeiterkonzept zu dem des ‚Arbeitnehmers'? Und wie war die Arbeit der Personengruppen produktiv mit derjenigen der Fachabteilungen zu koppeln?

Auch wenn sich die verschiedenen Entwürfe recht ähnlich sind, lohnt ein Blick auf die Nuancen. Sehr früh, nämlich im Oktober 1971, hatte sich der ÖTV-Arbeitersekretär Franz Holländer Gedanken über die „Aufgabenstellung der DGB-Arbeiterausschüsse" gemacht[110]. Grundlage seiner Überlegungen bildete die ge-

---

107 Schwab an die Mitglieder des GBV, 9. Februar 1977, Anlage 12: Peter Pletsch, Abteilung Organisation und Verwaltung, an die Abteilungen Angestellte, Arbeiter, Beamte, Frauen und Jugend, 20. September 1974, Anlage 13: Annedore Bell, Abteilung Angestellte, an Peter Pletsch, 26. September 1974, Anlage 15: Annedore Bell, Abteilung Angestellte, an Peter Pletsch, 22. Oktober 1974 sowie Anlage 18: Annedore Bell, Abteilung Angestellte, an Abteilung Organisation, 27. Juni 1975, alle in: AdsD 5/DGCS000113.

108 Vgl. Bell an Pletsch, 22. Oktober 1974 sowie Schwab an die Mitglieder des GBV, 9. Februar 1977, Anlage 9: Karl Schwab, Abteilung Organisation und Verwaltung, an die Mitglieder des Geschäftsführenden Bundesvorstandes, 29. Mai 1974, S. 2, in: AdsD 5/DGCS000113.

109 Schwab an die Mitglieder des GBV, 9. Februar 1977, Anlage 14: Walter Haas, Abteilung Jugend, an Abteilung Organisation und Verwaltung z.Hd. Peter Pletsch, 10. Oktober 1974, in: AdsD 5/DGCS000113.

110 Die folgenden Abschnitte beziehen sich, wenn nicht anders angegeben, auf: Franz Holländer an Martin Heiß, 17. November 1972, Anlage: Franz Holländer, Vermerk des Bundesarbeitersekretariats Aufgabenstellung der DGB-Arbeiterausschüsse, Oktober 1971, S. 1–3, in: AdsD 5/DGCS000135.

sellschaftspolitische Annahme, Arbeiterinnen und Arbeitern mangele es an Prestige, Rechten und einer ihnen angemessenen sozialen Stellung[111]. Die gemeinsame Vertretung aller Arbeitnehmer rückte für Holländer als anzustrebendes Ziel in eine Zukunft, in der die bestehenden Unterschiede zwischen Arbeitern und Angestellten abgebaut sein würden. Die Gegenwart dominierten in dieser Sichtweise aber die Personengruppen. Entsprechend wies er den Arbeiterausschüssen eine beträchtliche Rolle innerhalb der Gewerkschaftsbewegung zu. Sie sollten „die Interessen der Arbeiter“ vertreten und sich „zu allen gewerkschaftlichen Angelegenheiten äußern“ dürfen. Dieser Kompetenzkatalog kam einer Allzuständigkeit schon recht nahe, weil er doppelt entgrenzend wirkte: Zum einen wurden die „Interessen der Arbeiter“ in keiner Weise eingeschränkt, nicht einmal dort, wo sie als allgemeine Arbeitnehmerinteressen zwar Arbeiterbelange tangierten, aber eben nicht arbeiterspezifisch waren. Zum andern wurde das mögliche Betätigungsfeld explizit mit jener Öffnungsklausel versehen, sodass die Arbeiterausschüsse theoretisch auch ermächtigt gewesen wären, in Belange der Angestellten einzugreifen. Zusätzlich sah Holländer vor, dass die Arbeiterausschüsse in Übereinstimmung mit der kurz zuvor im Zuge der DGB-Satzungsreform erfolgten Definition der Arbeiterbelange als „gemeinsame Aufgabe“ beratend auf „die insbesondere auf die Arbeiter gerichteten Aktivitäten der Gewerkschaften“ Einfluss nehmen und diese, „soweit möglich, koordinieren“ sollten. Auch wenn die von Holländer gewählten Verben „beraten“ und „koordinieren“ als Beschreibung eines Handlungsrechts eher schwach und zurückhaltend ausfielen, enthielt doch auch die zugehörige Klausel im Ganzen betrachtet ein entgrenzendes Moment. Denn auch hier eröffnete Holländer den DGB-Arbeiterausschüssen ein Interventionsrecht, und zwar gegenüber den Einzelgewerkschaften. Denkbar wäre auch gewesen, den Koordinationsauftrag institutionell auf den DGB zu beschränken. Es wäre dann Sache der Einzelgewerkschaften gewesen, Koordinationsaufträge explizit an den DGB zu delegieren. Ironischerweise machte sich so allem Anschein nach gerade ein ÖTV-Vertreter dafür stark, der von Heinz Kluncker befürchteten Präponderanz des DGB den Weg zu bereiten.

Man kann es aber auch anders betrachten. Womöglich ging es Holländer hier gar nicht um eine Stärkung des DGB. Womöglich handelte es sich um den Versuch der Dienstleistungsgewerkschaft, ihre eigene Organisationsstruktur auf die ‚Arbeiter‘gewerkschaften der Industriebranchen zu übertragen, um so deren offenkundiges Widerstandspotential gegen die Arbeiterpolitik des DGB zu minimieren. Sollte es gelingen, auch sie zur Gründung von Arbeiterausschüssen zu bewegen,

111 Geringes gesellschaftliches Ansehen für Arbeiterberufe hatten zeitgenössisch auch Sozialforscher festgestellt. Vgl. Karl Martin Bolte/Michael Brater/Sabine Kudera, Arbeitnehmer in der Industriegesellschaft. Berufssoziologische Aspekte, Stuttgart 1974, S. 82f.

über die die ÖTV schon verfügte, wäre in der Tat viel gewonnen gewesen. Denn schon Niklas Luhmann hatte zeitgenössisch betont,

> daß in der Struktur *Möglichkeiten* bereitgestellt werden, unter denen dann *fallweise* ausgewählt werden kann. Eigene Struktur heißt eigene Möglichkeiten, die nicht mit den Erwartungen der Umwelt identisch zu sein brauchen, und *Nichtidentität mit der Umwelt* auch auf der Ebene der *Möglichkeiten* gibt die *Chance der Selbststeuerung.*[112]

Unabhängig von Fragen der einzelgewerkschaftlichen Organisationsstrukturen ist jedenfalls gewiss, dass Holländer das Arbeiterelement in den Gewerkschaften ausbauen und nach innen wie außen sichtbarer machen wollte. Hierzu schlug er vor, „die Arbeiter-Mitglieder in den Gewerkschaften zu aktivieren und auch mehr Arbeiter zu organisieren." Großen Wert legte er daher auf die authentische Vertretung der Arbeiterinteressen, denn „[d]en Arbeiterausschüssen können nur Mitglieder angehören, die unter das Tarifrecht der Arbeiter fallen." Während hierin der Ruf nach mehr basisdemokratischer Beteiligung aus der Reformdebatte des DGB widerhallte, war er selbst in Holländers Entwurf nicht zur Gänze umgesetzt. Denn als Mitglieder für den Bundesarbeiterausschuss sah auch er die Mitarbeiter der Arbeitersekretariate aus den Einzelgewerkschaften vor – bei denen es sich aber um Gewerkschaftsangestellte handelte. Dennoch warf Holländer eine berechtigte Frage auf: Konnten Angestellte Arbeiterinteressen vertreten[113]?

Der Entwurf der Abteilung Organisation: „Integration in die Gesamtorganisation"

Während Holländer in seiner Eigenschaft als Arbeitersekretär der ÖTV den einen Pol der Debatte markierte, stand auf der anderen Seite die Abteilung Organisation des DGB. Denn allein die Tatsache, dass sie *Rahmen*richtlinien zu entwickeln hatte, hob ihr Unterfangen auf eine andere Ebene. Schon im ersten, von Woschech im März 1972 vorgelegten Entwurf wurden die Personengruppen eindeutig den Interessen der Gesamtorganisation untergeordnet. So wurde als ihre erste Aufgabe definiert, ihre „Integration [...] in die Gesamtorganisation zu fördern". Als Zweites wurden die Personengruppen zwar mit der Vertretung der „Interessen der Personengruppen in der Gesamtorganisation" betraut, jedoch zugleich darauf

112 Niklas Luhmann, Politikbegriffe und die „Politisierung" der Verwaltung, in: ders., Schriften zur Organisation, Band 4: Reform und Beratung, hrsg. von Ernst Lukas und Veronika Tacke, Wiesbaden 2020 [1972], S. 273–291, hier S. 287 (H. i. O.).

113 Als die ÖTV-Hauptverwaltung 1978 in den ÖTV-Bezirken erhob, ob nur Arbeiter in den Arbeiterausschüssen vertreten seien, konnte dies nur der Bezirk Bayern bejahen. Vgl. Führer, Gewerkschaftsmacht, S. 419.

verpflichtet, „die Beschlüsse der Organe in den Personengruppen auszuführen". Konkret bedeutete dies mit Blick auf die eigenen Kompetenzen nicht mehr als ein Anhörungsrecht, während sie gegenüber ihrer Klientel verpflichtet waren, die Gesamtinteressen der Organisation durchzusetzen. Dies kam auch in der dritten ihnen zugedachten Aufgabe zum Ausdruck: Sie hatten „[a]lle politischen Aktivitäten einzusetzen, um die bestehenden, nicht naturgegebenen Unterschiede zwischen den Personengruppen zu beseitigen und ein gemeinsames Bewußtsein aller Arbeitnehmer zu schaffen."[114]

Diese Ausführungen sind bemerkenswert. Zunächst überrascht die klare Opposition, in welche die Personengruppen zur Gesamtorganisation gebracht werden. Sie werden durch die Integrationsverpflichtung gleichsam aus den Gewerkschaften exkludiert, als etwas Fremdes ausgewiesen. Nicht gesagt wird, wer oder was diese Gesamtorganisation eigentlich sei, doch ist offenkundig, dass damit die sachpolitischen Abteilungen gemeint sind. Die zweite Aufgabe deutete immerhin an, dass es der Abteilung Organisation auch um die Einspeisung spezifischer Probleme, Erfahrungen und Interessen der Personengruppen ging, doch konterkarierte die Verpflichtung, die „Beschlüsse der Organe" ihnen gegenüber zu exekutieren, diesen Ansatz. Spätestens der Hinweis auf die Förderung des gemeinsamen Arbeitnehmerbewusstseins machte deutlich, dass Woschechs Entwurf im Grunde die alte Konzeption der Angestelltenarbeit zugrunde lag, die wiederum auf dem Gedanken des falschen Bewusstseins basierte. So wie es dieses zu überwinden galt, brachte der Verlaufsbegriff Integration den Wunsch der Abteilung Organisation zum Ausdruck, früher oder später auf die Personengruppenarbeit verzichten zu können. Blickt man jedoch auf die den Personengruppenausschüssen zugedachten Handlungsfelder, zeichnete sich eher die funktionalistische Lesart der Personengruppen ab. Die Rede war etwa von „berufliche[n] Angelegenheiten", „Fragen der Aus- und Fortbildung" oder der „Koordination der Rationalisierungsschutzbemühungen der Gewerkschaften"[115]. Diese Auflistung war jedoch deutlich enger gefasst als diejenige in Holländers Entwurf. Die gesellschaftspolitische Dimension fiel ebenfalls viel schwächer ins Gewicht. Für die Angestelltenarbeit mochte dies weniger relevant sein, doch handelte es sich ja um Rahmenrichtlinien, die auch die Tätigkeit der Personengruppe Arbeiter anleiten sollten, und für sie wog eine solche Auslassung schwer. Zudem geriet mit der Ausblendung gesellschaftspolitischer Fragen auch der gesetzliche Rahmen aus dem Blick. Dieser war für die Gewerkschaften zwar schwer zu beeinflussen, doch wirkte gerade er als retardierendes Moment stabili-

114 Vgl. Abteilung Organisation, Entwurf. Gemeinsame Rahmenrichtlinien für die Personengruppenarbeit der Arbeiter, Angestellten und Beamten des DGB, 21. März 1972, S. 1, in: AdsD 5/DGCS000113.

115 Ibid., S. 1f.

sierend auf die Personengruppen ein. Es wäre also auch im Interesse der Gesamtorganisation sinnvoll gewesen, diesen Bereich zu thematisieren. Allerdings hatten die Angestellten in der Vergangenheit immer wieder ihre organisationspolitischen Privilegien genutzt, um, wie im Falle der Vereinheitlichung des Rentenwesens, Vereinheitlichungsbestrebungen auszubremsen.

Für die gegensätzliche Beurteilung der aktuellen Lage spielte sicher eine Rolle, dass Holländer als Vertreter einer Gewerkschaft des Öffentlichen Dienstes ein sehr viel feineres Gespür für die Relevanz der gesetzlichen Regelungen wie auch der öffentlichen Meinung hatte. Zwar teilte auch Woschech als GEW-Mitglied diesen Hintergrund, doch fehlte ihm als wesentliche Erfahrung diejenige des Arbeitskampfes, denn seine Lehrergewerkschaft organisierte überhaupt keine Arbeiterinnen und Arbeiter. Holländer hatte dagegen immer wieder hautnah erlebt, wie stark seine ÖTV von der Streikfähigkeit und -bereitschaft ihrer Arbeitermitglieder abhängig war. Entsprechend unterschiedlich fiel auch die der Arbeiterschaft zugedachte Funktion in den Entwürfen der beiden aus: Wollte Holländer noch „die Rolle der Arbeiter in unserer Gesellschaft [...] verstärken" und „eine verstärkte Teilnahme gerade der Arbeiter am gesellschaftlichen Geschehen" durchsetzen[116], begnügte sich Woschech mit der DGB-konformen Forderung nach einer „Förderung der politischen Repräsentation der Arbeiter auf allen Ebenen der politischen und gewerkschaftlichen Willensbildung"[117]. Wollte Holländer also Arbeiterinnen und Arbeiter selbst zur politischen Mitarbeit aktivieren, ging es Woschech lediglich um deren Vertretung.

Martin Heiß positioniert sich

Als Martin Heiß seinen Richtlinienentwurf im Herbst 1972 ausarbeitete, konnte er auf die eben vorgestellten Entwürfe zurückgreifen. Die spannende Frage lautete, auf welcher Seite er sich positionieren würde. Die Antwort fiel recht eindeutig aus: Heiß suchte erkennbar die Nähe zur Abteilung Organisation. Dies zeigte sich deutlich in der Unterordnung der Personengruppen- unter die Fachabteilungen hinsichtlich der Kompetenzverteilung. Erstere sollten lediglich Vorarbeiten leisten, während die Entscheidungsfindung implizit den Letzteren zuerkannt wurde – ebenso wie die Vertretung des Ergebnisses nach außen. War es der ÖTV noch darum gegangen, ‚Arbeiter' und ihre Probleme sichtbar zu machen, entwarf Heiß einen Problemlösungsansatz, der diskret wirken sollte. Eine gewisse Spannung ergab sich aus der doppelten Begründung der Notwendigkeit der Personengruppenarbeit. Sie

116 Holländer, Aufgabenstellung der DGB-Arbeiterausschüsse, Oktober 1971, S. 1f.
117 Abteilung Organisation, Gemeinsame Rahmenrichtlinien, 21. März 1972, S. 2.

wurde zum einen auf die „strukturelle[] Differenzierung innerhalb der Arbeitnehmerschaft“ zurückgeführt, die präzise benannt wurde, doch zugleich war auch hier die Rede von „nicht-naturgegebenen Unterschieden zwischen den Personengruppen“[118].

Aus den von Heiß vorgelegten Richtlinien war nicht herauszulesen, ob die Arbeiterschaft einer dauerhaften Betreuung bedurfte oder nicht. In seinem Begleitschreiben, das er zusammen mit dem Entwurf an den GBV schickte, wurde er schon deutlicher. Zunächst referierte er die gesellschaftspolitische Begründung der Arbeiterpolitik seitens der ÖTV, doch weil er die indirekte Rede verwandte, kam es einer Distanzierung gleich. Für die Begründung seines eigenen Entwurfs bediente er sich dann direkter Faktenaussagen, die die ÖTV-Position geradezu konterkarierten: Statt auf die gesellschaftliche Diskriminierung der Arbeiterschaft verwies er auf deren gewerkschaftliche Dominanz, die sich nicht auf die Mitgliedschaft beschränke, sondern auch das Korps der ehrenamtlichen Funktionäre mit einschließe. Zudem hob er hervor: „Maßnahmen zugunsten der Arbeiter sind daher in die Gesamtpolitik der Gewerkschaften integriert“. Die Notwendigkeit einer eigenen Arbeiterpolitik erschloss sich aus dieser Argumentation heraus schon für die Gegenwart nicht, und der Hinweis, Ziel sei „die Beseitigung der weitgehend historisch begründeten Unterschiede zwischen den Arbeitnehmergruppen“[119], machte deutlich, dass Heiß die Personengruppe Arbeiter für ein letztlich überflüssiges Übergangsphänomen hielt, da den Arbeitern durch eine gewerkschaftliche Politik, die sie als ‚allgemeine Arbeitnehmer‘ auffasste, besser gedient war.

Martin Heiß hatte für die Personengruppe Arbeiter folglich einen Rahmen entworfen, der ihr keinen Raum ließ, um sich zu einer Gefahr für den DGB und das allgemeine Arbeitnehmerkonzept zu entwickeln. Dass der DGB-Bundesvorstand dennoch die Richtlinien verwarf, sagte viel aus. Noch weiter konnte man die Personengruppenarbeit im Grunde nicht beschränken. Immerhin war die DGB-Spitze in einem Punkt konsequent: Auch die Personengruppenarbeit konnte ja als Ausdruck historisch begründeter, nicht-natürlicher Unterschiede gewertet werden. Wenn der Bundesvorstand die Entstehung einer neuen Personengruppe verhinderte, handelte er im Sinne der von Woschech und Heiß vorgelegten Richtlinien. Freilich stand dieser Wunsch der Gewerkschaftsspitze im klaren Widerspruch zum

---

118 Vgl. Abteilung Arbeiter-Handwerk, Vorlage für den Geschäftsführenden Bundesvorstand, 31. Januar 1975, Anlage: Entwurf: Richtlinien für die Arbeit der „Personengruppe Arbeiter“, 8. Dezember 1972, S. 1 (Zitat), 2 (Zitat) f., in: AdsD 5/DGCS000001.

119 Vgl. Martin Heiß, Abteilung Tarifpolitik, Arbeiter-Handwerk, an die Mitglieder des Geschäftsführenden Bundesvorstandes, 24. Oktober 1972, Anlage: Vorlage für den Geschäftsführenden Bundesvorstand, 24. Oktober 1972, S. 1–2 (Zitate), in: AdsD 5/DGCS000113.

Wunsch der Basis wie auch der geltenden Beschlusslage, sodass eine dauerhafte Verweigerung, Richtlinien zu erlassen, keine Option war.

Rahmenrichtlinien im Kontext der Beziehungen zur DAG

Als Karl Schwab, Nachfolger des zwischenzeitlich verstorbenen Franz Woschech, 1974 einen neuen Anlauf unternahm, Rahmenrichtlinien auf den Weg zu bringen, sah das Bild bereits anders aus. Schwab zeichnete im ersten Teil des Entwurfs eine dramatische Situation, welche der Personengruppenarbeit eine grundsätzliche Funktion zuwies. Schwab rüttelte nicht am „Industrieverbandsprinzip" als zeitgemäßem Organisationsmodell, doch erwies sich dieses zeitgemäße Modell alles andere als stabil. Und hier kamen die Personengruppen ins Spiel:

> Unterschiedliche Arbeitsbedingungen, Spezialistentum sowie unterschiedlicher Status und Rang in der Hierarchie der Betriebe z. B. sind aber Gründe, die zur Entwicklung spezieller Interessen einzelner Gruppen von Beschäftigten führen. Diese Interessen können und dürfen nicht isoliert von den Interessen anderer vertreten werden. Es ist eine an Bedeutung wachsende Aufgabe des DGB und seiner Gewerkschaften diese speziellen und weitergehenden Interessen in die Politik der Interessenvertretung der Arbeitnehmer zu integrieren. Gelingt das nicht, besteht die Gefahr der Entsolidarisierung, der Spaltung und damit der Schwächung der Gewerkschaftsbewegung.[120]

Bei der Sicht auf die Entstehungsbedingungen der Personengruppen stimmte Schwab zwar mit der Position der ÖTV überein, doch bei der Bewertung dieser Gruppen teilte er die von Bernhard Tacke 1971 geäußerten Befürchtungen. Entsprechend war Ambivalenz das prägende Merkmal seines Richtlinienentwurfs. Eine Konsequenz war aber die Aufwertung der Personengruppen, denn Schwab sah sie als letztlich unverzichtbares Instrument, das „entscheidend zur Verwirklichung der speziellen Gruppenziele wie der Ziele der Gesamtorganisation beitragen" konnte[121]. Anders als Woschech anerkannte Schwab, dass die Personengruppen eigene Ziele zu verfolgen hatten, also mehr sein mussten als ein Transmissionsriemen, um ‚Arbeiter', ‚Angestellte' und ‚Beamte' in den Takt der Gesamtorganisation zu bringen. Integration erscheint hier also nicht, wie zuvor, als ein in absehbarer Zeit abzuschließender Vorgang, sondern als eine dauerhafte Aufgabe, die auch scheitern konnte. Und zu diesem Scheitern konnten auch die Personengruppen beitragen, sofern sie ihrer Aufgabe, als intermediäre Organisation zwischen der Mikro- und Makroebene beziehungsweise zwischen dem Besonderen und dem Allgemeinen zu

120 Schwab, An die Mitglieder des Geschäftsführenden Bundesvorstandes, 29. Mai 1974, S. 1.
121 Ibid.

vermitteln, nicht nachkamen, sondern sich ausschließlich den Interessen der Statusgruppen verschrieben.

Daher blieben Integration und Gesamtorganisation weiterhin wichtige Bezugspunkte der Richtlinien. Die Vermittlungsfunktion griff Schwab bei der Auflistung der konkreten Aufgaben auf, wenn er empfahl, dass sich Fach- und Personengruppenabteilungen des DGB mit denselben Themen befassen sollten, oder dass „mit der Personengruppenarbeit betraute Funktionäre auch zu anderen Aufgaben herangezogen werden". Zugleich ging es ihm darum, den Personengruppen Beschränkungen aufzuerlegen, um Verselbständigungstendenzen vorzubeugen. So sollte die Anzahl der abzuhaltenden Sitzungen pro Jahr ebenso beschränkt werden wie die Zahl der ständigen Unterausschüsse. Personengruppenkonferenzen sollten wiederum aus Kostengründen gestrichen werden. Vor allem dieser Punkt wog schwer, weil er den Personengruppen eine wichtige, gewerkschaftlich anerkannte demokratische Legitimation verweigert hätte: die von den jeweiligen Delegierten verabschiedeten Anträge. Wenn Schwab an ihre Stelle Arbeitstagungen setzen wollte, die seiner Meinung nach „eine fundierte Meinungsbildung" ermöglichten, welche dann „für die Personengruppenausschüsse ebenso verpflichtend zur Vertretung in den Organen sein" sollte[122], dann obsiegte hier das technokratische Prinzip. Denn Arbeitstagungen waren in der Regel stärker von den Debattenbeiträgen der geladenen Expertinnen und Experten geprägt, wodurch sie einer Verwissenschaftlichung des Sozialen Vorschub leisteten. Technokratisch waren die Arbeitstagungen aber auch in der Hinsicht, dass sie die Rolle der gewerkschaftlichen Spitzenfunktionäre stärkten. Denn die Funktionäre konnten die Agenda der Tagungen nach eigenem Ermessen festlegen, anstatt auf Anträge der Basis Rücksicht nehmen zu müssen, und waren nach Ende der Tagungen freier darin, die vollzogene Meinungsbildung zu interpretieren.

Umgesetzt wurde auch dieser Entwurf nicht. Bei der revidierten Version, der am 1. Februar 1977 von der Abteilung Organisation vorgelegt wurde, schlug das Pendel noch deutlicher gegen die Personengruppen aus. Paragraph 2 enthielt „eine klare Absage an alle Formen einer ausschließlich ständischen Interessenvertretung [...], die zur Spaltung der Einheit aller abhängig Beschäftigten und zur Entsolidarisierung führt." Dies war zwar an sich nichts Neues, aber weil die Gründe für die Herausbildung gruppenbezogener Sonderinteressen im Gegensatz zum vorherigen Entwurf überhaupt keine Erwähnung mehr erfuhren, entfaltete sich der Eindruck einer diffusen Bedrohung, die von den Personengruppen ausging. Immerhin: Die „Berücksichtigung und Integration spezifischer Interessen" verblieb im Aufgaben-

122 Ibid., S. 1–2 (Zitate).

katalog. Eine neue organisatorische Schwächung der Personengruppenarbeit bedeutete jedoch die Infragestellung der Personengruppenausschüsse auf Landesbezirks- und Kreisebene. Anders als in der Satzung verankert verfügte der Richtlinienentwurf, solche Ausschüsse „können" gebildet werden[123].

Wie sind diese Schwankungen zu erklären? Zum einen mag der Entwurf von 1977 unter der Zermürbung gelitten haben, die das unkooperative Verhalten der Personengruppenabteilungen der Abteilung Organisation gegenüber hervorgerufen hatte[124]. Zum andern fiel er in die Zeit verschärfter Auseinandersetzungen innerhalb des DGB wie mit der DAG. Wie unten noch gezeigt wird, entbrannte ab Ende 1976 ein scharfer Konflikt um die Personengruppe Arbeiter, als diese eine große Konferenz durchzuführen wünschte. Wichtiger dürfte aber das angespannte Verhältnis zur DAG gewesen sein, denn nur auf sie konnte der Vorwurf der „ständischen Interessenvertretung" gemünzt sein. Nachdem sich die DAG seit ihrem Reformkongress 1971 dem DGB angenähert hatte, betrieb sie nach dem Scheitern gemeinsamer Gespräche 1975 und dem Bruch der Tarifgemeinschaft mit der ÖTV 1976 den Aufbau eines gegen den DGB gerichteten Gewerkschaftskartells[125]. Der den Personengruppen gegenüber recht wohlwollende Rahmenrichtlinienentwurf von 1974 war dagegen wohl in erster Linie eine Reaktion auf die damals aufkommenden Berufsgewerkschaften gewesen. Sie forderten den DGB wie auch die DAG nicht auf der Ebene der Personengruppen heraus, sondern zielten auf eine noch enger gefasste Gruppenbildung. So verschob sich die Position der Personengruppen vom Stand des Besonderen hin zum Intermediären.

Richtlinienentwürfe 1978–1980 – die Tilgung des Verlaufsaspekts

Ein klares Bekenntnis zum Primat des Allgemeinen tauchte im Richtlinienentwurf für die Personengruppe Arbeiter aus dem Jahre 1978 nicht mehr auf. Die Abteilung Arbeiter hatte sich der Ausarbeitung spezifischer Richtlinien wieder angenommen, als die Verabschiedung gemeinsamer Rahmenrichtlinien endgültig gescheitert

123 Schwab an die Mitglieder des GBV, 9. Februar 1977, Anlage: Abteilung Organisation und Verwaltung, Entwurf. Rahmenrichtlinien für die Personengruppenarbeit des Deutschen Gewerkschaftsbundes, 1. Februar 1977, S. 1 (Zitate), 2–4, in: AdsD 5/DGCS000113.

124 Vgl. Schwab an die Mitglieder des GBV, 9. Februar 1977, Anlage 11: Peter Pletsch, Abteilung Verwaltung und Organisation, an Dr. Bernd Otto, 20. August 1974, in: AdsD 5/DGCS000113.

125 Vgl. Müller, DAG, S. 405–445. Wie sehr sich das Verhältnis des DGB zur DAG entspannt hatte, zeigte sich im Debattenbeitrag des HBV-Vorsitzenden zur DGB-Reform 1971, in dem er die Konkurrenz schon gar nicht mehr als solche anerkannte. Vgl. Heinz Vietheer, Zur Diskussion um die DGB-Reform: Groß oder Klein – ist das ein Problem?, in: GMH 22–4 (1971), S. 202–205, hier S. 202 f.

war[126]. Erstmals begann der Entwurf mit einer Einleitung, die ganz im Sinne Franz Holländers und der ÖTV die nicht gerechtfertigte schlechte Stellung der Arbeiterschaft in Wirtschaft und Gesellschaft problematisierte. Zwar wurde lediglich die „berufs- und tätigkeitsbezogene Interessenvertretung der Arbeiter" als „[o]berstes Ziel" der Personengruppe definiert, doch war für den weiteren Verlauf das ausgemachte gesellschaftliche Defizit prägend. Denn im Aufgabenkatalog räumte sich die Abteilung Arbeiter nun, wie einst von Holländer vorgesehen, das Recht ein, „sich [...] zu allen gewerkschaftlichen Fragen äußern" und „alle gewerkschaftlichen Möglichkeiten vorschlagen" zu können, um die Diskriminierungen abzubauen. Den Fachabteilungen wollte man sich nun nicht mehr pauschal unterordnen, es war vielmehr von einer „Zusammenarbeit" die Rede. Zudem war erstmals die Bundesarbeiterkonferenz in den Richtlinien verankert[127].

Diese deutliche Aufwertung der eigenen Stellung spiegelte die endgültige Etablierung der Abteilung Arbeiter im DGB wider, welche sie durch den erfolgreichen Kampf um die Bundesarbeiterkonferenz 1977 errungen hatte. Nach weiteren Revisionen näherte sich der Entwurf im August 1979 seiner endgültigen Fassung an. Wie bei den Entwürfen zu den Rahmenrichtlinien schlug auch hier das Pendel wieder stärker in Richtung des Allgemeinen aus. Treffender ist in diesem Fall aber eine andere Analyse: Die Entwürfe wurden schrittweise versachlicht und ein Stück weit entpolitisiert, wobei dies zumindest mit Blick auf die organisationspolitischen Verwerfungen, welche die Gründung der Personengruppe Arbeiter ausgelöst hatte, keine rein negative Entwicklung war.

Diese Versachlichung wurde gleich im ersten Satz des neuen Entwurfs sichtbar. Dieser definierte die Personengruppenarbeit schlicht als „Teil der Gewerkschaftsarbeit"[128]. Damit schien die Frage, ob die Personengruppenarbeit überflüssiges Übel, letzter Rettungsanker für das Industrieverbandsprinzip oder irgendetwas dazwischen sei, durch den Verzicht auf eine Wertung zugunsten eines Verweises auf das gegebene formale Bestimmungsverhältnis elegant umgangen. Und doch steckte mehr dahinter. Indem die Personengruppenarbeit nun nicht mehr auf die

---

126 Vgl. Niederschrift über die Sitzung des DGB-Bundesarbeiterausschusses am 8. Juni 1978, S. 5, in: AdsD 5/DGCS000113.

127 Vgl. Abteilung Arbeiter-Handwerk, Entwurf. Richtlinien der „Personengruppe Arbeiter", Stand 31. Oktober 1978, S. 1 (erstes und zweites Zitat), 2 (Zitate), 3 f., in: AdsD 5/DGCS000113. In der Vorarbeit von Schaefer und Müller war schon 1972 ein „Arbeiter-Kongreß" verankert gewesen, wurde aber handschriftlich gestrichen und von Heiß nicht übernommen. Vgl. Entwurf: W. Schaefer, A. Müller, Personengruppe „Arbeiter", 4. Oktober 1972, S. 3, in: AdsD 5/DGCS000135.

128 Martin Heiß, Abteilung Arbeiter-Handwerk, Vorlage für den Geschäftsführenden Bundesvorstand, 27. August 1979, Anlage: DGB, Richtlinien der Personengruppe „Arbeiter", Stand 23. August 1979, S. 1, in: AdsD 5/DGCS000113.

Erbringung einer Integrationsleistung verpflichtet wurde, stand sie nicht länger in Opposition zur Gesamtorganisation. Dadurch war sie als ein integraler Teil anerkannt und auf Dauer angelegt. Dieser Sachlogik fiel jedoch auch die aktivistische Begründung der Personengruppe Arbeiter zum Opfer. Statt die Arbeiterschaft aufgrund ihres Leidens an gesellschaftlichen Diskriminierungen als etwas Besonderes auszuweisen, begnügte sich der neue Entwurf mit einer Bezugnahme auf „die spezifischen Probleme der Arbeiter"[129].

Auch wenn die zurückgenommene Anerkennung des Arbeiterschicksals auf den ersten Blick einer Fortschreibung ihrer Diskriminierung gleichkam, bot dieser Schritt einige Vorteile. Ganz unmittelbar ließ sich die mitunter belastete Beziehung der Personengruppe Arbeiter zu den übrigen Abteilungen des DGB entspannen, weil nun jeder Anschein, sich über die Kollegen erheben zu wollen, beseitigt war[130]. Zugleich wurden aber auch die ‚Arbeiter' von einem historischen Joch befreit, wenn nun nicht mehr die Überwindung geschichtlich bedingter Unterschiede als Hauptaufgabe angesehen wurde, sondern pragmatischer „eine bessere Wahrung der Interessen der Arbeiter" sowie die Förderung ihrer „verstärkte[n] Mitarbeit" eingefordert wurde. Mit dieser Formel war zugleich ein Kompromiss zwischen der Forderung nach einer identitätsdemokratischen Vertretung der Arbeiter durch Arbeiter, wie sie in Holländers Entwurf erhoben worden war, und der von der Abteilung Organisation präferierten repräsentativen Interessenvertretung gefunden. Neben die politische Bearbeitung von Problemen traten nun Bildungsmaßnahmen für die Arbeiterschaft als probater Lösungsansatz[131]. Kurzum: Durch die Streichung der historischen Dimension büßten die Richtlinien zwar ihren Verlaufsaspekt ein und erhielten eine präsentistische Prägung, doch ließ sich nun eine Arbeiterpolitik entwickeln, der ein positiveres Arbeiterbild zugrunde lag. Die im Herbst 1980 verabschiedete Version der Richtlinien unterschied sich nur noch im Detail von den vorherigen Entwürfen. Auf Intervention Maria Webers hin wurde das präsentistische Prinzip zur Vollendung gebracht. Nicht mehr die „bessere Wahrung" der Arbeiterinteressen, was ja als Kritik an der bisherigen DGB-Arbeit gewertet werden konnte, war nun als Ziel ausgegeben, sondern nur noch deren „Wahrung". Auch sollten Arbeiterinnen und Arbeiter nicht mehr zu einer „verstärkten Mitarbeit" motiviert werden, sondern es wurde eine Obergrenze eingezogen. Fortan galt es, Arbeitern „eine der Größe ihrer Personengruppe entspre-

---

129 Ibid.

130 Zu den Konflikten vgl. Auszug aus Protokoll über die 45. GBV-Sitzung am 11. Oktober 1976, Karl-Heinz Fröbrich, Abteilung Tarifpolitik, an Kollege Martin Heiß, 28. Oktober 1976 sowie Auszug aus Protokoll über die 52. GBV-Sitzung am 6. Dezember 1976, alle in: AdsD 5/DGCS000136.

131 Vgl. Richtlinien, Stand 23. August 1979, S. 1.

chende Mitarbeit zu sichern“[132]. Durch diese Änderungen waren ‚Arbeiter‘ und ‚Arbeitnehmer‘ gleichsam synchronisiert. Erst der präsentistische ‚Arbeiter‘ stellte für den DGB keine Gefahr mehr dar – zumindest auf der Ebene der Richtlinien[133].

5.2.3 Am Rande des Satzungsbruchs – das Ringen um die Landesbezirksarbeiterausschüsse

Eine andere Maßnahme, sich gegen die ‚Arbeitergefahr‘ zu wappnen, lässt sich anhand der Konflikte um die Etablierung der Arbeiterausschüsse im DGB herausarbeiten. Es war eine Besonderheit der DGB-Satzung, dass sie einen Bundesarbeiterausschuss ebenso wie Landesbezirks- und Kreisarbeiterausschüsse an mehreren Stellen erwähnte, ohne aber die einfache Feststellung zu treffen, dass sie auch zu errichten seien[134]. Dies eröffnete dem DGB-Bundesvorstand einen gewissen Spielraum, den er dazu nutzte, die Etablierung der Arbeiterausschüsse zu verschleppen. Wie oben erwähnt bewegte er sich durch dieses Manöver am Rande des Satzungsbruchs, denn auch wenn die Satzung verschiedene Auslegungen zuließ, war doch der Wille der Delegierten, Arbeiterausschüsse zu schaffen, 1971 eindeutig zum Ausdruck gekommen.

Gegen diese Entscheidung des Bundeskongresses brachte Franz Woschech die ausbleibende Nachfrage nach Arbeiterausschüssen seitens jener Gewerkschafter, die auf Kreis- und Landesbezirksebene aktiv waren, in Stellung. Damit nahm Woschech für den Bundesvorstand unausgesprochen in Anspruch, im Sinne einer schweigenden Mehrheit zu agieren[135]. Tatsächlich stellte ein Brief Engelbert Wildens, der Martin Heiß im Januar 1973 erreichte, eine seltene Ausnahme dar. Darin bekundete der langjährige Stellvertretende Vorsitzende des DGB-Landesbezirks Saar seinen Willen, einen Arbeiterausschuss in seinem Bezirk aufzubauen[136]. Was den Zustand der Personengruppenarbeit auf Kreisebene betraf, zeichnete eine von der Abteilung Organisation 1975 unter den Kreisvorsitzenden durchgeführte Um-

132 Vgl. Maria Weber an Kollegen Martin Heiß, 10. Dezember 1979, S. 1, in: AdsD 5/DGCS000113 sowie DGB, Richtlinien der Personengruppe 'Arbeiter'. Beschlossen vom DGB-Bundesvorstand am 4. November 1980, S. 1, in: AdsD 5/DGAA000120.

133 Sicherheitshalber hatte Maria Weber noch folgende Absicherung durchgesetzt: „Soweit Arbeitsgebiete der vorstehenden Aufgaben den Zuständigkeitsbereich anderer Abteilungen berühren, ist eine Verständigung vorzunehmen.“ Weber an Heiß, 10. Dezember 1979, S. 1 sowie Richtlinien, 4. November 1980, S. 2.

134 Vgl. DGB-Bundesvorstand, Protokoll Außerordentlicher Bundeskongreß 1971, S. 201, 208, 210.

135 Vgl. DGB-Bundesvorstand, Protokoll Bundeskongreß 1972, S. 65.

136 Vgl. Engelbert Wilden, DGB-LB Saar, an den DGB-BuVo, z.Hd. Herrn Martin Heiß, 11. Januar 1973, in: AdsD 5/DGCS000135.

frage ein Bild, das Woschechs Skepsis nicht nur mit Blick auf die Erfolgsaussichten von Kreisarbeiterausschüssen, sondern hinsichtlich der Sinnhaftigkeit jedweder Personengruppenarbeit auf dieser Ebene bestätigte. Die Befragten beklagten unter anderem den mangelnden Kooperationswillen der Einzelgewerkschaften, die keine Vertreter für die DGB-Personengruppen benannten und noch dazu mit ihrer eigenen Personengruppenarbeit eine übermächtige Konkurrenz für den DGB darstellten. Der Gewerkschaftsbund könne auf Kreisebene, so die Studie, mit seiner Personengruppenarbeit daher meist nur sporadisch in Erscheinung treten[137]. Was die DGB-Spitze ebenfalls in ihrer Verzögerungstaktik bestärken konnte, war schließlich die Tatsache, dass auf den folgenden Bundeskongressen niemand mehr für die Sache der Arbeiterschaft das Wort ergriff. Dagegen nutzten Angestellte und in zunehmendem Maße auch Frauen die Gelegenheit, im Rahmen der Aussprache zum Geschäftsbericht des GBV für ihre jeweiligen Belange ein kritisches Bewusstsein zu schaffen[138]. Als 1975 doch der Arbeiter Werner Gleich von der IG Metall zum Thema sprach, wies er wie gute 20 Jahre zuvor Heinz Seeger darauf hin, als Delegierter allen Arbeitnehmern gegenüber verpflichtet zu sein. In der Personengruppenarbeit sah er folglich eine Zentrifugalkraft am Werk, die dem Streben nach Gemeinsamkeit entgegenwirkte[139].

Dennoch blieb Woschechs Argumentationslinie prekär. Zum einen hatte die ÖTV ihrer Initiative die Prämisse zugrunde gelegt, die Arbeiterschaft sei auch in den Gewerkschaften politisch nur unzureichend vertreten. Wenn sie sich in den Entscheidungsgremien kein Gehör verschaffte, konnte gerade dies als Beleg für die Richtigkeit der ÖTV-Annahme ausgelegt werden. Und mit Werner Gleich hatte ja auch nur *ein* Arbeiter gegen die Notwendigkeit der Personengruppen Stellung bezogen. Auch hier konnte es eine schweigende Mehrheit geben, die anderer Meinung war. Zum andern sollte die oben genannte Umfrage der Abteilung Organisation eine interessante Ausnahme zutage fördern: Bei der Frauenarbeit verzeichneten die Kreisvorsitzenden positive Signale, die sie auf die Kampagnen zum Internationalen Jahr der Frau zurückführten[140]. Auch die ÖTV hatte eine Aktivierung der Arbeite-

137 O.V., Vorläufige Feststellungen zur Arbeit der Personengruppen in den DGB-Kreisen, o. D., S. 2 f., in: AdsD 5/DGAA000156. Die Ergebnisse bezogen sich auf die Personengruppen Angestellte, Beamte, Frauen und Jugend. Vgl. Niederschrift über die Sitzung des Organisationsausschusses am 6. Mai 1976, in: AdsD 5/DGCS000113.

138 Gudrun Ecker beklagte etwa 1972 die „absolute[] Unterrepräsentanz der Frauen". Drei Jahre später sprachen Karin Müller, Gisela Kessler, Hildegard Staber, Anke Fuchs und Waltraud Grass teils kontrovers zur Frauenthematik, während sich zwei Redner zur Angestelltenpolitik äußerten. Vgl. DGB-Bundesvorstand, Protokoll Bundeskongreß 1972, S. 97 sowie ders., Protokoll Bundeskongreß 1975, S. 101–103, 109–111, 117 f., 122 f., 126 f., 127 f., 135 f.

139 Vgl. ibid., S. 138 f.

140 Vgl. Vorläufige Feststellungen zur Arbeit der Personengruppen, S. 2.

rinnen und Arbeiter im DGB gefordert, doch davon konnte ja keine Rede sein. Im Gegenteil. Bevor Woschech 1972 die mangelnde Nachfrage nach Arbeiterausschüssen beklagen konnte, hatten die Führungsgremien des DGB ja schon 1971 deren Suspendierung beschlossen. Es ist anzunehmen, dass diese Beschlüsse damals bereits nach unten kommuniziert wurden, wie dies 1974 nach einem weiteren retardierenden Beschluss von Bundesvorstand und Bundesausschuss ausgerechnet Martin Heiß tat. „[U]m weiteren Anfragen von vornherein zu begegnen", bat er die Abteilung Organisation, alle Stellen vom Beschluss des Bundesausschusses in Kenntnis zu setzen, weiterhin keine Arbeiterausschüsse in den Bezirken und Kreisen zu gründen[141].

Dies ist insofern bemerkenswert, als Heiß damit ein politisches Druckmittel freiwillig aus der Hand gab, dessen Wert durch die Entscheidung des Bundesausschusses gerade erst gestiegen war. Denn eine völlige Blockade der Arbeiterausschüsse konnte sich der GBV auf Dauer nicht leisten. Schon Ende Januar 1973 hatte er dem Bundesvorstand empfohlen, die von Martin Heiß erarbeiteten Richtlinien in Kraft zu setzen. Damit wäre der Weg frei gewesen, auf allen Ebenen des DGB Arbeiterausschüsse zu gründen. Der Bundesvorstand folgte dieser Empfehlung bekanntermaßen nicht, aber er beschloss im März 1973 zumindest, „einen Bundes-Arbeiterausschuss zu bilden"[142]. Die Schaffung von Ausschüssen auf den beiden anderen Ebenen lehnte der Bundesvorstand ein Jahr später nach Gesprächen mit den Landesbezirksvorsitzenden erneut ab. Neben dem Fehlen der Richtlinien, wofür ja der Bundesvorstand selbst verantwortlich war, wurden die drohenden Kosten und der Zweifel an einem „gewerkschaftlichen Nutzeffekt" als Gründe angeführt[143].

Auch der Bundesausschuss, das zwischen den Bundeskongressen formal höchste DGB-Gremium, folgte dieser Argumentation. Laut seinem Beschluss sollte nun zunächst die „organisationspolitische[] Notwendigkeit" von Arbeiterausschüssen auf Landesbezirks- und Kreisebene geprüft werden[144]. Dieser Vorbehalt ging deutlich

141 Martin Heiß, Abteilung Arbeiter-Handwerk, an Abteilung Organisation und Verwaltung, 5. April 1974, in: AdsD 5/DGCS000059.

142 Vgl. Protokoll über die 6. BV-Sitzung am 6. März 1973. Dass der Bundesvorstand seinen Konfrontationskurs weiterverfolgte, während sich der GBV konziliant gezeigt hatte, mag auch darin begründet sein, dass nur die GBV-Mitglieder vom DGB-Bundeskongress gewählt wurden, während die übrigen Bundesvorstandsmitglieder ihr Mandat qua Amt als Vorsitzende der Einzelgewerkschaften ausübten. Vgl. Paragraph 9 Ziffer 1 der Satzung in DGB-Bundesvorstand, Protokoll Außerordentlicher Bundeskongreß 1971, S. 203 f.

143 Martin Heiß, Abt. Arbeiter-Handwerk, Vorlage für den DGB-Bundesausschuss (Sitzung am 6.3. 1974), 13. Februar 1974, S. 2, in: AdsD 5/DGCS000059.

144 Protokoll über die 7. Sitzung des Bundesausschusses am 6. März 1974, S. 4, in: AdsD 5/DGAI000413.

weiter als der 1971 formulierte. Denn während die damals gestellte Bedingung, zuerst Richtlinien zu erlassen, einen rein administrativen Vorgang betroffen hatte, war nun die materielle Berechtigung der Ausschüsse selbst infrage gestellt. Wie wenig es um die Frage der „organisationspolitischen Notwendigkeit" als vielmehr um die Sabotage der Personengruppe Arbeiter ging, zeigte sich an zwei Begebenheiten. Zum einen kam der Beschluss, der die angeführte Begründung so deutlich modifizierte, auch deshalb zustande, weil nach über zwei Jahren der Inaktivität der Vorwurf des Satzungsbruches immer mehr an Plausibilität gewann, wie wohl auch das DGB-Justitiariat der Abteilung Arbeiter-Handwerk ein Jahr später signalisierte[145]. Zum andern wurde im Juni 1977 offenbar, dass die Führungsgremien bis dahin gerade jenes Vorhaben der Abteilung Arbeiter-Handwerk unterbunden hatten, welche eine organisationspolitische Notwendigkeit weiterer Arbeiterausschüsse begründet hätte: die Durchführung einer Bundesarbeiterkonferenz. Im selben Beschluss, in dem Bundesvorstand und Bundesausschuss den Weg für diese Veranstaltung frei gaben, dekretierten sie: „Wenn es für notwendig erachtet wird, können auf Landesbezirksebene Arbeiterausschüsse gebildet werden."[146] Zwar wäre ein solcher „Unterbau"[147] für die Durchführung einer größeren Konferenz zweifellos hilfreich gewesen, doch war die Zeit viel zu knapp bemessen, sollte die Arbeiterveranstaltung doch schon im November 1977 über die Bühne gehen. Würde die Bundesarbeiterkonferenz andererseits auch ohne die Unterstützung durch Landesbezirksarbeiterausschüsse gestemmt, hätte sie sich als Argument für die organisationspolitische Notwendigkeit dieser Einrichtungen erübrigt.

Wie die weitere Entwicklung zeigte, hatten Bundesvorstand und Bundesausschuss auch dieses Mal eine für ihre Zwecke kluge Formulierung gewählt. Formal hatten sie der Satzung Genüge getan, indem sie die Etablierung der Landesbezirksarbeiterausschüsse prinzipiell erlaubten. Tatsächlich aber hing die Umsetzung einer Satzungsvorschrift nun vom freien Ermessen eines jeden der einzelnen Landesbezirksvorstände ab, denn selbst auf die Nennung des ohnehin schwam-

---

145 Der Bundesvorstand war nach Paragraph 9 Ziffer 5f verpflichtet, dem Bundesausschuss Richtlinien vorzuschlagen. Dieser wiederum musste sie nach Paragraph 8 Ziffer 3g erlassen. Vgl. Abteilung Arbeiter-Handwerk, 3. Februar 1975, in: AdsD 5/DGCS000135. Die ÖTV bezeichnete den Vorgang etwas freundlicher als Maßnahme, „die Satzung zu umgehen." Karl-Heinz Fröbrich, Abteilung Tarifpolitik, 12. Mai 1975, S. 1, in: AdsD 5/DGCS000135.

146 20. Sitzung des Bundesvorstandes am 7. Juni 1977 in Mainz, in: AdsD 5/DGAA000154. Der Bundesausschuss vollzog den Beschluss einen Tag später nach, vgl. 8. Sitzung des Bundesausschusses am 8. Juni 1977, in: AdsD 5/DGAA000154.

147 Vgl. Niederschrift über die Sitzung des DGB-Bundesarbeiterausschusses am 1. Juli 1977, S. 2, in: AdsD 5/DGCS000113.

migen Kriteriums der „organisationspolitischen Notwendigkeit“ war verzichtet worden[148]. Juristisch bewegte sich die DGB-Spitze damit jedoch auf dünnem Eis. Doch dauerte es fast acht Jahre, bis ein Mitarbeiter der Abteilung Arbeiter-Handwerk diese Praxis kritisierte:

> Meines Wissens sind Konferenzbeschlüsse bindend und in gewissem Sinne höheres Recht gegenüber Beschlüssen von Landesbezirksvorständen. Man kann also dort nicht durch einen Beschluß einen Kongreßbeschluß aushebeln. [...] Dies würde nämlich bedeuten, daß man unbequeme Kongreßbeschlüsse hinsichtlich ihrer Ausführung bis auf den Sankt-Nimmerleins-Tag hinausschieben könnte mit der Maßgabe, daß sie gegebenenfalls bei einem später folgenden Bundeskongreß revidiert werden könnten.[149]

Auch wenn die Abteilung Arbeiter-Handwerk nun aktiv wurde, war ihr Erfolg sehr überschaubar[150]. Ein Mitglied des Bundesarbeiterausschusses führte dies direkt auf den Beschluss der Führungsgremien zurück[151]. Als der erste Landesbezirksarbeiterausschuss schließlich in Nordrhein-Westfalen gegründet wurde, schrieb man bereits das Jahr 1981[152]. Es dauerte noch weitere sechs Jahre, bis es solche Ausschüsse in der Mehrzahl der DGB-Bezirke gab[153]. Zumeist ging ihre Schaffung auf die Initiative der ÖTV zurück[154], doch selbst ein formaler Gründungsbeschluss seitens eines Landesbezirksvorstandes war noch keine Garantie für die Etablierung eines Arbeiterausschusses. So weigerten sich in Baden-Württemberg zahlreiche Einzelgewerkschaften über Jahre hinweg schlicht, Mitglieder für den Ausschuss zu

148 Die 1975 mit dem Justitiariat abgesprochene Version hatte dagegen noch dem Bundesausschuss die Aufgabe zugewiesen, die organisationspolitische Notwendigkeit zu prüfen. Vgl. Abteilung Arbeiter-Handwerk, 3. Februar 1975.

149 Lothar Selzner an Albert Keil, 12. Februar 1985, in: AdsD 5/DGAA000166.

150 Vgl. Niederschrift, DGB-BAA, 1. Juli 1977, S. 6, Martin Heiß an die DGB-Landesbezirks-Vorsitzenden, den Mitgliedern des DGB-Bundesvorstandes zur Kenntnis, 27. Juni 1977 sowie Niederschrift über die Sitzung des DGB-Bundesarbeiterausschusses am 28. September 1977, alle in: AdsD 5/DGCS000127.

151 Vgl. Niederschrift Bundesarbeiterausschuss, 8. Juni 1978, S. 5.

152 Karl-Heinz Vorbrücken, Vermerk an Irmgard Blättel, 28. Januar 1981, in: AdsD 5/DGAA000166.

153 Abteilung Arbeiter-Handwerk, Unterlage zur Sitzung, Bundesarbeiterausschuss am 8. Juli 1987, in: AdsD 5/DGAA000165.

154 Vgl. Karl-Heinz Vorbrücken an die Kollegen Martin Heiß, Karl-Heinz Fröbrich, Dieter Trautmann, 18. Januar 1979, Anlage: H. Schmidt an DGB-Landesbezirk NRW Kollegen Siegfried Bleicher, 4. Oktober 1978, in: AdsD 5/DGCS000137. Zu den Auseinandersetzungen vgl. weiterhin etwa Niederschrift über die Sitzung des DGB-Bundesarbeiterausschusses am 15. November 1979, S. 4, in: AdsD 5/DGCS000126, Niederschrift über die Sitzung des DGB-Bundesarbeiterausschusses am 14. September 1982, S. 5f. sowie Niederschrift über die Sitzung des DGB-Bundesarbeiterausschusses am 13. April 1983, S. 7, beide in: AdsD 5/DGAA000122.

benennen[155]. Gegen diese Form der Obstruktion war auch satzungsrechtlich nicht beizukommen.

Die Auseinandersetzung um die Landesarbeiterausschüsse eröffnet den Blick auf zwei weitere Aspekte des Umgangs der DGB-Oberen mit der Arbeiterthematik. Indem sie die Arbeiterpolitik lange Jahre auf die Bundesebene beschränkten, hegten sie weitere Gefahren ein, die ihrer Meinung nach vom ‚Arbeiter' ausgingen. Zunächst kamen die jährlichen Budgets, die der DGB für das Arbeitersekretariat aufwandte, mit anfänglich 10 000 DM, später dann 120 000 DM nicht einmal entfernt in die Nähe der von Woschech projizierten Summe von einer Million DM[156]. Zugleich glich die Arbeiterpolitik im DGB einem zentralistischen Wasserkopf, von dem keine basisdemokratische Mobilisierung der eigensinnigen Arbeiterinnen und Arbeiter gegen die DGB-Führung zu befürchten war. Schließlich waren weder im Arbeitersekretariat noch im Bundesarbeiterausschuss Lohnempfänger vertreten. Arbeiterbelange wurden vielmehr stellvertretend von hauptamtlichen Gewerkschaftsangestellten definiert und bearbeitet.

5.2.4 „In Gottes Namen, wenn es sich nicht verhindern läßt." – Die Durchsetzung der Bundesarbeiterkonferenz

Abschließend sei noch ein Blick auf die schon angesprochene Auseinandersetzung um die Veranstaltung einer Bundesarbeiterkonferenz 1977 geworfen.[157] Sie erst vervollständigt das Bild, indem sie eine weitere wahrgenommene Gefahr sichtbar macht und zeigt, wie das hierfür gewählte Gegenmittel selbst zum Problem wurde.

Schon auf der konstituierenden Sitzung des Bundesarbeiterausschusses am 17. Januar 1974 hatte Franz Holländer deutlich gemacht, was die ÖTV von der Arbeiterpolitik des DGB erwartete: „Es komme", so ist im Protokoll zu lesen, „auch darauf an, aus der Sicht der Arbeiter zu speziellen Problemen nach aussen [sic!] Stellung zu nehmen". Als Mittel der Wahl führte Holländer „Rationalisierungskon-

155 Vgl. Niederschrift BAA, 14. September 1982, S. 5 sowie Niederschrift über die Sitzung des Bundesarbeiterausschusses am 18. November 1986, S. 5, in: AdsD 5/DGAA000165.

156 Hinzu kamen die Kosten für die Bundesarbeiterkonferenz. Die übrigen Personengruppen erhielten jeweils deutlich mehr Geld. Vgl. Martin Heiß, Vertraulich, an Kollegen Karl-Heinz Fröbrich, Heinz Fuchs, Willfried Schaefer, Karl-Heinz Uhle, 1. April 1974, S. 1, in: AdsD 5/DGCS000059 sowie Übertragung aus dem Stenogramm. Protokoll über die 16. Bundesvorstandssitzung am 31. Januar 1977, Anlage: Haushaltsentwurf 1977, S. 5, in: AdsD 5/DGAI000492.

157 Das Zitat in der Überschrift stammt von Helmut Teitzel von der Gewerkschaft Leder. Übertragung aus dem Stenogramm. Protokoll über die 17. Sitzung des Bundesvorstandes am 1. März 1977, S. 5, in: AdsD 5/DGAI000492.

gresse oder Arbeiterkonferenzen“ an[158]. Diese Einschätzung war durchaus begründet. Denn auch wenn dem DGB zahlreiche Einflusskanäle in die Politik offenstanden, konnte sich der Dachverband nie sicher sein, dass er auch tatsächlich gehört wurde. Konferenzen dagegen dienten nicht nur durch die Mobilisierung von Medien und Wissenschaft als öffentlichkeitswirksame Resonanzverstärker der gewerkschaftlichen Anliegen, sondern sie boten dem DGB überdies die Möglichkeit, Themen autonom zu setzen. Vor allem in den 1970er Jahren, zur Hochzeit der ‚Arbeitnehmergesellschaft‘ also, nahm auch die erste Garde der Volksvertreter an diesen „politischen Event[s]“ teil[159]. Ohne Zweifel hätte auch die Personengruppe Arbeiter des DGB mit einer öffentlichkeitswirksamen Konferenz gerade in den 1970er Jahren viel Aufmerksamkeit auf sich gezogen.

Bevor es aber so weit kommen sollte, warf die Veranstaltung schon lange ihre Schatten voraus. Im Januar 1975 regte Martin Heiß die Durchführung einer Arbeitertagung noch im selben Jahr an. Hans Alker von der IG BE verwies jedoch auf die fehlenden „organisatorischen Voraussetzungen“. Bruno Köbele von der IG BSE stand der geplanten Konferenz zwar positiv gegenüber, doch erkannte er ein ganz anderes Problem: „Eine Arbeitstagung würde innerhalb der Vorstände der Einzelgewerkschaften die Grundsatzfrage aufwerfen.“[160] Genau so sollte es kommen. Dass die Bundesarbeiterkonferenz zum idealen Hebel für die Lösung des Konflikts um die Arbeiterpolitik – in die eine oder die andere Richtung – werden konnte, lag nicht nur in der symbolischen Anerkennung, die es bedeutete, wenn unter dem Banner des DGB öffentlichkeitswirksam Arbeiterprobleme diskutiert wurden. Ebenso wichtig war, dass die Veranstaltung von Personengruppenkonferenzen nur gewohnheitsrechtlich gesichert war[161]. Auf ein solches Gewohnheitsrecht konnte die Personengruppe Arbeiter jedoch nicht pochen. Der Bundesarbeiterausschuss ging trotz interner Meinungsunterschiede in dieser Angelegenheit von Beginn an sehr offensiv ans Werk. Martin Heiß leitete aus der Satzungsvorschrift, wonach

158 Martin Heiß an die Mitglieder des Bundes-Arbeiterausschusses des DGB, 31. Januar 1974, Anlage: Protokoll über die „konstituierende Sitzung des Bundes-Arbeiterausschusses des DGB“ am 17. Januar 1974, S. 3, in: AdsD 5/DGCS000001.

159 Remeke, Anders links, S. 154–156, 305 (Zitat) f. So nahm 1971 Bundeskanzler Brandt an der DGB-Frauenkonferenz teil (vgl. ibid., S. 306), während sein Nachfolger dem DGB-Bundesangestelltentag 1981 seine Aufwartung machte. Vgl. DGB-Bundesvorstand (Hrsg.), Die Zukunft bewältigen. Technik für den Menschen. Protokoll 10. Bundes-Angestelltentag des DGB 27.–29. Oktober 1981 in Dortmund, Düsseldorf 1981, S. 172–187.

160 Martin Heiß an die Mitglieder des Bundes-Arbeiterausschusses, 20. März 1975, Anlage: Vertraulich. Protokoll über die Sitzung des Bundes-Arbeiterausschusses des DGB am 31. Januar 1975, S. 3 (Zitat), 5–6 (Zitat), in: AdsD 5/DGCS000001.

161 Vgl. Abteilung Arbeiter-Handwerk, Vorlage für die Sitzung des Bundes-Arbeiterausschusses am 31. Januar 1975, 29. Januar 1975, S. 1, in: AdsD 5/DGCS000124.

Personengruppenkonferenzen nicht in den drei Monaten vor einem Bundeskongress stattfinden dürften, kurzerhand die Bestimmung ab, solche Konferenzen in den Monaten und Jahren davor durchführen zu *müssen*[162]. In dieser Frage trat Heiß also ganz anders auf als zu Beginn seiner Amtszeit, als es um die Richtlinien gegangen war. Er suchte nun nach Möglichkeiten, den ‚Arbeitern' öffentliche Aufmerksamkeit und Anerkennung zu verschaffen. Diesem Ziel wurde nun auch die Auswahl des Veranstaltungsortes unterworfen. War ursprünglich Düsseldorf, immerhin Sitz des DGB, vorgesehen, erkor man Mitte 1976 das Ruhrgebiet aus. Denn: „Arbeiterprobleme werden nur dort Resonanz finden, wo Arbeiter überproportional stark in der Bevölkerung vertreten sind"[163]. Kurze Zeit später war, ganz in Übereinstimmung mit dem Primat der öffentlichen Wirksamkeit, gar die Rede davon, „den Schwerpunkt auf [den] Kundgebungscharakter zu legen"[164]. Entsprechend orientierte sich der Bundesarbeiterausschuss – auch aus Gründen der symbolischen Anerkennung durch den Dachverband – an der Delegiertenzahl der anderen Personengruppenkonferenzen. Für die vorgesehene Konferenz mit 336 Delegierten veranschlagte Heiß im Oktober 1976 Kosten in Höhe von 300 000 DM[165].

Erste Störfeuer

Trotz dieses umfangreichen Wunschzettels stimmte der GBV im November 1976 der Durchführung der Konferenz, die genau ein Jahr später stattfinden sollte, „im Prinzip zu"[166]. Jedoch unterlief der Bundesvorstand, in dem neben den GBV-Mitgliedern auch die Chefs der Einzelgewerkschaften vertreten waren, diese Entscheidung drei Wochen später. Gleich sechs Gewerkschaftsvorsitzende erklärten,

---

162 Martin Heiß, Karl-Heinz Fröbrich, Vertraulich, Protokoll über die Sitzung des Bundes-Arbeiterausschusses des DGB am 23. September 1975, S. 3, in: AdsD 5/DGCS000136. Vgl. dagegen Paragraph 7 Ziffer 2 der Satzung: DGB-Bundesvorstand, Protokoll Bundeskongreß 1975, Anhang II, S. 11.

163 Dieter Trautmann an Martin Heiß, 22. Juni 1976, Anlage: Karl-Heinz Vorbrücken, Entwurfsvorlage II zum Tagesordnungspunkt 3 „Vorbereitung der Bundesarbeiterkonferenz", S. 2, in: AdsD 5/DGCS000136. Vgl. zudem Abteilung Arbeiter-Handwerk, Vorlage BAA, 31. Januar 1975, S. 1.

164 Martin Heiß an die Mitglieder des DGB-Bundesarbeiterausschusses, den Mitgliedern des DGB-Bundesvorstandes zur Kenntnis, 29. Juli 1976, Anlage: Abteilung Arbeiter-Handwerk, Vorlage zu Tagesordnungspunkt 3 der Sitzung des DGB-Bundesarbeiterausschusses am 14. September 1976, in: AdsD 5/DGCS000127.

165 Vgl. Protokoll über die Sitzung des Bundesarbeiterausschusses des DGB am 14. September 1976, S. 15, in: AdsD 5/DGCS000113, Abteilung Arbeiter-Handwerk, Tischvorlage, 6. Dezember 1976, in: AdsD 5/DGAA000148 sowie Martin Heiß, Abteilung Tarifpolitik, Abteilung Arbeiter-Handwerk, an Abteilung Finanzen, 4. Oktober 1976, Anlage: Martin Heiß, Abteilung Arbeiter-Handwerk, an Kollege Alfons Lappas, 1. Oktober 1976, in: AdsD 5/DGCS000127.

166 Auszug aus Protokoll über die 49. GBV-Sitzung am 15. November 1976, in: AdsD 5/DGAA000015.

keine Delegierten entsenden zu wollen[167]. Sie konnten sich dabei der Sympathie des DGB-Vorsitzenden sicher sein, hatte der doch mit Blick auf die satzungsrechtliche Verankerung der Arbeiterpolitik von „der komischen Beschlußfassung auf unserem Kongreß" gesprochen[168]. Der zwei Tage später beratende Bundesarbeiterausschuss knüpfte daraufhin nicht nur seine eigene Zukunft an die Entscheidung über die Arbeiterkonferenz, sondern forderte den Bundesvorstand im Falle eines negativen Votums dazu auf, „konsequenterweise auch die übrige Personengruppenarbeit in Frage [zu] stellen"[169]. Diese Drohung zeigte insofern Wirkung, als sich GBV und Bundesvorstand noch einmal mit der Angelegenheit befassen wollten[170].

Als der Bundesvorstand am 31. Januar 1977 erneut tagte, konnte zwar keine Einigung gefunden werden, doch schien sich zumindest eine Kompromisslinie abzuzeichnen. Denn auch einige der Gewerkschaftsführer, die wie Gerhard Vater von der GHK die Durchführung der Arbeiterkonferenz ablehnten, folgten der Lesart von Martin Heiß, wonach Personengruppenkonferenzen satzungsrechtlich verankert seien. Resignierend stellte Vater fest: „Wir sind Gefangene unseres eigenen Beschlusses." Zu der möglichen Kompromisslinie gehörte, die Delegiertenzahl in Anlehnung an die Zusammensetzung des Bundesausschusses auf 100 zu beschränken. Heiß wie auch Kluncker erklärten sich damit einverstanden, doch gaben sich die Gegner noch nicht geschlagen. Neben pragmatischen Einwänden brachten sie nun die Option ins Spiel, auf dem nächsten Bundeskongress die ungeliebte Satzungsvorschrift wieder zu streichen[171]. Zwar beinhaltete die Beschlussvorlage des GBV für die nächste Bundesvorstandsitzung am 1. März 1977 weiterhin die Durchführung der Bundesarbeiterkonferenz, doch stellte das Gremium zugleich eine Weiche in die andere Richtung. Der GBV betonte explizit, dass von der Entscheidung über die Bundesarbeiterkonferenz „die Arbeit der anderen Personengruppen vom Inhalt und der Aufgabe her [...] nicht berührt wird."[172] Das vom Bundesarbeiterausschuss geknüpfte Junktim war damit vom Tisch.

---

167 Vgl. Auszug aus Kurzprotokoll über die 15. BV-Sitzung am 7. Dezember 1976, in: AdsD 5/DGAA000015.

168 Übertragung aus dem Stenogramm. Protokoll über die 15. Bundesvorstandssitzung am 7. Dezember 1976, S. 21, in: AdsD 5/DGAI000492.

169 Niederschrift der Sitzung des DGB-Bundesarbeiterausschusses am 9. Dezember 1976, S. 9, in: AdsD 5/DGAA000148.

170 Vgl. 55. GBV-Sitzung, 10. Januar 1977, in: AdsD 5/DGAA000154.

171 Vgl. Stenogramm, Protokoll Bundesvorstandssitzung, 31. Januar 1977, S. 6–10 (Zitat auf S. 7).

172 Auszug aus Protokoll über die 59. GBV-Sitzung am 7. Februar 1977, in: AdsD 5/DGAA000015. Zur Beschlussvorlage vgl. 60. GBV-Sitzung am 14. Februar 1977, in: AdsD 5/DGAA000154.

Frontalangriff auf die Personengruppe Arbeiter

Kein Geringerer als der IG Metall-Vorsitzende Eugen Loderer, der in der vorherigen Sitzung geschwiegen hatte, leitete an jenem 1. März die Konfrontation ein, indem er die Existenz einer satzungsrechtlichen Pflicht zur Durchführung der Konferenz in Zweifel zog. Ihm sprangen sofort die Vertreter der HBV, IG BE, IG CPK, NGG, GTB sowie der IG Druck und Papier bei. Leonhard Mahlein, Vorsitzender der letztgenannten, gab der Diskussion eine grundsätzliche Richtung, denn seiner Meinung nach handelte es sich nicht nur um eine Auslegungsfrage der Satzung, sondern um ein gewerkschaftspolitisches Problem. In seinen Augen gefährdete die Personengruppe Arbeiter allein durch ihre Existenz das gewerkschaftliche Projekt, Arbeiter, Angestellte und Beamte im Arbeitnehmerstatus und -bewusstsein zu vereinen[173]. Nicht zuletzt aufgrund der durch Tarifverhandlungen bedingten Abwesenheit von Heinz Kluncker gelang der Fraktion um Loderer und Mahlein ein Etappensieg. Im Kurzprotokoll der Sitzung wurde nicht nur die Absage der Konferenz als Ergebnis der Diskussion festgehalten, sondern zugleich ein Antrag auf Auflösung der Personengruppe Arbeiter angekündigt[174]. Allerdings war letzteres überhaupt nicht beschlossen worden, wie Gustav Fehrenbach, Vertreter der DPG, brieflich anmerkte[175]. Nach einigem Hin und Her verständigte sich der GBV schließlich auf eine Beschlussvorlage für den Bundesvorstand, die weiterhin einen Antrag auf Streichung der Personengruppe Arbeiter vorsah, zugleich jedoch die Einrichtung eines Ausschusses „Arbeiter im öffentlichen Dienst" in Aussicht stellte[176].

Eine Tertiarisierung des ‚Arbeiters'?

In diesem Beschluss spiegelte sich die Diskussion des Bundesvorstandes tatsächlich wider. Denn trotz seiner Befürchtungen um ein erneutes Aufleben von Gruppenegoismen hatte Mahlein selbst den Vorschlag eingebracht, die Arbeiterpolitik in Zukunft nur noch als Angelegenheit des Öffentlichen Dienstes zu behandeln[177]. Damit hatte er eine Idee aufgegriffen, die schon länger zirkulierte. Selbst die ÖTV hatte intern mit dem Gedanken gespielt, ihre eigenen Arbeiter- und Angestelltenausschüsse in einen Bereich Öffentlicher Dienst und einen Bereich Privatwirtschaft zu unterteilen. Diesem Vorschlag lagen jedoch tarifpolitische Erwägungen zu-

---

173 Vgl. Stenogramm, Protokoll Bundesvorstandssitzung, 1. März 1977, S. 4–8.

174 Auszug aus dem Kurzprotokoll über die 17. BV-Sitzung am 1. März 1977, in: AdsD 5/DGAA000015. Zum Grund für Klunckers Abwesenheit vgl. Auszug aus Protokoll über die 7. BA-Sitzung am 2. März 1977, in: AdsD 5/DGCS000136.

175 Fehrenbach, Deutsche Postgewerkschaft, Stellvertretender Vorsitzender, an den DGB-Bundesvorstand, 28. März 1977, in: AdsD 5/DGAI000235.

176 Auszug aus dem Protokoll über die 70. GBV-Sitzung am 9. Mai 1977, in: AdsD 5/DGAA000015.

177 Stenogramm, Protokoll Bundesvorstandssitzung, 1. März 1977, S. 4–8, in: AdsD 5/DGAI000492.

grunde[178], die für den Bundesarbeiterausschuss des DGB irrelevant waren. Dennoch hatte die ÖTV 1975 auch dort den Wunsch geäußert, zusätzlich einen Unterausschuss für Behördenarbeiter zu gründen, der mit dem Unterausschuss der Behördenangestellten im DGB kooperieren sollte. Jedoch hatte der Bundesarbeiterausschuss dem ÖTV-Vorschlag seinerzeit nicht entsprochen[179]. Wenn der DGB nun ausschließlich für die Arbeiter des Öffentlichen Dienstes verantwortlich sein sollte, hätte sich ein Problem verschärft, das die ÖTV schon 1967 wahrgenommen hatte. Damals warnte deren Tarifsekretariat, die staatlich beschäftigten Arbeiterinnen und Arbeiter verlören immer mehr den Bezug zur Arbeiterschaft im privatwirtschaftlichen Bereich, da sie sich an den Angestellten und Beamten im Öffentlichen Dienst orientierten[180]. So drohte die von Mahlein avisierte Lösung zur Herausbildung von zwei unterschiedlichen Arbeitnehmertypen und infolgedessen zur Spaltung des DGB in zwei Lager zu führen[181]. In der Debatte kam es denn auch zu einem vielsagenden Rollentausch, als Martin Heiß gegen Mahleins Vorschlag den Wunsch des Bundesarbeiterausschusses ins Feld führte: „Sie wollen integriert sein im ganzen [sic!]. Nicht Spezialabteilung."[182]

Ein machtpolitischer Kompromiss

Ohnehin war in der Angelegenheit das letzte Wort noch nicht gesprochen. Im ebenfalls Anfang März tagenden DGB-Bundesarbeiterausschuss hielt sich die Empörung in engen Grenzen. Größtes Ärgernis war für die Mitglieder nur die Tatsache, dass sich der vorgesehene Termin der Bundesarbeiterkonferenz im November durch die Störmanöver kaum noch halten ließ[183]. Heinz Kluncker sammelte derweil im Hauptvorstand seiner Gewerkschaft die Truppen für die anstehende Abwehr-

178 Protokoll über die 11. Sitzung des Hauptvorstandes am 16./17. März 1967, S. 8, in: AdsD 5/ÖTVB130014.

179 Vgl. Fröbrich, Abteilung Tarifpolitik, 12. Mai 1975 sowie Protokoll über die Sitzung des Bundes-Arbeiterausschusses des DGB am 23. September 1975, in: AdsD 5/DGCS000136. Die Idee hatte der GBV am 29. November 1976 erneut aufgegriffen. Vgl. Protokoll über die 51. Sitzung des Geschäftsführenden Bundesvorstandes am 29. November 1976, Anlage zum Protokoll der 51. GBV-Sitzung. Hausmitteilungen, 29. November 1976, S. 1, in: AdsD 5/DGAI000385.

180 Vgl. Führer, Gewerkschaftsmacht, S. 278.

181 Die Gefahr einer faktischen Spaltung des DGB ist aber nach wie vor virulent. Vgl. Frank Deppe, Einheit oder Spaltung? Überlegungen zur Debatte um die Einheitsgewerkschaft, Berlin 2015, S. 2, 16, <https://www.rosalux.de/fileadmin/rls_uploads/pdfs/Analysen/Analysen19_Gesell_Einheitsgewerkschaft_web.pdf> (30.08.2023).

182 Protokoll Bundesvorstandssitzung, 1. März 1977, S. 6.

183 Vgl. Niederschrift über die Sitzung des DGB-Bundesarbeiter-Ausschusses am 8. März 1977, S. 3–5, in: AdsD 5/DGCS000113.

schlacht[184]. Sie war freilich schon gewonnen, bevor der DGB-Bundesvorstand Anfang Juni endgültig über die Sache befinden sollte. Und dies aus einem einfachen Grund: Jede Herabstufung der Personengruppe Arbeiter war nur durch eine Satzungsänderung zu erreichen, für die eine Zweidrittelmehrheit unter den Delegierten notwendig war. So gab sich auch Siegfried Merten in der Sitzung des ÖTV-Bundesarbeiterausschusses zuversichtlich, „daß bei der IG Metall Kollegen dazu bereit sind, die Anliegen der ÖTV mit zu unterstützen."[185] Wie sich zeigte, war es beinahe unmöglich, die Personengruppe Arbeiter wieder loszuwerden. Zwar beharrte Eugen Loderer auf der Bundesvorstandssitzung am 7. Juni 1977 auf seinem Standpunkt, doch kam nun eine weitere Überlegung mit ins Spiel, wodurch sich aus der Not eine Tugend machen ließ. Gerhard Vater schlug vor, den satzungsrechtlichen Status quo der Personengruppenarbeit zu respektieren, sofern eine Bedingung erfüllt werde: „Aber wir alle treten dafür ein, daß wir in der Zukunft nur alle 4 Jahre Bundeskongreß haben." Auch der DGB-Vorsitzende Vetter griff diesen Vorschlag auf und bekannte sich darauf zur Durchführung der Bundesarbeiterkonferenz[186].

Wie schon 1971 kam der Personengruppe Arbeiter zugute, dass sie sich als partizipationsfördernde Institution in den Demokratisierungsdiskurs einschreiben ließ. Nun geschah dies im Zuge eines Tauschgeschäfts, das der Führung mehr Spielraum gegenüber der Basis versprach. Denn auch Vetter versah sein Zugeständnis gegenüber der Personengruppe Arbeiter mit wichtigen Einschränkungen: Die Delegiertenzahl blieb nicht nur auf 100 beschränkt, sondern die Konferenz musste unter Ausschluss der Öffentlichkeit stattfinden. Dies widersprach dem ursprünglichen Anliegen des Bundesarbeiterausschusses völlig. Immerhin rang Kluncker von Vetter das Zugeständnis ab, im Anschluss an die Konferenz eine Pressekonferenz durchzuführen[187]. So fand die erste Bundesarbeiterkonferenz schließlich Ende November 1977 statt, doch war sie mit deutlichen Zeichen der Missbilligung versehen: Weder tagte sie in der Arbeiterhochburg Ruhrgebiet, sondern in Düsseldorf, noch durfte das DGB-Logo im Konferenzsaal verwendet werden. Der ‚Arbeiter' blieb, soweit es ging, unsichtbar. Dieser gezielte Affront wurde von

184 Protokoll, 5. Sitzung des Hauptvorstandes am 11./12. Mai 1977, S. 35, in: AdsD 5/ÖTVB130036.

185 Karl-Heinz Vorbrücken, vertraulich, Vermerk über die Wahrnehmung des Termins Bundesarbeiterausschußsitzung der ÖTV vom 16.–18. Mai 1977 in Wilhelmshaven, 1. Juni 1977, S. 2, in: AdsD 5/DGCS000136.

186 Vgl. Übertragung aus dem Stenogramm. Protokoll über die 20. Sitzung des Bundesvorstandes am 7. Juni 1977, S. 12–15 (Zitat auf S. 14), in: AdsD 5/DGAI000493. Der Bundeskongress 1978 stimmte einer Verlängerung des Turnus auf vier Jahre mit überwältigender Mehrheit zu. Als Redner für den Antrag trat Heinz Kluncker auf. Vgl. DGB-Bundesvorstand, Protokoll Bundeskongress 1978, S. 410.

187 Vgl. ibid., S. 15.

den auf der Konferenz versammelten Arbeitern als ein letztes Nachtreten eines geschlagenen Gegners registriert, wie es in der Einlassung des ÖTV-Delegierten Horst Roggenbuck ablesbar ist:

> Es ist unsere Kraft, auch wenn hier selbst hinter der Wand, hinter dem Präsidium für die Fotografen jeder optische Hinweis auf eine DGB-Konferenz fehlt, aber dies sagt ja nichts aus über die Qualität einer Veranstaltung, dies kann man ja auch mit Fotomontage nachholen.[188]

Treffender hätte man die Politik der Gewerkschaftsspitze nicht der Lächerlichkeit preisgeben können.

Unterschiedliche Arbeiterbilder

Die Sitzungen des Bundesvorstandes hatten noch einmal sehr deutlich gemacht, wie umfassend der ‚Arbeiter' auf der Führungsebene der Gewerkschaften bereits tertiarisiert war. Man könnte auch drastischer formulieren: Gerade die Vertreter der Arbeitergewerkschaften zeigten noch gegen Ende der 1970er Jahre kaum Verständnis für die ‚Arbeiter'problematik. Nicht einmal, als der HBV-Vorsitzende Heinz Vietheer die Arbeiterkonferenz mit dem Hinweis ablehnte, seine zu 81,5 Prozent aus Angestellten bestehende Gewerkschaft wolle keine eigenen Arbeiterausschüsse gründen, regte sich Widerstand. Denn zuvor schon hatte Eugen Loderer die Parole ausgegeben, für Arbeiter gelte „[k]ein Minderheitenschutz"[189]. Grundsätzlich kam die Verständnislosigkeit in den wiederholten Fragen mehrerer Gewerkschaftsführer zum Ausdruck, ob es überhaupt Probleme gebe, die die gesamte Arbeiterschaft betreffen[190]. Dabei hatte Heinz Kluncker in der Sitzung im Januar bereits auf die anhaltende Benachteiligung der Arbeiterschaft im Bereich der Sozialversicherungen hingewiesen, war damit aber auf taube Ohren gestoßen[191].

Mit einiger Berechtigung warfen die Vertreter der Gewerkschaften des Öffentlichen Dienstes ihren Kollegen aus der Privatwirtschaft vor, blind für die gesellschaftspolitischen Anliegen der Arbeiterschaft zu sein[192]. Diese unterschiedli-

---

188 DGB-Bundesvorstand (Hrsg.), DGB-Personengruppe „Arbeiter". Bundesarbeiterkonferenz des Deutschen Gewerkschaftsbundes am 24. und 25. November 1977 in Düsseldorf. Protokoll, Düsseldorf o. J., S. 29.

189 Vgl. Protokoll Bundesvorstandssitzung, 1. März 1977, S. 5 (Zitat), 4 (Zitat).

190 So etwa Gerhard Schmidt am 31. Januar 1977 oder Karl Hauenschild am 1. März 1977, vgl. Stenogramm, Protokoll Bundesvorstandssitzung, 31. Januar 1977, S. 8 sowie Stenogramm, Protokoll Bundesvorstandssitzung, 1. März 1977, S. 6.

191 Stenogramm, Protokoll Bundesvorstandssitzung, 31. Januar 1977, S. 8.

192 So etwa Kurt van Haaren von der DPG, vgl. Protokoll BAA 31. Januar 1975, S. 4 oder Franz Holländer, vgl. Auszug aus dem Protokoll über die 70. GBV-Sitzung am 9.5.1977, Anlage: Franz Holchen Wahrnehmungsmuster waren bis zu einem gewissen Grad durch die Eigenheiten des jeweiligen Branchenumfelds vorgeprägt, in dem sich die Gewerkschaften bewegten. Die IG Metall hatte es ausschließlich mit privatwirtschaftlichen Kontrahenten zu tun, deren Unternehmen zumindest bis Mitte der 1970er Jahre florierten, sodass viele Nachteile der Arbeiter materiell kompensiert werden konnten.

Aufschlussreich ist in diesem Zusammenhang die Dissertation von Walter Nickel, die er aus seiner Tätigkeit im Bereich der gewerkschaftlichen Werbung in der zweiten Hälfte der 1960er Jahre entwickelt hatte. Sie ist deshalb interessant, weil die Problembeschreibung von derjenigen der ÖTV kaum abwich. Sehr unterschiedlich fielen dagegen die angeführten Ursachen sowie die gewerkschaftspolitischen Schlussfolgerungen aus. Wie die ÖTV verzeichnete Nickel eine zunehmende Entpolitisierung der Arbeiterschaft, deutete sie aber mit Bezug auf die Thesen zeitgenössischer Soziologen wie Herbert Marcuse, Talcott Parsons oder Heinrich Popitz als „ein Rückzug der Arbeiterschaft aus dem Bereich des Politischen in die neu entdeckte Sphäre des Privaten". Wenn dies bei Nickel nicht so negativ für die Arbeiterschaft ausfiel wie bei dem der Tradition der Kulturkritik verpflichteten Marcuse, so war dies der Tatsache geschuldet, dass Nickel auch die ganze Härte des Arbeitsplatzes – Lärm, Schmutz, Konflikte – als Fakt anerkannte, der das Verhalten der Arbeiterinnen und Arbeiter plausibilisierte und legitimierte[193].

Diese, im positiven Sinne, hedonistische Lesart entproblematisierte zugleich die Rolle der Gewerkschaften. Gerade die IG Metall konnte sich bestätigt fühlen, mit ihrer „qualitativen" Tarifpolitik die wahren Wünsche der Arbeiterschaft erkannt und verwirklicht zu haben. Dies war auch der Tenor eines 1973 in den Gewerkschaftlichen Monatsheften publizierten Artikels, in dem Nickel seine Ergebnisse in kondensierter Form der Gewerkschaftsöffentlichkeit präsentierte. Gegen die zeitgenössischen Thesen einer zunehmenden Disparität zwischen Arbeitnehmer- und Organisationsinteressen betonte er die „große Resonanz", welche die Gewerkschaften selbst bis weit in die nicht gewerkschaftlich organisierte Arbeitnehmerschaft hinein auslöste. Besonders hob Nickel die gestiegene relative Dominanz der Arbeiterschaft in den Gewerkschaften hervor, da ihr Mitgliederanteil in den Arbeitnehmerorganisationen langsamer gefallen sei als ihr Anteil an der Erwerbsbevölkerung[194]. Vor diesem Hintergrund wird nachvollziehbar, warum die Perso-

länder, Neuer Streit um Arbeiterausschüsse im DGB, in: ÖTV Arbeiternachrichten 5/75, 15. Jahrgang, S. 1, in: AdsD 5/DGCS000141.

193 Nickel, Arbeiterschaft und Gewerkschaft, S. 10 (Zitat), 11, 23.

194 Walter Nickel, Zum gegenwärtigen Verhältnis von Arbeiterschaft und Gewerkschaft, in: GMH 24–3 (1973), S. 478–487, Zitat auf S. 482.

nengruppe Arbeiter von einigen Gewerkschaften, wenn nicht als Gefahr, so doch zumindest als überflüssiges Ärgernis wahrgenommen wurde.

Dagegen stand der Erfahrungsraum, den sich ÖTV, GdED und DPG teilten. In Tarifverhandlungen waren sie mit Akteuren konfrontiert, die ihnen gegenüber als Arbeitgeber auftraten, für die Allgemeinheit aber als politische Repräsentanten fungierten. Arbeitskämpfe im Öffentlichen Dienst folgten daher eigenen Regeln. Der Verteilungsspielraum war begrenzter, da Zugeständnisse nicht zulasten von Kunden oder Aktionären gingen, sondern der Wählerschaft. So trat die Öffentlichkeit in Gestalt der Medien als weiterer Gegenspieler mit auf den Plan[195]. Die Gewerkschaften des Öffentlichen Dienstes mussten daher viel politischer denken als ihre privatwirtschaftlichen Pendants. Gerade weil die von der öffentlichen Hand beschäftigten Arbeiter noch bis in die 1960er Jahre am unteren Ende der gesamtwirtschaftlichen Lohnskala rangierten, entwickelten ihre Gewerkschaften ein ausgeprägtes Problembewusstsein für die gesellschaftliche Bedingtheit ihrer Lage. Konsequenterweise identifizierte Franz Holländer die schlechteren Bildungschancen als „Kern aller Benachteiligungen der Arbeiter“[196]. Aus dieser Perspektive stellte sich die geringe politische Beteiligung der Arbeiterschaft keineswegs als gleichsam selbstgewählter „Rückzug“ dar, sondern als Ergebnis struktureller Exklusionsprozesse. Folglich konnte die ÖTV im ‚Arbeiter‘ auch keine Gefahr für den Arbeitnehmerbegriff erblicken, im Gegenteil:

> Es geht auch nicht […] darum, die Begriffe Arbeiter und Angestellte durch einen einheitlichen zu ersetzen […]. Wenn nicht die wirklichen Ursachen der Ungleichheit der Chancen beseitigt werden, so nützt das gar nichts. Es geht um völlige rechtliche und tatsächliche Gleichstellung von Anfang an, um die einmal nach dem Motto „Teile und herrsche“ politisch gewollte Spaltung der Arbeitnehmer endgültig aufzuheben.[197]

Aus Sicht der ÖTV war all dies nicht nur eine Frage der Gerechtigkeit, sondern das politische Eintreten für die Arbeiterschaft lag im wohlverstandenen Eigeninteresse der Gewerkschaften. Denn hier existierte ein, wie die Zeitgenossen wohl gesagt hätten, „objektives“ Problem, und wenn sich die DGB-Gewerkschaften dessen nicht annehmen wollten, würde es früher oder später jemand anderes tun. Überdies zeichnete sich bereits im Frühjahr 1977 eine „politische Trendwende“ ab[198], die zusammen mit dem wirtschaftlichen Strukturwandel „nach dem Boom“ die Position

195 Zu den großen Arbeitskämpfen der ÖTV in den 1950er und 1970er Jahren vgl. Führer, Gewerkschaftsmacht, S. 98, 106, 109, 130, 370, 376 f., 380 ff.

196 Holländer, Neuer Streit, S. 2.

197 Ibid.

198 Vgl. Vorbrücken, Vermerk Bundesarbeiterausschußsitzung der ÖTV vom 16.–18. Mai 1977, S. 1 f.

der ÖTV weit plausibler erscheinen lassen musste als der dem Denkhorizont der Wirtschaftswunderzeit entlehnte Gegenentwurf Walter Nickels.

5.3 Fazit

Die Frage, wie mit dem Konzept ‚Arbeiter' umzugehen sei, solange es noch Arbeiterinnen und Arbeiter gab, wurde von den Gewerkschaften in den 1970er Jahren anders beantwortet als zuvor. In gewisser Weise stellte sich die Frage für den DGB erst, seitdem die Gewerkschaften des Öffentlichen Dienstes zu Beginn des neuen Jahrzehnts die Schaffung einer Personengruppe Arbeiter beim DGB beantragt hatten. Wie sich zeigen sollte, konnte der DGB die neu aufgeworfene Frage nicht einvernehmlich lösen, sondern sah sich auf Jahre hinaus mit Verwerfungen zwischen Befürwortern und Gegnern der besonderen gewerkschaftlichen Betreuung der Arbeiterschaft konfrontiert. Verwunderlich war dies nicht. Denn die öffentliche Herausstellung der Arbeiterschaft ließ den bisherigen Konsens hinfällig werden, wonach den Arbeitern dann am besten gedient sei, wenn sie ausschließlich als ‚Arbeitnehmer' angesprochen und vertreten wurden. Dazu hatte der DGB den ‚Arbeiter' als den allgemeinen (und dank seines ausgeprägt solidarischen Bewusstseins auch: idealen) ‚Arbeitnehmer' konzipiert, infolgedessen die Arbeiterinteressen schon allein *qua definitione* mit den Arbeitnehmerinteressen in eins fallen mussten. Diesem idealisierten ‚Arbeit(er)nehmer' stellten die ÖTV, DPG und GdED einen gesellschaftlich defizitären ‚Arbeiter' gegenüber. Diese Begrifflichkeit ruft Antonio Negris Konzept des „gesellschaftlichen Arbeiters" in Erinnerung, und tatsächlich spielte die in der Arbeiterbewegung mit einer langen Historie versehene Kontroverse zwischen Lumpenproletariat und Facharbeiterschaft hier eine Rolle. Denn viele der von den Gewerkschaften des Öffentlichen Dienstes vorgebrachten Monita – Bildungsschranken, eingeschränkte politische Partizipationsmöglichkeiten, sozialversicherungsrechtliche Benachteiligungen – trafen gerade nicht auf den idealtypischen Facharbeiter in der Metallbranche zu. Und auch das für die ÖTV so wichtige Problem des geringen gesellschaftlichen Prestiges stellte sich für einen bei der IG Metall organisierten Arbeiter von Daimler-Benz gewiss nicht in der Dringlichkeit, wie sie ein von der ÖTV vertretener Müllmann tagtäglich erfuhr. Denn Letzterer musste sein durch schmutzige Dienste gekennzeichnetes Arbeiterdasein in aller Öffentlichkeit vollziehen, während Ersterer seine Tätigkeit hinter den Toren der Fabrik verrichtete. Gerade den traditionellen Arbeitergewerkschaften mangelte es daher am notwendigen Problembewusstsein, um das Anliegen der Gewerkschaften des Öffentlichen Dienstes als legitim anerkennen zu können. In gewisser Weise hatten sich in den Industriebranchen die für die Arbeiterschaft vergleichsweise positiven Verhältnisse der frühen Nachkriegszeit, nach denen der gewerkschaftliche Arbeitnehmerbegriff modelliert worden war, nahtlos fortgesetzt. Verschärfend trat hinzu, dass im allgemeinen Bewusstsein noch immer der ‚Industriearbeiter' als der idealtypische ‚Arbeiter' galt, während sich nun Gewerkschaften aus dem dritten Sektor anschickten, den Arbeiterbegriff neu zu besetzen[199]. Im Grunde war es eine Ironie der Geschichte: Gewerkschaften des Öffentlichen Dienstes mussten den ‚Arbeiter' reaktivieren, um den klassischen Arbeitergewerkschaften die (noch immer bestehenden) Arbeiterprobleme vor Augen zu führen.

Denn auch die von der ÖTV thematisierten Arbeiterprobleme waren real, ebenso die Tertiarisierung des ‚Arbeiters'. Eine Debatte darüber wurde innerhalb des DGB aber zunächst gar nicht geführt, da die gewerkschaftlichen Spitzengremien die ‚Arbeiter' in den frühen 1970er Jahren als Gefahr wahrnahmen – und dies schloss selbst den ÖTV-Vorsitzenden Heinz Kluncker mit ein. Umso bedrohlicher wirkte die Gefahr gerade deshalb, weil sie sich für die jeweiligen Entscheidungsträger in unterschiedlicher Gestalt präsentierte.

So kam für die DGB-Führung das Anliegen politisch zu Unzeiten, da mit dem Übergang der Regierungsverantwortung auf die sozialliberale Koalition die Chancen für die rechtliche Vereinheitlichung hin zum Arbeitnehmerbegriff so gut wie lange nicht mehr standen. Fast schien es möglich, an die Zeit vor 1951 wieder anzuknüpfen, als sich das politische Klima zuungunsten der gewerkschaftlichen Neuordnungspläne gedreht hatte. Tatsächlich kehrten die großen Themen wie das Betriebsverfassungsgesetz (1952 und 1972) und das Mitbestimmungsgesetz (1951 und 1976) auf die politische Tagesordnung zurück. Wenn nun ausgerechnet der Hauptbefürworter des Arbeitnehmerbegriffs sich zur Arbeiterpolitik hinzuwenden begann, ließ dies negative Auswirkungen auf die Gesetzesvorhaben befürchten. Gewerkschaftspolitisch trieb die DGB-Führung zum einen die Sorge um die Auswirkungen auf ihre Angestelltenpolitik sowie auf ihre Konkurrentin DAG um, zum andern fürchtete sie die finanziellen Belastungen, die mit einer vollständigen Etablierung der Personengruppe Arbeiter angeblich einhergingen. Aus Sicht der Führungsgremien der Einzelgewerkschaften präsentierte sich der ‚Arbeiter' ebenfalls als eine doppelte Gefahr: Ein revitalisierter Arbeiterbegriff konnte der Gewerkschaftsbasis ein wichtiges Legitimationsmittel in die Hand geben, um die Politik der Führung zu kritisieren. Gerade die wilden Streiks im September 1969 konnten in

199 Auch Negri entwickelte sein Konzept des „gesellschaftlichen Arbeiters" als Reaktion auf die Tertiarisierung der Arbeitswelt. Als entscheidende Änderung machte er die Dezentralisierung der Produktion aus, die nun alle Lebensbereiche ergriff und erst in diesem Sinne zu einer Vergesellschaftung der Arbeit führte. Von Negris operaistischer Parole des „Kampfes gegen die Arbeit" konnte bei den deutschen Gewerkschaftern keine Rede sein. Vgl. Bescherer, Lumpenproletariat, S. 208–214.

diesem Zusammenhang als Fanal gedeutet werden[200]. Und auch auf dem Außerordentlichen Bundeskongress 1971 fand sich eine breite Delegiertenmehrheit, die die Arbeiterpolitik gegen den Willen der Gewerkschaftsführer beschloss. Als in der DGB-Satzung verankerte gemeinsame Aufgabe drohte der ‚Arbeiter' überdies, den Dachverband zu weitreichenden Eingriffen in die Belange der Einzelgewerkschaften zu ermächtigen. Hier wirkten die im Rahmen der Reformdebatte zwischen 1969 und 1971 erhobenen Forderungen nach einer Stärkung des DGB als Resonanzverstärker noch nach. Zumindest die letztgenannte Gefahr erwies sich als unbegründet, denn die DGB-Führung war weder willens noch fähig, die Arbeiterpolitik für einen Ausbau ihres Machtbereichs zu nutzen. Dem standen mangelnde Finanzmittel wie auch die Partikularinteressen der übrigen Fach- und Personengruppenabteilungen im DGB-Bundesvorstand entgegen. Interessanterweise erwies sich aber das reine DGB-Gremium, der Geschäftsführende Bundesvorstand, als vergleichsweise offen für die Belange der Personengruppe Arbeiter. Der GBV empfahl frühzeitig die Verabschiedung von Richtlinien, und auch die Durchführung der Bundesarbeiterkonferenz wollte er erlauben. Dagegen legten die von den Mitgliedsgewerkschaften dominierten Führungsgremien des Dachverbands – Bundesvorstand und Bundesausschuss – der Arbeiterpolitik ein ums andere Mal Steine in den Weg.

So verschieden sich die Arbeitergefahr also auch zeigen mochte, so einig waren sich die Gefährdeten in ihrer Abwehrstrategie. Es galt, die ‚Arbeiter' institutionell so weit als möglich einzuhegen. Entsprechend fielen die Gegenmaßnahmen aus: Anstatt die Arbeiterpolitik von der Basis, in der sie die stärkste Unterstützung erfahren hatte, her aufzubauen, wurde sie beim Bundesvorstand zentralisiert und institutionell von der Basis abgeschnitten. Anstatt, wie von der ÖTV gewünscht, öffentlich für die Belange der Arbeiterschaft einzutreten, wurde alles darangesetzt, die Arbeit der Personengruppe unsichtbar für die Öffentlichkeit zu halten. Am stärksten untermauert jedoch die Tatsache, dass sich der Bundesvorstand mit seinen Gegenmaßnahmen mehrmals am Rande eines Satzungsbruches bewegte, die These, wonach die ‚Arbeiter' als eine Gefahr wahrgenommen wurden.

Drei Punkte sind in diesem Zusammenhang hervorzuheben. *Erstens* überrascht, dass der Geschäftsführende Bundesvorstand die Chancen nicht zu nutzen wusste, die die Arbeiterpolitik ihm bot. Die Arbeiterpolitik war seit 1971 als „gemeinsame Aufgabe" des DGB in der Satzung festgeschrieben, und die DGB-Spitze hätte daraus einen Koordinierungsauftrag ableiten können, wie ihn Franz Hollän-

---

200 Auch Industriesoziologen urteilten zeitgenössisch: „Die Distanziertheit zur Gewerkschaft erhöht den Spielraum der Arbeiter für von den Gewerkschaften unabhängigen Aktivitäten, wenn diese zur effektiven Wahrnehmung der eigenen Interessen notwendig erscheinen." Schumann et al., Septemberstreiks, S. 76.

der formuliert hatte. Sie hätte mithin den Versuch unternehmen können, das gewerkschaftliche Gefüge im direkten Zusammenspiel mit der Gewerkschaftsbasis wieder stärker in Richtung der von Böckler ursprünglich gewünschten allgemeinen Gewerkschaft zu verschieben. Interessanterweise hatte der DGB zeitgleich einen Koordinierungsauftrag bezüglich der Tarifpolitik erhalten. Auch dies hätte der Dachverband weit besser für sich nutzen können, zumindest aber einen Versuch unternehmen können, dies zu tun. Doch beide Ressorts – Arbeiter- und Tarifpolitik – wurden mit dem wohl schwächsten GBV-Mitglied besetzt. Den einzigen Machtgewinn, den der GBV aus der Auseinandersetzung um die Arbeiterpolitik zog, lag in der Verlängerung der gewerkschaftlichen Legislaturperiode von drei auf vier Jahre. Damit aber schwächte der GBV die Basis. Es verwundert nicht, dass dieser Vorstoß aus der Führungsspitze der Einzelgewerkschaften gekommen war.

Dies zeigt, *zweitens*, dass die Vorsitzenden der Einzelgewerkschaften ihre Interessen rigoros durchsetzen konnten. Sie trieben die DGB-Spitze an den Rand des Satzungsbruchs, um die ihnen missliebige Arbeiterpolitik zu sabotieren. Sie konnten das gefahrlos tun, weil sie selbst als DGB-Bundesvorstandsmitglieder keiner Kontrolle unterlagen. Ihren Platz dort nahmen sie qua Amt als oberste Repräsentanten der Mitgliedsgewerkschaften ein. Und auch der DGB-Bundesausschuss, der zwischen den Bundeskongressen als höchstes Organ fungierte, stand in der Frage der Arbeiterpolitik eindeutig auf der Seite der Gewerkschaftsführung, nicht der Basis.

Drittens kann die Arbeiterpolitik auch als ein Versuch der Gewerkschaften des Öffentlichen Dienstes gewertet werden, ihre eigene Struktur zunächst auf den Dachverband, perspektivisch aber auch auf die Industriegewerkschaften zu übertragen, um ihre eigene Position im gewerkschaftlichen Machtgefüge zu stärken. Denn im Hintergrund ging es immer auch um die Frage, ob für die Gewerkschaften das Konzept der Industriegesellschaft oder das der Dienstleistungsgesellschaft maßgeblich sein sollte.

Immerhin: Der relative Erfolg ihrer Obstruktionspolitik erleichterte es den Gewerkschaftsoberen ebenso wie die langwierigen Aushandlungsprozesse, ihren Blick auf die Arbeiterpolitik zu entdramatisieren. So hatte die Auseinandersetzung um die Richtlinien für die Personengruppenarbeit den Arbeiterbegriff seiner historischen Dimension entkleidet, welche ihn immer aus der Ordnung der ‚Arbeitnehmergesellschaft' herausgehoben hatte. Das Ergebnis war ein präsentistischer, entmythologisierter, für gegenwärtige Herausforderungen mobilisierbarer Arbeiterbegriff. Erst auf diese Weise entsprach er seinen gewerkschaftspolitischen Gegenstücken ‚Angestellter' und ‚Beamter', er war auf eine für die Verwendung im Rahmen der Personengruppenarbeit notwendige Größe zurechtgestutzt. Die Gegner der Arbeiterpolitik konnten sie nun immerhin als zu duldendes Ärgernis wahrnehmen, wie es etwa in den Worten des Zweiten Vorsitzenden der Gewerkschaft Leder, Helmut Teitzel, zum Ausdruck kam: „In Gottes Namen, wenn es sich nicht verhindern läßt." Zugleich verdeckte diese Wahrnehmungsweise das große Potential, das der ‚Arbeiter' eben auch in sich barg. Denn anders als auf der Führungsebene war der ‚Arbeiter' an der Basis keineswegs tertiarisiert. Immerhin hatte die Gründung der Personengruppe Arbeiter die Frage, wie mit den Lohnempfängern in der Transitionsphase, aus der sie als Minderheitsgruppe unter der Erwerbsbevölkerung hervorgehen sollten, umzugehen sei, nun auch in die Gewerkschaftsorganisation hinein übersetzt. Damit war die Möglichkeit geschaffen, die anstehenden Probleme artikulierbar und politisch bearbeitbar zu machen.

6 Rollentausch

Die Auseinandersetzungen um die ‚Arbeiter' fanden im DGB zwar hinter verschlossenen Türen statt, aber keinesfalls im luftleeren Raum. Aus guten Gründen werden die 1970er Jahre als eine Scharnierdekade, bisweilen gar als eine Epochenschwelle wahrgenommen. Im Kleinen zeichneten sich Veränderungen im Umgang mit den Konzepten ‚Arbeiter', ‚Arbeitnehmer' und ‚Arbeitnehmergesellschaft' ab, im Großen in den Vorstellungen von Wahrnehmung, Wirklichkeit und Politik. Die angesprochenen Verschiebungen können hier nur ansatzweise nachvollzogen werden. Sie sind aber nötig, einerseits, um einen Kontext für die Diskussionen im DGB zu bieten, andererseits, um mögliche Entwicklungslinien aufzuzeigen, welche in den 1980er und 1990er Jahren relevant werden sollten.

In den 1970er Jahren bildete die ‚Arbeitnehmergesellschaft', wie in Kapitel 2.4.1 gezeigt, langsam lebensweltliche Konturen aus. Damit einher ging eine Ausweitung des Arbeitnehmerbegriffs, was diesem, so meine These, Ambivalenz verlieh. Wie veränderte dies den Wert der Ressource ‚Arbeitnehmer' für den DGB? Dieser Frage ist der erste Teil des Kapitels gewidmet. Im zweiten Teil nehme ich dann die vielfältigen Aktualisierungen des Arbeiterbegriffs in den Blick, wobei ich drei Fallbeispiele herausgreife: die Würzburger Synode der katholischen Kirche, die zeitweise und situative Hinwendung von DGB, IG Metall und DAG zum ‚Arbeiter' sowie das Genre Arbeiterfilm. In allen drei Fällen handelt es sich um Aktualisierungen des ‚Arbeiters', hinter denen Institutionen mit mehreren Millionen Mitgliedern standen, oder die ein Millionenpublikum erreichten. Auch hier gilt es zu klären, welche Motive die Akteure zu einer Beschäftigung mit den ‚Arbeitern' veranlassten, und welches Arbeiterbild sie dabei zugrunde legten. Bei den Arbeiterfilmen, die ich deutlich ausführlicher behandeln werde, geht es mir zudem um den Nutzen, den die Filmschaffenden aus ihrer Tätigkeit ziehen konnten. Ein besonderer Reiz des Genres Arbeiterfilm liegt darin, dass es nur für kurze Zeit bestand und nur in geringem Grad institutionalisiert war. Dadurch schlugen sich die angesprochenen Entwicklungen hier unmittelbar nieder. Statt eines Fazits diskutiere ich in einem Ausblick, inwiefern die sich damals abzeichnenden Rekonfigurationen des Politischen Weichen für die weitere Entwicklung der Ressourcen ‚Arbeiter' und ‚Arbeitnehmer' stellten.

 https://doi.org/10.1515/9783111086569-007

6.1 Die Ambivalenz der ‚Arbeitnehmer'

6.1.1 ‚Arbeitnehmergesellschaft'

Fast wehmütig blickte Franz Steinkühler im Oktober 1986, zur Zeit seiner Wahl zum Ersten Vorsitzenden der IG Metall, auf die „[s]olidarische Arbeitnehmergesellschaft" der 1970er Jahre zurück, als „[d]ie politische und gesellschaftliche Ordnung [...] erstmals die Forderungen der Arbeitnehmer nach Vollbeschäftigung und Teilhabe am gesellschaftlichen Reichtum ernst zu nehmen" schien[1]. Eine Begleiterscheinung waren die damals häufiger werdenden Wortmeldungen zur ‚Arbeitnehmergesellschaft'. Sie konnten den Gewerkschaften Aufschluss darüber geben, welchen Nutzen sie sich von deren Realisierung tatsächlich erhoffen durften. Dies war für den gewerkschaftlichen Umgang mit dem Arbeiterbegriff von Belang, da dessen Stilllegung ja als Vorgriff auf die Vision der ‚Arbeitnehmergesellschaft' erfolgt war. Nun konnte sich abzeichnen, ob diese Politik tatsächlich gerechtfertigt war.

Eine erste Wortmeldung kam 1970 vom katholischen Sozialethiker Hermann-Josef Wallraff. Seiner Meinung nach schickten sich die Arbeitnehmerinnen und Arbeitnehmer damals tatsächlich an, immer weitere gesellschaftliche Einrichtungen für ihre eigenen Zwecke zu kolonialisieren. Doch gerade deshalb erwartete er eine Schwächung der Gewerkschaften. Denn in einer überwiegend auf Arbeitnehmerinteressen ausgerichteten ‚Arbeitnehmergesellschaft' würden seiner Meinung nach zahlreiche Akteure wie Betriebsräte, die Arbeiterwohlfahrt oder selbsternannte Anwälte der Arbeitnehmersache in Konkurrenz zu den Gewerkschaften treten[2].

Schon deutlich zurückhaltender bewertete M. Rainer Lepsius die Lage, als er 1973 auf die Bundestagswahl des Vorjahres zurückblickte. Demnach standen sich in der Bundesrepublik zwei große Lager gegenüber: Der „alte Mittelstand" stützte die CDU/CSU, während eine den „neue[n] Mittelstand" und die Facharbeiterschaft umfassende Koalition die SPD trug. Nur diese Koalition fand laut Lepsius unter der „gedachte[n] Ordnung einer ‚Arbeitnehmergesellschaft'" zusammen. In Äquidistanz zu beiden hielt sich eine kleine „Statusgruppe" aus „unselbständigen aber fachqualifizierten, oberen und mittleren Funktionskadern". Obwohl diese Gruppe nur wenige Wählerinnen und Wähler mobilisierte, konnte sie dank der FDP „über-

1 Vgl. Steinkühler, Solidarische Arbeitnehmergesellschaft, S. 577, 580.
2 Vgl. Wallraff, Funktionswandel, S. 356 ff.

proportionalen politischen Einfluß ausüben“[3]. Die ‚Arbeitnehmergesellschaft' umfasste demnach selbst zu der Zeit, als die SPD ihren größten Wahlerfolg feierte, nur eine Minderheit der Gesellschaft und war folglich auch nicht der prägende Machtfaktor in der Bundesrepublik.

Ganz anders stellte sich das Bild für Hans F. Zacher, die „Gründungsfigur des Sozialrechts der Bundesrepublik“[4], im Jahr 1977 dar. Er sah in der „Arbeitnehmergesellschaft“ die Dominanz der Gewerkschaften auf Kosten des Staates strukturell angelegt. Denn selbst wenn die Arbeitnehmerschaft nur eine Minderheit der Gesamtbevölkerung stellte, entfalteten laut Zacher zahlreiche Hebel eine machtsteigernde Wirkung. So seien viele Nicht-Arbeitnehmer familiär mit Arbeitnehmern verbunden, das Verhältniswahlrecht bringe mehrheitlich Gewerkschaftsmitglieder in die Parlamente und auch die öffentliche Meinung werde maßgeblich von Journalisten mit Arbeitnehmerstatus gestaltet. Die Gewerkschaften besäßen wiederum nicht nur eigene Machtquellen, sondern es komme wegen der betrieblichen Mitbestimmung wie der Verfügungsgewalt über gemeinwirtschaftliche Unternehmen zu einer gewerkschaftlichen „Durchdringung“ der Arbeitgeberseite. Zacher konstatierte daher eine „Fast-Identität“ von Arbeitnehmer- und Gesamtgesellschaft und sah darin einen „Souveränitätskonflikt“ angelegt. Denn in dieser Anordnung wirke die „Arbeitnehmergesellschaft“ schon latent „auf Verständnis und Praxis der Demokratie“ vor. Um die volle Reichweite zu demonstrieren, spielte er à la Carl Schmitt ein Szenario des Ausnahmezustands durch: Ein Streik in der „postindustriellen Dienstleistungsgesellschaft“ bewirke das Zerfallen der Bevölkerung in die beiden Lager „Bürger“ und „Arbeitnehmer“. Parlament und Regierung hätten exklusive Verfügungsgewalt über Erstere, Gewerkschaften über Letztere. Die Folge: „Das Risiko, daß sich die [als Ersatz für die streikenden Arbeitnehmer – S.W.] eingesetzten Soldaten zuerst als Mitglied der ‚Arbeitnehmergesellschaft' fühlen und der nichtmilitärischen Indienstnahme den militärischen Gehorsam verweigern, ist hoch.“ Zacher plädierte daher dafür, „das „konfliktsträchtige [sic!] Nebeneinander von Staat und Gewerkschaften aufzuheben“[5]. Diese Äußerungen sind im Kontext des

3 Vgl. M. Rainer Lepsius, Wahlverhalten, Parteien und politische Spannungen. Vermutungen zu Tendenzen und Hypothesen zur Untersuchung der Bundestagswahl 1972, in: PVS 14–2 (1973), S. 295–313, hier S. 308 ff. (Zitate auf S. 308 und 310).

4 Michael Stolleis, Hans F. Zacher (1928–2015), in: Peter Häberle/Michael Kilian/Heinrich Wolff (Hrsg.), Staatsrechtslehrer des 20. Jahrhunderts. Deutschland – Österreich – Schweiz, Berlin/Boston ²2018, S. 1189–1196, hier S. 1195.

5 Vgl. Hans F. Zacher, Staat und Gewerkschaften. Zur Doppelverfassung einer Arbeitnehmergesellschaft, Heidelberg/Karlsruhe 1977, S. 10 (Zitat), 17 (Zitat), 18–20, 23 f., 25 (Zitate), 26, 27 (Zitat), 33 (Zitat), 34, 57. Vgl. zudem Carl Schmitt, Der Begriff des Politischen. Text von 1932 mit einem Vorwort und drei Corollarien, Berlin 1991, S. 26–28.

nach langer Diskussion 1976 verabschiedeten Mitbestimmungsgesetzes zu sehen. Die Rede vom „Gewerkschaftsstaat“ war schon zwei Jahre zuvor in den Medien aufgekommen, um den angeblich übermäßigen Einfluss der Gewerkschaften in Wirtschaft und Politik anzuprangern. Arbeitgeberverbände und CDU/CSU forcierten in der Folgezeit entsprechende Kampagnen[6]. Zacher griff diesen Topos auf, wie der Titel seiner Schrift „Staat und Gewerkschaften“ zeigt. Wie Klaus Kempter im Rückblick feststellte, überschätzte die Debatte um den Gewerkschaftsstaat jedoch den „tatsächliche[n] Einfluss der Gewerkschaften [...] maßlos“[7]. Sie zeigte aber, wie schnell das Konzept einer ‚Arbeitnehmergesellschaft‘ politischen Widerstand erzeugte, sobald es um die Macht der Gewerkschaften ging.

In Ulrich Becks Deutung der ‚Arbeitnehmergesellschaft‘ aus den frühen 1980er Jahren konnte von gewerkschaftlicher Dominanz keine Rede mehr sein. Im Gegensatz zu Wallraff und Zacher erblickte er in dieser Gesellschaftsformation auch nur ein Übergangsstadium zwischen der vergangenen Industriemoderne und der einsetzenden „zweiten Moderne“[8]. Indem er die Individualisierung zur treibenden und unaufhaltsamen Kraft erklärte, ergab sich machtpolitisch eine völlig offene Situation in der ‚Arbeitnehmergesellschaft‘. Einerseits befreite die Individualisierung laut Beck die Menschen aus ihren traditionalen Bindungen, was die Gewerkschaften über kurz oder lang strukturell schwächen müsse. Andererseits seien die freigesetzten Individuen mit der nun erforderlichen individuellen Bearbeitung gesellschaftlicher Probleme überfordert – Beck sprach in diesem Zusammenhang von einer „Gesellschaft der Unselbständigen“. Neben psychischen Problemen als negativer, der Schaffung temporärer und themenbezogener Koalitionen als positiver Bewältigungsstrategie komme als eine dritte in Betracht, auf anscheinend essentialistische Kategorien wie Rasse, Geschlecht oder Alter als Orientierungspunkte zurückzugreifen. Der Gegensatz zwischen Arbeit und Kapital, und hier wich er von Wallraffs Prognose ab, spielte laut Beck in der reflexiven Moderne dagegen eine weitaus geringere Rolle als zuvor[9].

---

6 Vgl. Kempter, Loderer, S. 337 f.

7 Ibid., S. 339.

8 Diese Entwicklung schlug sich auch im Artikel „Jenseits von Stand und Klasse“ nieder, den Beck in drei Versionen veröffentlichte. In der Version von 1983 taucht „Arbeitnehmergesellschaft“ nur in einer Fußnote auf, 1984 war er dann Teil des Untertitels. Im entsprechenden Kapitel der Risikogesellschaft von 1986 fehlt der Begriff hingegen. Vgl. Beck, Jenseits von Stand (1983), S. 64, FN 50, ders., Jenseits von Stand und Klasse. Auf dem Weg in die individualisierte Arbeitnehmergesellschaft, in: Merkur 38–5 (1984), S. 485–497 sowie ders., Risikogesellschaft, S. 121–160. Zum Begriff der „zweiten Moderne“ vgl. ders., Das Zeitalter der Nebenfolgen und die Politisierung der Moderne, in: ders./ Anthony Giddens/Scott Lash, Reflexive Modernisierung. Eine Kontroverse, Frankfurt a. M. 1996, S. 19–112, hier S. 65–68.

9 Vgl. Beck, Jenseits von Stand (1983), S. 46, 55–60, 67 (Zitat), 69.

6.1.2 ‚Arbeitnehmer'

Solche Deutungen von nicht gewerkschaftlich gebundenen Beobachtern verhießen wenig Gutes für die Arbeitnehmerorganisationen. Denn sollte sich eine ‚Arbeitnehmergesellschaft' voll entfalten, war nicht nur Widerstand aus dem Lager der Arbeitgeber und der Konservativen zu erwarten, sondern auch das Aufkommen von Konkurrenz um die Ressource ‚Arbeitnehmer'. Viel mehr deutete aber zu Beginn der 1980er Jahre auf die Schwächung dieser Ressource hin. Die entsprechenden sozialwissenschaftlichen Argumente fanden über die Gewerkschaftlichen Monatshefte, ganz ihrer Funktion als Theorieorgan des DGB entsprechend, schnell Eingang in den gewerkschaftlichen Diskurs. So stellte 1981 eine Gruppe von Soziologen um Claus Offe hinsichtlich des ‚Arbeitnehmers' die Korrespondenz von Begriff und empirischen Gegebenheiten infrage. Sie bezweifelten, ähnlich wie Ulrich Beck, das Fortbestehen „der realen Einheitlichkeit und Gemeinsamkeit der Interessen" der Arbeitnehmer und führten dies auf eine Reihe von „Bruchlinien" zurück. Ihrer Ansicht nach ließ die Massenarbeitslosigkeit etwa die Interessen zwischen qualifizierten und weniger qualifizierten Erwerbstätigen ebenso wie diejenigen zwischen Arbeitslosen und Beschäftigten konfligieren. Hinzu trete der Wertewandel, der die „Gleichung von Erwerbsinteressen und Gesamtinteressen der Arbeitenden" erschüttere. Die Menschen fassten nun ihre Freizeit nicht mehr als ein weiterhin dem Primat der Arbeit unterworfenen Bereich auf, sondern begriffen sie als autonomen Lebensbereich. Aus Sicht der Soziologen zeigte der Arbeitnehmerbegriff daher gleich von zwei Seiten Erosionserscheinungen: Weder erfasste er die Lebenstotalität des Einzelnen mehr vollständig, noch konnte er ohne weiteres als Sammelbegriff für alle abhängig Beschäftigten wirken[10]. Wenn man so will, hatte die Massenarbeitslosigkeit nun auch den Arbeitnehmerbegriff von einem allgemeinen in einen partikularen Begriff verwandelt.

Zu allem Überfluss fanden sich zeitgleich auch Stimmen aus dem eigenen Lager, welche Partikularität nicht nur als realistische Beschreibung verstanden, sondern sie zur historischen Grundtatsache der Arbeiterbewegung erhoben. Nach Ansicht von Frank Deppe, einem wichtigen Vertreter der Marburger Schule mit Nähe zur DKP, musste die Geschichte der Arbeiterbewegung folglich anhand der „Dialektik von Allgemeinem und Besonderem" analysiert werden. Auf dieser Grundlage kam

10 Rolf G. Heinze/Karl Hinrichs/Claus Offe et al., Interessendifferenzierung und Gewerkschaftseinheit. Bruchlinien innerhalb der Arbeiterklasse als Herausforderung für gewerkschaftliche Politik, in: GMH 32–6 (1981), S. 336–354, hier S. 337 (Zitat, Hervorhebung gelöscht), 339, 344, 351–352 (Zitat, Hervorhebung gelöscht).

er zu einem bemerkenswerten Schluss: „Der *politische* ‚Normalzustand' der Arbeiterklasse ist nicht der der Einheit, sondern der der ‚Spaltung'." Auch wenn Deppe im Anschluss an Antonio Gramsci am Anspruch der politischen Hegemonie der Arbeiterklasse festhielt[11], war seine Arbeit geeignet, das teleologisch auf den ‚Arbeitnehmer' zulaufende Geschichtsbild des DGB zu erschüttern.

Leichte Erosionserscheinungen des Arbeitnehmerbegriffs hatten sich schon in der Dekade zuvor abgezeichnet. Wiederum in den Gewerkschaftlichen Monatsheften hatte Bernt Richter 1971 unter der Überschrift „Arbeit als Geben und als Nehmen" den Arbeitnehmerbegriff ganz im Geist von Friedrich Engels als gefährliche Ideologie enttarnt, da jener die Realität zum Schaden der Beschäftigten auf den Kopf stelle[12]. Als weiteres Indiz für eine nachlassende Integrationskraft des Begriffs kann das im vorherigen Kapitel diskutierte vergebliche Bemühen des DGB-Bundesvorstands, gemeinsame Rahmenrichtlinien für die Personengruppen zu erlassen, angeführt werden. 1978 musste die Abteilung Organisation eingestehen: „Trotz mehrmaliger Anläufe ist es nicht gelungen, die Interessen der Personengruppen auf einen Nenner zu bringen."[13] Die drei Statusgruppen ‚Arbeiter', ‚Angestellte' und ‚Beamte' hatten sich in diesem Fall als widerständig gegenüber der angestrebten Verallgemeinerung erwiesen.

Mangelnde Integrationskraft konnte mit Blick auf die einschlägige Rechtsmaterie hingegen nicht beklagt werden, im Gegenteil. Hier machten die DGB-Funktionäre 1978 ein ganz anders gelagertes Problem aus:

> Die Sparförderung ist auf eine Förderung der Arbeitnehmer-Sparfähigkeit zu konzentrieren. Dies bedingt [...], durch eine möglichst klare Definition des Begriffs „Arbeitnehmer" in den Sparförderungsbestimmungen die Tendenz zur Ausweitung auch auf andere Bevölkerungskreise abzustoppen.[14]

Mit dieser Intervention sollte verhindert werden, dass der Arbeitnehmerbegriff die Ungleichverteilung der Vermögen weiterhin zementierte, statt sie zu bekämpfen. Denn vor allem ohnehin schon finanziell solide ausgestattete Haushalte nutzen die Vorteile, die ihnen die Gesetzeslage – aus Sicht des DGB zu Unrecht – bot[15]. Dies war

---

11 Vgl. Frank Deppe, Einheit und Spaltung der Arbeiterklasse. Überlegungen zu einer politischen Geschichte der Arbeiterbewegung, Marburg 1981, S. 15 (Zitat), 29 f. (Zitat, H. i. O.), 129. Vgl. zudem Andresen, Gebremste Radikalisierung, S. 549–552.

12 Vgl. Bernt Richter, Arbeit als Geben und Nehmen, in: GMH 22–2 (1971), S. 96–99.

13 DGB-Bundesvorstand, Geschäftsbericht 1975–1977, S. 432.

14 Vermögenspolitische Sachbearbeiter des DGB und der Gewerkschaften, Bericht an den Bundesvorstand zur Reform der Sparförderung, 15. November 1978, S. 2 (Hervorhebungen gelöscht), in: AdsD 5/DGCS000160.

15 Vgl. ibid., S. 4.

freilich keine neue Entwicklung der 1970er Jahre. Vielmehr hatten es die Mittelschichten nach dem Zweiten Weltkrieg verstanden, den Sozialstaat auf ihre Bedürfnisse hin auszurichten. So war etwa auch die gesetzliche Rentenversicherung für Selbständige geöffnet worden, was der führende Sozialpolitiker des DGB, Gerd Muhr, immer wieder als zu revidierende Fehlentwicklung brandmarkte[16].

Aber nicht nur bei redistributiven Belangen offenbarte der Arbeitnehmerbegriff aus gewerkschaftlicher Sicht Defizite, sondern auch im Feld der Machtpolitik. 1976 hatte der DGB mit der Verabschiedung des Mitbestimmungsgesetzes nach eigener Einschätzung eine schwere Niederlage hinnehmen müssen[17]. Zwar hatte sich der Gewerkschaftsbund mit seiner Forderung nach einer paritätischen Besetzung der Aufsichtsräte großer Unternehmen durchsetzen können, doch erwies sich dies aus Gewerkschaftssicht als wertlos. Ein Grund lag in der Regelung, wie ein Patt im Aufsichtsrat aufgelöst werden sollte. Das Gesetz sah für diesen Fall ein doppeltes Stimmrecht für den Aufsichtsratsvorsitzenden vor. Die Besetzung dieser Position behielt das Gesetz wiederum der Kapitalseite vor. Eine weitere Abschwächung der formalen Parität folgte aus der Zusammensetzung der Arbeitnehmerbank im Aufsichtsrat, denn auf ihr durften auch leitende Angestellte Platz nehmen. Dies war insofern brisant, als noch das Betriebsverfassungsgesetz von 1952 diese Gruppe vom Arbeitnehmerbegriff ausgenommen hatte. Vor allem seit Ende der 1960er Jahre hatte das Tätigkeitsprofil der Gruppe der Leitenden jedoch aufgrund ihres starken Wachstums eine Ausdifferenzierung erfahren. Dadurch wurde ihre Rechtslage zunehmend unklar und auch das Selbstverständnis der betrieblichen Führungskader hatte an Homogenität eingebüßt. Freilich gab es weiterhin gute Gründe, sie nicht unter die Arbeitnehmerkategorie zu fassen (man denke an ihr hohes Gehalt oder ihre Leitungsfunktion), aber ebenso gute Gründe sprachen dagegen, sie als Unternehmer zu begreifen. So waren sie keine Miteigentümer des Unternehmens, und ihre rechtliche Absicherung erwies sich vor allem im Alter als prekär. Zugleich waren sie die Gruppe, die am entschiedensten die von den Gewerkschaftsspitzen erhobenen Mitbestimmungsforderungen mittrug[18]. Auch die DGB-Gewerkschaften hatten sich in den frühen 1970er Jahren um die Leitenden bemüht. In einer recht

16 Vgl. Remeke, Gewerkschaften, S. 23–26, ders., Anders links, S. 170–173, 181f. sowie Hilpert, Wohlfahrtsstaat der Mittelschichten.

17 Vgl. Milert/Tschirbs, Andere Demokratie, S. 499. Sie wiesen dort die zeitgenössische gewerkschaftliche Bewertung des Gesetzes rückblickend als „eine eklatante Fehleinschätzung“ zurück.

18 Vgl. Hans-Joachim Braczyk/Sebastian Herkommer, Leitende Angestellte als „dritte Kraft“? Zur Integrations- und Spaltungsstrategie des Kapitals, in: Blätter 18–3 (1973), S. 272–289, Testorf, Heißes Eisen, S. 318–321 sowie Bernhard Dietz, Wertewandel in der Wirtschaft? Die leitenden Angestellten und die Konflikte um Mitbestimmung und Führungsstil in den siebziger Jahren, in: ders./Neumaier/Rödder, Wertewandel, S. 169–197, hier S. 179, 184f., 191.

erfolgreichen Kampagne hatte die IG Metall damals die arbeitsplatzbedingten Ängste dieser Beschäftigten aufgegriffen[19]. Warum wollte der DGB dennoch die Vergabe von Aufsichtsratssitzen an die Leitenden verhindern? Es stand die Befürchtung im Raum, sie würden sich im Zweifelsfall gegen die Arbeitnehmerseite wenden und mit der Kapitalseite stimmen. Denn mit ihrer Unterstützung der Mitbestimmungsforderung bezweckten die leitenden Angestellten keine Stärkung der Gewerkschaften. Ihnen ging es um ihre eigenen Mitsprachemöglichkeiten[20].

Die rechtliche Entwicklung hatte für den DGB daher ab Mitte der 1970er Jahre in doppelter Hinsicht eine negative Wendung genommen. Statt im Rahmen der Arbeitsgesetzbuchkommission einen Durchbruch zum einheitlichen Arbeitnehmerstatus zu erreichen, stellte die Berücksichtigung der leitenden Angestellten im Mitbestimmungsgesetz nach Auffassung des DGB einen Einbruch eines wesensfremden Elements in die Arbeitnehmerkategorie dar. Nicht nur die Unternehmerseite war, wie von Hans F. Zacher dargestellt, von der Gegenseite durchdrungen, auch ‚Arbeitnehmer' war fortan keine gegnerfreie Kategorie mehr.

Eine weitere Schwächung des Arbeitnehmerbegriffs ließ sich im politischen Diskurs der späten 1970er Jahre beobachten. Das von der CDU um ihren Generalsekretär Heiner Geißler entwickelte Konzept der „neuen sozialen Frage" setzte den Arbeitnehmerbegriff gleich in mehrfacher Hinsicht unter Druck. Im ersten Schritt versuchte die CDU, die traditionelle Verbindung von Arbeiterfrage und sozialer Frage, die auch noch im Arbeitnehmerkonzept fortwirkte, als historisch überholt aufzulösen. Mit einer solchen semantischen Neutralisierung war es jedoch nicht getan, denn die CDU drängte die ‚Arbeitnehmer' und ihre Gewerkschaften in der neuen sozialen Frage in die Rolle der Verursacher sozialer Ungerechtigkeit. Denn nach Geißlers Lesart hing die Armut von Frauen, Alten und Kranken kausal mit der Fundierung des Sozialversicherungssystems in der Lohnarbeit zusammen. In den Gewerkschaften erkannte die CDU folglich keine legitimen Interessenvertreter mehr, sondern eine Lobbygruppe, die überkommene Privilegien ihrer Klientel verteidigte und damit Hilfe für die wirklich Bedürftigen verweigerte[21]. Aus strategischer Sicht war ein weiterer Punkt von Interesse. Anders als noch zu Beginn der Dekade griff die CDU den Arbeitnehmerbegriff nicht mehr mit einem noch allgemeineren Gegenkonzept an, sondern mit einem quantitativ eng umrissenen, mithin partikularen. Hierin zeichnete sich sehr deutlich eine neue politische Strategie ab, auf die die Gewerkschaften eine Antwort finden mussten.

---

19 Vgl. Georg Benz, Vorstand, An alle Verwaltungsstellen, den Bezirksleitungen; Schulen und Jugendheimen zur Kenntnis, 9. Februar 1971, in: 5/IGMA 190007. Auch der Spiegel nahm sich der Probleme der leitenden Angestellten an. Vgl. o. V., Eisiger Hauch, in: Der Spiegel 25–19 (1971), S. 38–54.

20 Vgl. Braczyk/Herkommer, Leitende Angestellte, S. 288 f. sowie Dietz, Wertewandel, S. 191.

21 Vgl. Geyer, Rahmenbedingungen, S. 31–34.

6.2 Die Hochphase der Ressource ‚Arbeiter'

Zum Ende der 1960er Jahre hin hatte die Erwartung vorgeherrscht, dem Arbeitnehmerkonzept gehöre die Zukunft. Arbeiterbelange brauchten demnach als solche nicht mehr beachtet zu werden. In den frühen 1970er Jahre änderte sich dies rasch. Nun drängten sich die ‚Arbeiter' ganz unterschiedlichen Akteuren als Problem auf – und eröffneten ihnen damit ganz neue Chancen.

6.2.1 Gewerkschaften entdecken den ‚Arbeiter' – ein bisschen

Jenseits des Trubels um die Schaffung einer eigenständigen gewerkschaftlichen Arbeiterpolitik feierte der ‚Arbeiter' zeitgleich ein leises Comeback auf der Bildfläche des DGB. Zwar bewarb das untenstehende Plakat das für 1971 ausgerufene „Jahr des jungen Arbeitnehmers", doch wies die Zeichnung nur Arbeiterattribute auf. Gekleidet in blauer Latzhose und rotem Arbeitshemd dominieren ein zu groß geratener Unterarm und eine überdimensionierte Hand die Darstellung, wogegen der Kopf recht klein ausfiel. Perspektivisch bedingt verbleibt dieser zudem im Hintergrund, da sich Arm und Hand in den Vordergrund drängen. Die Kopfarbeit der Angestellten und Beamten tritt dadurch symbolisch hinter die Handarbeit der Arbeiter zurück. Verglichen mit dem in Kapitel 3.3 besprochenen Plakat zu den Betriebsratswahlen 1968 schien die Zukunft des DGB plötzlich wieder in den Arbeitern zu ruhen. Bedenkt man den Entstehungskontext des neuen Plakats, überrascht diese Aktualisierung und Verjüngung des Arbeiterbildes nicht. Wie Knud Andresen darlegte, reagierte der DGB mit dem Aktionsjahr für die jungen Arbeitnehmer auf die vorangegangene Lehrlingsbewegung, in welcher die junge Generation ‚arbeiterliche' Eigensinnigkeit demonstriert hatte[22]. Die visuelle Aktualisierung des Arbeiterkonzepts seitens des DGB erfolgte daher nicht aus eigenem Antrieb, sondern stellte ein Zugeständnis gegenüber der jungen Generation dar.

Solche zurückhaltenden, aber positiven Bekenntnisse zum Arbeiterkonzept blieben vereinzelte Kontrapunkte zum weiterhin dominanten Arbeitnehmerkonzept. Ebenfalls aus der Defensive heraus erfolgte die interne Würdigung der ‚Arbeiter' durch die IG Metall Ende der 1970er Jahre. Damals erstellte deren Werbe-

22 Vgl. Andresen, Gebremste Radikalisierung, S. 206–211. Vgl. zudem Mooser, Arbeiterleben, S. 218, der explizit von einer „verstärkten gewerkschaftlichen Bemühung um die jungen Arbeiter" sprach. Interessant ist vor diesem Hintergrund die visuelle Anleihe an das berühmte „I want you for U.S. Army"-Rekrutierungsplakat. Der DGB ersetzte den alten Uncle Sam mit einem Jugendlichen und verkehrte überdies die Grundaussage in ihr Gegenteil, wenn er an die Selbstbestimmung der Auszubildenden appellierte.

Abbildung 3: DGB-Plakat zum „Jahr des jungen Arbeitnehmers" 1971. Rechteinhaber: DGB. Quelle: AdsD 6/PLKA036610.

abteilung eine systematische Aufschlüsselung ihrer Organisationsreserven. Sie kam dabei zu einem unerwarteten Ergebnis: „Erstaunlicherweise liegen unsere größten Organisationsreserven gerade dort, wo unsere werblich-organisatorischen Möglichkeiten am besten sind." Auch wenn schon klar war, auf welche Gruppe die Gewerkschaft ihre Werbeanstrengungen konzentrieren sollte, stellten die Verfasser klar, wer gemeint war: „Industriegruppen" mit einem hohen Anteil männlicher Arbeiter[23]. Diese Erkenntnis hatte schon Mitte der 1960er Jahre die acon-Studie

23 Organisationsreserven nach Betriebsgrößen und nach Industriegruppen. IG Metall – Vorstand – Werbeabteilung [o. J.], S. 3 (Zitat), 8, in: AdsD 5/IGMA190003.

hervorgebracht[24]. Immerhin fehlte nun die Warnung vor dem durch einen zu hohen Arbeiteranteil verursachten Anschein eines „nichthonorigen Arme-Leute-Clubs", wodurch die noch unorganisierten Arbeiter eine Aufwertung seitens der Werbeabteilung erfuhren[25]. Zugleich erfolgte die Wiederentdeckung der Arbeiterschaft im Kontext der großen „Angestellten-Aktion 1976/78", die bedeutende Mittel band. Die Rückbesinnung auf die ‚Arbeiter' erfolgte daher aus pragmatischen Erwägungen heraus, versprach sie doch, mit deutlich geringerem Aufwand neue Mitglieder für die IG Metall zu gewinnen.

Indirekt war die IG Metall auch für die spektakuläre Öffnung der DAG für Arbeiterbelange verantwortlich. Wie kam es dazu? 1981 standen in Bremen Wahlen zur Arbeiter- und Angestelltenkammer an. Seit 1956 hatten dort nur sogenannte Friedenswahlen stattgefunden, was nichts anderes bedeutete, als dass die DGB-Gewerkschaften vorab die Mandatsverteilung mit der DAG ausgehandelt hatten. Erwartungsgemäß dominierten der DGB und seine Gewerkschaften die Arbeiterkammer, während die DAG die Angestelltenkammer beherrschte. 1980 entschied die IG Metall, die DAG bei den Wahlen zur Angestelltenkammer herauszufordern. Die Angestelltengewerkschaft reichte daraufhin eine eigene Liste für die Wahl zur Arbeiterkammer ein[26].

Obwohl die DAG den Kampf um ihre Kammer äußerst aggressiv führte – eines ihrer Flugblätter warb im Stile der frühen 1930er Jahre mit dem Slogan: „Angestellte! Sorgt dafür, daß Eure Angestelltenkammer fest in den Händen der Angestellten bleibt!"[27] –, konnte sie auch Mandate in der Arbeiterkammer erobern. Sicher profitierte sie vom Wahlausschluss der Liste des Christlichen Gewerkschaftsbundes (CGB), dessen Wähler sich womöglich für die DAG-Liste entschieden, um nicht den DGB wählen zu müssen. Hinzu trat eine katastrophale Wählermobilisierung seitens des DGB-Lagers, denn dessen Liste erhielt weniger Jastimmen als die DGB-Gewerkschaften in Bremen Mitglieder hatten. Bei nüchterner Betrachtung kam der DGB dennoch mit einem blauen Auge davon, denn er gewann knapp

24 Vgl. Kapitel 3.3.2.

25 Walter Nickel hatte noch einmal 1973 Arbeiter als werberelevante Gruppe ausgemacht. Vgl. Nickel, Gegenwärtiges Verhältnis, S. 485.

26 Vgl. Karl-Heinz Vorbrücken an Irmgard Blättel, 30. Januar 1981, in: AdsD 5/DGAA000166, Niederschrift über die Sitzung des DGB-Bundesarbeiterausschusses am 19. Februar 1981, S. 7, in: AdsD 5/DGAA000120, Neumann, Hauptamtliches Vorstandsmitglied, Pläging, Abt. Angestellte, DGB-LB Niedersachsen, an den Geschäftsführenden Bundesvorstand des Deutschen Gewerkschaftsbundes, 5. Oktober 1981 sowie K/Fr, Abt. Arbeiter-Handwerk, Notiz für Kollegin Blättel, 26. Oktober 1981, beide in: AdsD 5/DGAA000152.

27 Neumann/Pläging an den GBV, 5. Oktober 1981, Anlage: Flugblatt der DAG, in: AdsD 5/DGAA000152.

90 Prozent der Mandate in der Arbeiterkammer. Die Abteilung Arbeiter nutzte dennoch dieses regionale Ereignis, um eine Stärkung der Arbeiterpolitik des DGB einzufordern[28]. Nötig war dies allemal, da der DGB das Potential der ‚Arbeiter' bis dahin nur unzureichend ausgeschöpft hatte, gerade auch im Vergleich zu anderen Akteuren.

6.2.2 Die katholische Kirche entdeckt den ‚Arbeiter'

Außer den Gewerkschaften befasste sich in der ersten Hälfte der 1970er Jahre auch die katholische Kirche mit den ‚Arbeitern'. Das Thema war aber nicht die einzige Parallele. Wie beim Außerordentlichen Bundeskongress des DGB fand die Auseinandersetzung in einem außergewöhnlichen Forum statt, das die Hierarchieebenen direkt miteinander ins Gespräch brachte. In der Würzburger Synode versammelten sich von 1971 bis 1975 Geistliche, Ordensleute und Laien, um die Umsetzung der Beschlüsse des Zweiten Vatikanischen Konzils voranzubringen. Zwar gehörten die Synodalen mehrheitlich dem Klerus an, doch hatte ein jedes Mitglied das gleiche Stimmrecht. Überdies konnte die Synode Entscheidungen nur mit einer Zweidrittelmehrheit treffen. Und wie beim DGB-Kongress fand die Auseinandersetzung um die ‚Arbeiter' vor dem Hintergrund von Demokratisierungs- und Partizipationsforderungen statt[29]. Hinzu trat ein spezifisches Problem: „Die Kirche schuldet allen Menschen ohne Unterschied die Frohe Botschaft von Jesus Christus." Und mit Blick auf die Arbeiterschaft hatte sie nach eigener Auffassung bei dieser Aufgabe versagt[30].

Innerhalb der Synode nahm sich die Sachkommission III der Arbeiterthematik an. Ihren ersten Entwurf legte sie am 22. Mai 1974 noch unter der Überschrift „Kirche und Arbeitnehmerschaft" vor. Die synodale Zentralkommission ließ diesen

28 Vgl. Vorbrücken an Blättel, 30. Januar 1981, S. 1 f. Vgl. zudem Albert Keil, Anlage zur Notiz der Kollegin Blättel vom 17. Dezember 1981, S. 2 sowie Irmgard Blättel an die Mitglieder des Geschäftsführenden Bundesvorstandes, 7. Januar 1982, beide in: AdsD 5/DGAA000152.

29 Vgl. Stephan Knops, Die Würzburger Synode. Krisenindiz – Zeitdiagnose – Zukunftsplan, in: Markus Graulich/Johanna Rahner (Hrsg.), Synodalität in der Katholischen Kirche. Die Studie der Internationalen Theologischen Kommission im Diskurs, Freiburg/Basel/Wien 2020, S. 136–152, hier S. 142–144.

30 Gemeinsame Synode der Bistümer in der Bundesrepublik Deutschland, Beschluß: Kirche und Arbeiterschaft, in: Ludwig Bertsch/Philipp Boonen/Rudolf Hammerschmidt et al. (Hrsg.), Gemeinsame Synode der Bistümer der Bundesrepublik Deutschland. Offizielle Gesamtausgabe, Band 1: Beschlüsse der Vollversammlung, Freiburg/Basel/Wien 1976, S. 321–364, hier S. 348.

aber nicht zur Abstimmung zu[31]. Mit Unterstützung neu bestellter Berater, unter ihnen Oswald von Nell-Breuning[32], der ein Jahr zuvor den Arbeitnehmerbegriff als irreführend abgelehnt hatte[33], stellte die Kommission innerhalb weniger Wochen eine neue Beschlussvorlage unter dem Titel „Kirche und *Arbeiterschaft*" fertig. Diesem bewusst vollzogenen Wechsel der Begrifflichkeit war eine intensive Diskussion vorausgegangen, doch blieb er intern umstritten. Eine wichtige Rolle spielte dabei die Ausrichtung der einzelnen Sachkommissionen. Während die Sachkommission V, deren Mitglieder ebenfalls beratend am Aushandlungsprozess beteiligt waren, ihren Schwerpunkt auf die Gesellschaftspolitik gelegt hatte, ging es der federführenden Sachkommission III um die Entwicklung konkreter Vorschläge für die pastorale Praxis. Hierfür taugte der unspezifische Sammelbegriff ‚Arbeitnehmer' kaum[34]. Doch auch die klare Abgrenzung der Arbeiterschaft gegen andere gesellschaftliche Gruppen war alles andere als einfach. So kam bald die Frage auf, ob es sich bei der beklagten Entfremdung von der Kirche wirklich um ein spezifisches Arbeiterproblem handelte. Die Befürworter führten hier zwei Argumente an. So habe bei den Arbeitern die Entfremdung „mit dem Entstehen dieser Schicht selber, also vor dem allgemeinen Säkularisierungsprozeß eingesetzt". Überdies trage die Kirche eine Mitverantwortung an dieser Distanz, was „einem fortwirkenden Skandal" gleichkomme[35].

Das Problem konnte freilich nur ein spezifisches Arbeiterproblem sein, wenn es auch die Arbeiterschaft als gesellschaftliche Gruppe gab. Um diese zu definieren, ging die Synode von einem ähnlich defizitorientierten Arbeiterbild aus, wie es die Gewerkschaften des Öffentlichen Dienstes vertraten:

> Arbeiter, vor allem un- und angelernte Arbeiter, sind überwiegend in untergeordneten Positionen beschäftigt, verrichten wenig geschätzte und niedrig entlohnte Arbeit. Sie haben den geringsten Ausbildungsstand, die geringsten Aufstiegschancen und den geringsten Anteil an den in unserer Gesellschaft geschätzten Gütern. Sie (und ihre Angehörigen) unterliegen der ganzen Härte der Unselbständigen. Sie werden am ehesten von wirtschaftlichen Krisen betroffen; bei Kurzarbeit und Arbeitslosigkeit erfahren sie eher als andere Gesellschaftsschichten ihre äußere Existenzenge und Daseinsunsicherheit.[36]

31 Vgl. Wilhelm Wöste, Einleitung: Kirche und Arbeiterschaft, in: Bertsch et al., Gemeinsame Synode, S. 313–321, hier S. 313.

32 Daniela Kirmse/Joachim Wiemeyer, Gesellschaftspolitische Positionierung der Kirche auf der Würzburger Synode – mit einer exemplarischen Tiefenbohrung: *Kirche und Arbeiterschaft*, in: Joachim Schmiedl/Robert Walz (Hrsg.), Die Kirchenbilder der Synoden. Zur Umsetzung konziliarer Ekklesiologie in teilkirchlichen Strukturen, Freiburg/Basel/Wien 2015, S. 217–250, hier S. 227.

33 Vgl. Kapitel 2.3.1.

34 Wöste, Einleitung, S. 313 (H. i. O.).

35 Ibid., S. 316.

36 Gemeinsame Synode, Beschluß, S. 338.

Diese Perspektive hatte aufgrund der 1974 stark ansteigenden Arbeitslosigkeit an Plausibilität gewonnen. Sie ließ eine Arbeiterschaft sichtbar werden, die „am ehesten vergleichbar mit der Arbeiterschaft des 19. Jahrhunderts" war. Dies wiederum unterstrich die Dringlichkeit einer raschen Beendigung des „fortwirkenden Skandals", zumal auch das „Arbeiterbewusstsein", das die Kirche auf der Seite der oberen Gesellschaftsschichten verortete, weiter intakt geblieben war[37]. Neben diesen Kontinuitätslinien nahmen die Synodalen jedoch auch gegenläufige Entwicklungen wahr. So verliere der Gegensatz von Arbeitern und Angestellten „in der Lebenswirklichkeit zunehmend an Schärfe und Bedeutung", ja er sei „für unser Thema ohne Belang". Aufgrund vorhandener Aufstiegsmöglichkeiten handle es sich bei der Arbeiterschaft überdies um keinen monolithischen Block mehr[38]. Im Beschluss findet sich daher eine aufschlussreiche Relativierung:

> So kann häufig erst dem jeweiligen Zusammenhang entnommen werden, wer mit ‚Arbeiter' gemeint ist, denn die Zahl jener ist nicht gering, die in einer Hinsicht der Arbeiterschaft angehören, in einer anderen aber nicht. Und ob jemand zur Arbeiterschaft zählt, hängt schließlich auch von ihm selbst ab, wie er sich nämlich mit seinem Denken und Fühlen gesellschaftlich einordnet.[39]

Hier scheint eine Vorstellung des ‚Arbeiters' auf, die ihn weniger als eine festgefügte Identität begreift, sondern ihm Züge einer sozialen Rolle, die nur zeit- und situationsgebunden von Individuen eingenommen wird, zuschreibt. Und doch wird an anderer Stelle deutlich, dass die Individuen nicht nach Belieben einen Rollentausch vornehmen konnten, denn ein solcher stand unter dem Vorbehalt gesellschaftlicher Zwänge. So neigten Arbeiterfamilien aus Sicht der Synodalen „wegen ihres Sozialstatus, wegen Sprach- und Bildungsbarrieren" zur gesellschaftlichen Selbstisolation[40]. Trotz der aufgezeigten Defizite bemühte sich der Beschluss, den ‚Arbeitern' Wertschätzung entgegenzubringen. Grundlegend war hierfür zu akzeptieren, „daß die Arbeiter in vieler Hinsicht anders denken, andere Erfahrungen, aber auch andere Bedürfnisse und Wünsche haben als Angehörige anderer Gesellschaftsschichten." Dieser „Bezug zur Wirklichkeit" erhob die ‚Arbeiter' zu Trägern einer spezifischen Episteme[41]. Und weil sie einen integralen Bestandteil der Gesellschaft darstellten, galt es nun, „die gesellschaftlichen Verhältnisse so zu gestalten, daß die bislang Benachteiligten eine ihren Fähigkeiten, Bedürfnissen und Interessen ent-

37 Wöste, Einleitung, S. 315 (Zitat), 319.
38 Gemeinsame Synode, Beschluß, S. 338.
39 Ibid., S. 339.
40 Wöste, Einleitung, S. 320.
41 Gemeinsame Synode, Beschluß, S. 349 f.

sprechende Stellung einnehmen."[42] Anders ausgedrückt: Die Synodalen erkannten im ‚Arbeiter' nicht mehr (nur) das bildungsbedürftige Objekt, sondern ein lehrfähiges Subjekt. Damit vollzogen sie im Konkreten nach, was die Ende 1965 von Papst Paul VI. veröffentlichte Pastoralkonstitution „Gaudium et spes" angemahnt hatte: „Die Kirche sollte nicht mehr allein die ‚Welt' belehren, sondern konnte auch von der Welt selbst etwas lernen."[43]

Die Synodalen zeigten verschiedene Aspekte auf, die sich durch eine Beschäftigung mit den ‚Arbeitern' erschließen ließen. Die größte Aufmerksamkeit zog dabei die Neubewertung der eigenen Geschichte auf sich, die sich um die kontrovers diskutierte Frage drehte, inwiefern der Kirche tatsächlich Schuld für die Entfremdung der Arbeiterschaft zukam. Um zu einer Antwort zu gelangen, musste die Stellung des Sozialkatholizismus innerhalb der Kirche neu ausgehandelt werden. Hier machten Nell-Breuning, der als unumstrittene Leitfigur der katholischen Soziallehre den historischen Abschnitt maßgeblich geprägt hatte, und seine Mitstreiter geltend, dass der Sozialkatholizismus „nie von der Breite der Kirche" getragen worden war und folglich „nicht repräsentativ fürs Ganze" stehen konnte[44]. Interessanterweise war ein solcher historischer Rückblick schon 1971 fest eingeplant, im vorgelegten Papier von 1974, das noch unter dem Arbeitnehmerbegriff stand, jedoch nicht enthalten gewesen[45]. Gerade weil einige der Beteiligten die fortdauernde Relevanz des Arbeiterbegriffs für die bundesrepublikanische Gesellschaft infrage stellten, kam man, sobald er zum neuen Leitbegriff des Beschlusses erhoben war, weder um eine Beschäftigung mit der historischen Entwicklung noch um eine Analyse der gegenwärtigen Situation umhin. Als positiven Nebeneffekt stellten die Synodalen der Kirche die Möglichkeit in Aussicht, „in der Gesellschaftspolitik wieder mitsprechen [zu] können und von der Arbeiterschaft ernst genommen" zu werden[46]. Die Beschäftigung mit den ‚Arbeitern' versprach folglich nicht nur eine Rettung ihres heilsgeschichtlichen Auftrags, sondern auch einen weltlichen Machtzuwachs. Überdies erlaubte die Beschäftigung mit den ‚Arbeitern' es der Kirche, ihr Verhältnis zur Sozialdemokratie und zu den Gewerkschaften neu zu justieren[47].

Einen weiteren positiven Aspekt arbeitete ein Antrag heraus, den die Synodalin Marita Estor, hauptberuflich im Bundesarbeitsministerium tätig, eingebracht hat-

42 Ibid., S. 340.
43 Kirmse/Wiemeyer, Gesellschaftspolitische Positionierung, S. 217.
44 Wöste, Einleitung, S. 317.
45 Vgl. Kirmse/Wiemeyer, Gesellschaftspolitische Positionierung, S. 230 f.
46 Wöste, Einleitung, S. 319.
47 Vgl. Kirmse/Wiemeyer, Gesellschaftspolitische Positionierung, S. 241.

te[48]. Demnach konnte in der Auseinandersetzung mit der deutschen Arbeiterschaft ein Schlüssel zur Verständigung innerhalb der Weltkirche liegen. Eine Hinwendung zur Arbeiterschaft, so die Hoffnung, lasse die deutschen Katholiken weniger kapitalismusfreundlich erscheinen, wodurch sie als Dialogpartner für die lateinamerikanischen Befreiungstheologen wieder akzeptabel würden. Denn das Zugeständnis, dass Arbeiter über eine ganz eigene Weltwahrnehmung verfügen und dadurch zu validen Erfahrungen kommen, legte eine Neubewertung der Lehre von Karl Marx wie auch der sozialistischen Bewegung nahe. Ihnen wurde nun zugestanden, die von der Arbeiterschaft bezeugte Wirklichkeit zumindest in Ausschnitten richtig wahrgenommen zu haben. In einem zweiten Schritt stellten die Vertreter der katholischen Kirche Übereinstimmungen dieser Lehre mit den eigenen Dogmen fest[49].

Etwas zugespitzt ausgedrückt fungierten die ‚Arbeiter' als die *eigenen Fremden*, die durch ihre Überschneidungen zum zuvor als völlig fremd wahrgenommenen Fremden, seien es die Lehren von Karl Marx, seien es die der Befreiungstheologen, darin das Eigene kenntlich machten. Dies unterschied die katholische Auffassung der ‚Arbeiter' vom Arbeiterdiskurs des Spiegels. Dort blieb der fremde Arbeiter, wie in Kapitel 2.2 ausgeführt, fremd, weil eine chronologische Hierarchie obwaltete, welche den fremden ‚Arbeiter' einzig als Vorstufe zum deutschen ‚Arbeitnehmer' fasste. Dagegen fungierte der ‚Arbeiter' im Konzept der Würzburger Synode als die synchronisierende Instanz, welche die in Teilen noch im Denken der Agrargesellschaft verhaftete kirchliche Gesellschaftslehre in Einklang mit den Erfordernissen der technologisierten Welt zu bringen versprach, aber auch isolierte Teile der Weltkirche wieder miteinander kommunikationsfähig machen sollte[50].

Hinter dem Interesse an der Dritten Welt im Allgemeinen und den dortigen katholischen Gemeinschaften im Besonderen stand „das zunehmende Gewicht der lateinamerikanischen wie auch der afrikanischen und asiatischen Kirche"[51], erneut also machtpolitische Erwägungen. Aber nicht nur. Denn mit dieser Lesart von ‚Arbeiter', die ihn letztlich als universelle Substruktur der kapitalistischen Welt auswies und nur als globales Phänomen begreifbar machte, näherte sich die katholische Kirche dem zeitgenössischen Interdependenzdenken an[52], das mit der

48 Zur Biographie vgl. die Autorenangaben in: Petrus Bsteh/Brigitte Proksch (Hrsg.), Wegbereiter des interreligiösen Dialogs, Band II, Wien 2018, S. 356.

49 Vgl. Wöste, Einleitung, S. 319 sowie Gemeinsame Synode, Beschluß, S. 331–333.

50 Vgl. Wöste, Einleitung, S. 319 sowie Gemeinsame Synode, Beschluß, S. 328, 352.

51 Jan Eckel, Neugeburt aus dem Geist der Moral. Erklärungen einer heterogenen Konjunktur, in: ders./Samuel Moyn (Hrsg.), Moral für die Welt? Menschenrechtspolitik in den 1970er Jahren, Göttingen 2012, S. 22–67, hier S. 57.

52 Vgl. Martin Deuerlein, Interdependenz, in: Frank Reichherzer/Emmanuel Droit/Jan Hansen (Hrsg.), Den Kalten Krieg vermessen. Über Reichweite und Alternativen einer binären Ordnungs-

Hervorhebung der Rolle der ‚Arbeiter' auch von der Studierendenbewegung, vielleicht sogar stärker noch von der Roten Armee Fraktion (RAF) vertreten wurde[53]. Deren Ziele und Methoden waren selbstverständlich völlig anders geartet als die der katholischen Kirche[54]. Und doch war es auch die Wahrnehmung der ‚Arbeiterschaft' als ein dauerhaftes Strukturmerkmal des Kapitalismus, die sie in den Augen der Synodalen zu einer „zukunftsträchtige[n] gesellschaftliche[n] Gruppe" erhob. Die Beschlussvorlage fand schließlich auf der abschließenden Sitzung der Synode am 20. November 1975 die Zustimmung von 80 Prozent der Teilnehmenden[55]. Den einzelnen Kirchengemeinden stand nunmehr die Aufgabe bevor, sich einen Überblick über Anzahl und Branchenzugehörigkeit der lokalen Arbeiterschaft zu verschaffen, um nach dieser „Bestandsaufnahme" im Gottesdienst „eine Sprache zu finden, die jedermann verständlich ist"[56]. Dies war allein schon deshalb nötig, weil auf der Synode selbst kaum Arbeiter vertreten waren, trotz der erklärten Absicht, dort für „eine ausgewogene Vertretung von verschiedenen sozialen Schichtungen" zu sorgen[57].

Das Fazit, das Hildegard Wustmans gut 40 Jahre nach Abschluss der Synode zog, fiel ernüchternd aus. So habe sich die Kirche nicht auf den notwendigen „Ortswechsel" eingelassen und es versäumt, „Orte in der Welt der Arbeit auf ihre Macht- und Ohnmachtsperspektiven hin zu analysieren", um sich dadurch auch selbst zu verändern[58]. Seither habe die kirchliche Entfremdung immer weitere Bevölkerungskreise ergriffen, weil die Gemeinden „nicht in der Lage [waren], sich auf Menschen von außen einzulassen."[59] Die ‚Arbeiter' als die *eigenen Fremden* hätten

vorstellung, Berlin 2018, S. 183–198. Schon in den frühen 1960er Jahren wurden interdependenztheoretische Annahmen von sozialkatholischer Seite aus dezidiert mit Reflexionen über die Arbeitswelt gekoppelt. Vgl. Dirks, Blick in die Zukunft, S. 96.

53 Vgl. Gerd Koenen, Das rote Jahrzehnt. Unsere kleine deutsche Kulturrevolution 1967–1977, Köln ²2001, S. 362 f., 389.

54 In Italien, so die These Petra Terhoevens, beeinflusste der Katholizismus linksextreme Terrorgruppen hingegen stark. Vgl. Petra Terhoeven, The Hour of the Gun: Anti-imperialist Struggle as the New Left's Hope of Salvation in Germany and Italy, in: Stefan Berger/Christoph Cornelissen (Hrsg.), Marxist Historical Cultures and Social Movements during the Cold War. Case Studies from Germany, Italy and Other Western European States, Cham 2019, S. 257–287, hier S. 281.

55 Wöste, Einleitung, S. 318 (Zitat), 321.

56 Karl-Heinz Vorbrücken, Anmerkungen zum Grundsatzdokument der Synode in Würzburg zur Arbeiterfrage, 19. Januar 1976, S. 5 f., in: AdsD 5/DGCS000136.

57 Kirmse/Wiemeyer, Gesellschaftspolitische Positionierung, S. 226.

58 Hildegard Wustmans, Kirche und Arbeiterschaft. Von „alten" Ausschließungen und „neuen" Balancen, in: Reinhard Feiter/Richard Hartmann/Joachim Schmiedl (Hrsg.), Die Würzburger Synode. Die Texte neu gelesen, Freiburg/Basel/Wien 2013, S. 129–143, hier S. 133.

59 Ibid., S. 131.

sich also tatsächlich als eine zukunftsfähige Ressource für die Kirche erweisen können.

6.3 Arbeiterfilme

Die Öffentlichkeit dürfte von diesen Hinwendungen zum ‚Arbeiter' nur wenig Notiz genommen haben. Und doch belegen gerade diese teilweise skurril anmutenden Fälle die Strahlkraft der ‚Arbeiter' in den 1970er Jahren. Die größte Bühne bot den ‚Arbeitern' aber zweifellos das Fernsehen. Vor allem der WDR trug in den frühen 1970er Jahren zum Entstehen des Genres ‚Arbeiterfilm' bei. Nun wurden zahlreiche Dokumentationen, Arbeiterserien und Arbeiterfilme gedreht. Letztere liefen nicht nur im Hauptprogramm der ARD, sondern wurden zumeist auch in Programmkinos gezeigt und erfreuten sich auf Filmfestivals großer Beliebtheit beim Publikum wie auch bei den Kritikern. Besonders prägend waren dabei Rainer Werner Fassbinders Arbeiterserie „Acht Stunden sind kein Tag" (1972/73) und die Filme der „Berliner Schule". Zu ihr gehörten die Filmmacherduos Christian Ziewer und Klaus Wiese sowie Marianne Lüdcke und Ingo Kratisch.

Im Folgenden werde ich mich im Wesentlichen auf Christian Ziewer beschränken, der schon zeitgenössisch als Hauptvertreter der Berliner Schule wahrgenommen wurde und das Genre mit seiner Filmsprache prägte. Nur kursorisch kann auf Fassbinder eingegangen werden, der in einigen Aspekten die Gegenposition zu Ziewer einnahm, obwohl beide das gleiche Grundanliegen teilten. Allerdings war Fassbinders Hinwendung zum Arbeitersujet nur von kurzer Dauer, während Ziewer seine Trilogie – „Liebe Mutter, mir geht es gut" (1971/2), „Schneeglöckchen blühn im September" (1973/4) und „Der aufrechte Gang" (1975/6) – erst Mitte der 1970er Jahre abschloss. Und anders als Fassbinder, den der WDR als bereits etablierten Filmemacher mit der Realisierung der Arbeiterserie betraute, stand Ziewer noch ganz am Anfang seiner Karriere. Um der Frage nachzugehen, welchen Nutzen Akteure aus einer Beschäftigung mit der Ressource ‚Arbeiter' ziehen konnten, ist diese Konstellation bestens geeignet. Auch lässt sich klären, weshalb Ziewer, anders als etwa britische Filmschaffende wie Kenneth Loach[60], sich nach einer intensiven Auseinandersetzung mit dem Arbeitersujet von diesem wieder abwandte.

Am Beispiel Christian Ziewers möchte ich untersuchen, welche Rahmenbedingungen für eine künstlerische Auseinandersetzung mit den ‚Arbeitern' herrschten, mit welchen filmischen Mitteln er das Sujet behandelte und welches Arbeiterbild er dabei vermittelte.

60 Vgl. Lillge, Arbeit, S. 140 f.

6.3.1 Rahmenbedingungen

Man stelle sich vor: Ein Student wird aufgrund seiner politischen Betätigung ohne Abschluss von der erst kurz zuvor gegründeten Deutschen Film- und Fernsehakademie Berlin (DFFB) verwiesen[61]. Obwohl er bisher nur Kurzfilme mit stark lokalem Bezug produziert hat, erhält er vom WDR aus Köln einige Zeit später 150 000 DM und weitere 200 000 DM vom Kuratorium Junger Deutscher Film[62]. Damit kann er auf Grundlage seines eigenen Drehbuchs seinen ersten Spielfilm drehen, in dem er sich mit der Lage von Arbeitern in einem Berliner Betrieb auseinandersetzt. Eine solche Geschichte wäre heute kaum vorstellbar, doch zu Beginn der 1970er Jahre war sie möglich. Es ist die Geschichte von Christian Ziewer.

Weshalb sich Ziewer auf das Angebot des Senders eingelassen hat, bedarf keiner großen Erklärung. Weniger offensichtlich sind die Motive des WDR. Und doch war dessen Entscheidung, Ziewer zu engagieren, aus mehreren Gründen folgerichtig. Zunächst sind senderspezifische Faktoren anzuführen. So hatten die Fernsehanstalten schon Ende der 1950er Jahre davon Abstand genommen, lediglich Literaturklassiker zu verfilmen. Seither setzten sie immer stärker auf Stoffe, die Drehbuchautoren exklusiv für das Fernsehen verfassten[63]. Die Zunahme des Sendezeitvolumens – zum 1. Januar 1956 spaltete sich der Nordwestdeutsche Rundfunk (NWDR) in den NDR und WDR auf, und neun Jahre später schuf der WDR mit dem Westdeutschen Fernsehen (WDF) noch ein eigenes Regionalprogramm – ließ die Nachfrage nach neuen Spielfilmen weiter steigen[64]. Die Bereitschaft, auf noch unbekannte Talente mit innovativen Ideen zu setzen, hing wiederum eng mit der institutionellen und personellen Ausgestaltung der Abteilung Spielfilm beim WDR

---

61 Vgl. Fabian Tietke, Dies- und jenseits der Bilder – Film und Politik an der dffb 1966–1995, <https://dffb-archiv.de/editorial/dies-jenseits-bilder-film-politik-dffb-1966-1995> (2.12.2023) sowie Volker Pantenburg, Die Rote Fahne: Deutsche Film- und Fernsehakademie Berlin, 1966–1968, in: Martin Klimke/Joachim Scharloth (Hrsg.), 1968. Handbuch zur Kultur- und Mediengeschichte der Studentenbewegung, Stuttgart/Weimar 2007, S. 199–206, hier S. 200.

62 Vgl. o. V., Vorlage für die 219. Sitzung des Verwaltungsrates des Westdeutschen Rundfunks am 24. Juni 1971, in: WDR-HA 14177. An Ziewers zweitem Film beteiligte sich der WDR dann schon mit einer Summe von 500 000 DM. Vgl. o. V., Vertrag mit der Basis-Film „Strukturverbesserung“, 7. August 1973, in: WDR Abteilung Spielfilm, Mappe Schneeglöckchen blühn im September.

63 Vgl. Knut Hickethier, Geschichte des deutschen Fernsehens, unter Mitarbeit von Peter Hoff, Stuttgart/Weimar 1998, S. 153.

64 Vgl. Josef Schmid, Intendant Klaus von Bismarck und die Kampagne gegen den ‚Rotfunk‘, in: AfS 41 (2001), S. 349–381, hier S. 352 f. sowie Egon Netenjakob, Fernsehspiel: Die Erfindung des Neuen Deutschen Films im Fernsehen, in: Klaus Katz/Dietrich Leder/Ulrich Pätzold et al. (Hrsg.), Am Puls der Zeit. 50 Jahre WDR, Band 2: Der Sender: weltweit nah dran 1956–1985, Köln 2006, S. 218–233, hier S. 218 ff.

zusammen. Sie war erst nach der Trennung vom NWDR aufgebaut worden. Statt altgedienter Fernsehveteranen waren viele junge Redakteure, die den Idealen der 68er-Bewegung nahestanden, als Quereinsteiger in die Abteilung gekommen. Folglich konnten neue Ansätze ungehindert von verkrusteten Strukturen schnell zur Entfaltung kommen. Verglichen mit der Professionalität britischer Rundfunkanstalten kann man, wie Christina von Hodenberg, freilich auch zu einer kritischeren Bestandsaufnahme kommen:

> Als Spezifika des westdeutschen Fernsehsystems in den frühen bis mittleren 1970er Jahren erscheinen also: vergleichsweise dilettantische Produktionsweise, Unerfahrenheit mit dem Genre, großer Spielraum für die Individualität und ideologische Mission einzelner Fernsehmacher sowie eine bürgerlich-intellektuelle Haltung, die auf Aufklärung des Publikums zielte.[65]

Diese Umstände trugen sicher zur Entscheidung bei, Christian Ziewer weitgehend freie Hand bei der Produktion seiner Filme zu lassen. Sie war aber auch Ergebnis einer Entwicklung, die im Oberhausener Manifest vom 28. Februar 1962 ihren Ausgang genommen hatte. Junge Filmschaffende hatten damals „Freiheit von den brancheüblichen Konventionen", „Freiheit von der Beeinflussung durch kommerzielle Partner" sowie „Freiheit von der Bevormundung durch Interessengruppen" eingefordert. Dafür versprachen sie, den „neuen deutschen Spielfilm zu schaffen". Explizit anerkannten sie den Kurzfilm als „Schule und Experimentierfeld des Spielfilms"[66]. So gesehen brachte Christian Ziewer die idealen Voraussetzungen mit.

Tatsächlich blieb Ziewer auch nicht der einzige DFFB-Student, dessen Spielfilmdebüt bundesweit ausgestrahlt wurde. Für den WDR wurde Hans-Geert Falkenberg als Leiter des Fernsehspiels auf seiner Suche nach jungen, talentierten Filmschaffenden immer wieder an der Berliner Akademie fündig[67]. Die vom WDR gebotene finanzielle Sicherheit[68] und künstlerische Freiheit[69] schufen für deren

---

65 Christina von Hodenberg, Wie westlich war das bundesdeutsche Fernsehen? Die Produktion und Rezeption von Unterhaltungsserien im Dreiländervergleich, in: Sonja Levsen/Cornelius Torp (Hrsg.), Wo liegt die Bundesrepublik? Vergleichende Perspektiven auf die westdeutsche Geschichte, Göttingen 2016, S. 31–47, hier S. 35.

66 Der Text ist als Anhang dokumentiert in: Michaela S. Ast, ‚Der alte Film ist tot. Wir glauben an den neuen.' Die Genese des Jungen Deutschen Films, Marburg 2013, S. 325.

67 Vgl. Richard Collins/Vincent Porter, WDR and the Arbeiterfilm: Fassbinder, Ziewer and others, London 1981, S. 34.

68 Vgl. Peter von Rüden, Fernsehspiel oder Spiel im Fernsehen – Anmerkungen zu einer Programmform, in: ders. (Hrsg.), Das Fernsehspiel. Möglichkeiten und Grenzen, München 1975, S. 11–18, hier S. 16 sowie Thomas Elsaesser, West Germany's „Workers' Films": A Cinema in the Service of Television?, in: Christina Gerhardt/Marco Abel (Hrsg.), Celluloid Revolt. German Screen Cultures and the Long 1968, Rochester 2019, S. 122–133, hier S. 131.

Absolventen ideale Voraussetzungen, um einen eigenen Stil zu finden und sich einen Namen zu machen. Der Sender wiederum konnte sich auf die Unabhängigkeit seiner Filmproduzenten berufen, um Vorwürfe der Parteilichkeit zu kontern. Denn seit Ende der 1950er Jahre beklagten Arbeitgeberverbände und Zeitungsverleger immer wieder die angeblich linke Ausrichtung der Anstalten, um die Lizenz für den Aufbau eines privaten Rundfunks zu erstreiten[70].

Die Entscheidung des WDR, auf Newcomer zu setzen, ist also nachvollziehbar. Doch auch die Entstehung des Genres Arbeiterfilm in den frühen 1970er Jahren stellt sich im Rückblick als wenig überraschend dar, denn es handelte sich keineswegs um eine *creatio ex nihilo.* Schließlich hatten sich Künstlerinnen und Künstler schon seit Dekaden mit dem Sujet ‚Arbeiter' auseinandergesetzt, und die Arbeiterbewegung selbst trug seit Anbeginn Züge einer Kulturbewegung[71]. Auch nach dem Zweiten Weltkrieg fanden künstlerische Beschäftigungen mit den ‚Arbeitern' ihr Publikum. In Großbritannien sorgte etwa Alan Sillitoe mit seinem Arbeiterroman „Saturday Night and Sunday Morning" 1958 für Aufsehen[72]. 1959 begab sich die DDR auf den „Bitterfelder Weg", um Arbeiter in ihrer schriftstellerischen Tätigkeit zu fördern[73]. Dasselbe Anliegen verfolgte die zwei Jahre später in Westdeutschland gegründete „Gruppe 61", aus der in den 1970er Jahren der „Werkkreis Literatur der Arbeitswelt" hervorgehen sollte[74]. Einen großen Erfolg konnte Max von der Grün mit seinem 1963 erschienenen Roman „Irrlicht und Feuer" feiern. Mit diesem Buch, so der Germanist Rüdiger Scholz, „gelangte ein Industriearbeiterroman mit einem Bergmann als Autor an die Spitze der Weltliteratur."[75] Vermochte die Bundesrepublik auf dem Feld der Arbeiterliteratur international schrittzuhalten, wies sie beim Arbeiterfilm Nachholbedarf auf – gerade auch im deutsch-deutschen Ver-

69 Vgl. Collins/Porter, WDR and the Arbeiterfilm, S. 34 f.

70 Vgl. Brigitte Knott-Wolf, Der WDR im Spannungsfeld der politischen Parteien, in: Katz et al., Am Puls der Zeit, Bd. 2, S. 297–307, Collins/Porter, WDR and the Arbeiterfilm, S. 20 sowie Schmid, Intendant Klaus von Bismarck, S. 353.

71 Vgl. Sabine Hake, The Proletarian Dream. Socialism, Culture, and Emotion in Germany, 1863–1933, Berlin/Boston 2017, Schmidt, Arbeiter, Kap. 4 sowie Knut Hickethier, Arbeitertheater und Arbeiterfilm, in: Ruppert, Arbeiter, S. 345–358.

72 Vgl. Lillge, Arbeit, S. 61 ff.

73 Vgl. Kleßmann, Arbeiter im ‚Arbeiterstaat' DDR, S. 432–447.

74 Vgl. Axel Schildt/Detlef Siegfried, Deutsche Kulturgeschichte. Die Bundesrepublik – 1945 bis zur Gegenwart, Bonn 2009, S. 232 f., 312 f.

75 Rüdiger Scholz, Max von der Grün. Politischer Schriftsteller und Humanist. Mit einer Würdigung von Werner Bräunigs *Rummelplatz*, Würzburg 2015, S. 83.

gleich. Die DDR produzierte eine Vielzahl solcher Filme[76], etwa Frank Beyers Werk „Spur der Steine", das jedoch nach wenigen Vorführungen 1966 der Zensur zum Opfer fiel[77]. Trösten konnten sich die Fernsehzuschauer in der DDR gleichwohl mit von der Grüns „Irrlicht und Feuer", den die ostdeutsche DEFA im gleichen Jahr verfilmt hatte[78].

Die Fernsehanstalten im Westen nahmen mit ihren Arbeiterfilmen somit lediglich die Rolle des Kulturfolgers ein. Die Entscheidung, Filme für und über die Arbeiterschaft produzieren zu lassen, fiel ihnen umso leichter, als sie sich, wie der DGB und die katholische Kirche, ohnehin der Erwartung ausgesetzt sahen, ihr Programm stärker auf Zielgruppen auszurichten[79]. Und zweifellos stellten die Millionen von Arbeiterinnen und Arbeitern eine wichtige Zielgruppe dar, zumal es sich bei ihnen um die eifrigsten Fernsehzuschauer handelte[80]. Sofern das Fernsehgerät jedoch nicht gerade ausgeschaltet war und sie sich dann zufällig darin spiegelten, tauchten Arbeiter auf dem Bildschirm kaum auf[81]. Auf den ersten Blick war dieser Sachverhalt nicht problematisch. Wie der Kommunikationswissenschaftler Rudolf Stumberger ausführte, ermöglichte Fernsehen „als sozial grenzüberschreitendes Medium" den Arbeiterinnen und Arbeitern einen Einblick in die völlig fremden Lebenswelten ihrer Mitbürger, was einen Bildungsanreiz darstellen konnte[82]. Die mangelhafte mediale Präsenz der Arbeiter wäre demnach nur für die anderen Bevölkerungsgruppen problematisch gewesen. Sie erhielten im Fernsehprogramm nämlich kaum zuverlässige Informationen über die deutschen Lohnempfänger, wie 1972 der Gewerkschaftsführer Gerhard Vater in seiner Senderschelte anmerkte: „Sie propagieren [...] rücksichtslose Ellbogenfreiheit", während „der fleißige Arbeiter [...] und der ehrliche Angestellte [...] zu Spottobjekten" gemacht würden[83]. Dabei zeigten vor allem junge Intellektuelle Ende der 1960er Jahre ein wachsendes Interesse an der Arbeiterschaft. Ihnen ging es, so Axel Schildt und Detlef Siegfried,

76 Vgl. die zahlreichen Beiträge im Abschnitt „Erbauer der Zukunft. Zum Bild der Arbeiterklasse im DEFA-Film" in: Peter Zimmermann/Gebhard Moldenhauer (Hrsg.), Der geteilte Himmel. Arbeit, Alltag und Geschichte im ost- und westdeutschen Film, Konstanz 2000, S. 211–423.

77 Vgl. Gunnar Decker, 1965. Der kurze Sommer der DDR, Bonn 2015, S. 355–363.

78 Vgl. Scholz, Max von der Grün, S. 310 f.

79 Die Werbewirtschaft hatte hierbei eine Schrittmacherfunktion für die Fernsehanstalten gespielt. Vgl. Hickethier, Geschichte des deutschen Fernsehens, S. 207, 336.

80 Vgl. Rudolf Stumberger, Fernsehen und sozialstruktureller Wandel. Eine theoretisch-historische Untersuchung zur Bedeutung eines Mediums im Modernisierungsprozess 1945 bis Mitte der 1970er Jahre unter besonderer Berücksichtigung der sozialen Klasse der Arbeiter, München 2002, S. 110–126.

81 Vgl. ibid., S. 124–126.

82 Vgl. ibid., S. 131 (Zitat, Hervorhebung gelöscht), 135.

83 DGB-Bundesvorstand, Protokoll Bundeskongreß 1972, S. 120.

„um soziologische Unternehmungen, die der empirischen Erforschung einer unbekannten Welt dienten."[84] Und solche Unternehmungen ließen sich auch in Form von Filmen realisieren, wie die Angehörigen der Berliner Schule zeigen sollten.

Preist man jedoch die Bedeutung ein, die dem Fernsehen als Teil der medialen Öffentlichkeit im Alltag zukommt, stellte dessen „Wirklichkeitsferne", die der Journalist Walter Maria Guggenheimer schon zu Beginn der 1960er Jahre beklagt hatte, auch für die Arbeiterinnen und Arbeiter ein Problem dar. Denn, wie Stumberger unter Rückgriff auf Überlegungen Conrad Lodziaks ausführte, hing ihre Identität als ‚Arbeiter' von der „öffentlichen Sphäre" ab, aus der ein jedes Individuum ein Gefühl der „Sicherheit" und „Wichtigkeit" schöpfen kann. Traditionell fungierten die nachbarschaftlichen Netzwerke als eine solche öffentliche Sphäre für die Arbeiterschaft. Jene Netzwerke büßten jedoch seit den 1960er Jahren an Bindekraft ein, während gleichzeitig Fernsehprogramme einen immer größeren Teil der Freizeit der Arbeiterfamilien in Beschlag nahmen. Fernzusehen als „eine sozial isolierte, privatisierte und de-kollektivierende Aktivität" bedeutete daher, so Stumberger weiter, „ein Hindernis für die Rekonstruktion einer öffentlichen Sphäre, über die effektive oppositionelle Praktiken zu den bestehenden Verhältnissen organisiert werden können"[85]. Arbeiterfilme konnten hier im besten Fall ein Gefühl von Zugehörigkeit vermitteln und auf diese Weise durch das Fernsehen mitverursachte Probleme mit den Mitteln des Fernsehens lindern[86]. Egal, ob man die Stärkung der traditionellen Arbeiteridentität befürwortete oder seine Hoffnungen auf eine Perspektivenerweiterung der Arbeiterinnen und Arbeiter setzte, das Fernsehen konnte in dieser Frage keine neutrale Position einnehmen, da es notwendig auf die Realisierung der einen oder der anderen Option hinwirkte.

An diese Überlegungen knüpften 1972 Oskar Negt und Alexander Kluge an, um der „Manipulation" der Menschen durch die Massenmedien, die die Vertreter der Kritischen Theorie immer wieder beklagt hatten[87], ein Ende zu setzen. Zu diesem Zweck wollten sie der herrschenden „bürgerlichen Öffentlichkeit" eine „proletarische[] Öffentlichkeit" entgegensetzen. Denn in der darin repräsentierten „proletarische[n] Erfahrung" erkannten sie einen „Kristallisationspunkt [...] für eine Öf-

84 Schildt/Siegfried, Deutsche Kulturgeschichte, S. 313.

85 Stumberger, Fernsehen, S. 196 f.

86 Klaus-Michael Bogdal wies der Arbeiterliteratur des 19. Jahrhunderts ebenfalls eine identitätsstiftende Funktion zu. Vgl. Klaus-Michael Bogdal, Zwischen Alltag und Utopie. Arbeiterliteratur als Diskurs des 19. Jahrhunderts, Opladen 1991, S. 19 f., 23 f.

87 Vgl. Max Horkheimer/Theodor W. Adorno, Dialektik der Aufklärung. Philosophische Fragmente, Frankfurt a. M. ^{21}2013 [amerik. Orig. 1944], S. 128–176 sowie Herbert Marcuse, Der eindimensionale Mensch. Studien zur Ideologie der fortgeschrittenen Industriegesellschaft, München ^{3}1998 [amerik. Orig. 1964], S. 23.

fentlichkeit [...], die die Interessen und Erfahrungen der erdrückenden Mehrheit der Bevölkerung wiedergibt, so wie diese Erfahrungen und Interessen wirklich sind."[88] In den öffentlich-rechtlichen Sendern hofften Negt und Kluge einen natürlichen Verbündeten zu finden, da sie – allein schon zur Abwehr einer „Überlagerung durch die privatwirtschaftliche Programmindustrie" – „an solchen Produkten, in denen sich kollektive gesellschaftliche Erfahrung organisiert, ein Eigeninteresse" haben müssten. Überdies bot die Mitarbeitermitbestimmung in den Sendern zumindest einen ersten Ansatz zur Reform des Fernsehens, auch wenn ein solcher Prozess ohne das Mitwirken der organisierten Zuschauerschaft aus Sicht der beiden Autoren nicht zu vollenden war[89].

Gerade der WDR, in dessen Einzugsbereich das Ruhrgebiet liegt, konnte sich zumindest der Forderung nach einem stärkeren Eingehen auf die Anliegen der Arbeiterschaft kaum entziehen, zumal sich nicht nur Intellektuelle, sondern auch die Gewerkschaften für dieses Ziel einsetzten. Tatsächlich trat der westdeutsche Sender als entscheidender Förderer des Arbeitergenres auf – ohne den Kölner Rundfunk hätte es die Berliner Schule nicht gegeben. Den Redakteuren der Abteilung Spielfilm des WDR kam dabei das Wohlwollen des Intendanten zugute. Denn Klaus von Bismarck, der von 1961 bis 1976 an der Spitze des Senders stand, hatte sich schon zuvor als Sozialamtsleiter der Evangelischen Kirche mit Belangen der Bergarbeiter auseinandergesetzt[90]. Sehr frühzeitig, nämlich im Jahr 1957, hatte er überdies seine Gedanken über die „Bedeutung von Rundfunk und Fernsehen für den Arbeiter" vorgestellt[91].

6.3.2 Der Arbeiterfilm zwischen Authentizität, Fiktion und Pädagogik

Die Rahmenbedingungen hätten für junge Filmschaffende wie Christian Ziewer also kaum besser sein können. Doch auch der Sender konnte sich schon bald bestätigt fühlen, die richtige Entscheidung getroffen zu haben. So verlieh die Filmbewertungsstelle Wiesbaden Ziewers Erstling „Liebe Mutter" das Prädikat „besonders wertvoll". In der Begründung hob das Gremium hervor,

> daß dieser Film eine Kunstvorstellung dadurch realisiert, daß er sich um der genauen Bezeichnung der Wirklichkeit willen von jeder Künstelei freihält. Hier liegt das bemerkenswerte

88 Negt/Kluge, Öffentlichkeit und Erfahrung, S. 10 (Hervorhebungen gelöscht).
89 Vgl. ibid., S. 217 f., 221 (Zitate).
90 Vgl. Schmid, Intendant Klaus von Bismarck, S. 358.
91 Vgl. Klaus von Bismarck, Die Bedeutung von Rundfunk und Fernsehen für den Arbeiter. Manuskript für einen Vortrag am 26.4.57 in Kronberg, Haus Villigst bei Schwerte/Ruhr 1957.

> Verdienst eines Films, der sich als Thesenfilm begreift und diese Thesen in eine realistische Szenerie stellt, die völlig glaubwürdig ist. So kann man von der Intention der Regie her diesen Film vielleicht als Quasi-Dokumentation sehen, die informiert und gleichzeitig psychische Verfassungen derart akzentuiert, daß keine Frage offenbleibt.[92]

Liest man dieses Urteil, bleiben durchaus Fragen offen, die ich im Folgenden klären möchte: Weshalb fungierte bei einem Spielfilm Wirklichkeitsnähe, das heißt Authentizität, als Bewertungsmaßstab? Und warum entschied sich Ziewer dann nicht gleich für das Format des Dokumentarfilms?

Authentizität als Bewertungsmaßstab

Aus medienwissenschaftlicher Sicht ließe sich die Frage, weshalb Wirklichkeitsnähe zum entscheidenden Bewertungskriterium erhoben wurde, schnell beantworten: „Authentische Medieninhalte besitzen eine hohe Anziehungskraft […]. *Reality sells*, könnte man sagen", stellte Judith Königer fest[93]. Historisch spezifischer argumentierten Axel Schildt und Detlef Siegfried, wenn sie Authentizität zum Schlüssel für das Verständnis des „Neuen Deutschen Films" erhoben[94], zu dem auch die Arbeiterfilme zu rechnen sind. Sven Reichardt wiederum versuchte das alternative Milieu, dem auch Ziewer nicht fernstand, mit dem Begriffspaar „Authentizität und Gemeinschaft" zu charakterisieren[95]. Man könnte also den Eindruck gewinnen, als habe Authentizität damals im Zentrum des kritischen Zeitgeistes gestanden. Dies trifft sicher zu, zumal die Basis-Film Verleih GmbH, die Ziewers Filme produzierte und an der er selbst beteiligt war, ihr „Streben nach Authentizität" selbst als besondere Errungenschaft hervorhob[96]. Und doch scheint mir mehr dahinterzustecken. Denn Filme über Ärzte oder Polizisten wurden auch in den 1970er Jahren nicht am Grad ihrer Authentizität gemessen[97]. Sucht man nach einer anderen gesellschaftlichen Gruppe, deren künstlerische Repräsentation diesem Kriterium unterworfen wurde, stößt man auf die Frontsoldaten des Ersten Welt-

---

92 Filmbewertungsstelle Wiesbaden, Begründung „Liebe Mutter, mir geht es gut", o. D., in: WDR Abteilung Spielfilm, Mappe Liebe Mutter, mir geht es gut.

93 Judith Königer, Authentizität in der Filmbiografie. Zur Entwicklung eines rezipientenorientierten Authentizitätsbegriffs, Würzburg 2015, S. 27.

94 Schildt/Siegfried, Deutsche Kulturgeschichte, S. 396.

95 Reichardt, Authentizität.

96 Basis-Film Verleih GmbH an den Vorstand der IG Metall, 7.2.1974, S. 2, in: AdsD 5/IGMA190001, Mappe Filme 1971–76.

97 Vgl. Martin Wiebel, Fassbinders „Die geschminkten Proleten" im Glashaus. Reminiszenzen an Rainer Werner Fassbinders *Acht Stunden sind kein Tag* und die Sendung *Glashaus – TV intern* des WDR, in: o. V., Acht Stunden sind kein Tag. Booklet zur DVD-Box, o. O. 2017, S. 17–23, hier S. 22.

kriegs[98]. Beide Gruppen, Arbeiter wie Frontsoldaten, waren nicht nur die *eigenen Fremden*[99] einer Gesellschaft, sondern beiden wurde auch das Potential zugeschrieben, die Gesellschaft grundlegend zu verändern. Ihre partielle Fremdheit und Handlungsmacht stellten ein Faszinosum dar, dem sich andere Gesellschaftsgruppen nur schwer entziehen konnten. Wenn ein Filmkritiker den ‚Arbeiter' als „das geheimnisvolle, exotische Wesen" charakterisierte[100], brachte er genau dies zum Ausdruck. Zugleich schwang darin ein Gefühl von Unsicherheit mit. Die Forderung nach authentischen Arbeiterfilmen war daher auch eine Absicherung gegen die Gefahr, unwissentlich „Agitation" oder „Meinungsmache" aufzusitzen[101].

Doch wie wollte man über die Authentizität eine begründete Entscheidung treffen, wenn das Gezeigte exotisch, also völlig fremd war? In der Weimarer Republik galten, was das literarische Schreiben über Frontsoldaten anbelangte, sehr strikte Vorgaben. Es war nur aktiven Kriegsteilnehmern gestattet, und diese durften lediglich eigene Aufzeichnungen von der Front als Quellen heranziehen[102]. Überdies sollten die Autoren keine professionellen Schriftsteller sein, um die Reinheit der Fronterfahrung nicht durch künstlerische Überformungen zu gefährden. So verschleierte der Ullstein-Verlag bei Erich Maria Remarque, dem Autor des Bestsellers „Im Westen nichts Neues", bewusst dessen journalistische Betätigung, um den Verkaufserfolg nicht zu gefährden[103]. Überraschenderweise setzte sich bei den Arbeiterfilmen kaum ein Filmkritiker mit dem Authentizitätsproblem auseinander. Immerhin fand sich ein Kommentar in einer Arbeitgeberzeitschrift:

> Die sachlichen Inhalte dieser Sendungen kommen in der Kritik meist zu kurz. Würdigungen solcher Beiträge sollten deshalb öfters in die Fachredaktionen für diese Themen verlagert werden. […] Bei der wachsenden Zahl von Beiträgen mit Themen aus dem Wirtschafts- und

---

98 Vgl. Thomas F. Schneider, Das Genre bestimmt die Quelle. Anmerkungen zum Einfluß der Publikation und Rezeption auf die Entstehung und Quellenlage von Erich Maria Remarques *Im Westen nichts Neues* (1928/1929), in: Anton Schwob/Erwin Streitfeld (Hrsg.), Quelle – Text – Edition, unter Mitarbeit von Karin Kranich-Hofbauer, Tübingen 1997, S. 361–368, hier S. 362.

99 Vgl. hierzu Kapitel 2.1.

100 O. V., Wiener Filmkritik der Woche, in: Die Presse, 9./10. November 1974, o. S., in: Deutsche Kinemathek Archiv 4.3–199803–0, F 18845, Ordner Schneeglöckchen Presse Ziewer B 19 10/19. Der Bestand der Basis-Film Verleih GmbH (4.3-199803-0, F 18845) wurde von der Deutschen Kinemathek noch nicht erschlossen. Alle Signaturen dieses Bestands sind daher als vorläufig zu betrachten.

101 Vgl. o. V., tele-schau, Westfälische Nachrichten (Münster), 14. November 1974, o. S., in: Deutsche Kinemathek Archiv 4.3–199803–0, F 18845, Ordner Zeitungsausschnitte „Schneeglöckchen" TV-Sendung 20 10/20 sowie halef, Alltagswirklichkeit und private Phrasen, in: Nürnberger Nachrichten, 29. Juni 1974, o. S., in: Deutsche Kinemathek Archiv 4.3–199803–0, F 18845, Ordner Schneeglöckchen Presse Ziewer B 19 10/19.

102 Vgl. Schneider, Das Genre bestimmt die Quelle, S. 363.

103 Vgl. ibid., S. 363 f.

> Sozialbereich – auch in Unterhaltungssendungen – ist eine Umstellung der Kritik auf das Fachliche hier nicht mehr zu umgehen, wenn man Fehler in der Wertung vermeiden will.[104]

Dieser Vorschlag war naheliegend, schließlich spielen bei der Frage, ob Rezipientinnen und Rezipienten einen Film als authentisch bewerten oder nicht, Kriterien wie „Glaubwürdigkeit", „Relevanz" und „Wahrscheinlichkeit" eine große Rolle[105]. Schon in der Weimarer Republik hatten politisch rechtsstehende Kritiker versucht, Remarque durch den Nachweis faktischer Fehler beizukommen, allerdings mit überschaubarem Erfolg[106]. Wäre nun der Vorstoß der Arbeitgeber konsequent umgesetzt worden, hätte dies den Kunstanspruch der Arbeiterfilme infrage gestellt. Die große Mehrheit der Filmkritiker wollte diesen Weg denn auch nicht beschreiten, und alles andere wäre auch einem Misstrauensvotum der eigenen Profession gegenüber gleichgekommen. Und doch: Während die Kritiker der Arbeiterschaft gegenüber, bewusst oder unbewusst, mit der Forderung nach Authentizität eine Hermeneutik des Verdachts obwalten ließen, herrschte den Filmschaffenden gegenüber oft eine Hermeneutik des Vertrauens vor. Ob dies gerechtfertigt war, lässt sich bezweifeln. So führte Sven Reichardt aus: „Identitäten und Verhaltensweisen als authentisch zu erklären oder für authentisch zu halten ist in diesem Sinne eine politische Machtfrage."[107] Wie zu zeigen sein wird, setzte Christian Ziewer auf zahlreiche Strategien, um seine Filme in den Schein des Authentischen zu rücken. Ein angemessenes Urteil über deren Authentizität konnte jedoch nur eine Gruppe fällen: die Arbeiterschaft. Und sie war auch die primäre Zielgruppe Ziewers.

Spielfilm als Format

Müsste man die Frage, welches Filmformat man am ehesten mit Authentizität assoziiert, spontan beantworten, lautete die Antwort wohl: den Dokumentarfilm. Bei „Im Westen nichts Neues" verfuhr der Verlag entsprechend. Er löschte den von Remarque gewünschten Untertitel „Roman"[108], um „den Text aus einem literarischen Kontext weitgehend zu lösen und ihn in einen dokumentarischen Kontext zu

104 O. V., Zu wenig Sachkritik, in: Fernseh- und Rundfunkspiegel des Instituts der deutschen Wirtschaft 23–44 (1974), o. S., in: Deutsche Kinemathek Bibliothek X 1 DFFB Ps.

105 Vgl. Königer, Authentizität, S. 13 et passim. Als weiteres Kriterium nannte sie „Kontingenz", auf das ich im Folgenden nicht weiter eingehen werde. Ibid., S. 94.

106 Günther Oesterle, Das Kriegserlebnis im für und wider. „Im Westen nichts Neues" von Erich Maria Remarque (1929), in: Dirk van Laak (Hrsg.), Literatur, die Geschichte schrieb, Göttingen 2011, S. 213–223, hier S. 216 f.

107 Reichardt, Authentizität, S. 67.

108 Vgl. Oesterle, Kriegserlebnis, S. 220.

integrieren."[109] Wenn die Produzenten der Arbeiterfilme den entgegengesetzten Weg beschritten, ist dies erklärungsbedürftig.

Zweifel an der Verbindung von Dokumentation und Authentizität hatte schon Siegfried Kracauer in seinem 1960 erschienenen filmtheoretischen Werk anklingen lassen. Er billigte darin dem Film als Medium zwar grundsätzlich die Fähigkeit zu, die „physische Realität wiedergeben und enthüllen" zu können. Doch selbst bei Dokumentarfilmen erliege der Filmemacher allzu oft der Versuchung, „die Realität im Lichte seiner eigenen Anschauungen und Visionen abzubilden". In diesen Fällen „behauptet die geistige Realität den Vorrang vor der physischen"[110]. Im selben Jahr stellte Hans-Georg Gadamer eine andere Betrachtungsweise zur Diskussion. Für ihn gab es „keinen Standort außerhalb der sprachlichen Welterfahrung", weshalb „Sprachlichkeit unsere menschliche Welterfahrung überhaupt charakterisiert"[111]. Folglich wies er den exklusiven Wahrheitsanspruch der vermeintlich objektiven Wissenschaft zugunsten von Kunst, Philosophie und Geschichte zurück: „Das alles sind Erfahrungsweisen, in denen sich Wahrheit kundtut, die nicht mit den methodischen Mitteln der Wissenschaft verifiziert werden kann."[112] Die konstruktivistisch ausgerichtete Filmwissenschaft sollte schließlich, auch unter Rückgriff auf die Arbeiten Hayden Whites[113], die Unterscheidung zwischen Fiktion und Dokumentation ganz aufgeben, da sich Realität immer nur aus einer bestimmten Perspektive und im Rahmen eines bestimmten Narrativs wahrnehmen lässt[114]. Von diesem Standpunkt aus betrachtet bedeutet „das Authentische", so Rudolf Tschirbs, letztlich nur „die Gültigkeit einer Weltsicht, die in der Würde einer biografischen Identität verankert ist."[115]

Dass die Öffentlichkeit in den frühen 1970er Jahren noch kein Verständnis für ein solches Authentizitätskonzept besaß, mussten Theo Gallehr und Rolf Schübel erfahren. Sie hatten, wie Erika Runge („Warum ist Frau B. glücklich?" von 1968, „Ich heiße Erwin und bin 17 Jahre" von 1970), die Arbeiterproblematik dokumentarisch

---

109 Schneider, Das Genre bestimmt die Quelle, S. 364.

110 Siegfried Kracauer, Theorie des Films. Die Errettung der äußeren Wirklichkeit, Frankfurt a. M. [8]2012 [amerik. Orig. 1960], S. 11, 271 f., 277.

111 Hans-Georg Gadamer, Hermeneutik I. Wahrheit und Methode. Grundzüge einer philosophischen Hermeneutik, Tübingen 1990 [1960], S. 456, 460. Vgl. zudem ibid., S. 442–460.

112 Ibid., S. 1 f.

113 Als knappe Zusammenfassung seiner Thesen vgl. Hayden White, Der historische Text als literarisches Kunstwerk, in: Christoph Conrad/Martina Kessel (Hrsg.), Geschichte schreiben in der Postmoderne. Beiträge zur aktuellen Diskussion, Stuttgart 1994, S. 123–157.

114 Vgl. Königer, Authentizität, S. 80–92, 103–113.

115 Rudolf Tschirbs, Bergarbeit im Film: Über das Spannungsverhältnis zwischen ästhetischen Darstellungsformen und epistemischen Ansprüchen, in: Andresen et al., Repräsentationen der Arbeit, S. 253–272, hier S. 267.

bearbeitet[116]. Für „Rote Fahnen sieht man besser" begleiteten sie über mehrere Monate hinweg die Schließung der Phrix-Werke in Krefeld, und zwar, wie der Untertitel offenlegte, „aus der Sicht der Entlassenen"[117]. Ganz neu war ein solcher Ansatz der expliziten Parteinahme nicht. Schon zuvor hatten Studierende an der DFFB ihre Filme auf „Dokumentation, Agitation und Subversion" ausgelegt[118]. Für die Frankfurter Allgemeine Zeitung stellte sich der Dreiklang mit Blick auf die Arbeit von Gallehr und Schübel etwas anders dar, nämlich als „Diffamierung", „Agitation" und „Verfälschung der Wirklichkeit"[119]. Sich für die fiktive Form des Films zu entscheiden, konnte folglich ein probates Mittel sein, um sich diesen Vorwürfen erst gar nicht auszusetzen, standen die Filme dann doch „unter dem Schutz des Kunstvorbehalts der Gattung"[120]. Hans P. Kochenrath deutete in seiner Kritik zu „Liebe Mutter" noch einen weiteren Aspekt an: „Mit Bedacht haben Wiese und Ziewer nicht die Form des Dokumentarfilms gewählt, die bei linken Zielgruppenfilmen so beliebt ist"[121]. Das heißt, allein schon der Akt, sich nicht des Dokumentarfilms zu bedienen, konnte damals als eine Distanzierung gegenüber politisch motivierten Filmen verstanden werden. Oder anders ausgedrückt: Die Hinwendung linker Filmschaffender zum Fiktiven kam einem Bekenntnis zur Authentizität gleich.

Auch eigene Erfahrungen dürften bei Ziewers Entscheidung eine Rolle gespielt haben. Gemeinsam mit Max Willutzki hatte er zwei Dokumentationen, sogenannte „Kinogramme", über das Märkische Viertel, ein Berliner Neubaugebiet, produziert. Dieses Format sollte eine lokale Öffentlichkeit schaffen, in der die Mieterinnen und Mieter ihre Interessen artikulieren und diskutieren konnten[122]. Laut Helga Reide-

116 Vgl. Collins/Porter, WDR and the Arbeiterfilm, S. 37.

117 Eine kritische Auseinandersetzung mit Inhalt und Form des Films findet sich ibid., S. 39–49.

118 Pantenburg, Die Rote Fahne, S. 202.

119 Das erste Zitat stammt aus: Vr., Rot gesehen, in: FAZ, 16.12.1971, o. S., die beiden anderen aus: Hans Jürgensen, Agitation mit der Kamera, in: FAZ, 9.2.1972, o. S. Der Phrix-Vorstand hatte überdies beim Intendanten von Radio Bremen, das den Film zusammen mit dem WDR produziert hatte, Beschwerde eingelegt. Vgl. Dr. Albers, Dr. Bischoff, Der Vorstand, Phrix-Werke AG, an Hans Abich, Intendant Radio Bremen, 12.1.1972. Alle angeführten Dokumente in: WDR-HA 6534.

120 Hickethier, Geschichte des deutschen Fernsehens, S. 346.

121 Hans P. Kochenrath, Wenn Alfred streikt, in: Kölner Stadt-Anzeiger, 9./10. September 1972, o. S., in: Deutsche Kinemathek Archiv 21364 Liebe Mutter 2/2, Mappe „Aus dem Nachlass von Peter W. Jansen".

122 Vgl. Fabian Tietke, Die Politisierung der Filmproduktion. Die Filmarbeit von Christian Ziewer, Max Willutzki, Cristina Perincioli und Helga Reidemeister im Märkischen Viertel in den 1970er Jahren, in: Filmblatt 19–55/56 (2014/15), S. 92–113. Vgl. zudem Christiane Reinecke, Am Rande der Gesellschaft? Das Märkische Viertel – eine West-Berliner Großsiedlung und ihre Darstellung als urbane Problemzone, in: Zeithistorische Forschungen/Studies in Contemporary History 11 (2014), S. 212–234.

meister, die dort als DFFB-Studentin später ebenfalls Filme drehte, sahen sich einige der Mitwirkenden in Ziewers Dokumentationen verzerrt dargestellt[123]. Spielfilme umschifften dank ihres rein fiktiven Figurentableaus auch diese Klippe. Aufschlussreich sind schließlich die Argumente, die Christian Ziewer und Klaus Wiese in einem Interview 1972 zur Beziehung von Fiktion und Dokumentation anführten: „Man stößt da immer auf eine Grenze im Dokumentarfilm, wenn man das recherchierte Material komprimieren will zu einem künstlichen Gebilde; und auch der Dokumentarfilm ist ja ein künstliches Gebilde."[124] In dieser Aussage klang deutlich die oben dargelegte Position der konstruktivistischen Filmwissenschaft an. So bestand auch für Ziewer und Wiese kein kategorialer Unterschied zwischen beiden Filmarten. Schon als DFFB-Student hatte sich Ziewer gemeinsam mit seinen Kommilitonen mit der Problematik befasst, wenn auch noch mit einer etwas anderen Stoßrichtung. Damals hatten sie sich die Aufgabe gestellt: „Wie lassen sich Szenen konstruieren, die eine dokumentarische Aussage haben, d. h. wieweit lässt sich Fiktion in Dokumentation umwandeln?"[125]

Wenn Ziewer und Wiese nun ihr Hauptaugenmerk auf das Fiktive legten, so war dies im Gegenstand, den sie darstellen wollten, nämlich einem Streik, ebenso wie in ihrer Zielsetzung, nämlich einen Lehrfilm für die Arbeiterschaft zu schaffen, begründet. Die „innere Mechanik" eines Streiks glaubten sie mit dokumentarischen Mitteln nicht hinreichend erfassen zu können, zumal den Arbeitern als Zielpublikum, anders als in der Weimarer Republik, die nötigen „analytische[n] Kategorien" fehlten, um aus einer reinen Streikdokumentation „auch politische Schlüsse zu ziehen"[126]. In jenem Argument lebte die alte Debatte um Realismus und Naturalismus wieder auf, die linke Intellektuelle wie Georg Lukács, Bertolt Brecht oder Ernst Bloch geführt hatten[127]. Der Naturalismus, und damit der Dokumentarfilm im Sinne von Kracauer, war demnach defizitär, weil er nur die Verhältnisse zeigen konnte, wie sie sind, wohingegen der Realismus, und damit der Spielfilm, aufdecken konnte, wie sie eigentlich sein sollten. Freilich setzt die Unterscheidung von Realismus und Naturalismus eine begründete Vorstellung der verborgenen Realität voraus, die der naturalistische Blick angeblich verschleiert. Eine solche Vorstellung konnte damals das Konzept des „Spätkapitalismus" liefern. Dies wird deutlich, wenn man sich zunächst dessen zeitgenössisch diskutiertes Gegenmodell, das der „Industriegesellschaft", vor Augen hält. Die Vertreter dieses Ansatzes postulierten

---

123 Vgl. Tietke, Politisierung, S. 100–102, 109.

124 Theo Kotulla, Die Geschichte einer Revolte, in: internationales forum des jungen films, berlin 25.6. –2.7.1972, [S. 3–4], hier [S. 3], in: WDR Abteilung Spielfilm, Mappe Liebe Mutter, mir geht es gut.

125 Tietke, Dies- und jenseits der Bilder.

126 Kotulla, Die Geschichte einer Revolte, [S. 3].

127 Vgl. Collins/Porter, WDR and the Arbeiterfilm, S. 67–72.

einen Konvergenzprozess des privatkapitalistischen und des staatssozialistischen Ordnungssystems, der den Gegensatz zwischen beiden immer stärker verwische[128], wodurch zugleich die überkommenen Alternativentwürfe zum Bestehenden ihre Relevanz einbüßten. Wer von Spätkapitalismus sprach, wollte genau dies nicht gelten lassen, sondern ging von der ungebrochenen Prägekraft des Klassengegensatzes zwischen ‚Arbeitern' und Produktionsmittelbesitzern seit dem Ende des 19. Jahrhunderts aus. Alle seither von der Arbeiterbewegung gesammelten Erfahrungen und erprobten Aktionsformen wie etwa Streiks blieben legitime und unverzichtbare Bestandteile, um in der Klassenauseinandersetzung zu bestehen und den Kapitalismus schließlich zu überwinden[129]. Und dass das Ende der bestehenden Gesellschaftsformation schon absehbar war, brachte das Präfix „Spät" zum Ausdruck.

Wenn sich Naturalismus und Realismus folglich nur aufgrund der jeweils sichtbar gemachten Wirklichkeit unterscheiden, erfährt das damit zusammenhängende Verständnis von Fiktion eine deutliche Einschränkung auf die Artikulation noch nicht realisierter, aber in der Wirklichkeit bereits angelegter Möglichkeiten. Dieser Einschränkung wollte sich Rainer Werner Fassbinder nicht unterwerfen, vielmehr reicherte er seine Arbeiterserie mit Elementen eines Märchens an, wie ein Filmkritiker richtig bemerkte[130]. Dadurch schöpfte Fassbinder die Möglichkeiten, die der Konstruktivismus und letztlich auch die Postmoderne boten, viel stärker aus als Christian Ziewer. Statt des Märchens bediente sich Ziewer bei „Liebe Mutter" denn auch bewusst des Naturalismus:

> Jedes der 4 Kapitel des Films enthält Teile naturalistischer, detailbesessener Fernsehspiele. Doch der Realismus ergibt sich nicht aus der Abbildfunktion dieser Elemente. Erst der Einbezug von Informationen, die nicht dem unmittelbaren Erlebnisbereich der Zuschauer entstammen, liefert einen Hintergrund für die einzelnen Alltags-Erscheinungen, erst so können diese geordnet, gewertet und korrigiert werden.[131]

---

128 Vgl. Knut Borchardt, Zur Theorie der sozial-ökonomischen Entwicklung der gegenwärtigen Gesellschaft, in: Theodor W. Adorno (Hrsg.), Spätkapitalismus oder Industriegesellschaft? Verhandlungen des 16. Deutschen Soziologentages, Stuttgart 1969, S. 29–47, hier S. 46 f. sowie Ralf Dahrendorf, Herrschaft, Klassenverhältnis und Schichtung, in: ibid., S. 88–99, hier S. 96, 99.

129 Vgl. Theodor W. Adorno, Einleitungsvortrag zum 16. Deutschen Soziologentag, in: ders., Spätkapitalismus oder Industriegesellschaft, S. 12–26 sowie Joachim Bergmann/Gerhard Brandt/Klaus Körber et al., Herrschaft, Klassenverhältnis und Schichtung, in: ibid., S. 67–116.

130 Vgl. W. W., Der Realismus des Märchens, in: FAZ, 19.12.1972, o. S., in: WDR Abteilung Spielfilm, Mappe Acht Stunden sind kein Tag. Vgl. zudem Peter Märthesheimer, Die nackte und die ganze Wahrheit am Beispiel Arbeitswelt, in: Anna-Luise Heygster/Dieter Stolte (Hrsg.), Fernseh-Kritik. Wirklichkeit und Fiktion im Fernsehspiel, Mainz 1980, S. 39–54, hier S. 40–43.

131 Christian Ziewer, Zur Entstehung des Films, in: internationales forum des jungen films, berlin 25.6.–2.7.1972, [S. 1–2], hier [S. 2], in: WDR Abteilung Spielfilm, Mappe Liebe Mutter, mir geht es gut.

Beide Bestandteile, das Dokumentarische wie auch das Fiktive, waren aus Sicht des Filmschaffenden notwendig, um bei den Zuschauern einen Lernprozess in Gang zu setzen. Das naturalistische, dokumentarische Material sollte beim Arbeiterpublikum einen Wiedererkennungseffekt hervorrufen, während die fiktiven Szenen die eigentliche Bildungsarbeit zu leisten hatten[132]. Entsprechend sollten sich die beiden Bestandteile im Lauf des Films auch verschieben: „Dabei drängt das spielerische Moment das dokumentarische zurück und erweitert die geschilderten Vorgänge um ihre Theoretisierung.“[133] Deutlich spiegelt sich in diesem Konzept die von Oskar Negt für die gewerkschaftliche Arbeiterbildung entwickelte Methode des „exemplarischen Lernens“ wider, die ebenfalls darauf ausgelegt war, Alltagserfahrungen in einen gesellschaftlichen Deutungsrahmen zu stellen[134].

Arbeiterfilme als Lehrfilme

Doch weshalb waren die Arbeiterfilme als Lehrfilme angelegt? Und weshalb stellten Streiks das pädagogische Mittel der Wahl dar? Und ließ sich all dies mit der Verpflichtung auf Authentizität vereinbaren?

Aus Sicht der Filmschaffenden sprachen zumindest zwei Punkte für das Konzept des Lehrfilms. Zunächst war es, recht pragmatisch betrachtet, eine Möglichkeit, ihren eigenen, durch das Authentizitätsgebot beschränkten Handlungsspielraum im Prozess der Filmproduktion zu erweitern. Denn sie rückten dadurch in die Position eines „Lehrer[s] des Proletariats“[135], wie es Theodor Kotulla in der unveröffentlichten Version seines Interviews mit Klaus Wiese und Christian Ziewer formulierte. Wichtiger dürfte aber eine politische Überlegung gewesen sein, die bereits die studentischen Akteure der zahlreichen Basis- und Betriebsgruppen angestellt hatten: „Die Arbeiter mussten [...] erst wieder lernen, ‚echte‘ Arbeiter zu werden.“[136] Zwar zeigten Wiese und Ziewer ihr Unbehagen gegenüber der Zuschreibung, Lehrer des Proletariats zu sein, doch folgte es fast zwangsläufig aus ihrer politischen Problemanamnese, da ihrer Meinung nach keine Partei mehr existierte, die diese Rolle ausfüllen konnte[137]. Gleichzeitig war Ziewer überzeugt, „daß in der

---

132 Vgl. Kotulla, Die Geschichte einer Revolte, [S. 4].

133 O. V. [wohl: Christian Ziewer/Klaus Wiese], Dokumentarischer Spielfilm: Dokument und Spiel, o. S. (H. i. O.), in: WDR Abteilung Spielfilm, Mappe Liebe Mutter, mir geht es gut.

134 Vgl. Oskar Negt, Soziologische Phantasie und exemplarisches Lernen. Zur Theorie der Arbeiterbildung, Frankfurt a. M. 1968, S. 17 f.

135 O. V., Unbetitelter Interviewmitschnitt, o. J. [Interview von Theodor Kotulla mit Christian Ziewer und Klaus Wiese, 1972], S. 6, in: Deutsche Kinemathek Archiv 4.3–199803–0, F 18845, Ordner 10 c.

136 Sepp, Proletarische Identitätspolitik, S. 25.

137 Vgl. o. V., Unbetitelter Interviewmitschnitt, S. 6.

Arbeiterbewegung eine entscheidende Kraft gesellschaftlichen Fortschritts zu sehen ist."[138] Was die Arbeiterschaft erreichen sollte, legten Wiese und Ziewer in ihrem Interview offen. Sie verpflichteten die Arbeiter darauf, „das unsere Gesellschaft beherrschende Grundprinzip aufzubrechen, das darin besteht, daß die alleinige Entscheidung über die Produktion aufseiten der Unternehmer liegt"[139].

Das Konzept des Lehrfilms wirkte folglich in den Bereich des Politischen hinein. Hält man sich die anderen zeitgenössischen Aktualisierungsversuche des ‚Arbeiters' vor Augen, sticht der Ansatz des Arbeiterfilms deutlich hervor, denn zweifellos maß er den ‚Arbeitern' das größte Potential zu. Ging es der katholischen Kirche darum, das epistemische Potential der Arbeiter als der *eigenen Fremden* zu erschließen, um ihren Verkündungsauftrag besser auszuführen und gegenüber den Belangen der Dritten Welt sprachfähig zu werden, wollten die Filmschaffenden das Machtpotential der Arbeiterschaft zur Transformation des westdeutschen Status quo mobilisieren. Wie die Befürworter der Personengruppe Arbeiter des DGB übten die Filmemacher scharfe Kritik an den Gewerkschaften. Doch während die gewerkschaftsinterne Arbeiterpolitik auf eine organisations- und sprachpolitische Gleichstellung gegenüber den Angestellten abzielte, rückten die Filmleute den Gegensatz von Arbeit und Kapital in den Fokus ihrer Kritik. Wenn Klaus Eder, Filmkritiker der evangelischen Filmzeitschrift, Christian Ziewer die Vertretung „eines marxistisch-Leninistischen Verständnisses der Arbeiterklasse und ihrer historischen Funktion" bescheinigte[140], lag er mit dieser Einschätzung nicht falsch. Denn in gewisser Weise handelte es sich beim Genre Arbeiterfilm um eine Spielart der Betriebsinterventionen, welche zahlreiche Sponti- und K-Gruppen seinerzeit in Angriff nahmen[141].

Warum aber ließen sich die Sender auf das Format des Lehrfilms ein, wenn es mit solch weitreichenden politischen Zielen verknüpft war? Die politische Sympathie, welche die zuständigen Redakteure für die Filmemacher hegten, war sicher zuträglich, doch verschiebt sich die Frage damit nur. Entscheidend war etwas anderes: Die frühen Filme dieses Genres wurden für das WDF produziert, und der Regionalsender des WDR war nicht als Unterhaltungskanal konzipiert, sondern hatte einen Bildungsauftrag zu erfüllen[142]. Gerade die ‚Arbeiter' galten aber als die paradigmatisch Bildungsfernen. Dieses angebliche Defizit gewann an Relevanz,

138 O. V., Christian Ziewer, Autor und Regisseur, o. D., in: WDR Abteilung Spielfilm, Mappe Liebe Mutter, mir geht es gut.

139 Kotulla, Geschichte einer Revolte, [S. 4].

140 Klaus Eder, Tatsachen über den Arbeiter, seine Lage, sein Bewußtsein, in: Kirche und Film 25–8 (1972), o. S., in: Deutsche Kinemathek Archiv 21364 Liebe Mutter 2/2, Mappe „Aus dem Nachlass von Peter W. Jansen".

141 Vgl. Arps, Frühschicht.

142 Vgl. Collins/Porter, WDR and the Arbeiterfilm, S. 32.

nachdem Willy Brandt in seiner Regierungserklärung 1969 dem Thema Bildung die höchste Priorität eingeräumt hatte[143]. Freilich vermag all dies nicht zu erklären, weshalb die Filmschaffenden Bildung mit Billigung der Sendeanstalt als politische Bildung auslegen konnten. Zwei Gründe kommen hier in Betracht. Wie in Kapitel 2.2.6 gezeigt, nahm die mediale Öffentlichkeit die Qualität der politischen Repräsentation der Arbeiterschaft selbst als problematisch wahr. Dies trug zur Legitimation des Ansatzes der Filmschaffenden bei. Zudem argumentierte Christian Ziewer überaus klug. Statt offensiv die Revolution als künftiges Ziel auszurufen, wandte er seinen Blick zurück: Der Faschismus habe die „Tradition einer proletarischen Massenpartei [...] zerschlagen" und die Alliierten deren Wiederaufbau verhindert[144]. So erschien es, als gäben die Arbeiterfilme den Arbeiterinnen und Arbeitern nur etwas zurück, was ihnen zu Unrecht genommen und jahrelang vorenthalten worden war. Überdies umfasste der Lerninhalt kein ausgefeiltes sozialistisches Programm, sondern beschränkte sich auf basale, prozedurale Aspekte, wie Ziewer betonte: „Nützliche Filme [...] stellen die Welt nicht als einen Komplex von fertigen Dingen dar, sondern als einen Komplex von Prozessen. Denn in Prozessen verlieren Zustände ihre Unantastbarkeit. Sie werden labil, werden dem Eingriff des Menschen ausgesetzt."[145] Da die politische Stoßrichtung der Arbeiterfilme dem Sujet ‚Arbeiter' nicht etwas gänzlich Neues hinzufügte, sondern auf die Aktualisierung einer Traditionslinie abzielte, war jene mit dem Authentizitätsgebot vereinbar.

Um ihr didaktisches Ziel zu erreichen, setzten die Arbeiterfilme auf die Darstellung von Streiks. Zweifellos handelte es sich bei diesen um ein wiederkehrendes Phänomen der Arbeitswelt, denn selbst in den Zeiten der Hochkonjunktur der 1950er und 1960er Jahre war es regelmäßig zu wilden Streiks gekommen[146]. Das Authentizitätskriterium Relevanz war also erfüllt. Als problematisch erwies sich jedoch die Wahrscheinlichkeit dieses Ereignisses, wie Peter Märthesheimer, der Produzent der Fassbinder-Serie, rückblickend feststellte: „In nahezu allen Arbeiterfilmen aber ist ein Streik die Regel, wenn nicht sogar Thema oder Kern des Films – warum?"[147] Schon beim Erscheinen der Filme rief die Darstellung der Arbeitswelt ein geteiltes Echo hervor. Für Heinz Brandt von der IG Metall zeichnete Ziewers zweiter Film „Schneeglöckchen blühn im September" ein zutreffendes Bild:

143 Vgl. Hockerts, Rahmenbedingungen, S. 92.

144 Kotulla, Geschichte einer Revolte, [S. 4].

145 Bernd Hoffmann/Christian Ziewer, Über den Nutzen von Filmen, in: internationales forum des jungen films, berlin 25.6.–2.7.1972, [S. 2–3], hier [S. 2], in: WDR Abteilung Spielfilm, Mappe Liebe Mutter, mir geht es gut.

146 Zur Entwicklung der Streikintensität vgl. Birke, Wilde Streiks, S. 160, 276.

147 Märthesheimer, Die nackte und die ganze Wahrheit, S. 51.

„Da gibt es keine heile Welt – auch keine heile Welt der Arbeiterbewegung, des Arbeitskampfes."[148] Weniger überzeugt zeigte sich sein DGB-Kollege Heinz Koar: „Dem Arbeiter wird wenig genutzt, wenn man ihn zur 08/15-Type mit Dauerzorn stempelt oder das nicht sehr wirklichkeitsnahe Motiv immer wieder anstimmt, man müsse nur ordentlich zusammenhalten, und der Laden läuft, die Lohntüte füllt sich."[149] Ähnlich las sich der Einwand, der aus dem Arbeitgeberlager erhoben wurde:

> Analysiert man Handlung und Tendenz, so ergibt sich: [...] Die deutsche Arbeitswelt lebt ausschließlich in Konflikten und Unzufriedenheiten. Eine wenigstens über Strecken reibungslose Zusammenarbeit zwischen Betriebsführung und „Basis" ist für die Autoren dieser Spiele offensichtlich weder denkbar noch erwünscht.[150]

Tatsächlich stellten trotz der seit Ende der 1960er Jahre deutlich gesteigerten Streikintensität Arbeitskämpfe kein alltägliches Phänomen dar. Daher konnte man jenen Industrie- und Gewerkschaftsfilmen, welche die Beziehung von Beschäftigten und Unternehmensleitung als kooperativ schilderten, nicht schlichtweg die Authentizität absprechen[151]. Waren sie gar authentischer als die Arbeiterfilme? Bei dieser Frage kann man sich leicht durch Märthesheimers Einwurf auf eine falsche Fährte locken lassen. Denn selbst wenn alle Arbeiterfilme Streiks thematisierten, waren es insgesamt doch viel zu wenige Filme, als dass die Sender ihr Fernsehprogramm ausschließlich mit ihnen hätten bestreiten können. Wahrscheinlich konfrontierte häufiger die Tagesschau als ein Arbeiterfilm das Publikum mit der Streikthematik.

Ruft man sich Ziewers Ziel, die Verhältnisse als veränderbar darzustellen, in Erinnerung, so zeigt sich schnell, weshalb Streiks hierfür bestens geeignet waren. Denn „*jeder* Arbeitskampf", so der Literaturwissenschaftler Patrick Eiden-Offe, „trägt auch Spuren der Poesie in sich, weil er eine Unterbrechung der herrschenden ‚Prosa der Verhältnisse' erwirkt. Der Arbeitskampf ist und bleibt poetisch, weil er

---

148 Heinz Brandt, Mehr Mut zu sich selbst gewinnen, in: Metall 26–9 (1974), o. S., in: WDR Abteilung Spielfilm, Mappe Schneeglöckchen blühn im September.

149 Heinz Koar, 08/15-Type mit Dauerzorn, in: Welt der Arbeit Nr. 47, 22.11.1974, o. S., in: WDR Abteilung Spielfilm, Mappe Schneeglöckchen blühn im September.

150 O. V., Im Schema erstarrt, in: Fernseh- und Rundfunkspiegel des Instituts der deutschen Wirtschaft 23–220 (1974), o. S., in: WDR Abteilung Spielfilm, Mappe Schneeglöckchen blühn im September.

151 Vgl. Stefan Moitra, „Reality Is There, but It's Manipulated". West German Trade Unions and Film after 1945, in: Vinzenz Hediger/Patrick Vonderau (Hrsg.), Films that Work. Industrial Film and the Productivity of Media, Amsterdam 2009, S. 329–345, hier S. 337 f. sowie ders., Mitbestimmung im Bild, S. 237.

als Unterbrechung ein Moment der Unvorhersehbarkeit in sich birgt«[152]. Und eine solche Unterbrechung im „Strom der Alltagsprosa" bedeutet zugleich das Machen einer Erfahrung, wie Michael Rutschky in Anlehnung an John Dewey ausführte[153]. Es überrascht daher nicht, dass auch Oskar Negt der aktiven Teilnahme an Arbeitskämpfen eine große Bedeutung für die Ausbildung eines solidarischen Arbeiterbewusstseins zuschrieb[154]. Ebenso versuchten die in Betrieben aktiven Kader der KPD/ML bei jeder Gelegenheit, die Belegschaft zu einem Streik zu bewegen. Dessen Erfolg maßen sie dann nicht an den materiellen Ergebnissen, sondern ausschließlich an den eingetretenen oder ausgebliebenen Veränderungen des Bewusstseinszustands der Lohnabhängigen[155].

Gleichwohl stellen sich hier zwei Fragen: Konnte allein die Teilnahme an einer Arbeitskampfmaßnahme das Bewusstsein dauerhaft verändern? Selbst bei den Frontsoldaten war Sigmund Freud davon ausgegangen, dass sie im Kampf psychologisch anders funktionierten als in der Friedenszeit vor und nach dem Krieg[156]. Skeptisch bezüglich eines dauerhaften Effekts von Streiks äußerten sich auch Soziologen wie Oskar Negt und Wilke Thomssen. Negt sah in Streiks lediglich „Verstärkerereignisse[]", die einer Rückbindung an einen marxistischen Deutungsrahmen bedurften[157]. Thomssen pflichtete dem bei, wenn er betonte, „wie schnell ein Streik von der beteiligten Belegschaft wieder ‚vergessen' oder nicht mehr genau erinnert wird."[158] Aber musste die Wirkung nicht noch viel schwächer ausgeprägt sein, wenn Arbeiterinnen und Arbeiter gar nicht selbst streikten, sondern sich lediglich Filme anschauten, in denen gestreikt wurde? Christian Ziewer und Klaus Wiese waren sich dieser Probleme natürlich bewusst. Bekanntlich hatten sie sich für das Spielfilmformat entschieden, um das Streikgeschehen deutend kommentieren zu können. Auch gab es in ihren Filmen, anders als in Fassbinders Arbeiterserie, kein Happy End. Die Zuschauer sollten nicht den Eindruck gewinnen, als hätten die Arbeiter die entscheidende Schlacht schon gewonnen. Bei „Schneeglöckchen" schaffen es die Arbeiter zwar, ihre Forderungen durch einen wilden Streik durchzusetzen. Als sie aber ihren Sieg abends in der Kneipe feiern, kommt es

152 Eiden-Offe, Poesie, S. 333 f. (H. i. O.).
153 Michael Rutschky, Erfahrungshunger. Ein Essay über die siebziger Jahre, Köln 1980, S. 254.
154 Vgl. Negt, Soziologische Phantasie, S. 28 f. Vgl. zudem Vilmar, Basisdemokratische Gewerkschaftsreform, S. 221 sowie Kadritzke, Angestellte, S. 235.
155 Vgl. Arps, Frühschicht, S. 77.
156 Vgl. Sigmund Freud, Zeitgemäßes über Krieg und Tod, in: ders., Gesamtausgabe, Band 14: 1914–1916, hrsg. von Christfried Tögel, unter Mitarbeit von Urban Zerfaß, Gießen 2020 [1915], S. 205–229, hier S. 215 f.
157 Negt, Soziologische Phantasie, S. 30.
158 Thomssen, Konstitution, S. 318.

zu einer irritierenden Szene. Der Arbeiter Ed Malchow macht seinem Kollegen Udo lautstark Vorwürfe, weil dieser nicht den Mut aufgebracht hatte, wie die anderen seine Arbeit niederzulegen[159]. Rational und moralisch betrachtet hatte Ed mit seinen Vorwürfen recht, doch war sein Verhalten angetan, Mitleid für Udo hervorzurufen. Diese Ambivalenz arbeitete auch Christian Ziewer heraus: „Die Forderung der Arbeiter nach Solidarität ist unbedingt, ihre Kehrseite ist die Aggression, die spaltend behindert, was sie bezweckt: das gemeinsame Handeln."[160] In gewisser Weise regte die Szene zum Nachdenken darüber an, weshalb Streiks in Betrieben schnell wieder in Vergessenheit geraten. Sie stören den Betriebsfrieden und hinterlassen bei den Beteiligten Wunden. Zugleich appellierte der Film an jeden Zuschauer, beim nächsten Arbeitskampf mutiger als Udo zu sein. Die Arbeiterfilme mussten also die Streikteilnahme gar nicht ersetzen, sie hatten ihre Wirkung auch schon entfaltet, wenn sie die Bereitschaft des Publikums erhöhten, bei nächster Gelegenheit aktiv zu werden und die Erfahrung dann selbst zu machen. Doch um überhaupt an diesen Punkt zu gelangen, musste Ziewer einen Weg finden, die Arbeiterinnen und Arbeiter zumindest zur mentalen Teilnahme an den fiktiven Streiks zu bewegen.

6.3.3 Die Arbeiter und der Arbeiterfilm

Den Begriff Arbeiterfilm nahmen Christian Ziewer und Klaus Wiese sehr genau. Denn es sollten ihrer Meinung nach nicht nur Filme sein, in denen Arbeiter auftraten, sondern auch spezielle Filme für Arbeiter. Dieser Ansatz prägte die Dramaturgie der Filme, das vermittelte Arbeiterbild wie auch den Produktionsprozess.

Die Dramaturgie der Arbeiterfilme

Nicht passives Konsumieren, sondern aktives Kommunizieren sollten die Arbeiterfilme bewirken. Ihre Hauptaufgabe lag folglich im Ingangsetzen eines Diskussionsprozesses[161]. Dafür aber war das Fernsehen eigentlich die falsche Plattform. Wenig überraschend stellte eine soziologische Begleituntersuchung bei Zuschau-

159 Vgl. Schneeglöckchen blühn im September, 01:36:42–01:41:10. Der Zeitindex bezieht sich bei allen Filmen Ziewers auf die von der „basisdvd" herausgegebenen DVDs. Je nach verwendetem Wiedergabeprogramm kann der Zeitindex variieren.

160 Christian Ziewer, Noch einmal über den Nutzen von Filmen, in: internationales forum des jungen films, berlin 23.6.–30.6.1974, [S. 3–5], hier [S. 3], in: WDR Abteilung Spielfilm, Mappe Schneeglöckchen blühn im September.

161 Vgl. Christina Wendenburg, Die Berliner Realisten und ihre Bedeutung für den deutschen Dokumentar- und Arbeiterfilm, Diplomarbeit, Berlin 1990, S. 2.

ern, die sich einen Arbeiterfilm zuhause angeschaut hatten, ein geringer ausgeprägtes Interesse am Gesehenen und eine weniger ausgeprägte Lernbereitschaft als bei jenen, die den Film gemeinsam mit Kolleginnen und Kollegen im Betrieb erlebt hatten, fest[162]. Die Filmschaffenden sicherten sich daher die Zweitverwertungsrechte vom WDR, um ihre Filme in Betrieben, kommunalen Kinos und Volkshochschulen in der ganzen Bundesrepublik vorzuführen[163]. So konnten sie mit dem Publikum ins Gespräch kommen und sicherstellen, dass ihre Botschaft verstanden wurde, und dass auch sie selbst die Arbeiter richtig verstanden hatten. Eine vom WDR mitgeschnittene und ausgestrahlte Diskussionsrunde dokumentierte den bestmöglichen Verlauf einer solchen Veranstaltung: Die anwesenden Vertrauensleute und Betriebsräte diskutierten den Film, ohne dass Christian Ziewer und Klaus Wiese in die Rolle von Lehrern des Proletariats schlüpften[164]. Zugleich bestätigte die Zielgruppe auf diese Weise die Authentizität des Films.

Um als Diskussionsgrundlage dienen zu können, musste der Arbeiterfilm laut Ziewer jedoch bestimmte Kriterien erfüllen, die er in Abgrenzung zum gewöhnlichen Unterhaltungsfilm entwickelte. Während ein solch unterhaltender Film dem Publikum „Entspannung" und „Zeitvertreib" bot, indem er es emotional fesselte und von Alltagsproblemen ablenkte[165], sollte der Arbeiterfilm eine kommunikative Interaktion zwischen Film und Zuschauern ermöglichen, indem er eine „'verfremdende' Distanz" aufbaute[166]. Laut Ziewer erforderte dies, mit gängigen Konventionen eines Spielfilms zu brechen. So wollte er auf eine Heldenfigur am liebsten ganz verzichten, um den Zuschauern die gewohnte Identifikationsfigur zu entziehen, zumal das Narrativ des geschichtsmächtigen Individuums der „grundlegende[n] Erfahrung der Arbeiterbewegung", wonach Fortschritt nur kollektiv zu erkämpfen war, widerspreche[167]. Und doch trat in „Liebe Mutter" mit Alfred Schefzyk eine tragende Figur auf, da die Filmschaffenden, wie Klaus Wiese erklärte, selbst unsicher waren, wie unkonventionell ihr Film sein durfte, ohne das Publikum zu

162 Vgl. Martin Kohli/Barbara Dippelhofer-Stiem/Barbara Pommerehne, Arbeiter sehen „Arbeiterfilme", in: Leviathan 4–3 (1976), S. 328–367, hier S. 354f.

163 Vgl. o. V., Vorlage für den WDR-Verwaltungsrat, 8.9.73, TOP 16 „Strukturverbesserung", in: WDR Abteilung Spielfilm, Mappe Schneeglöckchen blühn im September.

164 Vgl. Liebe Mutter, mir geht es gut. Diskussion zum Film, 6.5.1973, in: WDR-HA 0012392-F07.

165 Christian Ziewer, Hundert für zehn Millionen? (oder: Was wir aus Vorführungen vor Arbeitern lernen können.), S. 1, in: Deutsche Kinemathek Archiv 4.3–199803–0, F 18845, Ordner 20 B Druckvorlagen Schneeglöckchen (+ Der Aufrechte Gang) Materialien 1974 1975.

166 Ders., Noch einmal über den Nutzen von Filmen, [S. 4].

167 Vgl. ibid., [S. 3].

überfordern[168]. Immerhin war Alfred Schefzyk kein klassischer Held, wie die britischen Filmwissenschaftler Richard Collins und Vincent Porter in Abgrenzung zu Fassbinders Arbeiterhelden Jochen herausarbeiteten:

> For Ziewer the hero and his aspiration towards self-confidence and self-respect are problematic; in Fassbinder's film, Jochen's moral stature and his status as a positive directing hero are never in question. He […] can change the world whereas the Ziewer hero has to change himself before he can change the world.[169]

Ziewers Helden erinnerten an die Antihelden des „New Hollywood"-Kinos[170], womit er sich zugleich von den Heldenfiguren des sozialistischen Realismus der DDR distanzierte[171]. Ohne wirkliche Heldenfigur fiel es Ziewer auch leichter, die lineare Handlung der Spielfilme zu durchbrechen. Auch dies diente dem Ziel, ein emotionales Eintauchen der Zuschauer in den gezeigten Stoff zu verhindern. Aus demselben Grund wollten die beiden Filmemacher überdies erst gar keine Spannung aufkommen lassen[172]. Bei „Liebe Mutter" fasste schon zu Beginn ein Sprecher aus dem Off die Handlung zusammen und präsentierte den Zuschauern die erkenntnisleitende Frage, „warum es uns alltäglich erscheint", dass ein Arbeiter bei deviantem Verhalten „das Maul gestopft" bekommt, während sich wehrende, aus ihren Niederlagen lernende Arbeiter „uns nicht alltäglich erscheinen"[173]. Zusätzlich suspendierten bei „Liebe Mutter" und „Schneeglöckchen" grafisch schlicht gehaltene Zwischentitel immer wieder den Handlungsfluss, ohne aber einen kritischen Metatext zum Gezeigten zu liefern[174]. Vielmehr begnügten sich Wiese und Ziewer

168 Vgl. Klaus Wiese, Der Film kommt zum Arbeiter in: internationales forum des jungen films, berlin 25.6.–2.7.1972, [S. 4–5], hier [S. 4], in: WDR Abteilung Spielfilm, Mappe Liebe Mutter, mir geht es gut.

169 Collins/Porter, WDR and the Arbeiterfilm, S. 89 f.

170 Vgl. Martin Alberts, Adorno, Horkheimer und das New Hollywood-Kino. Eine Kritik der Kulturindustrie mit Blick auf die Entwicklung des US-amerikanischen Films, München 2011, S. 60.

171 Vgl. Edgar Wolfrum, Welt im Zwiespalt. Eine andere Geschichte des 20. Jahrhunderts, Stuttgart 2017, S. 212 sowie André Combes, Une cinématographie de la contre-culture politique ouvrière: la trilogie de Christian Ziewer – Liebe Mutter, mir geht's gut (1971); Schneeglöckchen blühen im September (1973); Der aufrechte Gang (1975) – et son contexte, in: Cahiers d'études germaniques 64–1 (2013), S. 83–112, hier S. 105.

172 Ziewer, Noch einmal über den Nutzen von Filmen, [S. 4].

173 Vgl. o. V., Einleitungskommentar des Films, in: WDR Abteilung Spielfilm, Mappe Liebe Mutter, mir geht es gut.

174 Anders sollte es später beispielsweise Alexander Kluge in seinen Magazinsendungen handhaben. Vgl. Matthias Uecker, Rohstoffe und Intermedialität. Überlegungen zu Alexander Kluges Fernsehpraxis, in: Christian Schulte/Winfried Siebers (Hrsg.), Kluges Fernsehen. Alexander Kluges Kulturmagazine, Frankfurt a. M. 2002, S. 82–104, hier S. 90.

mit schlichten Kapitelüberschriften[175], die den Lehrbuchcharakter der Filme unterstrichen. Eigenständige Interpretationsangebote lieferten in „Liebe Mutter" Kommentare eines Sprechers und fiktive Stellungnahmen wie etwa des Betriebsrats, entlassener Arbeiter oder des Direktors[176], bei „Schneeglöckchen" kam diese Funktion extradiegetischen Liedern zu.

Insgesamt wurden die beiden Filme ihrem selbst gesetzten Anspruch gerecht: Sie sollten eine „Montage von Handlungselementen" vereinen[177], um den Zuschauern möglichst viele „Stimulantien" zu bieten[178]. Den erhofften Effekt auf das Publikum umriss Ziewer folgendermaßen:

> Der Film führt Situationen vor, die gedeutet, kommentiert, aus eigener Erfahrung komplettiert werden müssen. Sich am Film reibend, sich an ihm abarbeitend, verschafft sich der Zuschauer Überblick. Diese Arbeit aber ist ihm nicht entfremdet, unterscheidet sich grundsätzlich von den anderen Mühen seiner Existenz. Im Anschauen und gedanklichen Auflösen verwickelter Situationen erlebt er das Vergnügen, Geschichte machen zu können – s e i n e Geschichte.[179]

Das dabei gewonnene „Bild eines Lebenszusammenhangs" sollte im nächsten Schritt „die vielen [Menschen] verbinden, die bisher nur am Arbeitsplatz verbunden waren. Und am Arbeitsplatz werden sie miteinander reden."[180] Diesen Überlegungen lag das Konzept der „Operativität" des sowjetischen Schriftstellers Sergej Tretjakow zugrunde, das schon in den 1920er Jahren seinen Weg in die deutsche Künstlerszene gefunden hatte[181]. Ende der 1960er Jahre nahmen sich dann avantgardistische Filmkreise wie die „Groupe Dziga Vertov" um Jean-Luc Godard seiner an[182]. Dennoch sah Ziewer in seinem dramaturgischen Konzept einen spezifisch auf die Arbeiter zugeschnittenen Ansatz, ja er nahm in Anspruch, eine authentische Epistemologie entwickelt zu haben: „Also ist auch die ‚verfremdende' Distanz, die sich aus der Komposition unseres Filmes ergibt, nicht ein Ergebnis von willkürlicher Setzung ästhetischer Prinzipien, sondern resultiert aus den Methoden, nach de-

175 Die Zwischentitel bei Schneeglöckchen (schwarze Schrift auf weißer Tafel) lauteten schlicht: „1. Ein Mann soll eingespart werden. Die Kolonne bestimmt ihren Preis.", „2. Der Betrieb wird an einen Konzern verkauft. Große Veränderungen kündigen sich an.", „3. Übertarifliche Zulagen werden gekürzt. Es geht um mehr als um 15 Pfennig.", „4. Die Arbeiter suchen einen Weg." sowie „Nachspiel". Vgl. Schneeglöckchen, 00:03:14, 00:28:33, 00:42:32, 01:04:55 sowie 01:36:39.

176 Vgl. Hans Helmut Prinzler, Liebe Mutter, mir geht es gut, in: Norbert Grob/Hans Helmut Prinzler/Eric Rentschler (Hrsg.), Neuer Deutscher Film, Stuttgart 2012, S. 184–190, hier S. 187 f.

177 Ziewer, Hundert für zehn Millionen, S. 4.

178 Ders., Zur Entstehung des Films, [S. 2].

179 Ders., Noch einmal über den Nutzen von Filmen, [S. 4] (H. i. O.).

180 Ders., Hundert für zehn Millionen, S. 4.

181 Vgl. Hake, Proletarian Dream, S. 319–323.

182 Vgl. Combes, Une cinématographie, S. 95.

nen sich unsere Zuschauer ihre Wirklichkeit aneignen.“[183] Auch dies stellte eine Adaption der Überlegungen Oskar Negts dar. Er hatte eine allgemeine Arbeitnehmerbildung als unbrauchbar verworfen und stattdessen die Notwendigkeit einer eigenständigen, arbeiterspezifischen Pädagogik postuliert[184].

Wenn die Arbeiterfilme aber auf die Wahrnehmungsmuster der Lohnempfänger ausgerichtet waren, konstituierte sich dadurch eine zweite Ebene der Exotik, die sich auf die Form der Filme bezog und die Exotik des Gezeigten ergänzte. Dies unterstrich die Notwendigkeit spezieller Arbeiterfilme, denn es warf die Frage auf, ob ‚Arbeiter‘ bürgerliche Filme überhaupt verstehen konnten. Umgekehrt stellte sich die Frage, wie Zuschauer und Filmkritiker ohne Arbeiterhintergrund die Arbeiterfilme wahrnehmen konnten. Um diesem Problem zu begegnen, setzte Christian Ziewer von Beginn an auf ambitionierte theoretische Begleittexte, in denen er sich als klassisch gebildeter Filmtheoretiker zu erkennen gab[185]. Damit ging eine Erweiterung des Filmbegriffs einher, boten die Begleittexte den Filmkritikern doch einen im Medium des Schriftlichen vermittelten Paratext, das heißt eine zweite Ebene der Auseinandersetzung mit dem Gesehenen. Diese Darlegung der gewählten Methode bot ihnen als Nicht-Arbeitern überhaupt erst eine Grundlage, um den Authentizitätsanspruch der Filme beurteilen zu können.

Dennoch blieb Ziewers Ansatz die Ausnahme. So bediente Fassbinder mit dem Format der Serie die gewohnten Sehgewohnheiten des Publikums, vermittelte ihm mit der Arbeitswelt aber einen völlig ungewohnten Inhalt[186]. Fassbinders Ansatz folgten auch Ingo Kratisch und Marianne Lüdcke[187], obwohl sie wie Christian Ziewer der Berliner Schule zugerechnet werden.

Das Arbeiterbild der Arbeiterfilme

Dass Ziewer die besondere Wahrnehmungsweise der ‚Arbeiter‘ herausstellte, war folgerichtig. Denn das Arbeiterbild, das er, wie auch Marianne Lüdcke und Ingo Kratisch, in den Filmen zeichnete, lässt sich mit einem Wort beschreiben: isoliert. Besonders eindrücklich kommt dies in „Liebe Mutter“ zum Ausdruck. Der gelernte

183 Ziewer, Noch einmal über den Nutzen von Filmen, [S. 4].

184 Vgl. Negt, Soziologische Phantasie, S. 6–8.

185 Vgl. Ziewer, Noch einmal über den Nutzen von Filmen, [S. 4] sowie ders., Hundert für zehn Millionen, S. 3.

186 Wolfgang Röhl/Rainer Werner Fassbinder, Kommt die Prolet-Welle?, in: Konkret 13 (1973), 22.3. 1973, [S. 2], in: WDR-HA 14177. Die Seitenzahl bezieht sich auf die vom WDR vorgenommene handschriftliche Paginierung.

187 So folgten Lüdcke und Kratisch der Devise „Lernen soll Spaß machen“. Vgl. Beatrix Geisel, Denn Lernen soll Spaß machen meint Autorin Marianne Lüdcke, in: Mannheimer Morgen, 11.10.1974, in: Deutsche Kinemathek Bibliothek X 1 DFFB Pers Lüdcke.

Polsterer Alfred Schefzyk, der jahrelang als Schlosser gearbeitet hat, muss in der Rezession 1966/7 seine süddeutsche Heimat verlassen, um sich in Berlin als „unechter Hilfsarbeiter" zu verdingen. Sein sozialer Abstieg setzt sich auch in der Freizeit fort, denn er lebt nun in einem Wohnheim, das mehr ein „Arbeiterghetto" als ein Zuhause ist. Wiese und Ziewer konnten so alle externen Einflussfaktoren wie Familie und Freunde ausblenden, um die Entwicklung des Arbeiterbewusstseins gleichsam unter Laborbedingungen nachzustellen[188]. Ihr Protagonist fristet ein Schicksal, das Kritiker treffend als das von „westdeutsche[n] Gastarbeiter[n]" beschrieben[189]. Bei „Schneeglöckchen" leben die Protagonisten zwar in einem familiären Umfeld, doch dient dieses Setting nur dem Zweck, die Auswirkungen des Arbeiterdaseins auf die Freizeit aufzuzeigen. Ed Malchow, ein junger, geschickter Facharbeiter, tut sich an den Wochenenden etwa als ein versierter Rallyefahrer hervor. Und doch hat er gegen seine Konkurrenten keine Chance, weil die sich teurere Autos und bessere Ersatzteile leisten können[190]. Hannes Wilke wiederum, ein gestandener gewerkschaftlicher Vertrauensmann, muss selbst an einem Samstag vor dem Theatersaal kehrtmachen und den gemeinsamen Abend mit seiner Frau opfern, um einen Schachzug der Betriebsleitung zu kontern[191].

Als distanziert und problembehaftet stellten Wiese und Ziewer das Verhältnis von Arbeitern und Angestellten dar und konterkarierten damit die gewerkschaftliche Arbeitnehmerrhetorik. Hierin liegt ein deutlicher Unterschied zu Fassbinders Arbeiterserie. Dort verliebt sich der Arbeiter Jochen gleich in der ersten Folge in die Angestellte Marion, die ihm dann immer wieder die entscheidenden Ratschläge bei betrieblichen Auseinandersetzungen gibt[192]. Auch bei „Schneeglöckchen" versucht eine Angestellte des Betriebs, Hannes davor zu warnen, dass die Unternehmensleitung heimlich die Schließung der Kesselbauabteilung vorantreibt. Doch Hannes reagiert wirsch und spielt die Bedeutung der erhaltenen Informationen herunter[193]. Ursprünglich hatten Wiese und Ziewer die Szene anders geplant. Hier sollte ein männlicher Angestellter Hannes telefonisch unterrichten und dabei ex-

188 Vgl. o. V., ohne Titel [Erläuterungen zu Liebe Mutter,...], o. D., S. 1–4, Zitate auf S. 1 f., in: Deutsche Kinemathek Archiv 4.3–199803–0, F 18845, Ordner Liebe Mutter Schneeglöckch Bücher + Drehplan 10 A.

189 So etwa: Arnd F. Schirmer, „Liebe Mutter, mir geht es gut", in: Der Tagesspiegel, 28. Juni 1972, o. S. sowie Karl Kurt Ziegler, Die Berlinale-Knüller werden noch erwartet, in: Westfälische Rundschau, 1./2. Juli 1972, o. S., beide in: Deutsche Kinemathek Archiv 21364 Liebe Mutter 2/2, Mappe „Aus dem Nachlass von Peter W. Jansen".

190 Vgl. Schneeglöckchen, 00:24:57–00:28:32.

191 Vgl. ibid., 00:07:28–00:12:04.

192 Vgl. Jochen und Marion, 01:13:37–01:16:04. Folge 1 von: Acht Stunden sind kein Tag, 1972, Regie: Rainer Werner Fassbinder, Arthaus DVD 2017.

193 Vgl. Schneeglöckchen, 00:32:50–00:33:47.

plizit auf eine „Gewerkschaftsangelegenheit“ verweisen[194]. Diese doppelte Verbundenheit eines Arbeiters und eines Angestellten, hergestellt über das Geschlecht und über die Gewerkschaftsmitgliedschaft, wurde bei der Überarbeitung des Drehbuchs bewusst zugunsten von Dissonanzen getilgt.

Misstöne herrschen in den Filmen auch zwischen der Belegschaft und ihren Repräsentanten. Doch obwohl die IG Metall an der Finanzierung von „Schneeglöckchen“ beteiligt war, treten Gewerkschaften in den Arbeiterfilmen nicht unmittelbar in Erscheinung. Dagegen thematisierten die Filmemacher das widersprüchliche Verhalten von Betriebsratsmitgliedern immer wieder. Bei „Liebe Mutter“ stemmen sich die Arbeitnehmervertreter einerseits gegen die geplante Verlagerung einer Abteilung aus dem Berliner Werk nach Westdeutschland. Die Betriebsräte erweisen sich hierbei als gut informiert, klug argumentierend und souverän im Auftreten. Die Verlagerung der Abteilung können sie dennoch nicht verhindern[195]. Andererseits zeigt sich die herrschende Distanz und das gegenseitige Unverständnis zwischen Belegschaft und Betriebsrat, als die Arbeiter spontan ihre Arbeit niederlegen, um die Kürzung ihrer Akkordzeiten zu verhindern. Dabei verhandelte der Betriebsrat längst in dieser Angelegenheit mit dem Management, ohne die Arbeiter darüber informiert zu haben. Statt die eigenmächtige Aktion der Arbeiter als Drohpotential zur Stärkung ihrer Verhandlungsposition zu nutzen, setzen die Betriebsräte alles daran, die widerrechtliche Aktion zu unterbinden[196]. Dabei ist ihnen selbst klar, wie wenig ihnen das Betriebsverfassungsgesetz bei der Durchsetzung von Belegschaftsinteressen angesichts der Herr-im-Haus-Mentalität hilft: „Wir haben nicht die Macht, das Recht durchzusetzen.“[197] Diesen Themenkomplex handelten Wiese und Ziewer auch in „Schneeglöckchen“ ab. Wieder enthalten die Betriebsräte dem gewerkschaftlichen Vertrauensmann entscheidende Informationen über die wirtschaftliche Lage des Betriebs vor[198], wieder treten sie den Arbeitern bisweilen als Vertreter der Unternehmerseite gegenüber und noch immer zeigt sich die Unzulänglichkeit des Betriebsverfassungsgesetzes, das keine Mitbestimmung über betriebliche Investitionen vorsah[199]. Und doch hatte sich etwas geändert. Nicht nur agieren die Arbeiter in „Schneeglöckchen“ viel reifer, auch das 1972 novellierte Gesetz bot neue Möglichkeiten. So bringt Hannes die Betriebsratsmitglieder schließlich dazu, den Beschäftigten, die im Baggerbau einen ange-

194 O. V., Szene 25. Materialeinkauf – Büro, Drehbuchauszug, S. 40, in: Deutsche Kinemathek Archiv 4.3-199803-0, F 18845, Ordner Liebe Mutter Schneeglöckch Bücher + Drehplan 10 A.

195 Vgl. Liebe Mutter, 00:35:02–00:40:45.

196 Vgl. ibid., 00:58:03–01:01:17.

197 Vgl. ibid., 00:49:50–00:51:10.

198 Vgl. Schneeglöckchen, 01:08:11–01:08:37.

199 Vgl. ibid., 00:33:44–00:41:50. Vgl. zudem Collins/Porter, WDR and the Arbeiterfilm, S. 84.

nehmen Arbeitsplatz innehaben, unter Berufung auf die Paragraphen 92 und 102 eine Versetzung anzudrohen, um die von der Schließung des Kesselbaus bedrohten älteren Kollegen mit deren Stellen zu versorgen[200].

Mit diesen Szenen griffen die Filmschaffenden eine auch real vorhandene Unzufriedenheiten in den Betrieben auf. Diese betraf einerseits den rechtlichen Handlungsrahmen, den das Betriebsverfassungsgesetz den Betriebsräten vorgab. Diese mussten nicht nur die Interessen der Arbeitnehmerschaft berücksichtigen, sondern zugleich auch das Wohl des Betriebes fördern[201]. Auch an der Praxis der betrieblichen Interessenvertretung kam in den 1970er Jahren immer stärkere Kritik auf. In einigen Unternehmen führte dies zur Gründung unabhängiger Interessengruppen, die ihrerseits von den Gewerkschaften mit aller Härte bekämpft wurden[202]. Auch wenn es authentische Probleme waren, drohte ihre Darstellung dem intendierten Zweck, Arbeiter zu kollektivem Handeln zu verleiten, zuwiderzulaufen. Ein Filmkritiker berichtete von einer Diskussion, die im Anschluss an „Schneeglöckchen" in einem Gewerkschaftshaus geführt wurde, in der kritisiert wurde: „Dann wurde die rolle der gewerkschaft und der funktion der vertrauensleute überhaupt nicht angeschnitten. Wie soll es für den arbeiter da verständlich werden, daß es überhaupt leute gibt, die sich seiner annehmen?"[203]

Eine letzte Dimension der Isolation betraf die Medien selbst. Weder in „Liebe Mutter" noch in „Schneeglöckchen" spielen sie eine besondere Rolle. Immerhin kann Hannes in der Auseinandersetzung mit der Betriebsleitung um die Schließung der Kesselbauabteilung auf einen Zeitungsartikel zurückgreifen, der ihm die wahre Lage des Betriebs offenbarte[204]. Dahinter stand aber keine systematische Unterstützung der Medien für die Belange der Arbeiterschaft. Beispielsweise recherchiert in „Schneeglöckchen" kein Reporter im Betrieb oder interviewt Arbeiter und Betriebsräte. Nein, es war dem reinen Zufall geschuldet, dass Hannes seinen Standpunkt durch einen Verweis auf den Pressebericht legitimieren konnte. Medien, so vermittelten die Filme, waren dem Einfluss der ‚Arbeiter' vollkommen entzogen. Wie in Kapitel 2.2 gezeigt, stimmte dieses Bild nicht ganz. Zwar kamen im Spiegel Arbeiterinnen und Arbeiter nur selten selbst zu Wort, aber das Magazin berichtete

200 Vgl. Schneeglöckchen, 01:14:50–01:17:57.

201 Vgl. Liebe Mutter, mir geht es gut. Diskussion zum Film, 10:11:58–10:13:30 sowie 10:21:00–10:23:20.

202 Vgl. Schroeder, Gewerkschaften als soziale Bewegung, S. 262.

203 o. B. TH, Schneeglöckchen blühen im September, Pro & Kontra, Juli/August 1974, [S. 2], in: Deutsche Kinemathek Archiv 4.3–199803–0, F 18845, Ordner Schneeglöckchen Presse Ziewer B 19 10/19. Die Kleinschreibung folgt dem Original.

204 Vgl. Schneeglöckchen, 00:34:31–00:34:43, 01:06:25–01:06:56 sowie 01:12:32–01:13:05. In der dritten Folge von „Acht Stunden" erkannten die Arbeiter ebenfalls aufgrund einer Zeitungsmeldung, dass sie von ihrem Vorgesetzten hintergangen wurden. Vgl. Franz und Ernst, 00:15:15–00:16:28.

seit Ende der 1960er Jahre regelmäßig über deren Belange. Ausgeblendet blieben in den Arbeiterfilmen auch die Arbeiterfilme selbst. Gerade „Liebe Mutter“, das noch deutlich den Charakter einer Dokumentation trägt, hätte die Möglichkeit geboten, die Filmschaffenden selbst in Szene zu setzen und die Arbeiterfilme dadurch selbstreflexiv miteinzubeziehen. Eine Szenenfolge wäre hierfür prädestiniert gewesen: Nach der Schließung ihrer Abteilung laden zwei entlassene Arbeiter Alfred Schefzyk auf ein Bier ein, um darzulegen, was ihre Entlassung für sie bedeutet. Es ist aber kein Gespräch, das hier stattfindet. Der erste Arbeiter gibt unvermittelt sein Statement ab, danach folgt der zweite. Sie gehen nicht aufeinander ein, nur ihr Blick scheint auf die anderen gerichtet zu sein. Allerdings nimmt die Kamera ausschließlich den Sprechenden auf, die Reaktionen der beiden anderen bleiben somit dem Blick der Zuschauer entzogen[205].

Insgesamt betrachtet trug der ‚Arbeiter‘ in den Filmen der Berliner Schule deutliche Züge eines Sisyphos, der sich tagtäglich schindet, ohne sein Ziel je zu erreichen, aber auch ohne je aus seiner Situation ausbrechen zu können.

Die Vergesellschaftung des Autors

Von einer ‚Arbeitnehmergesellschaft‘ findet sich in den Filmen Christian Ziewers also keine Spur. Selbst in den Bereich der Filmproduktion wirkte die postulierte gesellschaftliche Isolation der ‚Arbeiter‘ hinein, nicht zuletzt aus Gründen der Authentizität. Als ein neuralgischer Punkt in dieser Konstellation erwies sich die Position der Filmemacher. Wie oben erwähnt, durften in der Weimarer Republik nur Männer, die selbst aktiv an der Front gekämpft hatten, über den Krieg schreiben. Für die künstlerische Auseinandersetzung mit der Arbeitswelt in Großbritannien machte Claudia Lillge eine ganz ähnliche Konvention aus:

> Pointiert formuliert, scheint es bezüglich des Themas Arbeit eine unausgesprochene, wohl aber durchaus gültige Ermächtigungsregel zu geben, der sich Autoren oder Künstler zumeist dadurch verpflichtet zeigen, dass sie in Selbstaussagen ihre Herkunft aus der Arbeiterklasse und ihre Kenntnis von Arbeitsmilieu und/ oder konkreten Arbeitsabläufen biografisch genau ‚belegen‘.[206]

Diese Feststellung trifft auch auf die Angehörigen der Berliner Schule zu. Klaus Wiese hatte beispielsweise eine Lehre zum Werkzeugmacher absolviert, arbeitete aber, als er mit Ziewer die Filme drehte, bereits als wissenschaftlicher Assistent an

205 Vgl. Liebe Mutter, 00:41:38–00:43:45.
206 Lillge, Arbeit, S. 100.

der Pädagogischen Hochschule Berlin[207]. Als „ein rechtes Bürgerkind", das mehrere Semester Elektrotechnik, Philosophie und Geschichte studiert hatte, um dann als Regieassistent Erfahrungen im Theater und Film zu sammeln, fiel es ausgerechnet Christian Ziewer, der in der Öffentlichkeit wie kein zweiter als Repräsentant der Berliner Schule galt, schwerer, einen biographischen Bezug zur Arbeiterschaft zu konstruieren. Immerhin konnte er darauf verweisen, auch eine Zeit lang „als Elektriker auf den Bau gegangen" zu sein und in einigen Großbetrieben gearbeitet zu haben[208]. Gewicht verlieh Ziewer diesen biographischen Episoden, indem er sie mit einer einschneidenden Erkenntnis verknüpfte: Erst als Fabrikarbeiter habe er begriffen, „daß der kommerzielle Film einer [sic!] der wichtigsten Bereiche sträflich vernachlässigt, ja ignoriert."[209] Einigen Filmkritikern reichte das aus, um auch Ziewer zu bescheinigen, „selbst Arbeiter gewesen" zu sein[210]. Doch keiner der Filmschaffenden wollte diese Zuschreibung gelten lassen. Ein Drehbuch, das nur auf ihren eigenen Arbeitserfahrungen basierte, hätte in ihren Augen den Authentizitätsanspruch nicht erfüllt.

Als Alternative bot sich an, auf die „Herausgeberfiktion" zurückzugreifen[211]. Aufgrund der behaupteten völligen Isolation der ‚Arbeiter' wäre dies der naheliegende Weg gewesen. Überdies war es damals schon eine gängige Praxis, um marginalisierten Gruppen Gehör zu verschaffen. In Frankreich verteilte etwa die *Groupe d'information sur les prisons* (G.I.P.) um Michel Foucault Fragebögen unter Gefängnisinsassen, um deren Antworten „ohne jeden Kommentar oder jede Synthese zu veröffentlichen"[212]. Einfacher hatte es Erika Runge in Bottrop, wo sie direkt die Lebensgeschichten der Menschen mit Mikrofon und Tonband aufzeichnen konnte[213]. Solche Arten der Herausgebertätigkeit waren unproblematisch, da sie, wie im Falle der G.I.P., keiner Übertragung in ein anderes Medium, im Falle von

---

207 Vgl. Theodor Kotulla, Streik: Ein Spielfilm, in: FR, 27.5.1972, o. S., in: Deutsche Kinemathek Bibliothek, X 1 DFFB Ziewer, Christian sowie Carla Rhode, Ein Lernprozeß mit Humor, in: Tagesspiegel, 21. Oktober 1973, o. S., in: Deutsche Kinemathek Bibliothek X 1 DFFB Ps.

208 Vgl. Arnim Borski, Sein gewisser Kniff, in: Abend, 29. Juli 1974, o. S. (Zitate) sowie U. Storch, Die Filmographie – Christian Ziewer, in: Die Information 3–5 (1975), S. 78–81, hier S. 78 f., beide in: Deutsche Kinemathek Bibliothek X 1 DFFB Personen.

209 Hellmut Kotschenreuther, Arbeiter sind keine Helden, in: Abendzeitung, 24. Juni 1974, o. S., in: WDR Abteilung Spielfilm, Mappe Schneeglöckchen blühn im September.

210 Kurt Habernoll, Lohn der Arbeit, in: Abend, (?) 1974, o. S., in: Deutsche Kinemathek Bibliothek X 1 DFFB Pers.

211 Königer, Authentizität, S. 40.

212 Martin Kindtner, Strategien der Verflüssigung. Poststrukturalistischer Theoriediskurs und politische Praktiken der 1968er Jahre, in: Doering-Manteuffel/Raphael/Schlemmer, Vorgeschichte der Gegenwart, S. 373–392, hier S. 384.

213 Vgl. Rutschky, Erfahrungshunger, S. 238–240.

Runge lediglich einer Verschriftlichung des Gesagten bedurften. Eine Verfilmung von Gesagtem oder Geschriebenem stellte hingegen einen größeren Eingriff dar. In Berlin experimentierte Helga Reidemeister mit „wandernde[n] Kameras“. Sie vertraute ihre Filmkameras Arbeiterfamilien an, die frei darüber entscheiden konnten, welche Szenen ihres Miteinanders sie filmisch festhalten wollten und welche Situationen privat bleiben sollten[214]. 1974 entstand schließlich die Gruppe „Arbeit und Film“, die in gewisser Weise die Tradition der Arbeiterfilme bis in die 1980er Jahre hinein fortführte. Sie verschrieb sich ganz der Herausgeberfunktion, ja mehr noch, die Namen der professionellen Filmschaffenden wurden nicht einmal im Abspann genannt[215].

Hier vollzog sich ein Rollentausch, denn die sozialversicherungsrechtlich als ‚Arbeiter‘ Klassifizierten leisteten die schöpferische Arbeit, welche die professionellen Filmschaffenden lediglich technisch umsetzten. Eine solche Reduktion auf die Rolle eines Filmarbeiters unterminierte deren Anspruch, Künstler zu sein. Auch für Christian Ziewer und Klaus Wiese stellte sich die Frage nach dem eigenen Status, wie zwei Filmkritiker notierten:

> Die Filmer empfinden sich daher auch nicht als Künstler, und oftmals, so berichtet Klaus Wiese, seien die Zuhörer enttäuscht darüber, daß der Filmstoff nicht am Schreibtisch entstand, sondern lediglich die Problemwelt der Arbeit in Zelluloid umgesetzt wurde.[216]

Doch so ganz traf diese Einschätzung nicht zu, und sie konnte es auch gar nicht. Denn ein solches Vorgehen hätte Ziewer und Wiese in das Feld des Dokumentarischen zurückgeworfen. Ihr Anspruch war aber, Lehrfilme zu schaffen, die den Arbeiterinnen und Arbeitern mehr zeigen, als diese wahrzunehmen vermögen. Für diesen Zweck hätte es sich angeboten, auf die Überlegungen Louis Althussers zurückzugreifen. 1972 erschien von ihm „Das Kapital lesen“ in deutscher Übersetzung. Darin hatte der überzeugte Anhänger der Kommunistischen Partei Frankreichs die „theoretische Praxis“ als Konzept eingeführt und mit ihm die Bedeutung authentischer Erfahrungen der Arbeiterschaft relativiert, denn, so Philipp Felsch: „Im Handstreich legitimierte er die Tätigkeit des Intellektuellen – den Althusser konsequent als ‚intellektuellen Arbeiter‘ bezeichnete.“[217] So weit wollten Wiese und

214 Tietke, Politisierung, S. 107.

215 Vgl. Elisabeth Mohn, Filming Culture. Spielarten des Dokumentierens nach der Repräsentationskrise, Stuttgart 2002, S. 2.

216 Winfried Gipp/A.G. Maibach, „Arbeiterproblem Mitbestimmung“ beim Filmemachen, in: Leverkusener Anzeiger, 8. November 1972, o. S., in: Deutsche Kinemathek Archiv 21364 Liebe Mutter 2/2, Mappe „Aus dem Nachlass von Peter W. Jansen“.

217 Philipp Felsch, Der lange Sommer der Theorie. Geschichte einer Revolte 1960–1990, Frankfurt a. M. 2016, S. 71 f.

Ziewer wiederum auch nicht gehen. Ihre Praxis lässt sich vielleicht am besten als Vergesellschaftung der Autorenposition bezeichnen. Ziewer hatte sich schon in seiner Zeit an der DFFB als Mitglied der „Gruppe 3", zu der neben anderen auch Harun Farocki, Helke Sander und Holger Meins gehörten, von der Vorstellung einer „einzelgängerischen Autorenschaft" abgewandt. Stattdessen hatten die Angehörigen der Gruppe ihr jeweiliges Filmbudget zusammengelegt, um unabhängig und flexibel über den gemeinsamen Produktionsetat entscheiden zu können[218]. Damit hatte sich die Gruppe dezidiert vom Autorenkonzept des „Neuen Deutschen Films" abgesetzt[219].

Für dieses Autorenkonzept stand Rainer Werner Fassbinder wie kein zweiter unter den Arbeiterfilmern. Als er seine Serie „Acht Stunden sind kein Tag" drehte, befand er sich bereits „auf dem Weg zum Ruhm und zum *auteur*-Status", auch wenn er noch kein international anerkannter Star war[220]. Ohne eigenen biographischen Bezug zum Arbeiterdasein zog er Werktätige bei der Abfassung der Drehbücher zu Rate. Den Werkzeugmacher Walter Kluth benannte der WDR öffentlich als einen der Experten[221]. Allerdings sah sich Fassbinder nach Erscheinen seiner Filme heftigen Vorwürfen ausgesetzt. Nach der WDR-Sendung „Glashaus – TV intern" vom 1. April 1973 stand er als ein „Jet-Set-Regisseur"[222] da, dessen „hektische Arbeitsweise" zu Lasten von Genauigkeit und Richtigkeit gegangen sei[223], ja gar als „ein bürgerlicher Zyniker", der die Zuschauer „verarsch[e]"[224]. Mit dazu beigetragen hatte Walter Kluth, der die Sendung genutzt hatte, um sich von Fassbinder zu distanzieren. Die Drehbücher habe er schon zu Beginn wegen ihrer „kleinbürgerliche[n] Ideologie" als „wirklichkeitsfremd" kritisiert, sei mit seiner Kritik aber nicht durchgedrungen. Vielmehr habe ihn das Aufnahmeteam bei den Dreharbeiten in die „Rolle eines Störenfrieds" gedrängt[225]. Damit war Fassbinders Authentifizierungsstrategie völlig gescheitert.

218 Vgl. Tietke, Dies- und jenseits der Bilder.

219 Vgl. Timothy Scott Brown, „Break the Power of the Manipulators": Film and the West German 1968, in: Gerhardt/Abel, Celluloid Revolt, S. 42–52, hier S. 47 f.

220 Thomas Elsaesser, Rainer Werner Fassbinder, zweite, überarbeitete Auflage, Berlin 2012, S. 65 (H. i. O.). Vgl. zudem o. V., „Ich lasse mich nicht verheizen", in: Stern 13 (1973), 22. 3. 1973, [S. 4], in: WDR-HA 14177.

221 Vgl. WDR-Exclusiv zur Sendung ACHT STUNDEN SIND KEIN TAG, Ein Film über Arbeiter, 20.10. 1972, S. 1, in: WDR Abteilung Spielfilm, Mappe Acht Stunden sind kein Tag.

222 So die Charakterisierung des Kommentators aus dem Off. Glashaus – TV intern, 1.4.1973, 10:10:45–10:20:19, in: WDR HA, 0012315-F04.

223 Ibid. Diese Wertungen kamen ebenfalls aus dem Off, aber mit Bezug auf Walter Kluth.

224 So der Fernsehkritiker Manfred Delling. Ibid., 10:34:08–10:38:04.

225 Vgl. ibid., 10:10:45–10:20:19.

Geschickter gingen die Vertreter der Berliner Schule vor. Denn obwohl die Mitarbeit von Betriebsräten, Vertrauensleuten und Gewerkschaftsfunktionären an den Drehbüchern von allen Seiten als die Besonderheit des Genres hervorgehoben wurde, fand sie in einem Arkanum statt. Weder fand sich in dem von mir gesichteten Bestand der Basis-Film Verleih GmbH ein Hinweis auf den konkreten Beitrag der beteiligten Arbeiter, noch machten sich die zeitgenössischen Filmkritikerinnen und -kritiker die Mühe, Details solcher Kooperationen zu eruieren. Auch in einem der wenigen Interviews, in denen Ziewer auf den Entstehungsprozess seiner Filme einging, blieb er im Abstrakten, doch vermittelte er zumindest eine Vorstellung über seine eigene Rolle:

> Die gesamte Anlage des Films, Dramaturgie, Montage, sind Ergebnis unserer Reflexion. Die Form ist das Ergebnis unseres ganz persönlichen Verhältnisses zur Realität, von der wir ein Teil sind. [...] Wenn man eine Szene schreibt, zu der man durch eine bestimmte Erzählung von Arbeitern angeregt wird, kommt natürlich viel Eigenes hinein, das im Nachhinein überprüft werden muß. Deswegen ist es auch nie so, daß die Arbeiter uns die Szene schreiben und wir sie dann übernehmen. Wir hören uns bestimmte Dinge an, lassen uns davon anregen, aber was hernach dabei rauskommt, ist unsere Sicht. In der Rückfrage dann, wenn wir so 'ne Szene vorlegen, da kann es zu Konfrontationen kommen, in denen sich logischerweise unser eigenes Bild von der Sache ändern kann, oder auch das Bild der Arbeiter.[226]

Die gesamte Arbeit stand also unter dem Vorbehalt der eigenen „Reflexion". Dies war durch die Wahl der Fiktion und des Spielfilms abgesichert, und doch ist die souveräne Distanzierung von den Arbeitern bemerkenswert. So ließ er keinen Zweifel, dass die Letztentscheidungsgewalt bei ihm lag. Hierdurch kam wieder die Rolle des „Lehrers des Proletariats" zum Ausdruck. Dieses imaginierte Lehrer-Schüler-Verhältnis legitimierte zugleich die nur rudimentäre öffentliche Anerkennung des Beitrags der beteiligten Arbeiter, der ja immerhin deren geistiges Eigentum darstellte. Als Authentifizierungsstrategie war deren Anonymisierung, zu der auch Marianne Lüdcke und Ingo Kratisch bei ihren Filmen griffen, wiederum wirkungsvoll, weil so der Anschein erweckt werden konnte, als basiere die Filmhandlung auf allgemeingültigen Erfahrungen des gesellschaftlichen „Gesamtarbeiters"[227].

Kritik an Ziewer kam nur intern auf. Im Archivbestand der Basis-Film Verleih GmbH ist ein Brief des Arbeiter-Darstellers Udo Langen überliefert, in dem er ganz ähnliche Vorwürfe gegenüber Ziewer erhob, wie sie auch Fassbinder entgegengeschlagen waren:

---

226 G.P./F-Ko, Schneeglöckchen blühn im September, in: Film-Korrespondenz Nr. 7, 10.7.1974, S. 19–22, hier S. 22, in: Deutsche Kinemathek Bibliothek X 1 DFFB Pers.

227 Marx, Kapital, Bd. 1, S. 531.

> Er ist Beispiel dafür, wie sich die liberale und der DKP/SEW [Deutsche Kommunistische Partei/Sozialistische Einheitspartei Westberlins – S.W.] nahestehende Film-Schickeria die Arbeiterklasse und die Kommunisten vorstellt. Er ist aber auch ein Beispiel dafür, was bei einem 'Kunstwerk' herauskommt, dessen Autoren weder einen proletarischen Standpunkt einnehmen und, da sie mit den Massen in keiner Weise verbunden sind, diese geringschätzen, auf sie herabblicken und ihnen nichts zutrauen.[228]

Doch selbst wenn Langen seine Kritik öffentlich geäußert hätte, wäre sie Ziewer wohl kaum gefährlich geworden. Denn „Schneeglöckchen" hatte er sehr eng an einen realen Fall angelehnt, wie er gleich im Vorspann deutlich machte. Hier dankte er, neben anderen, den Arbeitern und Angestellten der Firmen Hanomag und Rheinstahl, wobei deren konkreter Beitrag wie auch die genaue Zahl der Beteiligten wiederum offenblieben[229]. Hanomag, eine Tochter von Rheinstahl, war Ende 1965 in wirtschaftliche Schwierigkeiten geraten. Im folgenden Jahr verordnete die Konzernführung dem Betrieb „Restrukturierungsmaßnahmen". Nach Entlassungen älterer und der Neueinstellung jüngerer Arbeiter samt der Anordnung von Überstunden trat die Belegschaft in einen wilden Streik. Die Geschäftsleitung musste schließlich einlenken und sich den Forderungen der Streikenden nach Wiedereinstellung eines gekündigten Vertrauensmanns und Rücknahme geplanter Kürzungen beugen[230]. Dies gibt im Groben die Geschichte von „Schneeglöckchen" wieder, wobei der Arbeitstitel dieses Films bezeichnenderweise „Strukturverbesserung" gelautet hatte[231].

Letztlich war es das komplexe Authentifizierungsnetzwerk, das Ziewers Filme so schwer angreifbar machte und ihm selbst eine souveräne Position im Produktionsprozess verschaffte. Ziewer selbst verstand es offensichtlich sehr viel besser als Fassbinder, die Anforderungen des Genres zu bedienen, ohne dies als Autonomieverlust wahrzunehmen.

‚Arbeiter' spielen ‚Arbeiter'

Sprache und ‚Arbeiter' standen in den Augen vieler Zeitgenossen in einem ganz besonderen Verhältnis zueinander. Für Oskar Negt gereichte Sprache beispiels-

228 Vgl. Udo Langen, Welke Blumen, oder wie man ins Geschäft kommt…, o. D., [S. 1], in: Deutsche Kinemathek Archiv 4.3–199803–0, F 18845, Ordner Zeitungsausschnitte „Schneeglöckchen" TV-Sendung 20 10/20. Ironischerweise musste Langen im Film den Streikbrecher Udo spielen. Vgl. ibid.

229 Der Text ist abgedruckt bei Combes, Une cinématographie, S. 90, FN 19.

230 Vgl. Birke, Wilde Streiks, S. 175–178.

231 Vgl. o. V., „Die Notwendigkeit zur Solidarität…". Christian Ziewer über seinen WDR-Film „Strukturverbesserung", in: Deutsches Fernsehen/ARD 48/73, S. I/4 f., in: WDR Abteilung Spielfilm, Mappe Schneeglöckchen blühn im September.

weise zu einem Definitionsmerkmal des ‚Arbeiters'[232]. Wer sie erreichen und von ihnen „ernst genommen" werden wollte, der musste, wie Jörg Neuheiser mit Blick auf die oppositionelle „plakat"-Gruppe bei Daimler-Benz feststellte, „eine Sprache sprechen, die zur alltäglichen Arbeit im Betrieb passte"[233]. Sprache war folglich ein Medium, das nicht vom Aspekt der Authentizität zu trennen war.

Da die Filme der Berliner Schule unmittelbar im betrieblichen Bereich angesiedelt waren, stellte sich das Sprachproblem auch für sie. Ganz in realistischer Tradition vertrauten sie daher auf Laienschauspieler[234], und da dieser historische Kontext in den meisten Filmkritiken keine Erwähnung fand, verlieh dies ihren Filmen zugleich den Anschein des Innovativen[235]. Auch ihr eigentliches Ziel erreichten die Filmemacher: „Arbeiter reden wie Arbeiter."[236] Damit war schon einmal viel gewonnen, denn Wiese und Ziewer konnten ihre Werke dadurch nicht nur gegen die „Soziologenterminologie" der 68er-Bewegung abgrenzen, sondern auch gegen die in Formeln erstarrte Sprache des DDR-Marxismus[237]. Dies war nicht nur nötig, um dem allgegenwärtigen Ideologievorwurf aus dem konservativen Lager vorzubauen. Auch die Arbeiterinnen und Arbeiter selbst hatten sich, wie auch die Gewerkschaften, wiederholt gegen Vereinnahmungs- und Belehrungsversuche seitens der Studierendenbewegung oder der K-Gruppen zur Wehr gesetzt. Der Historiker Jan Ole Arps machte in diesem Zusammenhang auf einen interessanten Aspekt aufmerksam: „Auf verbalradikale Appelle der Studenten an die Arbeiter [...] reagierten die Adressaten jedoch abwehrend. Die Streikenden wollten nicht instrumentalisiert werden, schon gar nicht von ihren künftigen Bossen."[238] Wie schon

232 „Es geht hier also um Sprachstrukturen und Ausdrucksmittel, die mehr oder weniger der Arbeiterschaft als Ganze zukommen, weil sie wesentlich auf Internalisierungsprozessen unter den Existenzbedingungen von Arbeiterfamilien beruhen." Negt, Soziologische Phantasie, S. 47.

233 Neuheiser, ‚Wertewandel', S. 160.

234 Vgl. Gustav Falke, Neorealismus im italienischen Film, in: ZIG 7–2 (2013), S. 21–34, hier S. 24 f., 28–30.

235 Vgl. dagegen die Erwähnung bei Collins/Porter, WDR and the Arbeiterfilm, S. 73. Auch in den englischen Arbeiterfilmen wurden Rollen „mit unverbrauchten Gesichtern oder Laienschauspielern besetzt". Lillge, Arbeit, S. 78. Zumindest eine zeitgenössische Kritik verwies auf den Einsatz von professionellen Schauspielern und Laien in den proletarischen Filmen der Weimarer Republik, „Kuhle Wampe" und „Mutter Krausens Fahrt ins Glück": wt., Konflikte aus der Arbeitswelt, in: Kölner Stadt-Anzeiger, 5. April 1979, o. S., in: Deutsche Kinemathek Bibliothek X 1 DFFB Pers. Ziewer.

236 ebe, Akkord und Solidarität, Nürnberger Zeitung, 14. September 1974, o. S., in: Deutsche Kinemathek Archiv 4.3–199803–0, F 18845, Ordner Schneeglöckchen Presse Ziewer B 19 10/19.

237 Wilhelm Roth, Themen: Arbeitskampf, Gewerkschaft, in: Frankfurter Neue Presse, 1. Juli 1972, o. S., in: Deutsche Kinemathek Archiv 21364 Liebe Mutter 2/2, Mappe „Aus dem Nachlass von Peter W. Jansen". Zur DDR vgl. Peter Christian Ludz, Mechanismen der Herrschaftssicherung. Eine sprachpolitische Analyse gesellschaftlichen Wandels in der DDR, München/Wien 1980.

238 Arps, Frühschicht, S. 39.

kurz erwähnt, enthielten sich die Arbeiterfilme zumeist allzu expliziter politischer Aussagen, und doch erwies sich die Sprache der Laien als eine Möglichkeit, das Anliegen deutlich zu machen. So führte André Combes zu einer Szene, in der ein Laienschauspieler die Direktion konfrontiert, aus:

> La caméra utilise la force verbale impressionnante de deux ou trois acteurs ouvriers non professionnels pour manifester à quel point elle est antagonique à la violence verbale policée des représentants du patronat dont la voix, comme le discours qu'elle porte, ne connaît, elle, aucun soubresaut. Donnée à entendre dans toute la force locutionnaire de sa vocalité, cette parole déploie, peut-être, autant que son discours, toute la tonalité de la lutte des classes, terme sinon quasi absent du film.[239]

In der Tonalität der Laienschauspieler brach sich demnach der Gedanke des Klassenkampfes ebenso wie in dem, was sie inhaltlich aussagten, Bahn. Auf diese Weise eröffnete die Sprache eine weitere Interpretationsebene, die für mehr oder weniger unterschwellige Botschaften genutzt werden konnte. Dadurch wie auch durch den berlinerischen Einschlag, den der Dialekt der Laien den Filmen verlieh, distanzierten sich die Filme auch von der westdeutschen Gewerkschaftsbewegung. Denn schon zu Beginn der organisierten Arbeiterbewegung hatte diese sich „des wissenschaftlichen Diskurses" bedient, dadurch aber „das Moment des Subversiven" verloren, das die Filme nun gemeinsam mit der „Volkssprache" reaktivierten[240].

Die Authentizität der gesprochenen Sprache war jedoch nicht der einzige Grund, um auf Laienschauspieler zu setzen. Schon die italienischen Neorealisten hatten in der frühen Nachkriegszeit die Möglichkeit genutzt, die Geschichte insgesamt authentischer zu gestalten, indem sie ihre Darsteller improvisieren ließen[241]. Auch Ziewer und Wiese wollten diesen Vorteil nutzen und hielten folglich das Drehbuch, das sie ja ohnehin schon mit Arbeitern entwickelt hatten, für weitere Eingriffe offen[242]. Bei „Liebe Mutter" führte dies nach eigenen Angaben zur Ab-

239 Combes, Une cinématographie, S. 107. Eigene Übersetzung des Zitats: Die Kamera verwendet die eindrucksvolle Sprachgewalt von zwei oder drei nichtprofessionellen Arbeiterdarstellern, um zu zeigen, wie sehr sie der geschliffenen Wortgewalt der Vertreter der Arbeitgeber gegenübersteht, deren Stimme, wie die Rede, die sie trägt, keinerlei Zuckungen kennt. Diese Sprache, die in der ganzen Ausdruckskraft ihrer Stimme zu hören ist, vermittelt, vielleicht ebenso wie ihre Rede, die ganze Tonalität des Klassenkampfes, ein Ausdruck, der ansonsten im Film gleichsam abwesend ist.

240 Bogdal, Zwischen Alltag und Utopie, S. 23.

241 Vgl. Falke, Neorealismus, S. 30.

242 Dies bestätigte ein beteiligter Laie ausdrücklich. Vgl. Horst Kammrad, Arbeiter als Hauptakteure, in: Deutsche Volkszeitung, 23.5.1974, o. S., in: Deutsche Kinemathek Bibliothek X 1 DFFB Pers. Ziewer III 1c. In einer ausführlicheren Version erschien der Artikel als: Horst Kammrad, „Schneeglöckchen blühn im September" abgedreht, in: Wahrheit, 23. [?] April 1974, o. S., in: ibid.

änderung der „Figur des Vorarbeiters", um sie in „Einklang mit einer realistischen Schilderung der Wirklichkeit" zu bringen[243]. Die von den Filmemachern angestrebte kritische Interaktion zwischen Zielgruppe und Geschichte fand folglich schon während der Dreharbeiten statt. Mit Blick auf die Authentizität des Endprodukts war dies unproblematisch, ja sogar geboten. Doch reflektierten Ziewer und Wiese nicht, ob sie damit die gewünschte „Operativität" des Films konterkarierten, wenn sie gerade die Figuren änderten, die bei den Laien zu „heftigen Auseinandersetzungen" geführt hatten[244].

In einer instruktiven Arbeit über Industriefilme zeigte Thomas Welskopp auf, dass gerade in großen, sehr lauten Industriebetrieben nicht nur über das gesprochene Wort kommuniziert wird. Hier sind es die Körper der Arbeitenden, die über Gesten wichtige Informationen transportieren[245]. Auch die Neorealisten sahen darin einen besonderen Vorzug der Laien, ersetzten sie doch „in der Körperhaltung reichlich, was ihnen im Gesichtsausdruck fehlt."[246] Ziewer und Wiese führten dieses Argument weiter, wenn sie den Verzicht auf Berufsschauspieler weniger zu einer Option denn zu einer Zwangsläufigkeit erhoben. So beklagten die Macher von „Liebe Mutter":

> Viele Schauspieler beherrschen aufgrund ihrer Ausbildung und Praxis zwar ein Repertoire an bürgerlichen Verhaltensweisen, proletarische Reaktionsmuster sind ihnen jedoch so fremd, daß auch intensive Probenarbeit das Defizit nicht beheben kann. Deshalb kamen auch für die größeren Rollen Laiendarsteller in Frage.[247]

In dieser Aussage steckte das spätkapitalistische Bild der Bundesrepublik als einer Klassengesellschaft, in der eine klare Schranke die Arbeiterschaft von den übrigen Schichten trennte. Problematisch war, dass die Filmemacher ihren Ansatz selbst in mehreren Hinsichten unterliefen. So war der programmatische Titel „Arbeiter spielen Arbeiter" nur ein Teil der Wahrheit, sofern man den Arbeiterbegriff nicht marxistisch auf alle Entgeltabhängigen ausdehnte. Denn bei „Schneeglöckchen" fanden sich auf der Darstellerliste auch „Verwaltungsbeamte, ein Kraftfahrer, ein DGB-Wirtschaftsreferent, ein Revisor."[248] So kamen die Filmemacher intern auch

---

243 O. V. [wohl: Christian Ziewer/Klaus Wiese], Arbeiter spielen Arbeiter, in: WDR Abteilung Spielfilm, Mappe Liebe Mutter, mir geht es gut.

244 Ibid.

245 Vgl. Thomas Welskopp, Sprache und Kommunikation in praxistheoretischen Geschichtsansätzen, in: ders., Unternehmen Praxisgeschichte, S. 105–131, hier S. 123–126.

246 Falke, Neorealismus, S. 24.

247 O. V. [wohl: Ziewer/Wiese], Arbeiter spielen Arbeiter.

248 Hannes Schmitt, Schneeglöckchen blühn im September, in: Welt der Arbeit Nr. 29 v. 19.7.1974, [S. 27], in: WDR Abteilung Spielfilm, Mappe Schneeglöckchen blühn im September.

nicht umhin, noch eine weitere Kategorie einzuführen: „Originalarbeiter“ wurden von der Firma, in der gedreht wurde, bestellt, um die übrigen Darsteller in die Arbeit einzuweisen[249]. Bei „Schneeglöckchen“ durfte mit Wolfgang Liere zwar ein Laie ohne jede vorherige Schauspielerfahrung eine tragende Rolle übernehmen, doch handelte es sich bei ihm um einen selbständigen Reifenhändler. Auch wenn es Ende des 19. Jahrhunderts in der Sozialdemokratie Bestrebungen gegeben hatte, „die selbständigen Gesellen, Alleinmeister und kleinen Meister [...] in die *Kern*definition des Arbeiters einzubeziehen“[250], verstand sich Liere selbst wohl kaum als ein solcher. In seiner zum Film veröffentlichten Selbstdarstellung präsentierte er sich als ein Selfmademan, der schon als Jugendlicher eine selbständige Tätigkeit angestrebt hatte und sich seither mit zahlreichen Hobbies selbst verwirklichte – die Schauspielerei war nun ein weiteres[251]. Die tatsächliche Besetzung der Arbeiterfilme wollte also nicht zum behaupteten Klassencharakter der Bundesrepublik passen, viel eher zeichnete sich in ihr die ‚Arbeitnehmergesellschaft‘ ab. Interessanterweise wurde diese Problematik in keiner der von mir gesichteten zeitgenössischen Kritiken thematisiert.

Selbst wenn man darüber hinwegsieht, bleibt ein weiteres Kuriosum. Denn in allen drei Arbeiterfilmen durfte mit Claus Eberth ein Berufsschauspieler die Hauptrolle übernehmen. Zwar gab er sich im Pressematerial zu „Liebe Mutter“ angemessen demütig, kam er sich doch „anmaßend vor, ihre Welt vertreten zu wollen, von der ich nicht ausreichend Kenntnis hatte.“ Und auch wenn er versuchte, „den Erfahrungs-Vorsprung zu verkürzen, den die Laiendarsteller zwangsläufig mitbrachten“, und sein „Interesse für die Welt des Arbeiters am Ende der Drehzeit wachgerufen“ war[252], blieb doch die entscheidende Frage offen: Warum wurde diese Rolle überhaupt mit ihm besetzt? Der persönliche Bildungsprozess eines bürgerlichen Schauspielers konnte kaum der Zweck eines Arbeiterfilms sein. Überdies versuchte Eberth, den Erfahrungsvorsprung der Laien auch durch eine Verlagerung des Handlungsgeschehens der Filme einzuholen. In der Vorlage der zitierten Pressemitteilung zu „Schneeglöckchen“ hatte Eberth „Gedanken eines

249 Vgl. K.W. an Firma Krupp-Kesselbau, 27. August 1973, S. 1, in: Deutsche Kinemathek Archiv 4.3–199803–0, F 18845, Ordner Darsteller Drehorte Stab Versicherg 17 für Schneeglöckchen.

250 Welskopp, Banner, S. 74 (H. i. O.).

251 Diese Pressemitteilung erschien als kaum überarbeiteter Artikel unter einer etwas irreführenden Überschrift in einer großen Tageszeitung. Vgl. NW, Eine Hauptrolle für den Mechaniker Wolfgang Liere, in: Mannheimer Morgen, 18. Dezember 1973, o. S., in: Deutsche Kinemathek Bibliothek X 1 DFFB Pers. Ziewer.

252 Claus Eberth, Schwierigkeiten der Darstellung, in: WDR Abteilung Spielfilm, Mappe Liebe Mutter, mir geht es gut.

Schauspielers" Christian Ziewer mit auf den Weg gegeben. Demnach sollte der nächste Film deutlich stärker auf das Familienleben der Arbeiter eingehen, und er sollte „die Schwierigkeiten des arbeiteneden [sic!] Menschen in seiner Selbstverwirklichung als Individuum" zeigen[253]. Ob eine solche Verlagerung auf den Privatbereich tatsächlich den Sündenfall der Arbeiterfilme darstellte, wie ihn zumindest einige zeitgenössische linke Kritiker beklagten, ist noch zu klären. Zumindest las es sich wie ein bürgerliches Stereotyp, hatten doch Marx und Engels im Kommunistischen Manifest noch verkündet, der Proletarier verfüge über keine Familie[254]. Auch wenn sich diese These trotz des Marx-Revivals in den 1970er Jahren längst überlebt hatte, geriet mit dem Betrieb zweifellos ein Bereich aus dem Blick, in dem die Arbeiterschaft über ein spezifisches Expertenwissen verfügte.

Daher nochmals die Frage: Warum besetzte Christian Ziewer die Hauptrolle mit einem Berufsschauspieler? Auch dieses Problem wurde von der Filmkritik damals überraschenderweise nicht thematisiert. Immerhin wartete der französische Germanist André Combes zwischenzeitlich mit einer überzeugenden Erklärung auf. Er parallelisierte den Einsatz von Laien und professionellen Schauspielern mit der Verwendung dokumentarischer und fiktiver Elemente in Ziewers Filmen. So traten bei der Austragung von Konflikten vor allem Berufsschauspieler auf, während Laien hauptsächlich bei der Verrichtung ihrer Arbeit gefilmt wurden, da es hier auf den Habitus ankam[255].

Ob diese feinen Unterschiede für das Publikum ersichtlich waren, bleibt aufgrund des vielsagenden Schweigens der Kritiken gerade in diesem Punkt fraglich. Wie es scheint, lag die besondere Bedeutung des Einsatzes von Laienschauspielern vor allem darin, dass sie überhaupt zum Einsatz kamen. Die Kritiker konnten loben, wie überzeugend sie ihre Rollen doch spielten[256]. Auch ließen sich mithilfe der Laien, die wirkliche Arbeiter waren, Authentizitätseffekte im Rahmen der Produktion erzeugen und als Anekdoten medial verbreiten. So berichteten die beiden Macher von „Liebe Mutter", wie verblüfft die Arbeiter eines als Drehort auserkorenen Betriebs waren, als ein „Schauspieler" schon nach kurzer Einweisung den Arbeitsablauf perfekt beherrschte: Er „drückt Knöpfe, löst Verspannungen, kontrolliert Vorlauf, Schub und Ölstand, prüft Maßhaltigkeit, stellt den Drehautomaten

253 Text Claus Eberth, 11. Juni 1974, [S. 2 f.], in: Deutsche Kinemathek Archiv 4.3-199803-0, F 18845, Ordner Darsteller Drehorte Stab Versicherg 17 für Schneeglöckchen.

254 Vgl. Marx/Engels, Manifest, S. 66.

255 Vgl. Combes, Une cinématographie, S. 97 f.

256 „Die Schauspieler-Leistung der Laien (Arbeiter) ist erstaunlich, es gibt kaum eine Szene, die ‚verwackelt' ist: nur an zwei winzigen Stellen […] ahnt man die Pose." Rupert Neudeck/FK, Authentizität in der Fiktion, in: Funk-Korrespondenz Nr. 39, 28. September 1972, S. 14, in: Deutsche Kinemathek Bibliothek X 1 DFFB FT.

nach. Kein Zögern. Alles läuft wie am Schnürchen. Der Beruf des Darstellers: Dreher. Seit 40 Jahren Facharbeiter. Die Arbeiter finden: Die Filmtypen sind voller Überraschungen."[257] Dass auch Berufsschauspieler zum Einsatz kamen, wurde hingegen von allen Beteiligten als Normalfall wahrgenommen und nicht weiter problematisiert – weder mit Blick auf das Authentizitätsgebot noch hinsichtlich des didaktischen Ansatzes.

6.3.4 Politik in Ziewers Arbeiterfilmen

Bei den Filmen Christian Ziewers standen die Produktionsweise der Filme und der dargestellte Inhalt in einem deutlichen Widerspruch zueinander. Zeigten die Filme die Arbeiter isoliert und gefangen in den unteren Positionen der Klassengesellschaft, eröffnete Ziewer ihnen die zeitlich begrenzte Möglichkeit, am Drehbuch mitzuwirken und sich als Darsteller zu versuchen. Überdies stellten die Laienschauspieler einen Spiegel der ‚Arbeitnehmergesellschaft' dar – es waren Arbeiter, Angestellte und Beamte. Auch dies passte kaum zum isolierten Arbeiterbild der Filme. Am wenigsten stimmte jedoch das in den Filmen gezeichnete Bild der Medien. Und da die integrative Produktionsweise der Arbeiterfilme öffentlichkeitswirksam vermarktet wurde, transportierten die Filme stets zwei Versionen der Wirklichkeit: *inhaltlich* den ‚Arbeiter' als ‚Proletarier', der den alltäglichen Klassenkampf im Betrieb nur bestehen kann, wenn ihm die Kollegen solidarisch zur Seite stehen, *formal* den ‚Arbeiter' als ‚Arbeitnehmer', dem die Gesellschaft sogar die Möglichkeit der künstlerischen Selbstverwirklichung eröffnet. Ein Kritiker der Frankfurter Rundschau stellte folglich zu „Schneeglöckchen" fest:

> [S]o gehört es doch zur Krux des Films, daß seine perfekte, (aber) scheinhafte Spontaneität den Schein eines umfassenden Realismus hervorbringt, der gar nicht gegeben ist. Denn die Breite und Vielfalt der Realität [...] ist ja von den Autoren, durchaus lukacsianisch, aufs Typische reduziert worden. Nur habe ich den Eindruck, daß diese Einschränkung, die methodisch gerechtfertigt ist, nicht genügend als Methode durchsichtig wurde; ja, ich glaube, daß der Film, weil er seinen Produktionsprozeß restlos liquidiert, in eine idealistische Ästhetik zurückfällt.[258]

So ergab sich ein grundlegendes Problem der Arbeiterfilme: Wenn sie die durch sie selbst geschaffene Medialität der ‚Arbeiter' liquidierten, waren sie nicht realistisch,

257 O. V., Am Drehort, in: WDR Abteilung Spielfilm, Mappe Liebe Mutter, mir geht es gut.
258 O. V., Solidarisches Handeln, in: FR, 12. November 1974, o. S., in: Deutsche Kinemathek Archiv 4.3–199803–0, F 18845, Ordner Zeitungsausschnitte „Schneeglöckchen" TV-Sendung 20 10/20.

wenn sie dieselbe aber sichtbar machten, war das von ihnen gezeichnete Bild des ‚Arbeiters' nicht aufrechtzuerhalten.

Die Lösung des Selbstwiderspruchs, so meine These, lag darin, die Arbeiterfilme zum „Politikum" zu machen. Damit nämlich ließ sich die enge Einbindung der Arbeiterfilmproduktion in die ‚Arbeitnehmergesellschaft' relativieren. Wenn den Filmen ihre Selbstverständlichkeit genommen, sie also als prinzipiell systemfremd, ständig gefährdet und folglich als ein potentiell kurzzeitiges Phänomen ausgewiesen werden konnten, stellte die von ihnen praktizierte Einbindung der Arbeiter in die Filmproduktion das Bild des isolierten ‚Arbeiters' nicht mehr in Frage, sondern beglaubigte es[259].

Statt der fördernden Faktoren – angefangen bei der Ausbildung der Filmschaffenden an einer öffentlich finanzierten Akademie über die ideelle und materielle Unterstützung durch Gewerkschaften, Rundfunk und kulturpolitische Instanzen bis hin zur Dreherlaubnis in Fabriken durch Unternehmensleitungen[260] – mussten daher die adversativen Aspekte hervorgekehrt werden. Schon frühzeitig hatten Peter Märthesheimer und Rainer Werner Fassbinder genau dieses Narrativ bedient, wenn sie mit ihrer Arbeiterserie die „Okkupation eines bürgerlichen Genres" verbanden und betonten, „Acht Stunden" sei für die „herrschende Klasse gefährlich"[261]. Die intellektuelle Absicherung lieferten schließlich, wie bereits erwähnt, Oskar Negt und Alexander Kluge, welche die ‚Arbeitnehmergesellschaft' konzeptionell doppelt aushebelten, indem sie die damals herrschende Öffentlichkeit als eine „bürgerliche" identifizierten, welche sie durch eine „proletarische" herauszufordern trachteten[262]. Dieses adversative Narrativ fand auch schnell Eingang in zeitgenössische Filmkritiken. So urteilte etwa Wolfgang Ruf: „Auch wenn viele dieser Arbeiterfilme ihre spezifische Wirkung erst im gezielten Einsatz etwa

259 Freilich war es auch möglich, die Arbeiterfilme als Modeerscheinung zu deklarieren. Damit ließ sich die kurze Dauer des Genres mit dem sich schnell wandelnden Geschmack des Publikums oder den sich ändernden Interessen der Filmschaffenden erklären, also gänzlich unpolitisch. Vgl. Dietmar Schmidt, Arbeiterfilm – eine Mode?, in: Hessische Allgemeine, 23. August 1974, o. S., in: Deutsche Kinemathek Archiv 4.3–199803–0, F 18845, Ordner Schneeglöckchen Presse Ziewer B 19 10/19 sowie Winfried Günther, Marginalien zur „Berliner Schule des Arbeiterfilms", in: medien + erziehung 2/1977, S. 141–150, hier S. 143, in: WDR Abteilung Spielfilm, Mappe Der aufrechte Gang.

260 Laut einem Kritiker wäre dies in der Schweiz undenkbar gewesen. Vgl. Martin Schaub, Lieber Herr Direktor, in: Die Weltwoche Nr. 47, 21.11.1974, o. S., in: WDR Abteilung Spielfilm, Mappe Schneeglöckchen blühn im September.

261 Röhl/Fassbinder, Kommt die Prolet-Welle, [S. 2].

262 Vgl. Negt/Kluge, Öffentlichkeit und Erfahrung.

in der Gewerkschaftsarbeit erreichen, so wurden sie doch vor allem durch Ausstrahlung über den Bildschirm zum Politikum."[263]

Zensur! Zensur?

Schon bei „Liebe Mutter" fand sich passenderweise ein Präzedenzfall, der das adversative Narrativ beglaubigte. Günter Rohrbach, der Leiter der Abteilung Spielfilm beim WDR, hatte gegen den Willen Ziewers wie auch des für die Produktion verantwortlichen WDR-Redakteurs Joachim von Mengershausen das Herausschneiden einer Szene durchgesetzt[264]. Die Presse griff dies sofort auf. Heiko Blum beklagte etwa, der Film sei nun „um eine entscheidende Sequenz (fünfzehn Sekunden) kürzer"[265]. Schon hier konnte man stutzig werden: Wie entscheidend war wohl eine Sequenz, die nur ein paar Sekunden umfasste? Blum klärte seine Leserschaft auf: „Nach einer Aufsichtsratssitzung, in der die Betriebsräte in einer folgenschweren Frage überstimmt wurden, prosten sich die Sieger im Geschäftszimmer des Direktors mit Cognac zufrieden zu."[266] Auch WDR-intern hatte der Eingriff Folgen, denn die Angelegenheit landete vor dem Redakteursausschuss. Hier jedoch ergab sich ein anderes Bild, denn Rohrbach sah laut Protokoll in seinem Eingriff keinesfalls Zensur am Werk:

> Die durchgängig kritische Haltung des Films gegenüber den Unternehmern – die er durchaus bejahe – gerate hier etwas zur Polemik. Er sei daher der Meinung[,] diese Szene hätte geschnitten werden müssen, da sie zum einen für Verlauf und Tendenz des Films unerheblich sei, zum anderen aber als willkommener formaler Vorwand dienen könnte, die Tendenz des Films anzugreifen. [...] Die Redaktion habe ihm zwar einhellig von dem Schnitt abgeraten, man sei sich allerdings einig gewesen, daß der Schnitt in keiner Weise den Film verändere.[267]

Von einer „entscheidenden Sequenz" war bei Rohrbach also keine Rede, vielmehr rechtfertigte er seinen Eingriff als einen letzten, notwendigen redaktionellen Schliff zum Wohle des Films. Dass die Angelegenheit in der WDR-internen Auseinandersetzung nicht als Politikum, sondern als Problem des Arbeitsklimas behandelt wurde[268], kam nicht überraschend. Denn der Redakteursausschuss diente ja dazu, Streitfälle zu formalisieren und vermittels einer Abgrenzung von Kompetenzen zu

---

263 Wolfgang Ruf, Acht Stunden sind ein langer Tag, in: epd Kirche und Rundfunk Nr. 79, 20. November 1974, o. S. [S. 1], in: WDR Abteilung Spielfilm, Mappe Schneeglöckchen blühn im September.

264 Vgl. Marianne Lienau, Gedächtnisprotokoll, 30.8.72, in: WDR-HA 01411.

265 Heiko R. Blum, Verzerrtes Unternehmerbild?, in: FR, 18. September 1972, o. S., in: Deutsche Kinemathek Bibliothek X 1 DFFB II Ziewer, Christian.

266 Ibid.

267 O. V., Protokoll des Gesprächs mit Dr. Rohrbach, 6.9.72, 12^{00} Uhr, in: WDR-HA 01411.

268 Vgl. Redakteursausschuss an Herrn Dr. Rohrbach, 18.9.1972, S. 1, in: WDR-HA 01411.

klären. Interessant ist daher zu fragen, wie die Verantwortlichen der Basis-Film Verleih GmbH die Angelegenheit bewerteten. Die Antwort überrascht:

> Kommt es zu den Eingriffen durch Rohrbach, wird das ein [sic!] irren Publicity-Rummel geben. Die Szene hat es nicht verdient, ein derartiges Aufsehen zu erringen, aber es geht ja um grundsätzlichere Dinge. Mengershausen fragte natürlich, warum wir uns das alles gefallen lassen. Ich glaube, er erwartet von uns, daß wir das nach oben spielen. Ich sagte ihm, daß wir von Anfang an fair gewesen sind. Erst einmal solle doch einmal Rohrbach den Schnitt machen, dann würde er schon sehen, ob wir stillhalten. Ich habe so den Eindruck – als wüßte Rohrbach nicht so recht[,] welchen Erfolg Ziewer in der Öffentlichkeit inzwischen hat – aber das ist ja ganz gut. Jeder Konflikt bringt Öffentlichkeit. Denn vielleicht wird hier endlich einmal öffentlich, was für Zensur-Praktiken im WDR betrieben werden. Das am Beispiel Ziewer zu demonstrieren wäre eigentlich ganz gut. Wir warten aber trotzdem nicht auf Rohrbachs Schritt, wir schicken durch einen Trick die Presse nach vorn[.] Wir versenden noch diese Wiche [sic!] an alle Fernseredaktionen [sic!] der Zeitungen im Ruhrgebiet Pressemappen und letzte Artikel fotokopiert sowie ein Drehbuch, (damit sie die event. geschnittenen Szenen zitieren können!!)[.][269]

Auch die Produzenten selbst legten keinen großen Wert auf die Szene. Im Grunde war dies nur folgerichtig, denn Ziewer hatte seine Filme ja ohnehin dem Prinzip der Operativität unterworfen. Zur Erinnerung: Er wollte keine geschlossene Geschichte erzählen, er wollte keine Spannung aufkommen lassen, er wollte dem Publikum vielmehr disparate Episoden bieten, aus denen es die jeweils relevanten Aspekte herausnehmen und praktisch umsetzen sollte. Wäre eine einzelne Sequenz entscheidend gewesen, wäre dies einem Versagen der Filmemacher gleichgekommen.

Tatsächlich fanden die Basis-Film-Leute einen Weg, die herausgeschnittene Szene doch noch zu einer entscheidenden zu machen. Dazu brauchten sie dem WDR bloß Zensur vorzuwerfen. Denn sie erkannten sofort den Mehrwert, den sie daraus ziehen konnten. Für wie nötig sie eine derartige Publicity erachteten, verdeutlichte eine interne Aussage ein Jahr später: „Die Gesellschaft hat kein Interesse an unseren Filmen – würden wir sie inhaltlich oder dramaturgisch darlegen – dennoch gibt es eine Tendenz, die wir beeinflussen können."[270]

Wenn man so will, stellte der Schnitt dieser wenigen Sekunden trotz allem eine *win-win-win*-Situation dar. Rohrbach hatte vor dem Hintergrund der WDR-internen Auseinandersetzungen um mehr Mitspracherechte der Redaktionsmitglieder seine

269 Rainer-Götz Otto an Christian Ziwer [sic!] Renée Otto-Gundelach, Klaus Wiese; Gespräch mit Joachim Mengershausen am 16. August 1972, in: Deutsche Kinemathek Archiv 4.3-199803-0, F 18845, Ordner 10 c.

270 Rainer-G[ötz Otto]., Notiz: Christian Z.[iewer] Klaus W.[iese] Renée O.[otto]-G.[undelach]., 29. September 1973, S. 1, in: Deutsche Kinemathek Archiv 4.3–199803–0, F 18845, Ordner Liebe Mutter Schneeglöckch Bücher + Drehplan 10 A.

Vorrechte verdeutlicht. Indem er eine Szene wählte, die von allen Seiten als irrelevant für die Grundaussage des Filmes angesehen wurde, die aber nichtsdestotrotz auf Protest des Arbeitgeberlagers gestoßen wäre, hatte er dem politischen Anliegen des Films nicht geschadet, gegenüber den Gegnern der Arbeiterfilme aber seinen Willen demonstriert, bei Grenzüberschreitungen notfalls durchzugreifen. Indem der Inhalt der Szene in der Presse wiedergegeben wurde, erhielt sie gerade durch ihre Entfernung ein Höchstmaß an Aufmerksamkeit. Mengershausen musste faktisch zwar einen Eingriff in seine Kompetenzen als Redakteur hinnehmen, konnte aber hoffen, durch seine entschiedene Gegenwehr seine eigene Stellung gegenüber Rohrbach künftig zu stärken. Und die Filmschaffenden hatten öffentlichkeitswirksam belegt, wie gefährlich ihre Filme für die „herrschende Klasse" waren, wie sehr sie an den Grenzen des Sagbaren rüttelten. Die einzigen, die nichts davon hatten (aber auch keine wirklichen Nachteile), waren die Fernsehzuschauer.

Die ultimative Bestätigung des adversativen Narrativs war jedoch erst erbracht, sofern sich das Ende des Genres glaubhaft als politisch motiviert darstellen ließ. Laut Collins und Porter hatte Ziewer mit seinem dritten Film, „Der aufrechte Gang", die Arbeiterfilme gerade zur Perfektion geführt, als die politische Trendwende ihr Ende besiegelte: „Rather than degeneracy of the form or audience dissatisfaction, it was a change in the balance of political power in West Germany which killed the *Arbeiterfilm.*"[271] Wohl auch weil das Thema seither kaum noch wissenschaftliches Interesse hervorgerufen hat, hielt sich ihre These vom politisch bedingten Ende des Genres und wurde erst kürzlich von Thomas Elsaesser wiederholt[272]. Ein ganz ähnliches Narrativ hatte Peter Zimmermann in seinem 1980 erschienenen Rückblick auf die Arbeiterfilme entwickelt, doch ging er noch einen Schritt weiter. Denn er wollte zeigen, dass die politischen Restriktionen selbst auf dem Höhepunkt des Genres so stark waren, dass den politischen Aussagen der Filme klare Grenzen gesetzt waren. So habe Ziewer nicht einmal in „Schneeglöckchen" offen für den Sozialismus werben dürfen. Die immer stärkere Hinwendung der Filmschaffenden zu den Themen Familie und Freizeit interpretierte Zimmermann folglich als weiteren Schritt hin zur Entpolitisierung der Filme[273]. So einleuchtend seine Ausführungen auch sein mögen, es stellt sich die Frage, ob er sich hier nicht in einen Widerspruch begab. Denn warum sollten die konservativen Kräfte derart zahnlose Arbeiterfilme nicht einfach tolerieren? Oder wurden die Filmemacher womöglich Opfer ihrer Inszenierung der eigenen Radikalität? Gewiss fiel das Ende der Arbeiterfilme mit einem – zum Teil auch politisch bedingten – personellen Wechsel im

271 Vgl. Collins/Porter, WDR and the Arbeiterfilm, S. 96, 115 (Zitat, H. i. O.).
272 Vgl. Elsaesser, West Germany's „Workers' Films", S. 130.
273 Vgl. Zimmermann, Arbeiterfilme, S. 52.

WDR zusammen: Klaus von Bismarck verzichtete 1976 auf eine erneute Kandidatur als Intendant und Günter Rohrbach übernahm 1979 die Geschäftsführung der Bavaria. Doch weder gingen alle, der für Christian Ziewer zuständige Redakteur Joachim von Mengershausen etwa blieb, noch folgten nur Konservative nach. Der neue WDR-Intendant Friedrich-Wilhelm von Sell stand beispielsweise der SPD nahe[274]. Im Folgenden möchte ich daher der Frage nachgehen, welches politische Modell in Ziewers Arbeiterfilmen überhaupt vertreten wurde. Dies soll den Blick für Faktoren jenseits der Rundfunkpolitik öffnen. Auf dieser Grundlage lässt sich dann die Frage, warum das Genre Mitte der 1970er Jahre ein Ende fand, im folgenden Unterkapitel noch einmal diskutieren.

Die Strategie der Arbeiterfilme im Neokapitalismus

Die Erwartungen, die das linke Lager an die Arbeiterliteratur wie auch an Arbeiterfilme stellte, waren ganz klassisch. So erhoffte sich Peter Zimmermann ein Revival der kommunistischen Kulturbewegung der 1920er Jahre, welche offensiv für den Sozialismus geworben hatte, statt resignierte ‚Arbeiter' zu zeigen[275]. Doch auch Christian Ziewer selbst erhob 1972, wie oben ausgeführt, nichts weniger als die Systemfrage zum politischen Gradmesser seiner Filme: Sie sollten die Arbeiter befähigen, die bisher von den Unternehmern ausgeübte „alleinige Entscheidung über die Produktion" zu brechen[276].

Keiner der hier betrachteten Arbeiterfilme scheint diesem Anspruch auch nur im Ansatz gerecht geworden zu sein. Im Mittelpunkt standen konkrete ökonomische Probleme, allen voran die Lohnfrage, aber auch die Erhaltung des Arbeitsplatzes oder die Gestaltung der Arbeitsgeschwindigkeit. Die Lösung all dieser Probleme lautete immer: Solidarität. Was den Filmen offenkundig fehlte, arbeitete ein Schweizer Journalist am Beispiel von „Schneeglöckchen" heraus: „[W]eil er sich so sehr mit dem ersten Schritt befasst, vergisst er nachfolgenden: vor lauter Kampf um ein paar Pfennige Leistungszulage [...] verliert er die Perspektive einer neuen

274 Vgl. Schmid, Intendant Klaus von Bismarck, S. 379 f. Märthesheimer verließ den WDR „aus privaten Gründen". Rohrbach hätte beim WDR weiter Karriere machen können, doch er lehnte die ihm 1977/78 angebotene Stelle als „Programmdirektor Deutsches Fernsehen" ab. Seinen Wechsel zur Bavaria hatte der neue Intendant von Sell mit eingefädelt. Vgl. Netenjakob, Fernsehspiel, S. 230 (Zitat), 232.

275 Vgl. Zimmermann, Arbeiterfilme, S. 36 f.

276 Günter Böhm, Die Arbeitswelt im Film, in: Solidarität 23–11 (1972), S. 10–11, hier S. 11, in: Deutsche Kinemathek Archiv 21364 Liebe Mutter 2/2, Mappe „Aus dem Nachlass von Peter W. Jansen".

ökonomischen Existenzbasis aus den Augen.“[277] „Perspektive“ war der entscheidende Begriff, der unbestritten das politische Defizit der Filme beschrieb. Auch in der vom WDR übertragenen Diskussion zu „Liebe Mutter“ tauchte dieser Gedanke auf. Einer der Anwesenden empfand die bisherigen Arbeiterfilme als „resignierend“ und forderte, der nächste Film solle den Arbeitern den „Weg in die Zukunft zeigen“[278]. Peter Märthesheimer rechtfertigte diese Leerstelle Ende der 1970er Jahre mit einem Rekurs auf die Empirie: Modelle alternativer Wirtschaftsformen hätten schlicht nicht existiert[279]. Doch diese Erklärung war unzutreffend, wie ein Blick in den Spiegel zeigt: Dieser berichtete gerade in den 1970er Jahren über zahlreiche Betriebe, welche die Arbeiterschaft aufgrund wirtschaftlicher Probleme der Besitzer kurzerhand in Selbstverwaltung weiterführte[280].

Doch waren Ziewers Filme wirklich derart unpolitisch? Die von Ziewer propagierten wilden Streiks sollten ja nur der erste Schritt sein. Wollte er das Publikum am Ende also doch in den Sozialismus führen? Ohne Zweifel stellte die Ermutigung der Arbeiter zu wilden Streiks einen Akt der Gewerkschaftskritik dar. Zugleich war es ein Plädoyer für eine betriebsnahe Tarifpolitik, wie sie bereits in den 1960er Jahren Hans Matthöfer innerhalb der IG Metall gefordert hatte. Und führende Funktionäre hatten auch das Potential erkannt, das in wilden Streiks lag. Als Drohpotential genutzt ließ sich diese organisationspolitische Schwäche in eine Stärkung der gewerkschaftlichen Verhandlungsposition gegenüber den Arbeitgebern umwandeln[281]. Die Angehörigen der Berliner Schule gingen über den rein ökonomischen Aspekt jedoch hinaus, da sie in den Streiks ein pädagogisches Mittel zur Ausbildung des Arbeiterbewusstseins sahen. Dadurch wurden sie, wie oben erwähnt, zu einer medialisierten Variante der zeitgenössischen Betriebsinterventionen, die ihrerseits auf das Ziel ausgerichtet waren, das ‚Proletariat‘ zum Sturz des Kapitalismus zu bewegen.

Eine politische Strategie wird erkennbar, wenn man als Adressat der Filme nicht die normalen Arbeiterinnen und Arbeiter sieht, sondern die Betriebsratsmitglieder. Am Beispiel des in „Liebe Mutter“ dargestellten Betriebsrats führte Ziewer aus:

---

277 Aurel Schmidt, Das schwere Lehrstück Solidarität, in: nz panorama, Beilage der National-Zeitung für Familie Gesellschaft Umwelt, 20. Juli 1974, o. S., in: Deutsche Kinemathek Archiv 4.3-199803-0, F 18845, Ordner Schneeglöckchen Presse Ziewer B 19 10/19.

278 Vgl. Liebe Mutter, mir geht es gut. Diskussion zum Film, 10:26:02–10:26:43.

279 Vgl. Märthesheimer, Die ganze und die nackte Wahrheit, S. 49.

280 Vgl. Kapitel 2.2.4.

281 Vgl. Birke, Wilde Streiks, S. 159–163, 340, 343. In den 1970er Jahren etablierten die Gewerkschaften „Warnstreiks“ als „Ansatz zur Dezentralisierung und Demokratisierung der Tarifpolitik“. Ibid., S. 281.

> Ein Fehler ist, daß er über den Rahmen des Gesetzes – obwohl er die Grenzen erkennt, er spricht ja davon: ‚Hier wischt Euch den Arsch damit ab!' – selber nicht hinausgehen kann, keine Strategie entwickelt hat. Sagen wir mal anders: Daß er in der Gewerkschaftsarbeit oder in der Gewerkschaftsschulung offenbar nicht anders gelernt hat, als sich auf seine Gesetze zu berufen und zu versuchen, in dem Rahmen jetzt optimal was zu machen. Aber in dem Moment, in dem die Belegschaft spontan handelt, in dem sie selber als ein Machtfaktor auftritt, ist er nicht darauf vorbereitet. Er kann die Lage nicht verarbeiten wie geschulte Kollegen, die sie benutzen würden, um ihre Politik gegenüber der Geschäftsleitung durchzusetzen.[282]

Und hier nun wurden Ziewers Filme sehr politisch. Denn sie zielten in letzter Konsequenz darauf ab, die auch durch das Betriebsverfassungsgesetz abgesicherte „Institutionalisierung des Klassenkonflikts“[283], die zugleich die Voraussetzung für das Konzept der ‚Arbeitnehmergesellschaft' darstellte, außer Kraft zu setzen. Dies sollte in einem Moment des Ausnahmezustands geschehen, den die ‚Arbeiter' in einem Akt der Selbstermächtigung herbeizuführen hatten – die „spontan[e]“ Handlung als ein Schmittianischer Moment. Bekanntermaßen hatte Carl Schmitt festgestellt: „Souverän ist, wer über den Ausnahmezustand entscheidet.“[284] Und er schob eine interessante empirische Beobachtung hinterher: „Alle Tendenzen der modernen rechtsstaatlichen Entwicklung gehen dahin, den Souverän in diesem Sinne zu beseitigen.“[285] Aus Sicht der Linken war dies dem Gesetzgeber jedoch nur halb gelungen. Während die Lohnabhängigen an das Betriebsverfassungsgesetz und die tarifliche Friedenspflicht gebunden waren, erwuchs den Kapitalbesitzern aus ihren Eigentumstiteln eine nicht eingehegte Machtquelle, die sie, wie in den Filmen gezeigt, jederzeit gegen die Interessen der Arbeiterschaft, potentiell aber auch gegen das demokratische System einsetzen konnten. Aus diesem Grund forderte die Linke seit Langem, eine echte Wirtschaftsdemokratie zu schaffen, um die politische Demokratie auf Dauer zu sichern[286].

Die Vertreter der Berliner Schule wollten, ähnlich wie auch die Sponti- und K-Gruppen, nun ihrerseits den wirtschaftlichen Bereich zum Ausgangspunkt für eine offensive politische Agenda nutzen. Hierzu beschworen ihre Filme den Eindruck

---

282 Harry Oberländer, Ein nützlicher Film, in: express international 10–156 (1972), o. S., in: Deutsche Kinemathek Archiv 21364 Liebe Mutter 2/2, Mappe „Aus dem Nachlass von Peter W. Jansen“.

283 Dieser Ausdruck stammt von Theodor Geiger. Vgl. Walther Müller-Jentsch, Arbeit und Bürgerstatus. Studien zur sozialen und industriellen Demokratie, Wiesbaden 2008, S. 84.

284 Carl Schmitt, Politische Theologie. Vier Kapitel zur Lehre von der Souveränität, elfte, korrigierte Auflage, Berlin 2021 [1922], S. 13.

285 Ibid., S. 14.

286 Vgl. Marchal, Gewerkschaften, S. 58.

herauf, „daß der Arbeitskampf nicht die Ausnahme, sondern die Regel ist.“[287] In diesem Gedanken der Verstetigung lag ein Unterschied zu dem staats- und machtpolitischen Denken Schmitts, denn bei ihm bot der eher als Großereignis begriffene Ausnahmezustand dem Souverän die Möglichkeit, Tabula rasa zu machen und eine umfassende, neue Ordnung zu schaffen[288]. Ziewer wies den Gedanken eines radikalen Bruchs jedoch zurück, und alles andere wäre auch wenig glaubhaft gewesen. Denn seine Filme spielten auf der Ebene des Betriebs, wodurch ein Generalstreik als Option nicht zur Debatte stehen konnte. Denkbar war nur, die Machtstruktur von der Basis her über dezentrale, also lokal und zeitlich begrenzte, aber wiederkehrende Ausnahmezustände zu verändern. Damit revidierte Ziewer das traditionelle, antihistoristische Revolutionsverständnis der Linken, worin er einen weiteren Vorteil erblickte:

> Der Zuschauer muß erkennen können, daß Änderung seiner Lebensbedingungen nicht eine Negierung alles Gegenwärtigen voraussetzt, sondern das Vorhandene überprüfend, bisher nicht geforderte Qualitäten entwickelnd, kann er optimistisch den Blick auf die Zukunft richten.[289]

Es verwundert nicht, dass mit André Combes ausgerechnet ein französischer Germanist Ziewers Verzicht auf die großen Erzählungen des Marxismus zum Ausgangspunkt einer interessanten These nahm:

> Il s'agit d'un résultat immédiat sur des bases étroitement existentielles – augmentation de salaire ou non licenciement – que le mouvement étudiant a pu considérer comme étroitement corporatiste et que les films de Ziewer replacent obstinément au centre de la lutte ouvrière, suspendant, le temps du film, la dichotomie très discutée dans les années 1970 entre réforme et révolution.[290]

Laut Combes hatte Ziewer also den Gegensatz zwischen Reform und Revolution aufgehoben, indem er sich mit Lohnerhöhungen und drohendem Arbeitsplatzver-

287 Anne-Marie Fabian, Schneeglöckchen blühn im September, in: Holzarbeiter-Zeitung 8/74, S. 12, in: Deutsche Kinemathek Archiv 4.3–199803–0, F 18845, Ordner Schneeglöckchen Presse Ziewer B 19 10/19.

288 Vgl. Schmitt, Politische Theologie, S. 19.

289 Ziewer, Noch einmal über den Nutzen von Filmen, [S. 3].

290 Combes, Une cinématographie, S. 108. Eigene Übersetzung: Es handelt sich um ein unmittelbares Ergebnis auf strikt existentiellen Grundlagen – Lohnerhöhung oder Verhinderung der Arbeitslosigkeit –, das die Studentenbewegung als strikt korporatistisch ansehen konnte und das die Filme Ziewers hartnäckig zurück ins Zentrum des Arbeitskampfes rückte und dadurch die in den 1970er Jahren vieldiskutierte Dichotomie zwischen Reform und Revolution für die Dauer des Films aussetzte.

lust den existenziellen Fragen der Arbeiterschaft zuwandte. Hinter dieser Beschreibung scheint aber deutlich das politische Programm auf, das André Gorz in seiner „Strategie der Arbeiterbewegung im Neokapitalismus“ entworfen hatte. Auch Gorz war von der Prämisse ausgegangen, dass es mit der Eroberung der „Kommandohöhen der Wirtschaft“, wie Wladimir Lenin es bekanntlich ausgedrückt hatte, nicht getan war. Gorz setzte ganz auf „die Möglichkeit ‚revolutionärer Reformen‘, die auf die radikale Umwandlung der Gesellschaft abzielen.“[291] Und ganz im Sinne Ziewers führte er aus:

> Eine Reform ist jedoch nicht unbedingt reformistisch, wenn sich ihre Forderungen nicht danach richten, was in einem gegebenen System und in einer vorhandenen Ordnung möglich ist, sondern *nach dem, was möglich gemacht werden muß*, um menschliche Bedürfnisse und Ansprüche zu erfüllen.[292]

Unter diesen Umständen musste jede erkämpfte Position jedoch prekär bleiben, da sie in dieser kumulativen Revolutionskonzeption erst als gesichert gelten konnte, wenn alle Positionen erobert waren. Gorz sah folglich die Notwendigkeit „ständiger Mobilisierung“, um das Erreichte verteidigen zu können[293]. Dies wiederum erklärt, warum Ziewer Erfolge der Arbeiterschaft in seinen Filmen immer wieder infrage stellte. So betrachtet ging Peter Zimmermann mit seiner Deutung fehl, solche pessimistischen Ausklänge seien dem politischen Druck seitens der Rundfunkanstalten und konservativer Kräfte geschuldet[294]. Legt man Gorz’ Ansatz zugrunde, stellt sich der Pessimismus als integraler Bestandteil des politischen Konzepts der Linken dar.

Offensichtlich waren viele Filmkritiker nicht mit Gorz’ Überlegungen vertraut und maßen die Arbeiterfilme stattdessen an sehr klassischen Politik- und Sozialismusvorstellungen[295]. Bei gewerkschaftlich aktiven Arbeitern dürfte dies anders gewesen sein, schließlich war Gorz’ Werk schon 1967 von der Europäischen Verlagsanstalt, einem einschlägigen Verlag also, ins Deutsche übertragen worden. Überdies zählten seine Texte zur „Standardliteratur“ bei der Ausbildung der „Bildungsobleute“ der IG Metall[296], die als Multiplikatoren in die Betriebe wirken sollten. Dies verwundert nicht, denn Gorz übte auch auf wichtige gewerkschafts-

291 Gorz, Zur Strategie der Arbeiterbewegung, S. 11.
292 Ibid., S. 12 (H. i. O.).
293 Ibid., S. 15.
294 Vgl. Zimmermann, Arbeiterfilme, S. 49, 51 f.
295 Vgl. etwa Günther, Marginalien, S. 145.
296 Vgl. Müller, Gewerkschafter, S. 318–320, 395 (Zitat).

politische Akteure wie Fritz Vilmar, Eberhard Schmidt und Oskar Negt „[g]roßen Einfluß“ aus[297].

Freilich ließen sich die Arbeiterfilme auch vom Standpunkt Gorz' aus kritisieren, denn sie blieben hinter dessen Maximalforderungen zurück: Weder propagierten sie eine Tarifpolitik, die den Kapitalismus in eine Krise treiben sollte, um dessen Unfähigkeit, die wahren menschlichen Bedürfnisse zu befriedigen, offenzulegen, noch forderten sie die Unterwerfung des Produktionsprozesses unter die wahren menschlichen Bedürfnisse[298]. Aber die Arbeiterfilme zielten ganz im Sinne von Gorz auf „eine lang anhaltende Mobilisierung aller sittlichen Kräfte der Arbeiterklasse“[299]. Im Grunde erfuhr das Beharren der Filmschaffenden auf einer moralisch untadeligen Haltung der Arbeiterinnen und Arbeiter, wie sie schon im Titel „Der aufrechte Gang“ anklingt, erst hieraus Sinn und Berechtigung, denn auch für Gorz bedurfte der Sozialismus eines neuen Menschen. Selbst wenn die Arbeiterfilme nicht völlig den Erwartungen des französischen Sozialphilosophen entsprachen, so doch dem von ihm skizzierten Etappenziel:

> Die Auseinandersetzung endet also mit einem schwer erkämpften Teilsieg und mit einem völligen ‚moralischen' Sieg, denn im Verlauf des Kampfes stärkt sich das Bewußtsein der Arbeitnehmer. [...] Sie machen die Erfahrung ihrer Macht: die bei der Betriebsleitung *durchgesetzten* Maßnahmen entsprechen der *angestrebten Richtung*, wenn sie auch noch nicht alles erreicht haben.[300]

Eine Ambivalenz blieb aber auch bei Gorz, der ‚Arbeiter' blieb auch bei ihm ein Sisyphos, wenn auch einer, der auf eine Erlösung hoffen durfte. So gab ihm Gorz immerhin eine Anleitung, wie er seinen Stein erfolgreich immer ein Stückchen höher rollen konnte. Ob Sisyphos mit ihm aber jemals den Gipfel erreichen würde, konnte auch Gorz ihm nicht versprechen; schließlich hatte auch er für die Arbeiterbewegung nur eine Strategie *im* Neokapitalismus entwickelt.

297 Klaus-Dieter Ziehmann, Gewerkschaft als Gegenmacht. Zur Problematik des Selbstverständnisses der Gewerkschaft (DGB) als Gegenmacht im parlamentarisch-pluralistischen System der Bundesrepublik Deutschland, Diss., Bonn 1976, S. 33.

298 Vgl. Gorz, Zur Strategie der Arbeiterbewegung, S. 23, 25, 35.

299 Ibid., S. 40.

300 Ibid., S. 70 (H. i. O.).

6.3.5 Ziewers Abschied vom Arbeiterfilm

Christian Ziewers dritter Arbeiterfilm „Der aufrechte Gang", an dem Klaus Wiese nur noch peripher beteiligt war, unterscheidet sich deutlich von seinen Vorgängern. Dies macht schon das Filmplakat deutlich. Auf ihm ist ein Paar abgebildet. Der Mann, er trägt weißes Hemd und Krawatte, berührt mit gesenktem Kopf Stirn und Wange seiner Frau, die wehmutsvoll zur Seite blickt. Nichts deutet hier auf einen Arbeiter hin. Zum Vergleich: Bei „Schneeglöckchen" zeigte das Plakat eine Gruppe von Streikenden, während „Liebe Mutter" mit einer im Stil der Neuen Sachlichkeit gehaltenen Zeichnung aufwartete[301]. Die Plakate signalisieren einen zunehmenden Verlust an Fremdheit der ‚Arbeiter', der sich auch in der Machart der Filme materialisierte. Warum Ziewer bereit war, sein filmpädagogisches Konzept zur Disposition zu stellen, macht ein Blick in Reinhard Brückners Kritik zu „Schneeglöckchen" verständlich:

> Ziewer und Wiese haben erneut einen wichtigen Beitrag zum Thema Arbeitskampf geliefert. Ihre filmische Methode allerdings wirkt schon beim zweiten Versuch stereotyp und wenig mitreißend. Eine größere künstlerische Verdichtung und mehr Distanz zur Film-Gattung Dokumentation könnten ihren weiteren Arbeiten ein größeres Publikum sichern, das sich heute noch vorwiegend auf Gewerkschaftler und engagierte Linksgruppen beschränkt."[302]

Mit „Der aufrechte Gang" setzte Ziewer diese Kritikpunkte um, er hatte in formaler Hinsicht nun, wie zuvor schon Ingo Kratisch und Marianne Lüdcke, einen ganz normalen Film gedreht. Eine Normalisierung zeigte sich auch in weiteren Punkten. Die Geschichte spielte nicht mehr in Berlin, sondern im westfälischen Rheine. Auch dort greifen die Stahlarbeiter zum Mittel des wilden Streiks, doch zielte Ziewer nicht länger darauf ab, dessen Mechanik zu vermitteln. Gleich zu Beginn des Films informiert ein von rechts nach links durch das Bild laufendes Textband, gleichsam eine Reminiszenz an die Zwischentitel der vorherigen Filme, dass die Vertrauensleute sich gegen eine Betriebsbesetzung entschieden hätten, woraufhin die Arbeiter für die Dauer der Verhandlungen nach Hause gegangen seien[303]. So stand die Privatsphäre im Zentrum des Films, der Betrieb rückte dagegen in weite Ferne, wie ein wiederkehrendes Motiv verdeutlicht: Ein Bus fährt zunächst durch ländliches Ge-

---

301 Auf der linken Seite ist die Mutter abgebildet, die gerade Alfreds Postkarte liest. Die obere Hälfte zeigt aus der Vogelperspektive drei Arbeiter auf einem Betriebshof. Auf der unteren Hälfte befinden sich, verdeckt durch den Filmtitel, drei weitere Figuren.

302 Reinhard Brückner, Tele Special, „Schneeglöckchen blühn im September...", Vorkritik, o. D., [S. 22], in: WDR Abteilung Spielfilm, Mappe Schneeglöckchen blühn im September.

303 Vgl. Der aufrechte Gang, 00:01:15–00:01:39.

biet, bis sich am Horizont das Stahlwerk abzeichnet, das aber unscharf bleibt, da der Fokus der Kamera weiterhin auf dem Bus liegt[304].

Dieter Wittkowski, die Hauptfigur, betritt den Produktionsbereich im ganzen Film nur ein einziges Mal, nachdem ihn die Streikleitung gegen seinen Willen dort zum Notdienst eingeteilt hat. Für eine Weile sitzt er dort, völlig verlassen, an seinem Arbeitsplatz und blättert durch ein Magazin. Auf das Anlegen von Arbeitskleidung hat er gleich ganz verzichtet[305]. Diese Szene ist bezeichnend für den ganzen Film: Der ‚Arbeiter' ist von seiner Arbeit isoliert. In dieser neuen Konstellation verlieren einige der in „Liebe Mutter" und „Schneeglöckchen" postulierten Isolationen den Anschein des Unabänderlichen. So muss Dieter im Verlauf der Handlung sein Verhältnis zu seiner Frau, die als Angestellte in einer Bäckerei arbeitet, zu seinem Vater und Bruder, die als selbständige Handwerker einen Betrieb führen, zu seinen ausländischen Kollegen, zur Konsumgesellschaft und zu den Medien klären. Immer wieder findet er sich vor eine Wahl gestellt. Am Ende kulminiert dieser Prozess in der Entscheidung, ob er überhaupt ein ‚Arbeiter' bleiben und wie er sein Leben als ‚Arbeiter' in Beziehung zu anderen führen will.

Die Feuilletonistin Brigitte Jeremais lobte die Neuausrichtung ausdrücklich: „Je mehr Ziewer sich von didaktischer Langeweile entfernt, je mehr er seine Politik vermenschlicht, desto interessanter wird er. ‚Der aufrechte Gang' bewegt sich auf die allgemeingültige Parabel zu und weg vom dürren Zielgruppenfilm."[306] Diese in der Frankfurter Allgemeinen Zeitung erschienene Kritik wirft erneut die Frage auf, ob das Ende der Arbeiterfilme wirklich politisch bedingt war, zumal Jeremais noch explizit ihre Hoffnung zum Ausdruck brachte, „daß der WDR sich auch nach der Umstrukturierung dieser Arbeiten annimmt." Erste Hinweise auf andere Gründe für das Ende des Genres kann eine genauere Betrachtung der im Film thematisierten Konflikte liefern.

In Ziewers letztem Arbeiterfilm befinden sich die Arbeiter in einer vergleichsweise komfortablen Lage. Ihr Arbeitskampf richtet sich nicht gegen drohende Entlassungen oder Leistungskürzungen. Sie kämpfen vielmehr um eine Lohnerhöhung von 30 Pfennigen, wobei die Arbeitgeber bei Streikbeginn noch bereit sind, 10 Pfennige zu bezahlen. Für Dieter hängt vom Ausgang des Streiks lediglich ab, ob er sich den langersehnten Neuwagen anschaffen kann oder nicht. Denn die geforderte Lohnsteigerung, so lässt er den Vertrauensmann wissen, sei für ihn nicht viel Geld[307]. Gleichzeitig eröffnet sich ihm eine familiäre Alternative. Seine

304 Vgl. ibid., 00:08:05–00:08:33 sowie 01:37:40–01:38:14.

305 Vgl. ibid., 00:10:15–00:10:59 sowie 00:21:30–00:24:23.

306 Brigitte Jeremais, Erinnerungen an den aufrechten Gang, in: FAZ, 21. Juli 1977, o. S., in: WDR Abteilung Spielfilm, Mappe Der aufrechte Gang.

307 Vgl. Der aufrechte Gang, 00:11:50–00:11:55, 00:17:45–00:19:45 sowie 00:44:08–00:44:15.

Frau Hanna hat von ihrer Chefin das Angebot erhalten, die Leitung einer Filiale zu übernehmen. Sie müsste dann zwar ganztags arbeiten, doch würde der Zusatzverdienst alle konsumbedingten Geldsorgen beseitigen. Dieter widersetzt sich dieser Möglichkeit, da er um sein Mittagessen und die Erziehung der fast schon erwachsenen Kinder fürchtet[308]. Eine Alternative zum Arbeiterdasein zeigen ihm sein Vater und sein Bruder auf. Der Familienbetrieb, in dem Dieter einst seine Lehre machte, wirft genug für ein angenehmes Leben samt Mercedes ab. Doch dann erinnert Dieter sich, wie die Abhängigkeit von Kunden seinen Vater moralisch korrumpierte[309]. Ein „aufrechter Gang" erscheint Dieter in diesem Geflecht aus persönlichen und ökonomischen Verstrickungen nicht möglich zu sein. Die Quintessenz des Filmes brachte die Filmkritikerin Carla Rhode auf den Punkt: „Dieter wird sich endlich als Proletarier begreifen, der nur, indem er die Interessen des Kollektivs zu seinen eigenen macht, seine Identität finden kann"[310]. Dies trifft insofern zu, als Dieter sich am Ende mit den Gastarbeitern solidarisch zeigt und den Wunsch seiner Frau toleriert[311].

Und doch will der Proletarierbegriff nicht recht auf Dieters Lebenswirklichkeit passen. Da moralische Fragen den Aspekt der Ausbeutung relativieren, kann Dieter paradoxerweise die Entfremdung des Arbeiterdaseins als eine mögliche Grundlage für seine Integrität als Mensch erkennen. Denn anders als die Selbständigkeit den Vater absorbiert ihn seine Erwerbstätigkeit nicht als ganzen Menschen – der rationalisierte Vorgang des Arbeit-Nehmens sichert ein gewisses Maß an Freiheit. Das haben zu Beginn der Handlung auch schon seine Frau Hanna und sein Sohn Andreas erkannt, für die ihre Erwerbsarbeit mit der Emanzipation aus familiären Zwängen verbunden ist[312]. Gerade im Vergleich zu „Liebe Mutter", in dem es außer der Arbeitslosigkeit kein Entrinnen für die Werktätigen gibt, hat sich Ziewers Arbeiterbild deutlich gewandelt. Sisyphos hat es plötzlich selbst in der Hand, den Gipfel zu erreichen, doch er entscheidet sich bewusst dagegen. Denn jenseits des Gipfels ist zwar einiges besser, aber anderes schlechter. Und obwohl Dieter – wohl arbeitsbedingt – ein Magenleiden plagt, macht ihm seine Arbeit viel Spaß[313]. Müssen wir uns den ‚Arbeiter' als einen glücklichen Menschen vorstellen?

Der Ausgangspunkt für Ziewers letzten Arbeiterfilm ist jedenfalls ein anderer gewesen. Er drehte sein Werk im Bewusstsein von „Ohnmacht und Resignation" als

---

308 Vgl. ibid., 00:19:45–00:21:13.

309 Vgl. ibid., 00:53:18–00:54:30, 00:56:59–01:03:20 sowie 01:12:18–01:13:54.

310 Carla Rhode, Geschichte einer Entscheidung, in: Tagesspiegel, 23. November 1975 (?), o. S., in: Deutsche Kinemathek Bibliothek X 1 DFFB II Ziewer, Christian.

311 Vgl. Der aufrechte Gang, 01:33:27–01:37:09 sowie 01:39:29–01:41:33.

312 Vgl. ibid., 00:20:42–00:20:58 sowie 00:33:05–00:33:10.

313 Vgl. ibid., 00:35:05–00:36:20, 00:37:01–00:37:40 sowie 00:42:23–00:42:44.

den vorherrschenden Gefühlszuständen seines Zielpublikums[314]. Ein Film wie „Schneeglöckchen" hätte daran wenig ändern können. Zwar errangen die Arbeiter in dieser Geschichte einen Sieg, doch nicht aus eigener Stärke. Die Entlassungen infolge der Schließung des Kesselbaus konnten sie nur verhindern, weil sie durch einen glücklichen Zufall von den vollen Auftragsbüchern der Baggerbausparte erfahren hatten. Letztlich setzten sie ihre Interessen durch, indem sie einen eklatanten Fehler des Managements korrigierten. Wilhelm Roth wies in seiner Filmkritik für die DGB-Jugendzeitschrift „ran" explizit auf die Grenzen des von Ziewer und Wiese vermittelten Problemlösungsansatzes hin: „Der Film gaukelt den Arbeitern nicht vor, daß Solidarität immer und überall ausreicht, sich gegen die Besitzer durchzusetzen. Er macht aber deutlich, daß die Solidarität eine notwendige Voraussetzung für Erfolge im Arbeitskampf ist."[315] Auf die zweite notwendige Voraussetzung, die konjunkturelle Lage, konnten die Arbeiterinnen und Arbeiter jedoch keinen Einfluss nehmen. Bei der Produktion von „Schneeglöckchen" im Jahr 1973 hatte dies noch keine Rolle gespielt, war sie doch in die lange, nur durch die Rezession 1966/7 kurz unterbrochene Phase des Nachkriegsbooms gefallen, als es den Lohnabhängigen gelang, ihre Ziele „im Schlaf" durchzusetzen[316]. Doch schon bei seiner Erstausstrahlung Ende 1974 hatte einer der Arbeiter, der von der Konstanzer Soziologengruppe befragt wurde, den Eindruck, „der Film sei veraltet; er schildere eine Zeit der Hochkonjunktur und könne für die jetzige Situation der Kurzarbeit nichts aussagen. Die objektive Lage hat sich also gegenüber der im Film geschilderten stark verändert."[317] In der Tat nahm unter dem Eindruck der einsetzenden Massenarbeitslosigkeit die Streikaktivität wieder ab, und auch die Öffentlichkeit zeigte kaum noch Verständnis für solche Arbeitskämpfe[318].

Dass Christian Ziewer unter diesen Umständen sich verstärkt der Privatsphäre zuwandte, ist nachvollziehbar. Doch erfolgte sie freiwillig, oder stand politischer Druck seitens der Sendeanstalten dahinter? Hier lohnt erneut ein Blick auf die Entwicklung der damaligen Betriebsinterventionen. Denn auch diese linken Splittergruppen hatten sich schon bald dem Bereich von Familie, Wohnen und Freizeit

314 Thomas Crecelius/Ralf Franz, Mauerblümchen fangen an zu blühn, in: Wahrheit, 31.7.1976, o. S., in: Deutsche Kinemathek Bibliothek X 1 DFFB Pers.

315 Wilhelm Roth, Schneeglöckchen blühn im September, in: ran 4–9 (1974), o. S., in: Deutsche Kinemathek Archiv 4.3–199803–0, F 18845, Ordner Schneeglöckchen Presse Ziewer B 19 10/19.

316 Vgl. Peter Birke, Schweigen, Sprechen und Streiken. Die Medialisierung von Arbeitskämpfen in Westdeutschland und Dänemark von den 1950er bis in die 1970er Jahre, in: Ute Daniel/Axel Schildt (Hrsg.), Massenmedien im Europa des 20. Jahrhunderts, Köln/Weimar/Wien 2010, S. 277–302, hier S. 291 f.

317 Kohli et al., Arbeiter sehen „Arbeiterfilme", S. 349.

318 Vgl. Birke, Wilde Streiks, S. 275. Laut Birke zeigten auch nur 47 Prozent der Gewerkschaftsmitglieder Verständnis für wilde Streiks.

geöffnet. Sie waren dazu selbstverständlich nicht von Rundfunkräten, Intendanten oder leitenden Redakteuren veranlasst worden, sondern hatten ihren betriebszentrierten Ansatz aufgrund eigener Erfahrungen revidiert. Sie hatten selbst erlebt, in welchem Ausmaß monotone Tätigkeiten und strikte Fabrikdisziplin die individuelle Fähigkeit und Bereitschaft zu politischem Handeln lähmten. Und sie hatten gemerkt, wie anziehend ihr alternativer Lebensstil gerade auf die jungen Arbeiter wirkte. Die Hinwendung zur außerbetrieblichen Lebenswelt war zwar eine politische Entscheidung, aber keine von außen oktroyierte[319]. Gleiches traf auf das Ende dieses Experimentes zu. Von den „Innenkadern" hatten die Betriebsinterventionen einen enorm hohen persönlichen Tribut gefordert, während sich die erhofften Erfolge nicht einstellen wollten. Einige der Aktivisten blieben zwar auf Dauer in den Fabriken und setzten ihr Engagement fort, doch nun im von der Betriebsverfassung dafür vorgesehenen Rahmen des Betriebsrats. Andere orientierten sich grundlegend neu[320]. Auch hierbei spielten parteipolitische Machtverschiebungen keine Rolle.

Umgekehrt trugen die linken Gruppen ihrerseits zum Ende des Genres der Arbeiterfilme bei. So gaben Ingo Kratisch und Marianne Lüdcke 1975 zu bedenken, „daß der Druck von der ‚Bewegung' her nicht mehr so stark ist, daß das Fernsehen oder andere Leute sowas unterstützen müssen, um nicht in den Verdacht zu geraten, nicht mehr ‚Avantgarde' zu sein."[321] Ohnehin hatten einige Filmkritiker wie Reinhard Brückner der Kunstform Arbeiterfilm schon zuvor den Avantgardecharakter abgesprochen, und dies deckte sich mit der öffentlichen Wahrnehmung. So wies die Frankfurter Rundschau 1976 darauf hin, der „Neue Deutsche Film" werde vor allem mit Namen wie Werner Herzog oder Wim Wenders in Verbindung gebracht, während die Berliner Arbeiterfilmer kaum eine Rolle spielten[322]. Andere zeitgenössische Filmkritiker bemängelten, „daß zu wenig Anregungen von anderen, mit den gleichen Themen beschäftigten Filmemachern kamen"[323]. Winfried Günther wies den Vorwurf der Stagnation 1977 zwar zurück, stellte jedoch fest: „Ein exotisches Interesse an der Arbeiterklasse läßt sich allerdings auf die Dauer mit diesen Filmen nicht befriedigen."[324] Während Christian Ziewer 1974 noch überzeugt

319 Vgl. Arps, Frühschicht, S. 103 f.

320 Vgl. ibid., S. 110–114, 209–211, 223–229.

321 Arnd F. Schirmer, Szenen einer Arbeiter-Ehe, in: Tagesspiegel, 28. Juli 1975, o. S., in: Deutsche Kinemathek Bibliothek X 1 DFFB Pers Kratisch, Ingo.

322 Vgl. o. V., Aufrecht gehen, in: FR, o. D. [1976], o. S., in: Deutsche Kinemathek Bibliothek X 1 DFFB Ziewer, Christian.

323 Hans Günther Pflaum/Hans Helmut Prinzler, Film in der Bundesrepublik Deutschland. Der neue deutsche Film. Herkunft/Gegenwärtige Situation/Ein Handbuch, München 1979, S. 56.

324 Günther, Marginalien, S. 143.

war, die Arbeiterfilme hätten wie Western oder Krimis eine gesicherte Zukunft als Genre vor sich[325], ging es ihm nach „Der aufrechte Gang“ darum, selbst nicht auf die Rolle des „Arbeiterfilmers“ festgeschrieben zu werden[326].

Diese Entwicklung war letztlich im Genre selbst angelegt. Es hatte seine eigenen Bewertungsregeln hervorgebracht, die es zwischen Kunst, Soziologie, Pädagogik und Politik situierten. Dadurch war es gerade für Newcomer ein perfektes Feld, um sich zu etablieren. Handwerkliche Fehler wurden verziehen, sofern das Engagement der Filmschaffenden für die Arbeiterschaft über jeden Zweifel erhaben war[327]. Arbeiterfilme waren in diesem Sinne nicht nur ein Lehrfilm für die Arbeiterschaft, sondern in mindestens dem gleichen Maße auch für die jungen Filmemacher. Dies bedeutete aber auch, dass die Möglichkeit des Herauswachsens aus dem Genre schon immer gegeben war. Und Mitte der 1970er Jahre wuchs von Seiten der Kritiker der Druck auf die Arbeiterfilmer, nun endlich den Absprung zu wagen, um richtige Künstler zu werden.

Für Ziewers Entscheidung dürften aber nicht nur künstlerische Erwägungen ausschlaggebend gewesen sein. So führte Kurt Habernoll Mitte der 1980er Jahre aus: „Auch Christian Ziewer ist gewiß ein kritischer Beobachter unserer Zeit, aber er will sich nicht [...] mit der Rolle des empfindsamen Seismographen begnügen. Ihn drängt es eher zur Veränderung der Gesellschaft.“[328] Als Akteur der Veränderung hatten sich die Arbeiter mit den Septemberstreiks 1969 in Erinnerung gerufen. Sie schienen damals an der Spitze der geschichtlichen Entwicklung zu stehen, weil ihre Anliegen mit der Entwicklungstendenz geschichtsmächtiger Strukturen – marxistisch gesprochen: der Produktionsverhältnisse – in eins fielen. Der Glaube daran veranlasste Ziewer, sich dem Arbeiterfilm zuzuwenden, und dieser Glaube ließ zeitgleich die Anhänger der Sponti-Szene wie der K-Gruppen in die Betriebe pilgern[329]. Die spätestens Mitte der 1970er Jahre über sie hereinbrechende Erkenntnis, dass „die neue Zeit“ womöglich mit ganz anderen gesellschaftlichen Gruppen zog, erschütterte ihr Weltbild nachhaltig[330]. „Der aufrechte Gang“ war in diesem Sinne

325 Vgl. Borski, Sein gewisser Kniff.

326 Vgl. Collins/Porter, WDR and the Arbeiterfilm, S. 115.

327 Vgl. Klaus Eder, Film und Gegenwart. Möglichkeiten und Konzeptionen eines politischen Films, Deutsche Volkszeitung, 1. August 1974, o. S., in: Deutsche Kinemathek Archiv 4.3–199803–0, F 18845, Ordner Schneeglöckchen Presse Ziewer B 19 10/19.

328 Kurt Habernoll, „Je lieber man einen Menschen hat, desto mehr haßt man ihn auch“, in: Berliner Morgenpost, 17. Februar 1985, o. S., in: Deutsche Kinemathek Bibliothek X 1 DFFB Pers.

329 Vgl. Ulla Ziemann/Joachim von Mengershausen, Interview mit Christian Ziewer, o. D., [S. 4], in: WDR Abteilung Spielfilm, Mappe Der Aufrechte Gang.

330 Vgl. Arps, Frühschicht, S. 134 f.

Ziewers Versuch, den ‚Arbeiter' in der neuen Zeit zu verorten. Dieses Unterfangen folgte aus Ziewers Verständnis von Realismus, das ihn dazu veranlasste,

> Gedachtes neu zu durchdenken, das wir schon als abgeschlossen betrachteten. Wir mußten uns offenhalten für Entdeckungen, die noch zu machen waren. Das Vorhandene ständig zu überprüfen und Brüche und Widersprüche in jedem Detail zu suchen, ist eine Voraussetzung für realistische Filmarbeit.[331]

Die unternommene Neuverortung des ‚Arbeiters' gelang, denn Dieter wirkte in der „neuen Zeit" keineswegs antiquiert oder als Fremdkörper. Mit dazu trug bei, dass es nicht mehr um die Überwindung des Systems ging, sondern Dieter nach einem Weg suchte, sich in die bestehenden Verhältnisse einzupassen, ohne seinen moralischen Kompass dabei zu verlieren. Interessanterweise bemühte sich Ziewer, seinen letzten Arbeiterfilm in die Kontinuität seiner vorherigen Werke zu stellen. So fasste er nicht nur alle drei zur „Trilogie" vom aufrechten Gang zusammen[332], sondern stellte auch deren gemeinsames Anliegen heraus. Sie alle zeigten „die Dialektik von Anpassung und Widerstand, von Beharren und Vorwärtsgehen."[333] Diese Beschreibung unterscheidet sich aber gar nicht so sehr von den Verhaltensweisen, die der Neoliberalismus den Menschen abverlangt. Gerade der ‚Arbeiter' als Sisyphos weist ganz ähnliche Charakteristika auf wie die idealtypischen Akteure im Neoliberalismus: Beide sehen sich mit Aufgaben konfrontiert, die sie als Individuen eigentlich nicht bewältigen können, und beide können dem System nicht entkommen, sondern müssen sich mit ihm arrangieren. Im Neoliberalismus fehlt, wie bei „Der aufrechte Gang", die Perspektive einer grundlegenden Transformation, stattdessen geht es nur noch um die Zurichtung der Menschen, um sie als systemische Störfaktoren auszuschalten, indem sie einem „ökonomische[n] Imperialismus" unterworfen werden[334]. Mit „Der aufrechte Gang" wollte Ziewer zumindest Ansätze aufzeigen, wie man sich dieser Zumutung hin und wieder entziehen kann. Dies machte ihn gerade für die „neue Zeit" zu einem relevanten Film.

Selbst wenn der ‚Arbeiter' auch im Zeitalter des Neoliberalismus und der Postmoderne zum Nachdenken über gesellschaftsrelevante Fragen taugt, taten sich zwei Probleme auf. Sofern nun, wie bei „Der aufrechte Gang", die psychologische

---

331 Christian Ziewer, Auf der Suche nach einer realistischen Erzählweise, [S. 2], in: WDR Abteilung Spielfilm, Mappe Der aufrechte Gang.

332 Vgl. Rhode, Geschichte einer Entscheidung.

333 Ziemann/von Mengershausen, Interview mit Christian Ziewer, [S. 2].

334 Vgl. Ulrich Bröckling, Das unternehmerische Selbst. Soziologie einer Subjektivierungsform, Frankfurt a. M. ^{5}2013 [2007], S. 86–96. Der Begriff geht auf Gary S. Becker zurück.

Verfassung der Akteure in den Fokus rückte[335], relativierte sich die Bedeutung des ‚Arbeiters' als filmisches Sujet. Denn für Charakterstudien eigneten sich, wie Brigitte Jeremais schon angedeutet hatte, auch beliebige andere Individuen. Bezeichnenderweise wandte sich Ziewer in seinem darauffolgenden Film einer Gruppe zu, die eine wirkliche Alterität zur bundesrepublikanischen Gesellschaft aufwies. Unter dem doppeldeutigen Titel „Aus der Ferne sehe ich dieses Land" widmete er sich chilenischen Exilanten in Westberlin[336].

Neben den in den Arbeiterfilmen dargestellten Figuren zogen deren formale Eigenheiten wie etwa „die graue Ernsthaftigkeit der Abbildnerei" Kritik auf sich. Dem Berliner Arbeiterfilm fehlten

> Figuren, künstlich verfremdet, die uns in den gewohnten Späßen aller möglichen dramaturgischen Formen (in theatralischen, phantastischen, komödiantischen, satirischen undsoweiter [sic!]) das Ungewohnte unterhaltlich nahebringen. Ein Arbeitskampf ist kein Spaß, aber es dürfte ruhig Spaß machen, einzusehen, was es mit ihm auf sich hat.[337]

Damit sprach der Kritiker grundlegende Charakteristiken der postmodernen Literatur an, wie der Soziologe Oliver Neun ausführte. In dieser Epoche komme es „zu einer Aufwertung der Komik und der Komödie", und auch der „Ironie" kam nun eine Schlüsselrolle zu[338]. Diesen Anforderungen konnte Ziewers Arbeiterfilm nicht gerecht werden, wohl aber Fassbinders Arbeiterserie, die in vielerlei Hinsicht stilbildend für spätere Serien gewirkt hat. In mancher Hinsicht knüpfte „Auf Achse" von Ende der 1970er bis Mitte der 1990er Jahre mit großem Erfolg an die Arbeiterfilme an, auch wenn Unterschiede deutlich hervorstechen. Es war eine Abenteuerserie, in der ein ganz anderer Arbeitertypus, nämlich Fernfahrer, die Hauptrolle spielte. Sie hatten kaum etwas Fremdes an sich, vielmehr war es ihre Aufgabe, den Zuschauern die Exotik der fremden Länder näherzubringen. Hermes hatte Sisyphos ersetzt.

Insgesamt spricht also wenig für die Annahme, das Genre Arbeiterfilm sei einer rundfunk- oder parteipolitischen Tendenzwende zum Opfer gefallen. Die Tendenzwende hing viel eher mit den ökonomischen Verwerfungen und dem Aufkommen postmoderner Ansätze der Wirklichkeitswahrnehmung und deren Repräsentationsformen zusammen. Christian Ziewer hatte in einem Interview explizit auf diesen Kontext verwiesen:

---

335 Vgl. Günther, Marginalien, S. 145.

336 Vgl. Collins/Porter, WDR and the Arbeiterfilm, S. 96.

337 gestr [?], Macht's Spaß?, in: Stuttgarter Zeitung, 21. Juli 1977, in: WDR Abteilung Spielfilm, Mappe Der aufrechte Gang.

338 Oliver Neun, Unser postmodernes Fin de Siècle. Untersuchungen zu Arthur Schnitzlers ‚Anatol'-Zyklus, Würzburg 2004, S. 171.

> Wir haben uns sehr lange, seit dem Ende der sechziger Jahre, auf einem gesicherten theoretischen Fundament geglaubt. [...] In den letzten Jahren nun hat sich die außerordentliche Stärke des ökonomisch und politisch Mächtigen gezeigt, der die oppositionelle Bewegung nichts entgegenzusetzen hatte. Das hatte eine große Resignation zur Folge. Der Glaube an gesellschaftlichen Fortschritt minderte sich mit wachsender Orientierungslosigkeit, Rückzug in Innerlichkeit und Privatheit wurde eine weitverbreitete Erscheinung.[339]

Dass sich Künstler in einer solchen Situation von den ‚Arbeitern' wieder abwandten, war nichts Neues. Schon in der Kaiserzeit hatten sich die Naturalisten, nachdem sie sich durch eine intensive Beschäftigung mit der Arbeiterschaft als Künstler etabliert hatten, von ihrem Sujet wieder abgekehrt, sobald sie in der Arbeiterbewegung nicht mehr den Hort der Modernität erblickt hatten[340].

Warum glaubten zeitgenössische Beobachter dennoch an ein politisch herbeigeführtes Ende des Arbeiterfilms? Die Antwort könnte sein, dass Christian Ziewer dieses Narrativ in „Der aufrechte Gang" selbst angelegt hatte. Anders als bei „Liebe Mutter" und „Schneeglöckchen" spielen Medien hier eine zentrale Rolle. Schon in der ersten Szene geht Dieter zu einem Kiosk, um sich eine Zeitung zu kaufen. Dort findet er einen Bericht über den wilden Streik in seinem Stahlwerk. Drängt sich hier noch der Eindruck einer arbeiterfreundlichen Berichterstattung auf, ändert sich die Rolle der Medien alsbald. Während Dieter über den Kauf des Autos nachdenkt, läuft eine Fernsehsendung, in der die Sprecherin ökonomische Sachzwänge gegen die Streikforderungen der Arbeiter in Anschlag bringt. Dieter wehrt sich, indem er das Fernsehgerät schließlich ausschaltet. Eine direkte Konfrontation erlebt er dann im Stahlwerk. Ein Reporter überrumpelt ihn, als er gerade Notarbeiten ausführt. Am nächsten Tag findet er sich in der Zeitung wahrheitswidrig als Streikbrecher und Ausländerfeind dargestellt[341]. Dieter erkennt die manipulative Kraft der Medien. Sein dadurch entfachter Kampfgeist richtete sich somit weniger gegen die Arbeitgeber als gegen die Medien, die auf sein Leben einen entscheidenden Einfluss ausgeübt haben. Als Dieter und seine Kollegen es auf eine letzte Konfrontation am Werkstor ankommen lassen, tritt überdies die Polizei als Gegner auf den Plan[342]. Medien und Staatsgewalt beenden den Kampf der ‚Arbeiter' – und symbolisch das Genre Arbeiterfilm.

339 Ziemann/von Mengershausen, Interview mit Christian Ziewer, [S. 4].
340 Vgl. Bogdal, Schaurige Bilder, S. 19, 38–41, 43, 200.
341 Vgl. Der aufrechte Gang, 00:25:40–00:27:35, 00:52:06–00:53:18.
342 Vgl. ibid., 01:42:55–01:45:30.

6.4 Ausblick: Rekonfigurationen des Politischen

In den angeführten Beispielen entdeckten die Beteiligten – bisweilen zu ihrem eigenen Erstaunen – im längst überwunden geglaubten Typus des ‚Arbeiters' eine Figur der Erneuerung. Diese Tatsache deutet auf eine sich damals vollziehende Rekonfiguration des Politischen hin. Der Historiker Jan Eckel charakterisierte sie als eine „Neugeburt aus dem Geist der Moral"[343]. Diese Rekonfiguration machte sich etwa hinsichtlich der Begründungslogik von Politik bemerkbar. Das Leistungsprinzip mit seinem Bewährungsvorbehalt hatte in den Diskussionen um arbeiterpolitische Maßnahmen in der frühen Bundesrepublik eine große Rolle gespielt. Der in den 1970er Jahren verstärkt aufkommende Menschenrechtsaktivismus setzte den „Opferstatus" bestimmter Personen oder Gruppen als Legitimationsmoment politischer Forderungen dagegen[344]. Auch das zur gleichen Zeit entstehende alternative Milieu gruppierte sich rasch um einen „Problem-Markt", der die Entwicklung einer defizitorientierten Identitätspolitik beförderte[345]. Wie das Beispiel der Würzburger Synode gezeigt hat, spielten solche Erwägungen eine wichtige Rolle in der Hinwendung der Synodalen zum Arbeiterbegriff, nachdem sie ursprünglich auf den Arbeitnehmerbegriff gesetzt hatten. Man geht sicher nicht fehl in der Annahme, dass von allen unter dem Arbeitnehmerbegriff vereinigten Personengruppen die ‚Arbeiter' die höchste Anschlussfähigkeit an diesen neuen Politikmodus aufwiesen. Denn spätestens seit Karl Marx die Ausbeutung als Charakteristikum des Arbeiterschicksals herausgearbeitet hatte, konnten Arbeiterinnen und Arbeiter für sich in Anspruch nehmen, die paradigmatischen Opfer des kapitalistischen Systems zu sein. Gleichwohl ging das Arbeiterkonzept hierin nicht auf. Die Dimension des ‚Arbeiters' als Produktionsfaktor verlor ihre Relevanz nicht, wie deutlich aus den in den Arbeiterfilmen vermittelten Arbeiterbildern hervorgeht. Diese doppelte Verfassung des ‚Arbeiters' war nicht per se problematisch, doch konnten daraus Spannungen erwachsen.

Denn während das Leistungskonzept dem Bereich der Rationalität verhaftet ist, verortet sich eine „aus dem Geist der Moral" gespeiste Identitätspolitik auf dem kulturellen Feld. Folgt man nun der Argumentation des Soziologen Andreas Reckwitz, sind „Rationalisierung und Kulturalisierung […] die beiden konträren Formen der Vergesellschaftung". In seinen Augen handelt es sich bei der „Kulturalisierung" um eine Erscheinungsform der „Logik des Besonderen", und dieser gehöre die Zukunft. Demgegenüber habe die Leistungslogik selbst im Bereich der Ökonomie an

343 Vgl. Eckel, Neugeburt, S. 22 (Zitat), 51 f., 63.

344 Ibid., S. 52.

345 Vgl. Reichardt, Authentizität, S. 787.

Bedeutung verloren, wie er im Anschluss an Sighard Neckel ausführte: „Indem sich die spätmoderne Arbeitskultur an Performanz ausrichtet, ist sie damit [...] immer weniger eine Kultur der ‚Leistung' und wird mehr und mehr zu einer Kultur des ‚Erfolgs'."[346] Wenn Leistung aber keine notwendige Bedingung von Erfolg mehr ist, wie ist dieser dann zu erreichen? Und ließ sich die Erfolgsstrategie auch auf die ‚Arbeiter' anwenden? Auch auf diese Fragen bot Reckwitz Antworten. Erfolg stellt sich seiner Meinung nach nur dann ein, wenn eine Person, ein Objekt oder ein Kollektiv als Marke „singularisiert" wird. Da Leistungsfähigkeit schon definitionsgemäß als Wirkmechanismus im Singularisierungsprozess ausgeschlossen ist, kann grundsätzlich jede Person, jedes Objekt und jedes Kollektiv singularisiert werden. Notwendig ist nur, in dem, was singularisiert werden soll, eine „nichtaustauschbare Einzigartigkeit" zu entdecken, oder, anders formuliert, den Anschein von „Authentizität" und „Originalität" zu erwecken. Denn auf diese Weise werde, so Reckwitz, dem ausgewählten Gegenstand ein Wert zugeschrieben, wobei eine solche „Valorisierung" notwendig mit einer Entwertung des anderen einhergehe[347].

Auf die Arbeiterfilme der Berliner Schule traf diese Beobachtung zweifellos zu, denn außer den Arbeitern erfuhr hier keine Gruppe eine positive Konnotation. Für die zu begründende Arbeiterpolitik des DGB musste dies jedoch problematisch werden, denn auch wenn die klassische Personengruppenpolitik die besondere Bedeutung der von ihr repräsentierten Arbeitnehmerfraktionen herausstellen durfte, musste doch der Eindruck vermieden werden, dies geschehe auf Kosten der übrigen Gruppen. Andererseits war das Arbeiterkonzept nicht nur wegen seiner Anschlussfähigkeit an den Opferdiskurs prädestiniert für eine Singularisierung. Wie in Kapitel 2.1 ausgeführt, hatte Marx in seinen Frühschriften, die in den 1970er Jahren eine verstärkte Rezeption erfuhren, die ‚Arbeiter' mit dem eigentlichen Menschen gleichgesetzt. Mehr Originalität und Authentizität sind gesellschaftspolitisch kaum vorstellbar. Und aufgrund der sich abzeichnenden Verringerung des Arbeiteranteils an der Erwerbsbevölkerung wuchs den verbliebenen Arbeitern ein größerer Seltenheitswert zu, der einer Singularisierung ebenfalls zuträglich ist[348].

Im Rückblick treten also gleich mehrere Kontextfaktoren hervor, mit deren Hilfe sich der Handlungsspielraum der Abteilung Arbeiter, welchen der DGB-Bundesvorstand durch institutionelle Fesseln beschnitten hatte, beträchtlich erweitern ließ. Gleichwohl sind auch hier mehrere Einschränkungen zu machen. So war für die Zeitgenossen noch keineswegs ersichtlich, dass künftig Singularisierungsstrategien das Mittel der Wahl sein sollten. Weitere Probleme traten hinzu. Der von

346 Reckwitz, Gesellschaft, S. 75 (Zitat), 211 (Zitat).

347 Vgl. ibid., S. 58 f., 62–69, 126 f., 137–140, Zitate auf S. 65, 67, 126, 138.

348 Vgl. ibid., S. 127.

Reckwitz identifizierte Umbruch erfasste auch die Ökonomie. Die vom industriellen Sektor geprägte Wirtschaft transformierte sich seiner Analyse zufolge seit den 1980er Jahren in einen „Kulturkapitalismus", der in vielerlei Hinsicht dem Modell der Kunst folgte. Dadurch wurde die Figur des Künstlers zum neuen Leitbild des Werk-Tätigen erhoben, das sich in beinahe jeder Hinsicht von den industriegesellschaftlichen Typen des ‚Arbeitnehmers', ‚Arbeiters', ‚Angestellten' und ‚Beamten' unterschied[349]. Vor diesem Hintergrund überrascht die Mitte der 1970er Jahre vollzogene Distanzierung der Arbeiterfilmer von ihrem Sujet nicht, auch wenn sie in den ‚Arbeitern' kurz zuvor noch die Boten einer besseren Zukunft ausgemacht hatten. Was sich hier als Problem abzeichnete, war Folgendes: Das Arbeiterkonzept ließ sich unter den Bedingungen des Kulturkapitalismus möglicherweise am besten als nostalgischer Erinnerungsort, als eskapistische Phantasie singularisieren. Zugleich drohte das reale Arbeiterdasein weiter an gesellschaftlichem Prestige wie an politischer Relevanz einzubüßen, wenn nun der Künstler zur neuen Leitfigur erhoben und gleichzeitig das Leistungsprinzip ausgehebelt wurde[350].

Gleichzeitig kam es auch zu widerstrebenden Rekonfigurationen des Politischen, die den ‚Arbeiter' noch stärker unter Druck zu setzen vermochten. Mit Blick auf die Begründung politischer Maßnahmen jenseits des alternativen Milieus und des Menschenrechtsdiskurses vollzog sich etwa eine Verschiebung von einem anthropozentrischen hin zu einem strukturzentrierten Argumentationsarsenal. Selbst im historiographischen Rückblick erscheint diese Änderung vielen noch als eine Zwangsläufigkeit und wird als solche nicht weiter kritisiert[351]. Dass gerade der *cultural turn* als prägendes Paradigma der Geisteswissenschaft auf poststrukturalistische Annahmen zurückgreift, trägt hierzu sicher bei. So betonte der Historiker Michael Behrent etwa, dass „antihumanism is in many respects the leitmotif of Foucault's entire intellectual enterprise". Foucault habe daher nach der Prämisse gehandelt, „that the philosophical primacy given to the human subject [...] had exhausted itself."[352] Schon frühzeitig wies etwa der Philosoph Manfred Frank auf die daraus erwachsende „Bedrohung menschlicher Subjektivität durch den Totali-

349 Ibid., S. 118 (Zitat), S. 201 ff.

350 Dass Reckwitz im Rückblick feststellte, dass „die neue Unterklasse zum Gegenstand einer negativen Kulturalisierung" geworden ist, zu der er auch die „Industriearbeiter[] jenseits der Normalarbeitsverhältnisse" rechnet, bedeutet nicht, dass eine positive Singularisierung der ‚Arbeiter' notwendig scheitern musste. Vgl. ibid., S. 350.

351 Vgl. etwa die im Duktus des Notwendigen gehaltene Einleitung des Herausgebers eines einschlägigen Sammelbandes: Konrad H. Jarausch, Verkannter Strukturwandel. Die siebziger Jahre als Vorgeschichte der Probleme der Gegenwart, in: ders., Ende der Zuversicht, S. 9–26, besonders S. 15, 20, 23.

352 Vgl. Michael C. Behrent, Liberalism without Humanism: Michel Foucault and the Free-Market Creed, 1976–1979, in: MIH 6–3 (2009), S. 539–568, hier S. 542 f.

tarismus der Regelsysteme und sozialen Codes“ hin[353]. Tatsächlich ist die Vorstellung des ganzen Menschen, die der Arbeiterbewegung als Leitmotiv gedient hatte, mit dem poststrukturalistischen Denken unvereinbar. Damit aber wird ein unhintergehbarer Kontrapunkt zur Annahme strukturbedingter Zwangsläufigkeit getilgt. Dies gilt es in der Rückschau zu bedenken, zumal die Zeitgenossen berechtigterweise von einer Offenheit der Geschichte ausgehen konnten.

Den Gedanken des Sachzwangs hatte Helmut Schelsky schon zu Beginn der 1960er Jahre in die öffentliche Diskussion eingebracht. Seiner Meinung nach hatte die Technik unter den Bedingungen der Industriegesellschaft ein Eigenleben entwickelt, da sie immer aufs Neue unvorhergesehene Probleme aufwarf, die ihrerseits nur wissenschaftlich-technisch behoben werden konnten, ohne dabei je einen Zustand völliger Problemfreiheit zu erreichen. Der damit verbundene Aspekt der Heteronomie von Politik und Gesellschaft erlebte in der zweiten Hälfte der 1970er Jahre im Schlagwort der „Unregierbarkeit“ ein Revival im öffentlichen Diskurs, nachdem die seit Mitte der 1960er Jahre entstandene Planungseuphorie einer „großen Ernüchterung“ gewichen war[354]. Wie sehr mit dieser Rahmenverschiebung eine politische Denkweise einherging, die strukturelle Probleme auf Kosten akteurszentrierter Belange prämierte[355], zeigt sich an Herausforderungen wie der Massenarbeitslosigkeit, dem Wettrüsten, den Umweltproblemen oder der aufziehenden Globalisierung. Bei alledem beschränkten sich die Kosten keineswegs auf monetäre Belastungen, vielmehr kam die Forderung auf, die Menschen auf eine Weise zuzurichten, die ihre Strukturkompatibilität gewährleistete. So trat die Forderung nach umweltgerechtem Verhalten an die Stelle des Rufs nach sozialer Gerechtigkeit, ebenso wie der Anspruch auf flexible Verfügbarkeit des Arbeitnehmers dessen Anrecht auf humane und gute Arbeit ersetzte[356]. Die neuen Forderungen traten dabei mit einer ungeheuren Dringlichkeit auf den Plan, denn wenn es nicht, wie im Falle der Umwelt- und Friedensfrage, um eine drohende Apokalypse ging,

353 Manfred Frank, Was ist Neostrukturalismus?, Frankfurt a. M. 1984, S. 12.

354 Vgl. Gabriele Metzler, Konzeptionen politischen Handelns von Adenauer bis Brandt. Politische Planung in der pluralistischen Gesellschaft, Paderborn u. a. 2005, S. 196–207, 404–411, Sophie Haring, Herrschaft der Experten oder Herrschaft des Sachzwangs? – Technokratie als politikwissenschaftliches ‚Problem-Ensemble‘, in: ZfP 57–3 (2010), S. 243–264 sowie Tim Schanetzky, Die große Ernüchterung. Wirtschaftspolitik, Expertise und Gesellschaft in der Bundesrepublik 1966 bis 1982, Berlin 2007.

355 In diesem Kontext erlebte auch der Begriff Reform eine Umpolung. Vgl. Winfried Süß, Der keynesianische Traum und sein langes Ende. Sozioökonomischer Wandel und Sozialpolitik in den siebziger Jahren, in: Jarausch, Ende der Zuversicht, S. 120–137, hier S. 124 f.

356 Als Kontrast vergegenwärtige man sich, welcher politische Denkhorizont in den frühen 1960er Jahren noch vertreten wurde: „[D]ie Befreiung des Menschen zu einem menschlichen Leben in einer menschlichen Gesellschaft [...] steht noch aus.“ Risse, Abhängigkeit, S. 92.

dann doch, wie bei der Globalisierung im Großen und dem Arbeitsplatzerhalt im Kleinen, um signifikante materielle Einbußen als Sanktion für individuelles oder kollektives Fehlverhalten. Gerade diese Unbedingtheit und Dringlichkeit in Kombination mit ihrer potentiell alle Menschen erfassenden Wirkung verliehen den genannten Strukturproblemen den Anschein von Essentialismen, wodurch der Eindruck entstand, mit ihnen sei eine völlig neue Zeit angebrochen[357]. Dadurch wuchs erst recht der Druck auf die Individuen, ihr altes Verhalten abzulegen.

Gleichwohl wäre es falsch, aus diesem Strukturvorrang auf einen völligen Verlust der Handlungsfähigkeit von Akteuren zu schließen. Die Wirkung war zutiefst ambivalent, wie sich am Beispiel von Ulrich Becks These der „Risikogesellschaft" herausarbeiten lässt. Zum einen konfrontierte er seine Leserschaft mit dem prinzipiellen Sachzwang, die Industriegesellschaft als atavistisch durchsetzte halbe Moderne zu erkennen, um an ihrer statt die Moderne voll zu entfalten. Dadurch gab er all jene politischen Forderungen, die ihre Wurzeln in der Industriegesellschaft hatten, der Illegitimität preis[358]. Ihnen trat die „zweite[] Stufe" der Moderne[359] als ungeheure „strukturelle Gewalt"[360] gegenüber. Zum andern verhieß Beck den Menschen ein Mehr an Mit- und Selbstbestimmung, sobald der Sprung in die andere Moderne erst einmal geschafft war, ja selbst die angeblichen Sachzwänge sollten dann als solche erkannt werden[361]. Wie lange der Sprung und mit ihm die Vorherrschaft des Strukturellen jedoch dauern sollte, blieb offen.

Was bedeuten diese Ausführungen nun für die Perspektiven der gewerkschaftlichen Arbeiterpolitik in den 1970er und 1980er Jahren, mit der sich die folgenden Kapitel wieder befassen? Die Moralisierung der Politik wie auch die Entstehung einer Gesellschaft der Singularitäten konnte dem Arbeiterbegriff neue Relevanz verleihen. Denn Singularisierung wie auch Moralisierung rekurrieren auf den Aspekt der Erfahrung, welche aufgrund ihrer Koppelung an einen konkreten Akteur Authentizität wie auch eine spezifische Episteme verspricht. Beides konnte der ‚Arbeiter' glaubhafter verkörpern als der ‚Arbeitnehmer'. Andererseits drohten Singularisierung und Moralisierung den ‚Arbeiter' ganz auf dem Feld des Kulturellen zu verorten, das weder im Zentrum der Politik stand noch mit dem Leistungsbegriff operierte, der jedoch für die Arbeiteridentität eine wesentliche Rolle spielte. Die gewerkschaftliche Arbeiterpolitik konnte, wenn sie auf Moralisierung

---

357 Vgl. Ulrich Beck, Gegengifte. Die organisierte Unverantwortlichkeit, Frankfurt a. M. 1988, S. 9–11.

358 Vgl. Beck, Risikogesellschaft, S. 12–20.

359 Ibid., S. 14, Hervorhebung gelöscht.

360 Es verwundert nicht, dass der norwegische Friedensforscher Johan Galtung gerade in den 1970er Jahren diesen Begriff prägte. Vgl. Johan Galtung, Strukturelle Gewalt. Beiträge zur Friedens- und Konfliktforschung, Reinbek 1975.

361 Vgl. Beck, Risikogesellschaft, S. 284–293, 300–306, 357–374.

und Singularisierung setzte, zwar auf Sichtbarkeit hoffen, lief dann aber Gefahr, auf einem politischen Nebenschauplatz zu enden, sollte die von Jan Eckel konstatierte „Neugeburt aus dem Geist der Moral" nicht zum allgemeinen Merkmal der Politik werden. Einer solchen Entwicklung stand aber beispielsweise die Rede vom Sachzwang entgegen, die der Struktur und den von ihr kurzfristig immer wieder aufs Neue produzierten Problemen Priorität gegenüber den Akteuren einräumte. Solchen strukturzentrierten Argumenten lag zwar der Leistungsgedanke – Leistung im Sinne einer Anpassung der Akteure an strukturelle Vorgaben – zugrunde, doch war ihnen der Arbeitnehmerbegriff aufgrund der geteilten präsentistischen Temporalverfassung näher als der historisch und kulturell aufgeladene Arbeiterbegriff. Gerade in der Organisationspolitik des DGB hatte sich dies von Anbeginn gezeigt, denn mit dem alle partikularen Akteure umfassenden Arbeitnehmerbegriff sollte Sachpolitik betrieben werden, während akteursbezogene Aspekte notgedrungen an die Personengruppen ausgelagert wurden.

Freilich ist die Debatte, ob die skizzierten Entwicklungen eher dem Arbeiter- oder dem Arbeitnehmerbegriff nutzten, zu eng geführt – denkbar war auch, dass beide Schaden nehmen würden. Denn möglicherweise erwies sich selbst die ‚Arbeiterschaft' als zu abstrakt für eine dauerhafte Singularisierung, schließlich hatte Ulrich Beck die Individualisierung als treibende Kraft ausgemacht. Umgekehrt drohte ein völlig versachlichter Arbeitnehmerbegriff, der über keine erkennbare Akteursqualität mehr verfügt, ganz in der Struktur ‚Arbeit' aufzugehen. Tatsächlich sollten beide Szenarien für die ‚Arbeiter' relevant werden.

Teil III: ‚Arbeiter' als Problem (1974–1990–2007)

7 ‚Arbeiter' als Problem und als Potential (1973–1978)

Die Bedingungen, unter denen die Filmschaffenden ihre Arbeiterfilme produzieren konnten, mussten den gewerkschaftlichen Arbeiterpolitikern als Traumwelt erscheinen. Denn die inhaltliche Auseinandersetzung mit den ‚Arbeitern' erfolgte ausgerechnet im gewerkschaftlichen Bereich unter schwierigsten Umständen. Für die DGB-Spitze hatte die satzungsrechtliche Verankerung der Arbeiterpolitik einen Affront der Basis bedeutet, den sie mit organisationspolitischen Mitteln zu vergelten trachtete. Dass die Arbeitsfähigkeit der neuen Personengruppe dadurch Schaden nahm, war kein unglücklicher Nebeneffekt, sondern intendiert. Und doch behauptete sie sich trotz aller Widrigkeiten. Auch wenn die Personengruppe Arbeiter erst in den frühen 1980er Jahren in der Öffentlichkeit in Erscheinung treten durfte und mit innovativen Ansätzen einige Aufmerksamkeit erregte, wurden schon in den 1970er Jahren in mehreren Schritten die entscheidenden konzeptionellen Weichen hin zur Problematisierung und Singularisierung der ‚Arbeiter' gestellt.

Auf diese Findungsphase möchte ich anhand der folgenden Fragen näher eingehen: Welche Ansätze standen zur Debatte? Wer war an der konzeptionellen Aushandlung beteiligt? Welche Arbeiterbilder zeichneten sich ab? Wie schafften es die beteiligten Akteure, die widerstreitenden Interessen zu überbrücken? Und schließlich: Welche Potentiale bargen die Konzepte, und welche ließen sich in der Tagesarbeit realisieren?

7.1 Die Konzeption der Arbeiterpolitik

Mit der Übernahme seines neugeschaffenen Ressorts stellte sich für Martin Heiß die Frage, wie mit den Arbeiterinnen und Arbeitern umzugehen sei, solange die Kategorie ‚Arbeiter' noch nicht völlig verschwunden war. Welche Arbeiter sollten also in den Blick kommen, und welche Problembereiche galt es anzugehen?

Für den Historiker Josef Mooser stellten das „Verlangen nach einem menschenwürdigen Leben und einer ‚gerechten Behandlung'" sowie das „Bedürfnis nach sozialer Anerkennung" die Gemeinsamkeit aller politischen Fraktionen der Arbeiterbewegung seit der Zeit des Kaiserreichs dar. Im Jahr 1973, als Martin Heiß sich an die inhaltliche Ausgestaltung der gewerkschaftlichen Arbeiterpolitik machte, hatte noch jener Zustand der Boomjahre Bestand, in welchem laut Mooser „die ‚Gerechtigkeit' in einer den Strukturen der kapitalistischen Industriegesellschaft systemkonformen Weise verfolgt werden konnte". Trotz dieser bedeutenden Errungenschaft der bundesrepublikanischen Gesellschaft hatte auch sie nicht alle historischen

 https://doi.org/10.1515/9783111086569-008

Grundbedürfnisse der Arbeiterschaft erfüllt. Anders als in der Zeit des Nationalsozialismus, als der Wert der ‚deutschen Arbeit' und mit ihr des ‚Arbeiters' propagiert wurde, mangelte es der Arbeiterschaft nun, wie der ÖTV-Antrag gezeigt hatte, an sozialer Anerkennung. Die weitgehende Auflösung der Arbeiterbewegungskultur wie auch die Erosion homogener Arbeiterquartiere verschärften dieses Problem, da mit ihnen die öffentliche Sichtbarkeit der Arbeiter schwand. Stattdessen verlagerte sich der Fokus der Arbeiterpolitik, ganz ähnlich wie von den frühen Arbeiterfilmen dargestellt, auf Betriebe und betriebsspezifische Probleme[1].

Eine einfache Lösung war folglich nicht zu erwarten. Diskussionen darüber, wie die Arbeit der neuen Personengruppe auszurichten sei, welche Arbeiter sie ansprechen und welche Probleme sie adressieren wollte, fanden in den ersten Monaten des Jahres 1973, im Sommer 1974, über den Jahreswechsel 1975/76 und schließlich Ende 1976 statt. Die erste Hälfte der 1970er Jahre erwies sich folglich als eine Zeit intensiven Nachdenkens über Arbeiterfragen, welches später in dieser Grundsätzlichkeit keine Entsprechung mehr finden sollte. Dieser, frei nach Philipp Felsch, kurze Sommer der Theorie hatte ebenso wie der pragmatischere Umgang mit dem Thema ‚Arbeiter' in den 1980er Jahren nicht nur mit dem jeweiligen Zeitgeist zu tun. Vielmehr stand die Arbeiterpolitik zu Beginn unter einem großen Rechtfertigungsdruck[2], bevor ab 1977 das Alltagsgeschäft dominierte.

7.1.1 Eine Debatte über ‚Arbeiter' ohne Arbeiter

Erst 1975, also vier Jahre nach der satzungsrechtlichen Verankerung der Arbeiterpolitik, stellte die DGB-Vorstandsverwaltung Martin Heiß eigenes Personal für diese Aufgabe zur Verfügung[3]. Notgedrungen griff er zunächst auf seine Angestellten aus

1 Vgl. Mooser, Arbeiterleben, S. 185 (erstes Zitat), 200, 211 (zweites Zitat), 222, 235. Vgl. zudem Felix Axster/Nikolas Lelle (Hrsg.), ‚Deutsche Arbeit'. Kritische Perspektiven auf ein ideologisches Selbstbild, Göttingen 2019. Schon Ende 1945 hatte Hannah Vogt geradezu apodiktisch die fehlende Anerkennung der Arbeiter auf den Arbeitnehmerbegriff zurückgeführt. Vgl. Hannah Vogt, Der Arbeiter. Wesen und Problem bei Friedrich Naumann, August Winnig, Ernst Jünger, Diss., Göttingen 1945, S. 84.

2 Auch Martin Heiß bekannte 1974, zunächst selbst Zweifel gehegt zu haben. Vgl. Martin Heiß an Gewerkschaft Textil-Bekleidung – Hauptvorstand – z. Hd. d. Herren Berthold Keller, 16. Juli 1974, in: AdsD 5/DGCS000059.

3 Er wurde ab dem 1. Oktober 1975 von Karl-Heinz Vorbrücken als Sachbearbeiter und ab dem 1. Dezember 1975 von Dieter Trautmann als Leiter der Abteilung Arbeiter-Handwerk unterstützt. Vgl. Niederschrift des DGB-Bundesarbeiterausschusses am 29. Januar 1976, S. 1, in: AdsD 5/DGCS000141. Vorbrücken wurde am 17. Oktober 1981 zum Vorsitzenden des DGB-Kreises Olpe gewählt und verließ kurz darauf die Abteilung Arbeiter-Handwerk. Vgl. Niederschrift über die Sitzung des DGB-Bun-

der Abteilung Tarifpolitik zurück, nutzte für die konzeptionelle Erarbeitung der Arbeiterpolitik aber vor allem die Expertise externer Wissenschaftler und Praktiker. Wer nicht mitreden durfte, waren, wie im Fall der Würzburger Synode, die Arbeiter. Dies hatte zunächst praktische Gründe, denn der Bundesausschuss des DGB hatte die Bildung von Kreisarbeiterausschüssen ja untersagt. Andererseits zeigten die verantwortlichen Arbeiterfunktionäre und beteiligten Wissenschaftler auch gar kein Interesse daran, diese Situation zu ändern. Wie die Filmschaffenden hätten auch sie problemlos den Kontakt zu den einfachen Arbeiterinnen und Arbeitern suchen können, doch womöglich verhinderte gerade der Erfolg der Arbeiterfilme dies. Denn Heiß und seine Kollegen wollten die Arbeiterpolitik „losgelöst vom ‚Personenkult'"[4] entwickeln, der außerhalb der Gewerkschaften um die ‚Arbeiter' betrieben wurde. So erhielt der Vorschlag, eine „Umfrage bei den Arbeitern, welche Probleme sie haben", durchzuführen, bei der Strategiesitzung des Bundesarbeiterausschusses im September 1974 auch nur eine von 14 Stimmen. Dabei hätten die Sitzungsteilnehmer buchstäblich nur vor die Türe zu gehen brauchen, tagten sie damals doch im Thyssen-Werk Niederrhein in Oberhausen. Erklärtermaßen waren aber nicht die Stahlarbeiter entscheidend für die Wahl des Ortes gewesen, sondern die Erfahrung der Werksleitung auf dem Gebiet der Arbeitswissenschaft[5]. Hatte in den vorangegangenen Diskussionen der Bildungs- und Arbeitswissenschaftler Hans Pornschlegel den Ausschluss der Arbeiter bei der Festlegung der Grobziele noch aus pragmatischen Gründen gerechtfertigt[6], brachte Friedrich Layh vom Thyssen-Werk grundsätzliche Bedenken gegen die Episteme der Arbeiter vor: „Die vielfach vorhandene Unzufriedenheit mit den Verhältnissen in der Arbeitswelt muss von den Gewerkschaften planmässig [sic!] analysiert werden, um gezielt die berechtigten Wünsche der Arbeiterschaft formulieren, vorbringen und durchsetzen zu können."[7]

---

desarbeiterausschusses am 29. Oktober 1981, S. 2, in: AdsD 5/DGAA000120. Dieter Trautmann war schon zuvor in die Abteilung Tarifpolitik gewechselt.

4 Vermerk über die Arbeitsbesprechung am 13. November 1973, S. 2, in: AdsD 5/DGCS000059.

5 Vgl. Martin Heiß an die Mitglieder des Bundes-Arbeiterausschusses des DGB, 6. November 1974, Anlage: Abteilung Tarifpolitik, Protokoll der Sitzung des Bundesarbeiterausschusses des DGB am 26./27.9.1974, sowie Anlage 2, S. 1 (Zitat), beide in: AdsD 5/DGCS000001.

6 Vgl. Abteilung Tarifpolitik, Niederschrift über die Besprechung am 3. Mai 1974 zur Vorbereitung der Zusammenkunft des Bundes-Arbeiterausschusses des DGB, S. 5, in: AdsD 5/DGCS000135.

7 Deutscher Gewerkschaftsbund Bundesvorstand Abteilung Arbeiter-Handwerk, 12. September 1974, Anlage I: Sachbericht für die Sitzung des Bundes-Arbeiterausschusses des DGB am 26./27.9.1974 in Oberhausen, 12.9.1974, S. 5, in: AdsD 5/DGCS000001. Nahezu der gesamte Bericht ging auf Friedrich Layh zurück. Vgl. Marianne Boms an Willfried Schaefer, 23. August 1974, Anlage: [Ausarbeitung von Friedrich Layh], S. 3, in: AdsD 5/DGCS000135.

Diese Worte erhalten einen problematischen Beiklang, wenn man sich die unhaltbaren Zustände vor Augen führt, die Günter Wallraff im Thyssen-Konzern in den frühen 1960ern wie zu Beginn der 1980er Jahre am eigenen Leib erfuhr[8]. Immerhin wies auch Layh auf die arbeitsplatzbedingten Gesundheitsrisiken der Arbeiter und auf die Grenzen wissenschaftlicher Ansätze hin[9]. Dennoch hielt er in letzter Instanz an der von Ulrich Beck konstatierten gewerkschaftlichen „Expertenpolitik" fest. Für Beck folgte diese aus der Notwendigkeit, die „Binnendifferenzierung" der Mitgliedschaft zu überbrücken[10]. Expertenpolitik, so ließe sich weiter ausführen, ergab sich also direkt aus der Festlegung der Gewerkschaften auf die ‚Arbeitnehmer' als Zielgruppe. Dieses Politikverständnis legte die ‚Arbeiter' auf die Rolle passiver Objekte fest, wobei sie noch nicht einmal selbst über die Berechtigung ihrer Wünsche entscheiden durften. Damit reproduzierten die gewerkschaftlichen Arbeiterpolitiker ein zentrales Problem der ‚Arbeiter', ohne sich dieses performativen Widerspruchs bewusst zu werden. Doch wer waren diese ‚Arbeiter' überhaupt?

7.1.2 Lässt sich ‚Arbeiter' definieren?

Der erste Experte, den Martin Heiß zu Rate zog, war Hans Pornschlegel, der eine interessante Vita aufzuweisen hatte. Seiner Lehre zum Elektromechaniker schloss er ein volkswirtschaftliches Studium an, um danach zunächst in der gewerkschaftlichen Bildungsarbeit, bis 1976 dann in leitender Funktion beim Bundesinstitut für Berufsbildungsforschung in Berlin tätig zu sein. Mit seiner Berufung auf den Lehrstuhl für Arbeitswissenschaft an der Sozialakademie Dortmund orientierte er sich dann erneut um[11]. Als er aber von Heiß Ende 1972 um ein Thesenpapier zur Arbeiterpolitik gebeten wurde, verortete er, ganz seiner damaligen Tätigkeit entsprechend, die Ursache für die Benachteiligung der Arbeiter vor allem im Bildungsbereich. Schließlich errichte, so Pornschlegels Auffassung, das Bildungssys-

8 Vgl. Wolfgang Hien, Körper und Arbeit – die Schattenseiten des Wirtschaftswunders in Deutschland und Österreich, in: Sozial.Geschichte Online 21 (2017), S. 125–170, hier S. 143 ff. Laut Spiegel weigerte sich die Thyssen-Hütte Niederrhein in Oberhausen, im Gegensatz zu anderen Stahlkonzernen, ihre Öfen zu entgiften. Vgl. o. V., Giftiger Staub, in: Der Spiegel 30–8 (1976), S. 46–49.

9 Vgl. Ausarbeitung von Layh, S. 1–3.

10 Beck, Jenseits von Stand (1983), S. 65.

11 Vgl. Kurt Landau, Mehr tun müssen? 100 Jahre Produktivitätsmanagement, Griesheim [2]2019, S. 319.

tem schon im vorschulischen Bereich Barrieren für Kinder aus Arbeiterfamilien und präfiguriere auf diese Weise deren spätere Aufstiegschancen. Auch das bestehende System der beruflichen Weiterbildung wirke nicht als Ausgleich für diese frühzeitig erworbenen Defizite, sondern verstärke diese noch. Dies bedeute eine Benachteiligung „insbesondere der Facharbeiter"[12]. Implizit definierte Pornschlegel die ‚Arbeiter' damit als eine bildungsabstinente Gruppe. Doch anders als in der verbreiteten Diagnose der Bildungsferne machte er gerade nicht die Arbeiter dafür verantwortlich, sondern das Ausbildungssystem, das inhärent auf eine Exklusion der Arbeiter angelegt war. Diesen Ansatz übernahm Martin Heiß in sein eigenes Thesenpapier zur Arbeiterpolitik, und auch ein zweiter Gedanke Pornschlegels[13] fand dort Berücksichtigung:

> Im Betrieb, und davon ausgehend, weitgehend auch in der Gesellschaft ist der Status des Arbeiters beschränkt. Er ist grundsätzlich von Führungspositionen ausgeschlossen. Beim Überschreiten der Facharbeiterebene, die höchstens in der Vorarbeiterstellung endet, ist nur ein Übergang in die Schicht der Angestellten möglich. Im Gegensatz zum kaufmännischen Angestellten, der grundsätzlich, zumindest theoretisch eine Aufstiegschance bis in die Unternehmensspitze hat, auch ohne dass er formalisierte Weiterbildungsgänge benutzt, ist dem Arbeiter dies kaum möglich.[14]

Interessanterweise tauchten hier nun unter umgekehrten Vorzeichen jene Argumente wieder auf, mit denen die DAG ein Jahrzehnt zuvor die Existenz der Angestellten als distinkte Gruppe mit einzigartigen Merkmalen belegen, den ‚Angestellten' also definieren wollte. Fast wortgleich fand sich die eben zitierte These von Heiß in den damaligen Ausführungen des DAG-nahen Soziologen Fritz Croner. Hatte die DAG jedoch die Aufstiegsmöglichkeit der Angestellten in deren „Leistungs- und Bildungswillen" verortet[15], verwies Pornschlegel nun auf die Rolle der Sozialisationsagenturen, die als prägende Kraft auf individuelle Fähigkeiten einwirkten. Dieser Ansatz evozierte das traditionelle Bild des in gesellschaftliche Fesseln gelegten ‚Arbeiters', ein Bild, das die Filme der Berliner Schule zeitgleich in die Wohnzimmer der Fernsehzuschauer trugen. Handlungsdruck erzeugte die Prämisse, „dass der Arbeiter in vielen Fällen aus seiner Schicht nicht heraus kann"[16],

12 Vgl. Hans Pornschlegel an Martin Heiß Deutscher Gewerkschaftsbund – Bundesvorstand, 18. Januar 1973, Anlage: Hans Pornschlegel, Thesen zu einer gewerkschaftlichen Politik für Arbeiter, 16. Januar 1973, S. 1, 4–5 (Zitat), in: AdsD 5/DGCS000135.

13 Vgl. ibid., S. 1.

14 Martin Heiß, Abteilung Arbeiter-Handwerk, Versuch einiger Thesen zu einer gewerkschaftlichen Politik für Arbeiter, 6. März 1973, S. 2, in: AdsD 5/DGCS000135.

15 Vgl. Müller, DAG, S. 658, 682 f.

16 Abteilung Tarifpolitik, Niederschrift Besprechung, 3. Mai 1974, S. 6–7.

wie Pornschlegel später festhielt. Dieser Gedankengang verlieh unweigerlich der Frage nach der „Befähigung zum beruflichen Aufstieg" große Brisanz[17], was nicht unproblematisch war. Zwar konnten deutsche Arbeiter insofern beruflich aufsteigen, als nun Hilfsarbeiterstellen verstärkt „mit Ausländern" besetzt wurden, wie Martin Heiß von Franz Holländer erfuhr[18]. Doch Heiß selbst erkannte die Gefahr, die mit der „Befähigung zum beruflichen Aufstieg" einherging. Sie drohte, den „Leistungsdruck und Konkurrenzkampf" zu verschärfen „und die ideologischen Vorstellungen über die vermeintlichen gesellschaftlichen Möglichkeiten zum individuellen Aufstieg" zu verstärken[19]. Nicht von ungefähr sollte Ulrich Beck zehn Jahre später Bildung als einen Faktor von Individualisierungsprozessen ausmachen[20]. Worauf sollte der Ansatz dann aber hinauslaufen? Die Filmschaffenden hatten die Vorführung der Ausweglosigkeit des Arbeiterschicksals bewusst als pädagogisches Mittel eingesetzt, um die Arbeiter zu solidarischen Akten des kollektiven Widerstands zu motivieren, wobei das Endziel in einer sozialistischen Transformation der Gesellschaft lag. Für die Arbeiterpolitik des DGB war dies indes kein gangbarer Weg.

In der Besprechung, die ein gutes Jahr nach der Veröffentlichung von Heiß' Thesen stattfand, rückte Peter Schuh vom Rationalisierungs-Kuratorium der Deutschen Wirtschaft (RKW) deutlich von der „Aufstiegsfrage" ab. Das Protokoll führt weiter aus: „Nach seiner Meinung sind die Fragen der Emanzipation, der Selbstbestimmung und der Ablösung der Fremdbestimmung wesentliche Probleme."[21] Schon Heiß hatte in seinen Thesen auf die Weiterbildung möglichst aller Arbeiterinnen und Arbeiter gesetzt, nicht um einen Massenexodus aus der Arbeiterschaft herbeizuführen, sondern um das Arbeiterdasein für die Betroffenen erträglicher zu machen. Konkret stand ihm das Ziel vor Augen, „die Unterschiede in den Arbeitsbedingungen und die betrieblichen Hierarchien abzubauen", um letztlich „eine Annäherung zwischen den Arbeitnehmergruppen" zu erreichen[22]. Unrealistisch war dieser Ansatz keineswegs. In den Unternehmen begannen die Manager damals,

17 Heiß, Versuch einiger Thesen, S. 13.

18 Vgl. [Franz] Holländer, ÖTV-Hauptvorstand, an Deutscher Gewerkschaftsbund – Bundesvorstand – Abt. Arbeiter-Handwerk, 15. Juli 1974, Anlage: Kurzprotokoll über die Sitzung des Bundesarbeiterausschusses [der ÖTV] am 30. und 31. Mai 1974 in Stuttgart, S. 2, in: AdsD 5/DGCS000135.

19 Heiß, Versuch einiger Thesen, S. 13.

20 Vgl. Beck, Risikogesellschaft, S. 133.

21 Abteilung Tarifpolitik, Niederschrift Besprechung, 3. Mai 1974, S. 6–7. Allerdings kamen auch später Forderungen nach Aufstiegsmöglichkeiten immer wieder auf. Vgl. etwa Karl-Heinz Vorbrücken, Abt. Arbeiter-Handwerk, an die Kollegen Martin Heiß, Karl-Heinz Fröbrich, Dieter Trautmann, Willfried Schaefer, Heinz Fuchs, Willi Polls, Reinhard Dombre, 11. Dezember 1975, Anlage, S. 34–45, in: AdsD 5/DGCS000135 sowie DGB-Bundesvorstand, Protokoll Bundesarbeiterkonferenz 1977, S. 92.

22 Heiß, Versuch einiger Thesen, S. 13 f.

nach und nach von autoritären Führungsstilen Abstand zu nehmen[23]. Und wie Frankreich schickte sich auch die Bundesrepublik seit Ende der 1960er Jahre an, das Bildungsniveau der Arbeiterschaft zu heben. Im deutschen Fall korrelierte Bildung tatsächlich mit relativ flachen Hierarchien in Industriebetrieben, während sich westlich des Rheins betriebliche Machtstrukturen als resistent gegenüber den Qualifizierungsmaßnahmen erwiesen[24].

Gleichwohl offenbarte der Ansatz, ‚Arbeiter' über die Aspekte Bildung und vertikale soziale Mobilität zu definieren, Schwächen. So hatte Hans Pornschlegel in seinen Thesen mit einem undifferenzierten Angestelltenkonzept operiert, um die Besonderheit der ‚Arbeiter' herausarbeiten zu können. Mario Helfert, Mitarbeiter am gewerkschaftseigenen Wirtschafts- und Sozialwissenschaftlichen Institut (WSI)[25], korrigierte dieses Defizit schon frühzeitig, indem er die Angestellten in die Gruppen der Hochschulabsolventen sowie der unteren und mittleren Angestellten unterteilte. Für letztere existierten seiner Meinung nach oft nur „Aufstiegssurrogate", die den Angestellten zwar mehr Geld, aber nicht mehr Kompetenzen einbrächten[26]. Heiß hatte diesen Einwand zwar nicht völlig gelten lassen wollen, da es für Arbeiter eben nicht einmal Aufstiegssurrogate gab[27]. Und doch verlor die Definition der ‚Arbeiter' durch diese Differenzierung an Wirkung, weil sich die Abgrenzung gegenüber den ‚Angestellten' als keine kategoriale erwies.

Die zweite Schwäche lag in der Unfähigkeit des Ansatzes, den Faktor Arbeitsplatz angemessen zu thematisieren. Die Bildungs- wie auch die Aufstiegsfrage lenkten den Blick auf die gesellschaftlichen und politischen Probleme der Arbeiterschaft. Denn die Prämisse einer durch den Bildungssektor verursachten Benachteiligung der Arbeiterschaft erforderte den Abbau rechtlicher wie finanzieller Nachteile, die ihre Legitimität aus der angeblich wesenhaften, tatsächlich aber sozial konstruierten Ungleichheit der ‚Arbeiter' bezogen[28]. Als deren zentrales betriebliches Problem identifizierte der Ansatz folglich auch die dort herrschenden Hierarchien, als Lösung wartete er mit „Emanzipation", „Selbstbestimmung" und „Ablösung der Fremdbestimmung" auf. So vielversprechend diese Forderung nach

23 Vgl. Ruth Rosenberger, Experten für Humankapital. Die Entdeckung des Personalmanagements in der Bundesrepublik Deutschland, München 2008, S. 395–416. Zu den Grenzen des neuen Führungsstils vgl. dies., Demokratisierung, S. 333, 343, 354.

24 Vgl. Raphael, Jenseits von Kohle, S. 260–262, 272, 279.

25 Zu seiner Biographie vgl. Mario Helfert, Ökonomische Entwicklung und gewerkschaftliche Auseinandersetzung mit technischem Fortschritt, in: GMH 31–4 (1980), S. 242–250, hier S. 242.

26 Mario Helfert, Anmerkungen zu „Thesen zu einer gewerkschaftlichen Politik für Arbeiter", 7. Februar 1973, S. 1, in: AdsD 5/DGCS000135.

27 Vgl. Heiß, Versuch einiger Thesen, S. 2f.

28 Vgl. Pornschlegel, Thesen.

einem Wandel der Arbeitskultur auch war, sie löste nicht die durch die Arbeitsumwelt verursachten Probleme wie Hitze, Staub, Lärm oder Unfälle. So verhinderte die anfängliche Konzentration auf den Bildungsaspekt, dass ein sehr naheliegendes Kriterium für die Definition des ‚Arbeiters' nicht systematisch herangezogen wurde: die „Krankheitsdispositionen der Arbeiterschaft und deren Auswirkungen auf die Entstehung von Selbstwahrnehmungen und Identitäten."[29] Denn vor allem Arbeiter waren von Arbeitsunfällen und dem ganz gewöhnlichen Verschleiß ihres Körpers im Zuge ihrer jeweiligen Tätigkeit weit stärker betroffen als Angestellte oder Beamte. Dies hätte die traditionelle Vorstellung von Männlichkeit in der Arbeiterbewegung, die gerade auf einen starken Körper hin orientiert war, herausgefordert[30]. So blieb der Gesundheitsaspekt auf Randbemerkungen beschränkt. In seinen 23 Hauptpunkte umfassenden Thesen zur Arbeiterpolitik kam Martin Heiß nur unter den Punkten 2.3, 13.1 und 21 auf körperliche und psychische Belastungen zu sprechen[31]. Erst nach und nach begannen sie eine größere Rolle zu spielen, etwa im Sachbericht, den die Abteilung Arbeiter-Handwerk im September 1974 an die Arbeiterpolitiker schickte[32].

7.1.3 Arbeitswissenschaftliche Ausweichversuche

Nach den ersten konzeptionellen Gehversuchen zu Beginn des Jahres 1973 ruhte diese Arbeit für mehr als ein Jahr. Erst als sich der Bundesarbeiterausschuss am 17. Januar 1974 konstituierte, nahm die Diskussion langsam wieder Fahrt auf. Die Thesen, die Martin Heiß zehn Monate zuvor erarbeitet hatte, spielten in den Debatten der Ausschussmitglieder jedoch keine erkennbare Rolle, was freilich kaum überrascht, da sie sein Thesenpapier laut Protokoll erst zu Beginn der Sitzung erhalten hatten[33]. Auch ging es hier noch gar nicht um konkrete Arbeitsvorhaben, vielmehr steckten die von den Mitgliedsgewerkschaften entsandten Funktionäre erst einmal grundsätzlich das Terrain ab. So warnte beispielsweise Hans Mayr, „dass es für die IG Metall ein Rückschritt wäre, wenn durch die Arbeit des DGB ein gruppenspezifisches Denken erzeugt würde." Für Franz Holländer (ÖTV) spielte

---

29 Karsten Uhl/Lars Bluma, Arbeit – Körper – Rationalisierung. Neue Perspektiven auf den historischen Wandel industrieller Arbeitsplätze, in: dies., Kontrollierte Arbeit, S. 19–31, hier S. 22.

30 Vgl. Wolfgang Hien, Gesundheit als politische Kategorie. Wechselwirkung zwischen Umwelt-, Gesundheits- und Arbeiterbewegung in der BRD der 1970er und 1980er Jahre, in: Sozial.Geschichte Online 23 (2018), S. 167–198, hier S. 193.

31 Vgl. Heiß, Versuch einiger Thesen, S. 3 f., 15, 18 f.

32 Vgl. Abteilung Arbeiter-Handwerk, Sachbericht, 12. September 1974, S. 2–5.

33 Vgl. Protokoll BAA, 17. Januar 1974, S. 2.

hingegen „die unterrepräsentierte Stellung der Arbeiter in der Gesellschaft" die entscheidende Rolle. Er betonte daher die Notwendigkeit, „dass der DGB zu den Arbeiterproblemen Stellung nimmt". Zugleich bekannte aber auch er sich zum Ziel, „die beiden Begriffe ‚Arbeiter' und ‚Angestellte' in Zukunft durch einen zu ersetzen"[34]. Die Diskussion zeigte deutlich, dass sich im Bundesarbeiterausschuss zu diesem Zeitpunkt keine Mehrheit für eine öffentlichkeitswirksame Singularisierung der ‚Arbeiter' finden würde. Der auf der verwehrten Bildungs- und Aufstiegsmöglichkeit basierende Ansatz Pornschlegels hätte sich jedoch gerade für ein solches Unterfangen angeboten. Martin Heiß musste sich folglich nach weniger verfänglichen Ansätzen umschauen, um die skeptische Fraktion des Bundesarbeiterausschusses einzubinden. Fündig wurde er im Feld der Arbeitswissenschaft. Er beauftragte Adolf Jungbluth, als langjähriger Arbeitsdirektor der Salzgitter AG praktisch wie theoretisch mit der Arbeitswissenschaft vertraut[35], ein neues Thesenpapier zur Arbeiterpolitik vorzulegen.

Wie sich zeigte, lehnte Jungbluth die Schaffung einer Personengruppe Arbeiter entschieden ab. Seinen Erfahrungshintergrund bildeten die zahlreichen Harmonisierungen von Regelungen bei Entgelt-, Arbeitszeit-, Urlaubs- oder Sozialversicherungsfragen, welche bestehende Unterschiede zwischen ‚Arbeitern' und ‚Angestellten' bereits beseitigt hatten. Einzig bei der Betroffenheit von Rationalisierung und Automation ließ er die Existenz „entscheidende[r] Unterschiedlichkeiten" gelten, welche allein eine besondere Personengruppenarbeit rechtfertigen konnten. Jedoch, so Jungbluth, seien diese spezifischen Arbeiterprobleme mit arbeitswissenschaftlichen Mitteln zu lösen. Die empirisch eingeräumte Notwendigkeit der Personengruppe Arbeiter annullierte er sogleich mit dem Verweis auf ein arbeitswissenschaftliches Axiom: „Es gibt keine Arbeitswissenschaft für Arbeiter, Angestellte und Beamte, sondern eine einheitliche Arbeitswissenschaft für die menschengerechte Gestaltung der Arbeit, welcher Art sie auch sei!" Entsprechend plädierte er für die Schaffung einer neuen DGB-Vorstandsabteilung, die „‚Arbeitswissenschaft', ‚Arbeitswirtschaft', ‚Arbeitsgestaltung', ‚Ergonomie' oder sonstwie zu benennen wäre."[36] Allerdings ging sein Lob des Arbeitnehmerbegriffs aufgrund

34 Ibid., S. 5–7.

35 Der 1909 geborene Jungbluth war seit 1948 Arbeitsdirektor der Salzgitter AG und seit 1973 an der TU Hannover als Honorarprofessor für Arbeitswissenschaften tätig. Vgl. Bärbel von Borries-Pusback, Keine Hochschule für den Sozialismus. Die Gründung der Akademie für Gemeinwirtschaft in Hamburg 1945–1955, Wiesbaden 2002, S. 398, FN 705.

36 Hon.-Prof. Adolf Jungbluth, Arbeitsdirektor und Vorstandsmitglied der Salzgitter AG i.R., an Martin Heiß, Deutscher Gewerkschaftsbund – Bundesvorstand, 6. Juni 1974, Anlage: Prof. Adolf Jungbluth, Stellungnahme zur Gründung einer Abteilung „Arbeiter" im Bundesvorstand des DGB

seines arbeitsplatzzentrierten Ansatzes an der Problemwahrnehmung der Gewerkschaften des Öffentlichen Dienstes vorbei. Schon in einer vorangegangenen Besprechung hatte sich der ÖTV-Vertreter Franz Holländer zu einer Intervention genötigt gesehen. So seien „die Bemühungen um einen einheitlichen Arbeitnehmerbegriff mit Vorsicht zu betrachten, da mit diesem eigentlichen Begriff keineswegs viele der jetzt bestehenden Probleme gelöst werden."[37] Der ‚Arbeiter' ließ sich nicht so einfach tilgen.

Anders als Pornschlegels bildungswissenschaftlicher Ansatz operierte der arbeitswissenschaftliche bestenfalls noch mit einem fraktalen Arbeiterbegriff. Dies hatte Willfried Schaefer, der für die Tarifpolitik und Arbeitsstudien zuständige Vorstandssekretär von Martin Heiß, den Mitgliedern des Bundesarbeiterausschusses durch ein Positionspapier sehr deutlich zu verstehen gegeben:

> Die Arbeit des Arbeitersekretärs kann sich nicht auf die Wahrnehmung allgemeiner Interessen der Arbeiter beziehen, da dies bereits durch die entsprechenden Fachabteilungen, so auch das Arbeitsstudium und die betriebliche Tarifpolitik wahrgenommen wird. Die Interessenwahrnehmung kann sich also immer nur auf bestimmte Grenzpersonengruppen beziehen, wie dies die Heimarbeiter[,] die Schichtarbeiter[,] die Nachtarbeiter[,] die Fließbandarbeiter oder die Mehrstellenarbeiter sind.[38]

Offensichtlich litt diese Ableitung logisch unter einem Makel, wenn Schaefer von den allgemeinen *Interessen* aller Arbeiter auf spezifische Arbeiter*gruppen* schloss. Besondere Interessen sprach er den ‚Arbeitern' dadurch implizit ab. Eine eigene Personengruppe, die gleichrangig neben denen der Beamten und Angestellten angesiedelt war, ließ sich so kaum beanspruchen. Zugleich erhielt der fraktale Arbeiterbegriff einen negativen Anstrich, weil positiv konnotierte Gruppen wie die Facharbeiter fehlten. Auf den ersten Blick ließ sich dieser Ansatz nur schwer mit dem Anliegen der ÖTV vereinbaren, der Arbeiterschaft mehr gesellschaftliches Prestige zu verleihen. Zu einer Zeit, als sich Gewerkschafts- und SPD-Funktionäre sprachlich von den Arbeitern, die sie nun als die „sozial Schwachen" bezeichneten, zu distanzieren begannen[39], drohte die Personengruppe Arbeiter zu einem Reso-

---

und entsprechender Personengruppenausschüsse, 6. Juni 1974, S. 1, 2 (Zitat), 3 (Zitate, H. i. O.), in: AdsD 5/DGCS000135.

37 Abteilung Tarifpolitik, Niederschrift Besprechung, 3. Mai 1974, S. 3.

38 Martin Heiß an die Mitglieder des Bundes-Arbeiterausschusses des DGB, 31. Januar 1974, Anlage: Willfried Schaefer, Überlegungen zur Tätigkeit des Arbeitersekretärs in Zusammenarbeit mit den Arbeitsstudiensekretären, S. 2, in: AdsD 5/DGCS000001.

39 Vgl. Stefan Berger, Social Democracy and the Working Class in Nineteenth and Twentieth Century Germany, Harlow u. a. 2000, S. 207 sowie Mooser, Arbeiterleben, S. 214. Mooser führte den

nanzverstärker dieser neuen Töne zu werden. Wenig überraschend wiesen Hubert Vomberg von der Eisenbahnergewerkschaft wie auch Peter Schuh (RKW) auf die „positive[n] Merkmale“ der Arbeiter hin, welche Schuh „im höheren Organisationsgrad, im grösseren [sic!] Solidaritätsgefühl und im besseren politischen Bewusstsein“ verortete[40]. Und doch bedeutete die Konzentration auf „Grenzpersonengruppen“ nicht zwangsläufig einen Verzicht auf politische Ansätze – es sei hier nur an Marcuses Hinwendung zu gesellschaftlichen Randgruppen erinnert. Im fraktalen Arbeiterbegriff schien nämlich eine Vorstellung des ‚Arbeiters‘ auf, die in einer konkreten, den Alltag der Betroffenen prägenden Problemkonstellation empirisch verankert war. Die Problematisierung des ‚Arbeiters‘ versprach, spezifische Defizite sichtbar und bearbeitbar zu machen, und war daher geeignet, neue Perspektiven für die Gewerkschaftspolitik zu eröffnen.

Der arbeitswissenschaftliche Ansatz ließ sich aber noch in eine gänzlich andere Richtung weiterführen. Jungbluths Zurückweisung der tradierten Statusbegriffe eröffnete einen unvoreingenommenen Blick auf empirische Probleme, welche völlig neue Akteurkonstellationen konstituieren konnten. Dieses Unterfangen hatte bereits Martin Heiß in seinem Anfang März 1973 vorgelegten Thesenpapier explizit als eine mögliche Aufgabe der gewerkschaftlichen Arbeiterpolitik identifiziert[41]. Zwar musste ein solches Vorhaben jeder Singularisierung der ‚Arbeiter‘ zuwiderlaufen, doch hätten sich neue kollektive Identifikationsangebote unterhalb des Arbeitnehmerbegriffs bilden lassen, welche die gewerkschaftliche „Mobilisierungssprache“[42] auf innovative Weise hätten ergänzen können. Überdies hätte der DGB auf diesem Feld Pionierarbeit leisten, also autonom neue Grenzlinien ziehen können, gerade weil rechtlich definierte Gruppengrenzen hierbei nicht einschränkend gewirkt hätten, sondern es gegolten hätte, sie produktiv zu überwinden. Wie stark man durch solche begriffspolitischen Operationen den öffentlichen Diskurs prägen konnte, zeigten nicht zuletzt Horst Kern und Michael Schumann mit ihrer schon öfters hier zitierten Studie „Industriearbeit und Arbeiterbewußtsein“. Sie hatten die Arbeiterschaft einerseits durch Kategorisierungen differenziert, sie andererseits durch die Polarisierungsthese in zwei Großgruppen unterteilt[43]. Ein solcher Ansatz sollte von den Arbeiterpolitikern des DGB jedoch erst in der zweiten Hälfte der 1980er Jahre aufgegriffen werden.

Wandel auf den Ausbau des Sozialstaates und Tarifwesens zurück, wodurch die Gewerkschaftsfunktionäre immer stärker zu basisfernen „Experten des Sozialstaats“ wurden.

40 Abteilung Tarifpolitik, Niederschrift Besprechung, 3. Mai 1974, S. 3 (Zitate), 6.

41 Vgl. Heiß, Versuch einiger Thesen, S. 12.

42 Vgl. Raphael, Jenseits von Kohle, S. 118–129.

43 Vgl. Kern/Schumann, Industriearbeit.

Für die weiteren konzeptionellen Auseinandersetzungen lagen nun zwei unterschiedliche Ansätze vor. Pornschlegels bildungswissenschaftliche Thesen gingen von einem allgemeinen Arbeiterbegriff aus und zielten auf gesellschaftspolitische Maßnahmen ab. Die arbeitswissenschaftlichen Gegenentwürfe von Jungbluth und Schaefer setzten dagegen auf den einheitlichen Arbeitnehmerbegriff, der neben sich höchstens einen fraktalen Arbeiterbegriff duldete. Mit diesen Ansätzen rückte der Arbeitsplatz mit seinen konkreten Problemen in den Fokus der Arbeiterpolitiker.

7.1.4 Arbeitsplatzzentrierung oder Gesellschaftspolitik?

Die Personengruppe Arbeiter stand nun vor der Frage, wo der Hebel anzusetzen sei, um die Probleme der Arbeiterschaft zu beheben. Die Mehrheit der Arbeitswissenschaftler wie auch Martin Heiß tendierten dazu, den Fokus auf den Arbeitsplatz zu legen. Gleichwohl konnten sie ihre selbst auferlegte Beschränkung nicht durchhalten und mussten den gesellschaftlichen Bereich irgendwie in ihre Überlegungen integrieren:

> Es wurde übereinstimmend betont, dass das eigentliche Anliegen [...] der gewerkschaftlichen Arbeiterpolitik der Arbeitsplatz in seiner Bedeutung für die umfassend verstandene soziale Situation der Arbeiter darstellt. Es geht dabei darum, wie die Situation am Arbeitsplatz (durch die Tarifpolitik, die Mitbestimmung, die Betriebsräte, betriebliche Personal- und Sozialpolitik, gesetzliche Regelungen) verändert werden kann, damit die Situation der Arbeiter in der Wirtschaft und Gesellschaft verbessert wird und die spezifischen Benachteiligungen der Arbeiter beseitigt werden.[44]

Der Charme dieses Ansatzes lag in der behaupteten Kausalbeziehung zwischen der konkreten Ausgestaltung des Arbeitsplatzes und den weit über diesen hinausreichenden Problemen der Arbeiterschaft. Der Arbeitsplatz fungierte in dieser Vorstellung gleichsam als ein Projektor, der das Arbeiterbild in die unterschiedlichen gesellschaftlichen Sphären hineintrug. Wiesen die Bilder nicht die gewünschte Qualität auf, war die Ursache nach dieser Logik am bildgebenden Gerät zu suchen. Dass sich die Gewerkschafter eben für diese Aufgabe sehr gut gerüstet wussten, war ein klarer Vorteil des Ansatzes. Ein zweiter lag darin, überhaupt operationalisierbar

44 Abteilung Arbeiter-Handwerk, Protokoll des Vorbereitungsgespräches am 21. Mai 1974 (Arbeitskreis „Arbeiterpolitik der Gewerkschaften") des Bundes-Arbeiterausschusses, S. 1, in: AdsD 5/DGCS000113.

zu sein. Abgesehen von der gewerkschaftlichen und arbeitswissenschaftlichen Expertise, welche Probleme klar identifizieren konnte, hatte die Novellierung des Betriebsverfassungsgesetzes 1972 den Betriebsräten und Gewerkschaften zahlreiche Möglichkeiten eröffnet, auf diesem Feld aktiv zu werden[45]. So war der unmittelbare Zugriff auf die Arbeiterinnen und Arbeiter über den Arbeitsplatz gesichert, und er war auf sie in ihrer Rolle als ‚Arbeiter' am ehesten noch dort gesichert. Denn am Arbeitsplatz ist die Zahl möglicher Rollen, welche ein Individuum verkörpern oder als handlungsleitend annehmen kann, deutlich beschränkter als jenseits des Arbeitsplatzes, auch wenn die Identität ‚Arbeiter' schon dort mit beruflichen, qualifikatorischen (ungelernt, angelernt, ausgebildet), aber auch geschlechtsspezifischen, generationellen oder ethnischen Zugehörigkeiten konkurrieren muss[46].

Dagegen blieb der gesellschaftsorientierte Ansatz bezüglich der Umsetzung seiner Hauptforderung, der „Anerkennung der volkswirtschaftlichen Leistung"[47] der Arbeiterschaft, recht vage, zumal sich die Forderung an einen denkbar unspezifischen Adressaten, nämlich die Gesellschaft, richtete. Und doch konnte ein solches Vorhaben gelingen, schließlich erreichten die Arbeiterfilme und -serien, begleitet von einer intensiven Medienberichterstattung, in den 1970er Jahren ein Millionenpublikum. Es existierte also ein gesellschaftlicher Resonanzraum für die Anliegen der Arbeiter. Notwendig waren hierfür öffentlichkeitswirksame Großveranstaltungen, wie sie Franz Holländer gleich auf der ersten Sitzung des Bundesarbeiterausschusses einforderte. Doch die Vertreter der Gewerkschaften des Öffentlichen Dienstes beließen es nicht dabei. Sie wollten sicherstellen, dass die Arbeiterinteressen künftig auch bei Gesetzgebungsprozessen mehr Beachtung finden würden[48]. Dadurch hing der Erfolg des gesellschaftspolitischen Ansatzes von der Bereitschaft der DGB-Spitze ab, den ‚Arbeitern' zu öffentlicher Sichtbarkeit zu verhelfen. Wie in Kapitel 5 gezeigt, existierte ein solcher Wille Mitte der 1970er Jahre noch nicht einmal ansatzweise.

Gleichwohl wies auch der arbeitsplatzzentrierte Ansatz Mängel auf. So war unklar, ob die Kausalbeziehung überhaupt Geltung beanspruchen konnte, und, sofern dies der Fall sein sollte, wie viele der Probleme sich damit beheben ließen.

---

45 Vgl. Friedrich Layh, Thyssen Niederrhein AG, an DGB-Bundesvorstand, z. H. Herrn Manfred [sic!] Heiss, 11. Juni 1974, Anlage: Friedrich Layh, Personengruppe Arbeiter, 7. Juni 1974, S. 2 f., in: AdsD 5/DGCS000135.

46 Vgl. Burkhard Hergesell, Arbeiterkulturen im Betrieb. Interethnische Beziehungen zwischen Produktionsarbeitern. Eine empirische Studie, Frankfurt a. M. 1994.

47 Sachliche Begründung für die Arbeit der Personengruppe Arbeiter, [1976], S. 3, in: AdsD 5/DGAA000148.

48 Vgl. Protokoll BAA, 17. Januar 1974, S. 3.

Schnell legte der weitere Lauf der Geschichte eine entscheidende Schwachstelle des Ansatzes offen: Er funktionierte vor allem in Zeiten annähernder Vollbeschäftigung. Es überrascht daher nicht, dass die anfängliche Konzentration auf den arbeitsplatzorientierten Ansatz[49] spätestens 1976 wieder einer gewissen Skepsis gewichen war, der sich auch Martin Heiß ergab:

> Ziel muss es sein, Chancengleichheit zu schaffen und das Selbstbewusstsein des Arbeiters zu stärken, sowie sein Ansehen im Bewusstsein der Bevölkerung zu heben. Diese Aufgabe lässt sich nicht allein dadurch lösen, die Situation des Arbeiters am Arbeitsplatz zu verbessern.[50]

Dieser Zweifel wurde intern von Karl-Heinz Vorbrücken, dem für die Arbeiterpolitik zuständigen Mitarbeiter der DGB-Vorstandsverwaltung, genährt. Schon kurz nach Aufnahme seiner Tätigkeit hatte Vorbrücken die „Förderung des Selbstbewußtseins" der Arbeiter als „Endziel" der Arbeiterpolitik ausgegeben[51]. Auch wenn er die Sprache der Abteilung damit beeinflussen konnte, änderte sich wenig an der Einstellung seiner Kollegen. In einer internen Besprechung im Februar 1977, in der es um die thematische Vorbereitung der ersten Bundesarbeiterkonferenz ging, zeigte sich die Abteilung Arbeiter in zwei Lager gespalten, die sich wiederum entlang der Frage Arbeitsplatzzentrierung oder gesellschaftspolitischer Fokus gruppierten. Wohl auch mit Blick auf die kurz darauf offen ausbrechende Konfrontation im Bundesvorstand, welche die Personengruppe Arbeiter prinzipiell zur Disposition stellte, sprach sich die Mehrheit im Ressort von Martin Heiß für die scheinbar weniger verfänglichen arbeitsplatzbezogenen Themen aus[52]. Und doch sollten es auch arbeitsplatzbezogene Fragen sein, die die öffentlichkeitswirksamen Bundesarbeiterkonferenzen der 1980er Jahre prägten.

Insgesamt ergab sich mit Blick auf die beteiligten Personen und deren Interessen eine paradoxe Situation: Diejenigen, die wie Martin Heiß an einer möglichst schnellen Abwicklung der Personengruppe Arbeiter interessiert waren, plädierten

---

49 Vgl. Abteilung Tarifpolitik, Aktennotiz über die Vorbereitungssitzung des Arbeitskreises für die Sitzung des Bundes-Arbeiterausschusses in Oberhausen am 25. Juni 1974, S. 1, in: AdsD 5/DGCS000113 sowie Abteilung Arbeiter-Handwerk, Sachbericht, 12. September 1974.

50 Martin Heiß, DGB-Bundesvorstand, Abt. Arbeiter-Handwerk, Vorlage zum Tagesordnungspunkt „DGB-Bundesarbeiterausschuss", 2. Dezember 1976, S. 8, in: AdsD 5/DGCS000127.

51 Karl-Heinz Vorbrücken, Abteilung Arbeiter-Handwerk, an die Kollegen Fröbrich, Trautmann, Polls, 23. Oktober 1975, Anlage, S. 1, in: AdsD 5/DGCS000135.

52 Vgl. Karl-Heinz Vorbrücken, Gedächtnisprotokoll der Abteilungsbesprechung vom 15. Februar 1977, in: AdsD 5/DGCS000124. Im Dezember 1976 war intern noch die Rede davon gewesen, die Konferenz schwerpunktmäßig mit gesellschaftspolitischen Fragen zu befassen. Vgl. Dieter Trautmann an Martin Heiß, 7. Dezember 1976, Anlage: Abt. Arbeiter-Handwerk, Vor/Sg, Vermerk Martin Heiß, 7. Dezember 1976, S. 3 f., in: AdsD 5/DGCS000136.

für den arbeitsplatzbezogenen Ansatz, der jedoch nicht dazu angetan war, das Arbeiterproblem dauerhaft zu lösen. Denn dieses war ja letztursächlich im Arbeits- und Sozialversicherungsrecht angelegt. Andererseits tendierten jene, welche die Arbeiterpolitik als Daueraufgabe begriffen, zu einem gesellschaftspolitischen Ansatz[53], der, wie Friedrich Layh bemerkt hatte, unter der sozialliberalen Koalition gute Chancen hatte, die sogenannten „künstlichen, politisch-sozial begründeten Unterschiede" zwischen Arbeitern und Angestellten rasch zu beseitigen[54].

7.1.5 Vermittelnde Begriffe: „Autonome Arbeiterpolitik" und „integrierte Arbeitnehmerpolitik"

Die Debatte um Arbeitsplatzzentrierung oder Gesellschaftspolitik vermochte die politischen Optionen der Arbeiterpolitiker trennscharf umreißen, doch für die anstehende Arbeit lag darin gerade das Problem. Denn diese Begriffe verschärften nur die Lagerbildung und beschworen das Bild herauf, als handele es sich um unversöhnliche Gegensätze. Mehr zu gewinnen war mit einem pragmatischen Umgang. Hilfreiche Begriffe hierfür lieferte schon Anfang 1973 Mario Helfert, der vorschlug, analytisch eine „autonome Arbeiterpolitik" und eine „integrierte Arbeitnehmerpolitik" zu unterscheiden[55]. Als Hintergrund lassen sich zwei Grundsatzfragen ausmachen: Sollte die Arbeiterpolitik als klassische Personengruppen- oder als reine Sachpolitik betrieben werden? Und wollte man den ‚Arbeiter' singularisieren oder ganz im ‚Arbeitnehmer' aufgehen lassen? Helferts Begriffe brachten eine Diskussion in Gang, die auf eine Vermittlung der Positionen angelegt war. Diese Vermittlung erfolgte im Modus der Temporalisierung.

Zeitliche Aspekte hatten schon ganz am Anfang der konzeptionellen Überlegungen der Arbeiterpolitiker gestanden. So hatte Hans Pornschlegel in seiner ersten These die Notwendigkeit der Arbeiterpolitik mit der Diagnose des gesellschaftlichen Umbruchs hin zur „Dienstleistungs- und Angestelltengesellschaft" historisch begründet. Der gewerkschaftspolitischen Vorbehalte gegen die neue Personengruppe eingedenk war es ihm darum gegangen, auch für die Arbeiterschaft eine Minder-

53 In einer Besprechung hatte Vorbrücken die geplante Bundesarbeiterkonferenz „als eine Grundsteinlegung für die Arbeit der Personengruppe Arbeiter auf die nächsten 15 bis 20 Jahre hinaus" bezeichnet. Heiß unterstrich dagegen seinen Anspruch gegenüber dem Bundesarbeiterausschuss, „sich selbst überflüssig zu machen". Willfried Schaefer von der Abteilung Tarifpolitik verlangte gar, „daß sich der Bundesarbeiterausschuß sofort wieder auflösen kann". Vorbrücken, Gedächtnisprotokoll, 15. Februar 1977, S. 2 (Zitat), 4 (Zitat), 3 (Zitat).

54 Ausarbeitung von Layh, S. 1.

55 Helfert, Anmerkungen, 7. Februar 1973, S. 6.

heitenposition reklamieren zu können[56], selbst wenn diese damals allenfalls virtuell in Form von Prognosen existierte. Als prospektive Minderheit stellte die Arbeiterschaft keine Gefahr für die Begründungslogik der gewerkschaftlichen Personengruppenarbeit dar, weder für die mentalitäts- noch für die funktionsbezogene. Denn über das *Wesen* der ‚Arbeiter' wurden keine Aussagen getroffen, als Anlass für die besondere Betreuung fungierte vielmehr ein bloßes Mengenverhältnis.

Folglich fand dieses Argument schnell Eingang in die Überlegungen der Arbeiterpolitiker. Zwar war die Arbeiterpolitik damit normalisiert, doch erregte Pornschlegels Ansatz gerade deshalb Widerspruch. Dieser kam vom Bundesarbeiterausschuss der ÖTV. Seiner Meinung nach beeinflusste der Anteil der Arbeiterschaft an der Erwerbsbevölkerung die Beschaffenheit der Arbeiterprobleme in keiner Weise. Zudem bemängelte er Pornschlegels angeblich zurückhaltende Auslegung der Arbeiterpolitik[57], denn er hatte ihr in seiner Schlussthese lediglich „eine Ausgleichfunktion" zugeschrieben, „um die heute bestehenden und künftig sich wahrscheinlich verschärfenden Ungleichheiten in der Stellung der Arbeiterschaft [...] weitgehend abzubauen und einzuebnen."[58] Doch verwarf der Bundesarbeiterausschuss der ÖTV mit seiner Kritik die Verlaufsdimension zugunsten einer präsentistischen Auffassung der Arbeiterprobleme, wie sie in den Richtlinien für die Personengruppe Arbeiter im Jahr 1980 Gestalt gewinnen sollte? In diese Richtung deutet zumindest die explizite Ausklammerung des historischen Wandels, der sich in der veränderten Zusammensetzung der Gesellschaft damals deutlich abzuzeichnen begann. Präsentistisch musste diese Kritik gleichwohl nicht notwendigerweise sein, denn die ÖTV konnte theoretisch auch lediglich einen größeren historischen Bezugsrahmen geltend machen. Tatsächlich resultierten einige der Arbeiterprobleme aus politischen Problemkonstellationen des Kaiserreichs und der Weimarer Republik, andere konnten als funktionale Auswüchse des kapitalistischen Systems erscheinen. Möglicherweise ging es den Gewerkschaftern des Öffentlichen Dienstes auch nur darum, eine möglicherweise wahrgenommene exkulpatorische Tendenz in Pornschlegels These zu schwächen, denn wenn die Arbeiterpolitik ihre Rechtfertigung erst aus der Entstehung der „Dienstleistungs- und Angestelltengesellschaft" erfahren sollte, hätte der DGB die 20 Jahre zuvor mit dem Verzicht auf eine eigene Arbeiterpolitik alles richtig gemacht[59]. Welche Motive genau hinter der Kritik standen, muss letztlich offenblei-

56 Vgl. Pornschlegel, Thesen, S. 1.

57 Vgl. Holländer, Kurzprotokoll ÖTV-BAA, 30.–31. Mai 1974, S. 3.

58 Pornschlegel, Thesen, S. 7.

59 Vgl. dagegen die Aussage von Erich Huber (DPG): „Den Gewerkschaften ist es nach 25 Jahren nicht gelungen, die Interessen der Arbeiter deutlich zu machen." Vgl. Protokoll BAA, 17. Januar 1974, S. 3.

ben. Wenn der Bundesarbeiterausschuss der ÖTV aber die „Ausgleichsfunktion“ als unzureichend einschätzte, kam dies hinsichtlich der konkreten Arbeit durchaus einer Einforderung eines stärkeren Denkens in Verlaufsdimensionen gleich. Sollte Arbeiterpolitik mehr sein als eine bloße Reaktion auf je unmittelbar auftretende Probleme, musste sie als eine den Verlauf der Geschichte gestaltende Kraft konzipiert werden.

Pornschlegel nutzte später immerhin Helferts Stichwort der „integrierte[n] Politik“, um das Verlaufsdenken bezogen auf die Schaffung eines einheitlichen Arbeitnehmerstatus produktiv zu machen. Arbeiterpolitik als „integrierte Arbeitnehmerpolitik“, so führte er aus, „bedeutet zum Teil tendenziell, dass die Arbeiterausschüsse zur Selbstauflösung neigen müssten.“[60] Neben dieses kurz- bis mittelfristig angelegte Projekt sollte mit Helferts „autonomer Arbeiterpolitik“ eine „Daueraufgabe“ treten, die schon deshalb unlösbar war, weil sie ständig „im Zuge des technologischen Wandlungsprozesses“ aktualisiert werde. Wie die ferne Zukunft der Personengruppe Arbeiter aussehen würde, machten die Arbeiterpolitiker ebenfalls deutlich:

> Will man die Behandlung der genannten Aufgabenkreise kombinieren, würde der Bundesarbeiterausschuss immer stärker die Zielrichtung eines Ausschusses für Arbeitswissenschaft bekommen. Er würde dann das Ziel des ersten Aufgabenkreises erfüllen, nämlich einen einheitlichen Arbeitnehmerstatus durchzusetzen.[61]

Mit Blick auf die ÖTV-Kritik mag es überraschen, dass die Abteilung Arbeiter-Handwerk hier ohne Not die Existenz der Arbeiterpolitik zur Disposition stellte, und dies kaum drei Jahre, nachdem sie mit Mühe überhaupt satzungsrechtlich verankert worden war. Auf den zweiten Blick erweist sich die doppelte temporale Verfassung der Arbeiterpolitik aber als eine gute Taktik. Nicht zufällig erinnert dieser Kompromiss strukturell an das Erfurter Programm der SPD, welches seinerzeit zwischen revolutionären und reformistischen Strömungen zu vermitteln hatte[62]. So ist der Kompromiss der Arbeiterpolitiker des DGB als Angebot an die innergewerkschaftlichen Gegner der Arbeiterpolitik zu verstehen[63]. Friedrich Layh hatte gerade sie in die Pflicht genommen, wenn er feststellte:

---

60 Abteilung Tarifpolitik, Niederschrift Besprechung, 3. Mai 1974, S. 3.

61 Abteilung Arbeiter-Handwerk, Sachbericht, 12. September 1974, S. 2.

62 Vgl. etwa Josef Mooser, Revolution oder Reform? Revisionismusstreit und Massenstreikdebatte 1890 bis 1914, in: Anja Kruke/Meik Woyke (Hrsg.), Deutsche Sozialdemokratie in Bewegung 1848 – 1863 – 2013, 2., verbesserte Auflage, Bonn 2013, S. 78–87, hier S. 81 f. Mooser bewertete das gleichzeitige Bekenntnis zu Reform und Revolution als „die nicht selbstverständliche Fähigkeit zur Einheit und Kontinuität der Bewegung“. Ibid., S. 87.

63 Vgl. Karl-Heinz Vorbrücken, Protokollnotiz des Gespräches mit dem Kollegen Helmut Manz von der Gewerkschaft NGG am 30. Juli 1976, S. 2, in: AdsD 5/DGCS000136.

> Es hängt nicht zuletzt von den Gewerkschaften ab, ob und in welchem Umfang dieser erste Aufgabenkreis eine Daueraufgabe ist. Bei voller Nutzung aller Einwirkungsmöglichkeiten wäre eine abschließende Erledigung dieser Aufgabe denkbar. Die politische Lage ist dafür nicht ungünstig.[64]

Die temporale Zweiteilung der Arbeiterarbeit befreite die Beteiligten zudem von der Last, sich auf eine Option festlegen zu müssen. Zugleich blieben damit verschiedene Sprachregister erhalten, mit denen die Arbeiterpolitik je nach Adressat unterschiedlich begründet werden konnte. So war in den vorausgegangenen Debatten etwa leistungsideologisch argumentiert worden, wenn auf die „Sonderopfer" der Arbeiterschaft verwiesen wurde, während aus dem zeitgenössischen Humanisierungsdiskurs, welcher über die Arbeitswissenschaftler Einzug in die Diskussion hielt, Menschenrechtsargumente geschöpft werden konnten. Die Arbeitswissenschaft bot zudem einen Rahmen, in dem sich ökonomische Gesichtspunkte geltend machen ließen: Ergonomische Maßnahmen erwiesen sich aus dieser Perspektive weniger als Wohltat für die Arbeiterschaft denn, verglichen mit den Krankheits- und Invaliditätskosten, als die günstigere Alternative[65].

Gleichwohl zeigt sich bei näherer Betrachtung eine gewisse Spannung zwischen den Begriffen und ihrer Auslegung. Laut Pornschlegel entsprang die autonome Arbeiterpolitik, wie erwähnt, aus arbeiterspezifischen, arbeitsbezogenen Problemen, die mit den Mitteln der Arbeitswissenschaft zu bearbeiten waren. Die Annahme, die autonome Arbeiterpolitik würde dadurch die Aufgaben der integrierten Arbeitnehmerpolitik erfüllen, hing jedoch allein von der Prämisse Adolf Jungbluths ab, dass die Arbeitswissenschaft nur im Rahmen eines allgemeinen Arbeitnehmerbegriffs operieren könne. In der Realität konnte die Arbeitswissenschaft die ihr zugedachte Funktion aber nur erfüllen, wenn sie die immer wieder aufs neue auftretenden Arbeiterprobleme stetig und restlos beseitigte. Andernfalls fungierte die autonome Arbeiterpolitik als Indikator für einen nicht im Arbeitnehmerbegriff aufhebbaren Restbestand an Problemen, der den Arbeiterbegriff dauerhaft zu fundieren vermochte. Dann aber hätte die autonome Arbeiterpolitik die Grundlage für eine Singularisierung des ‚Arbeiters' gelegt, was der Zielsetzung der integrierten Arbeitnehmerpolitik zuwiderlief. Dass genau dies im Bereich des Möglichen lag, darauf deutete Friedrich Layhs Hinweis auf die Beseitigung aller künstlichen, politisch-sozial begründeten Unterschiede hin, die impliziert, dass es

64 Layh, Personengruppe Arbeiter, 7. Juni 1974, S. 1. Dort sprach er „von den „dringende[n] Anliegen" der Arbeiter, verwies auf die „offensichtlichen Benachteiligungen der Arbeiterschaft", die es „zu bereinigen" gelte, und warnte vor „schwere[n] soziale[n] Erschütterungen", die andernfalls drohten. Vgl. ibid., S. 1f.

65 Vgl. Abteilung Arbeiter-Handwerk, Sachbericht, 12. September 1974, S. 4, 6, 11 (Zitat).

eben auch nicht-künstliche, also natürliche Unterschiede gibt. Abgesehen davon lässt sich eine weitere Schwierigkeit der Begriffsbildung ausmachen: Die integrierte Arbeitnehmerpolitik sollte laut Pornschlegel nach demselben Muster wie die autonome Arbeiterpolitik ablaufen. Auch sie musste zunächst Besonderheiten der ‚Arbeiter' hervorheben, um ihre Beseitigung in die Wege zu leiten. Wenn beide Begriffe aber letztlich dasselbe beschreiben, taugen sie nur bedingt als Analysebegriffe. Ist daher im Folgenden von integrierter Arbeitnehmerpolitik als Analysebegriff die Rede, so beziehe ich mich damit auf alle Maßnahmen, die Arbeiterprobleme unter dem Arbeitnehmerbegriff zu lösen versuchen. Autonome Arbeiterpolitik soll dagegen Maßnahmen beschreiben, die auf eine empirische Fundierung des Arbeiterbegriffs hinauslaufen und als Grundlage einer Singularisierung des ‚Arbeiters' dienen können[66].

Solche Erwägungen spielten in der damaligen Diskussion jedoch keine Rolle. Stattdessen trat ein zusätzlicher Pluspunkt hervor: Aus beiden Aufgaben konnte zunächst dieselbe unmittelbare Handlungsempfehlung abgeleitet werden, nämlich festzustellen, welche Probleme überhaupt arbeiterspezifisch waren. Mit der Suche nach konkreten Benachteiligungen der Arbeiterschaft rückte die Definition des ‚Arbeiters' in den Hintergrund, die höchstens noch in der Verwendung des Kollektivsingulars „der Arbeiter" anklang, und auch dieser sprachliche Aspekt änderte sich spätestens, als Irmgard Blättel[67] nach dem krankheitsbedingten Ausscheiden von Martin Heiß die Leitung der Arbeiterpolitik 1980 übernahm. Stattdessen setzte die Abteilung Arbeiter seit etwa 1975 auf eine Doppelstrategie. Einerseits brachte sie eine Differentialdiagnostik zur Anwendung, an deren Ende der ‚Arbeiter' letztlich als der Nicht-Angestellte und somit als eine Residualkategorie stehen sollte. Andererseits betrieb sie aber eine erschöpfende Problemschau, die den ‚Arbeiter' als komplexes Problemsyndrom zum Vorschein brachte.

66 Verwende ich die beiden Begriffe hingegen als Quellenbegriffe im Sinne Hans Pornschlegels, so sind „integrierte Arbeitnehmerpolitik" und „autonome Arbeiterpolitik" in Anführungszeichen gesetzt.

67 Anders als Martin Heiß hatte Irmgard Blättel vor ihrer Berufung in den GBV lange Jahre Gelegenheit gehabt, als Vorstandssekretärin und engste Mitarbeiterin Maria Webers die Funktionsweise der Vorstandsverwaltung kennenzulernen. Vgl. Sibylle Plogstedt, ‚Wir haben Geschichte geschrieben'. Zur Arbeit der DGB-Frauen (1945–1990), Gießen 2013, S. 177–182, 401 f., 473 sowie Remeke, Anders links, S. 221, 224.

7.2 ‚Arbeiter' in der Alltagsarbeit – Probleme und Potentiale

Im folgenden Abschnitt rückt die konkrete Arbeit der Personengruppe Arbeiter in den Mittelpunkt des Interesses. Drei Fragen sollen uns beim Gang durch diese Jahre begleiten:

1. Welche ‚Arbeiter' standen im Mittelpunkt der Arbeit?
2. Welche Potentiale boten die ‚Arbeiter' für den DGB?
3. Was erreichte die Personengruppe Arbeiter?

Begreift man die hier zu behandelnden Jahre als ein Scharnier zwischen den eher auf Verallgemeinerung und Vereinheitlichung hin ausgerichteten Konzeptionen der Anfangszeit und der ab 1980 einsetzenden, Singularisierung der ‚Arbeiter', stellt sich zugleich die Frage, ob und wo sich bereits Transformationen abzeichneten, und welche Ursachen dahinterstanden.

7.2.1 Die ‚Arbeiter' der Personengruppe Arbeiter

In den Jahren 1975 bis 1978 beschäftigten sich die Arbeiterpolitiker des DGB in unterschiedlichen Formaten mit der Frage, welche ‚Arbeiter' sie zu vertreten beabsichtigten. Viele der Akteure, die an der Konzeptualisierung der Arbeiterpolitik führend beteiligt gewesen waren, spielten in der Tagespolitik keine Rolle mehr. Nur Hans Pornschlegel vermochte seine Expertenrolle noch bis etwa 1978 auszuüben. Damit ging unweigerlich Wissen verloren, sodass manche Fragen aufs Neue verhandelt wurden.

Erste Schritte zur Klärung der Vertretungsfrage unternahmen die Arbeiterpolitiker mit der Planung einer für das Jahr 1975 vorgesehenen Bundesarbeiterkonferenz, die letztlich erst Ende 1977 und mit einer völlig anderen thematischen Ausrichtung durchgeführt werden sollte. Wichtige Impulse gingen sodann von der Erstellung einer umfassenden „Problemtabelle Arbeiter" zwischen Herbst 1975 und Sommer 1976 aus[68], mit der der neu eingestellte Abteilungssekretär Karl-Heinz Vorbrücken gleichsam seine arbeiterpolitische Gesellenprüfung ablegte. Anschließend verhandelte der Bundesarbeiterausschuss zwischen September 1976 und März 1977 über einen „Schwerpunktkatalog". Als genereller Trend lässt sich hier eine Versachlichung der Arbeiterfrage ausmachen, die auf der ersten Bundesarbeiterkonferenz ihren Schlusspunkt fand. Der zu Beginn noch vorherrschende Ansatz, spezifische Arbeitergruppen als Sonden für die Identifikation von Arbeiterproble-

68 Vorbrücken an Fröbrich, Trautmann, Polls, 23. Oktober 1975, S. 1.

men zu verwenden, erlebte erst gegen Ende des Jahrzehnts ein kurzes Revival. Der Grund für die erneute Auseinandersetzung mit Arbeiterfraktionen lag nicht in strategischen Überlegungen der Abteilung Arbeiter-Handwerk, sondern sie wurde von Dritten auf bestimmte Gruppen aufmerksam gemacht.

Doch zurück zum Anfang. Schon in seinen Thesen hatte sich Hans Pornschlegel zwar hauptsächlich mit den ‚Arbeitern' an sich beschäftigt, aber mit den Frauen, Hilfs- und Gastarbeitern Randgruppen der Arbeiterschaft als besonders hilfsbedürftig ausgemacht[69]. In ähnlicher Weise sahen die Pläne für eine Bundesarbeiterkonferenz zunächst vor, Teilgruppen aus der Arbeiterschaft eine Bühne zu bieten. Um das fraktale Arbeiterbild in den Gesamtrahmen einzuordnen, sollten sich die Delegierten im ersten Arbeitskreis allgemein „mit der wirtschaftlichen, politischen und gesellschaftspolitischen Situation der Arbeiter" befassen. In den beiden anderen Arbeitskreisen standen dann, so der Plan, „Ausländische Arbeiter/innen" und „Jugendliche Arbeiter/innen" im Mittelpunkt[70]. Dass sich die ausgewählten Arbeitergruppen leicht geändert hatten, war dabei rein akzidentiell, das heißt der damals aktuellen allgemeinpolitischen Themenkonjunktur geschuldet[71]. Dieser Schritt hin zur Umsetzung der Arbeiterpolitik rief aber sogleich entschiedene Proteste des GBV-Mitglieds Karl Schwab hervor, in dessen Vorstandsbereich die Vertretung jener beiden Gruppen fiel, der sich die Arbeiterpolitiker auf ihrer Konferenz nun besonders annehmen wollten. Schwab nutzte diese Gelegenheit nicht nur, sein eigenes Revier zu verteidigen, sondern fuhr gleich ganz schwere Geschütze auf:

> Zusätzlich darf ich mir die Bemerkung erlauben, daß bereits diese Konstruktion der Konferenz beweist, wie unmöglich und unnötig die Bildung der Personengruppe Arbeiter ist, denn alle Fragen, für die sie sich zuständig fühlt, werden bereits von anderen Gruppen behandelt.[72]

Ruft man sich in Erinnerung, dass Schwab auch für die Ausarbeitung der Rahmenrichtlinien der Personengruppen zuständig war, wirft dies ein neues Licht auf das Scheitern dieses Unterfangens. Auch wenn Heiß diese Kritik postwendend zurückwies, entfaltete sie aufgrund der prekären Stellung der neuen Abteilung innerhalb der DGB-Vorstandsverwaltung doch ihre Wirkung[73]. Folglich lag es nahe,

69 Vgl. Pornschlegel, Thesen, S. 3.

70 Abteilung Arbeiter-Handwerk, Vorlage für die Sitzung des Bundes-Arbeiterausschusses am 31. Januar 1975, S. 3, in: AdsD 5/DGCS000001.

71 Vgl. die Aussagen von Paul Plumeyer (IG CPK) im Bundesarbeiterausschuss. Protokoll BAA, 31. Januar 1975, S. 4. Es sei auch daran erinnert, dass Willfried Schaefer schon 1973 andere Randgruppen als Pornschlegel benannt hatte.

72 Vgl. Karl Schwab an Martin Heiß, 24. März 1975, in: AdsD 5/DGCS000135.

73 Martin Heiß, Abteilung Arbeiter-Handwerk, an Karl Schwab, 9. April 1975, in: AdsD 5/DGCS000135. Darin gestand Heiß seinem Kollegen zu, „dass, was auch immer der Bundes-Arbeiterausschuss in

den personenzentrierten Ansatz noch stärker durch einen problemorientierten zu ergänzen, wie er ja schon in den Ausführungen Jungbluths angelegt gewesen war. Entsprechend durchmischt präsentierte sich das Arbeitsprogramm des Arbeiterreferats, das Heinz Oskar Vetter in seiner Funktion als DGB-Vorsitzender im September 1975 dem DGB-Bundesausschuss präsentieren durfte. Neben einheitlichen Tarifverträgen, arbeitsmarkt- und beschäftigungspolitischen Problemen oder Herausforderungen für Arbeiter im Zuge von Rationalisierung und Automation führte er „Probleme der Teilgruppen" an, und zwar jene „der ungelernten, angelernten, Fach-, Schicht- und Nachtarbeiter"[74]. Die von Schwab betreuten Gruppen tauchten in dieser Aufzählung nicht mehr auf. Bemerkenswert war aber etwas anderes, nämlich die Nennung der Facharbeiter, denn erst damit war der fraktale Arbeiterbegriff insofern komplettiert, als nun alle Qualifikationsstufen berücksichtigt waren.

Eine solche Melange aus Personen- und Problemperspektive war durchaus reizvoll. Sie griff nicht nur die zuvor geführte Debatte um die Ausrichtung der Personengruppe auf, sondern ermöglichte ein ständiges Changieren zwischen den unterschiedlichen Sehepunkten. Schon in ihrem Sachstandbericht hatten die Arbeiterpolitiker mit Blick auf den arbeitswissenschaftlichen Ansatz Jungbluths 1974 gewarnt: „Der systematische Gesichtspunkt aber darf nicht darüber hinwegtäuschen, dass es ganz überwiegend Arbeiter sind, die bei ihrer Arbeit unzumutbaren Belastungen und gesundheitlichen Gefahren ausgesetzt sind."[75] Was in diesem Zitat anklingt, ist die Einsicht von Max Horkheimer und Theodor W. Adorno, dass die moderne wissenschaftliche Vernunft dem Menschen wie der Natur Gewalt zufügt. Denn jede Systematisierung musste das jeweils Besondere des Untersuchungsobjekts tilgen, um es quantifizierbar und dadurch letztlich beherrschbar zu machen[76].

Angriff nimmt, davon irgendeine Abteilung unseres Hauses berührt wird." (Ibid., S. 1) Erst Ende 1976 war Heiß selbstbewusst genug, offensiver mit dieser Tatsache umzugehen. Die „Überschneidungen mit anderen Funktionen oder Kompetenzen beim DGB" diene dem Ziel, keinesfalls eine „isolierte Politik" für die Arbeiterschaft zu betreiben. Vgl. Heiß, Vorlage zum Tagesordnungspunkt, 2. Dezember 1976, S. 5 f.

74 Heinz O. Vetter, Schwerpunkte des Arbeitsprogramms des Geschäftsführenden Bundesvorstandes, Sitzung des DGB-Bundesausschusses am 2./3. September 1975 in Düsseldorf, S. 17, in: AdsD 5/DGCS000136.

75 Abteilung Arbeiter-Handwerk, Sachbericht, 12. September 1974, S. 2.

76 Vgl. Sam Fleischacker, Kant in the *Dialectic of Enlightenment*, in: Sonja Lavaert/Winfried Schröder (Hrsg.), Aufklärungs-Kritik und Aufklärungs-Mythen. Horkheimer und Adorno in philosophiehistorischer Perspektive, Berlin/Boston 2018, S. 123–142, hier S. 133 f.

„Problemtabelle Arbeiter"

Wie produktiv diese Einsicht gewendet werden konnte, demonstrierte Karl-Heinz Vorbrücken mit seiner „Problemtabelle Arbeiter". In ihrer Endfassung umfasste sie eine 18-seitige Tabelle, an die sich ein auf gut 200 Seiten ausformulierter „Problemkatalog" anschloss, der in 25 Hauptpunkte nebst zahlreichen Unterpunkten zerfiel[77]. Der eigentliche Tabellenteil war entlang von sieben Problembereichen strukturiert, denen jeweils besonders betroffene Arbeitergruppen zugeordnet waren[78]. Auf diese Weise war der oben angeführten Kritik am systematischen Vorgehen Genüge getan, doch mussten sich die Personen hier klar den Problemen, also Sachfragen, unterordnen. Im Katalogteil war dies nicht der Fall. Hier rangierten Gruppen- und Sachprobleme auf der gleichen Ebene. Die Gruppen, die nun als problematisch identifiziert wurden, hatten sich unterdessen stark ausdifferenziert. Überraschenderweise fanden sich die üblichen Verdächtigen, also die aufgrund ihrer Qualifikation oder ihrer Arbeitszeiten schlechter gestellten Arbeiterinnen und Arbeiter, erst ganz am Ende unter dem Sammelbegriff „Teilgruppen". Stattdessen kam im Problemkatalog einerseits mit den Arbeitern im Handwerk, den arbeitslosen Arbeitern, den Arbeitern im Öffentlichen Dienst sowie den Heimarbeitern solchen Gruppen ein eigenständiger Platz zu, die aufgrund ihrer Branchenzugehörigkeit (auch Arbeitslosigkeit wäre in diesem Zusammenhang als Branche zu werten) Benachteiligungen erfuhren, andererseits jenen Gruppen, die aufgrund sichtbarer persönlicher Merkmale, nämlich ihrer Herkunft, ihres Alters, ihres Geschlechts oder ihres Gesundheitszustands, mit besonderen Problemen konfrontiert waren[79].

Im Zuge der konstruktiven Begleitung der Problemtabelle Arbeiter warfen verschiedene Akteure immer wieder die Frage auf, welche Probleme überhaupt in das Verzeichnis aufgenommen werden sollten. Analog zur Debatte um die integrierte Arbeitnehmerpolitik und autonome Arbeiterpolitik gab Franz Holländer zu

77 Vgl. Problemtabelle Arbeiter, in: AdsD 5/DGAA000500. Im weiteren Verlauf werde ich bisweilen vereinfachend von „Problemtabelle" sprechen, wenn es mir um das Gesamtprojekt geht, das aus den beiden Teilen „Problemtabelle" und „Problemkatalog" bestand.

78 Im Einzelnen waren dies: „Verbesserung der Arbeitsbedingungen für Arbeiter", „Abbau der arbeitsrechtlichen und sozialrechtlichen Unterschiede", „Einheitliche Tarifverträge für Arbeiter und Angestellte", „Bildung, Aufstiegsmöglichkeiten in Betrieb und Gesellschaft", „Aufhebung der Unterrepräsentanz von Arbeitern in politischen und gewerkschaftlichen Gremien", „Förderung des Selbstbewußtseins der Arbeiter" sowie „Gesellschaftspolitische Maßnahmen". Problemtabelle Arbeiter, S. 2f., 7, 9, 12f., 15 (Hervorhebungen jeweils gelöscht).

79 Dies ging bereits auf den ersten Entwurf zurück. Vgl. Vorbrücken, Anlage, 23. Oktober 1975, S. 3f., 6, 9, 11, 21, 23, 27, 32. In diesem ersten Entwurf waren noch die „Facharbeiter" als eine der Teilgruppen aufgeführt, sie fehlten jedoch in der Endfassung. Dort wurden nun die „Wechselschichtarbeiter" genannt. Vgl. Problemtabelle, S. 12 (Hauptteil).

bedenken, „ob eine Gliederung erfolgen kann, wonach zwischen gemeinsamen Problemen der Arbeitnehmer und spezifischen Arbeiterproblemen differenziert wird."[80] Der Vertreter der Abteilung Sozialpolitik ging in seiner Forderung sogar noch weiter, denn er wollte nur arbeiterspezifische Probleme gelten lassen[81]. Wäre Vorbrücken diesem Einwand gefolgt, hätte er zwar die Grundlage für eine autonome Arbeiterpolitik geschaffen, doch hätte sich die Frage gestellt, welche Relevanz sie überhaupt hätte erlangen können. Da viele der aufgeführten Probleme eben nicht arbeiterspezifisch waren, wie der Vertreter des DGB-Justitiariats, Falk Eckhard Peters, anmerkte, drohte die Tabelle auf eine Sammlung unwichtiger Detailfragen zusammenzuschrumpfen. Politisch hätte das Arbeiterreferat damit kein Gewicht gewonnen. Aber mehr noch: Das Gesamtbild ‚Arbeiter' wäre völlig aus dem Blick geraten. Eine Lösung für die Problemkonstellation ‚Arbeiter' ließ sich aber womöglich nur erkennen, wenn alle Probleme, auch die nicht exklusiv arbeiterspezifischen, in die Betrachtung einbezogen wurden. Von Peters ermutigt entschied sich Vorbrücken denn auch für einen umfassenden Problemkatalog[82]. Implizit, nämlich subsumiert unter die Sachprobleme, waren nun auch die Facharbeiter berücksichtigt, deren Probleme damit nicht mehr als allgemeine Arbeitnehmerprobleme, sondern als Arbeiterprobleme behandelt wurden. Der Arbeiterbegriff in der Problemtabelle Arbeiter mochte zwar fraktal erscheinen, doch waren nun alle Teile summarisch versammelt.

Neue Arbeitergruppen

War die Tätigkeit des Arbeiterreferats in den mittleren 1970er Jahren von immer wieder neu in Angriff genommenen konzeptionellen Erschließungen verschiedener Arbeitergruppen geprägt, trat ab 1978 eine Phase des Stillstands ein. Die Zuständigkeit für arbeitslose Arbeiter wurde in jenem Jahr recht geräuschlos an die Kreisverbände überwiesen[83] und damit an eine DGB-Ebene, auf der die Personengruppe Arbeiter nicht vertreten war. Auf neue Arbeitergruppen wurde das Arbeiterreferat nun von anderer Seite hingewiesen, doch wusste es mit ihnen wenig

---

80 Martin Heiß, Karl-Heinz Vorbrücken, Niederschrift des DGB-Bundesarbeiterausschusses am 29. Januar 1976, S. 5, in: AdsD 5/DGCS000141.

81 Vgl. Karl-Heinz Vorbrücken, Gespräch mit der Abt. Sozialpolitik Kollege Elsner am 19. Juli 1976, S. 1, in: AdsD 5/DGCS000136.

82 Karl-Heinz Vorbrücken, Kurzprotokoll des Gesprächs mit der Abteilung Justitiariat am 12. Juli 1976, Gesprächspartner Falk-Eckardt [sic!] Peters, 13. Juli 1976, S. 1, in: AdsD 5/DGCS000136.

83 Vgl. Karl-Heinz Vorbrücken, Scheckliste über die Aufgaben des Referats „Arbeiter", 22. September 1978, S. 10 f., in: AdsD 5/DGCS000137 sowie Niederschrift über die Sitzung des Bundesarbeiterausschusses am 2. November 1978, S. 3–5, in: AdsD 5/DGCS000113.

anzufangen. Als Paradebeispiel hierfür können die Beschäftigten des Werkschutzes angeführt werden[84]. Kurzfristig ähnlich, aber mittelfristig anders war es um die Berufskraftfahrer bestellt. Nach einer Initiative der ÖTV machte Karl Schwab die Arbeiterpolitiker im September 1977 auf diese Beschäftigtengruppe aufmerksam. Allerdings hatte sie nur deshalb die Aufmerksamkeit des DGB erlangen können, weil in der „Bundesvereinigung der Berufskraftfahrerverbände e. V." eine Konkurrenzorganisation zu erwachsen drohte. Das Potential, das diese Gruppe für die Gewerkschaftspolitik in sich barg, erschloss sich nur der ÖTV. Ihre Vertreter verwiesen auf den „regen Austausch", den die Berufskraftfahrer untereinander pflegten, und sahen in ihnen folgerichtig „eine wichtige Gruppe von Multiplikatoren". Dennoch wies die Abteilung Arbeiter-Handwerk auch hier jede Zuständigkeit zurück[85], und es sollte bis Mitte der 1980er Jahre dauern, bis auch die Arbeiterpolitiker des DGB einen Mehrwert in den Kraftfahrern erkennen konnten.

Wie ist diese Phase des Desinteresses zu erklären? Drei Gründe kommen hier in Betracht. Zum einen scheint die konzeptionelle Arbeit der Abteilung gegen Ende der Amtszeit von Martin Heiß unter dessen zunehmender krankheitsbedingter Abwesenheit gelitten zu haben. Zum Zweiten, so zeigte nicht nur das im März 1977 diskutierte Schwerpunktprogramm des Bundesarbeiterausschusses, konzentrierte sich die Arbeit mehr und mehr auf Sachprobleme: Mit Ausnahme der „Arbeiterinnen" und der „Schicht- und Nachtarbeiter" waren alle in den vorherigen Entwürfen noch vorgesehenen spezifischen Arbeitergruppen gestrichen. Stattdessen wollte sich der Bundesarbeiterausschuss der „Weiterbildungsbereitschaft und -möglichkeit der Industriearbeiter", der „Gesundheitsgefährdung der Arbeiter", dem Komplex „Freizeit – Umwelt – Wohnen" sowie den „Arbeitsrechtliche[n] Nachteile[n] der Arbeiter" widmen[86]. Diese Entwicklung ist nachvollziehbar, wenn

84 Vgl. Vorbrücken, Scheckliste, 22. September 1978, S. 13, Niederschrift BAA-Sitzung, 2. November 1978, S. 3f. sowie Karl Schwab, Abteilung Organisation, an Martin Heiß, 28. März 1979, in: AdsD 5/DGCS000126.

85 Vgl. Karl Schwab, Abt. Organisation und Verwaltung, An die Mitglieder des Geschäftsführenden Bundesvorstandes, 6. September 1977 sowie Abteilung Arbeiter-Handwerk, Vermerk über ein Gespräch mit Vertretern des Hauptvorstandes der Gewerkschaft ÖTV am 24. Februar 1978 in Stuttgart, S. 2 (Zitat), beide in: AdsD 5/DGCS000122, Dieter Trautmann an die Kollegen der Abteilungen Tarifpolitik, Arbeiter-Handwerk, 30. März 1978, Anlage: Karl-Heinz Vorbrücken, Scheckliste über Aufgaben, die vom Referat „Arbeiter" 1978 noch zu bearbeiten sind, 20. März 1978, S. 13f., in: AdsD 5/DGCS000137, Niederschrift BAA, 8. Juni 1978, S. 2–4, Vorbrücken, Scheckliste, 22. September 1978, S. 2f. sowie Niederschrift BAA, 2. November 1978, S. 3.

86 Vgl. Vorlage zum Tagesordnungspunkt 2 der Bundesarbeiter-Ausschußsitzung am 8. März 1977 [d. i. „Überarbeitetes Schwerpunktprogramm" (unter Berücksichtigung der Bundesarbeiterausschußsitzung vom 9. Dezember 1976)], S. 2f., 11f., 15, 20, in: AdsD 5/DGCS000122. Im Juni 1976 lauteten die Hauptpunkte noch: „Arbeiter im Handwerk", „Arbeiterinnen", „Arbeitslose Arbeiter", „Aus-

man die vorangegangene intensive Beschäftigung mit spezifischen Arbeitergruppen als Heuristik begreift, um überhaupt erst Probleme zu identifizieren, die dann im Modus der Sacharbeit für die Betroffenen zu lösen waren. Ein dritter Grund sei abschließend angeführt. Wie die weitere Entwicklung der frühen 1980er Jahre zeigen sollte, bildete ein unspezifischer ‚Gesamtarbeiter' die bessere Grundlage für die auf den Bundesarbeiterkonferenzen 1981 und 1985 verfolgte Strategie, ‚Arbeiter' zu singularisieren.

7.2.2 Die Potentiale der Personengruppe Arbeiter

Welche Potentiale konnte die Personengruppe Arbeiter zu Beginn ihrer Tätigkeit erschließen? Hier ist zunächst festzuhalten, dass die bearbeiteten Themen nicht unbedingt den Eindruck einer systematischen Auswahl erwecken. Gleichwohl ist eine Systematisierung im Rückblick möglich. Generell entfaltete die Arbeiterpolitik in der Anfangszeit ihr Potential, indem sie sich Grenzbereichen der gewerkschaftlichen Arbeit zuwandte, nämlich der Trennlinie zwischen Arbeitszeit und Freizeit sowie den Grenzlinien des Arbeiterbegriffs. Das größte Innovationspotential wohnte jedoch keinem erschlossenen Themenbereich inne, sondern einer Methode: der Problemtabelle Arbeiter.

Die Grenze zwischen Arbeitern und Angestellten

Um ihr Potential zu entfalten, genügte in gewisser Weise schon die bloße Existenz der Personengruppe Arbeiter. Denn wie schon bei Adolf Jungbluth löste die Arbeiterpolitik auch bei anderen Gesprächspartnern einen Irritationseffekt aus, der das Nachdenken über Besonderheiten der ‚Arbeiter' in Gang setzte. Vorbrücken verstärkte diesen Effekt mit seiner Problemtabelle Arbeiter unweigerlich. Selbst einige Mitglieder des Bundesarbeiterausschusses wie Bruno Köbele (IG BSE) oder Alfred Czerny (HBV) meldeten Zweifel an der Exklusivität der im Problemkatalog verzeichneten Arbeiterprobleme an[87]. Das Arbeiterreferat versuchte, diese Einwürfe produktiv zu nutzen, indem es die Suche nach bestehenden Unterschieden zwischen ‚Arbeitern' und ‚Angestellten' sowie nach Lösungsmöglichkeiten

ländische Arbeitnehmer", „Harmonisierung", „Heimarbeiter", „Ungelernte Arbeiter", „Schwerbehinderte Arbeiter", „Staatliches Recht", „Tarifvertragliche Möglichkeiten", „Schicht- und Nachtarbeiter". Vgl. Dieter Trautmann an Martin Heiß, 22. Juni 1976, Anlage: Karl-Heinz Vorbrücken, Entwurfsvorlage I zum Tagesordnungspunkt 2 Schwerpunkte der Arbeit 1976/77, 3. Juni 1976, S. 1–3, in: AdsD 5/DGCS000136.

87 Heiß/Vorbrücken, Niederschrift BAA, 29. Januar 1976, S. 4 f.

forcierte. Im Oktober 1976 war erstmals davon die Rede, beim RKW eine Studie in Auftrag zu geben, um die Unterschiede bei der Gewährung betrieblicher Sozialleistungen an Lohn- und Gehaltsempfänger zu erforschen[88]. Die Voraussetzungen hierfür waren gut. Noch 1974 hatte Martin Heiß seine Kollegen informiert, dass der DGB im Jahr zuvor fast 20 Prozent der ihm zustehenden RKW-Mittel hatte verfallen lassen. Es drohten daher Mittelkürzungen seitens des Bundeswirtschaftsministeriums[89]. Auch die Abteilung Angestellte meldete großes Interesse an dem Vorhaben an, da der vorangegangene Bundeskongress sie aufgefordert hatte, „eine Studie über die materiellen und immateriellen Abhängigkeiten der Angestellten in den Unternehmen zu erstellen"[90]. Dennoch verzögerte sich die Umsetzung, da zwischenzeitlich auch andere Abteilungen des DGB auf die gut gefüllten Töpfe des RKW aufmerksam geworden waren[91].

Einen anderen Weg schlugen die Arbeiterpolitiker mit einer weiteren Studie ein. Sie wollten klären, welche tarifvertraglichen Unterschiede zwischen ‚Arbeitern' und ‚Angestellten' bestanden und auf welche Weise sie sich abbauen ließen. Martin Heiß hatte sich zunächst an das Tarifarchiv des WSI gewandt, doch dessen Mitarbeiter winkten ab. Er habe bereits für die zweite von ihm geleitete Vorstandsabteilung, jene für Tarifpolitik, so viele Anfragen gestellt, dass eine weitere Arbeitsbelastung nicht tragbar sei[92]. Als Alternative bot sich Hans Pornschlegel an, der mittlerweile als Professor an der Sozialakademie Dortmund wirkte. Diese Institution diente, wie etwa die Akademie der Arbeit in Frankfurt, der wissenschaftlichen Qualifizierung von Arbeitnehmern ohne Abitur. Nicht zuletzt wurden dort aktive Gewerkschaftsmitglieder auf eine zukünftige hauptamtliche Tätigkeit im DGB oder

88 Karl-Heinz Vorbrücken, Entwurf, An das Rationalisierungs-Kuratorium der Deutschen Wirtschaft e.V., 6. Oktober 1976, in: AdsD 5/DGCS000122. Ein Jahr früher hatte bereits Franz Holländer eine RKW-Studie zur Lage der Arbeiter in der Bundesrepublik ins Gespräch gebracht. Vgl. Heiß/Fröbrich, Protokoll BAA, 23. September 1975, S. 3.

89 Vgl. Martin Heiß an die Arbeitsträger des RKW-Projektes 1974, an die Tarif- und Bildungsabteilungen der Industriegewerkschaften und Gewerkschaften, an den Geschäftsf. Bundesvorstand zur Kenntnisnahme, 14. Mai 1974, S. 1f., in: AdsD 5/DGCS000059.

90 Annedore Bell, Abteilung Angestellte, an Kollege Vorbrücken, Abteilung Arbeiter-Handwerk, Referat „Arbeiter", 27. Oktober 1976, in: AdsD 5/DGCS000122.

91 Vgl. Willfried Schaefer, Aktennotiz für den Kollegen Martin Heiß, 23. November 1976, in: AdsD 5/DGCS000122.

92 Vgl. Karl-Heinz Vorbrücken an den Kollegen Martin Heiß, 8. Oktober 1976 sowie Dr. Heinz Markmann, WSI Geschäftsführung an Martin Heiß, DGB, Abt. Tarifpolitik, 14. März 1977, beide in: AdsD 5/DGCS000137.

den Einzelgewerkschaften vorbereitet. Pornschlegel erklärte sich bereit, das Thema von drei Studenten bearbeiten zu lassen[93], denn er sah für alle Seiten einen Gewinn:

> Sie ließe sich insoweit durchaus auch als ein Beispiel der neuen didaktischen Konzeption der Sozialakademie kennzeichnen, die [...] mit dem Stichwort: „Arbeiter forschen" umrissen ist. Dahinter steht die Annahme, daß die Heranführung von Studierenden der Sozialakademie an eine wissenschaftliche Aufarbeitung von Thematiken aus ihrer berufs- und gesellschaftlichen Erfahrungswelt wegen ihrer besonders engen Realitätsbezüge besonders erfolgsversprechend ist; auch bietet sich zugleich eine Chance zur Erprobung sozialwissenschaftlich-analytischen Denkens im Rahmen ihrer künftigen oder derzeitigen Handlungsfelder.[94]

Mit anderen Worten: Bestenfalls wurden nicht nur unmittelbar anwendbare Erkenntnisse für die Arbeiterpolitiker gewonnen, sondern zugleich künftige Gewerkschaftsfunktionäre für die Problematik sensibilisiert.

Problemgruppen und Freizeit

Potential barg jedoch nicht nur das Streben, Unterschiede gegenüber den Angestellten abzubauen, sondern auch die Beschäftigung mit der Frage, welche Gruppen überhaupt zur Arbeiterschaft gehörten. Als sich die Gewerkschafter Mitte der 1970er Jahre mit den ‚Arbeitern' zu beschäftigen begannen, begaben sie sich keineswegs auf ein völlig unbearbeitetes Feld. Ganz im Gegenteil, die Studentenbewegung, Filmschaffende und Soziologen aus dem In- und Ausland hatten sich schon längst derselben Frage angenommen. Im Vergleich zu diesen konnte die Personengruppe Arbeiter eigene Akzente setzen, die weniger radikal, aber dennoch innovativ ausfielen.

Um dies zu verdeutlichen, sei zunächst auf einen Gegenentwurf verwiesen. Serge Mallet hatte mit dem Begriff der ‚Arbeiterklasse' kurzerhand Tabula rasa gemacht, um ihn von den ‚Arbeitern' der traditionellen Branchen zu säubern und diese durch die Vertreter der „neuen Arbeiterklasse" zu ersetzen, zu denen er auch Angehörige der „wissenschaftlich-technischen Intelligenz" – Techniker, Ingenieure, leitende Angestellte – zählte. In ihnen erkannte er gesellschaftsveränderndes Potential, da sie gegen die in Frankreich besonders ausgeprägten betrieblichen Hierarchien opponierten. Die Arbeiterschaft der traditionellen Industriebranchen,

93 Vgl. Karl-Heinz Vorbrücken, Aktennotiz über das Gespräch mit den Kollegen Ekkehard Schwabe, Siegfried Brusten und Reiner Neumeister von der Sozialakademie Dortmund und den Kollegen Manfred Piecha, WSI und Karl-Heinz Vorbrücken vom 18. Januar 1977, in: AdsD 5/DGCS000137.

94 Differenzierungen zwischen Arbeitern und Angestellten in Tarifverträgen – eine Analyse ausgewählter Beispiele. Siegfried Brusten, Reiner Neumeister, Ekkehard Schwabe. Mit einem Nachwort von Prof. Hans Pornschlegel. Aus der Arbeit der Sozialakademie Dortmund Lehrstuhl für Arbeitswissenschaft, im Mai 1978, S. 40, in: AdsD 5/DGCS000137.

so Mallets Verdikt, habe sich hingegen in der bürgerlichen Ordnung eingerichtet und sei nur noch an einer graduellen materiellen Verbesserung ihrer Lage interessiert, dadurch in letzter Konsequenz jedoch politisch irrelevant geworden[95]. Das DGB-Arbeiterreferat verhalf dagegen gerade den Randgruppen der alten ‚Arbeiterklasse' zumindest zu gewerkschaftsinterner Sichtbarkeit[96]. In einer facharbeiterzentrierten Bewegung wie den Gewerkschaften war dieser Schritt sinnvoll, da mit den Randgruppen noch ungenutztes Mobilisierungspotential in den Blick kam und sich überraschende Erkenntnisse gewinnen ließen. Denn während Industriesoziologen aufgrund ihrer *déformation professionnelle* in den großen Industriebetrieben nach empirischem Material für ihre Studien zu suchen pflegten, konnte Vorbrücken in seiner Problemtabelle verkünden: „In keinem anderen Bereich der Wirtschaft ist der Anteil der klassischen Arbeiter so hoch wie im Handwerk"[97]. Mallet hätte dieser Erkenntnis wohl keinen positiven Wert zugestanden, doch der Bewertungsmaßstab der DGB-Gewerkschaften mochte ein anderer sein. Langfristig betrachtet lag gerade im Handwerkbereich ein großes Zukunftspotential für die Wirtschaft und damit indirekt auch für die Gewerkschaften. Denn Handwerker fanden ihr Auskommen vornehmlich in kleinen und mittelgroßen Betrieben, die im Zuge der Mitte der 1980er Jahre einsetzenden Deindustrialisierung an Bedeutung gewannen und mitunter zu *hidden champions*, also Weltmarktführern mit einer höchst spezialisierten Produktpalette, aufsteigen sollten[98].

Dass Vorbrücken auf die Arbeiterschaft in den Handwerksbetrieben aufmerksam geworden war, lag sicher auch am Ressortzuschnitt begründet. Immerhin firmierte die Vorstandsabteilung, in der er beschäftigt war, als Abteilung Arbeiter-Handwerk. Vorbrückens Einordnung der Handwerker als „klassische Arbeiter" war dennoch keine Trivialität, denn die Handwerkspolitik des DGB war vornehmlich auf eine Interessenvertretung der Gesellen in den Handwerkskammern ausgerichtet, weniger aber auf eine konsequente Integration der Handwerker in die Gewerkschaftspolitik[99]. Jedoch zeigte die Anlage der Problemtabelle Arbeiter gerade im Auffinden wenig beachteter Arbeitergruppen ihre Wirkung. Am deutlichsten wird dies vielleicht bei der Gruppe der Heimarbeiterinnen und Heimarbeiter. Während für Industriesoziologen der technische Wandel die entscheidende

95 Vgl. Mallet, Neue Arbeiterklasse, S. 11–27.

96 Somit vollzog das Arbeiterreferat einen Trend aus der Sozialpolitik nach, die seit Mitte der 1960er Jahre ebenfalls verstärkt „Randgruppen" in den Blick genommen hatte. Vgl. zur Sozialpolitik Hockerts/Süß, Gesamtbetrachtung, S. 952.

97 Vorbrücken, Anlage, 11. Dezember 1975, S. 2.

98 Vgl. Raphael, Jenseits von Kohle, S. 432–434.

99 Vgl. Beitrag des Referates Handwerk in der Abteilung Arbeiter-Handwerk als Material zur Bundesarbeiterkonferenz 1981 in Osnabrück, S. 2–7, in: AdsD 5/DGAA000156.

Variable der gesellschaftlichen Entwicklung darstellte, dessen Auswirkungen auf die Arbeiterschaft zu untersuchen waren, zeichnete sich die Problemtabelle durch eine grundsätzliche analytische Offenheit aus. Anders hätte sie ihrer Aufgabe, möglichst alle Probleme der Arbeiter aufzuspüren, nicht gerecht werden können. Hier profitierte Vorbrücken von den vorangegangenen Diskussionen, gerade weil sie nicht zu einer ausschließlichen Festlegung auf arbeitsplatzzentrierte oder gesellschaftspolitische Fragestellungen geführt hatten[100].

Lohnend ist daher, einen Blick auf die beiden Suchalgorithmen der Problemtabelle Arbeiter zu werfen. Deren erste Suchachse nahm ihren Ausgangspunkt in den vorhandenen Lösungsmöglichkeiten und strukturierte die Probleme dahingehend, ob sie mit betrieblichen, gewerkschaftlichen, tarifvertraglichen oder gesetzlichen Mitteln anzugehen waren[101]. Auf diese Weise kamen gesetzliche Regelungen als ein diskriminierender Faktor in den Blick. Heimarbeiter erwiesen sich als Ergebnis dieses Vorgehens als besonders betroffene Gruppe, denn sie waren von der Schutzwirkung sowohl des Lohnfortzahlungsgesetzes als auch des Kündigungsschutzgesetzes ausgenommen[102]. Die zweite Suchachse folgte den Arbeitern durch all ihre Lebensbereiche. Dadurch ließ sich das Bildungssystem als diskriminierende Instanz identifizieren, aber es kam auch die Trias „Freizeit – Umwelt – Wohnen" in den Blick[103].

Eine solche Ausweitung der gewerkschaftlichen Zuständigkeit war nicht unumstritten. Als sich das Arbeiterreferat der Freizeit zuwandte, erhob Kurt Georgi (GHK) Einspruch. Er verlangte, „daß die Gewerkschaften gegen jede Form der Freizeitreglementierung eintreten müßten."[104] Andererseits hatte bereits Serge Mallet, wie auch die Vertreter der Kritischen Theorie, vor der Versuchung eines Lebensmodells gewarnt, „das getrennt ist zwischen einer stumpfsinnigen und aufgezwungenen Arbeit und einem Privatleben, das mit den Spielzeugen der Konsumgesellschaft ausgestattet ist"[105]. Mit diesem Modell hätte auch Vorbrücken wenig anfangen können. Er stand mit seinem Ansatz, „die sinnvolle Bewältigung der Freizeit" als Ziel gewerkschaftlichen Handelns auszugeben[106], noch ganz im Pro-

---

100 Schon 1971 hatte der Spiegel den Heimarbeiterinnen einen ausführlichen Bericht gewidmet. Vgl. o. V., Fäden zieht der Vogel, in: Der Spiegel 25–13 (1971), S. 84–90.

101 Vgl. Problemtabelle, S. 2–18 (Tabellenteil).

102 Vgl. Dieter Trautmann an die Abteilung Frauen, Angestellte, Bildung, Berufliche Bildung, Arbeitsrecht, Jugend, Gesellschaftspolitik, Tarifpolitik, Beamte-Öffentlicher Dienst, Sozialpolitik, 5. August 1976, Anlage: Abt. Arbeiter-Handwerk, Schwerpunktarbeit für die Personengruppe Arbeiter, 5. August 1976, S. 27–29, in: AdsD 5/DGCS000136.

103 Vgl. ibid., S. 5 f., 15–18.

104 Protokoll BAA-Sitzung, 14. September 1976, S. 9.

105 Mallet, Neue Arbeiterklasse, S. 24.

106 Protokoll BAA-Sitzung, 14. September 1976, S. 8.

blemhorizont der späten 1950er Jahre. Freizeit war als Problem erst auf die gewerkschaftliche Tagesordnung gekommen, als die Gewerkschaften seit Mitte jenes Jahrzehnts den Kampf um die Beschränkung der Arbeitszeit auf fünf Wochentage sowie auf 40 Wochenstunden aufgenommen hatten. Schon mit der Kampagne „Freie Zeit – meine Zeit" von 1958/9 hatte der DGB den Anspruch gegenüber der Arbeitnehmerschaft begründet, die neugewonnene Zeit sinnvoll zu nutzen[107]. Und da der Trend zu mehr freier Zeit sich über die 1970er Jahre hinweg fortsetzte, blieb die Frage für die Gewerkschaften relevant. Vorbrücken konnte dieser Entwicklung aber durchaus auch Gutes abgewinnen. So bot das vergrößerte Freizeitbudget etwa einen Ansatzpunkt, die Arbeiterinnen und Arbeiter wieder stärker für parteipolitisches Engagement zu mobilisieren[108]. Dies wäre zugleich eine sinnvolle Maßnahme gewesen, um einer Lösung der beiden großen Probleme der Arbeiterpolitik, der Steigerung des gesellschaftlichen Prestiges und der Verwirklichung des einheitlichen Arbeitnehmerstatus, näherzukommen.

Es genügte aber nicht, die Arbeiterschaft in ihrer Freizeit zu politisieren, sondern es sprach auch einiges dafür, die Freizeit selbst als politischen Faktor zu betrachten, da sie direkt auf die Arbeitswelt zurückwirkte. So stellte das Freizeitverhalten von Lohnempfängern eine große Unbekannte dar, die sich bei der Bewertung von gesundheitlichen Arbeitsplatzrisiken instrumentalisieren ließ. Die Frage, ob etwa tätigkeitsbedingte Kontakte mit Chemikalien zu Lungenkrebsfällen führten, verneinte ein bei der BASF beschäftigter Arbeitsmediziner mit dem Hinweis auf die nebulösen Rauchgewohnheiten der Betroffenen[109]. Die Politisierung des Freizeitbereichs, der ja der alte Gedanke des ganzen Menschen zugrunde lag, war denn auch kein Unterfangen, das ausschließlich die Gewerkschaften betrieben. Zwar hatte die IG Metall mit ihrer internationalen Konferenz zur Qualität des Lebens 1972 das Stichwort gesetzt, doch nahmen sich sowohl Willy Brandt in seiner Regierungserklärung als vor allem auch Erhard Eppler dieses Begriffes an[110].

---

107 Vgl. Süß, Kumpel, S. 292–295 sowie Schönhoven, Deutsche Gewerkschaften, S. 225 f.

108 Vgl. Problemtabelle Arbeiter, S. 160 ff.

109 Vgl. Beat Bächi, Grenzwertpolitik am Arbeitsplatz. Der Arbeiterkörper im „Mensch-Maschine-Umwelt-System" zwischen individueller Prävention und Sterberate der Population (1955–1980), in: Bluma/Uhl, Kontrollierte Arbeit, S. 219–247, hier S. 236 f.

110 Vgl. Erhard Eppler, Die Qualität des Lebens, in: Aufgabe Zukunft – Qualität des Lebens. Beiträge zur vierten internationalen Arbeitstagung der Industriegewerkschaft Metall für die Bundesrepublik Deutschland 11. bis 14. April 1972 in Oberhausen, Band 1: Qualität des Lebens, Redaktion: Günter Friedrichs, Frankfurt a. M. 1973, S. 86–101, hier S. 89 f., Heinz Oskar Vetter, Eröffnungsansprache, in: ibid., S. 17–20 sowie Winfried Süß, Sozialpolitische Denk- und Handlungsfelder in der Reformära, in: Hockerts, Geschichte der Sozialpolitik, S. 157–221, hier S. 210.

Akteure zwischen Arbeit und Freizeit – Schichtarbeiter und arbeitslose ‚Arbeiter'

Eine Vermittlung der Positionen zeichnete sich darin ab, das Freizeitproblem nicht als Sachfrage zu behandeln, sondern anhand von Problemgruppen. Hier boten sich die Nacht- und Schichtarbeiter an, denn ihre Probleme im Privatleben erwuchsen eindeutig aus der Art ihrer Arbeitszeit. Vor allem für diese Gruppe war etwa die Frage arbeitergerechten Wohnens akut[111], doch griff die Schichtarbeit noch viel tiefer in das Leben der Betroffenen ein. Schon 1962 hatte der Soziologe Hans Paul Bahrdt ausgeführt:

> Schichtarbeit bedeutet neben den physischen und nervlichen Umstellungsschwierigkeiten, die jeder Schichtwechsel mit sich bringt, eine schwere Belastung für das Familienleben und für alle Freizeitbetätigungen. [...] Überall hört man zwar die Klage, daß Volkshochschulkurse nur wenig von Arbeitern besucht werden. Aber nur verhältnismäßig selten versucht man zu klären, auf welche Weise ein Schichtarbeiter regelmäßig einen Kursus besuchen soll, der jede Woche am gleichen Tag abends um 20 Uhr stattfindet.[112]

Für eine stärkere Berücksichtigung der Schicht- und Nachtarbeiter hatten sich die Vertreter der Abteilung Bildung im Juli 1976 ausgesprochen, nachdem sie, wie auch andere Abteilungen der DGB-Bundesvorstandsverwaltung, von Vorbrücken um eine Einschätzung seiner Materialsammlung gebeten worden waren[113]. Dieter Trautmann, Leiter des Arbeiterreferats, nahm diesen Hinweis auf. Gegenüber dem Bundesarbeiterausschuss hob er die besondere Relevanz des Themas hervor, die darin lag, dass der „Kreis der Betroffenen in der BRD vor allem infolge technologischer Wandlungen und entsprechend internationaler Trends ständig wächst"[114]. Die Arbeiterpolitik hatte sich mit ihnen ein Themenfeld erschlossen, das auch außerhalb der Gewerkschaften gegen Ende der 1970er Jahre rasch an Bedeutung gewann. So widmeten sich auch Wissenschaftler wieder dieser Gruppe, um zu untersuchen, wie nachhaltig Schichtarbeit das Privatleben der Betroffenen kolonisierte[115].

Eine ähnliche Kippfigur, die eine Unterscheidung zwischen Freizeit und Arbeit nicht mehr zuließ, war der arbeitslose Arbeiter. Arbeit prägt das Leben der Ar-

---

111 Vgl. Protokoll BAA-Sitzung, 14. September 1976, S. 9.

112 Bahrdt, Industriearbeiter, S. 29.

113 Vgl. Karl-Heinz Vorbrücken, Gesprächsnotiz über das Gespräch mit den Kollegen Karl Jostarndt und Heinrich Eckert (o. D.), 20. Juli 1976, S. 1, in: AdsD 5/DGCS000136.

114 Abteilung Arbeiter-Handwerk, Schwerpunktarbeit, 5. August 1976, S. 10.

115 Vgl. Hannah Ahlheim, Der Betrieb und das Schlafzimmer. Die ‚Humanisierung' der Schicht- und Nachtarbeit in der Bundesrepublik der 1970er Jahre, in: Andresen et al., Betrieb, S. 213–230, hier S. 215.

beitslosen gerade durch ihre Abwesenheit, dafür aber umso nachhaltiger. Denn wer arbeitslos ist, hat auch keinen Feierabend. Das Arbeiterreferat wollte sich diese negative Präsenz von Arbeit in der Privatsphäre dieser Arbeitergruppe zunutze machen, um dem von Josef Windisch (IG BE) gestellten Anspruch gerecht zu werden, nicht nur Gewerkschaftspolitik zu koordinieren, „sondern es müssen die Probleme sichtbar gemacht und Lösungsvorschläge unterbreitet werden"[116]. Als Allheilmittel gegen Arbeitslosigkeit galt den Arbeiterpolitikern Bildung. Dies ging so weit, dass im Schwerpunktkatalog eine Ausbildungspflicht als Abhilfe gegen die hohe Jugendarbeitslosigkeit ins Spiel gebracht wurde, obwohl selbst Mitglieder des Bundesarbeiterausschusses an deren Verfassungsmäßigkeit wie auch Wirksamkeit zweifelten[117]. Mit Blick auf die älteren Arbeitslosen waren die Ambitionen des Arbeiterreferats bescheidener. Ab Mitte 1976 verfolgten die Arbeiterpolitiker Pläne, Arbeitslose in einem „Medienverbund" weiterzubilden. Die Arbeiter sollten sich die theoretischen Grundlagen ihrer manuellen Weiterbildung durch spezielle Fernsehsendungen aneignen können, während ihnen praktische Kenntnisse in Lehrwerkstätten oder in Berufsfortbildungszentren vermittelt werden sollten. Dieses Setting sollte Arbeitern die Möglichkeit eröffnen, in der vertrauten Umgebung des eigenen Heims ihre unterstellte Bildungsferne zu überwinden. Pate für diesen Vorschlag stand das Telekolleg[118], das seit 1967 zunächst vom Bayerischen Rundfunk ausgestrahlt wurde und den Teilnehmenden zur Mittleren Reife verhelfen sollte[119].

Diesen Ansatz nun auf die Arbeiterschaft zu übertragen, stieß bei Arbeitsmarkt- und Bildungsexperten gleichermaßen auf grundsätzliches Wohlwollen[120]. Mit diesem Vorschlag griff das Arbeiterreferat zugleich eine schon 1969 erhobene Forderung des DGB-Bundeskongresses auf[121] und demonstrierte, dass es sich durchaus innovativ auf die sich verändernde zeitgenössische Medienlandschaft einzustellen vermochte. Immerhin neigte sich die Zeit, in der die Gewerkschaften mit ihren eigenen Publikationen auf ihre Mitglieder einwirken konnten, dem Ende zu, wo-

116 Heiß/Vorbrücken, Niederschrift BAA-Sitzung, 29. Januar 1976, S. 6.

117 Abteilung Arbeiter-Handwerk, Schwerpunktarbeit, 5. August 1976, S. 6 sowie Protokoll BAA, 14. September 1976, S. 2–5.

118 Vgl. Dieter Trautmann an Martin Heiß, 22. Juni 1976, Anlage: Karl-Heinz Vorbrücken, Entwurfsvorlage III zum Tagesordnungspunkt 4 „Lehrgänge", 3. Juni 1976, in: AdsD 5/DGCS000137.

119 Vgl. Dieter Baacke, Massenmedien, in: Rudolf Tippelt (Hrsg.), Handbuch Erwachsenenbildung/Weiterbildung, Opladen 1994, S. 455–462, hier S. 456 f.

120 Vgl. Karl-Heinz Vorbrücken an den Kollegen Dieter Trautmann, 13. Januar 1976 [recte: 1977], Anlage: Karl-Heinz Vorbrücken, Notiz über das Gespräch mit der Bundesanstalt für Arbeit, vertreten durch Dr. Wohlleben, am 22. Oktober 1976 in Nürnberg, 25. Oktober 1976, S. 2 sowie Anlage: Heidrun Lotz, Berufsfortbildungswerk des DGB, Pädagogische Zentralstelle, Stellungnahme zum Modellversuch manueller Medienlehrgänge, 13. Dezember 1976, S. 1, beide in: AdsD 5/DGCS000136.

121 Vgl. DGB-Bundesvorstand, Protokoll Bundeskongreß 1969, S. 408–410 (Antragsteil).

durch die gewerkschaftliche Präsenz in den frei verfügbaren Medien unweigerlich an Bedeutung gewann[122]. Die Personengruppe Arbeiter hatte sich überdies nicht nur sehr frühzeitig des Problems der Arbeitslosigkeit angenommen[123], sondern konnte hoffen, durch die Fernsehsendungen auch selbst in die breite Öffentlichkeit zu treten. Ob sie auch durch die zeitgenössischen Arbeiterfilme dazu inspiriert wurde, ist zwar möglich, aber durch Quellen nicht belegbar.

Methode als Potential – Problemtabelle und Problemkatalog

Abschließend sei noch auf das Potential eingegangen, das im Format Problemkatalog lag. Weit mehr als eine Randnotiz scheint mir die Tatsache zu sein, dass Vorbrücken zunächst noch eine „Definition des Arbeiters"[124] zum Ausgangspunkt seiner Arbeit machen wollte. Sehr bald hatte er davon aber Abstand genommen. Folglich bestimmte er weder den zentralen Akteur eindeutig noch führte er die Arbeiterprobleme auf ein einheitliches Strukturprinzip zurück. Der Gegensatz von Kapital und Arbeit etwa tauchte zwar im Vorwort sowie im Abschnitt zum politischen Bewusstsein der Arbeiterschaft auf, der von dem Industriesoziologen Werner Kudera beigesteuert wurde, spielte inhaltlich aber keine grundlegende Rolle. In die Kritik an patriarchalen Strukturen im Handwerk oder an überkommenen betrieblichen Hierarchien mischte sich das Motiv der Entfremdung, während die Massenarbeitslosigkeit ebenso wie die Beschränkung der ausländischen Beschäftigten auf unqualifizierte Tätigkeiten jeweils aus ökonomischen Gesichtspunkten angeprangert wurden. Die Debatte um die Humanisierung der Arbeitswelt wiederum lieferte Argumente, um arbeitsplatzbezogene Gesundheitsrisiken zu skandalisieren. Schließlich verwies Vorbrücken hinsichtlich „der Suchtkranken [...], der Kriminalität oder der politischen Radikalität" auf das gesellschaftliche Störpotential, das von Arbeitern ausgehen konnte. Als Auslöser führte er naheliegende Gründe wie die Arbeitslosigkeit an, aber auch kulturkritische Annahmen wie die unzureichenden Partizipationsmöglichkeiten der Arbeiter in der Öffentlichkeit[125].

Suchte man nach einem einheitlichen Bezugspunkt, ließe sich die Vision der ‚Arbeitnehmergesellschaft' anführen. So sprach auch Vorbrücken in seinem Vorwort von dem Ziel einer „einheitliche[n] Arbeitnehmerschaft", ein Ziel, das er

122 Vgl. Sascha Kristin Futh, Strategische Kommunikation von Gewerkschaften. Die Kampagnen Samstags gehört Vati mir, 35-Stunden-Woche und Mindestlohn, Wiesbaden 2018, S. 145.

123 Der DGB hatte zwar schon 1975 ein Programm für Vollbeschäftigung verabschiedet, nahm sich des Problems der Arbeitslosigkeit laut Schönhoven aber erst am Ende des Jahrzehnts an. Vgl. Schönhoven, Deutsche Gewerkschaften, S. 233, S. 245.

124 Vorbrücken, Anlage, 23. Oktober 1975, S. 1.

125 Vgl. Vorbrücken, Anlage, 11. Dezember 1975, S. 2 (Vorwort), 1, 26 (Zitat), 31 f., 27, 29, 47, 78 f., 81.

mit den Punkten „Anhebung des Bildungsniveaus", „Anerkennung der volkswirtschaftlichen Leistung" sowie „Abbau sozialer Nachteile in der Gesellschaft und Chancengleichheit im gesamten gesellschaftspolitischen Bereich" weit auslegte[126]. Orientierung stifteten somit nicht mehr, wie im Marxismus, die Identifikation von Problemursachen, die im Problemkatalog diffus blieben, sondern eine Wunschvorstellung, deren Realisierung in der Zukunft lag. Damit zeichnete sich in Vorbrückens Arbeit eine Erkenntnis ab, die Daniel Bell wenige Jahre zuvor als Grundlage seiner eigenen Arbeit zur „nachindustriellen Gesellschaft" – auch dies ein gedanklicher Vorgriff auf die Zukunft – explizit auf den Punkt gebracht hatte,

> nämlich den, daß sich die soziale Realität nie mit einem einzigen konzeptuellen Schema erschöpfend erfassen läßt [...]. [...] Überhaupt darf man [...] *Gesellschaften* m.E. nicht als ‚strukturell verknüpftes Ganzes' oder als ‚Totalität' sehen. [...] Letztlich wurzelt das Konzept der nachindustriellen Gesellschaft in einer neukantianischen, nicht in einer hegelianischen Gesellschaftsauffassung. Wir können die ‚Totalität', das ‚Ding an sich', nicht erkennen.[127]

Epistemologisch gesprochen ermöglicht die Dekonstruktion einer überkommenen Totalität (etwa der ‚Arbeiterklasse' oder des ‚Arbeitnehmers') die bewusste Wahrnehmung bestehender Differenzen und setzt im besten Falle eine ungeheure Produktivität der Erkenntnis frei. Politisch kann es jedoch riskant sein, diese Freisetzung zentrifugaler Kräfte in keiner Weise einzufangen[128]. Tatsächlich fiel die Einhegung dieser Kräfte im Problemkatalog nur sehr schwach aus. Denn die Bezugnahme auf die einheitliche Arbeitnehmerschaft erfolgte nur im Vorwort und war als bloßes Wunschbild nicht kausal an strukturelle Entwicklungstendenzen zurückgebunden. Im Gegensatz dazu hatten Horst Kern und Michael Schumann einen anderen Weg eingeschlagen. Wie Vorbrücken waren auch sie dem zeittypischen Trend zur Differenzierung gefolgt[129], indem sie anhand des Mechanisierungsgrads der jeweiligen Tätigkeit zahlreiche Untergruppen der Industriearbei-

---

126 Ibid., S. 2 f. (Vorwort).

127 Daniel Bell, Die nachindustrielle Gesellschaft, Reinbek bei Hamburg 1979 [amerik. Orig. 1973], S. 12, 17 (H. i. O.), 18. Auch René Ahlberg bezweifelte, dass der „Widerspruch zwischen Kapital und Arbeit" die Gesellschaft noch „adäquat" beschreiben konnte. René Ahlberg, Das Proletariat. Die Perspektiven der Arbeiterklasse in der Industriegesellschaft, Stuttgart u. a. 1974, S. 71.

128 Zum Mechanismus der Freisetzung epistemologischen Potentials vgl. Peter Tietze, ‚Der Angriff der Gegenwart auf die übrige Zeit'. Richard Koebners und Reinhart Kosellecks historische Semantik zwischen Historismus und *Posthistoire*, in: Forum Interdisziplinäre Begriffsgeschichte 5–2 (2016), S. 6–22, hier S. 12.

129 Ahlberg, Proletariat, S. 63–69. Die 1976 gestartete Angestelltenaktion des DGB zeichnete sich ebenfalls dadurch aus, „daß der DGB sich zunehmend von einer globalen, auf den Angestelltenbegriff fixierten Angestelltenpolitik abwendet und sich einer betriebsnäheren, zielgruppenorientierten Angestelltenpolitik annähert". Fehrmann/Metzner, Angestellte, S. 142.

terschaft typologisierten, doch zugleich hatten sie mit der Automation eine klare Ursache und mit der „Polarisierung" der Arbeiterschaft eine kausal damit zusammenhängende, die Individuen vereinheitlichende, wenn auch die Arbeiterschaft spaltende Wirkung identifiziert[130].

Zieht man diese Studie als Vergleichsmaßstab heran, zeichnet sich in Vorbrückens Arbeit das *Format* des Problemkatalogs stärker noch als das vorgeschobene Bekenntnis zum einheitlichen Arbeitnehmerbegriff als das vereinheitlichende Element ab, das dem Differenzierungstrend entgegengesetzt ist. Mit dem Format des Problemkatalogs näherte sich Vorbrücken den Vorstellungen des damaligen poststrukturalistischen Denkens an, das ebenfalls auf Letztbegründungen zugunsten von Verweissystemen verzichtete. Henning Trüper suchte die damit verbundene Weltsicht mit dem Bild der „flatness" zu charakterisieren[131]. Zumindest für die dem Katalog vorgeschaltete Problemtabelle kann dies zwar nicht gelten. Dort zog Vorbrücken hierarchische Ebenen ein, denn er ordnete die Probleme, wie oben erwähnt, nach ihrer Lösbarkeit durch gewerkschaftliche, betriebliche, tarifvertragliche oder gesetzliche Maßnahmen. Der Problemkatalog entbehrte hingegen jeglicher Hierarchie oder Ordnung. Sach- und gruppenbezogene Probleme waren bunt gemischt, und selbst eng verwandte Themen wie „Aufstieg" oder „Chancengleichheit" blieben unvermittelt, ja durch die eingeschobene Kategorie „Ausländische Arbeitnehmer" beinahe gewaltsam voneinander getrennt[132]. Die fehlende Systematik rief zwar sogleich Kritik hervor[133], doch beharrte Vorbrücken auf seinem Vorgehen. Die Nummerierung spiegle nur „Ordnungsnummern" wider und könne jederzeit verändert werden[134]. Der Problemkatalog war also tatsächlich in dem Sinne „flach", als kein Problem prinzipiell als wichtiger oder unwichtiger angesehen wurde. Die Betonung der ständigen Veränderbarkeit des Katalogs war hier nur die zwingende Schlussfolgerung, die Vorbrücken zog. Im Grunde handelte es sich hierbei bereits um eine Datenbank, die Problemkonzentrationen einzelner Arbeitergruppen wie auch gruppenübergreifende Probleme gleichsam topographisch abbilden konnte. Und je nach Fragestellung musste der Katalog eine andere Struktur annehmen. Hierin lag ein gewaltiges Potential, das aufgrund mangelnder personeller Ressourcen, aber auch aufgrund der nicht vorhandenen informationstechnologischen Ausstattung zum Zeitpunkt der Fertigstellung des Problemkatalogs noch nicht völlig ausgeschöpft wurde.

---

130 Kern/Schumann, Industriearbeit, S. 59 f., 152.

131 Henning Trüper, The Flatness of Historicity, in: H & T 58–1 (2019), S. 23–49.

132 Vgl. Vorbrücken, Anlage, 11. Dezember 1975, S. 34–58.

133 Vgl. W. Schaefer, Abt. Tarifpolitik, an die Kollegen Karl-Heinz Fröbrich, Dieter Trautmann, Karl-Heinz Vorbrücken, 3. Dezember 1975, S. 1, in: AdsD 5/DGCS000135.

134 Vgl. Heiß/Vorbrücken, Niederschrift BAA, 29. Januar 1976, S. 2.

7.2.3 Die Ergebnisse der Personengruppe Arbeiter

Gemessen an den Potentialen fielen die ersten messbaren Ergebnisse relativ bescheiden aus. Auf der Habenseite konnten die Arbeiterpolitiker die Studie der Sozialakademie Dortmund zu den tarifvertraglichen Unterschieden zwischen ‚Arbeitern' und ‚Angestellten' verbuchen. Auf über 100 Seiten hatten sich Siegfried Brusten, Reiner Neumeister und Ekkehard Schwabe, alle drei Mitglieder der IG Metall[135], sehr detailliert mit den bestehenden tarifvertraglichen Unterschieden von ‚Angestellten' und ‚Arbeitern' sowie resultierenden Diskriminierungen der Arbeiterschaft auseinandergesetzt und waren zu pointierten Schlussfolgerungen gelangt. So führten sie viele der Benachteiligungen auf die unterschiedlichen Entlohnungsformen von Arbeitern und Angestellten zurück. Dieses Problem war ihrer Meinung nach bislang noch kaum tarifvertraglich angegangen, geschweige denn gelöst worden. Mit Blick auf die unterschiedlichen Kündigungsfristen nahmen sie die gewerkschaftliche Tarifpolitik in die Pflicht, Lösungen herbeizuführen. Denn gesetzliche Besserungen, so ihre zutreffende Einschätzung, seien vorerst nicht zu erwarten. Insgesamt plädierten sie für einheitliche Tarifverträge für Arbeiter und Angestellte, denn eine Vereinheitlichung der Regelung durch je eigene Verträge für jede der Arbeitnehmergruppen wies ein klares Manko auf: „Die Lohn- oder Gehaltstarifverträge beinhalten jedoch die Natur der Differenzierung, die auf diese Art schlecht abzubauen ist."[136] Ihr Betreuer Hans Pornschlegel bewertete die Studie zunächst zwar zurückhaltend, da sie für Experten wohl keine neuen Erkenntnisse liefere. Aber er fuhr fort: „[M]öglicherweise wird aber erstmals eine Arbeit vorgelegt, die eine gewisse Systematisierung der offenen Probleme bietet."[137] Später riet er Martin Heiß gar, die studentische Arbeit in einer gewerkschaftlichen Zeitschrift zu publizieren[138]. Ob es dazu gekommen ist, ist unklar. Immerhin wurde die Studie aber im Bundesarbeiterausschuss diskutiert und im „Arbeitsausschuß für Arbeitsstudien des DGB" verteilt[139].

Gerade die ambitioniertesten Projekte teilten dagegen ein anderes Schicksal: Sie wurden schlicht nicht umgesetzt. Die geplante RKW-Studie zu den Unterschie-

135 Vgl. Karl-Heinz Vorbrücken an Dieter Trautmann, 10. Januar 1977, S. 1, in: AdsD 5/DGCS000137.

136 Wissenschaftliche Hausarbeit „Die Differenzierungen zwischen Arbeitern und Angestellten auf tarifvertraglicher Basis dargestellt an ausgewählten Tarifverträgen." Reiner Neumeister, Siegfried Brusten, Ekkehard Schwabe, Juni 1977, S. 56 (Zitat), 58, 79 f. et passim, in: AdsD 5/DGCS000137.

137 Brusten/Neumeister/Schwabe, Differenzierungen zwischen Arbeitern und Angestellten, Mai 1978, S. 43.

138 Vgl. Hans Pornschlegel an Martin Heiß, 28. Juni 1978, S. 2, in: AdsD 5/DGCS000137.

139 Vgl. Martin Heiß an den Arbeitsausschuß für Arbeitsstudien des DGB (AfA), 25. Oktober 1978 sowie Hans Pornschlegel an Martin Heiß, 20. November 1978, beide in: AdsD 5/DGCS000137.

den von betrieblichen Sozialleistungen für Arbeiter und Angestellte verschwand wohl völlig geräuschlos in den Schubladen oder Papierkörben des Arbeiterreferats, jedenfalls findet sich in den Quellen keinerlei Hinweis auf ihr weiteres Schicksal[140]. Die Gründe für die ausgebliebene Verwirklichung des Medienverbund-Projekts sind hingegen gut dokumentiert. Trotz aller anfänglichen Begeisterung hatten sich schnell grundlegende Probleme aufgetan. Reinhard Wohlleben von der Bundesanstalt für Arbeit machte auf ein grundsätzliches Dilemma des Vorhabens aufmerksam:

> Je spezieller eine Ausbildung nach den von uns vorgeschlagenen Maßnahmen wird, um so schmaler wird der Sektor der Zielgruppe durch die auch notwendige Berufsverwandtschaft und läßt das Medium Fernseher als ungeeignet erscheinen.[141]

Das Berufsfortbildungswerk des DGB stellte gar die Grundannahme infrage, wonach sich ein Fernsehprogramm als Lernmedium eigne. Sinnvoller sei es daher, Arbeitslose auf diesem Wege über Möglichkeiten zur Weiterbildung zu informieren[142]. Zwar tauchte das Vorhaben aufgrund der verschärften Arbeitslosigkeit im Laufe des Jahres 1978 noch einmal in den internen Unterlagen auf, doch begnügten sich die Arbeiterpolitiker mit einer Forderung an die Bundesregierung, die Potentiale des Fernsehens als Medium der Weiterbildung von Arbeitslosen wissenschaftlich untersuchen zu lassen[143].

Dass nicht alle Potentiale ausgeschöpft wurden, lag aber auch an der Selbstbeschränkung, die nicht zuletzt Martin Heiß der Personengruppe auferlegte. In dem schon zitierten Gedächtnisprotokoll Vorbrückens schrieb dieser Heiß als handlungsleitende Maxime folgenden Satz zu: „Vor allem darf die Personengruppenarbeit bei den Arbeitern keinen Egoismus für die Arbeiter erzeugen."[144] Entscheidend waren für Heiß damals also nicht die Interessen der Arbeiterschaft, sondern der organisationspolitische Wunsch, das gewerkschaftliche Arbeitnehmerprojekt nicht zu gefährden. Auch wenn ein Gedächtnisprotokoll mit Vorsicht zu genießen ist, zumal Vorbrücken sich selbst die Rolle des Verteidigers einer öffentlichkeitswirksamen Arbeiterpolitik zuschrieb, findet seine Einschätzung in den übrigen überlieferten Quellen durchaus Bestätigung. So trug die Abteilung Arbeiter-Handwerk selbst mit dazu bei, das Wirkungsfeld der Arbeiterpolitik zu beschränken: Die

140 Der letzte Quellenbeleg lautete, man wolle sich um das Projekt bemühen. Vgl. BAA, 9. Dezember 1976, Tagesordnungspunkt 6 „Verschiedenes", in: AdsD 5/DGCS000122.

141 Vorbrücken, Notiz Gespräch Dr. Wohlleben, 25. Oktober 1976, S. 2.

142 Lotz, Stellungnahme, 13. Dezember 1976, S. 2f.

143 Vgl. Vorbrücken, Scheckliste, 22. September 1978, S. 9.

144 Vorbrücken, Gedächtnisprotokoll, 15. Februar 1977, S. 4.

von Martin Heiß verfassten Thesen zur Arbeiterpolitik wurden nie offiziell verabschiedet, nicht vom Bundesarbeiterausschuss und schon gar nicht vom DGB-Bundesvorstand[145], noch erhielt der Bundeskongress die Gelegenheit, über die Arbeiterpolitik inhaltlich zu debattieren. Zwar war diese letztgenannte Option 1974 intern diskutiert, doch letztlich wieder verworfen worden[146]. Gerade vor dem Hintergrund der Dauerpräsenz der Angestelltenfrage auf den Bundeskongressen ist diese Entscheidung nur schwer nachzuvollziehen. Denn Bundeskongresse boten ja nicht nur die Möglichkeit, die Delegierten für bestimmte Probleme zu sensibilisieren, sondern sie konnten dem eigenen Handeln Legitimation verleihen. Selbst der mit den übrigen Abteilungen abgestimmte Problemkatalog verschwand nach seiner Fertigstellung schnell wieder in den Schubladen: „Er wird nicht veröffentlicht (d.h., dem Bundesarbeiterausschuß zur Kenntnis gegeben), sondern dient der Abteilung Arbeiter-Handwerk als langfristiger [sic!] ‚Gehirnschmalz'."[147] Arkanwissen wurde in diesem Fall für wichtiger erachtet als die Entfaltung von Breitenwirkung, doch tatsächlich fiel der Problemkatalog auch intern schon bald dem Vergessen anheim.

Distanzierung von spezifischen Arbeitergruppen

Ebenso spielten viele der zunächst problematisierten Arbeitergruppen in der Tagespolitik rasch keine Rolle mehr. Während die Zahl der Heimarbeiter doch zu gering war, um gewerkschaftspolitisch ins Gewicht zu fallen, muss zumindest die Aufgabe der Auseinandersetzung mit den Problemen der Nacht- und Schichtarbeiter, der Arbeiterinnen wie auch der Arbeiterschaft des Öffentlichen Dienstes verwundern.

So hatten die Mitglieder des Bundesarbeiterausschusses noch Ende 1976 den Nacht- und Schichtarbeitern „Priorität" beigemessen[148]. Mit detaillierten Lösungen konnte das Arbeitergremium jedoch nicht aufwarten, es blieb bei allgemeinen Forderungen nach besseren Vorruhestandsmöglichkeiten, nach speziell auf

145 Immerhin trug er das Thesenpapier schon im März 1973 dem DGB-Bundesvorstand vor. Vgl. o.V. [Martin Heiß], Versuch einiger Thesen zu einer gewerkschaftlichen Politik für Arbeiter, 17. Januar 1974, S. 1, in: AdsD 5/DGCS000135. Da aus der ÖTV viele Anfragen wegen der Thesen kamen, intervenierte Heiß bei deren Hauptvorstand, um sie zu unterbinden. Vgl. Martin Heiß an Gewerkschaft Öffentliche Dienste, Transport und Verkehr – Hauptvorstand, 31. Mai 1974, in: AdsD 5/DGCS000135.

146 Vgl. Abteilung Tarifpolitik, Aktennotiz, 25. Juni 1974, S. 2.

147 Dieter Trautmann an Martin Heiß, 22. Juni 1976, Anlage: Karl-Heinz Vorbrücken, Unterlage für das Gespräch zwischen den Kollegen Heiß, Fröbrich, Trautmann und Vorbrücken am 4. Juni 1976, 3. Juni 1976, S. 2, in: AdsD 5/DGCS000136.

148 So etwa der Eisenbahnergewerkschafter Hans Kloss. Vgl. Niederschrift BAA, 9. Dezember 1976, S. 5.

den Arbeitsrhythmus der Schichtarbeiter ausgerichteten Kulturangeboten oder nach Konzepten für „lärmgerechtes Wohnen"[149]. Immerhin befasste sich auch die erste Bundesarbeiterkonferenz mit der Schichtarbeiterproblematik, wenn auch nicht als eigenständigem Punkt, sondern im Rahmen des Arbeitskreises zur „Arbeitszeitgestaltung". Dessen Sprecher gaben dann, ohne jede Begründung, eine überraschende Empfehlung zu Protokoll: Anstelle von „Schichtarbeiter[n] und Nachtarbeiter[n]" solle man „hier besser von besonders belasteten Arbeitnehmergruppen sprechen"[150]. Tatsächlich unterwarfen sie sich damit nicht nur dem Sprachregime des DGB, sondern folgten einem allgemeinen Trend zur Verwendung technokratischer Termini, die negative Sachverhalte sprachlich entschärfen sollten. Dahinter stand die Erkenntnis, dass Sprache kein neutrales Beschreibungsinstrument ist, sondern in bestimmten Fällen bereits vorhandene Benachteiligungen noch weiter verschärft. So hatte etwa Willfried Schaefer 1976 hervorgehoben, „daß die Bezeichnung un- oder angelernte Arbeiter als diskriminierend anzusehen ist"[151]. Mit einem Alternativvorschlag hatte zuvor schon ein Kollege aus der DGB-Vorstandsverwaltung aufgewartet: „Mangelnde Einsatzfähigkeit am Arbeitsmarkt" sollte den Ausdruck „ungelernte Arbeiter" ersetzen.[152] In diesen Ansätzen kam der sachpolitische Zugriff zum Tragen, zu dem die Personengruppenarbeit notwendig in einem Spannungsverhältnis steht. Ob diese Versachlichung tatsächlich die bessere Alternative war, ist jedoch zu bezweifeln. Denn sie tilgte jeden Bezug auf die von der Benachteiligung betroffene Person und erschwerte dadurch die gesellschaftliche Anerkennung der Notlage. Wenig überraschend markierte jene begriffspolitische Intervention auf der Bundesarbeiterkonferenz für die Arbeiterpolitik des DGB das Ende der Auseinandersetzung mit jener besonders belasteten Arbeitnehmergruppe. Jedoch hatte die Personengruppe Arbeiter mit der Beschäftigung mit Schicht- und Nachtarbeitern wie auch mit der Einordnung in das Rahmenthema Arbeitszeitgestaltung ein gutes Gespür für die Themen der Zeit gezeigt. Damit trat sie aber unweigerlich in Konkurrenz mit weit potenteren Akteuren. So sollte die IG Metall in den frühen 1980er Jahren ihr ganzes Gewicht für die Verkürzung der Wochenarbeitszeit in die Waagschale werfen. Die Arbeiterpolitiker wichen auf andere Themen aus.

Noch schneller abgewickelt war das Thema „Arbeiterinnen". Sie tauchten zwar noch im Schwerpunktprogramm als eigenständiger Punkt auf, doch revidierte

149 Vgl. „Überarbeitetes Schwerpunktprogramm", S. 11 f.

150 DGB-Bundesvorstand, Protokoll Bundesarbeiterkonferenz 1977, S. 7 (Zitat), 86 f. (Zitat).

151 Protokoll BAA, 14. September 1976, S. 4.

152 Vorbrücken, Kurzprotokoll Gespräch Justitiariat, 12. Juli 1976, S. 1. Eine weitere Kritik ist protokolliert in: Karl-Heinz Vorbrücken, Gespräch mit der Kollegin Wiethold am 19.7.1976, S. 1, in: AdsD 5/DGCS000136.

Martin Heiß im Februar 1977 die geplante Beschäftigung der Bundesarbeiterkonferenz mit dieser Frage[153]. Aus Sicht der Arbeiterpolitiker sprachen zwei Punkte dagegen. Willfried Schaefer sah insgesamt beim personengruppenzentrierten Ansatz die Gefahr einer „Kollision" mit anderen Abteilungen, wobei er explizit und ohne weitere Begründung den Begriff „Arbeiterinnen" für problematisch erklärte[154]. Hier schwang wohl noch die negative Erfahrung mit, welche die Abteilung gleich zu Beginn ihrer Tätigkeit mit Karl Schwab gemacht hatte, als sie sich mit dessen Klientel auseinandersetzen wollte[155]. Mit Blick auf die Frauenabteilung bestand diese Gefahr jedoch nicht, im Gegenteil. Auch die Abteilung Frauen hatte einen schweren Stand und musste folglich für jeden Verbündeten dankbar sein[156]. Und da sehr viele erwerbstätige Frauen als Angestellte tätig waren[157], wäre das Arbeiterreferat weniger als Konkurrent denn als komplementärer Part in Erscheinung getreten. Allerdings zeigte sich in den Quellen eine Sichtweise der Arbeiterpolitiker, die zunächst an die marxistische Behandlung der Frauenfrage als Nebenwiderspruch erinnerte, dann aber zu einer überraschenden Schlussfolgerung gelangte:

> Die vielfältigen Probleme der Arbeiter werden im Bereich der Arbeiterinnen (3.359.000) durch geschlechtsspezifische Probleme noch verstärkt. Die Chancengleichheit im Beruf, die Entlastung von Doppeltätigkeit – Haushalt und Beruf – sowie die am Arbeitsplatz bestehenden Benachteiligungen durch Lohn und physische Voraussetzungen bedürfen eines besonderen Engagements der Gewerkschaften. Ziel einer solchen Arbeit muß die Gleichstellung der Arbeiterinnen vor allem auch mit allen anderen im Berufsleben stehenden Frauen sein.[158]

Wenn bestehende Arbeitsplatzprobleme durch den Faktor Geschlecht verschärft wurden, warum sollte dann eine Gleichstellung von Arbeiterinnen mit Beamtinnen und weiblichen Angestellten das Problem lösen? Immerhin erlaubte diese wackelige Argumentation, die Vertretung der Arbeiterinnen de facto an die Abteilung Frauen

---

153 Vgl. Vorbrücken, Gedächtnisprotokoll, 15. Februar 1977, S. 2. Noch Ende 1976 war ein Arbeitskreis zu Arbeiterinnen geplant gewesen. Vgl. Vermerk über die Besprechung vom 8. November 1976 zur Vorbereitung der Sitzung des DGB-Bundesarbeiterausschusses am 9. Dezember 1976, S. 2 f., in: AdsD 5/DGAA000148.

154 Schaefer an Fröbrich, Trautmann, Vorbrücken, 3. Dezember 1975.

155 Andere Abteilungen forderten dagegen die Kooperation der Arbeiterpolitiker ein. Vgl. Karl-Heinz Vorbrücken, Kurzprotokoll der Besprechung mit den Abteilungsleitern der DGB-Bundesvorstandsverwaltung am 9. Juli 1976, S. 2, in: AdsD 5/DGCS000136.

156 Vgl. Plogstedt, Geschichte, S. 478.

157 1971 waren knapp 41 Prozent der weiblichen Erwerbstätigen Arbeiterinnen. Vgl. Adrienne Windhoff-Héritier, Zur gesellschaftlichen Situation der Frau in verschiedenen westeuropäischen Ländern, in: GMH 26–11 (1975), S. 666–677, hier S. 667.

158 Sachliche Begründung, [1976], S. 5 f.

zu delegieren. Erst in der zweiten Hälfte der 1980er Jahre entdeckte die Abteilung Arbeiter-Handwerk – nun unter der Leitung der ebenfalls für Frauenfragen zuständigen Irmgard Blättel – die Arbeiterinnen neu. Trotz allem bleibt festzuhalten, dass schon in der Frühphase der Personengruppe, als diese fast ausschließlich von männlichen Gewerkschaftern besetzt war, auch Arbeiterinnen thematisch eine gewisse Rolle spielen konnten[159].

Auf den ersten Blick relativ einfach scheint hingegen die Distanzierung von den Arbeitern des Öffentlichen Dienstes erklärt zu sein. Bei dem letzten Großangriff auf die Personengruppe Arbeiter 1977 hatten deren Gegner darauf gehofft, mit einer Beschränkung der Zuständigkeit des Arbeiterreferats auf den Öffentlichen Dienst die Zustimmung der Hauptträger der Arbeiterpolitik, also der ÖTV, der DPG und der GdED, zu gewinnen. Hatte das Arbeiterreferat noch im September 1976 die vom Staat beschäftigten Arbeiter in die Liste für die Schwerpunktarbeit des Bundesarbeiterausschusses aufgenommen, strich sie dieser aus dem Anfang März 1977 verabschiedeten Schwerpunktprogramm[160]. Es war eine Frage politischer Klugheit, diese offene Flanke zu schließen, doch hatten sich die Mitglieder des Bundesarbeiterausschusses schon im Herbst des Vorjahres von diesem Programmpunkt distanziert. Die Diskussion hatte damals schnell Kurs in Richtung einer Verallgemeinerung der Vorlage genommen. Nachdem Vorbrücken die Weiterbildungsfrage im Entwurf noch auf die Industriearbeiter beschränkt hatte[161], forderte Kurt Jäger (ÖTV) „die Abänderung der Überschrift in Arbeiter, um auch den öffentlichen Dienst mit einzubeziehen." Die gleiche Logik machte dann Paul Plumeyer (IG CPK) geltend, als der Schwerpunkt „Arbeiter im öffentlichen Dienst" zur Diskussion aufgerufen wurde, um so, ganz im Sinne des damals noch geplanten RKW-Projekts, die unterschiedlichen betrieblichen Pensionsregelungen für Arbeiter und Angestellte einbeziehen zu können[162]. Allerdings erschwerte diese Verallgemeinerung die Bearbeitung eines langfristig wichtigen Trends. Denn die Tertiarisierung des ‚Arbeiters', die sich im Vorfeld des DGB-Bundeskongresses 1971 abgezeichnet hatte und die

159 Der Kontrast wird deutlich, wenn man die Äußerungen der Arbeiterpolitiker zur Gruppe der „ausländischen Arbeitnehmer" vergleichend heranzieht, die von zeitgenössischen rassistischen Stereotypen zeugten. Vgl. Vorbrücken, Anlage, 11. Dezember 1975, S. 51 (Zitat), 53 f. Vgl. zudem Karin Hunn, ‚Nächstes Jahr kehren wir zurück…'. Die Geschichte der türkischen ‚Gastarbeiter' in der Bundesrepublik, Göttingen 2005, S. 120–136.

160 Vgl. Abt. Arbeiter-Handwerk, Vorlage für die Bundes-Arbeiter-Ausschußsitzung am 14. September 1976 zum T.O.P. 2, S. 1 f., in: AdsD 5/DGCS000122 sowie „Überarbeitetes Schwerpunktprogramm", S. 2 f., 11 f., 15, 20.

161 Vgl. Abt. Arbeiter-Handwerk, Vorlage BAA, 14. September 1976, T.O.P. 2, S. 1.

162 Vgl. Protokoll BAA-Sitzung, 14. September 1976, S. 5 (Zitat), 10.

spätestens mit der Ausweitung des Dienstleistungssektors samt der Schaffung eines Niedriglohnsektors nach der Jahrtausendwende gesellschaftliche Relevanz erlangen sollte, wurde in der Praxis der DGB-Personengruppenarbeit nun nicht systematisch weiterverfolgt.

Für dieses nicht realisierte Potential spielte sicher eine Rolle, dass sich die Arbeiterpolitiker damals noch keinen Begriff von der Wissensgesellschaft gemacht hatten. Wie oben erwähnt, hatte zwar Hans Pornschlegel schon 1973 in seiner ersten These zur Arbeiterpolitik auf die Entwicklung zur „Dienstleistungs- und Angestelltengesellschaft" rekurriert, doch war er damit auf Ablehnung bei der ÖTV gestoßen, auch, weil er damit nur die quantitative Verschiebung zwischen den sozialversicherungsrechtlichen Statusgruppen erfasst hatte[163]. Die qualitative Dimension des Wandels arbeitete der Berliner Soziologe René Ahlberg ein Jahr später heraus:

> Sobald die Wissenschaft in der industriellen Großproduktion eine unmittelbare Produktivkraft wird und sich als eine neue Quelle des materiellen Reichtums erweist, muß nicht nur das Marxsche Wertgesetz revidiert, sondern auch das Problem der Ausbeutung, der Klassenstruktur, des Klassenkampfes und der Rolle des Menschen in der Produktion völlig neu durchdacht werden.[164]

Dass es sich hier, um noch einmal die spätere Begriffsprägung von Anselm Doering-Manteuffel und Lutz Raphael aufzugreifen, um einen „Strukturbruch" handelte, der einen „Wandel revolutionärer Qualität" in Gang setzte[165], realisierten die Mitglieder des Bundesarbeiterausschusses jedoch nicht[166]. Kritik an ihrem Verharren bei den „herkömmlichen Fragen der Arbeitsbedingungen" kam intern von unerwarteter Seite. Falk Eckhard Peters vom DGB-Justitiariat wies sie auf „für die Arbeitnehmerschaft gefährliche Entwicklungen" hin, die im Zusammenhang mit diesem revolutionären Wandel standen: die Einführung von „Prozeßrechner[n] und personeller Informationssystem[e]". Was Peters in Vorbrückens Problemkatalog vermisste, war der „Punkt ‚EDV und Arbeit'"[167]. Ohne das notwendige theoretische Verständnis der Strukturveränderungen blieb dieser Hinweis auf das qualitativ Neue jedoch zunächst noch ohne Beachtung.

163 Der Bundesarbeiterausschuss der ÖTV hatte hierzu angemerkt: „Zu global umschrieben. Die Tendenzen müssen genauer analysiert werden." Holländer, Kurzprotokoll ÖTV-BAA, 30.–31. Mai 1974, S. 1.

164 Ahlberg, Proletariat, S. 85f.

165 Doering-Manteuffel/Raphael, Nach dem Boom, S. 13 (Hervorhebung gelöscht).

166 Vgl. Niederschrift BAA, 9. Dezember 1976, S. 3, 4, 6.

167 Vorbrücken, Kurzprotokoll Gespräch Justitiariat, 12. Juli 1976, S. 2.

Und doch hinterließ auch die Diskussion um die „Umstrukturierung in der Beschäftigtenstruktur"[168] Spuren in der Arbeiterpolitik. Noch im Januar 1976 hatte Martin Heiß im Begleitbrief zum geplanten Schwerpunktprogramm von der doppelten Aufgabenstellung der Arbeiterpolitik gesprochen, die neben der „Beseitigung aller künstlichen, politisch-sozial begründeten Unterschiede zwischen den verschiedenen Arbeitnehmergruppen" auch die „Vertretung der besonderen, auf die Arbeit[s]- und Produktionsverhältnisse bezogenen Interessen der Arbeiter" umfasste[169]. Im März 1977 formulierte er das Vorwort dann prägnanter:

> Die Chancengleichheit im gesamten gesellschaftspolitischen Bereich verlangt die volle Anerkennung der volkswirtschaftlichen Leistung des Arbeiters sowie den Abbau aller sozialen Nachteile. Die Arbeiter verlangen von uns das gewerkschaftliche Engagement in allen Bereichen, die zur Verbesserung ihrer Position beitragen.[170]

Inhaltlich war die Dimension der integrierten Arbeitnehmerpolitik in der Forderung nach dem „Abbau aller sozialen Nachteile" zwar noch enthalten, doch fand sie sich nun in Worte gekleidet, die nach einer autonomen, singularisierenden Arbeiterpolitik klangen. Keine Rede war mehr von „verschiedenen Arbeitnehmergruppen", stattdessen lag der Fokus nun ganz auf der öffentlichen Anerkennung der von den Arbeitern autonom erbrachten Leistungen, verbunden mit der Verpflichtung der gewerkschaftlichen Gesamtorganisation auf die Arbeiterinteressen, die sich wiederum auf eine authentische Forderung der „Arbeiter" stützte. Für die im gleichen Jahr noch stattfindende Bundesarbeiterkonferenz jedoch hatte Heiß, wie oben erwähnt, nur wenige Wochen zuvor intern die gesellschaftspolitische Ausrichtung zugunsten arbeitsplatzbezogener Themen verworfen. Nun verlieh er mit seinem Vorwort dem Schwerpunktprogramm die entgegengesetzte Stoßrichtung. Eine Erklärung hierfür findet sich in den Quellen nicht. Man könnte freilich argumentieren, er wollte auf diese Weise beiden Ansätzen gerecht werden, doch wäre es schon aus arbeitsökonomischen Erwägungen heraus geboten gewesen, das Schwerpunktprogramm und die Konferenz eng aufeinander abzustimmen.

‚Arbeiter' als Totalität

Im Frühjahr 1977 zeichnete sich eine neue Perspektive ab, welche zu einer Neugewichtung der Aufgaben führen konnte, ohne die Aufgaben selbst infrage zu stellen. Unbestritten blieb die Notwendigkeit, die Statusunterschiede zwischen

---

168 „Überarbeitetes Schwerpunktprogramm", S. 1.

169 Martin Heiß an die Mitglieder des Bundes-Arbeiterausschusses des DGB, 12. Januar 1976, S. 1, in: AdsD 5/DGCS000136.

170 „Überarbeitetes Schwerpunktprogramm", S. 1–2 (Zitat).

‚Arbeitern' und ‚Angestellten' („integrierte Arbeitnehmerpolitik") abzubauen, und unbestritten blieb, sich der besonderen Probleme der Arbeiter am Arbeitsplatz („autonome Arbeiterpolitik") anzunehmen. Für Adolf Jungbluth, Mario Helfert und Hans Pornschlegel sollte die „Arbeiterpolitik" jedoch nur in der Problemidentifizierung und -bearbeitung autonom sein, nicht in ihrer Zielsetzung. Denn auch die „autonome Arbeiterpolitik" blieb auf die Schaffung des einheitlichen Arbeitnehmerstatus ausgerichtet. Da es sich laut Pornschlegel nur noch um Ausgleichsmaßnahmen handeln sollte, schien eine diskrete Bearbeitung mit arbeitswissenschaftlichen Mitteln möglich. Komplementär zu diesem Ansatz erwies sich der fraktale Arbeiterbegriff. Nun aber war der Arbeiter als „Totalität", als das Ganze, zurückgekehrt.

Eine größere Rolle dürfte bei dieser Entwicklung der Problemkatalog Vorbrückens gespielt haben. Indem er alle Probleme, die die Arbeiterinnen und Arbeiter betrafen, unter den Arbeiterbegriff subsumierte, verlieh er dem ‚Arbeiter' wieder Substanz, die sich auf gut 200 Seiten deutlich sichtbar materialisierte. Zugleich rückte der ‚Arbeiter' aus dem Wirkungsfeld des ‚Arbeitnehmers', da Vorbrücken nicht die statusgruppenübergreifende Dimension einiger Probleme in den Vordergrund rückte. Der ‚Arbeiter' konnte so als eigenständige Totalität an die Stelle des ‚Arbeitnehmers' rücken. Auch wenn, wie erwähnt, die zu Beginn des Problemkatalogs geplante Definition des ‚Arbeiters' gescheitert war, schlich sich bezeichnenderweise nun *am Ende* doch noch eine Bestimmung der ‚Arbeiter' als „eine besonders unterpriviligierte [sic!] Gruppe der Beschäftigten" ein[171]. Es war also gerade die spezifische Problemkonstellation, welche dem ‚Arbeiter' Gestalt verlieh. Nun hatte aber Daniel Bell davon gesprochen, man könne die „Totalität" überhaupt nicht erkennen. Doch hieß das nicht, dass die Totalität ‚Arbeiter' nicht existierte. Die Epistemologie kann schließlich keine Aussagen über die Ontologie treffen. So bleibt auch der Versuch, die Totalität so weit als möglich zu erfassen, durchaus legitim. Überdies trifft der epistemologische Einwand nicht nur die Totalität, sondern jedes Ding an sich. Die Annahme, man könne einzelne Probleme an sich erkennen und wertneutral beschreiben, offenbart sich folglich als ein positivistischer Irrtum. Die Totalität ‚Arbeiter' wirkt, wie jede beliebige andere Totalität, daher als eine konstruierte Vorannahme, die den Blick auf die Welt steuert, indem sie ein spezifisches Interpretationsschema bereithält, um Dinge so zu deuten, dass sie als empirische Belege für die Richtigkeit der Totalität fungieren können[172].

171 Problemtabelle Arbeiter, S. 182.

172 Bell verfuhr auf gleiche Weise, als er das Konzept der „postindustriellen Gesellschaft" entwarf, um seine Gegenwart zu deuten.

Die Totalität ‚Arbeiter' wirkte wiederum auf die temporale Verfassung der Arbeiterpolitik zurück. Während die Angestelltenpolitik mit dem säkularen Projekt der Bewusstseinsveränderung zumindest auf der Ebene der Legitimation eine singuläre Verlaufsdimension herausstellte, schwächte der holistische Problemansatz der Arbeiterpolitik die Bedeutung von Vergangenheit und Zukunft ab[173]. Hier zeigte sich eine Ähnlichkeit zum (Post)Strukturalismus, die im „methodischen Primat der Synchronie"[174] liegt. Verzeichnet wurden im Problemkatalog alle Probleme, sofern sie in der Gegenwart akut waren. Das bedeutete aber auch, dass den einzelnen Problemen in ihrer Unterschiedlichkeit ein viel größeres Gewicht zukam, als es in der ursprünglichen Diskussion der Arbeiterpolitiker den Anschein hatte. Gerade weil die Probleme mannigfaltig waren und je eigene Ursachen hatten, gerade weil sie unterschiedlich zeitlich strukturiert waren – einige wie die Arbeitslosigkeit waren neu, andere wie die betrieblichen Hierarchien hatten sich laut Vorbrücken seit dem Beginn der Industrialisierung nicht verändert, bei einigen wie der Harmonisierung der Arbeitsbedingungen zeichnete sich eine Lösung schon ab, andere Probleme wie das „Fehlverhalten" in der Freizeit hoffte man erst „bildungspolitisch für die nächste Generation" zu lösen –, rückte die Überwindung *aller* bestehenden Defizite der ‚Arbeiter' in weite Ferne[175]. Der holistische Ansatz ließ eine unübersichtliche Problemlandschaft entstehen.

Indem alle Probleme unter ‚Arbeiter' subsumiert waren, unterlief Vorbrücken die Einteilung in eine „autonome Arbeiterpolitik" und eine „integrierte Arbeitnehmerpolitik". Arbeitsplatzzentrierte Probleme standen in der Problemtabelle unvermittelt neben gesellschaftspolitischen. Neben diese methodisch bedingten Effekte traten inhaltliche Erkenntnisse. Verschärfend trat etwa hinzu, dass Vorbrücken auch Entwicklungen ausmachte, die der avisierten Problemlösung zuwiderliefen. So vollzog sich etwa ein beschleunigter Rückzug der Arbeiterschaft aus der SPD[176], während die Vision der ‚Arbeitnehmergesellschaft' gerade verstärktes politisches Engagement der Beschäftigten erfordert hätte. Für die Verwirklichung des einheitlichen Arbeitnehmerbegriffs, so wurde deutlich, bedurfte es nicht nur einer Trendbeschleunigung, sondern in bestimmten Bereichen einer Trendumkehr.

173 Da sich zeitliche Prioritäten nicht mehr aus der Sachlage ergaben, nahm Vorbrücken den Bundesarbeiterausschuss in die Pflicht, „eine zeitliche Gliederung in kurz-, mittel- und langfristige Aufgaben vorzunehmen". Sie musste folglich aus einer externen Quelle bezogen werden. Heiß, Vorbrücken, Niederschrift BAA, 29. Januar 1976, S. 2.

174 Fernando Esposito, Zeitenwandel. Transformationen geschichtlicher Zeitlichkeit nach dem Boom – eine Einführung, in: ders. (Hrsg.), Zeitenwandel. Transformationen geschichtlicher Zeitlichkeit nach dem Boom, Göttingen 2017, S. 7–62, hier S. 44.

175 Vgl. Vorbrücken, Anlage, 11. Dezember 1975, S. 31, 72 f. (Zitat) sowie Problemtabelle, S. 117 ff.

176 Vgl. Problemtabelle, S. 161.

Von Friedrich Layhs Optimismus, die Differenzen zwischen Arbeitern und Angestellten rasch abzubauen, war im Jahr 1976 wenig geblieben. Zwar wurde nicht zuletzt auf Drängen des Bundesarbeiterausschusses nach Wegen gesucht, tarifvertraglich Vereinheitlichungen auf den Weg zu bringen[177]. Doch die Arbeiterpolitik war nun gerade auch konzeptionell als Daueraufgabe angelegt, und zwar tatsächlich als ‚Arbeiterpolitik'. Ob sich dieser neue Politikansatz jedoch auch in der Praxis umsetzen ließ, musste sich erst noch erweisen.

7.3 Fazit

Bevor die Personengruppe Arbeiter ihre inhaltliche Arbeit aufnehmen konnte, mussten zuerst die grundlegenden Parameter der gemeinsamen Tätigkeit geklärt werden. Für jede neue Institution stellt dies eine Herausforderung dar, doch die Arbeiterpolitik musste sich unter erschwerten Bedingungen konstituieren. Bekanntlich hatte die DGB-Spitze den Arbeiterpolitikern nicht einmal Rahmenrichtlinien zur Verfügung gestellt, die Orientierung hätten bieten können. Vor diesem Hintergrund ist es überraschend, wie gut die Interessenunterschiede moderiert wurden. Erleichtert wurde dies sicher durch die Entscheidung von Martin Heiß, zunächst externe Experten zu Rate zu ziehen, die nicht in die internen Machtkämpfe verstrickt waren. Überdies lieferten sie brauchbare Ansätze, welche die Konflikte bearbeitbar machten. Im Januar 1973 legte der Berliner Bildungswissenschaftler Hans Pornschlegel ein Thesenpapier vor, das den ‚Arbeiter' über dessen von außen auferlegte Bildungsabstinenz zu definieren suchte. Dadurch rückten gesellschaftspolitische Fragen in den Fokus, aber vor allem auch das Problem betrieblicher Hierarchien wie auch des schwierigen beruflichen Aufstiegs als Mittel des Ausstiegs aus dem Arbeiterdasein. Was der Ansatz nicht zu fassen vermochte, waren die arbeitsplatzbedingten Gesundheitsrisiken. Die Gewerkschaften, die wie die IG Metall oder die NGG der Arbeiterpolitik gegenüber skeptisch eingestellt waren, konnte Pornschlegels Ansatz nicht überzeugen. Sie favorisierten einen Ansatz, den der langjährige Arbeitsdirektor der Salzgitter AG, Adolf Jungbluth, Mitte 1974 Martin Heiß präsentierte. Jungbluth setzte ganz auf die Arbeitswissenschaft und damit auf den Arbeitnehmerbegriff, womit er wiederum zu sehr auf Linie der DGB-Spitze lag, um bei den Gewerkschaften des Öffentlichen Dienstes zu reüssieren. Doch eröffnete seine konsequente Infragestellung der bestehenden Statusgruppen interessante Optionen für die Arbeiterpolitik. Als ähnlich ambivalent erwies sich die Debatte, ob Arbeiterpolitik arbeitsplatzbezogen oder gesellschafts-

177 Vgl. Niederschrift BAA, 9. Dezember 1976, S. 11.

politisch ausgerichtet sein sollte. Diese analytische Unterscheidung eröffnete zwar die Möglichkeit, operationalisierbare Politikoptionen zu formulieren, doch drohte sie die Lagerbildung zwischen Gegnern und Befürwortern der Arbeiterpolitik in die Tagespolitik hineinzutragen. Ein Kompromiss zeichnete sich dank eines von Mario Helfert (WSI) eingeführten Begriffspaares ab. Durch die Unterscheidung von „autonomer Arbeiterpolitik" und „integrierter Arbeitnehmerpolitik" ließen sich beide Bereiche unterschiedlichen temporalen Ebenen zuordnen. Der Entscheidungszwang war dadurch suspendiert, alle Optionen konnten auf dem Tisch bleiben. Der ganze Diskussionsprozess, auch das sei an dieser Stelle noch einmal erwähnt, fand völlig unter Ausschluss echter Arbeiterinnen und Arbeiter statt. Zwar lag dies auch im Fehlen von Kreisarbeiterausschüssen begründet, doch suchten die für die Arbeiterpolitik verantwortlichen Gewerkschaftsangestellten auch zu keinem Zeitpunkt Kontakt zur Basis oder zu den Betrieben – anders als etwa die Regisseure der Arbeiterfilme.

In den ersten fünf Jahren ihrer Tätigkeit veränderte sich der Blick der Arbeiterpolitiker auf ihre Klientel grundlegend. In Übereinstimmung mit dem arbeitswissenschaftlichen Ansatz wichen sie auf einen fraktalen Arbeiterbegriff aus und nahmen nur bestimmte Problemgruppen in den Blick. Damit lief die neue Personengruppe jedoch Gefahr, mit anderen Vorstandsabteilungen in Konflikt zu geraten, schließlich existierten für Gruppen wie Jugendliche, Frauen oder Ausländer bereits eigene Einrichtungen des DGB. Zukunftsweisend war hingegen die Zusammenstellung der Problemtabelle Arbeiter. Sie fasste den ‚Arbeiter', ganz in poststrukturalistischer Manier, als ein umfassendes Problemsyndrom, das sich nicht auf eine einzelne Grundursache reduzieren ließ. Auf diesem Fundament war die Arbeiterpolitik als ‚Arbeiterpolitik' auf Dauer gestellt, denn selbst die sozialversicherungsrechtliche Aufhebung der Kategorien ‚Arbeiter' und ‚Angestellte' konnte nicht alle Arbeiterprobleme in allen Bereichen lösen. Realistischer war die Annahme, dass sich die bestehenden Probleme fortschreiben und neue hinzutreten würden. Am Ende war die Personengruppe Arbeiter doch noch zu einer Art Definition des ‚Arbeiters' gelangt, und auf dieser Grundlage war eine Singularisierung der ‚Arbeiter' möglich.

Trotz dieser konzeptionellen Fortschritte hatten die ersten fünf Jahre ein Defizit sichtbar gemacht: Die Arbeiterpolitik blieb weitgehend wirkungslos. Konkrete Projekte wie die Qualifizierung arbeitsloser Arbeiter im Medienverbund oder eine RKW-Studie zu unterschiedlichen betrieblichen Sozialleistungen für Arbeiter und Angestellte ließen sich nicht realisieren. So lagen große Hoffnungen auf der Bundesarbeiterkonferenz.

8 Die Singularisierung der ‚Arbeiter' (1977–1985)

Blättert man durch die Protokolle der ersten drei Bundesarbeiterkonferenzen, so mag man kaum glauben, dass es sich bei der Veranstaltung des Jahres 1977 um dasselbe Format wie bei den Tagungen der Jahre 1981 und 1985 handelte. Zu bieder und ambitionslos erscheint die erste Bundesarbeiterkonferenz im Vergleich zu den innovativen Events, welche die Personengruppe Arbeiter in der ersten Hälfte der 1980er Jahre auf die Beine stellte. Jedoch dürfen die Veranstaltungen nicht am selben Maßstab gemessen werden, fand die erste Zusammenkunft doch unter denkbar ungünstigen Bedingungen statt. Schon die Durchführung der Konferenz an sich war ein Meilenstein, ohne den die gewerkschaftliche Arbeiterpolitik die nächsten Jahre wohl kaum überstanden hätte. Im ersten Teil des Kapitels soll daher der Frage nachgegangen werden, inwieweit sie als ein Wendepunkt für die Arbeiterpolitik fungierte. Verschoben sich auf ihr die Gewichte vom Konzept der integrierten Arbeitnehmerpolitik hin zu dem einer auf Singularisierung ausgerichteten autonomen Arbeiterpolitik? Und welche Arbeiterbilder wurden dort verhandelt? Schließlich trafen hier erstmals die gewerkschaftlichen Spitzenangestellten, die bisher die Arbeiterpolitik gestaltet hatten, auf Vertreter der Basis, das heißt auf echte Arbeiter. Im zweiten Teil des Kapitels steht die Frage im Mittelpunkt, wie auf den beiden Folgekonferenzen die ‚Arbeiter' singularisiert wurden. Welche Potentiale bot eine solche Politik, wen sprach sie an und welche Grenzen zeichneten sich ab? Und finden sich schon Hinweise, weshalb die Bundesarbeiterkonferenz des Jahres 1989 die Singularisierung der ‚Arbeiter' nicht fortsetzte?

8.1 Die Bundesarbeiterkonferenz 1977 als Wendepunkt?

Die Personengruppe Arbeiter hatte die konzeptionelle Entwicklung nicht zuletzt durch die Problemtabelle Arbeiter deutlich in Richtung einer auf Singularisierung hin ausgerichteten autonomen Arbeiterpolitik vorangetrieben. Anstatt nach Maßgabe der integrierten Arbeitnehmerpolitik bereits vorhandene Überschneidungen der Statusgruppen herauszuarbeiten, betonten die politischen Papiere der Arbeiterpolitiker nun die Besonderheiten der Arbeiterschaft und leiteten einen umfassenden politischen Auftrag ab. Dieser erst Anfang März 1977 im Vorwort des Schwerpunktprogramms erneuerte Anspruch kollidierte mit dem Wunsch der DGB-Spitze, Arbeiterpolitik möglichst unter dem Radar der öffentlichen Wahrnehmung zu betreiben. Es ist also möglich, dass es sich bei dem zur gleichen Zeit unternommenen Versuch der Gegner der Arbeiterpolitik, die Bundesarbeiterkonferenz zu verhindern und der gewerkschaftlichen Arbeiterpolitik ein Ende zu bereiten,

 https://doi.org/10.1515/9783111086569-009

um mehr als eine bloße zeitliche Koinzidenz handelte. Sieht man darin eine direkte, unmittelbare Reaktion auf das Vorantreiben der autonomen Arbeiterpolitik, erklärte dies zumindest, warum die entsprechende Initiative Eugen Loderers im DGB-Bundesvorstand den Eindruck vermittelte, als sei sie eher das Ergebnis einer spontanen Eingebung als von langer Hand geplant gewesen. Noch zum Jahreswechsel 1976/77 hatte sich ja eine Kompromisslinie abgezeichnet. Auch wenn Loderer diese Veranstaltung nicht verhindern konnte, nahm er doch Einfluss auf deren Ausrichtung. Indem er ihre Herabstufung auf eine interne Arbeitstagung erreichte, hegte er die autonome Arbeiterpolitik entscheidend ein, da sie auf diese Weise kaum noch die für sie notwendige Öffentlichkeitswirksamkeit entfalten konnte.

Im Folgenden soll zunächst geklärt werden, in welchem Ausmaß die autonome Arbeiterpolitik auf der ersten Bundesarbeiterkonferenz verwirklicht werden konnte. Sodann ist zu fragen, welche Resonanz eine mit dieser Politik verbundene Singularisierung der ‚Arbeiter' bei Delegierten, Politikern und der Presse erzeugen konnte. Und schließlich ist zu zeigen, welches Arbeiterbild überhaupt vermittelt wurde. Werden all diese Teilaspekte kombiniert, lässt sich klären, inwiefern die Bundesarbeiterkonferenz als ein Wendepunkt für die Arbeiterpolitik gelten kann.

8.1.1 Autonome Arbeiterpolitik oder integrierte Arbeitnehmerpolitik?

Die formalen Schranken, die der DGB-Bundesvorstand der ersten Bundesarbeiterkonferenz auferlegt hatte, zeigten sich nicht nur im Ausschluss der Öffentlichkeit, sondern auch im Verzicht auf ein Motto. Wie die im September 1976 diskutierten Vorschläge „Gesellschaftliche Position der Arbeiter" beziehungsweise „Arbeiter in Betrieb und Gesellschaft" nahelegen, wäre der Leitspruch wohl der autonomen Arbeiterpolitik entsprungen. Nur der dritte Vorschlag, der schlicht den Namen der DGB-Zeitung „Welt der Arbeit" repetierte, atmete den Geist der integrierten Arbeitnehmerpolitik[1]. Ohne Motto fehlte der Konferenz ein sinnstiftender Bezugspunkt, und selbst die einzelnen Arbeitsgruppen ließen jeden Verweis auf die ‚Arbeiter' vermissen. Stattdessen trugen sie technokratische, rein sachpolitische Bezeichnungen: „Möglichkeiten einer aktiven Arbeitsmarktpolitik", „Folgen des technischen Wandels", „Menschengerechte Arbeitsgestaltung" und „Arbeitszeitgestaltung"[2]. Wie unschwer zu erkennen war, drehten sie sich um die großen, damit aber auch oft thematisierten Fragen der Zeit: Massenarbeitslosigkeit und neue

1 Protokoll BAA, 14. September 1976.

2 DGB-Bundesvorstand, Protokoll Bundesarbeiterkonferenz 1977, S. 7.

Technologien. Dass Martin Heiß die Bundesarbeiterkonferenz dadurch thematisch im Feld der Humanisierungsdebatte verortete, war ein geschickter Schachzug, schließlich war „das unausgesprochene Subjekt der HdA der männliche, einheimische Industriefacharbeiter"[3]. Doch anstatt nun offen auszusprechen, wer das Subjekt war und den ‚Arbeiter' dadurch zu singularisieren, beteiligte sich Heiß an der diskursiven Revision der anfänglichen Arbeiterzentrierung der Humanisierungsdebatte[4]. Denn er betonte ganz im Sinne der integrierten Arbeitnehmerpolitik, dass Arbeiter und Angestellte in gleicher Weise von Arbeitslosigkeit und technischer Entwicklung betroffen seien[5]. Dieser Trend der ‚Verarbeitnehmerlichung' des ‚Arbeiters' setzte sich auch in den Arbeitsgruppen fort, bis hin zur bereits zitierten Forderung, man möge statt von Schichtarbeitern von „besonders belasteten Arbeitnehmern" sprechen. Fritz Neudel (IG Metall) präsentierte diese sprachpolitische Intervention in seinem Bericht für die DGB-Mitgliederzeitung gar als ein Ergebnis der Konferenz[6].

Allerdings wollten nicht alle Referenten den Maßgaben der integrierten Arbeitnehmerpolitik folgen. Der Arbeitswissenschaftler Hans Pornschlegel – vielleicht aufgrund der Forschungsarbeit seiner drei Studenten für die Arbeiterprobleme besonders sensibilisiert – stellte „Lärm und Monotonie", „schweres Heben und Tragen, Nässe und Zwangshaltungen" als Kennzeichen von Arbeitertätigkeiten heraus[7]. Willfried Schaefer, Martin Heiß' enger Mitarbeiter aus der DGB-Bundesvorstandsverwaltung, relativierte diese besondere Betroffenheit der Arbeiter jedoch sofort wieder, indem er die Arbeitnehmerschaft nach dem Kriterium der Belastung der jeweils ausgeübten Tätigkeit neu unterteilte. Besonders belastet seien nämlich die „Beschäftigten im technischen Bereich", die „im kaufmännischen Bereich tätigen" dagegen kaum[8]. Ähnlich wie bei den „besonders belasteten Arbeitnehmern" brachte diese Neueinteilung keinen Gewinn an Klarheit. Denn kaum ein Arbeiter dürfte unter die Gruppe der „im kaufmännischen Bereich [T]ätigen" gefallen sein, während die im technischen Bereich besonders Betroffenen letztlich wohl doch wieder dem Arbeiterbereich zuzuordnen waren. Formulierte Schaefer

3 Nina Kleinöder/Stefan Müller/Karsten Uhl, Die Humanisierung des Arbeitslebens. Einführung und methodische Überlegungen, in: dies., Humanisierung, S. 9–32, hier S. 20.

4 Vgl. Heinz Oskar Vetter (Hrsg.), Humanisierung der Arbeit als gesellschaftspolitische und gewerkschaftliche Aufgabe. Protokoll der Konferenz des Deutschen Gewerkschaftsbundes vom 16. und 17. Mai 1974 in München, Frankfurt a. M./Köln 1974.

5 Vgl. DGB-Bundesvorstand, Protokoll Bundesarbeiterkonferenz 1977, S. 8.

6 Fritz Neudel, Bundesarbeiterkonferenz, in: Welt der Arbeit Nr. 49 vom 8.12.1977, zitiert nach: DGB-Bundesvorstand, Protokoll Bundesarbeiterkonferenz 1977, S. 147–149, hier S. 149.

7 DGB-Bundesvorstand, Protokoll Bundesarbeiterkonferenz 1977, S. 55.

8 Ibid., S. 79.

am Ende also eine verkappte Arbeiterpolitik? Eine weitere Aussage deutet tatsächlich in diese Richtung:

> Das bedeutet, nicht nur die Tarifpartei oder der Gesetzgeber sollen und können zur Lösung beitragen, sondern Mediziner, Politiker, Gewerkschafter, Betriebsräte, Vertrauensleute und Betroffene müssen in Zusammenarbeit Lösungen anstreben. In dieser Verbindung ist besonderes Gewicht auf den Hinweis „Betroffene" zu legen, weil ihre Beteiligung entscheidend für das Gelingen des Ganzen sein wird.[9]

Mit dem Betroffenheitsbegriff legte Schaefer die Grundlage für eine Singularisierung der so abgegrenzten Gruppe. Denn Betroffene verfügen über eine exklusive Episteme, mit der ein Anspruch auf Problemlösungskompetenz und -relevanz einhergehen kann. Schaefer wies den „Betroffenen" eine weder hinter- noch übergehbare Position zu. Aber indem er die Gleichsetzung von „Betroffenen" und „Arbeitern" so vehement bestritt, entzog er einer autonomen Arbeiterpolitik die begriffliche Grundlage.

Hält man sich die durch Vorbrückens Problemtabelle Arbeiter eröffnete Option vor Augen, ‚Arbeiter' zu singularisieren und dadurch offensiv in den Vordergrund zu rücken, wird deutlich, wie defensiv die Arbeiterpolitiker mit ihrer Konferenz zu Werke gingen. Aber nicht nur inhaltlich hielt sich die Bundesarbeiterkonferenz an das Konventionelle, sondern auch in der Art und Weise, wie die Themen behandelt wurden. Die privilegierte Stellung in den Arbeitsgruppen kam nämlich nicht den Betroffenen, sondern den Experten zu, die ihre Thesenpapiere zur Diskussion stellen durften[10]. Dies leistete einer systematisierenden Herangehensweise Vorschub, die der subjektiven Erfahrungsdimension der Arbeiter entsprechend weniger Raum bot. So standen beispielsweise nicht mehr, wie in den vorangegangenen Diskussionen der Personengruppe Arbeiter, die Arbeitslosen im Mittelpunkt des Interesses, sondern die Arbeitslosigkeit als ein strukturelles Problem. Folglich wurden vorrangig strukturelle Gegenmaßnahmen erörtert, die ganz dem Geist des kybernetischen Planungsdenkens verhaftet waren: Stellschrauben wie Lohnpolitik, Personalplanung oder Konditionierung von Rationalisierungsmaßnahmen sollten so gestellt werden, dass sie beschäftigungswirksame Effekte zeitigten[11].

Die Bundesarbeiterkonferenz, so lässt sich als erstes Fazit festhalten, folgte in den vorab festlegbaren Bereichen wie dem Eingangsreferat und der Gestaltung und Ausrichtung der Arbeitsgruppen klar den Maßgaben einer integrierten Arbeitnehmerpolitik. In Einzelfällen revidierte sie gar die Reichweite des Arbeiterbegriffs.

---

9 Ibid., S. 80.

10 Vgl. ibid., S. 47–65.

11 Vgl. besonders die Thesenpapiere von Edmund Duda zur aktiven Arbeitsmarktpolitik und von Reimar Birkwald zur Arbeitszeitgestaltung. Ibid., S. 47–50, 59–65.

Foren für eine Singularisierung der ‚Arbeiter' genauso wie für das Einfordern einer autonomen Arbeiterpolitik boten höchstens noch die offenen Konferenzelemente, also die Aussprachen zu den Hauptreferaten sowie das Schlusswort, das Martin Heiß vorbehalten war.

8.1.2 Reichweite einer Singularisierung der ‚Arbeiter'

Die Debatte um die Betroffenheit war im Rahmen der DGB-Humanisierungskonferenz 1974 schon einmal der Sache nach ausgetragen worden. Damals jedoch hatte die Kontroverse im Schlagwort des „Expertenstatus der Arbeiter" ihren Ausgang genommen. Der Industriesoziologe Michael Schumann sah damals in der Erhöhung eben jenes „Expertenstatus der Arbeiter als Fachleute des Produktionsprozesses" eine „[w]esentliche Zielsetzung" eines zu entwickelnden gewerkschaftlichen Humanisierungskonzepts[12]. Diese Kritik am Repräsentationsmodell der Gewerkschaften wollte Ursula Engelen-Kefer (Abteilung Sozialpolitik des DGB-Bundesvorstandes) so jedoch nicht stehen lassen: „Wie die bisherige Entwicklung zeigt, sind erhebliche Verbesserungen der Arbeitsbedingungen nicht zuletzt auf Druck der Gewerkschaften erreicht worden."[13] Trotz dieser Gegenrede bleibt festzuhalten, wie präsent der Arbeiterbegriff auf der Humanisierungskonferenz des DGB gewesen war. Während auf der Bundesarbeiterkonferenz 1977 Bekenntnisse zu einer Arbeiterpolitik zunächst nur von den Delegierten im Rahmen der Aussprachen eingefordert wurden[14], hatte drei Jahre zuvor der stellvertretende DGB-Bundesvorsitzende Gerd Muhr schon in seiner Begrüßungsansprache neben anderen die „un- sowie angelernte[n] Arbeiter" als Hauptleittragende inhumaner Arbeitsbedingungen hervorgehoben[15]. Noch deutlicher wurde damals der DGB-Vorsitzende Vetter:

> Es wäre wesentlich besser, wenn unsere Tageszeitungen von dem Schicksal und der Krankheitsanfälligkeit der 3,5 Millionen Nacht- und Schichtarbeiter berichten würden; doch darüber liest man selten etwas. Und es ist bezeichnend, daß die sogenannte Manager-Krankheit weniger

12 Michael Schumann, Bestandsaufnahme, Analyse und Entwicklungstrends im Produktionsbereich, in: Vetter, Humanisierung der Arbeit, S. 41–55, hier S. 55.

13 Vetter, Humanisierung der Arbeit, S. 94.

14 Vgl. DGB-Bundesvorstand, Protokoll Bundesarbeiterkonferenz 1977, S. 29–31, 33 f., 37.

15 Vgl. Gerd Muhr, Begrüßungsansprache, in: Vetter, Humanisierung der Arbeit, S. 13–17, hier S. 15. Die anderen an dieser Stelle namentlich genannten Gruppen umfassten „die älteren Arbeitnehmer, Frauen […] und Leistungsgeminderte."

> die leitenden Angestellten im abgeschirmten Büro trifft als umgekehrt die Arbeiter am nervenaufreibenden Fließband.[16]

Diese für DGB-Verhältnisse auffallende Hervorhebung der Arbeiter dürfte nun weniger mit der Etablierung des Bundesarbeiterausschusses im selben Jahr zu tun gehabt haben als sie vielmehr eine Reaktion auf die gesellschaftlich sich abzeichnende Vergrößerung des Resonanzraums für Singularisierungsansätze des ‚Arbeiters' war. Mit anderen Worten: Der DGB reagierte auf eine gesellschaftliche Nachfrage, die nicht zuletzt von der Arbeiterschaft selbst initiiert worden war. Seit den spontanen Septemberstreiks hatten sie europaweit immer wieder selbständig Arbeitskämpfe organisiert, und auch die Bundesrepublik war von dieser erhöhten Intensität der Arbeitskämpfe erfasst worden. Die Gewerkschaften versuchten diese Entwicklungen einzufangen, indem sie viele der offiziellen Arbeitskämpfe nun in erster Linie für Arbeiterbelange führten[17].

Auf dem Humanisierungskongress des DGB beteiligten sich überdies auch die Wissenschaftler an der Aktualisierung des Arbeiterbegriffs. Als Referent war nicht etwa ein Vertreter der Arbeitswissenschaft geladen, die, wie Adolf Jungbluth argumentiert hatte, auf den Arbeitnehmerbegriff ausgerichtet war. Mit Michael Schumann hielt vielmehr ein Vertreter der Industriesoziologie einen Vortrag, der ganz auf den Arbeiterbegriff setzte. Schumanns Prägung auf die Arbeiter hatte wiederum eine gewerkschaftliche Wurzel. Er war 1960 als studentischer Praktikant von Hans Matthöfer angeworben worden, der damals unter dem Gewerkschaftslinken Heinz Dürrbeck die Bildungsabteilung der IG Metall-Vorstandsverwaltung neu aufbaute. Dort betrieb Schumann erste wissenschaftliche Studien zu Industriearbeitern[18]. Dass nun seine harmlos klingende Forderung, Arbeiter als Experten des Produktionsprozesses zu begreifen, eine DGB-Funktionärin zur Widerrede veranlasste, lag womöglich auch an der internationalen Dimension, die im Hintergrund mitschwang. In Italien hatten die Gewerkschaften bei dem Autohersteller FIAT auf „Arbeiterkontrolle" und damit auf eine „Reformpolitik ‚von unten'"

16 Heinz Oskar Vetter, Referat, in: ders., Humanisierung der Arbeit, S. 25–38, hier S. 30. Freilich lassen sich auch einige Belegstellen ausmachen, in denen er die besondere Betroffenheit der Angestellten herausstellte. Vgl. ibid., S. 31, 33.

17 Vgl. Schönhoven, Deutsche Gewerkschaften, S. 239 f. sowie Raphael, Jenseits von Kohle, S. 166–169.

18 Vgl. Werner Abelshauser, Nach dem Wirtschaftswunder. Der Gewerkschafter, Politiker und Unternehmer Hans Matthöfer, Bonn 2009, S. 131, FN 60.

gesetzt[19], um dieselben Probleme zu lösen, die die DGB-Gewerkschaften mit einer Politik von oben beseitigen wollten. Für die Stärkung der betrieblichen Basis waren in der IG Metall auch Dürrbeck und Matthöfer eingetreten, doch bedeutete die schrittweise Demission beider in den frühen 1970er Jahren auch das Ende dieses Politikkonzepts in der größten Einzelgewerkschaft. Auch der DGB-Chef hatte auf dem Humanisierungskongress klare Grenzen gezogen, denn seine Medienschelte konnte ebenso als Signal an die Adresse der aktivistischen Gewerkschaftsmitglieder verstanden werden: „Nur gegen eins müssen wir uns zur Wehr setzen: Vielfach werden nämlich derartige Berichte und Kommentare garniert mit dem Vorwurf an die Adresse der Gewerkschaften: Wir sollten uns künftig diesem Gebiet mehr zuwenden!"[20] Wenn nun auf der Bundesarbeiterkonferenz 1977 deutlich weniger von Arbeitern gesprochen wurde, obwohl inhaltlich die gleiche Thematik behandelt wurde, so lag dies auch an einer Schrumpfung des arbeiterbezogenen Singularisierungsresonanzraums.

Die Politik und die ‚Arbeiter'

Interessant ist in diesem Zusammenhang die Person Hans Matthöfer, und zwar aus zwei Gründen: Zum einen hatte er 1977 längst seine gewerkschaftliche Funktionärskarriere gegen das Amt des Bundesministers für Forschung und Technologie eingetauscht. Er war damit eine zentrale Figur des Regierungsprogramms „Humanisierung der Arbeitswelt"[21]. Zum Zweiten nahm er in dieser Funktion an der Bundesarbeiterkonferenz teil. Als Regierungsmitglied verlieh ihr Matthöfer die für eine Singularisierung der ‚Arbeiter' so wichtige Legitimität, Relevanz und Ausstrahlung. Dennoch verwendete er in seiner Rede kein einziges Mal den Arbeiterbegriff, selbst dann nicht, als er typische Belastungen für Arbeiter referierte: „An vielen Arbeitsplätzen herrschen unzumutbare oder sogar gesundheitsschädigende Einflüsse der Arbeitsumgebung, wie Lärm, Erschütterungen, Staub, Schadstoffe in der Atemluft, Hitze, ungünstige Lichtverhältnisse, Nässe, hohe Luftfeuchtigkeit usw."[22]. Stattdessen wich er hier auf den gewerkschaftlichen Standardterminus ‚Arbeitnehmer' aus. Alternativ sprach er vom „arbeitenden Menschen"[23]. Dieser Ausdruck, der gleichermaßen an die Sprache Hans Böcklers wie an die katholische

19 Dietmar Lange, Eine neue Art, Autos zu produzieren? Arbeitskämpfe und betriebliche Gewerkschaftsinitiativen bei FIAT-Mirafiori zu Beginn der 1970er-Jahre, in: Kleinöder/Müller/Uhl, Humanisierung, S. 279–304, hier S. 279.

20 Vetter, Referat, S. 26.

21 Vgl. Abelshauser, Wirtschaftswunder, S. 288–297.

22 DGB-Bundesvorstand, Protokoll Bundesarbeiterkonferenz 1977, S. 24.

23 Ibid., S. 15. Daneben nannte Matthöfer explizit die „Büroangestellten" als neue Zielgruppe der HdA-Forschung. Ibid., S. 24.

Soziallehre erinnert, war für das von Matthöfer repräsentierte Programm einer Humanisierung der Arbeitswelt durchaus angemessen. Allerdings kann der Ausdruck auch als Indikator für eine politische Neuorientierung Matthöfers angesehen werden, denn noch Ende der 1960er Jahre hatte er seine Politik an der sozialistischen Umgestaltung des westdeutschen Wirtschaftssystems als Endziel ausgerichtet. Nun aber ging es ihm, wie Werner Abelshauser feststellte, darum, „dem – wie es schien – langfristig programmierten, unaufhaltsamen und ambivalenten Entwicklungsprozess der kapitalistischen Industriewirtschaft die menschenverachtende Spitze zu nehmen."[24] Dies war auch der Punkt, an dem sich Matthöfer von den Vorstellungen der Arbeiterpolitiker entfernte. Aus dem Konzept der „Lebensqualität" leitete Matthöfer seine Ablehnung einer generellen Absenkung des Renteneintrittsalters ab. Stattdessen warb er für die Möglichkeit eines individuell gestaltbaren Lebenswegs. Es sei besser, mit Mitte Dreißig für einige Zeit von der Arbeit zu pausieren, als pauschal mit 60 aufs Altenteil zu gehen. Bei Siegfried Merten, Mitglied im Hauptvorstand der ÖTV, stieß er damit auf völliges Unverständnis[25].

Matthöfer war mit dieser Haltung, die der Singularisierung der ‚Arbeiter' nur geringe Entfaltungsmöglichkeiten ließ, durchaus repräsentativ für die SPD. Schon bei der Humanisierungskonferenz des DGB 1974 hatte sich Helmut Rohde als Vertreter der SPD wie auch der Regierung in seinem schriftlichen Grußwort derselben Begrifflichkeiten wie Matthöfer drei Jahre später bedient[26]. Immerhin griff Bundesarbeitsminister Herbert Ehrenberg in seinem Grußwort an die Bundesarbeiterkonferenz 1977 den Arbeiterbegriff auf, doch seine Sprache ließ nur wenig Empathie und Emotionen erkennen, die eine erfolgreiche Singularisierung doch hätte hervorrufen müssen. Im Wesentlichen beließ er es bei einer Paraphrase des Konferenzprogramms, eingerahmt von guten Wünschen[27]. Wie ist es zu erklären, dass gerade die ehemalige Arbeiterpartei SPD sprach- und symbolpolitisch wenig Anknüpfungspunkte für die gewerkschaftliche Arbeiterpolitik bot? Zum einen spielte die innerparteiliche Konstellation eine Rolle. Die Jusos hatten seit ihrer „Linkswende" 1969 die Arbeiter als politische Bezugsgruppe, mehr aber noch als rhetorische Anrufungsinstanz entdeckt[28]. Freilich war die Mutterpartei nicht bereit, dem Wunsch der Jusos folgend den Status der Volkspartei gegen denjenigen der Klassenpartei einzutauschen. Schon Willy Brandt hatte als Chef der sozialliberalen

---

24 Vgl. Abelshauser, Wirtschaftswunder, S. 137, 186, 289 (Zitat).

25 Vgl. DGB-Bundesvorstand, Protokoll Bundesarbeiterkonferenz 1977, S. 39–41.

26 Helmut Rohde, Schriftliches Grußwort, in: Vetter, Humanisierung der Arbeit, S. 21–22, hier S. 21.

27 Vgl. Dr. Herbert Ehrenberg, Bundesminister für Arbeit und Sozialordnung, an die 1. Bundesarbeiterkonferenz des Deutschen Gewerkschaftsbundes, 24. November 1977, in: AdsD 5/DGCS000124.

28 Vgl. Dietmar Süß, Die Enkel auf den Barrikaden. Jungsozialisten in der SPD in den Siebzigerjahren, in: AfS 44 (2004), S. 67–104, hier S. 76 f., 86.

Koalition die SPD auf den Bürgerbegriff hin orientiert[29]. Auch Helmut Schmidt konnte dem Ansinnen, Politik für das „Proletariat" zu machen, nichts abgewinnen. Der Parteilinken warf er vor, aufgrund ihrer Theorieversessenheit die Interessen und Lebensbedingungen der Arbeiter gar nicht wahrzunehmen[30]. Er bekannte sich zwar zur „Zielgruppe der Arbeiter und Angestellten", doch transzendierte er sie zugleich, da die Realität seiner Meinung nach von einer „Vielfalt von Lebenssituationen" geprägt war. Politisch zog er daraus den Schluss: „Wer die Interessen der Arbeitnehmerschaft politisch verwirklichen will, braucht auch künftig die Stimmen der großen Mehrheit der Arbeitnehmer, wenn auch keineswegs nur deren Stimmen."[31] Die Kategorie ‚Arbeiter' war Schmidt als Bezeichnung einer intermediären Gruppe somit zu abstrakt, um die Vielfalt der Lebenswirklichkeit zu erfassen, gleichzeitig aber – anders als der Arbeitnehmerbegriff – nicht abstrakt genug, um eine mehrheitsfähige politische Zielgruppe zu repräsentieren. Im Endeffekt maß Schmidt der „politische[n] Mitte" große Bedeutung für den Ausgang von Wahlen zu. Und diese Mitte definierte er nicht mehr nach sozialversicherungsrechtlichen Kategorien, sondern rechnete ihr jene „Leute[]" zu, „die je nach Gefühl oder je nach ihrem Urteil [...] am Wahltag auch anders wählen können als das letzte Mal."[32] Dies wiederum lief auf eine Relativierung der politischen Relevanz des Arbeitnehmerbegriffs hinaus.

Das bedeutete aber nicht, dass die Politik insgesamt unempfänglich gegenüber den Singularisierungsbestrebungen des ‚Arbeiters' gewesen wäre. Resonanz erzeugte die Bundesarbeiterkonferenz an einer vielleicht unvermuteten Stelle, nämlich bei Norbert Blüm. Der Vorsitzende der CDA griff die Vorlage in seinem Grußwort entschieden auf:

> Die Arbeitnehmerbewegung muss dafür Sorge tragen [...] [,] dass die Stimme, die Erfahrung und die existenziellen Probleme der Arbeiter wieder mehr zur Geltung kommen. Die Arbeiter haben nicht jenen Anteil an Politik und Bildung, der ihrer Leistung und ihrer zahlenmäßigen Bedeutung entspricht. Eine Arbeitnehmerbewegung, die nicht mehr fest in der Arbeiterschaft verwurzelt wäre, hätte den Boden unter den Füßen verloren.[33]

---

29 Vgl. Gabriele Metzler, Der lange Weg zur sozialliberalen Politik. Politische Semantik und demokratischer Aufbruch, in: Habbo Knoch (Hrsg.), Bürgersinn mit Weltgefühl. Politische Moral und solidarischer Protest in den sechziger und siebziger Jahren, Göttingen 2007, S. 157–180.

30 Vgl. Helmut Schmidt, Was denkt ihr denn, was die Arbeiter interessiert? (21.9.1974), in: ders., Kontinuität und Konzentration, Bonn-Bad Godesberg 1975, S. 193–198, hier S. 193 f., 198.

31 Ders., Die Arbeitnehmer stehen im Zentrum (10.4.1973), in: ders., Kontinuität, S. 113–122, hier S. 117.

32 Ders., Die SPD ist keine Seminareinrichtung (8.3.1974), in: ders., Kontinuität, S. 154–163, hier S. 157.

33 Norbert Blüm, Bundesvorsitzender der Sozialausschüsse der CDA, an die 1. Bundesarbeiterkonferenz des Deutschen Gewerkschaftsbundes, 24. November 1977, in: AdsD 5/DGCS000124.

Die Bereitschaft der CDA, sich so entschieden auf die Belange der gewerkschaftlichen Arbeiterpolitik einzulassen, lag nicht nur in der Tatsache begründet, dass es in der CDU keine Jusos gab. So kam der christdemokratischen Arbeitnehmervereinigung – anders als ihrem sozialdemokratischen Pendant, der AfA – die Rolle des linken Parteiflügels zu. Die Loyalität der CDA gegenüber der gewerkschaftlichen Arbeiterpolitik war darüber hinaus schon deshalb angezeigt, weil sich das Arbeiterreferat des DGB fest in der Hand christdemokratischer Gewerkschafter befand. Als dritter Grund ist schließlich auf eine – im wissenssoziologischen Sinne und daher nicht pejorativ zu verstehende – ideologische Grundtendenz zu verweisen. Wo der sozialistische Ansatz eher nach Konvergenztendenzen sucht, bleibt die katholische Soziallehre der Bewahrung von Divergenzen verpflichtet, was etwa im Bekenntnis zur Subsidiarität zum Ausdruck kommt. Ein partikular gedachter Arbeiterbegriff scheint der sozialkatholischen Sichtweise näherzuliegen als ein universalisierender Arbeitnehmerbegriff[34].

Die Medien und die ‚Arbeiter'

Von dem fortbestehenden gesellschaftlichen Resonanzraum für Singularisierungsbestrebungen des ‚Arbeiters' zeugte schließlich das Interesse der Medien. Obwohl die Presse auf der Tagung selbst ausgeschlossen war, nahmen Vertreter der öffentlich-rechtlichen Anstalten wie WDR, NDR, ZDF, Deutschlandfunk und Tagesschau ebenso wie Mitarbeiter der Presseagenturen ddp und Reuters sowie Zeitungsjournalisten der Deutschen Volkszeitung, des Handelsblatts sowie der DKP-Postille Unsere Zeit teil[35]. Im offiziellen Konferenzprotokoll spiegelte sich diese Medienvielfalt jedoch nicht wider, da dort nur sechs Artikel aus gewerkschaftseigenen Zeitschriften und die Abschriften zweier WDR-Rundfunksendungen dokumentiert sind. Bemerkenswerterweise adressierten immerhin sechs der acht Artikel die Arbeiterfrage direkt. Die Arbeiterpolitiker des DGB hatten diesem Ergebnis durch ihre Presseerklärung Vorschub geleistet, in der die diskutierten Themen immer wieder auf die Arbeiter zurückbezogen wurden. Zwar dominierte hier wie auf der Konferenz der sachpolitische Zugang und somit die integrierte Arbeitnehmerpolitik, und im Hinweis, die Gewerkschaftspolitik sei „für den arbeitenden

---

34 Ulrich Jenne führte das unvollständig gebliebene Arbeiterbild der katholischen Soziallehre hingegen pragmatisch vor allem auf methodische Aspekte zurück: Die sozialkatholische Bewegung habe „nacheinander Kriterien entwickelt, mit deren Hilfe sie alle Lebensbereiche des Arbeiters zu erfassen suchte. Auf diesem Wege gelang es, ein Bild des Arbeiters in Einzelaspekten zu entwerfen." Ulrich Jenne, Das Bild des Arbeiters in der katholisch-sozialen Bewegung Deutschlands in den Jahren 1848–1933, Diss., München 1976, S. 386.

35 Vgl. Teilnehmerliste Pressekonferenz 25. November 1977, S. 7 f., in: AdsD 5/DGCS000124.

Menschen und damit für das Gros unserer Staatsbürger bestimmt", klang gar die Vorstellung einer ‚Arbeitnehmergesellschaft' an. Dennoch ließen sich eben auch erste öffentliche Singularisierungsversuche des ‚Arbeiters' erkennen[36].

Nicht alle Medienberichte nahmen diesen Spielball auf. Die Ausnahme stellte neben dem bereits erwähnten Artikel Fritz Neudels für die „Welt der Arbeit" ein Hörfunkbeitrag des WDR dar, der sich um die Schwierigkeiten des Humanisierungsprogramms drehte. Das Dilemma, in dem sich Gewerkschaften wie Politik und Wissenschaft befanden, lag laut dem Beitrag darin, mit drängenden Arbeitnehmerproblemen konfrontiert zu sein, ohne über valide Lösungsansätze zu verfügen. Aber auch die Arbeiter – im Beitrag durchweg als „Arbeitnehmer" bezeichnet – wurden als Hindernis ausgemacht, wobei sich der Reporter auf ein Zitat des GHK-Funktionärs Peeter Raane stützte: „Arbeitnehmer etwa, die 25 Prozent Zulage bekommen, weil sie mit giftigen Dämpfen umgehen müssen, haben sich an diesen Lohnbestandteil gewöhnt und wollen nicht darauf verzichten, wenn etwa eine moderne Absauganlage eingebaut wird."[37] Da der Reporter diese Aussage nicht weiter einordnete, konnte der Eindruck erweckt werden, als seien die Arbeiterinnen und Arbeiter letztlich selbst für ihre inhumanen Arbeitsplätze verantwortlich. Grundsätzlich aber hatte auch der WDR-Redakteur die Relevanz der diskutierten Probleme anerkannt. Sein Kollege Marcel Gärtner, der sich ausführlich mit der gewerkschaftlichen Arbeiterpolitik beschäftigte, schrieb der Arbeiterfrage eine künftig noch zunehmende Bedeutung zu. Da sich die gewerkschaftliche Auseinandersetzung um die Arbeiterpolitik vor einem „tiefgreifenden Strukturwandel" vollziehe, habe die Bundesarbeiterkonferenz „zunächst nur die Spitze des Eisberges sichtbar" gemacht[38]. Allerdings war Gärtner eher an der innergewerkschaftlichen Machtfrage interessiert, wodurch die Arbeiter mit ihren Belangen in den Hintergrund traten.

Anders verfuhren die Autoren der gewerkschaftlichen Presseberichte. Drei von ihnen beließen es bei einer einmaligen Feststellung besonderer Arbeiterprobleme: mangelnder gesellschaftlicher Wertschätzung, besonderer Betroffenheit von Ar-

---

36 Vgl. Bundesarbeiterkonferenz vom 24./25.11.1977, Pressekonferenz am 25.11.1977, in: AdsD 5/DGCS000124. Das Zitat findet sich auf S. 8.

37 Man. J. M. Bachhausen, Kürzere Arbeitszeit und menschengerechtere Arbeitsplätze, in: Westdeutscher Rundfunk, I. Programm, Schichtwechsel, 28.11.1977, zitiert nach: DGB-Bundesvorstand, Protokoll Bundesarbeiterkonferenz 1977, S. 155–156, hier S. 155.

38 Marcel Gärtner, Erste DGB-Arbeiter-Konferenz. Sendung Politik heute, Freitag, 25.11.1977, 19.10–19.25 Uhr, 1. Programm WDR/NDR; Westdeutscher Rundfunk Studio Düsseldorf, zitiert nach: ibid., S. 153–154.

beitslosigkeit und technischem Wandel, Bildungsproblemen[39]. Immerhin standen diese zurückhaltenden Singularisierungsversuche prominent am Beginn oder Ende des jeweiligen Artikels. Dadurch blieben die Aussagen zwar isoliert und gewannen etwas Parolenhaftes, doch indem die Arbeiter hier nur passiv als Opfer struktureller Gegebenheiten in Erscheinung traten, evozierte dies einen moralischen Handlungsdruck zu ihren Gunsten. Zwei weitere gewerkschaftliche Presseartikel knüpften hieran an und zeigten, wie ‚Arbeiter' noch effektiver singularisiert werden konnten. Dem Mitarbeiter der Eisenbahnerzeitschrift gelang dies durch die Reaktivierung des Verlaufsaspekts. Während die anderen Berichte die Arbeiterprobleme lediglich in präsentistischer Manier konstatiert und sie dadurch normalisiert hatten, arbeitete der Autor des Eisenbahnerberichts durch das „[H]eute noch" und das „Noch immer" die Unhaltbarkeit des Status quo heraus[40]. Diesen Aspekt griff der in der Bauarbeiterzeitschrift erschienene Artikel gleich mit der Überschrift „Teufelskreis durchbrechen" auf, stützte sich im Haupttext aber auf einen anderen Gedanken:

> Sie stellen den größten Teil der Gruppe, die am Abend in den Versammlungen schon nach 21.00 Uhr nicht mehr in der Lage ist, der Diskussion zu folgen. Sie arbeiten im Schichtsystem, sie stehen am Band, sie fahren schwere Laster, sie befördern schwere Lasten, sie leiden unter Hitze, Staub oder chemischen Dämpfen. Ihre Arbeit hält sie fern von Vorträgen, von der Volkshochschule oder auch vom Theater. Sie gehören, weil sie Arbeiter sind, zu den Benachteiligten der Nation und brauchen ihre gesamte freie Zeit, um sich zu erholen und von der Bürde ihrer täglichen Arbeit Abstand zu gewinnen.[41]

Dies war ein erfolgversprechender Singularisierungsansatz. Indem der Autor auf konkrete Tätigkeiten und Belastungen verwies, verlieh er den ‚Arbeitern' eine Aura der Authentizität. Die Darstellung ihrer Arbeitsbelastung wiederum leitete er aus der körperlichen Konfrontation mit Elementargewalten („Hitze", „Staub", „chemische Dämpfe") ab, wodurch er die ‚Arbeiter' in die Nähe heroischer Gestalten wie Herkules (insofern als sie ihre schweren Aufgaben meistern) oder Sisyphos (insofern als ihre tägliche Arbeit eine „Bürde" ist) rückte. Durch diese mythische Über-

39 Vgl. H.E., Probleme, die vor allem Arbeiter belasten, in: Gewerkschaftspost. Zentralblatt der Industriegewerkschaft Chemie, Papier, Keramik v. Dez. 1977, zitiert nach: ibid., S. 151–152, hier S. 152, Dieter Benthien, Unsere Wirtschaft braucht Hände mit Kopf, in: Die Quelle 12/77, zitiert nach: ibid., S. 157–159, hier S. 159 sowie wh, Mehr Arbeitsplätze schaffen, in: ÖTV-Magazin 1/78, zitiert nach: ibid., S. 161–163, hier S. 161.

40 Ld, Auswirkungen untersucht, in: Der Deutsche Eisenbahner 1/78, zitiert nach: ibid., S. 143–145, hier S. 144.

41 E.O., Erste DGB-Bundesarbeiterkonferenz. Teufelskreis durchbrechen, in: Der Grundstein, Dezember 1977, zitiert nach: ibid., S. 165–166, hier S. 165.

höhung wurden die ‚Arbeiter' als *die anderen* konstruiert. Dies bildete die argumentative Grundlage für die später angeführte These, die Arbeiter gehörten „zu den Benachteiligten der Nation". Warum dies alles jedoch für die Bürger relevant sein sollte, klang in diesem Textausschnitt nur an: Weil die Arbeiter die Produzenten sind, oder vielleicht weniger marxistisch und dem Zitat angemessener, weil sie die systemrelevanten, aber undankbaren Tätigkeiten ausführen, obwohl ihnen daraus klare Nachteile mit Blick auf Teilhabe an Bildung und Kultur erwachsen. Die Bürger müssen folglich schon aus Eigennutz ein Interesse daran haben, dass die Mühen der Arbeiter adäquat kompensiert werden. Denn die Konsequenzen eines Streiks der Müllarbeiter durften die Bundesbürger auch drei Jahre nach dem großen ÖTV-Arbeitskampf noch nicht vergessen haben.

8.1.3 Arbeiterbilder auf der Bundesarbeiterkonferenz

Erstmals trafen auf der Bundesarbeiterkonferenz sozialversicherungsrechtlich als Arbeiter klassifizierte Personen als Delegierte auf die Arbeiterpolitiker des DGB. Für mögliche Singularisierungsbemühungen war dieser Aspekt nicht irrelevant. Denn so bestand die Möglichkeit, das für die Singularisierung notwendige Arbeiterbild mit den Betroffenen selbst auszuhandeln und dadurch zu authentifizieren. Zwingend war eine Berücksichtigung der von den Arbeitern vertretenen Meinung nicht. Eine Singularisierung kann auch dann gelingen, wenn sie beim intendierten Publikum plausibel den Anschein erweckt, einen authentischen Kern zu enthalten[42]. Da die erste Bundesarbeiterkonferenz unter Ausschluss der Öffentlichkeit stattfand, war die Gelegenheit für die Arbeiterpolitiker günstig, diesen Weg zu wählen.

Die Arbeiterbilder, die von der Basis und der Gewerkschaftsspitze vertreten wurden, hätten unterschiedlicher nicht sein können. Zur Karikatur verzerrte ausgerechnet Martin Heiß in seiner Schlussansprache den ‚Arbeiter', als er auf die Geschenke für die Delegierten zu sprechen kam:

> Wir haben uns überlegt, recht viel können wir ja nicht kriegen, aber wenn man schon was kriegt, dann soll es einigermaßen arbeitergerecht sein. Da haben wir also angefangen mit der Tatsache [sic! – recte: Tasche], da waren wir der Meinung, da paßt auch Werkzeug rein. Und da Werkzeug reinpaßt, haben wir auch ein kleines Werkzeug mit reingegeben. Und wer ein richtiger Arbeiter ist, der braucht Seife, Handtuch und eine Handbürste, die hat er gestern bekommen, und ich möchte wissen, welcher Arbeiter nicht gern einen Schnaps trinkt, den kriegt er noch hinterher. Kollegen, das ist nicht üblich, aber wir haben gedacht, wir stehen ein

42 Vgl. Reckwitz, Gesellschaft, S. 138.

> bißchen vor Weihnachten, und Ihr habt manche Stunde auch wieder im gewerkschaftlichen Auftrag Euch von Euren Frauen, von Eurer Familie entfernt. Nehmt die Flasche mit nach Hause und trinkt sie mit Eurer Frau.[43]

Hier paarten sich traditionelle Vorstellungen von Männlichkeit[44] mit bürgerlichen Assoziationen vom schmutzigen Proleten[45], vorgetragen in einem paternalistischen, beinahe schon marktschreierischen Tonfall. Auch dies kann als Singularisierung aufgefasst werden, wenngleich sie in dieser Form kaum geeignet war, das gesellschaftliche Prestige der Arbeiter zu steigern. Heiß' Einlassung ist umso überraschender, als sich einer der anwesenden Arbeiter, Horst Roggenbuck, gleich zu Beginn im Rahmen der Aussprache ganz anders präsentiert hatte: „Ich bin Lohnempfänger, Autobusfahrer der BVG (Berliner Verkehrsbetriebe), habe ein Ehrenamt, ich bin Vorsitzender des Hauptpersonalrates des Landes Berlin, verantwortlich für 160.000 Beschäftigte des öffentlichen Dienstes in Berlin."[46] Gerade das Crescendo erzeugt eine Spannung zwischen der sozialversicherungsrechtlichen Zuordnung des Redners als ‚Arbeiter' und der tatsächlich von ihm im Rahmen eines Ehrenamtes getragenen Verantwortung. Sein Einfluss auf das tägliche Leben der Arbeiter stand dem des GBV-Mitglieds Martin Heiß gewiss kaum nach. Zugleich machte Roggenbuck mit viel Understatement deutlich, welche Aufstiegsmöglichkeiten ein Arbeiter nicht zuletzt dank der historischen Verdienste der Gewerkschaften damals schon – oder besser: noch? – hatte. Allerdings stellte auch das von ihm vermittelte Arbeiterbild nur einen Ausschnitt aus der Realität dar, wie in anderen Wortbeiträgen deutlich wurde.

Neben dem forschen Horst Roggenbuck gab es auch Karl Krämer von der NGG, der sehr zurückhaltend auftrat:

> Ich möchte mich kurz fassen, weil das ja mit Sicherheit im Zeitplan so vorgesehen ist. Darum kann ich leider zu dem Inhalt des Referats von Herrn Minister Matthöfer keine Stellung nehmen, denn mit Sicherheit würde ich dann die Zeit überschreiten. Zweitens kann ich auch zu anderen Problemen, die uns sehr dringend als Arbeiter am Herzen liegen, keine Stellung beziehen, weil die Zeit jetzt drängt.[47]

---

43 DGB-Bundesvorstand, Protokoll Bundesarbeiterkonferenz 1977, S. 94.

44 Noch 1960 hatten Arbeiter der oberpfälzischen Maxhütte sofort die Arbeit niedergelegt, als ihr Bierkonsum während der Arbeitszeit aus Sicherheitsgründen eingeschränkt wurde. Vgl. Süß, Kumpel, S. 172–176.

45 Zum Topos des Schmutzes vgl. Bogdal, Schaurige Bilder, S. 85–116. Die Bedeutung von Sauberkeit hob auch der Arbeiter „Walter" in seinem Interview im Rahmen der Studie von Hindrichs et al., Abschied, S. 111, mit Blick auf seine Lehrlingszeit hervor: „Mein Anspruch war, ich gehe da mit sauberen Händen hin und mit sauberen Händen wieder weg."

46 DGB-Bundesvorstand, Protokoll Bundesarbeiterkonferenz 1977, S. 27.

47 Vgl. ibid., S. 37.

Es gab Bildungsbeflissene wie Karl Praegner von der Eisenbahnergewerkschaft, der bedauerte, dass Matthöfers Buch nicht allen Delegierten zur Verfügung gestellt wurde. Und es gab Bildungsskeptiker wie Siegfried Merten von der ÖTV, der die häufige Verwendung von Fremdwörtern in einer Gewerkschaftsbroschüre beklagte: „Wer kann denn einem Arbeiter dieses Stück Papier in die Hand geben und sagen: das ist deine Gewerkschaft? [...] Man fragt sich manchmal, wofür eigentlich dort die Broschüre geschrieben wird. Um seine Wissenschaftlichkeit nachzuweisen?"[48]

All diese Arbeiterbilder konnten einen Realitätsbezug für sich beanspruchen. Es wäre eine interessante Herausforderung gewesen, die Gegensätze klar zu benennen und zu diskutieren. Allein: Es kam nicht dazu. Die Widersprüche blieben unvermittelt im Raum stehen. Die hauptamtlichen Arbeiterpolitiker des DGB hatten damit weitgehend freie Hand bei der Festlegung auf ein Arbeiterbild, das sie in ihrer weiteren Arbeit wie auch gegenüber der Öffentlichkeit vertreten wollten.

8.1.4 Ein Wendepunkt?

Was den inhaltlichen Ertrag betraf, stellte die Bundesarbeiterkonferenz gewiss keinen Wendepunkt dar. Zu nahe war die Konferenz thematisch an die vorangegangenen Veranstaltungen zur Humanisierungsfrage angelehnt. Selbst die zentrale Forderung, Arbeiter sollten sich „gesundheitsschädigende Tätigkeiten" nicht länger durch Zulagen monetär entschädigen, sondern nur noch – sofern sie unvermeidbar waren – durch vermehrte Freizeit „kompensieren" lassen, war bereits auf der Humanisierungskonferenz des DGB drei Jahre zuvor erhoben worden. Interessanterweise hatte der DGB-Chef diesen wichtigen gesundheitspolitischen Schritt damals nicht als eigene Errungenschaft reklamiert, sondern die geistige Urheberschaft den italienischen Gewerkschaften zugeschrieben[49].

Wenn sprachpolitisch von einer Wende gesprochen werden kann, so von einer, die hinter den erreichten Stand von 1974 zurückführte. Schließlich hatte sogar Heinz Oskar Vetter damals explizit von Arbeitern gesprochen, während sich auf der Bundesarbeiterkonferenz nun eine Arbeitsgruppe daranmachte, den Schichtarbeiterbegriff zu schleifen. Allerdings lohnt es sich gerade hier zu differenzieren. Denn bei Martin Heiß ließ sich durchaus eine Wende hin zum ‚Arbeiter' erkennen.

48 Vgl. ibid., S. 35, 41 (Zitat).

49 Ibid., S. 81. Vgl. zudem die „Ergebnis-Thesen der Arbeitsgruppe 1 Humanisierung des Mensch-Maschine-Systems", in denen es unter anderem heißt: „Kein Kauf von Gesundheitsschäden für Geld". Vetter, Humanisierung der Arbeit, S. 201. Zu Vetter vgl. ibid., S. 235.

Auf dem ein Jahr zuvor veranstalteten RKW-Kongress in Essen hatte er mit Blick auf die sich vollziehende Rationalisierung noch die besondere Betroffenheit der Angestellten herausgestellt. In den Abschnitten zur Arbeiterschaft hatte er dagegen auf den verallgemeinernden Arbeitnehmerbegriff zurückgegriffen[50]. Dies bedeutete, dass Heiß, sobald er als Vertreter des DGB auftrat, sich bisher dem Sprachregime des Spitzenverbandes unterworfen hatte. Er hatte sich in Essen nicht als oberster Arbeiterpolitiker zu erkennen gegeben. Auf der Bundesarbeiterkonferenz begann sich dies zu ändern – darüber kann auch das von Heiß präsentierte Arbeiterbild, das vielleicht in der Bildzeitung besser aufgehoben gewesen wäre, nicht hinwegtäuschen. War sein Eröffnungsreferat ganz der integrierten Arbeitnehmerpolitik verpflichtet, nutzte Heiß seine Schlussansprache, um der autonomen Arbeiterpolitik Raum zu geben. Fast wortgleich übernahm er die Forderung des Bundesarbeiterausschusses nach einem weitreichenden arbeiterpolitischen Mandat, das die Gewerkschaften gegenüber allen relevanten politischen Akteuren vertreten sollten. Zwar erkannte auch er in gemeinsamen Tarifverträgen für Arbeiter und Angestellte, die dem Ideenspektrum der integrierten Arbeitnehmerpolitik zuzurechnen sind, das Mittel der Wahl, doch die Begründung bediente sich dem Singularisierungsinstrumentarium: Heiß führte „besondere Probleme" der Arbeiter an, beklagte die fehlende gesellschaftliche „Anerkennung" und forderte, dass „[d]ie bisher praktizierte Differenzierung zwischen den verschiedenen Arbeitnehmergruppen […] beseitigt und zugunsten der Arbeiter verändert werden [muß]"[51]. Er beließ es aber nicht nur bei rhetorischen Bekenntnissen, sondern entwickelte auch eigene Initiative, wenn er die Delegierten aufforderte, die kritischen „Gedanken und Anregungen […] auf dem nächsten DGB-Bundeskongreß" vorzutragen[52]. Auch wenn Heiß wohl kaum zum Volkstribunen taugte, war aufgrund der konträren Positionen zur Arbeiterpolitik, welche die Gewerkschaftsbasis und -spitze jeweils einnahmen, die Mobilisierung der Delegierten auf den Bundeskongressen das schärfste Mittel, das ihm im Machtkampf mit den anderen Funktionären zur Verfügung stand.

Dass es so weit nicht kam, lag daran, dass Heiß die Methode, sich auf ein basisdemokratisches Mandat zu berufen, erfolgreich in einem anderen DGB-Gremium, dem DGB-Bundesausschuss, zur Anwendung brachte. Er nutzte die obligatorische Berichterstattung über die Veranstaltung, um für eine wirkliche

50 Vgl. Rationalisierungs-Kuratorium der Deutschen Wirtschaft (RKW) e. V., Menschengerechte Arbeit – Erfahrungsaustausch zwischen Forschung und betrieblicher Praxis. Dokumentation zum RKW-Kongress am 6. und 7. April 1976 in Essen, Gruga-Hallen, o. O. ^{2}1977, S. 32, 35.

51 Vgl. DGB-Bundesvorstand, Protokoll Bundesarbeiterkonferenz 1977, S. 92–93, Zitate auf S. 92. Vgl. zudem Willfried Schaefer, Aktennotiz für den Kollegen Heiß, 2. März 1977, Anlage: Plan für die Durchführung der Bundesarbeiterkonferenz, 3. Entwurf, 1. März 1977, in: AdsD 5/DGCS000124.

52 DGB-Bundesvorstand, Protokoll Bundesarbeiterkonferenz 1977, S. 89.

Gleichberechtigung der Personengruppe Arbeiter zu werben. Er bemängelte die symbolische Abwertung, der die Arbeiterkonferenz unterworfen war. Dabei vergaß er nicht, auf die Verstimmung der Delegierten zu verweisen. Diese hätten die Diskriminierung „als Ärgernis empfunden“, und sie hätten dies „unter Hinweis auf die Satzungsbestimmungen des DGB auch deutlich zum Ausdruck gebracht.“[53] Dass sich die Arbeiterpolitiker dennoch penibel an die Vorgaben gehalten hatten, wie Heiß betonte, und sich somit als loyale Gewerkschafter erwiesen hatten, trug wohl seinen Teil dazu bei, dass die nächsten Bundesarbeiterkonferenzen in aller Öffentlichkeit stattfinden durften.

Auch mit Blick auf die Funktion der Konferenzen als Singularisierungsinstrument für die ‚Arbeiter‘ wirkte die erste Veranstaltung 1977 als Wendepunkt. Denn in den Wortbeiträgen einiger Delegierten war bereits angeklungen, wie eine Singularisierung der ‚Arbeiter‘ gelingen konnte. So hatte der spätere rheinland-pfälzische Ministerpräsident Kurt Beck mit dem Hinweis, „daß niemand besser als Arbeiter selber Probleme der Schichtarbeit in die gewerkschaftliche Diskussion einbringen können“[54], auf die Bedeutung von Authentizität verwiesen. Die damit zum Ausdruck gebrachte Aufwertung der Erfahrung gegenüber der Expertise von Wissenschaftlern und Gewerkschaftsfunktionären legte die direkte Einbeziehung von Arbeitern nahe. Becks ÖTV-Kollege Georg Dressendörfer fügte den Aspekt der besonderen Betroffenheit hinzu, wenn er die belastenden Arbeitsbedingungen für Arbeiter in Erinnerung rief, die ihre Tätigkeiten „in stickigen Kellern“ oder bei „Lärm“ verrichten müssten[55]. Diese Einlassung rechtfertigte den Anspruch der Arbeiter auf öffentliches Gehörtwerden. Das dritte Element schließlich, das für die Singularisierung der ‚Arbeiter‘ nutzbar gemacht werden konnte, war die Rückbesinnung auf den Verlaufsaspekt, der durch die Problemtabelle in den Hintergrund getreten war.

8.2 „Riechbar“, „Lärmautomat“ und „Lügenotto“ – die Bundesarbeiterkonferenzen 1981 und 1985

Auf dieser Grundlage boten die Veranstalter in der ersten Hälfte der 1980er Jahre nun einiges auf, um die ‚Arbeiter‘ als etwas Besonderes herauszustellen, sie zu singularisieren. Ohne Zweifel bildeten diese beiden Konferenzen den Höhepunkt der Arbeiterpolitik des DGB, nicht zuletzt, weil sie unter optimalen Bedingungen

53 Vgl. Martin Heiß, Kurzbericht zu Tagesordnungspunkt 5. der DGB-Bundesausschusssitzung am 7. Dezember 1977, S. 1, in: AdsD 5/DGCS000124.

54 DGB-Bundesvorstand, Protokoll Bundesarbeiterkonferenz 1977, S. 33.

55 Ibid., S. 31.

stattfanden. Sie können folglich als Indikator für Möglichkeiten, Grenzen und Nutzen einer auf Singularisierung hin angelegten Arbeiterpolitik herangezogen werden. Im Folgenden soll gezeigt werden, wie Singularisierung über das Format und über die Inhalte betrieben wurde, welches Arbeiterbild in die Öffentlichkeit vermittelt wurde, wer genau die Singularisierung betrieb und welche Resonanz sie bei Politik und Medien erzeugte. Da diese Hochphase der Arbeiterpolitik im Grunde mit der Bundesarbeiterkonferenz 1985 schon wieder endete, ist auch nach Faktoren Ausschau zu halten, die der Singularisierung der ‚Arbeiter' zuwiderliefen.

8.2.1 Eine „Konferenz zum Anfassen" – Singularisierung über das Format

Wahrscheinlich hatten sich noch nicht alle Gäste und Delegierten der Bundesarbeiterkonferenz am frühen Nachmittag des 31. Mai 1985 auf ihren Plätzen am Tagungsort in Duisburg-Rheinhausen eingefunden, als für alle deutlich vernehmbar eine Sirene ertönte. Auf jeder anderen Veranstaltung des DGB wäre dies sicher ein Grund zur Besorgnis gewesen und hätte womöglich zum Abbruch der Versammlung geführt. Doch dass es keine normale Veranstaltung werden würde, zeigte den Teilnehmenden schon ein Blick auf die Bühne. Die Wand hinter den dort versammelten führenden Gewerkschaftsfunktionären war von einer riesigen Schalttafel bedeckt. Sie gehörte zu einem in der Zeche Auguste-Viktoria im gut 50 Kilometer entfernten Marl-Hüls eingesetzten „Klartextübertrager", der die Bergleute über Störungen im Betriebsablauf informierte. Mit diesem System war die am Tagungsort aufgebaute Schalttafel über eine Standleitung verbunden, sodass alle Anwesenden live mitverfolgen konnten, wenn es unter Tage zu Störungen kam[56]. An dieser Episode lässt sich der Charakter der Konferenzen bereits gut ablesen. Im Mittelpunkt standen Demonstrationsobjekte aus dem betrieblichen Alltag der Lohnempfänger, die eine „Konferenz zum Anfassen"[57] ermöglichen sollten. Dass die Konferenzteilnehmer an einer „Riechbar krebserzeugender Stoffe" die Nase rümpfen oder sich ihre Ohren an einer „Lärmmaschine" beschallen lassen konnten[58], „lockert[e] diese statische Form etwas auf und macht[e] u. a. durch mehr

56 DGB-Bundesvorstand (Hrsg.), Zukunft der Arbeit – Zukunft der Arbeiter? Bundesarbeiterkonferenz '85 des DGB in Duisburg-Rheinhausen 31. Mai und 1. Juni 1985. Protokoll, Düsseldorf o. J., S. 13, 77–85.

57 Tischvorlage für die Bundesarbeiterausschuß-Sitzung am 19. Februar 1981, S. 2, in: AdsD 5/DGAA000120.

58 Karl-Heinz Vorbrücken, Notiz über das Vorbereitungsgespräch Bundesarbeiterkonferenz 1981 in Osnabrück bei der Bundesanstalt für Arbeitsschutz und Unfallforschung, 28. April 1981, S. 2, in: AdsD 5/DGAA000156.

Aktion die Sache für alle interessanter.“[59] Doch hinter dieser Konzeption stand tatsächlich mehr, als den Teilnehmenden abwechslungsreiche Stunden zu bereiten.

Eine neue Rolle für die Arbeiter

Zunächst einmal ist bemerkenswert, dass die Besonderheit der ‚Arbeiter‘ durch Objekte konstituiert wurde, ohne dass dies die anwesenden Arbeiterinnen und Arbeiter objektivierte. Im Gegenteil, sie erfuhren dadurch eine epistemische Aufwertung. Denn wenn die Prämisse der Konferenz lautete, dass die „Gefahren und Belastungen der Arbeiter am Arbeitsplatz [...] möglichst für alle Teilnehmer erlebbar dargestellt werden“[60] müsse, wurde damit die sprachliche Uneinholbarkeit des Arbeiterseins postuliert. Dies wiederum lag nun nicht an den von Basil Bernstein und anderen konstatierten sprachlichen Defiziten der Arbeiter, auch wenn der niedersächsische Kultusminister Werner Remmers diesen Topos gleich zu Beginn der Tagung 1981 noch einmal thematisierte[61]. Nein, es bedeutete, dass der ‚Arbeiter‘ für die Sprache selbst eine Grenze markierte. Sie folgte aus der Hybridität des ‚Arbeiters‘ als Mensch-Maschinen-Wesen. Prägnant brachte dies wiederum Horst Roggenbuck zum Ausdruck:

> Es ist immer schiefgegangen in den Republiken, wenn **andere** die Arbeiterpolitik gemacht haben, andere, die – ich will das ganz vorsichtig formulieren – habe ich manchmal den Eindruck, im Besitz der absoluten Wahrheit sind. [...] Vielleicht sollten wir dies so formulieren, daß wir denen mal einen Hammer in die Hand drücken und daß sie dann vielleicht eine andere Vorstellung von den Zwängen haben, die die Arbeiter in unserer Gesellschaft haben.[62]

Konsequenterweise legten die Veranstalter der Konferenz Wert auf eine stärkere Einbindung der Arbeiterinnen und Arbeiter. So widmeten sie den Nachmittag des ersten Tages der Arbeit in unterschiedlichen „Demonstrationsbereichen“. In ihnen sollte der Betriebsalltag über thematisch passende Objekte oder, wo dies nicht ging, über Filme und Dias gleichsam in die Konferenz hereingeholt werden[63]. Auf einer solchen Bühne konnten sich die anwesenden Lohnempfänger, wie es Michael Schumann 1974 gefordert hatte, als Experten des Produktionsprozesses zuhause fühlen, während gewöhnliche, sozusagen schrift- und papierbasierte Konferenzen ungleich stärker mit dem Büroalltag von Angestellten korrespondierten. Die Mo-

59 Planung der Bundesarbeiter-Konferenz Stand: September 1980, S. 1, in: AdsD 5/DGAA000156.

60 Entwurf Bericht über die Bundesarbeiter-Konferenz in Osnabrück, o. D., S. 1, in: AdsD 5/DGAA000156.

61 Vgl. DGB-Bundesvorstand (Hrsg.), Arbeit darf nicht kaputtmachen. Bundesarbeiterkonferenz ’81 des DGB in Osnabrück 3. und 4. Juli 1981. Protokoll, Frankfurt a. M. o. J., S. 17 f.

62 Ibid., S. 47 (H. i. O.).

63 Vgl. Tischvorlage für BAA, 19. Februar 1981, S. 2.

deratoren der Demonstrationsbereiche wurden zudem angehalten, die Arbeiter bestmöglich in die Diskussionen einzubeziehen. Der ideale Ablaufplan für die Konferenz 1981 sah zunächst eine 20-minütige Einführung durch einen wissenschaftlichen Referenten vor, wobei die Experten bei ihrem Vortrag auf die Demonstrationsmittel eingehen mussten. Sodann folgte der wichtigste Abschnitt: „Der Moderator fängt das Thema ab und bezieht die Zuhörer sofort in den Diskussionsprozeß (30 Min.) mit ein. Dazu werden auf Zuruf Karten mit Stichworten beschrieben und an die Wand gehangen, um den Diskussionsprozeß zu steuern."[64] Später machten die Planer der Konferenz den Moderatoren noch einmal deutlich, warum sie sich an die Vorgaben zu halten hatten:

- weil Teilnehmer mehr als sonst einbezogen werden sollen,
- weil das Wissen der Teilnehmer wichtig ist,
- weil aus dem Wissen und der Eingabe der Antworten den Teilnehmern noch nicht bekannte Punkte in die Resolution eingebaut werden sollen,
- hierbei soll die betriebliche Erfahrung eine große Rolle spielen.[65]

Um dies zu gewährleisten, erhielten die Moderatoren an gleicher Stelle die Anweisung, „Funktionärsmeinungen ab[zu]wenden oder [zu] übergehen". Überdies sollten „[w]ährend der gesamten Tagung [...] Komunikationsecken [sic!] geschaffen werden, in denen gefachsimpelt werden kann."[66] Die Arbeit in den Demonstrationsbereichen hatte 1981 einen doppelten Zweck. Einerseits ging es um den persönlichen Erfahrungsaustausch zwischen den Delegierten, Funktionären sowie den anwesenden Wissenschaftlerinnen und Wissenschaftlern. Andererseits aber wurde damit eine für den zweiten Konferenztag angesetzte Expertenbefragung vorbereitet. Die Teilnehmenden der Demonstrationsbereiche konnten über ein Punktesystem die für sie fünf wichtigsten Fragen markieren, die dann die Moderatoren an ihrer statt vortrugen. Auf dem Podium saßen 1981 Georg Kliesch vom Bundesarbeitsministerium, Friedrich Vaupel von der niedersächsischen Gewerbeaufsicht, der Arbeitsmediziner Alfred Manz, Peter Schuh vom RKW sowie Gisela Kiesau vom Bundeszentrum Humanisierung des Arbeitslebens bei der Bundesanstalt für Arbeitsschutz und Unfallforschung, kurz BAU, aber nicht nur, um fundierte Antworten zu geben. Sie fungierten als „Adressaten gewerkschaftlicher Forderungen"[67].

64 Notiz über das Gespräch am 23.4.1981 in der Postschule Gladenbach, S. 1f., in: AdsD 5/DGAA000156.

65 Was müssen die Moderatoren beachten?, S. 1, in: AdsD 5/DGAA000120.

66 Planung BArbK, Stand: September 1980, S. 2.

67 DGB-Bundesvorstand, Arbeit darf nicht kaputtmachen, S. 75.

Dieser Abschluss war in doppelter Hinsicht bemerkenswert. Zum einen führte es ein Element direkter Interessenartikulation der Arbeiter ein. Ihre Fragen erreichten die Adressaten noch vor Ort, und dies entsprach durchaus den Wünschen einiger Delegierter. Denn dass der niedersächsische Kultusminister Remmers die Bundesarbeiterkonferenz 1981 schon kurz nach seiner Rede wieder verlassen hatte, registrierten die Anwesenden sehr aufmerksam. So mahnte Willi Roßburg von der ÖTV: „Und ich bedauere ja, daß hier die Prominentensitze jetzt leerer sind. Sie sollten doch eigentlich und haben doch den Auftrag, zuhören [sic!], was wir ihnen als Arbeiter zu sagen haben!“[68] Zum andern aber führte die Regelung, dass die Moderatoren der Demonstrationsbereiche als Fragesteller auftraten, doch wieder ein repräsentatives Element ein, das das Singularisierungsprinzip unnötigerweise unterlief. So nutzte einer der Moderatoren, Gerd Albracht von der Chemiegewerkschaft, die Möglichkeit geschickt aus, um sich selbst als Experte zu präsentieren und die Experten auf dem Podium in eine Diskussion zu verstricken[69]. Hier blieb den anwesenden Arbeiterinnen und Arbeitern nur das Mittel der im Protokoll nicht näher erläuterten „Proteste aus dem Plenum“, wie auch die Frage am Ende, ob die Fragesteller insgesamt ihren Auftrag gut erledigt hätten, in Form von Akklamation bestätigt wurde[70].

Der Berichterstatter des DGB-Organs „Welt der Arbeit“ war ebenfalls nicht ganz zufrieden mit der Abschlussdiskussion, wenn auch aus einem anderen Grund. Er merkte an: „Präzise wurde gefragt und kurz geantwortet. Diese Disziplin kann dann langweilig werden, wenn nur gefragt, nicht aber diskutiert werden darf. Das sollten die Veranstalter künftig ins Kalkül ziehen.“[71] Und die Veranstalter zogen es ins Kalkül. 1985 stimmte Irmgard Blättel, die seit 1980 die Arbeiterpolitik des DGB als Nachfolgerin von Martin Heiß leitete, die Delegierten am Abend des ersten Tages auf einen neu gestalteten Programmpunkt ein: „Morgen früh um 9.00 Uhr machen wir weiter hier im Plenum mit einer Plenumsdiskussion, nicht Podiumsdiskussion, sondern wir diskutieren untereinander hier alle!“[72] Ganz neu als Tagesordnungs-

68 Ibid., S. 52. Ähnlich hatte sich sein Kollege von der IG BE, Karl Brings, geäußert: „Zunächst mal hätte ich gerne ein Wort an den Herrn Minister gesagt, aber ich sehe, er hat den Raum schon verlassen.“ Ibid., S. 48.

69 Vgl. ibid., S. 89–102.

70 Vgl. ibid., S. 97, 117.

71 Dieter Schmidt, Eine Konferenz, auf der es stank, in: Welt der Arbeit Nr. 27, 9. Juli 1981, zitiert nach: o. V., Bericht über die Bundesarbeiterkonferenz ’81 in Osnabrück. Vorgelegt dem DGB-Bundesvorstand, o. O. o. J., Anlage 9.

72 DGB-Bundesvorstand, Zukunft der Arbeit, S. 158.

punkt kamen überdies zwei „Erfahrungsberichte aus dem betrieblichen Alltag" hinzu[73].

Verglichen mit der Konferenz 1977 hatten die Lohnempfänger nun auch jenseits der Aussprache zum Geschäftsbericht viele Möglichkeiten, sich einzubringen und für sich selbst zu sprechen. Das neue Format erlaubte darüber hinaus, ein differenzierteres Arbeiterbild zu präsentieren, ja in gewisser Weise erforderte es ein solches Bild geradezu. Dies zeigte sich ein gutes Jahr vor der Konferenz 1985, als sich der Arbeitsausschuss des Bundesarbeiterausschusses zu einer kritischen Revision der bisherigen Planungen veranlasst sah:

> Die angestrebten Demonstrationsbeispiele beziehen sich nach dem jetzigen Beratungsstand fast ausschließlich auf den Bereich der Industrie und der stationären Betriebe. Ergänzt werden müßte dies noch um den Bereich der klein- und mittelständischen Wirtschaft sowie nicht stationär arbeitender Betriebe, wie z. B. der Bauwirtschaft und zwar sowohl Bauhandwerk als Bauindustrie.[74]

Das neue Format erwies sich auf diese Weise als kompatibel zur Problemtabelle Arbeiter. Irmgard Blättel nutzte diese Gelegenheit, um den Ansatz einer differenzierenden, problemorientierten Arbeiterpolitik gleich in ihrem Eröffnungsreferat 1981 fortzuschreiben:

> Selbstverständlich bin ich mir auch darüber im klaren [...], daß es sich auch bei den Arbeitern nicht um eine homogene, also völlig nach Lebenslage gleiche Gruppe handelt. Es ist in mancher Hinsicht ein Unterschied, ob Arbeiter im Großbetrieb oder im Handwerksbetrieb mit fünf oder drei Beschäftigten arbeiten. Ob sie auf einem Dorf oder am Stadtrand oder in einer Innenstadt leben und arbeiten. Worauf es hier ankommt [...], ist das Aufzeigen und Betrachten genereller Problemfelder aller Arbeiter und Arbeiterinnen. Und dem letzten füge ich bei, daß Arbeiterinnen – deutsche und ausländische Kolleginnen – ebenfalls wieder ihre besonderen Probleme haben, wie sie ja die jungen, die behinderten und die älteren Arbeiter auch haben.[75]

Wie gezeigt, eröffnete die Problemtabelle die Möglichkeit, ‚Arbeiter' zu singularisieren. Und die Arbeiterpolitiker erkannten auch recht frühzeitig, dass das neue Format geeignet war, die notwendige öffentliche Aufmerksamkeit zu generieren. So stellte die Abteilung Arbeiter – mit einer etwas eigenwilligen Zeichensetzung – im Mai 1981 fest: „Wir wollen versuchen die Fernseh- und Rundfunkjournalisten, durch

73 Ibid., S. 183–188. Der Mehrwert dieser Beiträge hielt sich jedoch in Grenzen.
74 Albert Keil, Protokoll über die Sitzung des Arbeitsausschusses des Bundesarbeiterausschusses am 31. August 1984, S. 3, in: AdsD 5/DGAA000122. Später mahnte Gerd Ferdinand noch an, das „Problem der Frauenarbeitsplätze" zu berücksichtigen. Protokoll über die Sitzung des Arbeitsausschusses des Bundesarbeiterausschusses am 17. Oktober 1984, S. 4, in: AdsD 5/DGAA000122.
75 DGB-Bundesvorstand, Arbeit darf nicht kaputtmachen, S. 27.

die Darstellung des Ablaufes besonders zu interessieren und versprechen uns davon eine entsprechende Resonanz."[76] Wenn Blättel am Ende der Veranstaltung 1981 feststellte, „daß wir dieser Konferenz einen eigenen Charakter gegeben haben"[77], so hatte sie damit gewiss Recht. Es war ein zukunftsweisendes und innovatives Konzept, und die Arbeiterpolitik konnte in diesem Bereich durchaus eine Vorreiterposition für sich beanspruchen. Später griff etwa die IG Metall ähnliche Ansätze auf, was selbst der sonst notorisch gewerkschaftskritische Robert Lorenz lobend anerkannte[78].

Ein arbeiterspezifisches Format?

Wie bei den Arbeiterfilmen hatten die Gewerkschaftsfunktionäre ein ganz eigenes, anscheinend arbeiterspezifisches Format entwickelt. Wie bei den Arbeiterfilmen findet sich jedoch auch bei diesem Konferenzkonzept ein historischer Vorläufer aus dem militärischen Bereich. Während des Ersten Weltkriegs wurden in der Umgebung Berlins beispielsweise „Schaugräben" angelegt, die den Zivilisten „ein authentisches Nachempfinden" des Krieges ermöglichen sollten. Auch damals hatten sich die Veranstalter mit dem Gedanken getragen, „für die Ausstellungen auch akustische Elemente anzuregen, da zumal das Dröhnen der Waffen jeden Besucher tief beeindrucken müsse [...]."[79] Dies unterstreicht, welchen Irritationseffekt die Demonstrationsbereiche der Bundesarbeiterkonferenz bei jenen Teilnehmenden, die selbst nicht der Arbeiterschaft angehörten, hervorrufen konnten oder sollten. Dieser historische Vorläufer dürfte den Machern der Arbeiterkonferenz jedoch kaum bewusst gewesen sein. Sie hatten andere Vorbilder vor Augen, die aber ebenso interessant sind. Schon im Juni 1976 hatte Karl-Heinz Vorbrücken seine Kollegen auf eine solche Möglichkeit der Konferenzgestaltung aufmerksam gemacht, die sich noch dazu bereits praktisch bewährt hatte:

> Der vom RKW durchgeführte Humanisierungskongreß wurde in Form eines interaktionellen Erfahrungsaustausches unter Zuhilfenahme von audiovisuellen Mitteln durchgeführt. Eine solche Kongreßform führt zu einer Fülle von Informationen. Sie ist jedoch mit großem Kostenaufwand verbunden, da sie höchstwahrscheinlich nicht ohne die Unterstützung der Firma Metaplan GmbH, Hamburg, durchzuführen ist.[80]

---

76 Abteilung Arbeiter-Handwerk, Notiz über das Vorbereitungsgespräch zur Bundesarbeiterkonferenz '81 am 13.5.1981 in Osnabrück, 14. Mai 1981, S. 5, in: AdsD 5/DGAA000156. Auch von dem Aufstellen von Hinweisschildern an der Autobahn versprachen sie sich einen „zusätzliche[n] Werbeeffekt". Ibid., S. 4.

77 DGB-Bundesvorstand, Arbeit darf nicht kaputtmachen, S. 124.

78 Vgl. Lorenz, Gewerkschaftsdämmerung, S. 215.

79 Leonhard, Büchse der Pandora, S. 606.

80 Vorbrücken, Entwurfsvorlage II, S. 2.

Bei der Firma Metaplan handelte es sich nun um eine Unternehmensberatung, die Eberhard Schnelle 1972 zusammen mit seinem Bruder gegründet hatte. Die neue Moderationsmethode war beispielsweise bei einer Managertagung von Siemens Anfang 1973 zum Einsatz gekommen, und die Teilnehmenden zeigten sich sehr zufrieden mit dem Ergebnis. Bernhard Plettner, der Vorstandsvorsitzende von Siemens, gab seinen Managern jedoch die Mahnung mit auf den Weg, dass sich der Erfolg der Veranstaltung erst noch in der Praxis erweisen müsse. Dies sei dann der Fall, wenn die Manager die neuen Ideen und das neu erworbene Problembewusstsein in ihrem künftigen Handeln auch tatsächlich berücksichtigten[81].

Diese Wurzeln des Konferenzkonzepts waren nun nicht per se problematisch, doch verweisen sie auf neuralgische Punkte. Siemens hatte die Methode eingesetzt, um einen *top-down*-Prozess zu initiieren. Die anwesenden Manager verfügten qua Amt über ausreichenden Einfluss, um Veränderungen zu bewirken. Auch der RKW-Kongress 1974 war hochrangig besetzt. Von der Bundesarbeiterkonferenz konnte man das nicht behaupten. Dies wirft die Frage auf: Konnte es sich die gewerkschaftliche Arbeiterpolitik überhaupt leisten, ein Konzept anzuwenden, dessen Wirkung vorrangig auf der personellen und informellen Ebene ansetzte? Die Rückmeldungen der beteiligten Gewerkschaften, die im Oktober 1981 auf der Sitzung des Bundesarbeiterausschusses gesammelt wurden, gaben keinen Anlass zur Besorgnis, im Gegenteil. Dieter Wiarek, der Vertreter des gastgebenden DGB-Landesbezirks Niedersachsen, lobte ähnlich wie seinerzeit die Siemens-Manager: „Man hatte ständig das Gefühl, etwas Kreatives zu tun." Sein Kollege Felix Zimmermann von der Gewerkschaft Holz und Kunststoff berichtete von einer unerwartet großen Resonanz:

> Ausstrahlung und Erfolg der Bundesarbeiterkonferenz haben der Gewerkschaft Holz und Kunststoff bis zur Basis hin geholfen. Die Referenten berufen sich bei Bildungsveranstaltungen auch jetzt noch ständig auf die Ergebnisse und Diskussionen der Bundesarbeiterkonferenz. Dies gilt sowohl bei Veranstaltungen in Betrieben wie auch bei gewerkschaftlichen Schulungsmaßnahmen.[82]

Und doch ist Skepsis angezeigt. Schon 1976 hatte Dieter Trautmann die zentrale Schwachstelle des Formats erkannt. Sie lag darin, „daß eine Durchführung der Konferenz nach der Methode von ‚Metaplan' die Konferenzatmosphäre verhindert, sowie die Möglichkeit zur Antragstellung etc. nimmt."[83] Tatsächlich fiel die Bilanz der Bundesarbeiterkonferenzen mit Blick auf die erarbeiteten Anträge sehr dürftig

81 Vgl. Rosenberger, Experten, S. 400–402.

82 Niederschrift BAA, 29. Oktober 1981, S. 5.

83 Vorbrücken, Gedächtnisprotokoll, 15. Februar 1977, S. 2.

aus. 1981 stimmte die Konferenz über eine Entschließung zur Leiharbeit, einen Initiativantrag zum Wegfall der unteren Sozialversicherungsfreigrenze, einen Antrag zu einer Arbeitsmarktabgabe für Beamte und Selbständige sowie über die Diskussionsergebnisse aus den Demonstrationsbereichen ab. Zu all diesen Vorlagen gab es nur eine Wortmeldung. Erwin Kastleiner von der IG Bau-Steine-Erden begründete den von ihm eingebrachten Antrag zur Leiharbeit. Ansonsten: Kein Diskussionsbedarf, einstimmige Annahme aller Anträge, Entschließungen und Diskussionsergebnisse. Nach der Konferenz stellte der Bundesarbeiterausschuss hinsichtlich der Anträge zur Leiharbeit, zur unteren Sozialversicherungsfreigrenze sowie zur Arbeitsmarktabgabe lapidar fest: „Bereits Inhalt geltender Beschlüsse"[84].

Geht man von den greifbaren und belastbaren, das heißt schriftlich festgehaltenen und mit Mehrheitsvotum beschlossenen Ergebnissen aus, zeigte sich die negative Seite der Singularisierung der ‚Arbeiter' wie auch des Konzepts der autonomen Arbeiterpolitik. Die Anschlussfähigkeit an die allgemeine Gewerkschaftspolitik war nicht unmittelbar gegeben. Dies umso weniger, als auch die Diskussionsergebnisse als der eigentliche Mehrwert der Arbeiterkonferenzen mehrere Mankos aufwiesen. Das erste betraf die Legitimität der Ergebnisse, wie den Mitgliedern des Bundesarbeiterausschusses erst am Vorabend der Konferenz klar wurde. Die Moderatoren der Demonstrationsbereiche waren schlicht damit überfordert, die Diskussionsergebnisse über Nacht zu Entschließungsentwürfen auszuarbeiten[85]. „Deshalb werden sie als Diskussionsergebnisse der Konferenz vorgelegt, die sie dann an den Bundesarbeiterausschuß weitergibt mit dem Auftrag, in der Sache tätig zu werden."[86] Selbst wenn es auf einen rein formalen Einwand hinausläuft, ist doch als zweites Manko festzuhalten, dass damit eine Form der Repräsentation oder, vielleicht passender ausgedrückt, der Übersetzung Einzug hielt, die mit dem eigentlichen Ansatz der Konferenz, die Erfahrungen der Arbeiterinnen und Arbeiter unmittelbar zur Geltung zu bringen, konfligierte. Eine gewisse Brisanz gewann dieser Einwand zudem durch das Verhalten der führenden Arbeiterpolitiker. So war der Arbeitsausschuss des Bundesarbeiterausschusses vor der Konferenz 1985 zur Einsicht gelangt, dass aufgrund des Formats „Anträge nicht unbedingt erforderlich sind." Zudem betonte er: „Das Recht, Anträge an den Kongreß zu stellen, liegt nicht bei der Konferenz, sondern entsprechend der Satzung beim Ausschuß der Personengruppe."[87]

---

84 Abteilung Arbeiter-Handwerk, Unterlage zur Sitzung. Bundesarbeiter-Ausschuß-Sitzung 29.10. 1981, in: AdsD 5/DGAA000120.

85 Vgl. DGB-Bundesvorstand, Arbeit darf nicht kaputtmachen, S. 22.

86 Niederschrift über die Sitzung des DGB-Bundesarbeiterausschusses am 2. Juli 1981 in der Stadthalle Osnabrück, S. 2, in: AdsD 5/DGAA000120.

87 Keil, Protokoll BAA-AA, 31. August 1984, S. 4.

Lothar Selzner, der als Nachfolger von Karl-Heinz Vorbrücken in das Arbeiterreferat nachgerückt war, leitete daraus die Forderung an die Gewerkschaftsfunktionäre ab: „Reduzierung des für Anträge vorgesehenen Raumes, hierbei Appell zur Einflußnahme auf Antragsberechtigte, um kein Antragsunwesen aufkommen zu lassen."[88] Im Zusammenhang mit den Bundesarbeiterkonferenzen von „Antragsunwesen" zu sprechen, war eine sehr gewagte Wortwahl. Sie ist aber insofern interessant, als sie implizit auf die Tatsache verwies, dass eine konsequent umgesetzte Singularisierung der ‚Arbeiter' letztlich auch die Position der führenden Arbeiterpolitiker erschüttern musste. Denn auch sie waren schließlich nur Repräsentanten der Arbeiter, hatten aber eben nicht selbst den Arbeiterstatus inne. Ironischerweise war die Sorge um das „Antragsunwesen" völlig unbegründet, denn die antragsberechtigten Delegierten zeigten selbst kaum Interesse, sich dieses Instruments zu bedienen[89]. Nimmt man die von Wiarek und Zimmermann geschilderten Reaktionen ernst, waren die anwesenden Arbeiterinnen und Arbeiter mit den Konferenzen als einem Forum des unmittelbaren, persönlichen Meinungsaustausches zufrieden, weil sie die gewonnenen Erkenntnisse gleich in ihrer täglichen Arbeit nutzen konnten. Ganz in diesem Sinne hatten die Planer der Konferenz schon im September 1980 festgehalten: „Es ist anzunehmen, daß in den Demonstrationsbereichen die Ziele der Beratung auf ‚handfeste' Verbesserungsvorschläge zurückgefahren werden muß [sic!]."[90] Das zugrunde liegende Problem machte der Historiker Martin Sabrow am Beispiel des „Zeitzeugen" deutlich, der nicht zufällig zu eben jener Zeit, als die Bundesarbeiterkonferenzen auf die Expertise der Arbeiterschaft setzten, als Akteur die Bühne der Erinnerungskultur betrat. Sabrow umriss den Zusammenhang wie folgt:

> Der Zeitzeuge im engeren Sinne [...] beglaubigt nicht so sehr außerhalb seiner selbst liegende Geschehnisse [...]; er konstituiert vielmehr durch seine Erzählung eine eigene Geschehenswelt. Er bestätigt weniger durch sein Wissen eine Einzelheit [...]; er autorisiert eine bestimmte Sicht gleichsam von innen als Träger von Erfahrung und nicht von außen als deutender Beobachter.[91]

---

88 Irmgard Blättel an die Mitglieder des Bundesarbeiterausschusses des DGB, Mitglieder des DGB-BV z. K., 10. September 1984, Anlage: Lothar Selzner (zuständig), Unterlage zur Sitzung Bundesarbeiterausschuß am 11.12.1984, S. 3, in: AdsD 5/DGAA000122.

89 Dies war bereits im Vorfeld der Bundesarbeiterkonferenz 1981 absehbar. Vgl. Niederschrift über die Sitzung des Arbeitsausschusses des DGB-Bundesarbeiterausschusses am 6. Februar 1981, S. 2, in: AdsD 5/DGAA000120. Die mangelnde Antragsfreude lag sicherlich auch im lückenhaften organisatorischen Unterbau der Arbeiterpolitik begründet.

90 Planung BArbK, Stand: September 1980, S. 3.

91 Vgl. Martin Sabrow, Heroismus und Viktimismus. Überlegungen zum deutschen Opferdiskurs in historischer Perspektive, in: Potsdamer Bulletin für Zeithistorische Studien 15–43/44 (2008), S. 7–20, hier S. 12–14 (Zitat auf S. 13).

Anders ausgedrückt: Wenn man Demonstrationsobjekte als Träger einer spezifischen Episteme einsetzte, die durch die anwesenden Arbeiter aktiviert und entfaltet werden sollte, konnte man kaum abstrahierende Ergebnisse von den Arbeitern erwarten.

Eine Kundgebung für Vetter

Wenn sich nun aber der formelle Weg als schwierig erwies, um die Arbeiterinteressen unmittelbar in die allgemeine Gewerkschaftspolitik zu übersetzen, bot dann der informelle Weg einen adäquaten Ersatz? Auch hier sind Zweifel angezeigt. Immerhin konnte der DGB-Vorsitzende Heinz Oskar Vetter, anders als 1977, vier Jahre später an der Bundesarbeiterkonferenz teilnehmen. Mit seinem Auftritt aber veränderte sich das Format der Konferenz grundlegend. Sie sollte nun einen „Kundgebungscharakter“ erhalten, und dazu reisten mehrere hundert Gewerkschaftsmitglieder aus der Umgebung Osnabrücks an. Damit waren die Rollen klar verteilt: Vetter war der Redner, die anwesenden Arbeiterinnen und Arbeiter die Zuhörenden. Als Experten des Produktionsprozesses waren sie nun nicht mehr gefragt, und sie kamen auch nicht mehr zu Wort. Immerhin konnte Dieter Wiarek auch zu diesem Event von positiven Reaktionen berichten. Es sei für die Anwesenden „ein großes Erlebnis“ gewesen und habe „bis in die Ortskartelle des DGB hinein auch die Bildungsarbeit im Winterhalbjahr 1981/82 befruchtet.“[92] Womöglich war dieses Ergebnis aber nur ein glücklicher Nebeneffekt. Denn die Kundgebung konnte auch den Zweck verfolgen, Vetter die Notwendigkeit und Legitimität der Arbeiterpolitik deutlich vor Augen zu führen. Schließlich ließ sich die Teilnahme zahlreicher einfacher Gewerkschaftsmitglieder als Indiz für den Wunsch der Basis nach der weiteren Schaffung von Arbeiterausschüssen auch auf Landesbezirks- und Kreisebene deuten. Zumindest aber hatten sich die Arbeiterfunktionäre mit der etwa 1050 Teilnehmende umfassenden Abschlusskundgebung auf geschickte Weise über die für die Bundesarbeiterkonferenz geltende Begrenzung der Delegiertenzahl, der die anderen Personengruppenveranstaltungen ja nicht unterworfen waren, hinweggesetzt. Zupass kam den Arbeiterpolitikern dabei ausgerechnet die Verlegung des zweiten Konferenztages auf einen Samstag. Der DGB hatte diese zwar offiziell mit notwendigen Sparmaßnahmen begründet, von einigen Mitgliedern des Bundesarbeiterausschusses war sie aber dennoch als ein weiterer Affront gegenüber der Arbeiterpolitik verstanden worden[93].

92 Niederschrift BAA, 29. Oktober 1981, S. 5.

93 Niederschrift über die Sitzung des DGB-Bundesarbeiterausschusses in der Bundesanstalt für Arbeitsschutz und Unfallforschung am 22. Oktober 1980, S. 2, in: AdsD 5/DGAA000166.

Trotz dieser Kritik überwiegen in der Gesamtschau die positiven Aspekte. Hatte 1977 noch die integrierte Arbeitnehmerpolitik den Charakter der Konferenz geprägt, dominierten 1981 und 1985 klar die Singularisierungsaspekte. Dadurch, dass sich die gewonnenen Ergebnisse nicht unmittelbar in die allgemeine Gewerkschaftspolitik einspeisen ließen, gewann die Konferenz selbst einen singulären Charakter, wodurch sie zunächst auf informellem und personellem Weg ihre Wirkung entfaltete. Interessanterweise wies auch die Satzung des DGB den Personengruppenkonferenzen in gewisser Weise einen singulären Platz zu. Denn die Mitglieder des Bundesarbeiterausschusses hatten ja durchaus Recht mit ihrem Einwand, dass die Bundesarbeiterkonferenz kein Antragsrecht beim DGB-Bundeskongress besaß. Die Willensbildung der Personengruppe Arbeiter musste notwendigerweise über den Bundesarbeiterausschuss laufen. Und da die Satzung die Mitgliedschaft der Arbeiterausschussvorsitzenden der jeweils untergeordneten Ebene im Arbeiterausschuss der jeweils übergeordneten Ebene vorsah, war eine demokratische Willensbildung über diesen Instanzenzug formal gesichert. Allerdings war dieser Unterbau im Fall der Personengruppe Arbeiter äußerst lückenhaft.

8.2.2 „Arbeit darf nicht kaputtmachen" – Singularisierung durch Pathologisierung

Auch wenn eine Singularisierung über das Format eine gute Rahmenbedingung darstellte, hing der Erfolg einer Singularisierung der ‚Arbeiter' letztlich vom Inhalt ab. Dass eine inhaltliche Singularisierung aber nicht ganz einfach sein würde, hatte bereits die Arbeit an der Problemtabelle Arbeiter gezeigt. Damals war es Karl-Heinz Vorbrücken nicht gelungen, ‚Arbeiter' zu definieren. Singularisierungsversuche hatten gegenüber dem Format der Problemtabelle jedoch einen entscheidenden Vorteil: Sie mussten nicht *alle* Probleme der Arbeiterschaft auf einen Punkt bringen, sondern konnten sich damit begnügen, *ein* relevantes Problem herauszugreifen. Und es sprach nichts dagegen, bei nächster Gelegenheit einfach das nächste relevante Problem der Singularisierung der ‚Arbeiter' zugrunde zu legen. Wie zu zeigen sein wird, gingen die Arbeiterpolitikerinnen und -politiker genauso vor. Vor allem 1981 gelang auf diese Weise eine idealtypische Singularisierung der ‚Arbeiter', während dasselbe Unterfangen vier Jahre später an seine Grenzen stieß.

‚Arbeiter' und Gesundheit

„Arbeit darf nicht kaputtmachen". Das war das so einfache wie eingängige Motto der Bundesarbeiterkonferenz 1981. Dabei war Gesundheit als Thema für eine Bundesarbeiterkonferenz nicht neu, denn schon 1977 spielte sie als ein Teilaspekt eine Rolle. In der damaligen Pressemitteilung hörte es sich so an: „[A]lle den Arbeiter beanspruchende [sic!] Belastungen [müssen] auf ein mittleres Maß gebracht werden, um die schon genannte Überbeanspruchung zu vermeiden.“[94] Auch 1981 ging die Abteilung Arbeiter-Handwerk mit einer Pressemitteilung an die Öffentlichkeit, um auf die Konferenz aufmerksam zu machen. Nun hieß es gleich zu Beginn:

> Unterprivilegierte soziale Herkunft, geringere Bildung und weniger Ausbildung, niedrigeres Einkommen und höheres Beschäftigungsrisiko, schlechtere Gesundheit und früherer Tod: zu dieser Lebensformel verdichten sich die Benachteiligungen, denen Arbeiter in der Bundesrepublik bis heute ausgesetzt sind. […] Daß es immer noch besonders die Arbeiter sind, die am Arbeitsplatz Gesundheit und Leben einsetzen, werde aus der Unfallstatistik und den Sozialberichten der Bundesregierung überdeutlich.[95]

Der technokratische, formelhafte Tonfall des Jahres 1977 (und, nebenbei bemerkt, der Kollektivsingular) war einer lebendigen, im Stakkato vorgetragenen, eindringlichen Schilderung des Schicksals der Arbeiter gewichen. Selbst die Bezugnahme auf eine amtliche Statistik wurde in eingängige, dramatisierende Worte gekleidet[96]. Schon an diesen beiden Dokumenten wird deutlich, wie sehr sich der Politikstil im Arbeiterreferat des DGB unter der Leitung von Irmgard Blättel gewandelt hatte. Auch inhaltlich konnten die Weichen nun neu gestellt werden. Als sich der Bundesarbeiterausschuss im November 1979 erstmals mit der Planung der Arbeiterkonferenz beschäftigt hatte, einigte er sich schnell darauf, die Veranstaltung unter das Motto „Rationalisierung im Bereich der Arbeiter“ zu stellen[97]. Im März 1980 legte das Gremium bereits die Themen für die vier geplanten Arbeitskreise fest, und auch hier zeichnete sich ein eher technokratisches Programm ab. Diskutiert werden sollten die Punkte „Rationalisierung, sozialer Wandel und Bildung“, „Rationalisierung und Beschäftigungsprobleme“, „Rationalisierung und Datenschutz“, aber immerhin auch: „Rationalisierung und Gesundheit“[98]. Die kurz nach Blättels Amtsantritt vollzogene Revision dieser Themenstellung wurde durch die Hinzuziehung des Bundeszentrums Humanisierung der Arbeit begünstigt, denn erst mit dessen

---

94 Bundesarbeiterkonferenz vom 24./25.11.1977, Pressekonferenz am 25.11.1977, S. 2a.

95 Blättel: Arbeiter lebenslänglich benachteiligt, Sperrfrist: 3. Juli, 10 Uhr, in: AdsD 5/DGAA000156.

96 Eine deutlich nüchterner gehaltene Einladung verschickte der Pressereferent des DGB. Vgl. Ulrich Preussner an die Vertreter von Presse, Funk und Fernsehen, 9. Juni 1981, Anlage: Pressestelle, Anlage zur Einladung Bundesarbeiterkonferenz des DGB am 03. und 04. Juli 1981 in der Stadthalle Osnabrück, 9. Juni 1981, in: AdsD 5/DGAA000154.

97 Niederschrift BAA, 15. November 1979, S. 1.

98 Anlage zur Niederschrift der Sitzung des DGB-Bundesarbeiterausschusses vom 6. März 1980, S. 1 f., in: AdsD 5/DGAA000120.

Engagement war das neue Konferenzformat technisch und finanziell überhaupt umsetzbar. Dessen Leiterin, Gisela Kiesau, nahm als Vertraute Blättels fortan die Rolle der externen Expertin ein, die unter Martin Heiß noch dem Arbeitswissenschaftler Hans Pornschlegel vorbehalten gewesen war. Die Umstellung auf das neue Konferenzformat wirkte sich wiederum thematisch aus, wie die Konferenzplaner feststellten: „Die jetzige Themenstellung wird nur schwer zu halten sein, wenn die Beratung von den möglichen Demonstrationsobjekten mit abhängig ist."[99]

Da der ursprünglich vorgesehene Themenkatalog ohnehin Überschneidungen mit der für Oktober 1980 geplanten beschäftigungspolitischen Konferenz des DGB aufgewiesen hatte[100], lag es nahe, ganz auf das Thema Gesundheit zu setzen. Konkret sollte über den innerbetrieblichen Transport, gefährliche Arbeitsstoffe, Lärm sowie erneut über Nacht- und Schichtarbeit diskutiert werden[101]. Dieter Fahrenholt schlug vor, sich auf der Konferenz zusätzlich „mit Fragen wie: Monotonie, statische[n] körperliche[n] Belastungen, körperliche[m], geistige[m] und seelische[m] Streß" zu befassen[102]. Diese Anregung floss schließlich als ein fünfter Demonstrationsbereich zum „Entfremdungsproblem" in die Konferenz mit ein[103]. Damit aber hatte sich der Bundesarbeiterausschuss auf ein Thema geeinigt, das Vorbrücken schon 1976 als Motto für die erste Arbeiterkonferenz ins Spiel gebracht hatte: „Gesundheitsgefährdung der Arbeiter"[104]. Nicht nur hinsichtlich des Formats, auch thematisch hätte die Bundesarbeiterkonferenz 1981 folglich bereits 1977 stattfinden können. Damals wäre der Konferenz und damit der Arbeiterpolitik mit diesem Thema zumindest im gewerkschaftlichen Bereich eine Vorreiterrolle zugekommen. Denn „[d]er Schutz der Gesundheit war immer ein Stiefkind der Arbeitskultur"[105], und daran hatten auch die Gewerkschaften lange Zeit nichts geändert. In der Nachkriegszeit hatten sie einen besonderen Umgang mit diesem Problem gefunden, der zwar aus heutiger Sicht zynisch anmutet, aber vor dem Hintergrund der damals herrschenden Überzeugungen und Einstellungen folgerichtig war:

> Die bürokratisierte Arbeiterbewegung hatte sich qua Staub-, Gift-, Akkord- und Schichtzulagen die Gesundheit der Arbeiter/innen abkaufen lassen. […] In der Kultur der Nachkriegsgesellschaft galten Krankheiten […] als notwendige Kollateralschäden der Arbeitsgesellschaft. Das tradierte Männlichkeitsmuster – Härte und Risikobereitschaft – verband sich mit monetären

---

99 Planung BArbK, Stand: September 1980, S. 3.

100 Vgl. Karl-Heinz Vorbrücken an Dieter Trautmann, 12. Mai 1980, in: AdsD 5/DGCS000137.

101 Niederschrift BAA, 28. Oktober 1980, Anlage III, DGB-Bundesarbeiter-Konferenz 1981, Themen der Arbeitskreise, S. 1 f., in: AdsD 5/DGAA000120.

102 Vgl. Niederschrift BAA-AA, 6. Februar 1981, S. 1.

103 Tischvorlage, BAA, 19. Februar 1981, S. 3.

104 Vgl. Protokoll BAA, 14. September 1976, S. 14.

105 Hien, Gesundheit, S. 167.

> Interessen zu einem fatalen Amalgam, das Unfall und Krankheit aller sozioökonomischer Kontexte entkleidete und ihnen den Anschein des Schicksalhaften verlieh.[106]

Eine Neubewertung der gesundheitlichen Gefahren hatte die 68er-Bewegung maßgeblich befördert, doch hatten bereits die Arbeitskämpfe bei FIAT in Turin sowie bei Ford in Köln gezeigt, dass auch die betroffenen Arbeiterinnen und Arbeiter selbst nicht mehr bereit waren, nicht nur ihre Arbeitskraft, sondern auch ihre Gesundheit zu opfern[107]. Waren es in der Automobilindustrie die Lackierereien, in denen die körperliche Unversehrtheit der Beschäftigten aufs Spiel gesetzt wurde, entwickelten in den 1970er Jahren zunehmend auch die Beschäftigten der chemischen Industrie eine größere Sensibilität für die Gefahren am Arbeitsplatz. In Kooperation mit kritischen Ärztinnen und Ärzten entstanden zum Ende des Jahrzehnts die ersten „Gesundheitsläden“ in deutschen Städten, später trafen sie sich zu „Gesundheitstagen“. Diese Gesundheitsbewegung war dabei nicht auf Probleme in der Arbeitswelt beschränkt. Auch wenn dieses Thema laut Hien Mitte der 1980er Jahre an Bedeutung gewann, beliefen sich die arbeitsbezogenen Veranstaltungen der Gesundheitstage auch dann nur auf zehn Prozent[108].

Hält man sich diese Entwicklung vor Augen, scheint das Jahr 1981 geradezu der perfekte Zeitpunkt für die gesundheitszentrierte Singularisierung der ‚Arbeiter‘ gewesen zu sein. So hatte das Thema zwar schon gesellschaftliche Relevanz erlangt, war aber noch nicht ausdiskutiert. Aber konnte eine thematisch derart ausgerichtete Singularisierung der ‚Arbeiter‘ überhaupt gelingen, wenn das Thema offensichtlich auch viele andere Gruppen betraf? Hier ist ein Blick in die Stellungnahme des DGB zur Frühinvalidität aufschlussreich. Die ersten Entwürfe wurden auch an das Arbeiterreferat weitergeleitet, und was Vorbrücken dort zu lesen bekam, konnte ihn für das eigene Unterfangen durchaus optimistisch stimmen. Denn selbst aus diesem von einer anderen DGB-Abteilung erarbeiteten Papier ging klar hervor, „daß die Betroffenheit der Arbeiter etwa doppelt so groß ist wie bei den Angestellten“ und „daß Arbeiter kränker sind als andere Arbeitnehmer.“[109] Gleichwohl war die Hinwendung zur Gesundheitsproblematik innerhalb der Gewerkschaften keineswegs unumstritten. Als der Gesundheitsladen in Frankfurt etwa eine Initiative zum Blasenkrebs in der Chemieindustrie lancierte, stieß dies nicht nur bei dem dort ansässigen Chemiekonzern auf Widerstand, „auch die IG-Chemie-Betriebsräte

---

106 Ibid., S. 169.
107 Vgl. ders., Körper und Arbeit, S. 167 f. sowie Lange, Neue Art, S. 284–292.
108 Vgl. Hien, Gesundheit, S. 175–185.
109 Karl-Heinz Vorbrücken, Stellungnahme zum 3. Entwurf des Deutschen Gewerkschaftsbundes zur Bekämpfung der Frühinvalidität, S. 2, in: AdsD 5/DGAA000120.

waren sich nicht zu schade, gegen die ‚Nestbeschmutzer' zu polemisieren."[110] Noch 1990 berichtete der Spiegel darüber, mit welch harten Bandagen der Konflikt innerhalb der Belegschaft ausgetragen wurde. Oppositionelle Gruppen gewannen damals bei den Betriebsratswahlen Sitze, weil die IG CPK unter anderem Fragen über „Sicherheitsmängel in den hochexplosiven Fabriken" tabuisierte. Interessanterweise hatte die Gewerkschaftsopposition ausgerechnet im Jahr 1981 erstmals Betriebsratsmandate errungen[111].

Die Bundesarbeiterkonferenz hatte mit dem Demonstrationsbereich „Gefährliche Arbeitsstoffe" folglich ein ebenso drängendes wie potentiell brisantes Thema aufgegriffen. Als Moderator fungierte Gerd Albracht von der IG CPK. Dass dies möglich war, lässt erahnen, dass die Chemiegewerkschaft die am Arbeitsplatz drohenden Gesundheitsgefahren nicht völlig tabuisierte. Albracht war ein von der Gewerkschaft „extern angeworbener, politisch engagierter Diplomchemiker ohne professionellen Gewerkschaftshintergrund", der seit 1977 die Abteilung Umweltschutz beim Hauptvorstand der IG CPK aufbaute[112]. Zu seinem Aufgabenfeld gehörte, sich mit der „toxische[n] Wirkung von Arbeitsstoffen auch im Normalbetrieb" der Chemiefabriken zu befassen. Dass sein Ressort in der Vorstandsverwaltung dabei der Abteilung Frauen und nicht etwa der Abteilung für Arbeitsschutz zugeordnet worden war, sagte zwar einiges über dessen Stellenwert aus, doch erwies sich diese institutionelle Entscheidung durchaus als vorteilhaft:

> Denn während der Arbeitsschutz durch seinen Zuschnitt auf die berufsgenossenschaftlichen Strukturen traditionell wie institutionell in hohem Maße auf Konsensregelungen programmiert war und ist, eröffnete die umweltpolitische Auseinandersetzung die Möglichkeit, die Gesundheitsgefährdung am Arbeitsplatz zum Gegenstand offensiver, öffentlichkeitswirksamer Polarisierung zu machen und dabei auch den Rückenwind der allgemeinen umweltpolitischen Industriekritik zu nutzen.[113]

Offensiv, öffentlichkeitswirksam und polarisierend trat Albracht auch bei der Bundesarbeiterkonferenz auf und stellte nicht zuletzt damit sicher, dass den gefährlichen Arbeitsstoffen die Aufmerksamkeit aller gewiss war. Sie waren *das* Thema, das die Teilnehmenden auch emotional bewegte. So fiel Albrachts ÖTV-Kollege Klaus Orth, der eigentlich als Moderator einen ganz anderen Demonstrationsbereich zu vertreten hatte, aus der Rolle, indem er auch beim Thema der gefährlichen Arbeitsstoffe intervenierte. So vermerkte das Protokoll:

---

110 Hien, Gesundheit, S. 184.
111 O. V., Alte Fehde, in: Der Spiegel 44–14 (1990), S. 138–139, hier S. 138.
112 Jürgen Kädtler/Hans-Hermann Hertle, Sozialpartnerschaft und Industriepolitik. Strukturwandel im Organisationsbereich der IG Chemie-Papier-Keramik, Opladen 1997, S. 182.
113 Ibid., S. 183 f.

> Ich halte das, was zu dem Thema krebserregende Arbeitsstoffe bisher hier gesagt worden ist, für bloße Kosmetik. [...] Wir wissen alle, was Krebs für eine schlimme Krankheit ist. [...] Für meine Begriffe kann es doch nur um eines gehen: ein totales Verbot von Arbeitsstoffen, die möglicherweise krebserregend sind! (Lebhafter Beifall)[114]

Orths Forderung nach einem vollständigen und letztlich auch sofortigen Verbot krebserregender Substanzen wirft erneut die Frage nach der Bedeutung des Verlaufsaspekts für die Singularisierung der ‚Arbeiter' auf. In ihrer Berichterstattung zur Bundesarbeiterkonferenz 1977 hatte die Eisenbahnerzeitschrift, wie oben erwähnt, auf die rhetorische Figur des „Noch immer" gesetzt, um die Dringlichkeit einer besonderen Beachtung der Arbeiterprobleme herauszustellen. Dieser Figur bediente sich auch Irmgard Blättel in ihrer Begrüßung (so beim Hinweis, die Arbeiterschaft sei „noch immer die größte Gruppe") wie auch in ihrem Eröffnungsreferat: „Die Unterscheidung nach Muskelarbeit und geistiger Arbeit und eine damit verbundene unterschiedliche Wertigkeit der Arbeit und – beklagenswerter Weise – damit auch des arbeitenden Menschen ist noch immer im Denken und Handeln vieler Menschen vorhanden."[115] Der Mechanismus, der hier aktiviert werden sollte, war folgender: Vergangene Leistungen oder in die Vergangenheit zurückreichendes Unrecht rechtfertigten spezifische Begünstigungen in der Gegenwart oder nahen Zukunft. Mit Blick auf die Gesundheit war dieser Mechanismus identitätsbildend für die Arbeiter, wie Hien treffend darlegte:

> Nicht zuletzt vermischte sich proletarische Mentalität mit einer spezifischen Opferinszenierung: Nicht nur die körperliche Arbeit an sich, sondern die durch Arbeit erworbene Krankheit zeichnete den „richtigen Arbeiter" aus. [...] Krankheit und Körperlichkeit wurden gleichsam zum letzten ruinösen Mittel, das eingesetzt werden musste, um Anerkennung und letztlich auch die „wohlverdiente" Entlastung zu finden, die anders nicht erkämpft werden konnte.[116]

Überraschenderweise zeichnete sich auf der Bundesarbeiterkonferenz 1981 aber ein Begründungsmuster ab, dem ein ganz anderer temporaler Mechanismus zugrunde lag. Als Beispiel möge eine weitere Aussage Blättels genügen: „Ein konsequenter Arbeitsschutz ist [...] auch das wirksamste Mittel zur mittel- und langfristigen Senkung der Kosten unseres Sozialsystems, deren rasanter Anstieg den Sozialpolitikern ja erhebliche Sorgen bereitet."[117] Unter den Bedingungen knapper Kassen verlor die Vergangenheit an Wert. Die „wohlverdiente Entlastung" als Belohnung für die arbeitsbedingte Ruinierung der Gesundheit erwies sich nun als

---

114 DGB-Bundesvorstand, Arbeit darf nicht kaputtmachen, S. 101.
115 Ibid., S. 11, 25f.
116 Hien, Gesundheit, S. 193.
117 DGB-Bundesvorstand, Arbeit darf nicht kaputtmachen, S. 36.

kontraproduktive Strategie. Was nun zählte, war der ‚Arbeiter' als potentieller Kostenfaktor, der dadurch zu einer Hypothek für die Zukunft wurde.

‚Arbeiter' und Identitätspolitik

Ohnehin war mit Blick auf die Singularisierung zu fragen, was der Verlaufsaspekt eigentlich nutzte, wenn er doch nur zur Beseitigung jener Faktoren dienen sollte, welche die Singularisierung überhaupt erst möglich gemacht hatten. Freilich, für den DGB und auch für die Arbeiterpolitikerinnen und -politiker konnte dies überhaupt nur der einzige Zweck einer Singularisierung sein. Die besonderen Probleme der Arbeiterschaft waren sichtbar zu machen, um sie zu beheben. Singularisierung war Mittel zum Zweck. Ganz anders sieht es aber aus, betrachtet man die Singularisierung im Rahmen der „Identitätspolitik". Wie Philipp Sarasin zeigte, entstand dieses Konzept in den 1970er Jahren[118], und damit zeitgleich zu den vielfältigen Aktualisierungsversuchen des ‚Arbeiters', die Gegenstand meiner Studie sind. Zieht man weiterhin in Betracht, dass viele der seither gebildeten Identitäten Resultat des Zerfalls des Klassenzugehörigkeitsgefühls sind, stellt sich die Frage, worin sich der ‚Arbeiter' von den neuen Identitäten unterscheidet. Es geht um die Frage, ob nicht auch der ‚Arbeiter' in einer Weise zu modellieren gewesen wäre, die dessen identitätsstiftende Wirkung erhalten hätte.

Den entscheidenden Aspekt der Identitätspolitik erkannte Sarasin in einer glaubhaften Authentizitätsbehauptung[119]. Vielleicht ist es mit Blick auf die Schwierigkeiten des Authentizitätsbegriffs besser, auf den Begriff der Essentialisierung zurückzugreifen[120]. Mobilisierungsfähig und damit politisch wirksam wären demnach solche Identitäten (und Konzepte), die sich um einen nicht weiter reduzierbaren Wesenskern entwickeln lassen. Wenn mein Eindruck nicht täuscht, sind diese Wesenskerne zumeist den Kategorien *race* oder *gender* zuzuordnen. In den letzten Jahren machten beispielsweise zwei besondere Fälle *race*-basierter Identität medial die Runde: Die US-Amerikanerin Jessica A. Krug hatte, ebenso wie ihre Landsfrau Rachel Dolezal, eine Identität als „Schwarze" angenommen, „obwohl sie als Weiße geboren wurde."[121] Diese Geschichten wurden zum Skandal, weil ein solcher Identitätswechsel als unzulässig wahrgenommen wird. Ähnlich verhält es sich bei *gender*-

118 Vgl. Philipp Sarasin, 1977. Eine kurze Geschichte der Gegenwart, Berlin ^{3}2021, S. 229–232.

119 Vgl. ibid., S. 247.

120 Reckwitz sprach in diesem Zusammenhang von „Essenzialismus". Reckwitz, Gesellschaft, S. 417, 419.

121 feb, Weiße US-Historikerin gab sich als Schwarze aus, in: Spiegel Online, 4.9.2020, <https://www.spiegel.de/kultur/jessica-krug-weisse-professorin-aus-washington-d-c-gab-sich-als-schwarze-aus-a-233fe358-b82d-4779-94e6-818a5cac1510> (29.08.2023).

basierten Identitäten. Sogenannte „Konversionstherapien“, mit denen vor allem christliche Fundamentalisten versuchen, homosexuelle und damit aus ihrer Sicht „sündige“ Personen auf eine heteronormative Einstellung umzupolen, sind nun verboten, weil eine homosexuelle Orientierung ebenso wenig aus einer psychischen Störung resultiert, wie sie der freien Entscheidung der Menschen entspringt, sondern weil Homosexuelle homosexuell *sind*. Beide angeführten Beispiele machen deutlich, dass diesen Identitäten die Verlaufsdimension fehlt. Es ist nicht vorgesehen, dass Weiße zu Schwarzen werden oder Homosexuelle zu Heterosexuellen. Wenn im Bereich der sexuellen Orientierung doch ein Wechsel stattfindet, so ist es nur das Bekenntnis zur eigenen, schon immer angelegten Identität – es ist mithin ein Akt der Emanzipation von tradierten, oft religiös fundierten gesellschaftlichen Normen.

Wie gezeigt, war das klassische Arbeiterbild immer auf die Überwindung des Arbeiterdaseins ausgelegt, definierte es sich doch über zahlreiche Defizite. Dieses Arbeiterkonzept konnte politische Mobilisierungskraft entfalten, weil in ihm ein Fortschrittsversprechen aufgehoben war und sich die Arbeiterschaft als Protagonistin dieses Fortschritts begreifen konnte. Dieses Fortschrittsversprechen geriet aber durch den Poststrukturalismus in eine Krise. Selbst in der Problemtabelle Arbeiter schlug sich dies nieder: Sie erfasste nur die negativen Seiten des Arbeiterlebens und schlüsselte diese Lebenswirklichkeit in zahlreiche bereichsspezifische Probleme auf. Sie lassen sich zwar je einzeln bearbeiten, aber Fortschritt ist damit nicht garantiert. Ebenso möglich ist, dass eine Problemlösung neue Probleme nach sich zieht. Doch selbst im Erfolgsfall ist nur ein Problem gelöst, viele andere sind noch vorhanden, und möglicherweise haben sich schon ganz neue hinzugesellt. Das Bild, das sich hieraus ergibt, ist nicht das des Fortschritts, sondern der Krise als Dauerzustand. Diese Diagnose lässt sich für die Zeit „nach dem Boom“ (beziehungsweise der Postmoderne) auf die gesamte Gesellschaft verallgemeinern. Denn auch der öffentliche Diskurs zeigte sich als eine andauernde Abfolge von Krisen. Es verwundert nicht, wenn stabile Identitäten an Attraktivität gewinnen, wenn sich Krisenhaftigkeit als das Wesen der Welt abzeichnet.

Die zu klärende Frage lautet daher: Ist es möglich, ‚Arbeiter‘ im Modus der Singularisierung von der Verlaufsdimension zu befreien? Die Bundesarbeiterkonferenz lieferte einige Hinweise, dass dies gerade auf der Basis einer Pathologisierung der ‚Arbeiter‘ tatsächlich möglich war. Ein Ansatzpunkt war, das relativ hohe Risiko von Arbeitsunfällen zum Ausgang einer solchen identitätsbildenden Singularisierung zu nehmen. Diesem Aspekt war der Demonstrationsbereich „Innerbetrieblicher Transport“ gewidmet. Hierbei zeigten sich jedoch zwei Schwierigkeiten: Zum einen wies die Unfallstatistik in den meisten Fällen menschliches Versagen als Unfallursache aus. Die betroffenen Arbeiter, so legte es die Statistik nahe, waren selbst für ihr Unglück verantwortlich. Es überrascht nicht, dass Horst Brinkhoff

(IG BE) eine entsprechende Forderung aus dem Demonstrationsbereich an den Vertreter der Gewerbeaufsicht stellte:

> Wir waren der Ansicht, daß vielfach die Unfälle deshalb geschehen, weil die Arbeitsplätze einfach unzureichend oder falsch gestaltet sind und deshalb die Arbeitnehmer gezwungen sind, sich falsch zu verhalten, und deshalb wiederum die Unfälle entstehen. Aus diesem Grund ist die Aussage „menschliches Fehlverhalten" falsch, es müßte heißen: „falsch gestaltete Arbeitsplätze". Ich bitte, Ihr Augenmerk darauf zu richten![122]

Während sich dieses Problem durch eine Modifikation der Statistik lösen ließ, wog ein anderer Aspekt schwerer. Denn Unfälle waren, zum Zweiten, ihrer Natur nach ereignishaft. Ein Ereignis, das eintreten konnte oder nicht, und dessen Eintreten zu verhindern mit allen Mitteln betrieben werden musste[123], war als Grundlage einer stabilen Identität eher ungeeignet. Hier bot der Problembereich „Lärm" schon bessere Möglichkeiten. Denn Lärm verursachten die Maschinen, mit denen die Arbeiterinnen und Arbeiter alltäglich beschäftigt waren. Zudem schädigte Lärm nicht nur das Gehör, sondern es wurden, wie Georg Kliesch, der Vertreter des Bundesarbeitsministeriums ausführte, auch „das Nervenkostüm, der Magen, die Herz- und Kreislaufangelegenheit viel stärker geschädigt"[124]. Lärm war folglich ein Strukturmerkmal der Arbeitertätigkeit und hatte vielfältige Auswirkungen auf die körperliche Verfassung der Betroffenen, doch auch hier gab es die berechtigte Hoffnung, durch die Einführung lärmreduzierter Maschinen Abhilfe zu schaffen[125]. Was sich zur identitätsbildenden Singularisierung aber geradezu aufdrängte, waren die gefährlichen Arbeitsstoffe. In dieser Hinsicht ist die Replik instruktiv, die Georg Kliesch auf die oben zitierte, von den Anwesenden mit viel Beifall goutierte Forderung Klaus Orths nach einem Verbot krebserzeugender Arbeitsstoffe gab: „Es gibt bestimmte Stoffe, die können wir zur Zeit nicht ersetzen, wir können aber auch nicht darauf verzichten!"[126]

Für mögliche identitätspolitische Anliegen stellte dieses Dilemma einen Glücksfall dar. Denn es begründete einen Fall von Ausweglosigkeit; Ausweglosigkeit aber bedeutet buchstäblich nichts anderes als das Fehlen einer Verlaufsdimension. Theoretisch war zwar denkbar, dass einmal alle Stoffe auf ihre Gefährlichkeit hin überprüft und die schädlichen durch unschädliche ersetzt sein würden. Doch stand man in dieser Frage noch völlig am Anfang, wie ein Hinweis von Gerd Albracht

---

122 DGB-Bundesvorstand, Arbeit darf nicht kaputtmachen, S. 81.

123 So konnte Blättel 1985 tatsächlich die seit 1970 sinkende Zahl der Arbeitsunfälle als Erfolg vermelden. Vgl. DGB-Bundesvorstand, Zukunft der Arbeit, S. 36.

124 DGB-Bundesvorstand, Arbeit darf nicht kaputtmachen, S. 86.

125 Vgl. ibid., S. 153.

126 Ibid., S. 102.

verdeutlichte. Er rechnete vor, dass bereits 50 000 Stoffe in der Arbeitswelt im Einsatz seien, „und jährlich kommen 200 neue hinzu“. Verschärfend trat das Problem der Stoffgemische hinzu, zu denen laut Kliesch noch gar keine Erkenntnisse vorlagen[127]. Und selbst an diesem Punkt hatten die Schwierigkeiten noch kein Ende, wie Friedrich Vaupel von der Gewerbeaufsicht deutlich machte:

> Es ist sicherlich nicht damit getan, daß man nun Listen weiterhin vervollständigt, da kommt man nachher auf 1000, 2000 gefährliche Stoffe, aber wer soll das vollziehen, wer soll nachher die Aussage treffen, ob an diesem Arbeitsplatz eine Gefahr besteht?[128]

Die Gefahr völlig zu bannen scheiterte folglich nicht nur am fehlenden Wissen, sondern auch an den fehlenden Kontrollmöglichkeiten. Und anders als beim Lärmproblem, das sich sehr einfach und eindeutig eingrenzen ließ, musste potentiell jeder Arbeiter und jede Arbeiterin damit rechnen, gefährlichen Arbeitsstoffen ausgesetzt zu sein. Selbst anscheinend alltägliche Arbeiten konnten sich als gefährlich erweisen. Sehr eindrücklich schilderte etwa Ingrid Gertjegerdes (IGM) auf der Bundesarbeiterkonferenz 1985 ihre Erfahrungen als Reinigungskraft eines Krankenhauses:

> [I]ch habe seit meinem vierzehnten Lebensjahr gearbeitet, aber das waren die schlimmsten anderthalb Jahre, die ich in meinem Leben je mitgemacht habe. Ganz, ganz furchtbar. Die Hände waren bis hier (sie zeigt bis etwa zehn Zentimeter über das Handgelenk) kaputt, man konnte überhaupt nichts mehr anfassen, obwohl ich auch mit Handschuhen gearbeitet hatte. Aber es gab auch keine andere Möglichkeit, dann hätte ich da aufhören müssen.[129]

Als ein spezifisches Arbeitsrisiko vermochten die gefährlichen Arbeitsstoffe folglich die Gesamtheit der Arbeiterschaft zu erfassen und womöglich identitätsbildend zu wirken. Auch wenn die gefährlichen Arbeitsstoffe im Gegensatz zu anderen gesundheitlichen Beeinträchtigungen allein die Verlaufsdimension stilllegen konnten, schloss dies nicht aus, alle Gesundheitsgefahren im Rahmen der identitätsbildenden Singularisierung zu kumulieren. Darauf wies Irmgard Blättel explizit hin:

> Typisch für das Arbeitsschicksal der Arbeiter ist, daß eine Vielzahl dieser Risikofaktoren gleichzeitig die Gesundheit beeinträchtigt. Auf das **„gleichzeitig“** kommt es hier an! Dies geschieht meist über jahrzehntelange Belastungen, die zu Verschleißprozessen führen und dann oft ganz plötzlich offenkundig werden, wenn zum Beispiel eine arbeitsbedingte Krebserkrankung wie eine Zeitbombe ausbricht.[130]

---

127 Ibid., S. 90 (Zitat), 97.
128 Ibid., S. 99.
129 DGB-Bundesvorstand, Zukunft der Arbeit, S. 209.
130 DGB-Bundesvorstand, Arbeit darf nicht kaputtmachen, S. 35 (H. i. O.).

Eine derart konstruierte Arbeiteridentität wies überraschend viele Züge der traditionellen auf. Der im Produktionsprozess auf Gedeih und Verderb den gefährlichen Arbeitsstoffen ausgelieferte Arbeiter erinnerte entfernt an das Bild des mit den Elementargewalten ringenden Hephaistos. Auch das traditionell männlich geprägte und in Abgrenzung zu den Angestellten konturierte Arbeiterbild lebte wieder auf. So ereilte das Schicksal der Frühinvalidität vor allem *männliche* Arbeiter, und Arbeiter erlitten acht Mal so viele Arbeitsunfälle wie Angestellte[131]. Die in anderen Bereich so schwierig gewordene Abgrenzung gegenüber den Angestellten ergab sich folglich von selbst, sofern man beide Gruppen nach Maßgabe der Pathologie ordnete.

‚Arbeiter' in der Risikogesellschaft

Zudem konnte ein solch pathologisierter ‚Arbeiter', wie in Kapitel 2.2.6 bereits angeführt, auch für die nachindustrielle Zeit gesellschaftliche Relevanz als epistemische Ressource beanspruchen, eben weil sich in ihm für die Gesellschaft grundlegende Probleme konzentrierten. Ein solches Problem stellte beispielsweise der Krebs dar. Nicht zufällig war der „Berufskrebs" ein „zentraler Akteur beim Wandel der Gefahrstoffregulierung in Westdeutschland in den 1970er Jahren"[132]. Die schlechten Heilungschancen verliehen dieser Krankheit eine besondere Dramatik und ihrer Bekämpfung eine besondere Dringlichkeit, zumal Krebs grundsätzlich alle Menschen treffen konnte. Gleichwohl stand die Gesellschaft gegenüber den Arbeiterinnen und Arbeitern in einer besonderen Schuld, da sie ihre Krankheit möglicherweise produktionsbedingt erworben hatten. Die gefährlichen Arbeitsstoffe waren jedoch nicht nur als Krebserreger relevant, sie tangierten auch den Problembereich des Umweltschutzes. Interessanterweise stellte Blättel diesen Aspekt erst 1985 deutlich heraus:

> Die Umweltpolitik kann nur wirksam betrieben werden, wenn sie die Arbeitsumwelt und die allgemeine Umwelt aufgrund einer einheitlichen Konzeption verbessern will. […] Nahezu jeder Schadstoff stellt zunächst ein gesundheitliches Problem in der Arbeitswelt dar.[133]

‚Arbeiter' fungierten demnach – *nolens volens* – als ein Bioindikator, der frühzeitig auf potentielle Gefahren für die Gesellschaft aufmerksam machte. Passenderweise

131 Vgl. ibid. Lutz Raphael deutete diese Zahlen jedoch anders: „Deindustrialisierung bedeutete auch, dass eine ganze Alterskohorte, nämlich männliche Industriearbeiter über 50, vorzeitig aus dem Arbeitsleben ausgeschieden ist […], auch wenn viele von ihnen bald sozialpolitisch abgefederte Existenzen als Früh- oder Invaliditätsrentner führen konnten." Raphael, Jenseits von Kohle, S. 84.
132 Bächi, Grenzwertpolitik, S. 224.
133 DGB-Bundesvorstand, Zukunft der Arbeit, S. 41.

hatte Irmgard Blättel die Situation, in der sich die Arbeiterschaft befand, schon 1981 mit dem Begriff des Risikos umschrieben. Bekanntlich sollte Ulrich Beck denselben Begriff heranziehen, um daraus eine Gesellschafts- und Zeitdiagnose zu entfalten. Die Pointe lag darin, dass laut Beck das Risiko als neues prägendes Strukturelement die Grenzen der industriellen Klassengesellschaft niederreißen würde[134]. Die Bundesarbeiterkonferenz von 1981 hatte dagegen einige Belege geliefert, mit der sich Becks Annahme in Zweifel ziehen ließ. Auch mit Blick auf Risiken konnte eine besondere Stellung der ‚Arbeiter‘ begründet werden. Und doch hatte auch Ulrich Beck in einem 1983 erschienenen Aufsatz einen gewichtigen Einwand formuliert, der die Erfolgsaussichten einer gesundheitsbasierten Singularisierung der ‚Arbeiter‘ tangierte. Er vertrat die These, dass die Generalisierung der Lohnarbeiterrisiken keine Gemeinsamkeit mehr erzeuge, die Verrechtlichung dieser Risiken vielmehr auf eine weitere Individualisierung hinauslaufe. Beck stellte klar, welche Konsequenzen die Gewerkschaft zu erwarten hatten:

> So stehen gewerkschaftliche und politische Wahrnehmungs- und Bearbeitungsformen hier immer deutlicher in Konkurrenz z. B. zu individualisierenden medizinischen und psychotherapeutischen Betreuungen und Kompensationen, die unter Umständen sehr viel konkreter und für die Betroffenen evidenter die entstandenen Zerstörungen und Belastungen zu „bewältigen“ vermögen.[135]

Die Expertenbefragungen auf der Bundesarbeiterkonferenz ließen dieses Muster tatsächlich erkennen. Es ging einerseits um konkrete Maßnahmen, aber andererseits um gesetzliche Regelungen. Letzteres führte dazu, dass alle Beteiligten den Arbeitnehmerbegriff verwendeten[136]. Dies war zwingend, denn auch wenn hauptsächlich Lohnempfänger von gefährlichen Arbeitsstoffen oder Lärm betroffen waren, so machten diese Gefahren im Einzelfall auch nicht vor einem Meister halt, der in denselben Produktionsprozess involviert war. Umso mehr traf dies zu, als die seit 1955 vorherrschende Herangehensweise, für gefährliche Stoffe sogenannte MAK-Werte zu definieren, also die jeweils zulässige maximale Arbeitsplatzkonzentration festzulegen, in Kritik geriet. Denn sie fußte auf der Annahme, dass die Stoffe unterhalb einer gewissen Grenze ungefährlich waren. In den 1970er Jahren kam aber der individuelle Organismus in den Blick. Der neue Ansatz bestand in der „Einrichtung von ‚Maximalen-Organismus-Konzentrationen‘ respektive von ‚Biologischen Arbeitsstofftoleranzen‘“[137].

134 Vgl. Beck, Risikogesellschaft, S. 46 f.
135 Beck, Jenseits von Stand (1983), S. 65.
136 Vgl. DGB-Bundesvorstand, Arbeit darf nicht kaputtmachen, S. 89–102.
137 Vgl. Bächi, Grenzwertpolitik, S. 221, 233 (Zitat).

Ein Blick in die Presseberichterstattung über die Konferenz 1981 zeigte aber, dass diese Einwände der Singularisierung keinen entscheidenden Schaden zufügten. Von den fast 40 Artikeln berichteten zwar nur 13 über die Gesundheitsrisiken, aber immerhin neun dieser Beiträge stellten Arbeiter als gesundheitlich besonders gefährdet heraus. Diese Meldungen erschienen etwa im DGB-Organ Welt der Arbeit, in der SPD-Zeitung Vorwärts und, noch wichtiger, der Bild am Sonntag[138], sodass die Zielgruppe wohl zu einem beachtlichen Teil medial erfasst worden sein dürfte. Zudem dürfte wohl auch im Falle der übrigen Berichte, die verallgemeinernd von „Arbeitnehmern" respektive „Beschäftigten" oder objektivierend vom „Arbeitsplatz" sprachen, den Lesern klar gewesen sein, dass jeweils in der Hauptsache Arbeiter gemeint waren – schließlich bezogen sich die Artikel ja auf die Bundesarbeiterkonferenz[139].

8.2.3 Anthropologische und chronopolitische Singularisierung

Auch wenn mit der gesundheitszentrierten Singularisierung ein Weg gefunden war, die kollektive Identität ‚Arbeiter' auf Dauer zu stabilisieren, war die Geschichte damit noch nicht zu Ende. Sie hätte es aber sein können. Denn als sich die Mitglieder des Bundesarbeiterausschusses daranmachten, die für 1985 anstehende Veranstaltung vorzubereiten, wollten sie die vorherige Konferenz einfach nur fortschreiben, wenn auch mit einem besonderen Blick auf den „Einfluß der neuen Technologien auf die Situation des Arbeiters"[140]. Alles hätte also seinen gewohnten Gang nehmen können, hätte nicht Manfred Schneider (IG BE) im Juli 1984 interveniert. Er „warnt[e] davor, einen Zweitaufguß von Osnabrück zu versuchen." Er war überzeugt, „daß neue Impulse gebracht werden müssen", um etwa „aufzuzeigen, wo Lücken in der Mitbestimmungsrealität besonders schmerzhaft auftreten."[141] Norbert Kepp (IG Metall) beharrte jedoch darauf, dass „die Gefährdungs-

138 Vgl. pol., Millionen krank – DGB fordert mehr Schutz, in: Bild am Sonntag, 5. Juli 1981, Rudi Mews, „Das ist mit Geld gar nicht wieder gutzumachen", in: Vorwärts, 9. Juli 1981 sowie Schmidt, Eine Konferenz, auf der es stank. Alle zitiert nach: o. V., Bericht über die Bundesarbeiterkonferenz '81, Anlage 9.

139 Vgl. etwa Rudolf Deckert, Bei DGB-Chef Vetter piepte es – doch das war ein gutes Zeichen, in: Neue Rhein Zeitung, 6. Juli 1981, o. V., „Lärmbelästigung", in: Neue Osnabrücker Zeitung, 6. Juli 1981 sowie Theo Mönch-Tegeder, Realistischer, in: Neue Osnabrücker Zeitung, 9. [?] Juli 1981. Alle zitiert nach: ibid.

140 Abteilung Arbeiter-Handwerk, Unterlage zur Sitzung, Bundesarbeiterausschuss am 8. Dezember 1983, S. 1, in: AdsD 5/DGAA000122.

141 Protokoll über die Sitzung des Arbeitsausschusses des Bundesarbeiterausschusses am 31.7.1984, 21. September 1984 (Entwurf), S. 1, in: AdsD 5/DGAA000166.

bereiche exemplarisch aufgezeigt werden, die die Gesundheit der Arbeitnehmer betreffen“, da hierin „eine der zentralen Begründungen für die Mitbestimmung“ liege[142]. Damit war die Gesundheitsfrage zwar weiterhin als ein mögliches Thema gesetzt, doch sollte sie auf der Bundesarbeiterkonferenz keine zentrale Rolle mehr spielen. Dies lag auch in ihrer temporalen Struktur begründet, denn Gesundheitsprobleme waren letztlich das Resultat von Sünden der Vergangenheit. So nutzte sich der Arbeiterkörper im Normalfall über Jahre und Jahrzehnte beim Vollzug der Arbeit an ergonomisch unzureichenden Arbeitsplätzen ab, wenn diese nicht schon zuvor zu Unfällen und Invalidität führten. Die Thematisierung neuer Technologien ging dagegen mit einer auf die Zukunft gerichteten Perspektive einher, woraus wiederum Unsicherheiten erwuchsen, die eine Singularisierung der ‚Arbeiter‘ erschweren konnten. Denn wie die Zukunft sich letztlich gestalten würde, war umstritten.

‚Arbeiter‘ der Zukunft

Unsicherheit kam auch im Konferenzmotto zum Ausdruck. „Zukunft der Arbeit – Zukunft der Arbeiter?“ – so lautete die Formel, auf die sich der Arbeitsausschuss des Bundesarbeiterausschusses festgelegt hatte. Nur eine Minderheit war dem konkurrierenden Vorschlag „Der Arbeiter in der 3. industriellen Revolution“ gefolgt[143]. Mit Blick auf eine mögliche Singularisierungsstrategie war dies eine bedeutsame Entscheidung. Hätte der Alternativvorschlag lediglich die Verortung des ‚Arbeiters‘ in einem Prozess zur Diskussion gestellt, warf das siegreiche Motto die Frage auf, ob die Arbeiterschaft überhaupt eine Zukunft haben würde. Die Zweifel verstärkte der gewählte Tagungsort: Duisburg-Rheinhausen. Bei den diskutierten Alternativen wie Heilbronn, Leverkusen, Dortmund, Bremen, Saarbrücken oder einem Ort im Rhein-Main-Gebiet[144] wäre dies wohl weniger der Fall gewesen. Duisburg aber stand geradezu exemplarisch für die tristen Aussichten, welche die Arbeiter erwarteten. In Rheinhausen hatte es bereits 1982 erste Proteste gegen die geplante Stilllegung des Walzwerks gegeben, ab Dezember 1987 sollte die Belegschaft des Stahlwerks, unterstützt von den Bewohnern des Stadtteils, dann öffentlichkeitswirksam gegen die drohende Schließung kämpfen[145]. Bürgermeister Clemens Fuhrmann zeigte den Delegierten der Bundesarbeiterkonferenz schon 1985 die bedrückende Lage seiner Stadt auf: Die Arbeitslosenquote lag bei 16 Prozent, wobei es sich bei 70 Prozent der

142 Ibid., S. 2.

143 Selzner, Unterlage BAA, 11.12.1984, S. 3.

144 Vgl. ibid. sowie Protokoll über die Sitzung des Bundesarbeiterausschusses am 17.4.1984 in Düsseldorf, S. 6, in: AdsD 5/DGAA000122.

145 Vgl. Hordt, Kumpel, S. 125, 193–210.

Arbeitssuchenden um Arbeiterinnen und Arbeiter handelte. Auch ließ Fuhrmann bei den Anwesenden den Eindruck, es könne sich nur um ein lokales Phänomen handeln, erst gar nicht aufkommen: „Tatsache ist auch, daß Duisburg heute zu den typischen Arbeiterstädten gehört." Entscheidend war in diesem Satz das Adverb „heute", denn Fuhrmann klärte die Delegierten auch über die Zeit vor der Industrialisierung auf, in der die Arbeiterschaft in Duisburg noch gar keine Rolle gespielt hatte[146]. Für die Stadt schien in der Besinnung auf die eigene Vergangenheit bereits eine Zukunft jenseits dieser sozialen Gruppe auf. Das Fragezeichen im Konferenzmotto hatte also zumindest für den Tagungsort seine Berechtigung.

Drohende Arbeitslosigkeit infolge der Rationalisierungsmaßnahmen war aber nur eine Gefahr, die den ‚Arbeitern' drohte. Eine zweite setzte ausgerechnet an deren Episteme an. Auf diese Entwicklung hatte Kurt Beck bereits 1981 aufmerksam gemacht:

> Wir erleben eine Entwicklung, daß immer mehr Tätigkeiten aufgesplittet werden, und zwar aufgesplittet werden nach dem Motto, daß der höherwertige Anteil von Tätigkeiten innerhalb dieses Strukturwandelprozesses zu Angestelltentätigkeiten werden, während die unqualifizierten Tätigkeiten eben in immer stärkerem Maße für die Arbeiter übrigbleiben.[147]

Becks Befürchtung konnte Volker Volkholz, Gründer und Leiter der Gesellschaft für Arbeitsschutz und Humanisierungsforschung in Dortmund, vier Jahre später mit Umfrageergebnissen der IG Metall untermauern: „Über 80 Prozent aller Investitionen werden im Arbeiterbereich eingesetzt. Nur, von der Kenntnisteilhabe auch an den neuen Technologien sind die Arbeiter weitgehend ausgeschlossen. Sie sind ganz massiv stark bei den leitenden Angestellten konzentriert"[148]. Für Michael Kielbassa, dem Vertreter des RKW, war diese Entwicklung kein Zufall, sondern hing mit den neuen Technologien kausal zusammen. So sei etwa die „Betriebsdatenerfassung" überhaupt nur möglich, wenn „das Betriebsgeschehen wirklich bis ins Detail bekannt ist."[149] Es blieb aber keineswegs bei einem Wissensabfluss von den Arbeitern hin zu den Angestellten, wie Irmgard Blättel schon in ihrem Eröffnungsreferat deutlich gemacht hatte. Vielmehr würden „berufliche Fähigkeiten und Kenntnisse von den Arbeitnehmern sozusagen ‚abgesaugt', in Form von Programmen auf Datenträgern gespeichert und konserviert", um dann „vom Apparat abgerufen werden [zu] können"[150]. Vom ‚Arbeiter' drohte, sofern er nicht zum Ar-

---

146 DGB-Bundesvorstand, Zukunft der Arbeit, S. 17 (Zitat), 18.
147 DGB-Bundesvorstand, Arbeit darf nicht kaputtmachen, S. 42.
148 DGB-Bundesvorstand, Zukunft der Arbeit, S. 72.
149 Ibid., S. 91.
150 Ibid., S. 31 f.

beitslosen geworden war, nur noch eine wertlose Hülle zurückzubleiben, die man allzu leicht übersehen konnte. In gewisser Weise führte die Bundesarbeiterkonferenz den Anwesenden genau diese Zukunft der Arbeiter vor Augen. Denn wenn sie im Saal nach vorne blickten, sahen sie, wie erwähnt, hinter den Gewerkschaftsangestellten die Schalttafel des „Lügenottos“, eines „Klartext-Übertrager[s], mit dessen Hilfe eindeutige Informationen, nämlich klar gesprochene Worte über Gefahren und Betriebsstörungen über Lautsprecheranlagen bzw. Telefone weitergegeben werden oder abgerufen werden können“, wie Blättel ausführte. Die zugehörigen Bergarbeiter, deren Arbeitsprozess dieses Gerät überwachte und steuerte, befanden sich dagegen weit entfernt unter Tage[151].

Anthropologische Singularisierung

Trotz allem versuchte Blättel, positive Aspekte herauszuarbeiten. So zeigte sie die Miturheberschaft ihrer Klientel bei der Schaffung der neuen Technologien auf: „‚Wunderdinge‘, die menschlicher Geist ausgedacht, Ingenieurwissen ausgearbeitet und handwerkliche Kunst, also Ihr, die Arbeiter und Arbeiterinnen, umgesetzt haben.“[152] Interessant an dieser Ausführung ist der Verweis auf den „menschlichen Geist“ als eigentlichem Schöpfer, hinter dem jedoch kein identifizierbarer Akteur zu stehen schien. So lag die Aufmerksamkeit ganz auf der Umsetzung, und hier reklamierte Blättel eine Gleichrangigkeit des „Wissens“ der Ingenieure mit der „Kunst“ der Arbeiterinnen und Arbeiter. Was die gesellschaftlichen Auswirkungen der neuen Technologien anging, stützte sich Blättel auf die Prognosen des Physikers Klaus Haefner, wonach bis zum Jahr 2000 die „Arbeit als industrieller Produktionsfaktor zu einem ‚Restposten‘ reduziert“ sein könnte. Wenn hauptsächlich Maschinen die Grundversorgung sicherstellten, eröffnete dies den Menschen die Möglichkeit, sich frei zu entfalten. Und dies, so Blättel, sei „eine alte Sehnsucht der Arbeiterbewegung, nämlich **ihre** Vision“[153].

Mit dieser Erzählung knüpfte Blättel explizit an die sozialistischen Utopien der frühen Arbeiterbewegung an. In diesen Entwürfen war dem ‚Arbeiter‘ die Rolle des eigentlichen Menschen zugekommen. Im Grunde versuchte sich Blättel nun an einer erneuten anthropologischen Singularisierung der ‚Arbeiter‘: Die Zukunft würde demnach nach den Bedürfnissen der ‚Arbeiter‘ gestaltet sein, eine Zukunft überdies, die es ohne die Umsetzung der neuen Technologien durch die ‚Arbeiter‘ nicht geben konnte. Und doch war diese Erzählung weniger plausibel als noch 80 Jahre zuvor.

151 Ibid., S. 13 (Zitat), 14. Da die Anlage zu Beginn viele Falschmeldungen produzierte, erhielt sie von den Bergleuten den Spitznamen „Lügen-Otto“. Vgl. ibid., S. 85.

152 Ibid., S. 32.

153 Ibid., S. 33, 35 (H. i. O.).

Denn es war nun eine Zukunft, in der kaum noch Platz für Arbeiter war. So gestand Robert Baumann, ein Betriebsratsvorsitzender bei Thyssen, der immerhin einen der Demonstrationsbereiche auf der Konferenz mit vorbereitet und vertreten hatte: „Ich selbst bin nur gewerblicher Arbeitnehmer, und ich glaube, ich spreche für viele Betriebsratskollegen. Für die neuen Technologien und für das, was auf uns zukommt, sind wir vielleicht doch etwas überfordert."[154] Wie es schien, war nicht weniger als eine grundlegende Transformation der ‚Arbeiter' nötig, was wiederum problematisch für eine Singularisierung war. Klassischerweise herrschte die Annahme der Bildungsferne der ‚Arbeiter' vor. Bildung war daher auch immer der bevorzugte Weg gewesen, um aus dem Arbeiterdasein herauszukommen. Nun aber machte Manfred Muster, der für die IG Metall die Einführung neuer Technologien in Betrieben beratend begleitete, deutlich, dass nun die Bereitschaft zur Bildung die einzige Möglichkeit war, um überhaupt im Status des Arbeiters verbleiben zu können. Dies brachte Probleme mit sich, wie Muster betonte,

> einfach aus dem Grund, weil dort Menschen arbeiten, die irgendwann mal Dachdecker, Koch oder Metzger gelernt haben, also einen Beruf gelernt haben, zehn Jahre oder 15 Jahre am Montageband stehen [...]. Und in den zehn Jahren selbstverständlich das Lernen verlernt haben und sich auch nichts mehr zutrauen. Und nun mit solchen Menschen diese anspruchsvolle Tätigkeit des Anlagenführers zu realisieren, bedeutet das Risiko, daß die selbst zum Betriebsrat sagen, sag mal, willst du mich umbringen?[155]

Der individuelle Arbeiter erwies sich als ein Hindernis und Problem. Seine Zukunftsfähigkeit hing davon ab, ob er sich erfolgreich von seiner Vergangenheit emanzipieren konnte. Bezeichnenderweise sprach selbst der IG Metall-Vertreter nun von „Werkern", um den neuen Beschäftigtentypus zu kennzeichnen[156]. Glückte die Qualifizierung, konnte zumindest von der angeblichen Polarisierung unter den Beschäftigten keine Rede sein. Norbert Kepp hatte dem Bundesarbeiterausschuss bereits im Oktober 1984 davon berichtet, dass sich im Metallbereich die Zahl der Berufsbilder von 42 auf 14 verringert hatte. Die verbliebenen wiesen eine „wesentlich größere Berufsfeldbreite" auf, es sei also „zu einer erheblichen Qualifikationserweiterung" gekommen[157]. Ähnlich optimistisch hatten sich auch die beiden Industriesoziologen Horst Kern und Michael Schumann geäußert. Auch sie sahen die Gesellschaft 1984 „historisch an einem Punkt angekommen [...], von dem ab das kapitalistische Management größere Effizienz nur noch dann gewinnen kann,

154 Ibid., S. 178 (Zitat), 242.
155 Ibid., S. 107.
156 Vgl. ibid., S. 108,
157 Protokoll BAA-AA, 17. Oktober 1984, S. 3.

wenn es die Arbeitsteilung wieder lockert.“[158] Was sich hier abzeichnete, war eine Annäherung der ‚Arbeiter‘ an die ‚Angestellten‘, die somit als das passendere *role model* der neuen Zeit erscheinen mussten.

Und doch bot gerade die anthropologische Singularisierung große Chancen. Zur Debatte stand ja nach wie vor „die Frage nach dem menschlichen Selbstverständnis in einer Welt, in der Wissen und Information mehr und mehr in technischen Systemen und nicht mehr nur in menschlichen Gehirnen verfügbar ist“, wie Irmgard Blättel betonte[159]. Was der Arbeiterschaft, aber auch zahlreichen Angestellten, hier drohte, war im besten Fall die Verwandlung in ein hybrides Mensch-Maschinen-Wesen, im schlimmsten Fall ein völliger Rollentausch, der die Menschen, wie Robert Baumann sagte, zu einem „Anhängsel der Maschine“ degradierte. Es war in diesem Sinne nur folgerichtig, wenn Max Kremin (IG BSE) die Frage aufwarf, „ob alle Maschinen, ob Computer und Mikroelektronik nicht sozialversicherungspflichtig gemacht werden müssen.“[160] Hier begannen die Grenzen zwischen Mensch und Ding zu verschwimmen. Welche Sprengkraft in dieser Entwicklung steckte, sollte Bruno Latour sechs Jahre später deutlich machen. Er wies „jene offizielle Verfassung [...], die zwischen menschlichen und nicht-menschlichen Wesen [...] strikt trennen muß“, entschieden zurück. Stattdessen plädierte er für „[v]ariable Ontologien“, um Menschen und Dinge einem einzigen Kontinuum zuzuordnen. In einer solchen Perspektive, so Latour, „existieren Natur und Gesellschaft nicht mehr und nicht weniger als Ost und West.“ Es hatte dann aber auch keinen Sinn mehr, von Akteuren zu sprechen, passend war vielmehr der Begriff Aktant, „denn er umfaßt nicht nur Menschen, sondern auch Tiere, Objekte oder Konzepte.“[161] Diesen Gedanken ließ Latour in der Forderung nach einem „Parlament der Dinge“ gipfeln, in dem aber gelte: „Die Mittler haben den ganzen Raum für sich.“ Hier sollten also nicht die Arbeiter selbst zu Wort kommen, sondern der „Mandatsträger“, der sie repräsentierte[162].

Dagegen zeigte die Technikhistorikerin Martina Heßler, wie auch eine anthropologische Singularisierung der ‚Arbeiter‘ hätte gelingen können. Denn seit Mitte der 1980er Jahre setzte bei Philosophen und Sozialwissenschaftlern ein Nachdenken über das Verhältnis von Mensch und Maschine ein, das seinen Ursprung in der unerwarteten Fehleranfälligkeit der Roboter hatte. Spätestens seit Frederick Taylor

158 Kern und Schumann hielten daher auch explizit an ihrer Ende der 1960er Jahre aufgestellten Polarisierungsthese fest. Vgl. Kern/Schumann, Arbeitsteilung, S. 319.

159 DGB-Bundesvorstand, Zukunft der Arbeit, 34.

160 Ibid., S. 184.

161 Vgl. Bruno Latour, Wir sind nie modern gewesen. Versuch einer symmetrischen Anthropologie, Frankfurt a. M. [6]2017 [frz. Orig. 1991], S. 122, 114, 115 mit FN 3.

162 Latour, Wir sind nie modern gewesen, S. 191.

wurde der Mensch, und das hieß: der Arbeiter, als der defizitäre Part konzipiert, der möglichst weitgehend durch die zuverlässigen Maschinen ersetzt werden sollte. Das menschliche Defizit wurde dabei in der mechanischen Ausführung der Handgriffe verortet, denn seit dem 17. Jahrhundert herrschte die Auffassung vor, die Menschen unterschieden sich durch ihren Verstand von Maschinen. Die Erfahrungen in der Halle 54 von Volkswagen zeigten aber, dass etwas ganz anderes den Menschen gegenüber der Maschine auszeichnete und dessen Überlegenheit sicherte, nämlich „die Körperlichkeit des Menschen, seine praktischen Fähigkeiten"[163]. Diese Definition des Menschen entsprach aber ziemlich genau dem landläufigen Bild des ‚Arbeiters'. Berücksichtigt man Heßlers Hinweis, Mitte der 1980er habe eine Hinwendung zum „menschliche[n] Faktor" eingesetzt[164], zeigt sich das Potential, das die Gewerkschaften mit einem anthropologisch singularisierten ‚Arbeiter' hätten realisieren können. Doch für einen solch anspruchsvollen Ansatz hatte die Bundesarbeiterkonferenz schlicht ein paar Jahre zu früh stattgefunden.

Chronopolitische Singularisierung

Gab es also überhaupt noch eine besondere Rolle für die ‚Arbeiter'? Die Antwort lautete wieder recht eindeutig: ja. Denn die besondere Rolle konnte aus der Konfrontation der Zeitlogik der dritten industriellen Revolution mit derjenigen der bisherigen Gegenwart entspringen. ‚Arbeiter' fungierten in dieser Konstellation gleichsam als ein Chronopolitograph, als ein Indikator für den Verbreitungsgrad der neuen Zeitordnung. Dieser Gedanke war den Mitgliedern des Bundesarbeiterausschusses schon vor der Konferenz gekommen, sie hatten ihn als Lehre aus ihrer Fachtagung zu Industrierobotern gezogen. Eine ausschließliche Befassung mit den neuen Technologien hielten sie seither für „zu kurz gesprungen"[165]. Diesen Gedanken vertiefte Volker Volkholz auf der Bundesarbeiterkonferenz in seinem Grundsatzreferat zu den neuen Technologien. Er bemühte sich um eine unaufgeregte Bestandsaufnahme und schaffte es so, den bereits erwähnten Fakten eine etwas andere Deutung zu verleihen:

> In der Bundesrepublik Deutschland 1981/82, also nach bald zehn Jahren Diskussion um neue Technologien, hat die Hälfte der Betriebe überhaupt noch keine neuen Technologien, keine Mikroelektronik angewandt. Vorzugsweise Kleinbetriebe. […] In bezug auf die Erwerbstätigen

163 Vgl. Martina Heßler, Die Halle 54 bei Volkswagen und die Grenzen der Automatisierung. Überlegungen zum Mensch-Maschine-Verhältnis in der industriellen Produktion der 1980er-Jahre, in: Zeithistorische Forschungen/Studies in Contemporary History 11–1 (2014), S. 56–76, hier S. 60 f., 73 (Zitat).

164 Ibid., S. 73.

165 Selzner, Unterlage BAA, 11.12.1984, S. 2.

> ist es so, daß mit neuen Technologien Anfang der 80er Jahre etwa 20 Prozent der Erwerbstätigen überhaupt etwas zu tun hatten. Arbeitsbestimmend waren diese neuen Technologien nur für etwa sechs bis sieben Prozent der Erwerbstätigen. Das heißt, Sie müssen sich auch klarmachen, daß die Mehrzahl der Erwerbstätigen – und da insbesondere auch der Arbeitnehmer – bislang überhaupt noch gar keine praktischen Erfahrungen mit neuen Technologien hat.[166]

Dieser Einwand war durchaus berechtigt, denn die neuen Technologien vermochten die Zeitgenossen durchaus in ihren Bann zu ziehen. Selbst Kern und Schumann konnten sich der Versuchung nicht ganz erwehren, mit ihrer Studie zum Ende der Arbeitsteilung eher Prognosen zu wagen als sich auf die nüchterne Diagnose des Status quo zu beschränken. In gewisser Weise gehört auch dies zum sozialwissenschaftlichen Geschäft, doch hatten Gewerkschaften schon aus einem wohlverstandenen Eigeninteresse heraus eben auch etwas anderes im Blick zu behalten, wie Volkholz darlegte:

> Die Gewerkschaften tun sich keinen Gefallen, wenn sie gewissermaßen die Problemsicht nur wiederum auf die neuen Technologien beschränken. [...] Außerdem ist es so: In bezug auf Ergonomie, in bezug auf Arbeitsschutz, in bezug auf Unfallverhütung – liegen jahrzehntelange gewerkschaftliche Erfahrungen vor. Und die kann man jetzt nicht einfach so alle wieder, weil sie altmodisch sind, wegwerfen.[167]

Volkholz konnte sich von den Ergebnissen des Demonstrationsbereichs „Belastungen im Baugewerbe – besonders im Mauerwerksbau“ bestätigt fühlen. Das Protokoll hielt dazu fest: „Die Tätigkeiten haben sich im Grunde genommen seit Jahrzehnten im Tätigkeitsbereich des Maurers nicht geändert“. Auch habe der Einsatz von Maschinen keinerlei Erleichterung gebracht, da er nur im Vorfeld der eigentlichen Maurertätigkeit stattfinden könne, sondern habe „die Arbeit des Maurers noch schwerer und intensiver“ gemacht[168]. Auch in der Stahlindustrie, einer anderen traditionellen Branche, herrschte bis in die frühen 1990er Jahre die alte, tayloristisch geprägte Arbeitsorganisation vor[169]. Lutz Raphael kam im Rückblick ebenfalls zu einem Urteil, das die Rolle des ‚Arbeiters‘ als Kontinuitätsanker plausibilisierte:

> In den drei Jahrzehnten nach dem Boom veränderten sich [...] diese Biographie-Muster im früheren Kernsektor industrieller Beschäftigung langsamer, als die zeitgenössische Wahrnehmung und Thematisierung [...] dies zunächst erwarten ließen. Auch der technologische und organisatorische Strukturwandel industrieller Produktion verhieß den zeitgenössischen

166 DGB-Bundesvorstand, Zukunft der Arbeit, S. 68.
167 Ibid., S. 69.
168 Ibid., S. 128.
169 Vgl. Hindrichs et al., Abschied, S. 97.

Beobachtern deutlich markantere und direktere Folgen als diejenigen, die de facto aus der Rückschau erkennbar sind.[170]

Martina Heßler ging gar noch einen Schritt weiter, indem sie die grundlegenden „Grenzen der Automatisierung" herausarbeitete. Sie untersuchte hierfür den Versuch von VW, auch die Endmontage vollständig zu automatisieren. Dazu stattete das Unternehmen die Halle 54 zu Beginn der 1980er Jahre mit den modernsten Industrierobotern aus und erreichte so immerhin einen Automatisierungsgrad von 25 Prozent. Dieser Wert lag zwar weit unter den in anderen Bereichen erreichten Graden – das Presswerk war zu 90 Prozent automatisiert –, doch war schon mit jenem Wert eine Grenze erreicht oder gar überschritten. Es stellte sich nämlich bald heraus, dass die Roboter in der Endmontage sehr fehleranfällig waren. Auch in den folgenden 30 Jahren vermochten es die Ingenieure nicht, die Grenze der Automatisierung hier wesentlich zu verschieben[171].

Die chronopolitische Singularisierung der ‚Arbeiter' stellte also einen vielversprechenden Ansatz dar. Die weit verbreiteten Hoffnungen und Ängste, die mit den neuen Technologien verknüpft waren, lenkten den Blick der Öffentlichkeit in eine Zukunft, in der Mikroelektronik und Industrieroboter der beherrschende Faktor sein würden. Die Vorstellung, eine ganz neue Zeit zu betreten, wurde sicherlich durch das langsam in Sichtweite kommende Jahr 2000 verstärkt. Nicht zufällig hatte Klaus Haefner, auf den sich Blättel berufen hatte, eben jene Jahreszahl in den Titel seines Buches aufgenommen[172]. In dieser Konstellation wäre den ‚Arbeitern' die Aufgabe zugekommen, als Anwalt der Vergangenheit und Gegenwart zu fungieren. Für die Gesellschaft wie auch für sich selbst hätte die Arbeiterschaft damit einen wertvollen Dienst geleistet, denn sie hätte Raum für eine nüchterne, ergebnisoffene Diskussion schaffen können. Sie hätte, mit anderen Worten, die Pfadabhängigkeit verkörpert und damit den Blick auf den konkreten Anwendungsvollzug der neuen Technologien gelenkt. Dies wiederum hätte den Kontextfaktoren einen größeren Platz eingeräumt und dadurch den neuen Technologien den Schein des Abstrakten, Unantastbaren, aber auch des alles Beherrschenden genommen. Schon auf der Bundesarbeiterkonferenz 1981 hatte Horst Roggenbuck die chronopolitische Eigenschaft der ‚Arbeiter' hervorgehoben: „Die Arbeiter […], denen wird ja von einigen manchmal nachgesagt, daß sie auch ein stabilisierendes Moment darstellen."[173]

170 Raphael, Jenseits von Kohle, S. 348 f.

171 Vgl. Heßler, Halle 54, S. 62–74.

172 Vgl. Klaus Haefner, Mensch und Computer im Jahre 2000. Ökonomie und Politik für eine human computerisierte Gesellschaft, Basel/Boston/Stuttgart 1984.

173 DGB-Bundesvorstand, Arbeit darf nicht kaputtmachen, S. 47.

Und doch blieb der von Volkholz verfolgte Ansatz auf der Bundesarbeiterkonferenz nicht ohne Widerspruch. Es war ausgerechnet Karl-Heinz Vorbrücken, der Autor der Problemtabelle, der die Ausführungen von Volkholz einer grundsätzlichen Kritik unterzog. Er warf ihm vor, die Geschwindigkeit, mit der sich die neuen Technologien etablierten, völlig aus den Augen verloren zu haben. Er appellierte daher an seine Funktionärskollegen, „jetzt nicht die Augen davor [zu] verschließen und uns auf Humanisierung alleine [zu] stützen im Hinblick auf Veränderungen von Sitzflächen an Stühlen, sondern wir müssen jetzt die neuen Technologien angreifen.“[174] Ironischerweise reproduzierte Vorbrücken durch die Art seines Vortrags auf der Konferenz all jene Befürchtungen, welche mit den neuen Technologien einhergegangen waren. Denn ganz gegen den Charakter der Konferenz, den er selbst ja maßgeblich mitgeprägt hatte, gab es keine einzige Wortmeldung aus dem Teilnehmerkreis. Stattdessen hatte der Moderator den Eindruck, „daß alle wirklich sehr gespannt lauschten.“[175] Die Arbeiter hatten also wieder ihren traditionellen Platz, nämlich unten, eingenommen und zugehört. Und da Vorbrücken viel länger als geplant geredet hatte, blieb am Ende auch keine Zeit mehr zur Diskussion[176].

Jenseits der Frage, ob nun Volkholz oder Vorbrücken ein realistischeres Bild gezeichnet hatten, sind die Einwände von Vorbrücken bedeutsam. Sie lassen nämlich erkennen, wie problematisch die chronopolitische Singularisierung der ‚Arbeiter‘ eigentlich war. Denn diese Operation erfolgte ja nicht auf einer neutralen Grundlage, vielmehr lief sie auf eine chronopolitische Umpolung des ‚Arbeiters‘ hinaus. Er wurde von einem Akteur der Zukunft zu einem Akteur der Vergangenheit. Beide Male lässt sich zwar die rhetorische Figur des „Noch nicht“ nutzen, doch unterscheiden sich die damit verbundenen argumentativen Funktionen. Argumentierte der ‚Arbeiter‘ als Akteur der Zukunft mit dem „Noch nicht“, so bezog sich dies auf die unerfüllt gebliebenen Forderungen nach einer Verbesserung der eigenen Lage. Nun aber sollte das „Noch nicht“ die Grenzen des technologischen Fortschritts markieren – der ‚Arbeiter‘ sollte mithin eine konservative Rolle ausfüllen. Vorbrückens Ausführungen machten deutlich, dass dies mit dem Selbstverständnis der Gewerkschaften nur schwer in Einklang zu bringen war. Doch wäre ein solch konservativer ‚Arbeiter‘ nicht die naheliegende Option zur Begründung des gewerkschaftlichen Anspruchs auf Gegenmacht gewesen, wenn nun die Gegenseite als Verfechterin der Zukunft auftrat? Die große Gefahr lag darin, diesen chronopolitischen Seitenwechsel der Öffentlichkeit gegenüber nicht vermitteln zu können.

174 DGB-Bundesvorstand, Zukunft der Arbeit, S. 93.

175 Ibid., S. 97.

176 So wies der Moderator darauf hin: „Ja Kollegen, wir haben acht Minuten vor 17.00 Uhr, wenn offiziell Schluß sein soll.“ Ibid.

So warnte Manfred Muster eindringlich davor, dass Gewerkschaften künftig „als ein gesellschaftlich und betrieblich gestaltungsunfähiger oder gestaltungsimpotenter Faktor" wahrgenommen werden könnten[177]. Tatsächlich sahen sie sich schon seit den frühen 1980er Jahren dem Vorwurf ausgesetzt, „Dinosaurier[] eines gescheiterten Industrialismus" zu sein[178].

‚Arbeiter' in der dritten industriellen Revolution

Zieht man ein Fazit zu den inhaltlichen Singularisierungen, welche sich auf der Konferenz von 1985 abzeichneten, so ergibt sich ein zwiespältiges Bild. Es zeigte sich auch hier die Möglichkeit, den ‚Arbeitern' eine besondere, anthropologisch oder chronopolitisch begründete Rolle zuzuweisen. Erstere klang ansatzweise in Blättels Eingangsvortrag an, letztere schon deutlicher im Grundsatzreferat des Soziologen Volker Volkholz. Und doch waren die neuen Technologien als Zukunftsthema zwangsläufig mit zahlreichen Unwägbarkeiten verbunden, die jede inhaltliche Singularisierungsbemühung erschwerten. Schon die Tatsache, dass zwei unterschiedliche Ansätze auf der Konferenz miteinander in Konkurrenz traten, wobei die chronopolitische auf expliziten Widerspruch stieß, belegt dies.

Am Ende stand eine von der Konferenz verabschiedete Entschließung. Laut Pressemitteilung sollte sie „die Ziele gewerkschaftlicher Arbeiterpolitik angesichts der dritten industriellen Revolution" zusammenfassen[179]. Dieser vom Bundesarbeiterausschuss eingebrachte Antrag war in programmatischer Hinsicht ambitioniert. Selbstbewusst trugen die Delegierten ihre Forderungen „[a]ls Vertreter von rd. 11 Millionen Arbeitern und Arbeiterinnen" vor[180]. Es war der Versuch, diesen Menschen durch das Geltendmachen von Rechten eine Mitgestaltung bei der bevorstehenden technologischen Umwandlung der Gesellschaft zu sichern. Denn dass die neuen Technologien nicht nur in den Betrieben zu Veränderungen führen würden, machte die Entschließung gleich zu Beginn deutlich. Zentral war dabei der Gedanke der „Weichenstellung": „Diese Weichenstellung beeinflußt nicht nur die technischen, sondern auch die sozialen Entwicklungen und die künftigen Möglichkeiten gesellschaftlicher Gestaltung und Konfliktaustragung."[181] Um die

177 DGB-Bundesvorstand, Zukunft der Arbeit, S. 105.

178 Hans O. Hemmer, Gewerkschaften im Orwell-Jahr – Erneut am Scheideweg?, in: GMH 35–1 (1984), S. 1–6, hier S. 6.

179 Ulrich Preussner, Neue Technologien im Mittelpunkt der Bundesarbeiterkonferenz, DGB-Nachrichtendienst 204, 29. Mai 1985, in: AdsD 5/DGAA000163.

180 DGB-Bundesvorstand, Zukunft der Arbeit, S. 230.

181 Ibid., S. 229.

Arbeiterexistenz zu sichern, bedurfte es laut Antrag nicht nur des „Recht[s] auf Arbeit", sondern auch der sozialen Sicherung sowie „paritätischer Mitbestimmung der Arbeitnehmer am Arbeitsplatz, im Betrieb, im Unternehmen und in der Gesamtwirtschaft"[182]. Immer wieder nahm die Entschließung Bezug auf die spezifische Situation der Arbeiterinnen und Arbeiter[183], doch sollten ihre Forderungen allen Arbeitnehmern zugutekommen. Hierin spiegelte sich, wie ein zunächst arbeitsplatzbezogen behandeltes Problem sich gesellschaftspolitisch reformulieren ließ, wie sich die Singularisierung, die durch die wiederholte Benennung des Arbeiterstandpunkts erreicht wurde, auch in den Rahmen der integrierten Arbeitnehmerpolitik einfügen ließ, indem die Forderungen an den Gesetzgeber allgemein formuliert wurden.

8.2.4 Singularisierung durch Akteure

Werfen wir am Ende noch einen Blick auf die Singularisierungsbemühungen seitens der Akteure. Wie gingen die Delegierten, Gewerkschaftsfunktionäre, Politiker und Medien damit um? Welche Grenzen zeichnen sich ab, und welche Verschiebungen fanden zwischen 1981 und 1985 statt?

Eine deutliche Verschiebung charakterisierte ausgerechnet die Beiträge der Delegierten. 1981 hatten fünf der neun Delegierten während der Aussprache auf die Besonderheit der Arbeiterschaft verwiesen. Sie alle kamen von der ÖTV, und sie verfolgten mit der Hervorhebung ihrer Statusgruppe das organisationspolitische Ziel, die satzungsmäßig vorgesehenen Arbeiterausschüsse nun auch endlich flächendeckend auf Kreis- und Landesbezirksebene zu etablieren[184]. Vier Jahre später war dieses Defizit weitgehend behoben. Nun bewegte die Delegierten ein anderes Problem, nämlich die Ausweitung der Teilzeitarbeit, die sich zumeist unter Umgehung der Sozialversicherungspflicht vollzog. Dies war aber ein Problem, das in erster Linie Frauen betraf, wie etwa Egon Will vom DGB-Landesbezirk Saar betonte[185]. Es lag womöglich an diesem Thema, dass sich nun auch erstmals Frauen zu Wort meldeten[186], denn, wie Irmgard Blättel feststellte, sei dies „[a]uf den Frau-

---

182 Ibid., S. 229, 231 f. Diese Forderungen sind auch im Zusammenhang mit Verschiebungen innerhalb des HdA-Programms ab 1982 zu sehen, wodurch Partizipationsfragen in den Hintergrund gerieten. Vgl. Müller, IG Metall im Diskurs, S. 263.

183 Vgl. DGB-Bundesvorstand, Zukunft der Arbeit, S. 230–232.

184 Vgl. DGB-Bundesvorstand, Arbeit darf nicht kaputtmachen, S. 42–44, 46 f., 54, 68.

185 Vgl. DGB-Bundesvorstand, Zukunft der Arbeit, S. 50 f.

186 Burgunde Wüllner von der IG Bau-Steine-Erden sowie Heide Hüther von der Deutschen Postgewerkschaft sprachen zu diesem Thema. Vgl. ibid., S. 52 f. Vier Jahre zuvor hatte sich Lieselotte

enkonferenzen [...] schon seit Jahren ein Hauptthema". Auch in der Aussprache zeichnete sich eine Singularisierung der Frauen ab, wie die Delegierte Heide Hüther in einem emotionalen Appell deutlich machte: „Wir Frauen fordern Arbeitsplätze!"[187] Dass die Delegierten keine genuinen Arbeiterthemen bewegten, oder, anders formuliert, ein genuines Arbeiterthema mit einem Hauptbegriff des *gender*-Registers verbanden, ist bemerkenswert.

Singularisierung durch Funktionäre

Irmgard Blättel selbst rückte 1985 hingegen die ‚Arbeiter' noch stärker in den Vordergrund als vier Jahre zuvor. 1981 fiel ihre Begrüßungsansprache noch sehr umfangreich aus, was wenig verwundert. Es war für Blättel die erste Gelegenheit, sich als neue Verantwortliche der Personengruppe Arbeiter bekannt zu machen. Noch dazu konnte die Arbeiterpolitik, wie die Äußerungen der Delegierten zeigten, zu diesem Zeitpunkt noch nicht als organisationspolitisch etabliert gelten. Blättel verfolgte mit der Begrüßung das doppelte Ziel, die Personengruppe Arbeiter einerseits als kompatibel mit dem gewerkschaftlichen Solidaritätsgebot auszuweisen, andererseits ihre Anerkennung seitens relevanter Akteure zu belegen. Dazu begrüßte sie die anwesenden Honoratioren in aller Ausführlichkeit und brachte ihre besondere Freude darüber zum Ausdruck, „daß unsere Konferenz auch ein Echo auf internationaler Ebene gefunden hat"[188]. Die Forderung, genuine Arbeiterinteressen zu artikulieren, fiel dagegen nur zurückhaltend aus. Und doch streute sie auch einen sehr weitgehenden Vertretungsanspruch ein: „Diese Arbeit gilt den fünf Millionen im DGB organisierten Arbeitern und Arbeiterinnen und darüber hinaus den 13 Millionen Arbeitern und Arbeiterinnen, die wir innerhalb unserer erwerbstätigen Bevölkerung haben. Und das ist noch immer die größte Gruppe."[189] Vier Jahre später konnte Blättel ihre Zurückhaltung ablegen. Gleich zu Beginn bekannte sie sich zur Aufgabe, „Arbeiterinteressen deutlich zu formulieren". Die nun

---

Schafran zwar zu Wort gemeldet, dann aber, im Gegensatz zu ihren beiden männlichen Kollegen, „aus Zeitgründen" zurückgezogen. DGB-Bundesvorstand, Arbeit darf nicht kaputtmachen, S. 67.

187 DGB-Bundesvorstand, Zukunft der Arbeit, S. 57, 53.

188 Vgl. DGB-Bundesvorstand, Arbeit darf nicht kaputtmachen, S. 9–14 (Zitat). Da es sich hierbei um einen beim Europäischen Gewerkschaftsbund beschäftigten Deutschen und zwei Luxemburger handelte, hatten Blättels Mitarbeiter ihr eigentlich empfohlen, auf eine Nennung zu verzichten. Vgl. o. V., Gästebegrüßung [BArbK 81], o. D., S. 18, in: AdsD 5/DGAA000156. Zur Frauenkonferenz hatten sich dagegen Vertreter der israelischen und der amerikanischen Botschaft sowie Gewerkschafterinnen aus Belgien, Finnland, Frankreich, Großbritannien, Luxemburg, den Niederlanden und der Schweiz angemeldet. Vgl. o. V., Gästebegrüßung [Frauenkonferenz in Essen], S. 24 f. in: AdsD 5/DGAA000156.

189 Vgl. DGB-Bundesvorstand, Arbeit darf nicht kaputtmachen, S. 9, 11 (Zitat).

kürzer gehaltene Begrüßung gipfelte in der Nennung der „Arbeiterinnen und Arbeiter aus den DGB-Gewerkschaften“[190]. Die beiden anwesenden hochrangigen Politiker, Friedhelm Farthmann und Wolfgang Vogt, nahm sie gleich unmittelbar in die Pflicht, sich für die Arbeiterbelange einzusetzen[191]. Die Anwesenheit der Politiker diente nun nicht mehr dem Zweck, die Arbeiterpolitik zu legitimieren, sondern es ging nun darum, die Mächtigen in den Dienst der Arbeiterschaft zu stellen. Interessanterweise betrieb Blättel in ihrem Hauptreferat 1985 erneut die gesundheitsbasierte Singularisierung, die die Konferenz vier Jahre zuvor erarbeitet hatte[192], was deren Wirksamkeit unterstreicht.

Als stilbildend sollte sich Blättels Entwicklung jedoch nicht erweisen. Vergleicht man die Reden von Heinz Oskar Vetter und Gustav Fehrenbach, der 1985 den erkrankten DGB-Vorsitzenden Ernst Breit vertrat, waren die ‚Arbeiter‘ in Vetters Ansprache 1981 präsenter. Dies war umso bemerkenswerter, als er seinen Vortrag zur Humanisierung der Arbeit hielt. Zwar hatte er auch schon 1974 in diesem Kontext die Nacht- und Schichtarbeiter als besonders belastete Gruppe hervorgehoben, doch war dies eben auch eine sehr spezielle Gruppe. Sie standen gewissermaßen außerhalb der Arbeiterschaft, da ihre Probleme zeitlich bedingt waren und folglich nicht ohne weiteres auf die Gesamtgruppe aller Arbeiterinnen und Arbeiter verallgemeinert werden konnten. Sie vom Arbeitnehmerbegriff auszunehmen, diskreditierte diesen nicht. Und doch hätte Vetter, wie Hans Matthöfer auf der Bundesarbeiterkonferenz 1977, den Arbeiterbegriff durch den des „arbeitenden Menschen“ ersetzen können. Er tat es aber nicht. Vielmehr warf er gleich zu Beginn seiner Rede die Frage nach der „Situation des Arbeiters in der Gesellschaft und an seinem Arbeitsplatz“[193] auf. Er ließ diese Frage jedoch zunächst unbeantwortet, um im Mittelteil seiner Ansprache erneut auf sie zurückzukommen:

> Meine Ausgangsfrage war, welche Chancen bietet die Gesellschaft dem Arbeiter, ein menschenwürdiges Leben zu führen? Und [...] die Antworten, die auf dieser Konferenz gegeben wurden, teilweise von den Betroffenen selbst, sind sicherlich nicht sehr zufriedenstellend.[194]

Vetter selbst verdeutlichte dies, indem auch er die gesundheitsbasierte Singularisierung wiederholte. Dass er auch immer wieder auf die Angestellten einging und ihre Betroffenheit besonders hervorhob, war nicht anders zu erwarten. Seinem Grundtenor – „Es ist überall das gleiche.“ – konnten auch die Anwesenden zu-

190 DGB-Bundesvorstand, Zukunft der Arbeit, S. 13 f.
191 Ibid., S. 15.
192 Vgl. ibid., S. 40 f.
193 DGB-Bundesvorstand, Arbeit darf nicht kaputtmachen, S. 127.
194 Ibid., S. 130.

stimmen, und Vetters Schlussfolgerung, „daß die Trennung zwischen diesen beiden Arbeitnehmergruppen längst auf den Müll der Sozialgeschichte gehört“, spendeten sie „[a]nhaltende[n] Beifall“[195]. Ungewöhnlich war, dass er erneut auf die besondere Situation der Arbeiter zu sprechen kam und dabei das Thema der Konferenz von 1985 bereits vorwegnahm. Im Zusammenhang mit dem Einsatz von Industrierobotern beklagte er beispielsweise „die soziale Isolation des Arbeiters“[196]. Während Vetter sich am Ende seiner Amtszeit überraschend stark auf die Arbeiterpolitik eingelassen hatte, trat Gustav Fehrenbach geradezu distanziert gegenüber der Arbeiterpolitik auf. Dies begann sich bereits zu Beginn seiner Rede abzuzeichnen, als er die Abwesenheit Breits entschuldigte,

> weil er nicht zuletzt auf dieser Bundesarbeiterkonferenz als Vorsitzender [...] des DGB eben dieser [...] ja bedeutendsten Gruppe in der Zusammensetzung der Mitglieder des Deutschen Gewerkschaftsbundes seine Verbundenheit zum Ausdruck bringen wollte.[197]

Ob sich Fehrenbach selbst auch mit der Arbeiterschaft verbunden fühlte, ließ er, bewusst oder unbewusst, offen. Jedenfalls verzichtete er darauf, die genuinen Probleme und Interessen dieser Gruppe als solche zu benennen. Vielmehr schwor er die Anwesenden auf die Aufgabe ein, die Angestellten künftig stärker als bisher zu umwerben[198]. Zugleich bemühte sich Fehrenbach nachhaltig um eine Stärkung des Arbeitnehmerbegriffs. Er betonte nicht nur, wie Vetter, die prinzipielle Gleichheit der Interessen und Probleme von Arbeitern und Angestellten, sondern hob hervor, dass viele Angestellte aus dem Arbeiterstatus aufgestiegen seien[199].

Auch wenn Fehrenbach seine Karriere als Beamter begonnen hatte, überrascht sein Verzicht, der Arbeiterpolitik Anerkennung zu zollen. Denn er entstammte der Deutschen Postgewerkschaft, die zu den frühesten Verfechtern der Personengruppe Arbeiter gehört hatte[200]. Zu Beginn der Konferenz hatte sein DPG-Kollege Jürgen Sauer klargemacht, wie brisant dieses Thema für die Gewerkschaft noch immer war. Seinen Ausführungen zufolge trieb die Bundespost die Verbeamtung möglichst vieler Lohnempfänger voran, nachdem ihr Einsatz von Beamten als Streikbrecher im Jahr 1980 auch auf Widerstand in der Beamtenschaft gestoßen

195 Ibid., S. 132.

196 Ibid. S. 134.

197 DGB-Bundesvorstand, Zukunft der Arbeit, S. 141.

198 Vgl. ibid., S. 148. Mit dieser Agenda war bereits der neu gewählte Vorsitzende des DGB-Landesbezirks Nordrhein-Westfalen, Heinz Dieter Mahlberg, vor die Teilnehmenden getreten. Vgl. ibid., S. 136–138.

199 Vgl. ibid., S. 149.

200 Zum Lebenslauf von Gustav Fehrenbach vgl. die Angaben auf der Homepage des DGB: <https://www.dgb.de/themen/++co++595f319c-1286-11df-40df-00093d10fae2> (29.08.2023).

war. Für Sauer war damit „die Streikfähigkeit und damit die Tarifautonomie im öffentlichen Dienst" gefährdet[201].

Singularisierung durch Politik und Medien

Zieht man die Aussagen von Politikern und Medienberichten hinzu, lässt sich auch hier ein deutlich abnehmendes Interesse erkennen. So erreichten die Bundesarbeiterkonferenz 1981 Grußworte von Helmut Kohl für die CDU, von Helmut Rohde für die AfA, von Willy Brandt für die SPD, von Edmund Stoiber für die CSU, von Norbert Blüm für die CDA sowie vom Bundesarbeitsminister Herbert Ehrenberg[202]. Wie schon 1977 verzichteten fast alle Grußwortschreiber auf den Arbeiterbegriff, nur Norbert Blüm, selbst gelernter Arbeiter, zeigte sich gewohnt wortgewaltig und hob die besondere Episteme der ‚Arbeiter' hervor:

> Die Arbeiter hatten immer einen Sinn für das Praktische und haben sich von ideologischen Wolkenschiebern wenig irritieren lassen. Nur was beim einzelnen an seinem Arbeitsplatz auch wirklich ankommt, das zählt. [...] Die praktischen Erfahrungen der Arbeiter sind oft wichtiger und hilfreicher als die Analysen ganzer Expertenstäbe. Deshalb bitte ich Euch, daß Ihr Eure Erfahrungen einbringt. Vertraut weiter auf Euren gesunden Menschenverstand – denn die Technokraten und Ideologen kommen ans Ende ihres Lateins.[203]

1985, nun selbst im Amt des Bundesarbeitsministers, hielt auch Blüm sich merklich zurück. Dass nun Rudolf Dreßler für die AfA „die Probleme der Arbeiter" als „ein herausragendes gesellschaftspolitisches Thema" würdigte, half nur wenig, zumal keine weiteren Grußworte für die Bundesarbeiterkonferenz 1985 dokumentiert sind[204].

Ähnlich stark nahm auch das Interesse der Presse an der Veranstaltung ab. Den fast 40 Berichten 1981 standen vier Jahre später nur noch fünf Artikel in nicht ge-

201 DGB-Bundesvorstand, Zukunft der Arbeit, S. 49. Zum Schichtdienststreik 1980 vgl. Lauschke, Zusammenhalten, S. 39–46.

202 Vgl. Helmut Kohl Vorsitzender der CDU Deutschlands Grusswort, Fernschreiben vom 2. Juli 1981, Helmut Rohde, Vorsitzender der Arbeitsgemeinschaft für Arbeitnehmerfragen in der SPD, Grusswort, 25. Juni 1981, Willy Brandt Vorsitzender der Sozialpolitischen [sic!] Partei Deutschlands, Grusswort, 22. Juni 1981, Dr. Edmund Stoiber Generalsekretär der Christlich-Sozialen Union, Grusswort, Fernschreiben vom 2. Juli 1981, Norbert Blüm Vorsitzender der Christlich Demokratischen Arbeitnehmerschaft, Grusswort, 26. Juni 1981 sowie Dr. Herbert Ehrenberg, Bundesminister für Arbeit und Sozialordnung an die Bundesarbeiterkonferenz des Deutschen Gewerkschaftsbundes, 30. Juni 1981, alle in: AdsD 5/DGAA000156.

203 Blüm, Grusswort, 26. Juni 1981.

204 Vgl. DGB-Bundesvorstand, Zukunft der Arbeit, S. 247 (Zitat), 248.

werkschaftsgebundenen Zeitungen gegenüber[205], hinzu kamen drei Artikel in Gewerkschaftszeitungen[206] sowie drei Pressemitteilungen, die der DGB lanciert hatte[207]. Die wenigsten von ihnen gingen auf die Singularisierungsangebote ein. Das ötv-magazin wiederholte die gesundheitsbasierte Singularisierung, die auch in einer der Pressemitteilungen prominent platziert worden war[208]. Lediglich zwei Artikel thematisierten das Verhältnis von Arbeitern und neuen Technologien. Hans Peter Lukas trug im Vorwärts die von Volker Volkholz präsentierten Fakten vor: „Über die Arbeiter wird verfügt. Die Vorteile der neuen Techniken genießen aber die Vorgesetzten vom angestellten Meister bis zum leitenden Angestellten."[209] Bemerkenswert waren dagegen die wenigen Zeilen, die sich im DGB-Organ Welt der Arbeit fanden. Eckhard Wiemers verwies darin auf die „Berichte von ‚vor Ort', von Arbeitern und Betriebsräten, die tagtäglich mit ‚High-Tech'-Geräten umgehen müssen."[210] Nur hier deutete sich an, dass Arbeiterinnen und Arbeiter auch im Umgang mit den neuen Technologien genuine, gewerkschaftlich verwertbare Erfahrungen erwerben konnten. Doch die chronopolitische Singularisierung tauchte auch hier nicht auf.

Nachlassende Resonanz

Die beschriebenen Entwicklungen sind aus sich selbst heraus nicht verständlich. Woran lag die vergleichsweise große Aufmerksamkeit, welche die Arbeiterthematik 1981 erfuhr? Und was bedeutete das nachlassende Interesse vier Jahre später? War die Arbeiterpolitik schon wieder gescheitert? Liest man das Protokoll der Konferenz

205 Vgl. Günter Verstappen, Mehr Chancen durch Weiterbildung, in: Rheinische Post, o. D., o. V., DGB-Konferenz befaßt sich mit neuer Technologie, in: Süddeutsche Zeitung, 3.6.1985, Karl Wagemann, Umweltschutz schafft neue Arbeitsplätze, in: NRZ, o. D., rd, DGB: Keine Angst bei neuer Technologie!, in: NRZ, o. D. sowie Hans Peter Lukas, Lügenotto spricht, in: Vorwärts Nr. 24, 8. Juni 1985, S. 17, alle zitiert nach: DGB-Bundesvorstand, Zukunft der Arbeit, S. 252, 257, 261 f.

206 Eckhard Wiemers, Jetzt Klartext für Auguste Victoria, in: Welt der Arbeit, Nr. 23, 6. Juni 1985, S. 4, Bruni Franke, Zukunft der Arbeit auch Zukunft der Arbeiter?, in: Die Quelle 6/85, S. 377–378 sowie o. V., Risiken erkennen, Chancen nutzen, in: ötv-magazin 7/85, S. 11–12, alle zitiert nach: DGB-Bundesvorstand, Zukunft der Arbeit, S. 256, 259 f., 263 f.

207 Vgl. Preussner, Neue Technologien, ders., Blättel: Sozialpflichtigkeit gilt auch für Technik, in: DGB Nachrichtendienst 204, 30. Mai 1985 sowie ders., DGB: Höchste Zeit für eine Kehrtwende!, in: DGB-Nachrichtendienst 208, 30. Mai 1985, alle zitiert nach: DGB-Bundesvorstand, Zukunft der Arbeit, S. 253 f., 258.

208 Vgl. Preussner, Blättel: Sozialpflichtigkeit sowie o. V., Risiken erkennen, Chancen nutzen, S. 264.

209 Lukas, Lügenotto spricht, S. 17.

210 Wiemers, Jetzt Klartext für Auguste Victoria, S. 4.

von 1981, stößt man immer wieder auf den Namen Brüning[211]. Dies war kein Zufall. Denn die Bundesrepublik geriet in den frühen 1980er Jahren in eine wirtschaftliche und politische Krisensituation. Die nahende fünfzigste Wiederkehr der Machtübertragung an die NSDAP drängte sich in dieser Situation als historischer Vergleichsmaßstab zweifellos auf. Die bisher selbstsicher vorgetragene Gewissheit, Bonn sei nicht Weimar, geriet ins Wanken. Aufgrund der sich abzeichnenden verschärften gesellschaftlichen Auseinandersetzungen war es Vetter damals darum gegangen, die gewerkschaftliche „Kampfbereitschaft" zu mobilisieren[212]. Sich in dieser Situation wieder auf die ‚Arbeiter' zu besinnen, lag nahe. Anders als zu Beginn der 1970er Jahre drohte sich der Arbeiteraktivismus nun auch nicht mehr unkontrolliert gegen die Gewerkschaften selbst zu richten. Die Massenarbeitslosigkeit hatte zu einer spürbaren Verringerung der Streikhäufigkeit geführt. Es ging nun nicht mehr um höhere Löhne, die die Arbeiter in Zeiten des Booms notfalls allein mit dem Mittel des wilden Streiks hatten erkämpfen können. Nun wurde um die Verringerung der Wochenarbeitszeit als letztes verbliebenes Mittel gekämpft, um die ständig steigenden Arbeitslosenzahlen wenigstens ansatzweise in den Griff zu bekommen. Dieser Kampf aber erforderte eine professionelle Organisation, und dies konnten nur die Gewerkschaftsspitzen leisten. 1984 rief die IG Metall in der Metallindustrie des Bezirks Nordwürttemberg/Nordbaden den Streik aus, der letztlich zur Einführung der 38,5-Stunden-Woche führte[213]. 1985 waren all diese Themen jedoch schon wieder ad acta gelegt. Bonn war Bonn geblieben, auch, weil die Arbeiterschaft in Krisenzeiten mit Weimar nichts anzufangen wusste. Dass dies nicht selbstverständlich war, machte Wilke Thomssen schon zeitgenössisch deutlich:

> Gleichgültig jedoch, ob man damals Skeptiker, Realist oder Zukunftspolitiker gewesen sein mag, niemand hätte gewagt vorauszusagen, daß sich die Arbeiter 1981 bei 1,5 Millionen Arbeitslosen, sinkenden Löhnen und Sozialleistungen sowie steigenden Arbeitsanforderungen so verhalten, wie sie es gegenwärtig tun.[214]

---

211 Irmgard Blättel warnte vor einer „Finanz- und Wirtschaftspolitik à la Brüningscher Notverordnung" und Gunter Huonker vor einer „Sparpolitik à la Brüning". Vetter schließlich bemerkte: „Wer diese Zusammenhänge übersieht und tiefe Einschnitte bei den Sozialausgaben plant, der riskiert, daß Massenkaufkraft und damit die Konjunktur noch weiter absacken, und der riskiert dann eben den Teufelskreis, der uns in den 30er Jahren schon einmal in die Katastrophe geführt hat." DGB-Bundesvorstand, Arbeit darf nicht kaputtmachen, S. 29, 63, 128.

212 Ibid., S. 137.

213 Vgl. Raphael, Jenseits von Kohle, S. 172, 187–189.

214 Thomssen, Konstitution, S. 317.

Auf der Bundesarbeiterkonferenz 1985 beschäftigte die führenden Gewerkschafter, Politiker und Delegierten etwas anderes: Sie sahen sich einem feindlichen Singularisierungsversuch ausgesetzt, der sich gegen den einheitlichen Arbeitnehmerbegriff richtete. Denn die nicht mehr ganz so neue Regierung Kohl plante eine Stärkung der leitenden Angestellten, die das Recht erhalten sollten, neben dem Betriebsrat einen eigenen Sprecherausschuss zu gründen. Ohnehin zeichnete sich zu dieser Zeit in den Betrieben bereits eine Spaltung der Arbeitnehmerschaft in Stamm- und Randbelegschaften ab. Denn immer mehr Arbeitsverträge waren befristet, und immer mehr Beschäftigte wurden von Zeitarbeitsfirmen an die Betriebe verliehen[215]. Dies mag auch eine Erklärung dafür sein, weshalb die führenden Gewerkschafter 1985 den Arbeitnehmerbegriff so stark in den Mittelpunkt rückten, anstatt sich an der Singularisierung der ‚Arbeiter' zu beteiligen.

Lutz Raphael erkannte im Jahr 1985 „so etwas wie die Wetterscheide in den Arbeitskonflikten der westeuropäischen Industrien" – doch nicht nur das. Auch die „gesamtgesellschaftliche Gestaltungskraft" der Gewerkschaften war nun infrage gestellt[216]. Wenn die Zeitungen in diesem Jahr also kaum noch über die Bundesarbeiterkonferenz berichteten, zeichnete sich darin weniger eine Schwäche der gewerkschaftlichen Arbeiterpolitik als vielmehr der einsetzende Bedeutungsverlust der Gewerkschaften ab.

8.3 Fazit

Die Bundesarbeiterkonferenzen der Jahre 1981 und 1985 hatten eindrucksvoll untermauert, welches Potential im ‚Arbeiter' noch immer verborgen lag. Weit weniger spektakulär, aber für die Zukunft der Arbeiterpolitik umso wichtiger war die erste Konferenz 1977. Sie war ein Wendepunkt, gerade weil sie inhaltlich nicht über die bestehende DGB-Beschlusslage hinausging und, was die Herausstellung des Arbeiterbegriffs betrifft, sogar hinter der Humanisierungskonferenz des DGB zurückblieb. Die Personengruppe Arbeiter hatte der DGB-Spitze bewiesen, keine Gefahr darzustellen, indem sie sich mit biederer integrierter Arbeitnehmerpolitik begnügte, statt auf öffentlichkeitswirksame autonome Arbeiterpolitik zu setzen. Ansatzweise hatte die Konferenz die Arbeitnehmerpolitik auf die Spitze getrieben – und dadurch ad absurdum geführt. Auch musste die DGB-Spitze erkennen, dass sie mit ihrer demonstrativen Demütigung der Personengruppe Arbeiter – die Öffent-

215 Vgl. etwa die Redebeiträge von Irmgard Blättel, Gustav Fehrenbach, Manfred Hessel-Stahl sowie Max Kremin. DGB-Bundesvorstand, Zukunft der Arbeit, S. 38–40, 147, 155, 203.
216 Raphael, Jenseits von Kohle, S. 173, 188.

lichkeit blieb von der Konferenz ausgeschlossen, ja noch nicht einmal das DGB-Emblem durfte auf der Bühne des Tagungsortes angebracht werden – den Bogen überspannt hatte. Die erste Konferenz war auch insofern ein Wendepunkt, als die Arbeiterpolitiker – allesamt Gewerkschaftsangestellte – erstmals auf richtige Arbeiter (und sehr wenige Arbeiterinnen) trafen. Mit dem subalternen, bildungsfernen, der Fürsorge bedürftigen Malocher hatten diese Delegierten zumeist wenig gemein. Und doch klang dieses Arbeiterbild ausgerechnet in der Schlussansprache von Martin Heiß an, als er die Delegierten für Seife, Werkzeug und Schnaps, die ihnen als kleine Präsente mit auf den Heimweg gegeben wurden, erwärmen wollte. Dieses von Heiß gezeichnete Bild spiegelte auch den intern mit der Problemtabelle Arbeiter bereits erreichten Diskussionstand, der sich durch ein sehr differenziertes, im Grunde poststrukturalistisches Arbeiterbild auszeichnete, in keiner Weise wider. Wie es scheint, setzte aber auch bei Heiß aufgrund der Konferenzerfahrung ein Umdenken ein, denn ein wirklich entschiedener Kämpfer für die Arbeiterpolitik war er bis zu diesem Zeitpunkt nicht immer gewesen.

Die Konferenzen der 1980er Jahre waren ganz auf Öffentlichkeitswirksamkeit hin angelegt, die sie durch die Singularisierung der ‚Arbeiter' zu erreichen suchten. Wie die Arbeiterfilme setzten sie dabei auf ein eigenes Format, um dem Wesen der ‚Arbeiter' gerecht zu werden. Anstelle langwieriger Antragsberatung sollten es „Konferenzen zum Anfassen" sein, auf denen das Primat der Schriftlichkeit suspendiert war. Stattdessen sollten „Lärmautomaten" und „Riechbars" die Welt der ‚Arbeiter' erfahrbar machen. Dadurch wurde der ‚Arbeiter' als das andere, das Fremde konstruiert, der über eine exklusive Episteme verfügte, die derjenigen der Wissenschaftler prinzipiell gleichgestellt war. Beide sollten auf den Konferenzen in einen Austausch auf Augenhöhe treten. Gleichwohl war diese Singularisierung über das Format mit einem Preis verbunden, denn sie koppelte die Arbeiterdelegierten von der gewerkschaftlichen Willensbildung ab. Denn diese basierte nach wie vor auf Anträgen und Entschließungen.

Immerhin sorgte diese unkonventionelle Konferenzform, die pikanterweise gut zehn Jahre zuvor von einer Unternehmensberatungsagentur für Managementseminare entwickelt worden war, für öffentliche Aufmerksamkeit. Den hohen Aufmerksamkeitsgrad, der den Arbeiterfilmen zuteilwurde, erreichten die Arbeiterkonferenzen jedoch nicht. Dies lag darin begründet, dass die Konferenzen bei genauer Betrachtung keine reinen Singularisierungsveranstaltungen waren, sondern gerade an prominenter Stelle Elemente der integrierten Arbeitnehmerpolitik aufwiesen. Denn ausgerechnet die hochrangigen Gäste aus Politik und Gewerkschaften, die für die innerverbandliche Legitimierung der Personengruppe Arbeiter eine große Rolle spielten, traten dort nicht als Arbeiterpolitiker auf. Vielmehr sprachen sie zu allgemeinen politischen Themen und adressierten die Anwesenden zumeist als ‚Arbeitnehmer'. Und gerade über diese Events im Event berichteten bevorzugt die großen überregionalen Zeitungen – wenn sie denn überhaupt von den Konferenzen berichteten. Schon 1985 zeichnete sich ein deutlich nachlassendes Interesse seitens der Medien ab, und auch die Grußworte der Politiker gingen immer weniger auf die Singularisierungsversuche ein. Ausgerechnet Norbert Blüm, der als Oppositionspolitiker als entschiedener Verfechter der ‚Arbeiter' hervorgetreten war, bevorzugte als Arbeitsminister den Arbeitnehmerbegriff. Dieser Trend des abnehmenden Interesses an ‚Arbeiterfragen' erfasste jedoch auch die Delegierten selbst. Hatten sie bei den Aussprachen 1977 und 1981 vehement den Ausbau der Arbeiterpolitik eingefordert, spielte diese Frage 1985 keine Rolle mehr. Woran lag dies? In erster Linie war der ausbleibende institutionelle Ausbau der Personengruppe Arbeiter, konkret die Errichtung von Arbeiterausschüssen auf Landesbezirks- und Kreisebene, Stein des Anstoßes gewesen. Bis 1985 war dieses Manko zumindest so weit abgebaut, dass es nicht mehr zur Mobilisierung der Delegierten taugte.

Äußerst innovativ zeigten sich die Konferenzen bei der inhaltlichen Singularisierung der ‚Arbeiter'. 1981 erfolgte sie im Modus der Pathologisierung der Arbeiter: Sie erlitten häufiger Arbeitsunfälle, wurden öfter berufs- oder erwerbsunfähig und sie waren stärker als andere Beschäftigte dem Risiko gefährlicher Arbeitsstoffe ausgesetzt. Diese Singularisierung erzeugte Betroffenheit, und dies passte in den damaligen, vom alternativen Milieu mitgeprägten Zeitgeist. Zugleich konnte diese Art der Singularisierung an das in der Tradition der Arbeiterbewegung stehende Bild des ‚Arbeiters' als Märtyrer anknüpfen, der sich für das Gemeinwohl und den Fortschritt opfert. Vielversprechend war die Pathologisierung aber noch aus einem weiteren Grund. Gerade das Risiko, mit gefährlichen Arbeitsstoffen konfrontiert zu sein, stellte eine andauernde Gefährdung der Arbeiterinnen und Arbeiter dar. Erst diese Unvergänglichkeit eröffnete die Möglichkeit, einem Arbeitercharakteristikum den Anschein des Essentiellen zu verleihen, wie dies bei jenen prägenden postmodernen Identitäten, die auf *race* oder *gender* basieren, ebenso der Fall ist. Mit anderen Worten: ‚Arbeiter' konnten nicht nur, wie die Problemtabelle gezeigt hatte, nach Maßgabe des Poststrukturalismus modelliert werden, auch die Identität ‚Arbeiter' ließ sich nach den Erfordernissen der Postmoderne gestalten. Bedenkt man weiter, dass mittlerweile auf *race* und *gender* basierende Identitäten die sozial verfassten weitgehend verdrängt haben, so zeigt dies, dass diese Entwicklung keineswegs zwangsläufig war. Dies wirft die Frage auf, warum es dennoch zu dieser Verdrängung gekommen ist.

Die gesundheitsbasierte Singularisierung führten die Arbeiterpolitiker des DGB zwar Zeit des Bestehens der Personengruppe fort, doch auf der Bundesarbeiterkonferenz 1985 stand ein zweiter Singularisierungsansatz im Vordergrund. ‚Arbeiter' wurde nun im Modus der Temporalität singularisiert. Auch dieser Ansatz konnte auf eine lange Tradition innerhalb der Arbeiterkultur zurückblicken. Vertreter der Zukunft zu sein, der neuen Zeit, wie auch das Theorieorgan der wilhelminischen Sozialdemokratie nicht zufällig geheißen hatte, prägte seit Anbeginn das Selbstverständnis der Bewegung. Unter dem Eindruck des Aufkommens der neuen Technologien, das den Zeitgenossen als eine dritte industrielle Revolution erschien, verschob sich die temporale Verortung der ‚Arbeiter' jedoch grundlegend. Gerade die Beschäftigten der kleinen und mittleren Unternehmen traten nun als Zeugen für die Grenzen des Fortschritts auf. Sie erfuhren tagtäglich, wie noch immer alte Produktionsformen und Maschinen ihre Arbeit prägten. Zugleich war dies ein deutliches Memento, dass auch noch immer die traditionellen Probleme fortbestanden und einer gewerkschaftlichen und politischen Lösung harrten. In einer Zeit, in der die mediale Öffentlichkeit, Politik und Sozialwissenschaft sich ganz der Zukunft und damit der Prognose sozialer Zustände verschrieben hatten, war eine solche Position, die auf die Diagnose des Bestehenden als Grundlage politischer Entscheidungen setzte, von großer Bedeutung. Jedoch zeigte die Konferenz auch, wie schwer sich die Gewerkschaftsfunktionäre mit der temporalen Umpolung des ‚Arbeiters' taten. Ausgerechnet Karl-Heinz Vorbrücken, der die Arbeiterpolitik mit der Problemtabelle konzeptionell so weit nach vorne gebracht und unermüdlich für das neue Konferenzformat gekämpft hatte, trat nun 1985 als Verfechter einer Gewerkschaftspolitik auf, die sich ganz auf die künftige Entwicklung der neuen Technologien konzentrieren sollte.

Der Fokus auf die Fortschrittlichkeit verdeckte jedoch eine andere Veränderung, die mit den neuen Technologien einherging, und die großes Potential für die Singularisierung der ‚Arbeiter' hätte bieten können. Denn die Einführung von Industrierobotern und Mikrochips stellte die seit der Aufklärung vorherrschende Konzeption des Menschen infrage, wie Martina Heßler überzeugend darlegte. Der Mensch zeichnete sich gegenüber der Maschine nun nicht mehr dank seiner überlegenen Vernunft aus, welche wiederum für das Selbstverständnis von Bürgern und Intellektuellen von besonderer Bedeutung war. Worüber Industrieroboter nicht verfügten, war implizites Erfahrungswissen. Wichen zwei Teile nur um Millimeter voneinander ab, musste der Roboter scheitern. Erfahrungswissen war hingegen das Charakteristikum der ‚Arbeiter', denen ja traditionell Bildungsferne unterstellt worden war. Es war eine Ironie der Geschichte, dass ausgerechnet die dritte Revolution, welche aus Sicht der Gewerkschafter die Zukunft der Arbeiterschaft gefährdete, den ‚Arbeiter' erneut zum idealtypischen Menschen erhob – ein Anspruch, den schon Karl Marx über hundert Jahre zuvor philosophisch begründet hatte.

Die Wahrnehmung der Delegierten war auf der Arbeiterkonferenz 1985 jedoch eine gänzlich andere. Sie befürchteten eine Enteignung des Erfahrungswissens durch die neuen Technologien. Wissen und Bildung spielten folglich eine große Rolle in den Debatten, und auch hier zeichnete sich ein fundamentaler Wandel ab.

Hatten Martin Heiß und Hans Pornschlegel in den frühen 1970er Jahren in der Bildung einen Weg erkannt, die Arbeiter aus ihrem Arbeiterstatus hinauszuführen, galt nun die umgekehrte Prämisse. Arbeiter mussten sich fortbilden, um Arbeiter bleiben zu können, oder vielleicht präziser formuliert: um nicht arbeitslos zu werden. Dies wirft wiederum ein Licht auf einen interessanten Aspekt der nun aufziehenden Wissensgesellschaft. Sie war keine Bildungsgesellschaft, jedenfalls nicht im überkommenen Sinn. Denn der bisherige Gedanke, dass einmal erworbene Bildung lebenslang einen bestimmten Status garantiert, war nun hinfällig. Wissen konnte hingegen auf vielfältige Art und Weise erworben werden, musste aber ständig aktualisiert werden. In diesem Sinne war die Wissensgesellschaft eine Fort- und Weiterbildungsgesellschaft.

9 Arbeiterbildung ohne ‚Arbeiter'? Das Forschungsinstitut für Arbeiterbildung

Geschichte, so bemerkte Karl Marx, wiederhole sich: das erste Mal als Tragödie, das zweite Mal als Farce[1]. In einigen Aspekten lässt sich die Gründung des „Forschungsinstituts für Arbeiterbildung" (FIAB) in Recklinghausen 1980 tatsächlich mit der Etablierung der Arbeiterfilme als Genre parallelisieren: Kunst und Wissenschaft sind beides Felder, die sich durch einen dezidierten, je spezifischen Wahrheitsanspruch auszeichnen. Und weder in der Kunst noch in der Wissenschaft sind ‚Arbeiter' zentrale Akteure, vielmehr sind sie bestenfalls Randerscheinungen, zumeist wohl eher aber Fremdkörper. Und beide Male waren nicht nur öffentlich-rechtliche Institutionen entscheidend daran beteiligt, das jeweilige Feld für die ‚Arbeiter' zu erschließen, auch die IG Metall trat als fördernde Kraft in Erscheinung. Bedenkt man deren obstruktive Haltung gegenüber der Personengruppe Arbeiter des DGB, ist dies ein überraschender Befund – womöglich gestaltete sich das Verhältnis dieser Gewerkschaft zu den ‚Arbeitern' komplexer als bislang dargestellt. Und doch konnte die Ressource ‚Arbeiter' das FIAB nicht dauerhaft stabilisieren, auch wenn es deutlich länger als das Filmgenre Bestand hatte. 2006 verfügte die schwarz-gelbe Regierungskoalition in Düsseldorf das Ende *aller* Forschungsinstitute in Nordrhein-Westfalen[2]. Als eine Farce, wie Marx nahegelegt hatte, lässt sich die Geschichte des FIAB aber gewiss nicht bezeichnen, auch wenn das Ende der Arbeiterfilme in den Augen einiger Zeitgenossen tragische Züge trug.

Die Entscheidung, die Entwicklung der Ressource ‚Arbeiter' im Feld der Wissenschaft ausgerechnet am Beispiel eines kleinen Forschungsinstituts zu betrachten, ist begründungspflichtig. Größere Öffentlichkeitswirksamkeit entfalteten sicherlich die Industriesoziologie oder die Arbeiterhistoriographie. Der Reiz der Arbeiterbildung ergibt sich jedoch aus der im vorangegangenen Kapitel dargestellten Entwicklung: Bildung und Wissen erhielten unter den Bedingungen der Wissensgesellschaft auch für die Arbeiterinnen und Arbeiter eine ganz neue Bedeutung. Sie mussten sich fort- und weiterbilden, um ‚Arbeiter' zu bleiben, denn andernfalls drohte die Arbeitslosigkeit. Daran hat sich seither wenig geändert. Gerade von einem Forschungsinstitut für Arbeiterbildung wäre also zu erwarten gewesen, dass es von Bestand sein würde. Tatsächlich geriet der Arbeiterbegriff selbst hier zu Beginn der 1990er Jahre unter Druck. Vor der endgültigen Schließung

1 Vgl. Karl Marx, Der achtzehnte Brumaire des Louis Bonaparte, Stuttgart 1914 [1852], S. 7.

2 Vgl. Miriam Bunjes, Land hat Forschung satt, in: TAZ, 13.3.2006, NRW aktuell S. 1, <https://taz.de/Land-hat-Forschung-satt/!462562/> (11.07.2023).

 https://doi.org/10.1515/9783111086569-010

des Instituts erfolgte noch im Jahr 2001 die Umbenennung in „Forschungsinstitut Arbeit, Bildung, Partizipation". Diese Maßnahme lag im Trend. Zwei Jahre zuvor hatte die 1979 als „Institut zur Geschichte der Arbeiterbewegung" gegründete Einrichtung ihren Namen nach mehreren Umbenennungen schließlich in „Institut für soziale Bewegungen" geändert[3]. Wiederum ein Jahr zuvor war die Kommission „Arbeiterkultur", auch sie 1979 von der Deutschen Gesellschaft für Volkskunde konstituiert, einen ähnlichen Schritt gegangen, als sie den Bezug auf einen Akteur tilgte und durch einen Strukturbegriff ersetzte. Seither firmiert sie als Kommission „Arbeitskulturen"[4]. Es überrascht daher nicht, dass der frisch berufene FIAB-Direktor Klaus Dörre 2001 keinen Zweifel an der Notwendigkeit einer Umbenennung aufkommen ließ, war doch „auch der Begriff einer emanzipatorischen Arbeiterbildung inhaltlich entkernt"[5]. Und doch stellt sich die Frage: Wie war dies möglich, nachdem sich sein Institut 20 Jahre lang mit diesem Sachverhalt beschäftigt hatte?

Im ersten Schritt gilt es, die Motive der Akteure zu untersuchen, die zur Gründung des Instituts geführt hatten. Im zweiten Schritt widme ich mich dann der Frage, welche Kerne der Arbeiterbildung sich in der Institutsarbeit der 1980er Jahre überhaupt herausbildeten. Und schließlich soll die retardierende Phase des folgenden Jahrzehnts in den Blick genommen werden. Denn erklärungsbedürftig ist auch, weshalb die Beteiligten nicht schon 1990 eine Umbenennung vollziehen konnten.

9.1 ‚Arbeiterbildung' zwischen Wissenschaft und gewerkschaftlicher Politik

Das FIAB verdankte seine Existenz drei Akteuren: der IG Metall, der Ruhr-Universität Bochum (RUB) und der Landesregierung Nordrhein-Westfalens. So ungewöhnlich diese Konstellation auf den ersten Blick auch erscheinen mag, handelte es sich keineswegs um eine Ad-hoc-Koalition, wohl aber um ein Spezifikum des Ruhrgebiets. Unproblematisch war die Zusammenarbeit indes zu keiner Zeit.

---

3 Vgl. Peter Friedemann, Die ungeliebte Tochter. Zur Genese des Instituts zur Geschichte der Arbeiterbewegung der Ruhr-Universität Bochum: Ein partizipatorischer, wissenschaftspolitischer Prozess 1965–1988, in: Die Henne. Beiträge zur Geschichte der Ruhr-Universität Bochum 4 (2015), S. 7–60, hier S. 9. Schon 1986 und 1987 hatte es Umbenennungen gegeben, jedoch war der Arbeiterbewegungsbegriff erhalten geblieben. Vgl. ibid.

4 Vgl. <https://dgekw.de/netzwerk/kommissionen/arbeitskulturen/> (12.07.2023).

5 Klaus Dörre an die Mitglieder des FIAB-Vorstandes, 2. April 2001, Anlage: Vorlage zum TOP Institutsreform, S. 2, in: RUB-Archiv FIAB Nr. 104.

9.1.1 Motive der Beteiligten

RUB

Als erste Universität des Ruhrgebiets hatte die RUB 1965 den Lehrbetrieb aufgenommen, nachdem der Landtag 1961 die Gründung beschlossen hatte[6]. Die Entscheidung, im Ruhrgebiet eine Hochschullandschaft aufzubauen, fiel also vor dem Hintergrund der Kohlekrise, die allen Beteiligten klargemacht hatte, dass der Region ein tiefgreifender Strukturwandel bevorstehen würde. Die RUB befand sich daher von Anfang an in einem besonderen Verhältnis zur Arbeiterschaft, nicht zuletzt sollte sie den Arbeiterkindern der Region einen Bildungsaufstieg ermöglichen[7]. In etwas abgeschwächter Weise sahen sich aber alle Universitäten in den 1970er Jahren mit der Notwendigkeit konfrontiert, sich sozialen Gruppen gegenüber zu öffnen, die bislang kaum an den Universitäten vertreten waren – hier ging es den Hochschulen im Grunde nicht anders als den Fernseh- und Rundfunkanstalten. Im März 1976 veranstaltete die Friedrich-Ebert-Stiftung eine prominent besetzte Tagung unter dem aussagekräftigen Titel „Hochschule in der Arbeitnehmergesellschaft“[8]. Dort erklärte sich Werner Knopp, damals Vorsitzender der Westdeutschen Rektorenkonferenz, bereit, auch mit den Gewerkschaften einen Dialog zu suchen, denn dies sei „nicht nur ein Gebot der sachlichen Vernunft, das auch und in erster Linie, sondern auch der politischen Einsicht“[9]. Zu dieser politischen Einsicht hatte ihm Helmut Rohde, der damals das Amt des Bundesministers für Bildung und Wissenschaft ausübte, verholfen. Laut Tagungsbericht erwartete er von den Akademikern, „daß sie ihre Forschungsaktivitäten auch unter dem Gesichtspunkt einer allgemein sozialen Verpflichtung überprüfen und daß sie ihre jeweiligen gesellschaftspolitischen Prämissen offenlegen.“[10] Auf wirkliche Begeisterung war Rohde bei Knopp nicht gestoßen, zumal schon in den Jahren zuvor die Studierendenbewegung mit ganz ähnlichen Argumenten eine „Demokratisierung“ der Hochschule

---

6 Vgl. Hans Stallmann, Vom Kohlenpott zur Wissenschaftsregion. Hochschulgründungen im Ruhrgebiet, in: Jens Adamski/Stefan Berger/Stefan Goch et al. (Hrsg.), Forschung, Bildung und Kultur. Wissenschaft im Ruhrgebiet zwischen Hochindustrialisierung und Wissensgesellschaft, Essen 2020, S. 257–275, hier S. 257, 266.

7 Vgl. ibid., S. 274 sowie Manfred Wannöffel, Wissenschaft für die Arbeitswelt. Die Kooperation zwischen der IG Metall und der Ruhr-Universität Bochum, in: Adamski et al., Forschung, Bildung und Kultur, S. 417–434, hier S. 418 ff.

8 Vgl. Der Bundesminister für Bildung und Wissenschaft, informationen bildung wissenschaft 3/76, 25. März 1976, in: AdsD 5/IGMA200182.

9 Ibid., S. 4. Diese Seitenzahl bezieht sich hier und im Folgenden auf die handschriftlich angebrachte Paginierung.

10 Ibid., S. 7.

eingefordert hatte. Zur Abwehr hatten sich 1970 besorgte Professoren in Bad Godesberg zum „Bund Freiheit der Wissenschaft" zusammengeschlossen[11]. In ihre Klagen stimmte nun auch Knopp ein, wenn er eine stärkere Berücksichtigung des Themenkomplexes Arbeit durch die Universitäten von der Achtung ihrer Wissenschaftsfreiheit abhängig machte. Welche Distanz es aus seiner Sicht zu überwinden galt, ließ seine Bitte erahnen, „die Forderungen, die hier im sachlichen Kern berechtigt erhoben werden, konkreter zu artikulieren und das auch in einer wissenschafts- und forschungsgerechteren Form zu tun, als das vielfach geschieht"[12]. Offensichtlich sprach man (noch) nicht dieselbe Sprache.

Die RUB war zu diesem Zeitpunkt schon einen Schritt weiter, denn 1975 hatte sie ein Kooperationsabkommen mit der IG Metall geschlossen. Laut Manfred Wannöffel sollte der „Vertrag [...] dazu beitragen, die vorurteilsbeladene und emotionalisierte Auseinandersetzung über eine mögliche Einflussnahme der Interessenorganisation auf Forschung und Lehre zu versachlichen."[13] Um Sachlichkeit, oder besser gesagt: um Normalität bemüht war auch Knut Ipsen, dem als Rektor der RUB die Aufgabe oblag, die universitäre Öffentlichkeit über ein aus der Kooperation erwachsenes Vorhaben zu informieren. Er versicherte, „daß die Neugründung des Forschungsinstituts für Arbeiterbildung ein wichtiger Schritt auf dem Weg zur Verwirklichung des Gründungskonzepts der RUB [ist] – das wissenschaftliche Potential der Universität der Bevölkerung der Region zur Verfügung zu stellen."[14] Seine Worte erweckten den Eindruck, als handle es sich bei der Gründung des FIAB um eine organische Weiterentwicklung der Universität ohne Rückwirkung auf deren Betrieb. Denn auch die Aussage, dass die RUB nun ihr wissenschaftliches Potential der Bevölkerung zur Verfügung stellen wolle, hörte sich nach einem selbstlosen Akt der hehren Wissenschaft an und war für die Leserschaft weniger irritierend als der von Rohde auferlegte Zwang, die eigene Forschung auf Sozialverträglichkeit hin zu überprüfen. Dass die Bildungsferne der Arbeiter bereits als eine wissenschaftliche Fragestellung etabliert war[15], erleichterte Ipsens rhetori-

---

11 Vgl. Axel Schildt, ‚Die Kräfte der Gegenreform sind auf breiter Front angetreten'. Zur konservativen Tendenzwende in den Siebzigerjahren, in: AfS 44 (2004), S. 449–478, hier S. 451 ff.

12 Der Bundesminister für Bildung und Wissenschaft, informationen, S. 5 (Hervorhebung gelöscht).

13 Wannöffel, Wissenschaft, S. 426.

14 Forschungsinstitut für Arbeiterbildung in Recklinghausen gegründet, in: RUB aktuell, Nr. 65, 2. Mai 1980, o. S., in: RUB-Archiv R03 Nr. 93.

15 Ruhr-Universität Bochum, Der Rektor, Prof. Dr. P. Meyer-Dohm, an Herrn Ltd. Min.-Rat Becker, Ministerium für Wissenschaft und Forschung, 28. Juni 1979, Anlage: Ruhr-Universität Bochum, Aufgaben, Struktur, Organisation und Finanzierung eines Forschungsinstitutes für Arbeiterbildung an der Ruhr-Universität Bochum, 25. Juni 1979, S. 1, in: AdsD 5/IGMA200571.

schen Kniff sicherlich. Seine Strategie war schon deshalb klug, weil zumindest der Teilaspekt der beruflichen Bildungsarbeit in den 1970er Jahren eine Politisierung erfahren hatte, begleitet von scharfen Auseinandersetzungen zwischen Arbeitgebern und Gewerkschaften[16].

Interessanterweise folgte Ipsen in seiner Kommunikation mit der IG Metall der Linie Rohdes. In der Kooperation mit der Gewerkschaft erkannte er explizit einen originären Wert für die Forschung:

> Ein solcher Dialog kann zu der Erkenntnis führen, daß die Wissenschaft neben der ihr immanenten Freiheit, sich über alle Grenzen hinwegzusetzen, auch Einsicht und Verantwortlichkeit braucht, die sie davor bewahren, ausschließlich die vielbeschworenen Sachzwänge zu schaffen, denen sie schließlich selbst hilflos ausgeliefert ist. Hier hat die Kooperation eine große Chance, hier hat sie aber zugleich auch ihre Bewährungsprobe zu bestehen.[17]

Ipsen erkannte im Akteur ‚Arbeiter‘ ein Korrektiv zum Sachzwangdenken, das von der Prämisse der uneingeschränkten Priorität der Struktur ausgeht. Dies war ein Gedanke, der durchaus Potential hatte. Der Verweis auf die damit verbundene „Bewährungsprobe" deutete freilich an, dass die beiden Konzepte ‚Arbeiter‘ und Wissenschaft nur mit Mühe zu vereinbaren waren. Auch vor diesem Hintergrund ist es bemerkenswert, dass das FIAB das erste Institut war, das aus der Kooperation zwischen RUB und IG Metall hervorgegangen war. Beide Parteien kamen nicht umhin, es nun tatsächlich zur Bewährungsprobe kommen zu lassen.

IG Metall

Anlass zur Sorge bestand für die Universität jedoch kaum, sofern man der Argumentation von Manfred Wannöffel, aktuell Geschäftsführer der Gemeinsamen Arbeitsstelle RUB/IGM[18], folgt. Der DGB-Landesbezirk Nordrhein-Westfalen hatte sich schon in den frühen 1960er Jahren zur Wissenschaftsfreiheit bekannt, was nicht zuletzt im Eigeninteresse der Gewerkschaften lag:

> Ein normativer Interessenbezug und ein damit eingetretener Verlust von Unabhängigkeit hätten der Reputation der Wissenschaftler geschadet und wären auch für die gewerkschaftspolitische Praxis hinderlich gewesen, da schließlich die Gewerkschaft in der Kooperation mit

16 Vgl. Franziska Rehlinghaus, Gegen Linke reden. Die Politisierung beruflicher Bildungsarbeit in der Bundesrepublik der 1970er-Jahre, in: Zeithistorische Forschungen/Studies in Contemporary History 17 (2020), S. 477–502.

17 Ruhr-Universität Bochum, Der Rektor, Anlage 7 der 9. Kuratoriumssitzung am 13. März 1980, S. 4, in: AdsD 5/IGMA200572.

18 Vgl. die Angaben auf der Homepage der Gemeinsamen Arbeitsstelle: <https://www.rubigm.ruhr-uni-bochum.de/rubigm/profil/team/index.html.de> (26.06.2023).

> der Wissenschaft im Rahmen gemeinsamer Projekte darauf abzielte, ihre interessengeleiteten Positionen nachhaltig wissenschaftlich zu überprüfen und zu fundieren.[19]

Ohne Zweifel ging es auch der IG Metall bei der Gründung des FIAB darum, wissenschaftliche Expertise für die eigene Bildungsarbeit zu generieren, die mit der Novellierung des Betriebsverfassungsgesetzes 1972 an Bedeutung gewonnen hatte. So konnten die neu geschaffenen betrieblichen Mitbestimmungsmöglichkeiten nur genutzt werden, wenn die Betriebsratsmitglieder über das nötige Wissen verfügten. Die Nachfrage nach einer entsprechenden Schulung war enorm, sie verneunfachte sich allein zwischen 1972 und 1973. Bei der Entwicklung des „Sprockhöveler Modellseminars" – benannt nach dem Bildungszentrum der IG Metall – griff die Gewerkschaft erstmals im Bildungsbereich auf wissenschaftliche Unterstützung zurück[20].

Und doch ist damit nur die eine Seite des gewerkschaftlichen Verhältnisses zur Wissenschaft erfasst. In den zeitgenössischen Äußerungen von Gewerkschaftsfunktionären findet sich auch ein anderer Blick auf die Forschung. So warnte Gerhard Leminsky, selbst promovierter Volkswirt, 1971 hinsichtlich des gesellschaftlichen Wandels: „Richtung und Inhalt der strukturellen Veränderungen werden auf lange Sicht von den Gruppen bestimmt, die die Prioritäten der Forschung setzen – bislang noch eindeutig und einseitig von der Industrie."[21] Diesen Gedanken führte Heinz Oskar Vetter in seiner Rede auf der FES-Tagung weiter, wenn er ausdrücklich von der „Wissenschaft als Herrschaftsmittel" sprach, um sodann das Selbstverständnis der Hochschullehrer noch weiter zu erschüttern: „Hochschulen sind heute moderne Dienstleistungsbetriebe mit allen Konsequenzen für die gewerkschaftliche Interessenvertretung." Entsprechend weitreichend fiel seine Forderung aus: Arbeitnehmer dürften nicht länger nur „Frage- bzw. Untersuchungsobjekt" sein, es gelte vielmehr, sie als „selbständige und selbstbewußte Partner, die über Konzeptionen, Durchführung und Verwendung von Forschungen mitbestimmen wollen", einzubeziehen[22]. Vetters Ausführungen liefen auf die Erkenntnis hinaus, dass die Forschung ihre Perspektivengebundenheit nicht überwinden kann, selbst wenn sie methodisch sauber durchgeführt wird.

19 Wannöffel, Wissenschaft, S. 422. Vgl. zudem ibid., S. 421.

20 Vgl. Kurt Johannson, 15 Jahre gewerkschaftliche Arbeiterbildung in der IG Metall, in: BIK 6 (1987), S. 5–25, hier S. 6 f., 11.

21 Gerhard Leminsky, Gewerkschaftsreform und gesellschaftlicher Wandel, in: GMH 22–4 (1971), S. 194–201, hier S. 196.

22 Der Bundesminister für Bildung und Wissenschaft, informationen, S. 3 f. Hervorhebungen im zweiten Zitat gelöscht.

Der Wunsch der Gewerkschaften zielte im Grunde auf eine Sozialisierung der Wissenschaft ab, auch wenn diese Bezeichnung nicht ganz passend ist. Denn ein Zustand, in dem die Wissenschaft von gesellschaftlichen Normen und Interessen maßgeblich durchdrungen und gesteuert ist, stellte ja nicht das Ziel, sondern den Ausgangspunkt der gewerkschaftlichen Wissenschaftskritik dar. Die avisierte Veränderung richtete sich zunächst auf die Zusammensetzung des Akteurtableaus, das auf die Forschung Einfluss nehmen konnte, und letztlich auf die forschungsleitenden Werte, nicht aber darauf, den gesellschaftlichen Einfluss auf die Forschung zu beseitigen. Dieses Unterfangen war nun weniger Ausdruck gewerkschaftlicher Stärke als Schwäche, die aus einer veränderten Logik der Politik resultierte. Wiederum Leminsky hatte festgestellt: „Programme können wegen der komplexen und interdependenten Entwicklungen nur noch als zukunftsorientiert gelten, wenn sie wissenschaftlich fundiert sind."[23] Dies drohte die Demokratie zu unterminieren, zumal, wie Peter Weingart betonte, „politische Forderungen und Entscheidungen mittels quasi-wissenschaftlicher Expertise legitimiert werden."[24] Das bisherige Machtmittel der Gewerkschaften, nämlich der glaubhafte Anspruch, die Interessen der Mehrheit zu vertreten, drohte vor diesem Hintergrund nutzlos zu werden. Umso schlimmer war, dass von der Politik laut Weingart nun keineswegs wissenschaftsbasierte, also rationale und objektive Entscheidungen zu erwarten waren, vielmehr kam der Wissenschaft lediglich die Funktion zu, interessenbasierten Entscheidungen den Anschein der Wissenschaftlichkeit zu verleihen[25].

Betroffen waren die Gewerkschaften auch in ihrem Inneren, denn hier bestand die Gefahr, dass „durch [eine] angebliche ‚Verwissenschaftlichung der Politik' im Sinne einer ausschließlichen Beteiligung von wissenden Experten die Beauftragten ihre unwissenden Auftraggeber als überflüssig betrachten können"[26]. Pikanterweise erhob Peter Scherer in seiner Zeit als Mitarbeiter der Bildungsabteilung der IG Metall diesen Vorwurf gegenüber den beiden Wissenschaftlern, die das Projekt „Arbeits- und Lebensbedingungen der Arbeitnehmer als Gegenstand der Hochschulforschung" für die Gewerkschaft bearbeiteten. Er empfahl Hans Preiss, der als Mitglied des IG Metall-Hauptvorstands das Bildungsressort verantwortete: „Die Autoren sollten darauf hingewiesen werden, daß es ihre Aufgabe ist, die Politik der Gewerkschaften mit den Ergebnissen wissenschaftlicher Forschung zu unterstützen, nicht aber sich selbst zur politischen Mittelinstanz aufzuschwingen."[27]

23 Leminsky, Gewerkschaftsreform, S. 201.
24 Weingart, Zukunft der Gewerkschaften, S. 235.
25 Vgl. ibid.
26 Günter Hartfiel, Zentralismus oder Föderalismus? Zur Problematik einer gewerkschaftsorganisatorischen Alternative, in: GMH 22–4 (1971), S. 215–218, hier S. 218.
27 Peter Scherer an Kollegen Hans Preiss, 16. November 1976, S. 1 f., in: AdsD 5/IGMA 200302.

Im Folgenden soll die These entwickelt werden, dass die IG Metall mit der Gründung des FIAB den Versuch verband, die Wissenschaft in ihrem Sinne zu sozialisieren. Dies würde jedenfalls erklären, weshalb die Gewerkschaft in diesem Zusammenhang bereit war, dem Arbeiterbegriff zu neuer Prominenz zu verhelfen. Man könnte zwar einwenden, dass der Arbeiterbegriff durch das Kompositum ‚Arbeiterbildung' abgeschwächt war, zumal es sich hierbei um einen stehenden, historisch gewachsenen Begriff handelte. Auch hatte Oskar Negt den Arbeiterbildungsbegriff erst in den 1960er Jahren explizit für die Bildungsarbeit der IG Metall aktualisiert. Und doch war die Umsetzung seines Konzepts unter Heinz Dürrbeck, dem Vorgänger von Preiss, und Hans Matthöfer auf beträchtlichen Widerstand innerhalb des Vorstands gestoßen. Eugen Loderer setzte diesem Experiment ein schnelles Ende, nachdem er Otto Brenner als Erster Vorsitzender der IG Metall nachgefolgt war[28]. 1978 erschien immerhin noch ein Sammelband, der den Ertrag von Negts' Konzept in der gewerkschaftlichen Bildungsarbeit evaluierte. Hier wurde deutlich, dass der Arbeiterbildungsbegriff noch immer an eine politische Agenda gebunden war, die nicht unbedingt auf der Linie des Hauptvorstands der IG Metall lag. Für Negt und Adolf Brock, einem ehemaligen Arbeiter und späteren „Arbeiterbildner", lieferte der Freudomarxismus die entscheidenden Argumente für eine Beschäftigung mit der Arbeiterbildung. Ihrer Auffassung nach litten ‚Arbeiter' unter einem „falschen Bewusstsein", wobei es letztlich gesellschaftliche Widersprüche waren, die sich im Individuum niederschlugen. Ausgangspunkt war hier folglich eine Pathologisierung der ‚Arbeiter', die sich aber pädagogisch heilen ließ, womit zugleich ein politisches Ziel verbunden war: Da jeder einzelne mit der „Totalität der Gesellschaft" verstrickt war, sollte Arbeiterbildung zur Verwirklichung einer sozialistischen Gesellschaft führen, da nur sie „Emanzipation" verhieß[29].

Wenn sich die IG Metall nun dennoch wieder auf diesen heiklen Begriff einließ, hatte dies gute Gründe. Die Forderung, Arbeitnehmerbildung an der Universität zu etablieren, wäre zwar auch denkbar gewesen, doch konnte sie auch leicht ins Leere laufen. Denn die meisten Studierenden wechselten nach ihrem Hochschulabschluss in den Arbeitnehmerstatus, wie der DGB-Vorsitzende auf der FES-Tagung

---

28 Vgl. Müller, Gewerkschafter, Kap. VI sowie Adolf Brock, Soziologische Phantasie und exemplarisches Lernen in der gewerkschaftlichen Bildungsarbeit, in: ders./Hans Dieter Müller/Oskar Negt (Hrsg.), Arbeiterbildung, Reinbek bei Hamburg 1978, S. 25–42.

29 Vor allem bei Brock blieb der Sozialismus als realistische Handlungsperspektive aktuell, während Negt in Marxismus und Psychoanalyse weiterhin valide theoretische Werkzeuge erblickte. Vgl. Adolf Brock, Arbeiterbildung – Lernen der Arbeiter für sich und für ihre Emanzipation, in: ders./Müller/Negt, Arbeiterbildung, S. 11–24, hier S. 18 sowie Oskar Negt, Marxismus und Arbeiterbildung – Kritische Anmerkungen zu meinen Kritikern, in: ibid., S. 43–86, hier S. 46, 49, 65 ff.

selbst hervorgehoben hatte[30]. In diesem Sinne betrieben die Hochschulen also schon längst selbst Arbeitnehmerbildung. Die IG Metall hätte jedoch auch auf ein anderes Thema setzen und beispielsweise die Schaffung eines Instituts für Arbeitswissenschaft vorantreiben können – die Idee für eine solche Einrichtung existierte bereits seit 1962, doch sie sollte erst 1985 realisiert werden[31]. Bei der Arbeitswissenschaft handelte es sich aber um ein Fachgebiet, auf dem die Arbeitgeber berechtigterweise ihre Beteiligung hätten einfordern können[32]. Die Arbeiterbildung war weit eher geeignet, exklusive gewerkschaftliche Ansprüche gegenüber der Wissenschaft geltend zu machen. Der ‚Arbeiter' erwies sich hier als eine politische Ressource, welche der Gewerkschaft die Erschließung neuer Felder ermöglichte.

Landesregierung

Als dritte Partei trug die Landesregierung wesentlich zur Gründung des FIAB bei, auch wenn die Idee nicht von ihr selbst stammte. Von entsprechenden Überlegungen hatte Johannes Rau 1978, noch als Wissenschaftsminister, in einer Sitzung des gemeinsamen Kuratoriums von IG Metall und RUB erfahren[33]. Sein Amtsnachfolger Reimut Jochimsen maß dem Vorhaben dann eine solch hohe politische Bedeutung zu[34], dass er schon 1979 auf eine rasche Realisierung des Vorhabens drängte – nicht nur zur Freude der IG Metall. In einem internen Schreiben äußerte Hans Preiss etwa die Befürchtung: „Bei dieser Eile besteht die Gefahr, daß möglicherweise an unseren Intentionen vorbei etwas geschaffen wird, das sich unserer inhaltlichen Einflußnahme entzieht."[35] Eile war aber geboten, um die Finanzierung des Forschungsinstituts im Rahmen des geplanten Ruhrgebietsprogramms sicherzustellen. Der Arbeiterbegriff erfuhr somit im Zuge einer Regionalisierung eine Aktualisie-

---

30 Vgl. Der Bundesminister für Bildung und Wissenschaft, informationen, S. 3.

31 Vgl. Wannöffel, Wissenschaft, S. 422.

32 Willfried Schaefer von der DGB-Abteilung Tarifpolitik hatte auch in diesem Zusammenhang auf die Gefahren einer zu starken Verwissenschaftlichung aufmerksam gemacht. Vgl. Martin Heiß, Abteilung Tarifpolitik, an Mitglieder des Geschäftsführenden Bundesvorstandes, 9. Oktober 1974, Anlage: Willfried Schaefer, Abteilung Tarifpolitik, 1. Oktober 1974, S. 1, in: AdsD 5/DGCS000059.

33 Vgl. Hans Preiss, Vorlage für die Sitzung der geschäftsführenden Vorstandsmitglieder am 6. April 1981, Anlage: Abteilung Bildungswesen/Bildungspolitik, Forschungsinstitut für Arbeiterbildung, o. D., S. 2, in: AdsD 5/IGMA200572.

34 Vgl. Becker, III B 1, Herrn Staatssekretär im Hause, Betr.: Gespräch mit Herr Borggräfe und Herrn OB Wolfram MdB betr. Landeseinrichtungen in Recklinghausen, Bezug: Schreiben der Stadt Recklinghausen vom 28.6.1979, 26. Juli 1979, S. 2, in: LAV NRW (Abteilung Rheinland, Duisburg) NW 461–71.

35 Hans Preiss an Lothar Pinkall, 19. Juni 1979, in: AdsD 5/IGMA200572.

rung. Denn was der Arbeiterbildung in den Augen der Politiker Brisanz verlieh, war die Verortung der ‚Arbeiter' im Problemsyndrom Ruhrgebiet:

> Dem notwendigen Wandel im wirtschaftlichen, konjunkturellen und innovativen Bereich kann sich keiner von uns entziehen. Er trifft jedoch in erster Linie – wie wir alle wissen – mit besonderer Härte und unmittelbar den Industriearbeiter. Deshalb muß auch die Hauptaufgabe darin bestehen, ihn auf die zu erwartenden Wandlungen vorzubereiten.[36]

Damit war die Arbeiterbildung integral auf die Denkfigur des Strukturwandels bezogen[37]. Wie auf den Bundesarbeiterkonferenzen singularisierte Jochimsen die ‚Arbeiter' als die besonders Betroffenen, doch für ihn schien sich daraus keine besondere epistemische Rolle der ‚Arbeiter' zu ergeben. ‚Arbeiter' waren die Objekte, für die etwas getan werden musste, die befähigt werden mussten. Eine andere Ausrichtung hatte Adolf H. Noll, Professor für Erziehungswissenschaften an der Universität Hannover und als solcher ein Kollege Oskar Negts, in seiner Konzeption dem Wissenschaftsministerium vorgeschlagen. Seiner Meinung nach konnte das künftige Institut für Arbeiterbildung „einen wichtigen Beitrag zur Analyse, Kritik und Innovation des industriellen Wandels im Ruhrgebiet" leisten, sofern es „räumlich und inhaltlich eingebunden ist im Arbeits- und Lebenszusammenhang der Betroffenen."[38] Die ‚Arbeiter' sollten hier als eine Quelle neuen Wissens fungieren, die es direkt vor Ort zu erschließen galt, um den Strukturwandel aktiv zu gestalten.

Die beiden konträren Ansätze machten deutlich, dass die Rückbindung des neuen Forschungsinstituts an den Strukturwandel zwar mit einer Sozialisierung der Wissenschaft vereinbar sein konnte, aber nicht notwendig sein musste. Die Ziele des Ruhrgebietsprogramms ließen sich auch mit einem traditionellen Wissenschaftsverständnis erreichen. Dies schwächte die Position der IG Metall. Aber auch wenn die Konstellation zwischen Gewerkschaft, Universität und Landesregierung nicht frei von Friktionen war, erwiesen sich die Rahmenbedingungen für die Verknüpfung der Ressource ‚Arbeiter' mit dem wissenschaftlichen Feld Ende der 1970er Jahre als ähnlich günstig wie dies zu Beginn des Jahrzehnts bei den Arbeiterfilmen der Fall gewesen war. Wie damals öffneten sich etablierte, mit

---

36 Stichworte für eine Ansprache des Ministers anläßlich der Gründung des Instituts für Arbeiterbildung in Recklinghausen am 30. April 1980, S. 4, in: LAV NRW (Abteilung Rheinland, Duisburg) NW 935 Nr. 11 Bd. 11.

37 Vgl. Jan Kellershohn, Die Politik der Anpassung. Arbeitswelt und Berufsbildung im Ruhrgebiet 1950–1980, Wien/Köln 2022.

38 Prof. Dr. A. H. Noll, Universität Hannover, Fachbereich Erziehungswissenschaften, Konzeption eines Instituts für Arbeiterbildung, 5. September 1979, S. 1, in: AdsD 5/IGMA200572.

ausreichend finanziellen Mitteln ausgestattete öffentliche Infrastrukturen den ‚Arbeitern'.

9.1.2 Das FIAB zwischen Verwissenschaftlichung des Sozialen und Sozialisierung der Wissenschaft

Die Auseinandersetzungen zwischen den Hauptträgern des FIAB um eine Sozialisierung der Wissenschaft spielten sich auf verschiedenen Ebenen ab. Es betraf die Stellung des Instituts gegenüber der Universität, die Berufung des Direktors, die Eingruppierung der Mitarbeitenden und schließlich auch die Durchführung konkreter Forschungsprojekte.

Die Stellung des Instituts

Die Befürchtung von Hans Preiss, die Landesregierung könne Entscheidungen treffen, die den Interessen der Kooperationspartner IG Metall und RUB widersprachen, bewahrheitete sich früh. Die Landesregierung hatte sich nämlich darauf festgelegt, das FIAB als „ein Institut der Universität" zu etablieren[39]. Auf der einen Seite führte sie dafür pragmatische Gründe ins Feld, etwa die Notwendigkeit, durch Rückgriff auf bewährte Strukturen rasch alle Voraussetzungen zu schaffen, um das Vorhaben noch ins Ruhrgebietsprogramm integrieren zu können. Überdies sei die institutionelle Inkorporation des FIAB in die RUB angezeigt, da der Weiterbildung auch langfristig eine große Bedeutung als Forschungsschwerpunkt der Universität zugeschrieben wurde[40]. Und schließlich wollte Reimut Jochimsen sicherstellen, dass das Institut „wissenschaftlich – zumindest in den ersten Jahren – nicht isoliert arbeite"[41]. Zweifellos hätte die vollständige Eingliederung des FIAB den großen Vorteil einer dauerhaft gesicherten Finanzierung geboten. Denn das Ruhrgebietsprogramm stellte nur für die ersten Jahre die notwendigen Mittel bereit, sodass die Frage der Anschlussfinanzierung schon bald präsent war[42], zumal das Land ab 1980

39 Dr. Scheven, Abteilungsleiter III, Herrn Minister über Herrn Staatssekretär, Betr.: Errichtung eines Instituts für Arbeiterbildung, 12. September 1979, S. 5 (H. i. O.), in: LAV NRW (Abteilung Rheinland, Duisburg) NW 461–71.

40 Ibid., S. 3.

41 Abteilungsleiter III, Dr. Scheven, Vermerk, Betr.: Besprechung mit Oberbürgermeister Wolfram, Recklinghausen am 24.9.1979, 28. September 1979, S. 1 f., in: LAV NRW (Abteilung Rheinland, Duisburg) NW 461–71.

42 R. J. [Reimut Jochimsen] an Adolf Schmidt MdB, Vorsitzender der Industriegewerkschaft Bergbau und Energie, 23. April 1980, Anlage: 1. Vermerk: Betr.: Institut für Arbeiterbildung; hier: Besprechung am 13.2.1980, S. 9, in: LAV NRW (Abteilung Rheinland, Duisburg) NW 461–71.

einen Sparkurs einschlug[43]. Auf der anderen Seite kam aber auch ein grundsätzliches Argument zum Tragen: „Ein Hochschulinstitut ist vermutlich besser geeignet, den Vorwurf ideologischer Bindungen bei der Forschungsarbeit abzuwehren und eine breitere Verwertung von künftigen Forschungsergebnissen zu gewährleisten."[44] Auch der Regierung war offensichtlich bewusst, dass ein Institut für Arbeiterbildung in besonderem Maße dem Vorwurf einer interessengeleiteten Korrumpierung der Wissenschaft ausgesetzt sein würde.

Dieser Gedanke war auch für die Vertreter der RUB entscheidend, doch führte er sie zur strikten Ablehnung des Regierungsvorschlags. Mittelfristig waren sie zwar an einer Anbindung des FIAB als „An-Institut" ihrer Universität interessiert, doch stellten sie es zunächst unter einen Bewährungsvorbehalt, denn es sollte „von seiner Qualität her einen guten Ruf erwerben"[45]. Das Rektorat sicherte sich damit nicht nur gegen externe Kritik ab, vielmehr musste es starke Vorbehalte innerhalb der eigenen Reihen moderieren. So war bereits die Errichtung des Instituts zur Geschichte der Arbeiterbewegung auf entschiedenen „Widerstand der technisch-naturwissenschaftlichen Bereiche" gestoßen, für eine weitere Institutsgründung „mit Schwergewicht auf Arbeitnehmerfragen" sah das Rektorat keine Mehrheit in den universitären Gremien[46]. Ein solcher Vorstoß drohte gar die Kooperation mit der IG Metall insgesamt zu gefährden. Selbst Knut Ipsen, der als Rektor der RUB von 1979 bis 1989 das FIAB mitprägen sollte, positionierte sich als ein entschiedener Gegner des Regierungsvorschlags:

> Er macht geltend, entweder werde die Gewerkschaft keinen bestimmenden Einfluß auf das Institut gewinnen – dann sei das Institut für die Gewerkschaft uninteressant – oder der Gewerkschaft werde ein inhaltlicher Einfluß auf das Institut eingeräumt – dann sei dies als eine Art Fremdbestimmung für die Universität nicht akzeptabel und hochschulrechtlich unzulässig.[47]

Mit dieser Einschätzung lag Ipsen nicht falsch, denn tatsächlich erklärte auch die IG Metall, kein Interesse am FIAB zu haben, sollte es vollständig in die Universität integriert werden[48].

43 Vgl. Führer, Gewerkschaftsmacht, S. 540.
44 Dr. Scheven, Errichtung eines Instituts für Arbeiterbildung, 12. September 1979, S. 4.
45 Anlage: 1. Vermerk: Betr.: Institut für Arbeiterbildung; hier: Besprechung am 13.2.1980, S. 3.
46 Dr. Scheven, Errichtung eines Instituts für Arbeiterbildung, 12. September 1979, S. 2 f.
47 Ibid., S. 3.
48 Vgl. ibid., S. 2.

Letztlich setzten sich IG Metall und RUB mit ihrer Position durch. Das Institut wurde in die freie Trägerschaft eines Vereins gegeben[49], an dem sich neben den drei Partnern noch weitere Institutionen beteiligten. Ironischerweise befand sich das FIAB nun in einer Position des Dazwischen, aus der es sich durch den Erwerb wissenschaftlichen Kapitals befreien sollte – es hatte das Schicksal der ‚Arbeiter' nun gleichsam institutionalisiert. Zugleich erinnert dieses Modell an die Produktion der Arbeiterfilme, denn auch hier verzichteten die Sendeanstalten in der Regel darauf, die Filme in Eigenregie zu realisieren. Auch entsprach die gefundene Lösung tatsächlich dem Geist des Kooperationsabkommens[50], denn es ermöglichte beiden Partnern gleichberechtigte Mitsprache auf neutralem Grund. Einen Haken hatte die Sache jedoch. Es war keine Dauerlösung, da die formale Anbindung des FIAB an die RUB in Form eines An-Instituts schon mittelfristig vorgesehen war. Auch das Kabinett hatte sich am 11. September 1979 zu diesem Ziel bekannt[51]. Ende 1986 stimmte der Senat der RUB der Eingliederung des FIAB zu[52]. Dies bedeutete aber, dass das Grunddilemma zwischen Wissenschaftsfreiheit und Anspruch auf Mitbestimmung früher oder später wieder akut werden musste.

Die Berufung eines Institutsdirektors

Tatsächlich entbrannten bald Grabenkämpfe um die Besetzung des Direktorenpostens. Eigentlich hatte Lothar Pinkall, ein führender Mitarbeiter der Bildungsabteilung der IG Metall, die Devise ausgegeben, der Kandidat müsse über die „doppelte Akzeptanz" von Gewerkschaft und Universität verfügen[53]. Das hatte seinen Vorgesetzten Hans Preiss nicht davon abgehalten, schon im Februar 1980 persönlich beim Wissenschaftsminister zu antichambrieren:

> Für die wissenschaftliche Leitung möchten wir Dir – und zunächst nur Dir! – einen IG Metall-Kollegen vorschlagen, der, wie wir meinen, alle Voraussetzungen für diese Funktion mitbringt. Es ist der Kollege Kurt Johannson […].[54]

---

49 Zur entsprechenden Forderung vgl. Becker, III B 1 – 6222/031, Herrn Minister a.d.D. vorgelegt, Betr.: Institut für Arbeiterbildung; hier: Gespräch mit Oberbürgermeister Wolfram, Stadt Recklinghausen, am 24.9.1979, 21. September 1979, S. 2f., in: LAV NRW (Abteilung Rheinland, Duisburg) NW 461–71.

50 Vgl. ibid.

51 Dr. Scheven, Errichtung eines Instituts für Arbeiterbildung, 12. September 1979, S. 6.

52 Vgl. Forschungsinstitut für Arbeiterbildung e. V., Protokoll über die 12. Vorstandssitzung, 14. November 1986, S. 1, in: RUB-Archiv R03 Nr. 97.

53 Anlage: 1. Vermerk: Betr.: Institut für Arbeiterbildung; hier: Besprechung am 13.2.1980, S. 4.

54 Hans Preiss an Herrn Minister Prof. Dr. Reimut Jochimsen, 11. Februar 1980, in: AdsD 5/IGMA200572.

Auf Seiten der Universität waren es der Rektor Knut Ipsen und der Theologe Günter Brakelmann, die Ansprüche formulierten. Sie bestanden, explizit unter Verweis auf die zukünftige Angliederung des FIAB an die RUB, darauf, dass das „Kriterium für Stellenbesetzungen das eines der Hochschule vergleichbaren wissenschaftlichen Standards sein muß"[55]. Ipsen versuchte den Vorstoß der IG Metall zu kontern, indem er seinerseits Fakten schaffen wollte. Er trug Brakelmann kurzerhand die „kommissarische Leitung" des Instituts an, das zu diesem Zeitpunkt lediglich auf dem Papier existierte[56]. Ende 1980 legten beide Parteien dann die Karten auf den Tisch. Handschriftlich hielt wahrscheinlich Hans Preiss die wesentlichen Punkte seines Telefonats mit Günter Brakelmann fest: „Rektor spielt nicht mit (will vorher informiert werden)." Weiter: „Rektor kein Vertrauen in K. J. wegen mangelnder wissenschaftlicher Qualifikation". Und schließlich: „B. sieht handfesten Konflikt bei der Koop. Uni/IGM auf uns zu kommen [sic!]."[57]

Aus rein akademischer Sicht war die Kritik an Kurt Johannson nachvollziehbar. Ohne Promotion war er als Diplom-Soziologe im universitären Mittelbau zu verorten. Diesen Status hatte er zudem über den zweiten Bildungsweg erreicht, was sein Prestige zwar unter Gewerkschaftern, aber nicht unbedingt auch unter Akademikern zu steigern vermochte. Noch dazu hatte er sich in der Auseinandersetzung um die Weiterbildung von Betriebsräten mit mehreren Publikationen exponiert[58]. Politisch war er in diesem Sinne vorbelastet. Andererseits hatte Johannson im Rahmen seiner gewerkschaftlichen Arbeit immer wieder projektbezogen mit Wissenschaftlern kooperiert[59] und die wissenschaftliche Begleituntersuchung des Sprockhöveler Modellseminars verantwortet[60]. Dennoch stand er auch in der Bildungsabteilung der IG Metall nicht in der ersten Reihe. Da die meisten der übrigen zehn Bewerberinnen und Bewerber für den Posten des FIAB-Direktors in akademischer Hinsicht qualifizierter waren[61], musste die IG Metall auf eine Relativierung der Validität wissenschaftlicher Kriterien hinwirken. Hier kam ihr nun der ‚Arbeiter' zupass. In einer internen „Argu-Kette" für das Gespräch mit dem RUB-Rektor hieß es: „Die bekannte ‚Bildungsferne' der Industriearbeiter ist zugleich geprägt von

55 Ruhr-Universität Bochum, Der Rektor, Protokollauszug der 21./VI. Rektoratssitzung vom 28. April 1980, in: RUB-Archiv R03 Nr. 93.

56 Vgl. Günter Brakelmann an Hans Preiss, 31. Oktober 1980, S. 1, in: AdsD 5/IGMA200572.

57 O. V. [Hans Preiss?], Handschriftliche Notiz, o. D. [Ende 1980], in: AdsD 5/IGMA200572.

58 Vgl. Kurt Johannson, Anpassung als Prinzip, in: GMH 28–5 (1977), S. 302–309.

59 Vgl. Kurt Johannson an A. Benschop, Universiteit van Amsterdam, 16. Mai 1977, in: AdsD 5/IGMA200179. Er wurde auch immer wieder von Hochschulen als Referent angefragt. Vgl. etwa: Dr. Horst W. Hartwich, Leiter des Universitäts-Aussenamtes, Freie Universität Berlin, an Kurt Johannson, 10. Mai 1979, in: AdsD 5/IGMA200044.

60 Vgl. Tabelle mit Bewerbern, o. D., [S. 6], in: AdsD 5/IGMA200572.

61 Vgl. ibid.

einem starken Mißtrauen gegenüber akademischer u. intellektueller Besser-Wisserei". Auch sei die Tatsache, dass die Arbeiterbildung vor allem von Gewerkschaften getragen werde, stärker zu gewichten. „Das bedeutet: Der Leiter des Instituts muß vor allem akzeptiert werden auf der Ebene der Zielgruppen"[62]. Bedenkt man die propagierten Verständigungsschwierigkeiten zwischen Gewerkschaften und Hochschulen, waren diese Argumente durchaus angemessen. Kurt Johannson befand sich sicherlich nicht im Zentrum des wissenschaftlichen Feldes, doch gerade seine periphere Position qualifizierte ihn als Übersetzer, weil er in der Peripherie naturgemäß in einem Überschneidungsbereich agierte.

Zur Entscheidung sollte es am 2. Dezember 1980 kommen. Noch einen Tag zuvor hatte das Rektorat seine eigene Verhandlungsposition durch die Forderung nach einer Neuausschreibung der Stelle gestärkt[63]. Der Showdown blieb aber aus. Einen Tag später einigten sich die Kontrahenten auf eine salomonische Lösung: Sie änderten schlicht die Satzung, um die Leitung des FIAB „zwei gleichberechtigten Institutsdirektoren" anvertrauen zu können[64]. Im Januar 1981 wurden Kurt Johannson und Günter Brakelmann einstimmig als Institutsdirektoren gewählt[65]. Die IG Metall hatte ihren Kandidaten zwar durchgesetzt, doch in ihrem Sinne sozialisiert hatte sie die Wissenschaft damit nicht. Vielmehr war Johannsons Stellung von Beginn an geschwächt, nachdem ihm die RUB-Vertreter die Ebenbürtigkeit abgesprochen hatten. Die Hürden für einen Außenseiter, sich mithilfe der Ressource ‚Arbeiter' zu etablieren, waren im Wissenschaftsbetrieb deutlich höher als in der Filmbranche. Hinzu kam ein weiterer Faktor: Die Satzung des Trägervereins räumte dem Vorstand, dessen Vorsitzenden und stellvertretenden Vorsitzenden Universität und Gewerkschaft immer im zweijährigen Wechsel stellten, viel Macht ein[66]. Im Endeffekt, so hatten die beiden Geschichtsprofessoren Hans Mommsen und Dietmar Petzina schon im Vorfeld auf einer Sitzung des RUB/IGM-Kuratoriums kritisiert, könne der FIAB-Direktor „mit seiner geringen Kompetenz kaum die for-

62 O. V., Handschriftliche Notiz, o. D. [1980], S. 2, 1 (H. i. O.), in: AdsD 5/IGMA200572.

63 Ruhr-Universität Bochum, Der Rektor, Protokollauszug der 40./VI. Rektoratssitzung vom 1. Dezember 1980, S. 2, in: RUB-Archiv R03 Nr. 93.

64 Ruhr-Universität Bochum, Der Rektor, Protokollauszug der 42./VI. Rektoratssitzung vom 15. Dezember 1980, in: RUB-Archiv R03 Nr. 93. Zur Debatte um die Besetzung und Ausgestaltung der Institutsdirektion vgl. FIAB e. V., Protokoll über die erste Vorstandssitzung, 2. Dezember 1980, S. 3, in: RUB-Archiv R03 Nr. 94. Zur Satzungsänderung vgl. FIAB e. V., Protokoll über die zweite Vorstandssitzung, 27. Januar 1981, S. 1, in: RUB-Archiv R03 Nr. 94.

65 Lothar Pinkall an Hans Preiss, 28. Januar 1981, in: AdsD 5/IGMA200572.

66 Vgl. Satzung Forschungsinstitut für Arbeiterbildung e. V., 30. April 1980, § 8 Ziffer 2, § 9 Ziffer 1, in: RUB-Archiv R03 Nr. 94.

schungsmotivierenden Perspektiven für das Institut entwickeln"[67]. Diese Schwächung ihres Mannes nahm die IG Metall jedoch in Kauf, ging es doch um die satzungsrechtliche Absicherung ihres eigenen Einflusses.

In welch konventionellen Bahnen sich die Organisationsstruktur des FIAB bewegte, verdeutlicht ein Vergleich mit den konzeptionellen Überlegungen, die Adolf Noll angestellt hatte. Um die dem Institut von ihm zugedachten Aufgaben erfüllen zu können, hielt Noll eine Orientierung „an den gesicherten Erfahrungen der qualifizierten Mitbestimmung" für unerlässlich. Er schlug daher eine „kollektive Arbeitsorganisation" vor, „in der z. B. Wissenschaft, Verwaltung und Personal durch je einen Vertreter in der kollektiven Leitung des Instituts repräsentiert sind."[68] Zumindest die wissenschaftlichen Mitarbeiter dürften tatsächlich über eine vergleichsweise starke Position verfügt haben, wenn auch dies nicht so vorgesehen war. Denn Brakelmann hatte der IG Metall mit Blick auf Kurt Johannsons Berufung im Vertrauen mitgeteilt: „Ich könnte mir denken, daß eine hochqualifizierte Mitarbeiterschaft einige Bedenken von seiten der Universität relativiert."[69] Bei der Auswahl der übrigen vier festangestellten wissenschaftlichen Mitarbeiterinnen und Mitarbeiter wurde auf formale wissenschaftliche Qualifikation geachtet. Drei von ihnen konnten nicht nur einen Doktortitel vorweisen, sondern warben damit, kurz vor dem Abschluss des jeweiligen Habilitationsprojekts zu stehen[70]. 1988 schloss Kurt Johannson diese Qualifikationslücke dank seiner an der Universität Bremen eingereichten Doktorarbeit über das Sprockhöveler Modellprojekt[71]. Dies deutet darauf hin, dass mit der Zeit das Pendel immer stärker in Richtung einer Verwissenschaftlichung des Sozialen ausgeschlagen war.

Die Eingruppierung der Mitarbeiterinnen und Mitarbeiter

Aus Sicht der Vertreter der Wissenschaft gelang Kurt Johannson mit seiner Berufung zum FIAB-Direktor womöglich ein gesellschaftlicher Aufstieg. Die Ironie der Geschichte war aber, dass es sich für ihn finanziell nicht auszahlte. Im Gegenteil. Kaum im Amt, musste sich Johannson mit der Bitte um eine Gehaltszulage an Hans

67 Weigmann an die Herren Mitglieder des Kuratoriums RUB/IGM, 23. Juni 1980, Anlage: Protokoll 9. Sitzung des Kuratoriums, S. 4, in: AdsD 5/IGMA 200504.

68 Noll, Konzeption eines Instituts für Arbeiterbildung, S. 5.

69 Brakelmann an Hans Preiss, 31. Oktober 1980, S. 2.

70 Vgl. H.-H. Weigmann an das Dezernat für Personalangelegenheiten z. Hd. Herrn RAR Volmer, 10. Juni 1981, samt der Anlagen zur Eingruppierung, in: RUB-Archiv R03 Nr. 93.

71 Vgl. Kurt Johannson, Interessenvertretung im Lernprozess. Das „Sprockhöveler Modellseminar". Möglichkeiten und Grenzen konzeptioneller Planung von Lernprozessen in der gewerkschaftlichen Bildungsarbeit, Köln 1990.

Preiss wenden, um keine finanziellen Nachteile aus seinem Wechsel zu erleiden[72]. Hans Preiss trug diese Bitte Reimut Jochimsen vor, wobei er den Fehlbetrag auf immerhin 500 DM pro Monat bezifferte[73]. Dieses Problem betraf jedoch nicht nur Johannson, denn auch die wissenschaftlichen Mitarbeiter sollten von ihrer Zusatzqualifikation – Erfahrungen in der Arbeiterbildung waren auch für sie ein Einstellungskriterium gewesen[74] – materiell profitieren.

Die folgenden Verhandlungen mit dem Ministerium zogen sich über ein Jahr hin. Nach anfänglich positiven Signalen[75] erfolgte im September 1981 die Ernüchterung. Gegenüber dem neuen Wissenschaftsminister Hans Schwier beschwerten sich Knut Ipsen und Hans Preiss daraufhin, „daß die besondere Situation und Bedeutung dieses Institutes in Ihrem Hause nicht erkannt wird, denn allzu sehr wird dort die Vergleichbarkeit mit anderen wissenschaftlichen Einrichtungen gesucht." Stattdessen forderten sie vergeblich, „andere Maßstäbe anzulegen, wobei Bedingungen der Gewerkschaften ebenso heranzuziehen sind wie solche des Wissenschaftsbetriebes."[76]

Hatte sich das FIAB in der Gründungsphase noch der Unterstützung der Landesregierung gewiss sein können, so begannen in der Implementierungsphase bürokratische Mechanismen zu greifen[77], wobei sich auch der Wechsel an der Ministeriumsspitze bemerkbar machte[78]. Und eine Sozialisierung der Wissenschaft im Sinne einer Anerkennung gewerkschaftlicher Qualifikationen war in den einschlägigen Paragraphen schlicht nicht vorgesehen. Überdies weigerte sich das Ministerium schließlich auch, sich auf „eine ‚sinngemäße' Anwendung" einzulassen. Für das FIAB-Personal bedeutete dies nicht nur eine Abgruppierung, sondern es musste auch bereits erhaltene Gehaltsbestandteile wieder zurückerstatten[79]. Nicht alle ließen sich das gefallen, neben einer Kündigung stand Kurt Johannson eine weitere Herausforderung ins Haus, „die in unmittelbarem Zusammenhang mit den Problemen der Eingruppierung steht: die Wahl eines Betriebsobmannes (-frau) ist

72 Vgl. Kurt Johannson an Hans Preiss, 16. Februar 1981, S. 1, in: AdsD 5/IGMA200572.
73 Hans Preiss an den Minister für Wissenschaft und Forschung des Landes NRW, Herrn Hans Schwier, 23. Februar 1981, in: AdsD 5/IGMA200572.
74 Vgl. o. V., Die Mitarbeiter des Forschungsinstituts für Arbeiterbildung, in: BIK 1 (1982), S. 8–10.
75 Vgl. Kurt Johannson, Protokoll über die Besprechung mit Prof. Ipsen am 19.06.81 im Wissenschaftsministerium in Düsseldorf, 27.05. [sic!] 81, S. 1–3 sowie ders. an Hans Preiss, 3. Juni 1981, S. 1, beide in: AdsD 5/IGMA200572.
76 Forschungsinstitut für Arbeiterbildung e. V., Prof. Dr. Knut Ipsen und Hans Preiss, an Hans Schwier, Minister für Wissenschaft und Forschung, September 1981, Entwurf, S. 3, in: RUB-Archiv R03 Nr. 95.
77 Vgl. Kurt Johannson an Hans Preiss, 23. Oktober 1981, in: AdsD 5/IGMA200571.
78 Vgl. ders. an Hans Preiss, 4. Juni 1982, S. 2, in: AdsD 5/IGMA200570.
79 Ders. an Hans Preiss, 20. April 1982, S. 1, in: AdsD 5/IGMA200571.

eingeleitet."[80] Auch wenn er als Gewerkschafter dagegen kaum etwas einwenden konnte, kam es doch einem Misstrauensvotum gleich. Den Mitarbeitern, die alle viel stärker im wissenschaftlichen als im gewerkschaftlichen Feld verankert waren, bot sich dank der betrieblichen Mitbestimmung nun die Möglichkeit, den Einfluss des Gewerkschafters auf die Wissenschaft einzuschränken. Bei der Frage der Eingruppierung war die Sozialisierung der Wissenschaft folglich auf ganzer Linie gescheitert.

Forschungsthemen

Die Frage, ob die IG Metall die Wissenschaft in ihrem Sinne zu sozialisieren vermochte, entschied sich letztlich in der autonomen Setzung von Forschungsthemen. Das FIAB bot hierfür gute Ansätze, wie Günter Brakelmann feststellte: „Angesichts der üblichen Interessenbindungen im bundesdeutschen Forschungsbetrieb, die den unternehmerischen Erwartungen weit mehr Geltung verschaffen als gewerkschaftliche Fragestellungen, stellt das ‚Forschungsinstitut für Arbeiterbildung' eine Neuheit dar."[81] Selbst das Wissenschaftsministerium hatte 1979, also noch unter der Leitung von Reimut Jochimsen, anerkannt, dass Arbeiterbildung „wesentlich politische Bildung" ist. Schon damals nahm der Ministeriumsmitarbeiter jedoch an „Formulierungen wie ‚Wissenschaft im Arbeiterinteresse', ‚wissenschaftliches Wissen im Interesse der Arbeitnehmer auswerten'" Anstoß, da er Vorwürfe von Seiten der Unternehmen befürchtete[82]. Im Landtag war der Beschluss zur Gründung des FIAB dann aber einstimmig gefallen[83], was dem Institut einen gewissen Spielraum verlieh. Wichtiger war vielleicht noch, dass der Vorstand, der über den Forschungsplan zu entscheiden hatte, gegnerfrei war. Neben dem Institutsdirektor, der IG Metall und der RUB waren dort in den ersten Jahren das Land, die Stadt Recklinghausen und der DGB-Landesbezirk Nordrhein-Westfalen vertreten – aber keine Unternehmer oder Arbeitgeberverbände[84]. Letzteres wollte der Wis-

80 Ders., Bericht der Institutsdirektion [zur Vorstandssitzung am 30.4.1982], S. 6, in: AdsD 5/IGMA200570.

81 Günter Brakelmann, Hans Preiss an den Vorsitzenden der Hans-Böckler-Stiftung, Heinz-Oskar [sic!] Vetter, 27. Januar 1981, S. 1, in: AdsD 5/IGMA200572.

82 Kreiterling, II C – 109 – 179, Vermerk, Betr.: Schaffung eines „Instituts für Arbeiterbildung" an der Ruhr-Universität Bochum, Bezug: Schreiben III B 1 vom 23.5.79 und Besprechung mit RD Feldhaus am 8.6.79, 8. Juni 1979, S. 1, 3, in: LAV NRW (Abteilung Rheinland, Duisburg) NW 461–71.

83 Vgl. Eugen Loderer an die Mitglieder des Kuratoriums Ruhr-Universität Bochum / IG Metall, 12. November 1980, Anlage 1: Protokoll der Gründungsversammlung zur Bildung des Trägervereins „Forschungsinstitut Arbeiterbildung e. V.", S. 6, in: AdsD 5/IGMA200504.

84 Vgl. Satzung, 30. April 1980, § 8 Ziffer 1 a, § 9 Ziffer 1 b.

senschaftsminister laut einer Protokollnotiz jedoch nur „für eine Zeit von etwa 5–6 Jahre[n] hin[nehmen]", danach „müsse offen darüber nachgedacht werden"[85].

Die Probe aufs Exempel, in welchem Umfang die Gewerkschaften „Arbeitnehmerinteressen" in die Forschung einbringen konnten, machte die IG Metall 1983/4. Als Flankierung ihres Kampfes um die 35-Stunden-Woche hatte sie das FIAB beauftragt, eine Umfrageaktion unter den Beschäftigten der Metallindustrie wissenschaftlich zu begleiten[86]. Laut dem Forschungsbericht des FIAB sollte die Umfrage „zur Vorbereitung der Auseinandersetzung um die Arbeitszeitverkürzung einen Beitrag [...] leisten" und diente somit „vor allem dem Zweck [...], die Gewerkschaftsmitglieder für eine gewerkschaftliche Forderung zu aktivieren."[87] Mit diesem Vorhaben bewegte sich das FIAB im Rahmen, den der Trägerverein in Form einer „Aufgabenbeschreibung" unmittelbar nach seiner Gründung abgesteckt hatte. Nicht als „ein", sondern als „das Ziel" definierte der Verein, „die individuelle und kollektive Partizipationsfähigkeit der Arbeiter an den politischen Entscheidungs- und Willensbildungsprozessen in der Gesellschaft zu stärken."[88] Das ausschließlich mit Wissenschaftlern besetzte Kuratorium des FIAB erhob keine Einwände, ein Mitglied lobte gar den „immanente[n] Interessenbezug" und die „Parteinahme" des Vorhabens[89]. Wenn Knut Ipsen nun versicherte, nichts gegen die Behandlung politisch umstrittener Fragen zu haben, das Projekt aber wegen seiner mangelhaften „Wissenschaftlichkeit" angriff[90], so lief seine Kritik letztlich ins Leere. Wie Kurt Johannson in der Institutszeitschrift dargelegt hatte, zielte das Projekt auf „Massenbildung" ab, die Umfrage selbst war Mittel zum Zweck und diente „erst in zweiter Linie der Ermittlung von Einstellungshäufigkeiten."[91] Auf entschiedenen Widerstand stieß die geplante Umfrage jedoch im Ministerium. Von dort kam der Bescheid:

> Da bei dem Projekt die Aktivierung der Gewerkschaftsmitglieder für eine gewerkschaftliche Forderung im Vordergrund stehe, die in den Bereich der Tarifautonomie falle, sei – ohne

85 Anlage: 1. Vermerk: Betr.: Institut für Arbeiterbildung; hier: Besprechung am 13.2.1980, S. 7.

86 Forschungsinstitut für Arbeiterbildung e. V., Protokoll über die sechste Vorstandssitzung, 29. April 1983, S. 3, in: RUB-Archiv R03 Nr. 94.

87 Forschungsinstitut für Arbeiterbildung, Forschungsbericht 1983, Oktober 1983, S. 20, in: RUB-Archiv R03 Nr. 94.

88 Forschungsinstitut für Arbeiterbildung, Aufgabenbeschreibung, S. 1, o. D. [1980], in: RUB-Archiv R03 Nr. 94.

89 Kuratorium des Forschungsinstitutes für Arbeiterbildung, Protokoll der 2. Sitzung des Kuratoriums am 01.02.1984, S. 3–5 (Zitate auf S. 4), in: RUB-Archiv R03 Nr. 97.

90 Forschungsinstitut für Arbeiterbildung e. V., Protokoll über die siebte Vorstandssitzung, 9. Dezember 1983, S. 3 f., in: RUB-Archiv R03 Nr. 94.

91 Kurt Johannson, Technologischer Wandel und Arbeiterbildung, in: BIK 3 (1983), S. 1–13, hier S. 11.

> Rücksicht auf die politische Beurteilung – Zurückhaltung des Staates geboten. Deswegen sei es untunlich, daß ein Institut, das zu 80 % aus staatlichen Mitteln gefördert werde, ein solches Vorhaben in seinen Forschungsplan aufnehme und zu einem Teil mitfinanziere. Schon der Anschein einer staatlichen Parteinahme für eine der Tarifautonomie unterliegende Forderung sei zu vermeiden.[92]

Interessanterweise griff die Universität diese Vorlage nicht auf. Im Gegenteil, sie sprang für die IG Metall in die Bresche, wenn auch nicht unbedingt mit den richtigen Argumenten. Denn Günter Brakelmann verwies lediglich darauf, dass am Projekt kein FIAB-Mitarbeiter „unmittelbar" beteiligt sei[93]. Damit war nicht die Validität des vom Ministerium vorgetragenen Arguments bestritten, sondern nur dessen Relevanz im vorliegenden Fall. Auch fand die Auswertung der Umfrage in den geographisch weit entfernten Räumen der IG Metall in Frankfurt statt, doch fungierte Kurt Johannson gleichzeitig als „Leiter der Projektgruppe und des Forschungsinstituts für Arbeiterbildung", wie in einem Artikel in der Frankfurter Rundschau zu lesen war. Immerhin ließ sich Johannson dort mit den Worten zitieren, nur vier Betriebe hätten die Umfrageaktion untersagt, was man als Beleg für die Wissenschaftlichkeit des Projekts deuten konnte. Dieser Interpretation schob die Autorin mit einer rhetorischen Frage, die auf die „Brisanz" der Umfrage abzielte, allerdings gleich wieder einen Riegel vor[94]. Eine andere Verteidigungsstrategie gegen den Vorbehalt des Ministeriums hatte der Vertreter der Stadt Recklinghausen gewählt. Laut Protokoll problematisierte er die Neutralitätsbehauptung des Staates: „Eine derartige Definition der Rolle des Staates müsse im Bereich von Kultur und Wissenschaft verhängnisvoll sein, da sie deren Freiheit – als Konsequenz staatlicher Finanzierung – völlig in Frage stelle."[95] In die gleiche Kerbe schlug Hans Preiss in einem Schreiben an das Ministerium:

> Wie Sie den Unterlagen der Gründungsphase des Forschungsinstituts für Arbeiterbildung e. V. entnehmen können, erfolgte die starke gewerkschaftliche Beteiligung gerade in der Hoffnung, daß hier eine Forschungseinrichtung entstehe, die jenseits aller Ideologie von der sogenannten Objektivität der Wissenschaft ihre Tätigkeit interessenorientiert und kooperativ gestaltet.

92 Der Minister für Wissenschaft und Forschung an den Geschäftsführenden Vorstand des Forschungsinstituts für Arbeiterbildung e. V. Herrn Hans Preiss, 12. April 1984, S. 2, in: RUB-Archiv R03 Nr. 97.

93 Forschungsinstitut für Arbeiterbildung e. V., Protokoll über die achte Vorstandssitzung, 13. April 1984, S. 7, in: RUB-Archiv R03 Nr. 97.

94 Jutta Roitsch, Nur in vier Firmen gab es ein Verbot, in: Frankfurter Rundschau, 2. Dezember 1983, o. S., in: RUB-Archiv R03 Nr. 94.

95 FIAB, Protokoll, 13. April 1984, S. 7.

> Nicht Neutralität war angezielt, sondern Parteinahme. In dieser Absicht waren wir uns mit dem Land NRW, vertreten durch seinen Wissenschaftsminister einig.[96]

Das Projekt wurde schließlich durchgeführt[97], die IG Metall konnte ihre Interessen wahren. Doch zeigte der Widerstand aus dem Ministerium, dass auch hier der ursprüngliche Konsens nicht mehr vorhanden war. Immerhin hatten sowohl die Kuratoriumsmitglieder als auch die Vertreter der RUB die Gewerkschaft unterstützt. Ohne diese Flankierung wäre ein Erfolg der IG Metall zweifelhaft gewesen. Hierbei dürften mehrere Punkte eine Rolle gespielt haben: Das FIAB befand sich zu diesem Zeitpunkt in freier Trägerschaft und war folglich institutionell noch nicht an die RUB gebunden. Dies aber sollte sich bald ändern, und dies konnte sich auf die Position des Rektors auswirken. In eben diesem Zusammenhang hatte Knut Ipsen beispielsweise den von Oskar Negt im Kuratorium verwendeten Begriff der „Parteilichkeit" kritisiert. Er wollte ihn durch den „weniger mißverständlich[en]" Ausdruck „Parteinahme" ersetzt wissen[98]. Seine Intervention war erfolgreich, denn wenige Wochen später griff auch Hans Preiss in seiner Antwort ans Ministerium auf ebendiesen Begriff zurück. Ein zweiter Grund, der für die Unterstützung des Umfrageprojekts durch die RUB in Betracht zu ziehen ist, betrifft die Wissenschaftsfreiheit. Es ging mithin darum, gemeinsam mit der IG Metall einen staatlichen Übergriff abzuwehren. Diese Koalition hatte sich bereits bei der Frage, ob das FIAB ein vollwertiges Universitätsinstitut werden solle, bewährt. Zum Dritten war die Arbeitszeitfrage damals die politische Hauptforderung der Gewerkschaft, sodass sich die RUB gerade in dieser Frage kaum gegen ihren Kooperationspartner stellen konnte. Schon 1982 hatte Hans Preiss bei einer Auseinandersetzung um die Finanzierung des FIAB gegenüber dem Vorstand die roten Linien der Gewerkschaft deutlich gemacht: „Wenn nun aber die administrativen Schwierigkeiten so groß werden, daß das Institut nicht mehr zum arbeiten [sic!] komme, dann solle man sich von diesem Institut verabschieden." Auch in diesem Zusammenhang hatte er explizit auf den klaren politischen Auftrag verwiesen, der dem FIAB mit seiner Gründung auf den Weg gegeben worden sei[99].

Die Sozialisierung der Wissenschaft war bei der Frage der Forschungsthemen zwar nicht gescheitert, doch ebenso wenig war sie gelungen. Die Unterstützung der

---

96 Hans Preiss an den Herrn Staatssekretär Dr. Konow, Minister für Wissenschaft und Forschung des Landes NRW, 15. Mai 1984, S. 1, in: RUB-Archiv R03 Nr. 97.

97 Forschungsinstitut für Arbeiterbildung, Forschungsbericht 1985/86, November 1985, S. 7–9, in: RUB-Archiv R03 Nr. 97.

98 Vgl. FIAB, Protokoll, 13. April 1984, S. 5 sowie Kuratorium FIAB, Protokoll, 1.2.1984, S. 4.

99 Forschungsinstitut für Arbeiterbildung e. V., Protokoll über die vierte Vorstandssitzung, 30. April 1982, S. 2, in: RUB-Archiv R03 Nr. 94.

IG Metall durch die RUB war bestenfalls halbherzig, während das Ministerium sich eindeutig gegen die Gewerkschaft positioniert hatte. Keine fünf Jahre nach Gründung des FIAB zeigte sich bereits, auf welch fragiler Grundlage die Forschung im Arbeiterinteresse eigentlich ruhte. Dies wurde nur dadurch übertüncht, dass das Gros der bearbeiteten Themen weit weniger kontrovers war. Ein späteres Arbeitsvorhaben, das unmittelbar den Interessen der IG Metall diente, drehte sich um die Organisationsarbeit im Angestelltenbereich[100]. Weil dieses Thema aber keine unmittelbare tarifpolitische Relevanz besaß und folglich die Interessen der Arbeitgeberseite nicht tangierte, taugte es nicht zum Politikum.

9.2 Das FIAB und die Entkernung der Arbeiterbildung

Spätestens Mitte der 1980er Jahre war klar, dass sich das FIAB als ein An-Institut der RUB den wissenschaftlichen Spielregeln unterwerfen musste. Seine Sonderstellung konnte es kaum mehr geltend machen, zumal 1987 auch das Wissenschaftsministerium aus dem Vorstand des Trägervereins ausschied[101]. Als nunmehr gewöhnliches geistes- und gesellschaftswissenschaftliches Institut geriet das FIAB gegen Ende der 1980er Jahre in den Sog der neuausgerichteten Wissenschaftspolitik, die auf eine Stärkung der MINT-Fächer abzielte. Als sich 1986 die Gründung des „Instituts Arbeit und Technik" abzeichnete, nahm dies der FIAB-Vorstand durchaus als Bedrohung für die eigene Fortexistenz wahr[102]. Als Reaktion darauf brachte Knut Ipsen eine grundlegende Neuausrichtung des FIAB ins Spiel. Laut Protokoll der Vorstandssitzung schwebte ihm für das FIAB „eine zentrale Funktion in der Formulierung von Forschungsfragestellungen, die für die Gewerkschaften relevant sind", vor. Er betonte, dass er dabei „nicht nur an den sozialwissenschaftlich-/geisteswissenschaftlichen Bereich, sondern auch an die Ingenieurswissenschaften denke."[103] Allerdings stieß er damit bei den Angestellten des FIAB auf Skepsis. So äußerte Bernd Faulenbach Zweifel an „eine[r] umfassende[n] Mittlerfunktion für gemeinsame Forschung", da die Personaldecke zu dünn sei. „Die zentrale Aufgabe

100 Vgl. Forschungsinstitut für Arbeiterbildung, Forschungsbericht 1987, Forschungsplan 1988, Oktober 1987, S. 6, in: RUB-Archiv R03 Nr. 97.

101 Vgl. Forschungsinstitut für Arbeiterbildung e. V., Protokoll über die 13. Vorstandssitzung, 10. April 1987, S. 8, in: RUB-Archiv R03 Nr. 97.

102 Vgl. Forschungsinstitut für Arbeiterbildung e. V., Protokoll über die 11. Vorstandssitzung, 11. April 1986, S. 5 f., in: RUB-Archiv R03 Nr. 97.

103 Forschungsinstitut für Arbeiterbildung e. V., Protokoll über die 14. Vorstandssitzung, 27. November 1987, S. 2 f., in: RUB-Archiv R03 Nr. 97.

des FIAB müsse doch wohl Forschungsarbeit sein, die einen Bezug zur Arbeiterbildung aufweise.“[104]

Diese Episode zeigt zweierlei: Offensichtlich maßen die Mitarbeiter der Ressource ‚Arbeiter‘ Mitte der 1980er Jahre noch ausreichend Potential zu, um weiterhin im Zentrum der Forschungstätigkeit zu stehen. Zugleich aber schien die Arbeiterbildung im FIAB bis dahin keine allzu festen Kerne ausgebildet zu haben. Die nur zu einem geringen Teil erfolgreiche Sozialisierung der Wissenschaft stand damit im Zusammenhang. Doch welche Faktoren lassen sich noch ausmachen?

9.2.1 ‚Arbeiter‘ und ‚Arbeiterbildung‘

Als sich der Trägerverein des FIAB gründete, ließ der Wissenschaftsminister laut Protokoll keine Zweifel daran aufkommen, welche Erwartungen er mit der neuen Einrichtung verband:

> Herr Professor Jochimsen macht deutlich, daß die Zielsetzung dieses Forschungsinstituts ausdrücklich auf Arbeiterbildung und nicht schlicht weg [sic!] auf Arbeitnehmerbildung abstelle. Damit solle bewußt angeknüpft werden an die Tradition und Geschichte der Arbeiterbewegung und die vielfältigen Initiativen in diesem Bereich. Auf diesem Hintergrund solle Arbeiterbildung nicht nur auf die Arbeiter selbst, sondern auch auf ihre Familienangehörigen und zwar auf jeweils allen Bildungsstufen abgestellt sein. Damit sei die für das Institut relevante Zielgruppe klar eingegrenzt. Der Auftrag des Institutes müsse demgegenüber nicht nur bezogen auf Bildung im engeren Sinne, sondern auch auf Sprachfähigkeit und Kultur, also weit gefächert aufgefaßt werden.[105]

In diesen Ausführungen schienen deutlich die Gedanken Oskar Negts auf. Negt war, wie in Kapitel 6.3.3 erwähnt, von der Prämisse ausgegangen, dass Arbeiter ganz spezifische und damit grundsätzlich andere Bildungsbedürfnisse als Beamte und Angestellte hätten, und auch er hatte die Sprache als konstitutiv für die Arbeiteridentität angesehen, was im Umkehrschluss bedeutete, dass die Sprache als Barriere zwischen der Arbeiterschaft und der übrigen Gesellschaft fungierte[106]. Wo Negt von Arbeiterbildung gesprochen hatte, meinte er ausdrücklich und ausschließlich Bildung für Arbeiter.

Auf den ersten Blick fallen auch bei Jochimsen die entscheidenden Stichworte: „ausdrücklich [...] Arbeiterbildung“, „nicht [...] Arbeitnehmerbildung“, „Arbeiter“. Tatsächlich aber erweiterte Jochimsen die Zielgruppe der Arbeiterbildung gleich

---

104 Ibid., S. 3.

105 Protokoll der Gründungsversammlung zur Bildung des Trägervereins, S. 4 f.

106 Vgl. Negt, Soziologische Phantasie, S. 45–58.

doppelt. Indem er ‚Arbeiterbildung' mit der „Tradition und Geschichte der Arbeiterbewegung" in Verbindung brachte, löste er sie von der Sozialgruppe der Arbeiterschaft und transformierte sie letztlich in ein historisch-kulturelles Archiv. Dies diente ihm als Begründung, Familienangehörige der Arbeiter unabhängig von ihrem Bildungsstand, im Extremfall also auch Akademiker und Unternehmer, in die Zielgruppe der Arbeiterbildung aufzunehmen. Diese Schlussfolgerung war weder zwingend noch unproblematisch. Der französische Soziologe Didier Eribon schilderte etwa, wie er als Bildungsaufsteiger die Sprache des Arbeitermilieus „verlernen" musste, um in den neuen Kreisen nicht aufzufallen. Auch wenn er bei seinen Besuchen in der Heimat allzu komplexe Ausdrücke vermied, sprach er doch nicht mehr die Sprache der Arbeiter – es handelte sich „nicht um Zweisprachigkeit im engeren Sinn"[107]. Solche Angehörigen hatte Jochimsen sicher nicht im Sinn, wohl eher Kinder und Ehefrauen, aber welchen Zweck er mit seiner unpräzisen Äußerung verfolgte, ließ er offen. Ohnehin hatte er schon im ersten Satz faktisch alle Arbeitnehmerinnen und Arbeitnehmer eingeschlossen. Denn der Einschub „nicht schlicht weg […] Arbeitnehmerbildung" bedeutete ja letztlich nichts anderes als „nicht nur Arbeitnehmerbildung" – aber eben auch. Jochimsen hatte also das Kunststück vollbracht, im Zuge seiner angeblich klaren Eingrenzung die Zielgruppe ohne Not und ohne stichhaltige Argumente völlig auszuweiten.

Inwiefern diese Erweiterung zur Verwässerung der Arbeiterbildung führen konnte, hing von der Konzeption des Instituts und seiner Arbeit ab. Adolf Noll hatte großen Wert darauf gelegt, das neue Institut in „einen engen Kontakt zur Arbeits- und Lebenswelt der Arbeiter und deren Organisation" zu bringen, um eine „prinzipielle Offenheit […] gegenüber den Arbeitern und ihren Interessen, Bedürfnissen und Hoffnungen" zu gewährleisten. Dies konnte seiner Meinung nach aber nur gelingen, wenn sich das FIAB „nach innen und außen nicht in der traditionellen Form universitärer Institute präsentier[te]."[108] Wie gezeigt, hatte sich Noll damit ebenso wenig durchsetzen können wie mit seinem ursprünglichen Vorschlag, den Schwerpunkt der neuen Einrichtung auf die Weiterbildung von Arbeitern zu legen – Noll hatte folgerichtig auch nicht von einem „Forschungsinstitut", sondern von einem „Institut für Arbeiterbildung" gesprochen. Die Vertreter der RUB, denen der Noll-Entwurf bekannt war, setzten einen anderen Akzent[109], wenn sie „die Forschung auf dem Gebiet der Bildung und Weiterbildung von Industriearbeitern"

---

107 Eribon, Rückkehr, S. 98 f.

108 Noll, Konzeption eines Instituts für Arbeiterbildung, S. 3, 5.

109 Feldhaus, MWF, III B 1 – 6221/031, Entwurf, Herrn Minister a. d. D. vorgelegt, Betr.: Errichtung eines Instituts für Arbeiterbildung (Ruhr-Universität Bochum), Bezug: Vorgesehene Besprechung mit Herrn Prof. Noll am 21. 8. 1979, 20. August 1979, S. 1–3, in: LAV NRW (Abteilung Rheinland, Duisburg) NW 461–71.

gleich als erste Aufgabe definierten[110]. Auch weil sich die „Konkurrenz zu Weiterbildungsinstitutionen“ auf diese Weise verhindern ließ, konnte die RUB mit ihrer Konzeption des FIAB als „Forschungsinstitut mit Servicefunktionen“ Landesregierung und IG Metall überzeugen[111]. Tatsächlich hatte die berufliche Weiterbildung seit den späten 1960er Jahren im Ruhrgebiet einen Ausbau erfahren. So waren etwa die kurzlebige „Gesellschaft zur Verbesserung der Beschäftigtenstruktur“ oder das auch heute noch bestehende „Berufsförderungszentrum Essen“ in dieser Zeit entstanden[112]. Mit der Entscheidung für ein Forschungsinstitut ging jedoch zwangsläufig eine Distanzierung zur Zielgruppe einher, welche der RUB-Entwurf zumindest punktuell überwinden wollte. Ganz ähnlich wie die Filmschaffenden, die zu Beginn der 1970er Jahre ihre Drehbücher gemeinsam mit ‚Arbeitern‘ verfasst hatten, setzte die RUB nun am Ende der Dekade auf die „konkrete Einbeziehung der Adressaten in die Planung und den Entwurf von Bildungsmaßnahmen“ im Rahmen einzelner Projekte[113].

Mit dem Spannungsfeld von Nähe und Distanz musste sich auch das wissenschaftliche Personal des FIAB auseinandersetzen. Das Ergebnis legten sie 1982 in Form eines programmatischen Aufsatzes vor. Zunächst arbeiteten sie darin ganz in der Tradition Oskar Negts die besondere Benachteiligung der Arbeiterschaft „in fast jeder Beziehung“ heraus und betonten die Notwendigkeit „eigener konzeptioneller Grundlagen und spezifischer Vorgehensweisen“ der Arbeiterbildung, ohne aber eine Begründung hierfür zu liefern. Umso überraschender stellten sie fest: „Didaktik und Methodik der Arbeiterbildung sind […] bisher nicht systematisch wissenschaftlich entwickelt worden. Über die Wirkung von Bildungsmaßnahmen ist im Grunde nichts bekannt.“ Konsequenterweise verwiesen die FIAB-Mitarbeiter auf die Notwendigkeit, überhaupt erst einmal „die soziale Lage und Bildungssituation von Arbeitern und Arbeiterfamilien zu untersuchen und Konzeptionen zu ihrer Veränderung zu entwickeln“, wobei sie die Zielgruppe „nach Geschlecht, Alter, Branchen, Betrieben, Qualifikationsmerkmalen, Wohnorten etc.“ aufschlüsseln wollten[114]. Ohne Zweifel hätte allein diese Aufgabe alle personellen Ressourcen des FIAB auf Jahre hinaus in Beschlag genommen, also unbestreitbar als ein Kern der Arbeiterbildungsforschung getaugt. Ob die Ergebnisse die Arbeiterbildung aber auf Dauer gesichert hätten, ist unsicher. Allein schon in der in Aussicht gestellten

---

110 RUB, Aufgaben, Struktur, Organisation, 25. Juni 1979, S. 2.

111 Vgl. Anlage: 1. Vermerk: Betr.: Institut für Arbeiterbildung; hier: Besprechung am 13. 2. 1980, S. 8.

112 Vgl. Kellershohn, Politik der Anpassung, S. 233 f.

113 RUB, Aufgaben, Struktur, Organisation, 25. Juni 1979, S. 3.

114 O. V., Aspekte der Forschungsarbeit, in: BIK 2 (1982), S. 2–14, hier S. 4 f., 7 f.

Ausdifferenzierung der Zielgruppe lag die Gefahr, am Ende die Arbeiterbildung komplett zu dekonstruieren.

Ohnehin relativierten auch die FIAB-Mitarbeiter die in den Forschungszielen aufscheinende Nähe zur Arbeiterschaft im Zuge der Operationalisierung ihres Ansatzes gleich mehrfach. Das Proprium der Arbeiterbildung sahen auch sie nicht in einer konkreten Personengruppe, sondern in der Methodologie der „arbeitnehmerorientierte[n] Wissenschaft"[115]. Noch deutlicher als Jochimsen betonten sie gleich zu Beginn ihres Textes, ‚Arbeiterbildung' nicht „als Beschränkung auf die Gruppe der Industriearbeiter zu verstehen"[116]. Stattdessen erlegte sich das FIAB-Team die Pflicht auf, die Forschung an den „Interessen der Arbeitnehmer und ihrer Organisationen" auszurichten, versehen mit dem Einschub, diese Interessen seien „freilich stets zu interpretieren[]"[117]. Hier zeichnete sich eine doppelte Distanzierung ab, denn nicht nur rangierten die Gewerkschaften gleichrangig neben den Arbeitnehmerinnen und Arbeitnehmern, sondern das FIAB beanspruchte für sich eine Übersetzerfunktion. Dies war aufgrund der Gründungsgeschichte und Konzeption des Instituts wenig überraschend, doch waren schon zu Beginn mehrere Fluchtpunkte angelegt, die über die Arbeiterschaft und die Arbeiterbildung hinauswiesen.

9.2.2 Drittmittelabhängigkeit

Durch die methodologische Festlegung auf die arbeitnehmerorientierte Wissenschaft hatte sich das FIAB auch inhaltlich Spielraum verschafft. Dies war umso wichtiger, als das Institut in hohem Maße von Drittmitteln abhängig war. 1984 belief sich der Grundhaushalt beispielsweise auf 700 000 DM, von dem das Land den Großteil bestritt. An Drittmitteln hatte das FIAB hingegen 1,39 Millionen DM eingeworben, aus denen es 14 der 24 Mitarbeitenden finanzierte[118]. Zwar war das FIAB explizit als ein „projektorientierte[s] Institut" konzipiert worden[119], doch die Grundausstattung wurde von den Beteiligten über all die Jahre hinweg als nicht ausreichend erachtet. Eine autonome Ausgestaltung der Forschungstätigkeit des FIAB erwies sich auf dieser Grundlage als nicht möglich. Schon Ende 1986 kritisierte

115 Ibid., S. 13. Dieses Konzept war im Umfeld der Gewerkschaften entwickelt worden. Vgl. Siegfried Katterle/Karl Krahn (Hrsg.), Wissenschaft und Arbeitnehmerinteressen, Köln 1980.

116 O. V., Aspekte der Forschungsarbeit, S. 3.

117 Ibid., S. 13.

118 Vgl. Kurt Johannson an Herrn Dr. Joel, Ministerium für Wissenschaft und Forschung, 31. Oktober 1984, S. 1 f., in: RUB-Archiv R03 Nr. 95.

119 RUB, Aufgaben, Struktur, Organisation, 25. Juni 1979, S. 2.

das Kuratorium das Missverhältnis zwischen intern und extern initiierten Projekten[120]. Auch der Ministeriumsvertreter sah aufgrund der vielen Drittmittelprojekte „die Grenzen der Kapazitäten des Institutes in seinem Kernbereich erreicht“[121]. Tatsächlich konnten nicht einmal alle der ursprünglich geplanten Arbeitsvorhaben umgesetzt werden[122]. Die Gewerkschaften nahmen dies hin, da sie nicht bereit waren, das FIAB mit eigenen Mitteln zu stärken. Die IG Metall steuerte etwa konstant 50 000 DM jährlich bei[123]. Als die IG Bergbau und Energie schließlich nach jahrelangen Querelen – sie hatte sich 1981 vor vollendete Tatsachen gestellt und folglich „keine Möglichkeit der Einflußnahme auf die Arbeit des Instituts“ gesehen[124] – Ende 1985 den Beitritt zum FIAB beschloss, legte sie ihren Mitgliedsbeitrag eigenmächtig auf magere 10 000 DM fest[125]. Das Zögern der Gewerkschaften wird verständlich, wenn man den Hinweis von Walter Haas, dem Vertreter des DGB-Landesbezirks Nordrhein-Westfalen im FIAB-Vorstand, in Betracht zieht, wonach der Anteil der Mitgliedsbeiträge am Grundhaushalt des FIAB vergleichsweise hoch war. Und doch bleibt festzuhalten, dass die Gewerkschaften für eine mögliche Sozialisierung der Wissenschaft nur geringe eigene Mittel aufzuwenden bereit waren.

Frauen statt Stadtteil

Ein Projekt, das frühzeitig eingestellt werden musste, war die „stadtteilnahe Arbeiterbildung“. Christa Cremer, die als Bearbeiterin vorgesehen war, wollte die „stadtteilnahe[n] Konzeptionen [...] zu tragfähigen Fundamenten der Arbeiterbildung weiterentwickeln“[126]. Tatsächlich barg dieses Vorhaben großes Potential. Es versprach nicht nur Hinweise darauf zu liefern, ob ‚Arbeiter‘ noch eine lebensweltlich prägende Kategorie darstellte[127], sondern es bot die Möglichkeit, Instru-

120 Vgl. Kuratorium des Forschungsinstituts für Arbeiterbildung e. V., Protokoll der 5. Sitzung des Kuratoriums am 3. November 1986, S. 5, in: RUB-Archiv R03 Nr. 97.

121 Forschungsinstitut für Arbeiterbildung e. V., Protokoll über die zehnte Vorstandssitzung, 31. Januar 1985, S. 4, in: RUB-Universität R03 Nr. 97.

122 Die ersten geplanten Projekte sind aufgeführt in FIAB e. V., Protokoll über die erste Geschäftsführende Vorstandssitzung, 31. Juli 1981, S. 3, in: RUB-Archiv R03 Nr. 94.

123 Vgl. Forschungsinstitut für Arbeiterbildung e. V., Protokoll über die 12. Vorstandssitzung, 14. November 1986, S. 5, in: RUB-Archiv R03 Nr. 97.

124 Erhard Lenk, Hans-Böckler-Stiftung, persönlich Herrn Kurt Johannson, 13. Juli 1981, S. 1, in: AdsD 5/IGMA200571.

125 Vgl. Forschungsinstitut für Arbeiterbildung e. V., Protokoll zur außerordentlichen Mitgliederversammlung, 21. November 1985, S. 1, in: RUB-Archiv R03 Nr. 97.

126 Christa Cremer, Zur Stadtteilkulturarbeit im Revier, in: BIK 2 (1982), S. 34–46, hier S. 36.

127 Vgl. Walter, Vorwärts sowie Ditmar Brock, Der schwierige Weg in die Moderne. Umwälzungen in der Lebensführung der deutschen Arbeiter zwischen 1850 und 1980, Frankfurt a.M./New York 1991.

mente zu entwickeln, um diese Prägekraft zu bewahren. In ihrem ersten Artikel zum Thema arbeitete Cremer genau diesen Punkt heraus. Ihrer Meinung nach spielten sich die „existentiellen Probleme" der Arbeiterfamilien außerhalb der Betriebe ab, zumal in Folge der Massenarbeitslosigkeit immer mehr Menschen aus dem Produktionssektor hinausgedrängt würden[128]. Im Bereich der Reproduktion seien die Gewerkschaften jedoch völlig abwesend, sodass

> die Volkshochschule mit ihrem Charakter als Bildungsinstitution der Mittelschicht und die Kirchen [...] sinnstiftende Orientierung für Alltagskonflikte vermitteln, die nicht notwendigerweise dem Verständnis von politischer Bildung im gewerkschaftlichen Sinn für Arbeiter [...] entsprechen müssen.[129]

Anknüpfungspunkte für eine lokale Arbeiterbildung boten Stadtviertel, die einen „gewachsenen Lebensraum mit [...] intakten sozialen Beziehungen" darstellten. Besonders den Älteren kam große Bedeutung bei der „Identitätsfindung und -stärkung" zu, denn es galt, die „Reste von Arbeiterkultur" zu erhalten. Der Vorzug gegenüber konkurrierenden Bildungsangeboten lag laut Cremer darin, dass die stadtteilnahe Arbeiterbildung „sich an den Bedürfnissen, Interessen und Konflikten von Arbeiterfamilien und ihren Mitgliedern orientiert und diese als bestimmende Subjekte konkreter Lern- und Handlungsziele versteht"[130]. Das Bildungsangebot sollte aber nicht nur inhaltlich arbeiterspezifisch sein, sondern auch formal Bekanntes aufgreifen, um motivierend zu wirken. Denn diese Form der Arbeiterbildung, so Cremer, versprach, „durch ihre Teilnehmerzusammensetzung den Lebensformen in der Nachbarschaft und der Familienstruktur der Arbeiterschaft sehr nahe [zu] kommen."[131]

Arbeiterbildung hieß in diesem Sinne tatsächlich, zunächst einmal Menschen zu ‚Arbeitern' zu bilden. Dies war die Voraussetzung, ihnen Einsichten in die gesellschaftlichen Realitäten zu vermitteln, ihnen also die Erkenntnis „des Klassencharakters der Gesellschaft" zu ermöglichen. Entsprechend zielte diese Bildungsmaßnahme auf „Partizipation" und „Emanzipation" ab[132]. Das Vorhaben lag ganz auf der Linie von Negt und Noll, versprach aber auch einen unmittelbaren Nutzen für die Gewerkschaften zu bieten. Überdies existierten bereits lokale Ansätze, unter anderem in Recklinghausen selbst. Dort hatten Bewohnerinnen und Bewohner

---

128 Christa Cremer, Weiterbildungsangebote für Arbeiterfamilien im Ruhrgebiet im Rahmen von Stadtteilkulturarbeit als Aufgabe gewerkschaftlicher Arbeiterbildung, in: BIK 2 (1982), S. 15–33, hier S. 17, 19 (Zitat).

129 Ibid., S. 20.

130 Cremer, Stadtteilkulturarbeit, S. 36, 42, 44.

131 Ibid., S. 39.

132 Cremer, Weiterbildungsangebote, S. 26.

eines Stadtteils mit dem von ihnen verfassten „Hochlarmarker Lesebuch“ bundesweit für Aufsehen gesorgt[133]. Auch die Finanzierung schien gesichert zu sein, da das Vorhaben auf einen Kontakt zum Bundesministerium für Bildung und Wissenschaft zurückgegangen war[134]. Nach dem Regierungswechsel in Bonn hatte sich diese Option jedoch zerschlagen[135]. Dies wog umso schwerer, als Margarethe Goldmann, die als Nachfolgerin Cremers ans FIAB gekommen war, aus diesem Grund nach wenigen Wochen schon wieder kündigte. Dies war ein großer Verlust, da Goldmann zuvor über sechs Jahre hinweg das Hochlarmarker Projekt geleitet hatte[136]. Mit ihrem Abgang war das Forschungsprojekt endgültig gescheitert.

Der Arbeitsbereich wurde in der Folge grundlegend umgestaltet. Das FIAB wandte sich zunächst der Technikqualifizierung weiblicher Angestellter zu, nachdem das Land den Wunsch angemeldet hatte, es möge sich stärker mit den Auswirkungen der neuen Technologien befassen[137]. Angestellte waren hier nicht mehr, wie von Jochimsen angedacht, als Angetraute oder Kinder von Industriearbeitern in den Blick gekommen, sondern berufstätige Frauen waren selbst zum Forschungsobjekt aufgestiegen. Gegen Ende der 1980er Jahre baute Karin Derichs-Kunstmann, die vom „Institut Frau und Gesellschaft“ in Hannover nach Recklinghausen gewechselt war[138], für das FIAB dann einen eigenen Arbeitsbereich zum Thema Gender auf. Schon 1989 hatte der Bremer Soziologieprofessor Wilke Thomssen im Kuratorium die Forderung erhoben, der Frauenforschung solle im FIAB „sowohl personell als auch finanziell ein angemessener Platz eingeräumt werden.“[139] Drei Jahre später konnte Kurt Johannson vermelden, es sei „dem FIAB

133 Vgl. Britta Caspers/Dirk Hallenberger/Werner Jung/Rolf Parr, Ruhrgebietsliteratur seit 1960. Eine Geschichte nach Knotenpunkten, Berlin 2019, S. 285–296. Als Beispiel für die anhaltende Rezeption vgl. Herbert, Geschichte Deutschlands, S. 1012.

134 Kurt Johannson, Bericht der Institutsdirektion [zur Vorstandssitzung am 30.4.1982], S. 3, in: AdsD 5/IGMA200570.

135 Vgl. FIAB, Forschungsbericht 1983, S. 2.

136 Kurt Johannson an Herrn Rektor Prof. Dr. Ipsen, 27. Januar 1983, Anlage: Margarethe Goldmann an [Hans] Preiss, 12. Januar 1983, S. 1, in: RUB-Archiv R03 Nr. 93.

137 Vgl. Forschungsinstitut für Arbeiterbildung, Bildungsvereinigung Arbeit und Leben Niedersachsen e. V., Projekt Arbeitsorientierte Technologie-Qualifikation für den kaufmännisch-verwaltenden Bereich. Entwicklung, Erprobung und Evaluierung eines integrierten Bildungsprogramms unter besonderer Berücksichtigung der weiblichen Arbeitnehmer, in: RUB-Archiv R03 Nr. 97. Ein ähnliches Projekt widmete sich „Frauen und neue[n] Informations- und Kommunikationstechnologien“. Vgl. FIAB, Forschungsbericht 1985/86, S. 21–24.

138 Vgl. FIAB, Forschungsbericht 1983, S. 28.

139 Kuratorium des Forschungsinstitutes für Arbeiterbildung e. V., Protokoll der 7. Kuratoriumssitzung am 27. Januar 1989, S. 3 f., in: RUB-Archiv R03 Nr. 98.

gelungen [...], mit diesem Thema eine ‚Marktlücke' in der Forschungslandschaft in NRW aufzufinden und kompetent auszufüllen"[140].

Einen völligen Bruch mit der ursprünglichen Konzeption der Arbeiterbildung stellte diese Entwicklung nicht dar, schließlich war 1982 schon vorgesehen gewesen, Frauen als eine Untergruppe der Arbeiterschaft zu untersuchen. Auch Cremers Entwurf hatte explizit „Arbeiterfrauen und Arbeiterfamilien" als Zielgruppe genannt[141]. Der nun realisierte Arbeitsbereich ging aber weit darüber hinaus. Die Kategorie Frau schickte sich an, die Funktion des ‚Arbeiters' zu substituieren und dadurch zu einem eigenständigen Differential zum Bestehenden zu werden. So legte Derichs-Kunstmann ihrer Forschung die Annahme zugrunde, „daß die Bildungsarbeit mit Frauen in vieler Hinsicht von völlig anderen Voraussetzungen auszugehen habe als die mit Männern"[142]. Mit einem analogen Argument hatte, wie erwähnt, Oskar Negt Mitte der 1960er Jahre die Notwendigkeit einer eigenständigen Arbeiterbildung begründet. Doch nicht nur hier traten die Frauen in Konkurrenz zum ‚Arbeiter', sondern auch mit Blick auf dessen gesellschaftliche Funktion:

> Chancengleichheit als gesellschaftliche Aufgabe von Weiterbildung wird im FIAB zentral im Hinblick auf das Geschlechterverhältnis thematisiert. Gerade hier lassen sich Deregulierungsprozesse seismographisch besonders gut beobachten, deren Thematisierung in der Bildungsarbeit Diskussionen über die „Zukunft der Arbeit" antizipieren.[143]

Die Kategorien *class* und *gender* waren aber keineswegs auf einen Antagonismus festgelegt. Das FIAB publizierte 1990 einen Aufsatz, in dem Petra Frerich und Margareta Steinrücke die Arbeitssituationen und Einstellungen von Arbeiterinnen und weiblichen Angestellten kontrastierten. Aufgrund der Vielzahl an Unterschieden kamen die Autorinnen zu einem instruktiven Urteil: „Auch der Status Frau konstituiert noch keine einheitlichen betrieblichen Situationen und Interessen." Und doch gab es auch *gender*basierte Gemeinsamkeiten, etwa das Interesse „an Wahrung der persönlichen Würde, an Gerechtigkeit, an Achtung und Anerken-

140 Forschungsinstitut für Arbeiterbildung e. V., Protokoll über die 22. Vorstandssitzung, 15. Mai 1992, S. 3, in: RUB-Archiv R03 Nr. 98.

141 Christa Cremer, Projektentwurf „Entwicklung und Erprobung eines Weiterbildungsangebotes für Arbeiterfrauen und Arbeiterfamilien im Ruhrgebiet im Rahmen von Stadtteilkulturarbeit als Aufgabe gewerkschaftlicher Arbeiterbildung", 8. April 1982, in: AdsD 5/IGMA200571.

142 Forschungsinstitut für Arbeiterbildung e. V., Protokoll über die 21. Vorstandssitzung, 29. November 1991, S. 3, in: RUB-Archiv R03 Nr. 98.

143 Forschungsinstitut für Arbeiterbildung e. V., Forschungsbericht 1998, Forschungsplan 1999, Oktober 1998, S. 6, in: RUB-Archiv R03 Nr. 99.

nung“[144]. Insgesamt aber lieferte der Beitrag viele Argumente für die Annahme, dass der Arbeiterstatus weiterhin eine erfahrbare Realität auch und gerade für Frauen darstellte. Allerdings wurden diese Aspekte nur sichtbar, weil die Autorinnen nicht ausschließlich eine der beiden sozialrechtlichen Statusgruppen untersucht hatten. Ein solch vergleichender Ansatz war im Kontext des FIAB jedoch sehr ungewöhnlich. Interessanterweise erwies sich Karin Derichs-Kunstmann noch in den 1990er Jahren innerhalb des FIAB als eine entschiedene Verfechterin des Begriffs ‚Arbeiterbildung‘, da er ihrer Meinung nach für einen „emanzipatorische[n] Gehalt“ stand[145], dem sich auch die Frauenforschung verschrieben hatte. Dennoch markierte Derichs-Kunstmann sehr deutlich die Unterschiede im Emanzipationsverständnis, um keinen Zweifel an der Eigenständigkeit der Frauenfrage aufkommen zu lassen:

> Gegen den einerseits auf das kollektive Subjekt (die Klasse) und andererseits auf die Zukunft verweisenden Emanzipationsbegriff der Arbeiterbildung hat die „neue Frauenbewegung“ in Westeuropa einen Emanzipationsbegriff gesetzt, der die individuelle und kollektive Emanzipation der Frauen in dieser Gesellschaft zu seinem Ziel gesetzt hat.[146]

Der Bezug auf die ‚Arbeiterbildung‘ war ein Gebot der Vernunft, um sie als Koalitionspartner zu erhalten. Unersetzlich war sie für die Frauenfrage aber nicht.

Wolfsburg statt Ausland

Ähnlich weitreichende Verschiebungen vollzogen sich im Schwerpunktbereich „Arbeiterbildung im Ausland – Arbeiterbildung mit Ausländern“, denn auch dieses Thema kam nicht über die erste Konzeptionsphase hinaus[147]. Dadurch büßte das FIAB die Möglichkeit ein, die Arbeiterbildung konzeptionell in einen internationalen Referenzrahmen zu stellen und auf diese Weise gegen bundesdeutsche Entwicklungen zu immunisieren. Michael Schuler, der diesen Bereich verantworten sollte, hatte sich ursprünglich genau diesem Ziel verschrieben, denn er wollte versuchen, „in den nationalen Entwicklungen der Arbeiterbildung das länder-

---

144 Petra Frerichs/Margareta Steinrücke, Arbeiterinnen und weibliche Angestellte im Vergleich. Industriesoziologische Frauenforschung am Beispiel von Arbeitssituation, Interessen und Interessenvertretung von Frauen im Betrieb, in: BIK 9 (1990), S. 29–45, hier S. 28, 38.

145 Dr. Karin Derichs-Kunstmann, Zur Weiterentwicklung der Arbeit des FIAB, 3.2.2000, S. 4, in: AdsB, Bestand FIAB, Ordner JF Kongresse FIAB-AKs.

146 Karin Derichs-Kunstmann, Frauenemanzipation und Arbeiterbildung. Thesen, in: JABK 10 (1992), S. 160–162, hier S. 161.

147 Vgl. Forschungsinstitut für Arbeiterbildung, Forschungsbericht 1981/82, November 1982, S. 2, in: RUB-Archiv R03 Nr. 94.

übergreifende Allgemeingültige aufzuspüren" und dabei „[d]ie Struktur und die besonderen Aufgaben von Arbeiterbildung innerhalb des jeweiligen nationalen Bildungssystems" zu eruieren[148]. Schulers Arbeitsbereich wäre auch prädestiniert gewesen, einen wesentlichen Beitrag zur Lösung eines Problemkomplexes zu leisten, für den ein Reporter der Westdeutschen Allgemeinen Zeitung die Arbeiterbildung insgesamt in die Pflicht nahm. Es handelte sich um den Dreiklang aus „steigender Arbeitslosigkeit, sich zuspitzender Probleme ausländischer Mitbürger, rechtsradikaler Tendenzen"[149]. Als der Fremdenhass zu Beginn der 1990er Jahre eskalierte, sollte dem FIAB die mit der Aufgabe von Schulers ursprünglichem Arbeitsfeld entstandene Forschungslücke bewusst werden, denn dadurch wurde auch die Anbahnungsphase der politischen Rechtswende der Arbeiterschaft schlichtweg übersehen[150].

Anders als beim Forschungsschwerpunkt zur stadtteilnahen Arbeiterbildung verhinderte keine ausbleibende Bewilligung die Umsetzung des Vorhabens. Stattdessen eröffnete sich eine ganz andere Chance, die sich das FIAB nicht entgehen lassen konnte. Um das bei Volkswagen in Niedersachsen angesiedelte und von der Bundesregierung geförderte HdA-Projekt zur „Weiterbildung von Montagearbeitern/innen" baute Schuler seit September 1982 den Bereich „Betriebliche Weiterbildung" im FIAB auf[151]. Dieses intern als „das Millionending"[152] bezeichnete Projekt, „von dem nach einhelliger Aufassung [sic!] aller Beteiligten die Zukunft des Instituts wesentlich abhängt"[153], war für das FIAB folglich von größtem Wert: Es sicherte nicht nur mehrere Jahre hohe Drittmittelzuflüsse, sondern verschaffte dem Institut wissenschaftliche Reputation und konnte einen möglichen „Kern" der Arbeiterbildung darstellen. Dass ein noch völlig unbekanntes Institut ein solch

148 Knut Ipsen an Reg.-Dir. Hans-H[elmut]. Weigmann, Ruhr-Universität Bochum, 13. Oktober 1981, Anlage zu TOP 8: Projektplanung, Michael Schuler, Arbeit – Technik – Arbeiterbildung. Internationale Entwicklungen in der Arbeiterbildung im Vergleich (Skizze der Arbeitsschwerpunkte), S. 2 f., in: RUB-Archiv R03 Nr. 94.

149 MIK, Sechs Wissenschaftler forschen in der Stille, in: WAZ, 3. Dezember 1982, o. S., in: RUB-Archiv R03 Nr. 93.

150 Vgl. Forschungsinstitut für Arbeiterbildung e. V., Protokoll über die 23. Vorstandssitzung, 13. November 1992, S. 5 sowie Forschungsinstitut für Arbeiterbildung e. V., Protokoll über die 24. Vorstandssitzung, 23. April 1993, S. 2, beide in: RUB-Archiv R03 Nr. 98.

151 Vgl. hierzu FIAB, Forschungsbericht 1983, S. 10 ff. sowie Dr. Michael Schuler an den Geschäftsführenden Vorstand des Forschungsinstitutes für Arbeiterbildung, 21. Januar 1983, in: RUB-Archiv R03 Nr. 93. Zu den HdA-Projekten bei VW vgl. Gina Fuhrich, Humanisierung oder Rationalisierung? Arbeiter als Akteure im Bundesprogramm „Humanisierung des Arbeitslebens" bei der VW AG, Stuttgart 2020.

152 Michael Schuler an Helmut, 24. Februar 1982, Anlage: Michael Schuler, 19. Februar 1981, in: RUB-Archiv R03 Nr. 93.

153 Weigmann, Vermerk für den Rektor, 29. November 1983, in: RUB-Archiv R03 Nr. 93.

großes Drittmittelprojekt überhaupt einwerben konnte, war ungewöhnlich. Eine große Rolle dürfte Peter Meyer-Dohm gespielt haben. Als 1978 im RUB/IGM-Kuratorium erste Ideen zu einem Forschungsinstitut für Arbeiterbildung zirkulierten, amtierte Meyer-Dohm noch als Rektor der RUB[154]. Dann aber wechselte er zu VW, um dort die Bildungsabteilung neu aufzustellen.

Mit diesem Projekt wurde die ursprüngliche Absicht, Arbeitgeber vom FIAB auszuschließen, schnell ad acta gelegt. Erleichtert wurde dieser Schwenk sicherlich durch den seit 1975 vollzogenen Ausbau der betrieblichen Mitbestimmung und die Umstellung auf einen kooperativen Führungsstil unter dem VW-Vorstandsvorsitzenden Toni Schmücker[155]. Dennoch ließ sich das Einfließen der Unternehmerperspektive in die Arbeiterbildung nicht verhindern, zumal laut Kurt Johannson die wissenschaftlichen Mitarbeiter des FIAB schon in der Konzeptionsphase des Projekts versuchten, „die Kooperation mit der Geschäftsleitung möglichst eng zu gestalten und die IG Metall herauszuhalten."[156] Tatsächlich lagen viele der Fragen ganz im Interesse des Unternehmens. Untersucht werden sollte beispielsweise, warum angelernte Montagearbeiter nicht bereit waren, ihre vielfältigen Kompetenzen zum Wohle des Betriebs einzubringen, obwohl sie diese ohne zu zögern in diverse Freizeitprojekte investierten[157]. Es überrascht daher nicht, dass das Kuratorium des FIAB auch später noch den Einfluss der VW-Geschäftsleitung auf die laufende Forschungsarbeit beklagte, ja gar die Unabhängigkeit des FIAB gefährdet sah[158]. Gleichwohl sind hierbei zwei Punkte zu bedenken. So war das Gesamtprojekt der Humanisierung des Arbeitslebens zwar politisch insofern umstritten, als es immer um eine konkrete Aushandlung „zwischen Rationalisierung und Humanisierung im Betrieb" ging. Zugleich konnte das ganze Unterfangen überhaupt nur funktionieren, wenn die Unternehmensseite kooperierte, und sie tat dies, weil sie auf Einsparungen oder anderweitige Gewinne hoffen konnte[159]. Und trotz Johannsons Klage über den geringen Einfluss der IG Metall waren die Arbeitneh-

---

154 Hans Preiss, Vorlage für die Sitzung der geschäftsführenden Vorstandsmitglieder am 6. April 1981, Anlage: Abteilung Bildungswesen/Bildungspolitik, Forschungsinstitut für Arbeiterbildung, o. D., S. 1f., in: AdsD 5/IGMA200572.

155 Vgl. Manfred Grieger, Der neue Geist im Volkswagenwerk. Produktinnovation, Kapazitätsabbau und Mitbestimmungsmodernisierung 1968–1976, in: Reitmayer/Rosenberger, Unternehmen, S. 31–66, hier S. 54ff.

156 Kurt Johannson an Hans Preiss, 11. Februar 1982, S. 1, in: 5/IGMA200571.

157 Vgl. Michael Schuler, Die Fort- und Weiterbildung von Montagearbeitern. Perspektiven eines im Rahmen des Programms „Humanisierung des Arbeitslebens (HdA)" beantragten Projektes, in: BIK 3 (1983), S. 14–31, hier S. 19.

158 Vgl. Kuratorium FIAB, Protokoll, 1.2.1984, S. 6 sowie Forschungsinstitut für Arbeiterbildung e.V., Protokoll über die 10. Vorstandssitzung, 21. November 1985, S. 5, in: RUB-Archiv R03 Nr. 97.

159 Kleinöder/Müller/Uhl, Humanisierung, S. 15.

merinteressen durchaus repräsentiert, denn der Gesamtbetriebsrat von VW war im Projektbeirat vertreten[160]. Wenn der Betriebsrat nur wenige Akzente setzte, lag dies ein Stück weit in seiner Politik begründet. Statt auf Gegenmacht zu setzen, hatten sich die Arbeitnehmervertreter infolge der partnerschaftlichen Politik Schmückers in „die Verantwortung für die Rentabilität und den Weltmarkterfolg des Unternehmens" nehmen lassen[161].

Erklärungsbedürftig ist in diesem Zusammenhang, weshalb Rentabilität und Weltmarkterfolg nun ausgerechnet von der Bildungsfähigkeit von Montagearbeitern abhängen sollte. Sicher wirkte hier noch die Erfahrung der existenzbedrohenden Krise nach, in welcher sich VW Mitte der 1970er Jahre befunden hatte. Eine Lehre war, die Entwicklung als kontingent wahrzunehmen, was „die betriebliche Notwendigkeit" nach sich zog, „die Strukturen und Prozesse auf die veränderte Wirklichkeit einzustellen."[162] Selbst von angelernten Arbeitern musste nun mehr verlangt werden als klar abgegrenzte Fertigkeiten[163], sie mussten, wie Boltanski und Chiapello bemerkten, in ihrer Ganzheit als Mensch zur Verfügung stehen, um in jedem Augenblick die gerade geforderte Kompetenz applizieren zu können[164]. Hinzu kam ein demographischer Aspekt. Nach den Entlassungen der 1970er Jahre wiesen die Belegschaften in Hannover und Wolfsburg im Montagebereich nun ein recht geringes Durchschnittsalter auf. Gleichzeitig stand für die 1990er Jahre die Prognose eines „drastischen Geburtenrückgangs" im Raum. VW musste also langfristig mit dem vorhandenen Montagepersonal planen und es befähigen, auch im fortgeschrittenen Alter den „technische[n] und soziale[n] Wandel" zu bewerkstelligen[165].

Die Forschung, die das FIAB leistete, lag folglich auch im Interesse der Montagearbeiter. Ein beträchtlicher Teil dieser angelernten Arbeitergruppe drohte infolge von Rationalisierungsmaßnahmen ihre bisherigen Arbeitsplätze zu verlieren. Nur wenn ihre Bildungsfähigkeit nachgewiesen werden konnte, hatte die Vermittlung von „Schlüsselqualifikationen" Aussicht, sie auf andere Tätigkeiten vorzube-

---

160 Vgl. Forschungsinstitut für Arbeiterbildung, Forschungsbericht 1984/85, Januar 1985, S. 9, in: RUB-Archiv R03 Nr. 97.

161 Grieger, Volkswagenwerk, S. 65.

162 Ibid., S. 64.

163 Vgl. Michael Lacher/Dietmar Neumann/Jürgen Rubelt/Michael Schuler, Die Fort- und Weiterbildung von Montagearbeiter/-innen. Voraussetzungen und Perspektiven am Beispiel der Volkswagen AG, Recklinghausen 1987.

164 Vgl. Boltanski/Chiapello, Der neue Geist, S. 45. Dagegen vertrat Karsten Uhl die These, dass dem Fordismus schon immer beide Aspekte – Rationalisierung und Humanisierung – zu Eigen gewesen sei. Vgl. Uhl, Humane Rationalisierung, S. 112.

165 Lacher et al., Fort- und Weiterbildung, S. 22, 40 (Zitate).

reiten[166]. Für die Arbeiterbildungsforschung hielt das Projekt ebenfalls wichtige Punkte bereit. So ließ sich die Prognose der Industriesoziologen Horst Kern und Michael Schumann vom bevorstehenden Ende der Arbeitsteilung im Rahmen einer sozialwissenschaftlichen Diagnose zumindest ansatzweise einer Überprüfung unterziehen[167]. Mit der Thematisierung von Bildungspotentialen und -barrieren konnte die weitverbreitete These der Bildungsferne von ‚Arbeitern' problematisiert und überdies nach generationenübergreifenden Veränderungen und Kontinuitäten gefragt werden[168]. Mithin ließ das Projekt eine Antwort auf die Frage erhoffen, wie es um die Sozialkategorie ‚Arbeiter' eigentlich bestellt war. Das Urteil hierzu fiel eindeutig aus:

> Diesen Ergebnissen des VW-Projektes lassen sich [...] keinerlei Hinweise entnehmen, die den Schluß zuließen, die Kategorie „Arbeiter" sei von Auflösungstendenzen gekennzeichnet; Verschiebungen innerhalb der Binnenstruktur der Industriearbeiterschaft werden in den Untersuchungsergebnissen jedoch sichtbar.[169]

Gegen das Pauschalargument der Bildungsferne hatte Schuler schon zu Beginn des Projekts Fakten sprechen lassen. So hatten fast zwei Drittel der angelernten Montagearbeiter zuvor eine Lehre in einem anderen Berufsfeld absolviert und wurden nun „unter ihrem allgemeinen Ausbildungsstand beschäftigt". Die meisten der „Werker" fühlten sich folglich in ihrer Tätigkeit unterfordert[170]. Am Ende des Forschungsvorhabens hatten die FIAB-Mitarbeiter dann eine „Bildungstypologie" der Montagearbeiter erstellt, um passende Bildungsprogramme zu entwickeln[171].

Allerdings sah sich die Gruppe um Michael Schuler bei der Abschlusstagung in Wolfsburg Ende 1988 einer doppelten Kritik ausgesetzt. Die Geschäftsleitung verwarf das Ergebnis in Bausch und Bogen, da „alle Erfahrungen gegen eine bildungsförmige Heterogenität dieser Zielgruppe sprächen und somit keine typenbezogenen Qualifizierungsmaßnahmen notwendig seien." Auch die Gewerkschaftsvertreter warfen den Wissenschaftlern implizit vor, künstliche Unterschiede zu konstruieren, und lehnten die Typologisierung der Montagearbeiter als ein „Mittel zur Selektion von Mitarbeitern" ab. Dagegen betonten die FIAB-Mitarbeiter die grundsätzliche Qualifizierungsfähigkeit eines jeden Beschäftigten – „koste es, was

166 Vgl. Schuler, Fort- und Weiterbildung, S. 20.

167 Vgl. Lacher et al., Fort- und Weiterbildung, S. 15f.

168 Vgl. Michael Lacher, „Produktionsarbeiter in angelernten Tätigkeiten – Eine Herausforderung für die Bildungsarbeit". Gemeinsame Tagung von FIAB und Volkswagen AG am 1./2. Dezember 1988 in Wolfsburg, in: BIK 8 (1989), S. 159–162, hier S. 160 sowie Schuler, Fort- und Weiterbildung, S. 19.

169 Kuratorium FIAB, Protokoll, 27.1.1989, S. 1f.

170 Schuler, Fort- und Weiterbildung, S. 23.

171 Lacher, Produktionsarbeiter, S. 160.

es wolle“[172]. VW schlug nach Einschätzung der IG Metall aber einen anderen Weg ein. Das Hauptaugenmerk, so Hans Preiss, liege im Konzern nun wieder auf der Erstausbildung[173].

Es bleibt aber festzuhalten: Wie auch der Arbeitsbereich von Karin Derichs-Kunstmann hatte auch derjenige von Michael Schuler Ende der 1980er Jahre empirische Belege für die andauernde Relevanz der Sozialkategorie ‚Arbeiter' erbracht.

Reputation statt ‚Arbeiter'

Das VW-Projekt stand jedoch auch am Beginn einer weiteren Verschiebung. Schon 1982 hatte Knut Ipsen die Bedeutung von Großprojekten hervorgehoben, denn diese wirkten sich positiv auf „die Reputation und die Effizienz des Instituts“ aus[174]. Für den Gedanken der Reputation waren auch die Gewerkschaftsvertreter empfänglich – so werteten sie etwa die Umwandlung des FIAB in ein An-Institut als Anerkennung für die bisherige Arbeit und erhofften sich eine Festigung des wissenschaftlichen Rufs[175]. Doch was bedeutete dies? Ein höheres Ansehen unter den Arbeiterinnen und Arbeitern ging damit nicht notwendigerweise einher. Vielmehr hatte die IG Metall bei der Berufung Kurt Johannsons ja noch argumentiert, aller akademische Anschein rufe bei diesen potentiell Abwehrreflexe hervor. Das Streben nach Reputation folgte allein dem Zweck, das FIAB im wissenschaftlichen Feld stärker zu verorten. Doch war dies möglich, ohne sich zugleich von den ‚Arbeitern' zu entfremden?

Interessanterweise brachte Knut Ipsen, kaum dass sich die Anbindung des FIAB an die RUB konkretisiert hatte, den Vorschlag ein, das Institut könne gemeinsam mit der Universität einen neuen Sonderforschungsbereich beantragen, um es dem FIAB zu ermöglichen, „sich verstärkt der Grundlagenforschung zuzuwenden“. Während Kurt Johannson den Einwand erhob, dies stelle „eine neue Schwerpunktsetzung im FIAB“ dar und belaste die vorhandenen personellen Kapazitäten, erklärte sich Bernd Faulenbach bereit, ein entsprechendes Konzept zu entwerfen[176]. Der von ihm skizzierte SFB „Arbeit und Kultur im 20. Jahrhundert“ wäre für die Arbeitergeschichte höchst innovativ gewesen, hätte er sie doch für die Zeitgeschichte fruchtbar

172 Ibid., S. 160 ff.

173 Vgl. Forschungsinstitut für Arbeiterbildung e. V., Protokoll über die 17. Vorstandssitzung, 14. April 1989, S. 3, in: RUB-Archiv R03 Nr. 98.

174 Forschungsinstitut für Arbeiterbildung e. V., Protokoll über die fünfte Vorstandssitzung, 3. Dezember 1982, S. 3, in: RUB-Archiv R03 Nr. 94.

175 Vgl. FIAB, Protokoll, 14.11.1986, S. 1.

176 Ibid., S. 7 f.

gemacht[177]. Diesen Weg hatte Faulenbach schon mit einem seiner ersten FIAB-Arbeitsvorhaben, einem Oral-History-Projekt, beschritten[178]. In den frühen 1980er Jahren hatte er gemeinsam mit Betriebsratsmitgliedern und Rentnern die Geschichte der Stahlwerke Bochum aus Arbeitnehmersicht erforscht. Explizit sollten Arbeitnehmer nicht mehr nur Objekt, sondern auch Subjekt der Forschungsarbeit sein[179]. Ganz aufgehoben wurde die Dichotomie zwischen professionellem Wissenschaftler und Laienhistorikern jedoch nicht, die Arbeitnehmer blieben eben auch Forschungsobjekt. Dennoch finden sich hier bereits in Ansätzen Überlegungen, die den Studien von Bruno Latour ähneln und die in einem späteren Forschungsbericht weiter ausgeführt wurden: Die Orientierung auf einen bestimmten Akteur erfordere forschungspraktisch die bewusste Überschreitung etablierter Grenzen, seien sie begrifflicher oder disziplinärer Natur[180].

Der geplante SFB sah aber keine vergleichbar tragende Rolle für Arbeiterinnen und Arbeiter vor, wie dies im Oral-History-Projekt der Fall gewesen war. Tatsächlich drohte diese Entwicklung dem ursprünglichen Zweck des FIAB sogar zuwiderzulaufen. Nicht Grundlagenforschung, sondern Praxisorientierung hatten die Gewerkschaften zu Beginn ja gefordert. Dass nicht alle Mitarbeiter diesem Weg folgen wollten, beklagte Kurt Johannson schon 1981 gegenüber Hans Preiss: „Projekte, die am grünen Tisch ersonnen werden, können dem Auftrag des Instituts nicht gerecht werden. Das persönliche Forschungsinteresse hat die Interessen von außen in sich aufzunehmen."[181] Knut Ipsen hatte 1982 die Praxisorientierung des FIAB explizit unterstützt, auch weil es damals noch kein universitäres Institut war[182]. Dies hatte sich nun geändert, und offensichtlich wurden die Karten neu verteilt. Eine weitere Verschiebung zeigte sich am Ende des Jahrzehnts. Noch immer machten sich die Träger Gedanken, wie man die „Reputation des FIAB steigern könne", doch zielte die Antwort nun nicht mehr auf die Art der Forschung ab, sondern auf die Art der Finanzierung. So mahnte der Ministerialbeamte Grünewald, das FIAB möge sich um

177 Vgl. Udo Wichert an den Vorstand und die Mitglieder, 26. März 1987, Anlage: Tischvorlage zu TOP 3 13. Vorstandssitzung: Überlegungen zur Konzeption eines Sonderforschungsbereiches „Arbeit und Kultur im 20. Jahrhundert", in: RUB-Archiv R03 Nr. 97.

178 Zum Projekt vgl. FIAB, Forschungsbericht 1984/85, S. 3 f. Zur Kritik vgl. Kuratorium FIAB, Protokoll, 1. 2. 1984, S. 2.

179 Vgl. Projekt „Betriebsgeschichte von unten – Geschichtsforschung in der betrieblichen Bildungsarbeit (Skizze), in: RUB-Archiv R03 Nr. 94.

180 Vgl. FIAB, Forschungsbericht 1984/85, S. 5 f.

181 Kurt Johannson an Hans Preiss, 27. Juli 1981, Anlage: o. V., Probleme, die bei einem Gespräch mit den Mitarbeitern des Institutes angesprochen werden sollen, o. D., in: AdsD 5/IGMA200571.

182 Protokoll der Sitzung der geschäftsführenden Vorstandsmitglieder des Forschungsinstituts für Arbeiterbildung am 19. Februar 1982, S. 2, in: RUB-Archiv R03 Nr. 94.

Förderungen durch die DFG oder die Volkswagen-Stiftung bemühen[183]. Doch selbst als zehn Jahre später mehrere Vorstandsmitglieder diese Forderung wiederholten, musste Johannson weiterhin weitgehend Fehlanzeige melden[184].

9.3 Der Abschied vom ‚Arbeiter'

9.3.1 Wendejahr

Das Jahr 1990 brachte drei für das FIAB bedeutsame Ereignisse: die deutsche Wiedervereinigung, das zehnjährige Institutsjubiläum und das Ausscheiden von Hans Preiss aus dem Trägerverein. Schon ein Jahr zuvor hatte mit Knut Ipsen die zweite tragende Säule den Verein verlassen. Der Rückzug der beiden Herren war zwar nicht inhaltlich bedingt – Ipsens Amtszeit als Rektor der RUB war ebenso wie Preiss' Mitgliedschaft im Geschäftsführenden Vorstand der IG Metall zu Ende gegangen –, doch endete mit ihrem Abgang ein „hohe[s] Maß an Kontinuität" im Trägerverein[185]. All diese Ereignisse stellten Anreize dar, die bisherige Arbeit kritisch zu hinterfragen. Dass sie nicht im Tagesgeschäft versandeten, lag am Jubiläum. Es bot den Anlass, die aufgekommenen Fragen ganz grundsätzlich in einem besonderen Format zur Diskussion zu stellen.

Mitte Februar 1991 verschickte das FIAB die Einladung zur Tagung „Aufgaben der Arbeiterbildung in der neuen deutschen Republik". Dieser Titel markierte den Bruch, welchen die Wiedervereinigung darstellte, sehr deutlich, setzte die ‚Arbeiterbildung' aber als einen Kontinuitätsfaktor dagegen. Sie sollte eine Antwort darauf liefern, wie die „Arbeitnehmer" der ehemaligen DDR „in die westeuropäische Industriegesellschaft demokratisch integriert werden können", wobei es galt, „den Prozeß der Integration mit dem Prinzip der Selbstbestimmung [zu] verbinden."[186] Wie bei der Gründung des FIAB diente erneut die Bezugnahme auf eine Problemregion als Ausgangspunkt für die Beschäftigung mit der ‚Arbeiterbildung', und auch die an die Zielsetzung gekoppelten Schlagworte wie „Integration" und „Selbstbe-

183 Forschungsinstitut für Arbeiterbildung e. V., Protokoll über die 16. Vorstandssitzung, 4. November 1988, S. 4, in: RUB-Archiv R03 Nr. 98.

184 Vgl. Forschungsinstitut für Arbeiterbildung e. V., Protokoll über die 37. Vorstandssitzung, 19. November 1999, S. 5 f. sowie Forschungsinstitut für Arbeiterbildung e. V., Protokoll über die 40. Vorstandssitzung, 23. November 2000, S. 7, beide in: RUB-Archiv FIAB Nr. 104.

185 K. J. [Kurt Johannson], In eigener Sache, in: BIK 9 (1990), S. 1–3, hier S. 1.

186 Kurt Johannson, Hermann Korte, Udo Wichert, Einladungsschreiben zur Fachtagung „Aufgaben der Arbeiterbildung in der neuen deutschen Republik, 15.02.1991, S. 1, in: AHGR FIAB Ordner 9.6.1.20.1.

stimmung" klangen vertraut. Und doch mochte die eingehende Beschäftigung eines auf das Ruhrgebiet verpflichteten Instituts mit dem Osten Deutschlands verwundern. Tatsächlich aber sahen die Träger des Instituts in der Wiedervereinigung eine Chance, neue Forschungsaufträge für das FIAB einzuwerben. Der neue RUB-Rektor Wolfgang Maßberg unterstützte die Tagung gar ausdrücklich, weil sie ihm „besonders geeignet erscheint, daß [sic!] Interesse des FIAB an den Problemen in den neuen Bundesländern zu signalisieren."[187]

Überraschenderweise hatte die FIAB-Spitze aber im ersten Teil der Einladung Zweifel geäußert, ob die Arbeiterbildung dazu überhaupt noch in der Lage war. Denn als weiteren „Problem-Komplex" hatten die Einladenden „die in vielfältige Teilbereiche ausdifferenzierte Bildung für Arbeitnehmer" identifiziert. Hinsichtlich der Arbeiterbildung warfen sie die Frage auf, „[i]nwieweit [...] die emanzipatorischen Ziele dieser Tradition in der heutigen Praxis eingelöst bzw. einlösbar" seien[188]. Dass das FIAB selbst zu diesem Problemkomplex beigetragen hatte, klang im Forschungsbericht des Jahres 1990 an. Demnach arbeiteten die Wissenschaftlerinnen und Wissenschaftler des Instituts „mit einem Begriff von Arbeiterbildung [...], der jede Einengung auf bestimmte Bereiche der Bildungsarbeit mit Arbeitnehmern vermeidet"[189]. Diese Einschätzung trifft sicher zu, zumal sich das FIAB schon in den frühen 1980er Jahren zur Methodologie der arbeitnehmerorientierten Wissenschaft bekannt hatte und aufgrund der Drittmittelabhängigkeit nur eine begrenzte Themenhoheit besaß. Interessant sind zwei Punkte. Die Zeilen im Forschungsbericht lesen sich, als sei der FIAB-Belegschaft diese Erkenntnis erst im Rückblick auf die geleistete Forschungsarbeit gekommen. Zum andern scheint in dem Bericht ein Bewusstsein für den Preis auf, den das FIAB für die Entgrenzung des Arbeiterbildungsbegriffs zu zahlen hatte. Denn die „Frage nach dem emanzipatorischen Gehalt von Arbeiterbildung" betraf laut den Mitarbeitern „ein[en] zentrale[n] Aspekt des Selbstverständnisses der Forschungstätigkeit am FIAB"[190].

Laut dem knappen Tagungsbericht entbrannte über die Arbeiterbildung eine Debatte, in der einerseits „die Bedeutung des Klassenbegriffs für die Bestimmung interessenbezogener Arbeiterbildung" infrage gestellt, andererseits die bisherige Nichtbeachtung „anthropologische[r] Widersprüchlichkeiten menschlicher Exis-

187 Forschungsinstitut für Arbeiterbildung e. V., Protokoll über die 19. Vorstandssitzung, 29. November 1990, S. 4, in: RUB-Archiv R03 Nr. 98.
188 Johannson, Korte, Wichert, Einladungsschreiben, 15.02.1991, S. 1.
189 Forschungsinstitut für Arbeiterbildung e. V., Forschungsbericht 1990, Forschungsplan 1991, S. 3, in: RUB-Archiv R03 Nr. 98.
190 Ibid.

tenz" bemängelt wurde[191]. Was genau darunter zu verstehen ist, sei zunächst einmal dahingestellt. Wichtig ist, dass auf der Tagung offensichtlich ganz andere Kritikpunkte am Arbeiterbildungsbegriff vorgebracht wurden als die FIAB-Führung in ihrer Einladung angesprochen hatte. Überraschen konnte dies indes nicht, da mit Rainer Zoll und dem Preiss-Nachfolger Karlheinz Hiesinger zwei Referenten geladen waren[192], die sich gemeinsam mit Walter Riester, Wolfgang Schroeder und anderen eine Modernisierung der Gewerkschaften samt deren Bildungsarbeit auf die Fahnen geschrieben hatten[193].

Die Tagung löste ungeahnte Entwicklungen im Institut aus. Auf der Vorstandssitzung des Trägervereins, die ein halbes Jahr später stattfand, eröffnete Kurt Johannson den Anwesenden, man habe „im Institut über die Möglichkeit seiner Umbenennung gesprochen". Er führte laut Protokoll weiter aus:

> Vielen erscheine der Begriff Arbeiterbildung unzweckmäßig, da er nicht per se die Angestellten einschließe. Auch stehe er einer Kontaktaufnahme mit „neuen Angestellten-Arbeitnehmergruppen" im Wege und sei hinsichtlich der neuen Bundesländer problematisch.[194]

Das letzte Argument ist insofern interessant, als sich viele Ostdeutsche auch nach 1990 noch als ‚Arbeiter' verstanden[195]. Ob diese neue Adressatengruppe Bedenken vorgebracht hatte, oder ob die westdeutschen Akteure mit ihrer klaren Präferenz für den Arbeitnehmerbegriff die Konfrontation mit einem realsozialistischen Arbeiterbegriff fürchteten, geht aus den Quellen nicht hervor. Auch wenn der Blick nach Osten kaum ausschlaggebend für die Diskussion sein konnte, verstärkte er doch schon länger vorhandenes Unbehagen am Arbeiterbildungsbegriff. Laut Udo Wichert hatte seine IG Bergbau und Energie bereits zehn Jahre zuvor mit der ungenauen Zielgruppendefinition des Begriffs gehadert[196]. Tatsächlich war die Koppelung des Arbeiterbildungsbegriffs an die Methodologie der arbeitnehmerorientierten Wissenschaft von Beginn an ein spannungsreiches Konstrukt, das ‚Arbeiterbildung' von der eigentlichen Zielgruppe abstrahierte und auf eine bestimmte Herangehensweise festlegte. Zu Beginn der 1990er Jahre war ‚Arbeiterbil-

---

191 F. J. J. [Franz-Josef Jelich], Tagung: Aufgaben der Arbeiterbildung in der neuen deutschen Republik. 10./11. April 1991 in Recklinghausen, in: JABK 10 (1992), S. 237–238, hier S. 238.

192 Vgl. ibid., S. 237.

193 Isolde Ludwig, Jenseits von Traditionalisten und Modernisierern. Klassentheoretische, feministische und pluralistische Bildungskonzepte im Gewerkschaftsdiskurs, Münster 1998, S. 27, 35, 147 f.

194 FIAB, Protokoll, 29.11.1991, S. 4.

195 Vgl. hierzu Peter Hübner, Arbeiterklasse als Inszenierung? Arbeiter und Gesellschaftspolitik in der SBZ/DDR, in: Richard Bessel/Ralph Jessen (Hrsg.), Die Grenzen der Diktatur. Staat und Gesellschaft in der DDR, Göttingen 1996, S. 199–223, hier S. 201.

196 Vgl. FIAB, Protokoll, 29.11.1991, S. 4.

dung' „ein in der Alltagssprache mißverständlicher" Begriff[197] und der „Kampf um die Benennungsmacht über die soziale Welt" begann[198].

Zur Verteidigung des Begriffs gegen diese rein pragmatischen Einwände konnte Johannson nur dessen Verweisfunktion auf die „historische Dimension" anführen[199]. Schon bei der Gründung hatte dieser Aspekt eine Rolle gespielt. Damals hegte man gar die Hoffnung, nicht etwa aus soziologischen Ansätzen, sondern aus der Geschichte der Arbeiterbildung eine Theorie derselben schöpfen zu können[200]. Zwar hatte Bernd Faulenbach in einem seiner ersten Projekte am FIAB mit zeitgenössischen Akteuren über Brüche und Kontinuitäten der Arbeiterbildung der Zwischen- und Nachkriegszeit diskutiert und die Relevanz für die Institutsarbeit zu eruieren versucht[201], doch verlagerte sich seine Arbeit immer mehr hin zu seinem zweiten Aufgabenfeld, der „Geschichte in der Arbeiterbildung"[202]. Für ihn als Historiker tat sich hier ein reizvolleres Aufgabenfeld auf, wie die Pläne zu Beginn der 1980er Jahre zeigen. Kurzzeitig stand etwa die „Übernahme und Weiterführung des Lusir-Projektes" zur Debatte[203], doch lehnte das Wissenschaftsministerium die Pläne zur Errichtung einer „Zentralstelle für Oral History und Arbeitergeschichtsforschung" am FIAB aus Kostengründen ab[204]. Insgesamt war die historische Fundierung der Arbeiterbildung zu Beginn der 1990er Jahre nur schwach ausgeprägt. Ohnehin ließ der neue Rektor der RUB, seines Zeichens Maschinenbauingenieur, Johannsons Argument überhaupt nicht gelten, sondern verwarf den Arbeiterbildungsbegriff, gerade weil es sich um „eine historische Kategorie" handelte. Während Bernd Faulenbach ebenfalls eine Namensänderung befürwortete, warnte Hans-Helmut Weigmann, der als rechte Hand der Rektoren seit Beginn an der Arbeit des Trägervereins beteiligt war, vor einer vorschnellen Kapitulation vor

197 Forschungsinstitut für Arbeiterbildung e. V., Forschungsbericht 1991, Forschungsplan 1992, S. III, in: RUB-Archiv R03 Nr. 98.

198 Raphael, Verwissenschaftlichung, S. 168.

199 FIAB, Protokoll, 29.11.1991, S. 4.

200 Vgl. FIAB, Forschungsbericht 1981/82, S. 13 f.

201 Vgl. Bernd Faulenbach (Hrsg.), Arbeiterbildung in der Weimarer Republik und in der Nachkriegszeit. Kontinuität und Diskontinuität, unter Mitarbeit von Jörg Höhfeld, Recklinghausen 1984.

202 Vgl. Bernd Faulenbach, Die Geschichte in der Arbeiterbildung, in: BIK 1 (1982), S. 11–27.

203 Bernd [Faulenbach], Arbeitsvorhaben im Arbeitsschwerpunkt „Geschichte der Arbeiterbildung, Geschichte in der Arbeiterbildung", 19.2.[1982], S. 2, in: RUB-Archiv R03 Nr. 96. Das Akronym LUSIR steht für das große Forschungsvorhaben „Lebensgeschichte und Sozialkultur im Ruhrgebiet", das von Lutz Niethammer geleitet wurde. Vgl. Caspers et al., Ruhrgebietsliteratur, S. 296–301.

204 Der Minister für Wissenschaft und Forschung des Landes Nordrhein-Westfalen an den Geschäftsführenden Vorstand des Forschungsinstituts für Arbeiterbildung e. V. Herrn Rektor Professor Dr. Knut Ipsen, 29. Nov. 1982, in: RUB-Archiv R03 Nr. 96.

dem „Zeitgeist"[205]. Letztlich sollte es noch zehn weitere Jahre dauern, bis das Institut einen neuen Namen erhielt. Umbenannt wurde vorab die Institutszeitschrift. Der unscheinbare Titel „Beiträge – Informationen – Kommentare" wurde durch „Jahrbuch Arbeit, Bildung, Kultur" ersetzt. Bernd Faulenbach hielt diesen Dreiklang auch als Institutsname für angebracht, da sich darin die Tätigkeitsfelder des FIAB widerspiegelten[206]. Der Akteur ‚Arbeiter' hatte darin keinen Platz mehr, als Selbstreferenz sollten nun drei Strukturbegriffe dienen, die das potentielle Wirkungsfeld des Instituts völlig universalisiert hätten[207].

Die Abwendung vom ‚Arbeiter' erfolgte dabei ganz bewusst und wurde auch vom weiteren Umfeld des FIAB mitvollzogen. ‚Arbeiter' wie auch ‚Angestellte' erschienen aber nicht nur als „Begriffe der Vergangenheit"[208]. Ein fundamentales Argument führte Wilke Thomssen, Mitglied des FIAB-Kuratoriums, ins Feld. Ganz im Geiste des *linguistic turn* ging er von der Prämisse aus, beim ‚Arbeiter' handele es sich um einen „Klassifikationsbegriff, der eine Zuschreibung vornimmt, also Menschen in bestimmten Arbeits- und Lebenssituationen ‚definiert'." Die Definitionsmacht liege aber ausschließlich bei den „großen Theoretiker[n]" und deren Theorien, während die so Bezeichneten „als Akteure und Opfer unter diesen Wahrheitsanspruch fielen."[209] Hier klingt bereits an, dass es sich bei der Rede vom ‚Arbeiter' um eine Zumutung für die Betroffenen handelte, da sie gemäß den Vorgaben der Theorien handeln mussten, um sie durch den praktischen Vollzug als wahr zu erweisen[210]. Im nächsten Schritt setzte Thomssen zu einer radikalen Beschränkung der Begriffsreichweite von ‚Arbeiter' an, die in der Aussage gipfelte,

> daß der Arbeiter oder Arbeitnehmer nur noch das ist, was die Handlungen oder Handlungsstrategien der Gewerkschaften aus ihm machen. Ich bin Arbeiter oder Arbeitnehmer nur insofern und in dem Maße, als ich als Arbeitender in den gewerkschaftlichen Strategien und Handlungen symbolisch vorkomme. Nur das an mir ist Arbeitnehmer, was von den Gewerkschaften vertreten wird, im übrigen bin ich alles andere.[211]

---

205 FIAB, Protokoll, 29.11.1991, S. 4.

206 Ibid.

207 Als der Name später erneut ins Gespräch gebracht wurde, kritisierte der Historiker Dietmar Petzina, damals Rektor der RUB, den damit verbundenen Anspruch als „sehr hoch". Forschungsinstitut für Arbeiterbildung e. V., Protokoll über die 38. Vorstandssitzung, 5. April 2000, S. 5, in: RUB-Archiv FIAB Nr. 104.

208 Gerd Hurrle/Franz-Josef Jelich (Hrsg.), ‚Arbeiter', ‚Angestellte' – Begriffe der Vergangenheit?, Marburg 1996.

209 Wilke Thomssen, Hermeneutik versus Wissenschaft – Bildung als diskursives Verstehen, in: JABK 11 (1993), S. 97–112, hier S. 97.

210 Vgl. ibid., S. 98 f.

211 Ibid., S. 99.

‚Arbeiter' wie auch ‚Arbeitnehmer' wiesen für Thomssen keinen lebensweltlichen Erfahrungsgehalt auf, er sah in ihnen nicht mehr als eine Sprachfunktion. Auf dieser Grundlage kam er zum Schluss, selbst Gewerkschaften sollten „die Besucher ihrer Veranstaltungen" nicht länger auf diese Weise adressieren. „Angemessener wäre es, sie schlicht als Bürger und Bürgerinnen zu akzeptieren, mit denen ein politischer Diskurs über konsensuelle und nicht-konsensuelle Themen geführt wird."[212] Dass auch der Bürgerbegriff auf gleiche Weise dekonstruierbar ist, problematisierte Thomssen interessanterweise überhaupt nicht. Immerhin operierte jener, anders als der kollektiv überformte Arbeiterbegriff, auf der gleichen Ebene wie der von Thomssen präferierte Subjektbegriff. Ähnlich wie der Soziologe Ditmar Brock führte auch Thomssen das Subjekt als kleinste und damit nicht hintergehbare epistemologische Einheit ein[213], denn „das, was wir den Bildungsprozeß eines Menschen nennen, vollzieht sich je individuell im einzelnen Subjekt."[214] Am Ende seines Argumentationsgangs blieb von der ‚Arbeiterbildung' eigentlich nichts mehr übrig, zumal er die Gewerkschaften implizit in die Rolle des Gegners der Subjekte gedrängt hatte.

Was Thomssens Ausführungen vermissen ließen, war eine „sorgfältige Analyse der Aktivitäten des ‚traditionellen' Klassengegners". Dieses Manko hatte schon fünf Jahre zuvor der Erziehungswissenschaftler Peter Alheit, wie Thomssen Professor an der Universität Bremen, in einem Artikel in der FIAB-Zeitschrift als Charakteristikum all jener Ansätze beklagt, die das Ende der Arbeiterbewegung ausriefen. Zwar räumte auch er „einen Prozeß der schleichenden ‚Klassen-Entbildung'" ein, doch schob er präzisierend hinterher, die Empirie deute „gewiß nicht auf eine ökonomische, aber doch auf eine soziale und ideologische Klassendekonstitution" hin[215]. Für Alheit war die Adressierung von Menschen als ‚Arbeiter' oder ‚Arbeitnehmer' folglich keine sprachliche Zumutung seitens der Gewerkschaften oder Theoretiker, sondern ein passender Indikator für die Fortexistenz des Klassengegensatzes. Dieser wirkte als sozialer Faktor unabhängig davon, ob er benannt oder verschwiegen wurde. Was hatte es zu bedeuten, wenn die Mitarbeiterinnen und Mitarbeiter des FIAB nun auf die Strukturbegriffe Arbeit, Bildung und Kultur setzen wollten?

212 Ibid., S. 100.

213 Vgl. Brock, Der schwierige Weg, S. 32 f.

214 Thomssen, Hermeneutik, S. 102.

215 Peter Alheit, Arbeit, Lebensweise und Kultur. Zur Veränderung der sozialen Reproduktionsbedingungen der Arbeiterklasse, in: BIK 7 (1988), S. 22–52, hier S. 32, 43.

9.3.2 Kultur, Identität, Subjekt

Eine besondere Beachtung der Kultur hatte schon Reimut Jochimsen auf der Gründungsversammlung des FIAB eingefordert. Doch erst in der zweiten Hälfte der 1980er Jahre gewann das Thema in der Institutsarbeit an Prominenz. 1987 veröffentlichte Bernd Faulenbach einen Problemaufriss, um die Herausforderungen zu benennen, mit denen sich die Arbeiterbildung konfrontiert sah:

> Arbeitszeitverkürzung für breite Arbeitnehmergruppen führt zum Anwachsen von Freizeit, auch zu einer relativen Abnahme der Bedeutung von Arbeit. [...] Da Arbeit bislang in unserer Gesellschaft in mancher Hinsicht den Kern persönlicher Identität prägt, stellt sich die Frage, wie Identität neu gestiftet werden kann. [...] Können Bildung und Kultur Ersatz für Arbeit sein und Lebenssinn stiften?[216]

Arbeit, Bildung und Kultur erkannte Faulenbach als identitätsstiftenden Faktoren Funktionsäquivalenz zu. Bildung und Kultur konnten folglich als Kompensation für Arbeit wirken[217], ja diese letztlich überflüssig machen, mussten dafür aber „eine Eigenwertigkeit erhalten“[218]. In Faulenbachs Ausführung sind mithin schon Argumentationsstrukturen angelegt, auf die später Wilke Thomssen zurückgreifen sollte. Auch die Sonderstellung, die Faulenbach der Identität als Richtgröße der Bildungsanstrengungen einräumte, erinnert an die prominente Verwendung des Subjektbegriffs bei Thomssen. Identität wie auch Subjekt fungierten in beiden Entwürfen als Kontinuitätsanker, und beide Male spielte das jeweilige Geschichtskonzept hierbei eine entscheidende Rolle. Thomssen wollte, wie viele seiner Zeitgenossen, zu Beginn der 1990er Jahre nicht mehr an ein „utopisches Projekt“ glauben, wobei er nicht nur die Versprechungen des Sozialismus, sondern der gesamten Aufklärung abschrieb. Wenn aber „Aufklärung weder Versöhnung noch Erlösung sein kann“, blieb seiner Meinung nach nur noch die „Aufgabe [...], uns immer wieder neu zu beschreiben“[219]. Thomssen richtete seinen Blick sehr stark auf die Offenheit der Zukunft. Es lag folglich in den Händen der Zeitgenossen, sich in einem freien Diskurs über die Art des künftigen Zusammenlebens zu verständigen. Dem Blick zurück in die Geschichte schrieb er dabei die Funktion des negativen Korrektivs zu. Ziel war es, „aus der kritischen Bestimmung des Schlechten

---

216 Bernd Faulenbach, Arbeiterbildung zwischen Traditionalismus und Technizismus. Zur Frage eines zeitgemäßen Konzeptes, in: BIK 6 (1987), S. 26–41, hier S. 32.

217 Vgl. Kurt Johannson/Franz-Josef Jelich, Thesen zur gewerkschaftlichen Kulturarbeit, in: BIK 7 (1988), S. 101–107, hier S. 104.

218 Ibid., S. 38.

219 Thomssen, Hermeneutik, S. 110.

heraus Wege zum Guten zu suchen“[220]. Faulenbach hatte dagegen zu Beginn der 1980er Jahre auf eine positive „Aneignung von Tradition“ als „eine wesentliche Komponente der Identitätsbildung“ gesetzt, der Geschichte als einer Art Problemgeschichte der Gegenwart zugleich aber auch eine kritische Funktion zugewiesen[221]. Wenn Faulenbach gegen Ende des Jahrzehnts der Kultur mehr Gewicht zumaß, so war es also zunächst nur eine Verschiebung, die Geschichte und Kultur betraf.

Tatsächlich bewegten sich seine Überlegungen 1987 trotz allem noch in den Bahnen der traditionellen ‚Arbeiterbildung'. Wie Alheit ging er im Anschluss an Josef Mooser von der Fortexistenz des Proletariats aus, er setzte weiterhin auf Negts Ansatz der „soziologischen Phantasie“ als Instrument zur Änderung der herrschenden Verhältnisse und er rückte die „Frage der Machtstrukturen“ in den Mittelpunkt der Arbeiterbildung[222]. Die Einführung der neuen Technologien, auf die der zweite Teil seines Titels verwies, und die damit verbundenen Entwicklungen schlugen sich in drei Punkten nieder. Faulenbach betonte aufgrund der wachsenden Freizeit die Notwendigkeit, in der Arbeiterbildung die „Wechselbeziehung“ zwischen betrieblichem und außerbetrieblichem Bereich zu „reflektieren“[223]. Ruft man sich den ursprünglich geplanten Schwerpunktbereich der stadtteilnahen Arbeiterbildung in Erinnerung, stellte auch diese Forderung kein allzu großes Novum dar. Neu war hingegen die Betonung der „Spannung zwischen individueller Selbständigkeit und kollektiven Interessen“, welche die Arbeiterbildung „zum Thema […] machen und damit produktiv […] gestalten“ sollte[224]. Schon früher hatte sich das FIAB zwar zur „Befähigung zu individuellem und kollektivem Handeln“ bekannt, doch wurden beide damals als komplementär angesehen[225]. Das Eingehen auf die „Subjektivitätspotentiale“ der Einzelnen war dabei nicht rein defensiv, sondern lag auch im Interesse der Gewerkschaften, die, ganz ähnlich wie die Unternehmen, ihre Ziele dadurch besser durchzusetzen hofften[226]. Von besonderer Bedeutung ist der dritte Punkt. Faulenbach erwartete von der Arbeiterbildung, „daß in diesem Begriff ein Bewußtsein historischer Veränderung und Veränderbarkeit von Gesellschaft von zentraler Bedeutung ist.“[227] Dies hört sich zunächst nicht allzu brisant an, stellte die „Veränderbarkeit von Gesellschaft“ doch die Grundannahme der Arbeiterbewegung dar. Zweifel an dem damit verbundenen Fortschrittsglauben säte je-

220 Ibid.
221 Faulenbach, Geschichte in der Arbeiterbildung, S. 14.
222 Vgl. Faulenbach, Arbeiterbildung zwischen Traditionalismus und Technizismus, S. 36 f.
223 Ibid., S. 38.
224 Ibid., S. 37.
225 O. V., Aspekte der Forschungsarbeit, S. 3.
226 Vgl. Johannson, 15 Jahre gewerkschaftliche Arbeiterbildung, S. 22.
227 Faulenbach, Arbeiterbildung zwischen Traditionalismus und Technizismus, S. 38 f.

doch der Verweis auf das „Bewußtsein historischer Veränderung", der die Kontingenz von Geschichte und die Offenheit der Zukunft herausstellte. Die in dieser Aussage dargelegte Funktion von Geschichte näherte sich folglich der Position von Thomssen an, da sie die Plausibilität von Traditionsstiftung unterminierte. Nicht von ungefähr vollzog sich der „Übergang von der Arbeiter- zur Subjektbildung" der gewerkschaftlichen Bildungsarbeit als „Konflikt zwischen ‚Traditionalisten' und ‚Modernisierern'", wobei Letzteres eine Selbst-, Ersteres eine pejorative Fremdbezeichnung darstellte[228]. Ambivalenz zwischen Arbeiter- und Subjektbildung prägte nun auch die Zieldefinition, mit der Faulenbach seine Revision der ‚Arbeiterbildung' schloss. Sie sollte an „Selbstbestimmung, Partizipation und Solidarität" orientiert sein[229]. Ein Begriff, der in diesem Dreiklang fehlte, war die Emanzipation, was insofern überrascht, als in den FIAB-Publikationen zuvor fast immer Partizipation in einem Atemzug mit Emanzipation genannt worden war.

In den folgenden Jahren verschoben sich die Gewichte weiter. 1988 konstatierte Faulenbach „[a]ngesichts des Fehlens von realen Gestaltungsräumen bzw. der Schwierigkeit grundlegender Veränderungen" ein verstärktes Ausweichen auf „die kulturelle Ebene"[230]. Schon ein Jahr zuvor hatten Kurt Johannson und Franz-Josef Jelich ihre Hoffnung auf die „kulturelle Phantasie" gesetzt[231], während Negt bekanntlich von einer „soziologischen Phantasie" gesprochen hatte. 1993 sah Johannson viele Gründe „für eine Aufweichung des ökonomischen Paradigmas der gewerkschaftlichen Bildungsarbeit, wenn nicht gar für einen Wechsel"[232]. Hier schlug ein Trend durch, der seit Ende der 1970er Jahre auch die Soziologie erfasst hatte: die „Kulturalisierung des Sozialen"[233].

Ebenfalls im Jahr 1993 publizierten die Mitarbeiterinnen und Mitarbeiter des FIAB ihre überarbeiteten Thesen zur Arbeiterbildung, die sie auf der Tagung zwei Jahre zuvor vorgetragen hatten. Für Isolde Ludwig stellten sie einen Versuch dar, „kritisch" an die Arbeiterbildung „anzuknüpfen"[234]. Tatsächlich finden sich in den FIAB-Thesen Gedanken, die der traditionellen Arbeiterbildung entstammen, und die Autorin und Autoren waren sichtlich bemüht, selbst die Bezüge zu dieser Tra-

228 Ludwig, Jenseits von Traditionalisten, S. 16 f. (Hervorhebungen gelöscht), 20.

229 Faulenbach, Arbeiterbildung zwischen Traditionalismus und Technizismus, S. 38.

230 Bernd Faulenbach, Von der Klassenkultur zur Massenkultur? Zur Frage der historischen Einordnung der Arbeiterkultur, in: BIK 7 (1988), S. 4–21, hier S. 15.

231 Johannson/Jelich, Thesen zur gewerkschaftlichen Kulturarbeit, S. 103.

232 Kurt Johannson, Gewerkschaftliche Arbeiterbildung zwischen reflexivem Wissen und Verwendungsbezug. Die Debatte über die Reform der Bildungsarbeit am Beispiel der IG Metall, in: JABK 11 (1993), S. 119–140, hier S. 140.

233 Reckwitz, Gesellschaft, S. 85 (Hervorhebung gelöscht).

234 Ludwig, Jenseits von Traditionalisten, S. 11.

dition herauszustellen. ‚Arbeiterbildung' definierten sie als „interessenorientiert und arbeitsbezogen (im Sinne von Erwerbsarbeit)", die als „Praxis des solidarischen Handelns [...] die Veränderung der Macht- und Herrschaftsverhältnisse" anstrebe. Die Zielgruppe fassten sie zu Beginn ihrer Abhandlung etwas enger, als dies 1980 der Fall gewesen war. Denn es sollten nur jene Teile der Arbeitnehmerschaft darunterfallen, die „in ihrer Teilhabe an Bildung und in ihrer sozialen, politischen, kulturellen und persönlichen Entfaltung eingeschränkt sind."[235] Schon bei der Problemanamnese zeigten sich deutlich die Einflüsse der Modernisierungsfraktion. Hatten Faulenbach und Alheit noch explizit auf die Existenz eines Proletariats in der Bundesrepublik verwiesen, war jetzt nur noch in einem Nebensatz die Rede vom Fortbestand der „Klassenbeziehungen". Die Hauptaussage war nun dem Fakt vorbehalten, dass „[i]m Bewußtsein vieler Arbeitnehmer [...] der Gegensatz von Lohnarbeit und Kapital zu einem neben anderen Gegensätzen" geworden sei[236]. Diese durch einzelne kritische Einschübe nur leicht gebremste Öffnung gegenüber neuen Gesellschaftsdeutungen ist charakteristisch für die Thesen. So legten die FIAB-Mitarbeiter ihr Augenmerk auf die „zunehmende Segmentierung", die „wachsende[] Differenzierung" sowie auf den „Prozeß realer bzw. vermeintlicher Individualisierung"[237]. Zwischen den Zeilen klangen also Zweifel an der Validität dieser Diagnosen an, doch letztlich hatte das Autorenteam diesen nichts entgegenzusetzen. Aufschlussreich ist, was Kurt Johannson Mitte der 1980er Jahre noch zum Deutungsmusteransatz geschrieben hatte, der in den 1970er Jahren in der gewerkschaftlichen Bildungsarbeit zum Einsatz gekommen war. Diesem Ansatz lag die Prämisse zugrunde, dass „die Teilnehmer bei der Deutung ihrer Praxis herrschende Ideologien [übernehmen], die in verschieden starker Ausprägung ihr Bild von der Wirklichkeit auf bestimmte Weise verzerren." Die Lehrkräfte sollten daher aufzeigen,

> daß sich falsche Vorstellungen und Ideen als notwendige Legitimation bestimmter Erscheinungen der kapitalistischen Produktionsverhältnisse dem Alltagsbewußtsein „aufdrängen", aber sich gleichwohl als Handlungsbarrieren erweisen können, so z. B. wenn die Unterlegenheit der Arbeitnehmer gegenüber dem Kapital als strukturell und naturhaft vorgegeben gedeutet wird.[238]

Anstatt aber ihre Zweifel an der Validität der geläufigen Gesellschaftsdeutungen zum Ausgangspunkt des Bildungsprozesses zu nehmen, vollzogen die FIAB-Mitar-

---

235 Karin Derichs-Kunstmann/Bernd Faulenbach/Franz-Josef Jelich et al., Thesen zu einer Neubestimmung der Arbeiterbildung in den 90er Jahren, in: JABK 11 (1993), S. 251–265, hier S. 252.

236 Ibid., S. 253.

237 Ibid., S. 253 f.

238 Johannson, 15 Jahre gewerkschaftliche Arbeiterbildung, S. 12.

beiter die Wende zum Subjekt nach. Aufgrund der postulierten gesellschaftlichen Desintegrationsprozesse erklärten sie „die Vorstellung eines einheitlichen Subjekts der Arbeiterbildung [für] irreal". Folglich sahen sie, ganz wie Thomssen, die Arbeiterbildung nun vor der Aufgabe, „die differenzierten Interessen ihrer Adressaten kommunikativ zu ermitteln". Auch sollten die Bildungsangebote der Arbeiterbildung künftig zielgruppenspezifisch gestaltet sein, ja „eine verstärkte Individualisierung" wurde als Notwendigkeit ausgegeben[239]. Entsprechend gestaltete sich der Lernzielkatalog, der hauptsächlich auf „Persönlichkeitsbildung" hin ausgerichtet war. Diese sollte „personelle Identität" schaffen[240], also nicht mehr, wie noch 1982 formuliert, „ein Bewußtsein sozialer Identität"[241], und im Weiteren die Kompetenzen „Kommunikations- und Diskursfähigkeit", „Analyse- sowie Kritikfähigkeit", „Solidarisierungsfähigkeit", „Fähigkeit zur sozialen Phantasie", „Verantwortungsfähigkeit" sowie „Gestaltungsfähigkeit" umfassen[242]. Sieht man von der Solidarisierungsfähigkeit ab, hätte dieser Zielkatalog auch aus einem Managementratgeber stammen können.

Bis zu einem gewissen Grad ist diese Schwerpunktverlagerung nachvollziehbar. So hatte mit Karlheinz Hiesinger ein Fürsprecher der Modernisierer den Sitz im geschäftsführenden Vorstand des FIAB-Trägervereins übernommen. Überdies hatte die gewerkschaftliche Arbeiterbildung, wie Kurt Johannson rückblickend feststellte, lange Zeit „große Probleme mit der Kategorie des einzelnen" gehabt, sodass methodisch ein Nachholbedarf bestand[243]. Andererseits drohten die FIAB-Thesen dieses Defizit nun überzukompensieren, was zu Lücken und Widersprüchen führte. Denn obwohl die Bildungsinteressen der Teilnehmenden im Mittelpunkt stehen sollten, obwohl von Interessendivergenzen als Normalfall ausgegangen wurde, sollte die Arbeiterbildung helfen, „die Segmentierungen, die unter Arbeitnehmern existieren, zu überwinden", „das Bild einer neuen, gemeinsamen Gesellschaft [zu] entwickeln", ja gar den „Absturz in Inhumanität und Selbstzerstörung zu vermeiden"[244]. Wie genau dies erreicht werden sollte, blieb aber offen. Weder bot ein Gegenkonzept, von dem heraus Kritik an den bestehenden Verhältnissen hätte mobilisiert werden können, Orientierung, noch spielten kollektive Akteure in den Thesen eine Rolle. Stattdessen bürdeten die Autorin und Autoren dem Subjekt die Verantwortung auf, „die Folgen des eigenen Handelns sowohl für die eigene Zukunft als auch letztlich für die Zukunft der ganzen Menschheit ab-

239 Derichs-Kunstmann et al., Thesen, S. 260, 263.
240 Ibid., S. 259.
241 O. V., Aspekte der Forschungsarbeit, S. 3.
242 Derichs-Kunstmann et al., Thesen, S. 259 f.
243 Johannson, Gewerkschaftliche Arbeiterbildung, S. 135 (Zitat), 136.
244 Derichs-Kunstmann et al., Thesen, S. 262 f., 258.

zuschätzen und dementsprechend nach ethischen Prinzipien verantwortlich zu handeln."[245] Emanzipation war in diesem Ansatz völlig ihrer materiellen Substanz verlustig gegangen, übrig blieb eine rein prozedurale Konzeption, die darauf setzte, dass allein schon individuelle Diskursfähigkeit den gewünschten Effekt zeitigen werde.

Auf diesen unvermittelten Sprung vom Konkreten zum Universellen stößt man in den Thesen immer wieder. Er sorgte dafür, dass die sich angeblich aus ihren „Zielgruppen", „Bildungsziele[n], Inhalte[n] und Methoden" ergebende Eigenständigkeit der ‚Arbeiterbildung' Stück für Stück verloren ging[246]. Aus der Behauptung, es existiere kein einheitliches Subjekt der Arbeiterbildung, folgte gegen Ende ihres Textes eine allumfassende Zielgruppenbestimmung:

> Arbeiterbildung richtet sich in erster Linie an die abhängig Beschäftigten (weiblich wie männlich) und ihre Familien, sowie an diejenigen Menschen, die darauf angewiesen sind, ihre Arbeitskraft zu verkaufen (z. B. Arbeitslose), es in absehbarer Zeit wieder tun wollen (z. B. Hausfrauen bzw. Hausmänner) bzw. die es in einem anderen Lebensabschnitt getan haben (Rentnerinnen und Rentner).[247]

Es stellt sich die Frage, an wen sich die Arbeiterbildung eigentlich nicht richtete, zumal der Verweis „in erster Linie" beliebige Ausweitungen zuließ. Inhaltlich sollte sie „die Gesamtheit aller Lebensverhältnisse" erfassen, politisch alle regionalen, nationalen sowie europäischen Probleme behandeln und schließlich noch „die Dimensionen Vergangenheit, Gegenwart und Zukunft [...] umfassen"[248]. Am Ende konnte man leicht zu dem Schluss kommen, dass sich Arbeiterbildung höchstens noch marginal von der Erwachsenenbildung unterschied.

Ohne Zweifel verfügte die Individualisierungsthese über große Wirkmacht, der sich auch die FIAB-Beschäftigten nur schwer entziehen konnten. Und doch hatte ihnen Peter Alheit wenige Jahre zuvor schon Gegenargumente geliefert. Das Diktum Ulrich Becks aufgreifend, wonach Karl Marx selbst ein Verfechter der Individualisierung gewesen sei, verwies Alheit auf die Herausforderung der Arbeiterbewegung im 19. Jahrhundert, aus proletarisierten Individuen eine Klasse zu schmieden. Seine Erkenntnis lautete daher: „‚Individualisierung' ist also keine neue Erfahrung für die Arbeiterklasse." Im Aufkommen der neuen sozialen Bewegungen, bei denen es sich seiner Meinung nach um proletarisierte akademische Schichten handelte, sah Al-

---

245 Ibid., S. 259 f. Vgl. zu dieser Kritik bereits Ludwig, Jenseits von Traditionalisten, S. 165 f.
246 Derichs-Kunstmann et al., Thesen, S. 252.
247 Ibid., S. 260.
248 Ibid., S. 262.

heit eine historische Parallele, welche eine Chance zur Erneuerung der Arbeiterbewegung bot[249].

Warum aber findet sich im Thesenpapier nicht der geringste Hinweis auf diese Möglichkeit? Einen Anhaltspunkt liefert ein internes Arbeitspapier, das Kurt Johannson Mitte 1998 verfasste. Gleich zu Beginn erinnerte er an die Ausgangsfrage, die den Thesen zu Beginn der Dekade zugrunde gelegen sei: „Geht der Arbeiterbildung das Subjekt verloren?" Aus seiner Sicht hatte sich die Situation seither „dramatisch verändert", denn schon bisher seien „3,4 Millionen Stellen ersatzlos weggefallen", während weitere „10 Millionen Arbeitsplätze" der Rationalisierung zum Opfer zu fallen drohten. Doch damit nicht genug. Er führte Prognosen aus den USA an, wonach künftig nur noch jede und jeder fünfte Erwerbsfähige einen Arbeitsplatz finden werde[250]. Gegen ein solches Bedrohungsszenario hätte auch eine erfolgreiche Integration der neuen sozialen Bewegungen in die ‚Arbeiterklasse' nichts ausrichten können. Ein zweiter Grund dürfte in der Einbindung des FIAB in den universitären Wissenschaftsbetrieb gelegen haben. Wie erwähnt, hielt der neue Rektor der RUB ein Festhalten an einer historischen Kategorie schlichtweg für indiskutabel. Dies ist insoweit verständlich, als die wissenschaftliche Logik dem Neuen einen inhärenten Wert zuerkennt. Sich in der innergewerkschaftlichen Bildungsdebatte auf die Seite der Traditionalisten zu stellen, wäre folglich inopportun gewesen. Selbst Kurt Johannson, der so eng mit dem Sprockhöveler Modellseminar und dem Deutungsmusteransatz verwoben war[251], ließ sich auf die Frage ein, „inwieweit […] Modelle und Deutungsmuster aus den 70er Jahren – zwanzig Jahre danach – Denken und Handeln der Gewerkschafter/innen noch hinreichend zu orientieren vermögen"[252]. Und doch überrascht, wie wenig Resilienz das FIAB nur ein Jahr nach dem Ausscheiden von Hans Preiss gegenüber den Modernisierungsbestrebungen aufzubringen vermochte.

9.3.3 Arbeiterbildung in der neuen Republik

Auch ohne formelle Umbenennung des Instituts vollzogen sich in den folgenden Jahren Absetzbewegungen von dem ursprünglichen Untersuchungsgegenstand. Im Arbeitsbereich „Betriebliche Weiterbildung" etwa konnte das VW-Projekt nicht

249 Vgl. Alheit, Arbeit, Lebensweise und Kultur, S. 39 (Zitat), 42 f.

250 Kurt Johannson, Arbeitsschwerpunkt: „Gewerkschaftliche Bildungsarbeit / Kulturelle Bildung". Arbeitsperspektiven, Stand Juni 1998, S. 1 (Zitate), 2, 3 (Zitat), in: AdsB Bestand FIAB, Ordner JF Kongresse FIAB-AKs.

251 Zur Kritik daran vgl. Ludwig, Jenseits von Traditionalisten, S. 87 f.

252 Johannson, Gewerkschaftliche Arbeiterbildung, S. 126.

fortgeführt werden. Stattdessen gelang es Michael Schuler, EU-Fördermittel zu akquirieren, die dem Institut aber auch keine dauerhafte finanzielle Sicherheit boten[253]. Inhaltlich kamen mit diesen Projekten zwar das Ruhrgebiet und die Montanindustrie zurück auf die Tagesordnung, aber es waren nun Industrien in Abwicklung. Gefragt waren Qualifizierungsmaßnahmen für die von Arbeitslosigkeit bedrohten Bergleute ebenso wie für die ehemaligen Stahlarbeiter von Rheinhausen. Letztere sollten in ausgegründeten kleinen und mittleren Unternehmen eine Anschlussverwendung finden. Für diese neuen Unternehmen entwickelte das FIAB Kurse für das Management, ebenso wurde die Zukunft der Meisterwirtschaft untersucht[254]. Solche Bildungsmaßnahmen hatten nichts mehr mit der klassischen ‚Arbeiterbildung' gemein, doch fügten sich diese Forschungsvorhaben sehr gut in das Konzept der Modernisierer ein. Sie hatten gar nicht mehr den Anspruch, das kapitalistische System zu überwinden, sondern verschrieben sich der Idee, den Kapitalismus zu managen[255]. Schulers Arbeitsbereich lieferte damit, anders als noch beim VW-Projekt, keine empirischen Belege mehr für die Fortexistenz der Arbeiterschaft, sondern bestätigte vielmehr die Segmentierung der Arbeitnehmerschaft.

Kompetenzen, die aus der Erforschung arbeitnehmerspezifischer Fragen stammten, wurden folglich auf neue Themenbereiche transferiert. Der Arbeitsbereich von Bernd Faulenbach zeigte dagegen ein höheres Maß an Kontinuität. Sein großes Oral History-Projekt der 1990er Jahre beschäftigte sich mit dem Geschichtsbewusstsein von Arbeitnehmern in Ost- und Westdeutschland[256] und widmete sich damit der klassischen Zielgruppe. Doch anders als in der Stahlwerkstudie der frühen 1980er Jahre waren die Rollen von Forschenden und Erforschten klar getrennt. Überdies pries das Forschungsteam nun die Herkunft der wissenschaftlichen Mitarbeiterin aus Ost- und ihres Kollegen aus Westdeutschland als Vorzug an. Dagegen wurden der *gender*- wie der *class*-Aspekt weder problematisiert noch als besondere Qualität herausgestellt[257]. Auch hatte sich die mit dem Projekt avisierte Funktion von Geschichte verändert, denn es sollte nicht mehr um Identitätsbildung und das Aufzeigen von Alternativen gehen, sondern eher um das Erstellen einer

253 Vgl. Klaus Dörre an die Mitglieder des FIAB-Vorstandes, 2. April 2001, Vorlage zum TOP Institutsreform, S. 5, in: RUB-Archiv FIAB Nr. 104.

254 Vgl. exemplarisch die vom Arbeitsbereich „Berufliche Weiterbildung im betrieblichen und regionalen Strukturwandel" aufgeführten Projekte: FIAB, Forschungsbericht 1998, S. 19–36.

255 Vgl. Ludwig, Jenseits von Traditionalisten, S. 27 ff.

256 Vgl. Bernd Faulenbach/Annette Leo/Klaus Weberskirch, Zweierlei Geschichte. Lebensgeschichte und Geschichtsbewußtsein von Arbeitnehmern in West- und Ostdeutschland, Essen 2000.

257 Vgl. Forschungsinstitut für Arbeiterbildung e. V., Protokoll über die 26. Vorstandssitzung, 15. April 1994, S. 3, in: RUB-Archiv FIAB Nr. 103.

mental map der Arbeitnehmerschaft in Ost- und Westdeutschland. Damit konnten einerseits Differenzen dieser Gruppen aufgezeigt werden, aber es kam darin auch eine gewisse Skepsis den Untersuchungsobjekten gegenüber zum Ausdruck. Arbeitnehmer beziehungsweise Industriearbeiter, vor allem die ostdeutschen, waren als potentiell demokratiegefährdende Masse zurückgekehrt, die erst noch zu verlässlichen Staatsbürgern erzogen werden mussten. Diese Ergebnisse bewertete ein Rezensent als „[a]larmierend"[258].

In der Tagesarbeit des FIAB wirkte der Arbeiterbildungsbegriff also auch in den 1990er Jahren noch untergründig fort. Und an anderer Stelle zeigte sich, dass mit ihm noch immer kritisches Potential verbunden war. Marktsemantiken hatten im Alltag des FIAB nun endgültig Einzug gehalten, und der Drittmittelanteil wie vor allem die DFG-Antragsfähigkeit waren als valide Kriterien wissenschaftlicher Exzellenz akzeptiert[259]. Statt der ursprünglich angestrebten Sozialisierung der Wissenschaft sah sich das FIAB nun mit deren Ökonomisierung konfrontiert. Vor allem Kurt Johannson kritisierte die „allgemeine Tendenz, Deutschland fast nur noch als Wirtschaftsstandort zu betrachten", denn diese Entwicklung gehe auf Kosten der politischen Bildung, die wiederum ein integraler Bestandteil der traditionellen ‚Arbeiterbildung' gewesen war[260]. Johannson bemühte sich laut Protokoll, die Dinge wieder zurechtzurücken:

> Wenngleich die Anzahl der eingeworbenen Drittmittelprojekte auch als Ausweis für die wissenschaftliche Bonität des Institutes gewertet werden könne, so dürfe das Drittmittelvolumen nicht der alleinige Bewertungsmaßstab für die wissenschaftliche Leistungsfähigkeit des Institutes sein. Es müsse möglich sein […], auch Forschungsfragen zu bearbeiten, die nicht in kostenstarke Projekte einfließen.[261]

Als problematisch erwies sich jedoch, dass nun ausgerechnet die Gewerkschaften als Stütze wegzubrechen begannen. So deutete sich eine Orientierungskrise dieser Organisationen an. Selbst wenn die IG Metall 1983 eine Umfrage unter den Metallarbeitern zu deren Einstellung bezüglich der Wochenarbeitszeit beim FIAB in

---

258 Jan Philipp Sternberg, Rezension zu: Faulenbach, Bernd; Leo, Annette; Weberskirch, Klaus: *Zweierlei Geschichte. Lebensgeschichte und Geschichtsbewußtsein von Arbeitnehmern in West- und Ostdeutschland.* Essen 2000, in: H-Soz-Kult, 10.09.2000, <http://www.hsozkult.de/publicationreview/id/rezbuecher-533> (11.08.2023).

259 Vgl. FIAB, Protokoll, 23.11.2000, S. 7.

260 Auch andere Beteiligte sorgten sich um die politische Bildung. Vgl. Forschungsinstitut für Arbeiterbildung E.V., Protokoll über die 33. Vorstandssitzung, 21. November 1997, S. 4, in: RUB-Archiv FIAB Nr. 103 sowie Forschungsinstitut für Arbeiterbildung e.V., Protokoll über die 36. Vorstandssitzung, 23. April 1999, S. 2, in: RUB-Archiv FIAB Nr. 104.

261 Ministerium für Wissenschaft und Forschung an das Forschungsinstitut für Arbeiterbildung e.V., 23. Mai 1996, S. 1, in: RUB-Archiv FIAB Nr. 103.

Auftrag gegeben hatte, war für sie damals doch nie zur Debatte gestanden, dass eine Verkürzung auf 35 Stunden pro Woche der (einzig) richtige Weg war. Nun aber war es anders, wie eine Einlassung Siegfried Bleichers von der IG Metall verdeutlichte. Er ermunterte das FIAB, sich an der „gewerkschaftlichen Bildungsdebatte" zu beteiligen, „weil die Bildungsarbeit mit dem Existenzkampf der Gewerkschaften zusammenhängt und deren Rolle in der Gesellschaft tangiert."[262] Zugleich aber traten die Gewerkschaften ausgerechnet bei der Themensetzung im Forschungsinstitut immer weniger in Erscheinung[263], und auch finanziell zogen sie sich zurück. Johannson machte deutlich, dass dies die Zukunft des FIAB aufs Spiel setzte. Das Wissenschaftsministerium erachte die Zahlungen der Gewerkschaften nämlich „als Mindestbeitrag", durch den sie „ihre Bereitschaft dokumentieren, das Kooperationsprojekt Universität – Gewerkschaft zu tragen". Johannson befürchtete ein Ende der Landeszuschüsse und damit ein Ende des Instituts, sollten der Regierung Zweifel am gewerkschaftlichen Engagement für das FIAB kommen[264]. Zu allem Unglück stellte überdies die gewerkschaftseigene Hans-Böckler-Stiftung ihre Förderprogramme um. Seit Mitte der 1990er Jahre finanzierte sie etwa keine Geschichtsprojekte mehr. Deutlich schwerer wog ihr Beschluss, sich 2002 völlig aus der institutionellen Förderung zurückzuziehen, die bis dahin einen beträchtlichen Anteil an den Mitgliedsbeiträgen des FIAB ausgemacht hatte. Als Kompensation bot sie zwar Projektförderungen an, die jedoch nicht in den ohnehin angespannten Grundhaushalt des FIAB eingehen konnten[265].

9.3.4 Von der Emanzipation zur Partizipation

Das nahende Millennium brachte frischen Wind nach Recklinghausen. Kurt Johannson hatte erklärt, sich Ende 2000 aus Altersgründen von der Institutsleitung zurückzuziehen, und das FIAB-Kuratorium bekräftigte, das Institut umbenennen zu wollen. Widerstand regte sich nicht mehr[266]. Schließlich war es nun an der Zeit, „etwas Bezeichnenderes" zu finden. Interessanterweise ging es den Beteiligten dabei zunächst weniger um einen zu den Forschungsschwerpunkten passenden

---

262 Forschungsinstitut für Arbeiterbildung e. V., Protokoll über die 27. Vorstandssitzung, 25. November 1994, S. 6, in: RUB-Archiv FIAB Nr. 103.

263 Vgl. Forschungsinstitut für Arbeiterbildung E. V., Protokoll über die 34. Vorstandssitzung, 14. Mai 1998, S. 3, in: RUB-Archiv FIAB Nr. 103.

264 Vgl. Kurt Johannson an Siegfried Bleicher, 24. Februar 1999, S. 1 f., in: RUB-Archiv FIAB Nr. 104.

265 Vgl. Nikolaus Simon, Hans Böckler Stiftung, an Dr. Kurt Johannson, 27. Januar 1999, in: RUB-Archiv FIAB Nr. 104.

266 Vgl. FIAB, Protokoll, 19.11.1999, S. 6.

Namen. Vielmehr sollte die neue Bezeichnung mit dem etablierten Logo und Kürzel FIAB vereinbar sein[267]. Dem musste sich auch der seit dem 15. Januar 2001 amtierende Direktor Klaus Dörre, der sich gegen 16 Mitbewerbende durchgesetzt hatte[268], beugen. Sein Vorschlag „Institut für Partizipationsforschung" wäre mit dem Kürzel „IPA" einhergegangen – und daher ungeeignet[269]. Auf „Forschungsinstitut Arbeit, Bildung, Partizipation" konnte man sich jedoch verständigen[270], wenn auch „Partizipation" im Akronym ironischerweise nicht abgebildet wurde.

Kurz vor seinem Abschied hatte Kurt Johannson ein recht wehmütiges Resümee gezogen und implizit vor den Konsequenzen der Umbenennung gewarnt. „Arbeiterbildung", so führte er im Rückblick auf das Jahr 1980 aus, „war damals noch ein weithin akzeptierter Begriff." Für das Institut sei er zum „Zentralbegriff" geworden, der auch den „Institutsauftrag" definiert habe.

> Es war dann auch dieses spezifische Profil des FIAB, das die Eigenständigkeit des Institutes bewahren half, und damit der Gefahr vorbeugte, mit anderen Instituten fusioniert zu werden, denn diese Diskussion gibt es auf der Ministerialebene durchaus, wie die [...] Vergangenheit zeigte.[271]

Tatsächlich sollte sich mit dem neuen Namen einiges ändern. Die Neugestaltung der Institutsspitze erweckte dabei den Anschein, als wolle die Universität die Schmach, die die Berufung Johannsons für sie dargestellt hatte, nun rückwirkend tilgen. Johannson selbst war nie allzu glücklich mit der Einrichtung einer Doppelspitze gewesen, denn aus seiner Sicht hatte keiner der RUB-Professoren die Position des nebenamtlichen Direktors effektiv ausgefüllt[272]. Dies war auch schon frühzeitig dem Trägerverein aufgefallen. Mitte 1987 hatte dessen geschäftsführender Vorstand daher Bernd Faulenbach mit den „Aufgaben der Stellvertretung des hauptamtlichen Institutsdirektors" betraut, um mit diesem Schritt die „langjährig eingeübte[] Pra-

---

267 FIAB, Protokoll, 5.4.2000, S. 4 f. (Zitat auf S. 4).

268 Vgl. Forschungsinstitut für Arbeiterbildung e. V., Protokoll über die Außerordentliche Vorstandssitzung, 25. Oktober 2000, o. S., in: RUB-Archiv FIAB Nr. 104 sowie FIAB, Protokoll, 23.11.2000, S. 1.

269 Dörre, Vorlage zum TOP Institutsreform, S. 5.

270 Forschungsinstitut für Arbeiterbildung e. V., Protokoll über die 41. Vorstandssitzung, 5. April 2001, S. 2, in: RUB-Archiv FIAB Nr. 104.

271 Vgl. FIAB, Protokoll, 25.11.2000, S. 3 f.

272 Vgl. Dr. Kurt Johannson an Siegfried Bleicher, 11. März 1997, in: RUB-Archiv FIAB Nr. 103. Diese Sicht teilte auch Günter Brakelmann, der rückblickend auf die Schwierigkeit verwies, „mich in die laufende Arbeit einzuklinken." Prof. Dr. Günter Brakelmann an Kurt Johannson, 05.02.97, in: RUB-Archiv FIAB Nr. 103.

xis“ zu sanktionieren[273]. Aus der erzwungenen Kohabitation mit den RUB-Professoren wurde Johannson jedoch erst am Ende seiner Amtszeit entlassen, denn nachdem Günter Brakelmann sein Amt endgültig niedergelegt hatte, wurde der zweite Direktorenposten nicht neu besetzt[274]. Als dann ein Nachfolger für Johannson gesucht wurde, dachten die Verantwortlichen zwar daran, die Doppellösung wieder aufleben zu lassen, doch bereiteten sie bereits eine Änderung vor. Da sie nun eine wissenschaftlich reputierliche Person gewinnen wollten, verlangten sie von den Bewerbern, „mindestens [eine] qualifizierte Promotion“ vorweisen zu können[275]. Ein 2001 erstelltes Evaluationsgutachten, das dem FIAB eigentlich in allen wichtigen Belangen gute Arbeit bescheinigt hatte, legte die Latte sogar noch höher: „Um die wissenschaftliche Leitung des Instituts nach innen wie nach außen zu stärken, sollte künftig nur zum Institutsdirektor berufen werden, wer in Wissenschaft und Forschung ausgewiesen und habilitiert ist bzw. habilitationsadäquate Leistungen nachweisen kann.“[276] Da Klaus Dörre diesem Anspruch genügte, änderte der Trägerverein nicht nur den Institutsnamen, sondern gleich die Satzung. Seither war nur noch ein Direktor vorgesehen[277].

Dies war ein unnötiger Affront gegen Johannson. Noch ein Jahr zuvor hatten die Gewerkschaften „massiv dagegen diskutiert“, künftig nur einen Hochschullehrer an die Spitze des FIAB zu stellen, weil sie um ihre Präsenz in der Institutsdirektion fürchteten[278]. Nur wenige Monate später stellte dies offensichtlich keine Priorität mehr für sie dar. Seit 2001 gab es für das FIAB somit nur noch einen Bezugspunkt: die Universität. Einen solchen Perspektivwechsel hatte schon das externe Evaluationsgutachten nahegelegt: „Die ursprüngliche Idee einer engen Zusammenarbeit insbesondere zwischen Ruhr-Universität und IG Metall hat sich aber nicht erfüllt. [...] Für eine wissenschaftlich lebendige und produktive Institutsarbeit ist der Austausch mit der Universität unverzichtbar.“[279] Der Ressource ‚Arbeiter‘ wurde keinerlei wissenschaftlicher Mehrwert eingeräumt, stattdessen brach sich Selbstgenügsamkeit Bahn – die Wissenschaft war gewissermaßen epistemisch autark

273 Udo Wichert an Dr. Bernd Faulenbach, 28. Juli 1987, in: RUB-Archiv R03 Nr. 93.

274 FIAB, Protokoll, 23.4.1999, S. 3.

275 FIAB, Protokoll, 5.4.2000, S. 2f.

276 Arbeitsgruppe „Forschungsinstitut für Arbeiterbildung“, Stellungnahme zum Forschungsinstitut für Arbeiterbildung (FIAB) – Institut an der Ruhr-Universität Bochum, Köln, 31. März 2001, S. 16, in: RUB-Archiv FIAB Nr. 104. In der abschließenden Förderempfehlung hieß es: „Die Arbeit des Instituts wird auch in Zukunft von hohem wissenschaftlichen und gesellschaftlichen Wert sein.“ Ibid., S. 17.

277 Vgl. Forschungsinstitut Arbeit, Bildung, Partizipation (FIAB), Satzung lt. Beschluss der außerordentlichen Mitgliederversammlung vom 20. Juni 2001, S. 6, in: RUB-Archiv FIAB Nr. 104.

278 Handschriftliche Notiz, JF. 11.4.2000, in: AdsB Bestand FIAB, Ordner JF Kongresse FIAB-AKs.

279 Arbeitsgruppe, Stellungnahme, 31. März 2001, S. 15.

geworden. Diesen Gedanken trug auch Klaus Dörre vor, wenn er von seinen Mitarbeitern einforderte, „sich an wissenschaftlichen Spitzenleistungen“ auszurichten, was seiner Meinung nach nur durch „eine größere Nähe zur Universität und die Herstellung der Akquisitionsfähigkeit bei Forschungsträgern“ zu erreichen war[280]. In dieser Argumentation waren Forschungsleistung und Drittmittelakquise eng verflochten, ja letztere erschien beinahe als das eigentliche Ziel des wissenschaftlichen Arbeitens. Völlig freiwillig war diese Prioritätenverschiebung jedoch nicht. Denn nicht nur das FIAB, auch die Wissenschaftslandschaft überhaupt war unter Druck geraten, da der Finanzmittelzufluss seitens des Landes immer geringer wurde. Wissenschaftliche Exzellenz, dokumentiert am Drittmittelvolumen, war mithin zur Frage des Überlebens geworden[281].

Die Absetzbewegungen von der Tradition des FIAB führte Dörre mit aller Konsequenz durch, zumal der Vorstand des Trägervereins, dem seit der Fusion von IG BE und IG CPK mit Jürgen Walter ein Hauptvertreter der Modernisierer angehörte[282], mit seiner Berufung „die Erwartung einer wissenschaftlichen Neuprofilierung“ verbunden hatte[283]. Für Dörre deutete sich das „Ende sowohl einer gesellschaftlichen Umbruchperiode als auch eines wissenschaftlichen Deutungszyklus“ an, aus „der Hülle der alten Gesellschaft“ habe sich ein „[f]lexibler Kapitalismus“ geschält. „Klar ist jedoch, dass die Paradigmen der 80er Jahre immer weniger zur Erklärung der neuen gesellschaftlichen Realität taugen.“[284] Daher konnte Dörre auch nicht mehr viel mit den ‚Arbeitern‘ anfangen:

> In einer Gesellschaft, in der die klassischen Industriearbeiter zu einer – wenn gleich noch immer wichtigen – Minderheit geworden sind, lässt sich ein an Interessen abhängiger Arbeit ausgerichtetes Forschungsprogramm nicht mehr primär an dieser sozialen Gruppe ausrichten. Zugleich müssen wir nüchtern feststellen, dass auch der Begriff einer emanzipatorischen Arbeiterbildung inhaltlich entkernt ist. Auf ihm lässt sich ein zeitgemäßes Forschungsprogramm nicht mehr gründen. Das alte Anliegen, die Stellung abhängig Beschäftigter in der Gesellschaft zu verbessern, ist neu zu definieren. Es muss in ein neues wissenschaftliches Forschungsprogramm gegossen und in ein zeitgemäßes Institutsprofil übersetzt werden.[285]

280 Vorlage zum TOP Institutsreform, S. 3.

281 Vgl. Forschungsinstitut Arbeit, Bildung, Partizipation, Protokoll der 44. Vorstandssitzung, 3. Juli 2002, S. 2 sowie dass., Protokoll der 45. Vorstandssitzung, 13. November 2002, S. 2, beide in: RUB-Archiv FIAB Nr. 104.

282 Vgl. Ludwig, Jenseits von Traditionalisten, S. 149 ff.

283 Forschungsinstitut Arbeit, Bildung, Partizipation, Protokoll der 43. Vorstandssitzung, 5. Dezember 2001, Anlage: Powerpointpräsentation, S. 1, in: RUB-Archiv FIAB Nr. 104.

284 Vorlage zum TOP Institutsreform, S. 1 f.

285 Ibid., S. 2.

Immerhin bekannte er sich noch zu dem Ziel „der Teilhabe von ArbeitnermerInnen [sic!] an gesellschaftlichen Entscheidungsprozessen und Ressourcen", das er mit dem Partizipationsbegriff in Verbindung setzte[286]. Doch auch hier folgte eine Relativierung auf dem Fuß, denn das eigentliche Ziel waren nun „jene Großthemen [...], die den gesellschaftlichen Diskurs auf absehbare Zeit beherrschen werden". Er forderte von seinem Institut nun ein, was laut den Thesen von 1991 noch den Teilnehmenden von Arbeiterbildungsveranstaltungen vermittelt werden sollte: „die Erhöhung der Diskursfähigkeit". Auch von dieser Maßnahme erhoffte sich Dörre „eine verbesserte Akquisitionsfähigkeit des Instituts."[287]

Dass Dörre Partizipation eine solche Zentralität zuerkannte, verdeutlichte, dass sich nun der Wandel selbst als Status quo etabliert hatte. Ein auf Dauer gestellter Wandel war für Marx Charakteristikum des Kapitalismus, und auch Dörre hatte das Kapitalismuskonzept ja überhaupt erst in den Diskurs des FIAB eingeführt. Die zweite Orientierung, die Dörre leistete, ging in dieselbe Richtung und wirkte folglich als Verstärker. Es handelte sich um die Benennung des bisher abstrakt als „Strukturwandel" oder „technologischer Wandel" bezeichneten Prozesses als „Globalisierung"[288]. Direkt damit verbunden war eine Reorientierung auf die Kategorie Raum[289], die ja schon konstitutiv für die Institutsgründung 1980 gewesen war. Nun aber sollte die Regionalisierung mit einem Blick auf die überstaatliche Ebene verknüpft werden. Hierin lag die Gefahr, dass der nationalstaatliche Rahmen, der sich als wichtiger Adressat, zugleich aber auch als Garant für eben jene geforderte Partizipation erwiesen hatte, dekonstruiert wurde, sofern er als irrelevant für den Globalisierungsprozess dargestellt wurde. Freilich ließe sich an den Globalisierungsbegriff auch ein kritisch aufgeladener Kapitalismusbegriff anschließen. In Dörres Ausführungen handelte es sich aber um ein Kapitalismuskonzept, das um die ‚Arbeiter' bereinigt war[290]. Fundamentale Kritik ließ sich auf dieser Grundlage

286 Ibid.

287 Ibid., S. 3.

288 Vgl. FIAB, Protokoll, 25.10.2000, S. 6.

289 Auch inhaltlich legte Dörre seiner Kapitalismuskritik eine Raummetapher zugrunde. Vgl. Klaus Dörre, Die neue Landnahme. Dynamiken und Grenzen des Finanzmarktkapitalismus, in: ders./Stephan Lessenich/Hartmut Rosa, Soziologie – Kapitalismus – Kritik. Eine Debatte, unter Mitarbeit von Thomas Barth, Frankfurt a.M. 2009, S. 21–86.

290 Mit Blick auf die Modernisierer merkte bereits Ludwig, Jenseits von Traditionalisten, S. 27, an: „Wenn von Kapitalismus geredet wird, hat diese Bezeichnung keine analytische Dimension mehr. [...] Damit wird das emanzipatorische Ziel der Arbeiterbewegung[,] die Überwindung kapitalistischer Herrschaft[,] zugunsten einer reformorientierten Modernisierungspolitik innerhalb des Kapitalismus, aufgegeben."

nur schwer mobilisieren. Mit Dörre ging andererseits wieder eine Abkehr von der Kultur einher, denn als Leitthema war nun die „Zukunft der Arbeit" auserkoren[291].

Trotz dieser Ausrichtung auf die Zukunft hatte Dörres Argumentation immer wieder zum Status quo und dessen Spielregeln zurückgeführt. Insofern war der Begriff Partizipation gut gewählt. Partizipation ist jedoch nur prozesshaft zu verstehen, in Aussicht gestellt wird der Akt der Teilhabe, wobei offenbleibt, ob er auch zu materiellen Resultaten führen wird. Auch Dörre war sich darüber klar, dass Partizipation lediglich eine „Richtung" angebe[292]. Was konzeptionell nun ganz fehlte, war der auf die Aufklärung zurückgehende Emanzipationsbegriff. Im Emanzipationsgedanken war die Vorstellung einer ungerechten Ordnung als negative Kontrastfolie angelegt, aus der es die Arbeiterschaft zu befreien galt. Der Akt der Befreiung bedeutete zugleich eine Transformation der bestehenden hin zu einer gerechteren Ordnung, an der die Arbeiterinnen und Arbeiter nun teilhaben konnten. Dörres Partizipationsbegriff ging jedoch von der Vorstellung der Exklusion aus, und die Validität dieser Vorstellung wurde, wie gezeigt, auch von den übrigen Beschäftigten des FIAB geteilt. Wollte man ein Bild wählen, so bedeutete Partizipation nun den immerwährenden Versuch, auf den immer schneller fahrenden Zug aufzuspringen und dort Halt zu finden, bis man wieder herunterfällt. Die Vorstellung, über das Ziel der Fahrt mitbestimmen zu können, rückt dadurch in weite Ferne.

Interessanterweise hatte Bernd Faulenbach im Januar 2000 ein internes Positionspapier vorgelegt, in dem sich kritische Töne gegenüber der Position der Modernisierer finden. Sein Ausgangspunkt bildete der „Verlust von Orientierungen, die Erosion von Traditionen, die Auflösung der ‚Gewißheiten' stabiler Weltbilder und das weitgehende Verblassen von Utopien", die einen „extreme[n] Präsentismus" nach sich zogen. Faulenbach verwarf auch keineswegs „gesellschaftliche Segmentierung, Differenzierung und Individualisierung" als wirkmächtige Entwicklungstendenzen, doch nun sah er sie als Bedrohung „für die intermediären Gruppen und Institutionen, die für die Integration politisch-gesellschaftlicher Systeme von großer Bedeutung sind"[293]. Letzteres ist ein entscheidender Punkt, denn er stellte einen Hebel dar, die Gleichschaltung von Mikro- und Makroebene, die auch die Thesen von 1991 geprägt hatten, zu überwinden.

Zur wirklichen Entfaltung kamen aber weder Faulenbachs kritischer Einwurf noch Dörres Programm. 2004 nahm der neue Institutsdirektor einen Ruf an, der ihn

291 Forschungsinstitut Arbeit, Bildung, Partizipation, Protokoll der 43. Vorstandssitzung, 5. Dezember 2001, S. 4, in: RUB-Archiv FIAB Nr. 104.

292 Vorlage zum TOP Institutsreform, S. 2.

293 Bernd Faulenbach, Zu den Perspektiven der Institutsarbeit der nächsten Jahre, 3. Januar 2000, S. 4, 8, in: AHGR FIAB Ordner JF Kongresse FIAB – AG's.

ein Jahr später an die Universität Jena führte. Nur wenige Monate später ließ die Regierung Rüttgers das FIAB schließen. Ob ein Festhalten am Konzept der Arbeiterbildung diese Entwicklung aufgehalten oder im Gegenteil sogar beschleunigt hätte, ist Spekulation. Schon vor Dörres Amtsantritt waren die Absetzbewegungen deutlich, auch die Gewerkschaften hatten das Interesse am Institut verloren. Damit war auch die finanzielle Grundlage des FIAB gefährdet, und dieser Sachverhalt erklärt auch, weshalb Dörre ein solch großes Gewicht auf die Drittmittelakquise legen musste. Und doch hatte die Arbeiterbildung dem FIAB ein auch von Dörre anerkanntes Alleinstellungsmerkmal verliehen[294], das mit der Umbenennung und der Neuausrichtung auf den Partizipationsbegriff verloren gegangen war. Am Ende war es ein Institut, das sich kaum noch von einem gewöhnlichen universitären Institut unterschied.

9.4 Fazit

„History", so soll Mark Twain einmal bemerkt haben, „does not repeat itself, but it often rhymes". Im Falle der Geschichte der Arbeiterfilme und des FIAB trifft diese Beobachtung zweifellos zu. Beide Male kam der Ressource ‚Arbeiter' kritisches Potential zu, weil sie sich außerhalb des jeweiligen Feldes bewegte und weil sich dieser Zustand zugleich als Ungerechtigkeit brandmarken ließ. Dieses Argument, so zeigt das Ende der Arbeiterfilme wie auch des FIAB, war jedoch nicht kontextunabhängig anwendbar. Vielmehr war es die Vorstellung der ‚Arbeitnehmergesellschaft', welche den Anspruch der ‚Arbeiter' auf Beteiligung – man könnte auch sagen: Partizipation – plausibilisierte. Beim FIAB trat jedoch mit dem Ruhrgebiet ein spezifisches Problemsyndrom hinzu: der Strukturwandel. Er sorgte zu Beginn für eine explizite Bezugnahme auf die Arbeiterschaft. In beiden Fällen entwickelte die Ressource ‚Arbeiter' innovatives Potential, und beide Male lief es, ganz im Sinne Bruno Latours, auf eine Dekonstruktion bestehender dichotomer Rollenbilder hinaus. Beide Male wirkten die ‚Arbeiter' überdies als ein Instrument zur Erschütterung des Glaubens an die Objektivität beziehungsweise Reinheit des feldspezifischen Wissens.

Und doch setzten bei den Arbeiterfilmen wie auch in der Arbeiterbildung schon bald Distanzierungsprozesse ein. Vor allem Kurt Johannson musste erfahren, dass ihm die Ressource ‚Arbeiter' zwar einen Zugang zum wissenschaftlichen Feld er-

294 „Das Institut ist mit seinem Auftrag nahezu allein auf weiter Flur; im Grunde gibt es kaum noch jemand [sic], der sich aus einer Forschungsperspektive heraus auf gewerkschaftliche Bildungsarbeit/politische Bildung bezieht. Das kann ein Vorteil sein." Powerpointpräsentation, S. 2.

öffnet hatte, dass ihn aber eben diese Verbindung zum ‚Arbeiter' als einen Außenseiter markierte. Das Kapital, das er in der gewerkschaftlichen Bildungsarbeit erworben hatte, erwies sich im universitären Umfeld bestenfalls als nutzlos, womöglich gar als Makel. Hier war die Wissenschaft rigoroser als die Kunst. Der Konflikt zwischen einer Verwissenschaftlichung des Sozialen einerseits und der Sozialisierung der Wissenschaft andererseits ließ sich daher nicht lösen, es blieb ein konfrontatives Nullsummenspiel. Dass dies keineswegs so sein muss, sondern ‚arbeiter'spezifisch ist, zeigt ein Blick auf die nach wie vor engen Verbindungen zwischen Wirtschaft und Wissenschaft.

In der Kunst wie in der Wissenschaft hing der Wert der Ressource ‚Arbeiter' nicht zuletzt daran, dass es sich um etwas Neuartiges handelte. Die künstlerische wie auch wissenschaftliche Bearbeitung dieser Ressource erschöpfte diese Neuartigkeit jedoch. Im Falle des FIAB schützte der hohe Institutionalisierungsgrad die ‚Arbeiter' immerhin vor einem ähnlich schnellen Ende wie es den Arbeiterfilmen widerfahren war. Wie auf dem Feld des Rechts trug die Existenz mehrerer Vetospieler hier zur Widerständigkeit der ‚Arbeiter' bei. Ob sie nicht doch auch für die von Dörre beschworene neue Zeit innovatives Potential hätten entfalten können, vermochte das FIAB nicht mehr zu klären. Dem stand nicht zuletzt der Sachzwang entgegen, neue Finanzmittel zu erschließen. Und aus der Ressource ‚Arbeiter' ließ sich auf dem freien Markt nicht mehr sonderlich gut Kapital schlagen. Die entscheidende Weichenstellung lag aber in einer Kapitulation vor der Wirklichkeit, oder zumindest vor einer bestimmten Version von Wirklichkeit. Denn obwohl die Forschungsprojekte noch Ende der 1980er Jahre empirische Belege für eine Fortexistenz der Arbeiterschaft lieferten, übernahmen erst Teile der Gewerkschaften und später auch die FIAB-Belegschaft die herrschenden Zeitdeutungen. Darüber verlor die Behauptung, dass die Welt nicht so sein muss, wie sie ist, weil sie von den Herrschenden verzerrt dargestellt wird, an Überzeugungskraft. Erleichtert wurde dies, weil die Diskurstheorie die nötigen Werkzeuge lieferte, um die ‚Arbeiterschaft' zu dekonstruieren: Wilke Thomssen wie auch die gewerkschaftlichen Modernisierer werteten die Adressierung von Menschen als ‚Arbeiter' oder ‚Arbeitnehmer' nun als eine nicht zu tolerierende Fremdzuschreibung. Ihrer Meinung nach war lediglich Bürger ein würdiger Begriff.

2013 gab Klaus Dörre einen Sammelband heraus, der, sieht man einmal vom Binnen-I ab, wie ein Relikt aus den 1970er Jahren erschien. Der Titel: „Das Gesellschaftsbild der LohnarbeiterInnen."[295] Offensichtlich taugte dieser alte Begriff noch immer.

---

295 Vgl. Klaus Dörre/Anja Happ/Ingo Matuschek (Hrsg.), Das Gesellschaftsbild der LohnarbeiterInnen. Soziologische Untersuchungen in ost- und westdeutschen Industriebetrieben, Hamburg 2013.

Teil IV: **Der Anfang vom Ende? (1985–2010)**

10 Der Anfang vom Ende – die Personengruppe Arbeiter 1985–1990

Wie das vorherige Kapitel gezeigt hat, trugen mehrere Faktoren zum Niedergang des FIAB seit den frühen 1990er Jahren bei. Eine entscheidende Rolle spielte jedoch die innergewerkschaftliche Diskursverschiebung, die der Marginalisierung der ‚Arbeiterbildung' vorausgegangen war. Ruft man sich in Erinnerung, wie kreativ die Bundesarbeiterkonferenz noch 1985 den ‚Arbeiter' singularisiert hatte, verwundert dieser Befund. Tatsächlich aber sollte es nach der Duisburger Konferenz gerade einmal fünf Jahre dauern, bis selbst die Personengruppe Arbeiter beim DGB praktisch zum Erliegen kam. Die Wahl des Tagungsortes im Ruhrgebiet hatte sich im Rückblick als prophetisch erwiesen, denn die einstige Arbeiterhochburg hatte seit der zweiten Hälfte der 1980er Jahre einen beschleunigten Niedergang erlebt. Daran änderte auch der eindrucksvolle, aber letztlich vergebliche Protest der Bevölkerung gegen die Schließung des Stahlwerks im Stadtteil Rheinhausen nichts.

Wie erklärt sich der schnelle Niedergang der Personengruppe Arbeiter? Dies lag, so die im Folgenden auszuführende These, an verschiedenen Entwicklungen, die, wie beim FIAB, im Jahr 1990 zusammenliefen. Und wie beim Forschungsinstitut war auch das Ende der Personengruppenarbeit des DGB keineswegs zwangsläufig. Die zu beantwortende Frage lautet: Weshalb schwächten die Entwicklungen die Ressource ‚Arbeiter' im Verlauf der zweiten Hälfte der 1980er Jahre im DGB auf so entscheidende Weise? Immerhin hätte die von Andreas Reckwitz vertretene These, in dieser Zeit habe sich eine Gesellschaft der Singularitäten herausgebildet, eigentlich das Gegenteil erwarten lassen, nämlich eine Stärkung der Ressource ‚Arbeiter'.

Zunächst ist festzuhalten, dass die Bundesarbeiterkonferenzen zwar der Singularisierung des ‚Arbeiters' und damit der autonomen Arbeiterpolitik zum Durchbruch verholfen hatten. Die integrierte Arbeitnehmerpolitik war damit aber nicht verworfen, sie – und mit ihr der ‚Arbeitnehmer' wie auch das Allgemeine als Bezugspunkte – stellte noch immer eine praktikable und legitime Handlungsalternative für die Gewerkschafter dar. Anhand der von der Abteilung Arbeiter veranstalteten Fachtagungen wie auch der Bundesarbeiterkonferenz des Jahres 1989 soll gezeigt werden, wie das Allgemeine im Denkrahmen der Arbeiterpolitiker wieder an Prominenz gewann, während zeitgleich der ‚Arbeiter' an Attraktivität verlor. Als dann der DGB am Ende des Jahrzehnts in eine finanzielle Schieflage geriet und diese mit dem Mittel einer Strukturreform zu lösen trachtete, konnte die Personengruppe Arbeiter diesem Angriff konzeptionell kaum noch etwas entgegensetzen.

 https://doi.org/10.1515/9783111086569-011

10.1 Die Fachtagungen der 1980er Jahre, oder: der ‚Arbeiter' entschwindet

In den 1980er Jahren stand der Abteilung Arbeiter mit Fachtagungen eine neue Veranstaltungsart zur Verfügung, um ihre Politik konzeptionell weiterzuentwickeln. Insgesamt fanden auf Bundesebene vier Fachtagungen statt, wobei allein drei auf die Jahre 1986 bis 1988 entfielen[1]. Auch thematisch bildeten diese drei Tagungen eine Einheit, denn sie erschlossen das damals noch neue Phänomen der Logistik, während das erste dieser Treffen im November 1984 der Bedeutung der Industrieroboter für die Humanisierung der Arbeitswelt gewidmet war.

Hatte sich die DGB-Spitze 1977 der Einführung des Formats Bundesarbeiterkonferenz noch erbittert widersetzt, verlief die Etablierung der Fachtagungen überraschend geräuschlos. Dies lag sicher am Zeitpunkt, denn spätestens nach der fulminanten Konferenz von 1981 hatten sich die Wogen sichtlich geglättet. Hinzu kam Irmgard Blättels Gespür für die richtige politische Gelegenheit. Eine solche bot sich zu Beginn der 1980er Jahre, als der DGB mit einer Mitbestimmungsinitiative darum kämpfte, den Mannesmann-Konzern unter den Bestimmungen des Montanmitbestimmungsgesetzes zu halten[2]. Der Bundesarbeiterausschuss wollte die Arbeiterpolitik mithilfe von Fachtagungen in den Dienst dieser Initiative stellen, doch das eigentliche Ziel lag darin, die schon länger gehegte „Absicht einer Nacharbeit der Themen der Bundesarbeiterkonferenz in die Tat umsetzen zu können"[3]. Dem konnte sich die DGB-Führung nur schwerlich verschließen.

Recht schnell zeigte sich das Potential, das dieser Arbeitsrahmen zu bieten hatte. Wie auf den Bundesarbeiterkonferenzen kamen hier Gewerkschaftsfunktionäre, Betriebsräte und Wissenschaftler zusammen, doch waren die Tagungen nicht an den starren Vierjahresturnus gebunden und ließen sich mit weniger Planungsaufwand realisieren. So entwickelte sich dieses Format zum Schrittmacher der gewerkschaftlichen Arbeiterpolitik der späten 1980er Jahre. Nicht zuletzt die Fachtagungen trugen so dazu bei, dass die Gewerkschafter die ‚Arbeiter' schrittweise aus den Augen verloren. Wie genau verlief dieser Prozess?

---

1 Auf die Fachtagungen der Landesbezirke gehe ich im Weiteren nicht ein.

2 Vgl. Markovits, Politics, S. 144 f.

3 Vgl. Abteilung Arbeiter-Handwerk, Unterlage zur Sitzung, Bundesarbeiterausschuss am 14. September 1982, S. 1–2 (Zitat), in: AdsD 5/DGAA000122 sowie Niederschrift BAA, 14. September 1982, S. 3. Als die erste Tagung zwei Jahre später realisiert wurde, spielte die Mitbestimmungsinitiative keine Rolle mehr. Vgl. Vorstandsbereich Irmgard Blättel, Vorlage zur Beratung im Geschäftsführenden Bundesvorstand, 22. Mai 1984, in: AdsD 5/DGAA000145.

10.1.1 Fachtagung Industrieroboter 1984 – die Ressource ‚Arbeiter' zeigt erste Risse

Im Grunde war die Distanzierung vom ‚Arbeiter' schon im Format der Tagung angelegt, oder genauer: in der Art des Authentizitätsinputs. Hatten die Gewerkschaftsfunktionäre auf den Arbeiterkonferenzen 1981 und 1985 noch den Versuch unternommen, die Realität in den Betrieben mithilfe materieller Artefakte am Tagungsort zu reproduzieren, suchten die Teilnehmenden der Fachtagungen im Rahmen von Betriebsbesichtigungen direkten Kontakt zur Arbeitswelt. Im Rückblick auf die erste Tagung hob Blättel gerade diese Neuerung als „[e]ntscheidend für den Erfolg" hervor, „weil durch die unmittelbare Anschauung Betroffenheit geweckt wurde, die sich dann bei den später folgenden Erörterungen artikulierte."[4] Standen bei dieser Besichtigung des Opel-Werks in Rüsselsheim 1984 zumindest noch Betriebsräte und leitende Ingenieure als Gesprächspartner bereit, konnten die Teilnehmenden zwei Jahre später ausschließlich die Inhaber der besuchten Spedition, also Arbeitgeber, befragen[5]. Die beiden letzten Tagungen kamen dann völlig ohne Betriebsbesichtigungen aus. Immerhin erhielten auf der letzten Logistik-Veranstaltung Betriebsräte aus verschiedenen Branchen wieder die Möglichkeit, die Arbeitsgruppen durch „Praxisbericht[e]" über die Realität in den Betrieben aufzuklären[6]. Wer aber nie offiziell zu Wort kam, waren einfache Arbeiter. Geplant war das ursprünglich ganz anders gewesen. Gisela Schade, die Vertreterin des hessischen Landesbezirks im Bundesarbeiterausschuss, hatte 1983 ihren Vorschlag, Betriebsbesichtigungen zu unternehmen, mit dem Hinweis ergänzt, es sollten „nicht nur Funktionäre, sondern vor allem die Arbeiter einbezogen werden"[7].

In gewisser Weise deutet schon Blättels Ausführung, die Betriebsbesichtigung habe „Betroffenheit" ausgelöst, an, wie wichtig die Einbindung von Arbeiterinnen und Arbeitern gewesen wäre. So vermittelt die Tatsache, dass Betroffenheit überhaupt erst geweckt werden musste, eine Ahnung davon, wie fremd die betrieblichen Arbeitsbedingungen den hauptamtlichen Funktionären erscheinen mussten. Denn deren Lehre lag entweder lange zurück, oder sie hatten, wie Blättel, als gelernte

4 Protokoll über die Sitzung des DGB-Bundesarbeiterausschusses am 11. Dezember 1984, S. 2, in: AdsD 5/DGAA000122.

5 Vgl. Protokoll BAA-AA, 17. Oktober 1984, S. 2 sowie Lothar Selzner, Abteilung Arbeiter-Handwerk, Notiz für Irmgard Blättel. Betr.: Beratung TOP 4 im Bundesarbeiterausschuß. Hier: Wie besprochen, hier die Skizzierung der Ergebnisse der Fachtagung, 12. November 1986, S. 1, in: AdsD 5/DGAA000165.

6 Vgl. DGB-Bundesvorstand (Hrsg.), Fachtagung „Arbeiter in Konfrontation mit Logistik und Deregulierungspolitik". Dokumentation der DGB-Fachtagung am 14./15.12.1988 in Königswinter, redaktionell bearbeitet von Ulrich Paasch und Lothar Selzner, Düsseldorf 1989, S. 20–29, 43–49.

7 Niederschrift BAA, 13. April 1983, S. 11.

Angestellte eine Ausbildung im Büro absolviert. Gleichwohl beschränkte sich diese Entfremdung vom betrieblichen Arbeitsalltag keineswegs auf die Gewerkschaftsfunktionäre, sondern sie betraf auch die beteiligten Betriebsräte. Gerade in den Großbetrieben wie Opel hatte die Kompetenzerweiterung, welche das novellierte Betriebsverfassungsgesetz von 1972 dieser Institution gebracht hatte, in der Praxis zu einer „weitere[n] Professionalisierung der Betriebsratsarbeit, die freilich auch mit einer stärkeren Bürokratisierung einherging“[8], geführt. Die neuen Technologien vertieften nun eine schon bestehende Erfahrungskluft zwischen der Arbeiterschaft und ihrer Interessenvertretung[9].

Immerhin führte Blättel durch die Betroffenheitssemantik die Singularisierung der ‚Arbeiter‘ auf sprachlicher Ebene fort. Doch finden sich Hinweise, dass sich unter dem Eindruck der Massenarbeitslosigkeit, die sich durch die Einführung von Industrierobotern noch zu verschärfen drohte, zumindest bei einigen der Bewertungsmaßstab zu verschieben begann. Explizit warnte der neue Arbeitersekretär des DGB, Lothar Selzner, davor, die „Besetzung menschenunwürdiger oder besonders belasteter Arbeitsplätze durch Roboter [könne] ein taktisches Argument zur Vernichtung von Arbeitsplätzen liefern“[10]. In diesen Worten klang eine Einstellung durch, welche die gewerkschaftliche Politik bis in die 1960er Jahre hinein geprägt hatte, als gesundheitsgefährdende Produktionsweisen als gegeben hingenommen wurden, zumal die betroffenen Arbeiter seinerzeit durch Erschwerniszulagen entschädigt wurden. Umfassend hatte erst die IG Metall mit ihrer qualitativen Tarifpolitik seit den frühen 1970er Jahren mit dieser Praxis gebrochen[11], und auch die Personengruppe Arbeiter war eigentlich ein Kind dieser neuen Zeit. Wie oben erwähnt hatten sich die Delegierten der ersten Bundesarbeiterkonferenz 1977 vehement gegen jedwede Ökonomisierung der körperlichen Unversehrtheit positioniert, während die Folgekonferenz diesen Aspekt dann öffentlichkeitswirksam zum Motto der Gesamtveranstaltung erhoben hatte. Folgt man der Argumentation Rüdiger Hachtmanns, war die Revision des Bewertungsmaßstabs nicht nur auf die Abteilung Arbeiter beschränkt. Seit der Weimarer Republik waren die verschiedenen Hu-

8 Milert/Tschirbs, Andere Demokratie, S. 490.

9 Auf die Entwertung der „traditionelle[n] Arbeits- und Berufserfahrungen“ der Betriebsräte verwies etwa Dieter Scholz von der IG Metall. Vgl. DGB-Bundesvorstand (Hrsg.), Fachtagung „Rechnerintegration in Logistik und Produktion – Einfluß auf Bewußtseinsbildung von Arbeitern und Arbeiterinnen“. Dokumentation der DGB-Fachtagung am 13./14.11.1987 in Ludwigshafen, Düsseldorf 1988, S. 43.

10 Lothar Selzner, Abteilung Arbeiter-Handwerk, Konzeptioneller Rahmen der Fachtagung „Industrieroboter“, ihr Einsatz und ihre Auswirkungen auf Arbeiter, 2. Oktober 1984, S. 2, in: AdsD 5/DGAA000145.

11 Vgl. Milert/Tschirbs, Andere Demokratie, S. 482 ff.

manisierungsinitiativen eng mit Rationalisierungsmaßnahmen verknüpft gewesen, welche die Gewerkschaften stets mitgetragen hatten. Als nun aber in großem Umfang die Arbeitsplätze der Facharbeiterschaft wegrationalisiert wurden, änderte sich dies[12]. Die Moralisierung der Politik, so deutete sich hier an, bestimmte zwar weiterhin die Semantik, konnte die Arbeiterpolitik aber nicht mehr vollständig bestimmen[13]. Die gesundheitsbasierte Singularisierung, wie sie 1981 betrieben worden war, konnte jedoch nur glaubwürdig fortgeführt werden, wenn sie über jeden Verdacht erhaben war, aus ökonomischen Gründen Abstriche am Gesundheitsschutz zu akzeptieren.

Die mangelnde Einbindung der ‚Arbeiter' (wie auch der Arbeiterinnen und Arbeiter) erwies sich für die Personengruppe jedoch schnell als problematisch. Die erste Fachtagung zu den Industrierobotern führte sie nämlich in Kooperation mit der „Abteilung Technologie und Humanisierung der Arbeit" durch, die der gewerkschaftliche Dachverband erst 1983 ins Leben gerufen hatte[14]. Diese Abteilung stand folglich unter Profilierungszwang und pochte darauf, als Kooperationspartner der Abteilung Arbeiter-Handwerk bei dieser Tagung auch öffentlich ausreichend als solcher gewürdigt zu werden[15]. Die Personengruppe Arbeiter hatte nun erst einmal zu klären, worin ihr eigener Mehrwert gegenüber der neu geschaffenen Fachabteilung überhaupt liegen konnte. Auch Albert Keil, als Blättels Vorstandssekretär der zweite Mann der DGB-Arbeiterpolitik, war im Vorfeld der Industrierobotertagung aufgefallen, dass „aus dem bisherigen Zeit- und Themenplan nicht ohne weiteres die Sachkompetenz der Abt. Arbeiter-Handwerk deutlich wird." Diese Entwicklung zeigte nachträglich die Gefahr auf, die in einer allzu starken arbeitswissenschaftlichen Ausrichtung für die Arbeiterpolitik lag, die Martin Heiß ja ursprünglich betrieben hatte. Albert Keil versuchte das Problem zu entschärfen, indem er die Arbeiter zumindest im Schlusswort Irmgard Blättels prominent in Szene

12 Vgl. Rüdiger Hachtmann, Gewerkschaften und Rationalisierung: Die 1970er Jahre – ein Wendepunkt?, in: Andresen/Bitzegeio/Mittag, Strukturbruch, S. 181–209, hier S. 183, 190, 195 ff.

13 Interessanterweise griff eine unbekannte Hand redaktionell in Selzners Konzept ein und strich das Attribut „menschenunwürdig". So war nur noch die Rede von „besonders belastete[n] Arbeitsplätzen", welche durch Roboter vernichtet zu werden drohten. Damit war der krasse Widerspruch zwischen ökonomischem Realismus und moralischer Politik zumindest sprachlich entschärft. Vgl. Selzner, Konzeptioneller Rahmen, S. 2.

14 Vgl. Peter Jansen/Ulrich Jürgens, Gewerkschaften und Industriepolitik, in: Wolfgang Schroeder/Bernhard Weßels (Hrsg.), Die Gewerkschaften in Politik und Gesellschaft der Bundesrepublik Deutschland. Ein Handbuch, Wiesbaden 2003, S. 429–450, hier S. 439.

15 Vgl. Lothar Selzner, Abteilung Arbeiter-Handwerk, an Albert Keil, 28. Mai 1984, in: AdsD 5/DGAA000145.

setzte: Sie sollte zum Thema „Zukunft der Arbeit – Zukunft der Arbeiter?“ sprechen[16].

Diese Frage sollte bekanntlich ein Jahr später zum Motto der Bundesarbeiterkonferenz und zur Grundlage einer neuen Singularisierungsstrategie werden. Zu dieser Entwicklung trug die Fachtagung zu den Industrierobotern, zu der leider kein Protokoll überliefert ist, ganz entscheidend bei. Denn obwohl mit Opel eines der größten Industrieunternehmen besichtigt wurde, wollten die Gewerkschaftsfunktionäre künftig verstärkt auf die Anliegen der „Arbeitnehmer“ in den Klein- und Mittelbetrieben eingehen, in denen noch traditionelle Produktionsweisen vorherrschend waren[17]. Doch dazu sollte es nicht kommen. Wie zuvor bereits dargelegt, stieß die temporale Singularisierung des ‚Arbeiters‘ auf der Bundesarbeiterkonferenz 1985 auf entschiedenen Widerstand. Die folgenden Fachtagungen legten den Schwerpunkt daher auf den ‚Arbeitnehmer‘, und dieser Arbeitnehmer sollte sich sehr oft als Angestellter entpuppen, auch wenn die Tagungstitel weiterhin prominent auf die ‚Arbeiter‘ verwiesen. Die Fachtagungen stellten offenbar ein Format dar, das einer Distanzierung von den ‚Arbeitern‘ keine Hürden entgegenstellte.

10.1.2 Logistik als neue Gefahr für die Gewerkschaften

Zweifel an der Nützlichkeit der Ressource ‚Arbeiter‘ weckten die drei folgenden Fachtagungen. Wie wenig die Personengruppe Arbeiter nur ein Jahr nach der Bundesarbeiterkonferenz 1985 noch auf den ‚Arbeiter‘ als Kontinuitätsanker setzte, machte Irmgard Blättel durch ihre historische Verortung des Phänomens der Logistik deutlich: Man sei nun Zeuge einer „Zeit, die seit der Erfindung des Rades die vermutlich größten technischen Veränderungen der Menschheitsgeschichte hervorbringt“[18]. Immerhin wehte noch ein Hauch von Nostalgie durch die erste Tagung. Wie in den zahlreichen Geschichtswerkstätten, welche zu Beginn der 1980er Jahre entstanden waren, war auf diesem Gewerkschaftsforum die Rede von der „gute[n] alte[n] Zeit“[19], welche nun ihr Ende finde. Am Horizont zeichnete sich die „logistische Rationalisierung“ als neue Bedrohung ab. Ihr lag die umfassende Datener-

16 Albert Keil, Abteilung Arbeiter-Handwerk, Notiz für Kollegin Blättel, 23. Mai 1984, in: AdsD 5/DGAA000145.

17 Protokoll BAA, 11. Dezember 1984, S. 2.

18 DGB-Bundesvorstand (Hrsg.), Fachtagung „Logistik“. Vernetzung von Produktion, Lagerung und Verkehr und deren Auswirkungen auf Arbeiter, bearbeitet von Harald Esser, Düsseldorf 1986, S. 7.

19 So die Worte des HBV-Vertreters Michael Jäkel. Vgl. ibid., S. 28.

fassung durch EDV-Systeme als Konstante zugrunde[20], während die Bedrohungswahrnehmung der Gewerkschafter in den späten 1980er Jahren variierte.

Wie auf der vorangegangenen Bundesarbeiterkonferenz dominierte zunächst die Sorge vor dem „gläsernen Menschen", der völlig von der Technik überwacht wird. Den Erfahrungshintergrund bildete hier nicht nur George Orwells damals stark rezipierte Dystopie „1984", sondern auch die jahrelange gesellschaftliche Auseinandersetzung um die 1987 schließlich durchgeführte Volkszählung. Doch ging das Unbehagen über Fragen der informationellen Selbstbestimmung hinaus. Die neuen Technologien drohten das Ende der betrieblichen Lebenswelt einzuläuten und stellten letztlich auch wesentliche Momente des Arbeit(nehm)erseins infrage. So beklagte Michael Jäkel von der HBV auf der ersten Logistik-Tagung die Ersetzung des „Fingerspitzengefühls" durch Algorithmen, wodurch die Beschäftigten „zum bloßen Anhängsel der Maschine" werden würden. Dieter Scholz (IG Metall) fasste ein Jahr später das Problem noch weiter. Die Folge des Einsatzes der neuen Informationstechnologie sah er zum einen darin, dass sie „den Beschäftigten den unmittelbaren Einfluß auf die tägliche Arbeitsleistung in der Produktion" entziehe. Zum andern würden „traditionell gewachsene Strukturen der betrieblichen Sozialverfassung beseitigt"[21]. Thomas Welskopp hatte am Beispiel der Stahlproduktion herausgearbeitet, wie wichtig gerade diese Faktoren für das Selbstverständnis der Arbeiter waren. Die „Inkorporierung" des Arbeitsablaufs, auf welche Jäkel mit der Thematisierung des „Fingerspitzengefühls" angespielt hatte, trug entscheidend zur Schaffung einer autonomen Sphäre der Beschäftigten bei, denn sie stellte eine Stufe der Professionalität dar, die das Schulbuchwissen in entscheidender Weise transzendierte. Zugleich entzogen sich diese Zusatzkenntnisse allen Verbalisierungsversuchen, da sie dem Beschäftigten ja in Fleisch und Blut übergegangen waren. Dies und die „Anerkennung" durch die direkten Arbeitskollegen stützten das Gefühl der Selbstwirksamkeit, welche letztlich erst Räume für den „Eigen-Sinn" (Alf Lüdtke) der Arbeiter öffnete[22].

Kreiste diese Bedrohungswahrnehmung – wie abstrakt auch immer – noch um die Arbeitnehmer, galt die Hauptsorge der Logistikkonferenzen doch einem ande-

---

20 Vgl. etwa DGB-Bundesvorstand, Arbeiter in Konfrontation, S. 32 sowie ders., Rechnerintegration, S. 11.

21 DGB-Bundesvorstand, Logistik, S. 37, 30, 32 sowie ders., Rechnerintegration, S. 43. Auf die Volkszählung verwies ibid., S. 51f., Reinhard Rudat vom infas-Institut. Vgl. zudem Herbert, Geschichte Deutschlands, S. 996f.

22 Vgl. Welskopp, Produktion, S. 44, 48. Er verwendete dort, S. 44, den Begriff des „Inkorporierungsprozesses".

ren Bereich: der Macht. Beide Bereiche waren freilich eng miteinander verzahnt[23]. Auch wenn die Gefahrenanamnese ein differenziertes Gesamtbild erbrachte, indem sowohl der wachsende Einfluss der Großkonzerne auf ihre Zulieferbetriebe thematisiert als auch die Rolle der Regierung Kohl kritisiert wurde[24], kristallisierte sich als gemeinsamer Nenner mehr und mehr die Aushöhlung der Mitbestimmungsrechte heraus[25]. Dadurch rückten tendenziell die Sorgen und Nöte der Betriebsräte und Gewerkschaften in den Mittelpunkt des Interesses, und zwar auf Kosten der Arbeiterbelange. Besonders deutlich wurde dies im Vortrag von Rosina Baumgärtner, einer Betriebsrätin von Kaufhof. Bei der Ausgliederung der dortigen Gastronomieabteilung war es dem Betriebsrat in erster Linie darum gegangen, auch in den ausgegliederten Betriebsteilen die institutionalisierte Interessenvertretung sicherzustellen, anstatt die Ausgliederung selbst zu bekämpfen. Im Endeffekt verdienten die dort Beschäftigten deutlich weniger, da sie nicht mehr nach dem Einzelhandelstarif bezahlt wurden, sondern nach dem deutlich schlechteren Gaststättentarifvertrag[26].

Auch dort, wo Arbeiter oder Arbeitnehmer wieder in den Blick rückten, geschah dies häufig unter dem Vorzeichen der Mitbestimmung. Jeder und jede einzelne sollte am eigenen Arbeitsplatz die „logistische Rationalisierung“ mitbestimmen, ja, man wollte die Unternehmensstrategien gar mit einer „Logistik von unten“ kontern[27]. Diese Forderung war zu einem guten Teil der Schwäche der Gewerkschaften und Betriebsräte geschuldet[28], doch reflektierten sie zugleich die Erkenntnis, dass selbst technisch so anspruchsvolle Systeme wie die mikrochipbasierte Informationstechnologie in der Arbeitswelt nur erfolgreich angewendet werden konnte, wenn das Erfahrungswissen der Beschäftigten mit einbezogen wurde[29].

Interessanterweise beschränkten sich die Gewerkschafter auf den Fachtagungen hauptsächlich mit einer Thematisierung der vielfältigen Verschlechterungen,

---

23 Vgl. zu diesem Konnex eine weitere Aussage von Dieter Scholz über die Belegschaften und Betriebsräte: „Sie verlieren ihr oft besseres Wissen über Produktionsabläufe und Arbeitszusammenhänge, was ihre Verhandlungsposition schwächt.“ DGB-Bundesvorstand, Rechnerintegration, S. 43.

24 Vgl. DGB-Bundesvorstand, Arbeiter in Konfrontation, S. 43–46 sowie ders., Rechnerintegration, S. 78–80. Wiederholt wurde darauf verwiesen, dass mit der Reform des Paragraphen 116 des Arbeitsförderungsgesetzes die neue logistische Produktionsweise gegen Störungen durch Streiks geschützt werden sollte. Vgl. etwa DGB-Bundesvorstand, Logistik, S. 42 f.

25 Vgl. DGB-Bundesvorstand, Arbeiter in Konfrontation, S. 33.

26 Vgl. ibid., S. 20–26.

27 „Logistik von unten“ wurde in der Diskussion von Workshop II gefordert, vgl. ibid., S. 59.

28 Vgl. Milert/Tschirbs, Andere Demokratie, S. 634.

29 Vgl. DGB-Bundesvorstand, Rechnerintegration, S. 14, 67, 79.

während die beteiligten Wissenschaftler immer wieder auf die positiven Aspekte der logistischen Rationalisierung verwiesen[30]. Womöglich lag dies darin begründet, dass die Gewerkschaften selbst die eigentlichen Verlierer dieser Entwicklung zu werden drohten. Denn die Betriebsräte konnten ihre Stellung gegenüber den Gewerkschaften behaupten, wenn nicht sogar ausbauen. Rechtliche Faktoren trugen zur Stärkung betrieblicher Akteure bei, etwa die qualitative Tarifpolitik der IG Metall. Denn auf diesem Feld konnte die Gewerkschaft nur Rahmenbedingungen aushandeln, welche dann vor Ort konkretisiert werden mussten. Auch hatte das Mitbestimmungsgesetz von 1976, durch welches viele Betriebsräte zugleich in den Aufsichtsrat einziehen konnten, die Stellung des Betriebsrates als Institution insgesamt gestärkt[31]. Es mag sein, dass diese organisatorische Schwächung der Gewerkschaften auch bei den Vertretern der Personengruppe Arbeiter die Neigung aufkommen ließ, Maßnahmen zu ihrer Stärkung zu ergreifen. Und was lag näher, als hierfür auf eine Konsolidierung der Ressource ‚Arbeitnehmer' zu setzen?

10.1.3 Die Krise des Intermediären – ‚Arbeiter' zwischen Konvergenz und Differenzierung

Erleichtert wurde dieses Unterfangen durch das neue Thema. Anders als die Industrieroboterproblematik ließ sich die Frage der Logistik nicht auf das klassische Feld der industriellen Produktion beschränken, sondern sie schloss notwendig Betriebe aus den Branchen Handel, Transport und Verkehr mit ein, während die Produktion eher randständig blieb. Hinzu trat ein Weiteres: Logistik, so arbeiteten die Beteiligten heraus, zeichnete sich zwar durch eine starke Tendenz zur Konvergenz aus, brachte zugleich aber neue Differenzen hervor[32]. Anders formuliert: Gestärkt wurde durch die Konvergenz die Makroebene, auf welcher der Arbeitnehmerbegriff angesiedelt ist, durch die neuen Differenzierungen die Mikroebene, auf der sich die einzelnen Berufe wiederfinden. Beide Ebenen gerieten durch diese Verschiebungen in ein Spannungsverhältnis, wobei zunächst ungeklärt bleiben musste, ob sich eine Ebene am Ende durchsetzen konnte. Schlecht waren die Aussichten hingegen für die mittlere Ebene, das Intermediäre, auf der die sozialversi-

---

30 Die Arbeitswissenschaftlerin Gisela Kiesau schlug den Gewerkschaften vor, die neuen Technologien der Datenerfassung dazu zu nutzen, die tatsächlich auftretenden Belastungen mit diesen Systemen zu erfassen, um so die eigenen Humanisierungsforderungen empirisch abzusichern. Vgl. DGB-Bundesvorstand, Logistik, S. 49.

31 Vgl. Milert/Tschirbs, Andere Demokratie, S. 498–500.

32 Vgl. den Beitrag von Hans-Otto Char in: DGB-Bundesvorstand, Rechnerintegration, S. 21.

cherungsrechtlichen Statusgruppen ‚Arbeiter' und ‚Angestellte' beheimatet waren. Schauen wir uns diese Verschiebungen nun genauer an.

Konvergenzen

Vereinheitlichungen machten die Teilnehmenden in mehreren für die Arbeiterfrage relevanten Bereichen aus. Als Konvergenzmotor fungierte dabei die Schaffung elektronischer Netzwerke, welche die Grundlage für die Just-in-Time-Produktion legte. Fortan gab die Produktion der Industriebetriebe den Takt sowohl für die Zulieferer als auch für die für Transport und Lagerung zuständigen Spediteure vor[33]. Als Ergebnis wuchsen Dienstleistungs- und Industriesektor weiter zusammen, was wiederum Auswirkungen auf das Verhältnis der in der Beurteilung der Notwendigkeit der Personengruppe Arbeiter ursprünglich ja weit auseinanderliegenden Gewerkschaften IG Metall und ÖTV haben konnte. Explizit stellte Ulrich Paasch von der Hochschule für Wirtschaft und Politik in Hamburg die Sinnhaftigkeit der bisher geübten Praxis, die Einzelgewerkschaften entlang der Branchen gegeneinander abzugrenzen, zur Disposition. Tatsächlich erfasste gerade in den 1990er Jahren eine Fusionswelle die DGB-Gewerkschaften, auf welcher die Arbeitnehmerorganisationen schließlich in die „Epoche der Multibranchengewerkschaften" segelten[34]. Konvergenzen ließen sich ab Mitte der 1980er Jahre aber auch in der Arbeitnehmerschaft ausmachen. Auf der Ebene der Tätigkeiten schlug sich dies einerseits in einer „Industrialisierung der geistigen Arbeit" nieder. Darunter verstanden die Tagungsteilnehmer, dass Angestellte sich nun nach dem Takt der „Bildschirme" zu richten hatten, also ihrer Dispositionsfreiheit verlustig gingen[35]. Neben dieser tendenziellen Verarbeiterlichung der Angestellten zeichnete sich ein Gegentrend innerhalb der Arbeiterschaft ab, denn deren Tätigkeiten wurden bisweilen durch Elemente aus dem Angestelltenbereich angereichert. Für die Transportarbeiter ergaben sich laut dem Wissenschaftler Hans-Otto Char etwa völlig neue Anforderungen:

> Die Fähigkeit zu systemischem bzw. logistischem Denken, zum Denken in Just-in-time-Strukturen oder verketteten und vernetzten Transportprozessen usw. erkennen wir von daher als

---

33 Vgl. hierzu etwa das Referat von Manfred Bergstermann in: ibid., S. 11. Er hob ibid., S. 12, noch hervor: „Logistische Rationalisierungsprozesse haben – und das ist das Neue – systemischen Charakter."

34 Vgl. DGB-Bundesvorstand, Arbeiter in Konfrontation, S. 35 sowie Hans-Peter Müller/Manfred Wilke, Gewerkschaftsfusionen: Der Weg zur modernen Multibranchengewerkschaft, in: Schroeder/Weßels, Gewerkschaften, S. 122–143, hier S. 132 (Zitat) f.

35 Vgl. den Beitrag von Manfred Schwarz in: DGB-Bundesvorstand, Logistik, S. 40–42. Von einer „Industrialisierung der geistigen Arbeit" sprach ibid., S. 17, Wolfgang Baars von der ÖTV.

> Dreh- und Angelpunkt der Entwicklung von Qualifikationen im Gütertransport, denn sie kennzeichnen neue Bedeutungszusammenhänge und dürften sich in entsprechend neuen individuellen Handlungsfähigkeiten niederschlagen.[36]

Auch aus Sicht des IG Metall-Vertreters Dieter Scholz rückten die neuen Technologien die „Überwindung der Trennung von Hand- und Kopfarbeit, d.h. [die] Zusammenfassung von dispositiven und ausführenden Tätigkeiten in Fertigung, Verwaltung und Leitung", in den Bereich des Möglichen. Zu guter Letzt bestätigte ein weiterer Wissenschaftler, Gerd Ernst, dass ehemalige Lagerarbeiter im Rahmen eines betrieblichen Pilotprojekts erfolgreich für Tätigkeiten im kaufmännischen Bereich qualifiziert werden konnten. Die traditionell als Hindernis für den Aufstieg von Arbeitern angeführte Bildungsbarriere hatte sich als überwindbar erwiesen[37]. Diese Bildungsrevolution ebnete eine weitere Trennung ein, die in der Geschichte der Arbeiterbewegung eine herausragende Rolle gespielt hatte: diejenige zwischen Facharbeitern und An- sowie Ungelernten. Denn auch bei Letzteren wurden, ganz ähnlich wie beim VW-Projekt des FIAB, nun Qualifizierungspotentiale erkannt, gefördert und ausgenutzt[38]. Vor dem Hintergrund dieser Konvergenzprozesse war es nur folgerichtig, dass Demoskopen auch auf eine Vereinheitlichung des Arbeitnehmerbewusstseins verweisen konnten. Anders als noch in den 1970er Jahren handelte es sich beim nun geteilten Bewusstsein von Arbeitern, Angestellten und Beamten um ein „kritische[s] Bewußtsein gegenüber den Problemen", wie Reinhard Rudat vom infas-Institut, welches eine entsprechende Studie durchgeführt hatte, vermelden konnte[39].

Gewerkschaftspolitisch erwies sich noch eine dritte Ebene der Konvergenz als relevant. Die logistische Rationalisierung machte nicht an nationalen Grenzen halt, sondern verstärkte die internationale Arbeitsteilung. Hinzu trat damals als politischer Parallelprozess die Schaffung des europäischen Binnenmarktes bis zum Jahr 1992. Vor allem auf der letzten Fachtagung nahm die Europäisierung einen prominenten Platz ein. Nicht nur Irmgard Blättel ging in ihrem Referat darauf ein, auch der christdemokratische Europapolitiker Elmar Brok trat als Redner auf[40]. Diese politisch induzierte Konvergenz begrüßten die Gewerkschaften ausdrücklich. Da-

36 DGB-Bundesvorstand, Rechnerintegration, S. 23.

37 Vgl. DGB-Bundesvorstand, Rechnerintegration, S. 22 f., 45 (Zitat), 76 f.

38 So übte der Wissenschaftler Heinz-Rudolf Meißner mit Blick auf die letztgenannte Gruppe auch scharfe Begriffskritik: „[D]ie dort vorhandenen Qualifikationen sind mit dem Begriff der An- und Ungelernten überhaupt nicht in Übereinstimmung zu bringen […]." DGB-Bundesvorstand, Arbeiter in Konfrontation, S. 73.

39 Vgl. den Beitrag von Peter John in: DGB-Bundesvorstand, Rechnerintegration, S. 73. Das Rudat-Zitat findet sich ibid., S. 74.

40 Vgl. DGB-Bundesvorstand, Arbeiter in Konfrontation, S. 10 f., 15 f., 62–68.

durch aber verlor die Bundesrepublik als Bezugsrahmen an Bedeutung, und mit ihm die Statusunterschiede zwischen Arbeitern und Angestellten. Mit der Durchsetzung des europäischen Binnenmarktes mussten sich die Gewerkschaften nun mit den arbeits- und sozialversicherungsrechtlichen Regelungen in den anderen Mitgliedsstaaten auseinandersetzen, wodurch die Wahrnehmung der Unterschiede zwischen deutschen Angestellten und deutschen Arbeitern womöglich an Bedeutung verlor. Im Zweifel waren ohnehin beide als Arbeitnehmer vor die Herausforderung gestellt, gegenüber den Beschäftigten der übrigen europäischen Staaten im Wettbewerb zu bestehen. Schenkt man zeitgenössischen Umfragen Glauben, waren die deutschen Arbeitnehmer dazu bereit, denn für sie stellte die internationale Konkurrenzfähigkeit der deutschen Wirtschaft ein erstrebenswertes Ziel dar[41].

Differenzierungen

Während die Konvergenztendenzen den Arbeitnehmerbegriff insgesamt stützten, drohten ihn die gleichzeitig ablaufenden Differenzierungsprozesse zu unterminieren. Auch sie speisten sich aus einem doppelten Ursprung. So gingen von der logistischen Rationalisierung zahlreiche Impulse aus, die auf eine „Segmentierung“ der Belegschaften hinausliefen[42]. Segmentierend wirkte die Rationalisierung durch die ungleiche Verteilung von Kosten und Nutzen auf die Beschäftigten, wodurch sich die Belegschaften entlang der Idealtypen „Rationalisierungsgewinner“, „-verlierer“ und „-dulder“ aufspalteten. Die Gewerkschafter klagten etwa, dass die Unternehmensleitungen Qualifizierungsmaßnahmen gezielt einsetzten, um die Arbeitnehmer in ein Konkurrenzverhältnis zueinander zu bringen[43]. Tatsächlich blieben in vielen Fällen weder die Belegschaften noch die Betriebe intakt. Vielmehr wurden beide durch Outsourcing aufgespalten, sodass sich die betroffenen Arbeitnehmer plötzlich in anderen Betrieben, in erzwungener Selbständigkeit oder in der Arbeitslosigkeit wiederfanden. Die verbliebene Belegschaft sah sich dem Versuch ausgesetzt, Stamm- und Randbelegschaften zu bilden, beispielsweise durch die Verpflichtung von Leiharbeitern. Letzteres wurde möglich, weil sich die Gesetzgebung der liberalkonservativen Regierung als zweite Quelle der Differenzierungsprozesse erwies. Vor allem das Beschäftigungsförderungsgesetz wurde von den Gewerkschaftern als problematisch angesehen, da es Arbeitgebern die Möglichkeit bot, Arbeitnehmerinnen und Arbeitnehmer nur noch befristet anzustellen. Über diese Art der Verzeitlichung des Beschäftigungsverhältnisses wurden de facto so-

41 Vgl. den Beitrag von Reinhard Rudat in: DGB-Bundesvorstand, Rechnerintegration, S. 55.

42 Zum Befund der „Segmentierung“ vgl. Kern/Schumann, Arbeitsteilung, Kap. VI.

43 Vgl. DGB-Bundesvorstand, Logistik, S. 52 f. sowie ders., Rechnerintegration, S. 72. Auch diese Begriffstriade ging auf Kern und Schumann zurück, vgl. dies., Arbeitsteilung, S. 22 f.

ziale Schutzrechte wie etwa der Kündigungsschutz ausgehebelt[44]. Mit derselben Zielsetzung nutzten die Unternehmen eine weitere Gesetzeslücke aus, wie Ulrich Paasch festhielt:

> Prototypisch dafür ist der Fall der sogenannten Selbständigen, also der ‚Franchise-Nehmer(innen)', ‚freien Mitarbeiter(innen)', ‚selbstfahrenden Unternehmer' oder wie sie im Einzelfall genannt werden. Das Arbeitsrecht enthält hier eine Lücke, indem es den Arbeitnehmerbegriff nicht definiert, also an keiner Stelle ausdrücklich bestimmt, für wen Arbeitsrecht gelten soll und für wen nicht.[45]

Die beobachtbaren Differenzierungen, welche dem Arbeitnehmerbegriff zusetzten, liefen also nicht auf eine Stärkung der sozialversicherungsrechtlichen Statusgruppen hinaus, sondern schufen ganz neue Gruppierungen ohne inneren Zusammenhalt.

Die Krise der ‚Arbeiter'

Vor diesem Hintergrund verwundert es nicht, dass die Gewerkschaften ihr Hauptaugenmerk auf die Bekämpfung der vielfältigen Brüche legten. Dies war umso verlockender, als sich Maßnahmen zur Konvergenzerzeugung als Lösung aufdrängten. Schließlich hatten die Gewerkschafterinnen und Gewerkschafter das „ganzheitliche Denken" als Grundmuster der neuen Wirklichkeit identifiziert, wodurch sich ihr traditionell gepflegtes Verallgemeinerungsdenken begründet in die neue Zeit hinüberretten ließ. Praktischen Niederschlag fand dieses Denken im Kleinen: So sollten die Einzelgewerkschaften untereinander verstärkt kooperieren, etwa in Form von „Logistikzirkeln". Aber auch eine engere Abstimmung mit der Abteilung Angestellte verordnete sich die Personengruppe Arbeiter. Zudem suchten die Gewerkschafter nach Wegen, gleich einem guten Hirten auch die verlorenen Arbeitnehmer, also die sogenannten „neuen Selbständigen" und die Arbeitslosen, gewerkschaftlich zu betreuen[46]. Diese gewerkschaftlich umsetzbaren Maßnahmen reichten aus Sicht der Teilnehmenden jedoch nicht aus, um die neu aufgebrochenen Differenzen völlig zu beseitigen. Konvergenzleistungen im Sinne einer Stabilisierung des Status quo wurden in verstärktem Maße von der Politik erwartet. Forderungen, das Normalarbeitsverhältnis zu schützen, gingen Hand in Hand mit

---

44 Vgl. DGB-Bundesvorstand, Rechnerintegration, S. 43, 72, 78–80 sowie ders., Arbeiter in Konfrontation, S. 18, 31.

45 DGB-Bundesvorstand, Arbeiter in Konfrontation, S. 34.

46 Vgl. ibid., S. 40 f., 60, DGB-Bundesvorstand, Logistik, S. 7 f., 63 f. sowie ders., Rechnerintegration, S. 62 f., 79, 81.

dem Ruf, den Begriff ‚Arbeitnehmer' rechtlich wieder in Übereinstimmung mit der Realität zu bringen. So forderte der Betriebsrat Matthias Witzmann, „auch die ‚nur' wirtschaftlich abhängigen arbeitnehmerähnlichen Personen" gesetzlich als Arbeitnehmer zu definieren[47].

Vergleicht man diese Problemanalyse mit derjenigen der 1970er Jahre, zeigen sich bei einer Kontinuität im Formalen doch deutliche Unterschiede. Für beide Zeiten zeichnet sich die Wahrnehmung von Pluralisierungstendenzen ab. Suchten die Gewerkschafter 1971 noch in einer Aktualisierung des Arbeiterbegriffs ihr Heil, hielt selbst die Personengruppe Arbeiter ab Mitte der 1980er Jahre eine Stärkung des Arbeitnehmerbegriffs für geboten. Auch wenn dieser nun, wie erwähnt, ungleich größeren Herausforderungen als eine Dekade zuvor gegenüberstand, muss dennoch die Frage aufgeworfen werden, warum die Abteilung Arbeiter bereit war, die bislang erfolgreich betriebene Singularisierung des ‚Arbeiters' einzustellen.

Ein Grund mochte sein, dass die Lage für den Arbeiterbegriff noch prekärer war, denn zur Erfassung der Konvergenzeffekte war er zu spezifisch, für die der Differenzierungen wiederum zu abstrakt. Zwar hatte die Auseinandersetzung mit einer bestimmten Arbeitergruppe, nämlich den Lastwagenfahrern, die Gewerkschaften auf die Spur des Phänomens Logistik gelenkt[48], doch erwies sich deren epistemisches Potential als nicht ausreichend, um der Logistik intellektuell Herr zu werden. Mit dieser Skepsis gegenüber dem ‚Arbeiter' waren die Gewerkschafter keineswegs allein, denn auch die beiden Soziologen Horst Kern und Michael Schumann hatten für ihre in den frühen 1980er Jahren verfasste Rationalisierungsstudie die Erforschung der Arbeiterperspektive als unzureichend empfunden. Anders als in ihrer ersten großen Untersuchung Ende der 1960er Jahre flochten sie nun auch die Managerperspektive mit ein[49].

Die Arbeiter kamen den Gewerkschaften aber noch viel konkreter abhanden. In der Lagerhaltung wurden etwa ihre Arbeitsplätze massenhaft abgebaut, denn die neuen Technologien ermöglichten autonomen, also menschenlosen Transport und Einlagerung. Damit gingen zugleich viele Schonarbeitsplätze gesundheitlich angeschlagener Arbeiter verloren. Folgte man der Logistikkette aus dem Lager nach

47 Vgl. DGB-Bundesvorstand, Arbeiter in Konfrontation, S. 41 (Zitat), 46. Vgl. zudem Karl Kehrmann/ Wilfried Löhr, Aus Arbeitnehmern mit Schutzrechten werden Selbständige ohne Rechte, in: Die Quelle 39–6 (1988), S. 355–357.

48 Der Fachtagungszyklus ging noch auf die ad-hoc-Gruppe LKW-Fahrer des Bundesarbeiterausschusses zurück. Vgl. Lothar Selzner an Albert Keil, 12. Dezember 1985, in: AdsD 5/DGAA000166.

49 Vgl. Kern/Schumann, Arbeitsteilung, S. 36 f. Einen noch radikaleren Schritt ging André Gorz. Trotz einer ähnlichen Problemanalyse sprach er Arbeitern jedes progressive Moment ab, um stattdessen auf die „Nicht-Klasse der Nicht-Arbeiter" zu setzen. Vgl. Gorz, Abschied vom Proletariat S. 22 f., 30, 33, 39, 62 ff., Zitat auf S. 63.

draußen, waren es wiederum Arbeiter, die in ihrem Arbeiterdasein bedroht waren. Viele der großen Industriekonzerne gaben die Geschäftsbereiche Lagerhaltung und Transport an Speditionen ab. Solche Betriebe wiesen aber traditionell einen geringen gewerkschaftlichen Organisationsgrad auf, sodass die betroffenen Arbeiter buchstäblich aus dem Sichtfeld der Gewerkschaften verschwanden[50]. Da es für Speditionen ebenfalls günstiger war, ihrerseits Outsourcing zu betreiben, wurden Lastwagenfahrer häufig dazu gedrängt, selbst einen Lastwagen zu kaufen, um dann als Selbständige weiterhin Aufträge für die bisherige Spedition auszuführen. Auch auf diese Weise kamen Arbeiter den Gewerkschaften abhanden. Im Endeffekt trafen sich die ontologische und epistemologische Dimension der Marginalisierung der ‚Arbeiter'. So fehlte auf den Fachtagungen die Perspektive dieser verlorenen Arbeiter. Das Phänomen Logistik wurde folglich nicht aus der Arbeiterperspektive erschlossen. Es blieb etwa offen, ob Arbeiter von der Ausweitung der Leiharbeit in besonderem Maße betroffen waren, es blieb ungeklärt, wie sich das Verhältnis zu den Angestellten tatsächlich veränderte, und es blieb ungewiss, ob die Lastwagenfahrer in der Selbständigkeit nicht doch auch Vorteile für sich erkennen konnten. So kritisierte auch der Wissenschaftler Uwe Bogedale auf der ersten Logistikkonferenz:

> Was wir bisher in den zwei Tagen gemacht haben, war eine Analyse unternehmerischer Strategien. Was wir relativ wenig besprochen haben, sind die Veränderungen in der Lage der Beschäftigten selbst, und erst ansatzweise sind die gewerkschaftlichen Gegenstrategien klar geworden.[51]

Folgen für die Personengruppe Arbeiter

Gerade im letzten Punkt lag für die Personengruppe Arbeiter eine vielversprechende Möglichkeit, sich selbst strategisch neu auszurichten. Den Hintergrund bildete die fortdauernde Konkurrenz zwischen den Personengruppen- und den Fachabteilungen des DGB, welche gegen Ende der 1980er Jahre durch finanzielle Probleme der Gewerkschaften verschärft wurde. Die budgetären Defizite stammten zu einem nicht unerheblichen Teil aus der Krise der gemeinwirtschaftlichen Unternehmen, die im Zuge des Skandals um die „Neue Heimat" offenkundig geworden war[52]. Die finanziellen Lasten trugen auch zum Ende der Abteilung Arbeiter nach 1990 bei. Noch aber konnte die Personengruppe Arbeiter für sich in Anspruch nehmen, das Phänomen Logistik überhaupt erst in die gewerkschaftlichen Dis-

50 Vgl. DGB-Bundesvorstand, Logistik, S. 21 sowie ders., Rechnerintegration, S. 17.
51 DGB-Bundesvorstand, Logistik, S. 52.
52 Vgl. Peter Kramper, Neue Heimat. Unternehmenspolitik und Unternehmensentwicklung im gewerkschaftlichen Wohnungs- und Städtebau 1950–1982, Stuttgart 2008.

kussionen eingeführt zu haben, und zwar national wie international[53]. Aus Sicht der führenden Arbeiterpolitikerinnen und -politiker war dies keinesfalls dem Zufall geschuldet, sondern ergab sich aus der größeren Flexibilität der Personengruppen, wie Irmgard Blättel 1988 bemerkte:

> Wenn sich im DGB Fachausschüsse treffen [...], dann wird immer entlang der jeweiligen Fachfrage vorgegangen. Bei uns ist das ein bißchen bunter. Schon deshalb finde ich, daß die Personengruppenarbeit im DGB eine wichtige Funktion hat.[54]

Interessanterweise erwähnte Blättel die Arbeiter hier mit keinem Wort. Was die Personengruppen ihrer Meinung nach auszeichnete, war ja die Buntheit, im Grunde also die Multiperspektivität. Und diese konnte man auch ohne Einbeziehung echter Arbeiterinnen und Arbeiter erreichen.

Auch Albert Keil hatte seine Schlussansprache auf der Fachtagung 1987 dazu genutzt, sich über die Rolle der Personengruppen Gedanken zu machen. Er sah in der Personengruppe Arbeiter mithin eine Kooperations- und Koordinationsstelle, deren Aufgabe darin liegen sollte, „der Gesamtorganisation einen Dienst" zu erweisen[55]. Ohne auf die Diskussionen Bezug zu nehmen, welche die Etablierung der Personengruppe Arbeiter begleitet hatten, näherte sich Keil doch der Linie an, welche Martin Heiß und die Abteilung Organisation Mitte der 1970er Jahre vertreten hatten. Die Ausrichtung erfolgte nun primär auf den DGB, nicht mehr auf die Arbeiterschaft, auch wenn Keil diesen Eindruck zu vermeiden suchte: „Dabei können und sollen die Personengruppen durchaus ihre originären Aufgaben behalten."[56] Dass er dies überhaupt sagen musste, deutete freilich auf die Schwierigkeiten des Unterfangens hin, zumal die Ressourcen der Arbeiterabteilung sehr begrenzt waren. Auch der Verlauf der Tagungen hatte deutlich gemacht, dass die Diskussion gewerkschaftlicher Erfordernisse zu Lasten der Arbeiterprobleme gehen konnte. Die Zeichen standen nun wieder auf „integrierte Arbeitnehmerpolitik".

Allerdings sind hier zwei Einschränkungen zu machen. Zum einen bemühte sich Lothar Selzner in seinem internen Rückblick auf die Fachtagung 1986 um eine sehr plakative Singularisierung der Arbeiterprobleme. „RENTE ODER ARBEITS-

53 Selbst die Internationale Transportarbeiterföderation (ITF) hatte sich 1986 noch nicht mit dem Thema befasst und ließ sich durch die Fachtagung inspirieren, wie ihr Vertreter David Cockroft bekannte. Vgl. DGB-Bundesvorstand, Logistik, S. 45 f. Auf dem DGB-Bundeskongress 1986 anerkannte Ewald Wehner, der Sprecher der Antragsberatungskommission, mit Blick auf den Logistik-Antrag des Bundesarbeiterausschusses, „daß dieser Antrag von keinem der übrigen Anträge inhaltlich abgedeckt wird." Vgl. ibid., S. 73.

54 DGB-Bundesvorstand, Arbeiter in Konfrontation, S. 77. Vgl. zudem ders., Logistik, S. 51.

55 Vgl. DGB-Bundesvorstand, Rechnerintegration, S. 82–83 (Zitat).

56 Ibid., S. 82.

LOSIGKEIT“ drohten Arbeitern als Konsequenz der logistischen Rationalisierung, den in die Selbständigkeit gedrängten Lastwagenfahrern „durch Knebelverträge [...] VERSCHULDUNG, RUIN, ARBEITSLOSIGKEIT“[57]. Zum andern verschafften die wenigen Presseartikel, die zu den Veranstaltungen publiziert wurden, den Arbeitern nachträglich eine viel stärkere mediale Präsenz als sie sie auf den Fachtagungen tatsächlich hatten. Genauer gesagt dominierte in der Berichterstattung der Lastwagenfahrer als Projektionsfläche. So griffen die Zeitungen imaginierte, später auch reale Schreckensszenarien auf, in denen übermüdete LKW-Fahrer folgenschwere Unfälle auf Autobahnen oder in Städten verursachten. So konnte der Leserschaft deutlich gemacht werden, dass Logistik nicht nur Auswirkungen auf Arbeitnehmer hatte, sondern dass jeder Passant deren Folgen am eigenen Leib zu spüren bekommen könnte[58]. Es finden sich in den Quellen Hinweise, dass hinter der Prominenz der ‚Arbeiter' in der Berichterstattung eine klare Strategie für die Öffentlichkeitsarbeit seitens der Gewerkschaften steckte[59]. Die ÖTV hatte parallel zur Tagung 1986 eine Initiative für Fernfahrer lanciert, und auch Irmgard Blättel hob sowohl in ihrer Pressemitteilung zur Veranstaltung wie auch in ihrem Geschäftsbericht auf dem DGB-Bundeskongress 1986 die besondere Betroffenheit der Arbeiterschaft hervor[60]. Ja mehr noch: Auf der Tagung 1988 betonte Blättel, man habe mit den Logistik-Tagungen nicht nur die Probleme der Vergangenheit thematisiert, sondern gegenwärtige und zukünftige Herausforderungen für die Arbeiter sichtbar gemacht[61].

Dennoch bleibt der Eindruck, dass in den öffentlichen Statements eine entschiedene Arbeiterpolitik umso stärker simuliert wurde, je weiter man sich in der Alltagsarbeit und gedanklich von ihr entfernte[62]. Dies schlug sich nicht nur in den immer wieder vorgetragenen Monita nieder, man möge doch künftig mehr Praktiker aus den Betrieben in den Diskussionsprozess einbinden[63], sondern auch in

57 Selzner, Notiz für Irmgard Blättel, 12. November 1986, S. 2 (H. i. O.).

58 Vgl. die Presseschau in: DGB-Bundesvorstand, Logistik, S. 75–77. Ein Jahr später spielten die Lastwagenfahrer und deren Unfälle eine untergeordnete Rolle in der Berichterstattung. Vgl. die Presseschau in: ders., Rechnerintegration, S. 95–98.

59 Vgl. Niederschrift BAA, 18. November 1986, S. 3.

60 Vgl. DGB-Bundesvorstand, Logistik, S. 73, 75. Die offizielle DGB-Pressemitteilung zur Fachtagung 1987 erwähnte die Arbeiterproblematik dagegen mit keinem Wort. Vgl. ders., Rechnerintegration, S. 94.

61 Vgl. DGB-Bundesvorstand, Arbeiter in Konfrontation, S. 7 f.

62 Die ÖTV konzentrierte sich dagegen auch beim Thema Logistik auf die Arbeiterbelange, wie Uwe Bogedale zu seinem Missfallen feststellte. Vgl. DGB-Bundesvorstand, Logistik, S. 53.

63 Vgl. DGB-Bundesvorstand, Arbeiter in Konfrontation S. 3, 69 sowie Abteilung Arbeiter-Handwerk, Protokoll der Sitzung des DGB-Bundesarbeiterausschusses vom 15. Februar 1989, S. 2, in: AdsD 5/DGAA000167.

dem einstimmig angenommenen Antrag 267, welchen der Landesbezirk Bayern an den Bundeskongress 1986 gestellt hatte. In ihm forderten die bayerischen Gewerkschafter, den Arbeitern zu mehr Einfluss in Staat und Gesellschaft zu verhelfen[64]. Wie sich auf der Bundesarbeiterkonferenz 1989 jedoch zeigen sollte, war der Einfluss der ‚Arbeiter' nicht einmal mehr in diesem Format gesichert.

10.2 Die Bundesarbeiterkonferenz '89 – Recht, Frauen und Europa

Stellten die Bundesarbeiterkonferenzen 1981 und 1985 unbestreitbar Höhepunkte der Arbeiterpolitik des DGB dar, markierte die im Dezember 1989 durchgeführte Konferenz nicht nur den Schlusspunkt dieser Veranstaltungsreihe, sondern, gemessen an der Singularisierung der ‚Arbeiter', auch den Tiefpunkt. Laut Andreas Reckwitz lassen sich Erfolg oder Scheitern von Singularisierungsbemühungen auf der Ebene der Rezeption ablesen[65]. Und hier war das Ergebnis eindeutig: Die Presseberichterstattung über die Konferenz bewegte sich sowohl hinsichtlich der Anzahl der Artikel wie auch der Bedeutung der Medien, in denen sie erschienen, nicht einmal mehr auf dem Niveau der vorangegangenen Fachtagungen. War auf der unter Ausschluss der Öffentlichkeit stattfindenden Konferenz 1977 noch der Bundesminister Hans Matthöfer aufgetreten, fand sich nun kaum noch ein Politiker von Rang und Namen bereit, die Fahrt zum Tagungsort in Trier auf sich zu nehmen. Ohne Zweifel war das öffentliche Desinteresse zu einem guten Teil den welthistorischen Ereignissen geschuldet, die sich zeitgleich in der DDR und in Osteuropa abspielten. Diese Koinzidenz reicht als alleinige Erklärung nicht aus. Denn selbst in den wenigen Grußadressen, welche die Konferenz per Telegramm erreichten, tauchte das Wort ‚Arbeiter' überhaupt nicht mehr auf, und von den anwesenden Grußrednern erwähnte es lediglich der örtliche DGB-Kreisvorsitzende ein einziges Mal[66]. Wie ist dieser Sachverhalt also zu erklären?

---

64 Vgl. DGB-Bundesvorstand (Hrsg.), Protokoll 13. Ordentlicher Bundeskongress Hamburg 25. bis 30. Mai 1986, Frankfurt a. M. 1986, S. 506, S. 495 f. (Antragsteil). Warum der Antrag vom Landesbezirk Bayern gestellt wurde, ist unklar. Der Landesbezirk hatte die Gründung eines Landesbezirksarbeiterausschusses noch 1982 abgelehnt. Immerhin vier seiner Kreise wollten aber Kreisarbeiterausschüsse gründen. Vgl. Niederschrift BAA, 14. September 1982, S. 6 sowie Abteilung Arbeiter-Handwerk, Unterlage zur Sitzung, Bundesarbeiterausschuss am 18. November 1986, in: AdsD 5/DGAA000165.

65 Vgl. Reckwitz, Gesellschaft, S. 69 f., 158 f.

66 Vgl. DGB-Bundesvorstand (Hrsg.), „Für ein soziales Europa". 4. Bundesarbeiterkonferenz des DGB Trier 8. und 9. Dezember 1989. Protokoll, Düsseldorf o. J., S. 17–25, 234, 237–242.

Laut Reckwitz ist der ausbleibende Erfolg von Singularisierungsbemühungen zunächst nichts Ungewöhnliches, sondern der Normalfall. Auch frühere Erfolge sind keine Garantie gegen zukünftiges Scheitern, wobei mit einer „Entsingularisierung generell Entwertung“ einhergeht. Nur selten erfährt ein singularisiertes Gut ein solch hohes Maß an „Aufmerksamkeit“ oder „Reputation“, um seine dauerhafte Singularisierung ohne weiteres eigenes Zutun sicherzustellen[67]. Im Falle des ‚Arbeiters‘ mochte dies in den frühen 1970er Jahren vielleicht der Fall gewesen sein, Ende der 1980er Jahre konnte davon aber keine Rede mehr sein. Die Personengruppe Arbeiter musste folglich dessen Singularisierung weiter aktiv betreiben, um einer Entwertung des ‚Arbeiters‘ entgegenzutreten.

Irmgard Blättel hatte sich in ihrem Eröffnungsreferat auch durchaus bemüht, die anhaltende Diskriminierung als Besonderheit der Arbeiterschaft herauszuarbeiten. Als Kontinuitätsfaktor führte Blättel dabei nicht nur die körperlichen Belastungen an, welche aus dem Tätigkeitsvollzug selbst (etwa Arbeiten im Stehen, über Kopf, mit starrer Körperhaltung) wie auch aus ungünstigen Umweltfaktoren am Arbeitsplatz (etwa Hitze, Lärm, Arbeit im Freien) erwuchsen. Vielmehr zeigte sie am Beispiel des Kündigungsschutzes auf, wie rechtliche Regelungen die Arbeiterschaft schlechterstellten. Im Falle der Kündigungsfristen ignorierte die Regierung sogar seit Jahren das Urteil des Bundesverfassungsgerichts, das Teilaspekte des Gesetzes schon 1982 für verfassungswidrig erklärt hatte. Für die Arbeiterpolitik bedeutender war jedoch, dass die Gesetzgebung immer aufs Neue die Diskriminierung der Arbeiterschaft fortschrieb. Denn die geplante Erhöhung des Renteneintrittsalters bedeutete, so Blättel, für noch mehr Arbeiter, vor Erreichen des Rentenalters berufs- oder erwerbsunfähig zu werden, zumal sich „die Masse der Arbeiterschaft“ schon aus finanziellen Gründen keinen vorzeitigen Renteneintritt leisten könne. Geschickt spielte Blättel den Ball an Kurt Leingärtner weiter, der als Vertreter der DGB-Rechtsstelle ausführen durfte, dass Arbeiter die Anerkennung ihrer Erwerbs- oder Berufsunfähigkeit oft vor Gericht erstreiten müssten, während dieser bürokratische Akt seitens der Behörden im Falle von Angestellten völlig problemlos vollzogen werde[68].

Dass es dennoch zu keiner inhaltlich fundierten Singularisierung des ‚Arbeiters‘ kam, lag an mehreren Punkten: Zunächst hatten sich die gesellschaftlichen Rahmenbedingungen und mit ihr die Grundstimmung gewandelt. Lag dieser Wandel außerhalb des Einflussbereichs der Arbeiterpolitiker, trugen sie mit der inhaltlichen Ausrichtung der Konferenz zur ausbleibenden Singularisierung bei. Die Beschäftigung mit rechtlichen Fragen rückte eher Frauen in den Fokus, während das –

67 Vgl. Reckwitz, Gesellschaft, S. 14, 68 (Zitat, Hervorhebung gelöscht), 159, 172 f.

68 Vgl. DGB-Bundesvorstand, Soziales Europa, S. 35, 39 (Zitat) f., 46.

ebenfalls aus der Perspektive des Rechts behandelte – Thema Europa Schwächen und Probleme der Arbeiterschaft offenlegte. Dies aber passte nicht mehr zum neuen Zeitgeist.

10.2.1 Die Betroffenheit stößt an ihre Grenzen

Beginnen wir mit der gesellschaftlichen Grundstimmung. Wie oben gezeigt, setzte die Abteilung Arbeiter bei ihrer Singularisierungsstrategie hauptsächlich auf das Evozieren von Betroffenheit durch die Darstellung der ‚Arbeiter' als Märtyrer. Dies war nicht nur anschlussfähig an die politischen Sprachen des Marxismus und der christlichen Soziallehre, sondern auch an diejenige des in den 1970er Jahren entstandenen alternativen Milieus. Sie alle erkannten den Begriffen Ausbeutung und Entfremdung zentrale Bedeutung für die Valorisierung von Personen zu, wenn auch in unterschiedlicher Gewichtung[69]. Ende der 1980er Jahre hatte aber der Betroffenheitsdiskurs an gesellschaftlicher Wertschätzung deutlich eingebüßt. Bereits Mitte der 1970er Jahre hatte auf dem Gebiet der Philosophie mit Michel Foucault das „Lachen" die Niedergeschlagenheit der Kritischen Theorie verdrängt[70]. 1990 hatte diese Gemütsäußerung auch beim DGB-Bundeskongress Einzug gehalten, zunächst in Person des FDP-Vorsitzenden Otto Graf Lambsdorff. Dessen Grußwort sorgte laut Protokoll mehrmals für „Heiterkeit" und „Lachen". Dies aufgreifend stellte die Delegierte Gisela D'Agostino-Kastner fest: „Ich verstehe auch nicht, wie man nur bei Worten von Leuten lachen kann, die sich als unsere Klassenfeinde bezeichnen, und wenn unsere eigenen Kolleginnen und Kollegen des Bundesvortandes reden, dann ist das alles ernst." Ihr Kollege Reinhard Soll lobte das letzte Bundesjugendtreffen gerade als Beleg dafür, „daß eigenverantwortliches Engagement Spaß macht"[71].

In eine direkte Konfrontation brachte Veronika Keller-Lauscher von der IG CPK die beiden Valorisierungsmodi, wenn sie forderte, der DGB müsse „von einer Sozialpolitik wegkommen […], die in wesentlichen Elementen eigentlich eine Benachteiligtenpolitik ist." Stattdessen sollten die Gewerkschaften für „Freiheit, Hoffnung, Kreativität, Erfolg, Selbstverwirklichung und Blick in die Zukunft" stehen. Sie erntete für ihren Redebeitrag nun „[l]ebhafte[n] Beifall"[72], nachdem ihr im kapitalismusfreundlichen Tenor ähnlicher Redebeitrag vier Jahre zuvor „Zurufe" und eine entschiedene Replik von Detlef Hensche, gHV-Mitglied der IG Druck und

69 Zum linksalternativen Milieu vgl. Reichardt, Authentizität, S. 55, 169, 193.

70 Vgl. Felsch, Der lange Sommer, S. 110–113.

71 Vgl. DGB-Bundesvorstand (Hrsg.), Protokoll 14. Ordentlicher Bundeskongreß Hamburg, 20. bis 26. Mai 1990, S. 164–169, 183 (Zitat), 191 (Zitat).

72 Ibid., S. 190.

Papier, eingebracht hatte, wofür dieser seinerzeit „[l]ebhafte[n] Beifall“ erhalten hatte[73]. War der Kongress 1986 noch unter dem Eindruck der heftigen Auseinandersetzungen zwischen Gewerkschaften und Arbeitgeberverbänden sowie der Regierung um Fragen der Arbeitszeitverkürzung sowie die Novellierung des Paragraphen 116 des Arbeitsförderungsgesetzes gestanden, hatte sich 1990 die gewerkschaftliche Wahrnehmung offensichtlich verändert. 1992 schließlich prägte Gerhard Schulze den Begriff der „Erlebnisgesellschaft“, um die gesamtgesellschaftlich gestiegene Bedeutung hedonistischer Verhaltensweisen soziologisch zu beglaubigen[74]. Die Betroffenheitsstrategie der Abteilung Arbeiter stieß Ende der 1980er Jahre somit auf einen gewerkschaftlich wie auch gesamtgesellschaftlich geschrumpften Resonanzraum.

10.2.2 Recht und Frauen als Grenzen der Singularisierung

Die Konzentration auf rechtliche Fragen erwies sich gleich aus mehreren Gründen als problematisch für die Singularisierung der ‚Arbeiter‘. Zum einen ließ sich hieraus wenig Dynamik entfalten, sofern die Frage wie im Fall der Kündigungsfristen durch ein höchstrichterliches Urteil im Grunde schon entschieden war. Den Gewerkschaften blieb hier nur die Rolle des Mahners zur Umsetzung des Urteils. Zugleich drohten sie wie auch der Arbeiterbegriff in den Ruch des Gestrigen zu kommen, eben weil es sich in der Sache so offenkundig nur noch um ein retardierendes Moment handelte. Indem Blättel in ihrem Arbeitsbericht zu den Tätigkeiten der Abteilung Arbeiter fast ausschließlich auf Urteile und Initiativen verschiedener Gerichte verwies, verstärkte sie den Eindruck einer in Passivität verharrenden gewerkschaftlichen Arbeiterpolitik, was auch mehrere Delegierte kritisch anmerkten[75].

Zum Zweiten waren Rechtsfragen eine denkbar ungeeignete Materie für das bewährte Format der Bundesarbeiterkonferenz. Zwar hatte sich Blättel im Vorfeld wieder eine „Konferenz zum Anfassen“ gewünscht[76], doch anhand welcher Demonstrationsobjekte sollte der Normenbestand in den Bereichen Arbeitszeit, Kündigungsschutz und Arbeitsschutz materiell begreifbar gemacht werden? Hier

---

73 Vgl. DGB-Bundesvorstand, Protokoll Bundeskongreß 1986, S. 193 (Zitat), 206 (Zitat).

74 Vgl. Gerhard Schulze, Die Erlebnisgesellschaft. Kultursoziologie der Gegenwart, Frankfurt a. M./New York 1992.

75 Vgl. DGB-Bundesvorstand, Soziales Europa, S. 35–37. Zur Kritik vgl. ibid., S. 43, 45.

76 Vgl. Irmgard Blättel an die Mitglieder des DGB-Bundesarbeiter-Ausschusses, 25. Januar 1989, [Anlage:] Auszug aus dem Protokoll der Sitzung des Bundesarbeiterausschusses am 13. Dezember 1988, S. 5, in: AdsD 5/DGAA000147.

halfen weder eine „Riechbar" noch ein „Lügenotto", noch konnten Arbeiterinnen und Arbeiter in gleicher Weise als praktische Experten auftreten, wie dies bei den Themen der vorangegangenen Konferenzen möglich gewesen war. Vielmehr beklagten die Referenten und Diskussionsteilnehmer die Machtlosigkeit der Betriebsräte im Falle des Kündigungsschutzes, deren Überforderung im Falle des Arbeitsschutzes[77]. Verglichen mit den vorangegangenen Bundesarbeiterkonferenzen nahm sich die letzte folglich geradezu bieder aus. Ohne die notwendige innovative performative Rahmung konnte zudem die mittlerweile fast schon rituelle Beschwörung der besonderen Belastungen, unter denen Arbeiter litten, leicht ins Floskelhafte kippen. Auch im internen Redeentwurf hatte sich dies niedergeschlagen, denn dort konterkarierte eine flapsige Parenthese die Bedeutungsschwere der beabsichtigten Aussage: „Monotonie und Streß .... (weitere Ausführungen noch einsetzen) charakterisieren nach wie vor das Schicksal der Arbeiter [...]."[78]

Zum Dritten zeichnete sich bereits in Blättels Referat ab, dass von den noch ungelösten rechtlichen Diskriminierungen in erster Linie Frauen betroffen waren. So griff das Lohnfortzahlungsgesetz von 1969 nur für solche gewerblichen Arbeitnehmer, die mehr als zehn Stunden pro Woche oder mehr als 45 Stunden pro Monat beschäftigt waren. In Teilzeit arbeiteten aber fast ausschließlich Frauen. Eng an diese zeitlich bedingte Diskriminierung der Frauen gekoppelt war eine einkommensbedingte, denn für all jene, die weniger als 450 DM pro Monat verdienten, begründete die ausgeübte Lohnarbeit keinen Zugang zu den Sozialversicherungen[79]. Wie unschwer zu erkennen ist, hatten sich die Themen, die über den Genderaspekt thematisiert wurden, deutlich verschoben. Es ging den Frauen nun nicht mehr um die Frage ihrer Beteiligung in Gewerkschaftsgremien, sondern um arbeitsweltliche Themen. Insofern als die Gewerkschaftsmänner sich nun nicht mehr an den Pranger gestellt fühlen mussten, konnten sie sich umso leichter gemeinsam mit den Frauen über die Missstände entrüsten[80]. Tatsächlich wurden die Diskussionen, die sich in den Arbeitsgruppen der Konferenz entspannen, wie schon 1985 immer wieder unter dem Rubrum der Frauenfrage geführt. Das Nachtarbeitsverbot, das ausschließlich für Arbeiterinnen, nicht aber für weibliche Angestellte oder Beamtinnen galt, erwies sich hier als besonders fruchtbar. Waren die Gewerkschafter gegenüber Flexibilisierungsforderungen der Unternehmer skeptisch bis

77 Vgl. DGB-Bundesvorstand, Soziales Europa, S. 100–102.

78 Irmgard Blättel, „Gewerkschaftliche Arbeiterpolitik in Deutschland und Europa" – Referat und Arbeitsbericht – Entwurf 23. November 1989 K/Gh, S. 12, in: AdsD 5/DGAA000167.

79 Vgl. DGB-Bundesvorstand, Soziales Europa, S. 37 f.

80 Neben Blättel thematisierten in der Aussprache zu ihrem Referat Elisabeth Alschner von der IG Medien, Friedrich Born und Günther Hoppe (beide IG BSE) die Benachteiligung von Frauen, also immerhin drei von acht Rednerinnen und Rednern. Vgl. ibid., S. 43, 49, 52.

ablehnend eingestellt, verkomplizierte der Gender-Aspekt die Angelegenheit. Denn es war zu klären, ob Arbeiterinnen aus dem Nachtarbeitsverbot ein Nachteil erwuchs, oder ob es sich um eine vorbildliche Schutzvorschrift handelte, die perspektivisch auch auf die Männer ausgedehnt werden sollte. Die Arbeitsgruppen waren sichtlich bemüht, die Widersprüche zwischen *gender* und *class* zu überbrücken. Als Kompromiss zeichnete sich gleichsam eine Allgemeinwohlklausel ab, denn der Einsatz der Beschäftigten außerhalb der Kernarbeitszeiten sollte nicht dem Profitinteresse der Unternehmer zugutekommen, sondern sich auf die Sicherstellung der Grundversorgung der Bevölkerung beschränken. Die Fragilität dieses Szenarios wurde aber sofort deutlich, als vor dem Hintergrund der zunehmenden Internationalisierung der Märkte die Frage nach möglichen Standortnachteilen für die Bundesrepublik ins Spiel kam[81].

Die Präsenz der Frauenthematik war wenig überraschend, wenn man sich die Konstellation vor Augen hält, in welcher die Bundesarbeiterkonferenz über die Bühne ging. Seit 1980 verantwortete Irmgard Blättel die Arbeiterarbeit des DGB, und seit 1982 führte sie parallel die Abteilung Frauen des Dachverbandes. Sie selbst sah in der Frauenpolitik immer ihre Hauptaufgabe, und schon hieraus ergab sich eine gesteigerte Sensibilität für Frauenfragen unter den Arbeiterpolitikern[82]. Auch gesamtgesellschaftlich waren die 1980er Jahre eine Zeit, in der das Thema Frau an gesellschaftlicher Bedeutung gewann. Wie Thomas Schlemmer zeigte, fügten sich damals zuvor unverbundene Diskursstränge ineinander, die ihren Ausgang eine Dekade zuvor in den frauen- und familienpolitischen Debatten des linken wie des konservativen Lagers genommen hatten, und erlangten eine gewisse Diskursmächtigkeit, zumal mit Rita Süssmuth und Heiner Geißler gleich zwei durchsetzungsfähige Persönlichkeiten als Fürsprecher des Themas in der Regierung vertreten waren[83]. Völlig auf die Frauenkarte konnte Irmgard Blättel auf einer Arbeiterkonferenz allerdings nicht setzen. So stellte sie denn auch klar, dass „die Arbeiter und die Arbeiterinnen […] von den meisten Problemen immer noch

81 Vgl. ibid., S. 84, 131–133, 135, 144.

82 Für die 1987 durchgeführte Fachtagung der Abteilung Arbeiter hatte Irmgard Blättel im Vorfeld vorgesehen, 20 der 100 verfügbaren Plätze der Abteilung Frauen vorzubehalten. Vgl. Abteilung Arbeiter-Handwerk, Unterlage zur Sitzung, Bundesarbeiterausschuss am 8. Juli 1987, in: AdsD 5/DGAA000165. Laut Teilnehmerliste waren aber nur fünf Frauen unter den 56 Anwesenden, vgl. DGB-Bundesvorstand, Rechnerintegration, S. 90–93. Dies war immerhin absolut und prozentual eine Verdoppelung des Frauenanteils verglichen mit der vorhergehenden Fachtagung, vgl. DGB-Bundesvorstand, Logistik, S. 67–69.

83 Vgl. Thomas Schlemmer, Befreiung oder Kolonisierung? Frauenarbeit und Frauenerwerbstätigkeit am Ende der Industriemoderne, in: Doering-Manteuffel/Raphael/Schlemmer, Vorgeschichte, S. 79–108, hier S. 81, 88, 94 ff., 103 f.

schlimmer und stärker betroffen" seien[84]. Und doch: In der Gesamtschau verfestigt sich der Eindruck, als habe die Frauenfrage die Bundesarbeiterkonferenz kolonisiert. Es stellen sich daher zwei Fragen: Warum setzte die Abteilung Arbeiter überhaupt so stark auf rechtliche Fragen? Und folgte aus der Befassung mit dieser Materie notwendig ein frauenpolitischer Schwerpunkt?

Für eine Auseinandersetzung mit rechtlichen Fragen gab es gleich mehrere gute Gründe. So hatte sich noch keine Bundesarbeiterkonferenz eingehend mit diesem Thema befasst, obwohl ja die Spaltung der Arbeitnehmerschaft in ‚Arbeiter', ‚Angestellte' und ‚Beamte' ganz wesentlich im rechtlichen Korpus verankert war. Diese triviale Feststellung konnte nicht ausschlaggebend für die Wahl eines Konferenzthemas sein. Die Entscheidung für die Diskussion von Rechtsfragen ergab sich vielmehr aus der Kombination eines allgemeinen politischen Ereignisses mit Zäsurcharakter und der geübten Alltagspraxis der Arbeiterpolitiker des DGB. So war Albert Keil im Mai 1988 „plötzlich der Gedanke [gekommen,] Arbeiterprobleme angesichts der bevorstehenden Verwirklichung des EG-Binnenmarktes zum zentralen Thema für die Bundesarbeiterkonferenz '89 vorzuschlagen." Damit wollte er die Arbeiterpolitik anschlussfähig an die „aktuelle[] Diskussion zu Themen der ‚begonnenen Zukunft'" halten[85]. Zwar war die Schaffung des Binnenmarktes keine rein rechtspolitische, sondern auch eine wirtschaftspolitische und ökonomische Frage, doch gab die zeitliche Koinzidenz – die Bundesarbeiterkonferenz fand zur selben Zeit statt, als ein Europäischer Gipfel in Straßburg zusammenkam, um eine rechtlich unverbindliche Sozialcharta für die EG zu verabschieden – Ausschlag für die Erörterung rechtlicher Fragen. Hierfür sprach zudem die kontinuierliche Beschäftigung der Abteilung Arbeiter mit dieser Materie seit den frühen 1980er Jahren.

Recht und ‚Arbeiter'

Hätte die Marginalisierung der ‚Arbeiter' im Feld rechtlicher Fragen den Beteiligten dann aber nicht im Voraus bekannt sein müssen? Ein Blick in die Unterlagen der Personengruppe Arbeiter gibt Aufschluss über die Motive und die konkrete Ausgestaltung dieser Thematik. Warum also hatten sich die Fachpolitiker des DGB zum Beginn der Dekade dem Recht zugewandt? Im Grunde war es keine Überraschung, dass ausgerechnet zu der Zeit, als der Einfluss des DGB auf die Gesetzgebung immer weiter zurückging, die Beschäftigung mit den Auswirkungen geplanter Gesetzesvorhaben an Bedeutung gewann. Es war für die Gewerkschaften überdies eine sehr

84 DGB-Bundesvorstand, Soziales Europa, S. 54.

85 Albert Keil, Abteilung Arbeiter-Handwerk, Notiz für Kollegin Blättel, 10. Mai 1988, in: AdsD 5/DGAA000167. Hervorhebungen im ersten Zitat gelöscht.

glückliche Fügung, dass gerade, als sich noch unter der Kanzlerschaft Helmut Schmidts das Verhältnis zur Regierung abzukühlen begann[86], die Judikative als Schrittmacher für den Abbau unmittelbarer gesetzlicher Diskriminierungen der Arbeiterschaft in Erscheinung trat[87].

Für die Arbeiterpolitik des DGB stellte sich diese neue Situation allerdings zwiespältig dar. So rückte sie von nun an in die Rolle des interessierten Beobachters[88]. Schon im Juli 1983 hatte der Bundesarbeiterausschuss in einer Besprechung des Urteils des Bundesverfassungsgerichts diese attentistische Linie festgelegt:

> Die Aussprache verdeutlicht die Hoffnung zahlreicher Ausschußmitglieder, daß mit dieser höchstrichterlichen Entscheidung eine Entwicklung in Gang gesetzt worden sein könnte, die zu einer endgültigen Einebnung der Differenzierung zwischen Arbeitern und Angestellten führen könne.[89]

Immerhin erklärte sich Blättel bereit, auch selbst aktiv zu werden. Zusammen mit dem Tarifarchiv des WSI und der Abteilung Tarifpolitik des DGB wollte sie in den bestehenden Tarifverträgen nach Bereichen suchen, die für ‚Arbeiter‘ und ‚Angestellte‘ unterschiedlich geregelt waren. Karl Kehrmann, dem Rechtsexperten des DGB, wie auch Gerhard Kettlitz vom Landesbezirk Berlin war diese Bestandsaufnahme nicht genug. Sie forderten die Einzelgewerkschaften auf, den Abbau tarifvertraglicher Diskriminierungen nun zu forcieren[90]. Allerdings griff hier schon bald wieder der Autonomiereflex der Einzelgewerkschaften, die sich tarifpolitischen Vorgaben seitens des DGB nicht unterordnen wollten. Als Lothar Selzner Ende 1983 erste Ergebnisse präsentierte, diente dieses Unterfangen schon einem gänzlich anderen Zweck. Er wollte nur demonstrieren,

> daß es noch Differenzen gibt, die den „Arbeiter“ von den anderen Arbeitnehmern abheben und ihn somit als soziale Gruppe zunächst festschreiben, […] daß „Arbeiter“ noch immer als (zahlenmäßig noch stärkste) soziale Gruppe vorhanden sind und unstreitig ihrer Interessenwahrnehmung und Interessenvertretung bedürfen. […] Man wird sich dieser Situation so lange

86 Vgl. Klaus Kempter, Gefolgschaft, Kooperation und Dissens. Die Gewerkschaften in der sozialliberalen Ära 1969–1982, in: Oliver von Mengersen/Matthias Frese/Klaus Kempter (Hrsg.), Personen – Soziale Bewegungen – Parteien. Beiträge zur neuesten Geschichte. Festschrift für Hartmut Soell, Heidelberg 2004, S. 281–298, hier S. 295 ff.

87 Vgl. Landesarbeitsgericht Niedersachsen, 3 Sa 10/82, 4 Ca 1980/81 (Oldenburg) sowie Urteil des BVerfG vom 16. November 1982, beide in: AdsD 5/DGAA000122.

88 So findet sich neben den bereits genannten einschlägigen Urteilen auch ein Fachaufsatz in den Akten: Karl Kehrmann, Ungleichbehandlung von Arbeitern und Angestellten bei der Entgeltfortzahlung im Krankheitsfall, in: Arbeitsrecht im Betrieb 3/87, S. 55–57, in: AdsD 5/DGAA000166.

89 Niederschrift BAA, 13. April 1983, S. 3.

90 Vgl. ibid., S. 3 f.

gegenübersehen, wie die Sozialversicherungszweige BfA und LVA nicht zusammengelegt sind (alte DGB-Forderung).[91]

Dass sich die Abteilung Arbeiter nach den Gerichtsurteilen auf die soziale Realität besann[92], verweist auf die Gefahr, die der Arbeiterpolitik aus dem Beschluss des Bundesverfassungsgerichts erwachsen konnte. Sie drohte, von ihren innergewerkschaftlichen Gegnern erneut für überflüssig erachtet zu werden. In der Tagespolitik der Abteilung Arbeiter spielte folglich die Frage eine wichtige Rolle, wie Gesetze, die nicht mehr zwischen ‚Arbeitern' und ‚Angestellten' unterschieden, indirekt diskriminierend wirkten, indem sie unterschiedliche arbeits- und lebensweltliche Sachverhalte gleichen Regelungen unterwarfen[93]. Sich rechtlichen Fragen zuzuwenden, lag folglich im ureigenen Interesse der Personengruppe Arbeiter, und die Soziologisierung des Rechts versprach, den eigenen Fortbestand auch über den Zeitpunkt hinaus zu sichern, wenn alle direkten gesetzlichen Diskriminierungen der Arbeiterschaft aufgehoben sein würden.

Die besondere Betroffenheit der Frauen durch gesetzliche Regelungen thematisierte die Personengruppe Arbeiter zwar auch in ihrem Alltagsgeschäft, doch findet sich der erste Beleg hierfür interessanterweise erst bei den Diskussionen über die Rentenreform 1989. Und völlige Einigkeit herrschte in diesem Punkt auch nicht. Denn als der Vertreter der Gewerkschaft Handel, Banken und Versicherungen (HBV) den Bundesarbeiterausschuss aufforderte, ein Positionspapier des Bundesfrauenausschusses zu unterstützen, welches sich gegen die Anhebung der Al-

---

91 Selzner, Abteilung Arbeiter-Handwerk, Unterlage zur Sitzung, Bundesarbeiterausschuss am 8. Dezember 1983, S. 1f., in: AdsD 5/DGAA000122.

92 Schon Mitte 1983 hatte die Abteilung Arbeiter sich selbst folgende Aufgabe erteilt: „Nachweisführung, daß es trotz der gewerkschaftlichen Erfolge bei dem Ziel der Hinführung der Arbeiter zum höheren Recht, der Verbesserung ihrer Situation, der Integration in die Gesellschaft, nach wie vor die Arbeiterschaft als soziologische Gruppe gibt". Albert Keil (K-by), Kurznotiz für Kollegin Irmgard Blättel, 7. Juni 1983, S. 1, in: AdsD 5/DGAA000129.

93 Dies betraf 1984 das Beschäftigungsförderungsgesetz, 1987 die Vorschläge zur Einführung einer „Teilarbeitsunfähigkeit", 1989 die Reform des Krankengeldanspruchs wie auch immer wieder die Rentenreform. Vgl. Anlage zum Protokoll der Sitzung des DGB-Bundesarbeiterausschusses vom 14. April 1984 zu TOP 5. – „Arbeiterspezifische Probleme der anstehenden Gesetzgebung". Kurzfassung des Einführungsvortrages von Koll. Lothar Selzner, in: AdsD 5/DGAA000122, Lothar Selzner, Abteilung Arbeiter-Handwerk, Notiz für Albert Keil, 14. Mai 1987, in: AdsD 5/DGAA000165, Abteilung Arbeiter-Handwerk, Protokoll BAA, 15. Februar 1989, S. 4 f. sowie Auszug Protokoll BAA, 13. Dezember 1988, S. 6.

tersgrenzen für Frauen aussprach, stimmten die Vertreter der IG Metall, der IG Chemie-Papier-Keramik und der IG Bergbau und Energie dagegen[94].

Die partielle Kolonisierung der Bundesarbeiterkonferenz durch die Frauenfrage lässt sich folglich nicht allein auf eine Befassung mit rechtlichen Fragen zurückführen. Eine wichtige Rolle spielte das gewählte Konferenzthema, Europa also. Denn es war die Europäische Kommission im Verbund mit dem Europäischen Gerichtshof, welche die Ausnahmeregelungen, die das Lohnfortzahlungsgesetz für geringfügig Beschäftigte vorsah, als Verstoß gegen das Gleichheitsgebot identifizierte[95]. Warum fiel diese offenkundige Ungleichbehandlung erst jetzt, also 20 Jahre nach Verabschiedung des Gesetzes, auf? Hier ist darauf zu verweisen, dass nicht jede gruppenbezogene Andersbehandlung bereits eine Diskriminierung und somit einen Verstoß gegen das Gleichheitsgebot konstituiert. Die Bundesregierung verwies etwa auf die Unterschiedlichkeit der Sachverhalte. Im Vergleich zur Stammbelegschaft seien geringfügig Beschäftigte viel weniger in die betriebliche Gemeinschaft integriert, weshalb für diese auch keine „Fürsorgepflicht des Arbeitgebers" bestehe. Die Europäische Kommission nahm dagegen die statistische Tatsache, dass fast ausschließlich Frauen geringfügig beschäftigt wurden, zum Anlass, eine Ungleichbehandlung aufgrund des Geschlechts festzustellen[96]. Erst die europäischen Akteure vermochten die „geschlechterpolitischen Blindstellen des bundesdeutschen Sozialstaats" zu erkennen[97]. Allerdings ist wichtig festzuhalten, dass die Kritik des Lohnfortzahlungsgesetzes unter dem Aspekt Gender keineswegs den Schlusspunkt markierte. In einem Artikel, der 1992 in der Funktionärszeitschrift des DGB veröffentlicht wurde, zählte der Autor nun Diskriminierungen auf, die nicht von der partiellen Gender-, sondern nur von der allgemeineren Arbei-

---

94 Abteilung Arbeiter-Handwerk, Protokoll BAA, 15. Februar 1989, S. 5. Schon Mitte der 1970er Jahre hatte sich die HBV als entschiedene Fürsprecherin von Arbeiterinnen erwiesen, als sie gegen die Mehrheitsmeinung des DGB beim Bundesarbeitsministerium intervenierte, um die Einrichtung von Ruheräumen für Kaufhausmitarbeiterinnen als Vorschrift in die Arbeitsstättenverordnung aufzunehmen. Vgl. Remeke, Gewerkschaften, S. 97–99.

95 Vgl. hierzu etwa die Ausführungen des Bundesarbeitsgerichts. Irmgard Blättel an die Mitglieder des DGB-Bundesarbeiter-Ausschusses, 31. August 1989, [Anlage 2] 2 AZR 567/87 – 2 Sa 137/86 Baden-Württemberg. Beschluß des Zweiten Senats des Bundesarbeitsgerichts, 28. April 1988, S. 7 f., in: AdsD 5/DGAA000147.

96 Vgl. Gerichtshof der Europäischen Gemeinschaften, Urteil des Gerichtshofes (Sechste Kammer) vom 13. Juli 1989, S. 8 sowie Gerichtshof der Europäischen Gemeinschaften, Urteil des Gerichtshofes (Sechste Kammer) vom 13. Juli 1989, Sitzungsbericht vorgelegt in der Rechtssache 171/88, S. 6 (Zitat), 7 f., beide in: AdsD 5/DGAA000147.

97 Schlemmer, Befreiung, S. 92.

terperspektive als solche zu erfassen waren[98]. So aber vermittelte gerade die letzte Bundesarbeiterkonferenz den irreführenden Eindruck, als sei die *agency* von *class* auf *gender* übergegangen.

Ermöglicht wurde dieser Eindruck auch, weil nach dem Eröffnungsreferat Blättels keine nennenswerten Versuche mehr unternommen wurden, ‚Arbeiter' zu singularisieren. Freilich, es gab sie noch, die pathetischen Beschwörungen der Bedeutung der Arbeiter für das große Ganze ebenso wie die Kritik an der Abgehobenheit von Funktionären, die ihre Berechtigung aus dem Ideal der konkreten Alltags- und Arbeitserfahrungen der Arbeiter schöpfte[99]. Beides blieb aber folgenloses Stückwerk, weil es hierbei letztlich nur um die Artikulation von Emotionen ging. Ambitionen auf eine umfassende Politisierung der Arbeiterfrage hegte nur ein Antrag des Landesarbeiterausschusses Berlin, der spezifische Forderungen für unterschiedliche Anliegen der Arbeiterschaft erhob. Dagegen war die vom Bundesarbeiterausschuss eingebrachte „Entschließung" viel allgemeiner gehalten – es wurde im Gegensatz zum Berliner Antrag noch nicht einmal eine Vereinheitlichung der Kündigungsfristen gefordert, sondern nur „eine wesentliche Verbesserung des Kündigungsschutzes für alle abhängig Beschäftigten"[100]. Ein im Vorfeld eingereichter Antrag der Berliner, der als Herausforderung des einheitsgewerkschaftlichen Arbeitnehmerbegriffs verstanden werden konnte, da er einen Solidaritätsbeitrag der Beamten für die Sozialversicherungskassen einforderte, war noch vor Beginn der Konferenz versandet[101]. Dieses Schicksal blieb dem anderen Berliner Antrag zwar erspart, doch wurde er auf den Status „Material zur Entschließung des Bundesarbeiterausschusses" herabgestuft. Zudem musste er als einziger Antrag Gegenstimmen hinnehmen, wobei unklar blieb, ob sich diese auf die Herabstufung oder auf den Inhalt bezogen. Denn zu keinem der Anträge meldeten sich die Delegierten zu Wort[102].

Sie vergaben damit die Möglichkeit, der Arbeiterthematik eine öffentlichkeitswirksame Bühne zu verschaffen. Dies war wiederum im Sinne der „Arbeiterführer" des DGB gewesen. Der zur Vorbereitung der Konferenz eingesetzte Ar-

---

98 Darunter fielen die nur für ‚Arbeiter' geltende Regelung, die Beschäftigung tatsächlich aufgenommen zu haben, und der Ausschluss von Beschäftigungen, die auf bis zu vier Wochen befristet waren, ohne dabei ein Probearbeitsverhältnis zu sein. Vgl. Dieter Lenz, Kein Kläger – kein Richter, in: Die Quelle 43–6 (1992), S. 20.

99 Vgl. DGB-Bundesvorstand, Soziales Europa, S. 42, 140, 142.

100 Vgl. ibid., S. 213–218, Zitat auf S. 214.

101 Antrag an den Bundesarbeiterausschuß des DGB zur Weiterleitung an die Bundesarbeiterkonferenz, [o. D.], in: AdsD 5/DGAA000147.

102 Vgl. DGB-Bundesvorstand, Soziales Europa, S. 154 f.

beitsausschuss des Bundesarbeiterausschusses war so weit gegangen, auf eine aktive „Minimierung der Zahl der Anträge“ zu drängen, um „einem möglichen Vorwurf von ‚Ritualien‘ [zu] begegne[n]“[103], welcher in der Diskussion um die DGB-Reform seinerzeit vor allem gegen die Personengruppen ins Feld geführt worden war. Auch wenn der Bundesarbeiterausschuss dieses Ansinnen letztlich zurückwies[104], tat die zeitliche Ansetzung der Antragsberatung am Abend des ersten Konferenztages ihr Übriges, um keine allzu große Diskussionsbereitschaft aufkommen zu lassen. Olaf Hofmann, Moderator der zweiten Arbeitsgruppe, hatte dies entsprechend motivierend kommentiert: „[W]ir haben leider Gottes noch einen Tagesordnungspunkt vor uns. [...] [A]llso verschreckt nicht, wenn wir dann die Anträge beraten.“ Die Regie des Bundesarbeiterkongresses wirkte folglich genau in die entgegengesetzte Richtung, die Irmgard Blättel in ihrer Erwiderung auf die Aussprache zum Geschäftsbericht den Lohnempfängern mit auf den Weg gegeben hatte: „Und ich wünsche, daß gerade die Arbeiter und die Arbeiterinnen manchmal aufmüpfiger werden in unserer Gesellschaft. Denn sie sind von den meisten Problemen immer noch schlimmer und stärker betroffen.“[105]

10.2.3 Europa und die ‚Arbeiter‘

Gegen eine Singularisierung der ‚Arbeiter‘ wirkte weiterhin das Thema Europa, oder genauer gesagt: die Art der Operationalisierung dieses Themas. Interessanterweise hatte die Abteilung Arbeiter hier anfänglich noch anderes geplant, wie sich am Beispiel der Vorschläge für das Konferenzmotto zeigen lässt. So fand sich in den ersten – etwas ungelenken – Überlegungen noch der Arbeiterbegriff, doch letztlich legte sich der Bundesarbeiterausschuss auf den Slogan „Für ein soziales Europa“[106] fest und recycelte damit schlicht das vom DGB für den 1. Mai 1989 ausgegebene Motto[107]. War in der frühen Planungsphase noch unter dem Eindruck der Logis-

103 Abteilung Arbeiter-Handwerk, Unterlage zur Sitzung, Bundesarbeiterausschuss am 13. Dezember 1988, S. 2, in: AdsD 5/DGAA000165.

104 Vgl. Abteilung Arbeiter-Handwerk, Protokoll BAA, 15. Februar 1989, S. 4.

105 DGB-Bundesvorstand, Soziales Europa, S. 122 (Zitat Hofmann), 54 (Zitat Blättel).

106 Im Gespräch waren Vorschläge wie „Arbeiterschaft für Europa – aber auch in Europa?“ oder „Dieses Europa muß auch ein Europa der Arbeiter werden!“. Abteilung Arbeiter-Handwerk, [1.] Unterlage zur Sitzung, Arbeitsausschuss Bundesarbeiterausschuss am 18. November 1988, in: AdsD 5/DGAA000167. Das endgültige Motto stand seit Januar 1989 fest, vgl. Irmgard Blättel an die Mitglieder des DGB-Bundesarbeiter-Ausschusses, 25. Januar 1989, [Anlage:] Abteilung Arbeiter-Handwerk, Tischvorlage zu TOP 4, 14. Februar 1989, S. 1, in: AdsD 5/DGAA000147.

107 Vgl. DGB-Bundesvorstand (Hrsg.), Geschäftsbericht des Bundesvorstandes des Deutschen Gewerkschaftsbundes 1986 bis 1989, Düsseldorf 1990, S. 831.

tiktagungen das Ziel ausgegeben worden, „[v]or dem Hintergrund grenzüberschreitender Unternehmerstrategien [...] zur Interessenwahrung der Arbeiterschaft branchen- und grenzübergreifende Gegenstrategien [zu] entwickel[n]", wobei auch „die Probleme [...] des technischen Wandels eine erhebliche Rolle spielen" sollten[108], grenzte der Bundesarbeiterausschuss das Thema schon bald auf die rechtliche Trias Arbeitszeit, Arbeitsschutz und Kündigungsschutz ein[109].

Die Einengung des Themas auf rechtliche Fragen bescherte der Konferenz aber nicht nur einen deutlich monotoneren Anstrich[110], sondern hatte Folgen für das verhandelte Arbeiterbild. Ohne die thematische Verankerung in genuin wirtschaftlichen Fragen kam etwa die von Albert Keil noch kurz vor Konferenzbeginn aufgeworfene Frage–„[K]ann oder muß es eine arbeiterspezifische europäische Gewerkschaftspolitik geben[?]"[111]–überhaupt nicht zum Tragen. Denn ‚Arbeiter' als rechtliche Kategorie evozierte das alte gewerkschaftliche Ziel ihrer endgültigen Aufhebung. Tatsächlich hatte sich der Bundesarbeiterausschuss gerade von der europäischen Perspektive die Erkenntnis erhofft, „wie dort die Überwindung der Arbeitersituation angegangen wird."[112] Damit war aber die soziologische Sicht auf das Recht, welche die Abteilung Arbeiter seit den frühen 1980er Jahren vertreten hatte, revidiert, und mit ihr gerieten die jenseits des Rechts wirksamen Konstanten des Arbeiterdaseins aus dem Blick. Mithin konfligierte die Forderung nach einer „Überwindung der Arbeitersituation" auch mit der von Irmgard Blättel ausgegebenen politischen Devise, die Arbeiterfrage für zukunftsfähige Themen zu öffnen.

Die Betrachtung Europas durch das Prisma des Rechts hatte überdies Auswirkungen auf die Handlungsmöglichkeiten wie auch auf die Frage, wer eigentlich Verbündeter und wer Gegner war. Denn Recht wird durch politisch legitimierte Entscheidungsträger gesetzt. Begeben sich Gewerkschaften auf dieses Feld, begegnen sie und die Unternehmensverbände sich dort nicht als autonome Verhandlungspartner, die selbst verbindliche Entscheidungen treffen können. Vielmehr sind beide hier auf die Rolle von Lobbyisten beschränkt, die um politische Einfluss-

108 Abteilung Arbeiter-Handwerk, [2.] Unterlage zur Sitzung, Arbeitsausschuss Bundesarbeiterausschuss am 18. November 1988, in: AdsD 5/DGAA000167.

109 Vgl. Abteilung Arbeiter-Handwerk, Protokoll BAA, 15. Februar 1989, S. 3.

110 In allen Arbeitsgruppen wurden dieselben Rechtsfragen besprochen. In einem früheren Planungsstadium waren unterschiedliche Themen vorgesehen gewesen, nämlich „grenzübergreifende[] Anliegen", „nationale[] Deregulierungspolitik" sowie „gewerkschaftliche Handlungsstrategien". Abteilung Arbeiter-Handwerk, Unterlage zur Sitzung, Arbeitsausschuss Bundesarbeiterausschuss am 18. November 1988, in: AdsD 5/DGAA000165 (Hervorhebung im zweiten Zitat gelöscht).

111 K/Gh, Dispositionsalternativen für Rede Blättel, 4. Bundesarbeiterkonferenz, Entwurffassung, 3. November 1989, S. 3, in: AdsD 5/DGAA000528.

112 Abteilung Arbeiter-Handwerk, Unterlage BAA, 13. Dezember 1988, S. 1.

möglichkeiten konkurrieren[113]. Und schließlich treten auch Arbeiterinnen und Arbeiter aus anderen europäischen Ländern im politischen Feld nicht notwendig als natürliche Verbündete in Erscheinung, sondern als potentielle Konkurrenten um Ressourcen oder gar als Bedrohung des eigenen sozialen Besitzstandes. Denn eine Harmonisierung des europäischen Rechts konnte eben auch hin zum schlechteren Recht erfolgen.

Gerade dies sprach aber für eine Thematisierung von Rechtsfragen im europäischen Kontext. Es war ja keineswegs so, dass sich die Gewerkschaften aus eigenem Antrieb des Themas angenommen hätten. Vielmehr hatte bereits die 1987 in Kraft getretene Einheitliche Europäische Akte die Vollendung des europäischen Binnenmarkts bis Ende 1992 verbindlich festgeschrieben. Diese einschneidenden Veränderungen konnten die Gewerkschaften schlicht nicht ignorieren, zumal in der Europäisierung auch Chancen lagen. Sie schuf ein „Mehrebenensystem“[114], wobei die europäische Ebene als Revisionsinstanz für unliebsame nationale Entscheidungen fungieren konnte, wie das Urteil des Europäischen Gerichtshofs zum Lohnfortzahlungsgesetz eindrücklich gezeigt hatte. Eine Garantie, dass die europäischen Institutionen immer im Sinne der Arbeiterschaft agieren würden, gab es indes nicht. Schon gut ein Jahr vor Beginn hatte der Bundesarbeiterausschuss daher als Ziel der Bundesarbeiterkonferenz ausgegeben:

> Wenn bei dem Forum deutlich gemacht werden kann, dass eine grundsätzliche Bereitschaft zur Harmonisierung der Arbeitersituationen in den verschiedenen Ländern „hin zu besserem Recht“ besteht, würde ein Beitrag zum Abbau von Mißtrauen und von Mißverständnissen geliefert.[115]

Das Misstrauen richtete sich dabei nicht nur gegen die europäische Integration. Auch das Band der Solidarität, das im traditionellen Selbstverständnis der Arbeiterbewegung alle Grenzen überwinden sollte, um den Kapitalisten vereint entgegentreten zu können, war in den Augen der Arbeiterpolitiker brüchig. Anders als geplant trug die Bundesarbeiterkonferenz keineswegs ausschließlich dazu bei, es wieder zu festigen. Im Rahmenprogramm durften etwa Arbeiterinnen aus Pirmasens auftreten, um auf die drohende Verlagerung ihrer Arbeitsplätze ins Ausland aufmerksam zu machen. Im Hauptprogramm berichtete Kunigunde Weyand, Be-

113 Vgl. DGB-Bundesvorstand, Soziales Europa, S. 33.

114 Vgl. etwa Thomas König/Elmar Rieger/Hermann Schmitt (Hrsg.), Das europäische Mehrebenensystem, Frankfurt a. M./New York 1996.

115 Abteilung Arbeiter-Handwerk, Unterlage zur Sitzung, Bundesarbeiterausschuss am 27. Januar 1988 [sic! – recte 1989], S. 3, in: AdsD 5/DGAA000167.

triebsrätin einer Schuhfirma, von massiven Arbeitsplatzverlusten in Deutschland, nachdem ihr Unternehmen in Portugal neue Produktionsstätten eröffnet hatte. Zugleich zeigten spontane Wortmeldungen der Delegierten, die um Verständnis für die Arbeiter im Ausland warben, dass Solidarität für sie trotz allem noch eine handlungsleitende Idee darstellte[116].

Die vom Bundesarbeiterausschuss zuvor schon aufgezeigte Lösung, den sozialen Rechtsbestand europaweit zu harmonisieren, ließ sich mit dem Ideal der Solidarität leicht vereinen. Allerdings verschleierte der schöne Begriff der Harmonisierung die Tatsache, dass hiervon in erster Linie die deutschen Beschäftigten profitieren sollten, denn der hohe bundesrepublikanische Standard sollte nach Vorstellung des DGB ja möglichst bald in ganz Europa gelten. Christian Schulte, der Moderator der Podiumsdiskussion, wies jedoch auf eine grundlegende Problematik hin: Wenn man eine soziale Angleichung der europäischen Regionen wünschte, mussten die bisher unterentwickelten Gebiete ihre bestehenden Kostenvorteile rigoros ausschöpfen, um die nötigen Mittel für einen höheren Lebensstandard zu erwirtschaften[117]. Dadurch aber gerieten deutsche Arbeitsplätze wieder in Gefahr. Bei der Zahl der Arbeitsplätze, so wurde nun deutlich, handelte es sich um eine nicht beliebig ausweitbare Menge, wodurch sich deren Verteilung auf die EG-Staaten als ein Nullsummenspiel erwies. Deutsche und europäische Arbeiter blieben folglich Konkurrenten. Dies ließ sich nur ändern, wenn man die Kapitalseite wieder in die Rechnung mit aufnahm, und tatsächlich sahen sich einige Teilnehmer genötigt, eigens darauf zu verweisen, dass der Hauptgegner die Unternehmer seien[118].

Als Folge der rechtlichen Perspektive auf Europa wurde somit vor allem die Schwäche der Arbeiterschaft sichtbar. Wirtschaftliche Kämpfe vermochten sie zwar weitgehend autonom auszutragen, doch bei politischen Forderungen fehlte ihnen, wie oben erwähnt, der unmittelbare Durchgriff auf die Entscheidungsmacht. Hinzu traten die auf der Konferenz mehrfach herausgearbeiteten Defizite der Arbeiter, welche ihre Attraktivität als politische Klientel nicht gerade erhöhten. Günter Köpke, damals Leiter des Europäischen Gewerkschaftsinstituts, brachte diese Problematik auf den Punkt: „Wer also über die Situation der Arbeitsverhältnisse von Arbeiterinnen und Arbeitern in Europa spricht, muß […] in erster Linie über die

---

116 Vgl. DGB-Bundesvorstand, Soziales Europa, S. 23, 102–104, 204. Verständnis für die ausländischen Arbeiterinnen und Arbeiter äußerten die deutschen Delegierten interessanterweise vor allem im Anschluss an Berichte südeuropäischer Teilnehmer. Vgl. ibid., S. 110 f., 113, 119, 121 f.

117 Vgl. ibid., S. 173.

118 So etwa Ulrich Paasch oder Albert Graff (IG Metall), die aber auch die rechtliche Harmonisierung als Lösung ausgaben. Vgl. ibid., S. 168, 175.

Arbeitslosen sprechen.“[119] Deutlicher hätte man nicht sagen können, dass die Leistungsfähigkeit der Beschäftigten für den Arbeitsplatzerhalt völlig irrelevant war und sich die Arbeitermacht unter den Bedingungen der Massenarbeitslosigkeit als ein stumpfes Schwert erwies.

Auch die Lösungsvorschläge, die auf der Konferenz anklangen, bestärkten das Bild der Schwäche. Der Hinweis etwa, man solle sich bewusst machen, dass die Arbeiterschaft noch immer ein entscheidendes Wählerpotential darstellte, suchte zwar die funktionale Differenzierung zwischen wirtschaftlichem und politischem Subsystem durch die Koppelung zweier in den Menschen vereinten Identitäten – ‚Arbeiter‘ und Staatsbürger – zu überbrücken, doch damit ging zugleich eine Verschiebung des Schwerpunkts von der Arbeiteridentität auf die politisch potentere „Ersatzidentität“ als Wähler einher[120]. Der viel umfassendere Versuch, sich in die revolutionäre Welle, die Osteuropa Ende 1989 erfasst hatte, einzuschreiben, wäre, falls erfolgreich, in der Lage gewesen, die Trennung der Bereiche Politik und Wirtschaft aufzuheben und den ‚Arbeiter‘ als neuen, aber auch dann nur vorübergehenden Souverän zu etablieren. Doch der Protest in Mittelosteuropa war von Beginn an zu spezifisch gegen das dortige wirtschaftliche und politische System gerichtet, als dass eine Übertragung auf den Westen irgendeine Chance auf Erfolg hätte haben können. Tatsächlich lagen solche Überlegungen außerhalb der politischen Vorstellungen der anwesenden Gewerkschafter. Auch wenn sie die Revolutionen zu instrumentalisieren versuchten, diente dieses Unterfangen allein dem Ziel, das konsenskapitalistische System der Boom-Ära gegen neoliberale Herausforderungen zu verteidigen[121].

Insgesamt betrachtet erlaubte das Thema Europa aus rechtlicher Perspektive lediglich eine ansatzweise Singularisierung der ‚Arbeiter‘ auf der Ebene der Problembeschreibung, wobei hier, wie erwähnt, dem Genderaspekt zu noch größerer Prominenz verholfen wurde. Auf Ebene der Problemlösung allerdings schlug dann die Logik des Allgemeinen vollkommen durch. Die Forderung nach „rechtsverbindliche[n] […] soziale[n] Mindestnormen“ war eng an den einheitlichen Arbeitnehmerbegriff gekoppelt. Öffentlichkeitswirksame Bestandteile der Konferenz wie die offizielle Pressemitteilung Irmgard Blättels kamen ebenso ohne Nennung des Arbeiterbegriffs aus wie die Grundsatzrede des DGB-Vorsitzenden Ernst Breit, die im Vorfeld groß als „Kundgebung“ angekündigt worden war[122]. Ohne Zweifel wollte

---

119 Ibid., S. 61.

120 Vgl. DGB-Bundesvorstand, Soziales Europa, S. 193. Zum Begriff der Ersatzidentität in diesem Zusammenhang vgl. Beaud/Pialoux, Verlorene Zukunft, S. 83.

121 Vgl. DGB-Bundesvorstand, Soziales Europa, S. 30, 191.

122 Vgl. ibid., S. 197–202, 237 (Zitat). Als Breit wenige Monate zuvor auf der Angestelltenkonferenz des DGB aufgetreten war, hatte er gleich zu Beginn seiner Rede die Bedeutung der Angestelltenarbeit

die Abteilung Arbeiter der DGB-Spitze ein Forum bieten, sich in das europäische Großereignis, das die Begründung der sozialen Dimension Europas hätte werden sollen, einzuschreiben. Jedoch war nicht nur der Europäische Gipfel aus Sicht der Gewerkschaften enttäuschend verlaufen, wie Ernst Breit gleich zu Beginn seiner Rede feststellen musste[123]. Auch der Bundesarbeiterkonferenz war es nicht gelungen, die gewerkschaftliche Europapolitik substantiell voranzubringen. Die Forderungen, die hier erhoben wurden, waren entweder schon an anderer Stelle aufgestellt worden, oder sie waren so allgemein gehalten, dass sie nichtssagend blieben. So kritisierte Christian Schulte, der Begriff „soziale Dimension" sei für die Gewerkschaften nur noch eine „Worthülse", „ohne daß da wirklich auch Dampf dahintersteckt, ohne daß da wirklich auch echte, konkrete Probleme dahinterstecken."[124]

Ausblick

Auch wenn Georg Steinborn von der ÖTV am Ende die Konferenz als „Erfolg" wertete und die Meinung vertrat, man solle „dafür eintreten, daß diese Konferenz weiter bestehen bleibt"[125], hatte die Veranstaltung nüchtern betrachtet wenig Argumente dafür geliefert. Besorgniserregend musste für die Abteilung Arbeiter daher ein Bericht sein, den ausgerechnet die Verbandszeitschrift der Eisenbahnergewerkschaft, also einer Organisation des Öffentlichen Dienstes, über die Bundesarbeiterkonferenz veröffentlichte. Er kam einer Generalabrechnung mit der Personengruppenarbeit des DGB gleich. Die Kritik des Verfassers fußte dabei auf der Prämisse „veränderter Gesellschaftsstrukturen", welche bewirkten, dass das althergebrachte Konferenzformat seine Kommunikationsfähigkeit eingebüßt habe. Die dort debattierten wichtigen Fragen verhallten, so der Autor weiter, in Betrieben wie in der Öffentlichkeit ungehört. Die Ursache verortete er „beim ‚Auftröseln' [sic!] der Arbeitnehmerschaft" in die jeweiligen Personengruppen, die sich einzeln auf ihren Arbeiter-, Angestellten- und Beamtenkonferenzen Gehör verschaffen wollten, damit aber die Aufmerksamkeitsspanne der Öffentlichkeit überforderten. Während er mit diesem effizienzbasierten Argument dem einheitlichen Arbeitnehmerbegriff das Wort redete, zog er unterstützend die Berechtigung des Arbeiterbegriffs in Zweifel, denn „das von Irmgard Blättel immer wieder beschworene Bewußtsein

---

betont. Vgl. DGB-Bundesvorstand (Hrsg.), 12. Bundesangestelltentag des Deutschen Gewerkschaftsbundes. Zukunft gestalten, Vielfalt bewahren, gemeinsam handeln. 28. bis 30. September 1989, Würzburg, Wortprotokoll, Solingen 1990, S. 152.

123 Vgl. DGB-Bundesvorstand, Soziales Europa, S. 197 f.

124 Ibid., S. 173, S. 192.

125 Ibid., S. 196.

‚wir Arbeiter' löst schon lange keine Beifallstürme mehr aus". Im Schlusssatz zeigte sich dann die chronopolitische Grundierung seiner Argumentation, wenn er vom DGB „mehr Kreativität" einforderte, „um nicht die Aufgaben der 90er Jahre mit Mitteln der fünfziger bewältigen zu müssen."[126] Damit war ein Urteil gesprochen, welches nicht nur Blättels Anliegen, den Arbeiterbegriff aus seiner traditionellen Vergangenheitsfixierung zu lösen und für Zukunftsfragen zu öffnen, sondern auch die weitergehende Singularisierungsstrategie der ‚Arbeiter' für endgültig gescheitert erklärte. Mit seinem Verdikt entzog sich der Kritiker zugleich jeder Diskussion, denn die temporale Legierung seines Urteils verbannte die beurteilte Sache aus der Zeitgenossenschaft und belegte sie mit dem Makel des Atavismus. Gerade weil er damit ein altes Vorurteil gegenüber den ‚Arbeitern' aktualisierte, war dagegen nur schwer anzukommen. ‚Arbeiter', so lässt sich die Kritik lesen, war zu einem „verbrauchten Begriff" geworden[127].

10.3 Struktur und Individualismus – Die DGB-Reform 1990

Die in der Zeitschrift der Eisenbahnergewerkschaft geäußerte Kritik an der letzten Bundesarbeiterkonferenz war, Ironie der Geschichte, schon bei der Publikation ihrerseits von der Geschichte überholt. Denn seit 1988 führte der DGB eine intensive Diskussion über organisatorische Veränderungen, welche unter dem vielsagendenden Schlagwort der Strukturreform stand. Spätestens im Februar 1989 war allen Beteiligten klar, dass die Personengruppenkonferenzen der drei Statusgruppen ‚Arbeiter', ‚Angestellte' und ‚Beamte' ebenso ein Ende finden sollten wie deren Ausschüsse auf Kreis- und Landesbezirksebene[128]. Dies waren nur einige der Maßnahmen, mit denen der DGB seine zu hohen Personalkosten in den Griff bekommen wollte. Schwer wog ebenfalls der Beschluss, viele der Kreise zu fusionieren, denn dies lief auf einen „Rückzug" des Gewerkschaftsbundes „aus [der] Fläche" hinaus[129]. Doch während die Kreisebene zwar geschwächt, doch erhalten blieb, verschwanden die sozialversicherungsrechtlich definierten Personengruppen in

126 Vgl. F. Hercher, Kreativität ist gefragt, in: Das Signal 1/90, zitiert nach: DGB-Bundesvorstand, Soziales Europa, S. 241.

127 Dies in Anlehnung an die Bezeichnung „verbrauchte Metaphern", die im Kontext einer „stereotype[n] Wiederholung über Jahrzehnte" steht. Vgl. Ludz, Mechanismen der Herrschaftssicherung, S. 84 f.

128 Abteilung Arbeiter-Handwerk, Protokoll BAA, 15. Februar 1989, S. 2.

129 Handschriftliche Notizen, Barb-A, 13. Dezember 1988, in: AdsD 5/DGAA000165.

den Folgejahren Schritt für Schritt aus der Satzung wie aus der Tätigkeit des DGB, wobei die Personengruppe der Arbeiter am frühesten und am stärksten betroffen war. Die Abteilung Arbeiter scheint bald nach dem Bundeskongress 1990 sang- und klanglos abgewickelt worden zu sein[130]. So stellte bereits ein vom DGB-Bundesvorstand in den Bundeskongress 1994 eingebrachter Antrag lapidar fest:

> Die gewerkschaftliche Praxis der letzten Jahre hat gezeigt, daß spezifische Strukturen innerhalb des DGB zur Einbringung von Arbeiterinteressen in die politische Arbeit des DGB nicht erforderlich sind und diese Strukturen deshalb konsequenterweise auch formal aufgelöst werden können.[131]

Der Abbau der nach wie vor bestehenden Diskriminierungen der Arbeiterschaft sollte von nun an als „eine Querschnittsaufgabe" von allen Fachabteilungen gemeinsam gelöst werden. Der Antrag wurde ohne Diskussion bei je einer Gegenstimme und Enthaltung angenommen[132].

10.3.1 Struktur als Schlüsselressource

Warum aber standen gerade die *Personal*kosten ebenso wie die *Personen*gruppen derart im Fokus der Aufmerksamkeit? Immerhin waren sie keineswegs die alleinige oder gar hauptsächliche Ursache für die akute Finanznot des DGB, welche vielmehr eine Folge des finanziellen Desasters war, in welches die gemeinwirtschaftlichen Unternehmen den DGB und seine Mitgliedsgewerkschaften gestürzt hatten. Dass die Reform dennoch unter dem Schlagwort der Struktur diskutiert wurde, stellte für die Vertreter der Personengruppen von Beginn an eine schwierige argumentative Konstellation dar. Denn was unter dem Rubrum Strukturreform verhandelt wurde, war der alte Traum des DGB, reine Sachpolitik betreiben zu können, ohne sich von den Befindlichkeiten einzelner Statusgruppen davon ablenken zu lassen. Mit der reinen Sachpolitik hätte dann endlich ein von allem Intermediären bereinigter, universeller Arbeitnehmerbegriff korrespondiert, der, so legt die Wortwahl der

---

130 Als einzige Aktivität des Bundesarbeiterausschusses nach 1990 konnte ich die Entsendung dreier Delegierter zum DGB-Bundeskongress 1994 ausmachen. Vgl. DGB-Bundesvorstand (Hrsg.), Protokoll 15. Ordentlicher Bundeskongress Berlin 13.–17.6.'94, o. O. 1994, S. 22 (Teilnahmeverzeichnis).

131 Ibid., S. 35 (Antragsteil).

132 Ibid. Zudem wurden die Rechte der Arbeiter-, Angestellten- und Beamtenausschüsse auf allen Ebenen ersatzlos aus der Satzung gestrichen. Dagegen blieb als Satzungsauftrag die „Wahrnehmung der gemeinsamen Aufgaben der Gewerkschaften für die Arbeiter, die Angestellten, die Beamten, die Frauen und die Jugend" in § 2 Ziffer 3i erhalten. Vgl. ibid., S. 149 f. sowie Anhang II, S. 11 (Zitat), 15 f., 20, 22.

DGB-Reformer offen, unmittelbar mit der Kategorie ‚Struktur' zusammenzudenken war. Freilich holten die Modernisierer nicht einfach die alten Pläne der 1940er Jahre aus den Schubladen, sondern sie reagierten mit ihrem Wunsch nach einer Ineinssetzung von Struktur und Organisation auf eine spezifische Problemwahrnehmung, die gerade an der Vorstellung des Status und der damit implizierten zeitlichen und materiellen Dauerhaftigkeit Anstoß nahm.

Ein Artikel von Ernst Breit ist in dieser Hinsicht aufschlussreich. Er stellte im Februar 1989 eine fortschreitende Differenzierung innerhalb der Arbeitnehmerschaft fest, da „die Arbeitsverhältnisse und Arbeitserfahrungen noch vielfältiger geworden" seien. Weiter führte er aus: „Die sozialen Beziehungen der Menschen haben nicht mehr die Stabilität bzw. die Zwangsläufigkeit früherer Zeiten: Beruf, Ehe und Familie, aber eben auch politische und gewerkschaftliche Orientierung werden zunehmend Resultat revidierbarer individueller Entscheidungen."[133] Breit parallelisierte hier die topologische Beobachtung einer Fragmentierung der Arbeitnehmerschaft mit dem chronologischen Befund einer Verkürzung der Zeithorizonte, was im Anschluss an Niklas Luhmann und Hartmut Rosa als „Beschleunigung" bezeichnet werden kann. Ihnen zufolge sind die Prozesse der Differenzierung und Beschleunigung untrennbar miteinander verwoben[134]. Während Rosa immer wieder nach Möglichkeiten suchte, aus der Beschleunigungsspirale – und damit aus dem Kapitalismus – auszusteigen[135], finden sich in Breits Artikel keine Ansätze, um die doch ebenfalls als Problem wahrgenommenen Veränderungen einzuhegen. Im Gegenteil, er ging sprichwörtlich mit der Zeit: „Als erste Amtshandlung auf dem Weg zu einem moderneren Dachverband ließ der Vorstand die obligatorischen Ausschüsse, Arbeitskreise und Arbeitsgruppen auflösen."[136] Künftig sollten allein strukturelle Erfordernisse das gewerkschaftliche Handeln bestimmen: „Ein Ausschuß muß zusammentreten, weil's die Satzung fordert; eine [sic!] Arbeitskreis kann ausschließlich problemorientiert arbeiten."[137] Dass die Gewerkschaften das Heft des Handelns – zumindest, was das Agenda-Setting betraf – damit aus der

133 Ernst Breit, Suche nach dem dritten Weg, in: Die Quelle 40–2 (1989), S. 67–69, hier S. 68.

134 Vgl. Hartmut Rosa, Beschleunigung. Die Veränderung der Zeitstrukturen in der Moderne, Frankfurt a. M. 2005, S. 95f. Wie bei Breit fiel auch bei Rosa als drittes Stichwort die Individualisierung, die Rosa (ibid., S. 97) als „notwendige Entsprechung" der „[s]oziale[n] Arbeitsteilung und funktionale[n] Differenzierung" wertete.

135 Vgl. etwa Hartmut Rosa, Klassenkampf und Steigerungsspiel: Eine unheilvolle Allianz. Marx' beschleunigungstheoretische Krisendiagnose, in: Jaeggi/Loick, Nach Marx, S. 394–411. Kritisch bewertete Rosas Lösungsansätze etwa Peter Schulz, Kritik woran? Zur Ambivalenz der kritischen Soziologie Hartmut Rosas, in: ZKSP 2–1 (2015), S. 101–117.

136 rmc, Ideen sind gefragt, in: Die Quelle 43–7/8 (1992), S. 10.

137 Norbert Hüsson, Aus der Spar-Not soll eine Reform-Tugend werden, in: Die Quelle 40–4 (1989), S. 197–198.

Hand zu geben drohten, wurde in den Debatten der Funktionärszeitschrift des DGB nicht problematisiert[138]. Möglicherweise trug die Existenz von *best practice*-Modellen zu dieser Haltung bei. Denn nüchtern betrachtet vollzogen die Gewerkschaften mit ihrer Reform nur eine Herangehensweise nach, die in großen Unternehmen schon seit den 1970er Jahren geübte Praxis war: „Die Unternehmensstruktur selbst wurde zu einer ökonomischen Ressource. Die ständige Überprüfung und Änderung der Organisationstruktur entwickelte sich zur betrieblichen Routine", wie Christian Marx feststellte[139].

Trotz dieser negativen Vorzeichen versuchte die Abteilung Arbeiter, Optimismus zu verbreiten. Irmgard Blättel konnte in ihrem mündlichen Geschäftsbericht an den DGB-Bundeskongress 1990 zu Recht auf die anhaltende Notwendigkeit der gewerkschaftlichen Arbeiterpolitik verweisen, da, wie sie ausführte, „die Gleichstellung der Arbeiterinnen und Arbeiter mit anderen Arbeitnehmergruppen keineswegs erreicht ist." Überzeugend legte sie den Delegierten dar, dass die Arbeiterpolitik des DGB schon lange jenen organisatorischen Anforderungen entsprach, welche die anstehende Reform nun für alle Personengruppen etablieren wollte[140]: Die Konferenzen hatten sich von Beginn an in einem überschaubaren Rahmen bewegt und wiesen aufgrund der kaum existenten Antragsberatung den Charakter von Arbeitstagungen auf. Arbeiterausschüsse auf Kreis- und Landesbezirksebene fehlten oftmals noch völlig. Insgesamt fiel der finanzielle Aufwand des DGB für die Arbeiterpolitik somit kaum ins Gewicht. Dennoch hatte die Abteilung Arbeiter mit den Bundesarbeiterkonferenzen 1981 und 1985 Maßstäbe hinsichtlich kreativer Repräsentationsformen ihrer Klientel gesetzt. Die Personengruppe Arbeiter fand sich daher plötzlich in der Rolle des Vorbilds für die übrigen personenbezogenen Abteilungen wieder. Die Reform, so konnte es scheinen, hob die Abteilung Arbeiter gerade im Niedergang endlich auf eine Stufe mit den anderen.

---

138 Überträgt man Rosas auf das Individuum bezogene Ausführung auf die Organisation Gewerkschaft, kann das Problem noch schärfer formuliert werden: Das Einlassen auf die Struktur droht zur Entfremdung zu führen, da sich nur noch „situative[] Identität[en]" bilden können. Vgl. Rosa, Beschleunigung, S. 370–373 (Zitat). Zur Koppelung des Entfremdungsbegriffs an die Beschleunigungsdiagnose vgl. ders., Klassenkampf, S. 396, 408.

139 Christian Marx, Der Aufstieg multinationaler Konzerne. Umstrukturierungen und Standortkonkurrenz in der westeuropäischen Chemieindustrie, in: Doering-Manteuffel/Raphael/Schlemmer, Vorgeschichte, S. 197–216, hier S. 205. Auch von Gewerkschaftern wurde diese Vorbildfunktion der Unternehmen anerkannt. Vgl. DGB-Bundesvorstand, Protokoll Bundeskongreß 1990, S. 162.

140 Ibid., S. 58 (Zitat) f. Vgl. zudem DGB, 4. Bundesarbeiterkonferenz, Arbeitsbericht zur 4. DGB-Bundesarbeiterkonferenz „Für ein soziales Europa", 8. bis 9.12.1989 in Trier, S. 18 f., in: AdsD 5/DGAA000167. Auch Ernst Breit hatte an anderer Stelle festgestellt: „Die alten Klassenfragen sind nach wie vor ungelöst [...]." Breit, Suche, S. 68.

Die Aussicht auf künftige Gleichbehandlung hatten die Arbeiterpolitiker des DGB gegenüber den Delegierten der Bundesarbeiterkonferenz 1989 dann auch als Erfolg herausgestellt, wenn auch auf Kosten eines verklärenden Blicks in die Vergangenheit: „Ungeachtet der unterschiedlichen Funktionen [...] bleibt es bei der prinzipiellen Gleichbehandlung der Personengruppenarbeit für Arbeiter, Angestellte und Beamte."[141] Zwar konnte nach wie vor von einer tatsächlichen Gleichbehandlung keine Rede sein, doch hatte sich zumindest eine gewachsene Akzeptanz der Arbeiterpolitik abgezeichnet. Darauf deutete beispielsweise ein Diskussionspapier hin, das im Oktober 1988 im DGB-Vorstand zirkulierte. Die Autoren hatten sich die Aufgabe gestellt, die vorliegenden Reformvorschläge zu evaluieren. Obwohl sie die Priorität der Struktur als Prämisse akzeptierten, plädierten sie entschieden für eine Beibehaltung der Personengruppenarbeit. Geschickt stiegen sie bei ihrer Bewertung mit der Beamtenarbeit ein, denn sie verfügte als einzige über einen gesetzlichen Rückhalt. Denn das geltende Recht sah vor, Spitzenorganisationen der Beamtenschaft, wie es der DGB war, bei der Ausarbeitung aller diese Gruppe betreffenden Verordnungen und Gesetze zu beteiligen. Voraussetzung dafür war aber, so die Autoren, eine „ständige Gesprächsführung" mit der Ministerialbürokratie. Als Zweites untersuchten sie die Angestelltenarbeit. Hier griffen zwar keine rechtlichen Regelungen, aber noch immer ließ sich aus der Existenz von Konkurrenzorganisationen Kapital schlagen. Allein bei der Arbeiterpolitik stellten die Autoren auch den Fortbestand des Ausschusses auf Bundesebene infrage, wenn auch nur aus rhetorischen Gründen. Denn sie anerkannten sowohl die weiterhin bestehenden „sozialen, rechtlichen, wirtschaftlichen, bildungspolitischen und gesellschaftspolitischen Benachteiligungen der Arbeiter", wie auch die Existenz „arbeiterspezifische[r] Situationen und somit gleichgelagerte[r] Interessen von Arbeitern quer durch verschiedene Wirtschaftsbereiche"[142]. Das Schlussplädoyer für die Beibehaltung der Personengruppe Arbeiter erfolgte dann unter expliziter Verwendung des Schlüsselbegriffs:

> Da die gewerkschaftsübergreifenden Aufgaben weiterbestünden, ihre Wahrnehmung durch den DGB aber entfiele, hätte dies zwangsläufig die Entwicklung neuer organisationspolitischer Strukturen zwischen den Gewerkschaften im Deutschen Gewerkschaftsbund zur Folge. Eine solche, aber bereits bewährte Struktur ist mit dem DGB schon vorhanden.[143]

---

141 DGB, 4. Bundesarbeiterkonferenz, S. 19.

142 DGB-Bundesvorstand, Hß/Hen, Diskussionsvorlage für den Bundesvorstand. Thesen zur Organisationsentwicklung des DGB, 3. Oktober 1988, S. 11–13 (Zitat auf S. 12), 15 (Zitat), 16 (Zitat), in: AdsD 5/DGAA000165.

143 Ibid., S. 16.

Auch mit Blick auf die Argumente erwies sich die Arbeiterpolitik als vorbildlich, denn anders als bei der Begründung der Angestellten- und Beamtenarbeit kamen die Autoren hier ganz ohne Billigkeitsargumente, welche auf das Faktum der politischen Erwünschtheit oder Opportunität rekurrierten, aus. Wenn die gewerkschaftliche Repräsentation der Arbeiter dennoch als erste eingestellt wurde, ist dies erklärungsbedürftig. Im Folgenden ist daher zu skizzieren, wie der gewerkschaftliche Diskurs über ‚Arbeiter' und ‚Angestellte' im Zuge der Reformdebatte erneut an Dynamik gewann.

10.3.2 Eine neue Debatte um den Angestelltenbegriff

Schon früher, nämlich spätestens zu Beginn der 1980er Jahre, und damit gut fünf Jahre eher als von Stefan Müller mit Blick auf die IG Metall festgestellt[144], setzten im Umfeld des DGB Versuche ein, den Angestelltenbegriff um- und aufzuwerten[145]. Eine 1981 im gewerkschaftlichen Bund-Verlag erschienene Schrift von Eberhard Fehrmann und Ulrike Metzner zur Geschichte der Angestellten warb auf dem Buchrücken mit folgenden Sätzen für die Lektüre:

> Die gewerkschaftliche Angestelltenbewegung in Deutschland ist nach wie vor ein weitgehend unbekannter Teil der Geschichte der deutschen Gewerkschaftsbewegung. Die Autoren beabsichtigen mit dem vorliegenden Buch, die Geschichte der ‚anderen Arbeiterbewegung' von ihrem Beginn im letzten Jahrhundert bis zur Gegenwart [...] einem breiteren Leserkreis zugänglich zu machen. Die Veröffentlichung [...] weist auch nach, daß die Angestellten, obwohl sie historisch immer im Zentrum einer mittelständischen Spaltungspolitik gestanden haben, zu Unrecht in dem Ruf der konservativen und wirtschaftsfriedlichen Nachhut der Arbeiterbewegung stehen.[146]

Hier wurde nicht weniger als eine Rehabilitierung der Angestellten mit den Mitteln der Historiographie in Aussicht gestellt, die gleich ein dreifaches historisches Unrecht aufzudecken versprach: Nicht nur wurden die Angestellten als Objekt einer „Spaltungspolitik" identifiziert, sondern zugleich als Opfer anhaltender Rufschädigungen, die nur deshalb möglich waren, weil der historische Beitrag der Angestellten zur Gewerkschaftsbewegung vergessen oder verdrängt worden war. Während es Irmgard Blättel und ihren Mitarbeitern darum gegangen war, ‚Arbeiter' für die Gegenwart und Zukunft zu ertüchtigen, schickten Fehrmann und Metzner sich an, die ‚Angestellten' für den DGB traditionsfähig zu machen. Dies erfolgte

144 Vgl. Müller, Gewerkschafter, S. 174 f.

145 Vgl. zum Folgenden Wannenwetsch, Unsolidarische Solidarität, S. 204–210.

146 Fehrmann/Metzner, Angestellte.

gerade zu einer Zeit, in der die Besinnung auf die Geschichte unter Gewerkschaftern Hochkonjunktur hatte. Wie erwähnt, hatte auch die DKP-nahe Marburger Schule um Frank Deppe die Historie bemüht, um kommunistische Strömungen als legitimen Bestandteil der Gewerkschaftsarbeit zu rehabilitieren. Der DGB wiederum hatte 1979 eigens eine Konferenz veranstaltet, um anlässlich des 30jährigen Bestehens des Dachverbands sich selbst historisch zu verorten[147].

War es den Autoren der Angestelltengeschichte noch darum gegangen, dieser Personengruppe überhaupt einen Platz in der Geschichte der Arbeiterbewegung zu sichern, ohne die Dominanz der ‚Arbeiter' infrage zu stellen, finden sich im Umfeld der Debatte über die DGB-Strukturreform Ende der 1980er Jahre viel weitergehende diskursive Interventionen. Sie zielten nun darauf ab, unmittelbar handlungsrelevante Arbeitnehmereigenschaften, die bisher eindeutig und ausschließlich bei den ‚Arbeitern' verortet worden waren, auf die ‚Angestellten' zu übertragen, um sie so konzeptionell auf ihre Rolle als zukünftige Hauptträger der Gewerkschaftsbewegung vorzubereiten. In umfassender Weise betrieb Jochen Richert, der als GBV-Mitglied die Angestelltenpolitik des DGB zu vertreten hatte, dieses Unterfangen[148]. Er sah das gewerkschaftliche Zeitalter der Angestellten bereits angebrochen, da die beiden notwendigen Bedingungen seiner Meinung nach erfüllt waren. Die sich vollziehende Transformation der Arbeitswelt habe den Angestellten den Platz „an den Schalthebeln von Produktion und Dienstleistung" verschafft, und die einschneidenden Veränderungen, welche mit dem technologischen Wandel einhergingen, träfen nun oftmals zuerst sie. Nicht nur wertete Richert infolgedessen die Expertise der Angestellten für die Entwicklung gewerkschaftlicher Gegenstrategien auf, sondern er erkannte ihnen auch bei Arbeitskämpfen eine Schlüsselstellung zu[149].

---

147 Vgl. Heinz Oskar Vetter (Hrsg.), Aus der Geschichte lernen, die Zukunft gestalten. 30 Jahre DGB. Protokoll der Wissenschaftlichen Konferenz zur Geschichte der Gewerkschaften vom 12. und 13. Oktober 1979 in München, Köln 1980. Vgl. zudem Karl Heinz Roth, Die „andere" Arbeiterbewegung und die Entwicklung der kapitalistischen Repression von 1880 bis zur Gegenwart. Ein Beitrag zum Neuverständnis der Klassengeschichte in Deutschland, München 1974.

148 Vgl. zudem die Äußerung des damaligen Vorsitzenden der Gewerkschaft HBV, Günter Volkmar, auf dem DGB-Bundeskongress 1986: „Die Angestellten müssen zunehmend mit in die Rolle hineinwachsen, die traditionell – bis in die letzten Auseinandersetzungen hinein – die Facharbeiter für alle gespielt haben. Auch die Angestellten müssen immer mehr zu einem tragenden Fundament der Gewerkschaftsbewegung werden und die gewerkschaftliche Kraft entwickeln, die es ermöglicht, die erweiterten Aufgaben der Zukunft zu bewältigen." DGB-Bundesvorstand, Protokoll Bundeskongreß 1986, S. 151.

149 Vgl. Jochen Richert, Probleme und Perspektiven gewerkschaftlicher Angestelltenpolitik, in: Die Quelle 39–7/8 (1988), S. 391–394, hier S. 393.

Diese Schlussfolgerungen waren realistisch, denn die Angestellten verfügten nicht nur über die Mittel, sondern auch über Motive, sich auf Auseinandersetzungen mit den Arbeitgebern einzulassen. Freilich war damit noch nicht sichergestellt, dass sich ein solches Engagement der Angestellten auch in gewerkschaftlichen Bahnen vollziehen würde. Hierfür musste noch eine zweite notwendige Bedingung erfüllt sein, und auch auf sie kam Richert zu sprechen. Das Bewusstsein der Angestellten, so Richert, habe sich ebenfalls neu ausgerichtet, und es sei nun als grundsätzlich gewerkschaftsfreundlich zu beschreiben[150]. Die Analysen deckten sich im Grunde mit den Erkenntnissen, welche die Logistik-Konferenzen der Abteilung Arbeiter zutage gefördert hatten. Während diese aber die Entwicklung eines allgemeinen Arbeitnehmers als Realtypus zu erkennen geglaubt hatte, trug dieser bei Richert deutlich die Züge eines ‚Angestellten'.

Da der Neubewertung des Angestelltenbewusstseins eine solch eminente Bedeutung zukam, sei noch einmal ein Blick auf die oben erwähnte infas-Studie zum Arbeitnehmerbewusstsein geworfen, welche die empirischen Belege für den gewerkschaftlichen Diskurs geliefert hatte. Interessant ist hier die Entstehungsgeschichte, denn ursprünglich war etwas ganz anderes geplant gewesen. 1986 führte Hubert Krieger, einer der Hauptautoren der Studie, gegenüber Albert Keil und Lothar Selzner den Ursprung des Forschungsauftrags auf die Bundestagswahl 1983 zurück, als viele Arbeiter die CDU/CSU gewählt hatten. Die Auftraggeber, zu denen neben einigen Einzelgewerkschaften und dem DGB auch die sozialdemokratisch geführten Landesregierungen von Bremen, Hamburg, Hessen und Nordrhein-Westfalen zählten, wollten damals die Frage klären lassen, ob „es in der Tat bis dahin für unmöglich gehaltene tiefgreifende Bewußtseinsveränderungen insbesondere in der Arbeiterschaft gebe“[151]. Auf Drängen „der DGB-Angestelltenarbeit“ sei die ursprüngliche Zielgruppe der Arbeiterschaft jedoch auf die der Arbeitnehmer insgesamt ausgeweitet worden. Pikant daran ist eine weitere Facette: Die Abteilung Arbeiter hatte laut Keil hinsichtlich der ursprünglich geplanten Studie „die Mitbeteiligung verlangt[], die uns zwar wiederholt zugesagt wurde, zu der es aber nie kam.“[152] Infolgedessen beklagte Selzner das völlige Fehlen arbeiterspezifischer Fragen, zumal Krieger für deren Berücksichtigung Zusatzkosten in Höhe von 30 000

150 Vgl. ibid.

151 Albert Keil, Notiz für Kollegin Blättel, 18. September 1986, S. 1, in: AdsD 5/DGAA000166. Erste Hinweise auf eine geplante Studie finden sich allerdings schon in den Akten des Jahres 1981. Vgl. Abteilung Arbeiter-Handwerk (Vor/Schi), Vermerk. Betr.: Überlegungen im Hinblick auf die vom GBV beschlossene Infas-Untersuchung, 16. März 1981, in: AdsD 5/DGAA000120. Ob es sich um eine andere Studie handelte, konnte ich nicht klären.

152 Albert Keil, Notiz für Kollegin Blättel, 15. September 1986, in: AdsD 5/DGAA000166.

DM geltend machte[153], die das Budget der Abteilung Arbeiter gesprengt hätten. Dagegen finden sich in der publizierten Studie eigene Abschnitte zu den Angestellten, die ihren Weg in die Formulierung der gewerkschaftlichen Angestelltenpolitik fanden[154]. Andererseits fielen die Abschnitte, die explizit auf die Angestellten zugeschnitten waren, bei einem Gesamtumfang von sechs Bänden und knapp 1000 Seiten nicht allzu sehr ins Gewicht, zumal die Autoren ihre Ergebnisse zumeist nach den Kategorien „An-/ungelernte Arbeiter", „Facharbeiter", „Einfache/mittlere Angestellte", „Gehobene Angestellte", „Einfache/Mittlere [sic!] Beamte" und „Gehobene Beamte" aufschlüsselten[155]. Mit einigem Recht hob Selzner daher den Nutzen der Studie, auch in ihrer allgemeinen Form, für die Arbeiterpolitik hervor: Aufgrund der Dominanz des Arbeiteranteils in der gewerkschaftlichen Mitgliederstruktur „dürfte die Studie, sofern nicht anders ausgewiesen, wenn von Gewerkschaftsmitgliedern die Rede ist, tendenziell das Verhalten im Arbeiterbereich wiedergeben."[156] Dennoch darf der Wert der Studie für die Stellung der Angestelltenarbeit nicht unterschätzt werden, denn allein die Tatsache, dass nun auch diese Gruppe wie selbstverständlich unter dem Rubrum des Arbeitnehmerbewusstseins untersucht wurde, stellte eine prinzipielle Revision des gewerkschaftlichen Diskurses dar[157].

Die Ergebnisse gaben bei genauerer Betrachtung eine Subsumierung der Einstellungen von Arbeitern und Angestellten unter das Schlagwort des Arbeitnehmerbewusstseins nur bedingt her, zumindest dann, wenn es nicht nur als Sammelbegriff für alle empirisch vorfindbaren Einstellungen dienen, sondern ein gewisses Maß an Einheitlichkeit anzeigen sollte. Tatsächlich fanden die Meinungsforscher Anzeichen konvergierender Einstellungen, doch waren sie doppelt begrenzt. Thematisch herrschten Übereinstimmungen hinsichtlich der Fragen des

153 Vgl. Lothar Selzner, Abteilung Arbeiter-Handwerk, an Albert Keil, 17. November 1986, in: AdsD 5/DGAA000165.

154 Vgl. Dieter Fröhlich/Hubert Krieger/Reinhard Rudat/Reinhart Schneider, Gewerkschaften vor den Herausforderungen der Neunziger Jahre, Frankfurt a. M./New York 1989, S. 80–90, 111–120 sowie Lothar Selzner an Albert Keil, 6. April 1987, in: AdsD 5/DGAA000166 und DGB-Bundesvorstand, Geschäftsbericht 1986 bis 1989, S. 626.

155 Vgl. statt vieler: Richard Stöss/Reinhart Schneider/Menno Smid, Sozialer Wandel und Einheitsgewerkschaft, Frankfurt a. M./New York 1989, S. 52.

156 Abteilung Arbeiter-Handwerk, Unterlage zur Sitzung, Bundesarbeiterausschuss am 18. November 1986, Anlage: Sze-by, Abteilung Arbeiter-Handwerk, Anmerkungen zur infas-Studie, 13. November 1986, S. 1, in: AdsD 5/DGAA000165.

157 Mit Blick auf die Industriesoziologie hatte Wilke Thomssen bereits 1982 die Verwendung der Kategorie „Arbeiterbewusstsein" problematisiert und die pejorative Rede von einer „Angestelltenmentalität", die auch nach 1945 nicht verschwunden war, ironisiert: „Angestellte haben eben kein Bewußtsein, sondern nur eine Mentalität". Thomssen, Konstitution, S. 315.

technischen Wandels vor, und angenähert hatten sich hier die als „Facharbeiter" und „einfache Angestellte" klassifizierten Gruppen. Deutlicher Dissens bestand zwischen den Angestellten und Arbeitern jedoch schon bei der Frage, ob bei der Einführung neuer Technologien den betroffenen Arbeitnehmern ein Mitspracherecht einzuräumen sei. Auch die Frage nach den Ursachen der damals herrschenden Massenarbeitslosigkeit und nach politischen Lösungsansätzen beantworteten die beiden Statusgruppen unterschiedlich[158]. An einer wenig prominenten Stelle sprachen die Autoren gar davon, auf „[b]edeutsame Reste von ‚Arbeiterbewußtsein' und ‚Angestelltenmentalität'" gestoßen zu sein. Angestellte, selbst die in unteren Positionen, setzten demnach bei der Vertretung ihrer Interessen gegenüber dem Arbeitgeber viel stärker auf ihr eigenes Geschick als auf gemeinsame Aktionen. Zwar zeichnete sich dieses Grundmuster auch in den Antworten der befragten Arbeiter ab, doch spielte kollektive Gegenwehr für sie noch immer eine große Rolle. Die Autoren kamen daher zu dem Schluss: „Die Behauptung vom größeren Individualismus der Angestellten wird somit bestätigt"[159].

Vor diesem Hintergrund hatten also sowohl die Referenten auf der Logistikfachtagung der Abteilung Arbeiter als auch Jochen Richert in seinem Artikel zur Angestelltenpolitik die empirischen Befunde stark verkürzt, wenn sie von der Existenz eines einheitlichen Arbeitnehmerbewusstseins sprachen. Die infas-Mitarbeiter hatten demgegenüber schon im September 1986 gegenüber dem GBV keinen Zweifel daran gelassen, dass das „Arbeitnehmerbewußtsein ideologisch gespalten und teilweise widersprüchlich"[160] sei. Auf diesen Differenzbefund stützte mit Siegfried Bleicher ein weiterer wichtiger Akteur im Angestelltendiskurs seine Argumentation. Bleicher hatte von 1982 bis 1986 die Angestelltenarbeit des DGB im GBV verantwortet und war dann in gleicher Funktion in den Hauptvorstand der IG Metall gewechselt. Die Konzeption und Durchführung der infas-Studie hatte er somit in vorderer Reihe mitverfolgen können. Auf deren Ergebnisse aufbauend verschob Bleicher auf der Angestelltenkonferenz der IG Metall 1989 die Koordinaten des gewerkschaftlichen Diskurses deutlich. Wie aus einem Bericht, der schon kurz darauf in der Funktionärszeitschrift des DGB veröffentlicht wurde, hervorgeht,

158 Vgl. Fröhlich et al., Gewerkschaften vor den Herausforderungen, S. 84–88, 118–120. Auch der Bundesarbeiterausschuss war bereits Ende 1986 über diese eingeschränkte Konvergenz informiert, vgl. Sze-by, Anmerkungen zur infas-Studie, 13. November 1986, S. 1.

159 Hubert Krieger/Klaus Liepelt/Reinhart Schneider/Menno Smid, Arbeitsmarktkrise und Arbeitnehmerbewußtsein, Frankfurt a. M./New York 1989, S. 178–179 (Hervorhebung beim ersten Zitat gelöscht).

160 Infas, Thesenpapier des infas-Projekts „Wandel des politischen Bewußtseins von Arbeitnehmern" – Vorlage für die Sitzung des geschäftsführenden Bundesvorstandes des DGB am 8. September 1986, S. 1, in: AdsD 5/DGAA000165.

betonte Bleicher noch stärker als die infas-Studie die Heterogenität der Arbeitnehmerschaft. Die Entwicklung eines „einheitlichen Arbeitnehmerbewußtsein[s]“ sah er als empirisch widerlegt an. Dieser Befund hatte weitergehende Implikationen, wie aus der Bleicher-Paraphrase hervorgeht: „Statt einer Angleichung der Arbeitsbedingungen von Angestellten und Arbeitern ist eine immer größere Vermischung der Arbeitsinhalte zu registrieren, die eine traditionelle Zuordnung kaum mehr möglich machen [sic!].“[161]

Diese Aussagen muten widersprüchlich an, denn einerseits werden die alten Kategorien ‚Arbeiter‘ und ‚Angestellte‘ infrage gestellt, andererseits aber auch die im traditionellen Gewerkschaftsdenken logische Schlussfolgerung, nämlich die Entwicklung eines einheitlichen Arbeitnehmerbewusstseins, zurückgewiesen. Weniger drastisch ließe sich statt von einem Widerspruch von Ambivalenz sprechen, was insoweit berechtigt wäre, als es der zeitgenössischen Wahrnehmung einer Übergangssituation mit offenem Ausgang Rechnung trüge. Wichtiger ist ohnehin die doppelte Zurückweisung einer Synthese. Während die Kategorie ‚Arbeitnehmer‘ dadurch geschwacht wird, wirken die Kategorien ‚Arbeiter‘ und ‚Angestellter‘ untergründig fort. Denn Bleicher wies die Möglichkeit einer „Angleichung“, mit der eine Transformation des Vorherigen einherginge, zurück, um stattdessen von einer „Vermischung“ zu sprechen. Sie wiederum ist unter Wahrung der Integrität der vermischten Elemente denkbar[162], die sich dann als das Eigentliche erweisen. Tatsächlich folgte der Artikel argumentativ genau dieser Bahn, denn Bleicher kam am Ende auf die „berufliche und soziale Identität“ der Angestellten zu sprechen[163]. Diese affirmative Wende zum ‚Angestellten‘ ging nicht nur mit der Zuschreibung ultimativer Stabilität, sondern zugleich mit dessen Legitimierung einher. Denn Identität hatte sich unter der postmodernen Ägide der Verflüssigung zum letzten noch verbliebenen Anker des Subjekts entwickelt[164].

---

161 O. V., Eine halbe Million Angestellte bis zum Jahre 1995, in: Die Quelle 40–4 (1989), S. 241 (erstes Zitat), 242 (zweites Zitat).

162 Auf dieser aus der Chemie entlehnten Grundannahme baute etwa Arthur O. Lovejoy seine „History of Ideas“ auf. Ihm ging es darum, „Elementarideen“ zu isolieren, welche seiner Meinung nach mit sich selbst identisch blieben, auch wenn sie seit der Antike in immer neuen Kombinationen aufgetreten seien. Vgl. Arthur O. Lovejoy, Die große Kette der Wesen. Geschichte eines Gedankens, Frankfurt a. M. 1985 [amerik. Orig. 1933], S. 11 f.

163 O. V., Eine halbe Million, S. 242.

164 Die Metapher der Verflüssigung geht zurück auf Zygmunt Bauman. Vgl. die kritische Diskussion bei: Georg Ritzer/James Murphy, Festes in einer Welt des Flusses: Die Beständigkeit der Moderne in einer zunehmend postmodernen Welt, in: Matthias Junge/Thomas Kron (Hrsg.), Zygmunt Bauman. Soziologie zwischen Postmoderne, Ethik und Gegenwartsdiagnose, 3., erweiterte Auflage, Wiesbaden 2014, S. 45–68, hier S. 48–51.

10.3.3 Alles auf Anfang? Der ‚Arbeiter' als Gefahr

Der gewerkschaftliche Diskurs über ‚Arbeiter' und ‚Angestellte' war damit auf den Kopf gestellt. Die Besonderheit des ‚Angestellten' wurde nun nicht mehr anklagend eingestanden, sondern demonstrativ herausgekehrt. Entsprechend nahm Bleicher nun die Gewerkschaften in die Pflicht, sich an die Bedürfnisse der Angestellten anzupassen. Er war keineswegs der einzige, sondern es entwickelte sich geradezu zum *cantus firmus* der Strukturdebatte[165]. Der Änderungsimperativ war mithin von den Angestellten auf die Organisation übergegangen. Die Angestellten hatten sich folglich zum *role model* für die Gewerkschaften gewandelt. Dies war nur möglich, weil nun auch die Gewerkschafter die Individualisierung als Grundtatsache der neuen Wirklichkeit akzeptierten und sich darauf einstellen wollten[166]. Dies blieb nicht ohne Auswirkungen auf die ‚Arbeiter'. Auch wenn sie meist nur in einem Nebensatz adressiert wurden, erfüllten sie doch eine wichtige Funktion in der jeweiligen Argumentation. Siegfried Bleicher ließ ihnen große Anerkennung zukommen, wenn er sie zum historischen Vorbild für den gewerkschaftlichen Kampf erhob, den nun die Angestellten aufnehmen sollten. Darin lag nun die chronopolitische Krux, denn ‚Arbeiter' wurden durch diese Kontrastierung deutlich als gewerkschaftliche Helden von gestern markiert. Plausibilisiert wurde der von ihm avisierte Prozess einer gewerkschaftlichen *translatio imperii* erst durch seinen Hinweis, dass sich gerade junge und gutausgebildete Facharbeiter in ihren Interessen und im Verhalten an die Angestellten annäherten[167]. Nicht alle teilten Bleichers Optimismus, der mögliche Interessenunterschiede zwischen Arbeitern und Angestellten nur deshalb ausblenden konnte, weil er sie auf der Zeitachse strikt getrennt nacheinander angeordnet hatte. Walter Nickel, der sich dem Verhältnis von Arbeitern und Gewerkschaften schon in den 1970er Jahren wissenschaftlich angenommen hatte, zeigte sich dagegen skeptischer:

---

165 Vgl. o. V., Eine halbe Million, S. 242 sowie Richert, Probleme und Perspektiven, S. 394. Auch der IG Metall-Vorsitzende Franz Steinkühler befürwortete ein verstärktes Bemühen der Gewerkschaften um die Angestellten. Vgl. Rose-Marie Christ, „Autonom bis zum finanziellen Kollaps", in: Die Quelle 41–6/7 (1990), S. 5–6, hier S. 6. Schon 1986 hatte Ernst Breit als DGB-Vorsitzender die Angestelltenfrage als „entscheidend" für die „künftige gesellschaftspolitische Durchsetzungsfähigkeit" der Gewerkschaften erklärt. Vgl. DGB-Bundesvorstand, Protokoll Bundeskongreß 1986, S. 243.

166 Vgl. Norbert Hüsson, „Volle Deckung", in: Die Quelle 42–1 (1991), S. 3 sowie o. V., „Das Klima ist erheblich gestört", in: Die Quelle 43–2 (1992), S. 29–30, hier S. 29. Aus wissenschaftlicher Sicht bestätigte etwa Wolfgang Schroeder die grundlegende Bedeutung der Individualisierung für die Reformbereitschaft der Gewerkschafter. Vgl. Wolfgang Schroeder, Das Modell Deutschland auf dem Prüfstand. Zur Entwicklung der industriellen Beziehungen in Ostdeutschland (1990–2000), Wiesbaden 2000, S. 128.

167 Vgl. o. V., Eine halbe Million, S. 242.

> Der im Vergleich zu den Arbeitern viel niedrigere Organisationsgrad der Angestellten ist mit darauf zurückzuführen, daß sich das Werbegespräch mit Angestellten meist viel schwieriger und argumentativer gestaltet […]. Davor scheuen viele hauptamtliche und ehrenamtliche Gewerkschaftsfunktionäre, die aus der Arbeiterschaft kommen oder ihr noch angehören, zurück.[168]

Durch die Synchronisierung von Arbeiter- und Angestelltenfrage rückten die Arbeiter in eine ambivalente Rolle. Einerseits konnte auch aus Nickels Aussage Wertschätzung für die Arbeiter aufgrund ihrer großen Organisationsbereitschaft gelesen werden, zugleich aber erschienen sie hier als organisatorisches Modernisierungshemmnis. Recht deutlich spielte Nickel auf das Vorurteil der Bildungsferne der ‚Arbeiter' an, welche mit Blick auf die Gewerkschaftsfunktionäre kaum der Realität – und schon gar nicht dem Selbstbild – entsprach. Denn sie mussten sich, um Funktionär zu werden, unter den Kollegen wie auch auf gewerkschaftlichen Versammlungen bewiesen haben, um überhaupt gewählt zu werden. Lutz Raphael nahm mit Blick auf die Bildungsferne eine wichtige Differenzierung vor. Er bestätigte zwar die „Ablehnung der früheren Schule und überhaupt schulischer Bildung" seitens der Industriearbeiterschaft. Zugleich hielt er aber fest, dass „diese Distanz […] durch den Lernort Betrieb im dualen System in den meisten Fällen überwunden werden konnte"[169].

Doch lenken solche Fragen nach dem Realitätsgehalt vom eigentlich Interessanten ab: Führt man Nickels Argument weiter, zeichnen sich zwei kommunikativ begründete Organisationskulturen innerhalb der Gewerkschaften ab, die aufgrund von Übersetzungsschwierigkeiten antagonistisch wirken. ‚Arbeiter' erscheinen so als das wesentliche Hindernis für einen höheren Organisationsgrad von Angestellten. Dies hatte demokratietheoretische Implikationen, die bei Nickel schon anklangen. Denn wenn Arbeiter unfähig zu „schwieriger[en] und argumentativer[en]" Gesprächen waren, warf dies die Frage nach ihrer politischen Mündigkeit wie nach dem Wert der von ihnen vertretenen Positionen auf[170]. In diese Kerbe

---

168 Walter Nickel, Wie die typischen Mitglieder denken und sich verhalten, in: Die Quelle 39–1 (1988), S. 56–59, hier S. 57.

169 Raphael, Jenseits von Kohle, S. 271.

170 Auch Siegfried Bleicher erkannte bei seiner Rede auf dem DGB-Bundeskongress 1990 diese Problematik, nahm bei der Lösung aber eine vermittelnde Position ein: Angestellte, Frauen und die Gewerkschaftsjugend „wollen nicht vorgetragen bekommen, was ihre Interessen sind, sondern sie wollen erfahren, daß ihre Interessen Eingang in unsere politischen Zielsetzungen finden." Die Gewerkschaften müssten daher „die vorhandenen Ansätze gewerkschaftlicher Politik teilweise verändern und teilweise durch neue und andere Ansätze ergänzen." DGB-Bundesvorstand, Protokoll Bundeskongreß 1990, S. 153 (Zitat), 152 (Zitat). Bleicher plädierte hier für einen Organisations-

schlug ein 1992 veröffentlichter Debattenbeitrag linker Gewerkschaftsfunktionäre. Sie kontrastierten den gewerkschaftlichen Anspruch, ein „wie auch immer zu definierendes Allgemeininteresse" zu vertreten, mit der öffentlichen Wahrnehmung, immer mehr zu einer „Lobby eines gesellschaftlichen Partikularinteresses" zu verkommen. Wer diese Lobby sei, ließen sie zunächst offen. Doch ihr Hinweis, das Grundproblem der Gewerkschaften läge in ihrer „Mitgliederstruktur [...], die dem Zustand der Gesellschaft der fünfziger Jahre entspricht"[171], verwies erneut auf die Arbeiter. Entsprechend forderten die Autoren eine inhaltliche Neuausrichtung der Gewerkschaften ein, wobei sie einer Abkopplung von den Interessen der aktuellen Mitglieder zugunsten derjenigen einer virtuellen oder künftigen Mitgliedschaft das Wort redeten. Ein Trendargument, wonach die von den Autoren erhobenen Forderungen „in wachsendem Maße" von den Arbeitnehmern geteilt würden, verbunden mit einem unterstellten Allgemeinwohlinteresse reichten den Autoren als Legitimation aus, um die auf demokratischem Wege zustande gekommene Beschlusslage zu relativieren[172].

Die Debatte um die Strukturreform hatte somit zu einem paradoxen Nebeneffekt geführt: Organisatorische Probleme wurden im Typus des ‚Arbeiters' personalisiert. So legte Veronika Keller-Lauscher ihrer Kritik am Sozialpolitischen Programm des DGB die Prämisse zugrunde, dass dieses „von einem Selbstverständnis der Beschäftigten aus[geht], die als Lohnarbeiter beschrieben werden." Ihrer Meinung nach entsprach dies nicht mehr dem Selbstverständnis der „Kolleginnen und Kollegen in den Betrieben", die sich vielmehr „als Mitarbeiter" sähen. Dabei stützte sie ihre Behauptung auf einen Artikel des Angestelltenmagazins des DGB, wodurch auch bei ihr der Gegenentwurf zum „Lohnarbeiter" angestelltentypische Züge trug. Weiter warf sie die Frage auf, ob die aus der Festlegung auf den „Lohnarbeiter" folgende Betonung des „Grundwiderspruch[s] zwischen Kapital und Arbeit [...] eigentlich die Gewerkschaften attraktiver macht"[173]. Vor diesem Hintergrund mussten alle Hinweise auf die nach wie vor große Organisationsreserve, welche die Arbeiterschaft für die Gewerkschaften darstellte[174], eher als Drohung denn als Versprechen wirken. Die schlechten Organisationsgrade der Angestellten, Frauen und der Gewerkschaftsjugend hingegen erklärten sich nun als direkte Folge der

pluralismus, der die Probleme aus der Synchronisation von ‚Arbeitern' und ‚Angestellten' entschärfen konnte, indem er den Anspruch der Gruppen klar beschränkte.

171 Heinrich Epskamp/Jürgen Hoffmann/Otto Jacobi et al., „Schafft den DGB ab!", in: GMH 43–1 (1992), S. 63–80, hier S. 65 (erstes Zitat), 68 (zweites Zitat).

172 Ibid., S. 71 f.

173 DGB-Bundesvorstand, Protokoll Bundeskongreß 1990, S. 189.

174 Die Abteilung Arbeiter veranschlagte die Zahl der nicht organisierten Arbeiterinnen und Arbeiter auf über fünf Millionen. Vgl. DGB, 4. Bundesarbeiterkonferenz, S. 17.

gewerkschaftlichen Dominanz der Arbeiterschaft, welche die Entfaltung der übrigen Personengruppen behindert hatte[175]. Tatsächlich gingen diese Gruppen nun argumentativ in die Offensive. Mit Erfolg. Die Angestelltenarbeit sollte im Zuge der Strukturreform verallgemeinert und damit zur ständigen Aufgabe aller DGB-Abteilungen werden[176]. Eine solche Aussicht auf organisatorische Stärkung federte die formelle Zurückstufung der eigentlichen Personengruppenarbeit der Angestellten deutlich ab, zumal der DGB schon 1988 eine neue Angestelltenkampagne im Umfang von vier Millionen DM aufgelegt hatte[177]. Auch Fraueninteressen sollten künftig „zum integrierten Bestandteil aller Politikfelder" gemacht werden[178]. Allerdings gingen die Forderungen der Frauen weiter. So forderte Gisela Keßler, Frauensekretärin der IG Medien, nicht nur eine gleichberechtigte Vertretung der Frauen in allen Gremien, sondern bestand auf der Fortführung der gewerkschaftlichen Frauenarbeit[179]. Und wie die Gewerkschaftsjugend bekamen die Frauen ihren Wunsch nach dem Fortbestand eigener Strukturen erfüllt, denn nur diese Personengruppen durften im DGB weiterhin ständige Ausschüsse auf allen Ebenen bilden.

Gleichwohl waren gerade die Gewerkschaftsfrauen nicht nur passive Nutznießerinnen diskursiver Verschiebungen. Sie hatten vielmehr unablässig für ihre Interessen geworben. Es verging kein Bundeskongress, auf dem sie sich nicht schon zu Beginn bei der Aussprache zum Geschäftsbericht mehrfach zu Wort gemeldet hätten[180]. Die Arbeiter waren dagegen auf diesen symbolpolitisch wichtigen Veranstaltungen völlig unsichtbar geblieben. Auch die Abteilung Arbeiter hatte die Sache der Arbeiter immer nur mit angezogener Handbremse vorantreiben können. Dies lag an der geringen finanziellen und personellen Ausstattung, aber nicht nur.

---

175 Vgl. Rose-Marie Christ, „Die Dramatik nimmt zu", in: Die Quelle 43–3 (1992), S. 4–5, hier S. 4 sowie dies., DGB: Neuen Themen und Gruppen öffnen, in: Die Quelle 41–6/7 (1990), S. 3.

176 Vgl. Richert, Probleme und Perspektiven, S. 394.

177 rmc, Neuland betreten, in: Die Quelle 42–10 (1991), S. 12.

178 rmc, Beginn einer neuen Frauenpolitik, in: Die Quelle 43–2 (1992), S. 9.

179 Vgl. rmc, Gewerkschafterinnen setzen auf Quotierung, in: Die Quelle 40–7/8 (1989), S. 437–438, hier S. 437.

180 Auf dem Bundeskongress 1986 meldeten sich beispielsweise 49 Delegierte zu Wort. Davon waren zwölf Frauen, zu frauenpolitischen Themen sprachen elf Delegierte. Sechs Mal wurde die Gewerkschaftsjugend thematisiert, drei Mal die Angestellten, zwei Mal die Beamten, einmal die ausländischen Arbeitnehmer. Weder meldete sich jemand zur Arbeiterpolitik zu Wort, noch gab sich ein Redner oder eine Rednerin als Arbeiter oder Arbeiterin zu erkennen. Vgl. DGB-Bundesvorstand, Protokoll Bundeskongreß 1986, S. 117 f., 124–128, 138 f., 141–143, 150 f., 155–166, 186–194, 196–201, 207 f., 210 f., 218 f., 222 f., 225–228. Wie Plogstedt herausarbeitete, hatte sich diese Diskurspräsenz der Frauen erst in den 1970er Jahren etabliert. Davor hatten sie eine andere Strategie verfolgt: „Der Protest der Frauen [...] äußerte sich auf den Kongressen des Öfteren darin, dass sie sich nicht zu Wort meldeten." Vgl. Plogstedt, Geschichte, S. 478 (Zitat), 480.

Vielmehr hatten auch sie die Kritik, die ihrer Arbeit von Anbeginn entgegengebracht wurde, zumindest teilweise verinnerlicht. In einem aufschlussreichen Alternativentwurf für Blättels Referat auf der letzten Bundesarbeiterkonferenz hieß es etwa:

> Gewiß, wir haben bei diesen Aktivitäten unserer DGB-Arbeiterpolitik weder die Welt aus den Angeln gehoben, noch die Arbeiterbewegung oder die Gewerkschaftsbewegung neu erfunden. Aber das war ja auch gar nicht unsere Absicht. [...] Ich habe diese Personengruppenarbeit – und ich bin mir sicher, dies gilt für alle meine Kolleginnen und Kollegen im Bundesarbeiterausschuß [–] nie so verstanden, daß wir damit als eine Organisation in der Organisation wirken wollten.[181]

Viel zu spät kamen Versuche, die gewerkschaftliche Arbeiterpolitik zu retten, und viel zu zaghaft fielen diese aus. Der eben zitierte Alternativentwurf, der auf dem Kongress laut Protokoll bezeichnenderweise *nicht* vorgetragen wurde, rief die Gewerkschafter etwa dazu auf, „die Aufspaltung in Arbeiter und Angestellte" nicht zu ignorieren, sondern sie durch „Klarsehen" bewusst wahrzunehmen. Die mit der Individualisierungsdiagnose einhergehende Feststellung einer zunehmenden Ausdifferenzierung der Arbeitnehmerschaft aufgreifend plädierte der Entwurf für eine Gewerkschaftspraxis, die „differenzierter und zielgruppenorientierter [...] angelegt sein [muss]", also gerade das Element der Personengruppen stärkt und ihm die nötige Autonomie zugesteht, um auf die jeweilige Eigenart der Klientel eingehen zu können[182]. Was dies für die Arbeiterpolitik bedeuten musste, arbeitete der Entwurf ebenfalls heraus: „Und gerade auf der Kreis-Ebene ist es doch möglich, die Unmittelbarkeit arbeiterspezifischer Situationen durch die Betroffenen gewerkschaftsübergreifend in die Diskussion einzubringen."[183] Diese Erkenntnis entsprach nicht nur der immer wieder vorgebrachten Kritik an der Distanz zwischen Funktionären und Arbeitern, sondern konnte auch das auffällige Schweigen der Arbeiter auf den Bundeskongressen plausibilisieren[184]. Allerdings wurde sie zu einem Zeitpunkt

181 Blättel, Gewerkschaftliche Arbeiterpolitik, Entwurf, 23. November 1989. Tatsächlich hatte ihr Vorgänger Martin Heiß schon 1976 fast wortgleich im Namen des Bundesarbeiterausschusses festgestellt, „unter keinen Umständen eine selbständige Personengruppe im DGB, quasi ein Staat im Staate, sein zu wollen." Heiß, Vorlage TOP BAA, 2. Dezember 1976, S. 6.

182 Vgl. Blättel, Gewerkschaftliche Arbeiterpolitik, Entwurf, 23. November 1989, S. 19 (Zitate), 21 (drittes Zitat).

183 Ibid., S. 22.

184 Hinzu kam, dass zumindest Industriearbeiter seit Ende der 1970er Jahre die eigenen Interessen im Betrieb besser durchsetzen und dadurch ihren schwindenden politischen Einfluss in gewisser Weise kompensieren konnten. Vgl. Raphael, Jenseits von Kohle, S. 471. Ob dies auch auf Beschäftigte im Dienstleistungsgewerbe zutraf, ist zweifelhaft.

geäußert, zu dem die finanzielle und personelle Ausdünnung der Kreise schon beschlossen war. Es blieb somit bei einer Gedankenspielerei.

Der letzte offizielle Zug des Bundesarbeiterausschusses, den ich in den Akten nachweisen konnte, zielte folglich wieder auf die oberste Ebene des DGB. Während es die Arbeiterpolitiker in der gesamten Zeit des Bestehens dieser Personengruppe versäumt hatten, dem DGB ein arbeiterpolitisches Programm zu verpassen, folgte ganz am Ende der Versuch, zumindest die notwendigen Grundlagen hierfür noch zu schaffen. Ende 1989 beschloss der Bundesarbeiterausschuss:

> Der DGB-Bundesvorstand wird beauftragt, eine umfassende Bestandsaufnahme zur Situation von Arbeiterinnen und Arbeitern und ihrer Familien zu erstellen und Strategien zur Überwindung der Benachteiligungen von Arbeiterinnen und Arbeitern in der gesamten Gesellschaft zu entwickeln.[185]

Mehr als ein symbolischer Versuch, den Bundesvorstand auch künftig an die Lösung der Arbeiterfrage zu binden, war dies nicht. Zwar brachte der Bundesarbeiterausschuss diesen Antrag noch im Bundeskongress ein, doch wurde er auf Initiative der Antragsberatungskommission auf den Status „Material an den Bundesvorstand“ zurückgestuft. Die Arbeiterpolitiker leisteten dagegen keinen Widerstand und der Bundeskongress folgte dem Kommissionsvorschlag einstimmig[186]. Eine bindende Wirkung wäre diesem Vorstoß jedoch nur zugekommen, wenn er als Antrag in die Beschlusslage des DGB eingegangen wäre.

10.4 Fazit

Der Abschied der ‚Arbeiter‘ vom DGB war am Ende beinahe überhastet. Zwischen Höhepunkt und Ende der Arbeiterpolitik lagen gerade einmal fünf Jahre. Für diesen Aspekt der Gewerkschaftspolitik bestätigt sich somit eine Zäsur, die Lutz Raphael für das weitere Feld des Arbeiterprotests gegen die sich seinerzeit vollziehenden Deindustrialisierungsprozesse als westeuropäische „Wetterscheide“ ausgemacht hat[187]. Allerdings sollte diese Koinzidenz nicht dazu verleiten, die Entwicklung als naturwüchsig oder zwangsläufig zu verstehen. Dagegen spricht allein schon

185 Irmgard Blättel an die Mitglieder des DGB-Bundesarbeiterausschusses, 21. Dezember 1989, Anlage: DGB-Bundesarbeiterausschuß, Zur sozialen und gesellschaftlichen Lage der Arbeiterinnen und Arbeiter, in: AdsD 5/DGAA000147.

186 Vgl. DGB-Bundesvorstand, Protokoll Bundeskongreß 1990, S. 492 f. Dagegen wurde das angestelltenpolitische Pendant als Antrag einstimmig angenommen. Vgl. ibid., S. 544.

187 Raphael, Jenseits von Kohle, S. 193.

die Bedeutung, die bei der Analyse des Abschieds des ‚Arbeiters' von der gewerkschaftlichen Bühne kontingenten Faktoren zugeschrieben werden muss. Besonders augenfällig wurde dies bei der letzten Bundesarbeiterkonferenz, die zeitgleich mit dem Europäischen Gipfel in Straßburg stattfand. Dadurch rückten rechtliche Aspekte auf die Tagesordnung, und dies zu einer Zeit, als die europäische Rechtsprechung die arbeitsrechtliche Diskriminierung von Frauen als Problem aufgedeckt hatte. Nur wenige Monate später zeigte sich, dass die Benachteiligung von Frauen diejenige der Arbeiter keineswegs ersetzt hatte, sie trat vielmehr als ein zusätzliches Problem hinzu und war darüber hinaus auf die diskriminierende Wirkung arbeiterspezifischer Gesetze zurückzuführen. Ebenfalls kontingente Faktoren waren die Krise der gewerkschaftlichen Gemeinwirtschaftsunternehmen, welche eine wesentliche Ursache für die Finanzkrise war, die unmittelbar zur Strukturreformdebatte führte, sowie die deutsche Wiedervereinigung, welche die gewerkschaftlichen Finanzen durch die nun nötige Expansion in die neuen Bundesländer weiter belastete. Und wie Hans Preiss und Knut Ipsen 1990 das FIAB verließen, so trat auch Irmgard Blättel in diesem Jahr in den Ruhestand. Mit ihr verlor die Arbeiterpolitik ihre durchsetzungsstarke Führungsfigur. Im Rückblick erwies sich das Jahr 1990 als ein Kumulationspunkt, in dem sehr unterschiedliche Entwicklungen kurzzeitig zusammenliefen und gleichgerichtet auf das Ende der gewerkschaftlichen Arbeiterpolitik hinwirkten.

Eine wesentliche Rolle spielten die neuen Technologien, die die Arbeitswelten auf vielfältige Weise neu ordneten. Als potentiell harmonisierender Faktor fungierten dabei die Mikroprozessoren, welche nicht nur sehr unterschiedliche Beschäftigte mit der Computerisierung ihres Arbeitsplatzes konfrontierten, sondern auch, wie die Logistikfachtagungen gezeigt hatten, vorher klar getrennte Bereiche wie Produktion und Güterdistribution miteinander vernetzten. Harmonisierend wirkten sie zudem durch den massenhaften Wegfall von zumeist einfachen Arbeitsplätzen, denn die arbeitslos Gewordenen zählten streng genommen nicht mehr zur Arbeitnehmerschaft. Die Arbeiterpolitiker sahen bereits den realtypischen einheitlichen Arbeitnehmer sich als Ergebnis dieser technologischen Neuerungen am Erwartungshorizont abzeichnen. Dazu trug die nur teilweise rezipierte infas-Studie zum Arbeitnehmerbewusstsein bei. Dass die Personengruppe Arbeiter indes nur ein geringes Maß an Resilienz gegenüber neuen Trends zeigte, lag an der bewussten politischen Vorentscheidung der beteiligten Akteure. Allen voran Irmgard Blättel hatte die Arbeiterpolitik dezidiert auf Zukunftsfragen ausgerichtet, wodurch mögliche retardierende Momente, die noch auf der Bundesarbeiterkonferenz 1985 eine große Rolle gespielt hatten, aus dem Blick gerieten.

Während die Aussicht auf eine Vereinheitlichung rasch einem Blick wich, der die Individualisierung und Differenzierung der Arbeitnehmerschaft scharf konturierte, investierte die Abteilung Arbeiter einen großen Teil ihrer Ressourcen in die

Fortführung des Harmonisierungsnarrativs. Indem die Arbeiterpolitiker aber so klar den einheitlichen ‚Arbeitnehmer' zum Realtypus der schon begonnenen Zukunft erkoren, trugen sie zur semantischen Gerontofizierung des ‚Arbeiters' bei. Die Häufigkeit, mit der chronopolitische Attribute, Vergleiche und Metaphern in den Quellen auftauchen, wenn um 1990 von ‚Arbeiter' die Rede war, ist verblüffend. Zugleich war dies nur ein Modus der diskursiven Marginalisierung der ‚Arbeiter', die im direkten Zusammenhang mit der Hinwendung zum Individualismus und, damit einhergehend, mit der Aufwertung von Angestellten, Frauen und der Gewerkschaftsjugend stand. Ein zweiter Modus bestand in dem zumeist nur indirekt zum Ausdruck gebrachten Zweifel an der demokratischen Befähigung der Arbeiter. Wiederum in Abgrenzung zu den Angestellten wurden sie nun als Argumenten gegenüber verschlossen und daher der Führung bedürftig porträtiert. Sie wurden mithin für das von den Gewerkschaften gepflegte „Delegationsmodell" der Interessenvertretung verantwortlich gemacht, das nach Ansicht von Lutz Raphael „implizit autoritär" war[188].

Diskursiv derart zugerichtet konnten die ‚Arbeiter' auf keinerlei Sympathien mehr hoffen, da sie aus dem bundesdeutschen Wertekanon, der gegen Ende des 20. Jahrhunderts nicht nur zentral um das Bekenntnis zur Demokratie, sondern mindestens in gleichem Maße um das zum Individualismus kreiste, gleich in doppelter Weise ausgeschlossen waren. Diese Tatsache mag im Übrigen auch erklären, weshalb so viele Sozial- und Geschichtswissenschaftler mit solcher Verve die Arbeiter als Hauptproblem der Gewerkschaften ausgemacht haben und noch immer machen. Diese uneingestandene Normenidentität zwischen Wissenschaftlern und Untersuchungsgegenstand ist epistemologisch freilich problematisch[189]. Die Bewertung der ‚Arbeiter' als Problem für die Gewerkschaften, gar als deren zentrales Zukunftshindernis, konnte auf diese Weise ungehindert in das wissenschaftliche wie in das gewerkschaftliche Feld diffundieren, wodurch sie eine scheinbare Bestätigung in der Empirie wie in der Forschung zu finden schien, um im Endeffekt als gesichertes Wissen zu gelten.

Es sollte daher deutlich gemacht werden, welche Kosten mit dieser diskursiven Marginalisierung der ‚Arbeiter' einhergingen. Mittelbar und unmittelbar wurde den Arbeiterinnen und Arbeitern die Möglichkeit zur politischen Mitsprache in den und

188 Raphael, Jenseits von Kohle, S. 150.

189 Unter umgekehrten Vorzeichen hatten sich bis in die 1970er Jahre marxistisch orientierte Akademiker den Gewerkschaften wissenschaftlich angenommen. Vgl. beispielsweise Ulf Kadritzke, Angestellte – Die geduldigen Arbeiter. Zur Soziologie und sozialen Bewegung der Angestellten, Frankfurt a. M./Köln 1975. Diese Arbeit stützte die damalige Lesart der Gewerkschaften, wonach Angestellte sich aufgrund ihrer Klassenlage dem kollektiven Bewusstsein der ‚Arbeiter' annähern müssten.

durch die Gewerkschaften genommen. Unmittelbar, indem der durch die Abteilung Arbeiter eröffnete Partizipationskanal geschlossen wurde, mittelbar, indem sich die Gewerkschaften stärker an potentiellen Mitgliedern ausrichten wollten, was auf Kosten der tatsächlichen Mitglieder gehen musste. Zudem brachte das Bekenntnis zum Individualismus das Modell der kollektiven Interessenrepräsentation in Verruf, das aber trotz aller autoritären Züge im Innern nach außen „zugleich als egalitäre und demokratische Gegenmacht“[190] wirkte. Dies wog umso schwerer, als seit Mitte der 1980er Jahre Arbeiter allgemein von der politischen Bühne gedrängt wurden[191]. Bis zu einem gewissen Grad verhüllte jedoch das Schlagwort der Strukturreform die politische Brisanz der geplanten Änderungen. Struktur war nicht nur im gewerkschaftlichen Diskurs ein positiv besetzter Begriff – man denke an die Versuche, über Strukturpolitik die Massenarbeitslosigkeit in den Griff zu bekommen –, sondern fand auch in den Sozialwissenschaften einige Beachtung. Die Struktur trat gleichsam als neutrale Instanz auf, die Effizienz und Erfolg versprach, sofern ihren Erfordernissen möglichst unverfälscht Genüge getan wurde. Verfälschung aber drohte durch die Personengruppen, die auf den ersten Blick als Akteure im Widerspruch zur Struktur standen. Allerdings bestand eine der strukturellen Erfordernisse in der „Individualisierung“[192], wodurch alle individualisierungsfähigen Personengruppen relativ gestärkt aus der Strukturreform hervorgingen.

Nüchtern betrachtet löste das Vorgehen gegen die Arbeiterpolitik keines der Probleme des DGB. Es trug aber zu einem fragmentierten, intern hierarchisierten, insgesamt aber geschwächten Arbeitnehmerbegriff bei. Ironischerweise ging mit dieser Schwächung des Arbeitnehmerbegriffs eine Schwächung des DGB einher[193]. Wenig überraschend blieben auch viele Probleme der ‚Arbeiter‘ ungelöst. In vielerlei Hinsicht präsentierte sich die Konstellation des gewerkschaftlichen Diskurses der 1990er Jahre als lediglich leichte Variation jener der Anfangsjahre des DGB. Die ‚Arbeiter‘ waren erneut unter dem Arbeitnehmerbegriff verschwunden, während nach wie vor von ‚Angestellten‘ gesprochen wurde. Anders als 40 Jahre zuvor konnten ‚Arbeiter‘ nun nicht einmal mehr beanspruchen, der Idealtyp des ‚Arbeitnehmers‘ zu sein, denn auch diese Rolle war nun auf den ‚Angestellten‘ übergegangen. ‚Arbeiter‘ waren vor diesem Hintergrund erneut zu einer Bedrohung für die Gewerkschaften erwachsen. Anders als in den 1950er Jahren ging es aber weniger um den Anspruch auf allgemeinpolitische Relevanz, sondern es ging, so die

---

190 Raphael, Jenseits von Kohle, S. 150.

191 Vgl. ibid., S. 115, 117.

192 Zum Zusammenhang von Struktur und Individuum vgl. Anthony Giddens, The Constitution of Society. Outline of the Theory of Structuration, Cambridge 1984.

193 Vgl. Frank Deppe, Gewerkschaften in der Transformation. Von den 1970er Jahren bis heute. Eine Einführung, Köln 2012, S. 54.

zeitgenössische Wahrnehmung, aufgrund des Bedeutungszuwachses der Angestellten innerhalb der Arbeitsbevölkerung um das künftige Überleben der Gewerkschaften in ihrem ureigenen Feld der Arbeitsbeziehungen. Die Bedrohung durch die ‚Arbeiter' war dadurch subtiler geworden, da allein schon der arbeiterliche Habitus der Funktionäre potentiell abschreckend auf Angestellte wirkte.

11 Fraktale Arbeiterbegriffe

Um die Ressource ‚Arbeiter' war es, so zeigten die vorangegangenen Fallstudien, in den 1990er Jahren nicht gut bestellt. Überall war sie stillgelegt oder stand kurz davor, stillgelegt zu werden. Es ist bisher eine Erzählung des Niedergangs. Die Menschen sprechen aber auch heute noch über ‚Arbeiter' und der Spiegel schreibt noch immer über sie, wenn auch weniger häufig – und anders. Bis in die 1980er Jahre verwendete das Magazin oft Komposita, in denen ‚Arbeiter' als Bestimmungswort fungiert, nach dem Ende des Ost-West-Konflikts nahm ‚Arbeiter' dann zumeist die Position des Grundworts ein. Anstatt selbst andere Begriffe wie etwa Partei, Bildung oder Kultur zu prägen, war es nun der Arbeiterbegriff, der durch Zusätze näher bestimmt, zergliedert und beschränkt wurde.

Im Folgenden greife ich mit ‚Gastarbeiter', ‚Zwangsarbeiter' und ‚Mitarbeiter' exemplarisch drei dieser fraktalen Arbeiterbegriffe heraus, die sich relativ häufig im Spiegel-Sample finden. Sie alle fordern den allgemeinen Arbeiterbegriff auf ganz eigene Art heraus, indem ihre Bestimmungsworte einzelne seiner Bedeutungsschichten bündeln und scharfstellen, andere aber in den Hintergrund drängen. Strenggenommen ist dies keine neue Entwicklung, hatten die beiden Komposita ‚Lohnarbeiter' und ‚Industriearbeiter' doch seit Mitte des 19. Jahrhunderts den allgemeinen Arbeiterbegriff immer stärker überschrieben. Es war folglich normal, den Oberbegriff synonym zu einem seiner Unterbegriffe zu verwenden und zu verstehen. Vielleicht auch deshalb traten die beiden dominanten Komposita im Spiegel-Sample nur selten auf.

Wie wirkt es sich auf den Arbeiterbegriff aus, wenn Komposita wie ‚Gastarbeiter', ‚Zwangsarbeiter' und ‚Mitarbeiter' nun immer stärker sein öffentliches Erscheinungsbild prägen? Eine abschließende Antwort kann hierauf zwar nicht gegeben werden, aber zumindest lassen sich einige Überlegungen anstellen. Eine zweite Frage ergibt sich aus der von Anselm Doering-Manteuffel und Lutz Raphael vorgetragenen These, für die Zeit „nach dem Boom" seien neue Begriffe notwendig, um die veränderte soziale Wirklichkeit angemessen beschreiben zu können. Die drei hier untersuchten Komposita traten jeweils schon während der Jahre des Booms auf, verschwanden danach aber nicht, ja erlebten im Falle von ‚Zwangsarbeiter' und ‚Mitarbeiter' erst danach ihre Blütezeit. Wie veränderten sie sich über diese Epochenschwelle hinweg? Und brauchen wir den Arbeiterbegriff „nach dem Boom" überhaupt noch?

 https://doi.org/10.1515/9783111086569-012

11.1 ‚Gastarbeiter' und die (Neu)Ordnung der Welt

‚Gastarbeiter' traf man vor allem zwischen 1971 und 1975 häufiger im Spiegel an, und damit genau in dem Jahrfünft, in dessen Mitte die Regierung Brandt den Anwerbestopp verkündete[1]. Dieser Befund passt zur Beobachtung Martin Wengelers, wonach ‚Gastarbeiter' lediglich „bis zur Mitte der 70er Jahre [...] die primäre Bezeichnung der in Deutschland lebenden und arbeitenden ausländischen Menschen"[2] war. Ganz aus dem Spiegel verschwand der Begriff aber nicht, vielmehr lassen sich Häufungen zu Beginn und am Ende der 1980er Jahre, Mitte der 1990er Jahre sowie im Jahr 2005 erkennen, wenn auch auf niedrigerem Niveau. Im deutschsprachigen Korpus von Google N-Gram erreicht die Kurve sogar erst 1985 ihren Höhepunkt, wobei der Wert für die Verwendungshäufigkeit in jenem Jahr den der vorangegangenen Dekade fast um das Doppelte übertrifft. Danach weist die Kurve zwar stetig nach unten, erreicht aber erst 2001 das Niveau des Jahres 1971, auf dem die Kurve bis 2009 verharrt, um erst dann weiter zu sinken[3]. Diese Weiterverwendung des Begriffs bis in die jüngste Vergangenheit ist erklärungsbedürftig. Immerhin handelt es sich beim ‚Gastarbeiter', anders als beim ‚Arbeitnehmer', um keinen regierungsamtlichen[4], sondern um einen höchst „kontroversen"[5] Begriff, der noch dazu eng an das Konzept des modernen Industriestaats gekoppelt war[6], das seinerseits im Verlauf der 1970er Jahre seine Prägekraft einzubüßen begann.

Ein erster Erklärungsansatz für die andauernde Begriffsverwendung findet sich in einer späteren Arbeit Martin Wengelers. Die Ablösung der mit dem Gastarbeiterbegriff operierenden „Diskussionen um Zuwanderungsbegrenzung und Integrationsmaßnahmen" durch die „Debatte um das Asylrecht", die sich um die Begriffe Ausländer und Flüchtlinge drehte, datierte Wengeler auf die erste Hälfte der 1980er Jahre[7]. Warum verschwand der Begriff aber auch später nicht? Christian Ulbricht stellte nach Auswertung der Berichterstattung deutscher Leitmedien der Jahre 2008 bis 2014 gar eine „Renaissance des Begriffs *Gastarbeiter*" fest. Im Mittelpunkt stand dabei das Phänomen der „neuen Gastarbeiter", das die Medien mit explizitem Bezug auf die Gastarbeiterpolitik der 1960er und 1970er Jahre aushan-

1 Vgl. Herbert, Geschichte der Ausländerpolitik, S. 202–229.

2 Vgl. Wengeler, Multikulturelle Gesellschaft, S. 717.

3 Vgl. Google NGram, <https://books.google.com/ngrams/graph?content=gastarbeiter&year_start=1950&year _end=2010&corpus=31&smoothing=3#> (20.06.2023).

4 Vgl. Heike Knortz, Diplomatische Tauschgeschäfte. „Gastarbeiter" in der westdeutschen Diplomatie und Beschäftigungspolitik 1953–1973, Köln/Weimar/Wien 2008, S. 20.

5 Vgl. Wengeler, Multikulturelle Gesellschaft.

6 Vgl. Kapitel 2.2.5.

7 Vgl. Wengeler, Topos und Diskurs, S. 443 (Zitat), 446.

delten[8]. Somit vereinte der Gastarbeiterbegriff nun die Aushandlung gegenwärtiger wie auch die retrospektive Auseinandersetzung mit vergangener Arbeitsmigration, während letztere Funktion in der alten Bundesrepublik noch dem Fremdarbeiterbegriff vorbehalten war. Mich interessiert im Folgenden aber vor allem die synchrone Dimension des Begriffs. Inwiefern vermitteln die ‚Gastarbeiter' den Deutschen noch immer eine Vorstellung der (Neu)Ordnung der Welt? Und braucht man nicht doch einen neuen Begriff, wenn ‚Gastarbeiter' von vielen als so problematisch angesehen wird, dass er bisweilen nur noch in Anführungszeichen gebraucht wird[9]?

11.1.1 ‚Gastarbeiter' und der Abschied vom modernen Industriestaat

Erinnern wir uns: Ende der 1960er Jahre legitimierte das bundesrepublikanische Selbstverständnis, ein „moderner Industriestaat" zu sein, die Anwerbung von Gastarbeitern, und deren Anwesenheit bestätigte im Gegenzug, dass es sich beim Gastland tatsächlich um einen „modernen Industriestaat" handelte. Im Verlauf der 1970er Jahre erschienen aber Berichte im Spiegel, die Zweifel an diesem Junktim weckten. 1971 vermeldete das Magazin, dass nun auch die DDR als erster Ostblockstaat „Gastarbeiter" in nennenswerter Zahl beschäftige[10], 1982 folgte ein Bericht über Arbeiter aus Vietnam, Nordkorea, Bulgarien und der DDR, die in der Sowjetunion tätig waren[11]. Auch wenn diese beiden Staaten ein konträres Gesellschaftsmodell verfolgten, waren sie doch wie die Bundesrepublik zweifelsohne Industriestaaten. Die Entsendung afrikanischer „Gastarbeiter" ins sozialistische Kuba im Jahr 1978 ließ sich dagegen nicht so einfach unter das Konzept des modernen Industriestaats subsumieren[12], sie passte eher zu Meldungen aus anderen Weltregionen. 1975 nutzte der Iran seine aus dem Ölexport stammenden Devisen, um mithilfe südkoreanischer Arbeiter die Industrialisierung seiner Wirtschaft voranzutreiben[13]. Fünf Jahre später konkurrierten Chinesen und Taiwanesen um

8 Christian Ulbricht, Ein- und Ausgrenzungen von Migranten. Zur sozialen Konstruktion (un-)erwünschter Zuwanderung, Bielefeld 2017, S. 102 (H. i. O.), 127.

9 Vgl. etwa Abelshauser, Wirtschaftsgeschichte, S. 315 oder Raphael, Jenseits von Kohle, S. 302. Dagegen ohne Anführungszeichen: Herbert, Geschichte Deutschlands, S. 889.

10 Vgl. o. V., Zeitweilig beschäftigt, in: Der Spiegel 25–32 (1971), S. 36–37.

11 Vgl. o. V., Gastarbeiter in der UdSSR, in: Der Spiegel 36–25 (1982), S. 15.

12 Vgl. o. V., Gastarbeiter nach Kuba, in: Der Spiegel 32–26 (1978), S. 19.

13 Vgl. o. V., Gastarbeiter aus Korea, in: Der Spiegel 29–5 (1975), S. 64 sowie o. V., Gastarbeiter nach Persien, in: Der Spiegel 29–13 (1975), S. 17.

Gastarbeiterstellen in Arabien[14], und bis 1990 waren ägyptische Arbeiter im Irak tätig[15]. Schon 1978 konnte der Spiegel vermelden, dass Gastarbeiter in den Ölstaaten einen höheren Anteil unter den Erwerbstätigen stellten, als dies in der Bundesrepublik jemals der Fall gewesen sei[16]. Allein die Tatsache, Gastarbeiter zu beschäftigen, taugte kaum noch als Distinktionsmerkmal für die westlichen Staaten, zumal diese das Stadium der aktiven Anwerbung schon hinter sich gelassen hatten. Es ist eine aufschlussreiche Koinzidenz, dass die Bundesregierung ihren Anwerbestopp ebenso im Jahr 1973 anordnete wie Daniel Bell „the coming of post-industrial society" ankündigte[17].

Eine kritische Revision des historischen Ortes der ‚Gastarbeiter' unternahm 1976 der baden-württembergische Ministerpräsident Hans Filbinger. Er stellte die bundesdeutsche Entscheidung, überhaupt Gastarbeiter zu beschäftigen, rückblickend als einen Irrweg dar[18]. Wirtschaftlichen Fortschritt, so Filbinger, hätten die Deutschen auch aus eigener Kraft erreichen können, sofern sie sich nur mehr angestrengt hätten. Als Beleg seiner These diente ihm Japan, das diesen Weg beschritten habe[19]. Dieser Verweis wog umso mehr, als Japan damals immer mehr zum Vorreiter fortschrittlicher Produktionsmethoden und innovativer Technologien wurde[20].

Vor diesem Hintergrund wuchs dem Gastarbeiterbegriff die Bedeutung der Entwicklungshilfe zu, und zwar in doppelter Hinsicht. Schon früher wurde die Beschäftigung von Arbeitsmigranten als Entwicklungshilfe für die Entsendeländer gedeutet, da ein Großteil der von den Gastarbeiterinnen und Gastarbeitern in den Industrieländern erwirtschafteten Lohnsumme als Devisen in ihre Heimatländer zurückfloss und sie selbst nach ihrer Rückkehr ihre erworbenen Kompetenzen in den heimischen Produktionsprozess einzubringen versprachen[21]. In den Ölstaaten leisteten die fremden Arbeiterinnen und Arbeiter nun aber auch für ihr Gastland Entwicklungshilfe. Gastarbeiter anzuwerben und zu beschäftigen konnte seither

---

14 Vgl. o. V., Chinas Gastarbeiter, in: Der Spiegel 34–14 (1980), S. 16 sowie o. V., Die Chinesen kommen, in: Der Spiegel 34–30 (1980), S. 16.

15 Vgl. o. V., Eigenhändig erwürgen, in: Der Spiegel 44–41 (1990), S. 175–176.

16 Vgl. o. V., Jäher Wandel, in: Der Spiegel 32–44 (1978), S. 200–203, hier S. 201.

17 Vgl. Bell, Nachindustrielle Gesellschaft.

18 Auch der Wirtschaftshistoriker Werner Abelshauser kritisierte die Anwerbung von Arbeitsmigranten rückblickend als „Erhaltungssubvention für alte Industrien." Abelshauser, Wirtschaftsgeschichte, S. 425.

19 Vgl. o. V., Gastarbeiter – ab nach Hause?, in: Der Spiegel 30–9 (1976), S. 31–32.

20 Vgl. Raphael, Jenseits von Kohle, S. 385.

21 Vgl. zum „Entwicklungshilfe-Topos" Wengeler, Topos und Diskurs, S. 360. Im Spiegel wurde diese Argumentation schon frühzeitig mit Verweis auf die negativen Folgen für die Entsendeländer abgelehnt. Vgl. o. V., Gastarbeiter: Entwicklungshilfe für Reiche?, in: Der Spiegel 25–48 (1971), S. 138–151.

nicht mehr als Beleg der eigenen Fortschrittlichkeit gelten, sondern wurde zum Indikator für Rückständigkeit, ja Provinzialität, zumal die Ölstaaten laut Spiegel ihren Gastarbeitern grundlegende Rechte vorenthielten und sie unhaltbaren Lebens- und Arbeitsbedingungen aussetzten[22]. 1980 sah sich auch der Spiegel zu einer grundlegenden Neubewertung der Gastarbeiterthematik veranlasst:

> Es sind keineswegs allein die reichen Industriestaaten, die wie Magneten auf Arbeitslose in den ärmeren Ländern wirken. Weil es auch innerhalb der Dritten Welt ein starkes Wohlstandsgefälle gibt, strömen zunehmend Arbeitskräfte von einem Entwicklungsland in das andere.[23]

‚Gastarbeiter' waren nun zu einem relationalen, globalen Strukturmerkmal geworden. Durch die Abkoppelung vom Modell des modernen Industriestaats wurde der Gastarbeiterbegriff aus dem modernisierungstheoretischen Verlaufsdenken entlassen. Der Spiegel beurteilte die Arbeitsmigration nun als eine der „abstoßendsten Erscheinungen einer Weltwirtschaftsordnung, die den Gegensatz zwischen arm und reich immer größer werden läßt." Das wirkliche Problem erwuchs jedoch jenseits der moralischen Verwerflichkeit, denn die Entsendeländer entwickelten eine starke Abhängigkeit von den Devisenzahlungen ihrer migrierten Arbeiterinnen und Arbeiter. Geriete das Aufnahmeland in wirtschaftliche Schieflage, drohe eine „Kettenreaktion"[24]. Die Ausführungen des Spiegels gipfelten in einem Zitat des damaligen Präsidenten der Weltbank, Robert McNamara, der die internationale Arbeitsmigration neben einem „Atombombenkrieg" zum „für die Welt bedrohlichste[n] Problem" erhob[25]. ‚Gastarbeiter' wurden damit zu einer geradezu apokalyptischen Gefahr mit systemsprengendem Potential, doch jenseits dieses recht abstrakten Bedrohungsszenarios verloren sie für die Bundesrepublik an Relevanz. Der ‚Gastarbeiter' nahm Züge des *fremden Fremden* und damit des Ausgegrenzten an, er wies nun mehr Ähnlichkeit zu den Arbeiterinnen und Arbeitern im Ausland als zu den deutschen Arbeitnehmerinnen und Arbeitnehmern auf. Doch anders als die ‚Arbeiter' im Ausland fielen die ‚Gastarbeiter' nicht durch eigene *agency* auf, vielmehr traten sie allein als wirtschaftliche Ressource und Objekt der Ausbeutung in Erscheinung.

---

22 Vgl. o. V., Jäher Wandel, S. 202 f.

23 O. V., Überaus zweischneidig, in: Der Spiegel 34–6 (1980), S. 164–166, hier S. 164.

24 Ibid., S. 164–165.

25 Zitiert nach ibid., S. 166.

11.1.2 ‚Gastarbeiter' zwischen Regionalisierung und Provinzialisierung

Mit dieser Globalisierung des Gastarbeiterbegriffs ging folglich die Möglichkeit seiner Regionalisierung einher, und aus dieser konnte er neue Bedeutung für die Bundesrepublik erlangen. Denn auch Deutsche tauchten im Spiegel nun als ‚Gastarbeiter' auf. Damit wiederholte sich, was sich schon beim Vorgängerbegriff vollzogen hatte. Gleich der erste Artikel aus der Rubrik „Fremdarbeiter" hatte nämlich entgegen der im Dritten Reich vorherrschenden ethnischen Festlegung des Begriffs einen Deutschen portraitiert. Als „Fremdarbeiter" in einem nordfranzösischen Bergwerk hatte es der Bäckergeselle aufgrund prekärer Lebens- und Arbeitsbedingungen jedoch nur drei Wochen ausgehalten. Als Tenor konnte man dem Bericht entnehmen, dass sich Deutsche für diese Art von Arbeit nicht eigneten. Gleichsam als Strafe, dass er laut eigener Aussage „auf die französischen Versprechungen hereingefallen" war, erwartete ihn nach seiner Rückkehr in die Heimat die Arbeitslosigkeit. Ohne seine Fremdarbeitertätigkeit, so mutmaßte er selbst, wäre er dagegen schon zum Bäckermeister aufgestiegen[26].

Strukturelle Arbeitslosigkeit bildete dann auch den Hintergrund für die meisten Artikel, die ab 1980 über Deutsche als „Gastarbeiter" berichteten. Bereits die Überschrift des ersten Berichts bereitete die Leserschaft auf die ungewohnte Konstellation vor: „Wir sind die Gastarbeiter". Punkt für Punkt listete der Artikel auf, was dies bedeutete: Arbeit im Ausland, Ablehnung seitens der Einheimischen, Leben in „Gettos" „[w]ie die Türken in Berlin-Kreuzberg", Schwierigkeiten mit landestypischen Gesetzen, lange Arbeitstage – und der Kontakt zu einheimischen Frauen sei unerwünscht. In einem wesentlichen Punkt erwiesen sich die Deutschen jedoch als atypische ‚Gastarbeiter': „Der Unterschied liegt in der Null vor dem Komma." Der Artikel handelte nämlich von deutschen Experten, die in Saudi-Arabien einen Flughafen errichteten[27].

Kokettierte der Autor hier noch mit dem Rollentausch, dominierten in späteren Berichten andere Bedeutungsdimensionen des Gastarbeiterbegriffs: wirtschaftliche Not, Ausbeutung, Bewährung. 1984 schlug der niedersächsische Kultusminister Georg-Berndt Oschatz vor, arbeitslose Lehrer ein Jahr lang an Schulen in den USA arbeiten zu lassen. Der karge Lohn von 12 000 Dollar sollte durch die Anerkennung des Auslandsaufenthalts „als zusätzliches Qualifikationsmerkmal" aufgewertet werden. Überhaupt sei es die „Nagelprobe für die Mobilitätsbereitschaft junger deutscher Lehrer"[28]. Der Gastarbeiterbegriff wurde so erneut als Mittel eingesetzt,

26 Vgl. o. V., Haben Sie keine Angst, in: Der Spiegel 4–10 (1950), S. 31. Der Spiegel merkte nur nebenbei an, dass es in Frankreich auch bessere Arbeitsplätze für Deutsche gebe.

27 Vgl. Joachim Preuß, Wir sind die Gastarbeiter, in: Der Spiegel 34–11 (1980), S. 86–87.

28 Vgl. o. V., 12 000 Minimum, in: Der Spiegel 38–20 (1984), S. 113–117, hier S. 116 f.

um die Deutschen auf eine veränderte Realität einzustellen, die nun neoliberale Züge trug[29]. Gleichwohl konnte eine solche Verwendung des Gastarbeiterbegriffs immer auch als ironischer Kommentar gelesen werden, zumal der Artikel mit einem Ausblick auf das nächste Vorhaben des Kultusministers endete. Oschatz plane, Berufsschullehrer nach Simbabwe zu schicken[30]. Ohne weitere Erklärung erschloss sich die Plausibilität dieses Vorschlags kaum, zumal er eher koloniale Anklänge oder die Vorstellung von Entwicklungshilfe evozierte.

Eine aufschlussreiche Verschiebung brachte ein Artikel, der mithilfe des Gastarbeiterbegriffs innerdeutsche Disparitäten kartographierte. Jugendliche aus Norddeutschland und Nordrhein-Westfalen kamen, so berichtete der Spiegel 1985, nun als innerdeutsche „Gastarbeiter" nach Süddeutschland, um dort eine Lehre zu machen. Wie die klassischen Gastarbeiter lebten sie in Wohnheimen, in denen Frauenbesuche untersagt waren. Überdies kostete sie die Miete fast ihren gesamten Lohn. Im Gegensatz zu den früheren Gastarbeitern waren die Jugendlichen daher nicht in der Lage, ihren Familien Geld zu überweisen, vielmehr waren sie selbst auf monetäre Zuwendungen seitens ihrer Angehörigen angewiesen. Anders als im Fall der arbeitslosen Lehrer tauchte in diesem Artikel nicht das Bewährungsnarrativ als Rechtfertigung für die Lage der Lehrlinge auf. Stattdessen zitierte das Hamburger Magazin einen Mitarbeiter des Stuttgarter Arbeitsamtes, der ihre gesteigerte „berufliche Mobilität" als Resultat eines solch großen „Leidensdruck[s]" wertete, „daß die Eltern [...] bereit sind, ihre Kinder wegzugeben". Betroffen waren laut Spiegel „Problemgebiete[] wie im Kohlenpott und in den Hansestädten"[31], also Orte der klassischen Industriezweige Bergbau, Stahlerzeugung und Schiffsbau[32]. Was hier mit dem Gastarbeiterbegriff drastisch zum Ausdruck gebracht wurde, war die Provinzialisierung der einstigen Montanregionen. Damit wurde zugleich die modernisierungstheoretische Erwartung, in der Bundesrepublik eine „Einheitlichkeit der Lebensverhältnisse" herstellen zu können, zugunsten einer differenzierenden Perspektive aufgegeben[33].

Diese Provinzialisierung bestimmter Regionen Deutschlands prägte die Verwendungsweise des Gastarbeiterbegriffs im Spiegel auch nach 1990. Nun waren mit „Ossis", die als Gastarbeiter in Erscheinung traten, nicht mehr wie 1985 Ostfriesen

29 Zum Neoliberalismus innerhalb der niedersächsischen Landesregierung vgl. Führer, Gewerkschaftsmacht, S. 486.

30 Vgl. o. V., 12 000 Minimum, S. 117.

31 Vgl. o. V., Bauern wie Popper, in: Der Spiegel 39–41 (1985), S. 115–117 (Zitate auf S. 115).

32 Zur Zunahme regionaler Unterschiede vgl. Raphael, Jenseits von Kohle, S. 477 f.

33 Vgl. Wolfgang Kahl, „Gleichwertige Lebensverhältnisse" unter dem Grundgesetz. Eine kritische Analyse, Heidelberg 2016, S. 18 ff.

gemeint[34], sondern Ostdeutsche. Interessanterweise hatte sich diese Konstellation noch zu Zeiten der Systemkonkurrenz angebahnt. 1983 waren Bauarbeiterkolonnen der DDR in Tübingen und anderswo im Einsatz, um Devisen für Ost-Berlin zu erwirtschaften. Auch sie entsprachen dem klassischen Bild der schwer und lange arbeitenden, genügsamen Gastarbeiter. Und auch sie wurden nicht nur von westdeutschen Firmen ausgebeutet, sondern es „verdienen vor allem die DDR-Außenhandelsfunktionäre an der Arbeitskraft ihrer Landsleute."[35] Solche staatlichen Vermittlungspraktiken auf Kosten der Gastarbeiter wandten zu dieser Zeit vor allem aufstrebende ostasiatische Länder wie die Volksrepublik China und Ölstaaten wie Saudi-Arabien an. Ebenfalls 1983 urteilte der Spiegel darüber: „Doch was die Internationale Arbeitsorganisation [...] beschönigend ‚Wanderarbeitnehmer' nennt, ist in Wahrheit ein Menschenhandel großen Stils"[36]. Abgesehen von der ideologischen Verfänglichkeit, die diese Aussage für einen sozialistischen Staat darstellen musste, konnte die DDR nun kaum noch Gleichrangigkeit gegenüber der Bundesrepublik beanspruchen.

Der Topos der provinziellen Zurückgebliebenheit Ostdeutschlands entfaltete sich nach der Wiedervereinigung noch weiter. Selbst am Ende des Untersuchungszeitraums trat dieser Aspekt nochmals in einem Artikel zutage. Der Spiegel-Autor Andreas Wassermann beschrieb darin das Aufeinandertreffen italienischer „Gastarbeiter" mit den in der Uckermark ansässigen Menschen. Aus dieser klassischen Konstellation entwickelte Wassermann nun aber ein neues Narrativ, denn er erzählte seine Geschichte letztlich aus der Perspektive der Gastarbeiter. Bei ihnen handelte es sich um Facharbeiter mit dem klar begrenzten Auftrag, eine Gaspipeline zu errichten. Diese höchst mobilen Experten trafen auf Menschen, die in den Augen der Italiener ein hinterwäldlerisches Leben führten, nicht einmal Englisch sprachen und anscheinend lieber von Hartz IV lebten als einer Erwerbsarbeit nachzugehen. Wenn am Ende des Artikels die deutsche Vermieterin über ihre italienischen Gäste urteilte, diese seien „doch sehr zurückgezogen"[37], so führte Wassermann damit die nicht vorhandene Reflexionsfähigkeit der Einheimischen vor Augen. Die eigentlichen Fremden waren nicht die Gastarbeiter, sondern die Bewohner der mecklenburgischen Provinz, wie bereits Christian Ulbricht festgestellt hat[38].

Dass aber nicht nur bestimmte Regionen Deutschlands zur Provinz geworden waren, sondern auch die führende globale Stellung der Bundesrepublik auf dem

34 O. V., Bauern wie Popper, S. 115.

35 Vgl. o. V., Wie Bronneputzer, in: Der Spiegel 37–47 (1983), S. 97–99 (Zitat).

36 Vgl. o. V., Kosten senken, in: Der Spiegel 37–38 (1983), S. 182–186, hier S. 184.

37 Vgl. Andreas Wassermann, Einmarsch der Italiener, in: Der Spiegel 64–39 (2010), S. 84.

38 Vgl. Ulbricht, Ein- und Ausgrenzungen, S. 159, 222.

Spiel stand, zeigte ein instruktiver Artikel aus dem Jahr 1995. Was der Autor darin schilderte, bewegte sich zunächst weitgehend im Rahmen des Bekannten. Siemens stelle seit 22 Jahren Mikrochips in Malaysia her, um „von den Billiglöhnen der Gastarbeiter" zu profitieren. Auch die beschriebenen Lebens- und Arbeitsbedingungen entsprachen dem bekannten Bild: Die indonesischen Arbeiterinnen seien in bewachten Wohnanlagen kaserniert, müssten mitunter jeden Tag arbeiten, um überhaupt Geld zu sparen, da sie einen unverhältnismäßig großen Anteil ihres Lohnes an ihre Arbeitsvermittler abzutreten hätten, und Siemens habe ihnen illegalerweise die Reisepässe abgenommen[39]. Ungewöhnlich war die Rolle der Malaysier. Sie waren im Siemens-Werk als Ingenieure tätig und verfügten als solche über das technische Knowhow. Deutsche Ingenieure, die in der neuen Chipfabrik in Dresden eingesetzt werden sollten, wurden nach Südostasien geschickt, um von ihnen zu lernen – „eine Art Entwicklungshilfe mit umgekehrten Vorzeichen", wie der Autor bemerkte. Auch die Deutschen waren im Grunde Gastarbeiter in Malaysia, ohne dass der Spiegel sie so bezeichnete. Ihr Aufenthalt dort war zwar nicht monetären Zwängen geschuldet, doch standen sie in einem wissensbasierten Abhängigkeitsverhältnis zu ihren malaysischen Gastgebern. Für Siemens war Deutschland mit Blick auf die Zukunftstechnologie eine einzige Provinz, die man mit wenigen Stellen bedachte, während der Expansionskurs auf der anderen Seite der Welt forciert wurde[40]. Die doppelte Ironie der Geschichte lag darin, dass diese europäische Provinz weiterhin über ihre Großkonzerne von der Ausbeutung klassischer Gastarbeiterinnen in Asien profitierte und dass Siemens innerhalb Deutschlands ausgerechnet die ostdeutsche Provinz als Standort einer Zukunftstechnologie ausgewählt hatte.

Der Gastarbeiterbegriff stimmte die Deutschen folglich nicht nur auf die globalisierte Welt ein. Er stellte zugleich die Koexistenz alter und neuer Formen von Arbeitsmigration, Abhängigkeiten und Ausbeutung als Merkmal der globalisierten Ordnung heraus und machte deutlich, wie schnell nun Zentren provinzialisiert und Provinzen zentralisiert werden konnten.

11.1.3 ‚Gastarbeiter' und die „neue Ordnung auf dem alten Kontinent"

Der Spiegel zeichnete mit dem Gastarbeiterbegriff nicht nur die globalen Veränderungen[41] nach. Seit Ende der 1980er Jahre relativierte die fortschreitende Euro-

39 Vgl. o. V., Hinter Gittern, in: Der Spiegel 49–39 (1995), S. 144–147 (Zitat).

40 Vgl. ibid., S. 147.

41 Das Zitat aus der Überschrift stammt aus: Ther, Neue Ordnung.

päisierung die nationalstaatlichen Grenzen weiter, wie sich auch die Lebens- und Arbeitsverhältnisse „nach dem Boom“ veränderten. Auch nach dem Anwerbestopp migrierten Menschen aus ökonomischen Gründen in die Bundesrepublik. Die neuen Arbeitsmigranten kamen nicht mehr nur aus dem Süden, sondern vermehrt aus dem Osten. Dennoch wurden zunächst auch sie vor dem Hintergrund der Erfahrungen beurteilt, die man mit den ersten „Gastarbeitern“ gemacht hatte[42]. So führte der Spiegel-Autor Matthias Schulz 1994 in einem pejorativen Unterton aus:

> Sie kommen zwar in Scharen, doch dann versickern sie gleichsam in der bundesdeutschen Gesellschaft – irrlichternde Existenzen ohne Anhang, stets auf dem Sprung. Anders als Türken oder Jugoslawen, die sich mit ihren Sippen in bestimmten Vierteln geballt niederließen, bleiben die unsteten Ost-Immigranten weitgehend unsichtbar, ein Heer von Einzelgängern, das ständig unterwegs ist.[43]

Die neuen „Gastarbeiter“ zeichneten sich folglich durch ihre Unsichtbarkeit aus, auf ihre Befremdlichkeit musste erst explizit hingewiesen werden. Sie entbehrte zudem jeder Bedrohlichkeit, da „ein Heer von Einzelgängern“ keine Schlagkraft entfalten kann, zumal, wenn seine Angehörigen „stets auf dem Sprung“ sind. Im weiteren Verlauf des Artikels stellte Schulz denn auch auf ein ganz anderes Problem ab. Bei den neuen Gastarbeitern handele es sich um „Lohnsklaven“ und „Heloten“[44]. Diese Kritik machte deutlich, dass der Gastarbeiterbegriff noch immer mit dem Anspruch auf Arbeitnehmerrechte verknüpft war – womöglich mehr als der Arbeiterbegriff selbst. Denn während diesem seit Karl Marx die Bedeutung des „doppelt freien Lohnarbeiters“ eingeschrieben ist, entstand der Gastarbeiterbegriff zu einer Zeit, als der Arbeitnehmerstatus rechtlich gesichert und im Ausbau begriffen war, und überdies als expliziter Gegenentwurf zum Fremdarbeiterbegriff[45]. Der Arbeiterbegriff wiederum erfuhr spätestens nach der Jahrtausendwende eine deutliche Prekarisierung, wie ein Bericht vom „illegalen Arbeiterstrich“ in Berlin verdeutlichte, auf dem sich „auch Deutsche als Tagelöhner“, wie es in der Überschrift plakativ hieß, „[w]ie ein Stück Fleisch“ verkaufen mussten[46]. Passenderweise trat der Arbeiterbegriff nun auch öfters in Form der Komposita „Leiharbeiter“ und „Zeitarbeiter“ in Erscheinung[47].

---

42 Vgl. Ulbricht, Ein- und Ausgrenzungen, S. 34.

43 Vgl. Matthias Schulz, Völkerwanderung am Freitag, in: Der Spiegel 48–47 (1994), S. 54–60, hier S. 55.

44 Ibid., S. 55, 59.

45 Vgl. Schönwälder, Einwanderung, S. 169 f.

46 Markus Deggerich, „Wie ein Stück Fleisch“, in: Der Spiegel 60–52 (2006), S. 32–33, hier S. 33.

47 Vgl. etwa Dinah Deckstein/Sebastian Ramspeck/Janko Tietz, Schnell rein, schnell raus, in: Der Spiegel 61–1 (2007), S. 58–60, Nina Bovensiepen/Janko Tietz, „Moderne Sklaverei“, in: Der Spiegel 62–

Wie ging der Spiegel mit dieser doppelten Entwicklung – neue Gruppen von Arbeitsmigranten, Prekarisierung der Arbeit in der Bundesrepublik – begrifflich um? Ein interessanter Bericht stammt aus dem Jahr 1993. Er behandelte eine ganz besondere Gruppe von Arbeitsmigranten unter dem Gastarbeiterbegriff: Profisportler. Damals waren noch keine hochbezahlten Fußballstars gemeint, denn von der „neue[n] Gastarbeiterwelle" profitierten eher Randsportarten. Nicht alle dieser Migranten konnten sich wie die porträtierte „Volleyball-Facharbeiterin" aus Litauen mit ihrem Sport ihren Lebensunterhalt verdienen. Einige bestritten ihr „Auskommen [...] mit Schwarzhandel und Schiebereien", doch entfaltete der Spiegel-Autor auch hieraus kein Bedrohungsszenario. Vielmehr verglich er die Betroffenen mit qualifizierten „Montagearbeitern, die in der Nordsee eine Bohrinsel oder in einem Scheichtum einen Flughafen bauen", um so für Verständnis zu werben[48]. Diese Aufwertung der ‚Gastarbeiter' erforderte zudem, gesamtgesellschaftliche Probleme sichtbar zu machen. Im Verhalten der Verbände erkannte das Magazin Ausländerfeindlichkeit[49], und auch auf Vereinsebene konterkarierte „subtiler Rassismus" die Integration der ausländischen Spieler[50].

Ein solch privilegierter Gastarbeiterbegriff fand für die osteuropäischen Arbeiterinnen und Arbeiter im Spiegel nach 2000 kaum noch Verwendung[51]. Dies war insofern folgerichtig, als diese Menschen nicht im Zuge eines bilateralen Anwerbeabkommens in die Bundesrepublik kamen. Ganz im Gegenteil: „Eine Klausel im EU-Recht macht die Bundesrepublik zum Billiglohnland. Firmen feuern deutsche Arbeiter und heuern osteuropäische an – zu Dumpingpreisen."[52] Diese Aussage ruft die Zustände in den frühen 1960er Jahren in Erinnerung, als jugoslawische Arbeitsmigranten ohne Wissen und Zutun der Bundesregierung nach Westdeutschland gekommen waren[53]. Verglichen zu damals hatte die neue Migrationswelle jedoch andere Ausmaße, wie der Spiegel immer wieder beklagte: „Osteuropäer verdrängen massenhaft deutsche Arbeitnehmer."[54] Sie arbeiteten oft illegal, nicht selten als Scheinselbständige, sie konnten daher keinerlei Rechte geltend machen

49 (2008), S. 94–97 sowie Markus Dettmer/Janko Tietz, Grenzen nach unten, in: Der Spiegel 64–3 (2010), S. 64.

48 Vgl. o. V., „Stets billiger, meistens besser", in: Der Spiegel 47–1 (1993), S. 142–146, hier S. 142–144.

49 Vgl. o. V., Artenschutz für Talente, in: Der Spiegel 48–3 (1994), S. 140–142.

50 Vgl. o. V., Heilige und Sündenböcke, in: Der Spiegel 49–16 (1995), S. 168–173, Zitat auf S. 168.

51 Auch Christian Ulbricht kam in seiner Untersuchung zum Ergebnis, dass ab 2008 vornehmlich südeuropäische Arbeitsmigranten als „neue Gastarbeiter" bezeichnet wurden, während die Migration von Osteuropäern als „Armutszuwanderung" registriert wurde. Vgl. Ulbricht, Ein- und Ausgrenzungen, S. 98.

52 Markus Deggerich, Der Osten kommt, in: Der Spiegel 59–7 (2005), S. 32–35, hier S. 32.

53 Vgl. Kapitel 2.2.5.

54 Markus Deggerich, „Hier geht die Angst um", in: Der Spiegel 59–8 (2005), S. 85–88, hier S. 85.

und wurden entsprechend häufig von den Vermittlerfirmen um ihren Arbeitslohn betrogen. Auch galten für sie weder Arbeitsschutz noch geregelte Arbeitszeiten. Der Spiegel verwendete für sie neben der recht pejorativen Bezeichnung „Billigarbeiter"[55] den auf den ersten Blick unverfänglichen Begriff „Wanderarbeiter"[56]. Dieser Begriff brachte die Ziel- und Ruhelosigkeit – oft zogen diese Arbeiter von Baustelle zu Baustelle – ebenso treffend zum Ausdruck wie die Tatsache, dass sie vollkommen auf sich gestellt waren. Interessanterweise gab es noch eine zweite Gruppe, die das Hamburger Magazin unter den Wanderarbeiterbegriff fasste, nämlich chinesische Binnenmigranten. Auch sie waren weitgehend entrechtet, auch sie arbeiteten fern der Heimat[57]. Da sie trotz allem noch in ihrem Heimatland ihre Arbeit verrichteten, lag der Verzicht auf den Gastarbeiterbegriff auch in ihrem Fall nahe. Wenn nun aber ausgerechnet chinesische und osteuropäische Arbeitsmigranten in einem Begriff zusammengefasst wurden, erinnert dies an den marxistischen Topos der „asiatischen Produktionsweise", welcher später genutzt wurde, um Osteuropa zu asiatisieren und damit zu enteuropäisieren[58]. Auch für den Spiegel war das Phänomen der ‚Wanderarbeit' nicht mit den europäischen Werten zu vereinbaren, wodurch er den Wanderarbeitern *nolens volens* die Rolle von „unerwünschten Immigranten" zuschrieb[59].

Was sich hier beobachten lässt, ist eine interessante Wiederkehr der Geschichte. In den späten 1960er Jahren führte der Zuzug der Arbeitsmigranten zu einer „Unterschichtung" der deutschen Arbeiterschaft, welche dadurch in bessere Positionen aufrücken konnte[60]. Dieser sozialgeschichtliche Vorgang wiederholte sich nun auf begrifflicher Ebene. Nun waren es Komposita wie ‚Billigarbeiter' und ‚Wanderarbeiter', die zu einer Unterschichtung des Gastarbeiterbegriffs führten. Jetzt erst traten auch Bundesdeutsche als vollwertige ‚Gastarbeiter' in Erscheinung: Wie die erste Gastarbeitergeneration verließen sie ihre Heimat, um im Ausland besser entlohnt zu werden, auch wenn sie dafür manchmal ihren erlernten Beruf

---

55 Vgl. o. V., Streit um Billigarbeiter, in: Der Spiegel 48–23 (1994), S. 87. Diese Begrifflichkeit scheint aus der Perspektive der deutschen Arbeiterinnen und Arbeiter sowie der Gewerkschaften zu stammen.

56 Vgl. Sonja Vukovic, Billig, willig – und weitgehend wehrlos, in: Der Spiegel 61–14 (2007), S. 28–29 sowie Janko Tietz, „Wir bauen Deutschland", in: Der Spiegel 62–34 (2008), S. 66–70.

57 Vgl. Andreas Lorenz/Wieland Wagner, Billig, willig, ausgebeutet, in: Der Spiegel 59–5 (2005), S. 80–90 sowie Sandra Schulz, Nicht spucken!, in: Der Spiegel 63–9 (2009), S. 100.

58 Vgl. etwa Karl A. Wittfogel, Die orientalische Despotie. Eine vergleichende Untersuchung totaler Macht, Köln/Berlin 1962 [amerik. Orig. 1957].

59 Ulbricht, Ein- und Ausgrenzungen, S. 223.

60 Mooser, Arbeiterleben, S. 41.

aufgeben mussten. Und auch sie verglichen ihr Einkommen als Gastarbeiter mit dem in ihrer Heimat üblichen Lohnniveau, nicht mit dem des Gastlandes[61].

Interessanterweise entfaltete der Spiegel nun auch eine neue Fortschrittserzählung, an deren Spitze sich die Bundesrepublik wiederum verorten konnte: „Der Export von Arbeitnehmern wäre eine dritte Bewegung, nachdem Jobs und Produktion bereits ins Ausland verlagert werden und die Türen für den Import billiger Arbeitskräfte seit der EU-Osterweiterung offen stehen."[62] Vor diesem Hintergrund erwiesen sich die, zumeist ostdeutschen, Gastarbeiter als „Pioniere", da sie nicht nur Eigeninitiative zeigten, sondern weil sie mit der neuen Zeit gingen und, anders als der deutsche „Fremdarbeiter" 1950, damit Erfolg hatten. Dies galt selbst dann, wenn sie dieser Weg, wie bei Tassilo Schlicht, nach Polen führte. Erneut waren es ‚Gastarbeiter', die den Deutschen die Bedeutung der Europäisierung vermittelten, wie der Spiegel wohlwollend vermerkte:

> Manchmal, sagt Schlicht, habe es Bemerkungen gegeben. Ganz am Anfang. Wie weit es schon gekommen sei, dass jetzt Deutsche für Polen arbeiten müssten. Dumme Leute, sagt er. Die vermutlich selbst von Sozialhilfe lebten. Und nichts verstanden haben von Europa, von seinen Pionieren und von unscheinbaren Leuten aus Forst, die völlig zu Recht Tassilo heißen.[63]

2005 konnte das Hamburger Magazin dann auch davon berichten, dass sich die deutsche Arbeitsverwaltung auf die neue Realität einzustellen begonnen hatte. Sie unterstützte nun auch diese Art von Arbeitsmigration, auch wenn die mentale Umstellung noch schwerfiel, wie ein Mitarbeiter der Bundesagentur für Arbeit erklärte: „Vielleicht müssen wir in Deutschland erst noch lernen, dass wir nicht nur Arbeitskräfte importieren, sondern auch selbst als ‚Gastarbeiter' ins Ausland gehen können."[64] Es wäre interessant zu untersuchen, inwiefern die Erfahrung, dass auch immer mehr Deutsche als Gastarbeiterinnen und Gastarbeiter tätig waren, zu der beschriebenen Privilegierung des Gastarbeiterbegriffs beigetragen hat.

61 Vgl. o. V., Nehmen, was man kriegen kann, in: Der Spiegel 52–18 (1998), S. 79–82, Thomas Schulz, „Wie im Ferienlager", in: Der Spiegel 55–30 (2001), S. 46–48 sowie Julia Bonstein, Vom Plattenbau ins Paradies, in: Der Spiegel 59–16 (2005), S. 96–99. Während der Gastarbeiterbegriff in diesen Artikeln auf Handwerker und Beschäftigte im Dienstleistungssektor bezogen war, thematisierte ein Artikel auch die Migration junger Ärzte. Vgl. o. V., Gastarbeiter in Weiß, in: Der Spiegel 50–31 (1996), S. 48.

62 Bonstein, Vom Plattenbau ins Paradies, S. 98.

63 Alexander Smoltcyzk, Im Gegenverkehr, in: Der Spiegel 58–6 (2004), S. 90.

64 Zitiert nach: Bonstein, Vom Plattenbau ins Paradies, S. 98.

11.1.4 ‚Gastarbeiter', ‚Arbeiter', ‚Arbeitnehmer'

Seit der ersten Nennung in den frühen 1960er Jahren hielt der Spiegel am Gastarbeiterbegriff fest. Dies ist ein überraschender Befund, wenn man sich die Problematisierung und Distanzierung vor Augen hält, die der Begriff spätestens nach der Jahrtausendwende an anderer Stelle erfahren hat. Und doch erfolgte die Begriffsverwendung im Hamburger Magazin keineswegs in naiver Weise. Sich der Geschichte und Geschichtlichkeit des Begriffs bewusst[65], nutzte der Spiegel ‚Gastarbeiter', um Irritationen hervorzurufen. Die Meldung aus den 1970er Jahren, dass ölexportierende Staaten Gastarbeiter einsetzten, erschütterte das Bild des modernen Industriestaats, zu dessen Signum Wirtschaftsvertreter den Einsatz von Gastarbeitern wenige Jahre zuvor erst erhoben hatten. Dass norddeutsche Jugendliche als Gastarbeiter nach Süddeutschland ziehen mussten, rief die Existenz eines regionalen Wohlstandsgefälles innerhalb der Bundesrepublik ins Bewusstsein der Deutschen. Dass auch Deutsche im Ausland als Gastarbeiter tätig werden mussten, machte den Leserinnen und Lesern klar, dass sie nun in einer globalisierten Welt lebten, in der alte Gewissheiten wie der Glaube an den linearen Fortschritt nicht mehr viel zählten. ‚Gastarbeiter' eröffneten den Deutschen folglich eine andere Sicht auf die Welt, als dies ‚Arbeiter' und ‚Arbeitnehmer' taten. ‚Arbeiter' stand für die *politische* Ordnung der Welt, insbesondere für die Welt des Kalten Krieges. ‚Arbeitnehmer' repräsentierten die *arbeits- und sozialrechtliche* Modernität und Fortschrittlichkeit der Bundesrepublik. Im Zusammenspiel schirmten ‚Arbeiter' und ‚Arbeitnehmer' die Bundesrepublik von der Welt ab, denn wofür auch immer Arbeiter im Ausland kämpfen mochten, hatten die bundesdeutschen Arbeitnehmer längst erreicht. Dagegen vermittelten die ‚Gastarbeiter' den Deutschen nicht nur das Konzept der Europäisierung, sondern auch die Vorstellung einer *politisch-ökonomischen* Weltordnung, geprägt von Interdependenzen.

Mit dem Ende der bipolaren Welt differenzierte sich auch das semantische Feld der migrantischen Arbeit weiter aus. Der Gastarbeiterbegriff wurde dadurch modifiziert, ohne für die Beschreibung dieser neuen Wirklichkeit obsolet zu werden. Diese Gefahr hatte am ehesten noch Ende der 1970er Jahre aufgrund seiner damaligen Verortung im Globalen Süden bestanden. Gerade die Thematisierung der unhaltbaren Lebensumstände in den Ölstaaten leitete womöglich die Aufwertung des Gastarbeiterbegriffs ein, denn Kritik an ihnen ließ sich nur üben, wenn der Gastarbeiterbegriff untrennbar mit Arbeitnehmerrechten verbunden war. Dass seit

65 Diese Geschichte des Gastarbeiterbegriffs wurde auch immer wieder vom Spiegel selbstkritisch reflektiert. Vgl. o. V., Hausmitteilung, in: Der Spiegel 43–7 (1989), S. 3 sowie Daniel Steinvorth, Das bisschen Deutschland, in: Der Spiegel 64–43 (2010), S. 132.

den frühen 1980er Jahren auch die Erfahrungen, welche die Deutschen als Gastarbeiter im Ausland sammelten, mit in den Begriff einfließen konnten, trug womöglich ebenso zu seiner Aufwertung bei.

Als Beschreibungsbegriff bewahrte sich der Gastarbeiterbegriff durch seine enge Bindung an den Mobilitätsaspekt seine Relevanz. Dadurch eignete er sich auch „nach dem Boom“ als Indikator für Veränderungen, die aus der Europäisierung und Globalisierung erwuchsen. Dies hätte auch der Wanderarbeiterbegriff leisten können, doch zeigt gerade der Kontrast zwischen beiden Begriffen, wie wichtig das Festhalten an erfahrungsgesättigten Beschreibungsbegriffen ist. Denn im Gegensatz zu ‚Wanderarbeiter‘ etabliert der Gastarbeiterbegriff einen Anspruch auf eine angemessene Behandlung (unabhängig davon, ob sie in der Praxis je eingelöst wurde) und setzt die fremden Arbeiter in eine spezifische Beziehung zu dem Land, das von ihrer Arbeit profitiert, und den Menschen, die dort leben. Gibt man den Gastarbeiterbegriff auf, verliert man dieses kritische Potential. Problematisch ist folglich nicht die Weiterverwendung des Gastarbeiterbegriffs, problematisch ist, dass er auf bestimmte Gruppen aufgrund ihrer Herkunft keine Anwendung findet.

11.2 ‚Zwangsarbeiter‘

Betrachtete man ausschließlich den Zeitraum bis zum Ende des Kalten Krieges, wäre eine Behandlung des Zwangsarbeiterbegriffs nicht zwingend. In meinem – wohl unvollständigen – Sample finden sich lediglich neun Artikel, die vor 1990 erschienen sind. Bis Ende 1999 vervierfachte sich diese Zahl jedoch, allein 56 der insgesamt 78 Beiträge entfallen auf das Jahrfünft zwischen 1997 und 2001. In dieser Zeit wurde das Kompositum ‚Zwangsarbeiter‘ zu einer der am häufigsten auftretenden Begriffsvarianten und prägte damit zusammen mit dem Mitarbeiterbegriff das Erscheinungsbild des ‚Arbeiters‘ im Spiegel.

11.2.1 Vom diachronen Faschismus- zum synchronen Totalitarismusbegriff …

Der erste Artikel des Samples datiert aus dem Jahr 1964. Er ist im Grunde paradigmatisch für die spätere Begriffsverwendung, denn er thematisierte die Entschädigung früherer NS-Zwangsarbeiter. Zwar ging es damals noch ausschließlich um die Ansprüche jüdischer Geschädigter, doch enthielt der Artikel bereits eine Liste der deutschen Unternehmen, die von Zwangsarbeit profitiert hatten[66]. Damit

66 Vgl. o. V., Jüdische Zwangsarbeiter und ihre Dienstherren, in: Der Spiegel 18–20 (1964), S. 61.

verband der Begriff die zeitgenössische Auseinandersetzung um Entschädigung mit einem historischen Sachverhalt, ohne diesen jedoch eingehend darzustellen.

Die nächsten Treffer sind nicht nur zeitlich weit von dieser ersten Verwendungsweise entfernt, sondern zumeist auch inhaltlich. Die in den Jahren 1975, 1981 und 1982 publizierten Artikel thematisierten Zwangsarbeit nicht mehr als historisches Phänomen[67], sondern schufen ein Bewusstsein für deren andauernde Aktualität. Wie hinsichtlich der NS-Zwangsarbeit wandte der Spiegel den Begriff ausschließlich auf nicht-demokratische Staaten an. So berichtete das Magazin etwa darüber, dass das südafrikanische Apartheidregime Angehörige der schwarzen Bevölkerungsmehrheit, die sich ohne Erlaubnis in Städten aufhielten, zur Strafe als „Zwangsarbeiter" in Goldminen einsetzte[68]. Es waren aber vor allem zwei Artikel aus den frühen 1980er Jahren, die ‚Zwangsarbeiter' synchron im Totalitarismus verorteten. Denn diese Beiträge hatten nicht nur die Zwangsarbeit sowjetischer Häftlinge zum Gegenstand, sondern erklärten unfreie Arbeit zu einem Charakteristikum, das die Sowjetunion seit Anbeginn geprägt habe. Besonders die Meldung, sowjetische „Zwangsarbeiter" seien am Bau einer Gaspipeline von Sibirien nach Bayern beteiligt, war auch für die Westdeutschen brisant, erschienen sie doch erneut als Nutznießer dieser Art der Ausbeutung[69].

11.2.2 ... und zurück

Ab Mitte der 1980er Jahre trat dann die diachrone Verwendung von ‚Zwangsarbeiter' wieder in den Vordergrund, doch auch sie war für die Bundesdeutschen von Belang. Denn ‚Zwangsarbeiter' fungierte in doppelter Weise als ein Konfrontationsbegriff. Zunächst setzte eine historische Aufarbeitung ein, welche deutlich machte, wie bereitwillig, in welch großem Ausmaß und mit welch großem Nutzen die deutschen Vorzeigekonzerne im Dritten Reich „Zwangsarbeiter" für sich schuften ließen. Auch wenn dabei zunächst das Verhalten der damaligen Wirtschaftsführer im Mittelpunkt der Problematisierung stand, wurde schon damals das brutale Verhalten der Meister gegenüber den ausländischen Arbeitskräften pub-

67 Nur ein Artikel erwähnte NS-Zwangsarbeiter, in der Hauptsache ging es darin aber um die Rivalität zwischen Albert Speer und der SS. Vgl. o. V., Kautschuk aus Löwenzahn, in: Der Spiegel 35–13 (1981), S. 102–112.

68 Vgl. o. V., Zwangsarbeiter, in: Der Spiegel 29–43 (1975), S. 21.

69 Vgl. o. V., Dreckige Lüge, in: Der Spiegel 36–33 (1982), S. 94–96. Vgl. zudem o. V., Ehrliche Arbeit, in: Der Spiegel 35–40 (1981), S. 197–206.

lik[70]. Die Deutschen wurden folglich immer wieder mit ihrer Vergangenheit und ihrer kollektiven wie individuellen Schuld konfrontiert[71]. Letzteres blieb jedoch ein Nebenaspekt. Erst Götz Aly erhob diese Tatsache in einem Spiegel-Artikel nach der Jahrtausendwende zum Hauptmerkmal der NS-Herrschaft[72].

Von weit größerer Relevanz war der synchrone Aspekt der Konfrontation. Die früheren Zwangsarbeiterinnen und Zwangsarbeiter kehrten gleichsam in der bundesrepublikanischen Gegenwart wieder. Denn je mehr das Wissen um dieses nationalsozialistische Verbrechen in das öffentliche Bewusstsein rückte, desto drängender wurde die Frage nach Entschädigungen für die Überlebenden. Die Bundesrepublik hatte den meisten von ihnen im Einklang mit dem Londoner Schuldenabkommen von 1953 jegliche Kompensation verwehrt und erst für die Zeit nach Abschluss eines Friedensvertrags in Aussicht gestellt. Dass mit den Grünen eine Partei, die erst Jahrzehnte nach dem Londoner Vertrag gegründet worden war, zur treibenden Kraft einer Entschädigung wurde[73], ist nicht überraschend. Die Grünen waren am wenigsten an die Staatsraison des Kalten Krieges gebunden, ja entstanden in mehrerer Hinsicht in Abgrenzung zu dessen die Politik strukturierender Logik[74].

Während es den Grünen dadurch gelang, einen direkten Zugang zur Geschichte der NS-Zwangsarbeit zu eröffnen und in die aktuelle politische Debatte einzuspeisen, verhielt es sich für die Betroffenen anders. Dieser Teil ihrer Biographie blieb als Stigma haften. Ganz ähnlich wie sozial aufgestiegene Arbeiter ihr ‚Arbeitersein' oft nur schwer ablegen konnten, vermochten auch die ehemaligen Zwangsarbeiterinnen und Zwangsarbeiter ihre Geschichte nicht hinter sich zu lassen. Ihr früheres Schicksal als ‚Zwangsarbeiter' war für sie identitätsprägend. Um dies fassbar zu machen, schilderte der Spiegel immer wieder physische oder psychische Einschränkungen, unter denen die Überlebenden auch nach Jahrzehn-

---

70 Vgl. Jörg R. Mettke, „Die Herren nahmen nur die Kräftigsten", in: Der Spiegel 40–15 (1986), S. 79–104 sowie o. V., Porsche und die Geheimsache „Kirschkern", in: Der Spiegel 41–16 (1987), S. 84–93.

71 Vgl. etwa Hans-Joachim Noack, Die gespaltene Stadt, in: Der Spiegel 51–52 (1997), S. 44–48, Wolfgang Bayer/Peter Wensierski, Im Dienste des Herrn, in: Der Spiegel 54–31 (2000), S. 52, Susanne Beyer/Ulrike Knöfel, „Verbrecherischer Ehrgeiz", in: Der Spiegel 58–36 (2004), S. 156–160 sowie Jan Friedmann, Ehrlose Mädchen, in: Der Spiegel 64–3 (2010), S. 37.

72 Vgl. Götz Aly, Die Wohlfühl-Diktatur, in: Der Spiegel 59–10 (2005), S. 56–62.

73 Vgl. etwa o. V., Peinliches Kapitel, in: Der Spiegel 43–26 (1989), S. 32. Dem ersten Antrag der Grünen war eine entsprechende Entschließung des Europäischen Parlaments vorausgegangen. Vgl. o. V., „Um sich ein Grab zu kaufen", in: Der Spiegel 43–37 (1989), S. 72–82, hier S. 75.

74 Vgl. Silke Mende, „Nicht rechts, nicht links, sondern vorn". Eine Geschichte der Gründungsgrünen, München 2011.

ten noch litten[75]. Für die Betroffenen barg der Zwangsarbeiterbegriff jedoch auch das Potential zur nachträglichen individuellen Ermächtigung. Dieses Potential korrespondierte gleichsam mit dem konfrontativen Potential, das der Begriff für die Deutschen bereithielt. Tatsächlich spielten die von den ehemaligen Zwangsarbeiterinnen und Zwangsarbeitern angestrengten Klagen eine entscheidende Rolle auf dem Weg zu einer Entschädigung aller Betroffenen[76].

Trotz dieser auf das Individuum abzielenden Begriffsfunktionen erweist sich ‚Zwangsarbeiter' in den Spiegel-Artikeln als ein eminent politischer Begriff, weil er erneut als entscheidende ökonomische Größe in Erscheinung trat. So stellten die Klagen die Kulisse dar, in welcher Vertreter aus Politik und Wirtschaft, Opferverbände und Anwälte nach Maßgabe der jeweiligen Nützlichkeitsabwägungen die Entschädigungsfrage bearbeiteten[77]. Vertreter der deutschen Industrie wollten zunächst etwa keine Zwangsarbeiterinnen und Zwangsarbeiter aus Osteuropa entschädigen. Ihrer Entscheidung lagen keine historischen Fakten zugrunde, sondern allein die rationale wie zynische Abwägung, dass ihnen lediglich in den USA durch Sammelklagen und drohenden Absatzeinbußen aufgrund des erwartbaren Imageverlusts empfindliche Kosten drohten[78]. Auf der Gegenseite kämpften die US-Anwälte nicht allein um der Gerechtigkeit willen, sondern zugleich um lukrative Honorare[79]. Für die Bundesregierung wiederum ging es bei den Entschädigungszahlungen nicht zuletzt um eine Neubestimmung des deutsch-amerikanischen Verhältnisses nach dem Ende des Kalten Krieges[80]. Denn auch die US-Regierung war ein entscheidender Faktor bei der Lösung dieser Frage, erwarteten die deutschen Unternehmen doch von den USA eine Garantie, dass weitere Sammelklagen nach Klärung der Entschädigungsfrage dort nicht mehr zugelassen werden würden[81].

---

75 Vgl. etwa o. V., Geld für die SS, in: Der Spiegel 45–3 (1991), S. 59–61 sowie Peter Bölke, „Viel Zeit bleibt nicht", in: Der Spiegel 53–32 (1999), S. 34–46.

76 Vgl. etwa o. V., Souverän und zahlungsunfähig, in: Der Spiegel 50–1 (1996), S. 18, o. V., Klage gegen Bonn, in: Der Spiegel 53–13 (1999), S. 18 sowie Georg Bönisch/Hans-Jürgen Schlamp, Neue Flanke, in: Der Spiegel 58–41 (2004), S. 52.

77 Vgl. etwa o. V., Schämt euch, in: Der Spiegel 45–49 (1991), S. 136–138, o. V., Geheimtreffen bei Schröder, in: Der Spiegel 52–43 (1998), S. 124–126, o. V., Ultimatum an Bonn, in: Der Spiegel 52–46 (1998), S. 17, o. V., Zehn Milliarden oder mehr, in: Der Spiegel 53–36 (1999), S. 17 sowie o. V., Opfer zweiter Klasse, in: Der Spiegel 54–23 (2000), S. 19.

78 Vgl. Georg Mascolo/Hajo Schumacher, Milliarden von der Industrie, in: Der Spiegel 53–5 (1999), S. 74–75.

79 Vgl. o. V., „Für die zählt nur der Dollar", in: Der Spiegel 52–36 (1998), S. 92–95.

80 Vgl. Jürgen Hogrefe/Hajo Schumacher, Der argwöhnische Freund, in: Der Spiegel 54–22 (2000), S. 22–24.

81 Vgl. etwa Manfred Ertel/Dietmar Hawranek/Gerhard Spörl/Gabor Steingart/Klaus Wiegrefe, Schuld und Schlußstrich, in: Der Spiegel 52–49 (1998), S. 30–38, Christoph Mestmacher/Alexander

‚Zwangsarbeiter' löste sich in diesem Aushandlungsprozess zwar ein Stück weit von der konkreten historischen Situation und wurde in einigen Momenten gar zu einer Chiffre, wie etwa in der Debatte um das deutsch-amerikanische Verhältnis. Es lassen sich aber noch andere Verschiebungen feststellen. War der Einsatz sogenannter ‚Fremdarbeiter' unter Kriegsbedingungen bis weit in die Nachkriegszeit von deutschen Gerichten als etwas völlig Normales anerkannt worden, vollzog sich seit Beginn der historischen Aufarbeitung und gipfelnd in den Verhandlungen um Entschädigungen eine Entnormalisierung des Sachverhalts. Die Betroffenen wurden nun als ‚Zwangsarbeiter' bezeichnet und ihr Status als NS-Opfer anerkannt. Mit der Gründung der Stiftung „Erinnerung, Verantwortung, Zukunft" kam es schließlich zu einer Institutionalisierung des Zwangsarbeiterbegriffs[82].

Tendenziell wurde der Begriff dadurch aber stillgelegt, denn er ist seither primär mit der historischen Periode der NS-Herrschaft verknüpft. Zwar berichtete der Spiegel von Versuchen, die erfolgreiche Durchsetzung der symbolischen und materiellen Entschädigungen für NS-Zwangsarbeiterinnen und NS-Zwangsarbeiter als Ausgangspunkt zu nehmen, um Forderungen nach Wiedergutmachungen für (angeblich) analoge historische Sachverhalte zu legitimieren. Doch weder im Falle afroamerikanischer Sklavinnen und Sklaven noch mit Blick auf schwarze Häftlinge, die bis in die 1930er Jahre als „Zwangsarbeiter" in den Südstaaten an Betriebe vermietet wurden, scheint das Unterfangen geglückt zu sein[83]. Auch die Aktualisierung von ‚Zwangsarbeiter' als synchroner Totalitarismusbegriff im Kontext chinesischer Wirtschaftspraktiken[84] blieb die Ausnahme und fällt letztlich nicht ins Gewicht. Hierbei spielt sicher eine Rolle, dass die chinesische Wirtschaft längst der kapitalistischen Logik folgt, weshalb die Ausübung manifesten Zwangs gegenüber den subtilen Sachzwängen, denen die doppelt freien Lohnarbeiter unterworfen sind, als ökonomisches Steuerinstrument in den Hintergrund treten kann.

Neubacher, In Gottes Hand, in: Der Spiegel 53–47 (1999), S. 34–35 sowie o. V., Drängen auf Garantie, in: Der Spiegel 54–41 (2000), S. 20.

82 Auch die Berichte drehten sich nun häufig um die Abwicklung der Entschädigungszahlungen. Vgl. etwa o. V., Zu viele Honoratioren, in: Der Spiegel 54–38 (2000), S. 17, o. V., Fürstliches Gehalt, in: Der Spiegel 54–40 (2000), S. 19, Udo Ludwig/Georg Mascolo, Opfergeld im Steuerparadies, in: Der Spiegel 55–15 (2001), S. 80–82 sowie o. V., Betrug in der Zwangsarbeiter-Stiftung?, in: Der Spiegel 55–40 (2001), S. 20.

83 Vgl. Hans Hielscher/Christoph Plate, Sühne für „schwarzen Holocaust", in: Der Spiegel 53–43 (1999), S. 250–253 sowie Hans Hielscher, „Schlimmer als Sklaverei", in: Der Spiegel 55–35 (2001), S. 142–143.

84 Vgl. o. V., Socken aus dem Gulag, in: Der Spiegel 45–41 (1991), S. 230–237 sowie Wolfgang Reuter, Siegel der Menschlichkeit, in: Der Spiegel 61–20 (2007), S. 99.

11.2.3 Auswirkungen auf den Arbeiterbegriff

Was bedeutet diese Entwicklung eines Kompositums für den Arbeiterbegriff? Zunächst ist festzuhalten, dass der Zwangsarbeiterbegriff im Spiegel-Sample ab Mitte der 1990er Jahre häufiger auftritt als der Arbeiterbegriff selbst. Durch die Verengung des beschriebenen Sachverhalts auf die NS-Zeit vollzog sich eine exemplarische Historisierung eines partikularen Arbeiterbegriffs. Interessanterweise verwiesen die an den Entschädigungsverhandlungen beteiligten Akteure immer wieder auf die Bedeutung des *fin de siècle,* dem damit *agency* zuerkannt wurde: Man wolle vor Ende des Jahrhunderts diesen Aspekt der NS-Geschichte endgültig abschließen[85]. Dass der ‚Zwangsarbeiter' einer längst vergangenen Zeit zugehörig war, wurde der Leserschaft auch bildlich vor Augen geführt, denn kaum ein längerer Artikel kam ohne Schwarzweißfotografien aus, welche die Arbeit an längst veralteten Maschinen dokumentierten. Es wäre zu klären, ob und inwiefern eine solche Darstellung der ‚Zwangsarbeiter' als Anachronismus sich im öffentlichen Bewusstsein auf den Arbeiterbegriff selbst übertrug. Völlig ausgeschlossen erscheint ein solcher Transfer nicht, wenn man sich die in vielen gesellschaftlichen Bereichen seit den 1980er Jahren vollzogenen – und oftmals chronopolitisch begründeten – Absetzbewegungen vom Arbeiterbegriff vor Augen führt. Das Veralten des Arbeiterbegriffs war mithin schon im Gange, als die Diskussion um die ‚Zwangsarbeiter' diesen Aspekt noch einmal prononcierte.

Hervorzuheben ist noch ein weiterer Aspekt. Es waren ausgerechnet die ‚Zwangsarbeiter', welche die bundesrepublikanische Ordnung erschütterten. Kein Metallarbeiterstreik, keine Betriebsbesetzung, kein revolutionärer Kampf der internationalen Arbeiterklasse hatten ein derartiges Drohpotential für die deutsche Wirtschaft besessen. In der Gestalt des ‚Zwangsarbeiters' kehrte der ‚Arbeiter' noch einmal kurzzeitig in der Rolle des *Antagonisten* auf die politische Bühne zurück.

11.3 Vom ‚Arbeiter' zum ‚Mitarbeiter'?

‚Mitarbeiter' durchlief im Spiegel-Sample eine gänzlich andere Entwicklung als der Zwangsarbeiterbegriff. Semantisch erfuhr der Mitarbeiterbegriff eine Ausweitung auf immer weitere Personenkreise. Er wurde, im Sinne Kosellecks, demokratisiert. Bevor wir uns den Spiegel-Artikeln widmen, sei jedoch vorausgeschickt, dass es sich bei dieser Entwicklung um eine Eigenart des Hamburger Magazins gehandelt haben dürfte. Denn in den ersten Jahrzehnten prägten politische Themen die Hefte,

85 Vgl. Ertel et al., Schuld und Schlußstrich, S. 30 sowie Bölke, „Viel Zeit bleibt nicht", S. 34.

erst später kam eine umfangreichere Berichterstattung aus dem Wirtschaftsleben hinzu.

Für konservative Sozialwissenschaftler spielte der Mitarbeiterbegriff ebenso wie im betrieblichen Alltag schon frühzeitig eine andere Rolle. Hier zeichnet sich die interessante Konstellation einer Opposition des Unterbegriffs ‚Mitarbeiter' zum Oberbegriff ‚Arbeiter' ab, insofern als ersterer die patriarchale Bedeutungsdimension[86] des Arbeiterbegriffs gleichsam monopolisierte und externalisierte[87]. So erhob etwa Carl Friedrich von Siemens in den 1930er Jahren die Forderung, „die Beschäftigten in den Betrieben als ‚Mitarbeiter' im eigentlichen Sinne des Wortes zu gewinnen"[88]. ‚Mitarbeiter' ist durch diese exklusive Bezogenheit auf den je konkreten Betrieb ein insularer Arbeiterbegriff. Es wäre jedoch falsch, ihm jedes kritische Potential abzusprechen, was womöglich zwingend erscheinen mag, wenn man dessen aus der romanischen Sprachfamilie stammendes Pendant, den Kollaborateur, mit in Betracht zieht. Dieser steht für die blinde Hingabe an den Auftraggeber. Treffender ist die Feststellung, dass das Kritikpotential des Konzepts ‚Mitarbeiter' an den Betrieb gebunden ist. Da das Gemeinschaftspostulat zwischen ‚Mitarbeiter' und Unternehmer semantisch stärker als beim Arbeiter- oder Arbeitnehmerbegriff ausgeprägt ist, lässt sich dieses kritische Potential leicht gegen betriebliche Zugriffsversuche externer Akteure (Gewerkschaften, Arbeitgeberverbände oder Gesetzgeber) mobilisieren. Gleichwohl taugt der Mitarbeiterbegriff auch zur Problematisierung innerbetrieblicher Zustände, denn selbst ein patriarchalisch verfasster Betrieb begründet ein – freilich eng begrenztes, klientelistisches – Anrechtssystem der Beschäftigten.

In diesem doppelt kritischen Sinne entwickelte der österreichische Wirtschaftswissenschaftler Anton Tautscher 1961 einen voraussetzungsreichen Mitarbeiterbegriff. Sein Programm begriff er explizit als Handreichung für Unternehmer, da er den historischen Moment gekommen sah, in dem sich die Metamorphose des verproletarisierten „Arbeiters" über den wirtschaftlich und gesellschaftlich entproletarisierten „Arbeitnehmer" hin zum auch geistig entproletarisierten „Mitarbeiter" vollende[89]. Tautschers Mitarbeiterbegriff wohnte eine geradezu heilsgeschichtliche Qualität inne, denn er verband mit ihm die Erwartung an eine Rück-

86 Zum „Unternehmer-Patriarchalismus" vgl. Conze, Arbeiter, S. 238 f.

87 Es wäre interessant zu klären, ob ‚Mitarbeiter' überhaupt noch als ein Kompositum von ‚Arbeiter' wahrgenommen wird, oder ob es sich schon um einen eigenständigen Begriff handelt.

88 Zitiert nach: Wilfried Feldenkirchen, Siemens. Von der Werkstatt zum Weltunternehmen, München/Zürich 1997, S. 366.

89 Vgl. Tautscher, Vom Arbeiter zum Mitarbeiter.

kehr zu einer „dichte[n] Gemeinschaft", die angeblich im mittelalterlichen Hausstand der Handwerksmeister geherrscht hatte[90].

Die Überwindung der wirtschaftlichen und gesellschaftlichen „Verproletarisierung" anerkannte Tautscher als Verdienst der Arbeiterorganisationen und der „quantitative[n] Sozialpolitik" des Staates. Jedoch eröffneten die Defizite der bisherigen Lösungsversuche ebenso wie der technische Fortschritt ein Handlungsfeld, das seiner Meinung nach prädestiniert für eine „qualitative Sozialpolitik" der Betriebe war. Denn die Arbeiterverbände hätten sich durch ihre schiere Größe zu „totale[n] Organisation[en]" entwickelt, wodurch innerverbandlich eine „Ohnmacht der Organisierten" herrsche[91]. Die für die geistige Entproletarisierung notwendige „Persönlichkeitsentfaltung" könne sich daher nur im Betrieb vollziehen, zumal die technischen Neuerungen zu einer „Requalifikation der Arbeit" führten und dadurch die Voraussetzungen für eine „Wiederinstandsetzung des Arbeiters als leistender Persönlichkeit" schüfen[92]. Jeder Beschäftigte müsse sich folglich mit seiner ganzen Persönlichkeit in den Arbeitsprozess einbringen, um das optimale Ergebnis zu produzieren. In diesem Sinne gebe es auch keine Unterschiede zwischen Unternehmern und Produktionsarbeitern mehr. Durch die gestiegene Verantwortung erwürben sich die „Arbeiter" wiederum einen Anspruch auf Mitsprache. Betriebliche Hierarchien stellte Tautscher zwar nicht infrage, doch sollten diese allein auf Fachkenntnissen und Leistungen beruhen. Indem Mitsprache auf jeder Betriebsebene möglich sei, dezentralisierten sich Macht und Entscheidungsstrukturen. In Gestalt des „teamwork[s]" kehrte mithin das Konzept des mittelalterlichen Handwerksbetriebs wieder, und damit die echte „Betriebsgemeinschaft"[93].

Sieht man von diesen Gemeinschaftssemantiken ab, die noch eine Nähe zur NS-Propaganda offenbaren[94], bestechen Tautschers Thesen durch Weitsicht. Die Betonung von Bildung, der Glaube an eine Dezentralisierung betrieblicher Entscheidungskompetenzen, der Verweis auf eine Verwischung der Grenzen zwischen Lebens- und Arbeitsbereich wie auch die zugrundeliegende holistische Betrachtungsweise finden sich, wenn auch mit einem Bewusstsein für die negativen Nebenfolgen, ganz ähnlich bei Luc Boltanski und Ève Chiapello, die in ihrem Klassiker „Der neue Geist des Kapitalismus" die sich seit den 1970er Jahren vollziehenden

---

90 Vgl. ibid., Kap. I und IV (Zitat auf S. 13, 123), welche bezeichnenderweise Anfang und Ende seiner Erzählung bilden.

91 Vgl. ibid., Kap. III. Zitate ibid., S. 110 f. (Hervorhebung jeweils gelöscht).

92 Ibid., S. 114 (Hervorhebungen jeweils gelöscht).

93 Ibid., S. 114–132, Zitate auf S. 123 f.

94 Vgl. ibid., S. 126 ff. sowie Jan Neubauer, Eine solidarische ‚Volksgemeinschaft'? Kollegialität, Kameradschaft und ‚Betriebsgemeinschaft' im ‚Dritten Reich', in: AfS 60 (2020), S. 95–121, hier S. 110 ff.

Veränderungen analysierten[95]. Tautscher scheint mit seinen Ausführungen den ‚Mitarbeiter' als wissensgesellschaftlichen Beschäftigtentypus gut getroffen zu haben.

11.3.1 ‚Mitarbeiter' in Wissenschaft und Medien

Im Spiegel findet sich in dem lückenhaften, aber über 400 Artikel umfassenden Sample eine solche betriebsbezogene Verwendungsweise von ‚Mitarbeiter' erst relativ spät. Die enge Verflechtung mit dem Wissensaspekt ist dagegen von Anfang an frappierend: Bis Ende der 1960er Jahre trat ‚Mitarbeiter' als ein Attribut auf, das den Bezeichneten als Experten distinguierte. Zugehörigkeit zu einer akademischen Institution[96], einem publizistischen Organ[97] oder einer staatlichen Einrichtung[98] sollte den zumeist namentlich genannten Personen ebenso eine bereichsspezifische Autorität verschaffen wie ihr Dienstverhältnis zu einer renommierten Persönlichkeit[99]. Folglich deckten die Themen, zu denen sich solche Mitarbeiter äußerten, ein breites Spektrum ab.

Ab den 1970er Jahren änderte sich all dies. Der Spiegel verwendete den Mitarbeiterbegriff nun für Beschäftigte in unterschiedlichen Bereichen, wobei sich über die Zeit eine immer stärkere Ökonomisierung des Begriffs abzeichnete. Denn die Wirtschaft nahm von Dekade zu Dekade mehr Raum in der Berichterstattung des Magazins ein. Entfielen in den 1970er Jahren nur 19 der 76 Artikel auf diesen Bereich, lag das Verhältnis in den 2000er Jahren bei 76 zu 138. Dagegen gingen die Nennungen des Mitarbeiterbegriffs im medialen Kontext im gleichen Zeitraum von 21 auf neun zurück. Relativ konstant blieb die Zahl der Artikel, die sich mit Politik und Behörden beschäftigten, es waren pro Dekade um die 20 Berichte. Für die 1990er und 2000er Jahre kamen 20 beziehungsweise elf Artikel hinzu, die den Mitarbeiterbegriff auf das Ministerium für Staatssicherheit (MfS) bezogen.

95 Vgl. Boltanski/Chiapello, Der neue Geist.

96 Vgl. etwa Hans Mommsen, Entteufelung des Dritten Reiches?, in: Der Spiegel 21–11 (1967), S. 71–75, Siegfried Gerstl, „Dann gehen Sie doch zum ‚Erbprinzen'", in: Der Spiegel 22–29 (1968), S. 96–98 sowie o. V., Akademisches Proletariat?, in: Der Spiegel 23–34 (1969), S. 107–108.

97 Vgl. etwa Rüdiger Altmann, Warten auf die Geschichte, in: Der Spiegel 21–17 (1967), S. 156–159, Axel Springer, „Hinweis auf die Existenz des Teufels", in: Der Spiegel 23–17 (1969), S. 81–82 sowie H. G. Dieckberdel, Darauf einen Asbach, in: Der Spiegel 23–44 (1969), S. 24.

98 Hier tauchten häufig Sicherheitsorgane auf: Vgl. o. V., Geheim-Mitarbeiter, in: Der Spiegel 17–44 (1963), S. 22–23, o. V., „Wir werden neue Lieder haben", in: Der Spiegel 21–1/2 (1967), S. 69 sowie Hermann Wulf, „Ich sitze unter der Kanzel", in: Der Spiegel 22–6 (1968), S. 18.

99 Vgl. Heinz Karst, Kämpfen ohne zu töten, in: Der Spiegel 22–36 (1968), S. 20.

Mit dieser kurz skizzierten Entwicklung verschob sich auch die Funktion des Begriffs. ‚Mitarbeiter' trat aus dem Arkanum methodisch erworbener Expertise heraus, um sich dem Erfahrungswissen anzunähern. Hier zeichnet sich also ein grundlegender Wandel im Bereich des Wissens selbst ab – weg von der Wissenschaftlichkeit, hin zur Authentizität. Nicht immer aber waren es die Mitarbeiterinnen und Mitarbeiter selbst, die ihr Erfahrungswissen artikulierten. Möglich war auch, ihr Verhalten als Indikator zu verwenden, um der Öffentlichkeit normalerweise entzogene Bereiche transparent zu machen. ‚Mitarbeiter' fungierten dann wie die ‚Arbeiter' als die *sichtbar Unsichtbaren.*

Interessanterweise lässt sich diese Verschiebung selbst im wissenschaftlichen Feld beobachten. Neben Artikel, in denen der Mitarbeiterbegriff zur Legitimation der Sprecherposition herangezogen wurde[100], traten Berichte, in denen Beschäftigte auf Probleme innerhalb ihres Wirkungsfeldes aufmerksam machten. In den 1970er Jahren verlangten beispielsweise die Mitarbeiter der Max-Planck-Gesellschaft mehr Mitsprache, um den wachsenden Einfluss der Wirtschaft auf ihre Forschung begrenzen zu können. Die nichtakademischen Mitarbeiter der Universität Hamburg beklagten eine Einschränkung ihrer Arbeitnehmerrechte durch AStA-Mitglieder, und ein Münchener Pharmazieprofessor hatte illegalerweise die Gehälter seiner Angestellten gekürzt[101]. Immerhin hielten sich im wissenschaftlichen Bereich die beiden Begriffsfunktionen – die Bezeugung methodisch fundierter Expertise[102] wie authentischer Kritik[103] – in den folgenden Dekaden in etwa die Waage.

Im Feld der Medien war die Entwicklung eine andere. In den 1970er Jahren setzten sich gut 60 Prozent der Artikel zumeist kritisch mit den Zuständen in Verlagen und Redaktionen auseinander, sei es, wenn Einflussnahme auf Journalisten ruchbar wurde[104] oder es bei Honoraren zu Unregelmäßigkeiten gekommen war,

100 Vgl. etwa Hans Dieter Müller, Gewinn fett, Service miserabel?, in: Der Spiegel 24–6 (1970), S. 128–129 sowie Walter Bonhoeffer, „Das Monstrum ist nichtig", in: Der Spiegel 28–46 (1974), S. 57–65.

101 Vgl. o. V., „Ein Hochamt der deutschen Wissenschaft", in: Der Spiegel 25–27 (1971), S. 110–114, o. V., „Es ist zeitweise unerträglich", in: Der Spiegel 33–50 (1979), S. 50 sowie o. V., Soziale Menschen, in: Der Spiegel 26–7 (1972), S. 65–67.

102 Vgl. etwa o. V., Tschernobyl: Nicht der schlimmste mögliche Unfall, in: Der Spiegel 40–39 (1986), S. 144–145, o. V., „Das ist ein gigantisches Experiment", in: Der Spiegel 58–37 (2004), S. 155 sowie o. V., „Die Gefahr bleibt gering", in: Der Spiegel 61–14 (2007), S. 146.

103 Vgl. etwa o. V., „Genscher wird sich anstrengen müssen", in: Der Spiegel 42–18 (1988), S. 18–21, o. V., „Im Mittelmaß Weltspitze", in: Der Spiegel 44–30 (1990), S. 136–141, Ulrike Knöfel/Martin Wolf, Flops im Sauseschritt, in: Der Spiegel 56–8 (2002), S. 210–212 sowie Klaus Wiegrefe/Steffen Winter, Der Professor und die Sekte, in: Der Spiegel 61–19 (2007), S. 48.

104 Vgl. o. V., Proletarische Anschauung, in: Der Spiegel 25–30 (1971), S. 106–107, o. V., Der Rubikon ist überschritten, in: Der Spiegel 25–31 (1971), S. 96–97 sowie o. V., Rabatt und Salat, in: Der Spiegel 26–32 (1972), S. 16.

sei es, wenn Arbeitsrechte verweigert wurden oder sich Beschäftigte als korrupt erwiesen hatten[105]. Bei den Berichten, welche die andere Begriffsfunktion erfüllten[106], ist eine Besonderheit zu erwähnen. Wenn Spiegel-Redakteure im Vorspann selbstreferentiell auf ihren Arbeitgeber verwiesen, ist diese Praxis auch vor dem Hintergrund des Mitbestimmungsmodells des Spiegels zu sehen. Seit 1974 verfügten die Beschäftigten in Form der Mitarbeiter KG über 50 Prozent der Stimmrechte, welche zugleich fast die Hälfte der Verlagsanteile hielt[107]. Der hauseigene Mitarbeiterbegriff des Hamburger Magazins übertraf damit den von Anton Tautscher entworfenen Idealtypus. Es wäre interessant, die Auswirkung dieser Konstellation auf die Verwendung des Mitarbeiterbegriffs näher zu untersuchen. Denn auch wenn in den 1980er Jahren noch ein zahlenmäßiges Gleichgewicht zwischen der Legitimierung der Sprecherposition[108] und der Medienkritik[109] herrschte, vereinnahmte letztgenannte den Mitarbeiterbegriff schon ab den 1990er Jahren fast vollständig für sich[110].

---

105 Vgl. o.V., Nichts zu machen, in: Der Spiegel 27–37 (1973), S. 138–140, o.V., Schwert ohne Schärfe, in: Der Spiegel 28–22 (1974), S. 122–124, o.V., Gewisser Druck, in: Der Spiegel 27–35 (1973), S. 104–105 sowie o. V., Havas hilft, in: Der Spiegel 26–8 (1972), S. 102. Bei den übrigen Artikeln handelt es sich um Meldungen zu Personalien.

106 Vgl. etwa Wolfgang Harich, „Auf derselben Seite der Barrikade“, in: Der Spiegel 25–6 (1971), S. 130–134, Hermann Funke, Mehr Politik als Technik!, in: Der Spiegel 25–6 (1971), S. 120 sowie Dieter Korp, „Öffnen Sie die Schnüffelklappe“, in: Der Spiegel 27–52 (1973), S. 74.

107 Vgl. Björn Lück, Gegen Textherrschaft. Auseinandersetzungen um journalistische Selbstbestimmung Ende der 1960er Jahre, in: Ingrid Gilcher-Holtey (Hrsg.), „1968“ – Eine Wahrnehmungsrevolution? Horizont-Verschiebungen des Politischen in den 1960er und 1970 [sic!] Jahren, München 2013, S. 47–64, hier S. 54–59.

108 Vgl. etwa Timothy Garton Ash, Der Papst läßt grüßen, in: Der Spiegel 34–47 (1980), S. 163–164, Hellmuth Karasek, Besitzerfreuden, Besitzängste, in: Der Spiegel 35–20 (1981), S. 210–212 sowie Mostafa Danesch, „Die Bundesrepublik mischt sich massiv ein“, in: Der Spiegel 39–45 (1985), S. 184–185.

109 Vgl. etwa o.V., WDR: Die Wände wackeln, in: Der Spiegel 34–4 (1980), S. 156–159, o.V., Erotische Momente, in: Der Spiegel 37–16 (1983), S. 80 sowie o.V., Kultur der Intrige, in: Der Spiegel 43–15 (1989), S. 90–92.

110 Vgl. etwa o. V., Vorgefertigte Dosen, in: Der Spiegel 45–38 (1991), S. 109, o. V., „Völlig bekloppte Zahlen“, in: Der Spiegel 48–16 (1994), S. 194–198, Barbara Schmid/Andreas Stuppe, Nichts mehr normal, in: Der Spiegel 53–17 (1999), S. 110, Oliver Gehrs, „Zug nach nirgendwo“, in: Der Spiegel 54–32 (2000), S. 97–98 sowie Marcel Rosenbach/Thomas Schulz, Chaostage in Köln, in: Der Spiegel 58–50 (2004), S. 110–112.

11.3.2 ‚Mitarbeiter' in Geheimdiensten und Politik

Auch im politischen Kontext erfüllte der Mitarbeiterbegriff eine Skandalisierungsfunktion. Vor allem mit Blick auf die Sicherheitsbehörden, die sich in den Graubereichen des demokratischen und rechtsstaatlichen Systems bewegen konnten, weil ihre Arbeit der öffentlichen Transparenz weitgehend entzogen war, entfaltete diese Funktion große Wirkung. So problematisierte der Spiegel etwa die Anwerbepraxis der Geheimdienste oder berichtete über die Weigerung des BND, die Identität seiner „journalistischen Mitarbeiter" gegenüber der Bundesregierung offenzulegen[111]. Interessant ist, wen der Spiegel in diesem Zusammenhang als „Mitarbeiter" bezeichnete. Es waren nicht die festangestellten Beamtinnen und Beamten, die den Kern der Behörde ausmachen und die durch deren Korpsgeist geprägt, also „Mitarbeiter" gemäß der Definition von Tautscher sind, sondern es waren die nur lose an den Sicherheitsapparat gekoppelten Informanten.

Spätestens mit der Wende in der DDR wuchs ‚Mitarbeiter' über die Skandalisierungsfunktion hinaus, da der Begriff nun Anwendung auf einen feindlichen Geheimdienst fand: das Ministerium für Staatssicherheit. War ‚Mitarbeiter' eigentlich der Inbegriff eines völlig integrierten, konformen, systemerhaltenden Akteurs, geriet er im Falle der DDR-Geheimagenten mit dem Zusammenbruch der SED-Herrschaft in die Position des *Antagonisten*, der außerhalb der normativ gewünschten Ordnung steht. Damit rückte der ‚Mitarbeiter' in die Nähe des ‚Arbeiters'. Allerdings stellte dies eine schon auf kurze Dauer unhaltbare Position für den ‚*Mit*arbeiter' dar, die auf verschiedenen Ebenen problematische Folgen zeitigte und bearbeitet werden musste.

Auf Ebene des Individuums kehrte sich die oben als Legitimation der Sprecherrolle beschriebene Wirkung, die eine Identifikation eines Akteurs als ‚Mitarbeiter' gewöhnlich hatte, in ihr Gegenteil um. Statt Eindeutigkeit zu vermitteln, erzeugte sie in diesem Fall Ambivalenz. Wer als Stasi-Mitarbeiter enttarnt wurde, büßte seine Glaubwürdigkeit ein, da nun nicht mehr klar war, ob seine bisherigen Handlungen und Äußerungen aufrichtig waren oder im Auftrag des DDR-Geheimdienstes erfolgten[112]. Immerhin konnte eine solche Enttarnung für die Zukunft Eindeutigkeit stiften, als nun Misstrauen gegenüber der entsprechenden Person

---

111 Vgl. o. V., „Finger drauf, top secret", in: Der Spiegel 27–21 (1973), S. 86–87, o. V., Apotheker gesucht, in: Der Spiegel 28–9 (1974), S. 55–57 sowie o. V., Chance zum Rufmord, in: Der Spiegel 28–44 (1974), S. 34.

112 Vgl. etwa o. V., Hoher Mitarbeiter, in: Der Spiegel 45–42 (1991), S. 17, o. V., Schmerzen im Zeh, in: Der Spiegel 49–5 (1995), S. 54–55, Reinhard Mohr, Ungute Praxis, in: Der Spiegel 54–11 (2000), S. 270–271 sowie o. V., Der SPIEGEL berichtete…, in: Der Spiegel 60–20 (2006), S. 210.

angezeigt war. Dies galt jedoch nur, sofern die Zugehörigkeit zum MfS zweifelsfrei nachgewiesen werden konnte[113].

Schwieriger gestaltete sich die Situation auf der gesellschaftlichen Ebene. Ehemalige Stasi-Mitarbeiter zu enttarnen, war einerseits ein Gebot der „wehrhaften Demokratie“, wurden damit doch klandestine Netzwerke offengelegt, die über operatives Wissen verfügten und möglicherweise noch immer bereit waren, dies gegen die demokratische Ordnung einzusetzen[114]. Akut wurde das Problem, wenn die früheren Stasi-Agenten sich als Mitarbeiter ausländischer Geheimdienste anwerben ließen[115]. Auch auf die alte Bundesrepublik warfen die Enthüllungen ein neues Licht, denn sie ließen Konturen einer Stasi-Mitarbeiter-Gesellschaft aufscheinen[116]. Andererseits wurden die Betroffenen durch die Enttarnung auf die Rolle des Stasi-Mitarbeiters festgeschrieben, was ihre grundsätzlich mögliche Integration in die Wendegesellschaft der DDR und später in die Wiedervereinigungsgesellschaft erschwerte[117]. Denn die Besonderheit der Stasi-Mitarbeiter lag ab 1990 ja gerade darin, dass ihr Mitarbeiterstatus mit der Auflösung des DDR-Geheimdienstes sein Ende gefunden hatte. Sie waren nur noch im biographischen Sinne ‚Mitarbeiter‘. Die entscheidende Frage war nun, in welchem Ausmaß diese Vergangenheit in die Gegenwart und Zukunft hineinwirken konnte oder sollte, denn immerhin waren sie durch ihre Mitarbeitertätigkeit zu Tätern geworden, deren Opfer nun Gerechtigkeit einforderten[118].

Für die Begriffsgeschichte ist hierbei jedoch ein anderer Punkt von Interesse: Insofern als die Betroffenen den früheren Status, der nun zur Belastung wurde,

---

113 Vgl. etwa o. V., „Den hatten wir auf der Latte“, in: Der Spiegel 44–51 (1990), S. 26–33, o. V., Vieles ist möglich, in: Der Spiegel 47–3 (1993), S. 175 sowie Gunther Latsch/Georg Mascolo, IM „Pfau“, in: Der Spiegel 54–29 (2000), S. 120.

114 Vgl. o. V., Von OibE durchsetzt, in: Der Spiegel 44–11 (1990), S. 45–50. Später berichtete der Spiegel über eine Vereinigung ehemaliger Mitarbeiter der DDR-Sicherheitsorgane, die jedoch keinen Umsturz im Sinn hatten, sondern die Wahrung ihres sozialversicherungsrechtlichen Besitzstandes. Vgl. o. V., Raubzug auf die Rente, in: Der Spiegel 45–31 (1991), S. 51

115 Vgl. o. V., Historischer Kompromiß, in: Der Spiegel 44–26 (1990), S. 30–32, hier S. 30.

116 Vgl. etwa o. V., „Treu und einsatzbereit“, in: Der Spiegel 50–18 (1996), S. 247–249 sowie Henryk M. Broder, Sex für den Frieden, in: Der Spiegel 53–12 (1999), S. 44–52.

117 Vgl. etwa o. V., Blanker Wahnsinn, in: Der Spiegel 44–12 (1990), S. 92–95, o. V., Putzfrau für Mielke, in: Der Spiegel 46–21 (1992), S. 68–72 sowie Steffen Winter, Jagdfieber im Osten, in: Der Spiegel 54–7 (2000), S. 114.

118 Diese Frage wurde vor allem für die Bewertung von ostdeutschen Politikern relevant, die nach 1990 in wichtige Positionen aufstiegen. Vgl. etwa o. V., „Das war 'ne Top-Quelle“, in: Der Spiegel 44–11 (1990), S. 18–22, o. V., „Wichtiger IM in der Kirche“, in: Der Spiegel 46–16 (1992), S. 16–19, o. V., „Pakt mit dem Teufel“, in: Der Spiegel 49–24 (1995), S. 40–44 sowie Gunther Latsch, Hässliches Detail, in: Der Spiegel 55–36 (2001), S. 34.

nicht aus eigenem Entschluss einfach abzulegen vermochten[119], eine Neubewertung ihrer Vergangenheit vielmehr der gesellschaftlichen Aufarbeitung vorbehalten blieb, teilten sie das Schicksal der Menschen, die einen lebensgeschichtlichen Bezug zur Arbeiterschaft hatten. Es sei an die Äußerung des CDU/CSU-Fraktionsvorsitzenden Alfred Dregger erinnert, der den Bundesminister Norbert Blüm als „promovierte[n] Opel-Arbeiter" bezeichnete[120]. Auch wenn ein solches Ausgreifen der Vergangenheit auf Gegenwart und Zukunft eher den ‚Arbeiter' kennzeichnet, stellt es für ‚Mitarbeiter' keine völlige temporale Anomalie dar, wie es bei dem ganz in der Gegenwart verhafteten ‚Arbeitnehmer' der Fall gewesen wäre. Denn das methodisch erworbene Wissen wie auch das Erfahrungswissen entfalten eine den Mitarbeiterstatus partiell konservierende Wirkung. Und doch erweist sich ein solches Wissen als ein brüchiges Fundament, da es nicht notwendigerweise ausreichend aktualisiert werden kann. Interessanterweise tauchte in den Diskussionen, die auf eine Gewährung von Amnestie und Anonymität früherer Stasi-Mitarbeiter abzielten[121], auch ein Argument auf, das beim Aspekt der Information ansetzte. Es wurden nicht zuletzt von ehemaligen Angehörigen des MfS datenschutzrechtliche Bedenken geäußert, das Wissen um ihre Zugehörigkeit zur Stasi öffentlich wachzuhalten[122].

‚Mitarbeiter' im Kontext der Staatssicherheit stellte folglich in vielerlei Hinsicht ein begriffsgeschichtliches Spezifikum dar. Und doch finden sich hier Begriffsfunktionen, die auch im politischen Kontext auftauchen. Ist dort etwa von ‚Mitarbeiter' im engen Sinne die Rede, kann der Begriff wie bezüglich des MfS als Machtindikator fungieren. So begleitete der Spiegel etwa die Konsolidierung der Herrschaft Erich Honeckers mit Berichten über Mitarbeiter-Rochaden in seinem engsten Umfeld einerseits, über das Vorgehen der Staatssicherheit gegen die Mitarbeiter seines politischen Gegners andererseits[123]. Auch der Niedergang Richard Nixons im Zuge der Watergate-Affäre zeichnete sich spätestens zu dem Zeitpunkt ab, als sich dessen engste Mitarbeiter von ihm abwandten[124]. In den 1980er Jahren

---

119 Insofern der Mitarbeiterstatus auch Renommee begründen und dadurch nachwirken konnte, lässt sich eine analoge Überwindung seiner Verortung im Gegenwärtigen feststellen.

120 O. V., „Laßt den mal, der bringt uns die Arbeiter", S. 24.

121 Vgl. o. V., Historischer Kompromiß.

122 Vgl. Henryk M. Broder, Empfindliche Strafen, in: Der Spiegel 56–20 (2002), S. 52–53 sowie Peter Wensierski, Recht auf Vergessen?, in: Der Spiegel 62–47 (2008), S. 38–43.

123 Vgl. o. V., Bester Freund, in: Der Spiegel 27–12 (1973), S. 54–57 sowie o. V., „Bei uns gilt die Diktatur des Proletariats", in: Der Spiegel 32–11 (1978), S. 29–34.

124 Vgl. o. V., Für sich allein, in: Der Spiegel 28–36 (1974), S. 76–77. Der Spiegel griff die Verbindung zwischen Nixon und dessen Mitarbeitern in mehreren Artikeln auf, vgl. o. V., Endlich angeln, in: Der Spiegel 27–19 (1973), S. 105–109, o. V., Watergate: „Es wird ein Monument sein", in: Der Spiegel 27–20 (1973), S. 97–98 sowie o. V., Hübsches Dokument, in: Der Spiegel 28–43 (1974), S. 116–119.

griff der Spiegel wiederum in Ausnahmesituationen wie dem Prozess gegen die Witwe Maos in der Volksrepublik China[125] oder der gewaltsamen Konsolidierung der iranischen Revolution[126] auf den Mitarbeiterbegriff zurück. Auffällig oft wandte das Magazin diese Methode bei Artikeln über den US-Präsidenten Ronald Reagan und die US-Politik[127] an, was die Besonderheit dieses Präsidenten auf subtile Weise verdeutlichte.

Was ‚Mitarbeiter' zum Machtindikator qualifiziert, sind die Aspekte Nähe und Sichtbarkeit. Mitarbeiter von Spitzenpolitikern sind nahe am Machtzentrum situiert. Wie die Beispiele Honecker, Nixon und Reagan zeigen, nutzte der Spiegel den Mitarbeiterbegriff als Machtindikator, wenn das Herrschaftssystem an sich intransparent war, wenn sich demokratische Politiker in einer Ausnahmesituation befanden, in welcher die sonst gültigen Regeln außer Kraft gesetzt waren[128], oder wenn sie eine solche selbst herstellten. ‚Mitarbeiter' sind wie die Figuren auf dem Schachbrett, und ihr Auftreten, Verschwinden und Verhalten eröffnet einen Blick auf das zugrundeliegende Machtfeld.

Dem Aspekt der Nähe kam im Spiegel eine weitere Bedeutung zu. ‚Mitarbeiter' versprachen, die wahre Persönlichkeit der Spitzenpolitiker zu offenbaren, wenn sie durch ihre Aussagen ihren Vorgesetzten charakterisieren[129]. Der Mitarbeiterstatus wirkte hier als Authentizitätsgarant, er stand in diesem Fall, wie der ‚Arbeiter', als Repräsentant für das *Eigentliche.* Der Charakter eines Politikers ließ sich aber auch aus seinem Verhalten gegenüber seinen Mitarbeitern ableiten. Was war etwa von einem Minister zu halten, der nicht einmal die engsten Mitarbeiter an seinen Entscheidungen teilhaben ließ, geschweige denn sie ihnen mitteilte[130]? An diesen verschiedenen Verwendungsweisen zeigt sich, dass der politische Bereich selbst in einer Demokratie ein Arkanum geblieben war. Der Mitarbeiterbegriff erscheint hier als eine ähnliche Kippfigur, wie es der Arbeiterbegriff für den Bereich der Produktion ist – ein *Wanderer zwischen den Welten*, der zwischen Eigenem und Fremdem vermittelt.

---

125 Vgl. o. V., „Tschiang Tsching, du bist so grausam", in: Der Spiegel 35–6 (1981), S. 114–120.

126 Vgl. Ali Karimi, „Tage des Blutes und des Feuers", in: Der Spiegel 35–14 (1981), S. 144–145.

127 Vgl. etwa o. V., Auf Vordermann, in: Der Spiegel 34–52 (1980), S. 106–111, o. V., Reagan: „Ich habe die Schnauze voll", in: Der Spiegel 37–49 (1983), S. 128–129 sowie o. V., Tote Ente, in: Der Spiegel 41–46 (1987), S. 161–164.

128 Auch zur Affäre um Uwe Barschel, Ministerpräsident von Schleswig-Holstein, finden sich mehrere Artikel, die „Mitarbeiter" im Vorspann nennen. Vgl. o. V., Waterkantgate: „Beschaffen Sie mir eine Wanze", in: Der Spiegel 41–38 (1987), S. 17–25, o. V., „Waterkantgate": Spitzel gegen den Spitzenmann, in: Der Spiegel 41–37 (1987), S. 17–21 sowie o. V., Waterkantgate: Deutschland heißt „Tjello", in: Der Spiegel 41–44 (1987), S. 22–30.

129 Vgl. o. V., „Widerstand gegen das Erwachsenwerden", in: Der Spiegel 33–31 (1979), S. 80–81.

130 Vgl. o. V., Amerikas „Politbüro", in: Der Spiegel 28–52 (1974), S. 56–57.

11.3.3 ‚Mitarbeiter' in der Wirtschaft

Den wirtschaftlichen Bereich erschloss der Spiegel in den 1970er Jahren nun ebenfalls über den Mitarbeiterbegriff. Aber nur in einigen wenigen Artikeln konnten die Leser einem ‚Mitarbeiter' begegnen, der dem Entwurf Anton Tautschers nahekam. So berichtete der Spiegel etwa über das Mitbestimmungsmodell der Firma Porst oder über die konzerneigenen Bildungsangebote des Hoechst-Konzerns[131]. Viel stärker trat der Mitarbeiterbegriff als Krisenindikator in Erscheinung. In sechs Fällen vermeldete der Spiegel konjunkturbedingte Entlassungen[132]. Gerade aufgrund des paternalistischen Aspekts, den Konzerne wie Siemens in ihrer Verwendung des Mitarbeiterbegriffs bewusst betonten, machte die vermeldete Entlassung von „Mitarbeitern" den Ernst der Lage wohl noch deutlicher, als wenn von ‚Arbeitern' oder ‚Arbeitnehmern' gesprochen worden wäre[133]. Je bedeutender das Unternehmen war, das sich zu einem solchen Schritt veranlasst sah, desto mehr wuchs dem Mitarbeiterbegriff eine, wenn auch einzelfallbezogene, gesellschaftliche Relevanz zu, an der es ihm an anderer Stelle mangelte. Denn der primäre Bezugspunkt des Mitarbeiterbegriffs stellte, wie oben erwähnt, der jeweilige Betrieb dar, nicht das volkswirtschaftliche Ganze oder die normative Ordnung der Bundesrepublik, für die der ‚Arbeitnehmer' stand.

Eine solch begrenzte, immer im Konkreten verbleibende Verwendungsweise herrschte vor, wenn darüber berichtet wurde, wie Unternehmen ihren Beschäftigten Rechte vorenthielten[134] oder im Umgang mit ihnen gegen den Datenschutz verstießen[135], aber auch, wenn Fehlverhalten bestimmter „Mitarbeiter" Anlass zu einem Artikel gab, etwa im Fall von Industriespionage[136] oder der angeblichen

131 Vgl. o. V., Hoechster Grad, in: Der Spiegel 27–11 (1973), S. 71–73, o. V., Nur noch Zinsen, in: Der Spiegel 25–47 (1971), S. 68–70 sowie o. V., Lohn der Angst, in: Der Spiegel 26–44 (1972), S. 68–70.

132 Vgl. Dieter Korp, „Einen Rolls – den trägt man noch", in: Der Spiegel 24–38 (1970), S. 86–91, o. V., Von allen geprügelt, in: Der Spiegel 27–50 (1973), S. 48, o. V., Ballast abwerfen, in: Der Spiegel 28–35 (1974), S. 50–52 sowie o. V., Banges Zittern, in: Der Spiegel 33–4 (1979), S. 32–33.

133 In diesem Zusammenhang sind zwei Artikel instruktiv. So vermeldete der Spiegel 1977, dass Unternehmen immer öfter „Leih-Arbeitnehmer" einstellten, da „Mitarbeiter" nur schwer zu entlassen seien. Vgl. o. V., Schreck in den Gliedern, in: Der Spiegel 31–20 (1977), S. 42–44, Zitate auf S. 42. Ein Jahr später berichtete das Magazin von der Geschäftsidee eines Amerikaners, der Firmen anbot, für sie das Feuern von Mitarbeitern zu übernehmen. Vgl. o. V., Wunde Seelen, in: Der Spiegel 32–2 (1978), S. 111–113.

134 Vgl. o. V., Wie Soraya, in: Der Spiegel 25–30 (1971), S. 44 sowie o. V., Einfach abgebügelt, in: Der Spiegel 31–17 (1977), S. 36–41.

135 Vgl. o. V., Elegant beschattet, in: Der Spiegel 31–37 (1977), S. 101–104.

136 Vgl. o. V., Nur Barschecks, in: Der Spiegel 33–10 (1979), S. 86–89.

Ausplünderung einer Bank durch leitende Angestellte[137]. Hier thematisierte ‚Mitarbeiter' spezifische Einzelfälle. Anders stellte sich die Angelegenheit dar, wenn sich der Betrieb nicht in deutscher Hand befand. So berichtete der Spiegel 1972 über deutsche „Mitarbeiter" einer in Frankfurt ansässigen amerikanischen Geldtransportfirma. Die Beschäftigten hatten sich über mangelnde Sicherheitsvorkehrungen beschwert, woraufhin sie entlassen wurden[138]. Hier überlagerte die Tatsache, dass Firmeninhaber und Beschäftigte unterschiedlichen Varianten des Kapitalismus angehörten, den Einzelfall mit grundsätzlichen Systemfragen[139]. Denn der ‚Mitarbeiter' erwies sich in diesem Fall als ein defizitärer ‚Arbeitnehmer' und damit als ein Fremdkörper innerhalb der bundesdeutschen ‚Arbeitnehmergesellschaft'.

Grundsätzlich fällt auch im Bereich der Wirtschaft die Koppelung des ‚Mitarbeiters' an den Gedanken der Information auf. Hierunter lassen sich Verstöße gegen den Datenschutz ebenso wie Wirtschaftsspionage und das Anprangern von Missständen subsumieren. Sowohl betrügerisches Fehlverhalten wie auch die Akte des Whistleblowings setzen Spezialwissen voraus. Auch hier erweist sich der ‚Mitarbeiter' als einem Arkanbereich zugehörig. Interessanterweise war in den 1970er Jahren zumeist nicht vom industriellen Sektor die Rede, wenn der Spiegel über ‚Mitarbeiter' berichtete. Vielmehr verortete das Magazin den Begriff hauptsächlich im Öffentlichen Dienst und in der Medienbranche, also im tertiären Sektor[140]. Fast nur als Krisenbegriff ragte er in den zweiten Sektor hinein. Veränderte sich dies in den folgenden Dekaden?

Auch in den 1980er Jahren nahmen Skandale einen breiten Raum in der Berichterstattung ein[141], ebenso trat der Mitarbeiterbegriff weiterhin als Krisenindikator auf, denn auch in diesem Jahrzehnt galt es Pleiten und Entlassungen zu vermelden[142]. Zusammen umfassten beide Bereiche gut die Hälfte aller Artikel. Neu hinzu trat aber eine Variation der Krisenindikatorfunktion. Denn ‚Mitarbeiter' fungierte nun verstärkt als Seismograph für den Wandel innerbetrieblicher Be-

---

137 Vgl. o. V., Gefällige Partner, in: Der Spiegel 30–36 (1976), S. 68–74.

138 Vgl. o. V., Django im Hof, in: Der Spiegel 26–34 (1972), S. 53–55.

139 Vgl. Werner Plumpe, Das kalte Herz. Kapitalismus: die Geschichte einer andauernden Revolution, Bonn 2020, S. 461–464.

140 Vgl. o. V., Ballast abwerfen, o. V., Elegant bestattet, o. V., „Gefahr einer Falschunterrichtung", in: Der Spiegel 32–40 (1978), S. 97–118 sowie o. V., Falsche und gefälschte Zahlen, in: Der Spiegel 32–41 (1978), S. 65–78.

141 Vgl. etwa o. V., Helle Aufregung, in: Der Spiegel 36–9 (1982), S. 109–111, o. V., Per Umschlag, in: Der Spiegel 37–3 (1983), S. 69–71, o. V., Methode Aschenputtel, in: Der Spiegel 38–25 (1984), S. 56–57 sowie o. V., Dinner mit Kannibalen, in: Der Spiegel 43–42 (1989), S. 126–128.

142 Vgl. etwa o. V., Nordlichter raus, in: Der Spiegel 36–46 (1982), S. 46–51, o. V., Zuwenig Indianer, in: Der Spiegel 39–44 (1985), S. 45–48 sowie o. V., Schlechte Zeiten für die US-Rüstungsindustrie, in: Der Spiegel 43–31 (1989), S. 62–64.

ziehungen, mit dem die Unternehmen auf schon eingetretene oder befürchtete Krisen reagierten. Gut 40 Prozent aller von mir erfassten Artikel, die in den 1980er Jahren im Bereich Wirtschaft erschienen, lassen sich dieser Kategorie zuordnen. So häuften sich nun Meldungen, die auf partielle Umsetzungen des von Tautscher propagierten Mitarbeitermodells hinwiesen, sei es durch die finanzielle Beteiligung der Beschäftigten[143], sei es durch deren Einbindung in die Werbung oder Öffentlichkeitsarbeit der Firmen[144], die jeweils auf eine wirtschaftliche Nutzbarmachung der ganzen Persönlichkeit der Beschäftigten abzielten. Im Zusammenhang mit Werbemaßnahmen eines Unternehmens kam es erstmals im Sample auch zu einer ironischen Verwendung des Begriffs. So hatte die krisengeplagte AEG 1981 die Fußballstars Paul Breitner und Karl-Heinz Rummenigge als neue „Mitarbeiter" präsentiert. Dies zeitigte unerwartete Folgen, als Rummenigge im Gespräch mit Beschäftigten kurzerhand den Verzicht der AEG auf weitere Entlassungen in Aussicht stellte. Der nur für Werbezwecke engagierte „Mitarbeiter" maßte sich hier unternehmerische Kompetenzen an und konterkarierte schon allein dadurch seinen angeblichen Mitarbeiterstatus[145].

Der Spiegel konnte aber auch über Initiativen der „Mitarbeiter" berichten, die die traditionellen innerbetrieblichen Grenzen transzendierten. So verhinderten etwa Beschäftigte mit ihren „Opfern" den endgültigen Bankrott einer US-Fluggesellschaft, und die bei VW tätigen „Werker" brachten jährlich 35 000 Verbesserungsvorschläge ein[146]. Jedoch musste das Hamburger Magazin auch Widerstände seitens der Belegschaft gegen geplante Neuerungen[147] wie auch klare Grenzüberschreitungen durch Unternehmen vermelden[148]. Im Vergleich zu ‚Arbeiter' und ‚Arbeitnehmer' bewegten sich die mit ‚Mitarbeiter' thematisierten Konflikte jedoch immer in einem Rahmen, der eine arbeits- oder strafrechtliche Regulierung erlaubte. So wurde auch der Aspekt der Ausbeutung nur im Zusammenhang mit kriminellem Verhalten der Unternehmer thematisiert, nicht aber als Wesens-

143 Vgl. o. V., Befreier der Frau, in: Der Spiegel 43–26 (1989), S. 102–104 sowie o. V., Menschlicher Trieb, in: Der Spiegel 43–39 (1989), S. 152–156.

144 Vgl. o. V., „Bis an den Rand der Knebelung", in: Der Spiegel 38–12 (1984), S. 62, o. V., Bis in die Haarspitzen, in: Der Spiegel 40–31 (1986), S. 49 sowie o. V., Um Jahre voraus, in: Der Spiegel 42–41 (1988), S. 159–162.

145 Vgl. Michael Schmidt-Klingenberg, „Künftig keine Entlassungen mehr", in: Der Spiegel 35–18 (1981), S. 223. Vgl. zudem o. V., Sergio Leone als BMW-Mitarbeiter, in: Der Spiegel 39–44 (1985), S. 156.

146 Vgl. o. V., Genau beobachten, in: Der Spiegel 38–9 (1984), S. 146 sowie o. V., VW-Mitarbeiter denken mit, in: Der Spiegel 38–42 (1984), S. 140.

147 Vgl. o. V., Waffe geladen, in: Der Spiegel 37–37 (1983), S. 50–53 sowie o. V., Hängen auf Halde, in: Der Spiegel 40–47 (1986), S. 79.

148 Vgl. etwa o. V., Beglücker der Menschheit, in: Der Spiegel 36–23 (1982), S. 63–66, o. V., In der Falle, in: Der Spiegel 37–22 (1983), S. 68–69 sowie o. V., Weiße Elefanten, in: Der Spiegel 43–20 (1989), S. 61–63.

merkmal des kapitalistischen Systems. Der lebensweltliche Bereich blieb im Großen und Ganzen ausgeblendet, und so trat der ‚Mitarbeiter' auch nicht als eine politisch zu repräsentierende Figur in Erscheinung. Anders ausgedrückt: Der Mitarbeiterbegriff taugte offensichtlich nicht dazu, gesamtgesellschaftlich relevante Fragen zu verhandeln. Auswirkungen des Strukturwandels ließen sich damit eher wohlwollend kommentieren[149] als grundsätzlich infrage stellen.

Daran änderte sich auch in den 1990er Jahren nichts. Über ein Drittel der erfassten Berichte waren Vergehen gewidmet. Wieder überwogen die Fälle, in denen die Beschäftigten ihr Insiderwissen zu illegalen Handlungen nutzten[150]. Nur ein Artikel berichtete darüber, wie ein ehemaliger „Mitarbeiter" seine Einblicke in die Geschäftspraktiken nutzte, um Missstände öffentlich anzuprangern[151]. Dies macht zugleich deutlich, dass sich hinter dem ‚Mitarbeiter' fast immer ein ‚Angestellter' verbarg, wenn es um Vergehen und Skandale ging. Nur sie verfügten über das nötige Wissen und die entsprechende Position, um lukrative Gelegenheiten oder Regelverstöße zu erkennen und entsprechend zu handeln. In diesem Bereich lässt sich folglich eine Kontinuität des elitären Mitarbeiterbegriffs erkennen, den der Spiegel in den 1960er Jahren so exklusiv verwendet hatte.

Als Krisenbegriff umfasste ‚Mitarbeiter' hingegen prinzipiell alle Statusgruppen, oft waren aber die unqualifizierten Arbeiterschichten, wie schon in den 1980er Jahren[152], besonders betroffen. Vor allem in der ersten Hälfte der 1990er Jahre finden sich Artikel im Sample, die von Unternehmenskrisen berichten[153], wobei nun auffallend viele Vorzeigeunternehmen der „Deutschland AG" in Schieflage gerieten: Lufthansa[154], die Deutsche Bahn[155], vor allem aber Daimler[156]. Während ‚Mitarbeiter' als Skandalbegriff die Beschäftigten als aktive Akteure (oder in diesem Kontext: Täter) darstellte, stand ‚Mitarbeiter' als Krisenbegriff für passive Opfer.

---

149 Vgl. o. V., Big Bang, in: Der Spiegel 40–23 (1986), S. 156 sowie o. V., Lange gewartet, in: Der Spiegel 43–27 (1989), S. 72–73.

150 Vgl. etwa o. V., Vom Rabatt ein paar Prozent, in: Der Spiegel 45–12 (1991), S. 112–118, o. V., Alles Lug und Trug, in: Der Spiegel 47–32 (1993), S. 82–84 sowie o. V., Koffer voll Geld, in: Der Spiegel 52–29 (1998), S. 97.

151 Vgl. o. V., „Ein Heer von Nieten", in: Der Spiegel 50–6 (1996), S. 92–98.

152 Vgl. etwa o. V., Neuer Hausbrauch, S. 82 sowie o. V., Historischer Wendepunkt.

153 Vgl. o. V., „Das Ziel ist Überleben", in: Der Spiegel 45–6 (1991), S. 102–104, o. V., „Die Lokomotive ist entgleist", in: Der Spiegel 47–9 (1993), S. 114–116, o. V., Ausgeprägter Größenwahn, in: Der Spiegel 47–31 (1993), S. 96 sowie o. V., Hallo Steffi, in: Der Spiegel 50–44 (1996), S. 120.

154 Vgl. o. V., Genau die Falschen, in: Der Spiegel 46–36 (1992), S. 109–110.

155 Vgl. Wolfgang Bittner/Dinah Deckstein, Ein neuer Ruck, in: Der Spiegel 53–50 (1998), S. 94–96.

156 Vgl. o. V., Ganz miserabel, in: Der Spiegel 47–35 (1993), S. 100–101, o. V., Sicher wie in der Bank, in: Der Spiegel 47–39 (1993), S. 117–119 sowie o. V., Schock für die Strategen, in: Der Spiegel 47–43 (1993), S. 124–125.

‚Mitarbeiter' umfasste dann zwar nur eine Teilgruppe der Beschäftigten, nicht die Gesamtbelegschaft, aber diese Abgrenzung blieb prekär. Denn potentiell konnte es jeden einzelnen treffen.

Aus dieser Konstellation erwuchs ein produktivistisches Kritikpotential, das sich gleichermaßen gegen eine nicht näher bezeichnete betriebliche „Bürokratie" wie gegen die Spitzenmanager richtete. So hatte der Spiegel schon in den 1980er Jahren die Entlassungen der Hertie-Verkäuferinnen gerügt, da dieser Schritt die Kundenzufriedenheit beeinträchtigt habe. Zudem wurde der Unternehmensspitze angelastet, den „aufgeblähten Verwaltungsapparat nicht rigoros abgebaut zu haben". Verantwortlich machte der Spiegel den Vorstandschef, „ein im Handelsgeschäft unerfahrener Industriemanager", und den Aufsichtsratschef: „Hans-Georg Karg, den der Vater stets vom Top-Management ausgesperrt hatte, wollte jetzt auch mal Manager sein."[157] Ob mit Blick auf IBM, Compuserve, Deutsche Bahn oder Daimler[158] – auch in den 1990er Jahren schrieb der Spiegel diese Doppelkritik fort und beschwor gar eine „Manager-Krise"[159]. Dennoch ließ das Hamburger Magazin nicht mehr nur individuelles Versagen als Krisenursache gelten, sondern erkannte einen strukturell bedingten Handlungsbedarf. Bei der Lufthansa wurden etwa nicht mehr die Kündigungen an sich kritisiert, sondern dass „[g]enau die Falschen" entlassen wurden[160]. Zwei Funktionen des Mitarbeiterbegriffs, Indikator für Krisen wie auch für innerbetrieblichen Wandel zu sein, rückten nun immer stärker zusammen. Es galt, die „Mitarbeiter" zu den richtigen Entscheidungen zu befähigen[161], ihnen mehr Verantwortung zu übertragen[162], sie richtig zu motivieren[163], den „muffige[n] Mitarbeitern" Kunden- und Serviceorientierung beizubringen[164], um nach der Krise „stärker [zu] sein als zuvor."[165] Diese umfassende Mobilisierung möglichst vieler Beschäftigten als Voraussetzung für unternehmerischen Erfolg stellt einen klaren Unterschied zu den 1980er Jahren dar[166]. Anders als beim Kon-

157 O. V., Zuwenig Indianer, S. 48.

158 Vgl. o. V., Ausgeprägter Größenwahn, S. 96, o. V., Hallo Steffi, S. 120, Bittner/Deckstein, Ein neuer Ruck, S. 96 sowie o. V., Ganz miserabel, S. 100 f.

159 Armin Mahler, Die Manager-Krise, in: Der Spiegel 47–39 (1993), S. 118.

160 O. V., Genau die Falschen, S. 109.

161 Vgl. o. V., Ausgeprägter Größenwahn, S. 96 sowie Mahler, Die Manager-Krise, S. 118.

162 Vgl. o. V., „Ihr seid wieder wer", in: Der Spiegel 48–11 (1994), S. 94–111 sowie o. V., Schlank, aber lächelnd, in: Der Spiegel 48–46 (1994), S. 114–117.

163 Vgl. Peter Bölke, „Ich werfe Steine ins Wasser", in: Der Spiegel 51–20 (1997), S. 106–107.

164 O. V., Hilfe via Satellit, in: Der Spiegel 50–36 (1996), S. 125–126, hier S. 125.

165 O. V., „Die Lokomotive ist entgleist", S. 114.

166 Die von der Lufthansa 1986 geplante Unternehmensreform zielte noch ganz auf die Spitzenbereiche der Unternehmenshierarchie. Vgl. o. V., Hängen auf Halde. Dagegen plante die Deutsche

zept der Arbeiterselbstverwaltung bot der Mitarbeiterbegriff aber keine Grundlage für die Übernahme des Betriebs durch die Beschäftigten – ‚Mitarbeiter' blieben letzten Endes in einer subalternen Position.

Der Rahmen, in dem sich diese veränderte unternehmerische Praxis wie auch mediale Kommentierung vollzog, war durch die Konzepte der Globalisierung und Digitalisierung abgesteckt. Neue Formen der Arbeitsorganisation wie auch der Vergütung durch Aktienoptionen[167] erschienen anders als in den Dekaden zuvor nicht mehr als politisch motivierte Experimente einzelner progressiver Unternehmer, sondern als Kennzeichen der neuen Wirtschaft. Der IT-Branche gehörte in den Augen der Spiegel-Redakteure die Zukunft[168], sie schuf bereits viele neue Arbeitsplätze[169] und schickte sich an, die Wirtschaft zu „revolutionieren"[170]. Diese Änderungen hin zu einer neuen Wirtschaft konnten jedoch auf Kosten der „Mitarbeiter" gehen, sei es aufgrund verstärkter digitaler Überwachungsmöglichkeiten am Arbeitsplatz oder Verletzungen der Persönlichkeitsrechte[171], sei es durch Wegrationalisierung von Stellen[172] oder durch Überforderung aufgrund ständiger Umstrukturierungen[173].

Hier schrieben sich nun Aspekte in den Mitarbeiterbegriff ein, die dem Erfahrungshaushalt der ‚Arbeiter' entstammten, und entsprechend finden sich Berichte, wie sich ‚Mitarbeiter' aus dem Handlungsarsenal der ‚Arbeiter' bedienten. 1995 hatten sich deutsche Daewoo-„Mitarbeiter" etwa gegen die koreanischen Manager zur Wehr gesetzt, indem sie einen Betriebsrat gründeten und sich Unterstützung der IG Metall sicherten[174]. Ende des Jahrzehnts drohte gar ein Streik von Bankbeschäftigten, die sich so gegen die Kürzung ihres Festgehalts wehren wollten[175]. Auch durch diese erweiterte Handlungsfähigkeit hatte der ‚Mitarbeiter' das Potential, zum idealtypischen Beschäftigtentypus der digitalisierten und globalisierten Wirtschaft zu werden.

Bank nun, ihre Kreditsachbearbeiter mit fast völliger Entscheidungsfreiheit auszustatten. Vgl. o. V., Gestärkte Mitarbeiter, in: Der Spiegel 49–24 (1995), S. 102.

167 Vgl. o. V., Häufig abgeblockt, in: Der Spiegel 46–11 (1992), S. 155 sowie o. V., „Willst Du Cash?", in: Der Spiegel 51–32 (1997), S. 85.

168 Vgl. Thomas Hüetlin, Die Invasion der Datenfresser, in: Der Spiegel 53–16 (1999), S. 98–102.

169 Vgl. etwa o. V., Billige Stützen, in: Der Spiegel 50–28 (1996), S. 72–73.

170 Alexander Jung, www.gründerboom.de, in: Der Spiegel 53–52 (1998), S. 84–87, hier S. 84.

171 Vgl. o. V., Schnüffler im Netz, in: Der Spiegel 45–31 (1991), S. 179–181 sowie Michaela Schießl, Eine Form der Prostitution, in: Der Spiegel 52–47 (1998), S. 106.

172 Vgl. o. V., Dumme Sache, in: Der Spiegel 49–5 (1995), S. 111–113 sowie o. V., Heißer Draht, in: Der Spiegel 49–17 (1995), S. 121–125.

173 Vgl. etwa Wolfgang Reuter, Zu viel und zu schnell, in: Der Spiegel 52–49 (1998), S. 98.

174 Vgl. o. V., Dritte Mahnung, in: Der Spiegel 49–49 (1995), S. 116.

175 Vgl. Wolfgang Reuter, Rauhe Sitten, in: Der Spiegel 53–11 (1999), S. 102–103.

Doch konnte der ‚Mitarbeiter' diesen Erwartungen in den 2000er Jahren gerecht werden? Zunächst sah es nicht danach aus, denn nicht nur der Infineon-Chef Ulrich Schumacher war mit Blick auf die „New Economy" der Meinung, „Mitarbeiter werden Unternehmer"[176]. Schumacher begründete diesen grundlegenden Wandel jedoch recht konservativ, wenn er die Beteiligung der Beschäftigten am Aktienbesitz des eigenen Unternehmens sowie an den variablen Gehaltsbestandteilen festmachte[177]. Tiefer hatte die Analyse des Spiegel-Autors Michael Sauga ein Jahr zuvor gegriffen. Unter Berufung auf den Soziologen Ulrich Beck rief er damals das Zeitalter des „neuen Selbständigen" aus. Er diagnostizierte dabei eine abnehmende Bindung der Beschäftigten an den einzelnen Betrieb, da die IT-Branche ungeahnte Verdienstmöglichkeiten bereithalte[178]. Zweifellos war der Anspruch, „alle Mitarbeiter und Mitarbeiterinnen auf unternehmerisches Handeln [zu] verpflichten"[179], in Managementratgebern und den Sozialwissenschaften weit verbreitet. Der Soziologe Ulrich Bröckling wies jedoch auf ein konstitutives Merkmal dieser Idealfigur hin: „Gemessen an ihrem Anspruch ist die Produktion unternehmerischer Individuen [...] zum Scheitern verurteilt. Weil die Anforderungen unabschließbar sind, bleibt alles Bemühen ungenügend; weil sie unvollständig und widersprüchlich sind, zeitigen sie nichtintendierte Effekte."[180]

Tatsächlich thematisierten die Artikel, die der Spiegel in den 2000er Jahren unter Verwendung des Mitarbeiterbegriffs über die Globalisierung und zur neuen Arbeitswelt veröffentlichte, kaum noch positive Seiten. Eine Ausnahme stellte die „Telearbeit" dar, die zwar als Antwort auf die zunehmende globale Vernetzung und Konkurrenz eingeführt wurde, aber mit Blick auf die Vereinbarkeit von Familie und Beruf auch den Interessen der Beschäftigten entgegenkam[181]. In anderen Fällen positiver Berichterstattung fungierte der ‚Mitarbeiter' dagegen nur als Machtattribut[182] oder als Ausweis für die „Präzision [...] des weltweit agierenden Kapitalismus", die das Leben der Beschäftigten nachhaltig prägte[183]. Wirkliche Gestaltungs- und hohe Verdienstmöglichkeiten beschränkten sich laut Spiegel auf einen sehr

---

176 Dinah Deckstein/Gabor Steingart, „Mitarbeiter werden Unternehmer", in: Der Spiegel 54–11 (2000), S. 119–121.

177 Vgl. ibid., S. 121.

178 Sauga, Ende des Proletariers, S. 116.

179 Bröckling, Das unternehmerische Selbst, S. 12.

180 Ibid., S. 283.

181 Vgl. Janko Tietz, Zu Hause im Dienst, in: Der Spiegel 60–51 (2006), S. 86–87.

182 Wenn etwa ein 22-jähriger Chef einer Softwarefirma vorgestellt wurde, dessen Wichtigkeit unter anderem dadurch belegt wurde, dass er weltweit Kunden und Mitarbeiter habe. Vgl. Alexander Jung, Erst powern, dann Party, in: Der Spiegel 54–31 (2000), S. 54–57.

183 Ralf Hoppe, Die Weltbürste, in: Der Spiegel 59–26 (2005), S. 108–113, hier S. 108.

exklusiven Kreis von „Mitarbeitern" der großen Investment-Banken[184]. Hier kehrte der elitäre Mitarbeiterbegriff der 1960er Jahre in übersteigerter Form wieder, stellte er doch eine Personifizierung der Triebkräfte der Globalisierung dar, die den Zeitgenossen von Politik und Medien ansonsten oft nur als anonyme „Veränderungsdynamiken" präsentiert wurden[185].

Der Spiegel-Autor Christoph Pauly machte dagegen klar, dass der anstehende Umbau der „Deutschland AG" nicht zuletzt auf enge persönliche Netzwerke zwischen Investmentbankern und Industriemanagern zurückging. So war Paul Achleitner bei Goldman Sachs tätig, bevor er in den Vorstand der Allianz wechselte. Für deren Umbau griff Achleitner wiederum auf die Expertise seines vorherigen Arbeitgebers zurück[186]. 2006 strebte die Allianz dann an, selbst zur „Speerspitze der Globalisierung" zu werden. Die damit verbundene „Kulturrevolution" verlangte von den „Mitarbeitern" jedoch ein hohes Maß an Anpassungsleistung[187]. Dies wurde zum Basso continuo der Berichterstattung über die neue Arbeitswelt und Globalisierung. Beklagt wurde, dass Beschäftigte steigendem Leistungsdruck ausgesetzt seien[188], unter betrieblichen Sparmaßnahmen litten[189], im schlimmsten Fall aus nichtigen Gründen entlassen oder mit der Drohung, Arbeitsplätze ins Ausland zu verlagern, zu Zugeständnissen gedrängt würden[190]. Als Begleiterscheinung des Endes der „Deutschland AG" kam es zudem zu einem Abbau von Mitbestimmungsrechten, wenn ein deutsches Unternehmen im Zuge einer Fusion aus der bundesrepublikanischen Rechtsgemeinschaft ausschied[191].

Solche Entwicklungen stellten das gerade auch von Unternehmen in der alten Bundesrepublik familiär überhöhte Mitarbeiterbild, wie es Anton Tautscher propagiert hatte, grundsätzlich infrage. Die Beziehung zu den Beschäftigten wurde,

---

184 Vgl. Christoph Pauly, Die Kirche des Kapitalismus, in: Der Spiegel 55–2 (2001), S. 72–75, ders., Kartell der Kassierer, in: Der Spiegel 60–3 (2006), S. 60–63 sowie Christoph Pauly, Gier mit Garantie, in: Der Spiegel 64–5 (2010), S. 72.

185 Vgl. Jan Eckel, Politik der Globalisierung, in: VfZ 68–3 (2020), S. 451–480, hier S. 454 (Zitat), 467, 471 f.

186 Pauly, Die Kirche des Kapitalismus, S. 75.

187 Michaela Schießl, Der blaue Planet, in: Der Spiegel 60–31 (2006), S. 64–67, hier S. 64. Vgl. zudem Christoph Pauly, Die Rache der Vertreter, in: Der Spiegel 59–40 (2005), S. 96–97.

188 Vgl. etwa Klaus-Peter Kerbusk, Die Welt vermöbeln, in: Der Spiegel 57–4 (2003), S. 61–62 sowie Astrid Langer, Hoher Verschleiß, in: Der Spiegel 63–9 (2009), S. 90.

189 Vgl. etwa Clemens Bomsdorf/Jörg Schmitt, Nadelstreifen in der Holzklasse, in: Der Spiegel 57–45 (2003), S. 106.

190 Vgl. etwa Bruno Schrep, Geräuschlos gefeuert, in: Der Spiegel 57–23 (2003), S. 50–52, ders., Der Bienenstich-Paragraf, in: Der Spiegel 63–49 (2009), S. 46–51 sowie o. V., IT-Mitarbeiter sollen freiwillig gehen, in: Der Spiegel 64–26 (2010), S. 68.

191 Vgl. o. V., Weniger Rechte für Mitarbeiter, in: Der Spiegel 54–16 (2000), S. 82.

wie es schien, nun unter das Primat der Ökonomie gestellt. Durch den Abbau von Mitbestimmungs- und der Missachtung von Arbeitsrechten[192] geriet überdies der Arbeitnehmerstatus in Gefahr. Der ‚Mitarbeiter' nahm dadurch wiederum deutlicher die Gestalt des ‚Arbeiters' an. Dies war aber nur eine Facette, denn auch eine Vergesellschaftung des Mitarbeiterbegriffs rückte diesen in die Nähe des Arbeiterbegriffs. So verliehen die massiven Datenskandale, deren Opfer die Beschäftigten von Dresdner Bank, Lidl, Deutscher Telekom, Deutscher Bank und Deutscher Bahn wurden[193], dem Mitarbeiterbegriff Relevanz für die immer stärker digitalisierte Gesellschaft, zumal solche innerbetrieblichen Praktiken, die zunächst die Mitarbeiter betrafen, unter den Bedingungen einer Konsumgesellschaft früher oder später auch die Verbraucherinnen und Verbraucher tangierten[194].

Ein letzter Aspekt, der den Mitarbeiterbegriff ‚verarbeiterlichen' ließ, war schließlich die deutliche Zunahme von Arbeitskämpfen, über die der Spiegel unter dem Rubrum ‚Mitarbeiter' vor allem ab Mitte des Jahrzehnts, also ausgerechnet nach dem Ende der sozialrechtlichen Unterscheidung von ‚Arbeitern' und ‚Angestellten', berichtete[195]. Daneben ließ schon 2001 ein Bericht über den Wunsch von frustrierten Beschäftigten von Start-ups, in traditionellen Konzernen ihre Karriere fortzusetzen[196], aufhorchen. 2005 folgte dann ein Interview mit Michael Sommer, in dem erstmals im Spiegel-Sample der Mitarbeiterbegriff prominent mit dem DGB, und damit mit einer überbetrieblichen Instanz, in Verbindung gebracht wurde[197]. Und selbst einer der Artikel, die über Fehlverhalten berichteten, drehte sich am Ende des Untersuchungszeitraums um mögliche Vergehen bei einer Betriebsratswahl – das heißt einer dezidierten Arbeitnehmerinstitution[198].

---

192 Vgl. etwa Frank Dohmen, „Tödlicher Staub", in: Der Spiegel 55–31 (2001), S. 78–79, Barbara Hardinghaus, Die Firma, in: Der Spiegel 62–8 (2008), S. 64–69 sowie Janko Tietz, „System der Angst", in: Der Spiegel 63–44 (2009), S. 80–82.

193 Vgl. etwa o. V., Detektiv bespitzelte Mitarbeiter, in: Der Spiegel 54–41 (2000), S. 119, Frank Dohmen/Klaus-Peter Kerbusk, Die Männer von KS 3, in: Der Spiegel 62–47 (2008), S. 122–126 sowie Frank Dohmen/Wolfgang Reuter, Systematische Überwachung, in: Der Spiegel 63–17 (2009), S. 74–75.

194 Vgl. etwa Gunther Latsch, Tödlicher Qualm, in: Der Spiegel 56–4 (2002), S. 46–49, Jörg Schmitt, Altes Fleisch in neuen Folien, in: Der Spiegel 59–12 (2005), S. 58 sowie Susanne Amann, Geradezu verramscht, in: Der Spiegel 64–14 (2010), S. 66–67.

195 Vgl. etwa o. V., Mitarbeiter drohen mit „heißem Sommer", in: Der Spiegel 60–29 (2006), S. 58, o. V., Mitarbeiter verlieren weniger, in: Der Spiegel 61–26 (2007), S. 73, o. V., Mitarbeiter mucken auf, in: Der Spiegel 63–36 (2009), S. 70 sowie o. V., IT-Mitarbeiter planen Großaufstand, in: Der Spiegel 64–17 (2010), S. 64.

196 Vgl. Alexander Jung, Großer Schwund, in: Der Spiegel 55–16 (2001), S. 88.

197 Armin Mahler/Michael Sauga, „Da schlägt Geiz in Gier um", in: Der Spiegel 59–7 (2005), S. 92–95.

198 Vgl. Beat Balzli, Stimmen aus dem Nichts, in: Der Spiegel 64–16 (2010), S. 38. Die übrigen Artikel waren überwiegend dem klassischen Vergehen der Bereicherung gewidmet. Vgl. etwa Wolfgang

11.3.4 ‚Mitarbeiter' als neuer ‚Arbeiter'?

Dennoch bleibt Skepsis angebracht, ob der ‚Mitarbeiter' ein gleichwertiger Ersatz für den ‚Arbeiter' sein kann. Auch wenn ‚Mitarbeiter' in sehr unterschiedlichen gesellschaftlichen Feldern wie Wirtschaft, Politik, Medien oder Wissenschaft anzutreffen sind, bleibt es doch ein segmentierter Begriff. Jeder ‚Mitarbeiter' ist feldspezifisch. Der ‚Arbeiter' ist demgegenüber mit sich selbst identisch. So handelt es sich beim ‚Arbeiter' im politischen oder kulturellen Feld letztlich um Repräsentationen des ‚Arbeiters' aus dem wirtschaftlichen Feld. Selbst in den 2000er Jahren finden sich im Spiegel keine Artikel, die eine Übersetzung von ‚Mitarbeiter' aus dem wirtschaftlichen in das politische Feld schildern, also keine Fälle, in denen Politiker sich Problemen angenommen hätten, die Mitarbeiter in ihren Betrieben bewegten. Diese elementare politische Funktion üben weiterhin der Arbeiter- und Arbeitnehmerbegriff aus. So vermeldete der Spiegel 2009: „Nach den Spähskandalen bei Bahn, Telekom und Lidl entdeckt die Politik den Datenschutz für Arbeitnehmer wieder"[199].

Zum Zweiten fällt die unterschiedliche temporale Signatur ins Gewicht. Mit seiner primär präsentistischen Ausrichtung steht der ‚Mitarbeiter' näher beim ‚Arbeitnehmer' als beim ‚Arbeiter'. Endet das den Mitarbeiter- oder Arbeitnehmerstatus begründende Arbeitsverhältnis, verliert die betroffene Person diesen wie jenen Status. Nur in seiner Authentifizierungsfunktion weist ‚Mitarbeiter' eine temporale Resilienz auf, insofern als frühere Mitarbeiter immer noch ihre Aussagen mit Verweis auf ihre vorherige Beschäftigung legitimieren können, sei es in der Rolle als Experte oder als Whistleblower. Gleichwohl sind beide Begriffe, ‚Mitarbeiter' wie ‚Arbeitnehmer', eher systemintegrativ, was auch in ihrer temporalen Struktur begründet liegt. Der ‚Arbeiter' bewegt sich aufgrund seiner Vergangenheit, Gegenwart und Zukunft gleichermaßen umfassenden Zeitstruktur zwischen einer Position des Außen und einer des Dazwischen.

Nimmt der ‚Mitarbeiter' im Zuge der Globalisierung eine ähnliche Stellung ein? Zumindest für eine kurze Zeit lassen sich solche Tendenzen beobachten. Denn wenn durch die Globalisierung angeblich externe Systemzwänge auf die Bundesrepublik einwirken, wenn ganz konkret deutsche Betriebe ihren Sitz ins Ausland verlagern und dadurch aus dem deutschen Mitbestimmungsrecht ausscheiden, wächst dem Mitarbeiterbegriff eine kritische Funktion zu. Wenn Mitarbeiter um den Schutz

---

Krach/Georg Mascolo, Aktien für den Bonbon-Fonds, in: Der Spiegel 55–30 (2001), S. 64–65 sowie o. V., Ermittlung gegen Dekra-Mitarbeiter, in: Der Spiegel 62–51 (2008), S. 70.

199 An diesem Befund ändert auch nicht, dass noch einschränkend der Nachsatz „und vertagt ihn auf die Zeit nach der Wahl" folgte. Markus Dettmer, Dimension des Spitzelns, in: Der Spiegel 63–18 (2009), S. 56.

ihres rechtlichen und sozialen Besitzstandes kämpfen, wirken sie gegenüber der Globalisierung als retardierendes Element. Sie verorten sich dann außerhalb dieses Prozesses. Jedoch ist fraglich, wie lange der ‚Mitarbeiter' eine solche Position einnehmen kann, denn er bleibt auf den konkreten Betrieb bezogen, und wenn dieser seinen rechtlichen Status ändert, so kann sich der ‚Mitarbeiter' nicht auf Dauer einer Anpassung an die neuen Verhältnisse entziehen. Ohnehin zeigte das Beispiel des Mitarbeiterbegriffs im Kontext des Ministeriums für Staatssicherheit, dass ‚Mitarbeiter' wohl nur in einer Transformationsphase ein gesamtgesellschaftlich relevantes kritisches Potential entwickeln können, indem sie aus der zuvor existierenden normativen Ordnung herausrücken. Sobald die Globalisierung normalisiert wird, wird wohl auch der ‚Mitarbeiter' stabilisierend im Rahmen dieser neuen Normalität wirken.

11.4 Fazit

Über den ‚Arbeiter' an sich, über den ‚Arbeiter' als kultur- und gesellschaftsprägende Kraft schrieb der Spiegel nach dem Kalten Krieg kaum noch. Geradezu paradigmatisch lautete der Titel eines Artikels, der noch im kulturellen Feld angesiedelt war, „Der letzte Arbeiter". Unter dieser Überschrift fand sich ein Interview mit der Filmemacherin Ute Diehl, die seit 1979 das Leben der Kölner Arbeiterfamilie Fußbroich dokumentiert hatte. Anlass des Interviews war die Ausstrahlung der letzten Folge dieser Serie[200]. Als politischer Faktor traten die ‚Arbeiter' noch einmal kurz in Erscheinung, als es darum ging, den Niedergang der SPD zu verhandeln. Hier wurde interessanterweise nicht diskutiert, ob die Arbeiterschaft überhaupt noch eine politische Größe war, dies war vielmehr als Prämisse stillschweigend vorausgesetzt. Herausgestellt wurde die Distanz der ‚Arbeiter' zur SPD als Ursache für deren Misere[201]. Und tatsächlich finden sich im Sample bis zuletzt Berichte über fortbestehende Benachteiligungen und Probleme, mit denen die Arbeiterinnen und Arbeiter zu kämpfen haben[202], und die der politischen Bearbeitung bedürfen. Hatte sich also vielleicht weniger die Realität als vielmehr die Diskurse geändert?

200 Vgl. o. V., „Der letzte Arbeiter", in: Der Spiegel 58–22 (2004), S. 182.

201 Vgl. Guido Kleinhubbert, Niedergang ohne Beispiel, in: Der Spiegel 60–31 (2006), S. 38–39 sowie Horand Knaup, „Anschluss verloren", in: Der Spiegel 60–44 (2006), S. 28.

202 Vgl. Alexander Neubacher/Michael Sauga, Lohn für Lebensleistung?, in: Der Spiegel 60–6 (2006), S. 70–72, Markus Verbeet/Marc Widmann, Der späte Tod, in: Der Spiegel 60–45 (2006), S. 40–42, o. V., „Beschämende soziale Selektion", in: Der Spiegel 61–26 (2007), S. 17 sowie Irina Repke, Diplom für Arbeiter, in: Der Spiegel 61–41 (2007), S. 70.

Die Veränderung der Sprache schlug sich, wie eingangs erwähnt, in einer Verschiebung der Arbeiterkomposita nieder. ‚Arbeiter' wurde vom Bestimmungs- zum Grundwort. Doch ging damit ein Bedeutungsverlust des ‚Arbeiters' einher, oder zeigte sich darin nicht auch seine Anpassungsfähigkeit? Exemplarisch habe ich drei dieser Komposita betrachtet. ‚Gastarbeiter' und ‚Zwangsarbeiter' sind Begriffe, die den Arbeiterbegriff segmentieren, insofern als sie nur eine Teilmenge der Arbeiterschaft repräsentieren. Selbst der Mitarbeiterbegriff, der umfassender als die sozialrechtlichen Kategorien ‚Arbeiter' und ‚Arbeitnehmer' ist, lässt sich unter den ‚Arbeiter' als *anthropologische Grundkonstante* subsumieren. In letzter Instanz fügen die untersuchten Arbeiterkomposita dem Hauptbegriff keine neue Bedeutungsdimension hinzu, vielmehr bringen sie bestimmte Aspekte des Arbeiterbegriffs pointiert zum Ausdruck.

Dennoch verändert sich das Arbeiterbild, wenn ‚Arbeiter' vor allem als Kompositum in Erscheinung tritt. Schwieriger wird es beispielsweise, politische Relevanz zu vermitteln, wenn lediglich einzelne Gruppen thematisiert werden, ohne dabei Bezüge zur Gesamtarbeiterschaft herzustellen. Überdies kamen nun verstärkt solche Merkmale des ‚Arbeiters' zum Vorschein, die ihn nicht als wertvolle Ressource auswiesen (wie dies bei ‚Arbeiterkultur' oder ‚Arbeiterbewegung' der Fall gewesen sein mochte), sondern die das Negative herausstellten. ‚Zwangsarbeiter' ist nicht nur der Inbegriff von Heteronomie, sondern er trat in den späten 1990er Jahren aufgrund seiner Koppelung mit der Geschichte des Nationalsozialismus als ein Atavismus in Erscheinung. Damit, so ist zu vermuten, verfestigte er das seit Mitte der 1980er Jahre aufgekommene Narrativ des ‚Arbeiters' als des Rückständigen, umso mehr, als der Zwangsarbeiterdiskurs explizit mit dem Millennium verbunden wurde. Die Aussage war in beiden Fällen klar: ‚Zwangsarbeiter' wie auch der ‚Arbeiter' an sich waren Relikte der Vergangenheit, derer man sich am besten noch vor Beginn des neuen Jahrtausends entledigte. Ähnlich wirkten, und auch dies wäre noch näher zu prüfen, wohl pejorative Komposita wie ‚Leiharbeiter' oder ‚Billigarbeiter'. Sie wiesen zwar auf Missstände des Neoliberalismus oder der Globalisierung hin, doch taugten sie vor allem zur Artikulation moralischer Empörung. Eine ernstzunehmende politische Agenda ließ sich daraus jedoch nicht entfalten, zu deutlich waren die Betroffenen die *anderen* der Gesellschaft, die überdies von deren Ausbeutung profitierte.

Ein Stück weit rückte der ‚Mitarbeiter' in die Lücke, welche aus der Schwäche des Arbeiterbegriffs resultierte. Er war schon in den frühesten Spiegel-Artikeln mit dem Konzept der Information verbunden. Dies verleiht ihm im Rahmen einer Wissensgesellschaft gesamtgesellschaftliche Relevanz. Deckte der ‚Arbeiter' in den 1980er Jahren als Bioindikator die Gefahren der Atomkraft, die die ganze Bevölkerung treffen konnten, auf, so nahm der ‚Mitarbeiter' eine äquivalente Funktion ein, wenn er datenrechtliche Verstöße von Firmen transparent machte, die früher oder später auch deren Kundschaft betreffen konnten. Und doch blieb seine Handlungsmacht beschränkt, sie war, wie schon bei den Atomarbeitern der 1980er Jahre, nur punktueller Natur. Wenig deutete darauf hin, dass die ‚Mitarbeiter' an gesellschaftlich neuralgischen Punkten saßen und auf diese entscheidenden Einfluss nehmen konnten, wie dies beispielsweise die britischen Bergarbeiter in den 1970er Jahren demonstriert hatten, als sie mit ihren Streiks die Energieversorgung des ganzen Landes bedrohten. Ohne vergleichbare Machtmittel fällt es jedoch schwer, als politisch Handelnder in Erscheinung zu treten und selbst eine Agenda zu bestimmen, die über das Bestehende hinausweist.

Eine letzte Frage ist noch offen: Brauchen wir, um die neue Wirklichkeit „nach dem Boom" zu beschreiben, neue Begriffe? Die Frage ist für den „Nach dem Boom"-Ansatz entscheidend, denn wäre sie zu verneinen, so wäre auch die Berechtigung der These, dass sich seit den 1970er Jahren Strukturbrüche revolutionärer Qualität vollzogen, zu hinterfragen. Zugleich ist diese Frage äußerst heikel, denn sie droht in einer Tautologie zu enden oder gemäß den eigenen politischen Präferenzen entschieden zu werden. Die Frage kann und soll daher weder abschließend noch umfassend beantwortet werden. Ich beschränke mich stattdessen auf einige Gedanken zum Arbeiterbegriff.

Begründbar ist in seinem Fall sowohl die Annahme eines Bruchs, denn zweifellos veränderten sich Sprache und Wahrnehmung der Zeitgenossen, als auch die Annahme von Kontinuität. Denn der Arbeiterbegriff blieb ja präsent, und gerade die verstärkt aufgetretenen Komposita verweisen auf spezifische ‚Arbeiter'probleme, die über den gesamten Untersuchungszeitraum hinweg zur Sprache gebracht wurden. Interessant ist in diesem Zusammenhang die Entwicklung des Mitarbeiterbegriffs, der im Spiegel eine „Demokratisierung" im Sinne Kosellecks durchlief und nun nicht mehr vorrangig der Legitimierung einer Sprecherrolle dient, sondern die Zustände in Betrieben skandalisiert. Wie es scheint, veränderte sich lediglich die Beschreibung der Probleme, nicht aber die Probleme selbst. Hier tritt nun die Verflechtung des ‚Arbeiters' mit dem Körper wie auch mit dem kapitalistischen Produktionsregime als Kontinuitätsanker in Erscheinung. Arbeit wird nach wie vor körperlich erfahren, und auch das Fortbestehen des Kapitalismus wird, wenn auch in gewandelter Form, nicht bestritten. Der Arbeiterbegriff stand, im Gegensatz zum ‚Mitarbeiter', für eine Form der Problembewältigung, die über das Bestehende hinauswies, weil der ‚Arbeiter' in letzter Instanz untrennbar mit der Vorstellung des ‚Menschen' verknüpft war. Dies machte eine Humanisierung der Wirtschaft wie auch der Gesellschaft denkbar, und hierfür, so scheint mir, ist noch kein alternativer Begriff gefunden. Man sollte, und dies ist mein normatives Urteil, den ‚Arbeiter' nicht vorschnell aufgeben.

12 Schlussbetrachtung

„Es gibt noch Arbeiter in Deutschland“. Gilt diese von Willi Michels 1969 im Spiegel getätigte Aussage auch heute noch? Diese Frage lässt sich kaum mit einem einfachen Ja oder Nein beantworten, zumal die Antwort vom gewählten Ansatz abhängt. Viele zeitgenössische sozialwissenschaftliche Studien wie auch spätere sozialgeschichtliche Arbeiten trugen zahlreiche Indizien zusammen, die den Schluss nahelegten, die Frage zu verneinen. Zieht man prägende Deutungen der letzten Dekaden hinzu, erscheint das Nein alternativlos. Egal ob Individualisierung, Deindustrialisierung, Wertewandel, egal ob Risikogesellschaft, Erlebnisgesellschaft oder Konsumgesellschaft, sie alle postulieren ein mehr oder weniger geräuschloses Aufgehen der Arbeiterschaft in der Gesamtbevölkerung. Knud Andresen brachte dies auf den Punkt:

> [A]ber es ist auffällig, dass die lange Zeit vom Marx'schen historischen Optimismus beseelte Arbeiterklasse und ihr spezifisches ‚Klassenbewußtsein‘, das Teile der Arbeiterschaft politisch, aber auch habituell prägte, als soziales Phänomen wie als diskursive Referenz nahezu vollständig verschwunden sind.[1]

In diesem Zitat deutet sich bereits das Problem an. Was verschwunden ist, was seine Prägekraft verloren hat, ist eine ganz spezifische und zugleich sehr voraussetzungsreiche Variante des Arbeiterkonzepts. Eine andere Perspektive eröffnen die Überlegungen Edward P. Thompsons, denn „Klasse“, so referierte Andresen, „sei eine ‚Beziehung‘ und damit ein historisches Phänomen, keine Struktur oder Kategorie, die überzeitlich existiert und aus dessen Existenz sich ein Klassenbewusstsein gesetzmäßig ableiten ließe.“ Andresen leitete daraus die Aufgabe ab, die sich in der Bundesrepublik vollziehende „Erosion“ der „Arbeiterklasse“ zu erforschen[2]. Wenn die Klasse aber historisch und folglich kontingent ist, deren Erosion als mindestens so wahrscheinlich erscheinen muss wie ihr Fortbestand, stellt sich die Frage, ob Erosion tatsächlich die angemessene Forschungsperspektive ist, da sie das historisch einmal Erreichte zum Maßstab erhebt. Sollte also nicht eher der „Wandel der Arbeiterschaft“[3], von dem auch Andresen sprach, in den Blick genommen werden? Statt auf ein striktes Klassifikationsschema zu setzen, könnte man, wie Didier Eribon forderte, „die Dimension der historischen Zeit wieder einführen.“[4] So ließe sich die Entwicklung ergebnisoffen untersuchen.

1 Andresen, Gebremste Radikalisierung, S. 9.

2 Ibid., S. 18.

3 Ibid., S. 16.

4 Eribon, Rückkehr, S. 80.

 https://doi.org/10.1515/9783111086569-013

Der Ausgangspunkt meiner Arbeit lautete zwar auch: Warum hat das Konzept ‚Arbeiter' so stark an gesellschaftlicher Bedeutung eingebüßt? Unter Rückgriff auf die Wissensgeschichte habe ich ‚Arbeiter' jedoch als eine Ressource konzipiert. Dies wirkte sich in dreifacher Hinsicht auf das Vorgehen aus. Statt, *erstens*, von einer Erosion der Arbeiterklasse auszugehen, kehrte sich die Erwartungshaltung um. Unter der Voraussetzung, dass auch der Ressource ‚Arbeiter' ein spezifischer Wert zukommt, wäre als normaler Verlauf zu erwarten gewesen, dass unterschiedliche Akteure am Erhalt ihres Wertes interessiert sein und diesen durch Aktualisierungen sicherzustellen versuchen würden. Es ging in der vorliegenden Studie, *zweitens*, also nicht um die soziale Formation der Arbeiterschaft[5]. Arbeiter konnten folglich auch keine herausgehobene Stellung reklamieren, etwa als Zeitzeugen mit Vetorecht. Im Mittelpunkt standen vielmehr Akteure, die in unterschiedlichen Feldern das Ziel verfolgten, die Ressource ‚Arbeiter' nutzbar zu machen: Journalisten, Gewerkschaftsfunktionäre, Filmschaffende und Wissenschaftler. *Drittens* eröffnete sich die Möglichkeit, eine andere Position zu den oben genannten zeitgenössischen sozialwissenschaftlichen Deutungen zu beziehen: Individualisierung oder Deindustrialisierung sind zwar Konzepte, mit denen sich die Entwicklung der Arbeiterschaft deuten lässt; weniger Erklärungskraft haben sie, wenn es um das Konzept ‚Arbeiter' geht. Hier erlangen sie nur insoweit Relevanz, wie die untersuchten Akteure sie bei ihrer Konstruktion oder Dekonstruktion des ‚Arbeiters' selbst heranzogen. Sie sind dann aber keine zwangsläufigen Basisprozesse, sondern an spezifische Akteure gebundene Perspektiven, die als solche partikular und kritisierbar bleiben.

Die Frage nach dem Bedeutungsverlust der ‚Arbeiter' ließ sich nun wie folgt operationalisieren: Was brachte es den Akteuren, wenn sie am Arbeiterkonzept festhielten? Derart gestellt, setzt auch diese Frage bewusst einen Kontrapunkt zum weitverbreiteten Niedergangsnarrativ. Denn es kamen mit der Personengruppe Arbeiter des DGB, dem Genre Arbeiterfilm sowie dem Forschungsinstitut für Arbeiterbildung (FIAB) Institutionen und Phänomene in den Blick, die überhaupt erst in den 1970er Jahren entstanden sind. Statt Strukturen oder Basisprozesse rückten dadurch konkrete, handlungsfähige Akteure in den Fokus, die sich in spezifischen Feldern bewegten: Gesellschaftspolitik, Recht, Kultur und Wissenschaft. Da ein jedes dieser Felder über eigene Logiken und Zeitstrukturen verfügt, versprach dieser Ansatz differenzierte Antworten zu liefern.

Um dennoch eine Vergleichsmöglichkeit zu schaffen, war es nötig, gemeinsame Bezugspunkte zu setzen. Dies war, *erstens*, der Arbeitnehmerbegriff. Wie sich zeigte, steht dieser in einem ambivalenten Verhältnis zum Arbeiterbegriff. Als Ersatzbe-

5 Hierzu legte Lutz Raphael eine Pionierstudie vor: Raphael, Jenseits von Kohle.

griffe konkurrieren ‚Arbeitnehmer' und ‚Arbeiter' unmittelbar miteinander, doch als ein auf einer übergeordneten Ebene angesiedelter Containerbegriff vermag der Arbeitnehmerbegriff dem spezifischeren Arbeiterbegriff auch zu neuer Relevanz zu verhelfen.

Zugleich drohte die gewählte Herangehensweise die *agency* der untersuchten Akteure zu stark zu gewichten. Aber auch deren Handeln war durch diverse Strukturen geprägt, die mal einschränkend, mal fördernd auf ihre Vorhaben wirkten. Als *zweiter* Bezugspunkt bot sich aufgrund des Hauptuntersuchungszeitraums und des wissensgeschichtlichen Ansatzes der Übergang von der Moderne in die Postmoderne an. So problematisch diese Begriffe auch sind, taugen sie doch als Heuristiken, zumal sich feldspezifische dichotome Indikatorenpaare für beide Konzepte ableiten ließen: das Allgemeine und das Besondere (Recht, Gesellschaftspolitik), Faktizität und Fiktionalität (Kultur), Verwissenschaftlichung des Sozialen und Sozialisierung der Wissenschaft (Wissenschaft).

Die Funktionen der Ressource ‚Arbeiter'

Wie viel Akteure gewinnen konnten, wenn sie auf die ‚Arbeiter' setzten, zeigte sich am eindrücklichsten bei den Filmschaffenden. Es waren, wie im Fall von Christian Ziewer, junge Künstlerinnen und Künstler, denen der WDR zu Beginn der 1970er Jahre ein beachtliches Budget zur Verfügung stellte, um Arbeiterfilme zu drehen. Gleich mit seinem ersten Spielfilm „Liebe Mutter, mir geht es gut" feierte Ziewer ein umjubeltes Debüt auf der Berlinale. Landesweit erschienen in den Feuilletons Kritiken, in den allermeisten Fällen sehr positive. Als „besonders wertvoll" zeichnete ihn die Filmbewertungsstelle Wiesbaden aus, und im Hauptprogramm der ARD erreichte „Liebe Mutter" ein Millionenpublikum. Was die Fernsehzuschauer zu sehen bekamen, war nicht nur aufgrund des gebotenen Inhalts, sondern auch des Formats wegen ungewohnt. Ein Sprecher fasste die Handlung schon zu Beginn zusammen, Zwischentitel unterbrachen den Handlungsfluss, immer wieder nahm der Spielfilm Züge einer Dokumentation an. Laut Ziewer war dies nötig, um eine Filmsprache zu entwickeln, die der Wahrnehmungsweise der Arbeiterinnen und Arbeiter entsprach. Innerhalb kürzester Zeit stieg er dadurch zum Hauptvertreter der Berliner Schule des Arbeiterfilms auf.

Die Ressource ‚Arbeiter' konnte damals eine solche Wirkung entfalten, weil sie in dreifacher Weise eine *Kritikfunktion* ausfüllte: Sie machte gesellschaftliche Missstände, feldspezifische Desiderate und organisationsbezogene Defizite sichtbar. So prangerte Ziewer mit seinen Filmen die Machtlosigkeit der Arbeiterschaft in den Betrieben an. Den hierfür nötigen Zugang zu den Ressourcen der Sendeanstalten erhielt er, weil damals ein breiter Konsens über die zu geringe Präsenz von ‚Arbeitern' in den Medien herrschte. Dennoch stellte die Ausstrahlung der Arbeiterfilme im öffentlich-rechtlichen Rundfunk ein Politikum dar, das immer wieder Debatten über die politische Verortung der Sendeanstalten auslöste, denen, je nach politischer Couleur, Propaganda oder Zensur vorgeworfen wurde. Dieses Muster wiederholte sich in den anderen Feldern. Die Schaffung der gewerkschaftlichen Arbeiterpolitik war durch das geringe gesellschaftliche Prestige der Arbeiterschaft motiviert und zeigte die feldspezifische Notwendigkeit auf, mit Nachdruck einen einheitlichen Arbeitnehmerstatus zu schaffen. Zugleich war sie eine Reaktion auf die bisherige Sprach- und Organisationspolitik des DGB, die den ‚Arbeiter' völlig dem Arbeitnehmerbegriff unterordneten, ‚Angestellte' und ‚Beamte' aber weiterhin sprachlich und organisatorisch heraushoben. Die Gründung des FIAB wiederum erfolgte als Reaktion auf das angebliche Bildungsdefizit der Arbeiterschaft. Mit der Methodologie der arbeitnehmerorientierten Wissenschaft adressierte das Institut das feldspezifische Desiderat, für Probleme abhängig Beschäftigter wissenschaftlich fundierte Lösungsansätze zu erarbeiten. Ins Grundsätzliche gewendet strebte die IG Metall, die das Institut gemeinsam mit der Ruhr-Universität Bochum (RUB) und dem Land Nordrhein-Westfalen trug, eine Sozialisierung der Wissenschaft an. Da Forschung, so die Prämisse, notwendig perspektivgebunden ist, also nicht objektiv sein kann, sollte sie so offen für die Interessen der Arbeitnehmerschaft sein, wie sie es in Form der Auftragsforschung für Wirtschaftsinteressen schon längst war.

Eng mit der Kritikfunktion der Ressource ‚Arbeiter' verbunden ist ihre *Etablierungsfunktion*. Egal ob im Feld der Gesellschaftspolitik, der Kultur oder der Wissenschaft – ‚Arbeiter' markierte das Fremde. Wer dieses Fremde in das jeweilige Feld zu integrieren vermochte, konnte sich dadurch, wie die Arbeiterfilmer, die Personengruppe Arbeiter und das FIAB, einen ganz eigenen Status erwerben. Eine Brückenfunktion nahmen dabei oft die Konzepte ‚Arbeitnehmer' und ‚Arbeitnehmergesellschaft' ein, die auch das Eigene im ‚Arbeiter' aufscheinen ließen und ihn dadurch als potentiell integrationsfähig auswiesen. Dies ließ sich bei den Arbeiterfilmen und beim FIAB beobachten, die es in einer antagonistischen Klassengesellschaft in dieser Form nicht gegeben hätte. Die in Angriff genommene Integration der ‚Arbeiter' in ein neues Feld war dennoch von Irritationen der bestehenden Funktionsweisen begleitet. Am deutlichsten zeigte sich dies beim DGB, dessen Spitze die Etablierung einer gewerkschaftlichen Arbeiterpolitik als Gefahr für ihr Ziel, die drei sozialversicherungsrechtlichen Statusgruppen in einem einheitlichen Arbeitnehmerstatus aufzuheben, begriff und über Jahre hinweg heftig bekämpfte. In abgeschwächter Form stieß der Aufbau des FIAB auf Widerstand seitens der RUB und der Landesregierung. Als Streitpunkt erwies sich hier die von der IG Metall offensiv vertretene Perspektivgebundenheit der Wissenschaft als Schritt hin zu ihrer Sozialisierung.

Diese Irritationen begründeten aber auch die *Innovationsfunktion* der Ressource ‚Arbeiter', wobei es sich strenggenommen um die positive Seite der Kritikfunktion handelt. Die von Christian Ziewer entwickelte neue Filmsprache wurde bereits erwähnt, doch innovativ zeigte er sich auch im Bereich der Produktion. Er band Arbeiter in das Verfassen seiner Drehbücher mit ein, wodurch er die Autorenfunktion vergesellschaftete, und ließ sie als Darsteller in den Filmen mitwirken. Diese waren überdies als Lehrfilme angelegt. Dafür wollte Ziewer Streiks möglichst wirklichkeitsnah darstellen, was den Filmen einen dokumentarischen Charakter verlieh. Fiktive Elemente kamen zum Tragen, um den Arbeitern das richtige Verhalten zu vermitteln. Mit alledem etablierte Ziewer den Film als eine soziale Praxis, die weniger die Schöpfung eines Kunstwerks zum Ziel hatte, sondern vielmehr Interaktion und Kommunikation ermöglichen sollte. Eine weite Verbreitung scheint der Ansatz, Film und Fernsehen als soziale Praxis zu betreiben, erst in den 2000er Jahren gefunden zu haben. Damals etablierten sich Formate, die, wie die Arbeiterfilme, auf dem Prinzip der *scripted reality* beruhten und gewöhnlichen Menschen als Darstellern zu Bildschirmpräsenz verhalfen, jedoch ohne ein didaktisches Ziel zu verfolgen. Digitale Plattformen wie Youtube oder TikTok ermöglichten schließlich ein Ausmaß an Interaktivität, das in den 1970er Jahren noch undenkbar war. Nun kann, wie von einigen Akteuren der Arbeiterfilme schon seinerzeit gefordert, jede und jeder die eigene Weltsicht filmisch darstellen und der Öffentlichkeit präsentieren.

Auf ähnliche Weise innovativ wirkte auch das FIAB. Es übernahm, wie erwähnt, den von den Gewerkschaften entwickelten Ansatz der arbeitnehmerorientierten Wissenschaft. Konkret bedeutete auch dies, Arbeiterinnen und Arbeiter nicht als Wissenschaftsobjekt zu fassen, sondern sie als Subjekte in den Forschungsprozess mit einzubinden. Gerade die Tatsache, dass sich die Institutsarbeit mit ihrer Betonung der Perspektivabhängigkeit der Wissenschaft epistemologisch ganz auf der Höhe der Zeit befand, zeigte, wie gut sich das Arbeiterkonzept eigentlich in die postmoderne Landschaft einpassen ließ. Es ist bezeichnend, dass dieser Ansatz einer gesellschaftlichen Öffnung von Wissenschaft noch immer existiert, nun aber unter dem Begriff „Citizen Science" firmiert[6].

In vielerlei Hinsicht als innovativ erwies sich auch die Personengruppe Arbeiter des DGB. Schon Mitte der 1970er Jahre kam sie zu einem Arbeiterverständnis, das geradezu poststrukturalistische Züge trug. Nachdem der ursprüngliche Versuch, zu einer Definition des ‚Arbeiters' zu gelangen, gescheitert war, entwickelte der Arbeitersekretär Karl-Heinz Vorbrücken die Formate „Problemtabelle" und „Problemkatalog". Dem lag die Erkenntnis zugrunde, dass sich der ‚Arbeiter' nur

6 Vgl. Peter Finke, Citizen Science. Das unterschätzte Wissen der Laien, München 2014.

noch näherungsweise über die Identifikation bestimmter Problemkomplexe, also Strukturmerkmale, bestimmen ließ, wobei offenblieb, ob gewisse Merkmale oder zumindest eine bestimmte Anzahl an Merkmalen gegeben sein mussten, um sich als ‚Arbeiter' zu qualifizieren. Mit den Bundesarbeiterkonferenzen der 1980er Jahre suchte die Personengruppe dann nach einem arbeiterspezifischen Veranstaltungsformat, mit dem sie dasselbe Ziel wie das FIAB und die Arbeiterfilme verfolgte: Arbeiterinnen und Arbeiter sollten ihre Erfahrungen als gleichberechtigte Wissensform einbringen und auf Augenhöhe mit Expertinnen und Experten aus der Wissenschaft diskutieren. Diese Plattform nutzte die Personengruppe 1981 und 1985, um die ‚Arbeiter' zu singularisieren, das heißt, es wurde eine Einzigartigkeit herausgearbeitet, um den ‚Arbeitern' einen besonderen Wert zu verleihen. 1981 stand dabei deren arbeitsplatzbedingte Gesundheitsgefährdung im Mittelpunkt. Eine besondere Rolle kam den gefährlichen Arbeitsstoffen zu. Das Risiko, von solchen Stoffen kontaminiert zu werden, stellt ein strukturelles, dauerhaftes Charakteristikum des Arbeiterdaseins dar. Wirft man einen Blick auf die gegenwärtig von verschiedener Seite betriebene Identitätspolitik, dominieren hier *gender*- und *race*-basierte Identitätsangebote. Sie zeichnen sich gerade durch den Anschein des Essentialismus aus, das heißt, ihnen wohnt keine Verlaufsdimension inne. Die gesundheitsbasierte Singularisierung ermöglichte zwar auch eine Essentialisierung des ‚Arbeiters', und doch hatte sie als eine soziale Identität den Vorteil, dass sie transitiv blieb. Jeder konnte ‚Arbeiter' werden, und wem das Gesundheitsrisiko wohlgesonnen war und wer unbeschadet die Arbeitertätigkeit überstanden hatte, konnte auch wieder eine andere soziale Identität annehmen. Für den gesellschaftlichen Zusammenhalt ist diese Offenheit kollektiver Identitäten zentral. 1985 versuchte die Personengruppe Arbeiter eine chronopolitische und anthropologische Singularisierung der ‚Arbeiter'. Was ist damit gemeint? Bei der Diskussion um die Einführung von Industrierobotern und Mikroelektronik in den Betrieben erwiesen sich die ‚Arbeiter' als Kontinuitätsindikator, da sie die Fortexistenz traditioneller Arbeitsweisen auch in der „dritten industriellen Revolution", von der damals die Rede war, bezeugten. Die Einführung der Industrieroboter führte überdies zu einer Revision des sozialwissenschaftlichen und sozialphilosophischen Menschenbilds, das wiederum deutliche Arbeiterzüge trug. Nicht mehr der Verstand taugte als Unterscheidungskriterium von Mensch und Maschine, sondern das praktische, implizite Wissen erwies sich als humanes Alleinstellungsmerkmal[7]. Die Roboter bedrohten damit das Selbstverständnis der Bürger und Intellektuellen, nicht aber das der ‚Arbeiter'.

7 Vgl. Heßler, Die Halle 54, S. 73.

Die drei Fallstudien zeigten deutlich, dass sich die Ressource ‚Arbeiter', soll sie nicht ihre Kritik- und Innovationsfunktion einbüßen, als widerständig gegenüber einem vollständigen Aufgehen im jeweiligen Feld erweisen muss. Dadurch aber gerät sie in eine prekäre Position. Zunächst liegt dies an der profanen Tatsache, dass die Aufrechterhaltung einer solchen kritischen Position einen finanziellen Aufwand erfordert. Überdies haben nicht nur die Kritisierten ein Interesse daran, diesen Zustand zu überwinden und die ‚Arbeiter' wieder loszuwerden, sondern auch die Kritiker können danach trachten, ins jeweilige Establishment aufzusteigen. Denn diejenigen, die die feldspezifische Integration der ‚Arbeiter' betreiben, müssen über die Kompetenz verfügen, die Episteme der Arbeiterinnen und Arbeiter zu verstehen und zu übersetzen. Dadurch aber geben die ‚Arbeiter'-Experten preis, selbst zumindest teilweise außerhalb des Feldes zu stehen. Mit dem Festhalten an der ‚Arbeiter'-Thematik laufen sie Gefahr, sich dauerhaft teilweise oder letztlich wieder ganz aus der feldspezifischen Community auszuschließen. Die Etablierungsfunktion des ‚Arbeiters' droht so über kurz oder lang in eine *Exklusionsfunktion* umzuschlagen.

Für das Ende der Personengruppe Arbeiter im DGB spielte dies keine allzu große Rolle. Die gewerkschaftliche Arbeiterpolitik war zwar gegen den Willen der DGB-Spitze implementiert worden, doch erlangten dadurch keine Newcomer Zugang zum Dachverband. Vielmehr wurde ein Mitglied des Geschäftsführenden Bundesvorstands mit der Leitung betraut, das überdies immer noch ein anderes Ressort zu verantworten hatte. Womöglich kam der sozialdemokratischen Mehrheit im DGB die als unnötig betrachtete Arbeiterabteilung sogar gelegen, denn ihre Leitung wurde bis 1990 Vertretern des christsozialen Flügels, erst Martin Heiß, dann Irmgard Blättel, übertragen, die auf diese Weise von wichtigeren Ressorts ferngehalten wurden. Das Ende der Personengruppe Arbeiter besiegelten daher die Finanzprobleme der Gewerkschaften, welche die Massenarbeitslosigkeit, aber auch die Misswirtschaft der hauseigenen gemeinwirtschaftlichen Betriebe verursacht hatten. Anders stellte es sich beim FIAB und bei den Arbeiterfilmern dar. Als neue Akteure auf einem etablierten Feld fanden sie sich schon bald einem Anpassungsdruck ausgesetzt, dem sie sich letztlich beugten. Dies überrascht nicht, da sowohl Kunst wie auch Wissenschaft mit einem exklusiven Wahrheits- oder Wahrhaftigkeitsanspruch operieren, der sie überhaupt erst als Kunst beziehungsweise Wissenschaft ausweist. Beim FIAB beschleunigte die seit Beginn große Drittmittelabhängigkeit den Anpassungsprozess, während diesen der hohe Institutionalisierungsgrad immer wieder ausbremste. Deutlich wurde dies beispielsweise bei der Debatte um die Umbenennung des Instituts. Unzufriedenheit mit dem Arbeiterbildungsbegriff hatte sich noch vor dem Ende des Ost-West-Konflikts unter dem FIAB-Personal bemerkbar gemacht, doch konnte die Namensänderung erst 2001, mit dem Beginn des neuen Millenniums, realisiert werden. Erleichtert wurde dieser Schritt durch die Verrentung Kurt Johannsons, des von der IG Metall bestellten Gründungsdirektors. Interessanterweise fiel auch beim DGB die beginnende Abwicklung der Personengruppe Arbeiter mit dem Eintritt Irmgard Blättels in den Ruhestand zusammen.

Grundsätzlich anders stellte sich die Funktion der Ressource ‚Arbeiter' im Feld des Tarif-, Arbeits- und Sozialversicherungsrechts dar. Ihr kam hier nicht die Rolle des *Fremden*, des *anderen* zu, sie war vielmehr ein integrativer Bestandteil des Status quo. Ihr Bestand war in diesen Rechtsbereichen grundsätzlich gesichert, da der ‚Arbeiter' hier aufs Engste mit dem jeweiligen Gesamtsystem verwoben war. Jede Reform hing an der Zustimmung von Vetospielern, die wiederum finanzielle Interessen mit der Ressource ‚Arbeiter' verbanden. Diese eignete sich daher als Verhandlungsmasse bei der Lösung ganz anderer Probleme wie etwa der Kindergeld- oder Krankenkassenreform. Zugleich war der Reformbedarf der rechtlichen Kategorie ‚Arbeiter' offensichtlich, da ihre Existenz unter dem Vorbehalt des grundgesetzlichen Gleichheitsgrundsatzes stand. Sobald die Arbeiterschaft nicht mehr die Mehrheit unter der Erwerbsbevölkerung stellte, konnte der ‚Arbeiter' im Rechtsbereich nicht mehr als Ausdruck des Allgemeinen gelten, der allein eine Schlechterstellung der Arbeiterinnen und Arbeiter rechtfertigen konnte. Die Kritik-, Etablierungs- und Innovationsfunktion, die der ‚Arbeiter' in den anderen Feldern ausübte, ließ sich im Rechtsbereich in der zweiten Hälfte des 20. Jahrhunderts nicht mehr realisieren. Jede durch die ‚Arbeiter' mobilisierte Kritik musste vielmehr auf die Abschaffung der Rechtskategorie ‚Arbeiter' zielen, um dem grundgesetzlichen Gleichbehandlungsgebot gerecht zu werden.

Das Ende des ‚Arbeiters' zwischen Postmoderne und Deindustrialisierung

Lassen sich diese Befunde in einen größeren Zusammenhang bringen? Nicht nur durch ihre Entstehung in den 1970er Jahren fallen die betrachteten feldspezifischen Aktualisierungsbemühungen mit dem Beginn größerer Entwicklungen wie der Postmoderne und Deindustrialisierung zusammen, auch ihr Ende in den 1990er Jahren korreliert mit der „Epochenschwelle", die laut Hartmut Berghoff das Ende der „Deutschland AG" in ihrer industriegesellschaftlichen Form markierte[8].

War also doch der Basisprozess der Deindustrialisierung der entscheidende Faktor für die Erosion der Ressource ‚Arbeiter'? Hierfür spräche jedenfalls die Bedeutung der Finanzprobleme, die die Handlungsfähigkeit der Gewerkschaften belasteten und dadurch unmittelbar zur Abwicklung der Personengruppe Arbeiter, mittelbar aber auch zum Ende des FIAB beitrugen. Hinzu traten selbst in der Per-

8 Vgl. Hartmut Berghoff, Die 1990er Jahre als Epochenschwelle? Der Umbau der Deutschland AG zwischen Traditionsbruch und Kontinuitätswahrung, in: HZ 308–2 (2019), S. 364–400.

sonengruppe Arbeiter Anreize, nach völlig neuen Konzepten und Begriffen zu suchen, um bisher unbekannte Phänomene wie die Logistik zu erschließen. Sie stellten gleichsam eine intellektuelle Deindustrialisierung im Sinne einer Distanzierung vom ‚Arbeiter' dar. Andererseits waren es die Gewerkschaften des öffentlichen Dienstes gewesen, die im DGB eine ernsthafte Auseinandersetzung mit den ‚Arbeitern' initiiert hatten, und zwar nicht, weil sie von deren Verschwinden ausgegangen wären[9], sondern von ihrer dauerhaften Präsenz im Industrie- und Dienstleistungssektor. Und selbst nach der Hinwendung zur Logistik stellte niemand im Bundesarbeiterausschuss die Sinnhaftigkeit der Personengruppe Arbeiter infrage. Zu präsent war das Wissen um die anhaltenden Benachteiligungen der ‚Arbeiter'. Mit ihrer Problemtabelle Arbeiter war es der Personengruppe Arbeiter schon Mitte der 1970er Jahre gelungen, die Dauerhaftigkeit des ‚Arbeiters' als Problemsyndrom konzeptionell zu fassen. Die Bundesarbeiterkonferenzen der 1980er Jahre vermittelten dieses Bild dann in die Öffentlichkeit. Auch die Gründung des FIAB stand in einem unmittelbaren Zusammenhang mit der sich vollziehenden Deindustrialisierung des Ruhrgebiets. Und auch hier kam ausgerechnet die Forschungsgruppe um Michael Schuler, die vor Ort die Bildungsfähigkeit von „Werkern" bei VW untersucht und dabei die Änderungen in der Industrie hautnah miterlebt hatte, Ende der 1980er Jahre zu dem Ergebnis, dass die ‚Arbeiterschaft' nichts von ihrer lebensweltlichen Relevanz eingebüßt hatte.

Mit Verweis auf die Deindustrialisierung allein lässt sich das Verschwinden der ‚Arbeiter' also nicht erklären. Welche Rolle spielte die Postmoderne? Ausgehend von den oben genannten Indikatoren für Moderne und Postmoderne verortete sich der ‚Arbeiter' in allen Fällen, wenn auch in unterschiedlich starker Ausprägung, auf der Seite der Postmoderne. Dies überrascht, denn Ulrich Beck koppelte „Arbeiter" im Sinne einer „lebensweltliche[n] Identität sozialer Klassen" eindeutig an die Industriemoderne, die es zu überwinden galt, um zum Zeitalter der *„reflexive[n]* Modernisierung" voranschreiten zu können[10]. Schon zuvor hatte Werner Conze bekanntlich in den Geschichtlichen Grundbegriffen den Industriearbeiter zum „eigentlichen" Arbeiter erhoben[11]. Es wäre daher zu erwarten gewesen, dass die intensive Beschäftigung mit den ‚Arbeitern' in den frühen 1970er Jahren zu einer vergleichbaren Festschreibung geführt hätte. Gerade die zu einem bestimmten Zeitpunkt betriebene Wissensakkumulation hätte demnach eine Stilllegung des

9 Mit Charles S. Maier ließe sich eben dies erwarten, dass gerade das sich abzeichnende Verschwinden der Arbeiterschaft der Anlass war, sich erneut intensiv mit ihr zu beschäftigen. Vgl. Maier, Consigning, S. 809.

10 Vgl. Beck, Risikogesellschaft, S. 14, 151 (H. i. O.). Reflexive Modernisierung und Postmoderne begreife ich in diesem Zusammenhang als Synonyme.

11 Vgl. Conze, Arbeiter, S. 242.

Begriffs, ja dessen Rückführung in ein Wort bedeutet. Diese Vermutung bestätigte sich in den untersuchten Fallstudien jedoch nicht, auch wenn Industriearbeiter dort einen wichtigen Bezugspunkt darstellten. In den drei Arbeiterfilmen von Christian Ziewer durchliefen sie aber eine erstaunliche Wandlung – vom proletarisierten Alfred Schefzyk, einem in einem Wohnheim kasernierten Hilfsarbeiter, hin zu Dieter Wittkowski, der sich bewusst für den Facharbeiterberuf entschieden hat und nur damit ringt, wie er sich moralisch unbeschadet in der Arbeits- und Konsumwelt einrichtet. Ziewer wandte sich von den ‚Arbeitern' ab, gerade weil sie sich als kompatibel mit der neuen Zeit erwiesen und dadurch ihre Alterität eingebüßt hatten. Auch die Personengruppe Arbeiter zeigte sich als äußerst innovativ in ihrem Umgang mit den ‚Arbeitern'. Immer wieder aktualisierte sie diese auf produktive Weise und brachte auch eine Tertiarisierung des Begriffs auf den Weg. Die seit der zweiten Hälfte der 1980er Jahre weitverbreitete Wahrnehmung, der Arbeiterbegriff sei veraltet, korrespondierte also gerade *nicht* mit einer ausgebliebenen Aktualisierung des Begriffs. Vielmehr scheint die Ausflaggung des Arbeiterbegriffs als Anachronismus dem Ende der Aktualisierungsbemühungen zumindest in einigen Bereichen vorausgegangen zu sein.

Betrachtet man den Zeitpunkt, zu dem die ‚Arbeiter' Einzug in die jeweiligen Felder hielten, erscheint deren feldspezifische Verortung in der Postmoderne durchaus plausibel. Die Gewerkschaften hatten sich mit dem ‚Arbeitnehmer' ganz einer Figur des Allgemeinen verschrieben, das Fernsehpublikum unterschied eindeutig zwischen faktentreuer Dokumentation und fiktivem Spielfilm, und auch im Wissenschaftsbetrieb war der Glaube an die Objektivität von Forschung noch verbreitet. Allein die Tatsache, dass die ‚Arbeiter' im Gewand der Kritik das jeweilige Feld betraten, brachte sie in Opposition zu den dort vorherrschenden, von der Moderne geprägten Strukturen.

Aber warum verschwanden die ‚Arbeiter' dann wieder aus all diesen Feldern, wenn sie doch auf der angeblich richtigen Seite der Geschichte standen? Dies könnte zum einen auf eine Schwäche der Postmoderne selbst hindeuten, und sicher ist die Annahme nicht unbegründet, dass diese sich nicht vollständig gegen die Moderne durchgesetzt hat. Man könnte aber auch argumentieren, dass die Postmoderne, anders als die Industriemoderne, konzeptionell an keinen zentralen Akteur gebunden ist. Dann läge es schlicht im freien Ermessen eines jeden, sich mit den ‚Arbeitern' oder eben mit einer beliebig anderen Gruppe oder Sache zu beschäftigen. Umorientierungen fanden in den untersuchten Feldern tatsächlich statt. Christian Ziewer wandte sich chilenischen Exilanten zu, die Personengruppe Arbeiter entdeckte über die LKW-Fahrer die Logistik als ein Phänomen, das alte Gruppengrenzen hinfällig erscheinen ließ. Beim FIAB rückte mit der Berufung von Klaus Dörre zum Institutsdirektor im Jahr 2001 die Frage der Partizipation in den Fokus. Eine dritte Erklärung ergibt sich, wenn man die in Kapitel 6 dargelegte

Grundtendenz der Postmoderne heranzieht. Sie besteht, wie Ulrich Beck ausführte, in einem Kontrollverlust der Menschen über soziale, technische und ökologische Prozesse, die in der Moderne noch beherrschbar erschienen[12]. Dieser Kontrollverlust tritt dem Menschen als Sachzwang, mithin als strukturelle Gewalt gegenüber. Lösungen versprechen gemäß dieser Wahrnehmungsweise struktur- und sachpolitische Ansätze, gegen die die Belange von Akteuren nur schwer zu legitimieren sind. Individualisierung und Singularisierung, um einen Begriff von Andreas Reckwitz aufzugreifen[13], sind vor diesem Hintergrund als Bewältigungsstrategien zu begreifen, um Akteuren trotz allem einen Wert zuschreiben zu können.

Betrachtet man das Ende der Personengruppe Arbeiter, die mit einem Ende der Personengruppenarbeit für Angestellte und Beamte einherging, so war deren Abwicklung ein Teil der vom DGB betriebenen *Struktur*reform. Die Finanzkrise bot dem Dachverband die Möglichkeit, die schon in der frühen Nachkriegszeit angestrebte reine Sachpolitik, mit der der allgemeine Arbeitnehmerbegriff korrespondierte, weitgehend zu verwirklichen. Überdies schrieben die DGB-Funktionäre dem idealtypischen ‚Arbeitnehmer' nun immer stärker angestelltentypische Züge zu, da diese in ihren Augen individualistische Beschäftigtengruppe besser in die neue Zeit passte. Erhalten blieben in den 1990er Jahren nur noch Personengruppen für Frauen und für die Jugend, welche als geschlechts- und altersbezogene Identitäten mit dem an einen Erwerbsstatus geknüpften Arbeitnehmerbegriff nicht konkurrierten. Im FIAB wiederum setzten seit den späten 1980er Jahren Vertreterinnen und Vertreter des gewerkschaftlichen Modernisierungsflügels den Arbeiterbildungsbegriff mit individualisierungstheoretischen Ansätzen konzeptionell unter Druck. Klaus Dörre lenkte den Blick dann auf Strukturmerkmale wie den flexiblen Kapitalismus und die Globalisierung. Doch obwohl dem Kapitalismusbegriff im FIAB nun erstmals eine gewisse Prominenz zugestanden wurde, sah Dörre wissenschaftlich einen neuen „Deutungszyklus" angebrochen, zu dem die ‚Arbeiter' seiner Meinung nach nicht mehr passten. Interessanterweise waren dies aber nicht die einzigen Gründe, die zur Distanzierung des FIAB vom Arbeiterbegriff führten. Eine entscheidende Rolle spielte die Fähigkeit zur Drittmittelakquise bei anerkannten Fördereinrichtungen, die sich nun immer stärker als der eigentliche Zweck der Forschungstätigkeit abzeichnete. Letztlich fielen die ‚Arbeiter' einer Ökonomisierung der Wissenschaft, und damit den herrschenden gesellschaftlichen Machtverhältnissen, zum Opfer. Als Ressource zur Kritik dieses Prozesses hätten die ‚Arbeiter' weiterhin getaugt. Ironischerweise überstand das FIAB ohne den Arbeiterbezug nur noch wenige Jahre. Mitte der 2000er Jahre verfügte die schwarz-gelbe

12 Vgl. Beck, Risikogesellschaft.

13 Vgl. Reckwitz, Gesellschaft.

Landesregierung seine Schließung. Und auch der DGB ging nicht gestärkt aus seiner Strukturreform hervor.

Zweifellos erhellt der Verweis auf die strukturellen Entwicklungen der Postmoderne die Motive, welche der Bereitschaft zur Aufgabe des Arbeiterbegriffs zugrunde lagen. Unter akuten Handlungszwang gerieten die Akteure, sieht man von den Arbeiterfilmen ab, allerdings erst aufgrund der Finanzengpässe, welche die Deindustrialisierung verursachte. Sie sorgten dafür, dass die postmodernen Komponenten der ‚Arbeiter', welche diese als Ressource der Kritik stabilisierten, nicht mehr zum Tragen gebracht wurden. Das Hinausdrängen der ‚Arbeiter' aus den betrachteten Feldern war daher keine Zwangsläufigkeit, sondern Ergebnis freier Entscheidungen, die zugleich einen Kumulationspunkt ganz unterschiedlicher Faktoren darstellten. Auch muss deutlich betont werden, dass es sich bei dem, was ich zum Zweck der analytischen Unterscheidung die strukturelle Entwicklung der Postmoderne genannt habe, nicht notwendigerweise um reale Entwicklungen handelte. Es waren zunächst nur verfügbare Deutungsangebote, Diskurse, die immer mehr Zeitgenossen als wirklich anerkannt und ihr Handeln danach ausgerichtet haben. Im Anschluss an Michel Foucault gaben die Literaturwissenschaftler Ernst Müller und Falko Schmieder jedoch zu bedenken, dass der Diskurs „als eine (materielle) Gewalt" zu begreifen ist, „die den Dingen angetan wird." Der Diskurs ist daher kein „direkter Reflex einer vorgelagerten objektiven Struktur", sondern schafft sich seine eigene Realität[14].

Ohnehin spielten bei der Abwicklung des ‚Arbeiters' auch kontingente Faktoren eine Rolle, die weder auf die Postmoderne noch auf die Deindustrialisierung zurückgingen. Wie erwähnt war beim FIAB und DGB die Verrentung der Führungsfiguren von Bedeutung, bei den Arbeiterfilmen kamen werkinhärente Tendenzen hinzu, denen sich die Filmschaffenden nicht entziehen wollten. Eine solche zeigte sich in der Abwendung vom Betrieb als zentralem Handlungsort der Geschichten hin zu den Themen Familie und Freizeit. Christian Ziewer stand überdies die Figur des Werkzyklus zur Verfügung. So konnte er auf das Konzept der Trilogie zurückgreifen, um zumindest symbolisch und formal das Projekt abzuschließen, nachdem sich die politischen Ziele als unerreichbar erwiesen hatten. Hier wären auch emotionale Aspekte stärker in Rechnung zu stellen. Denn gerade die emphatische Hinwendung zum ‚Arbeiter' birgt ein großes Enttäuschungspotential[15]. Auch die Bedeutung des Jahrs 2000 als Aktant ist unter die kontingenten Faktoren zu rech-

14 Ernst Müller/Falko Schmieder, Begriffsgeschichte und historische Semantik. Ein kritisches Kompendium, Berlin 2016, S. 347.

15 Vgl. Bernhard Gotto/Anna Ullrich, Einführung: Zum Umgang mit Enttäuschung aus zeitgeschichtlicher Perspektive, in: dies. (Hrsg.), Hoffen – Scheitern – Weiterleben. Enttäuschung als historische Erfahrung in Deutschland im 20. Jahrhundert, Berlin/Boston 2021, S. 1–11, hier S. 2–9.

nen. Wie sich im Spiegel eindrucksvoll zeigte, ließ die Jahrtausendwende das aus dem 19. Jahrhundert stammende Konzept des Industriearbeiters umso älter erscheinen, je näher sie rückte. In den Quellen tauchten immer wieder Hinweise auf, dass das neue Millennium zur Mitte der 1980er Jahre hin, als die Rede vom ‚Arbeiter' als Atavismus recht unvermittelt aufkam, für die Zeitgenossen aus dem Bereich der Science-Fiction trat und begann, (be)greifbar zu werden.

Schließlich ist ein weiterer Punkt in Rechnung zu stellen: Den Distanzierungen von den ‚Arbeitern', welche beispielsweise die Personengruppe Arbeiter in der zweiten Hälfte der 1980er Jahre vollzogen hat, kommt erst deshalb der Anschein der Zwangsläufigkeit zu, weil es in den 1990er Jahren keine Bundesarbeiterkonferenzen mehr gab. Hätte aber eine jüngere Gewerkschaftsfunktionärin mit derselben Entschlossenheit wie Irmgard Blättel die Möglichkeit erhalten, die Arbeiterpolitik fortzuführen, hätte dies ohne Zweifel neue Formen der Aktualisierung des ‚Arbeiters' hervorgebracht. Diese Option ist aufgrund der Körperlichkeit der Arbeitertätigkeit, die den ‚Arbeiter' zu einem Erfahrungsgenerator und Erfahrungsspeicher macht, immer und überall gegeben. Und diese Erfahrungen lassen sich gegen das Narrativ angeblicher Sachzwänge nutzbar machen. Interessanterweise wurde die gewerkschaftliche Arbeiterpolitik auf einzelgewerkschaftlicher Ebene kontinuierlich fortgesetzt. Ganz in der Tradition ihrer Vorgängerorganisation ÖTV stellt die „Personengruppe Arbeiter/innen" einen integralen Bestandteil der Dienstleistungsgewerkschaft ver.di dar. Wie einst der DGB veranstaltet ver.di eigene Bundeskonferenzen für die Arbeiterschaft, das Motto von 2019, „Zukunftsgerecht", erinnert gar frappierend an dasjenige der DGB-Bundesarbeiterkonferenz von 1985[16].

Beitrag zur Zeitgeschichte der Bundesrepublik

Welche Schlüsse lassen sich aus dem Dargelegten für die Zeitgeschichte der Bundesrepublik ziehen? Überraschend war der starke Widerstand, den die Gewerkschaften gegen den ‚Arbeiter' mobilisierten. Anders als die von Ulrich Herbert vertretene These der Fundamentalliberalisierung vermuten ließe[17], zeigten sich die Gewerkschaftsfunktionäre gerade noch in der frühen Nachkriegszeit offen für Abweichungen vom Arbeitnehmerkonzept. Dies verwundert insofern nicht, als ihre Erfahrungen aus der Weimarer Republik noch nachwirkten. Damals hatte eine ideologische und organisatorische Pluralität die Gewerkschaftsbewegung ausgezeichnet. Auch wenn der Wunsch bestand, Einheit zu schaffen, war den Beteiligten doch noch klar, dass dies keineswegs der Normalzustand war. Erst mit Beginn der 1970er Jahre, als die völlige Vereinnahmung des ‚Arbeiters' durch den Arbeitneh-

16 Vgl. den Internetauftritt der Personengruppe: <https://arbeiter.verdi.de/> (5.12.2023).
17 Vgl. Herbert, Liberalisierung.

merbegriff problematisiert wurde, kam es rasch zu einer Verhärtung der Positionen. Dies hing eng mit der zu diesem Zeitpunkt realistischen Erwartung zusammen, mithilfe der sozialliberalen Koalition eine ‚Arbeitnehmergesellschaft' verwirklichen zu können. Greift man auf Konzepte kollektiver Akteure als Sonde zurück, ergibt sich folglich ein anderes Bild der bundesrepublikanischen Geschichte als aus einer struktur- oder ideengeschichtlichen Perspektive.

Konsequenzen sind auch aus der Erkenntnis zu ziehen, dass weder das Aufkommen der Postmoderne noch die Deindustrialisierung das Verschwinden der ‚Arbeiter' determinierten, sondern auch kontingente Faktoren eine Rolle spielten. Dies lenkt den Blick auf feldspezifische Faktoren und temporale Signaturen von Diskursen. Die kurze Dauer des Genres der Arbeiterfilme lässt sich auch dadurch erklären, dass das Kunstfeld das Neue und Innovative prämiert. Auch die Wissenschaft kennt zeitlich begrenzte Zyklen ihrer Wissensordnungen; dieses Phänomen fasste Thomas Kuhn bekanntlich unter den Begriff des Paradigmas[18]. Es besteht daher die Möglichkeit, dass sich diese Diskurse, die alle zu etwa derselben Zeit ihren Ausgang genommen haben, aus sich selbst heraus erschöpften. Zieht man die seit Mitte der 2000er Jahre wiederauflebende historiographische Auseinandersetzung mit der Arbeitswelt hinzu, zeichnet sich das Bild eines zyklisch auftretenden Diskurses ab. Man kann zwar einwenden, dass gerade die Arbeitergeschichte, und so auch die vorliegende Studie, die Ereignisse der 1970er und 1980er Jahre bloß reproduziere. Andererseits steht auch diese jüngste Auseinandersetzung mit dem Sujet in einer langen Reihe vergleichbarer, und somit wiederkehrender, Diskursereignisse, die bis ins 19. Jahrhundert zurückreicht.

Dies wiederum wirft die Frage auf, inwiefern der von dem „Nach dem Boom"-Ansatz postulierte Strukturbruch revolutionärer Qualität realgeschichtlich fundiert ist, oder ob er nicht auch der diskursiven Ebene entspringt, das heißt der erwähnten Tatsache geschuldet ist, dass ältere Wissensressourcen aus finanziellen Gründen schlicht aufgegeben werden mussten. Nimmt man geschichtswissenschaftliche Auseinandersetzungen zu den übrigen Jahrzehnten mit in den Blick, finden sich auch zu ihnen ganz ähnliche Deutungen. So stellte Ulrich Herbert fest: „Vergleicht man die politische und gesellschaftliche Situation in der Bundesrepublik bei ihrem Start 1948/49 und 25 Jahre später, also in den frühen 70er Jahren, so können die Unterschiede größer kaum gedacht werden."[19] Gleiches trifft selbstredend zu, wenn man weitere 25 Jahre zurückgeht und die Zeit zwischen 1923/24 und 1948/49 betrachtet. Das Jahrhundert definiert sich auf diese Weise durch Zäsuren,

18 Vgl. Thomas S. Kuhn, Die Struktur wissenschaftlicher Revolutionen, zweite revidierte und um das Postskriptum von 1969 ergänzte Auflage, Frankfurt a. M. 1976 [amerik. Orig. 1962], S. 123–146.
19 Herbert, Liberalisierung, S. 7.

die alle 20 bis 30 Jahre auftreten. Dieses Problems nahm sich Anselm Doering-Manteuffel an, als er das 20. Jahrhundert in drei „Zeitbögen“ unterteilte. Der Reiz dieses Ansatzes liegt darin, dass diese Zeitbögen „die Zäsuren des Jahrhunderts überwölben und Bezüge zwischen den Geschehnissen vor und nach einer Zäsur herstellen können.“[20] Dennoch geht dieser Ansatz von der grundsätzlichen Unterschiedlichkeit der jeweiligen Perioden aus, betont also, analog zum „Nach dem Boom“-Ansatz, die Diskontinuitäten[21]. Vielleicht könnte man diese alle 25 bis 30 Jahre auftretenden Zäsuren aber auch als eine Abfolge von Diskursgenerationen begreifen, die womöglich in relativer Unabhängigkeit von Basis*prozessen* zyklisch, aber inhaltlich nicht identisch, ablaufen, da sie sich aus bleibenden *Struktur*merkmalen wie dem Kapitalismus speisen. Kontinuität wäre dann nicht prinzipiell als die Ausnahme denkbar, sie könnte auch dadurch verschleiert sein, dass eine neue Diskursgeneration das Weiterbestehende mit anderen Begriffen oder überhaupt nicht thematisiert[22]. Arbeiterinnen und Arbeiter gibt es in Deutschland womöglich noch immer, werden aber kaum noch als ‚Arbeiter‘ benannt[23]. Damit aber ist die Ausgangsproblematik wieder erreicht. Und auch hier ist wieder deutlich geworden, dass eine endgültige Festlegung, ob ‚Arbeiter‘ aufgrund der Deindustrialisierung oder aufgrund diskursiver Verschiebungen – oder überhaupt nicht – verschwunden sind, aus epistemologischen Gründen nicht möglich ist. Es hängt von der gewählten Perspektive ab. Aufgrund dessen ist die Prämisse, die „Nach dem Boom“-Periode erfordere neue Beschreibungsbegriffe[24], problematisch, droht sie doch zu einer sich selbst erfüllenden Prophezeiung zu werden (wie umgekehrt das Beharren auf den alten Begriffen).

---

20 Anselm Doering-Manteuffel, Die deutsche Geschichte in den Zeitbögen des 20. Jahrhunderts, in: VfZ 62–3 (2014), S. 321–348, hier S. 322.

21 Lutz Raphael modifizierte in seiner Monographie die Diagnose eines Strukturbruchs, da er nun „den Zeitraum zwischen 1970 und 2000 als eine spezifische Übergangsperiode“ auffasste, „in deren Verlauf aus einer primär industriell geprägten Gesellschaftsordnung eine deutlich pluraler strukturierte Sozialordnung mit drei gleich starken Wirtschaftssektoren – öffentlicher Dienst, private Dienstleistungen und industrieller Produktion – geworden ist.“ Raphael, Jenseits von Kohle, S. 477.

22 Mit Blick auf den Nationalsozialismus vgl. Franka Maubach/Stefanie Middendorf, Über den Ort des Nationalsozialismus im langen 20. Jahrhundert. Kolonialismus, Rassismus, Kapitalismus, in: NS-Geschichte als Herausforderung. Neue und alte Fragen, hrsg. von der Redaktion der ‚Beiträge zur Geschichte des Nationalsozialismus‘, Göttingen 2022, S. 107–129, hier S. 108 f., 116.

23 Einige in jüngster Zeit erschienene Beiträge bezogen sich beispielsweise prominent auf den Klassenbegriff, verzichteten jedoch auf den Arbeiterbegriff. Vgl. Maria Barankow/Christian Baron (Hrsg.), Klasse und Kampf, Berlin ^{2}2021, Nicole Mayer-Ahuja/Oliver Nachtwey (Hrsg.), Verkannte Leistungsträger:innen. Berichte aus der Klassengesellschaft, Berlin 2021 sowie Julia Friedrichs, Working Class. Warum wir Arbeit brauchen, von der wir leben können, Bonn 2021.

24 Vgl. Doering-Manteuffel/Raphael, Nach dem Boom, S. 120.

Die Frage nach Zäsuren und deren Qualität ist aber nicht rein akademischer Natur, sondern von unmittelbarer politischer Relevanz. Wer einen Strukturbruch revolutionärer Qualität postuliert, zerschneidet etablierte Traditionslinien und schafft völlig neue, aus den Bruchstücken der temporalen Linearität hervortretende Bezugspunkte. Patrick Eiden-Offe konstatierte etwa das sich seit den 1970er Jahren abzeichnende Ende der „formierten Arbeiterklasse", an deren Stelle nun „das Proletariat in einer wieder rohen, ausgewilderten, heterogen-buntscheckigen Form" trete. Orientierung für die Gegenwart kann die alte Bundesrepublik demnach nicht mehr bieten. Vielmehr sei jene mit dem Vormärz in Form einer „inverse[n] Aktualität" verbunden. Denn die 1830er Jahre standen am Beginn der nun im Zerfall begriffenen Moderne[25]. Damit werden aber die sozialen Errungenschaften der alten Bundesrepublik – Eiden-Offe charakterisierte die westdeutsche Arbeiterbewegung als „politisch gehegt und mit sozialen Garantien ausgestattet"[26] – kurzerhand ad acta gelegt.

Es soll die alte Bundesrepublik nun keineswegs verklärt werden, und sicher bietet Eiden-Offes Versuch, durch den Rückbezug auf das freie, ungebundene Proletariat des Vormärz den „romantischen Antikapitalismus" als „Ressource der Kritik" zu erschließen[27], einen interessanten Ansatzpunkt. Und doch verstellt er womöglich den Blick auf eine Entwicklung, die mir als entscheidend für unsere Gegenwart erscheint. Die deutlich abgeschwächte gesellschaftliche Prägekraft von ‚Arbeiter' und ‚Arbeitnehmer' weist nämlich über die Grenzen der Arbeitergeschichte hinaus. Morten Reitmayer beobachtete: „Spätestens im Verlauf der 1970er Jahre löste sich in den europäischen Gesellschaften die Vorstellung auf, dass durch die Beschreibung der Beziehungen zwischen sozialen Großgruppen eine sinnhafte gesellschaftliche Ordnung zu gewinnen wäre." Kategorien wie „Klasse" oder „Stand" seien „schlicht verschwunden", nur „Elite" gestärkt aus dem Wandel hervorgegangen[28]. Auch was die neuen Begriffe betrifft, zeichnen sie sich gerade durch eine Abwesenheit gemeinschaftsstiftender, gemeinwohlorientierter und positiv auf den Staat[29] bezogener Aspekte aus. Beim Prekariatsbegriff ist dies offensichtlich. Besser

---

25 Eiden-Offe, Poesie, S. 37.

26 Ibid. Auch Jan Kellershohn stellte unlängst die Traditionsfähigkeit der alten Bundesrepublik zur Disposition. In ihr erblickte er eine „Geschichte fortbestehender und neu auftretender Ausschlüsse", mithin eine „pessimistische Geschichte". Kellershohn, Politik der Anpassung, S. 409, 389.

27 Eiden-Offe, Poesie, S. 28 f.

28 Morten Reitmayer, Politisch-soziale Ordnungsentwürfe und Meinungswissen über die Gesellschaft in Europa im 20. Jahrhundert – eine Skizze, in: Raphael, Theorien, S. 37–63, hier S. 63.

29 Aus soziologischer Perspektive betonte Robert Castel die Notwendigkeit eines starken Staates für all jene Gesellschaftsentwürfe, die sich aus dem Glauben an die Möglichkeit „ständig besser ausbalancierte[r] Gleichgewichtszustände" speisen. Vgl. Castel, Metamorphosen, S. 338.

war es zunächst um den Zivilgesellschafts- und Bürgerdiskurs bestellt, der um die Jahrtausendwende zur Erörterung eines möglichen neuen integrativen Leitbilds initiiert wurde. Edgar Wolfrum assoziierte mit dem Begriff Zivilgesellschaft beispielsweise „Selbstorganisation, Freiwilligkeit, Teilhabe und Gemeinwohlorientierung, keine Ausrichtung auf materiellen Gewinn, Gemeinsinn als Handlungskonzept.“[30] Doch spätestens während der Agenda-Politik schlug auch dieser Diskurs um, wie Philipp Ther bemerkte: „Der einzelne Bürger wurde als autonomes Subjekt gedacht, das seinen Lebensweg selbst gestaltet. Dieses Recht auf Freiheit [...] ist in dieser Logik gepaart mit einer Pflicht zur Eigenverantwortung und zur Verantwortung gegenüber dem Staat.“[31] So aber bleiben die kollektiven Identitätskonzepte „untereinander disparat: Sie sind nicht aufeinander bezogen, sie bilden kein einheitliches Kategoriensystem; statt auf eine gegliederte Gesellschaft im Ganzen blickt man jeweils nur auf Ausschnitte und Fragmente.“[32]

Andreas Reckwitz interpretierte diese Entwicklung als eine „Krise des Allgemeinen“[33]. Philipp Sarasin folgte ihm darin, wies aber auch auf Probleme dieser Deutung hin. So habe sie „die leicht erkennbare Schwäche, dass diese modernen Allgemeinheiten [...] nicht ‚alle‘ oder ‚die ganze Menschheit‘ umfassten oder auch nur im Sinne hatten“[34]. Wenn also das „Allgemeine“ schon vor seinem Niedergang nie so ganz allgemein war, so war auch seine Krise nicht allgemein. Denn das Verschwinden von „Räume[n] des Gemeinsamen“, so Sarasin weiter, habe sich „ironischerweise im Rahmen eines medientechnischen ‚Allgemeinen‘, das die Internetkonzerne für Milliarden von Menschen gleichzeitig zur Verfügung stellen“[35], vollzogen. Ist vor diesem Hintergrund die „Krise des Allgemeinen“ aber wirklich der passende Begriff?

Bei diesen Aussagen fällt vielmehr das Changieren zwischen Struktur und Akteur beziehungsweise zwischen dem Abstrakten und Konkreten ins Auge. Auch bei der Globalisierung drängte sich dieser Zusammenhang früh auf und er führte zu einer passenden Wortschöpfung: Glokalismus. Dahinter steckt die Ontologie des Netzwerks, wie Bruno Latour deutlich machte: „Auch ein großes Netz bleibt in allen Punkten lokal“[36]. Vielleicht ist es daher sinnvoller, unter Rückgriff auf die Überlegungen von Ulrich Beck zur *„neue[n] Unmittelbarkeit* von Individuum und Gesell-

30 Edgar Wolfrum, Rot-Grün an der Macht. Deutschland 1998–2005, München 2013, S. 201.

31 Ther, Neue Ordnung, S. 293 (Zitat), 298–300.

32 Nolte, Ordnung, S. 408. Er führte an dieser Stelle als weitere Begriffe „Normalverdiener[]“, „sozial Schwächere[]“ oder „Leistungsbereite[]“ an.

33 Vgl. Reckwitz, Gesellschaft, S. 436 ff.

34 Sarasin, 1977, S. 418.

35 Ibid., S. 422.

36 Latour, Wir sind nie modern gewesen, S. 155.

schaft"[37] von einer Krise des Intermediären zu sprechen. Das Intermediäre stellt eine zwischen Mikro- und Makroebene angesiedelte Ebene dar, die zwischen der über- und untergeordneten Ebene übersetzt, also eine kommunikationsermöglichende Funktion erfüllt. Ihr lassen sich Konzepte wie Volkspartei, ‚Arbeiter', ‚Arbeitnehmer' und – in einer globalisierten Welt – Staat zuordnen, und das Soziale kann als das Intermediäre schlechthin begriffen werden. Ihr Wert liegt darin, das Allgemeine überhaupt erst verhandelbar zu machen. Die scharfen Angriffe auf den Staat seitens der Befürworter der Globalisierung gingen folgerichtig oft mit dem Versuch einher, die Globalisierung als einen alternativlosen, im Grunde natürlichen Prozess darzustellen. *Race*- und *gender*basierte Identitäten zeichnen sich ebenfalls dadurch aus, dass sie keine Übersetzung hin zum Allgemeinen leisten wollen, da ihnen laut Philipp Sarasin die „Logik eines nachmodernen Prinzips wesenhafter Ungleichheit und Nichtvermittelbarkeit"[38] innewohnt. Diese Krise des Intermediären, so ließe sich im Anschluss an Sarasin vermuten, folgt nicht, wie von Ulrich Beck postuliert, aus lebensweltlichen Verschiebungen, sondern aus der *diskursiven* Ordnung der Postmoderne. Sie gibt alle sozialen Identitäten der Dekonstruktion preis, weil sie, anders als die *race*- oder *gender*basierten Identitäten, nicht den essentialistischen Anschein erwecken können, über einen primordialen Kern zu verfügen, der als allgemeiner Bezugspunkt für die Individuen einer spezifischen Gruppe fungieren kann. Da sich das Allgemeine in diesem Modell unmittelbar im Individuellen materialisiert, bedarf es weder der Übersetzung noch der Repräsentation. Politisch gewendet führt dies zum Konzept der identitären Demokratie, doch wäre auch zu diskutieren, inwiefern die diskursive Ordnung der Postmoderne Elemente einer totalen Herrschaft aufweist, als deren Charakteristikum man im Anschluss an Hannah Arendt ebenfalls das völlige Fehlen des Intermediären ausmachen kann[39].

Aus einer historiographischen Perspektive wäre es reizvoll, der Krise des Intermediären multiperspektivisch näher auf den Grund zu gehen, mit Blick auf den Bestand der demokratischen Ordnung vielleicht sogar eine Notwendigkeit. Auch Andreas Reckwitz arbeitete diesen Sachverhalt heraus: „Debatten um ‚kulturelle Integration' und das wahrgenommene Desiderat einer an universalen, gruppenübergreifenden Praktiken und Werten orientierten Politik weisen darauf hin, dass die liberale Reflexion eines politisch angemessenen Kulturmodells nicht an ein

37 Beck, Jenseits von Stand (1984), S. 496 (H. i. O.).
38 Sarasin, 1977, S. 431.
39 Hannah Arendt, Elemente und Ursprünge totaler Herrschaft, Frankfurt a. M. 1955 [amerik. Orig. 1951], S. 727, 735 f. Es sei hier noch einmal daran erinnert, dass bereits Manfred Frank im Zusammenhang mit dem Poststrukturalismus von der Gefahr des Totalitarismus gesprochen hatte. Vgl. Frank, Neostrukturalismus, S. 12.

Ende gekommen ist."[40] Hierfür aber böten sich noch immer ‚Arbeiter' oder ‚Arbeitnehmer' als Ressourcen an. Gerade die semantische Verengung des Arbeiterbegriffs könnte sich als Vorteil erweisen, ihn mit neuen, zeitgemäßeren Bedeutungen zu füllen. Auch wenn der ‚Arbeiter' gegenwärtig aus der Mode gekommen scheint, ist ein Blick auf das Schicksal eines verwandten Begriffs aufschlussreich: „Der Bürgerbegriff hat allen Geschmack des Antiquierten, der ihm in den sechziger und siebziger Jahren noch anhaftete, verloren. Im Gegenteil: Im Zeichen der Zivilgesellschaft gilt der Bürger als Leitbild einer kommenden und gewünschten Gesellschaft."[41]

Die Geschichte ist noch nicht zu Ende.

40 Reckwitz, Gesellschaft, S. 422.

41 Bude, Bürgertumsgenerationen, S. 116.

Abkürzungsverzeichnis

ABG	Arbeit – Bewegung – Geschichte: Zeitschrift für Historische Studien
ADGB	Allgemeiner Deutscher Gewerkschaftsbund
AdsD	Archiv der sozialen Demokratie
AfA	Arbeitsgemeinschaft für Arbeitnehmerfragen (SPD)
AfA-Bund	Allgemeiner freier Angestelltenbund
AfD	Alternative für Deutschland
AfS	Archiv für Sozialgeschichte
AHGR	Archiv im Haus der Geschichte des Ruhrgebiets
AHR	American Historical Review
AOK	Allgemeine Ortskrankenkasse
APuZ	Aus Politik und Zeitgeschichte
BA	Bundesausschuss (des DGB)
BAA	Bundesarbeiterausschuss (des DGB)
BAA-AA	Arbeitsausschuss des Bundesarbeiterausschusses (des DGB)
BArbK	Bundesarbeiterkonferenz
BfA	Bundesversicherungsanstalt für Angestellte
BIK	Beiträge Informationen Kommentare
Blätter	Blätter für deutsche und internationale Politik
BWG	Berichte zur Wissenschaftsgeschichte
DAF	Deutsche Arbeitsfront
DAG	Deutsche Angestellten-Gewerkschaft
DFFB	Deutsche Film- und Fernsehakademie
DFG	Deutsche Forschungsgemeinschaft
DGB	Deutscher Gewerkschaftsbund
DHV	Deutscher Handlungsgehilfenverband
DKP	Deutsche Kommunistische Partei
DPG	Deutsche Postgewerkschaft
EWG	Europäische Wirtschaftsgemeinschaft
FAZ	Frankfurter Allgemeine Zeitung
FDGB	Freier Deutscher Gewerkschaftsbund
FES	Friedrich-Ebert-Stiftung
FR	Frankfurter Rundschau
GBV	Geschäftsführender Bundesvorstand (des DGB)
GdED	Gewerkschaft der Eisenbahner Deutschlands
GdP	Gewerkschaft der Polizei
GG	Geschichte und Gesellschaft
GGLF	Gewerkschaft Gartenbau, Land- und Forstwirtschaft
GHK	Gewerkschaft Holz und Kunststoff
gHV	geschäftsführender Hauptvorstand
GM	General Motors
GMH	Gewerkschaftliche Monatshefte
GTB	Gewerkschaft Textil-Bekleidung
H. i. O.	Hervorhebung(en) im Original
H & T	History and Theory

 https://doi.org/10.1515/9783111086569-014

HV	Hauptvorstand
G.I.P.	Groupe d'information sur les prisons
IASL	Internationales Archiv für Sozialgeschichte der deutschen Literatur
IG BE	Industriegewerkschaft Bergbau und Energie
IG BSE	Industriegewerkschaft Bau-Steine-Erden
IG CPK	Industriegewerkschaft Chemie-Papier-Keramik
IGM	Industriegewerkschaft Metall
JABK	Jahrbuch Arbeit, Bildung, Kultur
JMEH	Journal of Modern European History
LAV NRW	Landesarchiv Nordrhein-Westfalen
LUSIR	Lebens- und Sozialgeschichte im Ruhrgebiet
LVA	Landesversicherungsanstalt
MEW	Marx-Engels-Werke
MfS	Ministerium für Staatssicherheit
MIH	Modern Intellectual History
MINT	Mathematik, Informatik, Naturwissenschaft, Technik
NGG	Gewerkschaft Nahrung-Genuss-Gaststätten
NWDR	Nordwestdeutscher Rundfunk
ÖTV	Gewerkschaft Öffentliche Dienste, Transport und Verkehr
PA-DBT	Parlamentsarchiv Deutscher Bundestag
PVS	Politische Vierteljahresschrift
RfA	Reichsversicherungsanstalt für Angestellte
RKW	Rationalisierungs-Kuratorium der Deutschen Wirtschaft e. V.
RUB	Ruhr-Universität Bochum
RWE	Rheinisch-Westfälisches Elektrizitätswerk AG
SFB	Sonderforschungsbereich
SPSR	Swiss Political Science Review
SZ	Süddeutsche Zeitung
TPA	Tarifpolitischer Ausschuss (des DGB)
ver.di	Vereinte Dienstleistungsgewerkschaft
VfZ	Vierteljahrshefte für Zeitgeschichte
VSWG	Vierteljahrschrift für Sozial- und Wirtschaftsgeschichte
WDR	Westdeutscher Rundfunk
WDR-HA	Historisches Archiv des Westdeutschen Rundfunks
ZfS	Zeitschrift für Soziologie
ZfP	Zeitschrift für Politik
ZIG	Zeitschrift für Ideengeschichte
ZKSP	Zeitschrift für kritische Sozialtheorie und Philosophie

Abbildungsverzeichnis

 https://doi.org/10.1515/9783111086569-015

Quellen- und Literaturverzeichnis

Archive

Archiv der Ruhr-Universität, Bochum

Bestand Forschungsinstitut für Arbeiterbildung (FIAB)

103 – 104

Bestand Rektorat (R03)

93 – 94 – 95 – 96 – 97 – 98 – 99

Archiv der sozialen Demokratie, Bonn

DGB-Archiv: Bestand Abteilung Arbeiter-Handwerk (5/DGAA)

000015 – 000120 – 000122 – 000129 – 000145 – 000147 – 000148 – 000152 – 000154 – 000156 – 000163 – 000165 – 000166 – 000167 – 000258 – 000500 – 000528

DGB-Archiv: Bestand Abteilung Vorsitzender (5/DGAI)

000235 – 000385 – 000413 – 000490 – 000492 – 000493 – 000554

DGB-Archiv: Bestand Martin Heiß (5/DGCS)

000001 – 000059 – 000113 – 000122 – 000124 – 000126 – 000127 – 000135 – 000136 – 000137 – 000141 – 000160

DGB-Archiv: Bestand Abteilung Organisation (5/DGCQ)

000051

IG Metall-Archiv: Bestand Abteilung Werbung (5/IGMA)

190001 – 190002 – IGMA190003 – 190004 – 190007

 https://doi.org/10.1515/9783111086569-016

IG Metall-Archiv: Bestand Abteilung Bildung (5/IGMA)

200044 – 200179 – 200182 – 200302 – 200341 – 200504 – 200570 – 200571 – 200572

ÖTV-Archiv: Bestand Vorstand (5/ÖTVB)

130013 – 130014 – 130017 – 130018 – 130022 – 130024 – 130025 – 130036

Plakatsammlung (6/PLKA)

021389 – 036610

Archiv im Haus der Geschichte des Ruhrgebiets, Bochum

Bestand IGBE

4288 – 16903

Bestand FIAB (nicht erschlossen)

Ordner JF Kongresse FIAB-AKs – Ordner 9.6.1.20.1

Deutsche Kinemathek Archiv, Berlin

Schriftgutarchiv

21364 Liebe Mutter 2/2, Mappe „Aus dem Nachlass von Peter W. Jansen"

Bestand Basis-Film Verleih GmbH (4.3–199803–0, F 18845 – nicht erschlossen)

Ordner 10 c – Ordner 20 B Druckvorlagen Schneeglöckchen (+ Der Aufrechte Gang) Materialien 1974 1975 – Ordner Darsteller Drehorte Stab Versicherg 17 für Schneeglöckchen – Ordner Liebe Mutter Schneeglöckch Bücher + Drehplan 10 A – Ordner Schneeglöckchen Presse Ziewer B 19 10/19 – Ordner Zeitungsausschnitte „Schneeglöckchen" TV-Sendung 20 10/20

Deutsche Kinemathek Bibliothek, Berlin (X 1 DFFB)

II Ziewer, Christian – FT – Pers. – Pers Kratisch, Ingo – Pers Lüdcke – Personen – Ps – Pers. Ziewer – Pers. Ziewer III 1c – Ziewer, Christian

Historisches Konzernarchiv RWE, Essen

Bestand Rheinbraun

41/70 - 245/2 - 362/7 - 362/8 - 362/9 - 3998/1 - 4010/2 - 4013/2 - 003052

Landesarchiv Nordrhein-Westfalen, Abteilung Rheinland, Duisburg (NW)

461–71 - 935 Nr. 11 Bd. 11.

Parlamentsarchiv Deutscher Bundestag, Berlin

4000 V/368 Bd. A 1 - 4000 V/368 Bd. A 2

WDR Abteilung Spielfilm, Köln

Mappe Acht Stunden sind kein Tag.
Mappe Liebe Mutter, mir geht es gut
Mappe Schneeglöckchen blühn im September
Mappe Der aufrechte Gang

WDR Historisches Archiv, Köln

6534–01411 - 14177

Quellen

Filme

Acht Stunden sind kein Tag, 1972, Regie: Rainer Werner Fassbinder, Arthaus DVD 2017: Folge 1: Jochen und Marion, Folge 3: Franz und Ernst.
Der aufrechte Gang, 1975, Regie: Christian Ziewer, basisdvd 2006.
Glashaus – TV intern, 1.4.1973 in: WDR HA, 0012315-F04.
Liebe Mutter, mir geht es gut, 1971, Regie: Christian Ziewer, basisdvd o.J.
Liebe Mutter, mir geht es gut. Diskussion zum Film, 6.5.1973, in: WDR-HA 0012392-F07.
Schneeglöckchen blühn im September, 1973, Regie: Christian Ziewer, basisdvd 2008.

Gedruckte Quellen

Brockhaus Enzyklopädie, 1. Band, 19. völlig neu bearb. Aufl., Mannheim 1986.

Brockhaus Enzyklopädie, 2. Band, 21., völlig neu bearb. Aufl., Leipzig/Mannheim 2006.

Brockhaus' Konversations-Lexikon, 1. Band, 14. vollst. neubearb. Aufl., Leipzig/Berlin/Wien 1901.

Conversations-Lexikon, 2. Band, 12. umgearb., verbesserte und vermehrte Aufl., Leipzig 1875.

Der Große Brockhaus, 1. Band, 15. völlig neubearb. Aufl., Leipzig 1928.

Der Große Brockhaus, 1. Band, 15. Aufl., 2., völlig neubearb. Ausgabe, Leipzig 1939.

Der Grosse Brockhaus, 1. Band, 16. völlig neubearb. Aufl., Wiesbaden 1952.

Der Spiegel, Jahrgänge 1947–2010.

DGB-Bundesvorstand (Hrsg.), Protokoll Gründungskongress des Deutschen Gewerkschaftsbundes. München, 12.–14. Oktober 1949, Köln 1950.

DGB-Bundesvorstand (Hrsg.), Geschäftsbericht des Deutschen Gewerkschaftsbundes 1950–1951, o. O. [Köln] o. J.

DGB-Bundesvorstand (Hrsg.), Erster Bundes-Angestellten-Tag des DGB Stuttgart 25. bis 27. April 1952, Düsseldorf o. J.

DGB-Bundesvorstand (Hrsg.), Protokoll 2. Ordentlicher Bundeskongress Berlin 13. bis 17. Oktober 1952, Düsseldorf o. J.

DGB-Bundesvorstand (Hrsg.), Geschäftsbericht des Deutschen Gewerkschaftsbundes 1952–1953, o. O. [Köln] o. J.

DGB-Bundesvorstand (Hrsg.), Protokoll 3. Ordentlicher Bundeskongress Frankfurt a. M. 4. bis 9. Oktober 1954, Düsseldorf o. J.

DGB-Bundesvorstand (Hrsg.), Protokoll 4. Ordentlicher Bundeskongress Hamburg 1. bis 6. Oktober 1956, Düsseldorf o. J.

DGB-Bundesvorstand (Hrsg.), Protokoll Ausserordentlicher Bundeskongress Düsseldorf 21. und 22. November 1963, Köln o. J.

DGB-Bundesvorstand (Hrsg.), Protokoll 8. Ordentlicher Bundeskongreß München 18.–23. Mai 1969 in München, o. O. o. J.

DGB-Bundesvorstand (Hrsg.), Protokoll 3. Außerordentlicher Bundeskongreß Düsseldorf 14. bis 15. Mai 1971, Köln o. J.

DGB-Bundesvorstand (Hrsg.), Protokoll 9. Ordentlicher Bundeskongreß Berlin 25. bis 30. Juni 1972, Berlin o. J.

DGB-Bundesvorstand (Hrsg.), Protokoll 10. Ordentlicher Bundeskongreß Hamburg 25. bis 30. Mai 1975, Hamburg 1975.

DGB-Bundesvorstand (Hrsg.), Geschäftsbericht des Bundesvorstandes des Deutschen Gewerkschaftsbundes 1975–1977, Bochum o. J.

DGB-Bundesvorstand (Hrsg.), DGB-Personengruppe „Arbeiter". Bundesarbeiterkonferenz des Deutschen Gewerkschaftsbundes am 24. und 25. November 1977 in Düsseldorf. Protokoll, Düsseldorf o. J.

DGB-Bundesvorstand (Hrsg.), Protokoll 11. Ordentlicher Bundeskongress Hamburg 21.–26. Mai 1978, Lübeck 1978.

DGB-Bundesvorstand (Hrsg.), Arbeit darf nicht kaputtmachen. Bundesarbeiterkonferenz '81 des DGB in Osnabrück 3. und 4. Juli 1981. Protokoll, Frankfurt a. M. o. J.

DGB-Bundesvorstand (Hrsg.), Die Zukunft bewältigen. Technik für den Menschen. Protokoll 10. Bundes-Angestelltentag des DGB 27.–29. Oktober 1981 in Dortmund, Düsseldorf 1981.

DGB-Bundesvorstand (Hrsg.), Zukunft der Arbeit – Zukunft der Arbeiter? Bundesarbeiterkonferenz '85 des DGB in Duisburg-Rheinhausen 31. Mai und 1. Juni 1985. Protokoll, Düsseldorf o. J.

DGB-Bundesvorstand (Hrsg.), Protokoll 13. Ordentlicher Bundeskongress Hamburg 25. bis 30. Mai 1986, Frankfurt a. M. 1986.

DGB-Bundesvorstand (Hrsg.), Fachtagung „Logistik". Vernetzung von Produktion, Lagerung und Verkehr und deren Auswirkungen auf Arbeiter, bearbeitet von Harald Esser, Düsseldorf 1986.

DGB-Bundesvorstand (Hrsg.), Fachtagung „Rechnerintegration in Logistik und Produktion – Einfluß auf Bewußtseinsbildung von Arbeitern und Arbeiterinnen". Dokumentation der DGB-Fachtagung am 13./14. 11. 1987 in Ludwigshafen, Düsseldorf 1988.

DGB-Bundesvorstand (Hrsg.), Fachtagung „Arbeiter in Konfrontation mit Logistik und Deregulierungspolitik". Dokumentation der DGB-Fachtagung am 14./15. 12. 1988 in Königswinter, redaktionell bearbeitet von Ulrich Paasch und Lothar Selzner, Düsseldorf 1989.

DGB-Bundesvorstand (Hrsg.), „Für ein soziales Europa". 4. Bundesarbeiterkonferenz des DGB Trier 8. und 9. Dezember 1989. Protokoll, Düsseldorf o. J.

DGB-Bundesvorstand (Hrsg.), 12. Bundesangestelltentag des Deutschen Gewerkschaftsbundes. Zukunft gestalten, Vielfalt bewahren, gemeinsam handeln. 28. bis 30. September 1989, Würzburg, Wortprotokoll, Solingen 1990.

DGB-Bundesvorstand (Hrsg.), Geschäftsbericht des Bundesvorstandes des Deutschen Gewerkschaftsbundes 1986 bis 1989, Düsseldorf 1990.

DGB-Bundesvorstand (Hrsg.), Protokoll 14. Ordentlicher Bundeskongreß Hamburg, 20. bis 26. Mai 1990.

DGB-Bundesvorstand (Hrsg.), Protokoll 15. Ordentlicher Bundeskongress Berlin 13.–17.6.'94, o. O. 1994.

Hildebrandt, Jens (Bearb.), Quellen zur Geschichte der deutschen Gewerkschaftsbewegung im 20. Jahrhundert, Band 12: Der Deutsche Gewerkschaftsbund 1956–1963, unter Mitarbeit von Boris Schwitzer, Bonn 2005.

Kaiser, Josef (Bearb.), Quellen zur Geschichte der deutschen Gewerkschaftsbewegung im 20. Jahrhundert, Band 11: Der Deutsche Gewerkschaftsbund 1949–1956, Köln 1996.

Kieseritzky, Wolther von (Bearb.), Quellen zur Geschichte der deutschen Gewerkschaftsbewegung im 20. Jahrhundert, Band 13: Der Deutsche Gewerkschaftsbund 1964–1969, Bonn 2006.

Mertsching, Klaus (Bearb.), Quellen zur Geschichte der deutschen Gewerkschaftsbewegung im 20. Jahrhundert, Band 16: Der Deutsche Gewerkschaftsbund 1969–1975, Bonn 2013.

Mielke, Siegfried (Bearb.), Quellen zur Geschichte der deutschen Gewerkschaftsbewegung im 20. Jahrhundert, Band 6: Organisatorischer Aufbau der Gewerkschaften 1945–1949, unter Mitarbeit von Peter Rütters/Michael Becker/Michael Fichter, Köln 1987.

Mielke, Siegfried (Bearb.), Quellen zur Geschichte der deutschen Gewerkschaftsbewegung im 20. Jahrhundert, Band 8: Die Gewerkschaften und die Angestelltenfrage 1945–1949, Köln 1989.

ÖTV-Hauptvorstand (Hrsg.), Protokoll des 2. Ordentlichen Gewerkschaftstages der Gewerkschaft Öffentliche Dienste, Transport und Verkehr vom 3. bis 7. Mai 1955 in Frankfurt (Main), Stuttgart 1955.

ÖTV-Hauptvorstand (Hrsg.), Protokoll 6. Ordentlicher Gewerkschaftstag München 1968, Band 2, Stuttgart 1968.

O. V., Bericht über die Bundesarbeiterkonferenz '81 in Osnabrück. Vorgelegt dem DGB-Bundesvorstand, o. O. o. J.

Rheinbraun, Belegschafts- und Sozialbericht 1969, Köln 1970.

Rheinbraun, Belegschafts- und Sozialbericht 1970, Köln 1971.

Rheinbraun, Belegschafts- und Sozialbericht 1971, Köln 1972.

Rheinbraun, Belegschafts- und Sozialbericht 1972, Köln 1973.

Rheinbraun, Belegschafts- und Sozialbericht 1973, Köln 1974.

Literatur

Abels, Heinz, Identität, in: Günter Endruweit/Gisela Trommsdorff/Nicole Burzan (Hrsg.), Wörterbuch der Soziologie, Konstanz/München [3]2014, S. 172–175.

Abelshauser, Werner, Deutsche Wirtschaftsgeschichte seit 1945, Bonn 2004.

Abelshauser, Werner, Nach dem Wirtschaftswunder. Der Gewerkschafter, Politiker und Unternehmer Hans Matthöfer, Bonn 2009.

Adorno, Theodor W., Minima Moralia. Reflexionen aus dem beschädigten Leben, Frankfurt a. M. 1978 [1951].

Adorno, Theodor W., Einleitungsvortrag zum 16. Deutschen Soziologentag, in: ders. (Hrsg.), Spätkapitalismus oder Industriegesellschaft? Verhandlungen des 16. Deutschen Soziologentages, Stuttgart 1969, S. 12–26.

Ahlberg, René, Das Proletariat. Die Perspektiven der Arbeiterklasse in der Industriegesellschaft, Stuttgart u. a. 1974.

Ahlheim, Hannah, Der Betrieb und das Schlafzimmer. Die ‚Humanisierung' der Schicht- und Nachtarbeit in der Bundesrepublik der 1970er Jahre, in: Knud Andresen/Michaela Kuhnhenne/Jürgen Mittag/Johannes Platz (Hrsg.), Der Betrieb als sozialer und politischer Ort. Studien zu Praktiken und Diskursen in den Arbeitswelten des 20. Jahrhunderts, Bonn 2015, S. 213–230.

Alberts, Martin, Adorno, Horkheimer und das New Hollywood-Kino. Eine Kritik der Kulturindustrie mit Blick auf die Entwicklung des US-amerikanischen Films, München 2011.

Albrecht, Clemens, ‚Soziale Wirklichkeit'. Helmut Schelsky und die Tragödie einer regulativen Idee, in: Zeitschrift für Ideengeschichte 7–2 (2013), S. 53–62.

Alheit, Peter, Arbeit, Lebensweise und Kultur. Zur Veränderung der sozialen Reproduktionsbedingungen der Arbeiterklasse, in: Beiträge – Informationen – Kommentare 7 (1988), S. 22–52.

Anderson, Elizabeth, Private Regierung. Wie Arbeitgeber über unser Leben herrschen (und warum wir nicht darüber reden), Berlin 2019.

Andresen, Knud, Gebremste Radikalisierung. Die IG Metall und ihre Jugend 1968 bis in die 1980er Jahre, Göttingen 2016.

Andresen, Knud/Bitzegeio, Ursula/Mittag, Jürgen (Hrsg.), ‚Nach dem Strukturbruch'? Kontinuität und Wandel von Arbeitsbeziehungen und Arbeitswelt(en) seit den 1970er-Jahren, Bonn 2011.

Angster, Julia, Konsenskapitalismus und Sozialdemokratie. Die Westernisierung von SPD und DGB, München 2003.

Arendt, Hannah, Elemente und Ursprünge totaler Herrschaft, Frankfurt a. M. 1955 [amerik. Orig. 1951].

Arendt, Hannah, Vita activa oder Vom tätigen Leben, München [13]2013 [amerik. Orig. 1958].

Aristoteles Thierkunde. Kritisch-berichtigter Text, mit deutscher Übersetzung, sachlicher und sprachlicher Klärung und Vollständigem Index von Dr. H. Aubert und Dr. Fr. Wimmer, Erster Band, Leipzig 1868.

Armingeon, Klaus, Die Entwicklung der westdeutschen Gewerkschaften 1950–1985, Frankfurt a. M./New York 1988.

Armingeon, Klaus, Tabellenanhang, in: Hans-Otto Hemmer/Kurt Thomas Schmitz (Hrsg.), Geschichte der Gewerkschaften in der Bundesrepublik Deutschland. Von den Anfängen bis heute, Köln 1990, S. 459–487.

Arndt, Agnes, Rote Bürger. Eine Milieu- und Beziehungsgeschichte linker Dissidenz in Polen (1956–1976), Göttingen 2013.

Arnold, Jörg, Vom Verlierer zum Gewinner – und zurück. Der *Coal Miner* als Schlüsselfigur der britischen Zeitgeschichte, in: Geschichte und Gesellschaft 42–2 (2016), S. 266–297.

Arps, Jan Ole, Frühschicht. Linke Fabrikintervention in den 70er Jahren, Berlin/Hamburg 2011.
Ash, Mitchell G., Wissenschaft und Politik. Eine Beziehungsgeschichte im 20. Jahrhundert, in: Archiv für Sozialgeschichte 50 (2010), S. 11–46.
Ash, Mitchell G., Reflexionen zum Ressourcenansatz, in: Sören Flachowsky/Rüdiger Hachtmann/Florian Schmaltz (Hrsg.), Ressourcenmobilisierung. Wissenschaftspolitik und Forschungspraxis im NS-Herrschaftssystem, Göttingen 2016, S. 535–553.
Ast, Michaela S., ‚Der alte Film ist tot. Wir glauben an den neuen.' Die Genese des Jungen Deutschen Films, Marburg 2013.
Aulenbacher, Brigitte, Die soziale Frage neu gestellt – Gesellschaftsanalysen der Prekarisierungs- und Geschlechterforschung, in: Robert Castel/Klaus Dörre (Hrsg.), Prekarität, Abstieg, Ausgrenzung. Die soziale Frage am Beginn des 21. Jahrhunderts, Frankfurt a. M./New York 2009, S. 65–77.
Axster, Felix/Lelle, Nikolas (Hrsg.), ‚Deutsche Arbeit'. Kritische Perspektiven auf ein ideologisches Selbstbild, Göttingen 2019.
Baacke, Dieter, Massenmedien, in: Rudolf Tippelt (Hrsg.), Handbuch Erwachsenenbildung/Weiterbildung, Opladen 1994, S. 455–462.
Bächi, Beat, Grenzwertpolitik am Arbeitsplatz. Der Arbeiterkörper im „Mensch-Maschine-Umwelt-System" zwischen individueller Prävention und Sterberate der Population (1955–1980), in: Lars Bluma/Karsten Uhl (Hrsg.), Kontrollierte Arbeit – disziplinierte Körper? Zur Sozial- und Kulturgeschichte der Industriearbeit im 19. und 20. Jahrhundert, Bielefeld 2012, S. 219–247.
Bänziger, Peter-Paul, Arbeiten in der „Konsumgesellschaft". Arbeit und Freizeit als Identitätsangebote um die Mitte des zwanzigsten Jahrhunderts, in: Lars Bluma/Karsten Uhl (Hrsg.), Kontrollierte Arbeit – disziplinierte Körper? Zur Sozial- und Kulturgeschichte der Industriearbeit im 19. und 20. Jahrhundert, Bielefeld 2012, S. 107–136.
Bahrdt, Hans Paul, Die Industriearbeiter, in: Marianne Feuersenger (Hrsg.), Gibt es noch ein Proletariat?, Frankfurt a. M. 1970 [1962], S. 25–33.
Bahrdt, Hans Paul, Die Beamten, in: Marianne Feuersenger (Hrsg.), Gibt es noch ein Proletariat?, Frankfurt a. M. 1970 [1962], S. 34–43.
Baltzer, Johannes, Arbeitgeber und Arbeitnehmer – Selbständiger und Beschäftigter. ‚Begreif'-bare Begriffe oder ‚Begriffe', die gar keine sind?, Marburg 2009.
Bamberg, Hans-Dieter, Hochschulen und Arbeitnehmer, in: Gewerkschaftliche Monatshefte 27–5 (1976), S. 301–303.
Barankow, Maria/Baron, Christian (Hrsg.), Klasse und Kampf, Berlin ^{2}2021.
Barck, Simone/Mühlberg, Dietrich, Arbeiter-Bilder und Klasseninszenierung in der DDR. Zur Geschichte einer ambivalenten Beziehung, in: Peter Hübner/Christoph Kleßmann/Klaus Tenfelde (Hrsg.), Arbeiter im Staatssozialismus. Ideologischer Anspruch und soziale Wirklichkeit, Köln 2005, S. 163–189.
Bartels, Almuth, Monetarisierung und Individualisierung. Historische Analyse der betrieblichen Sozialpolitik bei Siemens (1945–1989), Stuttgart 2013.
Bausinger, Hermann, Verbürgerlichung – Folgen eines Interpretaments, in: Günter Wiegelmann (Hrsg.), Kultureller Wandel im 19. Jahrhundert. Verhandlungen des 18. Deutschen Volkskunde-Kongresses in Trier vom 13. bis 18. September 1971, Göttingen 1973, S. 24–49.
Beaud, Stéphane/Pialoux, Michel, Die verlorene Zukunft der Arbeiter. Die Peugeot-Werke von Sochaux-Montbéliard, Konstanz 2004 [frz. Orig. 1989].
Beck, Ulrich, Jenseits von Stand und Klasse? Soziale Ungleichheiten, gesellschaftliche Individualisierungsprozesse und die Entstehung neuer sozialer Formationen und Identitäten, in: Reinhard Kreckel (Hrsg.), Soziale Ungleichheiten, Göttingen 1983, S. 35–74.

Beck, Ulrich, Jenseits von Stand und Klasse. Auf dem Weg in die individualisierte Arbeitnehmergesellschaft, in: Merkur 38–5 (1984), S. 485–497.

Beck, Ulrich, Risikogesellschaft. Auf dem Weg in eine andere Moderne, Frankfurt a. M. 1986.

Beck, Ulrich, Gegengifte. Die organisierte Unverantwortlichkeit, Frankfurt a. M. 1988.

Beck, Ulrich, Das Zeitalter der Nebenfolgen und die Politisierung der Moderne, in: ders./Anthony Giddens/Scott Lash, Reflexive Modernisierung. Eine Kontroverse, Frankfurt a. M. 1996, S. 19–112.

Behrent, Michael C., Liberalism without Humanism: Michel Foucault and the Free-Market Creed, 1976–1979, in: Modern Intellectual History 6–3 (2009), S. 539–568.

Beier, Gerhard, Einheitsgewerkschaft. Zur Geschichte eines organisatorischen Prinzips der deutschen Arbeiterbewegung, in: Archiv für Sozialgeschichte 13 (1973), S. 207–242.

Beier, Gerhard, Volksstaat und Sozialstaat. Der Gründungskongreß des DGB in München 1949 und Hans Böcklers Beitrag zur Stellung der Gewerkschaften in Gesellschaft und Staat, in: Heinz Oskar Vetter (Hrsg.), Vom Sozialistengesetz zur Mitbestimmung. Zum 100. Geburtstag von Hans Böckler, Köln 1975, S. 359–397.

Bell, Daniel, Arbeiter, in: Wilhelm Bernsdorf (Hrsg.), Wörterbuch der Soziologie, 2. neubearb. Aufl., Stuttgart 1969, S. 41–43.

Bell, Daniel, Die nachindustrielle Gesellschaft, Reinbek bei Hamburg 1979 [amerik. Orig. 1973].

Benjamin, Walter, Politisierung der Intelligenz. Zu S. Kracauer ‚Die Angestellten', in: Siegfried Kracauer, Die Angestellten. Aus dem neuesten Deutschland, Frankfurt a. M. 1971 [1929], S. 116–123.

Benz, Elisabeth, Ein halbes Leben für die Revolution. Fritz Rück (1895–1959). Eine politische Biographie, Essen 2014.

Berger, Stefan, Social Democracy and the Working Class in Nineteenth and Twentieth Century Germany, Harlow u. a. 2000.

Berghoff, Hartmut, Die 1990er Jahre als Epochenschwelle? Der Umbau der Deutschland AG zwischen Traditionsbruch und Kontinuitätswahrung, in: Historische Zeitschrift 308–2 (2019), S. 364–400.

Bergmann, Joachim/Brandt, Gerhard/Körber, Klaus et al., Herrschaft, Klassenverhältnis und Schichtung, in: Theodor W. Adorno (Hrsg.), Spätkapitalismus oder Industriegesellschaft? Verhandlungen des 16. Deutschen Soziologentages, Stuttgart 1969, S. 67–116.

Berlepsch, Hans-Jörg von, „Sozialistische Sozialpolitik"? Zur sozialpolitischen Konzeption und Strategie der SPD in den Jahren 1949 bis 1966, in: Klaus Tenfelde (Hrsg.), Arbeiter im 20. Jahrhundert, Stuttgart 1991, S. 461–482.

Bernstein, Basil, Class, Codes and Control, Volume I: Theoretical Studies towards a Sociology of Language, London/New York 2003 [1971].

Bescherer, Peter, Vom Lumpenproletariat zur Unterschicht. Produktivistische Theorie und politische Praxis, Frankfurt a. M./New York 2013.

Bh., Sozialleistungen von Rheinbraun im Spiegel der Zahlen, in: Revier und Werk 25–120 (1974), S. 8–9.

Birke, Peter, Wilde Streiks im Wirtschaftswunder. Arbeitskämpfe, Gewerkschaften und soziale Bewegungen in der Bundesrepublik und Dänemark, Frankfurt a. M./New York 2007.

Birke, Peter, Schweigen, Sprechen und Streiken. Die Medialisierung von Arbeitskämpfen in Westdeutschland und Dänemark von den 1950er bis in die 1970er Jahre, in: Ute Daniel/Axel Schildt (Hrsg.), Massenmedien im Europa des 20. Jahrhunderts, Köln/Weimar/Wien 2010, S. 277–302.

Bismarck, Klaus von, Die Bedeutung von Rundfunk und Fernsehen für den Arbeiter. Manuskript für einen Vortrag am 26. 4. 57 in Kronberg, Haus Villigst bei Schwerte/Ruhr 1957.

Blumenberg, Hans, Paradigmen zu einer Metaphorologie, Frankfurt a. M. ^{2}1999 [1960].

Böpple, Arthur, Änderungen der Satzung sollen den DGB stärken, in: Die Quelle 20–12 (1969), S. 491.
Bogdal, Klaus-Michael, ‚Schaurige Bilder'. Der Arbeiter im Blick des Bürgers am Beispiel des Naturalismus, Frankfurt a. M. 1978.
Bogdal, Klaus-Michael, Zwischen Alltag und Utopie. Arbeiterliteratur als Diskurs des 19. Jahrhunderts, Opladen 1991.
Bogdal, Klaus-Michael, Europa erfindet die Zigeuner. Eine Geschichte von Faszination und Verachtung, Berlin 2011.
Boldorf, Marcel, Die „Neue Soziale Frage" und die „Neue Armut" in den siebziger Jahren. Sozialhilfe und Sozialfürsorge im deutsch-deutschen Vergleich, in: Konrad H. Jarausch (Hrsg.), Das Ende der Zuversicht? Die siebziger Jahre als Geschichte, Göttingen 2008, S. 138–156.
Boltanski, Luc/Chiapello, Ève, Der neue Geist des Kapitalismus, Konstanz 2013 [frz. Orig. 1999].
Bolte, Karl Martin/Brater, Michael/Kudera, Sabine, Arbeitnehmer in der Industriegesellschaft. Berufssoziologische Aspekte, Stuttgart 1974.
Borchardt, Knut, Zur Theorie der sozial-ökonomischen Entwicklung der gegenwärtigen Gesellschaft, in: Theodor W. Adorno (Hrsg.), Spätkapitalismus oder Industriegesellschaft? Verhandlungen des 16. Deutschen Soziologentages, Stuttgart 1969, S. 29–47.
Borries-Pusback, Bärbel von, Keine Hochschule für den Sozialismus. Die Gründung der Akademie für Gemeinwirtschaft in Hamburg 1945–1955, Wiesbaden 2002.
Bourdieu, Pierre, Sozialer Sinn. Kritik der theoretischen Vernunft, Frankfurt a. M. 1993 [frz. Orig. 1980].
Bourdieu, Pierre, Prekarität ist überall, in: ders., Gegenfeuer. Wortmeldungen im Dienste des Widerstands gegen die neoliberale Invasion, Konstanz 1998, S. 96–102.
Braczyk, Hans-Joachim/Herkommer, Sebastian, Leitende Angestellte als „dritte Kraft"? Zur Integrations- und Spaltungsstrategie des Kapitals, in: Blätter für deutsche und internationale Politik 18–3 (1973), S. 272–289.
Brandt, Willy, Über den Tag hinaus. Eine Zwischenbilanz, Hamburg 1974.
Brauer, Theodor, Arbeiter, Arbeiterbewegung, in: Staatslexikon, im Auftrag der Görres-Gesellschaft herausgegeben von Hermann Sacher, 1. Band, 5., von Grund aus neubearb. Aufl., Freiburg 1926, Sp. 254–265.
Braun, Hans, Helmut Schelskys Konzept der ‚nivellierten Mittelstandsgesellschaft' und die Bundesrepublik der 50er Jahre, in: Archiv für Sozialgeschichte 29 (1989), S. 199–223.
Breit, Ernst, Suche nach dem dritten Weg, in: Die Quelle 40–2 (1989), S. 67–69.
Bremshey, Hans, Kranksein und feiern?, in: Revier und Werk 23–109 (1972), o. S.
Brenner, Otto, Was bedeutet Reform des DGB?, in: Gewerkschaftliche Monatshefte 22–4 (1971), S. 209–212.
Brock, Adolf, Arbeiterbildung – Lernen der Arbeiter für sich und für ihre Emanzipation, in: ders./Hans Dieter Müller/Oskar Negt (Hrsg.), Arbeiterbildung, Reinbek bei Hamburg 1978, S. 11–24.
Brock, Adolf, Soziologische Phantasie und exemplarisches Lernen in der gewerkschaftlichen Bildungsarbeit, in: ders./Hans Dieter Müller/Oskar Negt (Hrsg.), Arbeiterbildung, Reinbek bei Hamburg 1978, S. 25–42.
Brock, Ditmar, Der schwierige Weg in die Moderne. Umwälzungen in der Lebensführung der deutschen Arbeiter zwischen 1850 und 1980, Frankfurt a. M./New York 1991.
Bröckling, Ulrich, Das unternehmerische Selbst. Soziologie einer Subjektivierungsform, Frankfurt a. M. ^{5}2013 [2007].
Brose, Hanns-Georg, Proletarisierung, Polarisierung oder Upgrading der Erwerbsarbeit? Über die Spätfolgen ‚erfolgreicher Fehldiagnosen' in der Industriesoziologie, in: Jürgen Friedrichs/M. Rainer Lep-

sius/Karl Ulrich Mayer (Hrsg.), Die Diagnosefähigkeit der Soziologie, Opladen/Wiesbaden 1998, S. 130–163.

Brown, Timothy Scott, „Break the Power of the Manipulators“: Film and the West German 1968, in: Christina Gerhardt/Marco Abel (Hrsg.), Celluloid Revolt. German Screen Cultures and the Long 1968, Rochester 2019, S. 42–52.

Brown, Wendy, Die schleichende Revolution. Wie der Neoliberalismus die Demokratie zerstört, Berlin 2015.

Brückweh, Kerstin, Menschen zählen. Wissensproduktion durch britische Volkszählungen und Umfragen vom 19. Jahrhundert bis ins digitale Zeitalter, Berlin/Boston 2015.

Brüggemeier, Franz-Josef, Die Rache des Bürgertums an der Arbeiterbewegung? Umweltbewegung, Umweltgeschichte und soziale Frage, in: Pascal Maeder/Barbara Lüthi/Thomas Mergel (Hrsg.), Wozu noch Sozialgeschichte? Eine Disziplin im Umbruch, Göttingen 2012, S. 178–186.

Brumlik, Micha, Vom Proletariat zum Pöbel: Das neue reaktionäre Subjekt, in: Blätter für deutsche und internationale Politik 62–1 (2017), S. 56–62.

Bsteh, Petrus/Proksch, Brigitte (Hrsg.), Wegbereiter des interreligiösen Dialogs, Band II, Wien 2018.

Budde, Heinz, Die Arbeitnehmerschaft in der Industriegesellschaft. Beiträge und Versuche zu einer sozialen und politischen Standortbestimmung der Christlich-Sozialen Bewegung, Essen 1963.

Bude, Heinz, Was kommt nach der Arbeitnehmergesellschaft?, in: Ulrich Beck (Hrsg.), Die Zukunft von Arbeit und Demokratie, Frankfurt a. M. 2000, S. 121–134.

Bude, Heinz, Bürgertumsgenerationen in der Bundesrepublik, in: Manfred Hettling/Bernd Ulrich (Hrsg.), Bürgertum nach 1945, Hamburg 2005, S. 111–132.

Caspers, Britta/Hallenberger, Dirk/Jung, Werner/Parr, Rolf, Ruhrgebietsliteratur seit 1960. Eine Geschichte nach Knotenpunkten, Berlin 2019.

Castel, Robert, Die Metamorphosen der sozialen Frage. Eine Chronik der Lohnarbeit, Konstanz ^{2}2008 [frz. Orig. 1995].

Castel, Robert, Eine ‚große Transformation‘, in: ders., Die Krise der Arbeit. Neue Unsicherheiten und die Zukunft des Individuums, Hamburg 2011 [frz. Orig. 2007], S. 9–53.

Castel, Robert/Dörre, Klaus (Hrsg.), Prekarität, Abstieg, Ausgrenzung. Die soziale Frage am Beginn des 21. Jahrhunderts, Frankfurt a. M./New York 2009.

Chassé, Karl August, Unterschichten in Deutschland. Materialien zu einer kritischen Debatte, Wiesbaden 2010.

Christ, Rose-Marie, DGB: Neuen Themen und Gruppen öffnen, in: Die Quelle 41–6/7 (1990), S. 3.

Christ, Rose-Marie, „Autonom bis zum finanziellen Kollaps“, in: Die Quelle 41–6/7 (1990), S. 5–6.

Christ, Rose-Marie, „Die Dramatik nimmt zu“, in: Die Quelle 43–3 (1992), S. 4–5.

Collins, Richard/Porter, Vincent, WDR and the Arbeiterfilm: Fassbinder, Ziewer and others, London 1981.

Combes, André, Une cinématographie de la contre-culture politique ouvrière: la trilogie de Christian Ziewer – Liebe Mutter, mir geht's gut (1971); Schneeglöckchen blühen im September (1973); Der aufrechte Gang (1975) – et son contexte, in: Cahiers d'études germaniques 64–1 (2013), S. 83–112.

Conrad, Sebastian, Globalisierung und Nation im Deutschen Kaiserreich, München 2006.

Conze, Eckart, Die Suche nach Sicherheit. Eine Geschichte der Bundesrepublik Deutschland von 1949 bis in die Gegenwart, München 2009.

Conze, Werner, Arbeiter, in: Otto Brunner/Werner Conze/Reinhart Koselleck (Hrsg.), Geschichtliche Grundbegriffe. Historisches Lexikon zur politisch-sozialen Sprache in Deutschland, Band 1, Stuttgart 1972, S. 216–242.

Cremer, Christa, Weiterbildungsangebote für Arbeiterfamilien im Ruhrgebiet im Rahmen von Stadtteilkulturarbeit als Aufgabe gewerkschaftlicher Arbeiterbildung, in: Beiträge – Informationen – Kommentare 2 (1982), S. 15–33.

Cremer, Christa, Zur Stadtteilkulturarbeit im Revier, in: Beiträge – Informationen – Kommentare 2 (1982), S. 34–46.

Crouch, Colin, Postdemokratie, Frankfurt a. M. [12]2015 [ital. Orig. 2003].

Crouch, Colin, Das lange Leben des Neoliberalismus, in: Blätter für deutsche und internationale Politik 56–11 (2011), S. 49–62.

Dahrendorf, Ralf, Herrschaft, Klassenverhältnis und Schichtung, in: Theodor W. Adorno (Hrsg.), Spätkapitalismus oder Industriegesellschaft? Verhandlungen des 16. Deutschen Soziologentages, Stuttgart 1969, S. 88–99.

Dahrendorf, Ralf, Die Chancen der Krise. Über die Zukunft des Liberalismus, Stuttgart 1983.

Dainat, Holger, Literatur – Wissen(schaft) – Geschichte, in: Internationales Archiv für Sozialgeschichte der deutschen Literatur 36–1 (2011), S. 177–182.

Daniel, Ute, Kompendium Kulturgeschichte. Theorien, Praxis, Schlüsselwörter, Frankfurt a. M. [6]2001.

Davies, Franziska, Jenseits von „Ost“ und „West“. Blockübergreifende Verflechtungen von Streiks und Arbeitskämpfen in Polen, Großbritannien und der Sowjetunion in den 1980er Jahren, in: Geschichte und Gesellschaft 48–4 (2022), S. 510–550.

Decker, Gunnar, 1965. Der kurze Sommer der DDR, Bonn 2015.

Deppe, Frank, Einheit und Spaltung der Arbeiterklasse. Überlegungen zu einer politischen Geschichte der Arbeiterbewegung, Marburg 1981.

Deppe, Frank, Gewerkschaften in der Transformation. Von den 1970er Jahren bis heute. Eine Einführung, Köln 2012.

Deppe, Frank, Einheit oder Spaltung? Überlegungen zur Debatte um die Einheitsgewerkschaft, Berlin 2015, <https://www.rosalux.de/fileadmin/rls_uploads/pdfs/Analysen/Analysen19_Gesell_Einheitsgewerkschaft_web.pdf> (30.08.2023).

Deppe, Frank/Dörre, Klaus, Klassenbildung und Massenkultur im 20. Jahrhundert, in: Klaus Tenfelde (Hrsg.), Arbeiter im 20. Jahrhundert, Stuttgart 1991, S. 726–771.

Deppe, Frank/Roßmann, Witich, Kommunistische Gewerkschaftspolitik in der Weimarer Republik, in: Erich Matthias/Klaus Schönhoven (Hrsg.), Solidarität und Menschenwürde. Etappen der deutschen Gewerkschaftsgeschichte von den Anfängen bis zur Gegenwart, Bonn 1984, S. 209–231.

Derichs-Kunstmann, Karin, Frauenemanzipation und Arbeiterbildung. Thesen, in: Jahrbuch Arbeit, Bildung, Kultur 10 (1992), S. 160–162.

Derichs-Kunstmann, Karin/Faulenbach, Bernd/Jelich, Franz-Josef et al., Thesen zu einer Neubestimmung der Arbeiterbildung in den 90er Jahren, in: Jahrbuch Arbeit, Bildung, Kultur 11 (1993), S. 251–265.

Deuerlein, Martin, Interdependenz, in: Frank Reichherzer/Emmanuel Droit/Jan Hansen (Hrsg.), Den Kalten Krieg vermessen. Über Reichweite und Alternativen einer binären Ordnungsvorstellung, Berlin 2018, S. 183–198.

Deus, Franz, Theodor Brauer zum Gedächtnis, in: Gewerkschaftliche Monatshefte 3–3 (1952), S. 190–191.

„Deutsche Qualitätsarbeit“: Mitmachen und Eigensinn im Nationalsozialismus – Interview von Marc Buggeln und Michael Wildt mit Alf Lüdtke (Göttingen, 19.02.2014), in: Marc Buggeln/Michael Wildt (Hrsg.), Arbeit im Nationalsozialismus, München 2014, S. 373–401.

Dietz, Bernhard, Wertewandel in der Wirtschaft? Die leitenden Angestellten und die Konflikte um Mitbestimmung und Führungsstil in den siebziger Jahren, in: ders./Christopher Neumaier/ Andreas Rödder (Hrsg.), Gab es den Wertewandel? Neue Forschungen zum gesellschaftlich-kulturellen Wandel seit den 1960er Jahren, München 2014, S. 169–197.

Dirks, Walter, Blick in die Zukunft, in: Marianne Feuersenger (Hrsg.), Gibt es noch ein Proletariat?, Frankfurt a. M. 1970 [1962], S. 91–100.

Doering-Manteuffel, Anselm, „Soziale Demokratie" als transnationales Ordnungsmodell im 20. Jahrhundert, in: Jost Dülffer/Wilfried Loth (Hrsg.), Dimensionen internationaler Geschichte, München 2012, S. 312–333.

Doering-Manteuffel, Anselm, Die Entmündigung des Staates und die Krise der Demokratie. Entwicklungslinien von 1980 bis zur Gegenwart, Stuttgart 2013.

Doering-Manteuffel, Anselm, Die deutsche Geschichte in den Zeitbögen des 20. Jahrhunderts, in: Vierteljahrshefte für Zeitgeschichte 62–3 (2014), S. 321–348.

Doering-Manteuffel, Anselm, Die Vielfalt der Strukturbrüche und die Dynamik des Wandels in der Epoche nach dem Boom, in: Morten Reitmayer/Thomas Schlemmer (Hrsg.), Die Anfänge der Gegenwart. Umbrüche in Westeuropa nach dem Boom, München 2014, S. 135–145.

Doering-Manteuffel, Anselm, Amerikanisierung und Westernisierung, Version: 2.0, in: Docupedia-Zeitgeschichte, 19. 08. 2019, <http://docupedia.de/zg/Doering-Manteuffel_amerikanisierung_v2_de_2019> (15. 09. 2023).

Doering-Manteuffel, Anselm/Raphael, Lutz, Nach dem Boom. Perspektiven auf die Zeitgeschichte seit 1970, Göttingen 2008.

Doering-Manteuffel, Anselm/Raphael, Lutz, Nach dem Boom. Perspektiven auf die Zeitgeschichte seit 1970, 2. erg. Aufl., Göttingen 2010.

Doering-Manteuffel, Anselm/Raphael, Lutz, Nach dem Boom. Neue Einsichten und Erklärungsversuche, in: dies./Thomas Schlemmer (Hrsg.), Vorgeschichte der Gegenwart. Dimensionen des Strukturbruchs nach dem Boom, Göttingen 2016, S. 9–34.

Doering-Manteuffel, Anselm/Raphael, Lutz/Schlemmer, Thomas (Hrsg.), Vorgeschichte der Gegenwart. Dimensionen des Strukturbruchs nach dem Boom, Göttingen 2016.

Dörnemann, Maria, Plan Your Family – Plan Your Nation. Bevölkerungspolitik als internationales Entwicklungshandeln in Kenia (1932–1993), Berlin/Boston 2019.

Dörre, Klaus, Die neue Landnahme. Dynamiken und Grenzen des Finanzmarktkapitalismus, in: ders./ Stephan Lessenich/Hartmut Rosa, Soziologie – Kapitalismus – Kritik. Eine Debatte, unter Mitarbeit von Thomas Barth, Frankfurt a. M. 2009, S. 21–86.

Dörre, Klaus, Prekarität, in: Hartmut Hirsch-Kreinsen/Heiner Minssen (Hrsg.), Lexikon der Arbeits- und Industriesoziologie, Berlin 2013, S. 393–398.

Dörre, Klaus/Happ, Anja/Matuschek, Ingo, Das Unbehagen am Kapitalismus und die LohnarbeiterInnen, in: dies. (Hrsg.), Das Gesellschaftsbild der LohnarbeiterInnen. Soziologische Untersuchungen in ost- und westdeutschen Industriebetrieben, Hamburg 2013, S. 9–28.

Dörre, Klaus/Happ, Anja/Matuschek, Ingo (Hrsg.), Das Gesellschaftsbild der LohnarbeiterInnen. Soziologische Untersuchungen in ost- und westdeutschen Industriebetrieben, Hamburg 2013.

Dudek, Klaus, Lohnfortzahlung und Kündigung von Arbeitsverhältnissen, Dortmund 1981.

Eagleton, Terry, Why Marx was Right, New Haven/London 2011.

Ebbighausen, Rolf/Tiemann, Friedrich (Hrsg.), Das Ende der Arbeiterbewegung in Deutschland? Ein Diskussionsband zum sechzigsten Geburtstag von Theo Pirker, Opladen 1984.

Eckel, Jan, Neugeburt aus dem Geist der Moral. Erklärungen einer heterogenen Konjunktur, in: ders./ Samuel Moyn (Hrsg.), Moral für die Welt? Menschenrechtspolitik in den 1970er Jahren, Göttingen 2012, S. 22–67.

Eckel, Jan, Politik der Globalisierung, in: Vierteljahrshefte für Zeitgeschichte 68–3 (2020), S. 451–480.

Eiden-Offe, Patrick, Die Poesie der Klasse. Romantischer Antikapitalismus und die Erfindung des Proletariats, Berlin 2017.

Eley, Geoff, Forging Democracy: The History of the Left in Europe, 1850–2000, Oxford u. a. 2002.

Ellwein, Thomas, Gewerkschaften und öffentlicher Dienst. Zur Entwicklung der Beamtenpolitik des DGB, Opladen 1980.

Elsässer, Lea/Schäfer, Armin, Group Representation for the Working Class? Opinion Differences among Occupational Groups in Germany. MPIfG Discussion Paper 16/3 (2016), <https://pure.mpg.de/rest/items/item_2255579/component/file_2255577/content> (25. 05. 2023).

Elsaesser, Thomas, Rainer Werner Fassbinder, zweite, überarbeitete Auflage, Berlin 2012.

Elsaesser, Thomas, West Germany's „Workers' Films": A Cinema in the Service of Television?, in: Christina Gerhardt/Marco Abel (Hrsg.), Celluloid Revolt. German Screen Cultures and the Long 1968, Rochester 2019, S. 122–133.

Engels, Friedrich, Zur Dritten Auflage, in: Marx-Engels-Werke 23, Berlin [19]1998 [1883], S. 33–35.

Eppler, Erhard, Die Qualität des Lebens, in: Aufgabe Zukunft – Qualität des Lebens. Beiträge zur vierten internationalen Arbeitstagung der Industriegewerkschaft Metall für die Bundesrepublik Deutschland 11. bis 14. April 1972 in Oberhausen, Band 1: Qualität des Lebens, Redaktion: Günter Friedrichs, Frankfurt a. M. 1973, S. 86–101.

Epskamp, Heinrich/Hoffmann, Jürgen/Jacobi, Otto et al., „Schafft den DGB ab!", in: Gewerkschaftliche Monatshefte 43–1 (1992), S. 63–80.

Eribon, Didier, Rückkehr nach Reims, Bonn 2016 [frz. Orig. 2009].

Esposito, Fernando, Zeitenwandel. Transformationen geschichtlicher Zeitlichkeit nach dem Boom – eine Einführung, in: ders. (Hrsg.), Zeitenwandel. Transformationen geschichtlicher Zeitlichkeit nach dem Boom, Göttingen 2017, S. 7–62.

Ezli, Özkan, Narrative der Migration. Eine andere deutsche Kulturgeschichte, Berlin/Boston 2022.

Falke, Gustav, Neorealismus im italienischen Film, in: Zeitschrift für Ideengeschichte 7–2 (2013), S. 21–34.

Farrenkopf, Michael, Arbeitnehmer des Braunkohlenbergbaus in der Bundesrepublik Deutschland – Zur Problematik einer ungeschriebenen Geschichte, in: Magistrat der Stadt Borken (Hrsg.), 7. Montanhistorisches Kolloquium. Zur Geschichte des Braunkohlebergbaus. Die Braunkohle und ihre Bergleute, Borken 2006, S. 85–94.

Farrenkopf, Michael, Wiederaufstieg und Niedergang des Bergbaus in der Bundesrepublik, in: Dieter Ziegler (Hrsg.), Geschichte des deutschen Bergbaus, Band 4: Rohstoffgewinnung im Strukturwandel. Der deutsche Bergbau im 20. Jahrhundert, Münster 2013, S. 183–302.

Faulenbach, Bernd, Die Geschichte in der Arbeiterbildung, in: Beiträge – Informationen – Kommentare 1 (1982), S. 11–27.

Faulenbach, Bernd (Hrsg.), Arbeiterbildung in der Weimarer Republik und in der Nachkriegszeit. Kontinuität und Diskontinuität, unter Mitarbeit von Jörg Höhfeld, Recklinghausen 1984.

Faulenbach, Bernd, Arbeiterbildung zwischen Traditionalismus und Technizismus. Zur Frage eines zeitgemäßen Konzeptes, in: Beiträge – Informationen – Kommentare 6 (1987), S. 26–41.

Faulenbach, Bernd, Von der Klassenkultur zur Massenkultur? Zur Frage der historischen Einordnung der Arbeiterkultur, in: Beiträge – Informationen – Kommentare 7 (1988), S. 4–21.

Faulenbach, Bernd, Zu Fragehorizont und Fragestellungen, in: ders./Annette Leo/Klaus Weberskirch, Zweierlei Geschichte. Lebensgeschichte und Geschichtsbewußtsein von Arbeitnehmern in West- und Ostdeutschland, Essen 2000.

Faulenbach, Bernd/Leo, Annette/Weberskirch, Klaus, Zweierlei Geschichte. Lebensgeschichte und Geschichtsbewußtsein von Arbeitnehmern in West- und Ostdeutschland, Essen 2000.

Fehmel, Thilo, Konflikte um den Konfliktrahmen. Die Steuerung der Tarifautonomie, Wiesbaden 2010.

Fehrmann, Eberhard/Metzner, Ulrike, Angestellte und Gewerkschaften. Ein historischer Abriß, Köln 1981.

Feldenkirchen, Wilfried, Siemens. Von der Werkstatt zum Weltunternehmen, München/Zürich 1997.

Felsch, Philipp, Der lange Sommer der Theorie. Geschichte einer Revolte 1960–1990, Frankfurt a. M. 2016.

Finke, Peter, Citizen Science. Das unterschätzte Wissen der Laien, München 2014.

F. J. J. [Franz-Josef Jelich], Tagung: Aufgaben der Arbeiterbildung in der neuen deutschen Republik. 10./11. April 1991 in Recklinghausen, in: Jahrbuch Arbeit, Bildung, Kultur 10 (1992), S. 237–238.

Fleischacker, Sam, Kant in the *Dialectic of Enlightenment*, in: Sonja Lavaert/Winfried Schröder (Hrsg.), Aufklärungs-Kritik und Aufklärungs-Mythen. Horkheimer und Adorno in philosophiehistorischer Perspektive, Berlin/Boston 2018, S. 123–142.

Flex, Walter, Der Wanderer zwischen beiden Welten, München 1916.

Flohr, Bernd, Arbeiter nach Maß. Die Disziplinierung der Fabrikarbeiterschaft während der Industrialisierung Deutschlands im Spiegel von Arbeitsordnungen, Frankfurt a. M./New York 1981.

Fountoulakis, Evi/Previšić, Boris, Gesetz, Politik und Erzählung der Gastlichkeit. Einleitung, in: dies. (Hrsg.), Der Gast als Fremder. Narrative Alterität in der Literatur, Bielefeld 2011.

Fourastié, Jean, Die große Hoffnung des zwanzigsten Jahrhunderts, Köln 1954 [frz. Orig. 1949].

Frambach, Hans, Arbeit im ökonomischen Denken. Zum Wandel des Arbeitsverständnisses von der Antike bis zur Gegenwart, Marburg 1999.

Frank, Manfred, Was ist Neostrukturalismus?, Frankfurt a. M. 1984.

Frerichs, Petra/Steinrücke, Margareta, Arbeiterinnen und weibliche Angestellte im Vergleich. Industriesoziologische Frauenforschung am Beispiel von Arbeitssituation, Interessen und Interessenvertretung von Frauen im Betrieb, in: Beiträge – Informationen – Kommentare 9 (1990), S. 29–45.

Freud, Sigmund, Zeitgemäßes über Krieg und Tod, in: ders., Gesamtausgabe, Band 14: 1914–1916, hrsg. von Christfried Tögel, unter Mitarbeit von Urban Zerfaß, Gießen 2020 [1915], S. 205–229.

Friedemann, Peter, Die ungeliebte Tochter. Zur Genese des Instituts zur Geschichte der Arbeiterbewegung der Ruhr-Universität Bochum: Ein partizipatorischer, wissenschaftspolitischer Prozess 1965–1988, in: Die Henne. Beiträge zur Geschichte der Ruhr-Universität Bochum 4 (2015), S. 7–60.

Friedrich, Alexander, Metaphorologie der Vernetzung. Zur Theorie kultureller Leitmetaphern, Paderborn 2015.

Friedrichs, Julia, Working Class. Warum wir Arbeit brauchen, von der wir leben können, Bonn 2021.

Fröhlich, Dieter/Krieger, Hubert/Rudat, Reinhard/Schneider, Reinhart, Gewerkschaften vor den Herausforderungen der Neunziger Jahre, Frankfurt a. M./New York 1989.

Führer, Karl Christian, Gewerkschaftsmacht und ihre Grenzen. Die ÖTV und ihr Vorsitzender Heinz Kluncker 1964–1982, Bielefeld 2017.

Fuhrich, Gina, Humanisierung oder Rationalisierung? Arbeiter als Akteure im Bundesprogramm „Humanisierung des Arbeitslebens" bei der VW AG, Stuttgart 2020.

Futh, Sascha Kristin, Strategische Kommunikation von Gewerkschaften. Die Kampagnen Samstags gehört Vati mir, 35-Stunden-Woche und Mindestlohn, Wiesbaden 2018.

Gadamer, Hans-Georg, Hermeneutik I. Wahrheit und Methode. Grundzüge einer philosophischen Hermeneutik, Tübingen 1990 [1960].

Galtung, Johan, Strukturelle Gewalt. Beiträge zur Friedens- und Konfliktforschung, Reinbek 1975.

Geißler, Rainer, Die Sozialstruktur Deutschlands, 7., grundlegend überarb. Aufl., Wiesbaden 2014.

Gemeinsame Synode der Bistümer in der Bundesrepublik Deutschland, Beschluß: Kirche und Arbeiterschaft, in: Ludwig Bertsch/Philipp Boonen/Rudolf Hammerschmidt et al. (Hrsg.), Gemeinsame Synode der Bistümer der Bundesrepublik Deutschland. Offizielle Gesamtausgabe, Band 1: Beschlüsse der Vollversammlung, Freiburg/Basel/Wien 1976, S. 321–364.

Gertschen, Alex, Klassenfeinde – Branchenpartner? Unternehmer und Gewerkschaft der westdeutschen Textilindustrie vor der Herausforderung der Internationalisierung, 1949–1979, Baden-Baden 2013.

Gesellschaft für Sozialen Fortschritt e. V., Zur Neuabgrenzung der Begriffe Angestellter und Arbeiter, Berlin 1959.

Geyer, Martin H., Rahmenbedingungen: Unsicherheit als Normalität, in: ders. (Hrsg.), Geschichte der Sozialpolitik in Deutschland seit 1945, Band 6: 1974–1982. Bundesrepublik Deutschland. Neue Herausforderungen, wachsende Unsicherheiten, Baden-Baden 2008, S. 1–109.

Giddens, Anthony, Klassenspaltung, Klassenkonflikt und Bürgerrechte. Gesellschaft im Europa der achtziger Jahre, in: Reinhard Kreckel (Hrsg.), Soziale Ungleichheiten, Göttingen 1983, S. 15–33.

Giddens, Anthony, The Constitution of Society. Outline of the Theory of Structuration, Cambridge 1984.

Gorz, André, Zur Strategie der Arbeiterbewegung im Neokapitalismus, Frankfurt a. M. 1974 [frz. Orig. 1964].

Gorz, André, Abschied vom Proletariat. Jenseits des Sozialismus, Frankfurt a. M. [2]1981 [frz. Orig. 1980].

Gotto, Bernhard/Ullrich, Anna, Einführung: Zum Umgang mit Enttäuschung aus zeitgeschichtlicher Perspektive, in: dies. (Hrsg.), Hoffen – Scheitern – Weiterleben. Enttäuschung als historische Erfahrung in Deutschland im 20. Jahrhundert, Berlin/Boston 2021, S. 1–11.

G.P., Um Ziele und Aufgaben der Gewerkschaften heute, in: Die Quelle 21–7/8 (1970), S. 297.

Graßl, Helmut, Handwerksausschüsse fehlen in der Satzung, in: Die Quelle 22–2 (1971), S. 63.

Grebing, Helga, Gewerkschaften: Bewegung oder Dienstleistungsorganisation – 1955 bis 1965, in: Hans-Otto Hemmer/Kurt Thomas Schmitz (Hrsg.), Geschichte der Gewerkschaften in der Bundesrepublik Deutschland. Von den Anfängen bis heute, Köln 1990, S. 149–182.

Grebing, Helga, Geschichte der deutschen Arbeiterbewegung. Von der Revolution 1848 bis ins 21. Jahrhundert, Berlin 2007.

Grieger, Manfred, Der neue Geist im Volkswagenwerk. Produktinnovation, Kapazitätsabbau und Mitbestimmungsmodernisierung 1968–1976, in: Morten Reitmayer/Ruth Rosenberger (Hrsg.), Unternehmen am Ende des „goldenen Zeitalters“. Die 1970er Jahre in unternehmens- und wirtschaftshistorischer Perspektive, Essen 2008, S. 31–66.

Grimm, Susanne, Die Bildungsabstinenz der Arbeiter. Eine soziologische Untersuchung, München 1966.

Groschopp, Horst, Otto Rühle. Zum Arbeiterbild in der ultralinken deutschen Arbeiterbewegung der zwanziger Jahre, in: Klaus Tenfelde (Hrsg.), Arbeiter im 20. Jahrhundert, Stuttgart 1991, S. 299–320.

Grypa, Dietmar, Die Katholische Arbeiterbewegung in Bayern nach dem Zweiten Weltkrieg (1945–1963), Paderborn u. a. 2000.

Gümüşay, Kübra, Sprache und Sein, Berlin [6]2020.

Guggenheimer, Walter Maria, Mehr Geld, mehr Freizeit – mehr Freiheit, in: Marianne Feuersenger (Hrsg.), Gibt es noch ein Proletariat?, Frankfurt a. M. 1970 [1962], S. 55–66.

Hachtmann, Rüdiger, Gewerkschaften und Rationalisierung: Die 1970er Jahre – ein Wendepunkt?, in: Knud Andresen/Ursula Bitzegeio/Jürgen Mittag (Hrsg.), ‚Nach dem Strukturbruch'? Kontinuität und Wandel von Arbeitsbeziehungen und Arbeitswelt(en) seit den 1970er-Jahren, Bonn 2011, S. 181–209.

Haefner, Klaus, Mensch und Computer im Jahre 2000. Ökonomie und Politik für eine human computerisierte Gesellschaft, Basel/Boston/Stuttgart 1984.

Haipeter, Thomas, Einleitung: Industrieangestellte Revisited, in: ders. (Hrsg.), Angestellte Revisited. Arbeit, Interessen und Herausforderungen für Interessenvertretungen, Wiesbaden 2016, S. 1–33.

Halbwachs, Maurice, Beitrag zu einer soziologischen Theorie der Arbeiterklasse, in: ders., Klassen und Lebensweisen. Ausgewählte Schriften, herausgegeben und übersetzt von Stephan Egger, Konstanz 2001 [1926], S. 47–70.

Hake, Sabine, The Proletarian Dream. Socialism, Culture, and Emotion in Germany, 1863–1933, Berlin/ Boston 2017.

Haring, Sophie, Herrschaft der Experten oder Herrschaft des Sachzwangs? – Technokratie als politikwissenschaftliches ‚Problem-Ensemble', in: Zeitschrift für Politik 57–3 (2010), S. 243–264.

Hartfiel, Günter, Zentralismus oder Föderalismus? Zur Problematik einer gewerkschaftsorganisatorischen Alternative, in: Gewerkschaftliche Monatshefte 22–4 (1971), S. 215–218.

Heider, Frank, Selbstverwaltete Betriebe in Deutschland, in: Roland Roth/Dieter Rucht (Hrsg.), Die sozialen Bewegungen in Deutschland seit 1945, Frankfurt a. M. 2008, S. 513–526.

Heinze, Rolf G./Hinrichs, Karl/Offe, Claus et al., Interessendifferenzierung und Gewerkschaftseinheit. Bruchlinien innerhalb der Arbeiterklasse als Herausforderung für gewerkschaftliche Politik, in: Gewerkschaftliche Monatshefte 32–6 (1981), S. 336–354.

Helfert, Mario, Ökonomische Entwicklung und gewerkschaftliche Auseinandersetzung mit technischem Fortschritt, in: Gewerkschaftliche Monatshefte 31–4 (1980), S. 242–250.

Hemmer, Hans O., Gewerkschaften im Orwell-Jahr – Erneut am Scheideweg?, in: Gewerkschaftliche Monatshefte 35–1 (1984), S. 1–6.

Herbert, Ulrich, Vom Kruppianer zum Arbeitnehmer, in: Lutz Niethammer (Hrsg.), „Hinterher merkt man, daß es richtig war, daß es schiefgegangen ist". Nachkriegserfahrungen im Ruhrgebiet. Lebensgeschichte und Sozialkultur im Ruhrgebiet 1930 bis 1960, Band 2, Bonn 1983, S. 233–276.

Herbert, Ulrich, Geschichte der Ausländerpolitik in Deutschland. Saisonarbeiter, Zwangsarbeiter, Gastarbeiter, Flüchtlinge, München 2001.

Herbert, Ulrich, Liberalisierung als Lernprozeß. Die Bundesrepublik in der deutschen Geschichte – eine Skizze, in: ders. (Hrsg.), Wandlungsprozesse in Westdeutschland. Belastung, Integration, Liberalisierung 1945–1980, Göttingen ^{2}2003, S. 7–49.

Herbert, Ulrich, Geschichte Deutschlands im 20. Jahrhundert, München 2014.

Hergesell, Burkhard, Arbeiterkulturen im Betrieb. Interethnische Beziehungen zwischen Produktionsarbeitern. Eine empirische Studie, Frankfurt a. M. 1994.

Hesse, Jan-Otmar, Die ‚Krise der Selbständigkeit': Westdeutschland in den 1970er Jahren, in: Knud Andresen/Ursula Bitzegeio/Jürgen Mittag (Hrsg.), ‚Nach dem Strukturbruch'? Kontinuität und Wandel von Arbeitsbeziehungen und Arbeitswelt(en) seit den 1970er-Jahren, Bonn 2011, S. 87–105.

Hesse, Jan-Otmar, Ökonomischer Strukturwandel. Zur Wiederbelebung einer wirtschaftshistorischen Leitsemantik, in: Geschichte und Gesellschaft 39–1 (2013), S. 86–115.

Heßler, Martina, Die Halle 54 bei Volkswagen und die Grenzen der Automatisierung. Überlegungen zum Mensch-Maschine-Verhältnis in der industriellen Produktion der 1980er-Jahre, in: Zeithistorische Forschungen/Studies in Contemporary History 11–1 (2014), S. 56–76.

Hettinger, Theo, Neues Flußbett für die Erft im Nordrevier, in: Revier und Werk 25–120 (1974), S. 22–23.

Hettling, Manfred/Ulrich, Bernd (Hrsg.), Bürgertum nach 1945, Hamburg 2005.

Hickethier, Knut, Arbeitertheater und Arbeiterfilm, in: Wolfgang Ruppert (Hrsg.), Die Arbeiter. Lebensformen, Alltag und Kultur von der Frühindustrialisierung bis zum „Wirtschaftswunder", München 1986, S. 345–358.

Hickethier, Knut, Geschichte des deutschen Fernsehens, unter Mitarbeit von Peter Hoff, Stuttgart/Weimar 1998.

Hien, Wolfgang, Körper und Arbeit – die Schattenseiten des Wirtschaftswunders in Deutschland und Österreich, in: Sozial.Geschichte Online 21 (2017), S. 125–170.

Hien, Wolfgang, Gesundheit als politische Kategorie. Wechselwirkung zwischen Umwelt-, Gesundheits- und Arbeiterbewegung in der BRD der 1970er und 1980er Jahre, in: Sozial.Geschichte Online 23 (2018), S. 167–198.

Hildebrandt, Jens, Einleitung, in: ders. (Bearb.), Quellen zur Geschichte der deutschen Gewerkschaftsbewegung im 20. Jahrhundert, Band 12: Der Deutsche Gewerkschaftsbund 1956–1963, unter Mitarbeit von Boris Schwitzer, Bonn 2005, S. 9–52.

Hilpert, Dagmar, Wohlfahrtsstaat der Mittelschichten? Sozialpolitik und gesellschaftlicher Wandel in der Bundesrepublik Deutschland (1949–1975), Göttingen 2012.

Hindrichs, Wolfgang/Jürgenhake, Uwe/Kleinschmidt, Christian et al., Der lange Abschied vom Malocher. Sozialer Umbruch in der Stahlindustrie und die Rolle der Betriebsräte von 1960 bis in die neunziger Jahre, Essen 2000.

Hirsch, Joachim, Die öffentlichen Funktionen der Gewerkschaften. Eine Untersuchung zur Autonomie sozialer Verbände in der modernen Verfassungsordnung, Stuttgart 1966.

Hirt, Gerulf/Alten, Christoph/Knopf, Stefan et al., Als die Zigarette giftig wurde. Ein Risiko-Produkt im Widerstreit, Kromsdorf/Weimar 2017.

Hockerts, Hans Günter, Metamorphosen des Wohlfahrtsstaats, in: ders., Der deutsche Sozialstaat. Entfaltung und Gefährdung seit 1945, Bonn 2012 [1990], S. 139–149.

Hockerts, Hans Günter, Zeitgeschichte in Deutschland. Begriff, Methoden, Themenfelder, in: Historisches Jahrbuch 113 (1993), S. 98–127.

Hockerts, Hans Günter, Rahmenbedingungen: Das Profil der Reformära, in: ders. (Hrsg.), Geschichte der Sozialpolitik in Deutschland seit 1945, Band 5: 1966–1974. Bundesrepublik Deutschland. Eine Zeit vielfältigen Aufbruchs, Baden-Baden 2006, S. 1–155.

Hockerts, Hans Günter/Süß, Winfried, Gesamtbetrachtung: Die sozialpolitische Bilanz der Reformära, in: Hans Günter Hockerts (Hrsg.), Geschichte der Sozialpolitik in Deutschland seit 1945, Band 5: 1966–1974. Bundesrepublik Deutschland. Eine Zeit vielfältigen Aufbruchs, Baden-Baden 2006, S. 945–962.

Hodenberg, Christina von, Wie westlich war das bundesdeutsche Fernsehen? Die Produktion und Rezeption von Unterhaltungsserien im Dreiländervergleich, in: Sonja Levsen/Cornelius Torp (Hrsg.), Wo liegt die Bundesrepublik? Vergleichende Perspektiven auf die westdeutsche Geschichte, Göttingen 2016, S. 31–47.

Hodenberg, Christina von, Das andere Achtundsechzig. Gesellschaftsgeschichte einer Revolte, München 2018.

Holtz-Bacha, Christina, Wahlwerbung als politische Kultur. Parteienspots im Fernsehen 1957–1998, Wiesbaden 2000.

Hordt, Arne, Kumpel, Kohle und Krawall. Miners' Strike und Rheinhausen als Aufruhr in der Montanregion, Göttingen 2018.

Horkheimer, Max/Adorno, Theodor W., Dialektik der Aufklärung. Philosophische Fragmente, Frankfurt a. M. [21]2013 [amerik. Orig. 1944].

Hromadka, Wolfgang, Von den Protoangestellten zur Angestelltengesellschaft, in: Vierteljahrschrift für Sozial- und Wirtschaftsgeschichte 102–1 (2015), S. 5–29.

Hübner, Peter, Arbeiterklasse als Inszenierung? Arbeiter und Gesellschaftspolitik in der SBZ/DDR, in: Richard Bessel/Ralph Jessen (Hrsg.), Die Grenzen der Diktatur. Staat und Gesellschaft in der DDR, Göttingen 1996, S. 199–223.

Hübner, Peter, Arbeitergeschichte, Version 1.0, in: Docupedia-Zeitgeschichte, 11. 02. 2010, <http://docupedia.de/zg/huebner_arbeitergeschichte_v1_de_2010> (16. 05. 2023).

Hüsson, Norbert, Aus der Spar-Not soll eine Reform-Tugend werden, in: Die Quelle 40–4 (1989), S. 197 198.

Hüsson, Norbert, „Volle Deckung“, in: Die Quelle 42–1 (1991), S. 3.

Hunn, Karin, ‚Nächstes Jahr kehren wir zurück...‘. Die Geschichte der türkischen ‚Gastarbeiter‘ in der Bundesrepublik, Göttingen 2005.

Hurrle, Gerd/Jelich, Franz-Josef (Hrsg.), ‚Arbeiter‘, ‚Angestellte‘ – Begriffe der Vergangenheit?, Marburg 1996.

Iannone, Enrico, Die Kodifizierung des Arbeitsvertragsrechts – ein Jahrhundertprojekt ohne Erfolgsaussicht?, Frankfurt a. M. u. a. 2009.

Jaeggi, Rahel/Loick, Daniel (Hrsg.), Nach Marx. Philosophie, Kritik, Praxis, Berlin 2013.

Jansen, Peter/Jürgens, Ulrich, Gewerkschaften und Industriepolitik, in: Wolfgang Schroeder/Bernhard Weßels (Hrsg.), Die Gewerkschaften in Politik und Gesellschaft der Bundesrepublik Deutschland. Ein Handbuch, Wiesbaden 2003, S. 429–450.

Jarausch, Konrad H., Verkannter Strukturwandel. Die siebziger Jahre als Vorgeschichte der Probleme der Gegenwart, in: ders. (Hrsg.), Das Ende der Zuversicht? Die siebziger Jahre als Geschichte, Göttingen 2008, S. 9–26.

Jenne, Ulrich, Das Bild des Arbeiters in der katholisch-sozialen Bewegung Deutschlands in den Jahren 1848–1933, Diss., München 1976.

Johannson, Kurt, Anpassung als Prinzip, in: Gewerkschaftliche Monatshefte 28–5 (1977), S. 302–309.

Johannson, Kurt, Technologischer Wandel und Arbeiterbildung, in: Beiträge – Informationen – Kommentare 3 (1983), S. 1–13.

Johannson, Kurt, 15 Jahre gewerkschaftliche Arbeiterbildung in der IG Metall, in: Beiträge – Informationen – Kommentare 6 (1987), S. 5–25.

Johannson, Kurt, Interessenvertretung im Lernprozess. Das „Sprockhöveler Modellseminar“. Möglichkeiten und Grenzen konzeptioneller Planung von Lernprozessen in der gewerkschaftlichen Bildungsarbeit, Köln 1990.

Johannson, Kurt, Gewerkschaftliche Arbeiterbildung zwischen reflexivem Wissen und Verwendungsbezug. Die Debatte über die Reform der Bildungsarbeit am Beispiel der IG Metall, in: Jahrbuch Arbeit, Bildung, Kultur 11 (1993), S. 119–140.

Johannson, Kurt/ Jelich, Franz-Josef Thesen zur gewerkschaftlichen Kulturarbeit, in: Beiträge – Informationen – Kommentare 7 (1988), S. 101–107.

Jünger, Ernst, Der Arbeiter. Herrschaft und Gestalt, Stuttgart 2014 [1932].

Kadritzke, Ulf, Angestellte – Die geduldigen Arbeiter. Zur Soziologie und sozialen Bewegung der Angestellten, Frankfurt a. M./Köln 1975.

Kadritzke, Ulf, Angestellte als Lohnarbeiter. Kritischer Nachruf auf die deutsche Kragenlinie, in: Gert Schmidt/Hans-Joachim Braczyk/Jost von dem Knesebeck (Hrsg.), Materialien zur Industriesoziologie, Opladen 1982, S. 219–249.

Kädtler, Jürgen/Hertle, Hans-Hermann, Sozialpartnerschaft und Industriepolitik. Strukturwandel im Organisationsbereich der IG Chemie-Papier-Keramik, Opladen 1997.

Kahl, Wolfgang, „Gleichwertige Lebensverhältnisse" unter dem Grundgesetz. Eine kritische Analyse, Heidelberg 2016.

Kahn-Freund, Otto, Der Funktionswandel des Arbeitsrechts, in: Arbeitsrecht und Politik. Quellentexte 1918–1933, herausgegeben und eingeleitet von Thilo Ramm, Neuwied/Berlin 1966 [1932], S. 211–246.

Karassek, Roland, „Arbeitnehmer" und „Arbeitgeber" – eine begriffsgeschichtliche Spurensuche, in: Arbeit – Bewegung – Geschichte: Zeitschrift für Historische Studien 16–2 (2017), S. 106–127.

Kaschuba, Wolfgang, Arbeiterkultur heute: Ende der Transformation?, in: ders./Gottfried Korff/Bernd Jürgen Warneken (Hrsg.), Arbeiterkultur seit 1945 – Ende oder Veränderung?, Tübingen 1991, S. 31–57.

Kasper, Sebastian, Unter der Parole „Kampf gegen die Arbeit!". Die Betriebsintervention der frühen Sponti-Bewegung, in: Arbeit – Bewegung – Geschichte: Zeitschrift für Historische Studien 15–1 (2016), S. 49–62.

Kastendiek, Hella, Arbeitnehmer in der SPD. Herausbildung und Funktion der Arbeitsgemeinschaft für Arbeitnehmerfragen (AfA), Berlin 1978.

Katterle, Siegfried/Krahn, Karl (Hrsg.), Wissenschaft und Arbeitnehmerinteressen, Köln 1980.

Kehrmann, Karl/Löhr, Wilfried, Aus Arbeitnehmern mit Schutzrechten werden Selbständige ohne Rechte, in: Die Quelle 39–6 (1988), S. 355–357.

Kehrmann, Karl/Pelikan, Wolfgang, Lohnfortzahlungsgesetz. Kommentar, München 1970.

Kehrmann, Karl/Pelikan, Wolfgang, Lohnfortzahlungsgesetz. Kommentar, 2., völlig überarbeitete und erweiterte Auflage, München 1973.

Kellershohn, Jan, Die Politik der Anpassung. Arbeitswelt und Berufsbildung im Ruhrgebiet 1950–1980, Wien/Köln 2022.

Kellough, J. Edward, Understanding Affirmative Action. Politics, Discrimination, and the Search for Justice, Washington, D.C. 2006.

Kempter, Klaus, Eugen Loderer und die IG Metall. Biografie eines Gewerkschafters, Filderstadt 2003.

Kempter, Klaus, Gefolgschaft, Kooperation und Dissens. Die Gewerkschaften in der sozialliberalen Ära 1969–1982, in: Oliver von Mengersen/Matthias Frese/Klaus Kempter (Hrsg.), Personen – Soziale Bewegungen – Parteien. Beiträge zur neuesten Geschichte. Festschrift für Hartmut Soell, Heidelberg 2004, S. 281–298.

Kern, Horst/Schumann, Michael, Industriearbeit und Arbeiterbewußtsein. Eine empirische Untersuchung über den Einfluß der aktuellen technischen Entwicklung auf die industrielle Arbeit und das Arbeiterbewußtsein. Mit einem Nachwort von Klaus Peter Wittemann, Frankfurt a. M. 1985 [1970].

Kern, Horst/Schumann, Michael, Das Ende der Arbeitsteilung? Rationalisierung in der industriellen Produktion, München ^{2}1985.

Kindtner, Martin, Strategien der Verflüssigung. Poststrukturalistischer Theoriediskurs und politische Praktiken der 1968er Jahre, in: Anselm Doering-Manteuffel/Lutz Raphael/Thomas Schlemmer

(Hrsg.), Vorgeschichte der Gegenwart. Dimensionen des Strukturbruchs nach dem Boom, Göttingen 2016, S. 373–392.

Kirmse, Daniela/Wiemeyer, Joachim, Gesellschaftspolitische Positionierung der Kirche auf der Würzburger Synode – mit einer exemplarischen Tiefenbohrung: *Kirche und Arbeiterschaft*, in: Joachim Schmiedl/Robert Walz (Hrsg.), Die Kirchenbilder der Synoden. Zur Umsetzung konziliarer Ekklesiologie in teilkirchlichen Strukturen, Freiburg/Basel/Wien 2015, S. 217–250.

K. J. [Kurt Johannson], In eigener Sache, in: Beiträge – Informationen – Kommentare 9 (1990), S. 1–3.

Kleinöder, Nina, „Humanisierung der Arbeit". Literaturbericht zum „Forschungsprogramm zur Humanisierung des Arbeitslebens", Düsseldorf 2016.

Kleinöder, Nina/Müller, Stefan/Uhl, Karsten, Die Humanisierung des Arbeitslebens. Einführung und methodische Überlegungen, in: dies. (Hrsg.), ‚Humanisierung der Arbeit'. Aufbrüche und Konflikte in der rationalisierten Arbeitswelt des 20. Jahrhunderts, Bielefeld 2019, S. 9–32.

Kleinöder, Nina/Müller, Stefan/Uhl, Karsten (Hrsg.), ‚Humanisierung der Arbeit'. Aufbrüche und Konflikte in der rationalisierten Arbeitswelt des 20. Jahrhunderts, Bielefeld 2019.

Kleßmann, Christoph, Arbeiter im ‚Arbeiterstaat' DDR. Deutsche Traditionen, sowjetisches Modell, westdeutsches Magnetfeld (1945–1971), Bonn 2007.

Klingenhage, Heinrich, Die Reform ist überfällig, in: Die Quelle 21–1 (1970), S. 22.

Kneer, Georg, Die Debatte über Konstruktivismus und Postkonstruktivismus, in: ders./Stephan Moebius (Hrsg.), Soziologische Kontroversen. Beiträge zu einer anderen Geschichte der Wissenschaft vom Sozialen, Berlin 2010, S. 314–341.

Knoblauch, Hubert, Wissenssoziologie, 3. überarbeitete Auflage, Konstanz/München 2014.

Knöbl, Wolfgang, Zwei Leerstellen der neueren Kapitalismustheorie. Über Mehrwert und Profit, in: Mittelweg 36 26–6 (2017), S. 55–74.

Knops, Stephan, Die Würzburger Synode. Krisenindiz – Zeitdiagnose – Zukunftsplan, in: Markus Graulich/Johanna Rahner (Hrsg.), Synodalität in der Katholischen Kirche. Die Studie der Internationalen Theologischen Kommission im Diskurs, Freiburg/Basel/Wien 2020, S. 136–152.

Knortz, Heike, Diplomatische Tauschgeschäfte. „Gastarbeiter" in der westdeutschen Diplomatie und Beschäftigungspolitik 1953–1973, Köln/Weimar/Wien 2008.

Knott-Wolf, Brigitte, Der WDR im Spannungsfeld der politischen Parteien, in: Klaus Katz/Dietrich Leder/Ulrich Pätzold et al. (Hrsg.), Am Puls der Zeit. 50 Jahre WDR, Band 2: Der Sender: weltweit nah dran 1956–1985, Köln 2006, S. 297–307.

Kocka, Jürgen, Die Angestellten in der deutschen Geschichte 1850–1980. Vom Privatbeamten zum angestellten Arbeitnehmer, Göttingen 1981.

Kocka, Jürgen, Mehr Last als Lust. Arbeit und Arbeitsgesellschaft in der europäischen Geschichte, in: ders., Arbeiten an der Geschichte, Göttingen 2011 [2005], S. 203–224.

Kocka, Jürgen, Möglichkeiten der Arbeitergeschichte, in: Pascal Maeder/Barbara Lüthi/Thomas Mergel (Hrsg.), Wozu noch Sozialgeschichte? Eine Disziplin im Umbruch, Göttingen 2012, S. 43–53.

Kocka, Jürgen/Offe, Claus (Hrsg.), Geschichte und Zukunft der Arbeit, unter Mitarbeit von Beate Redslob, Frankfurt a. M./New York 2000.

Kocka, Jürgen/Prinz, Michael, Vom „neuen Mittelstand" zum angestellten Arbeitnehmer. Kontinuität und Wandel der deutschen Angestellten seit der Weimarer Republik, in: Werner Conze/M. Rainer Lepsius (Hrsg.), Sozialgeschichte der Bundesrepublik Deutschland. Beiträge zum Kontinuitätsproblem, Stuttgart 1983, S. 210–255.

Koenen, Gerd, Das rote Jahrzehnt. Unsere kleine deutsche Kulturrevolution 1967–1977, Köln ^{2}2001.

Koenen, Gerd, Die Farbe Rot. Ursprünge und Geschichte des Kommunismus, München 2017.

König, Thomas/Rieger, Elmar/Schmitt, Hermann (Hrsg.), Das europäische Mehrebenensystem, Frankfurt a. M./New York 1996.

Königer, Judith, Authentizität in der Filmbiografie. Zur Entwicklung eines rezipientenorientierten Authentizitätsbegriffs, Würzburg 2015.

Körner, Klaus, ‚Die rote Gefahr'. Antikommunistische Propaganda in der Bundesrepublik 1950–2000, Hamburg 2003.

Kohli, Martin/Dippelhofer-Stiem, Barbara/Pommerehne, Barbara, Arbeiter sehen „Arbeiterfilme", in: Leviathan 4–3 (1976), S. 328–367.

Kolakowski, Leszek, Die Hauptströmungen des Marxismus. Entstehung. Entwicklung. Zerfall, Zweiter Band, München/Zürich 1978.

Koselleck, Reinhart, Einleitung, in: Otto Brunner/Werner Conze/Reinhart Koselleck (Hrsg.), Geschichtliche Grundbegriffe. Historisches Lexikon zur politisch-sozialen Sprache in Deutschland, Band 1, Stuttgart 1972, S. XIII–XXVII.

Koselleck, Reinhart, ‚Neuzeit'. Zur Semantik moderner Bewegungsbegriffe, in: ders., Vergangene Zukunft. Zur Semantik geschichtlicher Zeiten, Frankfurt a. M. 1989 [1979], S. 300–348.

Koselleck, Reinhart, ‚Erfahrungsraum' und ‚Erwartungshorizont' – zwei historische Kategorien, in: ders., Vergangene Zukunft. Zur Semantik geschichtlicher Zeiten, Frankfurt a. M. 1989 [1979], S. 349–375.

Kracauer, Siegfried, Die Angestellten. Aus dem neuesten Deutschland, Frankfurt a. M. 1971 [1929].

Kracauer, Siegfried, Theorie des Films. Die Errettung der äußeren Wirklichkeit, Frankfurt a. M. [8]2012 [amerik. Orig. 1960].

Kramper, Peter, Neue Heimat. Unternehmenspolitik und Unternehmensentwicklung im gewerkschaftlichen Wohnungs- und Städtebau 1950–1982, Stuttgart 2008.

Krieger, Hubert/Liepelt, Klaus/Schneider, Reinhart/Smid, Menno, Arbeitsmarktkrise und Arbeitnehmerbewußtsein, Frankfurt a. M./New York 1989.

Kruke, Anja, Demoskopie in der Bundesrepublik Deutschland. Meinungsforschung, Parteien und Medien 1949–1990, Düsseldorf 2007.

Kuhn, Thomas S., Die Struktur wissenschaftlicher Revolutionen, zweite revidierte und um das Postskriptum von 1969 ergänzte Auflage, Frankfurt a. M. 1976 [amerik. Orig. 1962].

Kuper, Rudolph, Archäologie mit dem Bagger, in: Revier und Werk 23–108 (1972), S. 16–21.

Kurzlechner, Werner, Von der Semantik der Klage zu einer offensiven Medienpolitik. Selbstbild und Wahrnehmung westdeutscher Unternehmer 1965 bis 1975, in: Morten Reitmayer/Ruth Rosenberger (Hrsg.), Unternehmen am Ende des „goldenen Zeitalters". Die 1970er Jahre in unternehmens- und wirtschaftshistorischer Perspektive, Essen 2008, S. 289–318.

Lacher, Michael, „Produktionsarbeiter in angelernten Tätigkeiten – Eine Herausforderung für die Bildungsarbeit". Gemeinsame Tagung von FIAB und Volkswagen AG am 1./2. Dezember 1988 in Wolfsburg, in: Beiträge – Informationen – Kommentare 8 (1989), S. 159–162.

Lacher, Michael/Neumann, Dietmar/Rubelt, Jürgen/Schuler, Michael, Die Fort- und Weiterbildung von Montagearbeiter/-innen. Voraussetzungen und Perspektiven am Beispiel der Volkswagen AG, Recklinghausen 1987.

Landau, Kurt, Mehr tun müssen? 100 Jahre Produktivitätsmanagement, Griesheim [2]2019.

Landwehr, Achim, Das Sichtbare sichtbar machen. Annäherungen an ‚Wissen' als Kategorie historischer Forschung, in: ders. (Hrsg.), Geschichte(n) der Wirklichkeit. Beiträge zur Sozial- und Kulturgeschichte des Wissens, Augsburg 2002, S. 61–89.

Landwehr, Achim, Historische Diskursanalyse, Frankfurt a. M./New York 2008.

Lange, Dietmar, Eine neue Art, Autos zu produzieren? Arbeitskämpfe und betriebliche Gewerkschaftsinitiativen bei FIAT-Mirafiori zu Beginn der 1970er-Jahre, in: Nina Kleinöder/Stefan Müller/Karsten Uhl (Hrsg.), ‚Humanisierung der Arbeit'. Aufbrüche und Konflikte in der rationalisierten Arbeitswelt des 20. Jahrhunderts, Bielefeld 2019, S. 279–304.

Latour, Bruno, Wir sind nie modern gewesen. Versuch einer symmetrischen Anthropologie, Frankfurt a. M. [6]2017 [frz. Orig. 1991].

Lauschke, Karl, ‚Zusammenhalten und gestalten'. Von der traditionellen Beamtenorganisation zur streitbaren Gewerkschaft: Die Deutsche Postgewerkschaft bis zur Bildung von ver.di, hrsg. von der Stiftung Deutsche Postgewerkschaft, Hamburg 2009.

Lawrence, Jon, Workers' testimony and the sociological reification of manual / non-manual distinctions in 1960s Britain, in: Sozial.Geschichte Online 20 (2017), S. 13–51.

Le Bon, Gustave, Psychologie der Massen, Leipzig [5]1932 [frz. Orig. 1895].

Lecher, Wolfgang, Der „Neue Arbeiter" – Differenzierung oder Vereinheitlichung der Arbeitnehmerschaft?, in: Gewerkschaftliche Monatshefte 25–9 (1974), S. 557–566.

Leendertz, Ariane/Meteling, Wencke, Bezeichnungsrevolutionen, Bedeutungsverschiebungen und Politik: Zur Einleitung, in: dies. (Hrsg.), Die neue Wirklichkeit. Semantische Neuvermessungen und Politik seit den 1970er Jahren, Frankfurt/New York 2016, S. 13–33.

Lehmann, Hans, Führte München einen Schritt weiter?, in: Die Quelle 20–11 (1969), S. 451.

Leminsky, Gerhard, Gewerkschaftsreform und gesellschaftlicher Wandel, in: Gewerkschaftliche Monatshefte 22–4 (1971), S. 194–201.

Lenin, Wladimir I., Was tun? Brennende Fragen unserer Bewegung, in: ders., Ausgewählte Werke, Band 1, hrsg. vom Institut für Marxismus-Leninismus beim ZK der KPdSU, Berlin (Ost) 1961 [1902], S. 139–314.

Lensing, Thorsten, Der Arbeitsbegriff als Platzhalter und Interpret. Eine diskursanalytische Dekonstruktion der strukturellen Grundlagen eines Bewährungsmythos, Diss., Freiburg 2007.

Lenz, Dieter, Kein Kläger – kein Richter, in: Die Quelle 43–6 (1992), S. 20.

Leonhard, Jörn, Die Büchse der Pandora. Geschichte des Ersten Weltkriegs, Bonn 2014.

Lepsius, M. Rainer, Wahlverhalten, Parteien und politische Spannungen. Vermutungen zu Tendenzen und Hypothesen zur Untersuchung der Bundestagswahl 1972, in: Politische Vierteljahresschrift 14–2 (1973), S. 295–313.

Lepsius, M. Rainer, Diskussionsbeitrag, in: Institut für Zeitgeschichte, Nachkriegsgesellschaften im historischen Vergleich, München 1982, S. 51–53.

Lillge, Claudia, Arbeit. Eine Literatur- und Mediengeschichte Großbritanniens, Paderborn 2016.

Linden, Marcel van der, Workers of the World. Essays toward a Global Labor History, Leiden/Boston 2008.

Link, Jürgen, Flexibilisierung minus Normalität gleich Prekarität? Überlegungen über Prekarisierung als Denormalisierung, in: Oliver Marchart (Hrsg.), Facetten der Prekarisierungsgesellschaft. Prekäre Verhältnisse. Sozialwissenschaftliche Perspektiven auf die Prekarisierung von Arbeit und Leben, Bielefeld 2013, S. 91–106.

Loddenkemper, Bernhard, Gleichbehandlung von Arbeitern und Angestellten, Frankfurt a. M./Bern/New York 1984.

Lorenz, Robert, Gewerkschaftsdämmerung. Geschichte und Perspektiven deutscher Gewerkschaften, Bielefeld 2013.

Lovejoy, Arthur O., Die große Kette der Wesen. Geschichte eines Gedankens, Frankfurt a. M. 1985 [amerik. Orig. 1933].

Ludwig, Isolde, Jenseits von Traditionalisten und Modernisierern. Klassentheoretische, feministische und pluralistische Bildungskonzepte im Gewerkschaftsdiskurs, Münster 1998.

Ludz, Peter Christian, Mechanismen der Herrschaftssicherung. Eine sprachpolitische Analyse gesellschaftlichen Wandels in der DDR, München/Wien 1980.

Lück, Björn, Gegen Textherrschaft. Auseinandersetzungen um journalistische Selbstbestimmung Ende der 1960er Jahre, in: Ingrid Gilcher-Holtey (Hrsg.), „1968“ – Eine Wahrnehmungsrevolution? Horizont-Verschiebungen des Politischen in den 1960er und 1970 [sic!] Jahren, München 2013, S. 47–64.

Lüdtke, Alf, Wo blieb die ‚rote Glut‘? Arbeitererfahrungen und deutscher Faschismus, in: ders. (Hrsg.), Alltagsgeschichte. Zur Rekonstruktion historischer Erfahrungen und Lebensweisen, Frankfurt a. M./New York 1989, S. 224–282.

Luhmann, Niklas, Politikbegriffe und die „Politisierung“ der Verwaltung, in: ders., Schriften zur Organisation, Band 4: Reform und Beratung, hrsg. von Ernst Lukas und Veronika Tacke, Wiesbaden 2020 [1972], S. 273–291.

Luks, Timo, Der Betrieb als Ort der Moderne. Zur Geschichte von Industriearbeit, Ordnungsdenken und Social Engineering im 20. Jahrhundert, Bielefeld 2010.

Luks, Timo, Prekarität. Eine nützliche Kategorie der historischen Kapitalismusanalyse, in: Archiv für Sozialgeschichte 56 (2016), S. 51–80.

Lutz, Burkart, Technischer Fortschritt und Gesellschaft, in: Marianne Feuersenger (Hrsg.), Gibt es noch ein Proletariat?, Frankfurt a. M. 1970 [1962], S. 44–54.

Maeder, Pascal/Lüthi, Barbara/Mergel, Thomas, Einleitung, in: dies. (Hrsg.), Wozu noch Sozialgeschichte? Eine Disziplin im Umbruch, Göttingen 2012, S. 7–24.

Märthesheimer, Peter, Die nackte und die ganze Wahrheit am Beispiel Arbeitswelt, in: Anna-Luise Heygster/Dieter Stolte (Hrsg.), Fernseh-Kritik. Wirklichkeit und Fiktion im Fernsehspiel, Mainz 1980, S. 39–54.

Mahnkopf, Birgit, Verbürgerlichung. Die Legende vom Ende des Proletariats, Frankfurt a. M./New York 1985.

Mai, Gunther, Die Nationalsozialistische Betriebszellen-Organisation, in: Erich Matthias/Klaus Schönhoven (Hrsg.), Solidarität und Menschenwürde. Etappen der deutschen Gewerkschaftsgeschichte von den Anfängen bis zur Gegenwart, Bonn 1984, S. 271–289.

Maier, Charles S., Consigning the Twentieth Century to History, in: American Historical Review 105–3 (2000), S. 807–831.

Mallet, Serge, Die neue Arbeiterklasse, Neuwied/Berlin 1972 [frz. Orig. 1963].

Mansbridge, Jane, Should Workers Represent Workers?, in: Swiss Political Science Review 21–2 (2015), S. 261–270.

Marchal, Hans-Peter, Gesellschaftsbild und Selbstverständnis westdeutscher Gewerkschaften, Baden-Baden 1970.

Marchal, Peter, Gewerkschaften im Zielkonflikt. Gesellschaftsbild und Selbstverständnis, Stuttgart 1972.

Marchart, Oliver, Die Prekarisierungsgesellschaft. Prekäre Proteste, Bielefeld 2013.

Marcuse, Herbert, Der eindimensionale Mensch. Studien zur Ideologie der fortgeschrittenen Industriegesellschaft, München [3]1998 [amerik. Orig. 1964].

Marcuse, Herbert, Versuch über die Befreiung, Frankfurt a. M. [4]1978 [1969].

Markovits, Andrei S., The politics of the West German trade unions. Strategies of class and interest representation in growth and crisis, Cambridge u. a. 1986.

Marx, Christian, Der Betrieb als politischer Ort und seine legislative Verankerung. Der Einfluss der Verbände auf die Reform des Betriebsverfassungsgesetzes (BetrVG) 1972, in: Knud Andresen/

Michaela Kuhnhenne/Jürgen Mittag/Johannes Platz (Hrsg.), Der Betrieb als sozialer und politischer Ort. Studien zu Praktiken und Diskursen in den Arbeitswelten des 20. Jahrhunderts, Bonn 2015, S. 231–258.

Marx, Christian, Der Aufstieg multinationaler Konzerne. Umstrukturierungen und Standortkonkurrenz in der westeuropäischen Chemieindustrie, in: Anselm Doering-Manteuffel/Lutz Raphael/Thomas Schlemmer (Hrsg.), Vorgeschichte der Gegenwart. Dimensionen des Strukturbruchs nach dem Boom, Göttingen 2016, S. 197–216.

Marx, Karl, Zur Kritik der Hegelschen Rechtsphilosophie, in: ders., Die Frühschriften. Von 1837 bis zum Manifest der kommunistischen Partei 1848, hrsg. v. Siegfried Landshut, Stuttgart 1971 [1843/4], S. 207–224.

Marx, Karl, An Joseph Weydemeyer, 5.3.1852, in: Marx-Engels-Werke 28, Berlin (Ost) 1963, S. 503–509.

Marx, Karl, Der achtzehnte Brumaire des Louis Bonaparte, Stuttgart 1914 [1852].

Marx, Karl, Das Kapital. Kritik der politischen Ökonomie, Erster Band, Buch I: Der Produktionsprozeß des Kapitals, in: Marx-Engels-Werke 23, Berlin [19]1998 [1867].

Marx, Karl, Das Kapital. Kritik der politischen Ökonomie, Dritter Band, Buch III: Der Gesamtprozeß der kapitalistischen Produktion, hrsg. v. Friedrich Engels, Berlin (Ost) [30]1989 [1894].

Marx, Karl/Engels, Friedrich, Manifest der Kommunistischen Partei, in: dies., Das Kommunistische Manifest. Eine moderne Edition, Hamburg 1999 [1848], S. 41–87.

Marx, Stefan, Einleitung, in: ders. (Bearb.), Quellen zur Geschichte des Parlamentarismus und der politischen Parteien, Vierte Reihe, Band 11/V: Die CDU/CSU-Fraktion im Deutschen Bundestag. Sitzungsprotokolle 1966–1969, Erster Halbband Dezember 1966 bis März 1968, Düsseldorf 2011, S. XI–XCVI.

Mattes, Monika, Krisenverliererinnen? Frauen, Arbeit und das Ende des Booms, in: Knud Andresen/ Ursula Bitzegeio/Jürgen Mittag (Hrsg.), ‚Nach dem Strukturbruch'? Kontinuität und Wandel von Arbeitsbeziehungen und Arbeitswelt(en) seit den 1970er-Jahren, Bonn 2011, S. 127–140.

Matthes, Joachim (Hrsg.), Krise der Arbeitsgesellschaft? Verhandlungen des 21. Deutschen Soziologentages in Bamberg 1982, Frankfurt a. M. u. a. 1983.

Maubach, Franka/Middendorf, Stefanie, Über den Ort des Nationalsozialismus im langen 20. Jahrhundert. Kolonialismus, Rassismus, Kapitalismus, in: NS-Geschichte als Herausforderung. Neue und alte Fragen, hrsg. von der Redaktion der ‚Beiträge zur Geschichte des Nationalsozialismus', Göttingen 2022, S. 107–129.

Mayer-Ahuja, Nicole/Nachtwey, Oliver (Hrsg.), Verkannte Leistungsträger:innen. Berichte aus der Klassengesellschaft, Berlin 2021.

Mehrhoff, Friedrich, Die Veränderung des Arbeitgeberbegriffs, Berlin 1984.

Meine, Hartmut, „Arbeiter und Angestellte": Vom Ende und Beharrungsvermögen alter Scheidelinien, in: WSI-Mitteilungen 58–2 (2005), S. 76–81.

Mende, Christiane, Spur der Scherben. Die Selbstverwaltung der Glashütte Süßmuth und der Niedergang der bundesdeutschen Mundglasbranche 1969–1989, Bielefeld 2023.

Mende, Michael, „Männer des Feuers und der eisernen Kraft". Die Arbeit des Schmieds: Urbild der Männerarbeit, in: Wolfgang Ruppert (Hrsg.), Die Arbeiter. Lebensformen, Alltag und Kultur von der Frühindustrialisierung bis zum „Wirtschaftswunder", München 1986, S. 224–235.

Mende, Silke, „Nicht rechts, nicht links, sondern vorn". Eine Geschichte der Gründungsgrünen, München 2011.

Mergel, Thomas, Propaganda nach Hitler. Eine Kulturgeschichte des Wahlkampfs in der Bundesrepublik 1949–1990, Göttingen 2010.

Mertsching, Klaus, Werner Hansen (1905–1972), in: Günter Benser/Michael Schneider (Hrsg.), „Bewahren – Verbreiten – Aufklären“. Archivare, Bibliothekare und Sammler der Quellen der deutschsprachigen Arbeiterbewegung, Bonn-Bad Godesberg 2009, S. 104–107.

Mertsching, Klaus, Einleitung. Die Politik des DGB in den sozial-liberalen Reformjahren, in: ders. (Bearb.), Quellen zur Geschichte der deutschen Gewerkschaftsbewegung im 20. Jahrhundert, Band 16: Der Deutsche Gewerkschaftsbund 1969–1975, Bonn 2013, S. 9–72.

Meteling, Wencke, Nationale Standortsemantiken seit den 1970er Jahren, in: Ariane Leendertz/Wencke Meteling (Hrsg.), Die neue Wirklichkeit. Semantische Neuvermessungen und Politik seit den 1970er Jahren, Frankfurt a. M./New York 2016, S. 207–241.

Mettke, Horst, Die Gleichstellung von Arbeitern und Angestellten aus gewerkschaftlicher Sicht, in: Wolfgang Hromadka (Hrsg.), Gleichstellung von Arbeitern und Angestellten, Heidelberg 1989, S. 91–104.

Metzger, Franziska, Geschichtsschreibung und Geschichtsdenken im 19. und 20. Jahrhundert, Bern/Stuttgart/Wien 2011.

Metzler, Gabriele, Konzeptionen politischen Handelns von Adenauer bis Brandt. Politische Planung in der pluralistischen Gesellschaft, Paderborn u. a. 2005.

Metzler, Gabriele, Der lange Weg zur sozialliberalen Politik. Politische Semantik und demokratischer Aufbruch, in: Habbo Knoch (Hrsg.), Bürgersinn mit Weltgefühl. Politische Moral und solidarischer Protest in den sechziger und siebziger Jahren, Göttingen 2007, S. 157–180.

Milert, Werner, Der steinige Weg in die Konfliktpartnerschaft. Die Sozialbeziehungen bei Siemens in den ersten beiden Nachkriegsjahrzehnten, in: Knud Andresen/Michaela Kuhnhenne/Jürgen Mittag/Johannes Platz (Hrsg.), Der Betrieb als sozialer und politischer Ort. Studien zu Praktiken und Diskursen in den Arbeitswelten des 20. Jahrhunderts, Bonn 2015, S. 159–184.

Milert, Werner/Tschirbs, Rudolf, Die andere Demokratie. Betriebliche Interessenvertretung in Deutschland, 1848 bis 2008, Essen 2012.

Mohn, Elisabeth, Filming Culture. Spielarten des Dokumentierens nach der Repräsentationskrise, Stuttgart 2002.

Moitra, Stefan, „Reality Is There, but It's Manipulated“. West German Trade Unions and Film after 1945, in: Vinzenz Hediger/Patrick Vonderau (Hrsg.), Films that Work. Industrial Film and the Productivity of Media, Amsterdam 2009, S. 329–345.

Moitra, Stefan, Mitbestimmung im Bild? Zur visuellen Kommunikation der industriellen Beziehungen im westdeutschen Bergbau, 1945–1969, in: Knud Andresen/Michaela Kuhnhenne/Jürgen Mittag/Stefan Müller (Hrsg.), Repräsentationen der Arbeit. Bilder – Erzählungen – Darstellungen, Bonn 2018, S. 233–252.

Mommsen, Hans, Beamtentum im Dritten Reich. Mit ausgewählten Quellen zur nationalsozialistischen Beamtenpolitik, Stuttgart 1966.

Mooser, Josef, Arbeiterleben in Deutschland 1900–1970, Frankfurt a. M. 1984.

Mooser, Josef, Revolution oder Reform? Revisionismusstreit und Massenstreikdebatte 1890 bis 1914, in: Anja Kruke/Meik Woyke (Hrsg.), Deutsche Sozialdemokratie in Bewegung 1848 – 1863 – 2013, 2., verbesserte Auflage, Bonn 2013, S. 78–87.

Mouffe, Chantal, Agonistik. Die Welt politisch denken, Bonn 2015 [engl. Orig. 2013].

Müller, Ernst/Schmieder, Falko, Begriffsgeschichte und historische Semantik. Ein kritisches Kompendium, Berlin 2016.

Müller, Hans-Peter, Zur Zukunft der Klassengesellschaft, in: Merkur 61–3 (2007), S. 189–199.

Müller, Hans-Peter, Die Deutsche Angestellten-Gewerkschaft im Wettbewerb mit dem DGB. Geschichte der DAG 1947–2001, Baden-Baden 2011.

Müller, Hans-Peter/Wilke, Manfred, Gewerkschaftsfusionen: Der Weg zur modernen Multibranchengewerkschaft, in: Wolfgang Schroeder/Bernhard Weßels (Hrsg.), Die Gewerkschaften in Politik und Gesellschaft der Bundesrepublik Deutschland. Ein Handbuch, Wiesbaden 2003, S. 122–143.

Müller, Josef, Neuer Tarifvertrag für Mitarbeiter im Rheinischen Braunkohlenrevier, in: Revier und Werk 21–102 (1970), S. 8.

Müller, Josef, Einheitliches analytisches Bewertungssystem zur Findung der Tarifgehälter für Mitarbeiter im Rheinischen Braunkohlenbergbau, o. O. 1975.

Müller, Josef, Einheitliches analytisches Gehaltsfindungssystem im Rheinischen Braunkohlenbergbau, in: Revier und Werk 27–131 (1976), S. 18–20.

Müller, Moritz, Die IG Metall im Diskurs um die Humanisierung des Arbeitslebens, in: Nina Kleinöder/Stefan Müller/Karsten Uhl (Hrsg.), ‚Humanisierung der Arbeit'. Aufbrüche und Konflikte in der rationalisierten Arbeitswelt des 20. Jahrhunderts, Bielefeld 2019, S. 255–275.

Müller, Stefan, Gewerkschafter, Sozialist und Bildungsarbeiter. Heinz Dürrbeck (1912–2001), Essen 2010.

Müller-Jentsch, Walther, Arbeit und Bürgerstatus. Studien zur sozialen und industriellen Demokratie, Wiesbaden 2008.

Müller-Jentsch, Walther, Gewerkschaften und Soziale Marktwirtschaft seit 1945, Stuttgart 2011.

Muhr, Gerd, Begrüßungsansprache, in: Heinz Oskar Vetter (Hrsg.), Humanisierung der Arbeit als gesellschaftspolitische und gewerkschaftliche Aufgabe. Protokoll der Konferenz des Deutschen Gewerkschaftsbundes vom 16. und 17. Mai 1974 in München, Frankfurt a. M./Köln 1974, S. 13–17.

Nachtmann, Walter, 100 Jahre ÖTV. Die Geschichte einer Gewerkschaft und ihrer Vorläuferorganisationen, hrsg. von der Gewerkschaft Öffentliche Dienste, Transport und Verkehr, Frankfurt a. M. 1996.

Nawrat, Sebastian, Agenda 2010 – ein Überraschungscoup? Kontinuität und Wandel in den wirtschafts- und sozialpolitischen Programmdebatten der SPD seit 1982, Bonn 2012.

Negt, Oskar, Soziologische Phantasie und exemplarisches Lernen. Zur Theorie der Arbeiterbildung, Frankfurt a. M. 1968.

Negt, Oskar, Marxismus und Arbeiterbildung – Kritische Anmerkungen zu meinen Kritikern, in: Adolf Brock/Hans Dieter Müller/Oskar Negt (Hrsg.), Arbeiterbildung, Reinbek bei Hamburg 1978, S. 43–86.

Negt, Oskar/Kluge, Alexander, Öffentlichkeit und Erfahrung. Zur Organisation von bürgerlicher und proletarischer Öffentlichkeit, Frankfurt a. M. 1972.

Nell-Breuning, Oswald von, Arbeitnehmer – Mitarbeiter – Mitunternehmer, in: Wolfgang Fricke/Arnulf Geißler (Hrsg.), Demokratisierung der Wirtschaft. Über die Bedeutung der Modell-Unternehmen für eine Demokratisierungsstrategie, Hamburg 1973, S. 182–195.

Netenjakob, Egon, Fernsehspiel: Die Erfindung des Neuen Deutschen Films im Fernsehen, in: Klaus Katz/Dietrich Leder/Ulrich Pätzold et al. (Hrsg.), Am Puls der Zeit. 50 Jahre WDR, Band 2: Der Sender: weltweit nah dran 1956–1985, Köln 2006, S. 218–233.

Neubauer, Jan, Eine solidarische ‚Volksgemeinschaft'? Kollegialität, Kameradschaft und ‚Betriebsgemeinschaft' im ‚Dritten Reich', in: Archiv für Sozialgeschichte 60 (2020), S. 95–121.

Neugebauer, Georg, Politische Milieus in Deutschland. Die Studie der Friedrich-Ebert-Stiftung, Bonn 2007.

Neugebauer, Gero, Die Unterschicht und die Parteien, in: Aus Politik und Zeitgeschichte 58–33/34 (2008), S. 31–38.

Neuheiser, Jörg, Der „Wertewandel" zwischen Diskurs und Praxis. Die Untersuchung von Wertvorstellungen zur Arbeit mit Hilfe von betrieblichen Fallstudien, in: Bernhard Dietz/

Christopher Neumaier/Andreas Rödder (Hrsg.), Gab es den Wertewandel? Neue Forschungen zum gesellschaftlich-kulturellen Wandel seit den 1960er Jahren, München 2014, S. 141–167.

Neuheiser, Jörg, Postmaterialismus am laufenden Band? Mitbestimmung, Demokratie und die ‚Humanisierung der Arbeitswelt' in den Konflikten zwischen ‚plakat'-Gruppe und IG Metall bei Daimler-Benz in Untertürkheim, in: Knud Andresen/Michaela Kuhnhenne/Jürgen Mittag/Johannes Platz (Hrsg.), Der Betrieb als sozialer und politischer Ort. Studien zu Praktiken und Diskursen in den Arbeitswelten des 20. Jahrhunderts, Bonn 2015, S. 99–114.

Neun, Oliver, Unser postmodernes Fin de Siècle. Untersuchungen zu Arthur Schnitzlers ‚Anatol'-Zyklus, Würzburg 2004.

Nickel, Walter, Zum Verhältnis von Arbeiterschaft und Gewerkschaft, Köln 1972.

Nickel, Walter, Zum gegenwärtigen Verhältnis von Arbeiterschaft und Gewerkschaft, in: Gewerkschaftliche Monatshefte 24–3 (1973), S. 478–487.

Nickel, Walter, Wie die typischen Mitglieder denken und sich verhalten, in: Die Quelle 39–1 (1988), S. 56–59.

Nolte, Paul, Die Ordnung der deutschen Gesellschaft. Selbstentwurf und Selbstbeschreibung im 20. Jahrhundert, München 2000.

Nolte, Paul, Abschied vom 19. Jahrhundert oder Auf der Suche nach einer anderen Moderne, in: Jürgen Osterhammel/Dieter Langewiesche/Paul Nolte (Hrsg.), Wege der Gesellschaftsgeschichte, Göttingen 2006, S. 103–132.

Noltenius, Rainer, Das Ruhrgebiet – Zentrum der Literatur der industriellen Arbeitswelt seit 1960, in: Jan-Pieter Barbian/Ludger Heid (Hrsg.), Die Entdeckung des Ruhrgebiets. Das Ruhrgebiet in Nordrhein-Westfalen 1946–1996, Essen 1997, S. 444–457.

Nonn, Christoph, Die Ruhrbergbaukrise. Entindustrialisierung und Politik 1958–1969, Göttingen 2001.

Nullmeier, Frank, Anerkennung: Auf dem Weg zu einem kulturalen Sozialstaatsverständnis?, in: Stefan Lessenich (Hrsg.), Wohlfahrtsstaatliche Grundbegriffe. Historische und aktuelle Diskurse, Frankfurt a. M./New York 2003, S. 395–418.

Oesterle, Günther, Das Kriegserlebnis im für und wider. „Im Westen nichts Neues" von Erich Maria Remarque (1929), in: Dirk van Laak (Hrsg.), Literatur, die Geschichte schrieb, Göttingen 2011, S. 213–223.

Ohl, Kay, Was hat die IG Metall mit ERA gewollt und wie wurden diese Ziele im Verlauf der Einführung umgesetzt?, in: Sebastian Brandl/Hilde Wagner (Hrsg.), Ein „Meilenstein der Tarifpolitik" wird besichtigt. Die Entgeltrahmentarifverträge in der Metall- und Elektroindustrie: Erfahrungen – Resultate – Auseinandersetzungen, Berlin 2011, S. 23–26.

O. V., Neue Stelleneinteilung für Angestellte, in: Revier und Werk 20–95 (1969), S. 16.

O. V., Gewerkschaft HBV legt Reformvorschlag vor, in: Die Quelle 21–1 (1970), S. 24–25.

O. V., Entwurf einer Neufassung der Satzung des DGB, in: Die Quelle 21–11 (1970), S. 488–496.

O. V., Phantasievoll wurde die Natur neugestaltet, in: Revier und Werk 24–111 (1973), S. 22–23.

O. V., Neue Ernte unter neues Dach, in: Revier und Werk 24–115 (1973), S. 9.

O. V., Kernkraft und Kohle gemeinsam gegen Energiekrise, in: Revier und Werk 25–118 (1974), S. 8–9.

O. V., Sichere Wärme für Millionen, in: Revier und Werk 25–118 (1974), S. 23.

O. V., Die Erde als Geschichtsbuch, in: Revier und Werk 25–119 (1974), S. 9.

O. V., Holzpfosten und Scherben aus der Jungsteinzeit, in: Revier und Werk 25–120 (1974), S. 7.

O. V., Von Rekultivierung nachhaltig beeindruckt, in: Revier und Werk 25–120 (1974), S. 26–27.

O. V., Gute Erträge auf Neuland, in: Revier und Werk 28–139 (1977), S. 14.

O. V., Die Mitarbeiter des Forschungsinstituts für Arbeiterbildung, in: Beiträge – Informationen – Kommentare 1 (1982), S. 8–10.

O. V., Aspekte der Forschungsarbeit, in: Beiträge – Informationen – Kommentare 2 (1982), S. 2–14.

O. V., Eine halbe Million Angestellte bis zum Jahre 1995, in: Die Quelle 40–4 (1989), S. 241–242.

Patch Jr., William L., Christian Democratic Workers and the Forging of German Democracy, 1920–1980, Cambridge 2018.

Pantenburg, Volker, Die Rote Fahne: Deutsche Film- und Fernsehakademie Berlin, 1966–1968, in: Martin Klimke/Joachim Scharloth (Hrsg.), 1968. Handbuch zur Kultur- und Mediengeschichte der Studentenbewegung, Stuttgart/Weimar 2007, S. 199–206.

Paugam, Serge, Die Herausforderung der organischen Solidarität durch die Prekarisierung von Arbeit und Beschäftigung, in: Robert Castel/Klaus Dörre (Hrsg.), Prekarität, Abstieg, Ausgrenzung. Die soziale Frage am Beginn des 21. Jahrhunderts, Frankfurt a. M./New York 2009, S. 175–196.

Petersson, Niels P., Globalisierung und Arbeit, in: Boris Barth/Stefanie Gänger/Niels P. Petersson (Hrsg.), Globalgeschichten. Bestandsaufnahme und Perspektiven, Frankfurt a. M. 2014, S. 259–289.

Pierenkemper, Toni, Der Auf- und Ausbau eines „Normalarbeitsverhältnisses" in Deutschland im 19. und 20. Jahrhundert, in: Rolf Walter (Hrsg.), Geschichte der Arbeitsmärkte, Stuttgart 2009, S. 77–118.

Pflaum, Hans Günther/Prinzler, Hans Helmut, Film in der Bundesrepublik Deutschland. Der neue deutsche Film. Herkunft/Gegenwärtige Situation/Ein Handbuch, München 1979.

Plato, Alexander von, „Ich bin mit allen gut ausgekommen". Oder: War die Ruhrarbeiterschaft vor 1933 in politische Lager zerspalten?, in: Lutz Niethammer (Hrsg.), „Die Jahre weiß man nicht, wo man die heute hinsetzen soll." Faschismuserfahrung im Ruhrgebiet. Lebensgeschichte und Sozialkultur im Ruhrgebiet 1930 bis 1960, Band 1, Berlin/Bonn 1983, S. 31–65.

Platz, Johannes, ‚Die White Collars in den Griff bekommen'. Industrieangestellte im Spannungsfeld sozialwissenschaftlicher Expertise und gewerkschaftlicher Politik, in: Archiv für Sozialgeschichte 50 (2010), S. 271–288.

Plogstedt, Sibylle, ‚Wir haben Geschichte geschrieben'. Zur Arbeit der DGB-Frauen (1945–1990), Gießen 2013.

Plumpe, Werner, Beharrliche Ignoranz: Der Mythos von der Alternative zum Kapitalismus. Manuskript eines Vortrags gehalten am 21. 2. 2017 in der Bundesstiftung zur Aufarbeitung der SED-Diktatur, <http://dx.doi.org/10.14765/zzf.dok.1.786> (26. 05. 2023).

Plumpe, Werner, Das kalte Herz. Kapitalismus: die Geschichte einer andauernden Revolution, Bonn 2020.

Prinz, Michael, Die Arbeiterbewegung und das Modell der Angestelltenversicherung. Zu einigen Bedingungen für die besondere Bürgerlichkeit des Wohlfahrtsstaates in der Bundesrepublik, in: Klaus Tenfelde (Hrsg.), Arbeiter im 20. Jahrhundert, Stuttgart 1991, S. 435–460.

Prinz, Michael, Etappen historischer Angestelltenforschung in Deutschland 1900 bis heute, in: Gerd Hurrle/Franz-Josef Jelich (Hrsg.), ‚Arbeiter', ‚Angestellte' – Begriffe der Vergangenheit?, Marburg 1996, S. 11–23.

Prinz, Michael, Der Sozialstaat hinter dem Haus. Wirtschaftliche Zukunftserwartungen, Selbstversorgung und regionale Vorbilder: Westfalen und Südwestdeutschland 1920–1960, Paderborn u. a. 2012.

Prinzler, Hans Helmut, Liebe Mutter, mir geht es gut, in: Norbert Grob/Hans Helmut Prinzler/Eric Rentschler (Hrsg.), Neuer Deutscher Film, Stuttgart 2012, S. 184–190.

Raphael, Lutz, Die Verwissenschaftlichung des Sozialen als methodische und konzeptionelle Herausforderung für eine Sozialgeschichte des 20. Jahrhunderts, in: Geschichte und Gesellschaft 22–2 (1996), S. 165–193.

Raphael, Lutz, Transformations of Industrial Labour in Western Europe: Intergenerational Change of Life Cycles, Occupation and Mobility 1970–2000, in: German History 30–1 (2012), S. 100–119.
Raphael, Lutz, Industriearbeit(er) nach dem Boom. Bundesrepublikanische Entwicklungen im westeuropäischen Vergleich, in: Sonja Levsen/Cornelius Torp (Hrsg.), Wo liegt die Bundesrepublik? Vergleichende Perspektive auf die westdeutsche Geschichte, Göttingen 2016, S. 207–231.
Raphael, Lutz, Jenseits von Kohle und Stahl. Eine Gesellschaftsgeschichte Westeuropas nach dem Boom, Berlin 2019.
Rationalisierungs-Kuratorium der Deutschen Wirtschaft (RKW) e.V., Menschengerechte Arbeit – Erfahrungsaustausch zwischen Forschung und betrieblicher Praxis. Dokumentation zum RKW-Kongress am 6. und 7. April 1976 in Essen, Gruga-Hallen, o. O. ^{2}1977.
Rauh, Cornelia, Bürgerliche Kontinuitäten? Ein Vergleich deutsch-deutscher Selbstbilder und Realitäten seit 1945, in: Historische Zeitschrift 287–2 (2008), S. 341–362.
Reckwitz, Andreas, Die Gesellschaft der Singularitäten, Berlin 2017.
Rehling, Andrea, Konfliktstrategie und Konsenssuche in der Krise. Von der Zentralarbeitsgemeinschaft zur Konzertierten Aktion, Baden-Baden 2011.
Rehlinghaus, Franziska, Gegen Linke reden. Die Politisierung beruflicher Bildungsarbeit in der Bundesrepublik der 1970er-Jahre, in: Zeithistorische Forschungen/Studies in Contemporary History 17 (2020), S. 477–502.
Reichardt, Sven, Authentizität und Gemeinschaft. Linksalternatives Leben in den siebziger und achtziger Jahren, Berlin 2014.
Reinecke, Christiane, Am Rande der Gesellschaft? Das Märkische Viertel – eine West-Berliner Großsiedlung und ihre Darstellung als urbane Problemzone, in: Zeithistorische Forschungen/Studies in Contemporary History 11 (2014), S. 212–234.
Reinhardt, Max, Aufstieg und Krise der SPD. Flügel und Repräsentanten einer pluralistischen Volkspartei, Baden-Baden 2011.
Reitmayer, Morten, Politisch-soziale Ordnungsentwürfe und Meinungswissen über die Gesellschaft in Europa im 20. Jahrhundert – eine Skizze, in: Lutz Raphael (Hrsg.), Theorien und Experimente der Moderne. Europas Gesellschaften im 20. Jahrhundert, unter Mitarbeit von Clelia Caruso, Köln/Weimar/Wien 2012, S. 37–63.
Reitzenstein, Irene von, Solidarität und Gleichheit. Ordnungsvorstellungen im deutschen Gewerkschaftsdenken nach 1945, Berlin 1961.
Remeke, Stefan, Gewerkschaften und Sozialgesetzgebung. DGB und Arbeitnehmerschutz in der Reformphase der sozialliberalen Koalition, Essen 2005.
Remeke, Stefan, Anders links sein. Auf den Spuren von Maria Weber und Gerd Muhr, Essen 2012.
Richardi, Reinhard, Arbeitsverfassung und Arbeitsrecht, in: Hans Günter Hockerts (Hrsg.), Geschichte der Sozialpolitik in Deutschland seit 1945, Bd. 5: 1966–1974. Bundesrepublik Deutschland. Eine Zeit vielfältigen Aufbruchs, Baden-Baden 2006, S. 228–276.
Richert, Jochen, Probleme und Perspektiven gewerkschaftlicher Angestelltenpolitik, in: Die Quelle 39–7/8 (1988), S. 391–394.
Richter, Bernt, Arbeit als Geben und Nehmen, in: Gewerkschaftliche Monatshefte 22–2 (1971), S. 96–99.
Richter, Hedwig/Richter, Ralf, Der Opfer-Plot. Probleme und neue Felder der deutschen Arbeitsmigrationsforschung, in: Vierteljahrshefte für Zeitgeschichte 57–1 (2009), S. 61–97.
Riesinger, Robert F., Prekarisierung und Prekarität, in: Rolf Hepp/Robert Riesinger/David Kergel (Hrsg.), Verunsicherte Gesellschaft. Prekarisierung auf dem Weg in das Zentrum, Wiesbaden 2016, S. 227–238.

Risse, Heinz Theo, Abhängigkeit und Freiheit, in: Marianne Feuersenger (Hrsg.), Gibt es noch ein Proletariat?, Frankfurt a. M. 1970 [1962], S. 67–90.
Ritter, Gerhard A., Zum Gesamtwerk, in: Jürgen Kocka, Weder Stand noch Klasse. Unterschichten um 1800, Bonn 1990, S. 11–21.
Ritzer, Georg/Murphy, James, Festes in einer Welt des Flusses: Die Beständigkeit der Moderne in einer zunehmend postmodernen Welt, in: Matthias Junge/Thomas Kron (Hrsg.), Zygmunt Bauman. Soziologie zwischen Postmoderne, Ethik und Gegenwartsdiagnose, 3., erweiterte Auflage, Wiesbaden 2014, S. 45–68.
rmc, Gewerkschafterinnen setzen auf Quotierung, in: Die Quelle 40–7/8 (1989), S. 437–438.
rmc, Neuland betreten, in: Die Quelle 42–10 (1991), S. 12.
rmc, Beginn einer neuen Frauenpolitik, in: Die Quelle 43–2 (1992), S. 9.
rmc, Ideen sind gefragt, in: Die Quelle 43–7/8 (1992), S. 10.
Rödder, Andreas, 21.0. Eine kurze Geschichte der Gegenwart, Bonn 2017.
Rohde, Helmut, Schriftliches Grußwort, in: Heinz Oskar Vetter (Hrsg.), Humanisierung der Arbeit als gesellschaftspolitische und gewerkschaftliche Aufgabe. Protokoll der Konferenz des Deutschen Gewerkschaftsbundes vom 16. und 17. Mai 1974 in München, Frankfurt a. M./Köln 1974, S. 21–22.
Rosa, Hartmut, Beschleunigung. Die Veränderung der Zeitstrukturen in der Moderne, Frankfurt a. M. 2005.
Rosa, Hartmut, Klassenkampf und Steigerungsspiel: Eine unheilvolle Allianz. Marx' beschleunigungstheoretische Krisendiagnose, in: Rahel Jaeggi/Daniel Loick (Hrsg.), Nach Marx. Philosophie, Kritik, Praxis, Berlin 2013, S. 394–411.
Rosenberger, Ruth, Demokratisierung durch Verwissenschaftlichung? Betriebliche Humanexperten als Akteure des Wandels der betrieblichen Sozialordnung in westdeutschen Unternehmen, in: Archiv für Sozialgeschichte 44 (2004), S. 327–355.
Rosenberger, Ruth, Experten für Humankapital. Die Entdeckung des Personalmanagements in der Bundesrepublik Deutschland, München 2008.
Roth, Karl Heinz, Die „andere" Arbeiterbewegung und die Entwicklung der kapitalistischen Repression von 1880 bis zur Gegenwart. Ein Beitrag zum Neuverständnis der Klassengeschichte in Deutschland, München 1974.
Roth, Ralf, Tempi passati. Die kurze Konjunktur der Arbeiteralltagsgeschichte. Eine Reminiszenz, in: Dieter Hein/Klaus Hildebrand/Andreas Schulz (Hrsg.), Historie und Leben, München 2006, S. 161–173.
Rothenburg, Heinz, Der Arbeiter und die publizistischen Mittel, Diss., Berlin 1957.
Rüden, Peter von, Fernsehspiel oder Spiel im Fernsehen – Anmerkungen zu einer Programmform, in: ders. (Hrsg.), Das Fernsehspiel. Möglichkeiten und Grenzen, München 1975, S. 11–18.
Ruppert, Wolfgang (Hrsg.), Die Arbeiter. Lebensformen, Alltag und Kultur von der Frühindustrialisierung bis zum „Wirtschaftswunder", München 1986.
Rutschky, Michael, Erfahrungshunger. Ein Essay über die siebziger Jahre, Köln 1980.
Sabrow, Martin, Heroismus und Viktimismus. Überlegungen zum deutschen Opferdiskurs in historischer Perspektive, in: Potsdamer Bulletin für Zeithistorische Studien 15–43/44 (2008), S. 7–20.
Sala, Roberto, Verwissenschaftlichung des Sozialen – Politisierung der Wissenschaft? Zum Verhältnis von Wissenschaft und Politik in der Geschichtsschreibung des 19. und 20. Jahrhunderts, in: Berichte zur Wissenschaftsgeschichte 40–4 (2017), S. 333–349.
Sarasin, Philipp, Was ist Wissensgeschichte?, in: Internationales Archiv für Sozialgeschichte der deutschen Literatur 36–1 (2011), S. 159–172.
Sarasin, Philipp, 1977. Eine kurze Geschichte der Gegenwart, Berlin [3]2021.

Sassoon, Donald, One Hundred Years of Socialism. The West European Left in the Twentieth Century, London/New York 1996.

Schäfer, Armin, Der Verlust politischer Gleichheit. Warum die sinkende Wahlbeteiligung der Demokratie schadet, Frankfurt a. M./New York 2015.

Schanetzky, Tim, Die große Ernüchterung. Wirtschaftspolitik, Expertise und Gesellschaft in der Bundesrepublik 1966 bis 1982, Berlin 2007.

Scheibe, Moritz, Auf der Suche nach der demokratischen Gesellschaft, in: Ulrich Herbert (Hrsg.), Wandlungsprozesse in Westdeutschland. Belastung, Integration, Liberalisierung 1945–1980, Göttingen [2]2003, S. 245–277.

Scherschel, Karin/Streckeisen, Peter/Krenn, Manfred (Hrsg.), Neue Prekarität. Die Folgen aktivierender Arbeitsmarktpolitik – europäische Länder im Vergleich, Frankfurt a. M./New York 2012.

Schildt, Axel, ‚Die Kräfte der Gegenreform sind auf breiter Front angetreten'. Zur konservativen Tendenzwende in den Siebzigerjahren, in: Archiv für Sozialgeschichte 44 (2004), S. 449–478.

Schildt, Axel/Siegfried, Detlef, Deutsche Kulturgeschichte. Die Bundesrepublik – 1945 bis zur Gegenwart, Bonn 2009.

Schlemmer, Thomas, Befreiung oder Kolonisierung? Frauenarbeit und Frauenerwerbstätigkeit am Ende der Industriemoderne, in: Anselm Doering-Manteuffel/Lutz Raphael/Thomas Schlemmer (Hrsg.), Vorgeschichte der Gegenwart. Dimensionen des Strukturbruchs nach dem Boom, Göttingen 2016, S. 79–108.

Schmähl, Winfried, Alterssicherungspolitik in Deutschland. Vorgeschichte und Entwicklung von 1945 bis 1998, Tübingen 2018.

Schmid, Josef, Intendant Klaus von Bismarck und die Kampagne gegen den ‚Rotfunk', in: Archiv für Sozialgeschichte 41 (2001), S. 349–381.

Schmidt, Christoph, Vom Messias zum Prolet [sic!]. Arbeiter in der Kunst, Stuttgart 2010.

Schmidt, Eberhard, Ordnungsfaktor oder Gegenmacht. Die politische Rolle der Gewerkschaften, Frankfurt a. M. [4]1978 [1971].

Schmidt, Helmut, Die Arbeitnehmer stehen im Zentrum (10. 4. 1973), in: ders., Kontinuität und Konzentration, Bonn-Bad Godesberg 1975, S. 113–122.

Schmidt, Helmut, Die SPD ist keine Seminareinrichtung (8. 3. 1974), in: ders., Kontinuität und Konzentration, Bonn-Bad Godesberg 1975, S. 154–163.

Schmidt, Helmut, Was denkt ihr denn, was die Arbeiter interessiert? (21. 9. 1974), in: ders., Kontinuität und Konzentration, Bonn-Bad Godesberg 1975, S. 193–198.

Schmidt, Jürgen, Arbeiter in der Moderne. Arbeitsbedingungen, Lebenswelten, Organisationen, Frankfurt a. M./New York 2015.

Schmiede, Rudi, Grundlagen und Grenzen „abstrakter Vereinheitlichung": Tarifpolitik in der Metallverarbeitenden Industrie 1970–1979, in: Ulrich Billerbeck/Christoph Deutschmann/Rainer Erd et al., Neuorientierung der Tarifpolitik? Veränderungen im Verhältnis zwischen Lohn- und Manteltarifpolitik in den siebziger Jahren, Frankfurt a. M./New York 1982, S. 49–269.

Schmitt, Carl, Politische Theologie. Vier Kapitel zur Lehre von der Souveränität, elfte, korrigierte Auflage, Berlin 2021 [1922].

Schmitt, Carl, Der Begriff des Politischen. Text von 1932 mit einem Vorwort und drei Corollarien, Berlin 1991.

Schneider, Michael, Unterm Hakenkreuz. Arbeiter und Arbeiterbewegung 1933 bis 1939, Bonn 1999.

Schneider, Michael, Kleine Geschichte der Gewerkschaften. Ihre Entwicklung in Deutschland von den Anfängen bis heute, 2. überarb. und aktualisierte Aufl., Bonn 2000.

Schneider, Thomas F., Das Genre bestimmt die Quelle. Anmerkungen zum Einfluß der Publikation und Rezeption auf die Entstehung und Quellenlage von Erich Maria Remarques *Im Westen nichts Neues* (1928/1929), in: Anton Schwob/Erwin Streitfeld (Hrsg.), Quelle – Text – Edition, unter Mitarbeit von Karin Kranich-Hofbauer, Tübingen 1997, S. 361–368.

Schönhoven, Klaus, Die deutschen Gewerkschaften, Frankfurt a. M. 1987.

Schönwälder, Karen, Einwanderung und ethnische Pluralität. Politische Entscheidungen und öffentliche Debatten in Großbritannien und der Bundesrepublik von den 1950er bis zu den 1970er Jahren, Essen 2001.

Scholz, Rüdiger, Max von der Grün. Politischer Schriftsteller und Humanist. Mit einer Würdigung von Werner Bräunigs *Rummelplatz*, Würzburg 2015.

Schroeder, Wolfgang, Das Modell Deutschland auf dem Prüfstand. Zur Entwicklung der industriellen Beziehungen in Ostdeutschland (1990–2000), Wiesbaden 2000.

Schroeder, Wolfgang, Gewerkschaften als soziale Bewegung – soziale Bewegung in den Gewerkschaften in den Siebzigerjahren, in: Archiv für Sozialgeschichte 44 (2004), S. 243–265.

Schroeter, Sabina, Die Sprache der DDR im Spiegel ihrer Literatur. Studien zum DDR-typischen Wortschatz, Berlin/New York 1994.

Schuler, Michael, Die Fort- und Weiterbildung von Montagearbeitern. Perspektiven eines im Rahmen des Programms „Humanisierung des Arbeitslebens (HdA)“ beantragten Projektes, in: Beiträge – Informationen – Kommentare 3 (1983), S. 14–31.

Schultheis, Franz, Zur Neuauflage der deutschen Ausgabe. Robert Castel: Soziologisches Verstehen als historische Rekonstruktion, in: Robert Castel, Die Metamorphosen der sozialen Frage. Eine Chronik der Lohnarbeit, Konstanz ^{2}2008 [frz. Orig. 1995], S. 1–4.

Schulz, Günther, Die Angestellten seit dem 19. Jahrhundert, München 2000.

Schulz, Peter, Kritik woran? Zur Ambivalenz der kritischen Soziologie Hartmut Rosas, in: Zeitschrift für kritische Sozialtheorie und Philosophie 2–1 (2015), S. 101–117.

Schulze, Gerhard, Die Erlebnisgesellschaft. Kultursoziologie der Gegenwart, Frankfurt a. M./New York 1992.

Schumann, Michael, Bestandsaufnahme, Analyse und Entwicklungstrends im Produktionsbereich, in: Heinz Oskar Vetter (Hrsg.), Humanisierung der Arbeit als gesellschaftspolitische und gewerkschaftliche Aufgabe. Protokoll der Konferenz des Deutschen Gewerkschaftsbundes vom 16. und 17. Mai 1974 in München, Frankfurt a. M./Köln 1974, S. 41–55.

Schumann, Michael/Gerlach, Frank/Gschlössl, Albert et al., Am Beispiel der Septemberstreiks – Anfang der Rekonstruktionsperiode der Arbeiterklasse?, Frankfurt a. M. 1971.

Schusser, Walter H., Ein empirischer Beitrag zur Diskussion um die Abgrenzung von Arbeitern und Angestellten, Diss., Erlangen-Nürnberg 1970.

Schusser, Walter H., Die Gleichstellung von Arbeitern und Angestellten aus betrieblicher Sicht, in: Wolfgang Hromadka (Hrsg.), Gleichstellung von Arbeitern und Angestellten, Heidelberg 1989, S. 61–77.

Seidel, Hans-Christoph, Arbeitsbeziehungen und Sozialpolitik. Vom Nationalsozialismus bis zum Ende der alten Bundesrepublik, in: Dieter Ziegler (Hrsg.), Geschichte des deutschen Bergbaus, Band 4: Rohstoffgewinnung im Strukturwandel. Der deutsche Bergbau im 20. Jahrhundert, Münster 2013, S. 445–514.

Seidel, Richard, Der Weg zur Industriegewerkschaft, in: Gewerkschaftliche Monatshefte 1–9 (1950), S. 418–424.

Sepp, Benedikt, Proletarische Identitätspolitik. Die West-Berliner Basisgruppen 1968–1969, in: Arbeit – Bewegung – Geschichte: Zeitschrift für Historische Studien 22–1 (2023), S. 7–29.

Specht, Karl Gustav/Schusser, Walter/Wasilewski, Rainer/Westphal, Hans, Arbeiter und Angestellte. Eine empirisch-soziologische Untersuchung zur rechtlichen, funktionalen und sozialen Gliederung industrieller Arbeitnehmer – durchgeführt in den Jahren 1967 bis 1969 in der Siemens Aktiengesellschaft, Nürnberg 1969.

Staab, Philipp, Metamorphosen der Fabriksozialisation. Zur Produktion des Arbeiters in Vergangenheit und Gegenwart, in: Mittelweg 36 23–6 (2014), S. 4–27.

Stallmann, Hans, Vom Kohlenpott zur Wissenschaftsregion. Hochschulgründungen im Ruhrgebiet, in: Jens Adamski/Stefan Berger/Stefan Goch et al. (Hrsg.), Forschung, Bildung und Kultur. Wissenschaft im Ruhrgebiet zwischen Hochindustrialisierung und Wissensgesellschaft, Essen 2020, S. 257–275.

Stamp, Friedrich, Arbeiter in Bewegung. Die Geschichte der Metallgewerkschaften in Schleswig-Holstein, Malente 1997.

Steinkühler, Franz, Solidarische Arbeitnehmergesellschaft verwirklichen, in: Gewerkschaftliche Monatshefte 37–10 (1986), S. 577–586.

Steinrücke, Margareta, Mit gemischten Gefühlen. Parallelen oder Differenzen zwischen Bourdieu und den Frankfurtern in ihrem Verhältnis zur Arbeiterbewegung?, in: Ullrich Bauer/Uwe H. Bittlingmayer/Carsten Keller/Franz Schultheis (Hrsg.), Bourdieu und die Frankfurter Schule. Kritische Gesellschaftstheorie im Zeitalter des Neoliberalismus, Bielefeld 2014, S. 189–213.

Sternberg, Jan Philipp, Rezension zu: Faulenbach, Bernd; Leo, Annette; Weberskirch, Klaus: *Zweierlei Geschichte. Lebensgeschichte und Geschichtsbewußtsein von Arbeitnehmern in West- und Ostdeutschland.* Essen 2000, in: H-Soz-Kult, 10.09.2000, <http://www.hsozkult.de/publicationreview/id/rezbuecher-533> (11.08.2023).

Stöss, Richard/Schneider, Reinhart/Smid, Menno, Sozialer Wandel und Einheitsgewerkschaft, Frankfurt a.M./New York 1989.

Stolleis, Michael, Hans F. Zacher (1928–2015), in: Peter Häberle/Michael Kilian/Heinrich Wolff (Hrsg.), Staatsrechtslehrer des 20. Jahrhunderts. Deutschland – Österreich – Schweiz, Berlin/Boston [2]2018, S. 1189–1196.

Streeck, Wolfgang, Wie wird der Kapitalismus enden?, in: Blätter für deutsche und internationale Politik 60–3 (2015), S. 99–111.

Streeck, Wolfgang, Wie wird der Kapitalismus enden? Teil II, in: Blätter für deutsche und internationale Politik 60–4 (2015), S. 109–120.

Stühlmeyer, Reinhold, Um das Selbstverständnis der Gewerkschaften, in: Die Quelle 21–1 (1970), S. 22–23.

Stühlmeyer, Reinhold/Birkle, Hans/Bracht, Gustav et al., „Selbstverständnis der Gewerkschaften". Auszüge aus dem Bericht der von der Deutschen Postgewerkschaft eingesetzten Reformkommission, in: Gewerkschaftliche Monatshefte 22–6 (1971), S. 349–360.

Stumberger, Rudolf, Fernsehen und sozialstruktureller Wandel. Eine theoretisch-historische Untersuchung zur Bedeutung eines Mediums im Modernisierungsprozess 1945 bis Mitte der 1970er Jahre unter besonderer Berücksichtigung der sozialen Klasse der Arbeiter, München 2002.

Süß, Dietmar, Kumpel und Genossen. Arbeiterschaft, Betrieb und Sozialdemokratie in der bayerischen Montanindustrie 1945 bis 1976, München 2003.

Süß, Dietmar, Die Enkel auf den Barrikaden. Jungsozialisten in der SPD in den Siebzigerjahren, in: Archiv für Sozialgeschichte 44 (2004), S. 67–104.

Süß, Dietmar, A scheene Leich? Stand und Perspektiven der westdeutschen Arbeitergeschichte nach 1945, in: Mitteilungsblatt des Instituts für soziale Bewegungen 34 (2005), S. 51–76.

Süß, Winfried, Sozialpolitische Denk- und Handlungsfelder in der Reformära, in: Hans Günter Hockerts (Hrsg.), Geschichte der Sozialpolitik in Deutschland seit 1945, Band 5: 1966–1974. Bundesrepublik Deutschland. Eine Zeit vielfältigen Aufbruchs, Baden-Baden 2006, S. 157–221.

Süß, Winfried, Der keynesianische Traum und sein langes Ende. Sozioökonomischer Wandel und Sozialpolitik in den siebziger Jahren, in: Konrad H. Jarausch (Hrsg.), Das Ende der Zuversicht? Die siebziger Jahre als Geschichte, Göttingen 2008, S. 120–137.

Sutterer, Grischa, Islamismus, in: Frank Reichherzer/Emmanuel Droit/Jan Hansen (Hrsg.), Den Kalten Krieg vermessen, Berlin/Boston 2018, S. 215–232.

Szatkowski, Tim, Die Bundesrepublik Deutschland und die Türkei 1978 bis 1983, Berlin/Boston 2016.

Tanner, Jakob, Erfahrung, Diskurs und kollektives Handeln. Neue Forschungsparadigmen in der Geschichte der Arbeiterinnen und Arbeiter, in: Traverse 7-2 (2000), S. 47–67.

Tautscher, Anton, Vom Arbeiter zum Mitarbeiter. Quantitative und qualitative Sozialpolitik, Berlin 1961.

Tenfelde, Klaus, Sozialgeschichte der Bergarbeiterschaft an der Ruhr, Bonn-Bad Godesberg 1979.

Tenfelde, Klaus (Hrsg.), Arbeiter und Arbeiterbewegung im Vergleich. Berichte zur internationalen historischen Forschung, München 1986.

Tenfelde, Klaus, Vorwort, in: ders. (Hrsg.), Arbeiter im 20. Jahrhundert, Stuttgart 1991, S. 9–14.

Tenfelde, Klaus, Ende der Arbeiterkultur: Das Echo auf eine These, in: Wolfgang Kaschuba/Gottfried Korff/Bernd Jürgen Warneken (Hrsg.), Arbeiterkultur seit 1945 – Ende oder Veränderung?, Tübingen 1991, S. 19–30.

Tenfelde, Klaus, Arbeit, Arbeiter, Arbeiterbewegung, in: Richard van Dülmen (Hrsg.), Fischer Lexikon Geschichte, Frankfurt a. M. 2003, S. 109–121.

Tenfelde, Klaus, Arbeiter, Arbeiterbewegungen und Staat im Europa des „kurzen" 20. Jahrhunderts, in: Peter Hübner/Christoph Kleßmann/Klaus Tenfelde (Hrsg.), Arbeiter im Staatssozialismus. Ideologischer Anspruch und soziale Wirklichkeit, Köln/Weimar/Wien 2005, S. 17–34.

Tenfelde, Klaus, Germany, in: Joan Allen/Alan Campbell/John McIlroy (Hrsg.), Histories of Labour: National and International Perspectives, Pontypool 2010, S. 262–289.

Terhoeven, Petra, The Hour of the Gun: Anti-imperialist Struggle as the New Left's Hope of Salvation in Germany and Italy, in: Stefan Berger/Christoph Cornelissen (Hrsg.), Marxist Historical Cultures and Social Movements during the Cold War. Case Studies from Germany, Italy and Other Western European States, Cham 2019, S. 257–287.

Testorf, Christian, Welcher Bruch? Lohnpolitik zwischen den Krisen: Gewerkschaftliche Tarifpolitik von 1966 bis 1974, in: Knud Andresen/Ursula Bitzegeio/Jürgen Mittag (Hrsg.), ‚Nach dem Strukturbruch'? Kontinuität und Wandel von Arbeitsbeziehungen und Arbeitswelt(en) seit den 1970er-Jahren, Bonn 2011, S. 293–315.

Testorf, Christian, Ein heißes Eisen. Zur Entstehung des Gesetzes über die Mitbestimmung der Arbeitnehmer von 1976, Bonn 2017.

Ther, Philipp, Die neue Ordnung auf dem alten Kontinent. Eine Geschichte des neoliberalen Europa, aktualisierte Ausgabe, Berlin 2016.

Thien, Hans-Günter, Die verlorene Klasse – ArbeiterInnen in Deutschland, Münster 2010.

Thompson, Edward P., The Making of the English Working Class, New York 1963.

Thomssen, Wilke, „Die Konstitution des Klassenbewusstseins". Vom Altern eines wissenschaftlichen Anspruchs, in: Gert Schmidt/Hans-Joachim Braczyk/Jost von dem Knesebeck (Hrsg.), Materialien zur Industriesoziologie, Opladen 1982, S. 313–328.

Thomssen, Wilke, Hermeneutik versus Wissenschaft – Bildung als diskursives Verstehen, in: Jahrbuch Arbeit, Bildung, Kultur 11 (1993), S. 97–112.

Tietke, Fabian, Dies- und jenseits der Bilder – Film und Politik an der dffb 1966–1995, <https://dffb-archiv.de/editorial/dies-jenseits-bilder-film-politik-dffb-1966-1995> (2.12.2023).

Tietke, Fabian, Die Politisierung der Filmproduktion. Die Filmarbeit von Christian Ziewer, Max Willutzki, Cristina Perincioli und Helga Reidemeister im Märkischen Viertel in den 1970er Jahren, in: Filmblatt 19–55/56 (2014/15), S. 92–113.

Tietze, Peter, ‚Der Angriff der Gegenwart auf die übrige Zeit'. Richard Koebners und Reinhart Kosellecks historische Semantik zwischen Historismus und *Posthistoire*, in: Forum Interdisziplinäre Begriffsgeschichte 5–2 (2016), S. 6–22.

Todd, Selina, The People. The Rise and Fall of the Working Class, London 2015.

Trüper, Henning, The Flatness of Historicity, in: History and Theory 58–1 (2019), S. 23–49.

Tschirbs, Rudolf, Bergarbeit im Film: Über das Spannungsverhältnis zwischen ästhetischen Darstellungsformen und epistemischen Ansprüchen, in: Knud Andresen/Michaela Kuhnhenne/Jürgen Mittag/Stefan Müller (Hrsg.), Repräsentationen der Arbeit. Bilder – Erzählungen – Darstellungen, Bonn 2018, S. 253–272.

Uecker, Matthias, Rohstoffe und Intermedialität. Überlegungen zu Alexander Kluges Fernsehpraxis, in: Christian Schulte/Winfried Siebers (Hrsg.), Kluges Fernsehen. Alexander Kluges Kulturmagazine, Frankfurt a. M. 2002, S. 82–104.

Uhl, Karsten, Humane Rationalisierung? Die Raumordnung der Fabrik im fordistischen Jahrhundert, Bielefeld 2014.

Uhl, Karsten/Bluma, Lars, Arbeit – Körper – Rationalisierung. Neue Perspektiven auf den historischen Wandel industrieller Arbeitsplätze, in: dies. (Hrsg.), Kontrollierte Arbeit – disziplinierte Körper? Zur Sozial- und Kulturgeschichte der Industriearbeit im 19. und 20. Jahrhundert, Bielefeld 2012, S. 19–31.

Ulbricht, Christian, Ein- und Ausgrenzungen von Migranten. Zur sozialen Konstruktion (un-) erwünschter Zuwanderung, Bielefeld 2017.

Varela, Raquel/Murphy, Hugh/ Linden, Marcel van der (Hrsg.), Shipbuilding and Ship Repair Workers Around the World. Case Studies 1950–2010, Amsterdam 2017.

Vester, Michael, Auf der Suche nach dem „demokratisierenden Subjekt". Zur Veränderung des sozialen Raums und des Habitus sozialer Klassen in der Bundesrepublik 1950–1989, in: Wolfgang Kaschuba/Gottfried Korff/ Bernd Jürgen Warneken (Hrsg.), Arbeiterkultur seit 1945 – Ende oder Veränderung?, Tübingen 1991, S. 152–166.

Vester, Michael, Was wurde aus dem Proletariat? Das mehrfache Ende des Klassenkonflikts: Prognosen des sozialstrukturellen Wandels, in: Jürgen Friedrichs/M. Rainer Lepsius/Karl Ulrich Mayer (Hrsg.), Die Diagnosefähigkeit der Soziologie, Opladen/Wiesbaden 1998, S. 164–206.

Vetter, Heinz Oskar, Die Bedeutung des DGB-Grundsatzprogramms für die Politik der deutschen Gewerkschaftsbewegung, in: Gewerkschaftliche Monatshefte 21–6 (1970), S. 330–340.

Vetter, Heinz Oskar, Eröffnungsansprache, in: Aufgabe Zukunft – Qualität des Lebens. Beiträge zur vierten internationalen Arbeitstagung der Industriegewerkschaft Metall für die Bundesrepublik Deutschland 11. bis 14. April 1972 in Oberhausen, Band 1: Qualität des Lebens, Red. v. Günter Friedrichs, Frankfurt a. M. 1973, S. 17–20.

Vetter, Heinz Oskar, Referat, in: ders. (Hrsg.), Humanisierung der Arbeit als gesellschaftspolitische und gewerkschaftliche Aufgabe. Protokoll der Konferenz des Deutschen Gewerkschaftsbundes vom 16. und 17. Mai 1974 in München, Frankfurt a. M./Köln 1974, S. 25–38.

Vetter, Heinz Oskar (Hrsg.), Humanisierung der Arbeit als gesellschaftspolitische und gewerkschaftliche Aufgabe. Protokoll der Konferenz des Deutschen Gewerkschaftsbundes vom 16. und 17. Mai 1974 in München, Frankfurt a. M./Köln 1974.

Vetter, Heinz Oskar (Hrsg.), Aus der Geschichte lernen, die Zukunft gestalten. 30 Jahre DGB. Protokoll der Wissenschaftlichen Konferenz zur Geschichte der Gewerkschaften vom 12. und 13. Oktober 1979 in München, Köln 1980.

Vietheer, Heinz, Zur Diskussion um die DGB-Reform: Groß oder Klein – ist das ein Problem?, in: Gewerkschaftliche Monatshefte 22–4 (1971), S. 202–205.

Vilmar, Fritz, Basisdemokratische Gewerkschaftsreform, in: Gewerkschaftliche Monatshefte 22–4 (1971), S. 219–225.

Vogel, Berthold, Prekarität und Prekariat – Signalwörter neuer sozialer Ungleichheiten, in: Aus Politik und Zeitgeschichte 58–33/34 (2008), S. 12–18.

Vogt, Hannah, Der Arbeiter. Wesen und Problem bei Friedrich Naumann, August Winnig, Ernst Jünger, Diss., Göttingen 1945.

Wagner, Peter, Soziologie der Moderne. Freiheit und Disziplin, Frankfurt a. M./New York 1995.

Wagner, Peter, Moderne als Erfahrung und Interpretation. Eine neue Soziologie zur Moderne, Konstanz 2009.

Wallraff, Hermann-Josef, Funktionswandel der Gewerkschaften, in: Gewerkschaftliche Monatshefte 21–6 (1970), S. 349–359.

Walter, Franz, Vorwärts oder abwärts? Zur Transformation der Sozialdemokratie, Berlin 2010.

Wank, Rolf, Arbeiter und Angestellte. Zur Unterscheidung im Arbeits- und Sozialversicherungsrecht, unter Mitarbeit von Monika Müller und Michael Schmidt, Berlin/New York 1992.

Wannenwetsch, Stefan, Unorthodoxe Sozialisten. Zu den Sozialismuskonzeptionen der Gruppe um Otto Straßer und des Internationalen Sozialistischen Kampfbundes in der Weimarer Republik, Frankfurt a. M. u. a. 2010.

Wannenwetsch, Stefan, Unsolidarische Solidarität? Sprach- und Organisationspolitik im DGB 1945–1990, in: Archiv für Sozialgeschichte 60 (2020), S. 183–212.

Wannöffel, Manfred, Wissenschaft für die Arbeitswelt. Die Kooperation zwischen der IG Metall und der Ruhr-Universität Bochum, in: Jens Adamski/Stefan Berger/Stefan Goch et al. (Hrsg.), Forschung, Bildung und Kultur. Wissenschaft im Ruhrgebiet zwischen Hochindustrialisierung und Wissensgesellschaft, Essen 2020, S. 417–434.

Weber-Menges, Sonja, ‚Arbeiterklasse' oder Arbeitnehmer? Vergleichende empirische Untersuchungen zu Soziallage, Lebenschancen und Lebensstilen von Arbeitern und Angestellten in Industriebetrieben, Wiesbaden 2004.

Weeser, Heinz, Selbständige Personengruppenarbeit für Rentner, in: Die Quelle 22–2 (1971), S. 63.

Wehler, Hans-Ulrich, Deutsche Gesellschaftsgeschichte, Fünfter Band: Bundesrepublik und DDR 1949–1990, München 2008.

Weigel, Ulrich, Das Proletariat: Vom revolutionären Popanz zum reaktionären Pöbel?, in: Blätter für deutsche und internationale Politik 62–5 (2017), S. 35–38.

Weingart, Peter, Zukunft der Gewerkschaften oder Gewerkschaften der Zukunft? Über die Notwendigkeit theoretischer Reflexion gewerkschaftlicher Politik, in: Gewerkschaftliche Monatshefte 22–4 (1971), S. 226–238.

Weingart, Peter, Verwissenschaftlichung der Gesellschaft – Politisierung der Wissenschaft, in: Zeitschrift für Soziologie 12–3 (1983), S. 225–241.

Welskopp, Thomas, Von der verhinderten Heldengeschichte des Proletariats zur vergleichenden Sozialgeschichte der Arbeiterschaft – Perspektiven der Arbeitergeschichtsschreibung in den 1990er Jahren, in: 1999 8–3 (1993), S. 34–53.

Welskopp, Thomas, Ein modernes Klassenkonzept für die vergleichende Geschichte industrialisierender und industrieller Gesellschaften. Kritische Skizzen und theoretische

Überlegungen, in: Karl Lauschke/Thomas Welskopp (Hrsg.), Mikropolitik im Unternehmen: Arbeitsbeziehungen und Machtstrukturen in industriellen Großbetrieben des 20. Jahrhunderts, Essen 1994, S. 48–106.

Welskopp, Thomas, Arbeit und Macht im Hüttenwerk. Arbeits- und industrielle Beziehungen in der deutschen und amerikanischen Eisen- und Stahlindustrie von den 1860er bis zu den 1930er Jahren, Bonn 1994.

Welskopp, Thomas, Die Sozialgeschichte der Väter. Grenzen und Perspektiven der Historischen Sozialwissenschaft, in: Geschichte und Gesellschaft 24–2 (1998), S. 173–198.

Welskopp, Thomas, Klasse als Befindlichkeit? Vergleichende Arbeitergeschichte vor der kulturhistorischen Herausforderung, in: Archiv für Sozialgeschichte 38 (1998), S. 301–336.

Welskopp, Thomas, Arbeitergeschichte im Jahr 2000. Bilanz und Perspektiven, in: Traverse 7–2 (2000), S. 15–31.

Welskopp, Thomas, Das Banner der Brüderlichkeit. Die deutsche Sozialdemokratie vom Vormärz bis zum Sozialistengesetz, Bonn 2000.

Welskopp, Thomas, Die Dualität von Struktur und Handeln. Anthony Giddens' Strukturierungstheorie als „praxeologischer" Ansatz in der Geschichtswissenschaft, in: ders., Unternehmen Praxisgeschichte. Historische Perspektiven auf Kapitalismus, Arbeit und Klassengesellschaft, Tübingen 2014 [2001], S. 55–76.

Welskopp, Sprache und Kommunikation in praxistheoretischen Geschichtsansätzen, in: ders., Unternehmen Praxisgeschichte. Historische Perspektiven auf Kapitalismus, Arbeit und Klassengesellschaft, Tübingen 2014, S. 105–131.

Welskopp, Thomas, Produktion als soziale Praxis. Praxeologische Perspektiven auf die Geschichte betrieblicher Arbeitsbeziehungen, in: Knud Andresen/Michaela Kuhnhenne/Jürgen Mittag/ Johannes Platz (Hrsg.), Der Betrieb als sozialer und politischer Ort. Studien zu Praktiken und Diskursen in den Arbeitswelten des 20. Jahrhunderts, Bonn 2015, S. 29–52.

Welskopp, Thomas, Kapitalismus und Konzepte von Arbeit. Wie systemisch zentral ist „freie Lohnarbeit" für den Kapitalismus?, in: Geschichte und Gesellschaft 43–2 (2017), S. 197–216.

Wendenburg, Christina, Die Berliner Realisten und ihre Bedeutung für den deutschen Dokumentar- und Arbeiterfilm, Diplomarbeit, Berlin 1990.

Wengeler, Martin, *Multikulturelle Gesellschaft* oder *Ausländer raus*? Der sprachliche Umgang mit der Einwanderung seit 1945, in: Georg Stötzel/Martin Wengeler, Kontroverse Begriffe. Geschichte des öffentlichen Sprachgebrauchs in der Bundesrepublik Deutschland, Berlin/New York 1995, S. 711–749.

Wengeler, Martin, Topos und Diskurs. Begründung einer argumentationsanalytischen Methode und ihre Anwendung auf den Migrationsdiskurs (1960–1985), Tübingen 2003.

White, Hayden, Der historische Text als literarisches Kunstwerk, in: Christoph Conrad/Martina Kessel (Hrsg.), Geschichte schreiben in der Postmoderne. Beiträge zur aktuellen Diskussion, Stuttgart 1994, S. 123–157.

Wiebel, Martin, Fassbinders „Die geschminkten Proleten" im Glashaus. Reminiszenzen an Rainer Werner Fassbinders *Acht Stunden sind kein Tag* und die Sendung *Glashaus – TV intern* des WDR, in: o.V., Acht Stunden sind kein Tag. Booklet zur DVD-Box, o.O. 2017, S. 17–23.

Wiemers, Holger, Die Entwicklung der Sozialpolitik in der Bundesrepublik 1966–1975. Programme, Akteure, Ergebnisse, Regensburg 1999.

Wienfort, Monika, Alte Eliten in der neuen Republik, in: Horst Dreier/Christian Waldhoff (Hrsg.), Das Wagnis der Demokratie. Eine Anatomie der Weimarer Reichsverfassung, München 2018, S. 241–262.

Wildt, Michael, ‚Arbeit macht frei'. Zugehörigkeit, Ausgrenzung, Vernichtung durch Arbeit im Nationalsozialismus, in: ders., Die Ambivalenz des Volkes. Der Nationalsozialismus als Gesellschaftsgeschichte, Berlin 2019, S. 199–222.

Windhoff-Héritier, Adrienne, Zur gesellschaftlichen Situation der Frau in verschiedenen westeuropäischen Ländern, in: Gewerkschaftliche Monatshefte 26–11 (1975), S. 666–677.

Wirsching, Andreas, Konsum statt Arbeit. Zum Wandel von Individualität in der modernen Massengesellschaft, in: Vierteljahrshefte für Zeitgeschichte 57–2 (2009), S. 171–199.

Witamwas, Birgit, Geklebte NS-Propaganda. Verführung und Manipulation durch das Plakat, Berlin/ Boston 2016.

Wittfogel, Karl A., Die orientalische Despotie. Eine vergleichende Untersuchung totaler Macht, Köln/ Berlin 1962 [amerik. Orig. 1957].

Wöste, Wilhelm, Einleitung: Kirche und Arbeiterschaft, in: Ludwig Bertsch/Philipp Boonen/Rudolf Hammerschmidt et al. (Hrsg.), Gemeinsame Synode der Bistümer der Bundesrepublik Deutschland. Offizielle Gesamtausgabe, Band 1: Beschlüsse der Vollversammlung, Freiburg/ Basel/Wien 1976, S. 313–321.

Wolfrum, Edgar, Rot-Grün an der Macht. Deutschland 1998–2005, München 2013.

Wolfrum, Edgar, Welt im Zwiespalt. Eine andere Geschichte des 20. Jahrhunderts, Stuttgart 2017.

Woschech, Franz, Der Reformwille setzt sich durch, in: Die Quelle 21–3 (1970), S. 122–124.

Wurzel, Heinz-Günther, Dritter außerordentlicher Bundeskongreß des DGB, in: Gewerkschaftliche Monatshefte 22–6 (1971), S. 337–341.

Wustmans, Hildegard, Kirche und Arbeiterschaft. Von „alten" Ausschließungen und „neuen" Balancen, in: Reinhard Feiter/Richard Hartmann/Joachim Schmiedl (Hrsg.), Die Würzburger Synode. Die Texte neu gelesen, Freiburg/Basel/Wien 2013, S. 129–143.

Zacher, Hans F., Staat und Gewerkschaften. Zur Doppelverfassung einer Arbeitnehmergesellschaft, Heidelberg/Karlsruhe 1977.

Zander, Ernst, Arbeiter = Angestellte. Leitfaden für zeitgemäße Personalpolitik, 2., überarbeitete und erweiterte Auflage, Freiburg 1981.

Ziehmann, Klaus-Dieter, Gewerkschaft als Gegenmacht. Zur Problematik des Selbstverständnisses der Gewerkschaft (DGB) als Gegenmacht im parlamentarisch-pluralistischen System der Bundesrepublik Deutschland, Diss., Bonn 1976.

Ziemann, Benjamin, Die Metaphorik des Sozialen. Soziologische Selbstbeschreibungen westeuropäischer Gesellschaften im 20. Jahrhundert, in: Lutz Raphael (Hrsg.), Theorien und Experimente der Moderne. Europas Gesellschaften im 20. Jahrhundert, unter Mitarbeit von Clelia Caruso, Köln/Weimar/Wien 2012, S. 193–227.

Zimmermann, Annemarie, Stand der Sozialreform am Ende des dritten Bundestages, in: Gewerkschaftliche Monatshefte 12–8 (1961), S. 490–492.

Zimmermann, Peter, Arbeiterfilme im Fernsehen, in: Helmut Kreuzer (Hrsg.), Fernsehforschung – Fernsehkritik, Göttingen 1980, S. 36–53.

Zimmermann, Peter/Moldenhauer, Gebhard (Hrsg.), Der geteilte Himmel. Arbeit, Alltag und Geschichte im ost- und westdeutschen Film, Konstanz 2000.

Register

Das Register erfasst Namen und Begriffe aus dem Fließtext, nicht aber aus den Fußnotentexten. Häufige Begriffe wie Gewerkschaft, DGB oder IG Metall werden nicht oder nur in spezifischen Begriffskombinationen (z. B. „DGB-Bundesarbeiterausschuss") aufgeführt. Überdies enthält das Register nicht nur Belegstellen für die jeweilige Substantivform (z. B. „Solidarität"), sondern auch für zugehörige Komposita („Solidaritätsgebot") sowie Adjektive und Adverbien („solidarisch"), ohne dass dies immer extra kenntlich gemacht wird.

Personenregister

 https://doi.org/10.1515/9783111086569-017

Sachregister